Astronomischer Jahresbericht

1899 gegründet von Walter Wislicenus

59. Band

Die Literatur des Jahres 1959

Herausgegeben vom

Astronomischen Rechen-Institut in Heidelberg

Bearbeitet von

W. Lohmann F. Henn

Walter de Gruyter & Co.

vormals G. J. Göschen'sche Verlagshandlung — J. Guttentag, Verlagsbuchhandlung — Georg Reimer — Karl J. Trübner — Veit & Comp.

Berlin 1961

Druck bei G. Braun (vorm. G. Braunsche Hofbuchdruckerei und Verlag) G.m.b.H., Karlsruhe in Baden · Auflage 500 · April 1961

Mit alleinigem Vertrieb beauftragt W. de Gruyter & Co., Berlin
Archiv-Nr. 18 01 61 · Preis 72.– DM

Printed in Germany

Vorwort

Der vorliegende Band des Astronomischen Jahresberichts (AJB) ist der 59. der 1899 von W. F. Wislicenus in Straßburg gegründeten Bibliographie des astronomischen Schrifttums. Er enthält Angaben über die Literatur des Jahres 1959 zur Astronomie und deren Randgebiete, sowie Nachträge aus früheren Jahren.

In Hinblick auf die rasche Entwicklung der Astronomie, dem Hinzutreten neuer Forschungsgebiete, der Verlagerung von Schwerpunkten und zur Beseitigung gewisser Inhomogenitäten in der bisherigen Anordnung und Gliederung des anfallenden Stoffes ist es notwendig gewesen, die seit Band 48 übliche Unterteilung in Sachgebietsparagraphen kritisch zu überprüfen. Dadurch ist es auch zu teilweise stärkeren Änderungen in der stofflichen Gliederung gekommen, über die sich der Benutzer dieser Bibliographie am einfachsten durch ein sorgfältiges Durchlesen des Inhaltsverzeichnisses auf den Seiten V—IX einen Überblick verschafft. Das Sachverzeichnis auf den Seiten 515—517 sei hierzu als Ergänzung empfohlen.

Um den Beginn der Drucklegung des vorliegenden Bandes durch das Warten auf verspätet eingehende Literatur der Jahre 1959, 1958, ja sogar 1957 nicht unnötig zu verzögern, ist die nach Anfang November 1960 erhaltene Literatur in einem Nachtrag gesondert erfaßt worden. Dieser enthält außerdem noch einige Beiträge und Ergänzungen aus nicht rechtzeitig zur Kenntnis gelangter und angeschaffter bzw. verschaffter Zeitschriften und Sternwartenveröffentlichungen.

Die Transliteration russischer und russisch geschriebener Namen erfolgte wiederum auf die seit der Gründung des AJB übliche Art und Weise ins Deutsche. Einzelheiten hierzu vermittelt die Tabelle auf Seite XV. Nur selten ist hiervon aus besonderen sprachlichen Gründen abgewichen worden. Für diejenigen Benutzer des AJB, denen Transliterationen russischer Namen ins Englische vertrauter sind, wurde zum Vergleich in der Tabelle außerdem noch die in den Mathematical Reviews und Physics Abstracts üblichen mit angegeben.

Bei der Bearbeitung und Zusammenstellung des Manuskripts ist uns von zahlreichen Kolleginnen und Kollegen des In- und Auslands tatkräftig geholfen worden. Ihnen allen sei an dieser Stelle aufs herzlichste gedankt.

Manuskriptteile, Übersetzungen und Referate stellten folgende Herren zur Verfügung:

J. Bouška (J. B., Praha/Prag) aus der tschechischen und slowakischen Literatur,

B. Cester (B. C., Trieste/Triest) aus der italienischen Literatur,

D. Eksinger (Eks., Beograd/Belgrad) aus der jugoslawischen Zeitschrift „Vasiona",

H.-C. Freiesleben (Frlb., Hamburg) aus dem Gebiet der Navigation,

C. Luplau Janssen (C. L. J., København/Kopenhagen) aus skandinavischen Zeitschriften und der englischen Literatur,

N. Matsunami (Tokio) aus der japanischen Zeitschrift „The Heavens",

L. Mavridis (Mav., Athen) aus der griechischen Literatur,

E. Rybka (E. R., Kraków/Krakau) aus der polnischen Literatur und

V. Weidemann (V. W., Braunschweig) aus zahlreichen physikalischen Zeitschriften.

Als Referenten haben folgende Damen und Herren mitgewirkt:

M. Beyer (Bey., Hamburg), S. Böhme (Böh., Heidelberg), W. Dieckvoss (Dv., Hamburg), K. Eberlein (Ebl., Oberkochen), H. Elsässer (Els., Göttingen), W. Fricke (W. F., Heidelberg), L. Fritzová (L. Fr., Ondřejov), W. Gliese (Gli., Heidelberg), H.-G. Groth (Hamburg), O. Günther (O. G., Potsdam), U. Güntzel-Lingner (Gü-Li, Potsdam), A. Güttler (Gü., München), W. D. Heintz (hz, München), C. Hoffmeister (C. H., Sonneberg), J. Hoppe (Ho., Jena), T. Lederle (T. L., Heidelberg), J. P. Mehltretter (J. P. M., Heidelberg), H. Müller (H. M., Zürich), B. Onderlička (Ond., Brno/Brünn), L. Oster (New Haven), L. Perek (Praha/Prag), W. Petri (München), M. Plavec (Plv., Praha/Prag), Z. Plavcová (Plvá., Praha/Prag), H. H. Rabben (HHR., Freiburg i. Br.), F. Schmeidler (FS, München), K.-H. Schmidt (Sm., Jena), K. W. Schrick (Schr., Frankfurt/M.), P. Stumpff (Stu., Heidelberg), G. Thiessen (Thi., Hamburg), H. H. Voigt (Hamburg), G. Zimmermann (Zi., Frankfurt/M.).

Von den Referenten früherer Bände sind Herr H. Klauder und Herr G. R. Miczaika aus beruflichen Gründen ausgeschieden. Beiden sei an dieser Stelle für ihre langjährige, wertvolle Mitarbeit, insbesondere für manche Diskussion über die seinerzeit in AJB 48 eingeführte Gliederung herzlich gedankt.

Ganz besonderer Dank gilt unseren beiden unermüdlichen technischen Helferinnen, Frl. M. Koch und Frau H. Osterwald.

Schließlich sei noch allen Autoren, Sternwarten, Instituten, Verlagen, Gesellschaften und Akademien für die Zusendung ihrer Veröffentlichungen vielmals gedankt.

Heidelberg, den 3. März 1961

W. Lohmann, F. Henn

Inhaltsverzeichnis

IV. Positionsastronomie

V. Theoretische Astronomie

VI. Theoretische Astrophysik

VII. Sonne

XI. Sterne

XII. Doppel- und Mehrfachsterne

XIII. Veränderliche Sterne

XIV. Diffuse Objekte. Radioquellen. Kosmische Strahlung

Verzeichnis der Abkürzungen

AA	Acta Astronomica
AAS	American Astronomical Society
AAVSO	American Association of Variable Star Observers
Abh.	Abhandlungen
Abstr.	Abstract
Abt.	Abteilung
AC	Astronomisches Zirkular der UdSSR
Acad.	Academy etc.
Accad.	Accadémia
AG	Astronomische Gesellschaft
AJ	Astronomical Journal
AJB	Astronomischer Jahresbericht
AJ UdSSR	Astronomisches Journal der UdSSR
Akad.	Akademie
AN	Astronomische Nachrichten
An.	Anales etc.
angew.	angewandt
Ann.	Annalen etc.
ApJ	Astrophysical Journal
Arch.	Archiv
Ark Astr	Arkiv för Astronomi
As.	Asociación
ASP	Astronomical Society of the Pacific
Ass.	Association
Astronaut.	Astronautik etc.
Astr.	Astronomie etc.
Astrophys.	Astrophysik etc.
Atmosph.	Atmosphäre etc.
BA	Bulletin Astronomique
BAA	British Astronomical Association
BAA Circ	British Astronomical Association Circular
BAAH	British Astronomical Association Handbook
BAB	Bulletin Astronomique de l'Observatoire Royal de Belgique
BAC	Bulletin of the Astronomical Institutes of Czechoslovakia
BAN	Bulletin of the Astronomical Institutes of the Netherlands
BAV Rundbrief	Mitteilungsblatt der Berliner Arbeitsgemeinschaft für Veränderliche Sterne
Beob.	Beobachtungen etc.
Ber.	Berichte
BIA	Bulletin des Instituts für Theoretische Astronomie, Leningrad
BMI	Bulletin de Mesures Ionosphériques
Bol.	Boletin
BSAF	L'Astronomie. Bulletin de la Société Astronomique de France
Bull.	Bulletin
Bull hor	Bulletin horaire
bzw.	beziehungsweise
Ci.	Ciencia
Circ.	Circular etc.
Cl.	Classe
Coll.	Collection etc.
Commun.	Communications
Comun.	Comunicazioni
Contr.	Contributions etc.
CR	Comptes Rendus. Académie des Sciences, Paris
C.S.I.R.O.	Commonwealth Scientific and Industrial Research Organization
DAN	Berichte (Doklady) der Akademie der Wissenschaften der UdSSR, Moskau-Leningrad
Dep.	Department
dgl.	desgleichen
d. h.	das heißt
Diss.	Dissertation
Div.	Division
DOB	Documentation des Observateurs. Bulletin
DO Circ	Documentation des Observateurs. Circulaire
DO — CIA	Documentation des Observateurs. Carte d'Information accélérée
Fis.	Fisica etc.
Gaz astr	Gazette astronomique
gek.	gekürzt
Geophys.	Geophysik etc.
Geod.	Geodäsie etc.

Geogr.	Geographie etc.
Geol.	Geologie etc.
Ges.	Gesellschaft
Harv Ann	Annals of Harvard College Observatory
Harv Card	Harvard College Observatory Announcement Card
Harv Circ	Harvard College Observatory Circular
Harv Repr	Harvard Reprint
Harv Repr (2)	Harvard Reprint Series II
Hydrogr.	Hydrographie etc.
Hydrol.	Hydrologie etc.
IAU	International Astronomical Union
Industr.	Industry etc.
Ing.	Ingenieur etc.
Inst.	Institut etc.
Ionosph.	Ionosphäre etc.
J.	Journal
JAMPC	Japanese Minor Planet Circular
JBAA	Journal of the British Astronomical Association
JO	Journal des Observateurs
J RAS Canada	Journal of the Royal Astronomical Society of Canada
Kl.	Klasse
Kop Akt Medd	Aktuelle Meddelelser fra Astronomisk Selskab, København
Lab.	Laboratorium etc.
Mag.	Magazine
Math.	Mathematik etc.
McDC	Contributions from the McDonald Observatory
Med.	Mededelingen
Medd.	Meddelande, Meddelelser
Mém.	Mémoires
Mem.	Memoirs etc.
Mem RAS	Memoirs of the Royal Astronomical Society
Mem SA It	Memorie della Societá Astronomica Italiana
Meteorol.	Meteorologie etc.
Mitt.	Mitteilungen
MN	Monthly Notices of the Royal Astronomical Society
MN ASSA	Monthly Notes of the Astronomical Society of South Africa
MPC	Minor Planet Circular
MVS	Mitteilungen über Veränderliche Sterne, Sonneberg
Nachr.	Nachrichten
Nat.	Natur etc.

NAT	Nordisk Astronomisk Tidsskrift
Naut.	Nautik etc.
NAZ	Nachrichtenblatt der Astronomischen Zentralstelle
NAZvM	Nachrichtenblatt der Astronomischen Zentralstelle. Vorläufige Mitteilung. Heidelberg
(NF)	Neue Folge
(NR)	Neue Reihe
(NS)	Neue Serie
Obs.	Observatorium etc.
Obs	The Observatory
Oss.	Osservatorio, Osservazioni
PAT	Populär Astronomisk Tidskrift
Phil.	Philosophical
Phys.	Physik etc.
Planet.	planetarisch etc.
Proc.	Proceedings
Proc IRE	Proceedings of the Institute of Radio Engineers
Progr.	Progress etc.
Pubbl.	Pubblicazioni
Publ.	Publikationen etc.
Publ ASP	Publications of the Astronomical Society of the Pacific
Rap.	Raportoj
RAS	Royal Astronomical Society
Rech.	Recherches
Ref.	Referat
Rend.	Rendiconti
Rep.	Report
Repr.	Reprint
Res.	Research
Rev.	Review etc.
RH	Říše Hvězd
Ric.	Ricerche etc.
RJ UdSSR	Referatjournal. Astronomie, Geodäsie. Akademie der Wissenschaften der UdSSR
Roy.	Royal etc.
Sci.	Science etc.
Sect.	Section
Ser.	Serie etc.
Sér.	Série
Sitzber.	Sitzungsberichte
Sky Tel.	Sky and Telescope
Soc.	Society etc.
SSR	Sozialistische Sowjetrepublik
Sternw.	Sternwarte
Suppl.	Supplement
T.	Tidskrift etc.
TAB	Tokyo Astronomical Bulletin
Techn.	Technik etc.
TH	Technische Hochschule
theoret.	theoretisch etc.

Trans.	Transactions	vgl.	vergleiche
ü.	übersetzt	VJS	Vierteljahrsschrift
UAI Circ	Union Astronomique Internationale. Circulaire	VS Bull	Veränderliche Sterne. Bulletin
UC, Union Circ	Circular of the Union Observatory	Wet.	Wetenschappen
Univ.	Universität etc.	Wiss.	Wissenschaften
VdS Nachr.	Nachrichtenblatt der Vereinigung der Sternfreunde, Berlin	YC	Yamamoto Circular
Verf.	Verfasser(in)	Z.	Zeitschrift
Verh.	Verhandlung etc.	z. B.	zum Beispiel
Veröff.	Veröffentlichungen	ZfA	Zeitschrift für Astrophysik
		ZfMG	Zentralblatt für Mathematik und ihre Grenzgebiete
		( )	(Serie, Folge, Reihe)

Transliteration des russischen Alphabets

Russisch	AJB	Math.Rev.	Phys. Abstracts
а	a	a	a
б	b	b	b
в	w	v	v
г	g	g	g
д	d	d	d
е	e, je, jo	e	e, ë
ж	sh	ž	zh
з	s	z	z
и	i	i	i
й	j	ĭ	ĭ
к	k	k	k
л	l	l	l
м	m	m	m
н	n	n	n
о	o	o	o
п	p	p	p
р	r	r	r
с	ss, s	s	s
т	t	t	t
у	u	u	u
ф	f	f	f
х	ch	h	kh
ц	z	c	ts
ч	tsch	č	ch
ш	sch	š	sh
щ	schtsch	šč	shch
ы	y	y	ȳ
ь	—, j	'	'
э	e, é	è	é
ю	ju	yu	yu
я	ja	ya	ya

Beispiel: Зверев = Swerew (AJB) = Zverev (Math. Rev.)
= Zverev (Physics Abstracts)

I. Geschichte. Tätigkeit

§ 1

Bibliographie

Quellennachweis zum vorliegenden Band des Astronomischen Jahresberichts

Im nachfolgenden Quellennachweis sind nur die von der Schriftleitung des AJB vollständig durchgesehenen Zeitschriften, Akademieabhandlungen etc. aufgeführt. Darüber hinaus enthält der AJB aber noch zahlreiche Hinweise auf Arbeiten in weiteren Zeitschriften, die der Schriftleitung etwa als Sonderdruck oder als bibliographische Mitteilung von anderer Seite bekannt geworden sind.

101. Abhandlungen der Deutschen Akademie der Wissenschaften zu Berlin. Klasse Mathematik, Physik und Technik. Berlin, Akademie-Verlag. — Jahrgang 1958 Nr. 7, Jahrgang 1959 Nr. 1—4.

102. Bayerische Akademie der Wissenschaften. Mathematisch-Naturwissenschaftliche Klasse. Abhandlungen. Neue Folge. München, Verlag der Bayerischen Akademie der Wissenschaften. — Heft 97—100.

103. Südslavische Akademie der Wissenschaften und Künste. Abhandlungen der Abteilung für Mathematische, Physikalische und Technische Wissenschaften. Zagreb, Jugoslavenska Akademija Znanosti i Umjetnosti. — Band **2** Nr. 1.

104. Physics Abstracts. Section A of Science Abstracts (Physics). Edited and issued monthly by the Institution of Electrical Engineers, London. — Vol. **62** Nr. 733—744.

105. Geochimica et Cosmochimica Acta. London, Pergamon Press Ltd. — Vol. **15** Nr. 4, Vol. **16** Nr. 1—4, Vol. **17** Nr. 1—4.

106. Acta Astronomica Sinica. Herausgegeben vom Purple Mountain Observatory, Nanking. — Vol. **7** Nr. 1.

107. Acta Astronomica. Warszawa—Kraków, Polska Akademia Nauk. — Vol. **9** Nr. 1—4.

108. Acta Astronomica Supplementa. Warszawa—Kraków, Polska Akademia Nauk. — 3.

109. Astronautica Acta. Wien, Springer-Verlag; London—Paris—New York, I. R. Maxwell & Co. Ltd. — Vol. **5** Fasc. 1—6.

110. Actas de la Academia Nacional de Ciencias Exactas, Físicas y Naturales de Lima. — Vol. **22** Fasc. 1—2.

111. Annalen der Physik. Leipzig, Verlag Johann Ambrosius Barth. — Band (7) **3** = **458** Heft 1—4, Band (7) **4** = **459** Heft 1—8, Band (7) **5** = **460** Heft 1—2.

112. Annales Françaises de Chronométrie. Rédaction et Administration: Observatoire de Besançon. — (2) Tome **13** Trim. 1—4.

113. Annales Françaises de Chronométrie. Bulletin Trimestriel Signalétique de Documentation de Chronométrie Générale. Besançon. — Nicht eingegangen.

114. Annales d'Astrophysique. Publiée par le Centre National de la Recherche Scientifique et éditée par son Service d'Astrophysique, Paris. — Tome **22** Nr. 1—6.

115. Suppléments aux Annales d'Astrophysique. Paris. — Nr. 8.

116. Annales de Géophysique. Publiée par le Centre National de la Recherche Scientifique, Paris. — Tome **15** Nr. 1—4.

117. Annales de Physique. Paris, Masson et Cie, Editeurs. — Tome **4** Nr. 1—12.

118. Annals of Physics. New York—London, Academic Press. — Vol. **6** Nr. 1—4, Vol. **7** Nr. 1—4, Vol. 8 Nr. 1—4.

119. Archives des Sciences. Editées par la Société de Physique et d'Histoire Naturelle de Genève. — Vol. **12** Nr. 1—4.

120. Arkiv för Astronomi. Utgivet av kungl. Svenska Vetenskapsakademien, Stockholm. — Band **2** Häfte 4.

121. Astrophysica Norvegica. Edited by the Institute of Theoretical Astrophysics, University of Oslo. — Vol. **6** Nr. 9, 10.

122. Beiträge zur Physik der Atmosphäre. Frankfurt am Main, Akademische Verlagsgesellschaft m. b. H. — Band **31** Heft 3—4, Band **32** Heft 1—2.

123. Gerlands Beiträge zur Geophysik. Leipzig, Akademische Verlagsgesellschaft Geest & Portig K.-G. — Band **68** Heft 1—6.

124. Physikalische Berichte. Braunschweig, Friedrich Vieweg & Sohn. — Band **38** Heft 1—12.

125. Berichte (Doklady) der Akademie der Wissenschaften der UdSSR. Moskau, Verlag der Akademie der Wissenschaften der UdSSR. — Tom **124** Nr. 1—6, Tom **125** Nr. 1—6, Tom **126** Nr. 1—6, Tom **127** Nr. 1—6, Tom **128** Nr. 1, 4—6, Tom **129** Nr. 1—6.

126. Physikalische Blätter. Mosbach (Baden), Physik Verlag. — **15.** Jahrgang Heft 1—12.

127. Liga Latinoamericana de Astronomía. Boletín. Lima. — Nr. 1.

128. Boletín de la Asociación Peruana de Astronomía. Lima. — Vol. **5** Nr. 116, 117.

129. Boletín del Centro de Documentación Científica y Técnica de México. Seccion 1a. Matemáticas, Astronomía y Astrofísica, Física, Geología, Geofísica, Geodesia. México, Secretaria de Educación Publica. — Vol. 8 Nr. 1—9.

130. Académie royale de Belgique. Bulletin de la Classe des Sciences. 5e Série. Bruxelles. — Tome **45** Nr. 1—11.

131. Bulletin of the Astronomical Institutes of the Netherlands. Haarlem. — Vol. **14** Nr. 489—493.

132. L'Astronomie et Bulletin de la Société Astronomique de France. Rédaction: Observatoire de Juvisy. — **73**e année, Jan.—Déc.

133. Bulletin der Astronomisch-Geodätischen Gesellschaft der UdSSR. Moskau, Verlag der Akademie der Wissenschaften der UdSSR. — Nr. 24 (31), 25 (32).

134. Documentation des Observateurs. Bulletin. Rédaction à l'Institut d'Astrophysique de Paris et à Ananaian Institute of Astro-Computation, Shizuoka-Ken, Japan. — **11**e année Nr. 8, 11.

135. Bulletin Astronomique. Publié par l'Observatoire de Paris. — Tome **22** Fasc. 2—4, Tome **23** Fasc. 1.

136. Bulletin horaire du Bureau International de l'Heure. Observatoire de Paris. — Série 5 Nr. 1—6, Série F Nr. 20—24, Série G Nr. 1, 2.

137. Bulletin géodésique. Herausgegeben vom Bureau Central de l'Association Internationale de Géodésie, Paris. — Nr. 51—54.

138. Bulletin d'Informations Ionosphériques & Géophysiques. Herausgegeben vom Centre National d'Etudes des Télécommunications. — Vol. **3** Nr. 5—8, 1958.

139. Bulletin de Mesures Ionosphériques. Herausgegeben vom Centre National d'Etudes des Télécommunications. — Vol. **1** Nr. 1—6.

140. Bulletin of the Astronomical Institutes of Czechoslovakia. Praha, Publishing House of the Czechoslovak Academy of Sciences. — Vol. **10** Nr. 1—6.

141. Appendix to the Bulletin of the Astronomical Institutes of Czechoslovakia. Praha, Publishing House of the Czechoslovak Academy of Sciences. — Zu Vol. **10** Nr. 3.

142. Bulletin Scientifique. Conseil des Académies de la RPF de Yougoslavie. Zagreb, Conseil des Académies de la RPF. — Tome **4** Nr. 3, 4, Tome **5** Nr. 1.

143. Documentation des Observateurs. Carte d'Information Accélérée. Rédaction: Forcalquier. — Nr. 40—50, 52, 54—68.

144. Ciel et Terre. Bulletin de la Société Belge d'Astronomie, de Météorologie et de Physique du Globe. Uccle—Bruxelles. — Année **75** Nr. 1—12.

145. Circulaire d'Information. Union Astronomique Internationale. Commission des Etoiles Doubles. Observatoire de Meudon. — Nr. 17—19.

146. Documentation des Observateurs. Circulaire. Paris. — Nr. 16.

147. British Astronomical Association Circular. Hailsham, Sussex. — Nr. 406—416.

148. Royal Astronomical Society of New Zealand. Variable Star Section. Circular. Rarotonga, Cook Islands, South Pacific. — Nr. 89—97.

149. The Japan Astronomical Study Association Circular. — 178—183.

150. Coelum. Proprietario e responsabile: G. Horn-d'Arturo, Bologna. — Vol. **27** Nr. 1—12.

151. Comptes Rendus hebdomadaires des Séances de l'Académie des Sciences. Paris. — Tome **248** Nr. 1—26, Tome **249** Nr. 1—25.

152. Endeavour. Eine vierteljährlich in fünf Sprachen erscheinende Übersicht über Fortschritte der Wissenschaft im Dienste der Menschheit. Herausgegeben von Imperial Chemical Industries, Ltd., London. — Band **18** Nr. 69—72.

153. Ergebnisse der exakten Naturwissenschaften. Berlin—Göttingen—Heidelberg, Springer-Verlag. — **31.** und **32.** Band.

154. Extraits d'Astronomie-Astrophysique du Bulletin Signalétique du C.N.R.S. Section II A. Herausgegeben vom Centre de Documentation du Centre National de la Recherche Scientifique, Paris. — Vol. **20** Nr. 1—12.

155. Fortschritte der Physik. Berlin, Akademie-Verlag. — Band **7** Heft 1—12.

156. Gazette astronomique. Bulletin de la Société d'Astronomie d'Anvers. — **40**e année Nr. 457—459, **41**e année Nr. 460—468.

157. Glasnik Matematičko-Fizički i Astronomski. Herausgegeben von der Društvo matematičara i fizičara N.R. Hrvatske, Zagreb. — (II) T. **14** Nr. 1—4.

158. Hemel en Dampkring. Orgaan van de Nederlandse Vereniging voor Weer- en Sterrenkunde en van de Vereniging voor Sterrenkunde, Meteorologie, Geophysica en aanverwante Wetenschappen in België, Den Haag—Mariaburg—Ant werpen. — **57.** Jaargang Afl. 1—12.

159. The Astronomical Herald. Herausgegeben von der Astronomical Society of Japan. Mitaka, Tokyo Astronomical Observatory. — Band **52** Nr. 10—12.

160. The Astrophysical Journal. Chicago, Ill., The University of Chicago Press. — Vol. **129** Nr. 1—3, Vol. **130** Nr. 1—3.

161. The Astrophysical Journal. Supplement Series. Chicago, Ill., The University of Chicago Press. — Vol. **4** Nr. 35—41.

162. The Irish Astronomical Journal. Published by the Irish Astronomical Society, Dublin. Editor: Armagh Observatory, Ireland. — Vol. **5** Nr. 5—8. Erscheinen eingestellt.

163. Journal of Atmospheric and Terrestrial Physics. London—New York—Paris—Los Angeles, Pergamon Press. — Vol. **13** Nr. 3—4, Vol. **14** Nr. 1—4, Vol. **15** Nr. 1—4, Vol. **16** Nr. 1—4, Vol. **17** Nr. 1—2.

164. Journal of the British Interplanetary Society. With Astronautical Abstracts. London. — Vol. **17** Nr. 1—6.

165. The Geophysical Journal of the Royal Astronomical Society. London. — Vol. **2** Nr. 1—4.

166. The Journal of the Institute of Navigation. London. — Vol. **12** Nr. 1—4.

167. Navigation. Journal of the Institute of Navigation. University of California, Los Angeles. — Vol. **6** Nr. 6, 7.

168. Journal des Observateurs. Publié par l'Observatoire de Marseille. — Vol. **42** Nr. 1—12.

169. Australian Journal of Physics. Published by the Commonwealth Scientific and Industrial Research Organization, Melbourne, Victoria. — Vol. **12** Nr. 1—4.

170. The Journal of the Astronomical Society of Victoria. Melbourne. — Vol. **12** Nr. 1—6.

171. Astronomisches Journal. Moskau, Verlag der Akademie der Wissenschaften der UdSSR. — Tom **36** Nr. 1—6.

172. The Astronomical Journal. Published by the American Astronomical Society. New Haven, Conn., Yale University Observatory. — Vol. **64** Nr. 1—10.

173. The Journal of the Astronautical Sciences. Published by the American Astronautical Society, New York. — Vol. **6** Nr. 1—4.

174. Soviet Astronomy AJ. A Translation of the Astronomical Journal of the Academy of Sciences of the USSR. New York, American Institute of Physics, Inc. — Vol. **1** Nr. 3—6, Vol. **2** Nr. 1—6, Vol. **3** Nr. 1—3. — Russisches Original Vol. **34** Nr. 3—6, Vol. **35** Nr. 1—6, Vol. **36** Nr. 1—3.

175. Canadian Journal of Physics. Published by The National Research Council, Ottawa, Canada. — Vol. **37** Nr. 1—12.

176. The Journal of the British Astronomical Association. Printed and published for the Association by the Vincent-Baxter Press, Oxford. — Vol. **69** Nr. 1—8.

177. Journal de Physique et Le Radium. Publication de la Société Française de Physique, Paris. — Tome **20** Nr. 1—12.

178. The Journal of the Royal Astronomical Society of Canada. Toronto, Ontario. — Vol. **53** Nr. 1—6, Gesamtnummer 436—441.

179. Journal of Geophysical Research. Published by the American Geophysical Union, Washington, D. C. — Vol. **64** Nr. 1—12.

180. Journal of the Optical Society of America. National Bureau of Standards, Washington, D. C. — Vol. **49** Nr. 1—12.

181. Leaflet, Astronomical Society of the Pacific. San Francisco, California. — Nr. 355—366.

182. Astronomical News Letter. Publié et distribué par le Laboratoire d'Astronomie de Lille. — Nr. 92—97.

183. The Philosophical Magazine. London, Taylor & Francis, Ltd. — (8) Vol. **4** Nr. 37—48.

184. Memoirs of the Royal Astronomical Society. London. — Vol. **68** Part 2.

185. Memorie della Società Astronomica Italiana. Pavia, Industria Grafica Mario Ponzio. — Vol. **30** Nr. 1—4.

186. Atti della Accademia Nazionale dei Lincei. Anno CCCLVI. Serie Ottava. Memorie. Classe di Scienze fisiche, matematiche e naturali. Sezione I^a^, II^a^. Roma, Accademia Nazionale dei Lincei. — Vol. **5** Sez. I^a^ Fasc. 3, 4, Sez. II^a^ Fasc. 6, 7.

187. De Meteoor. Redactie-Secretariaat: Sterrenwacht Utrecht. — **15^e^** Jaargang Nr. 1—6.

188. Meteoritika. Moskau, Verlag der Akademie der Wissenschaften der UdSSR. — Nr. 17.

189. Mitteilungen der Kommission für Planetenphysik. Charkow, Verlag der Gorkij-Staatsuniversität. — Nr. 1.

190. Mitteilungen der Astronomischen Gesellschaft. Hamburg-Bergedorf. — 1958.

191. Mitteilungen für Planetenbeobachter. Herausgegeben für die Sektion Mond- und Planetenbeobachtung in der „Vereinigung der Sternfreunde eV" Berlin, München. — **12.** Jahrgang Nr. 1—4.

192. Askania-Warte. Technisches Mitteilungsblatt der Askania-Werke, Berlin. — **17.** Jahrgang Nr. 55, 56.

193. BAV Rundbrief. Mitteilungsblatt der Berliner Arbeitsgemeinschaft für Veränderliche Sterne, Berlin-Schöneberg. — Jahrgang **8** Nr. 1—3.

194. Monatsberichte der Deutschen Akademie der Wissenschaften zu Berlin. Berlin, Akademie-Verlag. — Band **1** Nr. 1—12.

195. Astronomische Nachrichten. Bulletin der Griechischen Astronomischen Gesellschaft, Athen. — Jahrgang **9** Nr. 36.

196. Astronomische Nachrichten. Berlin, Akademie-Verlag. — Band **284** Heft 6, Band **285** Heft 1—3.

197. Nachrichten der Akademie der Wissenschaften in Göttingen. II. Mathematisch-Physikalische Klasse. Göttingen, Vandenhoeck & Ruprecht. — Jahrgang 1959 Nr. 1—11.

198. Nachrichtenblatt der Vereinigung der Sternfreunde e. V. Redaktion: Wilhelm-Foerster-Sternwarte, Berlin-Schöneberg. — **8.** Jahrgang Nr. 1—12, Schnell-Mitteilung Nr. 3, 4.

199. Nachrichtenblatt der Astronomischen Zentralstelle. Vorläufige Mitteilung. Herausgegeben vom Astronomischen Rechen-Institut, Heidelberg. — Nr. 410—440. Erscheinen eingestellt.

1100. Nachrichtenblatt der Astronomischen Zentralstelle. Herausgegeben vom Astronomischen Rechen-Institut, Heidelberg. — **13.** Jahrgang Nr. 1—8. Erscheinen eingestellt.

1101. Nature. London, Macmillan & Co., Ltd.; New York, St. Martin's Press, Inc. — Vol. **183** Nr. 4653—4678, Vol. **184** Nr. 4679—4704.

1102. La Nature. Paris, Dunod, Editeur. — Vol. **87** Nr. 3285—3296.

1103. Die Naturwissenschaften. Berlin—Göttingen—Heidelberg, Springer-Verlag. — **46.** Jahrgang Heft 1—24.

1104. Navigation. Paris, Institut Français de Navigation. — Vol. **7** Nr. 1—4.

1105. Monthly Notes of the Astronomical Society of Southern Africa. Cape of Good Hope, Royal Observatory. — Vol. **18** Nr. 1—11.

1106. Occasional Notes. Published and sold by the Royal Astronomical Society, London. — Vol. **3** Nr. 21.

1107. Monthly Notices of the Royal Astronomical Society. London. — Vol. **119** Nr. 1—6.

1108. Il Nuovo Cimento. Bologna, Nicola Zanichelli Editore. — (10) Vol. **11** Nr. 1—6, Suppl. Nr. 1—3, Vol. **12** Nr. 1—6, Suppl. Nr. 1—3, Vol. **13** Nr. 1—6, Suppl. Nr. 1—2, Vol. **14** Nr. 1—6.

1109. The Observatory. Herstmonceux Castle, Hailsham, Sussex, Royal Greenwich Observatory. — Vol. **79** Nr. 908—913.

1110. Optik. Stuttgart, Wissenschaftliche Verlagsgesellschaft mbH. — Band **16** Heft 1—12.

1111. Orion. Mitteilungen der Schweizerischen Astronomischen Gesellschaft. Bulletin de la Société Astronomique de Suisse. Sekretariat: Schaffhausen. — Band **5** Nr. 63—66.

1112. Photographie und Forschung. Herausgegeben von der Zeiss Ikon AG., Stuttgart. — Band **8** Heft 2, 3.

1113. Photographie und Wissenschaft. Herausgegeben von der Agfa Aktiengesellschaft, Leverkusen. — Jahrgang **8.**

1114. Physica. Redactie: Kamerlingh Onnes Laboratorium, Leiden. — Deel **25** Nr. 1—12.

1115. Planetary and Space Science. New York—London—Paris—Los Angeles, Pergamon Press. — Vol. **1** Nr. 1, Vol. **2** Nr. 1.

1116. Pokroky matematiky, fysiky a astronomie. Prag, Verlag der Akademie der Wissenschaften. — Band **4** Nr. 1—6.

1117. Postępy Astronomii. Kraków, Państwowe Wydawnictwo Naukowe. — Tom **7** Nr. 1—4.

1118. Priroda (Natur). Moskau, Verlag der Akademie der Wissenschaften der UdSSR. — Tom **48** Nr. 1—12.

1119. Proceedings. Series B, Physical Sciences. Koninklijke Nederlandse Akademie van Wetenschappen, Amsterdam. — Vol. **62** Nr. 1—5.

1120. Proceedings of the Royal Society. Series A. Mathematical and Physical Sciences. Published by the Royal Society, London. — Vol. **249** Nr. 1256—1259, Vol. **250** Nr. 1260—1263, Vol. **251** Nr. 1264—1267, Vol. **252** Nr. 1268—1271, Vol. **253** Nr. 1272—1275.

1121. Proceedings of the Physical Society. London, The Physical Society. — Vol. **73** Part 1—6, Vol. **74** Part 1—6.

1122. Proceedings of the Cambridge Philosophical Society (Mathematical and Physical Sciences). London. — Vol. **55** Part 1—4.

1123. Proceedings of IRE. Published monthly by the Institute of Radio Engineers, New York. — Vol. **47** Nr. 1—11.

1124. Proceedings of the National Academy of Sciences of the United States of America. Washington, D. C. — Vol. **45** Nr. 1—12.

1125. Project Space Track. Air Research and Development Command United States Air Force. Bedford, Mass., Geophysics Research Directorate Air Force Cambridge Research Center. — Jan. (58—662), Febr. (59—215), Mai (59—454, 455), Aug. (59—457), Sept. (59—605, 637), Okt. (59—638).

1126. Project Space Track. Air Research and Development Command United States Air Force. New Mexico, Air Force Missile Development Center. — Jan. (59—5), März (59—3).

1127. Missile Test Project. RCA Data Processing Technical Report. Herausgegeben vom Air Force Missile Test Center, Air Research and Development Command, United States Air Force, Patrick Air Force Base, Florida. — Nr. 53, 54.

1128. Publications of the Astronomical Society of the Pacific. San Francisco, California. — Vol. **71** Nr. 418—423.

1129. Publications of the Astronomical Society of Japan. Office of the Society: Tokyo Astronomical Observatory, Mitaka, Tokyo. — Vol. **11** Nr. 1—4.

1130. Rad Jugoslavenske Akademije Znanosti i Umjetnosti. Herausgegeben von der Akademie Zagreb. — Tome **314**.

1131. Science Record. New Series. Published by Science Press, Peking. — Vol. **3** Nr. 1—12.

1132. Referatjournal. Astronomie, Geodäsie. Herausgegeben vom Institut für wissenschaftliche Information der Akademie der Wissenschaften der UdSSR, Moskau. — 1959 Nr. 1—11.

1133. Atti della Accademia Nazionale dei Lincei. Anno CCCLVI. Serie Ottava. Rendiconti. Classe di Scienze fisiche, matematiche e naturali. Roma, Accademia Nazionale dei Lincei. — Vol. **26** Fasc. 1—6, Vol. **27** Fasc. 1—6.

1134. Annual Report of the Board of Regents of The Smithsonian Institution showing the operations, expenditures, and condition of the Institution for the year ended June 30, 1958.

1135. Reports on Progress in Physics. Published by the Physical Society, London. — Vol. **22**.

1136. The Science Reports of the Tôhoku University. First Series (Physics, Chemistry, Astronomy). Published by the Faculty of Science, Tôhoku University, Sendai, Japan. — Vol. **43** Nr. 1—4.

1137. Polish Amateur Astronomical Society Reprint. Kraków. — Nr. 1, 2.

1138. Royal Astronomical Society New Zealand. Variable Star Section Reprint. — Nr. 5—7.

1139. The Physical Review. Series 2. Published for the American Physical Society by the American Institute of Physics, Lancaster, Pa., and New York, N. Y. — Vol. **113** Nr. 1—6, Vol. **114** Nr. 1—6, Vol. **115** Nr. 1—6, Vol. **116** Nr. 1—6.

1140. The Review of Scientific Instruments. New Series. Published by the American Institute of Physics, Lancaster, Pa., and New York, N. Y. — Vol. **30** Nr. 1 — 12.

1141. The International Hydrographic Review. Monte Carlo, International Hydrographic Bureau. — Vol. **36**.

1142. Astronautical Sciences Review. Published quarterly by the American Astronautical Society, New York, N. Y. — Vol. **1** Nr. 1.

1143. Reviews of Modern Physics. Published for the American Physical Society by the American Institute of Physics, Lancaster, Pa., and New York, N. Y. — Vol. **31** Nr. 1—4.

1144. Mathematical Reviews. Published by the American Mathematical Society, Providence, R. I. — Vol. **20** Nr. 1—11.

1145. Revista Astronomica. Organo de la Asociación Argentina Amigos de la Astronomía, Buenos Aires. — Nr. 150.

1146. La Ricerca Scientifica. Direzione ed Amministrazione: Consiglio Nazionale delle Ricerche, Roma. — Vol. **29** Nr. 1—12.

1147. Říše hvězd. Prag, Verlag Orbis. — Band **40** Nr. 1—12.

1148. Rozhledy matematicko-fysikální. Prag, Pädagogischer Verlag. — Band **37** Nr. 1—6, Band **38** Nr. 1—4.

1149. Science. Herausgegeben von der American Association for the Advancement of Science, Washington, D. C. — Vol. **129** Nr. 3340—3365, Vol. **130** Nr. 3366—3391.

1150. Der Seewart. Nautische Zeitschrift für die Deutsche Seeschiffahrt. Hamburg, Deutsches Hydrographisches Institut und Seewetteramt. — Band **20** Heft 1—6.

1151. Sitzungsberichte der Deutschen Akademie der Wissenschaften zu Berlin. Klasse für Mathematik, Physik und Technik. Berlin, Akademie-Verlag. — Jahrgang 1959 Nr. 1—3.

1152. Bayerische Akademie der Wissenschaften. Mathematisch-Naturwissenschaftliche Klasse. Sitzungsberichte. München, Verlag der Bayerischen Akademie der Wissenschaften. — Jahrgang 1959.

1153. Sky and Telescope. Published by Sky Publishing Corporation, Harvard College Observatory, Cambridge, Mass. — Vol. **18** Nr. 3—12, Vol. **19** Nr. 1—2.

1154. Sonnendaten. Bulletin. Moskau—Leningrad, Verlag der Akademie der Wissenschaften der UdSSR. — 1958 Nr. 8—12, 1959 Nr. 1—8.

1155. Southern Stars. The Journal of the Royal Astronomical Society of New Zealand, Carter Observatory, Wellington. — Vol. **18** Nr. 1 (131)—4 (134).

1156. Spaceflight. Published by the British Interplanetary Society, London. — Vol. **2** Nr. 1—4.

1157. Die Sterne. Leipzig, Verlag Johann Ambrosius Barth. — **35**. Jahrgang Heft 1—12.

1158. Der Sternenbote. Monatsschrift für Österreichs Amateurastronomen, Wien. — **2**. Jahrgang Nr. 1—12.

1159. The Strolling Astronomer. The Association of Lunar and Planetary Observers, Las Cruces, New Mexico. — Vol. **13** Nr. 1—12.

1160. Studia geophysica et geodaetica. Prag, Verlag der Akademie der Wissenschaften. — Band **3** Nr. 1—4.

1161. Mathematical Tables and other Aids to Computation. Published quarterly by the National Academy of Sciences — National Research Council, Washington, D. C. — Vol. **13** Nr. 65—67.

1162. Tellus. Editorial Office: Stockholm. — Vol. **11** Nr. 1—4.

1163. Populär Astronomisk Tidskrift. Utgiven av Svenska Astronomiska Sällskapet, Stockholms Observatorium, Saltsjöbaden. — Årgång **40** Häfte 1—4.

1164. Nordisk Astronomisk Tidsskrift. Udgivet af Astronomisk Selskab, København. — 1959 Nr. 1—4.

1165. Titel von Veröffentlichungen über Analog- und Ziffernrechner und ihre Anwendungen. Herausgegeben von der Literaturstelle der Kommission für Rechenanlagen der Deutschen Forschungsgemeinschaft. Wiesbaden, Franz Steiner Verlag GmbH. — **6.** Jahrgang 1.—4. Quartal.

1166. El Universo. Organo de la Sociedad Astronómica de México, México, D. F. — Vol. **13** (Nr. 46—49.)

1167. Urania. Herausgegeben vom Urania Observatoriet, København. — Aargang **16** Nr. 1—12.

1168. Urania. Organ Polskiego Towarzystwa Miłośników Astronomii, Kraków. — Rok **30** Nr. 1—12. Annual Scientific Supplement Nr. 2.

1169. Vasiona. Bulletin de la Societé Astronomique «R. Bošković» et de la Societé Astronautique de l'Union Aéronautique de Yougoslavie, Beograd. — Année **6** Nr. 3, 4, 1958, année **7** Nr. 1—4.

1170. Veränderliche Sterne. Moskau, Verlag der Akademie der Wissenschaften der UdSSR. — Tom **12** Nr. 1 (97)—4 (100).

1171. Physikalische Verhandlungen. Mosbach/Baden, Physik Verlag. — **10.** Jahrgang Nr. 1—14.

1172. Vesmír. Prag, Verlag der Akademie der Wissenschaften. — Band **38** Nr. 1—10.

1173. Zeitschrift für Astrophysik. Berlin—Göttingen—Heidelberg, Springer-Verlag. — Band **47** Heft 1—4, Band **48** Heft 1—4.

1174. Zeitschrift für angewandte Physik. Berlin—Göttingen—Heidelberg, Springer-Verlag. — **11.** Band Heft 1—12.

1175. Zeitschrift für Physik. Berlin—Göttingen—Heidelberg, Springer-Verlag. — Band **154** Heft 1—5, Band **155** Heft 1—5, Band **156** Heft 1—4, Band **157** Heft 1—3.

1176. Wissenschaftliche Zeitschrift der Humboldt-Universität zu Berlin. Mathematisch-Naturwissenschaftliche Reihe. Herausgegeben vom Rektor der Humboldt-Universität zu Berlin. — Jahrgang **8** Nr. 1—5.

1177. Zeitschrift für Instrumentenkunde. Braunschweig, Friedr. Vieweg & Sohn. — **67.** Jahrgang Heft 1—12.

1178. Deutsche Hydrographische Zeitschrift. Hamburg, Deutsches Hydrographisches Institut. — Band **12** Heft 1—6.

1179. Wissenschaftliche Zeitschrift der Friedrich-Schiller-Universität Jena/Thüringen. Mathematisch-Naturwissenschaftliche Reihe. Veröffentlicht im Selbstverlag der Friedrich-Schiller-Universität, Jena. — Jahrgang **8** Nr. 1—5.

1180. Zeitschrift für Naturforschung. Tübingen, Verlag der Zeitschrift für Naturforschung. — Band **14a** Heft 1—12.

1181. Zeitschrift für Geophysik. Würzburg, Physica-Verlag. — Band **25** Heft 1—6.

1182. Zentralblatt für Mathematik und ihre Grenzgebiete. Berlin—Göttingen—Heidelberg, Springer-Verlag. — Band **73** Heft 1, Band **78** Heft 2, Band **79** Heft 1, 2, Band **80** Heft 1, 2, Band **81** Heft 1, 2.

1183. Astronomisches Zirkular. Herausgegeben vom Büro für astronomische Mitteilungen der Akademie der Wissenschaften der UdSSR, Moskau. — Nr. 199—207.

1184. Zvaigžņotā Debess. Rīgā, Latvijas PSR Zinātņu akadēmijas izdevniecība. — 1959. gada vasara, rudens.

Bibliographische Veröffentlichungen

1185. Astronomischer Jahresbericht. 1899 gegründet von Walter Wislicenus. **57.** Band. Die Literatur des Jahres 1957. Herausgegeben vom Astronomischen Rechen-Institut in Heidelberg. Bearbeitet von K. Heinemann, F. Henn, W. Lohmann. Berlin, Walter de Gruyter & Co., 1959. 38 + 525 S. Preis DM 60.

1186. **H. Baranowski,** Bibliografia Kopernikowska 1509—1955. Vgl. AJB 58 Ref. 722. — Weitere Besprechung in RH **40** 103.

1187. **M. A. Ellison,** Solar activity publications for the I. G. Y. Obs **79** 162—163.

1188. **P. Maffei,** Rassegna delle Riviste e notizie brevi. Coelum 27 22—26, 56—59, 89—93, 121—126, 155—159, 182—185.

* * **K. P. Massalskaja,** Klassifikationsschema der Literatur zur Meteoritik. Vgl. Ref. **9428.**

1189. **G. Nebbia,** Viaggi interplanetari. Bibliografia delle ricerche sulla propulsione a reazione e sul volo extraplanetare. Coelum 27 60—62, 94—95, 186—189.

1190. **J. G. Perel,** Arbeiten zur Geschichte der Astronomie. Überblick über die in sowjetischen Zeitschriften veröffentlichten Arbeiten chinesischer Astronomen. Priroda **48** Nr. 9 S. 122—123 (russ.). — Betrifft Arbeiten ab 1953.

1191. **S. Ross,** Abstracts of technical literature in the astronautical sciences. Astronaut. Sci. Rev. **1** 23—24.

1192. **N. Stoyko,** Instructions sur la manière d'utiliser le Bulletin Horaire. Bull hor (5) Nr. 1 S. 1—4.

1193. Aerodynamic Phenomena in Stellar Atmospheres. A Bibliography. Herausgegeben von R. N. Thomas. Techn. Note Boulder Lab. Nr. 30, 89 S.

1194. Gesamtinhaltsverzeichnis der wissenschaftlichen Zeitschriften der Universitäten und Hochschulen der Deutschen Demokratischen Republik. 1. Fünfjahrverzeichnis, 1951/52 bis 1955/56. Berlin, Selbstverlag der Humboldt-Univ., 1959. 170 S.

1195. Association Internationale de Géodésie. Commission Permanente des Marées Terrestres. Bibliographie 1800—1959. Bruxelles, Centre International des Marées Terrestres, Obs. Roy. Belgique, 1959. 14 + 108 S.

1196. Astronautical Sciences Review. Palo Alto, Calif., American Astronaut. Soc. Preis $ 5.00 pro Jahr. — Neue, ab Januar 1959 erscheinende Zeitschrift.

1197. Astronautical Abstracts. Edited by H. Humphries, J. Foley. J. British Interplanetary Soc. **17** 36—40, 65—76, 108—111, 150—155, 174—192.

1198. Soviet Astronomy — AJ. Obs **79** 163.

1199. General Index to Vols. 1—75 of «The Observatory» magazine. Obs **79** 228.

1200. Geophysics Journal. Science **129** 140. — Vereinigung von Transactions of the American Geophysical Union und Journal of Geophysical Research.

1201. Early volumes of «Astrophysical Journal» reprinted. Sky Tel. **18** 249.

1202. Microfilms available. Sky Tel. **18** 308. — Betrifft Sky Tel. **9**—**17**.

1203. Astronomy magazine changes hands. Sky Tel. **18** 677. — Monthly Evening Sky Map.

1204. The «revue des constellations». Star-gazing to some purpose. Southern Stars **18** 75—76.

§ 2

Geschichte

201. **R. Baillaud,** Histoire de l'horloge astronomique de la Cathédrale Saint-Jean de Besançon. Ann. Françaises Chronométrie (2) **13** 69—83.

202. **R. R. Batcher,** The cause of aurora borealis. Proc IRE **47** 1154—1155.

203. **F. M. Bateson,** Polynesian navigation. Publ ASP **71** 187—193.

204. **M. Boas, A. R. Hall,** Tycho Brahe's system of the world. Occasional Notes **3** 253—263.

205. **C. M. Botley,** The discovery of Sirius B. JBAA **69** 177.

206. **C. M. Botley,** Dates to remember. JBAA **69** 220—222. — Über die Bedeutung einiger Daten der Jahre 1859 und 1909.

207. **C. Chu,** Die Entstehung der Lehre von den 28 Zeichen des Mondzodiakus. Fragen Geschichte Naturwiss. Technik 1957 Nr. 4 S. 55—62 (russ.). — Ref. in ZfMG **83** 244.

208. **P. Couderc,** Histoire récente de l'exploration de l'univers. BSAF **73** 55—62.

209. **A. E. Covington,** An early 19th-century star map after Aratus. J RAS Canada **53** 78—84. — Das im dritten Jahrhundert v. Chr. von Aratus verfaßte Lehrgedicht «Phaenomena» hat mit seinem astronomischen Inhalt wiederholt Anlaß zum Entwurf von Sternkarten gegeben, in deren figürlichen Darstellungen sich die mythischen Vorstellungen der Zeit des Dichters widerspiegeln. Zur Veranschaulichung sind zwei Karten des nördlichen und des südlichen Sternhimmels beigefügt, die zu Beginn des 19. Jahrhunderts angefertigt wurden. U. Baehr

* * **H. J. Cowan,** Time and its Measurement; from the Stone Age to the Nuclear Age. Vgl. Ref. **2402**.

210. **G. A. Davis,** The origin of the ancient constellations. Sky Tel. **18** 424—426.

211. **J. Dobrzycki,** Kronikarskie zapiski o średniowiecznych kometach. Urania Kraków **30** 55—57. — Notiz über die Beschreibungen der in Polen beobachteten Kometen der Jahre 1024, 1058, 1211, 1362, 1468 und 1471 in der Chronik von Jan Długosz. E. R.

212. **P. Duhem,** Le système du monde. Histoire des doctrines cosmologiques de Platon à Copernic. T. 8. Vgl. AJB **58** Ref. **1311**. — Weitere Besprechung in Nature **184** 836 (E. J. Dijksterhuis), ZfMG **73** 241 (H. Hermelink).

213. **E. Ehnmark,** Om stjärnbildernas namn. PAT **40** 103—110. — Populäre, kurzgefaßte Wiedergabe der an die Sternbilder geknüpften griechischen Sagen. C. L. J.

214. **S. B. Gaythorpe,** The lunar hand-calendar of Magister Anianus. JBAA **69** 80—87. — Ein Mondkalender auf der Hand ist von Magister Anianus in etwa 60 Verszeilen in seinem 1486 in Rom erschienenen Buch «Compotus Manualis Metricus» erklärt und beschrieben worden. Nach verschiedenen bibliographischen Erläuterungen beschreibt Verf. das Verfahren, die Mondphasen etc. vermittels der Fingergelenke der rechten Hand zu bestimmen. Die Genauigkeit des Kalenders wird diskutiert. C. L. J.

* * **N. Hansson,** Äldre och nyare Meridianastronomi. Vgl. Ref. **3105**.

* * **B. Hilder,** Polynesian navigational stones. Vgl. Ref. **3615**.

215. **A. R. Hogg,** The last of the specula. ASP Leaflet Nr. 364, 8 S.

216. **N. Janković,** The sun in Serbian folklore. Vasiona **6** 101—103, 1958 (serb.-kroat.).

217. **R. Jimenez Chavez,** Mitología Astronómica Nahuatl. El Universo **13** 7—12.

* * **J. Junkes, E. W. Salpeter,** Linienbreiten in der photographischen Spektralphotometrie. I. Zur Geschichte der photographischen Photometrie in Astronomie und Spektroskopie. Vgl. Ref. **10433**.

218. **E. S. Kennedy,** The Sasanian astronomical handbook Zīj-i Shāh and the astrological doctrine of «Transit» (Mamarr). J. American Oriental. Soc. **78** 246—262, 1958. — Ref. in ZfMG **82** 241.

219. **E. S. Kennedy,** Comets in Islamic astronomy and astrology. J. Near Eastern Studies **16** 44—51, 1957. — Ref. in ZfMG **81** 5.

220. **E. S. Kennedy, A. Muruwwa,** Bīrūnī on the solar equation. J. Near Eastern Studies **17** 112—121, 1958. — Ref. in ZfMG **82** 241.

221. **J. E. Kennedy,** Historical research in astronomy. J RAS Canada **53** 252—256. — Es handelt sich um den Inhalt eines Vortrages, der beim Jahrestreffen der RAS Canada am 14. 3. 1959 gehalten wurde. Aus einem Rückblick auf die Anfänge und Fortführung astronomischer Beobachtung in Kanada ergibt sich die Bedeutung astronomiegeschichtlicher Forschung und ihr Verhältnis zur astronomischen Forschung der Gegenwart. U. Baehr

222. **H. C. King,** El Planetario. El Universo **13** 122—134. — Der vorliegende Artikel enthält Beschreibungen und Abbildungen der modernen Zeiß-Projektoren und ihrer «Vorläufer», den Armillarsphären zu Beginn der Neuzeit, den astronomischen Uhren und den Modellen des Planetensystems. Loh.

223. **Y. Kitano,** On the origin of the astronomical longitude and latitude of Japan. Astr. Herald **52** 176 (japan.).

224. **A. Koestler,** The Sleepwalkers. New York, Macmillan Company, 1959. 624 S. Preis $ 6.50. — Besprechung in J. Inst. Navigation **12** 260—265 (E. G. R. Taylor), Science **130** 326—328 (M. K. Munitz), Sky Tel. **18** 522, 577 (C. Gasteyer).

225. **A. Koestler,** Die Nachtwandler. Das Bild des Universums im Wandel der Zeit. Aus dem Englischen übersetzt von W. M. Treichlinger. Bern—Stuttgart—Wien, Alfred Scherz Verlag, 1959, 560 S. Preis DM 24.80.

226. **P. Kunitzsch,** Arabische Sternnamen in Europa. Wiesbaden, Otto Harrassowitz, 1959. 6 + 240 S. Preis DM 28.00 — Besprechung in Naturwissenschaften **47** 384 (E. Zinner), Sky Tel. **19** 306, VdS Nachr. **9** 67 (J. Herrmann).

227. **G. Leopardi,** Sugli errori popolari degli antichi. Del Sole. Coelum **27** 76—79.

228. **G. Leopardi,** Sugli errori popolari degli antichi. Degli Astri. Coelum **27** 112—117.

229. **G. Leopardi,** Sugli errori popolari degli antichi. Dell'astrologia, delle ecclissi, delle comete. Coelum **27** 140—144.

230. **F. Longauer,** About the book «Tractatus de cometa» from the year 1578. RH **40** 169—173 (slowak.).

231. **G. D. Mamedbejli,** Die astronomischen Instrumente des Maraginer Observatoriums. Publ. Sektor Astrophys. Akad. Wiss. Aserbajdshan. SSR **1** 84—95 (russ. mit aserbajdshan. Ref.). — Ref. in RJ UdSSR 1960 Nr. 6 S. 2.

232. **H. Michel,** Le plus ancien instrument d'astronomie: le pí. Ciel et Terre **75** 203—213. — Das pí ist eine dünne Scheibe mit einem Loch im Zentrum, deren Rand oft mit Einschnitten versehen ist. Dieses aus dem 12. Jahrhundert v. Chr. stammende Instrument scheint zur Festlegung der Lage des nördlichen Himmelspols gedient zu haben. In Verbindung mit einem anderen altchinesischen Instrument namens «ts'ung» scheint ein besseres Instrument «hsüan-chi» entstanden zu sein. Wenn man durch das Loch sieht und die Scheibe so dreht, daß bestimmte Sterne an bestimmten Kerben des Scheibenrandes auftreten, erblickt man im Loch den Himmelspol. Durch die Stellung der betreffenden Sterne hat man vielleicht einen Schluß auf die Jahreszeit ziehen können bzw. wollen. C. L. J.

233. **H. Michel,** Pages immortelles. Ciel et Terre **75** 342.

234. **J. Needham,** The missing link in horological history: a Chinese contribution. Proc. Roy. Soc. (A) **250** 147—179.

235. **J. Needham, L. Wang,** Science and Civilization in China. Bd. III. Mathematics and the Sciences of the Heaven and the Earth. London, Cambridge University Press, 1959. 47 + 877 S. Preis 150 s. — Besprechung in Endeavour **19** 118 (H. H. Dubbs).

236. **O. Neugebauer,** The Exact Sciences in Antiquity. Vgl. AJB **57** Ref. 1348. — Weitere Besprechung in ZfMG **84** 2 (H. Hermelink).

237. **O. Neugebauer,** The equivalence of eccentric and epicyclic motion according to Apollonius. Scripta Math. **24** 5—21. — Ref. in Math. Rev. **21** 614.

238. **A. V. Nielsen,** Omkring opdagelsen af Neptun. NAT 1959 S. 93—100. — In diesen Bemerkungen über die Entdeckung des Neptun werden Leverriers Schreiben an Galle vom 18. September 1846 und Dreyers Bemerkungen über den Anteil d'Arrests an der Entdeckung wiedergegeben. Des weiteren werden Auszüge über verschiedene Ansichten und Briefwechsel (Challis, Sheepshanks, Airy) mitgeteilt. C. L. J.

239. **N. V. E. Nordenmark,** Astronomiens historia i Sverige intill år 1800. Uppsala, Almqvist & Wiksells Boktr., 1959. 16 + 295 S. Preis 42:— bzw. 54:— Besprechung in PAT **40** 155—157 (B. Lindblad).

240. **W. Norlind,** Ett intressant exemplar av en Tycho Brahe—bok. Astronomiska Sällskapet Tycho Brahe Årsbok 1958—1959 S. 13—25. — Bei diesem interessanten Exemplar eines von Tycho Brahe verfaßten Buches handelt es sich um einen Vordruck des Progymnasmata. Das von Friberg gefundene Exemplar befindet sich in der Bibliothek Akad. Wiss. Stockholm. Es ist mit handschriftlichen Bemerkungen von Tycho Brahe versehen, sowie — ebenfalls handschriftlich — mit Keplers Bearbeitung von Brahes Mondtheorie. Verf. vermutet, daß dieses Exemplar aus den Sammlungen des Hevelius stammt, die später von Katharina II. von Rußland erworben worden sind. Wie sie nach Schweden gekommen sind, ist unbekannt. C. L. J.

241. **D. Pérez,** Hiparco. Recordando al padre de la astronomía. El Universo **13** 182—185.

242. **G. A. Pewzow,** Zur Geschichte der Entdeckung des Zodiakallichts. Priroda **48** Nr. 8 S. 113—114 (russ.).

243. **A. Piaskowski,** Die Konstruktion und der Korrektionszustand alter dreilinsiger Gauß-Objektive von G. S. Plössl, Wien. Ein Beitrag zur Geschichte der Fernrohroptik. Urania Kraków Suppl. Nr. 2 S. 39—48.

244. **J. Pokrzywnicki,** Bolidy i meteoryty w starożytnym Egipcie. Urania Kraków **30** 254—256. — In Anlehnung an einen Artikel von Faulkner (vgl. AJB **58** Ref. **1315**) berichtet Verf. über Boliden und Meteorite in ägyptischen Texten. E. R.

245. **D. J. de Solla Price,** On the Origin of Clockwork, Perpetual Motion Devices, and the Compass. Washington, Smithsonian Institution, 1959. Contributions from the Museum of History and Technology Nr. 6. — Besprechung in Ciel et Terre **76** 64 (H. Michel).

246. **T. Przypkowski,** Geneza paralaktycznego montażu lunety. Postępy Astr. **7** 141—144. — Kurzer Beitrag über die Geschichte der Entstehung der parallaktischen Montierung von Fernrohren. E. R.

247. **T. Przypkowski,** Polskie Konstelacje Niebieskie. Urania Kraków **30** 181—182. — Bemerkung zu den Sternbildern Scutum Sobiescianum und Taurus Poniatovii. E. R.

248. **I. Rabinovičs,** Kā izveidojusies nedēla. Zvaigžņotā Debess 1959. gada rudens S. 46—49. — Geschichtliche Betrachtung über die Entstehung der Woche.

249. **A. Riehs,** Aus der Geschichte der Selenographie. Sternenbote **2** 66—71.

250. **P. Rousseau,** Man's Conquest of the Stars. London, Jarrolds Publishers Ltd., 1959. 356 S. Preis 25 s. — Besprechung in Nature **186** 69 (D. H. P. Jones), Publ ASP **72** 66—67 (V. W. Killick), Sky Tel. **18** 522, 698 (S. Thompson).

251. **D. J. Schove, P. Y. Ho,** Chinese aurorae: I, A. D. 1048—1070. JBAA **69** 295—304.

252. **W. Schröder,** Die astronomischen Sammlungen im Reichsmuseum für die Geschichte der Naturwissenschaften in Leiden. Sterne **35** 236—238. — Das Museum wurde 1939 eröffnet, im zweiten Weltkrieg durch eine Bombe teilweise zerstört und nach seinem Wiederaufbau 1947 als staatliches Institut wieder eröffnet. Durch die Sammlungsstücke des Museums wird die Erinnerung an holländische Gelehrte betont. Besonders reichhaltig sind Ausstellungsgegenstände vorhanden, die aus der Arbeit von Huygens hervorgegangen sind. Neben der astronomiegeschichtlichen Sammlung sind in gleichem Ausmaß Physik, Meteorologie, Geodäsie etc. vertreten. U. Baehr

253. **W. H. Steavenson,** The instruments of Sir William Herschel. MN **119** 449—454. — Die Instrumente Herschels sind 1958 verkauft worden und befinden sich nun in verschiedenen Institutionen. Verf. gibt eine Beschreibung der noch existierenden Instrumente. Mehrere der Spiegel sind noch in guter Verfassung und konnten geprüft werden. Das einzige vollständige Instrument der Sammlung ist das 7 Fuß-Teleskop mit azimutaler Aufstellung. Die Untersuchung zeigt, daß dieses Instrument ganz vorzüglich ist. Es ist noch im Besitz eines der Nachkommen Herschels. C. L. J.

254. **F. A. Stebbins,** A sixteenth-century planetarium. J RAS Canada **53** 197—203. — Eine Beschreibung von Peter Apian: Astronomicum Caesareum (Kaiser Karl V. dediziert). Verf. gibt eine kurze Darstellung des ptolemäischen

Weltsystems und erklärt die Anwendung von Apians Modellen. Einige Beispiele zeigen, daß der Apparat stets verwendbar ist. C. L. J.

255. **O. Struve,** Reflections of a spectroscopist. Sky Tel. **19** 7—10.

256. **L. Thorndike,** Notes upon some medieval latin astronomical, astrological and mathematical manuscripts at the Vatican. II. Isis **49** 34—49, 1958.

257. **B.-t. Tsiang,** Über das von Kuo Shou-ching geschaffene Kalendersystem Shou-shi. Fragen Geschichte Naturwiss. Technik 1957 Nr. 5 S. 164—165 (russ.). — Ref. in ZfMG **84** 2.

258. **T. Ungerer, C. Ungerer, L. Leclerc,** L'horloge astronomique de la cathédrale de Strasbourg, historique, description, fonctionnement. 10. verbesserte Auflage. Straßburg, Roux, 1958. 48 S. Preis 200 fr.

259. **D. Wattenberg,** Fr. W. Bessel und die Vorgeschichte der Entdeckung des Neptun. Mitt. Archenhold-Sternw. Berlin-Treptow Nr. 54, 7 S.

260. **E. Whittaker,** From Euclid to Eddington: A Study of Conceptions of the External World. New York, Dover Publications Inc., 1959. 9 + 212 S. Preis $ 1.35. — Ungeänderter Neudruck des in AJB **49** Ref. **1316** zitierten Buches. — Besprechung in ZfA **49** 69 (P. Lorenzen).

261. **H. Woolf,** The Transits of Venus. A Study of Eighteenth-Century Science. Princeton, N. J., Princeton University Press; London, Oxford University Press, 1959. 13 + 258 S. Preis $ 6.— bzw. 48 s. — Besprechung in J RAS Canada **54** 197—198 (H. Sawyer Hogg), Nature **187** 636 (D. S. Evans), Publ ASP **72** 219—220 (R. S. Richardson), Science **131** 723 (D. J. de Solla Price), Sky Tel. **19** 181, 431 (O. Gingerich).

262. **E. Zinner,** Astronomiegeschichtliche Forschungen in Moskau und Leningrad. Forschungen und Fortschritte **33** 104—106. — Ref. in ZfMG **82** 241.

263. Historisch-astronomische Untersuchungen. Band 3. Herausgegeben von P. G. Kulikowskij. Vgl. AJB **57** Ref. **1390**. — Weitere Besprechung in RJ UdSSR 1959 Nr. 10 S. 3 (J. G. Perel).

264. Historisch-astronomische Untersuchungen. Band 5. Verantwortlicher Redakteur P. G. Kulikowskij. Moskau, Staatsverlag für physikalisch-mathematische Literatur, 1959. 468 S. Preis 13 R. 80 Kop. (russ.). — Besprechung in Priroda **48** Nr. 11 S. 126, RJ UdSSR 1960 Nr. 1 S. 3 (J. G. Perel).

265. Al-Biruni on Transits. Engl. Übersetzung eines Buches des arabischen Astronomen al-Biruni (gest. 1048) durch M. Saffouri, A. Ifram, E. S. Kennedy. Beirut, American University, 1959. 201 S. Preis 6.25 Lebanese £. — Besprechung in Sky Tel. **19** 501, **20** 99—100 (O. Gingerich).

266. Copernic. Des révolutions des orbes célestes, 1543. Ciel et Terre **75** 343—346.

267. Galilée. Le messager des étoiles, 1610. Ciel et Terre **75** 346—353.

268. Kepler. L'astronomie nouvelle, 1609. Ciel et Terre **75** 353—358.

269. Regiomontanus's astrolabe at the National Maritime Museum. Nature **183** 508—509.

270. On the distribution of the nebulae in space. Obs **79** 117.

271. 16th-century planetary position predictor. Sky Tel. **19** 80.

272. Forschungen über die Sternwarte von Ulugbek. Sternenbote **2** 34—35.

§ 3

Biographie

301. **E. N. da C. Andrade,** Christian Doppler und der Doppler-Effekt. Endeavour **18** 14—19.

302. **K.-R. Biermann,** Zum Verhältnis zwischen Alexander von Humboldt und Carl Friedrich Gauß. Wiss. Z. Humboldt-Univ. Berlin (Math.-Naturwiss.) 8 121—130.

303. **E. E. Both,** Philipp Fauth's contribution to selenography. Strolling Astronomer **13** 134—137.

304. **M. Caspar,** Kepler. Übersetzt aus dem Deutschen und herausgegeben von C. D. Hellman. New York, Abelard-Schuman, 1959. 401 S. Preis $ 7.50. — Besprechung in J RAS Canada **54** 198 (M. W. Burke-Gaffney), Science **131** 1203 (W. D. Stahlman), Sky Tel. **19** 434, 494—495 (R. N. Watts jr.).

305. **S. Chapman,** Alexander von Humboldt et l'étude du géomagnétisme. Ciel et Terre **75** 269—284.

306. **O. J. Eggen,** Flamsteed og Halley. NAT 1959 S. 47—61. — Dänische Übersetzung eines Artikels von O. J. Eggen (vgl. AJB **58** Ref. **1010**). C. L. J.

307. **H. Fauth,** Philipp Fauth and the moon. Sky Tel. **19** 20—24.

308. **W. G. Fessenkow,** Das Grab des Akademiemitglieds P. S. Pallas in Berlin. Meteoritika Nr. 17 S. 131—132 (russ.).

309. **A. P. FitzGerald,** Charles Edward Burton 1846—1882. Irish AJ **5** 167—173.

310. **Y. Fujita,** Observers of red (cool) stars. Astr. Herald **52** 80 (japan.).

311. **T. Gerardy,** Der Briefwechsel zwischen Carl Friedrich Gauß und Carl Ludwig von Lecoq. Nachr. Akad. Wiss. Göttingen. II. Math.-Phys. Kl. 1959 S. 37—63.

312. **T. Gerardy,** Ein unveröffentlichter Brief von Carl Friedrich Gauß an Alexander von Humboldt. Nachr. Akad. Wiss. Göttingen. II. Math.-Phys. Kl. 1959 S. 64—66.

313. **W. Gleissberg,** Richard C. Carrington. Zur Erinnerung an seine Entdeckung der Zonenwanderung der Sonnenflecken vor hundert Jahren. Sterne **35** 31—34.

314. **A. A. Grigorjew,** Ein hervorragender deutscher Naturforscher. Zum 100. Todestag von A. Humboldt. Ein außergewöhnlich bedeutender Naturalist und Geograph. Priroda **48** Nr. 5 S. 66—73 (russ.).

315. **Y. Hagihara,** Sir A. S. Eddington. Astr. Herald **52** 98 (japan.).

316. **T. Hatanaka,** Investigators of stellar evolution. Astr. Herald **52** 120 (japan.).

317. **G. Horn-d'Arturo,** Elogio di Vincenzo Cerulli (1859—1927). Coelum **27** 97—100.

318. **M. Huruhata,** Sergei and C. P. Gaposchkin. Astr. Herald **52** 205 (japan.).

319. **M. G. Karimow,** Akademiemitglied Wassilij Grigorewitsch Fessenkow. Bote Akad. Wiss. Kasach. SSR 1959 Nr. 1 S. 89—93 (russ.). — Ref. in RJ UdSSR 1960 Nr. 1 S. 3.

320. **J. E. Kennedy,** Chant Medal and service award. J RAS Canada **53** 232.

321. **D. Kondratjewa,** Ievērojamais padomju astrofiziķis V. Fesenkovs. Zvaigžņotā Debess 1959. gada rudens S. 41—45. — Würdigung Fessenkows anläßlich seines 70. Geburtstages.

322. **A. C. Larrieu,** The French selenographer C. M. Gaudibert. Strolling Astronomer **13** 19—20.

323. **K. Löchel,** Zum Gedenken an Bernhard Schmidt. Sterne **35** 197—202.

324. **G. A. Merman,** Abriß der mathematischen Arbeiten von Michail Fjodorowitsch Subbotin (zum 65. Geburtstag). BIA **7** 233—255 (russ.).

325. **R. Mougenot,** L'œuvre astronomique de Henri Poincaré. BSAF **73** 279.

326. **D. Pérez,** Breve Síntesis sobre la obra de Copérnico. El Universo **13** 62—70.

* * **F. Rigaux,** Les Observatoires Astronomiques et les Astronomes. Vgl. Ref. 4175.

327. **E. Stresemann,** Ein hervorragender deutscher Naturforscher. Zum 100. Todestag von A. Humboldt. Ein vielseitiger Gelehrter und Humanist. Priroda **48** Nr. 5 S. 62—66 (russ.).

328. **O. Struve,** Charles Darwin and the problem of stellar evolution. Sky Tel. **18** 240—243.

329. **O. J. Ulanowicz,** Svante August Arrhenius (1859—1927). Urania Kraków **30** 102—103.

330. **D. Wattenberg,** Alexander von Humboldt und die Astronomie. Vorträge Schriften Archenhold Sternw. Berlin-Treptow Nr. 1, 42 S.

331. **D. Wattenberg,** Vom Kaufmannslehrling zum Astronomen. Friedrich Wilhelm Bessel (1784—1846). Vorträge Schriften Archenhold Sternw. Berlin-Treptow Nr. 2, 38 S.

332. Bruno H. Bürgel zum Gedenken. Herausgegeben von L. Wörner, P. Nell, J. Deutsch, W. Tripmacker. Leipzig, Verlag Johann Ambrosius Barth, 1959. 92 S. — Besprechung in RH **40** 200, Sternenbote **3** 10.

333. J. C. Poggendorff, Biographisch-Literarisches Handwörterbuch der Exakten Naturwissenschaften. Herausgegeben von der Sächsischen Akademie der Wissenschaften zu Leipzig. Redigiert von R. Zaunick und H. Salié. Band VIIa, Teil 3: L—R, vierte und fünfte Lieferung. Berlin, Akademie-Verlag, 1959. 224 S.

334. Deux esprits du XVIIIe siècle: P. Vayringe et C. Messier. BSAF **73** 280—282.

335. En souvenir de Camille Flammarion. BSAF **73** 442—444.

336. La commemorazione del centenario della nascita di V. Cerulli. Coelum **27** 153—154.

337. Table des publications de G. Tiercy. Publ. Obs. Genève (A) Fasc. 58, 25 S., 1958.

338. Polacy na Księżycu. Urania Kraków **30** 272—273.

339. **Nekrologe und Todesanzeigen**

H. W. Acton, 1889 Nov. 24—1958 Dez. 14. MN **119** 343—344 (W. M. Witchell).
G. Armellini, 1887 Okt. 24—1958 Juli 16. Lincei Rend. Sci. fis. mat. nat.

(8) **27** 275—288 = Oss. Astr. Roma Contr. Sci. (3) Nr. 5 (S. V. Nobile), Ric. Sci. **29** 225—229 (M. Cimino).

W. Bauersfeld, † 1959 Okt. 28. Science **130** 1398.

F. Blumbahs, 1864 Okt. 23—1959 Juni 10. Zvaigžņotā Debess 1959. gada rudens S. 49—50 (M. Zepe).

J. E. Bobone, † 1958 Okt. 21. Obs **79** 31, Publ ASP **71** 258.

A. Briede, 1921 Mai 19—1959 Jan. 16. Zvaigžņotā Debess 1959. gada rudens S. 50—52 (I. Daube).

W. O. Brunner, 1878 Juli 7—1958 Dez. 1. MN **119** 342 (M. Waldmeier), Nature **183** 290—291 (M. Waldmeier), Orion Schaffhausen **5** 643 (R. A. Naef), PAT **40** 80, Tätigkeitsbericht Sternw. Zürich 1958 S. 6—8.

T. N. Burke-Gaffney, 1893 Dez. 26—1958 Sept. 14. JBAA **69** 134, MN **119** 344—345 (K. E. Bullen).

J. Cabannes, 1885 Aug. 12—1959 Okt. 31. CR **249** 1975—1979 (G. Ribaud), 2656—2657.

Chang Yuin, † 1958 Okt. 27. Sky Tel. **18** 249.

W. G. Colgrove, † 1958 Okt. 26. J RAS Canada **53** 180 (H. R. Kingston).

R. T. Crawford, 1876—1958 Dez. 21. Publ ASP **71** 73, 503—505 (M. W. Makemson).

V. Dahlkamp, † 1958 Sept. 21. Mitt. AG 1958 S. 9—10 (J. Larink), Sterne **35** 81—83 (H. Kantus).

M. Darney, † 1958 Aug. 14. BSAF **73** 43.

H. C. Davies, 1904—1959 Nov. 14. MN ASSA **18** 145—146.

A. D. Dubjago, 1903—1959 Okt. 29. AC Nr. 207 S. 24—25 (russ.).

W. J. Farquharson, 1907—1959 Jan. 14. Irish AJ **5** 148 (F. Murphy)

E. A. Fath, † 1959 Jan. 26. Publ ASP **71** 258.

A. F. I. Forbes, 1871 April 13—1959 Mai 15. MN ASSA **18** 50—51.

F. L. Goodwin, † 1959 Aug. 26. Sky Tel. **18** 668.

G. Grant, † 1958 Juni 12. Publ ASP **71** 73.

A. A. Ignatow, 1878—1957 Nov. Bull. Astr.-Geod. Ges. UdSSR Nr. 24 S. 77—78 (P. I. Popow, russ.).

A. G. Ingalls, † 1958 Aug. 13. JBAA **69** 133—134, PAT **40** 80.

J. Jackson, 1887 Febr. 11—1958 Dez. 9. JBAA **69** 178—179 (W. M. Witchell), MN **119** 345—348 (H. Spencer Jones), Nature **183** 81—82 (H. Spencer Jones), PAT **40** 80, Sky Tel. **18** 308.

A. E. Johns, † 1959 Juli 20. J RAS Canada **53** 233 (W. J. Mc Callion).

G. Land (G. Deutschland), 1880 April 15—1959 Sept. 26. Sky Tel. **19** 19.

P. Lejay, 1898—1958 Okt. 10. Obs **79** 30—31.

K. E. Lundmark, 1889 Juni 14—1958 April 23. Mitt. AG **1958** S. 5—7 (C. Schalén), MN **119** 342—343 (H. H. Plaskett).

M. Milanković, 1879 Mai 28—1958 Dez. 12. Vasiona **7** 9—10 (serb.-kroat.).

J. G. Miller, 1890 Nov.—1958 Juni 15. JBAA **69** 134—135 (D. A. Campbell), MN **119** 348—349 (C. A. Ronan).

A. Montagna, † 1959 Sept. 21. Mem SA It (NS) **30** 350.

W. Moss, 1878—1958 Dez. 14. MN **119** 349—350 (F. J. M. Stratton).

F. A. Paneth, 1887—1958 Sept. 17. Geochim. Cosmochim. Acta **16** 196 (K. C. Dunham).

C. W. D. Perrins, 1864 Mai 25—1958 Jan. 29. MN **119** 350.

W. H. Robb, † 1959 Jan. 16. J. Astr. Soc. Victoria **12** 67 (W. N. Brook).

R. Rost, † 1958 Sept. 3. Mitt. AG 1958 S. 103.

T. Rootsmäe, 1885 Juni 27—1959 Juni 27. AC Nr. 204 S. 20—21 (russ.).

H. N. Russell, 1877—1957. Year Book American Philos. Soc. 1958 S. 139—143 = Harv Repr Nr. 512 (D. H. Menzel).

F. J. Sellers, † 1959. Obs **79** 196.

T. S. Semjonowa, 1884—1958 Sept. 30. AC Nr. 200 S. 28 (J. E. Gordon, russ.).

O. Seydl, † 1959 Febr. 15. RH **40** 73—75 (tschech.).

J. B. Sidgwick, 1916 Febr. 10—1958 Juli 13. MN **119** 350 (W. H. Steavenson).

R. A. Smith, † 1959 Febr. 14. J. British Interplanetary Soc. **17** 147—148 (H. E. Ross).

A. W. Solowjow, 1892—1959 Aug. 23. AC Nr. 205 S. 29—30 (A. M. Bacharew, russ.), Bull. Inst. Astrophys. Akad. Wiss. Tadshik. SSR Nr. 28 S. 3—4 (russ.).

K. Stöckl, † 1959 März 19. Mitt. AG 1958 S. 103.

M. G. Sumner, † 1958 April 17. JBAA **69** 88—89 (J. G. Porter).

F. Twyman, †. Obs **79** 72.

W. H. Wright, 1871 Nov. 4—1959 Mai 16. NAT 1959 S. 111—112, Obs **79** 163, PAT **40** 160, Publ ASP **71** 258, 305—306 (P. W. Merrill), Sky Tel. **18** 500.

I. Yamamoto, 1889 Mai 27—1959 Jan. 16. Obs **79** 72, PAT **40** 160, Publ ASP **71** 556, Sky Tel. **18** 264.

E. I. Yowell, 1870—1959 März 12. Publ ASP **71** 258, Sky Tel. **18** 369.

H. von Zeipel, 1873 Febr. 8—1959 Juni 8. PAT **40** 143—145 (Å. Wallenquist).

340. Personalien

J. G. Bolton, Direktor des Radio Observatory des California Institute of Technology. Nature **183** 506—507, Obs **79** 72.

R. Hanbury Brown erhielt die Holweck-Medaille der Physical Society und French Physical Society. Obs **79** 72.

H. G. Cannegieter, 80. Geburtstag. Hemel en Dampkring **57** 137—138 (W. Bleeker), 184.

A. D. Code, Direktor des Washburn Observatory, University of Wisconsin. PAT **40** 80.

M. A. Ellison, Direktor des Dunsink Observatory, Dublin. Irish AJ **5** 149, PAT **40** 80.

L. Essen erhielt die A. S. Popow-Goldmedaille der Akad. Wiss. UdSSR. Obs **79** 164.

W. G. Fessenkow, 70. Geburtstag. AJ UdSSR **36** 3—4 (russ.).

J. S. Hall, Direktor des Lowell Observatory, Flagstaff, Arizona. PAT **40** 80.

E. Hertzsprung erhielt die Ole Rømer-Medaille. NAT 1959 S. 34, Urania København **16** 1.

J. S. Hey erhielt die Eddington-Medaille der Royal Astronomical Society. MN **119** 447—448 (W. H. Steavenson), Nature **183** 151.

J. Heywood erhielt die Silbermedaille der Junior Institution of Engineers. Obs **79** 196.

E. Holmberg, Direktor des Observatoriums der Universität Uppsala. NAT 1959 S. 72, Obs **79** 196, PAT **40** 80.

J. A. Hynek, Direktor des Dearborn Observatory. Publ ASP **71** 554, Science **130** 1466, Sky Tel. **19** 81.

R. A. Lyttleton erhielt die Goldmedaille der Royal Astronomical Society. MN **119** 445—446 (W. H. Steavenson), Nature **183** 151, Publ ASP **71** 255—256.

S. W. McCuskey, Direktor des Warner and Swasey Observatory und Nassau Astronomical Station. Obs **79** 196, PAT **40** 160, Sky Tel. **18** 621.

A. Reiz, Direktor des Copenhagen Observatory. Obs **79** 196.

K. A. Strand, Direktor der Abteilung Astrometrie und Astrophysik des Naval Observatory. PAT **40** 80.

H. Strassl, Direktor des Astronomischen Instituts der Universität Münster. AN **285** 152.

B. Strömgren erhielt die Catherine Wolfe Bruce-Goldmedaille. NAT 1959 S. 111, Publ ASP **71** 69, 79—82 (N. U. Mayall).

O. Struve, Direktor des National Radio Astronomy Observatory, Green Bank, West Virginia. Nature **184** Nr. 4688 S. 14, Obs **79** 164, PAT **40** 160, Publ ASP **71** 253, Science **129** 1351, Sky Tel. **18** 429.

§ 4

Sternwarten, Institute

Das nachfolgende Verzeichnis enthält unter anderem die am Astronomischen Rechen-Institut bis zu Beginn der Zusammenstellung dieses AJB erhaltenen Veröffentlichungen, Publikationen etc. von Sternwarten und Instituten. Befindet sich in einer Zeitschrift, Journal etc. ein Hinweis darauf, daß eine bestimmte Arbeit auch als Veröffentlichung, Publikation etc. einer Sternwarte oder eines Instituts erscheinen wird, als solche aber noch nicht dem Astronomischen Rechen-Institut zugeschickt worden ist, dann ist sie im nachfolgenden Verzeichnis nicht mit enthalten. Die Zitierung einer solchen Arbeit im zuständigen Sachparagraphen enthält aber als Quellenangabe beide Erscheinungsweisen.

Die Sternwarten und Institute sind hier alphabetisch nach dem Ort aufgeführt. Da bei Literaturangaben oft nur der Name bzw. die Bezeichnung einer Sternwarte oder eines Instituts ohne Nennung des Orts erfolgt, ist zur Aufsuchung der Ort der nachfolgenden Liste zu entnehmen.

Name der Sternwarte	Ort
Allegheny Observatory	Pittsburgh
Archenhold Sternwarte	Berlin-Treptow
Arthur J. Dyer Observatory	Nashville, Tenn.
Astronomisches Hauptobservatorium der Akademie der Wissenschaften der Ukrainischen Sowjetrepublik	Golossejewo
Bosscha Observatory	Lembang
Boyden Observatory	Bloemfontain
Cape of Good Hope	Cape Town
Carter Observatory	Wellington, N. Z.
Cavendish Laboratory	Cambridge, Engl.
Československá Akademie Věd Astronomický Ústav	Prag
Commonwealth Observatory	Canberra
David Dunlap Observatory, University of Toronto	Richmond Hill
Dearborn Observatory	Evanston, Ill.
Department of Astronomy and Observatory, University of California	Los Angeles
Dominion Astrophysical Observatory	Victoria, Canada
Dominion Observatory	Ottawa, Ont.
Dunsink Observatory	Dublin
Engelhardt-Observatorium	Kasan
Flower and Cook Observatories, University of Pennsylvania	Philadelphia
Fraunhofer-Institut	Freiburg i. Br.
Georgetown Observatory	Washington
Goethe Link Observatory of Indiana University	Bloomington
Griffith Observatory	Los Angeles
Harvard College Observatory	Cambridge, Mass.
High Altitude Observatory of the University of Colorado	Boulder and Climax
Institute of Theoretical Astrophysics Blindern	Oslo
Jodrell Bank Experimental Station	Manchester
Kapteyn Astronomical Laboratory	Groningen
Koninklijk Nederlands Meteorologische Instituut	De Bilt
Kwasan Observatory	Kyoto
Leander McCormick Observatory of the University of Virginia	Charlottesville
Leuschner Observatory	Berkeley
Lick Observatory	Mount Hamilton

Name der Sternwarte	Ort
Louisiana State University Observatory	Baton Rouge
Lowell Observatory	Flagstaff, Ariz.
McDonald Observatory	Fort Davis, Texas
McMath Hulbert Observatory	Pontiac, Mich.
Mullard Radio Astronomy Observatory	Cambridge, Engl.
National Observatory/USA	Kitt Peak
National Radio Observatory	Green Bank
Nizamiah Observatory	Hyderabad
Observatoire de Paris, Section d'Astrophysique de Meudon, Station de Radioastronomie	Nançay
Observatorio de Cartuja	Granada
Observatorio del Ebro	Tortosa
Observatorio Fabra	Barcelona
Observatory of Rensselaer Polytechnic Institute	Troy, N. Y.
Observatory of the University of Michigan	Ann Arbor
Ohio State University Radio Observatory	Columbus
Olbers-Sternwarte	Bremen
Ole Romer-Observatoriet	Århus
Perkins Observatory of the Ohio State and Wesleyan Universities	Delaware, Ohio
Purple Mountain Observatory	Nanking
Radcliffe Observatory	Pretoria
Radiophysics Laboratory, C. S. I. R. O.	Chippendale
Remeis-Sternwarte	Bamberg
Royal Radar Establishment, Radio Astronomy Division	Malvern
Rutherford Observatory of Columbia University	New York
Smithsonian Institution	Washington
Specola Astronomica Vaticana	Castel Gandolfo
Sproul Observatory	Swarthmore, Penn.
Staatliches Astronomisches Sternberg-Institut	Moskau
Union Observatory	Johannesburg
United States Naval Observatory	Washington
Uttar Pradesh State Observatory	Naini Tal
Van Vleck Observatory	Mittletown, Conn.
Warner and Swasey Observatory	Cleveland, Ohio
Washburn Observatory	Madison, Wisc.
Yale Columbia Southern Station	Mount Stromlo
Yale University Observatory	New Haven
Yerkes Observatory	Williams Bay, Wisc.

401. **Abastumani**

Bulletin des Astrophysikalischen Observatoriums Abastumani auf dem Kanobili Nr. 24.

402. **Albany**

AJ **64** 275. Dudley Observatory, Albany, N.Y. C. L. Hemenway.

403. **Alma-Ata**

Mitteilungen (Iswestija) des Astrophysikalischen Instituts Tom 8.

404. **Ann Arbor**

AJ **64** 298—302. The Observatory, Ann Arbor, Michigan. L. Goldberg.

405. Arcetri

Boll. Geod. Sci. Affini **18** 619—637 = Oss. Astrofis. Arcetri Contr. Nr. 35. Istituzione di una schedoteca relativa ai fenomeni solari presso l'Osservatorio Astrofisico di Arcetri-Firenze. G. Godoli. — Nach Unterstreichung einiger Fragen, die mit der Einführung der mechanographischen Methode in die wissenschaftliche Untersuchung zusammenhängen, werden die bei der Planung der neuen Kartothek über die Sonnenphänomene, die beim Astrophysikalischen Observatorium von Arcetri eingerichtet worden ist, angewendeten Kriterien dargelegt. Es werden daher die allgemeinen Charakteristiken solcher Kartothek aufgezeigt und deshalb die Kartothek über die Protuberanzen in Hα, diejenige über die Flocculi in $K_{2,3,2}$ sowie die sorgfältigen Ausarbeitungen bis ins einzelne beschrieben, die bei solchen Kartotheken auf mechanographischem Weg durchgeführt werden können. Verf.

Oss. Astrofis. Arcetri Annuario per il 1960 S. 55—59. Elenco dei lavori pubblicati dal personale dell'Osservatorio Astrofisico di Arcetri nel periodo luglio 1958 — giugno 1959 e dei lavori in corso di stampa.

Oss. Astrofis. Arcetri-Firenze, 14 S. Relazione sull'attività dell'Osservatorio Astrofisico di Arcetri durante l'anno 1958. G. Righini.

Ric. Sci. **29** 2065—2069. Centro di studio per l'astrofisica. Attività svolta durante il biennio 1957—58. Osservatorio Astrofisico di Arcetri. G. Righini.

Osservatorio Astrofisico Arcetri. Contributi Nr. 24—36.

406. Århus

Meddelelser fra Ole Rømer-Observatoriet i Århus Nr. 27, 28.

407. Armagh

Irish AJ **5** 134—135 = Armagh Obs. Leaflet Nr. 50. Armagh Observatory in 1958. E. M. Lindsay.

Irish AJ **5** 161—167. Dunsink—Armagh. Affinities and contrasts. T. G. F. Paterson.

MN **119** 364—365. Armagh Observatory. E. M. Lindsay.

Armagh Observatory Leaflet Nr. 50, 51.

408. Asiago

Mem. Accad. Patavina Cl. Sci. Mat. Nat. **71** 1—15 = Contr. Oss. Astrofis. Asiago Nr. 101. Il fotometro fotoelettrico dell'Osservatorio astrofisico di Asiago. G. Pinto. — Es wird ein photoelektrisches Photometer beschrieben, das im Newton-Fokus des 120 cm-Spiegelteleskops von Asiago benutzt wird. Der Lallemand-Photomultiplier mit Antimon-Caesium-Kathode hoher Ausbeute besitzt 19 Dynoden. Es ist Gleichspannungsverstärkung und ein Philips Recorder vorgesehen. — Die Schottfilter UG 2, BG 12 + GG 13 und OG 4 realisieren die drei Wellenlängenbereiche des photometrischen Systems. Größenklassen und Farben einiger Sterne von M 39 und den Plejaden werden ebenfalls mitgeteilt. Ebl.

Ric. Sci. **29** 2070—2073. Centro di studio per l'astrofisica. Attività svolta durante il biennio 1957—58. Osservatorio Astrofisico di Asiago. L. Rosino.

Contributi dell'Osservatorio Astrofisico dell'Università di Padova in Asiago Nr. 93, 96, 101—107, 110, 111.

409. Athen

NAT 1959 S. 144—145. Den gamle Newall refraktor overført til Athens observatorium. — Das von R. S. Newall 1871 gekaufte Instrument, das später der Sternwarte von Cambridge (England) geschenkt wurde, ist von dieser der Sternwarte Athen überlassen worden. C. L. J.

Contributions from the Research and Computing Center, Academy of Sciences of Athens. Series I (Astronomy) Nr. 1—3.

Publications of the Laboratory of Astronomy, University of Athens, Greece. Series I Nr. 11, 12.

410. **Bamberg**

Mitt. AG 1958 S. 11—12. Bamberg. W. Strohmeier. — Jahresbericht für 1958.
Sterne **35** 227—228 = Kleine Veröff. Remeis-Sternw. Bamberg Nr. 28. Fünf Jahre Veränderlichen-Suche in Bamberg. W. Strohmeier.
70 Jahre Remeis-Sternwarte Bamberg. 16 S. W. Strohmeier.
Kleine Veröffentlichungen der Remeis-Sternwarte Bamberg Nr. 24—28.
Veröffentlichungen der Remeis-Sternwarte Bamberg Band **5** Nr. 2—4.

411. **Baton Rouge**

AJ **64** 295—296. Louisiana State University Observatory, Baton Rouge, Louisiana. R. T. Grenchik.

412. **Beirut**

American University Observatory. Monthly Bulletin. Astronomical Section 1959 Jan.-Apr.

413. **Belgrad**

Bulletin de l'Observatoire Astronomique de Beograd Vol. **22** Nr. 1—4, Vol. **23** Nr. 1—4.

Notes et Travaux de la Section d'Astronomie de l'Institut Mathématique Vol. **3** Nr. 21—23.

414. **Berkeley**

AJ **64** 287—290. Leuschner Observatory, University of California, Berkeley, California. L. G. Henyey.
Berkeley Reprint Nr. 137—141, 143—167, 170.

415. **Berlin**

Sterne **35** 209—213. Der Berliner Sternwarte erstes Domizil. J. Dick.

416. **Berlin-Babelsberg**

Mitt. AG 1958 S. 12—17. Berlin-Babelsberg. A. Kahrstedt. — Jahresbericht für 1958.
Mitteilungen der Sternwarte Babelsberg Nr. 8.
Veröffentlichungen der Sternwarte Babelsberg Band **13** Heft 2—4.

417. **Berlin-Treptow**

Mitt. Archenhold-Sternw. Berlin-Treptow Nr. 52 S. 1—6. Jahresbericht 1958. D. Wattenberg.
Mitteilungen der Archenhold-Sternwarte Berlin-Treptow Nr. 51—54.
Vorträge und Schriften der Archenhold-Sternwarte Berlin-Treptow Nr. 1—3.

418. **Besançon**

Annales de l'Observatoire de Besançon. Astronomie et Géophysique. Nouvelle Série Tome **5** Fasc. 4.

419. **Bjurakan**

Mitt. Obs. Bjurakan **27** 35—41 (russ. mit armen. Ref.). Das große Interferenzradioteleskop des Observatoriums Bjurakan. W. A. Sanamjan, G. S. Minassjan.
Mitteilungen (Soobschtschenija) des Observatoriums Bjurakan Nr. 26, 27.

* * **Blindern**. Siehe Oslo

420. **Bloemfontein**

Irish AJ **5** 133. Boyden Observatory Administrative Council.

421. Bloomington

AJ **64** 472—473. Goethe Link Observatory, Indiana University, Bloomington, Indiana. F. K. Edmondson.

422. Bogotà

Observatorio Astronomico Nacional Bogotà-Colombia. Sonderdruck.

423. Bologna

Pubblicazioni dell'Osservatorio Astronomico Universitario di Bologna Vol. 7 Nr. 7—9.

424. Bonn

Mitt. AG 1958 S. 17—20. Bonn. F. Becker. — Jahresbericht für 1958.
Mitteilungen der Universitäts-Sternwarte Bonn Nr. 19—27, 30.
Veröffentlichungen der Universitäts-Sternwarte zu Bonn Nr. 52, 54.

425. Borowiec

Acta Geophys. Polon. **7** 1—8. Latitude Station of the Polish Academy of Sciences at Borowiec. J. Witkowski. — Beschreibung der Einrichtung der Breitenstation in Borowiec bei Poznań (Posen) und der dort bearbeiteten Probleme. E. R.

426. Boulder

AJ **64** 283—286. High Altitude Observatory of the University of Colorado, Boulder and Climax, Colorado. W. O. Roberts.
Technical Note Boulder Laboratories Nr. 30.

427. Bremen

Orion Schaffhausen **5** 617—618. Einweihung der neuen Olbers-Sternwarte in Bremen. Tagung der deutschen «Vereinigung der Sternfreunde». H. Rohr.

* * **Breslau.** Siehe Wrocław

428. Bruxelles

Université de Bruxelles. Institut d'Astronomie 2e série Nr. 114—118.

429. Budapest-Szabadsághegy

Mitteilungen der Sternwarte der Ungarischen Akademie der Wissenschaften Budapest-Szabadsághegy Nr. 44.

430. Cambridge, Engl.

MN **119** 365—368. Cambridge Observatories. R. O. Redman.
University of Cambridge. Report of the Observatories Syndicate for the year ending 1959 September 30.
Cambridge Observatories Reprints Nr. 31—37.

MN **119** 368—371. Mullard Radio Astronomy Observatory, Cavendish Laboratory. M. Ryle.

431. Cambridge, Mass.

AJ **64** 278—283. Harvard College Observatory, Cambridge, Mass. D. H. Menzel.
Harvard Astronomical Observatory. Annual report 1958. Published by the University Cambridge, Mass. 12 S. D. H. Menzel.
AAVSO Abstracts.
Harvard College Observatory. Announcement Card Nr. 1421—1462.
Harvard Reprint Nr. 507—537, 539—541, 543.
Harvard Reprint. Series II Nr. 144—155.
The American Association of Variable Star Observers. Bulletin Nr. 18—20.
The American Association of Variable Star Observers. Quarterly Report Nr. 22, 23.

432. Cape Town

MN **119** 359—364. Royal Observatory, Cape of Good Hope. R. H. Stoy.
MN ASSA **18** 105—106. The Elisabeth telescope. — Ref. in Obs **79** 226.
Report for the year 1958 of Her Majesty's Astronomer at the Cape of Good Hope to the Secretary of the Admiralty, 12 S. R. H. Stoy.

* * **Capodimonte.** Siehe Napoli

433. Castel Gandolfo

Laboratorio Astrofisico della Specola Vaticana. Ricerche Spettroscopiche Vol. **2** Nr. 6
Specola Vaticana. Comunicazione Nr. 23, 24.
Specola Astronomica Vaticana. Ricerche Astronomiche Vol. **6** Nr. 7, 8.

434. Catania

Osservatorio Astrofisico di Catania. Pubblicazioni. Nuova Serie Nr. 22—24.

435. Charkow

Zirkular des Astronomischen Observatoriums Charkow Nr. 20.

436. Chippendale

MN **119** 411—417. Radiophysics Laboratory, Sydney. E. G. Bowen.
Sky Tel. **18** 666—668=Division Radiophys. C. S. I. R. O. Chippendale. Australia's 210-foot radio telescope project. F. J. Kerr.
Division of Radiophysics, C. S. I. R. O., University Grounds, Chippendale, N. S. W. Sonderdrucke.

437. Christchurch

MN **119** 417—418. Geophysical Observatory, Christchurch, N. Z. J. W. Beagley.

438. Cincinnati

Minor Planet Circular 1830—1960.

439. Cleveland

AJ **64** 318—320. Warner and Swasey Observatory, Case Institute of Technology, Cleveland, Ohio. J. J. Nassau.
Sky Tel. **18** 317. New ultraviolet prism for Case Schmidt.
Warner and Swasey Observatory. Case Institute of Technology Reprint Nr. 89—97.

440. Columbus

Nature **184** 669—672. The Ohio State University 360-ft. radio telescope. J. D. Kraus. — Das gesamte Teleskop besteht aus: a) einem stationär aufgebauten Rotationsparaboloid (360×70 ft, erweiterbar auf 720×70 ft), dessen Achse in der Grundebene liegt; Brennweite 420 ft, Öffnung beträgt 25200 sq. ft. Die reflektierende Oberfläche besteht aus vertikalen, verkupferten Stahldrähten (0.081 inch Durchmesser) in Abständen von je 1 inch; die Oberflächenabweichung von der Parabel wird zu < 0.5 inch erwartet; b) einem ebenen Reflektor, der senkrecht auf der Achse des Paraboloids steht und in Höhe geneigt werden kann; Fläche 360×100 ft (720×100 ft.), bestehend aus einzelnen beweglichen Einheiten 20×100 ft, deren Zentren in 40 ft Abstand voneinander stehen; Abweichungen der Einheiten von der Ebene $< 1/4$ inch; Deklinationsänderungen von 5°/Minute sind möglich. Ebl.

441. Córdoba

Bol. Inst. Mat. Astr. Fis. Córdoba **1** Nr. 1 S. 3—5, 1957. Discurso pronunciado por el señor rector interventor en la Universidad Nacional de Córdoba, doctor

Jorge A. Nuñez, en ocasión de la inauguración del Instituto de Matematicas, Astronomia y Fisica.

Bol. Inst. Mat. Astr. Fis. Córdoba **1** Nr. 1 S. 6—12, 1957. Discurso pronunciado por el director interino de I. M. A. F. L. Grattón.

Boletin del Instituto de Matematica, Astronomia y Fisica. Universidad Nacional de Córdoba. Vol. **1** Nr. 1, 1957, 2.

442. **De Bilt**

Koninklijk Nederlands Meteorologisch Instituut. Mededelingen en Verhandelingen Nr. 75.

443. **Delaware**

AJ **64** 307—308. Perkins Observatory, The Ohio State University and Ohio Wesleyan University, Delaware, Ohio. P. C. Keenan.

Contributions from the Perkins Observatory, Series I, Nr. 53—55.

Contributions from the Perkins Observatory, Series II, Nr. 11.

Perkins Observatory Miscellaneous Scientific Papers Reprint Nr. 40.

* * **Dorpat.** Siehe Tartu

444. **Dresden**

Astronomisches Observatorium der Technischen Hochschule Dresden. Mitteilung Nr. 1.

445. **Dublin**

Irish AJ **5** 135—137. Dunsink Observatory in 1958. M. A. Ellison.

Irish AJ **5** 161—167. Dunsink—Armagh. Affinities and contrasts. T. G. F. Paterson.

MN **119** 382—383. Dunsink Observatory. M. A. Ellison.

Dunsink Observatory Reprints Nr. 11, 12.

446. **Edinburgh**

MN **119** 356—359. Royal Observatory, Edinburgh. H. A. Brück.

Report of the Astronomer Royal for Scotland for the year ending 1959, March 31.

447. **Exeter**

MN **119** 381—382. Norman Lockyer Observatory of the University of Exeter. D. R. Barber.

448. **Flagstaff**

AJ **64** 296—298. Lowell Observatory, Flagstaff, Arizona. J. S. Hall. — Ref. in Heavens **41** 213 (japan.).

Urania Kraków **30** 383—387. Fantazja, czy rzeczywistość? J. Smak. — Beschreibung der automatisierten photoelektrischen Helligkeitsmessungen von Sternen an der Lowell-Sternwarte. E. R.

Lowell Observatory Bulletin Vol. **4** Nr. 6—16.

449. **Fort Davis**

AJ **64** 473—482. McDonald Observatory, University of Texas, Fort Davis, Texas. G. P. Kuiper.

Contributions from the McDonald Observatory, Fort Davis, Texas, Nr. 292—309.

450. **Frankfurt a. M.**

Mitt. AG 1958 S. 20. Frankfurt a. M. K. Schiller. — Jahresbericht für 1958.

451. **Freiburg i. Br.**

Mitt. AG 1958 S. 20—23. Freiburg i. Br. K. O. Kiepenheuer. — Jahresbericht für 1958.

Fraunhofer-Institut. Daily maps of the sun 1959 Jan. 1—Dez. 31.
Mitteilungen aus dem Fraunhofer-Institut, Freiburg, Nr. 38—42, 46.

452. **Genf**

Orion Schaffhausen **5** 573—581. Description du télescope de 40 cm de diamètre et de l'équipement de photométrie photoélectrique de l'Observatoire de Genève installés à la Station Scientifique du Jungfraujoch. M. Golay.
Publications de l'Observatoire de Genève. Série A Fasc. 59, 60.

453. **Glasgow**

MN **119** 371. Glasgow University Observatory. W. M. Smart.
Nature **184** 23. Astronomy at Glasgow: Prof. W. M. Smart, Prof. P. A. Sweet.

454. **Göteborg**

University of Gothenburg, Sweden. Section of Astronomy. Astronomical Notes Nr. 2.
University of Gothenburg, Sweden. Section of Astronomy. Reprint Nr. 2.

455. **Göttingen**

Mitt. AG 1958 S. 23—26. Göttingen. P. ten Bruggencate. — Jahresbericht für 1958.
Veröffentlichungen der Universitäts-Sternwarte zu Göttingen Nr. 124—127.

456. **Granada**

Boletín Mensual del Observatorio de Cartuja, Granada. Observaciones astronómicas y microsísmicas Años 1957 y 1958.

457. **Green Bank**

National Radio Astr. Obs. Annual Report July 1, 1959. 34 S.
Science **130** 1179. National Observatory announces visiting scientist programs.
Science **130** 1307—1318 = National Radio Astr. Obs. Repr. Nr. 7. National Radio Astronomy Observatory. R. M. Emberson.
National Radio Astronomy Observatory Reprint Nr. 6—8.

458. **Greenwich**

Astr. Herald **52** 249 (japan.). On the Royal Astronomical Observatory in Herstmonceux. Y. Tsuge.
MN **119** 351—356. Royal Greenwich Observatory. R. v. d. R. Woolley.
Nature **183** 579. Isaac Newton telescope.
Nature **183** 640—643. The Royal Greenwich Observatory. R. v. d. R. Woolley.
Obs **79** 116—117. The Isaac Newton telescope.
Southern Stars 18 49—51. From Greenwich to Herstmonceux.
Sternenbote **2** 118. Ein 100-Zöller für das Observatorium Greenwich. K. Mayrhofer.
Greenwich Astronomical Results 1953.
Report of the Astronomer Royal to the Board of Visitors of the Royal Greenwich Observatory. 17 S. R. v. d. R. Woolley. — 1958 April 1 — 1959 März 31.
Royal Greenwich Observatory Bulletins Nr. 10—16.

459. **Groningen**

Publications of the Kapteyn Astronomical Laboratory, University of Groningen, Nr. 60.

460. **Hamburg-Bergedorf**

Mitt. AG 1958 S. 26—32. Hamburg-Bergedorf. O. Heckmann. — Jahresbericht für 1958.

Obs **79** 127—129. Some current observing programmes of the Hamburg Observatory.
Jahresbericht der Hamburger Sternwarte in Bergedorf für das Jahr 1958.
Mitteilungen der Hamburger Sternwarte in Bergedorf Band **10** Nr. 109, Band **23** Nr. 269, 270.

461. Hannover

Mitt. AG 1958 S. 32—34. Hannover. K. Pilowski. — Jahresbericht für 1958.

462. Haute-Provence

BSAF **73** 1—4. Le télescope électronique à l'Observatoire de Haute-Provence. A. Lallemand.
Urania Kraków **30** 85—90. Obserwatorium de Haute-Provence. A. Woszczyk.
Publications de l'Observatoire de Haute-Provence Vol. **4** Nr. 25, 30, 33—52, 58.

463. Heidelberg

Mitt. AG 1958 S. 36—40. Heidelberg. Astronomisches Rechen-Institut. W. Fricke. — Jahresbericht für 1958.

Mitt. AG 1958 S. 34—36. Heidelberg. Königstuhl. H. Kienle. — Jahresbericht für 1958.

464. Helsinki

Publications of the Astronomical Observatory Helsinki, Finnland, Nr. 72—74.
Reprints from the Radio Astronomy Station, University of Helsinki, Nr. 6.
From the Astronomical Observatory Helsinki-Finnland. Sonderdrucke.

Veröffentlichungen des Finnischen Geodätischen Instituts Nr. 51.

* * **Herstmonceux.** Siehe Greenwich

465. Hyderabad

MN **119** 394—396. Nizamiah Observatory, Hyderabad. A. Ali.

466. Istanbul

Publications of the Istanbul University Observatory Nr. 64.

467. Jena

Mitt. AG 1958 S. 40—42. Jena. H. Lambrecht. — Jahresbericht für 1958.
Mitteilungen der Universitäts-Sternwarte zu Jena Nr. 35, 39—42.

468. Johannesburg

MN **119** 389—391. Union Observatory, Johannesburg. W. S. Finsen.
Circular of the Union Observatory Vol. **6** Part 8 (Nr. 118).

469. Kanzelhöhe

Beobachtungen des Sonnen-Observatoriums Kanzelhöhe der Universität Graz 1959 Nr. 1—12.
Mitteilungen des Sonnenobservatoriums Kanzelhöhe Nr. 12, 15.

470. Kiel

Mitt. AG 1958 S. 42—43. Kiel. A. Unsöld. — Jahresbericht für 1958.
3 Sonderdrucke der Sternwarte Kiel

471. Kiew

Publ. Astr. Obs. Kiew Nr. 8 S. 158—163 (russ.). Tätigkeitsbericht des Astronomischen Observatoriums der Schewtschenko-Staatsuniversität Kiew für das Jahr 1953.

Publikationen (Publikazii) des Astronomischen Observatoriums Kiew Nr. 8.
Zirkular des Astronomischen Observatoriums der Schewtschenko-Staatsuniversität Kiew Nr. 69.

472. **Kislowodsk**

RH **40** 112—114 (tschech.). The solar observatory near Kislowodsk, USSR. M. Kopecký.

473. **Kitt Peak**

AJ **64** 156. Kitt Peak National Observatory.
Astronaut. Sci. Rev. **1** 31. National Astronomical Observatory.
J. Optical Soc. America **49** 492—493. Glass mirror blank cast for National Observatory.
Publ ASP **71** 69. New solar telescope.
Publ ASP **71** 71, 256, 555. From Kitt Peak National Observatory.
Science **129** 886. Kitt Peak Observatory.
Sky Tel. **18** 183. Solar tower telescope planned for Kitt Peak. — Ref. in Urania Kraków **30** 299—300.
Sky Tel. **18** 318. Kitt Peak Observatory's 84-inch mirror cast. — Ref. in Urania Kraków **30** 299—300.
Urania Kraków **30** 259. Budowa nowego obserwatorium w U. S. A. J. Smak.

474. **København**

Aktuelle Meddelelser fra Astronomisk Selskab Nr. 403—408.
Union Astronomique Internationale. Circulaire Nr. 1663—1705.

Geodaetisk Instituts Skrifter 3. Raekke Bind **30—32**.

475. **Kodaikanal**

Annual report of the Kodaikanal Observatory for the year 1957, 11 S. A. K. Das.
Annual report of the Kodaikanal Observatory for the year 1958, 10 S. A. K. Das.
MN **119** 396—399. Kodaikanal Observatory. A. K. Das.
Kodaikanal Observatory Bulletin Nr. 148—154.

476. **Krim**

NAT 1959 S. 12—20. Fra et besök på Krims Astrofysiske Observatorium. R. Brahde.
Mitteilungen (Iswestija) des Astrophysikalischen Observatoriums auf der Krim Tom **21**.

477. **Kujbyschew**

Bull. Astr.-Geod. Ges. UdSSR Nr. 24 S. 70—76 (russ.). Das Astronomische Observatorium der Astronomisch-Geodätischen Gesellschaft der UdSSR in Kujbyschew. I. W. Matwejew.

478. **Kyoto**

Contributions from the Institute of Astrophysics and Kwasan Observatory Nr. 78—86.

479. **La Plata**

Observatorio Astronómico de la Universidad Nacional de la Plata. Serie Astronómica Tomo **29** Nr. 2—3.
Separata Astronómica Nr. 8—12 Observ. Astr. — La Plata — Argentina.

480. **Le Houga**

Annales de l'Observatoire du Houga Vol. **2** Fasc. 2.

481. **Leiden**

Annalen van de Sterrewacht te Leiden Deel **21** Stuk 4.

482. **Leningrad**

Bulletin des Instituts für Theoretische Astronomie Tom **7** Nr. 3 (86)—6 (89).

483. **Liège**

Université de Liège (Belgique). Institut d'Astrophysique, Cointe-Sclessin, Collection in 4° Nr. 96, 97.

Université de Liège (Belgique). Institut d'Astrophysique, Cointe-Sclessin, Collection in 8° Nr. 404—409.

484. **London**

MN **119** 371—372. University of London Observatory. C. W. Allen.
Communications from the University of London Observatory Nr. 37, 38.

485. **Los Angeles**

Publ ASP **71** 256. From the Department of Astronomy, University of California, Los Angeles.

Navigation Los Angeles **6** 398—399. The Institute of Navigation and the search for knowledge. A. B. Moody.

Navigation Los Angeles **6** 444. Space and the Institute of Navigation. P. Rosenberg.

486. **Lund**

Meddelande från Lunds Astronomiska Observatorium Serie I Nr. 192—194.
Meddelande från Lunds Astronomiska Observatorium Serie II Nr. 137.

487. **Malvern**

MN **119** 372—373. Royal Radar Establishment, Ministry of Supply, Malvern.

488. **Manchester**

MN **119** 373—379. Jodrell Bank Experimental Station, University of Manchester. A. C. B. Lovell.

Nature **183** 862. The Jodrell Bank radio telescope.

Astronomical Contributions from the University of Manchester. Series II. Jodrell Bank Reprint Nr. 178—180, 182, 184, 186—190, 193, 194, 202, 203, 205—207.

Astronomical Contributions from the University of Manchester. Series III Nr. 42, 56, 61, 64, 65.

489. **Meanook**

J RAS Canada **53** 15—33 = Contr. Dominion Obs. Ottawa **2** Nr. 29. The Meanook-Newbrook Meteor Observatories. P. M. Millman.

490. **Middletown**

AJ **64** 317—318. Van Vleck Observatory, Wesleyan University, Middletown, Conn. C. L. Stearns.

491. **Milano-Merate**

Circ. Servizio Orario Oss. Astr. Milano-Merate 1958 Nr. 2 S. 1—31. Il servizio dell'ora all'Osservatorio di Brera. Istanti di ricezione dei segnali orari nel I semestre 1958. E. Proverbio.

Ric. Sci. **29** 2074—2076. Centro di studio per l'astrofisica. Attività svolta durante il biennio 1957—58. Osservatorio Astrofisico di Merate. F. Zagar.

Circolari del Servizio Orario dell'Osservatorio Astronomico di Milano-Merate Anno 1958 Nr. 2—4.

492. Mizusawa

Astr. Herald **52** 221—222 (japan.). On the 60th anniversary of Mizusawa Latitude Observatory. T. Ikeda.

Publications of the International Latitude Observatory of Mizusawa Vol. **3** Nr. 1.

493. Mount Chikurin

Sky Tel. **18** 605. A new observatory in Japan. M. Miyadi.

494. Mount Hamilton

AJ **64** 290—295. Lick Observatory, University of California, Mount Hamilton, California. A. E. Whitford.

Hemel en Dampkring **57** 193—216. Drie meterspiegelkijker op Mount Hamilton wordt nummer twee. J. J. Raimond jr.

Hemel en Dampkring **57** 245. Het scheelde maar een minuut...

Orion Schaffhausen **5** 685—690. Das 3-Meter-Spiegel-Fernrohr des Lick Observatoriums. U. Steinlin.

Publ ASP **71** 72, 555—556. From Lick Observatory.

Publ ASP **71** 358. Dedication of the 120-inch telescope.

Sky Tel. **18** 308. Lick Observatory plans new sky atlas.

Sky Tel. **18** 615. Lick 120-inch telescope nearing completion.

Strolling Astronomer **13** 116—117. Lick Observatory sky atlas.

Urania Kraków **30** 418—421. Obserwatorium Licka — wczoraj i dziś. J. Smak. — Verf. berichtet über die Geschichte der Stiftung der Lick-Sternwarte und ihre gegenwärtige Situation. E. R.

Lick Observatory Bulletin Nr. 561, 562.

495. Mount Norikura

Astr. Herald **52** 197 (japan.). On the 10th anniversary of the Corona Observatory at Mt. Norikura. M. Notsuki.

Astr. Herald **52** 232—235 (japan.). On the 10th anniversary of Norikura Corona Observatory. I. Shimizu.

496. Mount Palomar

ASP Leaflet Nr. 366. The National Geographic Society Palomar Observatory Sky Survey. G. O. Abell. — Übersetzung in Urania København **17** 1—7 durch C. Luplau Janssen.

L'Universo **39** 461—482 = Oss. Astr. Padova Comun. Rassegne Nr. 12. Il più grande atlante celeste: La Sky Survey del monte Palomar. P. Maffei.

Publ ASP **71** 72. From Mount Wilson and Palomar Observatories.

Publ ASP **71** 256—257, 358—359, 480. From Mount Wilson and Palomar Observatories and the California Institute of Technology.

497. Mount Stromlo

J. Astr. Soc. Victoria **12** 42—45. Coudé spectrograph of Mt. Stromlo 74-inch. T. Dunham.

MN **119** 402—410. Mount Stromlo Observatory of the Australian National University. B. J. Bok.

Mount Stromlo Observatory Mimeogram Nr. 3.

Mount Stromlo Observatory Reprints Nr. 10, 12, 14—17, 20—23, 25—27.

498. Mount Wilson

Publ ASP **71** 72. From Mount Wilson and Palomar Observatories.

Publ ASP **71** 256—257, 358—359, 480. From Mount Wilson and Palomar Observatories and the California Institute of Technology.

499. München

Mitt. AG 1958 S. 43—45. München. Universitäts-Sternwarte. W. Rollwagen. — Jahresbericht für 1958.
Mitteilungen der Sternwarte München Band **1** Nr. 9, 10.
Veröffentlichungen der Sternwarte München Band **5** Nr. 5—7, 9.

Mitt. AG 1958 S. 45—48. München. Max-Planck-Institut für Physik und Astrophysik. Institut für Astrophysik. L. Biermann. — Jahresbericht für 1958.

4100. Münster

Mitt. AG 1958 S. 48—49. Münster. J. Hellerich, H. Strassl. — Jahresbericht für 1958.

4101. Naini Tal

MN **119** 399—402. Uttar Pradesh State Observatory, Naini Tal. M. K. V. Bappu.

4102. Nançay

BSAF **73** 324—325. Mise en service d'un nouvel instrument à la Station de Radio-Astronomie de Nançay. E. J. Blum.

CR **249** 634—636. L'interféromètre à deux antennes à espacement variable de la Station de Radioastronomie de Nançay. J. Lequeux, E. Le Roux, M. Vinokur. — Es wird über die Konstruktion eines neuen Zwei-Spiegel-Interferometers mit variabler Basis für $\lambda = 21$ cm berichtet. Eine lokale Frequenz von 53.7 MHz wird über zwei gleiche Koaxialleitungen zu den Empfängern geführt, dort 27-fach vervielfältigt und mit dem Eingangssignal gemischt. Dadurch bleibt bei gleichzeitig geringen Kabelverlusten die Messung der Phasenverschiebung einfach und sicher. Bei größter Basis (1.5 km) wird ein Auflösungsvermögen von 25′ erreicht; die Gesamtempfindlichkeit der Anlage genügt noch zum Nachweis von 10^{-25} W m^{-2} Hz^{-1}. J. P. M.

CR **249** 2009—2011. La branche Nord-Sud du Grand Interféromètre de la Station de Nançay. A.-M. Malinge, É.-J. Blum, M. Ginat, M. Parise. — Die Anlage eines Nord-Süd-Interferometers zur genauen Positionsbestimmung in Deklination diskreter Radioquellen auf der Sonne im Meterwellenbereich wird beschrieben. Das Instrument besteht aus 8 Parabolspiegeln mit einem Durchmesser von 10 m, die entlang einer Basis von 770 m angeordnet sind. Beobachtet wird ein Meridiandurchgang, wobei durch ein System von auswechselbaren Verzögerungsleitungen die Deklination grob eingestellt und mit Hilfe eines weiteren Systems von Phasenschiebern ein Bereich von $\pm 1°$ um die Mittellage mit dem Streifensystem abgetastet werden kann. Ein Beobachtungsbeispiel wird mitgeteilt. J. P. M.

4103. Napoli

Osservatorio Astronomico di Capodimonte-Napoli. Contributi scientifici. Nuova Serie Nr. 15.

4104. Nashville

AJ **64** 275—276. Dyer Observatory, Vanderbilt University, Nashville, Tennessee. C. K. Seyfert.

4105. Neuchâtel

Observatoire Cantonal de Neuchâtel. Rapport annuel du directeur sur l'exercise 1958 et rapport sur le concours chronométrique 1958. 36. S. J.-P. Blaser, R. Payot.
Observatoire de Neuchâtel (Suisse). Bulletin Série A—D Jan.—Dez.
Observatoire de Neuchâtel. Circulaire Nr. 2, 3.
Publications de l'Observatoire de Neuchâtel (Suisse) Nr. 3—9.

* * **Newbrook.** Siehe Meanook

4106. **New Haven**

AJ **64** 321—322. Yale Observatory, Yale University, New Haven, Conn. D. Brouwer.

Transactions of the Astronomical Observatory of Yale University Vol. **26** Part 2, Vol. **27**.

4107. **Oslo**

The Institute of Theoretical Astrophysics Blindern-Oslo. Report Nr. 5—9.
The Institute of Theoretical Astrophysics Blindern-Oslo. Reprint Nr. 24—29.
Institutt for Teoretisk Astrofysikk Blindern-Oslo. Småtrykk Nr. 29—31.

4108. **Ottawa**

J RAS Canada **53** 142—143. The Dominion Observatory, Ottawa. M. S. Burland.

J RAS Canada **53** 264—270. The Ottawa meridian circle. E. G. Woolsey.

J RAS Canada **53** 277—278. Dominion Observatory, Ottawa, Ontario. M. S. Burland.

MN **119** 383—385. Dominion Observatory, Ottawa. C. S. Beals.

Contributions from the Dominion Observatory Ottawa Vol. **2** Nr. 29, 30, Vol. **3** Nr. 12, 21, 22.

Publications of the Dominion Observatory Ottawa Vol. **19** Nr. 10, Vol. **20** Nr. 2, Vol. **21** Nr. 3, 4, Vol. **23** Nr. 1, 2.

4109. **Oxford**

MN **119** 379—380. University Observatory, Oxford. H. H. Plaskett.
Communications from the University Observatory, Oxford, Nr. 68, 69.

4110. **Oxford, Ohio**

Sky Tel. **19** 19. University gives observatory to amateur astronomer.

4111. **Padova**

Ric. Sci. **28** 1133—1144, 1958 = Contr. Oss. Astrofis. Asiago Nr. 111. Vgl. AJB **58** Ref. **1261**.

Ric. Sci. **29** 1357—1365 = Contr. Oss. Astrofis. Asiago Nr. 111. Ricerche astronomiche ed astrofisiche all'Osservatorio dell'Università di Padova. Parte II. L. Rosino. — Es wird kurz über die spektroskopischen Untersuchungen berichtet, die in den letzten fünf Jahren mit dem 120 cm-Fernrohr durchgeführt wurden. Diese Untersuchungen sollen einen Beitrag zur Erforschung der chemischen und physikalischen Beschaffenheit der Gestirne liefern. Verf.

Osservatorio Astronomico di Padova. Comunicazioni e Rassegne Nr. 11, 12.
Osservatorio Astronomico di Padova. Pubblicazioni e Ristampe Nr. 115—117.

4112. **Palo Alto**

Sky Tel. **19** 80—81. 142-foot radar telescope for Stanford University. — Ref. in Bol. As. Peruana Astr. **5** 289.

4113. **Paris**

Bull hor (4) Nr. 24. Rapport annuel sur les travaux du Bureau International de l'Heure en 1958.

Bull hor (5) Nr. 6 S. 129—139. Rapport annuel sur les travaux du Bureau International de l'Heure en 1959.

Contributions de l'Institut d'Astrophysique de Paris Série A Nr. 245, 247bis, 248—253.

Contributions de l'Institut d'Astrophysique de Paris Série B Nr. 145, 176—191.

4114. **Perth**
MN **119** 417. Perth Observatory. H. S. Spigl.

4115. **Philadelphia**
AJ **64** 277—278. Flower and Cook Observatory, University of Pennsylvania, Philadelphia, Pa. F. B. Wood.
Flower and Cook Observatories, University of Pennsylvania, Reprint Nr. 112, 113, 115.

4116. **Pittsburg**
AJ **64** 273. Allegheny Observatory, University of Pittsburgh, Pittsburgh, Pa. N. E. Wagman.

4117. **Poltawa**
Publikationen (Trudy) des Gravimetrischen Observatoriums Poltawa Tom 8.

4118. **Pontiac**
AJ **64** 302—304. McMath-Hulbert Observatory, Lake Angelus, Pontiac, Michigan. R. R. McMath.

4119. **Porto**
Observatório Astronómico, Universidade do Porto. Sonderdruck.

* * **Posen.** Siehe Poznań

4120. **Potsdam**
Mitt. AG 1958 S. 49—54. Potsdam. Astrophysikalisches Observatorium. J. Wempe. — Jahresbericht für 1958.
Mitteilungen des Astrophysikalischen Observatoriums Potsdam Nr. 75—83, Nr. 203—205, Nr. 301—306.
Mitteilungen und Ergebnisse des Satelliten-Beobachtungsdienstes in der Deutschen Demokratischen Republik Nr. 3, 4.
Publikationen des Astrophysikalischen Observatoriums zu Potsdam Band **30** Heft 2 (100).

Veröffentlichungen des Geodätischen Instituts in Potsdam Nr. 12, 13.

4121. **Poznań** (Posen)
Poznań Reprint Nr. 40.

4122. **Prag**
Astronomický Ústav ČSAV Československo — Praha. Zeitdienst Nr. I—XII.

4123. **Pretoria**
MN **119** 391—394. Radcliffe Observatory, Pretoria. A. D. Thackeray.

4124. **Princeton**
AJ **64** 308—310. Princeton University Observatory, Princeton, N.J. L. Spitzer jr.

4125. **Puerto Rico**
Sky Tel. **18** 605. Cornell to erect radar to observe Venus.

4126. **Pulkowo**
Sternenbote **2** 46. Neues Radioteleskop in Pulkowo.

4127. **Richmond Hill**
AJ **64** 273—274. David Dunlap Observatory, University of Toronto, Richmond Hill, Ont. J. F. Heard.
J RAS Canada **53** 43. David Dunlap Observatory, Richmond Hill. J. F. Heard.

J RAS Canada **53** 190—191. David Dunlap Observatory, Richmond Hill, Ontario. J. F. Heard.

MN **119** 385—386. David Dunlap Observatory, University of Toronto. J. F. Heard.

Communications from the David Dunlap Observatory, University of Toronto, Nr. 43, 44.

Publications of the David Dunlap Observatory, University of Toronto, Vol. **2** Nr. 5.

4128. **Riga**

Universitäts-Sternwarte zu Riga. Sonderdrucke.

4129. **Rio de Janeiro**

Observatório Nacional. Publicações do Serviço Astronômico Nr. 5, 6.

4130. **Riverview**

MN **119** 410—411. Riverview College Observatory, N. S. W. A. Fynn.

4131. **Rochester**

AJ **64** 312—313. Department of Physics and Astronomy, University of Rochester, Rochester, New York. R. E. Marshak.

4132. **Roma**

Osservatorio Astronomico di Roma. Circolare Nr. 13—24.

Osservatorio Astronomico di Roma su Monte Mario (con succursale sul Gran Sasso d'Italia-Aquila). Contributi Scientifici Nuova Serie Nr. 249.

Osservatorio Astronomico di Roma. Monte Mario — Monte Porzio — Stazione Astrofisica sul Gran Sasso. Contributi Scientifici Serie III Nr. 1—5, 7.

4133. **San Fernando**

Instituto y Observatorio de Marina de San Fernando. Sección de Astronomía. Serie B Nr. 4.

4134. **Santiago de Chile**

Observatorio Astronomico Nacional Publicación Nr. 2.

Institute of Physics and Astronomy of the Catholic University of Chile. Sonderdruck.

4135. **Sendai**

Sendai Astronomiaj Raportoj Nr. 67, 68.

4136. **Sonneberg**

Mitt. AG 1958 S. 54—57. Sonneberg. C. Hoffmeister. — Jahresbericht für 1958.

Mitteilungen der Sternwarte zu Sonneberg Nr. 47—50.

Mitteilungen über Veränderliche Sterne Nr. 375—429.

Veröffentlichungen der Sternwarte in Sonneberg Band **4** Heft 4.

4137. **St. Andrews**

MN **119** 380—381. University Observatory, St. Andrews. E. Finlay-Freundlich.

Nature **184** 768. Astronomy at St. Andrews: E. F. Freundlich, D. W. N. Stibbs.

Contributions from the Observatory, University of St. Andrews, Nr. 13.

4138. **Stockholm**

Stockholms Observatorium. Årsberättelse för 1957, 1958.

Stockholms Observatoriums Annaler Band **20** Nr. 8.

Stockholms Observatorium. Meddelande Nr. 113—115, 117.

4139. **Strassburg**

Annales de l'Observatoire de Strasbourg Tome **4** Fasc. 3.

4140. **Swarthmore**

AJ **64** 313. Sproul Observatory, Swarthmore College, Swarthmore, Pa. P. van de Kamp.
The Sproul Observatory of Swarthmore College. 22 S., 1958.
Reprints of articles published by the Sproul Observatory Nr. 104—110.

4141. **Sydney**

JBAA **69** 136—137. Centenary of Sydney Observatory.
MN **119** 411. Sydney Observatory. H. Wood.

4142. **Tartu** (Dorpat)

Zvaigžņotā Debess 1959. gada vasara S. 31—37. Tartu astronomiskās observatorijas 150 gadi. G. Zelnins. — 150 Jahre Sternwarte Tartu (Dorpat).
Tartu Astronoomia Observatoorium Teated Nr. 4.

4143. **Taschkent**

Circ. Astr. Obs. Taschkent Nr. 298 S. 24—26 (russ.). Chronik.
Zirkular des Astronomischen Observatoriums Taschkent Nr. 298—300.

4144. **Thessaloniki**

Contributions from the Astronomical Department of the University of Thessaloniki Nr. 5.
Monographs of the Astronomical Department of the University of Thessaloniki Nr. 4.
Veröffentlichungen des Astronomischen Instituts der Universität Thessaloniki Nr. 4.

* * **Thorn.** Siehe Toruń

4145. **Tokyo**

Ann. Tokyo Astr. Obs. (2) **6** 103—119. General descriptions of the photographic zenith tube in the Tokyo Astronomical Observatory and on its reduction formulae. M. Torao.
Annals of the Tokyo Astronomical Observatory, University of Tokyo, Second Series Vol. **6** Nr. 3.
Tokyo Astronomical Bulletin, Second Series Nr. 113—123.
Tokyo Astronomical Observatory. Bulletin of Solar Phenomena Vol. **11** Nr. 1—3.
Tokyo Astronomical Observatory Reprints Nr. 169a, 176—178, 181—190.

4146. **Toluca**

El Universo **13** 76—81. Iniciando nueva etapa de trabajo. J. G. Hernández.

4147. **Tonantzintla y Tacubaya**

Boletin de los Observatorios Tonantzintla y Tacubaya Nr. 18.

4148. **Toruń** (Thorn)

Bulletin of the Astronomical Observatory of N. Copernicus University in Toruń Nr. 19—22.

4149. **Toulouse**

Annales de l'Observatoire Astronomique et Météorologique de Toulouse Tome **27**.
Observatoire de l'Université de Toulouse. Rapport annuel 1956—1957. 10 S. E. Paloque.

4150. **Treviso**

Osservatorio Privato Specola «Ariel» Treviso. Pubblicazione Nr. 15, 16.

4151. **Trieste**

Osservatorio Astronomico di Trieste Nr. 283—294.

4152. **Troy**

AJ **64** 310—312. Observatory of Rensselaer Polytechnic Institute, Troy, New York. R. Fleischer.
Rensselaer Observatory Publications Nr. 4—14.

4153. **Tübingen**

Mitt. AG 1958 S. 58—60. Tübingen. H. Siedentopf. — Jahresbericht für 1958.
Mitteilungen des Astronomischen Instituts der Universität Tübingen Nr. 33, 36, 39, 41, 42, 46, 47.

4154. **Turku**

Astronomia-Optika Institucio, Universitato de Turku, Informo Nr. 18.

4155. **Uccle**

Ciel et Terre **75** 123—128. Le nouvel appareillage photographique utilisé sur l'équatorial de 45 cm d'ouverture de l'Observatoire Royal de Belgique. J. Dommanget.
Commun. Obs. Roy. Belgique Nr. 150, 1 S. L'automation à l'Observatoire Royal de Belgique. P. Bourgeois.
Commun. Obs. Roy. Belgique Nr. 150, 7 S. L'automatisation des instruments astronomiques. La table équatoriale solaire de l'Observatoire Royal de Belgique. R. Coutrez.
Annales de l'Observatoire Royal de Belgique, Troisième Série Tome 8 Fasc. 2, 3.
Communications de l'Observatoire Royal de Belgique Nr. 147, 148, 150—157.

4156. **Uppsala**

Uppsala Astronomiska Observatoriums Annaler Band **4** Nr. 6.
Uppsala Astronomiska Observatorium. Meddelande Nr. 121—126.

4157. **Urbana**

AJ **64** 286—287. University of Illinois Observatory, Urbana, Ill. G. C. McVittie.

4158. **Ussurijsk**

Sonnendaten 1958 Nr. 8 S. 78—80 (russ.). Die Ussurijsker astronomische Station. W. G. Banin. — Auf dem Ausläufer des Da-Djan-Schan, in der Nähe der Stadt Ussurijsk, wurde 1953 eine Station für Sonnenbeobachtungen ($\varphi = 43° 41'$, $\lambda = 132° 10'$, H = 270 m) errichtet. Die Station ist mit einem Dobytschin-Photoheliographen und einem Refraktor mit Interferenzfilter in Hα ausgerüstet. Außerdem werden seit 1957 erdmagnetische Messungen durchgeführt. Loh.

4159. **Utrecht**

Recherches Astronomiques de l'Observatoire d'Utrecht Vol. **14** Part 2.
Sterrewacht «Sonnenborgh» Utrecht. Overdruk Nr. 34—37, 39—41.
Sterrewacht «Sonnenborgh» Utrecht. Overdruk Quarto Nr. 15.

4160. **Vandœuvre-lès-Nancy**

BSAF **73** 283. Vers la création à Vandœuvre-lès-Nancy d'un observatoire moderne. G. Florsch.

4161. **Victoria**

J RAS Canada **53** 95. Dominion Astrophysical Observatory, Victoria, B. C.
MN **119** 386—389. Dominion Astrophysical Observatory, Victoria. R. M. Petrie.
Publ ASP **71** 359—360. From the Dominion Astrophysical Observatory.

Publications of the Dominion Astrophysical Observatory Victoria, B. C., Vol. 11 Nr. 2—5.

4162. Warszawa

Urania Kraków **30** 138. Przyczynek do historii Obserwatorium Warszawskiego. J. Gadomski.

Urania Kraków **30** 393—395. Pierwsze fotografie spalonego Obserwatorium Warszawskiego. J. Gadomski. — Aufnahmen von der Sternwarte Warschau aus dem Jahre 1946, die 1944 abbrannte. E. R.

Astronomical Observatory of the Warsaw University. Reprint Nr. 75, 79, 80, 82—94, 96.

4163. Washington

AJ **64** 305—307. National Bureau of Standards, Washington, D. C., and Boulder, Colorado. C. E. Moore.

AJ **64** 313—314. United States Coast and Geodetic Survey, Washington, D. C. C. Pierce.

AJ **64** 314—317 = U.S. Naval Obs. Repr. Nr. 5. U.S. Naval Observatory, Washington, D. C. B. L. Gurnette.

US Naval Observatory Washington, D. C. Reprint Nr. 1—3, 5—7.

Nature (**184**) Nr. 4688 S. 26—27. The Smithsonian Institution. Report for 1957—58.

Smithsonian Report for 1958 S. 82—94. Report on the Astrophysical Observatory for the year ended June 30, 1958. F. L. Whipple, L. Carmichael.

Smithsonian Contributions to Astrophysics Vol. **3** Nr. 4—8.

Smithsonian Institution Publication Nr. 4352, 4355, 4356.

Georgetown Observatory Monograph Nr. 13.

Georgetown Observatory Reprint Nr. 23.

Georgetown Observatory Reprint Series II Nr. 1.

4164. Wellington

Carter Obs. Astr. Bull. Nr. 50. Public sessions programme for 1959 and astronomical phenomena.

MN **119** 418—419. Carter Observatory, Wellington, N. Z. I. L. Thomsen.

Carter Observatory Astronomical Bulletin Nr. 50.

4165. Wendelstein

Forschungsberichte der Kommission Observatorium Wendelstein der Bayerischen Akademie der Wissenschaften Nr. 22, 23.

4166. Wien

Veröff. Urania-Sternw. Wien Nr. 2 S. 54—55. Tätigkeitsbericht der Urania-Sternwarte Wien 1959.

Mitteilungen der Universitäts-Sternwarte Wien Band **10** Nr. 1—8.

4167. Williams Bay

AJ **64** 473—482. Yerkes Observatory, University of Chicago, Williams Bay, Wis. G. P. Kuiper.

4168. Wrocław (Breslau)

Wrocław Astronomical Observatory. Reprint Nr. 13—16.

4169. Zürich

Astronomische Mitteilungen der Eidgenössischen Sternwarte Zürich Nr. 219—225.

Publikationen der Eidgenössischen Sternwarte Zürich Band **11** Heft 3. Tätigkeitsbericht der Eidgenössischen Sternwarte Zürich für das Jahr 1958. M. Waldmeier.

4170. **F. M. Bateson,** Proposals for a New Zealand observatory. Southern Stars **18** 39—43.

4171. **J. Borgman,** Site-testing for new observatories. Obs **79** 219.

4172. **J. Halenka,** A new solar observing station. Studia **3** 294—295. — Beschreibung der neuen Sonnenbeobachtungsstation des Geophysikalischen Institutes Prag. J. B.

4173. **G. P. Kuiper, G. R. Miczaika,** A new observatory in Chile. AJ **64** 338. — Ref. AAS.

4174. **G. S. Mumford III,** Radio observatories of the world. Sky Tel. **18** 300—301.

4175. **F. Rigaux,** Les Observatoires Astronomiques et les Astronomes. Bruxelles, Observatoire Royal de Belgique, 1959. 453 S. — Besprechung in Ann d'Astrophys **23** 303, Gaz astr **41** 74—75 (A. Dermul), Nature **187** 1063 (R. v. d. R. Woolley), Sky Tel. **19** 434.

4176. The European Southern Observatory. MN ASSA **18** 33.

4177. Proposal for an interamerican observatory. MN ASSA **18** 34.

4178. The Australian National University: Field Station for Astronomy. Nature **183** 1091—1092.

4179. Radio telescope for Australia. Nature **184** 93—94.

4180. Projet d'Observatoire européen en Afrique du Sud. La Nature **87** 432.

4181. Mountain observatory for Hungary. Obs **79** 68.

4182. Okayama Astrophysical Observatory. Publ ASP **71** 480.

4183. New observatory planned for South America. Sky Tel. **18** 368.

4184. Cornell appointment. Sky Tel. **18** 439.

4185. Some Soviet observatories. Southern Stars **18** 44—48.

4186. A fundamental observatory for New Zealand? Resolutions of the astrometrical conference. Southern Stars **18** 73—75.

4187. Bedeutende Radio-Observatorien der Welt. Sternenbote **2** 29—31.

4188. Projekt międzynarodowego obserwatorium na półkuli południowej. Urania Kraków **30** 103.

4189. **Privat- und Volkssternwarten**

BSAF **73** 433—441. L'Observatoire Astrophysique privé Gérard Florsch, à Sarreguemines (Moselle). G. Florsch.

El Universo **13** 142—143. Observatorio Astronomico «Pinna».

Hemel en Dampkring **57** 27—28. Kesselberg Sterrenwacht. L. Peeters.

Jahresbericht 1959 der Privatsternwarte Karlsruhe. W. Malsch.

J. Astr. Soc. Victoria **12** 26—27. The 18-inch reflector at Swinburne Technical College.

J. Astr. Soc. Victoria **12** 28. The Ballaarat Observatory.

J. Astr. Soc. Victoria **12** 48—49. The Ballarat telescopes.

J RAS Canada **53** 44. Dome built by Ancaster member. G. W. Smith.

J RAS Canada **53** 191—192. Hume Cronyn Memorial Observatory, London, Ontario. W. Wehlau.

Mitt. Planetenbeobachter **12** 64. Privatsternwarte Fürth. Kimberger.
MN **119** 419. Mr M. Abdul Ahad's Observatory, Basrah, Iraq.
MN **119** 419. Mr J. D. Bestwick's Observatory, Leek, Staffordshire.
MN **119** 420. Dr J. L. Haughton's Observatory, Littleton, Nr Winchester, Hants.
MN **119** 420. Mr F. M. Holborn's Observatory, Peaslake, Surrey.
MN **119** 420. Mr Patrick Moore's Observatory, East Grinstead, Sussex.
MN **119** 420. Mr G. E. Patston's Observatory, Eastbourne, Sussex.
MN **119** 420—421. Dr R. L. Waterfield's Observatory, Ascot.
MN **119** 421. Dr H. P. Wilkins's Observatory, Bexleyheath, Kent.
RH **40** 20—22 (tschech.). Über den Bau einer kleinen Volkssternwarte. B. Maleček.
Southern Stars **18** 56—57. A new reflector in Rarotonga.
Sterne **35** 87—88. Die Radio-Astronomie bei der Volkssternwarte Coburg. H. Liebkopf.
Sterne **35** 89—91. Städtische Sternwarte Bautzen in neuen Räumen. H.-J. Nitschmann.
Sterne **35** 91—92. Zum weiteren Aufbau der Volkssternwarte München. H. Oberndorfer.
Sterne **35** 92—93. Fernrohrbastelkurse der Volkssternwarte München. H. Oberndorfer.
Sterne **35** 207—208. Ein Jahr Arbeitsgemeinschaft Astronomie Schmiedeberg (Bez. Dresden). V. Röder.
Sternenbote **2** 54—57. Die Sternwarte in Glashütte. H. Sauerwald.
Sternenbote **2** 110—114. Die Volkssternwarte München.
Sternenbote **2** 147. Die neue Sternwarte der Sternfreunde Köln.
VdS Nachr. **8** 71. 50 Jahre Urania-Volkssternwarte Jena.
Veröff. Urania-Sternw. Wien Nr. 2 S. 50—53. Die 50-Jahrfeier der Urania-Volkssternwarte Jena und die Tagung der Amateurastronomen 1959 in Jena M. Wähnl. — Vgl. Ref. **736**.

§ 5

Planetarien

501. **J. F. M. Bruijn,** Vijfentwintig jaar: Zeiss-Planetarium Haagsche Courant. Hemel en Dampkring **57** 35—36.

502. **M. W. Burke-Gaffney,** The Halifax Planetarium. J RAS Canada **53** 154—155.

503. **J. F. Grady,** Lehigh Valley planetarium project. Sky Tel. **18** 430—431.

504. **F. Heiland,** Inwieweit entspricht der künstliche Sternhimmel im Zeiss-Planetarium dem natürlichen? Sterne **35** 213—218.

505. **H. C. van de Hulst,** Het planetarium en zijn directeur. Hemel en Dampkring **57** 37—40.

* * **H. C. King,** El Planetario. Vgl. Ref. **222**.

506. **H. C. King,** Das Planetarium und seine Entwicklung. Endeavour **18** 35—44.

507. **L. Kondraševa, B. Sala,** Maskavas planetārijam 30 gadu. Zvaigžņotā. Debess 1959. gada rudens S. 39—41. — 30 Jahre Moskauer Planetarium.

508. **E. López L.,** Una sesión de divulgación astronómica en el Planetario. El Universo **13** 107—121.

509. **W. J. McCallion, T. M. Norton,** The Spitz Planetarium, McMaster University, Hamilton, Ontario. J RAS Canada **53** 149—153.

510. **O. Obůrka,** Thirty years of the planetarium in Moscow. RH **40** 56—58 (tschech.).

511. **O. Obůrka,** The planetarium in Brno was finished. RH **40** 215—216 (tschech.).

512. **J. J. Raimond jr.,** De viering van het zilveren jubileum van het «Zeiss-Planetarium Haagse Courant». Hemel en Dampkring **57** 74—84.

513. **J. J. Raimond jr.,** New York 11—16 Mei 1959: Eerste internationale congres van Planetarium-directeuren. Hemel en Dampkring **57** 152—154.

514. **R. Rajchl,** The planetarium in Prague. RH **40** 145—150 (tschech.).

515. **R. Schielicke,** Ein Modell des Zeiss-Planetariums. Sterne **35** 238—242.

516. **A. Spitz,** La dirección de un planetario. Aus «Griffith Obs.» übersetzt von E. Roldán. Bol. As. Peruana Astr. **5** 300—304.

517. **W. Weiss,** Das Zeiss-Planetarium in London. Sternenbote **2** 138—142.

518. **A. Wróblewski,** Planetarium w Pradze. Urania Kraków **30** 261. — Mitteilung über das in Prag im Bau befindliche große Planetarium. E. R.

519. Planetaria and their Use for Education. Herausgegeben von M. Jagger. Bloomfield Hills, Mich., Cranbrook Institute of Science, 1959. 205 S. Preis $ 3.50. — Besprechung in Sky Tel. **18** 699, **19** 180 (M. T. Brackbill).

520. Planetarios en diversas Ciudades del mundo. El Universo **13** 186—188.

521. New York orders projector. Sky Tel. **18** 264.

522. Miami planetarium proposed. Sky Tel. **18** 489.

* * Planetarium representatives attend international conference. Vgl. Ref. 749.

523. Nowe planetaria. Urania Kraków **30** 66. — São Paulo.

§ 6

Gesellschaften, Organisationen

601. American Association of Variable Star Observers

AAVSO Abstr. Oct. 1959 S. 2—3. The work of the solar division. H. L. Bondy.
AAVSO Abstr. Oct. 1959 S. 3. 1959 report of Nova search division. G. Diedrich.
AAVSO Abstr. Oct. 1959 S. 10. Report on AAVSO at Denver convention. C. B. Ford.
AAVSO Abstr. Oct. 1959 S. 10. The AAVSO and the Northeast Region of the Astronomical League.
AAVSO Abstr. Oct. 1959 S. 11. Some remarks about the AAVSO solar division. H. L. Bondy.

Membership list of the American Association of Variable Star Observers. Cambridge, Mass., January 1959. 14 S.; December 1959, 15 S.

602. American Astronomical Society

AJ **64** 37—58. One hundred-first meeting of the American Astronomical Society, Gainesville, Florida, December 27—30, 1958.

AJ **64** 74—78. Constitution of the American Astronomical Society.

AJ UdSSR **36** 557—560 (russ.). Die 101. Tagung der Amerikanischen Astronomischen Gesellschaft. A. G. Massewitsch.

J RAS Canada **53** 245—248. Toronto meeting of the American Astronomical Society. — 1959 Aug. 13 — Sept. 2.

603. Asociacion Peruana de Astronomia

Bol. As. Peruana Astr. **5** 250—251, 277, 282. Viernes astronómicos.

Bol. As. Peruana Astr. **5** 258, 261—262. Filial de Cajamarca: Primera exposición astronomica.

Bol. As. Peruana Astr. **5** 262. Filial de Huancayo: Elección de nueva junta directiva.

Bol. As. Peruana Astr. **5** 283. Donacion de un telescopio a la Asociación.

Bol. As. Peruana Astr. **5** 283—284. Aniversario de la Asociación.

604. Astronomical Society of the Pacific

Publ ASP **71** 74—78. Activities of the Society. Minutes of the meeting of the directors, November 21, 1958. S. Einarsson.

Publ ASP **71** 184—185. Activities of the Society.

Publ ASP **71** 259—264. Minutes of the 70th annual meeting of the Astronomical Society of the Pacific, January 20, 1959. S. Einarsson.

Publ ASP **71** 264—266. Minutes of the meeting of the newly elected board of directors, January 20, 1959. S. Einarsson.

Publ ASP **71** 361—367. Activities of the Society. Annual report of the secretary-treasurer for the year ended December 31, 1958. S. Einarsson, V. Graves.

Publ ASP **71** 481—483. Activities of the Society. The San Francisco meeting of the Astronomical Society of the Pacific. — 1959 Juni 17—19.

605. Astronomical Society of South Africa

MN ASSA **18** 32. Astronomical Society of South Africa. Annual Essay Competition.

MN ASSA **18** 49. Officers and Council for 1959—60.

MN ASSA **18** 53. Nova section.

MN ASSA **18** 69—79. Annual reports. Astronomical Society of Southern Africa.

606. Astronomical Society of Victoria

J. Astr. Soc. Victoria **12** 1—7. Annual report, 1958. L. R. Whitby, G. A. Duncan.

J. Astr. Soc. Victoria **12** 17—18. Annual general meeting. 19th February, 1959.

J. Astr. Soc. Victoria **12** 30. Auroral Section. Report for 1958. T. B. Tregaskis.

J. Astr. Soc. Victoria **12** 32. A visit to Sydney. J. P. Hamilton.

J. Astr. Soc. Victoria **12** 66—67. The exhibition meeting of 16/7/59.

J. Astr. Soc. Victoria **12** 102—103. Altered arrangements regarding telescope demonstrations.

607. Astronomische Gesellschaft

Mitt. AG 1958 S. 61—102. Verzeichnis der Mitglieder der Astronomischen Gesellschaft.

Mitt. AG 1958 S. 103. Mitteilungen des Vorstandes der Astronomischen Gesellschaft. — Todesanzeigen und Neuaufnahmen.

Phys. Verhandlungen **10** 209—230. Astronomentagung in Kiel. Astronomische Gesellschaft. F. Gondolatsch. — Kiel, 1959 Sept. 23—26. Enthält die Zusammenfassungen der dort gehaltenen Vorträge.

VdS Nachr. 8 81—84. Die Tagung der Astronomischen Gesellschaft 1959 in Kiel. J. Herrmann.

608. Astronomisk Selskab København

NAT 1959 S. 73—75. Den ordinære generalforsamling 1959 Febr. 25.

609. British Astronomical Association

JBAA **69** 1—18. The annual general meeting of the Association, held on Wednesday, 1958 October 29 at Burlington House, London.

JBAA **69** 19—21, 61—69, 97—107, 141—148, 185—195, 253—288. Report of the ordinary general meetings of the Association.

JBAA **69** 22—26. Report of the Mercury and Venus Section. P. Moore.

JBAA **69** 26—31. The Radio and Electronics Section in 1958. J. Heywood.

JBAA **69** 56—57. Officers and Council, 1958—1959.

JBAA **69** 57—59, 91—95, 138—139, 182—184, 227—228, 309—314. Notices of the Association.

JBAA **69** 119—120. The branches during the session 1957 to 1958. J. L. Perdrix.

JBAA **69** 229—251. Report of the Council on the work of the session 1958 July 1 to 1959 June 30 to be presented to members of the Association at the annual general meeting, 1959 October 28.

JBAA **69** 289—291. The annual exhibition meeting of the Association. D. A. Campbell. — 1959 Juni 24.

610. British Interplanetary Society

J. British Interplanetary Soc. **17** 102—104. Report of Council for the year ended 31 December, 1958. L. R. Shepherd.

J. British Interplanetary Soc. **17** 144. Fourteenth Annual General Meeting. — London, 1959 Juli 17.

611. International Astronomical Union

AJ **64** 81—124. The rotation of the earth and atomic time standards. — Im August 1958 in Moskau gehaltenes Symposium — Nr. 11 — der IAU. Die einzelnen Beiträge sind in den entsprechenden Sachparagraphen aufgeführt.

AJ UdSSR **36** 913—971 (russ.). Symposium on the rotation of the earth and atomic time-standards.

Bote Univ. Moskau (Math., Mechan., Astr., Phys., Chem.) 1958 Nr. 6 S. 239—244 (russ.). Die internationale Tagung der Astronomen. W. W. Arsentjew.

BSAF **73** 145—153. La Xe assemblée générale de l'Union Astronomique Internationale. A. Danjon.

Coelum **27** 15—18. Stelle variabili, ammassi e nebulose al X congresso dell' Unione Astronomica Internazionale a Mosca.

Gaz astr **41** 1—8. La Xe assemblée générale de l'Union Astronomique Internationale. A. Dermul.

Hemel en Dampkring **57** 9—17. Het tiende congres van de Internationale Astronomische Unie in Moskou. H. van Woerden.

IAU. Provisional list of I.A.U. publications. 11 S. D. H. Sadler.

IAU Information Bull. Nr. 2, 12 S. D. H. Sadler.

Irish AJ **5** 126—133. Impressions of the IGY and IAU congresses in Moscow. M. J. Smyth.

J. Astr. Soc. Victoria **12** 45—48. The Moscow meeting of the International Astronomical Union. W. Buscombe.

Nachr. Akad. Wiss. UdSSR (Geogr.) 1959 Nr. 1 S. 48—51 (russ.). Einige Probleme der Physik der Erde auf der X. Tagung der Internationalen Astronomischen Union. E. P. Fedorow. — Ref. in RJ UdSSR 1959 Nr. 11 S. 14.

New Instruments and Methods in the Meridian Astrometry. Reports made at the Meeting of the Commission 8 (Positional Astronomy) during the 10th General Assembly of the International Astronomical Union in Moscow on the August 1958. Moskau—Leningrad, Verlag Akad. Wiss. UdSSR, 1959. 100 S. Preis 2 R. 50 Kop. (mehrsprachig).

PAT **40** 1—22. Med Astronomer i Österled. Intryck från ett besök i Sovjetunionen i samband med Internationella Astronomiska Unionens kongress i Moskva i augusti 1958. T. Elvius.

Postępy Astr. **7** 32—63. X Kongres Międzynarodowej Unii Astronomicznej. — Neben der Darlegung von Organisationsangelegenheiten der IAU wird insbesondere über den Verlauf der Sitzungen und Symposien berichtet. E. R.

Postępy Astr. **7** 138—139. Rewizja współrzędnych galaktycznych. S. Grzędzielski. — Resolutionen der Kommissionen 33, 33b und 40 auf dem 10. IAU-Kongreß bezüglich der neuen galaktischen Koordinaten. E. R.

RH **40** 3—10 (tschech.). A symposium about the Hertzsprung-Russell diagram. B. Onderlička. — Ein Bericht über das Symposium, das am 15. und 16. August 1958 während der Moskauer Tagung der IAU abgehalten wurde. J. B.

Science **129** 847—848. International Astronomical Union. J. A. O'Keefe.

Sky Tel. **19** 19. International Astronomical Union 1961 meeting.

Southern Stars **18** 21—24. The I.A.U. in Moscow. Tenth general assembly.

Sterne **35** 49—57. Die X. Allgemeine Versammlung der Internationalen Astronomischen Union. C. Hoffmeister.

Sterne **35** 57—59. Die Sonnenphysik auf der I.A.U.-Tagung in Moskau. F. W. Jäger.

Sterne **35** 59—63. Spektroskopie und Sternatmosphären auf der X. Versammlung der Internationalen Astronomischen Union. H. H. Voigt.

Sterne **35** 63—65. Beratungen über Veränderliche Sterne auf der X. Versammlung der Internationalen Astronomischen Union. P. Ahnert.

Sterne **35** 65—71. Kometen und interplanetare Materie. N. Richter.

Urania København **16** 2—6, 9—11, 25—30, 38—40, 47—51, 59—63, 75—79, 84—87. Til Kongres i Sovjet-Unionen. A. Luplau Janssen.

Vasiona **7** 12. Simpozium o problemima zemljine rotacije na X kongresu Međunarodne Astronomske Unije u Moskvi od 12—20 Avgusta 1958 godine.

Vasiona **7** 13. X generalna skupština Međunarodne Astronomske Unije.

612. Internationale Astronautische Föderation

Astronaut. Sci. Rev. **1** 20—21. Summary report of IX Annual IAF Congress. E. V. Stearns.

Bote Akad. Wiss. UdSSR 1959 Nr. 12 S. 52—53 (russ.). Die Zusammenarbeit in der Astronautik. W. I. Krassowskij.

J. British Interplanetary Soc. **17** 113. The tenth International Astronautical Conference. G. V. E. Thompson.

La Nature **87** 458—459. Le congrès d'astronautique de Londres.

Ric. Sci. **29** 1750—1753. Il IX Congresso Internazionale Astronautico (Amsterdam, 25—30 agosto 1958). G. Partel.

Spaceflight **2** 18—21. The I.A.F. at Amsterdam. A. E. Slater.

Spaceflight **2** 102—103, 112—113. The 10th I.A.F. congress.

Spaceflight **2** 108—111. Accomplishments of the International Astronautical Federation and some proposed objectives. A. G. Haley.

Spaceflight **2** 114—115. The 10th anniversary of the I.A.F. A. G. Haley.

Vasiona **6** 72—74, 1958. Utisci sa IX astronautičkog kongresa u Amsterdamu. V. Ajvaz.

Vasiona **7** 99—102 (serb.-kroat.). Congrès de l'IAF. (X. congrès à Londres). T. P. Anđelić.

613. Irish Astronomical Society

Irish AJ **5** 149—153. News from the centres. W. J. O'Riordan, R. Hayward, F. Murphy.

Irish AJ **5** 177—181. News from the centres. H. H. R. Grossie, R. Hayward, F. Murphy.

Irish AJ **5** 204—205. The annual general meeting of the Irish Astronomical Society. — Dublin, 1959 Juni 6.

Irish AJ **5** 205—207. Council of the Irish Astronomical Society. Report of session 1958/59. L. Smyth.
Irish AJ **5** 207—208. Address by the president, Mr. M. Macionnraic.
Irish AJ **5** 230—234. News from the centres. H. H. R. Grossie, R. Hayward, F. Murphy, L. Smyth, L. Milling.

614. Liga Latinoamericana de Astronomia

Liga Latinoamer. Astr. Bol. Nr. 1 S. 2—3. Acta de fundación y declaración de principios de la Liga Latinoamericana de Astronomía.
Liga Latinoamer. Astr. Bol. Nr. 1 S. 10—14. Datos de las instituciones afiliadas.
Liga Latinoamer. Astr. Bol. Nr. 1 S. 14. Liga Latinoamericana de Astronomía: Junta directiva.

615. Meteoritical Society

Publ ASP **71** 358. Meeting of the Meteoritical Society. — Cambridge, Mass., 1959 Sept. 10—11.

616. Nederlandse Vereniging voor Weer- en Sterrenkunde

Hemel en Dampkring **57** 29—30, 106—110, 133—134, 164—166, 187, 221, 297. Nederlandse Vereniging voor Weer- en Sterrenkunde.
Hemel en Dampkring **57** 294—297. De jubilerende afdeling Utrecht organiseerde een tentoonstelling. T. E. de Vries.

617. Polskie Towarzystwo Astronomiczne

Urania Kraków **30** 325—327. Konferencja Naukowa (Zjazd referatowy) Polskiego Towarzystwa Astronomicznego we Wrocławiu. K. Rudnicki. — Breslau, 1959 Juni 25—27.

618. Polskie Towarzystwo Miłośników Astronomii

Urania Kraków **30** 31—33, 70, 151—152, 339, 432—433. Kronika PTMA.

619. Royal Astronomical Society

MN **119** 325—326. Anniversary meeting of 1959 February 13.
MN **119** 326—327. Annual general meeting of 1959 February 13.
MN **119** 328—330. Report of the Council to the hundred and thirty-ninth annual general meeting of the Society.
MN **119** 331. Report of the honorary auditors for the year 1958. T. Kiang, K. H. Fea.
MN **119** 331—341. Progress and present state of the Society.
MN **119** 455. Election of Officers and Council.
Obs **79** 40—48. Anniversary meeting and annual general meeting of the Royal Astronomical Society. — 1959 Febr. 13.

620. Royal Astronomical Society of Canada

J RAS Canada **53** 117—136. Minutes of the annual meeting of the Royal Astronomical Society of Canada. F. L. Troyer.
J RAS Canada **53** 179—180. Andrew McKellar: The President of the R.A.S.C.

621. Royal Astronomical Society of New Zealand

J RAS Canada **53** 1—6 = RAS New Zealand Variable Star Section Repr. Nr. 5. Variable star observing in New Zealand. II. F. M. Bateson.
Southern Stars **18** 8—9. Annual general meeting. The Society in Palmerston North.
Southern Stars **18** 9—11. Annual report of Council for the year ended 1958 Sept. 30. F. H. Clift, N. Jones.

Southern Stars 18 12—16. Reports of Sections. Lunar and Planetary Section, P. A. Read; Computing Section, L. P. Lee; Telescope-making Section, R. B. Orton; Variable Star Section = RAS New Zealand Variable Star Section Repr. Nr. 6, F. M. Bateson.

622. Schweizerische Astronomische Gesellschaft

Orion Schaffhausen **5** 582—592. 20 Jahre Schweizerische Astronomische Gesellschaft. E. Bazzi.

Orion Schaffhausen **5** 627. Astronomischer Photowettbewerb für Amateure.

Orion Schaffhausen **5** 727—728. 17. Generalversammlung der schweizerischen astronomischen Gesellschaft vom 23./24. Mai 1959 in Locarno. F. Egger.

623. Sociedad Astronómica de México

El Universo **13** 33—35. Informe del Presidente de la Sociedad Sr. Valente Souza García de Quevedo.

El Universo **13** 36—38, 87, 141—142. Comentarios de los Socios. E. Della Longa.

El Universo **13** 82—86, 139—140, 189—191. Actividades de la Sociedad.

624. Società Astronomica Italiana

Atti Convegni Astr. Venezia Napoli 1959 S. 5—9. La Riunione di Venezia e l'Assemblea generale dei Soci per l'anno 1955 (22—23 ottobre 1955).

Atti Convegni Astr. Venezia Napoli 1959 S. 33—35. Assemblea generale dei Soci per l'anno 1957 (27—30 settembre 1957).

Atti Convegni Astr. Venezia Napoli 1959 S. 37—42. Statuto della Società Astronomica Italiana.

Atti Convegni Astr. Venezia Napoli 1959 S. 43—52. V^a Assemblea generale della Società Astronomica Italiana. Discorso inaugurale. F. Zagar.

Mem SA It (NS) **30** 351—352. Rinnovazione delle cariche sociali.

625. Société Astronomique de France

BSAF **73** 21—24, 136—140, 330—335, 495—498. Commission des instruments. J. Texereau.

BSAF **73** 301—304. Assemblée générale annuelle de la Société Astronomique de France du 17 juin 1959. A. Hamon.

BSAF **73** 305—306. Élections générales du 17 juin 1959.

BSAF **73** 319—322. La vie de la Société Astronomique de France (1958—1959). G. C. Flammarion.

626. Société Astronomique «R. Bošković»

Vasiona **6** 116—117, 1958, **7** 45—48, 81, 108—110. Vesti iz Društava. — Berichte der Astronomischen Gesellschaft «R. Bošković».

627. Société Belge d'Astronomie, de Météorologie et de Physique du Globe

Ciel et Terre **75** 374—378. Assemblée générale du 14 mars 1959. Rapport du secrétaire général. E. Hoge.

628. Société Chronométrique de France

Ann. Françaises Chronométrie (2) **13** 63—68. Statuts adoptés par l'assemblée générale du 30 novembre 1957.

Ann. Françaises Chronométrie (2) **13** 133—136. Assemblée générale tenue à Paris le 29 novembre 1958.

629. Svenska Astronomiska Sällskapet

PAT **40** 62—66. Svenska Astronomiska Sällskapet. Styrelsens Berättelse för År 1958. G. Malmquist, J. M. Ramberg.

630. **Tschechoslowakische Astronomische Gesellschaft**
RH **40** 35—36 (tschech.). Tagung der Tschechoslowakischen Astronomischen Gesellschaft.

631. **J. Bouška,** The 6th meeting of the Czechoslovak amateur-astronomers. RH **40** 161—164 (tschech.).

632. **G. A. W. C. v. Hemert tot Dingshof,** Werkende sterrenkundige amateurs voor de veertiende maal bijeen. Hemel en Dampkring **57** 51—52.

633. **H. C. van de Hulst,** COSPAR — Commission on space research. Hemel en Dampkring **57** 49—50.

634. **D. Meisel,** A. L. P. O. comets section report No. 2. Strolling Astronomer **13** 115—116.

635. **J. Mergentaler,** Pod znakiem komety. Urania Kraków **30** 377—379. — Das Erscheinen des Kometen Brorsen-Metcalf im Jahre 1919 hat einige Schüler der Warschauer Mittelschulen zur Gründung der Gesellschaft von Liebhabern der Astronomie angeregt. E. R.

636. **P. Muller, G. Wlerick,** Comité National Français d'Astronomie. BSAF **73** 285.

637. **G. D. Roth,** Aus der Arbeit der International Lunar Society. Mitt. Planetenbeobachter **12** 43—44.

638. **N. Ryde, G. Darsenius,** Göteborgs Astronomiska Klubb. Styrelsens Berättelse för År 1958. PAT **40** 66—67.

639. **G. S. Spitz,** Astronomical League (D 2). Science **129** 487—488. — Bericht der Sektion der American Ass. Advancement Sci.

640. **W. Stein, G. D. Roth,** Protokoll über die 4. ordentliche Mitgliederversammlung in Kiel am 26. September 1959. VdS Nachr. 8 84—87.

641. **F. B. Wood,** Astronomy (Section D). Science **129** 487. — Bericht der Sektion der American Ass. Advancement Sci.

642. Constitution for the United States National Committee of the International Astronomical Union. AJ **64** 78—80.

643. Société d'Astronomie d'Anvers. Trente-neuvième rapport. 1958. Anvers, Impr. «La Prévoyance», 1959.

644. Prix et subventions attribués en 1958 par l'Académie des Sciences. BSAF **73** 25.

645. Associazione astrofili fiorentini. Coelum **27** 63.

646. Gruppi regionali di astrofili. Coelum **27** 181.

647. The Nantucket Maria Mitchell Association. Fiftyseventh Annual Report, 1958. Nantucket, Mass. Memorial House, 1959.

648. Rocket studies of emissions caused by solar flares: National Science Foundation grant. Nature **184** 406.

649. From AURA, Inc. Publ ASP **71** 71.

650. ONR astronomy program. Publ ASP **71** 480.

651. National Science Foundation Advisory Panel. Publ ASP **71** 554.

652. Ford Foundation Astronomy grant. Publ ASP **71** 554.

653. Commissione italiana per l'Anno geofisico internazionale 1958—59. Ric. Sci. **29** 338.

654. Commissione nazionale per l'astronomia. Ric. Sci. **29** 338.

655. Committee on bio-astronautics established by Academy of Sciences. Science **129** 626—627.

656. Amateur astronomers. Sky Tel. **18** 142—143, 204—205, 250—251, 324—328, 388, 431—432, 506—507, 562—564, 622—623, 680—684, **19** 29—30, 78.

657. Argentine Astronomical Association formed. Sky Tel. **18** 146.

658. A. L. P. O. Comets Section Announcement Cards (CSAC). Strolling Astronomer **13** 117.

§ 7

Tagungen, Ausstellungen

701. **D. S. Evans,** Paris and Liège, 1959. MN ASSA **18** 107—114.

702. **W. M. Fedorow,** Konferenz über kosmische Strahlung. Bote Akad. Wiss. UdSSR 1959 Nr. 10 S. 77—78 (russ.). — Ref. in RJ UdSSR 1960 Nr. 9 S. 3. — Moskau, 1959 Juli 6—11.

703. **D. A. Frank-Kamenezkij,** Physik der Sterne und Nebel. Priroda **48** Nr. 12 S. 60—62 (russ.). — Vollsitzung der Kommission für Physik der Sterne und Nebel des Astronomischen Rates Akad. Wiss. UdSSR in Lwow (Lemberg).

704. **G. Glaser,** Internationaler Kongreß für Chronometrie vom 19. bis 23. Juni 1959 in München. Phys. Blätter **15** 471.

705. **G. Godoli,** Il corso di Radioastronomia solare alla scuola internazionale di fisica a Varenna (25 luglio—30 luglio 1959). Boll. Geod. Sci. affini **18** 414—416.

706. **N. I. Grischin,** The fourth conference on the noctilucent clouds. AC Nr. 204 S. 18—20 (russ.). — Tartu, 1958 Dez. 12—14.

707. **S. Grzędzielski,** Trzecie sympozjum poświęcone gazodynamice kosmicznej. Postępy Astr. **7** 197—213. — Cambridge, Mass., 1957 Juni 24—29.

708. **W. H. Haas,** The first nationwide amateur astronomers convention and the fifth convention of the A. L. P. O. Strolling Astronomer **13** 119—122.

709. **C. Hoffmeister,** Astronomisches Kolloquium in Jena am 17. November 1958. Monatsber. Deutsch. Akad. Wiss. Berlin **1** 154—158. — Die Sternwarte Sonneberg der Deutschen Akademie der Wissenschaften und die Universitätssternwarte Jena führen seit einer Reihe von Jahren ein gemeinsames Kolloquium durch. Überwiegend wird dabei über eigene Arbeiten der beiden Institute berichtet. Verf. (gek.)

710. **J. Ikaunieks,** Astronomijas Padomes plēnums. Zvaigžņotā Debess 1959. gada vasara S. 51. — Sitzung des Astronomischen Rates Akad. Wiss. UdSSR in Pulkowo, 1959 Jan. 21—24.

711. **W. W. Kellogg,** IGY rockets and satellites: a report on the Moscow meetings, August 1958. Planet. Space Sci. **1** 71—84.

712. **K. J. Kondratjew,** Probleme der Aktinometrie und der atmosphärischen Optik. Bote Akad. Wiss. UdSSR 1959 Nr. 4 S. 118—120 (russ.). — Leningrad, 1959 Jan. 28—Febr. 4. — Ref. in RJ UdSSR 1960 Nr. 5 S. 2.

713. **K. W. Kostylew,** Das zweite Seminar in der UdSSR über radiotechnische Beobachtungsmethoden von Meteorionisationen. AJ UdSSR **36** 1144—1146 (russ.). — Moskau, 1959 Juni 29—Juli 2.

714. **E. L. Krinow,** Neue Fortschritte der Meteoritik (VIII. Meteoritenkonferenz). Bote Akad. Wiss. UdSSR 1958 Nr. 8 S. 118—119 (russ.). — Moskau, 1958 Juni 3—5.

715. **A. Losinskij,** Seminar über Fragen photographischer Beobachtungen künstlicher Erdsatelliten. AJ UdSSR **36** 199—200 (russ.). — Pulkowo, 1958 Nov. 24—27.

716. **M. A. Lure,** Sowjetische Tagung der Leiter der Stationen zur visuellen Beobachtung künstlicher Erdsatelliten. AJ UdSSR **36** 751—752 (russ.). — Moskau, 1959 April 15—17.

717. **J. G. Perel,** Fragen der Geschichte der Astronomie auf der Konferenz über Geschichte der Naturwissenschaften und Technik. AJ UdSSR **36** 975—976 (russ.). — Moskau, 1959 Mai 27—Juni 1.

718. **J. Pokrzywnicki,** VIII Konferencja Meteorytowa w Moskwie. Postępy Astr. **7** 63—66. — 1958 Juni 3—5.

719. **K. A. Porzewskij,** Die zwölfte Moskauer astronomische Olympiade 1958. Bull. Astr.-Geod. Ges. UdSSR Nr. 25 S. 48—51 (russ.).

720. **E. Proverbio,** Il terzo Congresso Internazionale di Cronometria di Monaco. Mem SA It (NS) **30** 337—341. — 1959 Juni 19—23.

721. **L. Reiziņš,** Zinātniskās Padomes sēde Riekstukalnā. Zvaigžņotā Debess 1959. gada vasara S. 51. — Sitzung des wissenschaftlichen Rates des Astrophysikalischen Laboratoriums Akad. Wiss. Lett. SSR auf der Beobachtungsstation Riekstukalns in Baldone bei Riga am 14. Febr. 1959. Loh.

* * **H. Rohr,** Einweihung der neuen Olbers-Sternwarte in Bremen. Tagung der deutschen «Vereinigung der Sternfreunde». Vgl. Ref. 427.

722. **G. W. Rosenberg,** Fragen der atmosphärischen Optik. Priroda 48 Nr. 8 S. 68—70 (russ.). — Bericht über die Ergebnisse einer Tagung über Aktinometrie und atmosphärische Optik in Leningrad 1959 Januar. Loh.

723. **W. S. Safronow,** Die Erfolge der Planetenkosmogonie. Priroda 48 Nr. 7 S. 58—60 (russ.). — Bericht über ein auf der IAU-Tagung in Moskau gehaltenes Symposium.

724. **W. Sandner,** Treffen der Sternfreunde Österreichs in Gmunden. VdS Nachr. 8 46.

725. **T. Schmidt-Kaler,** Tagung skandinavischer und norddeutscher Astronomen in Göttingen. Sterne **35** 232—236. — 1959 März 16—17.

726. **G. B. Shdanow,** Neue Daten über die kosmische Strahlung. Priroda 48 Nr. 11 S. 71—74 (russ.). — Bericht über eine im Juli 1959 in Moskau abgehaltene Konferenz über die Physik der kosmischen Strahlung. Loh.

727. **A. I. Sinkowskij,** Tagung über die Szintillation der Sterne. Priroda 48 Nr. 3 S. 114 (russ.).

728. **J. Smak,** Populacje gwiezdne «Tydzień Badań» Akademii Papieskiej — Watykan — maj 1957. Postępy Astr. **7** 133—137. — Zusammenfassender Bericht über die wichtigeren Vorträge der im Mai 1957 am Vatikan abgehaltenen Konferenz über Sternpopulationen. E. R.

729. **E. K. Straut,** Die fünfte zwischenbehördliche Tagung über das Problem der leuchtenden Nachtwolken. AC Nr. 203 S. 19 (russ.). — Swerdlowsk, 1959 April 23—26.

730. **M. S. Swerew, A. A. Nemiro,** Astrometrische Konferenz in den U. S. A. AJ UdSSR **36** 1141—1143 (russ.). — Cincinnati, 1959 Mai 17—21.

731. **M. S. Swerew, A. A. Nemiro,** Konferenz über Astrometrie in den USA. Bote Akad. Wiss. UdSSR 1959 Nr. 11 S. 90—92 (russ.). — Ref. in RJ UdSSR 1960 Nr. 5 S. 11.

732. **A. Teucher,** Tagung der Liebhaberastronomen des Bezirkes Dresden in Görlitz. Sterne **35** 123—124. — 1958 Okt. 25.

733. **C. A. Tobias,** Space science. Science **129** 906—910. — Symposium in San Antonio, Tex., 1958 Nov. 10—12.

734. **W. G. H. Tregear,** A. S. V. Moonwatch Station report. J. Astr. Soc. Victoria **12** 50.

735. **W. A. Troizkaja,** Die fünfte Versammlung des Spezialkomitees zum Internationalen Geophysikalischen Jahr. Nachr. Akad. Wiss. UdSSR (Geophys.) 1959 Nr. 3 S. 493—502 (russ.). — Ref. in RJ UdSSR 1960 Nr. 2 S. 3—4.

736. **M. Wähnl,** Die 50-Jahrfeier der Urania-Volkssternwarte Jena und die Tagung der Amateurastronomen 1959 in Jena. Veröff. Urania-Sternw. Wien Nr. 2 S. 50—53.

737. **W. W. Witkewitsch,** Symposium über Radioastronomie in Paris vom 30. Juli bis 7. August 1958. AJ UdSSR **36** 194—198 (russ.).

738. **A. Wróblewski,** II Konferencja astronautyczna. Urania Kraków **30** 299. — Warschau, 1959 Mai 21—23.

739. **H. Zimmer,** Die VdS-Tagung vom 9.—12. Oktober 1958 in Bremen. VdS Nachr. 8 4—6.

740. Reports of the 13th astrometric conference USSR. Astr. Herald **52** 204 (japan.).

741. Die internationale Konferenz über kosmische Strahlung, Moskau, Juli 1959. Bote Akad. Wiss. Kasach. SSR 1959 Nr. 11 S. 93—94 (russ.). — Ref. in RJ UdSSR 1960 Nr. 6 S. 4.

742. Moscow meeting of the Joint Commission on solar and terrestrial relationships. Geophys. J. **2** 369—383.

743. Report of discussion on variable star observing. 16th April, 1959. J. Astr. Soc. Victoria **12** 51—53, 62—64.

744. Anales de la Primera Convención Latinoamericana de Astronomía. Herausgegeben von der Liga Latinoamericana de Astronomía. Lima. 1959. 97 S.

745. Colloquio sulle strutture cromosferiche. (Firenze, 18—19 marzo 1959). Ric. Sci. **29** 1095—1097 = Oss. Astrofis. Arcetri Contr. Nr. 30.

746. IGY Conference in Moscow. Reports on the organizational setup and on the Soviet presentation of their rocket and satellite work. Science **129** 79—84.

747. Crowded spectrum. Science **130** 1223. — Betrifft die Reservierung von Frequenzen für die Radioastronomie.

748. Lunar and planetary meetings. Sky Tel. **18** 299.

749. Planetarium representatives attend international conference. Sky Tel. **18** 503.

750. Convention in Denver. Sky Tel. **18** 660—664. — 1959 Aug. 28—31.

751. Ciekawe zjazdy. Urania Kraków **30** 179—180.

752. V godišnja skupština Astronautičkog Društva VSJ. Vasiona **6** 89—90, 1958.

753. Simpozium posvećen Ruđeru Boškoviću. Vasiona **6** 109, 1958.

Ausstellungen

754. Astronomical exhibition. Sky Tel. **18** 203. — Gainesville, Florida.

§ 8

Gegenwärtige Situation, Internationale Zusammenarbeit, Fortschritte, Ausblick

801. **G. Abetti,** International collaboration in astronomical research. ASP Leaflet Nr. 356, 8 S.

802. **G. Abetti,** Collaborazione internazionale nelle ricerche astronomiche. Atti Convegni Astr. Venezia Napoli 1959 S. 11—16.

803. **M. v. Ardenne,** Über Leuchtfarben-Lehrbilder astronomischer Beobachtungsobjekte. Sterne **35** 34—38.

804. **J. Banasiewiczová,** Polish expeditions during the I. G. Y. RH **40** 48—50 (tschech.).

805. **W. H. van den Bos,** Anderhalf jaar op Amerikaanse Sterrenwachten. Hemel en Dampkring **57** 235—244.

806. **J. Coulomb,** Les progrès récents de l'astronomie. BSAF **73** 310—318. — Inhalt: Die Tagung in Moskau, das Internationale Geophysikalische Jahr, das astronomische Leben in Frankreich, künstliche Erdsatelliten, Planeten, Sonne, Sternentwicklung, Galaxien.

807. **T. van Dijk,** Meteorenonderzoek in Nederland. Meteoor **15** 8—9.

808. **A. V. Douglas,** Astronomers visit four U. S. S. R. observatories. J RAS Canada **53** 74—77.

809. **D. S. Evans,** A southern astronomer in Europe. MN ASSA **18** 124—136.

810. **J. D. Fernie,** The teaching of astronomy in South African universities. MN ASSA **18** 147—150.

811. **J. Gadomski,** Pierwszy astronautyczny konkurs w telewizji. Urania Kraków **30** 225—226. — Mitteilung über ein vom Warschauer Fernsehen im März 1959 durchgeführtes Preisausschreiben für Jugendliche über astronautische Dinge. E. R.

812. **T. Hatanaka,** Sonnenforschung in Japan. Priroda **48** Nr. 8 S. 77—81 (russ.).

813. **F. Kadavý, O. Obůrka, B. Polesný,** Über die Popularisation der Astronomie in der UdSSR. RH **40** 41—42 (tschech.).

814. **K. Ledersteger,** Astronomisch-geodätische Streiflichter aus der Sowjetunion. Österreich. Z. Vermessungswesen **47** 148—152.

815. **M. W. Ovenden,** Recent advances in science. Astronomy. Sci. Progr. **47** 47—55, 274—278, 476—484, 684—691.

816. **L. Peeters,** Meteoorwaarnemers in Belgie. Meteoor **15** 9—10.

817. **B. Peters,** Progress in cosmic ray research since 1947. J. Geophys. Res. **64** 155—173.

818. **W. L. Rae,** Vistas in radio astronomy. Spaceflight **2** 83—90.

819. **T. S. Ringnes,** Astronomiske begivenheter i 1957. Naturen 1959 S. 131—144, 346—357, 387—409 = Inst. Teoret. Astrofys. Blindern-Oslo Småtrykk Nr. 30.

820. **N. Sauer,** Professor Dr. Fritz Zwicky bei den ostschweizerischen Amateur-Astronomen. Orion Schaffhausen **5** 677.

821. **H. Shapley,** On the astronomical high lights of a half century. Irish AJ **5** 190—194. — Nach Meinung des Verf. sind die Höhepunkte: 1. Die Relativitätstheorie; 2. Riesensterne und Spektraltyp-Leuchtkraft-Diagramm; 3. Entdeckungen im interstellaren Raum; 4. Die Klassifikation der Sternspektren; 5. Cepheiden-Veränderliche; 6. Zentrum und Rotation der Galaxis; 7. Das Sterninnere; 8. Die Beobachtung des expandierenden Universums; 9. Der 200″-Hale-Reflektor; 10. Die Entdeckung von Pluto; 11. Sternenergie und C-N-Zyklus; 12. Radioteleskope und 21 cm-Strahlung. Loh.

822. **H. J. Smith,** Films for Education. Six Filmstrips. New Haven, Conn., 1959. Preis $ 36.00. — Besprechung in Sky Tel. **19** 47—48 (V. A. Roberts).

* * **O. Struve,** Reflections of a spectroscopist. Vgl. Ref. 255.

823. **G. F. Sultanow,** Astronomische Forschungen in Aserbajdshan. Publ. Sektor Astrophys. Akad. Wiss. Aserbajdshan. SSR **1** 5—9 (aserbajdshan.). — Ref. in RJ UdSSR 1960 Nr. 4 S. 5.

824. **H.-H. Voigt,** Moderne Sonnenbeobachtung. (Vordringen in neue Spektralbereiche). Naturwissenschaften **46** 195—197. — Überblick über die neuen der Beobachtung zugänglichen Spektralbereiche des Sonnenspektrums: a) Infrarotspektrum bis 25000 Å, b) Radiofrequenzbereich von 8 mm bis 15 m (ruhige und gestörte Sonnenstrahlung), c) der durch Raketen zugängliche Ultraviolettbereich: Nahes UV bis 1600 Å mit Absorptionsspektrum, fernes UV bis ca. 100 Å mit Emissionsspektrum und Röntgengebiet bis zu 2 Å hinunter. Voigt

825. **A. Woszczyk,** L'astronomie en Pologne. Ciel et Terre **75** 108—122.

826. Zu neuen Erfolgen in der Erforschung des Kosmos. AJ UdSSR **36** 561—563 (russ.).

827. Viaje de un socio de la A. P. A. invitado por la Universidad de Huamanga. Bol. As. Peruana Astr. **5** 264—265.

828. Chinese astronomy today. Southern Stars **18** 59—60.

829. Visiting satellite expert. Professor Sedov at Victoria University. Southern Stars **18** 60—61.

830. Sir Harold Jeffreys in New Zealand. Visit of former Plumian Professor. Southern Stars **18** 90—91.

831. Astrospektroskopia w Chinach. Urania Kraków **30** 103—104.

II. Schrifttum zur Astronomie im allgemeinen. Randgebiete

§ 11

Astronomie und Astrophysik

1101. **G. Abetti,** Esplorazione dell'Universo. Bari, Laterza, 1959. 332 S. Preis L. 2000. — Besprechung in Astronautica 8 120 (U. Bonfiglioli), Coelum **27** 127.

1102. **G. Abetti, M. Hack,** Le nebulose e gli universi - isole. Torino, Ed. Sci. Einaudi, 1959. 10 + 354 S. Preis L. 3000. — Besprechung in Astronautica 8 205 (U. Bonfiglioli), Coelum **27** 180—181.

1103. **L. H. Aller,** Astrophysics. Nuclear Transformations, Stellar Interiors, and Nebulae. Vgl. AJB **54** Ref. **5001**. Ins Russische übersetzt. Moskau, Verlag für Ausländische Literatur, 1957. 325 S. Preis 17 R. 75 Kop.

1104. **R. H. Baker,** Astronomy. A Textbook for University and College Students. Princeton, N. J.—Toronto—London—New York, D. van Nostrand Company, Inc., 1959. 7. Auflage. 8 + 547 S. Preis 52 s. 6 d.—Besprechung in Nature **186** 69 (D. H. P. Jones), Sky Tel. **18** 344, 459—461.

1105. **F. Barmwater,** Astronomi. København, Gads Forlag, 1959. 10. revidierte Auflage von K. Steenberg Sørensen. 115 S. Preis kr. 15,00. — Besprechung in NAT 1959 S. 146—148.

1106. **P. Bergsøe,** Verdensrummet og Vi. København, Gyldendal, 1959. 334 S. Preis 29.75 kr. bzw. 37 kr. bzw. 46 kr. — Besprechung in NAT 1959 S. 71—72, PAT **40** 157—158 (G. Larsson-Leander), Urania København **16** 40 (C. Luplau Janssen).

1107. **B. J. Bok,** The Astronomer's Universe. Vgl. AJB **58** Ref. 508. — Weitere Besprechung in J RAS Canada **53** 234 (H. Sawyer Hogg), Obs **79** 192—193 (G. A. Wilkins), ZfMG **84** 239 (K. Stumpff).

1108. **E. Broda,** Siły wszechswiata o cłoncach promieniach i atomach. Übersetzung aus dem Deutschen. Warszawa, «Wiedza Powszechnaz», 1957. 258 S. Preis 13 zł.

1109. **W. Brunner,** Die Welt der Sterne. Würzburg, Physica-Verlag, 1959. 2. Auflage. 288 S. Preis DM 16.00.

1110. **A. Danjon,** Astronomie générale. Astronomie sphérique et éléments de mécanique céleste. Paris, J. & R. Sennac, 1959. 2. Auflage. 446 S. Preis NF 90.

1111. **R. D. Davies, H. P. Palmer,** Radio Studies of the Universe. Mit einem Vorwort von A. C. B. Lovell. London, Routledge and Kegan Paul Ltd.; New York—Toronto—London—Princeton, D. van Nostrand Ltd., 1959. 11 + 200 S. Preis $ 5.00 bzw. 25 s. — Besprechung in Nature **186** 59 (J. S. Hey), Obs **79** 191 (A. Hewish), Sky Tel. **19** 181, 366 (P. R. Lichtenstein).

1112. **M. G. Fracastoro,** Corso di Astronomia, Catania, Università degli Studi, 1959. 12 + 280 S. Preis L. 2000. — Besprechung in Coelum **27** 127—128.

1113. **J. Gadomski,** Człowiek tworzy własny firmament. Warszawa, Iskry, 1959. 120 S. Preis 6 zł. — Besprechung in Urania Kraków **30** 428—429 (K. Boruń).

1114. **J. Gadomski,** Obrazy nieba. Warszawa, Nasza Księgarnia, 1959. 192 S. Preis 65 zł. — Besprechung in Urania Kraków **30** 396—397 (A. Wróblewski).

1115. **G. Gamow,** Matter, Earth, and Sky. London, Macmillan & Co. Ltd., 1959. 14 + 593 S. Preis 50 s. — Besprechung in ZfMG **83** 393 (W. Klose).

1116. **G. Gamow,** Die Geburt des Alls. Übersetzt von W. Petri. München, H. Reich Verlag, 1959. 158 S. Preis DM 9.80. — Besprechung in Phys. Blätter **15** 578, VdS Nachr. **9** 15—16 (J. Herrmann), ZfA **49** 229 (A. Unsöld).

1117. **F. Gaynor,** Concise Dictionary of Science. New York, Philosophical Library, 1959. 6 + 546 S. Preis $ 10.00. — Besprechung in Publ ASP **71** 356, Sky Tel. **18** 699.

1118. **A. Gieß,** Der Horizont. Kassel, 1959. 95 S.

1119. **H. Haber,** Lebendiges Weltall. Hamburg, Blüchert Verlag, 1959. 271 S. Preis DM 13.80. — Besprechung in VdS Nachr. **9** 84 (J. Herrmann).

1120. **T. Hatanaka,** The Universe and the Stars. Tokyo, 1957 (japan.). — Besprechung in Heavens **41** 105—106.

1121. **F. Hoyle,** De donkere wolk. Baarn, Hollandia, 1959. 227 S. Preis f 7.90. — Besprechung in Hemel en Dampkring **57** 301 (H. C. van de Hulst).

1122. **M. O. Hyde,** Exploring Earth and Space. New York—Toronto—London, McGraw-Hill Book Co., 1959. 160 S. Preis $ 3.00. — Besprechung in Sky Tel. **19** 119.

1123. **J. Klepešta, J. Sadil,** Vesmír. Prag, Verlag Orbis, 1959. 153 S. Preis 23 Kčs. —Besprechung in RH **41** 62.

* * **A. Koestler,** The Sleepwalkers. Vgl. Ref. **224**.

1124. **P. Kunaver,** Putovanje po nebu. Sarajevo, «Svjetlost», 1958. 135 S.

1125. **R. W. Kunizkij,** Der Bau des Weltalls. Moskau, Phys.-Math. Staatsverlag, 1959. 64 S. Preis 1 R. 5 Kop. (russ.).

1126. **C. Lebossé, C. Hémery,** Travaux pratiques d'arithmétique et d'astronomie. Classe de 6e., programme de 1957. Paris, F. Nathan, 1958. 58 S. Preis 130 fr.

1127. **I. M. Levitt,** Target for Tomorrow. Fleet, 1959. 328 S. Preis $ 4.95. — Besprechung in Sky Tel. **18** 699.

1128. **A. C. B. Lovell,** The Individual and the Universe. Übersetzung ins Deutsche von K. Rohlfs. London, Oxford University Press; New York, Harper & Brothers, 1959. 7 + 111 S. Preis 10s 6d bzw. $ 3.00. — Besprechung in AJ UdSSR **36** 1139—1140 (A. G. Massewitsch), Ciel et Terre **75** 267 (J. F. Brouet), Endeavour **18** 161 (H. Spencer Jones), J. Inst. Navigation **12** 260—265 (E. G. R. Taylor), J RAS Canada **53** 237 (D. A. MacRae), Mem SA It (NS) **30** 145—146 (E. Proverbio), Nature **183** 1624—1625 (R. A. Lyttleton), Obs **79** 114—115 (P. J. Treanor), Sky Tel. **18** 699, **19** 116—119 (J. H. Rush).

1129. **L. Mattersdorf,** Insight into Astronomy. New York, Lantern Press, 1959. 247 S. Preis $ 4.00. — Besprechung in Sky Tel. **18** 579.

1130. **T. G. Mehlin,** Astronomy. New York, John Wiley & Sons, Inc.; London, Chapman & Hall, 1959. 8 + 392 S. Preis $ 7.95 bzw. 64 s. — Besprechung in El Universo **13** 206—207 (H. Scheffler), J RAS Canada **54** 145 (A. V. Douglas), J. Atmosph. Terr. Phys. **16** 400 (E. V. Appleton), Proc. Phys. Soc. **75** 813—814, Publ ASP **72** 65—66 (G. O. Abell), Sky Tel. **18** 522, **19** 115—116 (O. Gingerich), Spaceflight **2** 252 (P. Moore), ZfA **49** 229—230 (H. Elsässer).

1131. **J. Mielants,** De mens en de sterren. Antwerpen, De Sikkel N. V., 1959. 140 S. Preis f 3.75. — Besprechung in Hemel en Dampkring **58** 184 (J. van Diggelen).

1132. **P. Moore,** L'Astronomia. Übersetzung des in AJB **57** Ref. 546 zitierten Buches durch G. Cecchini. Firenze, Sansoni, 1959. 375 S. Preis L. 1000. — Besprechung in Coelum **28** 87.

1133. **V. L. Nadolschi,** Curs de astronomie generală. Part I. Iași, Lit. Inv., 1957. 237 S. Preis 18.20 Lei.

1134. **J. Nangle,** Stars of the Southern Heavens. Revidiert von H. Wood· Angus and Roberston Ltd., 1958. Preis 18/—. — Besprechung in MN ASSA **18** 45—46.

1135. **C. Orr jr.,** Between Earth and Space. New York, Macmillan, 1959. 9 + 253 S. Preis $ 4.95. — Besprechung in Science **129** 1480 (H. E. Landsberg), Sky Tel. **18** 462.

1136. **W. Oskanjan,** Der Sternhimmel. Belgrad, «Narodna Kniga», 1958. 92 S. (serb.-kroat.).

1137. **L. W. Page,** A Dipper Full of Stars. Chicago, Ill., Follett Publishing Co., 1959. 223 S. Preis $ 2.95. — Besprechung in Sky Tel. **18** 344, 578—579 (R. J. Stein).

1138. **P. P. Parenago,** Hvězdná astronomie. Übersetzung aus dem Russischen. Prag, Verlag Akad. Wiss., 1959. 544 S. Preis 27.50 Kčs. — Besprechung in RH **41** 39.

1139. **J. C. Pecker, E. Schatzman,** Astrophysique Générale. Paris, Masson et Cie, Editeurs, 1959. 10 + 756 S. Preis 13000 F. — Besprechung in Ann d'Astrophys **23** 302—303 (A. Unsöld), Ann. Géophys. **16** 158 (A. Dutilleul), BSAF **74** 44—45, Ciel et Terre **76** 143, Endeavour **19** 171, Mem SA It (NS) **30** 345—346 (M. Hack), La Nature **88** 221 (J. Lequeux), Orion Schaffhausen **5** 800—802 (M. Golay), Phys. Blätter **16** 441—442 (H. Siedentopf), Sky Tel. **19** 181, 495—501 (G. de Vaucouleurs), ZfA **50** 76—77 (K. H. Böhm).

1140. **J. Perelman,** Saistošā astronomija. Riga, 1958. — Besprechung in Zvaigžņotā Debess 1959. gada vasara S. 53 (N. Cimahoviča).

1141. **J. Pfeiffer,** From Galaxies to Man. New York, Random House, 1959. 184 S. Preis $ 3.95. — Besprechung in Science **130** 1105—1106 (G. G. Simpson).

1142. **J. Pfeiffer,** Het nieuwe heelal; ontdekkingen der radio-astronomie. Utrecht—Antwerpen, Prisma-boeken, 1959. 231 S. Preis f 1.25. — Besprechung in Hemel en Dampkring **57** 300 (A. J. M. Wanders).

1143. **I. F. Polak,** Zeit und Kalender. Moskau, Phys.-Math. Staatsverlag, 1959. 4. Auflage. 48 S. Preis 65 Kop. (russ.).

1144. **P. I. Popow, N. J. Bugoslawskaja,** Praktikum zur Astronomie. Für Studenten pädagogischer Institute. Moskau, Lehr-pädagog. Staatsverlag, 1959. 2. Auflage. 123 S. Preis 2 R. 50 Kop. (russ.).

1145. **F. Rapf,** Zagadnienia z astronomii elementarnej. Zbiór-zadań. Warszawa, Państw. Zakł. Wydawn. Szkoln., 1957. 84 S. Preis 3.55 zł.

1146. **M. Rigutti,** Appunti di Astronomía. Firenze, Ed. Universitaria, 1959. 138 S.

1147. **P. Rousseau,** Histoire de l'Avenir. Paris, Hachette, 1959. 342 S. Preis 990 FF. — Besprechung in Ciel et Terre **75** 267 (H. Michel).

* * **P. Rousseau,** Man's Conquest of the Stars. Vgl. Ref. 250.

1148. **L. Rudaux, G. de Vaucouleurs,** Larousse Encyclopedia of Astronomy. Ins Englische übersetzt von M. Guest, J. B. Sidgwick, geprüft von Z. Kopal. London, Putnam & Co., Ltd., 1959. 506 S. Preis $ 15.00. — Besprechung in J. Astr. Soc. Victoria **13** 12, Science **130** 1704 (G. Keller), Sky Tel. **19** 181, 431—432 (W. A. Calder).

1149. **K. Rudnicki,** Astronomia. Warszawa, Państwowe Zakłady Wydawnictw Szkolnych, 1959. 191 S. Preis 5.50 zł. — Lehrbuch für die XI. Klasse der Mittelschulen. E. R.

1150. **W. Schroeder,** Praktische Astronomie für Sternfreunde. Stuttgart, Franckh, 1959. 2. Auflage. 180 S. Preis DM 16.80.

1151. **H. Shapley,** Of Stars and Men. Vgl. AJB **58** Ref. 652. — Weitere Besprechung in El Universo **13** 207 (H. Scheffler).

1152. **H. Shapley,** Världsrymden och vi, Människans plats i den nya världsbilden. Natur och Kultur, 1959. 170 S. Preis 15 : 50 bzw. 20:—.

1153. **J. B. Sidgwick,** Introducing Astronomy. London, Faber & Faber, Ltd., 1959. 259 S. Preis 6 s. — Besprechung in Nature **185** 131 (B. R. Leaton), Spaceflight **2** 124—125 (P. Moore).

1154. **J. R. Smith,** Teaching a Unit in Astronomy. Vgl. AJB **58** Ref. 566. — Weitere Besprechung in Obs **79** 224 (E. A. Beet).

1155. **A. Spitz, F. Gaynor,** Dictionary of Astronomy and Astronautics. New York, Philosophical Library, Inc., 1959. 6 + 439 S. Preis $ 6.00. — Besprechung in Publ ASP **71** 356, Sky Tel. **18** 278, 579 (D. A. Lautman).

1156. **O. Struve, B. Lynds, H. Pillans,** Elementary Astronomy. New York, Oxford University Press, 1959. 10 + 396 S. Preis $ 7.00. — Besprechung in J RAS Canada **54** 89 (J. F. Heard), Nature **185** 130 (R. H. Garstang), Publ ASP **71** 550—551 (S. G. Hacker), Science **130** 1401 (F. G. Watson), Sky Tel. **18** 462, **19** 237—241 (R. W. Shaw), Southern Stars **18** 143—144 (T. J. Richards).

1157. **K. A. Thernøe,** Universet omkring os. Kopenhagen, Ejnar Munksgaards Forlag, 1959. Preis Kr. 8.00. — Besprechung in Urania København **16** 87.

1158. **O. Thomas,** Sternzeiger für die Rocktasche des Himmelsfreundes. Salzburg—Stuttgart, «Das Bergland-Buch», 1959. Preis DM 1.90. — Besprechung in Gaz astr **41** 53, RH **40** 80.

1159. **G. A. Tichow,** Sechzig Jahre am Fernrohr. Moskau, Staatlicher Jugendverlag, 1959. 160 S. Preis 4 R. 20 Kop. (russ.). — Besprechung in Priroda **49** Nr. 6 S. 117—118 (W. A. Bronstein).

1160. **Å. Wallenquist,** Nytt ljus över kosmiska gåtor. Uppsala, Lindblads, 1959. 100 S. Preis 8.50 sv. Kr. — Besprechung in PAT **40** 157 (C. Schalén), Urania København **16** 79.

1161. **E. Zehren,** Stjärnornas testamente, Stjärnornas inflytande på människans religiösa och kulturella utveckling. Almqvist & Wiksell/Gebers, 1959. 431 S. Preis 36:—.

1162. **K. E. Ziolkowskij,** Träumereien über Erde und Himmel. Moskau, Verlag Akad. Wiss. UdSSR, 1959. 96 S. Preis 1 R. 60 Kop. (russ.). — Besprechung in Priroda **48** Nr. 6 S. 124.

1163. **W. Zonn, K. Rudnicki,** Astronomia Gwiazdowa. Vgl. AJB **57** Ref. 572. Ins Russische übersetzt. Moskau, Verlag für Ausländische Literatur, 1959. 448 S. Preis 21 R. 10 Kop.

1164. Theoretical Astrophysics. Herausgegeben von V. A. Ambarzumjan. Übersetzung aus dem Russischen von J. B. Sykes. Vgl. AJB **58** Ref. 5021. — Weitere Besprechung in ZfMG **83** 234—235 (T. Schmidt-Kaler).

1165. Earth, Air and Space. Herausgegeben von F. M. Branley. New York, Contr. American Museum-Hayden Planetarium (1) Pub. 1, 1958. 6 + 37 S. Preis $ 2.00. — Besprechung in Publ ASP **71** 356.

1166. The Universe. Vgl. AJB **57** Ref. 576. — Weitere Besprechung in Obs **79** 192 (G. A. Wilkins).

1167. Das Universum — Unser Bild vom Weltall. Übersetzt aus dem Englischen von A. Bruzek. Vgl. AJB **58** Ref. 583. — Weitere Besprechung in VdS Nachr. **8** 79—80 (J. Herrmann).

1168. Modell der Himmelskugel. Beschreibung und Übungen. Zusammengestellt von M. M. Dagajew. Moskau, Lehr-Pädagogischer Verlag, 1959. 51 S. (russ.).

1169. Russian-English Glossary of Optics and Spectroscopy. Edited by I. Emin. New York, Interlanguage Dictionaries Publishing Corp., 1959. 78 S. Preis $ 10.00. — Besprechung in J RAS Canada **54** 146.

1170. Handbuch der Physik. Herausgegeben von S. Flügge. Band 51. Astrophysik II: Sternaufbau. Vgl. AJB **58** Ref. 5020. — Weitere Besprechung in JBAA **70** 149—150, Publ ASP **71** 551—552 (G. H. Herbig).

1171. Handbuch der Physik. Herausgegeben von S. Flügge. Band 52. Astrophysik III: Das Sonnensystem. Berlin—Göttingen—Heidelberg, Springer-Verlag, 1959. 7 + 601 S. Preis DM 148. — Besprechung in Ann d'Astrophys **23** 300—301, Gaz astr **41** 28—29, Naturwissenschaften **47** 23—24 (M. Waldmeier), Proc. Phys. Soc. **75** 326 (D. E. Blackwell), Sky Tel. **18** 637—638, 640 (J. B. Irwin), Z. angew. Phys. **12** 192 (H. K. Paetzold), ZfA **49** 68—69 (P. ten Bruggencate).

1172. Handbuch der Physik. Herausgegeben von S. Flügge. Band 53. Astrophysik IV: Sternsysteme. Berlin—Göttingen—Heidelberg, Springer-Verlag, 1959. 8 + 565 S. Preis DM 142.00. — Besprechung in Ann d'Astrophys **23** 301—302, Gaz astr **41** 29—30, Publ ASP **72** 139—140 (O. C. Wilson), Proc. Phys. Soc. **75** 324—325 (H. H. Plaskett), Naturwissenschaften **46** 587—588 (P. ten Bruggencate), Science **130** 1400—1401 (J. A. Hynek), Sky Tel. **19** 44—45 (J. B. Irwin), ZfA **49** 70—72 (W. Becker).

§ 12

Gesammelte Werke

1201. Nicolaus Copernicus, Über die Kreisbewegungen der Weltkörper (De Revolutionibus Orbium Caelestium). 1. Buch. Herausgegeben und eingeleitet von G. Klaus mit Anmerkungen von A. Birkenmajer. Berlin, Akademie-Verlag 1959. 179 S. Preis DM 14.50. — Besprechung in Mitt. Planetenbeobachter **13** 17 (G. D. Roth).

1202. Three Copernican Treatises. Translated with introduction and notes by E. Rosen. New York, Dover Publications, Inc., 1959. Second Edition, revised with an annoted Copernicus Bibliography, 1939—1958. 10 + 283 S. Preis $ 1.75. — Besprechung in Ciel et Terre **76** 207—208 (H. Michel), Sky Tel. **20** 43.

1203. R. Descartes, Il mondo, ovvero trattato della luce. Übersetzt von G. Cantelli. Torino, Boringhieri, 1959. 138 S. Preis Lire 800. — Besprechung in Coelum **28** 24.

1204. G. Galilei. Dialoghi dei massimi sistemi. Ristampa con introduzione e note di F. Flora. Milano, Rizzoli, 1959. 2 Bände. 592 S. Preis Lire 420. — Besprechung in Coelum 28 24.

1205. Johannes Kepler. Gesammelte Werke. Band XVIII. Briefe 1620—1630. Herausgegeben von M. Caspar. München, C. H. Beck'sche Verlagsbuchhandlung, 1959. 592 S. Preis DM 40.— bzw. 48. — Besprechung in Gaz astr 41 49—50.

1206. I. Newton, Sistema del mondo. Torino, Boringhieri, 1959. 149 S. Preis Lire 800. — Besprechung in Coelum 27 151.

1207. Max-Planck-Festschrift 1958. Herausgegeben von B. Kockel, W. Macke, A. Papapetrou, redigiert und bearbeitet von W. Frank. Berlin, VEB Deutscher Verlag der Wissenschaften, 1959. 415 S. Preis DM 54. — Enthält unter anderem die Beiträge «Momentum Spectrum of Cosmic Radiation» von H. Alfvén und «Über die Sternassoziation Perseus I» von V. A. Ambarzumjan.

1208. W. J. Struve, Der Meridianbogen. Ausgewählte Kapitel. Redigiert von S. G. Sudakow. Moskau, Verlag Geod. Literatur, 1957. 256 S. Preis 15 R. (russ.). — Besprechung in AJ UdSSR 36 1135—1139 (W. N. Ganschin, L. S. Chrenow).

1209. G. A. Tichow, Hauptwerke in 5 Bänden. Band 4. Astrobotanik und Astrophysik. 1912—1957. Redigiert von M. I. Ussanowitsch. Alma-Ata, Akad. Wiss. Kasach. SSR, 1959. 257 S. Preis 13 R. 40 Kop. (russ.).

§ 13

Tagungspublikationen

1301. International Council of Scientific Unions. Mixed Commissions on the Ionosphere. Proceedings of Fifth Meeting. Herausgegeben von W. J. G. Beynon. J. Atmosph. Terr. Phys. 15 1—176. — New York, 1957 Aug. 14—16. — Inhalt: E. Appleton, Global morphology of the E- and F 1-layers of the ionosphere; W. J. G. Beynon, Vertical drift effects in the region-E; J. A. Ratcliffe, A. R. Robbins, J. O. Thomas, Movements in the quiet F-layer over Slough; P. Lejay, Irrégularités ionosphériques; S. Chapman, Disturbances in the lower auroral ionosphere; K. Rawer, Irregularities and movements in the F-region; S. Chapman, The outermost ionosphere; S. F. Singer, Geophysical effects of solar corpuscular radiation; J. L. Pawsey, The question of radio emission by the ionosphere; M. G. Morgan, Whistlers; K. Maeda, I. Kimura, Calculation of the propagation path of whistling atmospherics; S. Matsushita, The morphology of the lower ionospheric region in auroral latitudes; J. M. Watts, Interpretation of some features of low-frequency ionograms; T. Shimazaki, Effect of the S_q current system on the ionospheric E- and F 1-layers; A. Haubert, Les gradients de température dans les régions-E et -F 1, d'après les sondages ionosphériques effectués à Casablanca; A. Haubert, L'ionisation nocturne de la région-E et l'activité géomagnétique; Y. Inoue, On the importance of the resonance-lines of atomic oxygen to the ionospheric ionization; T. Yonezawa, A new theory of formation of the F 2-layer; J. W. Chamberlain, Excitation of the oxygen red lines in twilight; J. W. Chamberlain, Recombination in the F 2-layer and the oxygen red lines in the airglow; G. J. Gassmann, Tides in the F-layer; A. R. Robbins, J. O. Thomas, The disturbed F-layer over Slough; T. Shimazaki, Dynamical structure of the ionospheric F 2-layer as deduced from the world-wide daily variations; T. Sato, Ionospheric F 2-disturbances associated with geomagnetic storms; R. W. Wright, N. J. Skinner, Equatorial spread-F; I. Kasuya, On the occurence of the F $1^1/_2$-layer at Tokyo; M. Ose, K. Aida, H. Okamoto,

Latitude dependence of f_0 F 2 over the range of 20° N to 69° S, obtained by shipborne ionospheric sounder; W. G. Elford, Winds in the upper atmosphere; L. A. Manning, Air motions at meteoric heights; K. Rawer, Drift in the E-region; A. Haubert, A propos des grands mouvements verticaux de la région-F; M. Hirono, H. Maeda, S. Kato, Wind systems and drift motions in the ionosphere deduced from the dynamo theory; K. Sinno, On the origin of the long-lived solar corpuscular streams which appeared during the last solar cycle, 1950—53; S. Akasofu, Magneto-hydrodynamic waves in the ionosphere; W. Pfister, J. C. Ulwick, Analysis of pulse-delay data from rockets for the determination of electron density; W. J. G. Beynon, G. M. Brown, Region E and solar activity; L. Vegard, Report on spectrographic work at Tromsö and Oslo.

1302. Second Conference on Co-ordination of Galactic Research. Edited by A. Blaauw, G. Larsson-Leander, N. G. Roman, A. Sandage, H. F. Weaver, A. D. Thackeray. International Astronomical Union, Symposium No. 7, held at Saltsjöbaden near Stockholm, June 1957. Cambridge—New York, University Press, 1959. 93 S. Preis 15 s. bzw. $ 3.00. — Besprechung in Ann d'Astrophys **22** 931 (J. Delhaye), Nature **185** 801, Obs **79** 193, Sky Tel. 18 522, ZfA **48** 78 (O. Heckmann). — Inhalt: A. Sandage, Clusters and associations; G. Larsson-Leander, Introduction on the importance of stellar evolution for problems of galactic structure; G. Larsson-Leander, Some properties of other stellar systems; G. Larsson-Leander, The galactic halo; G. Larsson-Leander, The nuclear region; G. Larsson-Leander, The galactic disk; H. F. Weaver, Spiral structure; N. G. Roman, Local structure and stellar motions; A. D. Thackeray, The Magellanic Clouds.

1303. International Symposium on Fluid Mechanics in the Ionosphere. Herausgegeben von R. Bolgiano jr. J. Geophys. Res. **64** 2037—2238. — Inhalt: R. Bolgiano jr., A review of the symposium; M. Nicolet, Constitution of the atmosphere at ionospheric levels; J. A. Ratcliffe, Ionizations and drifts in the ionosphere; R. W. Stewart, The natural occurrence of turbulence; P. A. Sheppard, Dynamics of the upper atmosphere; P. M. Millman, Visual and photographic observations of meteors and noctilucent clouds; J. S. Greenhow, E. L. Neufeld, Measurements of turbulence in the 80- to 100-km region from the radio echo observations of meteors; S. Corrsin, Outline of some topics in homogeneous turbulent flow; R. R. Long, The motion of fluids with density stratification; H. G. Booker, Radio scattering in the lower ionosphere; D. F. Martyn, Large-scale movements of ionization in the ionosphere; A. M. Obouchow, Scattering of waves and microstructure of turbulence in the atmosphere; J. W. Dungey, Effect of a magnetic field on turbulence in an ionized gas; P. M. Millman, Note on some observational characteristics of meteor radio echoes; H. A. Panofsky, On the structure of turbulence in electrically neutral, hydrostatically stable layers; A. S. Monin, On the similarity of turbulence in the presence of a mean vertical temperature gradient; I. D. Howells, On the spectrum of electron density produced by turbulence in the ionosphere in the presence of a magnetic field; B. Nichols, Evidence of elongated irregularities in the ionosphere; R. W. H. Wright, Geomorphology of spread F and characteristics of equatorial spread F; J. S. Greenhow, Eddy diffusion and its effect on meteor trails; C. O. Hines, An interpretation of certain ionospheric motions in terms of atmospheric waves; G. S. Golizyn, On the influence of the magnetic field on the character of turbulence in the ionosphere; J. P. Dougherty, Magnetohydrodynamics of the small-scale structure of the F region; J. A. Fejer, Electrodynamic stability of a vertically drifting ionospheric layer; C.-s. Yih, Effect of density variation on fluid flow; A. S. Monin, Turbulence in shear flow with stability; R. Bolgiano jr., Turbulent spectra in a stably stratified atmosphere; A. D. Wheelon, Relation of turbulence theory to ionospheric scatter propagation experiments; K. Bibl, K. Rawer, Travelling disturbances originating in the outer ionosphere.

1304. Paris Symposium on Radio Astronomy. Edited by R. N. Bracewell. International Astronomical Union, International Scientific Radio Union, IAU Symposium No. 9 and URSI Symposium No. 1, held from 30 July to 6 August 1958. Stanford, California, Stanford University Press, 1959. 12 + 612 S. Preis $ 15.00. — Besprechung in Ann d'Astrophys **22** 929—931 (J. Lequeux), BSAF **73** 337—338, **74** 94, Math. Rev. **21** 885 (K. C. Westfold), Nature **184** 1755—1756 (H. P. Palmer), Phys. Abstr. (A) **63** 1036, Publ ASP **72** 141 (J. L. Locke), Sky Tel. **18** 640, **19** 175—176 (J. A. Hynek), ZfA **49** 231 (A. Unsöld). — Inhalt: F. G. Smith, Radio astronomy and the solar system (introductory lecture); J. V. Evans, S. Evans, J. H. Thomson, The rapid fading of moon echoes at 100 Mc/s; J. S. Hey, V. A. Hughes, Radar observation of the moon at 10-cm wavelength; B. S. Yaplee, N. G. Roman, K. J. Craig, T. F. Scanlan, A lunar radar study at 10-cm wavelength; T. B. A. Senior, K. M. Siegel, Radar reflection characteristics of the moon; B. Elsmore, Radio observations of the lunar atmosphere; J. E. Gibson, R. J. McEwan, Observations of Venus at 8.6-mm wavelength; H. J. Smith, J. N. Douglas, Observations of planetary nonthermal radiation; G. R. Whitfield, J. Högbom, Radio observations of the comet Arend-Roland; F. Link, Sur les ionosphères planétaires; E. F. McClain, R. M. Sloanaker, Preliminary observations at 10-cm wavelength using the NRL 84-foot radio telescope; L. E. Alsop, J. A. Giordmaine, C. H. Mayer, C. H. Townes, Observations of discrete sources at 3-cm wavelength using a maser; J. F. Denisse, Les sources d'émissions radioélectriques du Soleil (introductory lecture); C. de Jager, The structure of the chromosphere and the low corona; R. G. Athay, A model of the chromosphere from radio and optical data; B. N. Panowkin, A model of the inner corona based on radio data; J. Firor, The quiet sun at 88-cm wavelength; W. N. Christiansen, D. S. Mathewson, The origin of the slowly varying component; M. Waldmeier, A comparison between radioheliograms and optical observations of the solar corona; M. Gutmann, J. L. Steinberg, Résultats préliminaires obtenus avec l'interféromètre à 8 antennes sur 3 cm de longueur d'onde; G. Helfreich, D. Korolkow, N. Ryshkow, N. Sobolewa, On the regions over sunspots as studied by polarization observations on centimeter wavelengths; W. W. Witkewitsch, A. D. Kusmin, A. E. Salomonowitsch, W. A. Udalzow, Radio picture of the sun at 3.2-cm wavelength; J. Firor, Solar radio bright spots at 88-cm wavelength; A. Boischot, P. Simon, La composante lentement variable du rayonnement solaire sur 169 Mc/s; B. Vauquois, Etude statistique de la composante lentement variable d'après les observations entre 10,000 et 600 Mc/s; G. Newkirk jr., A model of the electron corona with reference to radio observations; A. E. Covington, The solar emission at 10-cm wavelength; S. E. Chajkin, N. L. Kajdanowskij, A new radio telescope of high resolving power; W. N. Ichsanowa, Solar observations with the large Pulkovo radio telescope at 3.2-cm wavelength; A. P. Moltschanow, F.-y. Chen, S.-k. Wang, D. W. Korolkow, E. G. Mirsabekjan, A. E. Salomonowitsch, Preliminary results of radio-astronomical observations of the annular solar eclipse, April 19, 1958; J. P. Wild, K. V. Sheridan, G. H. Trent, The transverse motions of the sources of solar radio bursts; A. Boischot, Les émissions de type IV; F. T. Haddock, Some characteristics of dynamic spectra of solar bursts; J. A. Roberts, Some aspects of type II bursts; R. G. Giovanelli, J. A. Roberts, Optical observations of solar disturbances causing type II radio bursts; C. Warwick, J. W. Warwick, Flare-associated bursts at 18 Mc/s; R. Fleischer, Variations in 18-Mc/s solar and cosmic noise; A. R. Thompson, The correlation of solar radio bursts with magnetic activity and cosmic rays; R. G. Giovanelli, Flare puffs as a cause of type III radio bursts; H. Tanaka, T. Kakinuma, Polarization of bursts of solar radio emission at microwave frequencies; G. B. Helfreich, W. N. Ichsanowa, N. L. Kajdanowskij, N. S. Sobolewa, G. M. Timofejewa, W. N. Umezkij, Bursts of microwave radio emission associated with solar flares; M. R. Kundu, Etude interférométrique des sources d'activité solaire sur 3 cm de longueur d'onde; J. F. Denisse, Relation entre les émissions de rayons cosmiques solaires et certains sursauts radioélectriques; Y. Avignon, A. Boischot, P. Simon, Observation interférométrique à 169 Mc/s des centres R, sources des orages de bruit; T. de Groot, Spectra of short-lived transients in solar noise at 400 Mc/s; Ø. Elgarøy, Frequency drift and fine structure of 200-Mc/s solar bursts; J. A. Högbom, The instantaneous position and diameter of short duration bursts of solar radio emission; M. H. Cohen, A. D. Fokker, Some remarks on the polarization of 200-Mc/s solar radio emission; U. J. Alexejew, W. W. Witkewitsch, On the polarization of solar radio emission at 1.5-m wavelength; A. Boischot, A. D. Fokker, P. Simon, The 1957 November 4 event; A. Hewish, The scattering of radio waves in the solar corona; F. Link, Manifestations possibles de la couronne de Chapman dans la radioastronomie; W. W. Witkewitsch, New data on the solar supercorona; E. J. Blum, A. Boischot, Eclipse de la nébuleuse du Crabe par la couronne solaire; J. S. Hey, The first discovery of point sources (introductory lecture); G. R. Whitfield, The spectra of radio sources; A. D. Kusmin, W. A. Udalzow, Polarization of 10-cm radiation of the Crab nebula; R. C. Jennison, The structure of the Cassiopeia A and Cygnus A radio sources measured at frequencies of 127 Mc/s and 3000 Mc/s; R. Minkowski, Optical observations of nonthermal galactic radio sources; E. M. Burbidge, G. R. Burbidge, The radio sources in the Cygnus loop and IC 443; C. A. Shain, Observations of extragalactic radio emission; B. Elsmore, The accurate positions of seventeen intense radio sources; F. D. Drake, On the nature of the composite radio source Cygnus X; J. E. Baldwin, J. R. Shakeshaft, Radio emission from the direction of the supergalaxy; R. L. Adgie, An attempt to detect the 327-Mc/s line of galactic deuterium; R. D. Davies, Substructure within galactic spiral arms as derived from studies at 21 cm; C. A. Muller, 21-cm hydrogen-line absorption in the spectra of discrete sources; F. D. Drake, Neutral hydrogen in galactic clusters; H. van Woerden, The distribution of neutral hydrogen in the Orion region; B. F. Burke, E. T. Ecklund, J. W. Firor, H. E. Tatel, M. A. Tuve, Atomic hydrogen survey near the galactic plane; W. C. Erickson, H. L. Helfer, H. E. Tatel, A survey of neutral hydrogen at high galactic latitudes; J. L. Pawsey, Radio evidence on the large-scale structure of our own and external galaxies (introductory lecture); J. H. Oort, A summary and assessment of current 21-cm results concerning spiral and disk structures in our Galaxy; G. W. Rougoor, J. H. Oort, Neutral hydrogen in the central part of the galactic system; L. Volders, H. C. van de Hulst, Neutral hydrogen in extragalactic systems; B. Y. Mills, Galactic structure at meter wavelengths; G. Westerhout, 75-cm and 22-cm continuum surveys; C. A. Shain, Absorption of 19.7-Mc/s radiation in H II regions; J. E. Baldwin, Galactic background surveys and the galactic halo; C. A. Muller, Hydrogen-line observations on the Coma cluster; R. H. Brown, The distribution and identification of the sources (introductory lecture); M. Ryle, The problem of confusion in surveys of sources; C. Hazard, D. Walsh, A comparison of an interferometer and total-power survey of discrete sources of radio-frequency radiation; S. Archer, J. E. Baldwin, D. O. Edge, B. Elsmore, P. A. G. Scheuer, J. R. Shakeshaft, Studies of radio sources at 159 Mc/s; A. Boischot, Résultats préliminaires de l'observation des radiosources à l'aide de l'interféromètre de Nançay; W. A. Sanamjan, G. M. Towmassjan, On increase of the sensitivity and directivity of radio interferometers; B. Y. Mills, A survey of radio sources at 3.5-m wavelength; D. W. Dewhirst, The optical identification of radio sources; J. Basinski, B. J. Bok, K. Gottlieb, Optical identification of southern radio sources; M. Ryle, The nature of the radio sources; F. Hoyle, The relation of radio astronomy to cosmology; G. C. McVittie, Remarks on cosmology; G. R. Burbidge, The theoretical explanation of radio emission (introductory lecture); E. Schatzman, On the possibility of observing radio emission from flare stars; T. R. Hartz, Radio-noise measurements on the passage of solar particles through the corona; T. Takakura, Synchrotron radiation and solar radio outbursts at microwave frequencies; H. Tunmer, The origin of the belt of galactic radio waves; W. L. Ginsburg, W. W. Shelesnjakow, On the mechanisms of sporadic solar radio emission; T. Gold, F. Hoyle, Cosmic rays and radio waves as manifestations of a hot universe; W. L. Ginsburg, Radio astronomy and the origin of cosmic rays; G. Wallis, The determination of the energy distribution of relativistic electrons by the frequency distribution of their «synchrotron radiation».

1305. The Rotation of the Earth and Atomic Time Standards. IAU Symposium No. 11, held during the tenth general assembly of the International Astronomical Union in Moscow, August 1958. Edited by D. Brouwer. AJ **64** 81—124. — Besprechung in Ann d'Astrophys **23** 112—113 (J. Kovalevsky). — Die Beiträge sind in den entsprechenden Sachparagraphen aufgeführt.

1306. Proceedings of the Third Symposium on Cosmical Gas Dynamics. Herausgegeben von J. M. Burgers, R. N. Thomas. Vgl. AJB **58** Ref. 1173. — Weitere Besprechung in RH **40** 103—104.

1307. The Hertzsprung-Russell Diagram. Edited by J. L. Greenstein. International Astronomical Union, Symposium No. 10, held in Moscow, 15, 16 August 1958. Ann d'Astrophys Suppl Nr. 8, 129 S. — Besprechung in ZfA **49** 292 (A. Unsöld). — Inhalt: P. P. Parenago, The Hertzsprung-Russell diagram from photoelectric observations of nearby stars (introductory paper); K. A. Barchatowa, The Hertzsprung-Russell diagrams for open clusters; W. A. Baum, The Hertzsprung-Russell diagrams of old stellar populations; J. L. Greenstein, Sub-luminous blue stars and white dwarfs; O. C. Wilson, A preliminary color-magnitude diagram for late-type stars in the solar neighborhood; I. M. Kopylow, The Hertzsprung-Russell diagram for hot stars and O and T-associations; M. W. Feast, Summary of a contribution on the Magellanic Clouds; H. C. Arp, The Small Magellanic Cloud; B. Strömgren, Intrinsic dispersion in early-type stars; D. Chalonge, Nécessité de trois paramètres pour la classification précise des étoiles des premiers types spectraux; D. Chalonge, Caractères spectrophotométriques de l'âge; M. Schwarzschild, Theoretical interpretation of the Hertzsprung-Russell diagram (introductory paper); F. Hoyle, Machine calculations of evolution at constant mass; A. G. Massewitsch, Evolution of stars decreasing in mass; M. Schmidt, Derivation of the initial luminosity function and the past rate of star formation; A. Blaauw, Empirical data and position in the Hertzsprung-Russell diagram for O and B-type stars; A. J. Deutsch, Mass loss in red giants; W. G. Fessenkow, G. M. Idlis, On the corpuscular emission theory of stellar evolution; W. Krat, On the possible directions of evolutionary trends of stars in the Hertzsprung-Russell diagram; E. R. Mustel, Rate of mass loss by stars of different classes; E. Schatzman, Sur la perte de masse et les processus de freinage de la rotation.

1308. «Symposium über die Bedeutung der Gravimetrie für die Geodäsie» am 19. und 20. Juni 1958 in Hannover. Herausgegeben von W. Grossmann. Deutsche Geod. Kommission Bayer. Akad. Wiss. (A) Nr. 32, 52 S. — Inhalt: W. A. Heiskanen, Achievements and limitations of the gravimetric method in geodesy; K. Ledersteger, Die Wahl der freien Parameter bei der Bestimmung der Erdfigur; M. Kneißl, Vorschlag für ein einheitliches europäisches Schwerenetz; K. Gerke, Stand der westdeutschen geodätischen Schweremessungen und Schwerekarten 1958 und Vorschläge für die weiteren Arbeiten; K. Jung, Die Verwendung von Kugelfunktionen in der Gravimetrie; H. Bodemüller, Höhensysteme, ihre Definition und ihre gravimetrische Bestimmung; A. Graf, Messungen mit dem Seegravimeter auf einer kreiselstabilisierten Plattform; H. Wolf, Gravimetrisch-astronomische Punktbestimmung und Triangulation.

1309. IX. Internationaler Astronautischer Kongreß. Amsterdam, 1958. Bericht. Redigiert von F. Hecht. Wien, Springer-Verlag, 1959. I. Teilband: XII + S. 1—506. II. Teilband: II + S. 507—970. Preis DM 208. — Besprechung in Astronaut. Acta 5 381 (E. Dolezal), Coelum 27 180. — Inhalt: F. Cap, Relativitätstheorie und Astronautik; R. P. Haviland, Considerations of the solar probe; T. A. Magness, J. B. McGuire, O. K. Smith, Accuracy requirements for interplanetary ballistic trajectories; W. E. Moeckel, Interplanetary trajectories with excess energy; E. V. Stearns, An interplanetary navigation system; S. I. Cheng, On the mechanisms of atmospheric ablation; W. I. Krassowskij, Exploration of the upper atmosphere by the help of the Third Soviet Sputnik; N. Boneff, Sur le danger météoritique en astronautique; F. Cap, Die Anwendung der Gröbnerschen Methode zur Lösung von Differentialgleichungen auf das astronautische n-Körperproblem; A. Ehmert, Indications for increased cosmic radiation in the interplanetary space; J. Gadomski, Fünf Arten von ökosphärischen Planeten; W. Low, Y. Manheimer, Microwave measurements of electron densities in ionized gases; S. F. Singer, Scientific problems in cislunar space and their exploration with rocket vehicles; A. J. M. Wanders, The physical conditions on the planet Mars; F. L. Whipple, Notes on the immediate feasibility of an orbiting astronomical telescope; O. S. Wolczek, Künstliche Kernenergiequellen im kosmischen Raum; F. D. Faulkner, Some results from direct methods applied to optimum rocket trajectories; R. Hermann, Problems of hypersonic flight at the re-entry of satellite vehicles; M. W. Hunter, W. B. Klemperer, R. J. Gunkel, Impulsive midcourse correction of a lunar shot; J. J. de Kler, On the degree of accuracy, to be attained by astro-scanners as an aid in automatic interplanetary course-computation; J. M. J. Kooy, On the orbital computations and the guidance problem of a deep space rocket; A. Lopes Cardozo, Automation for interplanetary navigation; E. J. Madden, Panatrack. A suggested method of status display for space travel; A. Miele, General variational theory of the flight paths of rocket-powered aircraft, missiles and satellite carriers; R. E. Roberson, General guidance and control concepts for satellites and space vehicles; O. C. Winzen, From balloon capsules to space cabins; J. Ackeret, System of rocket propulsion using reactors and gas turbines; D. Altman, Chemical propulsion in the new space age; J. J. Barré, Autopropulseurs fissiothermiques. Processus radiatif de transfert de chaleur permettant d'accroître la poussée massique; H. Bednarczyk, Beschleunigung leitender Partikel durch magnetische Wanderfelder; W. H. Bostick, Plasma motors: the propulsion of plasma by magnetic means; E. Büchner, Flüssige und feste Treibstoffe für Raketen; J. Corbeau, C. Diot, Etude théorique de la combustion de gouttes d'ergols dans une chambre de combustion de propulseur-fusée; F. G. Gravalos, I. H. Edelfelt, H. W. Emmons, The supersonic flow about a blunt body of revolution for gases at chemical equilibrium; J. Hilsenrath, M. S. Green, C. W. Beckett, Internal energy of highly ionized gases; J. H. Huth, Electric power for space flight; B. Karlovitz, B. Lewis, Space propulsion by interstellar gas; T. von Kármán, Magnetofluidmechanics. A general lecture; P. S. Lykoudis, On a class of compressible laminar boundary layers with pressure gradient for an electrically conducting fluid in the presence of a magnetic field; M. E. Malin, R. John, W. Bade, R. Schweiger, J. Yos, Application of electric-arc plasma generators to propulsion; L. G. Napolitano, Magneto-fluid-dynamics of two interacting streams; E. Ostinelli, Prestazioni-limite delle astronavi a propulsione jonica sfruttanti l'energia di fissione dei nuclei di uranio o di fusione dei nuclei di deuterio; G. Partel, General survey in the ramjet field and its significance to astronautics; W. Peschka, Über die Verwendbarkeit von atomarem Wasserstoff als Treibstoff für Flüssigkeitsraketen; E. W. Price, Combustion instability in solid propellant rocket motors; G. V. R. Rao, Contoured rocket nozzles; O. K. Rice, The recombination of atoms, and other energy-exchange reactions; E. Sänger, Strahlungsquellen für Photonenstrahlantriebe; I. Sänger-Bredt, Über Arbeitsgase für nicht konventionell beheizte Raketen; M. Serruys, Contribution de la thermodynamique à l'évaluation des possibilités ou performances des fusées; L. R. Shepherd, Electrical propulsion systems in space flight; E. Stuhlinger, Advanced propulsion systems for space vehicles; G. C. Szego, Similitudes and limitations in trans-conventional propulsion systems; J. A. Vandenkerckhove, Note on the optimum design of solid propellant power-plants for missiles systems engineering; F. Winterberg, Die Erreichung von Ausströmgeschwindigkeiten bis 20000 m/s durch isotherme Expansion in Kernraketen; W. Zangl, Le facteur de débit, caractéristique de la qualité de la combustion dans un propulseur-fusée; W. von Braun, The Explorers; C. Casci, V. Giavotto, Sul tempo di vita dei satelliti artificiali; A. R. Hibbs, Scientific results from the Explorer satellites; W. J. Jaschek, Die photographische Beobachtung künstlicher Satellitoide; H. H. Koelle, On the development of orbital techniques. (A classification of orbital carriers and satellite vehicles); R. H. Merson, Techniques of analysing terrestrial radio and optical observations of earth satellites; T. Nonweiler, The motion of an earth satellite on re-entry to the atmosphere; K. F. Ogorodnikow, Preliminary summary of optical observations of artificial earth satellites; R. E. Roberson, Principles of inertial control of satellite attitude; K. Schütte, Der Einfluß der Genauigkeit des Geschwindigkeitsvektors auf kreisnahe Bahnen künstlicher Satelliten; L. I. Sedow, Dynamic effects on the motion of earth sputniks; R. H. Urbano, Satellite position prediction from six frequency-time pairs; J. A. van Allen, C. McIlwain, G. Ludwig, Radiation measurements from Explorer IV.

1310. The Empirical Determination of Stellar Photospheric Structure. Colloquium held at July 3 and 4, 1959, at the Royal Observatory at Uccle, Belgium, under the auspices of Sub-Commission 29a of the International Astronomical Union. Edited by C. de Jager and L. Neven. Commun. Obs. Roy. Belgique Nr. 157, 143 S. — Inhalt: C. de Jager, Review of modern high dispersion investigations of stellar spectra; A. J. Deutsch, Stationary, non static spherical flow; J. C. Pecker, La méthode Krook-Pecker pour le calcul de modèles; R. Cayrel, C. Chadeau, Calcul électronique du spectre continu en un point quelconque d'une photosphère; B. E. J. Pagel, Departures from L. T. E. in the continuous spectrum; J. C. Pecker, Déviations de l'E. T. L. dans les raies de Fraunhofer; R. Kandel, Écarts à l'équilibre thermodynamique local: cas du titane neutre; J. C. Rountree, Deviations from L. T. E.: Ti II; F. Praderie, Écarts à l'E. T. L. dans les bandes moléculaires; R. Cayrel, Théorie des écarts à l'équilibre thermodynamique local dans une photosphère; S. Pottasch, Departures of hydrogen from L. T. E. in a stellar atmosphere and the consequent structure of the solar chromosphere; E. Schatzman, Taux de production d'entropie; H. Hubenet, The influence of temperature inhomogeneities on the equivalent width of weak lines; P. Mein, Essai d'interprétation des spectres de McMath; G. Elste, Photoelectric observations of the Balmer lines $H\beta$, $H\gamma$, $H\delta$; C. de Jager, L. Neven, Computations of H-line profiles in stellar spectra; C. Delys, R. Coutrez, E. Schatzman, Dissymétrie des raies dans les Céphéides; R. Cayrel, Un programme de calcul du profil et de la largeur équivalente des raies pour l'ordinateur I.B.M. 650; E. Schatzman, Mesure des forces d'oscillation; C. Chadeau, Calcul des raies de He dans le cas intermédiaire entre l'élargissement Stark linéaire et quadratique; L. Neven, Effects de saturation dans les raies de Fraunhofer; F. van't Veer, Profondeur centrale de la raie $H\gamma$ et détermination de la température superficielle; S. Dumont, J. C. Pecker, Profondeurs de formation, applications; H. Hubenet, The influence of chemical composition and temperature distribution on the equivalent widths of weak lines; L. H. Aller, Michigan programs on abundances of elements in the sun and hot stars.

1311. Symposium on the Exploration of Space. Herausgegeben von R. Jastrow. J. Geophys. Res. 64 1647—1800. — Inhalt: R. Jastrow, Introductory remarks; F. L. Whipple, Solid particles in the solar system; T. Gold, Plasma and magnetic fields in the solar system; E. Parker, Extension of the solar corona into interplanetary space; J. A. van Allen, The geomagnetically-trapped corpuscular radiation; H. E. Newell, Capabilities for space research: G. P. Kuiper, The moon; H. C. Urey, Primary and secondary objects; G. de Vaucouleurs, Remarks on Mars and Venus; H. Friedman, Rocket astronomy; L. Goldberg, Astronomy from satellites and space vehicles; J. W. Townsend jr., Experimental research program in the space sciences; R. Jastrow, Outer atmospheres of the earth and planets.

1312. International Council of Scientific Unions. Joint Commission on Radio-Meteorology. Proceedings of Fourth Meeting. Herausgegeben von H. Spencer Jones. J. Atmosph. Terr. Phys. **15** 177—296. — New York, 1957 Aug. 14—16. — Inhalt: A. D. Wheelon, Radio scattering by tropospheric irregularities; K. A. Norton, Recent experimental evidence favouring the $\varrho K_1(\varrho)$ correlation function for describing the turbulence of refractibility in the troposphere and stratosphere; V. G. Plank, Convection and refractive index inhomogeneities; M. G. H. Ligda, Radar observation of lightning; L. G. Smith, Electric field-change studies of lightning; D. R. Fitzgerald, H. R. Byers, Aircraft observations of convective cloud electrification; D. Atlas, Radar studies of meteorological «angel» echoes; W. F. Hitschfeld, Convective processes in the atmosphere as revealed by weather radar.

1313. Electromagnetic Phenomena in Cosmical Physics. Edited by B. Lehnert. Vgl. AJB **58** Ref. **1160**. — Weitere Besprechung in Nature **186** 67 (R. H. Garstang), RH **40** 143.

1314. A discussion on space research. Under the leadership of H. S. W. Massey. Proc. Roy. Soc. (A) **253** 450—541. — 1958 Nov. 12—13. — Inhalt: H. S. W. Massey, Introductory remarks; D. R. Bates, Some problems concerning the terrestrial atmosphere above about the 100 km level; S. Chapman, Interplanetary space and the earth's outermost atmosphere; C. F. Powell, Experiments on cosmic radiation by means of artificial satellites; T. Gold, Space research in relation to the moon and the nearer planets; F. Hoyle, Astronomical observations with the aid of artificial satellites; A. C. B. Lovell, Radio astronomical measurements from earth satellites; A. W. Lines, Performance, control and guidance of satellite vehicles; W. T. Blackband, Radio communication with a lunar probe; R. L. F. Boyd, Some techniques of physical measurement; J. Sayers, Self-contained measuring equipment for electron density and ionic mass spectrum; J. A. van Allen, Geomagnetically-trapped corpuscular radiation; D. G. King-Hele, Analysis of the orbits of the Russian satellites; H. E. Newell jr., The United States programme in space research.

1315. The differences among globular clusters. Symposium held at the 103rd meeting of the American Astronomical Society in Toronto, Ontario. Moderated and edited by A. Sandage. AJ **64** 425—450. — Die Beiträge sind in den entsprechenden Paragraphen erfaßt.

1316. Modèles d'étoiles et évolution stellaire. Communications présentées au neuvième colloque international d'astrophysique tenu à Liège les 6, 7 et 8 juillet 1959 sous la présidence du Professeur S. Rosseland. Mém. (8°) Soc. Roy. Sci. Liège (5) **3**, 531 S. = Inst. d'Astrophys. Univ. Liège Coll. 8° Nr. 409. — Inhalt: O. Struve, Observational data of interest in the study of stellar evolution; L. H. Aller, Nuclei of planetary nebulae and the late stages of stellar evolution; J. L. Greenstein, R. Minkowski, Spectra of nuclei of planetary nebulae of very low surface brightness; G. Münch, High temperature subdwarfs with anomalous compositions; A. J. Deutsch, The evidence for mass-loss from late-type giants; A. H. Batten, On some possible relationships between certain binary systems; Z. Kopal, Evolutionary processes in close binary systems; J. Sahade, Evolution in close binaries; D. M. Popper, Basic data on absolute dimensions from eclipsing binaries; D. S. Evans, Some multiple stars of evolutionary interest; V. C. Reddish, A search for small amplitude variables in NGC 7789; D. Chalonge, Diagramme λ_1 D et évaluation spectrophotométrique des âges des étoiles; H. Elsässer, The luminosity function in the Small Magellanic Cloud; M. Schmidt, Effects of star formation; S. von Hoerner, Correlations between chemical composition, age and velocity dispersion of the stars nearer than 20 pc; S. van den Bergh, The luminosity classification of galaxies and stellar evolution; A. G. W. Cameron, Chemical evolution of the stars: introductory report; W. A. Fowler, Experimental and theoretical results on nuclear reactions in stars. II.; M. Rudkjøbing, Gaunt factors for free-free transitions in hydrogen; L. Mestel, Introductory report; P. Souffrin, Propriétés thermodynamiques à haute densité; W. W. Porfirjew, The equations of internal structure of a rotating star; R. Kippenhahn, Meridional circulations in the hydrogen convective layer of the sun; I. K. Csada, A hydromagnetic model of the solar magnetic field; V. C. Reddish, P. A. Sweet, The problem of β Cephei; F. T. Rubbra, T. G. Cowling, The loss of mass by stars; C. de Jager, Loss of matter by stars; E. Schatzman, Stellar evolution with mass loss; S. A. Kaplan, Shock-waves in stars; P. Ledoux, A. Boury, La stabilité vibrationnelle d'étoiles formées à partir d'hydrogène pur; H. Lambrecht, On the possibility of rejuvenation of stars by accretion; E. Schatzman, L'influence de l'accrétion sur l'évolution des naines blanches; W. H. McCrea, Formation of stars from interstellar matter; J. C. Pecker, La zone convective des étoiles: rapport introductif; S. Temesváry, The influence of the hydrogen convective zone on the internal constitution of stars; C. de Jager, L. Neven, The influence of the metal abundance on the continuous stellar spectra; E. M. Burbidge, G. R. Burbidge, A. R. Sandage, R. Wildey, Continuum colors of the sun, ξ Pegasi, and HD 19445 as related to the position of the metal-poor stars in the color-magnitude and tow-color diagrams; C. A. Whitney, Stellar thermopauses; F. Hoyle, Stellar models and evolution: introductory report; A. G. W. Cameron, Neutron star models; A. G. Massewitsch, A model of the sun; A. N. Cox, R. R. Brownlee, A time dependent solar model; R. L. Sears, An evolutionary sequence of solar models with revised nuclear reaction rates; M. Hénon, Calcul de modèles avec une machine analogique; A. Masani, The early evolutionary phases of stars of small masses; R. D. Levee, P. L. Hilton, On the evolution of pure hydrogen stars; C. Hayashi, J. Jugaku, M. Nishida, Models of massive stars in helium-burning stage; M. P. Savedoff, S. R. van Dyck, Early evolution at mass ten.

1317. Rendiconti del VI Corso che nella Villa Monastero a Varenna dal 23 Giugno al 5 Luglio 1958, fu tenuto a cura della Scuola Internazionale di Fisica della Società Italiana di Fisica sulla Fisica del Plasma e relative Applicazioni Astrofisiche. Nuovo Cimento Suppl. (10) **13** 1—335. — Inhalt: V. Ferraro, General theory of plasma; B. Lehnert, Plasma physics on cosmical and laboratory scale; P. C. Thonemann, High temperature plasmas; A. Gilardini, Microwaves in ionized gas; E. Schatzman, Le plasma stellaire; L. Biermann, Stellar atmospheres as a plasma; H. C. van de Hulst, The interstellar plasma; R. Gallet, Propagation and production of electromagnetic waves in a plasma; J. G. Linhart, Plasma confinement by external magnetic fields; C. de Jager, Optical and radiophenomena associated with a solar activity centre; C. de Jager, Dynamical features of the chromosphere; R. Giovanelli, Solar disturbances producing type II radio bursts; R. Giovanelli, Flare surges, puffs and type III bursts; K. O. Kiepenheuer, The observability of hydromagnetic phenomena on the sun; H. Wilhelmsson, The scattering of electromagnetic waves by an electron beam; T. Gold, Magnetic field in the solar system; L. Davis jr., The origin of cosmic rays; R. Lüst, Some theoretical aspects of magneto-hydrodynamics and thermonuclear fusion.

1318. Symposium on scientific effects of artificially introduced radiations at high altitudes. Proc. National Acad. Sci. USA **45** 1141—1228. — Washington, 1959 April 29. — Inhalt: R. W. Porter, Introductory remarks; N. C. Christofilos, The Argus experiment; J. A. van Allen, C. E. McIlwain, G. H. Ludwig, Satellite observations of electrons artificially injected into the geomagnetic field; L. Allen jr., J. L. Beavers II, W. A. Whitaker, J. A. Welch jr., R. B. Walton, Project Jason measurement of trapped electrons from a nuclear device by sounding rockets; J. A. Welch jr., W. A. Whitaker, Theory of geomagnetic trapped electrons from an artificial source; P. Newman, A. M. Peterson, Optical, electromagnetic, and satellite observations of high altitude nuclear detonations. I. II.

1319. Analysis of composite radiation from stellar systems: a symposium. Publ ASP **71** 83—125. — Die einzelnen Beiträge sind in den entsprechenden Paragraphen erfaßt.

1320. Geodätische Astronomie. Kolloquien und Vorträge. II. Polytechnische Tagung der Technischen Hochschule Dresden. Vgl. AJB **58** Ref. **11101** = Astr. Obs. TH Dresden Mitt. Nr. 1.

1321. Probleme des Plasmas in Physik und Astronomie. Vgl. AJB **58** Ref. **1163**. — Weitere Besprechung in RH **40** 120.

1322. Proceedings of the Nationwide Amateur Astronomers Convention, 1959. Zu beziehen durch R. A. Spencer, 4430 Gladiola St., Route 1, Golden, Colorado. 8 + 193 S. Preis $ 3.50. — Besprechung in Publ ASP **72** 67.

1323. Veröffentlichungen der Tagung über die Erforschung der Szintillation der Sterne. Moskau, 18.—20. Juni 1958. Moskau—Leningrad, Verlag Akad. Wiss. UdSSR, 1959. 263 S. Preis 10 R. (russ.).

1324. Die Internationale Konferenz über kosmische Strahlung vom 6. bis 11. Juli 1959 in Moskau. Berichte der Vorträge. Moskau, Verlag Akad. Wiss. UdSSR, 1959. 224 S. (russ.).

1325. Advances in Astronautical Sciences. Volume 4. (Proceedings of the Fifth Annual Meeting of the AAS, November 1958). New York, Plenum Press, Inc.; London, Chapman & Hall, Ltd., 1959. 460 S. Preis 80 s. — Besprechung in Astronaut. Acta **5** 380 (F. Hecht), Nature **185** 798—799 (F. G. Irving, J. L. Stollery).

1326. Séminaire de mécanique analytique et de mécanique céleste, dirigé par Maurice Janet; 1re année: 1957/58. Paris, Secrétariat mathématique, 1958. 3 + 104 S. — Besprechung in Math. Rev. **21** 475 (A. Trautman).

1327. Società Astronomica Italiana. Atti dei Convegni Astronomici di Venezia e Napoli. (Settembre 1955—Settembre 1957). Pavia, Industria Grafica Mario Ponzio, 1959. 128 S. — Die Beiträge sind in den entsprechenden Paragraphen erfaßt.

1328. Astronautics and Space Exploration: Hearings before the Select Committee on Astronautics and Space Exploration, Eighty-fifth Congress, Second Session on H. R. 11881. Washington, U. S. Government Printing Office, 1958. 8 + 1542 S. Preis $ 4.50. — Besprechung in J. British Interplanetary Soc. **17** 155—156 (E. D. Rodgers jr.).

§ 14

Mathematik

1401. **S. Arend,** Les polynomes orthogonaux et leur utilisation dans la représentation mathématique d'observations astronomiques. Commun. Obs. Roy. Belgique Nr. 151 S. 19.

1402. **P. Sconzo,** Sull'integrazione numerica di un sistema di tre equazioni della forma $\ddot{u} = F_u \{x(t), y(t), z(t),\}$ con u = x, y, z. Mem SA It (NS) **30** 167—182 = Oss. Astr. Roma Contr. Sci. (3) Nr. 7.

1403. **N. Stoyko,** Le développement de l'utilisation des Cracoviens en France. AA **9** 203—205.

1404. Mathematisches Wörterbuch. Mathematical Dictionary. Russisch-Deutsch-Englisch. Berlin, VEB Deutscher Verlag der Wissenschaften, 1959. 244 S. Preis DM 9.80.

§ 15

Rechenmaschinen

1501. **H. C. Arp,** Reduction of photoelectric observations by an electronic computer. ApJ **129** 507—512. — Die Reduktion wird in zwei Schritten durchgeführt: Mit einem vorgegebenen Satz von Extinktionskoeffizienten werden (U, B, V)-Helligkeiten in erster Näherung gerechnet. Aus den hierbei für die Standardsterne erhaltenen Werten werden sodann durch Ausgleichung verbesserte Extinktionskoeffizienten abgeleitet. Mit diesen erhält man dann die endgültigen (U, B, V)-Helligkeiten für sämtliche beobachteten Sterne. Das Programm wurde auf der Datatron, Modell 204, durchgeführt. T. L.

* * **R. Bellman, S. Dreyfus,** An application of dynamic programming to the determination of optimal satellite trajectories. Vgl. Ref. 1814.

1502. **J. Jeenel,** Programming for Digital Computers. New York—Toronto—London, McGraw-Hill Book Company, Inc., 1959. 8 + 517 S. Preis $ 12.00. — Besprechung in Science **132** 82—83 (P. Rabinowitz).

1503. **H. L. Johnson,** An analogue computer for the reduction of photoelectric observations. Lowell Obs. Bull. **4** 123—128. — Ein speziell zur Reduktion photoelektrischer Beobachtungen auf das UBV-System konstruierter Analogrechner wird beschrieben. Der Zeitbedarf im Vergleich zur manuellen Rechnung beträgt 1/10; der wahrscheinliche Gesamtfehler einer Beobachtung bei Benutzung des Gerätes wird mit $\pm\, 0\overset{m}{.}01$ angegeben. T. L.

1504. **A. Kranjc,** Le calcolatrici elettroniche. Coelum **27** 169—176.

1505. **E. M. McCormick,** Digital Computer Primer. New York, McGraw-Hill Book Co., 1959. 10 + 214 S. Preis $ 7.50. — Besprechung in Science **132** 82—83 (P. Rabinowitz).

1506. **D. D. McCracken, H. Weiss, T.-H. Lee,** Programming Business Computers. New York, Wiley & Sons; London, Chapman and Hall, 1959. 17 + 510 S. Preis $ 10.25. — Besprechung in Science **132** 82—83 (P. Rabinowitz).

1507. **R. Nett, S. A. Helzler,** An Introduction to Electronic Data Processing. Glencoe, Ill., Free Press, 1959. 287 S. Preis $ 6.75. — Besprechung in Science **132** 82—83 (P. Rabinowitz).

1508. **R. Neubauer,** Wie erfolgt die Programmierung für einen Rechenautomaten? Phys. Blätter **15** 69—76.

1509. **J. G. Phillips,** The application of digital computers to the reduction and analysis of high-dispersion molecular spectra. ApJ **130** 308—323 = Berkeley Repr. Nr. 151.

1510. **H. Scheffler,** Maquinas computadoras. El Universo **13** 106.

1511. **H. Seifers,** Bedienungs-Anweisung für die festen Programme des Rechengerätes Z 11. Deutsche Geod. Kommission Bayer. Akad. Wiss. (B) Nr. 55, 34 S.

1512. **C. V. L. Smith,** Electronic Digital Computers. New York, McGraw-Hill Book Company, Inc., 1959. 9 + 443 S. Preis $ 12.00. — Besprechung in Rev. Sci. Instruments **30** 1138 (N. C. Metropolis).

1513. **B. Thüring,** Einführung in die Methoden der Programmierung kaufmännischer und wissenschaftlicher Probleme für elektronische Rechenanlagen. Teil 2: Automatische Programmierung dargestellt an der Univac Fac-Tronic. Baden-Baden, Robert Göller Verlag, 1958. 169 S. Preis DM 30.00. — Besprechung in Math. Rev. **21** 188 (J. W. Carr).

1514. **B. Thüring,** Die elektronischen Rechenmaschinen. Sonderdruck aus Enzyklopädie Epoche Atom Automation **7,** 11 S.

1515. **R. Tomovic,** Calculateurs analogiques répétitifs. Vgl. AJB **58** Ref. **314.** — Weitere Besprechung in Math. Rev. **21** 452 (G. R. Stibitz).

1516. **S. B. Williams,** Digital Computing Systems. New York, McGraw-Hill, 1959. 10 + 229 S. Preis $ 7.75. — Besprechung in Science **132** 82—83 (P. Rabinowitz).

1517. **M. H. Wrubel,** A Primer of Programming for Digital Computers. New York, McGraw-Hill Book Co., 1959. 15 + 230 S. Preis $ 7.50. — Besprechung in Science **132** 82—83 (P. Rabinowitz).

§ 16

Physik

1601. **F. Anacker, R. Mannkopff,** Ein reproduzierbarer schwarzer Strahler von 4000° K. Z. Physik **155** 1—15. — Es wird ein schwarzer Körper beschrieben, mit dem die Sublimationstemperatur des Kohlenstoffs leicht und reproduzierbar erreicht werden kann. Die Strahlungskonstanz wurde geprüft; sie ist so befriedigend, daß diese Anordnung als neues Temperaturnormal benutzt werden könnte. Verf.

1602. **N. Bel,** Sur la classification des oscillations de deux fluides superposés. Ann d'Astrophys **22** 748—758.

1603. **G. D. Bell, M. H. Davis, R. B. King, P. M. Routly,** The absolute f-value of the MnI line λ 4031. ApJ **129** 437—440.

1604. **W. H. Bennett,** Solar proton stream forms with a laboratory model. Rev. Sci. Instruments **30** 63—69. — Eine Röhre (Störmertron) wird beschrieben, die im Labor modellmäßig das Verhalten von Strömen geladener Teilchen im Dipolmagnetfeld der Erde zu untersuchen gestattet. Sie erweitert (als Analog-Rechner) die Störmerschen Rechnungen von Stromformen und Kontakten mit der Erdoberfläche. Die Formen sind unerwartet komplex und kompliziert. Zahlreiche Bilder photographischer Aufnahmen demonstrieren die verschiedensten Versuchsanordnungen. Ebl.

1605. A. Boggess III, The emission spectrum of H_2^+. ApJ **129** 432—436. — Das Spektrum der Strahlungs-Kombination eines Wasserstoffatoms und eines Protons zum Wasserstoffmolekül-Ion wird berechnet. Dieser Mechanismus liefert im sichtbaren Bereich weniger Energie als das negative Wasserstoff-Ion, das eine ähnliche Dichteabhängigkeit besitzt. Im UV bei hoher Temperatur gewinnt die Strahlungsenergie dieser Molekülbildung die Oberhand, ist aber immer noch zu gering, um für irgendeine beobachtete Nebelstrahlung verantwortlich zu sein. Voigt

1606. G. Breit, M. H. Hull jr., Natural line width for transient excitations. ApJ **129** 456—467.

1607. P. K. Carroll, Predissociation in the Schumann-Runge bands of oxygen. ApJ **129** 794—800 = Contr. Div. Pure Physics, National Res. Lab. Ottawa Nr. 5174.

1608. M. S. Chochlow, An experimental determination of the oscillator strengths of the PbI lines λλ 4057 and 3683 Å and the lead abundance in the solar atmosphere. I. The determination of the f values from the intensity of the emission lines in a hollow cathode. Mitt. Astrophys. Obs. Krim **21** 84—102 (russ. mit engl. Ref.).

1609. R. Cialdea, L'effetto Zeeman in campi magnetici non uniformi. Atti Convegni Astr. Venezia Napoli 1959 S. 79—88.

1610. H. Dingle, A proposed astronomical test of the «ballistic» theory of light emission. MN **119** 67—71. — Verf. empfiehlt, die Aberrationskonstante mittels extragalaktischer Systeme mit großer Fluchtgeschwindigkeit zu bestimmen. Dv.

1611. G. Dricot, P. Ledoux, Remarque sur la théorie des oscillations d'une masse fluide incompressible en présence d'un champ magnétique. Bull. Soc. Roy. Sci. **28** 115—121 = Inst. d'Astrophys. Univ. Liège Coll. 8° Nr. 404. — Es wird gezeigt, daß die Frequenz der Schwingungen einer inkompressiblen Flüssigkeit wesentlich durch die Gravitationskräfte und nur in zweiter Linie durch ein vorhandenes magnetisches Feld bestimmt wird. FS

1612. J. W. M. DuMond, Status of knowledge of the fundamental constants of physics and chemistry as of January 1959. Ann. Physics **7** 365—403.

1613. P. Fellgett, R. C. Jones, R. Q. Twiss, Fluctuations in photon streams. Nature **184** 967—969 = Cambridge Obs. Repr. Nr. 37. — Mit N als Dichte der Bose-Zellen, ε als Wirkungsfaktor der Photonen, n als deren Dichte und m als dem von einem lichtelektrischen Interferometer gemessenen Teil derselben wurde von Hanbury Brown und Twiss (vgl. AJB **54** Ref. 2148) für dessen mittleres Schwankungsquadrat der halbklassische Ausdruck $\overline{\Delta m^2} = m \cdot (1 + \varepsilon \cdot n/N)$ angegeben, während R. C. Jones 1947 dieselbe Beziehung ohne den Faktor ε fand. Verf. zeigen, daß der erste Ausdruck für gekühlte, nicht strahlende Photokathoden gilt, während Jones' Formel Strahlungsgleichgewicht zwischen Photokathode und Umgebung voraussetzt. Gü.

1614. I. Fischer-Hjalmars, Ground state and low excited states of the negative hydrogen molecule ion. Arkiv Fysik **16** 33—55 = Stockholms Obs. Medd. Nr. 115.

1615. R. A. Fisher, W. C. Knopf jr., F. E. Kinney, Laboratory wave lengths and intensities in the near infrared spectra of nine elements. ApJ **130** 683—687.

1616. S. C. B. Gascoigne, Note on band transmission in multilayer dielectric filters. Australian J. Phys. **12** 296—298 = Mt. Stromlo Obs. Repr. Nr. 25.

1617. **R.-H. Giese,** Lichtstreuung an sphärischen Metallpartikeln. Z. Naturforschung **14a** 1085—1088 = Mitt. Astr. Inst. Univ. Tübingen Nr. 46.

1618. **J. Greene,** Bremsstrahlung from a Maxwellian gas. ApJ **130** 693—701.

1619. **S. Hautecler, B. Rosen,** Contributions à l'étude des spectres électroniques des oxydes diatomiques. I. Spectre de LaO. Bull. Cl. Sci. Acad. roy. Belgique (5) **45** 790—803.

1620. **J. Hazlehurst, W. L. W. Sargent,** Hydrodynamics in a radiation field — a covariant treatment. ApJ **130** 276—285 = Astr. Contr. Univ. Manchester (3) Nr. 65.

1621. **O. Heckmann, H. Dingle,** Ritz theory of light. Obs **79** 105—107.

1622. **W. R. Hindmarsh,** Collision broadening and shift in the resonance line of calcium. MN **119** 11—20 = Commun. Univ. Obs. Oxford Nr. 68. — Es wird die Druckverbreiterung und -verschiebung der Ca I-Linie λ 4227 durch Helium untersucht. Die Halbwertsbreite des Dämpfungsprofils ergibt sich zu 1.72×10^{-20} cm^{-1} und die Violettverschiebung zu 0.05×10^{-20} cm^{-1} (für 1 Heliumatom/cm^3). Das Verhältnis von Verbreiterung zu Verschiebung ist wesentlich größer als es die Lindholmsche Theorie verlangt. Die Theorie sagt zudem eine Rotverschiebung voraus. Es werden mögliche Erklärungen für diese Diskrepanz diskutiert. Die Dämpfung der Linie in einer optischen Tiefe $\tau = 0.1$ in der Sonnenatmosphäre wird berechnet. Groth

1623. **W. R. Hindmarsh, K. A. Thomas,** Collision shifts in the argon spectrum. MN **119** 21—25 = Commun. Univ. Obs. Oxford Nr. 69.

1624. **E. R. R. Holmberg,** The ballistic theory of light. Obs **79** 223.

1625. **H. C. van de Hulst,** Light Scattering by Small Particles. Vgl. AJB **57** Ref. **5009**. — Weitere Besprechung in J RAS Canada **54** 91—92 (J. L. Yen).

1626. **J. Hunaerts,** La vie moyenne des états de rotation de l'état fondamental de la molécule CN. Ann d'Astrophys **22** 812—819. — Verf. geht von der Arbeitshypothese einer sehr langen Lebensdauer aller Rotationszustände aus. Er berechnet theoretische Profile der CN-Bande λ 3883 und vergleicht sie mit der Registrierung eines Spektrogramms des Kometen Whipple-Fedtke-Tevsadse 1943 I, das bei r = 1.40 A.E. von McKellar aufgenommen worden war. Damit läßt sich die letzte auftretende Rotationslinie des R-Zweigs der Bande ermitteln, und aus der Kenntnis der Lebensdauer des letzten besetzten Niveaus läßt sich die mittlere Lebensdauer für andere Rotationszustände berechnen. Für die ersten angeregten Niveaus ergeben sich 10^h22^m und 8^h36^m. Theoretische Erwartungen über Änderung des R-Zweigs der Bande (Lage des Maximums, letzte auftretende Linie) mit dem Abstand des Kometen von der Sonne entsprechen den Beobachtungen. O. G.

1627. **P. C. Jain,** Gravitational instability of an infinite homogeneous and stationary turbulent medium. Proc. National Inst. Sci. India (A) **24** 230—233, 1958. — Ref. in Phys. Ber. **39** 210.

1628. **F. D. Kahn,** The signal : noise ratio of a suggested spectral analyzer. ApJ **129** 518—520.

1629. **N. S. Kardaschew,** On the possibility of detection of resolved lines of atomic hydrogen in radio diapason. AJ UdSSR **36** 838—844 (russ. mit engl. Ref.). — Mit abnehmender Dichte werden im Spektrum, etwa der Balmer-Serie des Wasserstoffs, immer höhere Serienglieder sichtbar, weil die Grenze, bei der die diskreten Niveaus mit dem Kontinuum verschmelzen, sich nach immer höheren Hauptquantenzahlen verschiebt. Verf. berechnet zunächst nach der Formel von Inglis und Teller das n_{max}, welches z. B. bei einer Elektronendichte von 1 pro cm^3 1260 beträgt. Anschließend wird festgestellt, daß unter diesen Umständen Übergänge n → n—1 im fernen Infrarot und sogar im Radiogebiet (cm-Wellen) beobachtbar sein müßten, da ihre Übergangswahrscheinlichkeiten um Größenordnungen höher sind als für Hyperfeinstrukturübergänge (21 cm-Linie des Wasserstoffs). Oster

1630. **P. Kelly, B. H. Armstrong,** Fractional parentage coefficients for mixed configurations in LS coupling. ApJ **129** 786—793.

1631. **C. C. Kiess, M. P. Thekaekara,** Revised term values of TiI. ApJ **130** 1008—1020.

1632. **E. W. Kononowitsch,** A nomogram for determining the parameters of profiles of emission lines with self-absorption. AJ UdSSR **36** 371—373 (russ. mit engl. Ref.).

1633. **M. Krook,** Structure of shock fronts in ionized gases. Ann. Physics **6** 188—207 = Harv Repr Nr. 510.

1634. **M. Krook,** Continuum equations in the dynamics of rarefied gases. J. Fluid Mechanics **6** 523—541 = Harv Repr Nr. 532.

1635. **G. Larsson-Leander,** Om teorien för atomspektra, I. PAT **40** 119—139.

1636. **D. Layzer,** On a screening theory of atomic spectra. Ann. Physics 8 271—296 = Harv Repr Nr. 523.

1637. **W. C. Levengood,** Hydromagnetic effects under conditions of localized thermal instability. ApJ **129** 483—488. — Es werden Versuche zur thermischen Konvektion beschrieben. Die konvektiven Gebiete werden in Alkohol und Alkohol-Pulver-Mischungen durch lokale Erhitzung mit den Polen eines Permanentmagneten erzeugt. Es werden Effekte gefunden, die von den elektrischen Ladungen in der Flüssigkeit abhängen. Die Ergebnisse stimmen mit der Theorie bewegter Ladungen in einem Magnetfeld überein. Das Erdmagnetfeld hat einen Einfluß auf die Konvektionsprozesse. Groth

1638. **I. D. Liu,** The vibrational numbering of the $A\,^2\Pi$-$X\,^2\Sigma$ bands of N_2^+. ApJ **129** 516—517.

1639. **N. Lotowa,** On the estimation of the angle of scattering of radio waves. AJ UdSSR **36** 907—909 (russ. mit engl. Ref.).

1640. **G. S. S. Ludford, J. D. Murray,** Further results on the flow of a conducting fluid past a magnetized sphere. Harv Repr Nr. 527, 9 S. — Vortrag anläßlich der 6. Konferenz über «Fluid Mechanics» in Austin/Texas, Sept. 1959.

1641. **S. K. Majumdar,** A note on force-free fields. ZfA **47** 44—49.

1642. **J. G. Malkin,** Theorie der Stabilität einer Bewegung. Übersetzt aus dem Russischen von W. Hahn, R. Reissig. München, Verlag R. Oldenbourg; Berlin, Akademie-Verlag, 1959. 8 + 402 S. Preis DM 47.00. — Besprechung in Phys. Ber. **38** 1830 (H. Ebert).

1643. **O. A. Melnikow,** The intensity of quadrupole multiplet lines of ionized iron. AJ UdSSR **36** 385—393 (russ. mit engl. Ref.).

1644. **R. A. Miller, A. Lopez,** Note on the velocity of light. J. Optical Soc. America **49** 930.

1645. **W. E. Mitchell jr.,** The absorption coefficient of the negative hydrogen ion. ApJ **130** 872—880 = Contr. Perkins Obs. (1) Nr. 55.

1646. **R. W. Nicholls,** Laboratory astrophysics. J RAS Canada **53** 109—116. — Verf. berichtet über das Forschungsprogramm der Molecular Exciting Group an der Univ. Western Ontario, das die beiden folgenden Problemkreise umfaßt: 1. experimentelle und theoretische Informationen über Übergangswahrscheinlichkeiten zu erhalten, und 2. im Labor einige der wesentlichen physikalisch-chemischen Stoßprozesse zu untersuchen, die Atome und Moleküle zum Leuchten anregen. Loh.

1647. **K. H. Olsen, P. M. Routly, R. B. King,** Relative gf-values for lines of CaI. ApJ **130** 688—692.

1648. **L. Oster,** Der kontinuierliche Absorptionskoeffizient für Frei-Frei-Strahlung im radiofrequenten Spektralgebiet. ZfA **47** 169—190 = Sonderdruck Sternw. Kiel. — In dieser Arbeit werden die verschiedenen in der Literatur vorgeschlagenen Ansätze zur Berechnung der Frei-Frei-(Brems-) Strahlung im Radiowellenbereich diskutiert. Es werden die Differenzen erklärt, die bei der direkten Berechnung des Emissionskoeffizienten und bei der direkten Berechnung des Absorptionskoeffizienten auftreten, ferner der Gültigkeitsbereich der klassischen Rechnungen gegenüber den quantenmechanischen abgegrenzt und das Problem des Abbrechens der Integration über den Stoßparameter diskutiert. Für die praktische Anwendung in der Astrophysik und in Laborversuchen sind Ausdrücke angegeben, die im gesamten Temperatur-, Dichte- und Frequenzgebiet gültig sind. Oster

* * **B. E. J. Pagel,** Note on collisional dissociation of the H^- ion in the solar atmosphere. Vgl. Ref. **6424**.

1649. **N. N. Parijskij, L. M. Gindilis,** New luminofors of constant brightness for the spectrophotometry of weak celestial objects. AJ UdSSR **36** 539—543 (russ. mit engl. Ref.). — Die am Lebedew-Institut für Physik in Moskau entwickelten Leuchtstoffe werden durch Betastrahler, etwa Sr^{90}, aktiviert und geben ein über große Bereiche konstantes Spektrum. Die Energieverteilung im Intervall 4450—6400 Å wurde untersucht und ist in einer Tabelle dargestellt. Die Helligkeit der Leuchtstoffe beträgt 0.015 Apostilb. Petri

1650. **M. Rigutti,** Analisi rotazionale delle bande (0,0) e (1,0) del sistema rosso del CN. Mem SA It (NS) **30** 325—332 = Oss. Astrofis. Arcetri Contr. Nr. 32.

1651. **F. Rohrlich,** Theoretical multiplet strengths. ApJ **129** 441—448.

1652. **F. Rohrlich,** Sum rules for multiplet strengths. ApJ **129** 449—455.

1653. **M. Rudkjøbing,** The continuous absorption coefficient of ionized hydrogen at radio wave lengths. Ann d'Astrophys **22** 118—122 = Medd. Ole Rømer-Obs. Århus Nr. 27. — Ein allgemeiner Ausdruck für den kontinuierlichen Absorptionskoeffizienten für Frei-Frei-Übergänge des Wasserstoffs im Radiowellenbereich wird wellenmechanisch abgeleitet. Dieser Ausdruck geht im Grenzfall langer Wellen und unter physikalischen Bedingungen etwa denen der Sonnenkorona oder dichter Gasnebel asymptotisch über in eine Formel, die aus Kramers' klassischer Formel abgeleitet ist. Voigt

1654. **H. Scheffler,** Strahlenoptische Ausbreitung in Medien mit statistisch verteilten Inhomogenitäten. II. Streuung in kleine Winkelbereiche. AN **284** 269—274 = Mitt. Astrophys. Obs. Potsdam Nr. 70. — Die Verteilung der Richtungen und seitlichen Verschiebungen der Strahlen eines ursprünglich parallelen Bündels nach Durchlaufen eines turbulenten Mediums mit unregelmäßigen Schwankungen des Brechungsindex wird für den Fall kleiner Ablenkungswinkel hergeleitet für Medien mit (a) konstantem mittlerem Brechungsindex und homogener Turbulenz, sowie (b) langsam veränderlichem mittlerem Brechungsindex und nichthomogener Turbulenz. Verf.

1655. **M. J. Seaton,** Radiative recombination of hydrogenic ions. MN 119 81—89.

1656. **M. J. Seaton,** The solution of capture-cascade equations for hydrogen. MN 119 90—97.

1657. **H. K. Sen, C. W. Dubs,** A geophysical determination of the thermal electron attachment coefficient of oxygen molecules. AJ 64 131. — Ref. AAS.

1658. **G. F. Sitnik,** Some characteristics of a ribbon Si-16 type lamp as a standard of radiative energy. AJ UdSSR 36 375—377 (russ. mit engl. Ref.). — Verf. hat eine neue Bandlampe vom Typ Si-16 untersucht und stellt fest, daß sie von den heute erhältlichen die am besten geeignete zur Durchführung von photometrischen, insbesondere von Absolutmessungen ist. Oster

1659. **W. W. Sobolew,** Some problems in the theory of radiation diffusion. DAN 129 1265—1268 (russ.).

1660. **L. R. O. Storey, R. S. Lawrence,** A radio-astronomical test of the ballistic theory of light emission. Obs 79 150—151.

1661. **A. K. Susslow,** Linienfläche und Äquivalentbreite. Sonnendaten 1958 Nr. 10 S. 68—69 (russ.).

1662. **Z. Švestka,** Damping and Stark broadening of Balmer lines. BAC 10 10—12.

1663. **P. A. Sweet,** Coulomb scattering in a magnetic field. Phil. Mag. (8) 4 1155—1159 = Commun. Univ. London Obs. Nr. 38.

1664. **O. Theimer, H. Hoffman,** On the relation between Holtsmark's microfield distribution function and the cutoff value of the collision parameter in fully ionized gases. ApJ 129 224—235.

1665. **M. P. Thekaekara,** A revision of the term-values of Titanium I. Georgetown Obs. Monograph Nr. 13, 33 S.

1666. **G. Traving,** Über die Theorie der Druckverbreiterung von Spektrallinien. Karlsruhe, Verlag G. Braun, 1959. 115 S. Preis DM 27. — Besprechung in ZfA 49 231—232 (W. R. Hindmarsh).

1667. **R. Q. Twiss, A. G. Little,** The detection of time-correlated photons by a coincidence counter. Australian J. Phys. 12 77—93 = Division Radiophys. C. S. I. R. O. Chippendale.

1668. **A. B. Underhill, J. H. Waddell,** Stark Broadening Functions for the Hydrogen Lines. National Bureau of Standards Circ. 603. Washington, U. S. Government Printing Office, 1959. 8 + 94 S. Preis 65 c. — Besprechung in J RAS Canada 53 238, ZfA 49 230—231 (K. H. Böhm).

1669. **T. Widorn,** Der Dopplereffekt in der Astronomie. Veröff. Urania-Sternw. Wien Nr. 2 S. 1—5.

1670. **H. Wilhelmsson,** A survey of radio-frequency and microwave resonance lines of interest to radio astronomy. Univ. Gothenburg Astr. Notes Nr. 2 S. 9—27. — Nach einer Darstellung der physikalischen Grundlagen von Spektrallinien im Mikrowellen- und Radiobereich wird über die Beobachtungen der 21 cm-Linie berichtet. Sodann wird eine Zusammenstellung weiterer möglicher Linien in diesem Bereich gegeben, und zwar Feinstruktur- und Hyperfeinstrukturübergänge von Atomen und Molekülen, sowie molekulare Rotationsübergänge. Voigt

1671. New Brookhaven accelerator. Sky Tel. 18 446—447.

1672. Velocity of light. Sky Tel. 19 19.

1673. British or metric? Southern Stars 18 53—54.

Plasma

1674. **G. Ecker, K. G. Müller,** The microfield on a neutral particle in the plasma. ApJ **129** 858—860.

1675. **Ø. Holter,** On the propagation of transverse electromagnetic waves in a plasma in a magnetic field. Inst. Theoret. Astrophys. Blindern-Oslo Rep. Nr. 7, 62 S.

1676. **A. Hruška,** On the collisional interaction in plasma. BAC **10** 174—176.

1677. **F. D. Kahn,** Long-range interactions in ionized gases in thermal equilibrium. ApJ **129** 205—216.

1678. **F. D. Kahn,** Velocity changes of charged particles in a plasma. ApJ **129** 468—474. — Vergleich der verschiedenen Möglichkeiten, nach denen ein Plasma die Geschwindigkeit schnellbewegter Protonen ändern kann. Die engen Bedingungen, unter denen ein Strahl seine kinetische Energie durch Anregung instabiler Plasmaschwingungen verlieren kann, dürften in astrophysikalischen Anwendungen kaum je erfüllt sein. Einzelne Protonen verlieren ihre Energie durch Wirbelbildung im Plasma. Bei genügend intensiven Plasmaschwingungen gewinnen Protonen und Elektronen Energie durch Beschleunigung in zufälligen elektrischen Feldern. Voigt

1679. **A. Kildal,** On oscillations in an electron plasma. Inst. Theoret. Astrophys. Blindern-Oslo Rep. Nr. 9, 29 S.

1680. **E. N. Parker,** Plasma dynamical determination of shock thickness in an ionized gas. ApJ **129** 217—223.

1681. **E. N. Parker,** Plasma dynamical determination of shock thickness in an ionized gas (a correction). ApJ **129** 860—861.

1682. **K. Vøyenli,** On plane stationary shock waves in a plasma. Inst. Theoret. Astrophys. Blindern-Oslo Rep. Nr. 8, 88 S.

§ 17

Astronautik

1701. **T. P. Anđelić,** On the trajectories of projectiles towards the moon. Vasiona **7** 5—7 (russ. mit engl. Ref.).

* * **R. André,** Les satellites artificiels et l'astronautique. Vgl. Ref. 1807.

* * **H. L. Armstrong,** Comment on relativity and space travel. Vgl. Ref. 4401.

1702. **R. M. L. Baker jr.,** Accuracy required for a return from interplanetary voyages. J. British Interplanetary Soc. **17** 93—98. — Verf. untersucht die Wirkung der Erdatmosphäre bei speziellen Landemanövern eines interplanetaren Flugkörpers und kommt zu Aussagen über die dazu notwendige navigatorische Genauigkeit. Böh.

1703. **E. T. Benedikt,** Collision trajectories in the three-body problem. J. Astronautical Sci. **6** 17—24. — Die Hauptergebnisse der Untersuchungen Levi-Civitàs zum restringierten Dreikörperproblem aus dem Jahr 1903 (Regularisierung und Stoßbahnen) werden neu abgeleitet und auf das System Erde — Mond — Flugkörper angewandt. Böh.

1704. **F. B. Berger,** Application of Doppler techniques to space navigation. Navigation Los Angeles **6** 460—464.

1705. **M. Bielicki,** Trasy lotów księżycowych. Urania Kraków **30** 1—17. — Verf. erläutert die allgemeinen Eigenschaften des antriebsfreien Flugs einer von der Erde entsandten Rakete. Dabei werden 7 Möglichkeiten der Raketenbewegung in der Nähe des Mondes diskutiert. E. R.

1706. **W. T. Blackband,** Radio communication with a space probe. J. British Interplanetary Soc. **17** 159—161.

1707. **R. L. F. Boyd,** Space research. Nature **183** 361—364.

1708. **R. W. Buchheim,** Space Handbook. Astronautics and its Applications. New York, Random House, 1959. 16 + 330 S. Preis $ 3.95. — Besprechung in Science **131** 1215 (J. A. O'Keefe).

* * **C. W. Carnahan,** Relativity and space travel. Vgl. Ref. **4405.**

1709. **D. J. Cashmore, C. N. Gordon,** Manned navigation and guidance in the solar system. J. British Interplanetary Soc. **17** 46—51. — Verf. behandelt die Probleme der interplanetarischen Navigation während der Perioden der beschleunigten und der nur der Gravitationseinwirkung unterworfenen Bewegung. Ein mitgeführter Rechenautomat soll fortlaufend aus den Daten, die durch die astronomischen Beobachtungen geliefert oder direkt von den Meßgeräten eingegeben werden, die augenblickliche Bahn ermitteln, mit der vorausberechneten vergleichen und notfalls die erforderlichen Korrekturmaßnahmen steuern. T. L.

1710. **D. J. Cashmore,** Minimum gravitational losses for rocket motion near a planetary surface. J. British Interplanetary Soc. **17** 52—57. — Der Gravitationsverlust ist speziell beim Abflug und bei der Landung auf einem Planeten bedeutungsvoll. Unter vereinfachenden Voraussetzungen wird die Bewegungsgleichung jeweils für den Fall konstanter scheinbarer Beschleunigung und konstanten Schubes integriert. T. L.

1711. **R. C. Christie,** Space law. Southern Stars **18** 77—81.

1712. **K. Cuypers,** Op reis naar de maan. Antwerpen, De Sikkel N. V., 1959. 143 S. Preis Bfr. 48. — Besprechung in Hemel en Dampkring **57** 301 (A. J. M. Wanders).

1713. **G. Depierre,** Wat de kunstmanen beloven. Interplanetaire reizen. 's-Gravenhage, J. Philip Kruseman, 1958. 56 S. Preis 2.70 fl.

* * **H. Dingle,** Relativity and space travel. Vgl. Ref. **4411.**

1714. **H. L. Dryden,** Global aspects of the exploration of space. Spaceflight **2** 104—108.

1715. **E. Franquinet,** De sprong in de derde dimensie, verleden, heden ent toekomst van de ruimtevaart. W. de Haan N. V. Zeist, 1959. 158 S. Preis f 2.95. — Besprechung in Hemel en Dampkring **58** 185 (C. W. Dornseiffen).

1716. **H. Friedman,** Rocket astronomy. Sci. American **200** Nr. 6 S. 52—59. — Ref. in Phys. Abstr. (A) **63** 1041.

1717. **F. Gabilondo Soler,** La Exploración del Espacio. El Universo **13** 59—61.

1718. **R. A. Gallant,** Man's Reach into Space. Garden City Books, 1959. 152 S. Preis $ 3.50. — Besprechung in Sky Tel. **19** 306.

1719. **M. Goodrich,** Gravity and Interplanetary Travel. New York, Vantage Press, 1958. 72 S. Preis $ 2.50. — Besprechung in J. Atmosph. Terr. Phys. **16** 397 (E. V. Appleton).

1720. **L. Gottlieb,** The fundamental theory and history of the space rocket. J. Astr. Soc. Victoria **12** 84—88.

* * **W. Gröbner, F. Cap,** The three-body problem earth — moon — spaceship. Vgl. Ref. 4110.

1721. **W. H. Haas,** Some suggested observations of moon rockets. Spaceflight **2** 12—13, 21.

1722. **W. B. Hendrickson jr.,** Handbook for Space Travellers. Indianapolis, Bobbs-Merrill Co., Inc., 1959. 256 S. Preis $ 3.95. — Besprechung in Sky Tel. **19** 372, **20** 42—43 (J. Sternig).

1723. **W. F. Hiltner, H. Oman,** Electric power for lunar stations. Publ ASP **71** 386. — Ref. ASP.

1724. **G. W. Hoover,** Logical approaches to problems of space flight. J. Astronautical Sci. **6** 31—32.

1725. **J. Hopmann,** Zum heutigen Stand der Raketentechnik. Sternenbote **2** 14—18.

1726. **H. K. Kaiser,** Zu fremden Gestirnen. Die Weltraumfahrt in Gegenwart und Zukunft, eine kurze Einführung in die Astronautik. Baden-Baden, Signal-Verlag, 1959. 148 S. Preis DM 8.50. — Besprechung in Weltraumfahrt **11** 28—29.

1727. **D. F. Lawden,** Manned navigation and guidance in the solar system. J. British Interplanetary Soc. **17** 143. — Die Kritik an der Arbeit von Cashmore und Gordon (vgl. Ref. 1709) weist vor allem darauf hin, daß die Genauigkeit der Vorausberechnung in einem vernünftigen Verhältnis zu der Präzision stehen muß, mit der die Bahnbewegung während des Fluges korrigiert werden kann. T. L.

1728. **O. Lepil,** Kosmische Geschwindigkeiten. Rozhledy **37** 22—24, 71—73 (tschech.).

1729. **B. Ljapunow,** Die Entdeckung der Welt. Moskau, «Junge Garde», 1959. 2. Auflage. 208 S. Preis 4 R. 80 Kop. (russ.).

1730. **R. S. Long,** Escape from a circular orbit with finite velocity at infinity. Astronaut. Acta **5** 159—162. — In der vorliegenden Arbeit wird das Problem der Programmierung der Schubrichtung einer Rakete mit dem Ziel des Entweichens aus einer Kreisbahn unter minimalem Treibstoffverbrauch betrachtet. Dabei wird angenommen, daß der Schub der Rakete je Masseneinheit groß und konstant ist und daß die in unendlicher Entfernung zu erreichende Geschwindigkeit eine bestimmte sein soll. Auch die Verwendung von quer gerichtetem und von tangentialem Schub wird erörtert. Es ergibt sich, daß tangentialer Schub zu einer engen Annäherung an das kompliziertere Optimalschubprogramm führt. Verf.

1731. **H. S. W. Massey,** Space research. Contemporary Phys. **1** Nr. 2 S. 81—95. — Ref. in Phys. Abstr. (A) **63** 348—349.

1732. **V. Matović,** Toward the moon — following stage. Vasiona **6** 74—78, 1958 (serb.-kroat.). — Über Perspektiven des Mondflugs.

1733. **D. H. Menzel,** Observatories in space. Harv Repr Nr. 516, 16 S. — In einem allgemeinverständlichen Vortrag beschreibt Verf. die Aspekte der zukünftigen Raumfahrt, insbesondere die Möglichkeiten zur Erweiterung unserer astronomischen Kenntnisse durch Verwendung großer Teleskope in Erdsatelliten und kosmischen Raumschiffen. Gü-Li

1734. **A. B. Mickelwait, E. H. Tompkins jr., R. A. Park,** Three-dimensional interplanetary trajectories. IRE Trans. Milit. Electronics **1049-3** Nr. 4 S. 149—159. — Ref. in Phys. Abstr. (A) **63** 1041.

1735. **P. Muller,** Evasions, planètes artificielles et tirs solaires. BSAF **73** 17—20.

1736. **H. E. Newell jr.,** Sounding Rockets. New York—Toronto—London, McGraw-Hill Book Company, Inc., 1959. 7 + 334 S. Preis $ 12.50. — Besprechung in Rev. Sci. Instruments **30** 1139—1140 (H. S. Bridges), Sky Tel. **18** 579.

1737. **J. H. Oort,** Ruimtevaart en haar betekenis voor de natuurwetenschap. Amsterdam, N. V. Noordhollandsche Uitgevers Maatschappij, 1959. 26 S. Preis f 2.50. — Besprechung in Hemel en Dampkring **57** 185 (J. J. Raimond jr.).

1738. **F. I. Ordway III,** Rocket propellants. The key to space travel. Sky Tel. **18** 190—194, 244—248.

1739. **E. Paloque,** A la conquête du ciel. Bull. mens. Soc. astr. popul. Toulouse **50** 63—73. — Ref. in RJ UdSSR 1959 Nr. 11 S. 7.

* * **J. R. Pierce,** Relativity and space travel. Vgl. Ref. **4439.**

1740. **B. W. Powell,** Solar sail: key to interplanetary voyaging? Spaceflight **2** 116—118.

1741. **T. W. Rackham,** Rocket on the moon. Spaceflight **2** 3—6.

1742. **J. A. Rjabow,** Gesetzmäßigkeiten der Bewegung künstlicher Himmelskörper. Priroda **48** Nr. 8 S. 11—18 (russ.).

* * **D. H. Robey,** Meteoritic dust and ground simulation of impact on space vehicles. Vgl. Ref. **9436.**

1743. **R. Rothmayer,** Rakete — Sputnik — Weltraumschiff. Vgl. AJB **58** Ref. **134309.** — Weitere Besprechung in Astronaut. Acta **5** 385 (F. Hecht).

1744. **R. Rothmayer,** La conquista dello spazio. Übersetzung des Buches «Rakete — Sputnik — Weltraumschiff» durch G. Bonfanti, mit einem Vorwort von A. Masani. Milano, Parenti, 1959. 20 + 349 S. Preis L. 1800. — Besprechung in Coelum **28** 56.

1745. **E. Sänger, A. Schack,** Ist eine Reise ins Weltall möglich? Phys. Blätter **15** 129—135.

1746. **K. Schütte,** La route du ciel est ouverte. Übersetzung von C. Mamontoff. Paris, Dunod, 1959. 224 S. Preis 960 F. — Besprechung in La Nature **87** 559—560.

1747. **K. Schütte,** Il futuro è nello spazio. Übersetzung des Buches «Die Weltraumfahrt hat begonnen» (vgl. AJB **58** Ref. **13478**). Milano, Mondadori, 1959. 217 S. Preis L. 350. — Besprechung in Coelum **27** 127.

1748. **G. C. Smith,** The calculation of minimal orbits. Astronaut. Acta **5** 253—265. — Lösungen (oder angenäherte Lösungen) lassen sich in einer Anzahl verschiedener Fälle für die Gleichungen finden, welche die Art des Überganges einer Rakete zwischen zwei Bahnen in derselben Ebene bestimmen, wobei ein Minimum an Brennstoff verbraucht wird. Es wird der Beweis dafür erbracht, daß eine kotangentiale Ellipse eine Annäherung ersten Grades an den Minimumweg des Überganges zwischen zwei Bahnen kleiner Exzentrizität darstellt. Verf.

1749. **R. S. Spencer,** Astronautička karta. Vasiona **6** 110—112, 1958. — Übersetzung aus dem Englischen.

1750. **A. Sternfeld,** Soviet Space Science. Übersetzung aus dem Russischen von der U. S. Air Force. Mit einem Vorwort von W. Ley. New York, Basic Books Inc., 1959. 361 S. Preis $ 6.00. — Besprechung in JBAA **70** 239—240 (P. Moore), Nature **187** 884, Sky Tel. **18** 462, 640 (W. C. Marion), Spaceflight **2** 156 (C. A. Cross).

1751. **A. M. Stojanović,** L'homme dans l'univers. Vasiona 7 72—76 (serb.-kroat.). — Beschreibung der verschiedenen Einflüsse des kosmischen Raums und der Effekte auf den menschlichen Körper. Eks.

1752. **J. Thor,** Niebezpieczeństwo meteorów dla pojazdów kosmicznych. Urania Kraków **30** 388—389. — Verf. legt eine Möglichkeit dar, Meteoriteneinschläge an Raumfahrzeugen zu vermeiden. E. R.

* * **B. Thüring,** Zwei spezielle Mondeinfang-Bahnen in der Raumfahrt um Erde und Mond. Vgl. Ref. **4146.**

1753. **C.-C. Troebst,** Der Griff nach dem Mond. Amerika und Rußland im Kampf um den Weltraum. Düsseldorf, Econ-Verlag, 1959. 251 S. Preis DM 12.80.

1754. **C.-C. Troebst,** Assalto alla Luna. Übersetzung aus dem Deutschen von M. Carlà. Firenze, Sansoni, 1959. 265 S. — Besprechung in Coelum **28** 86—87.

1755. **C.-C. Troebst,** De greep naar de maan. Übersetzung aus dem Deutschen. Baarn, In den Toren. 249 S. Preis f 8.90. — Besprechung in Hemel en Dampkring **58** 186 (M. Vertregt).

* * **M. Velasco de Pando,** Los satélites artificiales y los viajes interplanetarios. Vgl. Ref. **18126.**

1756. **M. Vertregt,** Grondbeginselen der ruimtevaart. Haarlem, E. F. Bohn, 1959. 16 + 208 S. Preis f 16. — Besprechung in Hemel en Dampkring **58** 130 (A. J. M. Wanders).

1757. **T. de Vries,** Het heelal, onderzoek naar het leven in de ruimte. Amsterdam—Brüssel, Elsevier, 1959. 152 S. Preis f 1.50. — Besprechung in Hemel en Dampkring **58** 185—186 (A. J. M. Wanders).

1758. **O. Weber,** Rejsen til månen — fra fantasi til virkelighed. Urania København **16** 65—74.

1759. **K. Zarankiewicz,** Astronautyka popularna. Warszawa, Państwowe Wydawnictwo Naukowe, 1959. 316 S. Preis 25 zł. — Populäres Buch über Astronautik. E. R.

* * **K. E. Ziolkowskij,** Träumereien über Erde und Himmel. Vgl. Ref. 1162.

1760. Vistas in Astronautics. Vol. 1. Herausgegeben von M. Alperin, M. Stern, H. Wooster. Vgl. AJB **58** Ref. **134100.** — Weitere Besprechung in Astronaut. Acta **5** 381 (F. Hecht).

1761. Vistas in Astronautics. Volume 2. Herausgegeben von M. Alperin und H. F. Gregory. London, Pergamon Press, 1959. 318 S. Preis 5 £. 5 sh. — Besprechung in Ciel et Terre **75** 268 (M. Nicolet), Nature **186** 59—60 (D. G. King-Hele), Sky Tel. **19** 434.

1762. Dictionary of Guided Missiles and Space Flight. Herausgegeben von G. Merrill. New York—London—Toronto, D. Van Nostrand Company, Inc., 1959. 6 + 668 S. Preis 31 s. 6 d. bzw. $ 2.50. — Besprechung in Spaceflight **2** 125 (M. D. Hull).

1763. Advances in Space Science. Vol. 1. Edited by F. I. Ordway III. New York, Academic Press, 1959. 412 S. Preis $ 12.00. — Besprechung in Science **131** 1880 (A. E. S. Green).

1764. Handbuch der Astronautik. Lfg. 1. Herausgegeben von K. Schütte und H. K. Kaiser. Vgl. AJB **58** Ref. **13499.** — Weitere Besprechung in VdS Nachr. **9** 84 (J. Herrmann), Weltraumfahrt **11** 29.

1765. Space Technology. Edited by H. S. Seifert. New York, John Wiley & Sons, Inc.; London, Chapman and Hall, 1959. 16 + 1231 S. Preis $ 22.50. — Besprechung in Nature **187** 884, Rev. Sci. Instruments **31** 355—356 (L. V. Berkner). Science **131** 1215 (J. A. O'Keefe), Sky Tel. **19** 48.

1766. Die Erforschung des Weltraums. Übersetzung aus dem Englischen. Moskau, Phys.-Math. Staatsverlag, 1959. 272 S. Preis 8 R. 30 Kop. (russ.) — Besprechung in Priroda **49** Nr. 2 S. 118.

1767. ZMP un starpplanētu lidojumi. Riga, ZA izdevniecība, 1959. — Besprechung in Zvaigžņotā Debess 1959. gada vasara S. 52—53 (A. Balklāvs).

1768. Space Handbook: Astronautics and Its Applications. Washington, U. S. Government Printing Office, 1959. 252 S. Preis 60 cents. — Besprechung in Sky Tel. **18** 259.

1769. Voyages interplanétaires. Ciel et Terre **75** 246—250.

1770. Die Erforschung des Weltraums. Endeavour **18** 115—116.

1771. Scientific objectives of the Able-3 program. IRE Trans. Milit. Electronics **1049**-3 Nr. 4 S. 129—143. — Ref. in Phys. Abstr. (A) **63** 1041.

1772. Space research in Britain. Nature **183** 1302—1303.

1773. Canadian Committee on space research. Nature **184** 24.

1774. British space research. Nature **184** 24.

1775. British contribution to high-altitude research. Nature **184** 1776.

1776. Britain launches space program. Science **129** 1534.

1777. Research in space. Scientific opportunities, instrumentation problems, and sources of support are reviewed by the Space Science Board of the National Academy of Sciences. Science **130** 195—202.

1778. Astronautical objectives. Spaceflight **2** 122—124.

1779. Znaczenie lotu na Księżyc z punktu widzenia biologii. Urania Kraków **30** 30—31.

1780. Perspektiva korišćenja kosmičke energije za interplanetarne letove. Vasiona **7** 40—42.

1781. American programme of investigation of interstellar space. Vesmír **38** 152—153 (tschech.).

§ 18

Künstliche Erdsatelliten und Planetoiden

1801. **F. Addey,** A note on Roche's limit. JBAA **69** 292—293. — Für einen Doppelsatelliten (zwei Kugeln in Berührung) wird die Roche-Grenze (Überwiegen der Beschleunigungsdifferenz gegen die Eigengravitation) berechnet; der Faktor in der Formel wird 2.88. hz

1802. **B. Aleksić,** Scientific results provided from the American rockets. Vasiona **6** 99—101, 1958 (serb.-kroat.).

1803. **S. G. Alexandrow, R. E. Fedorow,** Sowjetische Erdsatelliten und die kosmische Rakete. Moskau, Verlag Akad. Wiss. UdSSR, 1959. 232 S. Preis 3 R. 50 Kop. (russ.). — Besprechung in RH **40** 183.

1804. **L. H. Aller,** The utilization of artificial earth satellites for astronomical research. AJ **64** 45—48.

1805. **L. H. Aller,** Some aspects of ultraviolet satellite spectroscopy. Publ ASP **71** 324—329. — In Zusammenhang mit den Plänen zu astrophysikalischen Beobachtungen von künstlichen Erdsatelliten aus werden einige Aspekte zur Spektroskopie der Sterne früher Spektralklassen im ultravioletten Spektralbereich jenseits λ 2900 Å gegeben. Es werden die zu erwartenden Profile der Linien Lyman α und des Paares Mg II (λ 2796 Å und λ 2803 Å) unter verschiedenen physikalischen Voraussetzungen berechnet und graphisch dargestellt. Gü-Li

1806. **J. T. Anderson,** Determination of the orbit of an artificial satellite. Proc IRE **47** 1658—1659. — Grundsätzliche Bemerkungen zur Bahnbestimmung von Erdsatelliten aus Beobachtungen, die nach verschiedenen speziellen radartechnischen Verfahren gewonnen sind. Böh.

1807. **R. André,** Les satellites artificiels et l'astronautique. Paris, Dunod, 1959. 134 S. Preis 780 fr. — Besprechung in La Nature Nr. 3300, 3. Umschlagseite.

1808. **S. Archer,** Photoelectric observation of earth satellites. JBAA **69** 53.

1809. **H. Bachmann,** Die ersten Mondraketen und der erste künstliche Planetoid. Orion Schaffhausen **5** 553—560.

1810. **R. H. Bacon,** On the retardation of a satellite. American J. Phys. **27** 69—72. — Verf. bespricht an Hand der bekannten Bahngleichungen die Verkürzung der Periode eines Erdsatelliten beim Eintauchen in die Erdatmosphäre. Oster

1811. **R. S. Badessa, R. L. Kent, J. C. Nowell,** Short-time measurement of time dilation in an earth satellite. Phys. Rev. Letters **3** 79—80. — Ref. in Phys. Abstr. (A) **62** 1235—1236, Phys. Ber. **39** 417.

1812. **R. M. L. Baker jr.,** Application of astronomical perturbation techniques to the return of space vehicles. J. American Rocket Soc. **29** 207—211. — Ref. in Phys. Ber. **39** 209.

1813. **D. Balesdent,** L'astronome amateur face aux satellites artificiels. BSAF **73** 125—128.

1814. **R. Bellman, S. Dreyfus,** An application of dynamic programming to the determination of optimal satellite trajectories. J. British Interplanetary Soc. **17** 78—83. — Die Bestimmung optimaler Bahnen von künstlichen Erdsatelliten führt auf Variationsprobleme ungewöhnlicher und bisher nicht behandelter Art. Verf. zeigen an einem unter stark vereinfachenden Annahmen gegebenen Beispiel, wie eine solche Aufgabe auf einem speziellen Weg der Programmierungstechnik mit einer elektronischen Rechenmaschine gelöst werden kann und beweisen das Hauptergebnis mit analytischen Methoden. Böh.

1815. **J. N. Benezra,** A short form method for determining near-circular orbit quantities. J. American Rocket Soc. **29** 211—219. — Ref. in Phys. Ber. **39** 209.

1816. **L. Blitzer,** Lunar-solar perturbations of an earth satellite. American J. Phys. **27** 634—645. — Ref. in Phys. Abstr. (A) **63** 2—3, Phys. Ber. **39** 1236.

1817. **A. F. Bogorodskij,** Relativistic effects in the motion of an artificial earth satellite. AJ UdSSR **36** 883—889 (russ. mit engl. Ref.). — Die Bewegungsgleichungen wurden mit Hilfe der Einsteinschen Feldgleichungen und mit Rücksicht auf die Erdrotation abgeleitet. Bei der großen Achse, Exzentrizität und Bahnneigung kommen säkulare Störungen nicht vor. Sie zeigen sich dagegen in der Bewegung der Knoten- und Apsidenlinie und in der Zeit des Durchganges durch das Perigäum. Die Bewegung der Apsidenlinie kann bis zu 1000″ pro Jahrhundert erreichen, aber der Einfluß der Erdrotation macht sich in diesem Wert nur wenig bemerkbar. Diese Effekte sind viel stärker im Schwerefeld von Jupiter. Perek

1818. **G. Borocki,** Proučavanje promena jačine kosmičkog zračenja. Vasiona **7** 67.

1819. **J. M. Brito,** A correction necessary for the application of the Doppler effect to the measurements of distances to satellites. Proc IRE **47** 2023.

1820. **D. Brouwer,** Solution of the problem of artificial satellite theory without drag. Air Res. Development Command US Air Force, Project Space Track Oct. 1959, 46 S.

1821. **D. Brouwer,** Solution of the problem of artificial satellite theory without drag. AJ **64** 378—397. — Das Problem der Bewegung eines künstlichen Satelliten im Gravitationsfeld der abgeplatteten Erde wird einer erweiterten Lösung unterzogen (vgl. AJB **58** Ref. 1192, S. 433). In der Gleichung für das Gravitationspotential der Erde werden die Glieder bis zur fünften Harmonischen berücksichtigt. In der Nähe der kritischen Bahnneigung $i = 63^\circ\!.4$ sind die abgeleiteten Formeln nicht anwendbar, jedoch gelten sie für jede Exzentrizität <1 uneingeschränkt. Eine Formelzusammenstellung als Anleitung zur numerischen Rechnung ist beigefügt. Gü-Li

1822. **N. Carrara, P. F. Checcacci, L. Ronchi,** Determination of the orbit on an artificial satellite. Proc IRE **47** 75. — Es wird gezeigt, daß die Bahn eines Erdsatelliten ohne Voraussetzungen über ihre Form aus Messungen der ausgestrahlten Frequenz an 4 Stationen bestimmt werden kann. Böh.

1823. **Z. Ceplecha,** The computation of sputnik's orbit independent of time data. BAC **10** 41—42.

1824. **P. Darnell,** To års arbejde ved de Danske satellitstationer. NAT 1959 S. 133—139. — Die beiden Satellitenbeobachtungsstationen, über deren Arbeit hier berichtet wird, liegen in Gentofte und Islev, unweit von Kopenhagen. Nach einer Schilderung der durchzuführenden Aufgaben werden das Instrumentarium und die Beobachtungsmethoden beschrieben. Bisher wurden 130 Durchgänge beobachtet, außerdem 4000 photographische Einzelaufnahmen gemacht. C. L. J.

1825. **R. J. Davis, R. E. McCrosky, F. L. Whipple, C. A. Whitney,** A plan for operating an astronomical telescope in an earth satellite. AJ **64** 50. — Ref. AAS.

1826. **D. B. DeBra,** The effect of aerodynamic forces on satellite attitude. J. Astronaut. Sci. **6** 40—45.

* * **G. Dedebant, P. Schereschewsky,** Sur la possibilité d'observer la face cachée de la Lune. Vgl. Ref. **83**122.

1827. **A. J. Deutsch,** Orbits for planetary satellites from Doppler data alone. Publ ASP **71** 383—384. — Ref. ASP.

1828. **N. H. Dieter,** Photographic satellite position determination. Air Res. Development Command US Air Force, Project Space Track 1 Febr. 1959, 6 S.

1829. **G. N. Duboschin,** On the stability of regular motions of artificial celestial bodies. AJ UdSSR **36** 723—733 (russ. mit engl. Ref.). — Unter der Voraussetzung, daß die Erde eine homogene Kugel ist und unter Berücksichtigung der Anziehungskraft der Erde allein wird die Stabilität der Bewegung eines künstlichen, pfeilförmigen Satelliten untersucht. Partikuläre Lösungen entsprechen Kreisbahnen des Schwerpunktes des Satelliten. Ist der Pfeil in Richtung der Tangente oder senkrecht zur Bahnebene orientiert, sind die Bewegungen instabil. Die Bewegung kann nur stabil sein, wenn der Pfeil in Richtung des Radiusvektors gerichtet ist. Perek

1830. **A. Due Rojo,** Algunos problemas practicos en los satelites artificiales. Rev. geofis. **15** 449—457, 1956.

1831. **D. G. Ewart,** On the motion of a particle about an oblate spheroid. J. British Interplanetary Soc. **17** 162—168. — Es wird die Bewegung eines Teilchens um ein abgeplattetes Sphäroid im Vakuum unter dem Einfluß von Gravitationskräften allein betrachtet und zwei Lösungsmethoden vorgelegt. Die erste ergibt sich durch eine direkte Behandlung der Bewegungsgleichungen und ist mit den von King-Hele und Roberson (vgl. AJB **58** Ref. **134219, 57 134136**) gefundenen Lösungen verwandt. Die zweite ergibt sich durch Variation der Elemente und führt auf eine sehr einfache Weise zu Lösungen. Obgleich das Problem nur als Theorie erster Ordnung behandelt worden ist, könnte es auch, wenn notwendig, auf höhere Ordnungen der Konstanten des Erdpotentials ausgedehnt werden. Verf. (ü.)

1832. **M. Galli,** Cinture di radiazione ed accelerazione dei satelliti artificiali. Coelum **27** 67—75.

1833. **B. Garfinkel,** Formulae for predicting the position of an artificial satellite. AJ **64** 270—272. — Die für die numerische Rechnung geeigneten Formeln sind ohne Ableitung zusammengestellt. Sie gelten für die Bewegung ohne Reibungswiderstand. Die periodischen und säkularen Änderungen der Bahnelemente sind bis zur 1. und 2. Ordnung berücksichtigt. T. L.

1834. **B. Garfinkel,** The orbit of a satellite of an oblate planet. AJ **64** 353—367. — Es wird eine Lösung des Bewegungsproblems eines künstlichen Satelliten im Gravitationsfeld der abgeplatteten Erde gegeben. Das Erdsphäroid wird als axial- und äquatorsymmetrisch angenommen. Neben ausführlichen Formelableitungen wird eine Formelzusammenstellung gegeben, die sich zur numerischen Anwendung eignet. Gü-Li

* * **J. J. Gilvarry,** Verification of general relativity by means of artificial planets. Vgl. Ref. **4418.**

1835. **K. Gilzin,** Sputniks and After. Aus dem Russischen übersetzt von P. Rose. London, Macdonald and Co., Ltd., 1959. 285 S. Preis 21 s. — Besprechung in Nature **184** 836 (D. G. King-Hele), Spaceflight **2** 125—126 (D. D. Dempster).

1836. **E. A. Grebenikow,** Secular perturbations in the theory of motion of an artificial earth satellite. AJ UdSSR **36** 1111—1121 (russ. mit engl. Ref.). — Es wird eine genäherte Theorie der säkularen Störungen in der Bewegung künstlicher Erdsatelliten entwickelt, wobei die Erdabplattung und der Widerstand der Atmosphärengase berücksichtigt werden. Die Theorie wird am Erdsatelliten 1958 β_2 (Vanguard 1) überprüft. Gü-Li

1837. **U. Güntzel-Lingner,** Bericht über die Tätigkeit des Satelliten-Beobachtungsdienstes in der DDR. Mitt. Ergebnisse Satelliten-Beobachtungsdienst DDR Nr. 3 S. 18—21.

1838. **R. E. Gussejnow,** Die visuelle Beobachtung künstlicher Erdsatelliten an der Astronomischen Station der Aserbajdshanischen Staatsuniversität. Abh. Aserbajdshan. Univ. (Phys.-Math., Chem.) 1959 Nr. 3 S. 43—53 (aserbajdshan. mit russ. Ref.). — Ref. in RJ UdSSR 1960 Nr. 8 S. 105.

1839. **I. Harris, R. Jastrow, W. F. Cahill,** Determination of satellite orbits from radio tracking data. Proc IRE **47** 851—854.

1840. **A. R. Hibbs,** Space exploration by «Explorer» and «Pioneer» satellites. ASP Leaflet Nr. 357, 8 S. — Ins Dänische übersetzt in NAT 1959 S. 41—46.

1841. **W. P. Hirst,** Prediction of arrival data of artificial earth satellites from launching data. MN ASSA **18** 7—8.

1842. **F. Hřebík, E. Vokalová,** Radio signals from the artificial satellite. BAC **10** 43—45.

1843. **J. A. Hynek, K. G. Henize, F. L. Whipple,** Report on the precision optical tracking program for artificial earth-satellites. AJ **64** 52. — Ref. AAS.

1844. **L. G. Jacchia,** Corpuscular radiation and the secular acceleration of satellites. AJ **64** 335. — Ref. AAS.

1845. **L. Jacchia,** In orbita. Esperienze di un satellista. Coelum **27** 165—169.

1846. **L. G. Jacchia,** Two atmospheric effects in the orbital acceleration of artificial satellites. Nature **183** 526—527.

1847. **L. G. Jacchia,** Corpuscular radiation and the acceleration of artificial satellites. Nature **183** 1662—1663 = Harv Repr Nr. 519. — Es wird nachgewiesen, daß die säkularen Beschleunigungen künstlicher Satelliten eng mit der 10.7 cm-Strahlung der Sonne, also allgemein mit der Sonnenaktivität korreliert sind. Darüber hinaus läßt sich an zwei besonders hervorstehenden Fällen zeigen, daß diese Beschleunigungen nicht mit der optischen Strahlung der Sonne zusammenhängen, sondern mit der korpuskularen, durch die Dichteänderungen in hohen atmosphärischen Schichten bewirkt werden. H. M.

1848. **C. de Jager,** De kunstmanen. Hemel en Dampkring **57** 160—161.

1849. **G. Järnefelt,** On visual observations of artificial earth satellites in Finland. Sonderdruck Astr. Obs. Helsinki, 23 S.

1850. **M. S. Jarow-Jarowoj, E. A. Grebenikow,** On the computation of precise and approximate ephemerides of artificial earth satellites. AJ UdSSR **36** 524—534 (russ. mit engl. Ref.). — Eine Methode zur Bestimmung der Sichtbarkeit eines Sputniks am gegebenen Beobachtungsort wird dargelegt. Es werden die folgenden Probleme gelöst: Die Bestimmung des Breitenintervalls der möglichen optischen Beobachtungen, die Berechnung der genauen und genäherten Ephemeride und die Bestimmung der Helligkeit des Himmels und der Lage des Sputniks bezüglich des Erdschattens. Numerische Beispiele wurden beigefügt. Perek

1851. **O. Jefimenko,** Effect of the earth's magnetic field on the motion of an artificial satellite. American J. Phys. **27** 344—348. — Ref. in Phys. Abstr. (A) **62** 614.

1852. **D. G. King-Hele, D. M. C. Walker,** Methods for predicting the orbits of near earth-satellites. J. British Interplanetary Soc. **17** 2—14.

1853. **W. Kohutnicki,** Badania zwierząt w warunkach lotu kosmicznego. Urania Kraków **30** 227—228. — In Anlehnung an eine 1958 erschienene russische Publikation berichtet Verf. über die in der UdSSR durchgeführten Untersuchungen an 14 Hunden, die mittels Raketen in Höhen von 100—212 km getragen wurden. E. R.

1854. **D. E. Kölle,** Atlas-Trägerrakete für Raumprojekte. Der erste künstliche Planetoid Mechta. Erdsatellit Vanguard II mit Infrarot-Detektoren. Raumsonde Juno II. Raketentech. Raumfahrtforsch. **3** Nr. 2 S. 50—59. — Ref. in Phys. Ber. **39** 400.

1855. **Y. Kozai,** On the motion of a close earth satellite. AJ **64** 337. — Ref. AAS.

1856. **Y. Kozai,** The motion of a close earth satellite. AJ **64** 367—377. — Für die Störungen in den sechs Bahnelementen eines erdnahen künstlichen Satelliten im Gravitationsfeld der abgeplatteten Erde werden Funktionen entwickelt, die von den mittleren Bahnelementen und der Zeit abhängig sind. Der atmosphärische Widerstand ist nicht berücksichtigt. Die Dichteverteilung im Inneren der Erde wird als symmetrisch zur Rotationsachse angenommen. Für kleine Werte der Bahnneigung und der Exzentrizität werden die abgeleiteten Formeln etwas modifiziert. Gü-Li

1857. **Y. Kozai,** Note on the motion of a close earth satellite. Publ. Astr. Soc. Japan **11** 121 = Tokyo Astr. Obs. Repr. Nr. 169a.

1858. **G. Land,** Het fotograferen van kunstmanen. Hemel en Dampkring **57** 52—53.

1859. **G. A. Lejkin,** Visuelle Beobachtungen künstlicher Erdsatelliten. Bote Akad. Wiss. UdSSR **29** Nr. 7 S. 106—107 (russ.). — Ref. in RJ UdSSR 1960 Nr. 6 S. 78.

1860. **G. A. Lejkin,** Über die Verwendung von Lichtblitzen zur Ortsbestimmung künstlicher Erdsatelliten. Nachr. Akad. Wiss. UdSSR (Geophys.) 1958 Nr. 12 S. 1520—1521 (russ.). — Ref. in RJ UdSSR 1960 Nr. 8 S. 105.

1861. **J. Levy,** Sur les trajectoires des satellites proches. Bull. géod. (NS) Nr. 53 S. 7—20. — Die geodätische Verbindung terrestrischer Stationen durch nicht gleichzeitige Beobachtung von künstlichen Satelliten setzt die genaue Kenntnis der geometrischen Trajektorien dieser Satelliten voraus. Der Autor behandelt die Störeinflüsse auf Keplersche Bahnen speziell für nahe Satelliten und gibt formelmäßig die Zusammenhänge an. Schr.

1862. **W. I. Lewantowskij, W. A. Leschkowzew, I. E. Rachlin,** Die sowjetische Rakete erforscht den Kosmos. Moskau, Phys.-Math. Staatsverlag, 1959. 128 S. Preis 2 R. 10 Kop. (russ.).

1863. **W. I. Lewantowskij,** Dagli sputnik al pianeta artificiale. Ed. Riuniti, 1959. 204 S. Preis L. 1700.

1864. **L. Liszka,** Obserwacje radiowe sztucznych satelitów ziemi. Postępy Astr. **7** 181—183. — Verf. beschreibt die von ihm angewandte Methode zur Radiobeobachtung künstlicher Satelliten, die die Messungen des Doppler-Effekts und der Amplituden von Signalen umfaßt. Ein Blockschema der Apparatur wird gegeben. E. R.

1865. **R. A. Ljach,** On the influence of atmospheric resistance upon the motion of the artificial satellite. BIA **7** 321—326 (russ. mit engl. Ref.). — Die durch den atmosphärischen Widerstand verursachten säkularen und periodischen Störungen eines künstlichen Satelliten in a und e wurden bis zu Gliedern dritter Ordnung in e abgeleitet. Perek

1866. **A. C. B. Lovell,** Radio astronomical measurements from earth satellites. Proc. Roy. Soc. (A) **253** 494—500 = Astr. Contr. Univ. Manchester (2) Jodrell Bank Repr. Nr. 180.

1867. **E. Mädlow,** Satelliten-Tabelle (Fortsetzung). VdS Nachr. 8 9.

1868. **E. Mädlow, J. Herrmann,** Zur Chronik der künstlichen Erdsatelliten. VdS Nachr. 8 44—46.

1869. **L. Mallan,** Space satellites. London, Muller, 1958. 144 S. Preis 5 sh.

1870. **C.-N. Martin,** Les satellites artificiels. Paris, Presses Universitaires de France, 1958. — Besprechung in Ann d'Astrophys **22** 932—933 (P. Muller).

1871. **D. Martynow,** Sovjets kunstige Jorddrabanter og Erobringen af Verdensrummet. Urania København **16** 33—38, 41—47.

1872. **A. G. Massewitsch,** Astronomische Beobachtungen künstlicher Erdsatelliten. Bote Akad. Wiss. UdSSR 1959 Nr. 5 S. 85—94 (russ.). — Ref. in RJ UdSSR 1960 Nr. 4 S. 69.

1873. **V. Matović,** Quels résultats et devoirs sont devant les premières sondes lunaires. Vasiona **7** 17—18 (serb.-kroat.). — Dies ist eine Zusammenfassung, in der Verf. einige Untersuchungsergebnisse dargestellt hat, die sich mit Hilfe von Sputniks ergeben haben. Eks.

1874. **A. B. Meinel,** Astronomical observations from space vehicles. Publ ASP **71** 369—380 = Contr. Kitt Peak National Obs. Nr. 1. — In einer gedrängten, aber vollständigen Darstellung werden die Möglichkeiten zur Erweiterung der astronomischen Erkenntnisse mit Hilfe eines extraterrestrischen Teleskopes, das in einem künstlichen Erdsatelliten auf einer Kreisbahn in 6.6 Erdradien geozentrischer Distanz in 24 Stunden in Richtung der Erdrotation umläuft, beschrieben. Vervollständigung der stellaren Durchmusterungen in den bisher unzugänglichen Wellenlängengebieten und Extensivierung der Forschungsmethoden auf den Gebieten der Stern- und Sonnenphysik, der interstellaren Materie, der extragalaktischen Objekte und der Astrometrie sind die bemerkenswerten Aussichten einer extraterrestrischen astronomischen Forschung. Wie weit wir noch von der Verwirklichung dieser Pläne entfernt sind, zeigen die anschließend aufgezählten technischen Bedingungen, die an einen teleskoptragenden Erdsatelliten zu stellen sind. Gü-Li

1875. **M. Melin,** Observing the satellites. Sky Tel. **18** 145—146, 196—197, 260—261, 319—321, 378—379, 444—445, 504—506, 560—561, 615—616, 673—675, **19** 11—13, 90—91.

1876. **R. H. Merson, D. G. King-Hele, R. N. A. Plimmer,** Changes in the inclination of satellite orbits to the equator. Nature **183** 239—240. — Die Vermutung, Änderungen in der Bahnneigung des Erdsatelliten 1957 β würden durch Rotation der Atmosphäre hervorgerufen, wird durch eine genaue analytische Behandlung der Beobachtungsdaten bestätigt. Loh.

1877. **R. Y. Miner,** Observation of space vehicles. Navigation Los Angeles **6** 252—263. — Neben Vorschlägen zur Beobachtung künstlicher Satelliten mit einfachen Hilfsmitteln werden Vorausberechnungen der Sichtbarkeit und der ungefähren Bahn am Sternenhimmel dargelegt. Frlb.

1878. **D. R. Moorcroft,** Radio tracking of earth satellites. American J. Phys. **27** 73—86. — Übersicht über Beobachtungstechnik und Meßverfahren zur Bestimmung der Bahn eines Erdsatelliten, der Radiosignale aussendet. In einem Anhang ist eine kurze Bibliographie der bis Anfang 1958 erschienenen Arbeiten über Radiobeobachtungen von Erdsatelliten, sowie eine ausführliche Begründung der benutzten theoretischen Beziehungen gegeben. Oster

1879. **P. Muller,** Observations des satellites artificiels à Meudon. BA **22** 155—170. — Beschreibung des Apparates und der Technik zur Beobachtung künstlicher Erdsatelliten in Meudon. Beispiel der anläßlich eines Durchgangs gewonnenen Messungen; Reduktion und Ergebnisse. Umlaufzeiten von 1958 δ_1 nach Beobachtungen in Meudon. Verf.

1880. **P. Musen,** Application of Hansen's theory to the motion of an artificial satellite in the gravitational field of the earth. J. Geophys. Res. **64** 2271—2279. — Der Berechnung der Bewegung eines künstlichen Erdsatelliten mittels schneller Rechenmaschinen wurde die Hansensche Theorie zu Grunde gelegt, weil diese für numerische Rechnung entwickelt worden ist und sich daher für schnelle Rechenmaschinen eignet. Die Form der Störungsfunktion legt einen Iterationsprozeß nahe. Die Ergebnisse erlauben Rückschlüsse auf geophysikalische und geodätische Parameter. Loh.

1881. **R. R. Newton,** Motion of a satellite around an unsymmetrical central body. J. appl. Phys. **30** 115—117. — Ref. in Phys. Abstr. (A) **62** 614.

1882. **T. Nonweiler,** The motion of an earth satellite on re-entry to the atmosphere. Astronaut. Acta **5** 40—62. — Es wurden die Bewegungsgleichungen eines Satelliten mit Hilfe einer Näherungsmethode gelöst, die sich auf jenen Teil seines Wiedereintrittes in die Atmosphäre bezieht, wo aerodynamische Kräfte vorherrschen. Es ergibt sich, daß die Bewegung verhältnismäßig unempfindlich gegen die Form der Bahn ist, die der Satellit vorher beschrieben hat, vorausgesetzt allerdings, daß er eine ausreichend große Zahl von Umkreisungen ausgeführt hat. In gleicher Weise stellt sich heraus, daß die erlittene Verzögerung praktisch unabhängig von der Größe der Gestalt und dem Gewicht des Satelliten ist, welche Faktoren bloß bestimmen, in welcher Höhe die Verzögerung eintritt. Einige Schlußfolgerungen werden hinsichtlich der Intensität der Reibungswärme beim Abstieg gezogen. Genaue Einzelheiten der Charakteristika der Bewegung sind in Tabellen enthalten. Verf.

1883. **T. R. F. Nonweiler,** Perturbation of elliptic orbits by atmospheric contact. II. Some deductions from observations of the orbits of the first Russian satellites. J. British Interplanetary Soc. **17** 14—20.

1884. **P. Notni, H. Oleak,** Die Bewegung eines rotierenden zylinderförmigen Satelliten in der Atmosphäre. Berlin, Akademie-Verlag, 1959. 30 S. Preis DM 3.80 = Veröff. Sternw. Babelsberg **13** Heft 3. — Unter gewissen vereinfachenden Voraussetzungen wird untersucht, welchen Einfluß die Luftreibung auf die Körperrotation eines zylinderförmigen Erdsatelliten (Trägerrakete) hat. Die Theorie liefert eine langsame Abnahme der Rotationsgeschwindigkeit und eine Präzession der Rotationsachse. Eine Bestätigung der Theorie durch die Beobachtungen wird von den gleichen Verfassern gegeben (vgl. Ref. 18162). Gü-Li

1885. **D. J. K. O'Connell,** Artificial satellites and the exploration of space. Specola Vaticana Comun. Nr. 23, 8 S.

* * **G. K. Oertel, S. F. Singer,** Some aspects of a three-body problem. Vgl. Ref. **4132**.

1886. **G. Ozolinš,** Par Zemes mākslīgajiem pavadoņiem un Mēness raķetēm. Zvaigžņotā Debess 1959. gada vasara S. 19—26. — Bericht über gestartete Erdsatelliten und Mondraketen.

1887. **H. K. Paetzold,** The fluctuations of the acceleration of satellites. J. Atmosph. Terr. Phys. **16** 259—262.

1888. **H.-K. Paetzold,** Künstliche Erdsatelliten und Planetoiden. Phys. Blätter **15** 306—313, 350—357. — Inhalt: 1. Überblick, 2. Änderungen der Satellitenbahnen, 3. Der Zustand der höchsten Erdatmosphäre, 4. Der van Allen-Gürtel, 5. Weitere Satellitenprobleme.

1889. **N. V. Petersen, L. Pode, L. R. Hoover,** Satellite rendezvous navigational requirements. Navigation Los Angeles **6** 445—459.

1890. **W. Petri,** Satelliten überraschen die Wissenschaft. Naturwiss. Rundschau **12** 175—179.

1891. **F. B. Pollard,** Space and the universe. The beginnings. Spaceflight **2** 45—47.

* * **W. Priester,** Sonnenaktivität und Abbremsung der Erdsatelliten. Vgl. Ref. **6542**.

1892. **K. Raušal, K. Hladil,** About the photographic observations of the artificial satellites. RH **40** 52—56 (tschech.).

1893. **L. Reiziņš,** Kādēl ne vienmēr var redzēt ZMP. Zvaigžņotā Debess 1959. gada rudens S. 32—35. — Über die Sichtbarkeit künstlicher Erdsatelliten.

1894. **O. Riedel,** Zeitdilatation und Dopplereffekt bei Erdsatelliten. Weltraumfahrt **10** 123—126. — Ref. in Phys. Ber. **39** 1029.

1895. **H. Robe,** Étude de l'orbite équatoriale d'un satellite artificiel dans l'hypothèse d'un ellipsoide terrestre à 3 axes inégaux. Bull. Soc. Roy. Sci. Liège **28** 207—221 = Inst. d'Astrophys. Univ. Liège Coll. 8° Nr. 405. — Es werden die Störungen erster Ordnung ermittelt und diskutiert, die ein künstlicher Satellit auf einer Äquatorbahn infolge einer geringen Achsenungleichheit der Äquatorfigur erfährt. Zwei Modellbahnen mit stark verschiedenen Parametern werden numerisch behandelt und gestatten Einblick in die Störungsbeträge der Bahnelemente a und ω. Gü-Li

1896. **R. E. Roberson,** A unified analytical description of satellite attitude motions. Astronaut. Acta **5** 347—355. — Frühere Formulierungen der Lagenbewegungsgleichungen von Satelliten und ihrer Störmomente werden vereinheitlicht und verallgemeinert. Bewegungsgleichungen werden abgeleitet als Funktionen von beliebig großen Lageänderungswinkeln gegen ein beliebiges Lagenbezugssystem. Es werden explizite Ausdrücke für auftretende äußere und innere Störmomente erhalten, welche von beweglichen Teilen an Bord, von Rückstoßsteuervorrichtungen und von der Bewegung des Bezugssystems herrühren. Das Drehmoment infolge des Schwerefeldes wird angegeben im Sinne einer bestimmten Folge von Handlungen, obzwar sich das Endresultat nicht in geschlossener Form darstellen ließ. Die Bewegungsgleichungen werden linearisiert; ein Ausdruck für das Störmoment wird abgeleitet, welches von den Gliedern zweiter Ordnung herrührt, die gewöhnlich vernachlässigt werden. Verf.

1897. **R. E. Roberson,** A review of the current status of satellite attitude control. J. Astronaut. Sci. **6** 25—30.

1898. **G. H. Rosenfield,** A general least squares adjustment for computing ballistic missile attitude. Missile Test Project. RCA Data Processing Techn. Rep. Nr. 53, 91 S.

1899. **D. A. Roshkowskij,** Auf der Station für photographische Beobachtungen. Bote Akad. Wiss. UdSSR 1959 Nr. 5 S. 95—98 (russ.). — Ref. in RJ UdSSR 1960 Nr. 2 S. 78.

18100. **D. H. Sadler, G. A. Wilkins,** Artificial satellites. I. The motions of artificial satellites. MN **119** 424—432. — Fortschrittsbericht.

18101. **I. S. Schklowskij, W. F. Jessipow, W. G. Kurt, W. I. Moros, P. W. Schtscheglow,** An artificial comet. AJ UdSSR **36** 1073—1077 (russ. mit engl. Ref.). — Die Apparatur zur Erzeugung einer Lichterscheinung während des Aufstieges von kosmischen Raketen mittels Ausstoßung einer Natriumdampfwolke wird beschrieben. Beobachtungsergebnisse der Natriumwolke der Mondrakete Lunik 2 vom 12. September 1959 werden mitgeteilt. Gü-Li

18102. **I. S. Schklowskij, P. W. Schtscheglow,** Optische Beobachtungen der künstlichen Erdsatelliten. Pokroky **4** 90—96 (tschech.).

18103. **S. F. Singer,** Scientific problems in cislunar space and their exploration with rocket vehicles. Astronaut. Acta **5** 116—125. — Die vorliegende Arbeit erörtert wissenschaftliche Messungen, die in der «cislunaren» Region zwischen Erde und Mond ausgeführt werden können. Das Hauptgewicht wird auf solche Probleme wie räumliche Verteilung und Intensität der kosmischen Strahlung, der die Aurora-Erscheinungen verursachenden Teilchen und anderer korpuskularer Strahlungen gelegt, von denen gewisse für den Ringstrom verantwortlich sein können, der die magnetischen Stürme hervorruft. Das magnetische Feld des Mondes wird erörtert, desgleichen Messungen der Mondatmosphäre und des Gezeitenwulstes des Mondes. Verf.

18104. **F. A. Smith,** The Venus probe. J. British Interplanetary Soc. **17** 42—45.

18105. **F. A. Smith,** The satellite telescope. J. British Interplanetary Soc. **17** 173.

18106. **F. G. Smith,** Artificial satellites. II. Radio studies of artificial satellites. MN **119** 433—434. — Fortschrittsbericht.

18107. **J. Spincourt,** Du Pionnier et de l'Atlas au Lunik. La Nature 87 79—80.

18108. **L. Spitzer jr., F. R. Zabriskie,** Interstellar research with a spectroscopic satellite. Publ ASP **71** 412—420. — Es werden die Aussichten diskutiert, die sich durch Anwendung eines mit Teleskop und Spektrograph ausgerüsteten künstlichen Erdsatelliten bei der Erforschung des interstellaren Gases erwarten lassen. Die Untersuchung bezieht sich auf den ultravioletten Spektralbereich bis zur kurzwelligen Grenze von 912 Å. Eine Tabelle der repräsentativen Linien der Atome des interstellaren Gases vervollständigt den Beitrag. Gü-Li

18109. **K. Sprenger,** Rechenscheibe zur Bestimmung von Azimut, Entfernung und Uhrzeit von Satellitendurchgängen. Sterne **35** 73—78.

18110. **T. E. Sterne,** The effect of the rotation of a planetary atmosphere upon the orbit of a close satellite. AJ **64** 54. — Ref. AAS.

18111. **T. E. Sterne,** Effect of the rotation of a planetary atmosphere upon the orbit of a close satellite. J. American Rocket Soc. 1959 S. 777—782 = Harv Repr (2) Nr. 155. — Es wird untersucht, in welcher Weise die Mitrotation der Erdatmosphäre auf die zeitliche Änderung der Bahnelemente eines erdnahen Satelliten einwirkt, der sich in Richtung der Erdrotation bewegt. Ein Vergleich zwischen der beobachteten und der theoretischen, als abnehmend geforderten Bahnneigung des Satelliten Vanguard 1 (1958 β_2) zeigt gute Übereinstimmung, während derselbe Vergleich für Sputnik 2 (1957 β) keine Übereinstimmung ergibt. Gü-Li

18112. **T. E. Sterne,** Note on R. R. Newton's paper, «Motion of a satellite around an unsymmetrical central body». J. appl. Phys. **30** 270 = Harv Repr (2) Nr. **144**. — Verf. gibt kritische Bemerkungen und Ergänzungen zu einer von R. R. Newton entwickelten Theorie über die Bewegung eines Partikels (Erdsatelliten) im Schwerefeld zweier Körper (Erde—Mond). Gü-Li

18113. **A. Sternfeld,** Künstliche Satelliten. Übersetzung aus dem Russischen von F. Bartels und R. Ziegenbein. Leipzig, B. G. Teubner Verlagsgesellschaft, 1959. 268 S. Preis DM 12.90. — Besprechung in Glasnik Mat.-Fiz. Astr. (2) **14** 307 (A. Vučetić), Sterne **36** 48 (C. Hoffmeister), VdS Nachr. **9** 41—42 (J. Herrmann).

18114. **A. Stoenescu,** Racheta și satelitul artificial. Elemente teoretice. București, Ed. tehn., 1958. 56 S. Preis 2 Lei.

18115. **P. Swerling,** First order error propagation in a stagewise smoothing procedure for satellite observations. J. Astronaut. Sci. **6** 46—52.

18116. **J. L. Synge,** On the behaviour, according to Newtonian theory, of a plumb line or pendulum attached to an artificial satellite. Proc. Roy. Irish Acad. (A) **60** 1—6. — Ref. in Phys. Abstr. (A) **62** 500.

18117. **T. Takenouchi,** Some results from the observations of artificial satellites of U.S.A. Astr. Herald **52** 7 (japan.).

18118. **H. D. Tanzman, G. A. McLeod, W. T. Scott,** Doppler satellite measurements. Proc IRE **47** 75—76.

18119. **G. E. Taylor,** Artificial satellite predictions. JBAA **69** 121—127. — Es werden einfache Formeln angegeben, mit denen man aus einigen Beobachtungen eines Satelliten die weiteren Erscheinungen vorhersagen kann. FS

18120. **G. E. Taylor,** Satellite altitude, ground distance, and height graphs. JBAA **69** 217—218. — Die Diagramme geben die Beziehung zwischen den folgenden vier Größen wieder: Scheinbare Höhe, Abstand des Fußpunktes, Höhe über dem Erdboden, Entfernung des Satelliten vom Beobachter. T. L.

18121. **G. E. Taylor,** Artificial satellites. JBAA **69** 305—307.

18122. **W. T. Thomson,** Orbits of artificial satellites. J. British Interplanetary Soc. **17** 83—87. — Verf. zeigt, daß bei Vernachlässigung des Einflusses der Atmosphäre die Bahnen künstlicher Satelliten durch die Werte von 3 dimensionslosen Parametern zur Zeit des Brennschlusses charakterisiert werden können, untersucht die Bedingungen für die Bewegung in den 4 Sorten von Kegelschnitten und bestimmt die Perioden der geschlossenen Bahnen als Funktion dieser Parameter. Böh.

18123. **M. Torao,** The present situation of observation of artificial satellites. Astr. Herald **52** 154 (japan.).

18124. **J. P. I. Tyas, C. A. Franklin, A. R. Molozzi,** Measurement of cosmic noise at low frequencies above the ionosphere. Nature **184** 785—786. — Vorläufige Mitteilung über die Planung einer 2—15 MHz-Sonde vom Canadian Defence Research Board in Zusammenarbeit mit der National Aeronautics and Space Administration, die in einem US-Erdsatelliten in Höhen zwischen 500 und 2000 km arbeiten soll. Loh.

18125. **E. Upton, A. Bailie, P. Musen,** Lunar and solar perturbations on satellite orbits. Science **130** 1710—1711.

18126. **M. Velasco de Pando,** Los satélites artificiales y los viajes interplanetarios. Rev. Acad. Ci. Madrid **52** 141—146, 1958. — Ref. in ZfMG **84** 210.

18127. **N. Vichney,** Les récents engins spatiaux américains: Vanguard II, Discoverer I, Pionnier IV. La Nature **87** 179—180.

18128. **J. P. Vinti,** Theory of the effect of drag on the orbital inclination of an earth satellite. J. Res. National Bureau Standards **62** Nr. 2 S. 79—88. — Ref. in Phys. Abstr. (A) **62** 500, Phys. Ber. **39** 209.

18129. **J. P. Vinti,** New method of solution for unretarded satellite orbits. J. Res. National Bureau Standards **63 B** 105—116. — Ref. in Phys. Abstr. (A) **63** 348.

18130. **J. P. Vinti,** New approach in the theory of satellite orbits. Phys. Rev. Letters **3** 8. — Ref. in Phys. Abstr. (A) **62** 1235.

18131. **H. B. Wackernagel,** Empirical parameters determining the lifetime of artificial earth satellites. Air Res. Development Command US Air Force, Project Space Track May 1959, 8 S. — Verf. gibt eine empirische Formel für die Lebensdauer eines Erdsatelliten, gemessen in Anzahlen von Umläufen, und prüft an mehreren Objekten ihre Brauchbarkeit; die eingehenden

Parameter hängen von dem Verhältnis Masse/Wirkungsquerschnitt und von der Höhe des Perigäums ab. Böh.

18132. **R. E. Wallace,** Graphic solution of some earth satellite problems by use of the stereographic net. J. British Interplanetary Soc. **17** 120—123. — Ein stereographisches Liniennetz ist ein gutes Hilfsmittel, um bei bekannter Bahn des Satelliten seine Bewegung relativ zum Beobachtungsort und die Sichtbarkeitsbedingungen näherungsweise graphisch zu bestimmen. T. L.

18133. **A. D. Wasel,** Orbital elements, trajectory simulation, and prediction for earth satellites. J. British Interplanetary Soc. **17** 130—133. — Das Prinzip der differentiellen Verbesserung vorausberechneter Satellitenbahnen wird erläutert. T. L.

18134. **A. Wróblewski,** 7300 obserwacji sztucznych satelitów. Urania Kraków **30** 260—261. — Am Astrophysikalischen Observatorium der Smithsonian Institution wurden vom 4. 10. 1957 bis 1. 10. 1958 7393 Beobachtungen künstlicher Satelliten gesammelt. E. R.

18135. **F. Zagar,** Über die astronomische Bedeutung der künstlichen Satelliten. Orion Schaffhausen **5** 710—712. — Zusammenfassung eines Vortrages vor der Generalversammlung der SAG in Locarno, am 24. Mai 1959.

18136. **J. Zeeman,** Het grafisch voorspellen op lange termijn van de perioden van zichtbaarheid in Midden-Nederland van door de zon verlichte (niet meer door mensen bestuurde) kunstmanen, die op geringe afstand om de aarde cirkelen. Meteoor **15** 19—26.

18137. Künstliche Erdsatelliten. Übersetzung aus dem Russischen. Deutsche Redaktion durch H. Reichardt und E. A. Niekisch unter Mitwirkung von J. Auth, L. Jantscher, H. Meyer, E. Schmutzer, G. Schwartze, O. Singer, H. Stiller, R. Sulanke. Berlin, Akademie-Verlag, 1959 = 2. Sonderband der Fortschritte der Physik. 8 + 357 S. Preis DM 38.00. — Besprechung in Gerlands Beiträge Geophys. **69** 124—125 (U. Güntzel-Lingner), Mitt. Planetenbeobachter **12** 44—46 (G. D. Roth), VdS Nachr. **9** 17—18 (J. Herrmann), Weltraumfahrt **11** 28, Z. Geophys. **25** 159 (H. Dolezalek).

18138. Sovjet Writings on Earth Satellites and Space Travel. London, 1959. Preis 18 sh. — Besprechung in Urania København **16** 52.

18139. Wissenschaftliche Probleme künstlicher Erdsatelliten. Moskau, Verlag für ausländische Literatur, 1959. 527 S. Preis 20 R. 55 Kop. (russ.). — Sammlung von Aufsätzen. — Besprechung in Priroda **49** Nr. 1 S. 123.

18140. High Altitude and Satellite Rockets. New York, Philosophical Library, 1959. 136 S. Preis $ 15.00. — Besprechung in Sky Tel. 18 522.

18141. O první kosmické raketě. (Sborník). Praha, SNTL, 1959. 64 S. Preis 2,50 Kčs.

18142. Problems on artificial satellites of the earth. Übersetzt aus dem Russischen von H. Kruglak. American J. Phys. **27** 90—94. — Ref. in Phys. Abstr. (A) **62** 283.

18143. Rockets and satellites. I.—V. Ann. I. G. Y. **6** 1—508, 1958.

18144. Satellites et planètes artificiels. BSAF **73** 120.

18145. Note de Mr R. Pataud. DO-CIA Nr. 62. — Bemerkung zur Frage der Periodenschwankungen künstlicher Satelliten.

18146. De kunstige drabanter. NAT 1959 S. 32.

18147. Table of artificial earth satellites. Nature **183** 1566.

18148. Künstliche Erdsatelliten. NAZvM Nr. 426. — Mitteilung über ein Rundschreiben des IGY World Data Center A.

18149. International rocket weeks. NAZvM Nr. 436.

18150. Artificial satellite observations. Publ ASP **71** 358.

18151. National Aeronautics and Space Administration has outline for manned satellite program. Science **129** 256—258.

18152. Satellite systems proposed to detect atom blasts in space. Science **130** 208—209.

18153. Fluctuations in periods of artificial satellites. Sky Tel. **18** 249. — Ref. in Urania Kraków **30** 226—227.

18154. Astronomical uses for artificial satellites. Sky Tel. **18** 252—254. — Ref. AAS.

18155. Approximate positions of artificial satellites obtained with the Baker-Nunn Schmidt camera (1). TAB (2) Nr. 118 S. 1367—1380. — Betrifft 1958 α, 1958 δ_1, 1958 δ_2, 1958 δ_3, 1958 ε.

18156. Planirani astronautički poduhvati u sad za 1959 godinu. Vasiona **7** 48—51.

Einzelne künstliche Erdsatelliten und Planetoiden

18157. **1957 α (Sputnik 1)**

Coelum **27** 33—40. Il primo satellite artificiale della Terra. E. L. Martin.

J. Geophys. Res. **64** 2281—2286. The scintillation of radio signals from satellites. K. C. Yeh, G. W. Swenson jr.

JO **41** 129—132 = Contr. Inst. d'Astrophys. Paris (A) Nr. 176. Observations photographiques de positions des satellites artificiels. R. Rigollet. — Vgl. AJB **58** Ref. **134432**.

Planet. Space Sci. **1** 37—39. Re-entry of the Sputnik I rocket. I. Harris, R. Jastrow.

Planet. Space Sci. **1** 43—49. Decay of spin in Sputnik I. J. W. Warwick.

Vistas in Astronomy **3** 126—127 = Cambridge Obs. Repr. Nr. 32. Note on optical observations of the Russian satellites. D. W. Beggs.

Zvaigžņotā Debess 1959. gada rudens S. 31. Pirmā padomju ZMP bojā eja. G. Ozoliņš. — Das Ende des ersten sowjetischen künstlichen Erdsatelliten.

18158. **1957 β (Sputnik 2)**

AA 8 105—111 = Mt. Stromlo Obs. Repr. Nr. 26. Note on the orbital acceleration of satellite 1957 β. A. Przybylski. — Vgl. AJB **58** Ref. **134297**.

JO **41** 129—132 = Contr. Inst. d'Astrophys. Paris (A) Nr. 176. Vgl. 1957 α.

Mem. College Sci. Univ. Kyoto (A) **29** 107—139 = Contr. Inst. Astrophys. Kwasan Obs. Univ. Kyoto Nr. 81. Optical observations of the second Russian earth satellite. A. Hattori, B. Yada.

Proc. Roy. Soc. (A) **250** 367—376 = Astr. Contr. Univ. Manchester (2) Jodrell Bank Repr. Nr. 178. Radar observations of the second Russian earth satellite (Sputnik II 1957 β). J. G. Davies, J. V. Evans, S. Evans, J. S. Greenhow, J. E. Hall, E. L. Neufeld, J. H. Thomson.

Publ ASP **71** 163—165. Photometric observations of the second Soviet satellite (1957 β1). J. G. Moore. — Aus acht photoelektrischen Messungen der scheinbaren Helligkeit des Erdsatelliten 1957 β (Sputnik 2) an einem Askania-Phototheodoliten mit einem Photomultiplier E. M. I. 9502B werden die Periode des «Tumbling-Effektes» und die Helligkeit im Maximum abgeleitet. Der Anschluß erfolgte an α Lyr und α Boo. Beobachtet wurde eine Passage am 19. März 1958 während der Dauer von 270 Sekunden. Gü-Li

Urania Kraków **30** 62—65. Ostatnie chwile Sputnika II.
Vistas in Astronomy **3** 126—127 = Cambridge Obs. Repr. Nr. 32. Note on optical observations of the Russian satellites. D. W. Beggs.

18159. **1958 α (Explorer 1)**

Rev. Sci. Instruments **30** 223—229. Cosmic-ray instrumentation in the first U. S. earth satellite. G. H. Ludwig.

18160. **Explorer 2**

Vasiona **7** 4. Lansiranje «Izvidnice II».

18161. **1958 β (Vanguard 1)**

AJ **64** 135. Magnetic damping of rotation of satellite 1958 β 2. R. H. Wilson jr. — Ref. AAS.
DO-CIA Nr. 50, 54. 1958 Beta 2.
DO-CIA Nr. 58. Satellite 1958 Beta 1.
Harv Card 1435. 1958 β 1, 2. A. S. Leonard.
Nature **184** 351—352. Solar effects in the motion of Vanguard. S. P. Wyatt. — Eine genaue Analyse der Periodenänderung des Satelliten 1958 β 2 (Vanguard) zeigt folgende durch die Sonne bedingte Effekte: 1) Korrelation mit dem Stundenwinkel der Sonne, gezählt vom Perigäum der Bahn (Abbremsung findet praktisch nur dort statt). Als Ursache kommen tägliche Pulsation oder wechselnde Ionisation der Exosphäre in Betracht. 2) 27-tägige Variation mit der Sonnenaktivität. 3) Korrelation mit der gesamten täglichen Sonneneinstrahlung in der jeweiligen geographischen Breite des Perigäums (zwischen ±34°, Periode 82 Tage). Voigt
Rev. Sci. Instruments **30** 70—75. Vanguard I IGY satellite (1958 Beta). R. L. Easton, M. J. Votaw. — Verf. beschreiben das in den Satelliten eingebaute Instrumentarium und die erhaltenen Messungen. Die Lebensdauer des Satelliten wird auf etwa 200 Jahre abgeschätzt. Loh.
Science **130** 791—793. Magnetic damping of rotation of satellite 1958 β 2. R. H. Wilson jr.
Urania Kraków **30** 222—224. Rocznica Vanguarda I. J. Gadomski.

18162. **1958 δ (Sputnik 3)**

Air Res. Development Command US Air Force, Project Space Track 2. Jan. 1959, 19 S. The orbital motion of the earth satellite 1958-Delta One during the last days of its existence. E. W. Wahl, W. A. Delaney.
Astr. Herald **52** 10 (japan.). Observational results obtained in USSR of Sputnik 3. N. Sekiguchi.
BAA Circ 406—409, 411, 414. Sputnik 3 (1958 δ 2).
BAA Circ 416. Sputnik 3 (1958 δ 1).
BAC **10** 165—171. Radio observation of the satellite 1958 Delta 2.
DO-CIA Nr. 40—60, 62, 64, 65, 67, 68. Satellite 1958 Delta 2 (Sputnik 3).
DO-CIA Nr. 50, 54. 1958 Delta 1.
DO Circ Nr. 16. Courbes d'amplitude relative des signaux reçus de 1958 δ 2. A. Creteux.
DO Circ Nr. 16. Courbes de variation de la fréquence reçue de 1958 δ 2. (Effet Doppler-Fizeau). P. Habert.
Forschungsber. Wirtschafts- und Verkehrsministerium Nordrhein-Westfalen Nr. 694, 43 S. = Mitt. Univ.-Sternw. Bonn Nr. 19. Die Bahn des künstlichen Erdsatelliten 1958 Delta 2. G. Hergenhahn.
Japan Astr. Study Ass. Circ. 178, 179. Visual observations of 1958 Delta 1.
Japan Astr. Study Ass. Circ. 179, 181. Visual observations of 1958 δ 2.
Japan Astr. Study Ass. Circ. 179. Radio observations of 1958 δ 2. H. Sugiyama.
Japan Astr. Study Ass. Circ. 181. 1958 δ 2 radio observations.

Japan Astr. Study Ass. Circ. 182—183. Visual observations of artificial satellites 1958 δ_2 and 1959 ε.

J. Geophys. Res. **64** 2281—2286. The scintillation of radio signals from satellites. K. C. Yeh, G. W. Swenson jr.

Meteoor **15** 42—44. Visuele- en radio-waarnemingen van 1958 Delta 2 door amateurs. L. Telle.

Mitt. Ergebnisse Satelliten-Beobachtungsdienst DDR Nr. 3 S. 1—17. Optische Beobachtungen der Trägerrakete von Sputnik 3 (1958 δ 1). 1. Folge. U. Güntzel-Lingner.

Mitt. Ergebnisse Satelliten-Beobachtungsdienst DDR Nr. 4, 29 S. Radio-Beobachtungen des dritten sowjetischen Erdsatelliten (1958 δ_2). 2. L. Klinker.

Monatsber. Deutsch. Akad. Wiss. Berlin **1** 394—396. Der Lichtwechsel der Trägerrakete von Sputnik III. P. Notni, H. Oleak.

Nature **184** 261. Signals from satellite 1958 δ 2. B. G. Pressey.

Nature **184** 765—767. The continued progress of satellite 1958 δ_2 (Sputnik III). B. R. May, D. E. Smith.

Proc IRE **47** 78—79. Signal strength recordings of the satellite 1958 δ 2 (Sputnik III) at College, Alaska. R. Parthasarathy, G. C. Reid.

Proc IRE **47** 991—992. Recordings of transmissions from the satellite 1958 Δ_2 at the Antenna Laboratory, The Ohio State University. T. G. Hame, E. M. Kennaugh.

Ric. Sci. **29** 72—73. Osservazioni dello Sputnik III. P. F. Checcacci, C. Carreri.

Sonderdruck Astr. Obs. Helsinki, 28 S. Observations of satellite at the Meteorological Observatory Jokioinen.

Sonderdruck Astr. Obs. Helsinki, 7 S. Observations of celestial bodies to check observations of satellite 1958 δ 2.

Sterne **35** 71—73. Über die Rotation der Trägerrakete von Sputnik III. P. Notni, H. Oleak.

Vasiona **6** 65—67, 1958 (serb.-kroat.). Soviet Sputnik III. M. Popović. — Übersetzung aus der Prawda vom 18. 5. 1958.

VdS Nachr. 8 17. Der Tscherenkow-Effekt und Sputnik III. J. Herrmann.

Veröff. Sternw. Babelsberg **13** Heft 4, 26 S. Die Rotation der Trägerrakete von Sputnik III (1958 δ_1). P. Notni, H. Oleak. — Aus photographischen Beobachtungen in Babelsberg und Potsdam werden die Periode der Körperrotation des Erdsatelliten 1958 δ_1 (Trägerrakete von Sputnik 3) sowie deren zeitliche Änderung und die Präzession der Rotationsachse abgeleitet. Die Ergebnisse bestätigen die von den Verf. entwickelte Theorie über die Bewegung eines rotierenden zylinderförmigen Satelliten in der Erdatmosphäre (vgl. Ref. 1884). Gü-Li

Wiss. Z. Univ. Jena (Math.-Naturwiss.) 8 241—246 = Mitt. Univ.-Sternw. Jena Nr. 41. Dopplereffektmessungen und Bahnbestimmung von Sputnik 3. G. Wanie, K.-H. Schmidt. — Durch den Start künstlicher Erdsatelliten, der erstmalig durch die Sowjetunion am 4. Oktober 1957 erfolgte, ist es möglich geworden, einige Probleme zu lösen, die mit bisherigen Mitteln nur unvollkommen bearbeitet werden konnten. Die Grundlage für ein weiteres Studium der zu erforschenden Aufgaben bildet u. a. die Bestimmung der Satellitenbahnen und der zeitlichen Veränderungen der Bahnelemente. Aus den in der Zeit vom 29. Mai bis 30. Juli 1958 an der Universitäts-Sternwarte Jena gewonnenen Doppler-Effektmessungen von Sputnik 3 wurde die Bahn des Trabanten berechnet. Verf.

18163. 1958 ε (Explorer 4)

BAA Circ 412. Explorer 4 (1958 ε).

DO-CIA Nr. 52, 64. Explorer 4 (1958 ε).

Japan Astr. Study Ass. Circ. 179. Visual observations of 1958 ε.

Science **129** 950. Explorer IV.

Science **130** 442. «Most scientific» satellite put in orbit 7 August.

18164. **Pioneer 1**
Vasiona **6** 67, 1958 (serb.-kroat.). New success of astronautics.

18165. **1958 ζ (Atlas-Score)**
Air Res. Development Command US Air Force, Project Space Track May 1959, 6 S. Remarks on the decay of 1958 Zeta. W. A. Delaney.
BAA Circ 406. Artificial earth satellites. Atlas I, 1958 ζ.
DO-CIA Nr. 40—44. Satellite 1958 Zeta.
Japan Astr. Study Ass. Circ. 173. Visual observation of 1958 ζ.
Nature **183** 17. The Atlas satellite (1958 ζ).
Urania Kraków **30** 99. Atlas — «Zeta 1958».
Vasiona **6** 69—72, 1958. Razvoj interkontinentalnog balističkog projektila «Atlas». D. Knežević.
Vasiona **7** 31. Veštački satelit «Atlas» pao.

18166. **Lunik 1**
Air Res. Development Command US Air Force, Project Space Track Sept. 1959, 23 S. Analysis of the announced trajectory of the Russian extra-terrestrial vehicle, Mechta I. K. E. Kissell.
BAA Circ 406. Artificial planet I.
Bote Akad. Wiss. UdSSR 1959 Nr. 3 S. 8—14 (russ.). Der erste künstliche Planetoid der Sonne. G. W. Petrowitsch.
Coelum **27** 50—51. Il Lunik.
DO-CIA Nr. 43, 44. Planète artificielle N°. 1.
Harv Card 1421, 1422. Artificial planet 1. G. Veis, C. Whitney.
Hemel en Dampkring **57** 60—73. Kunstplanetoide I. J. J. Raimond jr.
Kop Akt Medd Nr. 403. Kunstig planet 1.
La Nature **87** 78—79. L'expérience de la fusée lunaire soviétique. P. Muller.
La Nature **87** 364—365. Données soviétiques sur la marche de la première fusée cosmique.
Meteoor **15** 2—4. De eerste kunstmatige planeet. J. Meeus.
NAT 1959 S. 31. Den første kunstige planet.
Nature **183** 83. The Russian artificial planet.
NAZvM Nr. 410. Künstlicher Planet 1. J. Vinter Hansen.
NAZvM Nr. 411. Künstlicher Planet 1.
PAT **40** 68—69. Artificiella planeter.
Pokroky **4** 571—582 (slowak.). Die Bahn der kosmischen Rakete. J. Skotnický.
Priroda **48** Nr. 2 S. 17—30 (russ.). Die sowjetische kosmische Rakete.
Priroda **48** Nr. 4 S. 5—8 (russ.). The cosmic space rocket — a first artificial small planet in the outer space. N. S. Jachontowa.
RH **40** 25—26 (tschech.). Der erste künstliche Planet der Sonne. J. Bouška.
Science **129** 200. Soviet solar rocket.
Southern Stars **18** 29—31. The Russian artificial planet. J. Perrin.
Spaceflight **2** 21. The Russian «Lunik».
Spaceflight **2** 95—96. Russia's moon probe. M. Allward.
UAI Circ 1663, 1664. Artificial planet 1.
Urania Kraków **30** 59—60. Pierwsza sztuczna planetoida.
Urania Kraków **30** 97. Sztuczna planeta nr 1.
Vasiona **7** 1—4. Kosmička raketa. P. M. Đurković.
Vasiona **7** 13—16. Kretanje sovjetske kosmičke rakete. A. Đ. Kubičela.
Vesmír **38** 110—113 (tschech.). The soviet cosmic rocket.

18167. **1959 α (Vanguard 2)**
AJ **64** 349. Geomagnetic rotational retardation of satellite 1959 α 1 (Vanguard II). R. H. Wilson jr. — Ref. AAS.
BAA Circ 407. Artificial satellites. Vanguard 2 (1959 α 1, 1959 α 2).

DO-CIA Nr. 48. Satellite 1959 Alpha.
Harv Card 1429. Artificial satellite (1959 α 1, 2).
Harv Card 1430. Artificial satellite 1959 Alpha 2 (Rocket Case). A. S. Leonard.
Urania Kraków **30** 139—140. Satelita meteorologiczny (1959 alfa).

18168. 1959 β (Discoverer 1)

BAA Circ 407, 409. Discoverer I (1959 β).
DO-CIA Nr. 49. Satellite 1959 Beta = Discoverer.
Harv Card 1432. Satellite 1959 β.
Urania Kraków **30** 140. Discoverer I.
Vasiona **7** 31. Prvi polarni satelit «Diskaverer».

18169. Pioneer 4

BAA Circ 407. Artificial planet, Pioneer IV.
Harv Card 1441. Artificial planet 2. W. H. Pickering.
Hemel en Dampkring **57** 125—126. Kunstplanetoide 2. H. van Woerden.
Nature **183** 720. Artificial planet 2.
PAT **40** 68—69. Artificiella planeter.
Science **129** 828. Pioneer IV.
Urania Kraków **30** 138—139. Pionier IV.

18170. 1959 γ (Discoverer 2)

Air Res. Development Command US Air Force, Project Space Track August 1959, 17 S. The satellite 1959 Gamma (Discoverer II). A preliminary analysis. H. B. Wackernagel.
BAA Circ 408, 409. Discoverer 2 (1959 γ).
Urania Kraków **30** 224. Discoverer II. J. Gadomski.

18171. 1959 δ (Explorer 6)

BAA Circ 412. Explorer 6 (1959 δ).
BSAF **73** 375—377. L'orbite exceptionnelle du satellite Explorer VI. P. Muller.
DO-CIA Nr. 59. Eléments du nouveau satellite — 1959 Delta.
Urania Kraków **30** 360. Nowe satelity. J. Gadomski.

18172. 1959 ε (Discoverer 5)

BAA Circ 412. Discoverer 5 (1959 ε).
DO-CIA Nr. 64. Satellite 1959 Epsilon (Discoverer 5).
DO-CIA Nr. 66. Informations diverses sur les satellites.
Japan Astr. Study Ass. Circ. 182—183. Visual observations of artificial satellites 1958 δ 2 and 1959 ε.
Urania Kraków **30** 360. Nowe satelity. J. Gadomski.

18173. 1959 ζ (Discoverer 6)

BAA Circ 412. Discoverer 6 (1959 ζ).
DO-CIA Nr. 66. Informations diverses sur les satellites.
DO-CIA Nr. 67. Satellites Discoverers.
Urania Kraków **30** 360. Nowe satelity. J. Gadomski.

18174. Lunik 2

AC Nr. 205 S. 1 (russ.). Artificial comet. W. F. Jessipow, W. I. Moros.
AC Nr. 205 S. 2—3 (russ.). Observations of the artificial comet in Bjurakan. E. E. Chatschikjan, A. T. Kallogljan, M. A. Kasarjan.
BAA Circ 412. Lunar probe.

Bote Akad. Wiss. UdSSR 1959 Nr. 10 S. 3—5 (russ.). Der Flug zum Mond. A. N. Nesmejanow.
La Nature **87** 456—458. De la Terre à la Lune: premier coup au but. N. Vichney.
NAT 1959 S. 107—108. Lunik II.
Nature **184** 406. The second Russian space rocket.
Nature **184** 501—502 = Astr. Contr. Univ. Manchester (2) Jodrell Bank Repr. Nr. 203. Observations of the Russian moon rocket Lunik II. J. G. Davies, A. C. B. Lovell, P. Moore, H. P. Wilkins.
Orion Schaffhausen **5** 707—709. Russische Rakete auf dem Mond eingetroffen! H. Bachmann.
PAT **40** 148—149. Månraketerna.
Phys. Blätter **15** 569—570. Die russischen Mondraketen. H. K. Paetzold.
Priroda **48** Nr. 10 S. I—VIII (russ.). The first flight to the moon.
Spaceflight **2** 98—100. Lunik II hits the moon.
Spaceflight **2** 100—101. First bridge across space.
Strolling Astronomer **13** 122—123. Lunik II and Lunik III.
Strolling Astronomer **13** 143—146. Lunar missile survey for Lunik II. V. W. Capen.
Urania Kraków **30** 357—358. «Łunnik» II. J. Gadomski.
Vasiona **7** 65. Sovjetska kosmička raketa na Mesecu.

18175. **1959 η (Vanguard 3)**
BAA Circ 414. Satellite launchings.
DO-CIA Nr. 65. Satellite 1959 Eta (Vanguard 3).
DO-CIA Nr. 66. Informations diverses sur les satellites.
La Nature **87** 458. Lancement réussi du Vanguard III.
Urania Kraków **30** 391. Nowy satelita. J. Gadomski.

18176. **1959 ϑ (Lunik 3)**
BAA Circ 414. Satellite launchings.
Bol. As. Peruana Astr. **5** 271. El planeta artificial Ruso.
Bol. As. Peruana Astr. **5** 298. Algunos datos sobre el Lunik III.
La Nature **87** 498—499. Le «Mas», premier satellite artificiel dont l'orbite coupe celle de la Lune. N. Vichney.
NAT 1959 S. 125—131. Kosmos III. K. A. Thernöe.
Nature **184** 852. The third Russian space rocket.
Orion Schaffhausen **5** 709—710. Lunik III wird zum Erdsatelliten; die ersten Aufnahmen von der Mondrückseite. H. Bachmann.
Orion Schaffhausen **5** 713. Première photographie de la face inconnue de la Lune obtenue par le «Lunik III».
PAT **40** 148—149. Månraketerna.
Phys. Blätter **15** 569—570. Die russischen Mondraketen. H. K. Paetzold.
Priroda **48** Nr. 11 S. 3—15 (russ.). Die dritte sowjetische kosmische Rakete.
RH **40** 201—202 (tschech.). The third soviet cosmic rocket. V. Vanýsek.
Science **130** 967—968. Lunik III flight to moon underscores U. S.-Soviet positions in space competition.
Strolling Astronomer **13** 122—123. Lunik II and Lunik III.
Urania Kraków **30** 387—388. Łunnik III. J. Gadomski.
Vasiona **7** 93—96 (serb.-kroat.). Comment a été photographiée l'autre face de la Lune. S. Korda.
Die ersten Photographien von der Rückseite des Mondes vgl. § **83**.

18177. **1959 ι (Explorer 7)**
BAA Circ 414. Satellite launchings.
DO-CIA Nr. 68. Satellite 1959 Jota, Explorer 7. A. Fulpius.

18178. **1959 ϰ (Discoverer 7)**
BAA Circ 416. Discoverer 7 (1959 ϰ).
DO-CIA Nr. 66. Satellite 1959 Kappa, Discoverer 7.
DO-CIA Nr. 67. Satellites Discoverers.

18179. **1959 λ (Discoverer 8)**
BAA Circ 416. Discoverer 8 (1959 λ).
DO-CIA Nr. 67. Satellites Discoverers.

§ 19

Miscellanea

1901. **J. A. Anderer,** Astronomical postage stamps. AAVSO Abstr. May 1959 S. 6.

1902. **J. Ashbrook,** Astronomical Scrapbook. Sky Tel. **18** 203, 312, 427, 559—560, 664—665, **19** 92.

1903. **E. E. Both,** First report of the modern language coordinator. Strolling Astronomer **13** 98—100.

1904. **N. Cimahoviča,** Astronomija un religija. Zvaigžņotā Debess 1959. gada rudens S. 1—6.

1905. **G. Cocconi, P. Morrison,** Searching for interstellar communications. Nature **184** 844—846.

1906. **R. Danić,** Pourquoi nous observons le ciel? Vasiona **7** 61—64 (serb.-kroat.).

1907. **E. Della Longa,** Constelaciones zodiacales. El Universo **13** 192—200.

1908. **D. Eksinger,** Nebulae, galactic and globular clusters. Vasiona **6** 112—115, 1958 (serb.-kroat.).

1909. **D. Eksinger,** Sazvežđe sa najviše naziva. Vasiona **7** 105—106.

1910. **E. Fettweis,** Sternkundliche Kenntnisse in der Lebensführung bei heutigen Naturvölkern. Scientia **94** 279—286.

1911. **W. Frejlak,** Wojna o «latające talerze». Urania Kraków **30** 287—297.

1912. **S. Gaposchkin,** Persiflage on plagiarism in science and in astronomy. Publ ASP **71** 216—219.

1913. **R. H. Garstang,** Peculiar stars. Occasional Notes **3** 234—252 = Commun. Univ. London Obs. Nr. 37. — Ausführlicher Bericht über den heutigen Stand der Kenntnisse bezüglich der Eigenschaften der verschiedenen Kategorien von Pekuliarsternen. Mav.

1914. **W. Gleissberg,** Zwei orientalische Kometengedichte. Sterne **35** 120.

1915. **W. Gundel,** Sternglaube, Sternreligion und Sternorakel. Heidelberg, Verlag Quelle & Meyer, 1959. 2. Auflage. 168 S. Preis DM 7.50. — Besprechung in Mitt. Planetenbeobachter **12** 29—30 (W. Sandner), VdS Nachr. **9** 16 (G. D. Roth).

1916. **J. Hausen,** Sterne, Gene und Mesonen. Bremen, Carl Schünemann-Verlag, 1959. 314 S. Preis DM 14.80. — Besprechung in VdS Nachr. **9** 83 (J. Herrmann).

1917. **J. Herrmann,** Ein seltsames Preisausschreiben. VdS Nachr. 8 33—34.

1918. **G. Horn-d'Arturo,** Piccola Enciclopedia astronomica. Coelum **27** 129—134.

1919. **S.-s. Huang,** The problem of life in the universe and the mode of star formation. Publ ASP **71** 421—424 = Berkeley Repr. Nr. 167. — Nach der Zeitskala der Entwicklung und nach der Größe der bewohnbaren Zone in der Umgebung eines Fixsterns ist höheres Leben nur auf Planeten von einzelnstehenden Hauptreihensternen der Spektralklassen F, G und K zu erwarten. Die Aussichtslosigkeit einer direkten Suche nach solchen Planeten wird deutlich gemacht aus den Genauigkeitsforderungen für einen Nachweis des Jupiter aus der Entfernung von 10 pc. Als indirekte Anzeichen für die Existenz von Planetensystemen führt Verf. an: das wahrscheinliche Bestehen von Übergängen zwischen mehrfachen Sternsystemen und Systemen von der Art des Sonnensystems, eine Hypothese über die Entstehung von Planeten und das ziemlich plötzliche Aufhören rascher Rotation bei F 5-Sternen. O. G.

1920. **W. Jäger,** Astronomie als Steckenpferd. Veröff. Urania-Sternw. Wien Nr. 2 S. 13—14.

1921. **E. López,** Cielos de Invierno. El Universo **13** 28—30.

1922. **A. P. Mayernik,** Some astronomical stamps. Sky Tel. **18** 140—141, 198—199, 256—257, 322—323, 386—387, 442—443.

1923. **R. A. Naef,** Zum Thema «Anfänger-Artikel». Aufruf zur Mitarbeit. Orion Schaffhausen **5** 671—673.

1924. **U. Popović,** La libération de la gravitation. Vasiona **7** 76—78 (serb.-kroat.).

1925. **A. N. Prior,** Creation in science and theology. Southern Stars **18** 82—90.

1926. **H. Q. Rasmusen,** Lidt om flyvende tallerkener. NAT 1959 S. 90—93.

1927. **E. Szeligiewicz,** Gdzie gwiazdy przestają migotać. Urania Kraków **30** 261.

1928. **R. Tomaschek,** Kosmische Kraftfelder und astrale Einflüsse. Aalen, Württ., Ebertin-Verlag, 1959. 93 S. — Besprechung in Sterne **36** 172—174 (C. Hoffmeister).

1929. J. Verne, Rejsen til Maanen. Aus dem Französischen übersetzt von T. Palsbo. København, Gyldendal, 1959. — Besprechung in Urania København **16** 51.

1930. Wall Charts. Wakefield, Yorks., Educational Productions, Ltd., 1959. 3 Karten S 671—S 673. Preis 20 s. — Besprechung in Obs **79** 224.

1931. L'astronomie est populaire. BSAF **73** 190.

1932. Astronomia ed arte moderna. Coelum **27** 117—119.

1933. Revue des constellations. J. Astr. Soc. Victoria **12** 29—30.

1934. Our poet's corner. J. Astr. Soc. Victoria **12** 33.

1935. Astronomy for the layman. Nature **184** 1913.

1936. Astro-Fragen-Ecke. Orion Schaffhausen **5** 680—681, 734—735.

1937. Getting acquainted with astronomy. Sky Tel. **18** 144—145, 262—263, 375, 610—611, **19** 25

1938. Sowjetische Briefmarke mit Lunik III. Sternenbote **2** 145.

1939. Novosti i beleške. Vasiona **6** 90—92, 117—121, 1958, **7** 23—25, 52—56, 82—89, 110—115.

1940. An alle, die sich für die Himmelskunde interessieren. Veröff. Urania-Sternw. Wien Nr. 2 S. 12—13.

Leben im Kosmos

1941. M. H. Briggs, Terrestrial and extraterrestrial life. Spaceflight **2** 120—121.

1942. L. Chincarini, Studio sulle ecosfere delle stelle variabili. Astronautica 8 81—86.

1943. J. Gadomski, Die Sternökosphären im Radius von 17 Lichtjahren um die Sonne. Polish Amateur Astr. Soc. Repr. Nr. 1, 10 S., 1958 = Sonderdruck aus AJB **58** Ref. 1119. — Es wird der Bereich der Ökosphären der benachbarten Sterne im Radius von 17 Lichtjahren um die Sonne berechnet. Mit Hilfe der vom Verf. angeführten Formeln und auf Grund des Kataloges von van de Kamp wird eine Liste von 59 Sternökosphären zusammengestellt. Die Zahlenwerte der berechneten Radien sowie der Massen der Sterne sind — als etwas unsicher — abgerundet. Es hat sich gezeigt, daß nur 16 sonnenähnliche Sterne breite (etwa 200×10^6 km) Ökosphären besitzen, während die Ökosphären um die übrigen 43 Unterzwerge sehr schmal (etwa 10×10^6 km) sind und nur Planeten mit «gehemmter» Rotationsdauer, also mit sehr begrenzten ökologischen Möglichkeiten, haben können. Verf.

1944. J. Gadomski, Fünf Arten von ökosphärischen Planeten. Polish Amateur Astr. Soc. Repr. Nr. 2, 9 S. = Sonderdruck aus Ref. **1309**. — Die Umgebung jedes Sternes kann man — nach entsprechenden mathematischen Erwägungen — in fünf verschiedene Sphären des Raumes einteilen, in dem Planeten von verschiedenem ökosphärischem Typus vorhanden sein können. Es sind dies die folgenden: 1. Die Sphäre der gehemmten Planeten mit «ökosphärischem Gürtel» auf der «Tagesoberfläche». 2. Die Sphäre der «polaren», rasch rotierenden Planeten, die im allgemeinen durch den Fixstern «überhitzt» sind, aber in den polaren Gegenden ökologische Bedingungen besitzen können. 3. Die eigentliche Ökosphäre der rasch rotierenden, belebten Planeten. 4. Die Sphäre der «äquatorialen», rasch rotierenden Planeten, die nur in den tropischen Gegenden ökologische Bedingungen haben können. 5. Die Sphäre der leblosen Planeten, die wegen ihrer niedrigen Oberflächentemperatur keine Bedingungen für organisches Leben bieten. Verf.

1945. J. Gadomski, Ekosfery. Postępy Astr. **7** 272—277. — Für verschiedene Sterne werden die Entfernungen berechnet, innerhalb welcher die Temperaturen für das Leben günstig sind. Als Temperaturgrenzen werden −70° C und +80° C angenommen. Das für das Leben günstige Gebiet wird als «Ökosphäre» bezeichnet. Von der Voraussetzung ausgehend, daß die Entwicklung der Sonne entlang der Hauptreihe mit abnehmender Masse vor sich geht, berechnet Verf. die Änderung der Temperatur auf den einzelnen Planeten. Die Arbeit ist eine Fortsetzung einer früheren Studie des Verf. Ond.

1946. J. Gadomski, W poszukiwaniu ożywionych planet. Urania Kraków **30** 41—45, 125—130, 316—319. — Der von Strughold eingeführte Begriff der Ökosphäre wird auf Sterne verallgemeinert: es werden die Radien der Ökosphären rasch rotierender Planeten für 55 Sterne bis zur Entfernung von 5 pc berechnet. Analoge Betrachtungen beziehen sich auf Planeten, die gebunden rotieren. Abschließend werden Ökosphären von Riesen untersucht. E. R.

1947. J. Gadomski, «Koniec świata». Urania Kraków **30** 409—418. — Betrachtungen über das Erlöschen des Lebens auf der Erde infolge kosmischer Katastrophen. E. R.

1948. **G. M. Idlis,** Physikalische Bedingungen der Existenz des Lebens im Weltall. Pokroky 4 594—606 (tschech.).

1949. **G. A. Tichow,** What is astrobotany? Spaceflight 2 74—77.

III. Instrumente

§ 21

Optik, Technik, Beobachtungspraxis

2101. **A. v. Alvensleben,** Ein neuer 1.10 m-Planspiegel höchster Genauigkeit zur Prüfung großer astronomischer Optik. Askania-Warte **17** Nr. 56 S. 8—9. — Zur Prüfung astronomischer Großoptik in Autokollimation wurde ein Planspiegel von 1.10 m Durchmesser gefertigt, dessen Flächendeformation $<\lambda/20$ (etwa 0.00003 mm) ist. Die Untersuchung erfolgte nach einem Verfahren von Common: Licht einer im Krümmungsmittelpunkt eines Kugelspiegels aufgestellten Lichtquelle trifft auf dem Hin- und Rückweg schief auf den Planspiegel. Temperaturschwankungen ergaben Deformationen des Spiegels (der eine Vorspannung von 38 mμ/cm besitzt), die die Größenordnung der Meßgenauigkeit von 0.00002 mm weit übersteigen. Ebl.

2102. **P. Andrenelli,** La costruzione di un telescopio per dilettanti. Coelum **27** 4—6, 46—50, 79—84, 106—109, 135—139.

2103. **A. N. Argue,** Experiences in photometry with the Cambridge Schmidt telescope. Vistas in Astronomy **3** 184—202 = Cambridge Obs. Repr. Nr. 33. — Der 17/24/64 inch Schmidt-Spiegel hat ein Feld von 5°, wovon 3°3 unvignettiert sind. Die Korrektionsplatte ist ausgesuchtes Fensterglas, hat Meniskusform und ist rückseitig deformiert. Die Geister sind daher nur schwach. Die photographischen Platten werden durchgebogen. — Photometrische Messungen mit einem Irisblendenphotometer wurden mit der EDSAC 2 ausgewertet. Der aus dem mittleren Schwankungsquadrat berechnete Fehler einer Größenklassenmessung infolge Körnigkeit der Platte und Meßfehler beträgt $\pm 0^m\!.03$ für 8^m—10^m, $\pm 0^m\!.04$ für 10^m—14^m, $\pm 0^m\!.05$ für 14^m—15^m (Kodak OaE, Chance OR 1 Filter, 15 Minuten belichtet). — Hintergrund-Schwärzungseinflüsse konnten durch Keilkompensation weitgehend eliminiert werden. Der photometrische Fehler durch Defokussierung des Schmidt-Spiegelfokus um 0.025 mm beträgt $-0^m\!.018$ (photographisch), $-0^m\!.008$ (Rot), $-0^m\!.006$ (Gelb), $-0^m\!.013$ (UV) für helle Sterne. In 3°3 Felddurchmesser sind keine wesentlichen Feldfehler. Ebl.

2104. **R. Bajcár,** About the astrophotometric properties of photographic objectives. RH **40** 31—35 (slowak.).

2105. **F.-L. Deubner,** Über die Verminderung des Streulichts in Abbildungssystemen. ZfA **48** 34—38 = Mitt. Fraunhofer-Inst. Nr. 39. — Bei einem einfachen optischen Abbildungssystem wird untersucht, wie die Streulichtintensität am Bildort von der Lage der Streulichtquelle innerhalb des Strahlenganges abhängt. Es stellt sich heraus, daß die Streulichtintensität maximale Werte annimmt, wenn sich die streuenden Flächen in der Nähe der Fokalebenen befinden. Verf.

2106. **E. Everhart, J. W. Kantorski,** Diffraction patterns produced by obstructions in reflecting telescopes of modest size. AJ **64** 455—463.

— Die Beugungsbilder von Sternen in Spiegelteleskopen werden durch Sekundärspiegel oder Kassetten im Strahlengang beeinflußt. Der Bruchteil der Energie im zentralen Beugungsbild nimmt ab, wenn der Durchmesser des undurchsichtigen Gegenstandes vor dem Spiegel zunimmt. Es werden Zeichnungen von Beugungsbildern für verschiedene Hindernisse vor der Spiegelöffnung mitgeteilt, insbesondere kreisscheibenförmige mit Haltekreuz. Die Hindernisse müssen minimale Fläche haben. Wegen der atmosphärischen Luftunruhe sind die Ergebnisse nur für Teleskopöffnungen < 50 cm anwendbar. Ebl.

2107. **P. B. Fellgett,** Some applications of control technique in astronomy. Trans. Soc. Instrument Technology **11** 24—38 = Cambridge Obs. Repr. Nr. 31. — Im Anschluß an einen Abriß der Geschichte der Entwicklung astronomischer Fernrohre wird die Notwendigkeit der Einführung von Kontroll-Techniken in der Astronomie begründet. Beispiele erfolgreicher Verwendung moderner elektronischer Hilfsmittel sind: Lichtelektrische Nachführung von Fernrohren und damit Reduzierung von Sichtschwankungen; photoelektrische Mehrfarbenphotometrie am Fernrohr mit digitaler Daten-Ausgabe auf Lochkarten; Automation der Koordinatenmessung auf direkten photographischen Sternaufnahmen und deren Photometrie. — Die Verwendung von «Weitwinkel»-Fernrohren in der Astronomie fordert von der Optik und der Mechanik besondere Toleranzen, die zum Teil durch Kontroll- und Servo-Techniken erfüllt werden können. Ebl.

2108. **M. Gaj, A. Glania,** Dwuzwierciedlany obiektyw z kompensatorem afokalnym. Postępy Astr. **7** 277. — Notiz über eine Methode zur Berechnung eines Doppelspiegelobjektivs mit afokalem Kompensator in der Optischen Anstalt der Technischen Hochschule Wrocław (Breslau). E. R.

2109. **M. Gaj, A. Glania,** Quasisymetryczny obiektyw zwierciedlany. Postępy Astr. **7** 278. — Mitteilung über die Anfertigung eines quasi-symmetrischen Spiegelobjektives in der Optischen Anstalt der Technischen Hochschule Wrocław (Breslau). E. R.

2110. **M. Gaj,** Über ein quasisymmetrisches Spiegelobjektiv. Optik **16** 234—244. — Es wurde eine Methodik zur Berechnung eines quasisymmetrischen Objektivs mit einer Spiegelfläche entwickelt. Aus dem angegebenen Zahlenbeispiel kann man auf die Möglichkeiten dieser Systemart schließen. Das erhaltene System stellt ein Universalobjektiv vom Öffnungsverhältnis 1 : 2.5 und einem Feldwinkel $2\,\mu = 30°$ dar. Verf.

2111. **B. Gomółka,** Stratosferyczne laboratorium z załogą ludzką. Urania Kraków **30** 422—423. — Kurze Beschreibung der Verwendung eines Stratosphärenballons für astronomische Beobachtungen in Anlehnung an The Griffith Observer **23** 1. E. R.

2112. **J. Grygar,** A photographic photometry of diffuse objects. Publ. Astr. Inst. Prague (2) Nr. 25 S. 1—36 (tschech. mit russ. und engl. Ref.). — Methoden der photographischen Photometrie, Photometrie des Nebels NGC 7023. J. B.

2113. **J. G. Hernández,** Cúmulos, nebulosas y galaxias. El Universo **13** 203—205.

2114. **J. Herrmann,** Tonbandgeräte bei astronomischen Beobachtungen. VdS Nachr. **8** 9—10.

2115. **A. A. Hoag,** Multiple exposure photographic photometry. AJ **64** 410—414 = U. S. Naval Obs. Repr. Nr. 6. — Erfahrungen einer Zweifarbenphotometrie werden mitgeteilt, bei der auf eine Platte die Blau-Belichtung (Wratten 47 + Schott GG 13) und die photovisuelle Belichtung (Schott GG 11) im gegenseitigen Abstand von 0.5 mm gemacht werden. Als günstigste wurde eine Eastman-Kodak D-sensibilisierte Emulsion ausgewählt, die 24 Stunden lang bei 65° C gebacken wurde. Der wahrscheinliche Fehler von V ist $\pm 0\overset{m}{.}027$, der von

B–V ± 0^{m}022 für ein Plattenpaar. Die photometrischen Erfahrungen mit dem 40-inch Ritchey-Chrétin-Reflektor werden diskutiert: Fehler infolge Feldkrümmung, Messerschneidenmessungen der Sichtbedingungen. Ebl.

2116. **H. C. Howland, H. Leibowitz, T. Hartman,** Moon illusion and age. Science **130** 1364—1366. — Bemerkungen zu dem Artikel von Leibowitz und Hartman nebst Erwiderung (vgl. Ref. 2122)

2117. **D. M. Hunten,** Photoelectric spectroscopy. J RAS Canada **53** 204—210. — Es werden insbesondere für die Spektralphotometrie des Nordlichtes und schwacher Nebel geeignete photoelektrische Spektralphotometer beschrieben, die zur Erzielung einer besseren Lichtausnutzung Interferenzfilter bzw. Interferometer verwenden. Thi.

2118. **F. W. Jäger,** Optimale Ausnutzung von Beugungsgittern mit Hilfe von Planspiegeln. Monatsber. Deutsch. Akad. Wiss. Berlin **1** 265—272 = Mitt. Astrophys. Obs. Potsdam Nr. 78.

2119. **M. J. Koomen,** Visibility of stars at high altitude in daylight. J. Optical Soc. America **49** 626—629. — Aus veröffentlichten visuellen Schwellendaten und berechneter Himmelshelligkeit wurde die Sichtbarkeit von Sternen bei Tage in etwa 33 km Höhe untersucht. Venus, Jupiter und Sirius, sowie Mars in den helleren Phasen, können mit bloßem Auge wahrgenommen werden, wenn man weiß, wo sie etwa stehen. Saturn und Canopus können nur in selteneren Fällen gesehen werden. Durch Zufall ist höchstens Venus zu finden, gelegentlich ein Stern durch sorgfältige Durchmusterung des Himmels mit einem kleinen Fernrohr mit großer Austrittspupille. In etwa 100 km Höhe erreicht der Tageshimmel die Helligkeit des Nachthimmels, sofern kein Beitrag vom Nachtleuchten hinzukommt. Loh.

2120. **W. Kroebel,** Die Abhängigkeit der Erkennbarkeit von Objekten durch das menschliche Auge vom Kontrast, von der Objektgröße und von der Adaptationsleuchtdichte. Naturwissenschaften **46** 645.

2121. **A. Kundziņš,** «Kaķa ACS» (elektronika astronomijā). Zvaigžņotā Debess 1959. gada rudens S. 21—24.

2122. **H. Leibowitz, T. Hartman,** Magnitude of the moon illusion as a function of the age of the observer. Science **130** 569—570. — Ref. in Sky Tel. **18** 668. — Die Verkleinerung der scheinbaren Größe eines Objektes (insbesondere des Mondes) im Zenit im Vergleich zu der am Horizont ist für Kinder stärker als für Erwachsene. Loh.

* * **W. Löbering,** Sind visuelle Beobachtungen der Jupiteroberfläche heute zwecklos? Vgl. Ref. 8621.

2123. **W. S. Matjagin,** An empirical formula for the characteristic curve of stellar focal image. AJ UdSSR **36** 909—912 (russ. mit engl. Ref.). — Zur Konstruktion von Sterngrößenskalen für verschiedene Farbsysteme wird folgende empirische Formel vorgeschlagen: $m + \Delta + \varrho = a \cdot \lg(t - kx + l) + c$. Darin ist m die Sterngröße, Δ deren Schwächung durch ein Diaphragma (rotierenden Sektor), ϱ die Korrektion wegen Extinktion; t und x kennzeichnen den photographischen Effekt (Schwärzung von Sternbild und dessen Umgebung); a, k, l und c sind jeweils empirisch zu bestimmen. Petri

2124. **W. Mattig, E. H. Schröter,** Prüfungsergebnisse an einem lichtstarken Beugungsgitter mit «blaze»-Wirkung. Optik **16** 339—349 = Mitt. Astrophys. Obs. Potsdam Nr. 76. — Ein vom Optischen Institut in Leningrad hergestelltes Beugungsgitter (Fläche 100 mm × 90 mm; Strichdichte 600 pro mm) wurde vor seiner Verwendung am Einstein-Turm in Potsdam auf seine Leistungsfähigkeit geprüft. Diese Prüfung ergab: das theoretische Auflösungsvermögen wird bis zur 6. Ordnung hin nahezu erreicht; die Intensität des ersten Rowland-Geistes beträgt in der 2. Ordnung etwa 0.3% und etwa 2% in der 6. Ordnung; das allgemeine Streulicht ist außerordentlich gering. Die gemessene Intensitätsverteilung im Spektrum läßt auf ein dreieckiges Furchenprofil schließen und stimmt mit der von der Herstellerfirma angegebenen «blaze»-Wirkung des Gitters recht gut überein. Die geringe beobachtete Fokaleigenschaft des Plangitters wird diskutiert. Verf.

2125. **N. Mayall, M. Mayall, J. Wyckoff,** The Sky Observer's Guide. New York, Golden Press, 1959. 125 S. Preis $ 2.95. — Besprechung in J RAS Canada **54** 90—91 (R. J. Northcott), Publ ASP **72** 143—144 (T. A. Cragg), Sky Tel. **19** 119, 366, 369 (P. V. Rizzo), Strolling Astronomer **13** 153 (W. H. Haas).

2126. **L. A. Mitić,** Sur une possibilité de déterminer l'équation personelle (de mouvement) dans les observations de passage faites avec un instrument du type Bamberg. Bull. Obs. Astr. Beograd **22** Nr. 1—2 S. 12—14.

2127. **G. de Mottoni,** L'impiego dei grandi riflettori nello studio dei pianeti. Mem SA It (NS) **30** 41—46.

2128. **K. W. Murphy,** A simpler approach to telescope making. J. Astr. Soc. Victoria **12** 19—21.

2129. **H. Ottens, A. Miller,** Silvering. MN ASSA **18** 2—6.

2130. **V. Pelipeiko,** Mēness, planētu un Saules radiolokācija. Zvaigžņotā Debess 1959. gada rudens S. 30—31. — Betrifft Funkortung des Mondes, der Planeten und der Sonne.

2131. **M. J. Pryor,** Measuring artificial star separation by interference. Amer. J. Phys. **27** 101—103. — Verf. beschreibt eine Anordnung, mit der im physikalischen Praktikum der Winkelabstand künstlicher Sterne unter Zuhilfenahme von Interferenzerscheinungen gemessen werden kann. Oster

2132. **G. Righini,** Relazione introduttiva al Colloquio su «Strumenti astronomici e tecnica delle osservazioni». Atti Convegni Astr. Venezia Napoli 1959 S. 17—23.

2133. **P. Rizzo,** Another star illusion. AAVSO Abstr. Oct. 1959 S. 5—7.

2134. **G. Ruben,** Die Polarisation des Lichtes an aluminisierten Coelostaten-Spiegeln. Optik **16** 326—338 = Mitt. Astrophys. Obs. Potsdam Nr. 77. — Die bei der Reflexion des Lichtes an aluminisierten Glasspiegeln auftretende elliptische Polarisation des Lichtes wird an einigen Exemplaren, auch solchen mit Oxydschichten verschiedener Dicke, durch Messung der Phasenverschiebung und des relativen Reflexionsvermögens für linear polarisiertes Licht monochromatisch in Abhängigkeit vom Einfallswinkel bestimmt. Infolge der stets vorhandenen Oxydschicht weichen die Ergebnisse erheblich von den theoretischen Werten für metallische Reflexion ab. Die gesamte instrumentelle Polarisation bei einem Turmteleskop kann rechnerisch durch Kombination der Wirkung von drei aufeinanderfolgenden Reflexionen abgeleitet werden. Verf.

2135. **P. K. N. Sauer,** Polieren und Korrigieren von Teleskopspiegeln in «Schnellverfahren». Orion Schaffhausen **5** 665—668.

2136. **W. M. Sinton, H. L. Johnson, K. L. Hallam,** Aluminizing technique and the ultraviolet efficiency of telescopes. Publ ASP **71** 239—240. — Neue photoelektrische Beobachtungen mit dem neu aluminisierten 42 inch 3-Spiegel-Cassegrain-Teleskop des Lowell Observatoriums bestätigen die Angaben von G. Hass, daß man das Reflexionsvermögen von Aluminiumspiegeln im Ultravioletten dadurch erhöhen kann, daß möglichst geringe Aufdampfzeiten gewählt werden. Die Neubelegung der Spiegel entsprechend diesem Verfahren ergab im UV relativ zum Gelben einen Gewinn von wenigstens $0^m\!.5$. Ebl.

2137. **E. Spiess,** An observation of upper atmosphere debris. Strolling Astronomer **13** 118.

2138. **R. C. Staley,** High-altitude observation techniques. Science **130** 845—848.

2139. **R. Stettler,** Einführung in die Optik. Orion Schaffhausen **5** 644—655.

2140. **J. Stock, A. R. Upgren jr.,** Characteristics of objective prisms. AJ **64** 133. — Ref. AAS.

2141. **G. Thiessen, P. Broglia,** Über einen Polarisationseffekt an aufgedampften Aluminiumschichten bei senkrechter Lichtinzidenz. ZfA **48** 81—87 = Mitt. Sternw. Hamburg-Bergedorf **23** Nr. 270. — Durch Aufdampfen im Hochvakuum hergestellte Aluminiumspiegelschichten können bei senkrechter Inzidenz völlig unpolarisierten Lichtes eine Polarisation bis zu 10% des reflektierten Lichtes erzeugen. Ein solcher Effekt kann auf einer vor dem Bedampfen durchgeführten Reinigungsglimmentladung beruhen, wenn letztere nicht senkrecht zur Glasoberfläche gerichtet ist. Thi.

2142. **H. Thorey,** Hinweise für den Bau von Amateurteleskopen. VdS Nachr. **8** 29—30, 46—47, 67—68, Monatsbeilage VdS Nachr. Nr. 12, 4 S.

2143. **P. Vernier,** Sur l'action photographique des électrons. Application aux observations astronomiques. Paris, Gauthier-Villars, 1959. 48 S.

2144. **T. E. de Vries,** Overzicht van mogelijke planeetwaarnemingen voor amateurs. Meteoor **15** 6—8.

2145. **R. Wehn,** Verbesserte Definition beim Spiegelteleskop. Sterne **35** 114—116.

2146. **A. P. Willmore,** Astronomical measurements with rockets, satellites and balloons. J. British Interplanetary Soc. **17** 137—140.

2147. **R. V. Willstrop,** The Newtonian flat. MN ASSA **18** 54—55.

2148. Gleanings for ATM's. Herausgegeben von R. E. Cox. Sky Tel. **18** 166—170, 222—226, 282—286, 348—352, 406—410, 465—470, 526—530, 582—588, 643—646, 703—706, **19** 51—56, 123—126.

2149. Studiengruppe für Astro-Technik, -Optik und -Photo der SAG. Bearbeitet von P. K. N. Sauer. Orion Schaffhausen **5** 568—569, 624—625, 678—679, 733—734.

2150. The visibility of faint diffuse objects. Irish AJ **5** 228—229.

2151. Något om effektivitet i spegelslipning. PAT **40** 154—155.

2152. Observer's page. Sky Tel. **18** 152—156, 206—211, 267—269, 331—335, 391—393, 450—455, 510—516, 565—574, 627—633, 686—694, **19** 32—42, 97—98, 107—112.

2153. Star visibility by day at high altitudes. Sky Tel. **18** 435.

2154. Für Anfänger. Vasiona **6** 93—95, 121—122, 1958, **7** 25—26, 57—58, 89—91, 115—116 (serb.-kroat.).

2155. Amateurbeobachtungen. Vasiona **6** 115—116, 1958, **7** 18—21, 42—44 (serb.-kroat.).

§ 22

Beobachtungsinstrumente

2201. **S. Arend,** Théorie et réglage de l'équatorial. Commun. Obs. Roy. Belgique Nr. 153, 17 S., 1958. — Theorie des Äquatorials, in deren Darlegung ausgiebiger Gebrauch von den Rotationskrakovianen gemacht wird. Böh.

2202. **M. G. Pereira de Barros,** Small transit instrument without pivot errors. An. Fac. Ci. Porto **41**, 2 S. = Sonderdruck Obs. Astr. Univ. Porto.

2203. **J.-P. Blaser, M. Cavedon,** Etude d'une influence thermique sur l'astrolabe à prisme. Publ. Obs. Neuchâtel Nr. 3, 14 S. — Die Winkeländerung eines, einem Temperaturgradienten ausgesetzten Prismas wird abgeschätzt. Zwei an den Sternwarten von Paris und Neuchâtel mit einem Danjon-Astrolab gewonnene Beobachtungsreihen werden diskutiert. Es wird vorgeschlagen, die in einer Meßreihe festgestellten systematischen Abweichungen der Zenitdistanz einem thermischen Einfluß auf das Instrument anstatt einer physiologischen Anpassung zuzuschreiben. Verf.

2204. **J.-P. Blaser, M. Cavedon,** Méthodes d'observation et de réduction à l'astrolabe Danjon. Publ. Obs. Neuchâtel Nr. 6, 27 S. — Allgemeine Beschreibung der Einrichtungen für das Danjon-Astrolab auf der Station Vue-des-Alpes. Konstruktion der Beobachtungshütte. Die zur Vermeidung der Hüttenrefraktion getroffenen Maßnahmen: Beobachtungskamin und Abschluß des Instrumentes durch eine Glasplatte. Die verschiedenen Möglichkeiten der Berücksichtigung der Refraktion. Beschreibung der Apparate des zugehörigen Zeitdienstes. Die bei der Reduktion der Beobachtungen benutzten Rechenmethoden. Verf.

2205. **V. Borocas,** Large telescopes and their use. Scientia **94** 311—315.

2206. **R. J. Bray, R. E. Loughhead, D. G. Norton,** A «seeing monitor» to aid solar observation. Obs **79** 63—65. — Es wird ein einfaches Instrument beschrieben, das zur Überwachung der «Seeing» dient, um bei photographischen Sonnenbeobachtungen die Momente optimaler Bildschärfe zu erfassen. Dazu werden die Signale von 2 Photozellen gemessen, die den Intensitätsfluktuationen infolge Sichtschwankungen am Ost- und Westrande der Sonne entsprechen. Die Sonne wird vergrößert auf einem Schirm abgebildet. An ihrem Ost- und Westrand liegen kreisbogenförmige Schlitze, dahinter Vakuum-Photozellen, an deren Ausgang eine Gleich- und eine wegen der Fluktuationen schwankende Wechselstromkomponente gemessen werden. Die Summe der von beiden Zellen kommenden Wechselstromkomponenten kann auf einem Oszilloskop und auf einem Röhrenvoltmeter als Kriterium für die Seeing beobachtet werden. Ebl.

2207. **R. Hanbury Brown,** L'interféromètre d'intensité et son application à la mesure des diamètres d'étoiles. J. Phys. Radium **20** 898—906. — Verf. hat eine allgemeine theoretische Analyse des Prinzips der Intensitätsinterferometrie und ihrer Anwendung auf die Astronomie in einem Sterninterferometer durchgeführt. Zur Prüfung der Theorie wurden einige Experimente gemacht. Verf. glaubt, daß ihre Untersuchungen für die Durchmesserbestimmung heißer Sterne von Wert sind. Er schlägt daher ein Sterninterferometer vor, welches eine maximale Grundlinie von 200 Metern und genügend große Spiegel besitzt, um alle Sterne heller als 3. Größe messen zu können. Loh.

2208. **C. de Concini,** Studio della livella di sospensione del Wild T4 appartenente all'Istituto di Geodesia e Geofisica dell'Università di Padova. Atti Ist. Sci. Lettere Arti Cl. Sci. mat. nat. **107** 147—159 = Oss. Astr. Padova Pubbl. Nr. 115.

2209. **R. J. Davis, F. L. Whipple, C. A. Whitney,** An astronomical telescope in space. Astronaut. Sci. Rev. 1 9—12, 14 = Harv Repr (2) Nr. 152. — Beschreibung eines Satelliten-Teleskops (Spiegel von 8″ Durchmesser und 24″ Brennweite) und der dazu gehörenden Bodenstationen, deren Hauptaufgabe die Untersuchung der UV-Region unter 3000 Å sein würde. Gli.

2210. **A. B. Delone, E. A. Makarowa, W. G. Kurt,** Der Außerfinsternis-Koronograph des Sternberg-Instituts. AC Nr. 203 S. 3—4 (russ.).

2211. **R. Dumont,** Description d'un dispositif à miroirs, de 120° de champ, pour la photométrie photographique des sources célestes étendues. Rev. Optique **38** 395—400, 1958. — Ein Kugelspiegel von 20 cm Öffnung mit r = 16.2 cm vermittelt zusammen mit einem Planspiegel und einer kurzbrennweitigen Kamera Abbildungen, bei denen die Helligkeit der Objekte von der Bildmitte zum Rand nur geringfügig variiert. Mit einem Halbschattenphotometer kalibriert, ist das Gerät geeignet für photometrische Untersuchungen von Nordlichtern, Zodiakallicht, Milchstraße usw. V. W.

2212. **K. Eberlein,** Der große Refraktor für Caracas. Zeiss-Werkz. **7** 26—28.

2213. **H. Friedrich,** Die Verwendung des Askania-Sekundentheodolits Tu bei astronomisch-geodätischen Beobachtungen. Askania-Warte **17** Nr. 56 S. 3—7. — Der Askania-Sekundentheodolit Tu mit automatischem Höhenindex ist zur Beurteilung seiner Leistungsfähigkeit bei astronomisch-geodätischen Beobachtungen für eine Azimutbestimmung (Horizontalwinkelmessung) und eine Breitenbestimmung (Zenitdistanzmessung) verwendet worden. Die Ergebnisse waren voll befriedigend, bei der Breitenbestimmung, durch die der automatische Höhenindex beurteilt werden sollte, sogar über Erwarten gut. Das Zubehör für astronomisch-geodätische Arbeiten erwies sich als zweckmäßig und gestattete ein bequemes Arbeiten. Die Ausleuchtung der Kreisbilder bei Verwendung der Nachtbeleuchtung ist sehr gut. Das gleiche gilt für die Optik des Instrumentes. Verf.

2214. **R. Griffin,** The satellite telescope. J. British Interplanetary Soc. **17** 100.

2215. **B. Guinot,** L'astrolabe impersonnel A. Danjon, modèle O.P.L. de l'Observatoire de Paris, étude des résultats d'une année d'observations, variation de la latitude, catalogue d'étoiles. Paris, Univ., 1958. 75 S. — Dissertation.

* * **N. Hansson,** Äldre och nyare Meridianastronomi. Vgl. Ref. **3105**.

2216. **N. E. Howard,** Standard Handbook for Telescope Making. New York, T. Y. Crowell Company, 1959. 10 + 326 S. Preis $ 5.95. — Besprechung in J RAS Canada **54** 200 (F. Lunn), Publ ASP **72** 222 (C. J. Silvernail), Sky Tel. **19** 181, **20** 158—159 (H. J. Walls), Strolling Astronomer **14** 94—95 (L. J. Robinson).

2217. **G. E. Jerlexowa,** Untersuchung der Feldfehler des Objektivs des Industar-17-Astrographen des Astrophysikalischen Instituts Stalinabad. Bull. Inst. Astrophys. Akad. Wiss. Tadshik. SSR Nr. 26 S. 25—27, 1958 (russ.). — Ref. in RJ UdSSR 1960 Nr. 7 S. 93.

2218. **D. Karshan,** Satellite tracking cameras. Spaceflight **2** 94.

2219. **A. König, H. Köhler,** Die Fernrohre und Entfernungsmesser. Berlin—Göttingen—Heidelberg, Springer-Verlag, 1959. Dritte, völlig neu bearbeitete Auflage. 8 + 475 S. Preis DM 88.00. — Besprechung in Coelum **28** 58, Mitt. Planetenbeobachter **13** 16—17 (G. D. Roth), Optik **17** 232, Sky Tel. **19** 434, VdS Nachr. **9** Nr. 3 S. 8—9 (G. D. Roth), Z. Instrumentenkunde **68** 124 (K.-J. Rosenbruch).

2220. **W. G. Kurt,** Untersuchung der Optik des Außerfinsternis-Koronographen des Lyotschen Systems. Bote Univ. Moskau (Math., Mechan., Astr., Phys., Chem.) 1958 Nr. 3 S. 65—68 (russ.). — Ref. in RJ UdSSR 1959 Nr. 11 S. 51—52.

2221. **J. Lemmens,** Sur un nouvel instrument impersonnel destiné à l'application de la méthode des hauteurs égales. Vgl. AJB 58 Ref. 2127 = Inst. Astr. Bruxelles (2) Nr. 115.

2222. **J. Lemmens,** Sur certaines corrections à apporter aux observations faites au P.Z.T. Bull. Cl. Sci. Acad. roy. Belgique (5) **45** 215—217 = Inst. Astr. Bruxelles (2) Nr. 117.

2223. **S. L. Mallick,** Construction of a Schmidt camera. J. sci. indust. Res. 18 A 268—273. — Ref. in Phys. Abstr. (A) **62** 1232.

2224. **S. G. Mamedow,** Aufstellung, Justierung und Fokussierung des chromosphärisch-photosphärischen (AFR—2, AFR—3) Teleskops. I. II. Sonnendaten 1958 Nr. 12 S. 63—65, 1959 Nr. 2 S. 72—74 (russ.).

2225. **W. Markowitz,** Instructions for operation of the moon-position camera. Ann. International Geophys. Year **4** 195—196, 1957.

2226. **A. Marks,** Sposoby zwiększenia powiększenia lornetki. Urania Kraków **30** 366—368. — Verf. gibt drei sehr einfache Methoden zur Erhöhung der Vergrößerung im Feldstecher an. E. R.

* * **A. B. Meinel,** Astronomical observations from space vehicles. Vgl. Ref. 1874.

2227. **M. A. Milchiker,** Eine Einrichtung zur Finsternisphotographie. Bull. Astr.-Geod. Ges. UdSSR Nr. 25 S. 41—43 (russ.). — Beschreibung einer in erster Linie für Liebhaber gedachten Kombination von einer Spiegelreflexkamera mit einem Feldstecher zur Photographie von Finsternissen. Loh.

2228. **J. L. Monteith,** Solarimeter for field use. J. Sci. Instruments **36** 341—346. — Ref. in Phys. Abstr. (A) **63** 475, Phys. Ber. **39** 373.

2229. **H. Oberndorfer,** Die Aufstellung des Fernrohres. Monatsbeilage VdS-Nachr. Nr. 11, 6 S.

2230. **D. S. Perfect,** The photographic zenith tube of the Royal Greenwich Observatory. Occasional Notes **3** 223—233. — Eine Reihe von instrumententechnischen Schwierigkeiten der herkömmlichen photographischen Zenit-Teleskope (PZT) sind bei dem neuen PZT überwunden: Unterhalb des Objektivs (350 cm Brennweite) ist ein Quecksilberhorizont so aufgestellt, daß die Fokalebene (photographische Platte) mit der Knotenebene des Objektivs zusammenfällt. Damit werden Knotenpunkt, instrumenteller Nullpunkt und Zenitpunkt identisch. Objektiv und Plattenkassette rotieren auf einem Kugellager gemeinsam um die optische Achse. — Eine Beobachtung setzt sich aus 4 Belichtungen zusammen, wobei zwischen je 2 Belichtungen die photographische Platte um 90° gedreht wird. — Wagenkonstruktion und Zeitaufzeichnung werden beschrieben. Ebl.

2231. **G. P. Pilnik,** The determination of the position of the noncollimating line. AJ UdSSR **36** 874—882 (russ. mit engl. Ref.). — Es wird festgestellt, daß im Verlauf einer Beobachtungsperiode am Passageninstrument die Lage der Kollimationslinie gegenüber dem Instrumentenkörper variiert. An Hand von Beobachtungen mit zwei neuen Meridiankreisen der Moskauer Sternwarte wird die Variation mit der Zenitdistanz bestimmt und der Schluß gezogen, daß die genannten Fehler auch bei anderen Geräten auftreten. Oster

2232. **G. Pinto,** Un comando automatico d'otturatore a codice adatto ad una «aircraft camera — type K. 37» per osservazioni di satelliti artificiali. Contr. Oss. Astrofis. Asiago Nr. 107, 10 S.

2233. **H. I. Potter, J. S. Strelezkij,** A camera for observations of the moon with the Pulkovo normal astrograph. AJ UdSSR **36** 1047—1052 (russ. mit engl. Ref.). — In der Werkstatt des Observatoriums Pulkowo wurde 1957 eine Markowitz-Kamera fertiggestellt, die für genaue Positionsbestimmungen des Mondes mit dem Normalastrographen verwendet wird. Einzelheiten der Konstruktion werden nach Abbildungen beschrieben, vor allem die Teile, die von der Markowitz-Kamera in Washington abweichen. Besonders ausführlich werden die Überlegungen und Rechnungen wiedergegeben, die nötig waren zur Wahl der vorteilhaftesten Dicke des planparallelen Filters, das die Helligkeit des Mondes abschwächt und zugleich durch Drehung mit geeigneter Geschwindigkeit die Bewegung des Mondes gegen die Fixsterne während der Belichtungszeit kompensiert. O. G.

2234. **E. Proverbio,** Ricerche sulla figura dei perni dell'asse orizzontale dello strumento dei passaggi Askania Ap 100. Mem SA It (NS) **30** 239—253.

2235. **R. Rajchl,** About the 2m-Zeiss-reflector. RH **40** 65—70 (tschech.).

2236. **D. H. Robey,** A rocket borne video telescope for observing Mars. Astronaut. Acta **5** 313—327. — Es wird das Problem untersucht, von Raumfahrzeugen aus gemachte photographische Aufnahmen der Marsoberfläche zu übertragen. Dazu wird die Anwendung eines einfachen Cassegrainschen Teleskops in Kombination mit einer abgeänderten Bildauffangröhre vorgeschlagen. Bei Verwendung einer zwölfzölligen Öffnung mit einem Öffnungsverhältnis 31.7 und einem Bildseitenverhältnis von 1 : 10 wird ein Objektfeld von 26.3 × 263 Seemeilen erfaßt, wenn das Raumfahrzeug 10^5 Seemeilen vom Mars entfernt ist. Objekte der Größenordnung von nur einer Seemeile sollten im Mittelteil des Bildes erkennbar sein. Bei einer Sendeleistung von 10 Watt und einer Frequenz von 2500 MHz könnte ein solches Bild über die Entfernung von 10^8 Seemeilen in etwa 3.3 Minuten übertragen werden. Die entsprechende Bandbreite ist 66 Hz. Die Fernsehbandbreite und das Auflösungsvermögen des Aggregates werden ausführlich besprochen. Verf.

2237. **H. Rohr,** Das Fernrohr für Jedermann. Zürich—Stuttgart, Rascher Verlag, 1959. 186 S. Preis DM 9.80. — Besprechung in Sterne **36** 174—175 (C. Hoffmeister).

2238. **N. J. Rumsey,** Simple telescopes with spherical mirrors. Southern Stars 18 62—69.

2239. **A. Rybarski,** Teleskop zwierciadlany w wykonaniu amatorskim. Warszawa, Państw. Zakł. Wydawn. Szkoln., 1958. 118 S. Preis 8 zł. — Besprechung in RJ UdSSR 1960 Nr. 2 S. 72.

2240. **R. N. Sanchez,** El Nivel Zeiss Ni2 como astrolabio a pendulo. Informe 1.59 Inst. Geod. Topogr. Tucuman.

2241. **S. I. Seleschnikow,** Sowjetische astronomische Instrumente. Priroda **48** Nr. 9 S. 39—46 (russ.). — Ref. in Urania Kraków **31** 208—210. — Nach einem Bericht über die Entwicklung des astronomischen Instrumentenbaues in der UdSSR werden im einzelnen Geräte zur Sonnenbeobachtung, Reflektoren, Refraktoren, Spiegel-Linsenteleskope und astrometrische Instrumente beschrieben. Loh.

2242. **Č. Šiler,** About the construction of small photographic telescopes. RH **40** 230—233 (tschech.).

2243. **S. J. Slaucitajs,** Correcciones de trazo del circulo I del anteojo meridiano Repsold. Obs. Astr. Univ. Nacional La Plata (Astr.) **29** Nr. 2, 45 S.

2244. **S. J. Slaucitajs,** Correcciones de trazo del circulo II del anteojo meridiano Repsold. Obs. Astr. Univ. Nacional La Plata (Astr.) **29** Nr. 3, 26 S.

2245. **M. S. Sodha,** Resolving power of an instrument with a circular aperture, in white light. Optik **16** 276—279. — In der vorliegenden Arbeit wird vom Verf. das Auflösungsvermögen von Instrumenten behandelt, die kreisförmige Öffnung besitzen und bei weißem Licht visuell benutzt werden. Man findet, daß bei weißem Licht das Auflösungsvermögen fast genau mit dem übereinstimmt, welches unter Annahme von Einfall von monochromatischem Licht, für das das Auge am empfindlichsten ist, berechnet wurde. Verf.

2246. **A. Staus,** Fernrohrmontierungen und ihre Schutzbauten. München, UNI-Druck, 1959. 2. Auflage. 67 S. Preis DM 8.00. — Besprechung in Sky Tel. **19** 306, Sterne **35** 208 (G. D. Roth), Sternenbote **3** 23—24, VdS Nachr. 8 61 (G. D. Roth).

2247. **J. Texereau,** Les télescopes du type Cassegrain. Paris, Société Astronomique de France, 1959. 42 S. Preis 400 fr. — Besprechung in J. Astr. Soc. Victoria **12** 69—70. — Sammlung einiger Aufsätze aus BSAF **70**, **71** (vgl. AJB **56** Ref. **2121**, **57** Ref. **2128**).

2248. **F. Töpfer,** Ein Vergleich von Hilfsmitteln für Sonnenanzielungen. Vermessungstechnik **7** 11—12. — Durch Anzielung einer künstlichen ruhenden «Sonnenscheibe» und Ermittlung der Zielfehler ergab sich, daß der normale Fehler der Sonnenanzielung von 4″ bis 5″ fast ganz auf die gleichzeitig an zwei Fäden vorzunehmende Einstellung auf die sich bewegende Sonne zurückzuführen ist. Ein Vergleich der Beobachtungsgenauigkeit dreier Beobachter am Roelofschen Originalprisma, einem Nachbauprisma, dem Sonnenkreis und dem unbewaffneten Fadenkreuz fiel nicht eindeutig für ein bestimmtes Hilfsmittel aus. Verf. erzielte am Sonnenkreis die besten Resultate. Schr.

2249. **N. A. Tschernega,** Untersuchung der Zapfen des Meridiankreises des Astronomischen Observatoriums der Staatsuniversität Kiew. Publ. Astr. Obs. Kiew Nr. 8 S. 102—111 (russ.).

2250. **I. Tsubokawa,** The Astrolabe. Astr. Herald **52** 27 (japan.).

2251. **M. Wähnl,** Der Schmidt-Spiegel und andere Teleskope. (Der Ausklang der Blütezeit der großen Refraktoren). Veröff. Urania-Sternw. Wien Nr. 2 S. 18—28.

2252. **H. Werner, R. Liebmann,** Der neue Zeiss-Coudé-Refraktor. Z. Instrumentenkunde **67** 216—220. — Der hier beschriebene Zeiss-Coudé-Refraktor zeichnet sich dadurch aus, daß der Planspiegel im Schnittpunkt der Deklinations- und der Stundenachse umklappbar ist und daß somit alternativ ein vorderer und ein hinterer Fokus (beide festliegend) zugänglich gemacht wird. Infolgedessen können mit ein und demselben Gerät zwei verschiedene Beobachtungsprogramme durchgeführt werden, ohne daß ein Auswechseln von Geräteteilen notwendig ist. Das hat besondere Bedeutung für die Überwachung der Sonne im integralen und im monochromatischen Licht. Verf.

2253. **W. E. Woehl, R. M. Waetjen,** Description of AFMDC prototype camera station for satellite surveillance. Air Res. Development Command US Air Force, Project Space Track, March 1959, 46 S.

2254. **C. Wyser, J.-P. Blaser, W. Schuler,** L'automatisation de la lunette zénithale photographique. Publ. Obs. Neuchâtel Nr. 7, 16 S. — Die völlige Automatisierung des photographischen Zenitteleskopes wird durch Anpassen des Instruments und Benutzung eines Programmgerätes erreicht. Das Programm besteht aus der Liste der Rektaszensionen der Sterne auf gelochtem Fernschreiberband. Beobachtungen von acht Stunden Dauer sind ohne nächtliche Anwesenheit eines Beobachters möglich. Ein Regen-Detektor schützt das Instrument. Verf.

2255. Askania-Fotozenitteleskop. Askania-Warte **17** Nr. 55 S. 3—4. — Das hier kurz beschriebene und an das Observatorium Cagigal in Caracas gelieferte Fotozenitteleskop dient zur Bestimmung der astronomischen Zeit und Breite. Die besonderen Vorteile dieses photographisch registrierenden Geräts liegen in der völligen Ausschaltung des persönlichen Fehlers. Loh.

2256. En Schmidtkamera för amatörer. PAT **40** 76.

2257. An ultraviolet telescope in a satellite. Sky Tel. **18** 437.

2258. Projekt wielkiego teleskopu w ZSRR. Urania Kraków **30** 66.

Radioastronomische Instrumente

2259. **J. Arsac,** Essai de détermination des très faibles diamètres apparents en radioastronomie. Optica Acta **6** 77—98. — Wo das begrenzte Auflösungsvermögen eines Radioteleskopes keine oder nur wenig Auskunft über den untersuchten Stern gibt, ist es üblich, einen scheinbaren Äquivalentdurchmesser der Quelle anzugeben, den einer fiktiven, kreisförmigen Quelle konstanter Intensität, die dieselben Resultate wie das Original gibt (Krümmung der Interferometerkurve in der Nähe des Ursprungs oder Verbreiterung des zentralen Maximums der Beugungsfigur). Aus jeder dieser Größen ergeben sich Grenzen für den wahrscheinlichen Sterndurchmesser ohne Kenntnis der Form dieses Sternes, die mit Hilfe der Wahrscheinlichkeitstheorie von Verteilungen abgeleitet werden. Ebl.

2260. **J. Arsac,** Correction approchée de l'effet de lobe en radioastronomie. Optica Acta **6** 103—116. — Numerisches Verfahren zur Verbesserung der Durchlaßkurven für Linienfrequenzen, angewandt auf 3.2 cm-Sonnenbeobachtung. V. W.

2261. **E.-J. Blum,** Sensibilité des radiotélescopes et récepteurs à corrélation. Ann d'Astrophys **22** 140—163. — Die Empfindlichkeit von Radioteleskopen in Abhängigkeit von Antennen- und Empfängercharakteristik wird diskutiert, um zu zeigen, daß es 2 Arten von Radioteleskopen gibt: zum Vergleich und zur Korrelation. Der Untersuchung dieser wesentlich voneinander verschiedenen Eigenschaften schließt sich an die Beschreibung einer einfachen Technik, Messungen durch Korrelation zu machen. Ebl.

2262. **W. N. Christiansen,** Development of highly directive aerials in radio astronomy. Proc IRE Australia **20** 519—528 = Division Radiophys. C.S.I.R.O. Chippendale.

2263. **D. D. Cudaback,** Preliminary observations with the Stanford microwave interferometer. Publ ASP **71** 537—539. — Besonders zur Beobachtung der Sonnenaktivität im Wellenlängenbereich 9 bis 11 cm ausgerüstet, besteht das Christiansen-Interferometer aus 2 Beugungsgittern mit variablen Blazewinkeln, ost-west oder nord-süd angeordnet, in ihren Mitten überschneidend. Jedes Gitter ist ein Feld von 16 äquatorial montierten 10-Fuß Paraboloiden, jeweils 25 Fuß voneinander getrennt. Die Foci aller Paraboloide sind zu einem Zentralpunkt verbunden, derart, daß alle Weglängen innerhalb von Millimetern übereinstimmen. — In den Überschneidungen der Streifen beider Gitter ergeben sich Bündeldurchmesser von 3!5. Es wird eine hohe Auflösung erreicht. Ebl.

2264. **R. J. Davis,** The radar appearance of a rotating corner reflector. Astronaut. Acta **5** 1—14 = Harv Repr Nr. 507.

2265. **F. D. Drake,** Radio astronomy receivers. Sky Tel. **19** 26—28, 87—89 = National Radio Astr. Obs. Repr. Nr. 8. — Es werden die gebräuchlichsten Radiometer besprochen: Das Direkt-Radiometer, das eine hohe Empfängerstabilität erfordert; ein Gleichstrom-Kompensationstyp, um das Empfängerrauschen zu eliminieren; das Dicke-Radiometer, bei dem das Antennensignal moduliert wird. — Das Problem des Empfänger-Rauschens und Methoden der Empfindlichkeitserhöhung werden kurz diskutiert. — Zwei neue rauscharme Verstärkertypen werden beschrieben: a) Maser (= microwave amplification by stimulated emission of radiation), bei denen von paramagnetischen Eigenschaften gewisser Kristalle Gebrauch gemacht wird. b) Parametrische Verstärker, in denen gewisse Kristalle als Kondensatoren in einem Schwingkreis wirken. Ebl.

2266. **F. J. Frey,** Konstruktion des Radioteleskops des Heinrich-Hertz-Instituts der Deutschen Akademie der Wissenschaften. Technik Berlin **13** 657—659, 1958.

2267. **J. A. Giordmaine, L. E. Alsop, C. H. Mayer, C. H. Townes,** A maser amplifier for radio astronomy at X-band. Proc IRE **47** 1062—1069.

2268. **B.-H. Grahl,** Die Positionsgenauigkeit des 25 m-Radioteleskops der Sternwarte Bonn. Telefunken-Zeitung **31** 226—232 = Mitt. Univ.-Sternw. Bonn Nr. 25 S. 24—30. — Die Steuerung des Teleskops, das azimutal montiert ist, wird an Hand eines Blockdiagrammes und Funktionsbildes beschrieben. Der Koordinatenwandler (Umwandlung äquatorialer Koordinaten in Azimut und Höhe) liefert Azimut und Höhe im allgemeinen mit einem Fehler unter 1′. Die Folgereglung erfolgt mit einer Genauigkeit $< 1'$ in Höhe und $1'$—$2'$ (bei hohen Windgeschwindigkeiten bis 5′) im Azimut. Der Radialschlag des Azimutzahnrades von 2.88 m Teilkreisdurchmesser beträgt 1.5 mm und ergibt Azimutabweichungen von $\pm 3'$. Der Höhenfehler geht linear mit der Höhe und ist im Horizont (etwa 3′) am größten, wie eine optische Positionskontrolle ergab. Die radioastronomische Positionsgenauigkeit wurde mit bekannten Radioquellen bestimmt. Insgesamt ergibt sich ein Fehler von im Mittel 3′ für Azimut und 1!5 in Höhe, zu dem noch die Refraktion hinzukommt. Ebl.

2269. **B. Höglund, V. Radhakrishnan,** A radiometer for the hydrogen line. Trans. Chalmers Univ. Techn. Gothenburg, Sweden Nr. 223 = Rep. Res. Lab. Electronics Nr. 48 = Univ. Gothenburg Section Astr. Repr. Nr. 2, 24 S. — Der neue 21 cm-H-Linien-Empfänger mit Parabolantenne (Würzburg-Riese mit 7,5 m ⌀) ist dem holländischen Instrument sehr ähnlich. Er arbeitet nach dem Umschaltprinzip zwischen H-Linie und Kontinuum (im Abstand von $\pm 1{,}62$ MHz) und Phasendetektor (Umschaltfrequenz = 400 Hz). Der Empfänger ist ein Superhet mit drei Frequenzumsetzungen. Die erste ZF beträgt 31,2 MHz mit 5 MHz Bandbreite. Der zweite ZF-Verstärker hat einen veränderlichen Oszillator zwischen 38 und 41 MHz mit einer Abtastgeschwindigkeit von 10 kHz/min. Die Verstärkung erfolgt in zwei Kanälen bei 7,44 und 9,06 MHz mit einer Bandbreite von je 100 kHz. Mit einem dritten Oszillator bei 8,25 MHz ergibt sich für beide Kanäle als dritte ZF also 810 kHz (Bandbreite = 30 kHz). Bei einer Zeitkonstante von 80 sec ergibt sich eine Temperaturauflösung von etwa 2°. Eine hohe Frequenzgenauigkeit wird durch ständigen Vergleich mit dem 200 kHz-Sender Droitwich erzielt. HHR

2270. **D. Kotsakis,** Radioteleskope und Galaxien. Techn. Ann. Athen **36** 415—425 (griech.). — Artikel über die Radioteleskope und ihre Anwendung zur Erforschung der Milchstraße und der außergalaktischen Nebel. Mav.

2271. **A. G. Little,** Sensitive detectors for radio astronomy. Publ ASP **71** 388. — Ref. ASP.

2272. **J. Masłowski,** Automatyczne sterowanie anteną radioteleskopu krakowskiego. Postępy Astr. **7** 266—267. — Beschreibung der Konstruktion und des allgemeinen Wirkungsprinzips einer zur automatischen Leitung der Radioteleskopantenne der Krakauer Sternwarte geeigneten Einrichtung. Letztere enthält eine Uhr, die den Stundenwinkel der Sonne anzeigt, eine Kreisscheibe mit Kontakten und einen Relaissatz. E. R.

2273. **P.-G. Mezger,** Technische und astronomische Messungen mit dem Bonner 25 m-Radioteleskop. Telefunken-Zeitung **31** 213—223, 1958; **32** 38—46 = Mitt. Univ.-Sternw. Bonn Nr. 25 S. 2—23. — Technische Messungen: Das Differenzmeßverfahren zur Beobachtung der kosmischen Linienstrahlung; Direktmeßverfahren für die kontinuierliche kosmische Radiostrahlung; Eichung der Antennentemperaturen. Beschreibung des Empfängers, der Antenne und ihrer Absoluteichung. — Astronomische Messungen: Kontinuierliche Radiostrahlung: Einfluß von Atmosphäre und Erdboden, die Spektren von Radioquellen, Durchmusterungen, thermische Radiostrahlung des Mondes. Linienstrahlung des interstellaren Wasserstoffs: Durchmusterung eines speziellen Milchstraßensektors, Wahl einer geeigneten Empfängerbandbreite, Absorptionsspektren, extragalaktische Linienstrahlung. Ebl.

2274. **P.-G. Mezger,** Die Ausmessung großer Parabolspiegel im Mikrowellenbereich mit radioastronomischen Mitteln. Telefunken-Zeitung **32** Heft 124, 12 S. = Mitt. Univ.-Sternw. Bonn Nr. 26. — Aus Durchlaufregistrierungen der Radioquelle Cas A (Öffnungswinkel 3!8) können 1. die exakte Form der Hauptkeule der Antenne, 2. ein eventuelles «Schielen» derselben, bestimmt werden und 3. die geeignete Justierung des Erregers zur Erzielung eines optimalen Antennengewinns. Für die Bestimmung des Streufaktors der Antenne wurde die thermische Radiostrahlung des Erdbodens verwendet. Es wird auf die Möglichkeit hingewiesen, Cas A als Eichnormal für den Antennengewinn zu verwenden. Messungen und idealisierte Rechnungen von Antennengewinn und Antennencharakteristik werden verglichen. Ebl.

2275. **P. G. Mezger,** Die thermische Radiostrahlung des Erdbodens und der Atmosphäre bei 1420 MHz und ihr Einfluß auf das Antennenrauschen. Z. angew. Phys. **11** 41—46 = Mitt. Univ.-Sternw. Bonn Nr. 22. — Im Mikrowellenbereich tritt bei radioastronomischen Messungen kleiner Intensitäten als unumgängliche Störung (außer dem Empfänger-Eigenrauschen) das Antennenrauschen, das durch die thermische Radiostrahlung des Erdbodens und der Atmosphäre verursacht wird, merklich in Erscheinung. Die Quellen dieses störenden Antennenrauschens werden untersucht und die mit dem 25 m-Teleskop gewonnenen Meßergebnisse mit den theoretischen Werten verglichen. Im Anschluß daran wird das Problem eines «Radiobildes der Erdoberfläche» erörtert, das bereits von O. Hachenberg vor einiger Zeit sehr ausführlich behandelt wurde. Auf diese Arbeit (Wiss. Mitt. Heinrich Hertz-Inst. **4** Nr. 80, 1957/58) wurde leider nicht hingewiesen. HHR

2276. **M. Pick-Gutmann, J.-L. Steinberg,** Réseau à 16 antennes fonctionnant sur 9300 MHz. CR **248** 2452—2454.

2277. **E. Schüttlöffel,** Überlegungen und elektrische Messungen für die Antenne der Radiosternwarte auf dem Stockert. Telefunken-Zeitung **32** Heft 124, 8 S.

2278. **S. Suzuki,** Multiphase radio interferometers for locating the sources of the solar radio emission. Publ. Astr. Soc. Japan **11** 195—215 = Tokyo Astr. Obs. Repr. Nr. 185. — Prinzip, Konstruktion und Genauigkeit eines Radio-Interferometers (mit Ost-West-Basis) werden diskutiert, bei dem aus der Registrierung sofort die Position einer Burstquelle relativ zur Sonnenmitte mit einer Genauigkeit von 0.01 $R_\odot$ abgelesen werden kann. Dieses «Vielphasen-Interferometer» wurde entwickelt, um bei der Lokalisierung der Quellen solarer Radiostrahlung bei 200 MHz Mehrdeutigkeiten zu beseitigen und die Auswertearbeit zu reduzieren. HHR

2279. **J. S. Walker,** Jodrell Bank radio telescope controlled by computers. Science **130** 1326—1327.

2280. Concerning radio-telescopes. J. Astr. Soc. Victoria **12** 65—66. — Betrifft die Teleskope von Barstow, Calif. und Parkes, N. S. W.

2281. Radiotelescope under construction. Science **129** 1116. — Betrifft den Bau eines von der National Science Foundation finanzierten Radioteleskops an der Ohio State University.

2282. Radar telescope. Science **130** 698. — Bau für die Stanford Universität.

2283. Some radio telescopes. Sky Tel. **18** 302—305, 370—374.

2284. Some new American radio telescopes. Sky Tel. **19** 3.

§ 23

Zusatz- und Auswertegeräte

2301. **A. Abrami,** Descrizione di un amplificatore per la misura di piccole correnti fotoelettriche. Mem SA It (NS) **30** 223—227 = Oss. Astr. Trieste Nr. 288.

2302. **E. Bartl,** Polarisationsmessungen mit lichtstarken Abbildungssystemen. Wiss. Z. Friedrich-Schiller-Univ. Jena **8** 5—13 = Mitt. Univ.-Sternw. Jena Nr. 39. — Nach einer Diskussion von systematischen Fehlern, die bei photographischer Polarimetrie mit lichtstarken Systemen auftreten, wird eine Methode beschrieben, die photographische polarimetrische Messungen mit Systemen beliebiger Öffnungsverhältnisse gestattet. Ferner werden Polarisationsmessungen an 73 Sternen im SA 9 mitgeteilt. Sm.

2303. **W. A. Baum, W. K. Ford jr., J. S. Hall,** Recent tests with image tubes. Publ ASP **71** 382—383. — Ref. ASP.

2304. **P. N. Bojko,** Ein Spektralelektrophotometer mit automatischer Registrierung des Spektrums. Mitt. Astrophys. Inst. Alma-Ata **8** 108—114 (russ. mit engl. Ref.).

2305. **M. W. Bratijtschuk,** Untersuchung des großen Beugungsspektrographen des Astronomischen Observatoriums der Universität Kiew. Circ. Astr. Obs. Kiew Nr. 69 S. 3—15 (russ.).

2306. **K. Brekke,** A high-speed rotating disk shutter for photographing the solar disk. Inst. Theoret. Astrophys. Blindern—Oslo Rep. Nr. 5, 26 S. — Für das Turmteleskop von Harestua (30.5 cm/962.6 cm) wurde ein rotierender Schlitzverschluß konstruiert, da damit eine höhere gleichförmige Geschwindigkeit erzielt werden konnte als mit einem einfachen Schlitzverschluß. Die vom rotierenden Verschluß durchgelassene Lichtmenge ist eine Funktion des Abstandes a vom Rotationszentrum, solange der Schlitz parallel zur photographischen Platte liegt. Gibt man diesem aber eine kleine Neigung gegen die Platte, so erhält man einen Belichtungsverlauf wie beim normalen Schlitzverschluß, der in guter Näherung unabhängig von a ist. — Verschlußkonstruktion und Zubehör werden beschrieben. Ebl.

2307. **K. C. Clark, G. J. Romick,** An auroral spectrograph. J. Optical Soc. America **49** 141—145.

2308. **F. J. Coumat, S. Martinuzzi,** L'utilisation de l'U. V. solaire concentré. J. Phys. Radium **20** 651.

2309. **A. W. J. Cousins,** Non-linearity of photomultipliers. Obs **79** 57.

2310. **F. Daniels,** The sun's energy. Smithsonian Rep. for 1958 S. 237—249 = Smithsonian Publ. Nr. 4355. — Allgemeiner Überblick über die Probleme der Ausnutzung von Sonnenenergie in technischer und sozialer Hinsicht. Els.

2311. **P. Darnell,** Et hjemmelavet solprisme. NAT 1959 S. 139—140. — Verf. berichtet über ein selbstangefertigtes Sonnenprisma, ohne jedoch die Konstruktion näher zu beschreiben. Dabei wird vorgeschlagen, es in Kombination mit einem Polarisationsfilter auszuprobieren. C. L. J.

2312. **E. W. Dennison,** Preliminary experiments with a T. V. image tube for solar photometry. AJ **64** 328. — Ref. AAS.

2313. **N. A. Dimow,** Stellar integrating electrospectrophotometer. AC Nr. 204 S. 14—15 (russ.). — In Anlehnung an die Prinzipien und Konstruktionen von Dobronrawin-Nikonow (vgl. AJB **55** Ref. **2255**), Geake-Wilcock (vgl. AJB **56** Ref. **2235**) und Liller (vgl. AJB **57** Ref. **2259**) hat Verf. für den 50 cm-Reflektor (Coudé-Fokus) der Krim-Sternwarte ein direkt registrierendes, akkumulierendes, photoelektrisches Spektralphotometer konstruiert, das im Juni—Juli 1959 erprobt wurde und hier kurz beschrieben wird. Die Genauigkeit in der Erfassung einzelner Punkte von Linienprofilen beträgt bei Meßzeiten von 4—7 Minuten für Sterne 3. bis 6. Größe 1 bis 2%. Loh.

2314. **M. A. Ellison,** The recording of sudden enhancements of atmospherics (S. E. A. s) for purposes of flare patrol. JBAA **69** 127—132 = Dunsink Obs. Repr. Nr. 11.

2315. **W. G. Fessenkow,** A two-channel polarimeter and its application in atmospheric optics and astrophysics. AJ UdSSR **36** 1094—1110 (russ. mit engl. Ref.). — Verf. beschreibt die Konstruktion und teilt die theoretischen Grundlagen eines Geräts mit, das zur Messung aller vier Polarisationsparameter mit ausreichend großer Schnelligkeit und Genauigkeit dient. Methodisch werden dabei gleichzeitig Summe und Differenz der Strahlung einunddesselben Objektes in zwei aufeinander senkrecht stehenden Richtungen gemessen. Das in der Werkstatt des Astrophys. Obs. Alma-Ata 1958 hergestellte Polarimeter wurde 1959 nach einigen Verbesserungen zur Messung des Taghimmellichts verwandt. Ein weiteres Instrument wurde 1959 zur Messung des Leuchtens des Nachthimmels und des Zodiakallichts gebaut. Loh.

2316. **A. S. Fomin,** Erfahrungen in der Konstruktion und Anwendung eines Kollimatorsuchers. Bull. Astr.-Geod. Ges. UdSSR Nr. 24 S. 61—69 (russ.).

2317. **E. G. Forbes,** A re-determination of the screw errors of the «Mioni» spectralcomparator at the Observatory of Arcetri. Mem SA It (NS) **30** 333—336 = Oss. Astrofis. Arcetri Contr. Nr. 33.

2318. **E. W. Foster,** A fast recording spectrograph for absolute intensity measurement of bright sources. Proc. Inst. Electronics **3** Nr. 3 S. 2—11, 1958 = Commun. Univ. London Obs. Nr. 36.

2319. **J. E. Geake, J. Ring, N. J. Woolf,** The Fabry-Perot monochromator. MN **119** 616—628. — Es wird gezeigt, daß bei vorgegebenem Auflösungsvermögen R die Kombination eines Monochromators mit einem Fabry-Perot-Interferometer (FP) es erlaubt, breite Eintrittsspalte zu benutzen und damit Lichtverluste zu vermeiden. — Die Theorie des FP ergibt, daß dieses in axialer Anordnung optimal wirkt. Ungenauigkeiten der optischen Flächen begrenzten den Lichtgewinn auf einen Faktor 13 gegenüber einem Monochromator allein. Verbesserungen der Flächen sollten einen weiteren Gewinn um einen Faktor 2 bringen. — Die FP-Technik verbessert die photoelektrische Stern-Spektroskopie: Weitere Spalte reduzieren Intensitätsfluktuationen. Große Teleskope erlauben höhere Lichtausbeute bei größerer Auflösung. Ebl.

2320. **T. Gehrels, T. M. Teska,** A Wollaston photometer. AJ **64** 332. — Ref. AAS.

2321. **I. G. van Griethuysen, J. Houtgast,** Quantitative photometric measurements with a Lyot filter. BAN **14** 279—287. — Die Durchlässigkeit eines Lyotschen H_α-Filters wird bestimmt. Eine Reihe von Beobachtungen von Helligkeitsausbrüchen auf der Sonne mit Hilfe des Filters werden beschrieben. FS

2322. **P. Guérin,** Réalisation et possibilités d'emploi d'un spectrophotomètre stellaire photoélectrique à compensation. Ann d'Astrophys **22** 611—680. — Es wird ein photoelektrisches Spektralphotometer für kleine Dispersionen beschrieben (Auflösungsgrenze 44 Å); Spektralbereich λ 6000 bis λ 3500 Å. Der eine der beiden 19-stufigen Lallemand-Photomultiplier liegt hinter dem Quarzspektrographen und mißt die Intensitätsverteilung im Spektrum, der andere (vor dem Spektrographen) zur Kompensation einen Teil der einfallenden Gesamtintensität. Die Registrierung erfolgt mit einem Logometer. — Das Instrument wurde zur Bestimmung relativer Gradienten und Balmer-Sprünge früher Sterne heller als 8^m angewandt. — Der Plan eines neuen Spektralphotometers gleichen Typs zur genauen Bestimmung von Äquivalentbreiten isolierter Linien wird beschrieben. Ebl.

2323. **S. Guidarelli,** Il nuovo spettrografo stellare dell'Osservatorio astronomico di Merate. Atti Fond. G. Ronchi **14** 535—554. — Verf. beschreibt den neuen Gitterspektrographen der Sternwarte Merate und geht unter anderem näher auf Biegung, Photometrierung und Wärmehaltung ein. B. C.

2324. **G. A. Gursadjan,** Bemerkung über eine Anwendung des elektrophotometrischen Planimeters. Mitt. Obs. Bjurakan Nr. 26 S. 77—82 (russ. mit armen. Ref.).

2325. **E. A. Gurtowenko,** Über die Wärmeregelung des Lyot-Filters am AFR-2-Teleskop. Sonnendaten 1959 Nr. 5 S. 85—88 (russ.).

2326. **K. Gyldenkerne,** Fotoelektriske bille drør i astronomien. NAT 1959 S. 21—26.

2327. **M. Haase, H. G. Häfele,** Ein neuer H-Alpha-Monochromator (Lyot-Filter). Z. Instrumentenkunde **67** 113—118. — Es wird eine Weiterentwicklung eines Monochromators für die rote Wasserstofflinie beschrieben. Der nach dem Prinzip der Polarisations-Interferenzfilter arbeitende Monochromator dient in Verbindung mit Refraktoren der Sonnenbeobachtung und -photographie. Seine wirksame Durchlaßbreite beträgt 0.75 Å. Sie ist auf 3.0 Å ohne Fokusdifferenz umschaltbar. Als weitere Neuerung wird ein zusätzliches Kristallelement zur Kontraststeigerung erläutert, das gleich den übrigen kristalloptischen Teilen elektrisch temperiert wird und gleichfalls ausschaltbar ist. Verf.

2328. **M. Haase,** Ein Zeiss-H-Alpha-Monochromator für die Sonnenforschung. Zeiss-Werkz. **7** 30—31.

2329. **P. Hariharan, M. S. Bhalla,** Contour mapping microdensitometer. J. Sci. Instruments **36** 192—195. — Ref. in Phys. Abstr. (A) **63** 508.

2330. **T. Jarzębowski,** Spectral sensitivity of the Wrocław photoelectric apparatus. AA **9** 29—37 = Wrocław Astr. Obs. Repr. Nr. 13. — Das mit einem 1P21-Vervielfacher ausgestattete Photometer ist am 20 cm-Refraktor anmontiert. Verf. teilt damit erhaltene Ergebnisse über die Energieverteilung in den Spektren von Sternen verschiedenen Spektraltyps mit. Loh.

2331. **L. M. Kotljar,** Der neue Sonnenmagnetograph des Astronomischen Hauptobservatoriums Akad. Wiss. UdSSR. AC Nr. 203 S. 5—7 (russ.). — Der an den Beugungsspektrographen des horizontalen Sonnenteleskops anmontierte Magnetograph, der Anfang des Sommers 1959 in Dienst gestellt wurde, wird an Hand der abgebildeten optischen und elektronischen Schemata kurz beschrieben. Loh.

2332. **G. E. Kron,** An image-tube experiment at the Lick Observatory. Publ ASP **71** 386—387 = Contr. Lick Obs. (2) Nr. 98. — Ref. ASP.

2333. **G. P. Kuiper,** On the performance of the Bendix Lumicon with astronomical objects. Air Res. Development Command US Air Force, Project Space Track Sept. 1959, 24 S. — Es wurden mit dem Bendix-Lumicon in Verbindung mit 65/150 und 25/50 mm Objektiven, dem 40 inch-Yerkes-Refraktor und 82 inch-Teleskop von McDonald Registrierversuche ruhender und bewegter astronomischer Objekte gemacht. Die Grenzgrößenklassen (Integrationszeit 2/3, 1/3 und 1/30 sec.) sind proportional dem Logarithmus der Apertur. Tests an Nebeln, Mond und Planeten werden an Photographien von Lumicon-Bildern demonstriert. Allgemeine Bemerkungen über Grenzen der konventionellen photographischen Methoden und den Beobachtungen mit dem Lumicon werden angeschlossen. Ebl.

2334. **W. P. Linnik,** Interferential bands of reference stellar spectrographs. DAN **124** 1009—1010 (russ.).

2335. **R. Michard,** Profil instrumental et pouvoir de résolution du spectographe de 9 mètres. Ann d'Astrophys **22** 185—187. — Mit Hilfe der sehr scharfen Absorptionslinien des Jod-Dampfes wird das Apparateprofil des 9 m-Spektrographen (Meudon) für normale Arbeitsbedingungen bestimmt. Für das Auflösungsvermögen (im Sinne Abbes) ergibt sich in der 5. Ordnung $\lambda/\Delta\lambda =$ 445000, das sind 90% des theoretischen Wertes. Voigt

* * **R. Michard, R. Servajean, G. Laborde,** Spectroscopie des éruptions solaires dans le programme français de l'A. G. I. I. Instruments et observations. Vgl. Ref. **6647**.

2336. **K.-D. Mielenz,** Zur Schwärzungsmessung an Spektrallinien. Z. Instrumentenkunde **67** 28—30. — Auf Grund einer idealisierten Vorstellung über die Streueigenschaften der photographischen Platte wird gezeigt, in welcher Weise die mit einem Spektrallinien-Photometer gemessene Transparenz (Schwärzung) grundsätzlich von den optischen Daten des Photometers abhängt und von der «wahren» Transparenz (Schwärzung) abweicht. Es wird ein Weg gezeigt, wie man die Meßergebnisse verschiedener Photometer in Übereinstimmung bringen kann. Verf.

* * **H. G. Müller,** Messung des kosmischen Radiokontinuums bei 1420 MHz mit hoher Temperaturauflösung. Vgl. Ref. **14477**.

2337. **T. Nakamura,** Recent astronomical observations by image-converter. Astr. Herald **52** 118 (japan.). — Darstellung der Methoden von W. A. Baum und J. S. Hall.

2338. **G. Nebbia, E. M. Pizzoli,** Ricerche con un distillatore solare verticale. Ric. Sci. **29** 1941—1945. — Verf. beschreiben die mit einer stehenden Sonnenretorte neuer Ausführung erzielten Ergebnisse. Die destillierte Wassermenge wurde als Funktion der Intensität der Sonnenstrahlung während der verschiedenen Monate des Jahres bestimmt und aus der Ausarbeitung der Angaben ergab sich, daß die untersuchte Sonnenretorte in niedrigen Breiten und in den Monaten niedriger Neigung der Sonne gute Leistungen liefert. Verf.

2339. **Y. Öhman,** Solenergiens praktiska utnyttjande. PAT **40** 29—42.

2340. **P. J. Ovrebo, R. Astheimer, E. Wormser,** Astronautical applications of infrared techniques. Proc IRE **47** 1625—1628. — Kurze Zusammenstellung verschiedener friedlicher und militärischer Anwendungsmöglichkeiten für Infrarotdetektoren. Ein Abschnitt widmet sich der Positionsbestimmung von Erdsatelliten mit Hilfe ihrer Infrarotstrahlung. Meßdaten, sowie eine schematische Darstellung der benutzten Apparatur sind beigegeben. Oster

2341. **E. Paloque, H. Berthomieu,** Etude de la machine Hilger destinée à la mesure des coordonnées rectangulaires sur les clichés photographiques. Ann. Obs. Astr. Mét. Toulouse **27** 33—46.

2342. **J. G. Phillips,** Simple self-recording intensitometer attachment for microphotometers. J. Optical Soc. America **49** 972—973 = Berkeley Repr. Nr. 148.

2343. **A. Piaskowski,** Mikrometr dwuobrazowy z kulistą soczewką kwarcową. Urania Kraków **30** 266—270. — Beschreibung eines Doppelbildmikrometers mit kugelförmiger Quarzlinse, das Verf. nach dem Vorschlag von G. Dollond (1821) 1957 angefertigt hat. E. R.

2344. **A. Piaskowski,** Nowy przyrząd przyzmatyczny do obserwacij Słońca. Urania Kraków **30** 332—335. — Beschreibung einer Vorrichtung zur Schwächung des Sonnenlichts in Beobachtungsinstrumenten. E. R.

2345. **G. Pinto,** Sull'error medio nell'esame di viti micrometriche di precisione. Mem. Accad. Patavina Cl. Sci. Mat. Nat. **71** 3—14 = Oss. Astr. Padova Pubbl. Nr. 117.

2346. **J. Richter,** Ein Zusatzgerät zur direkten Registrierung von Intensitätskurven mit dem Mikrophotometer. ZfA **48** 159—162. — Es wird eine Apparatur beschrieben, die zusammen mit einem Mikrophotometer Schwärzungswerte photographischer Platten automatisch in Intensitätswerte umsetzt. Dabei wird ein von Minnaert und Houtgast angegebenes Konstruktionsprinzip benutzt. Verf.

2347. **M. Rigutti,** Il filtro interferenziale dell'Osservatorio astrofisico di Arcetri. Ric. Sci. **29** 1159—1172 = Oss. Astrofis. Arcetri Contr. Nr. 24. — Verf. beschreibt das neue Interferenzfilter für Sonnenbeobachtungen in Hα der Astrophysikalischen Sternwarte von Arcetri und das Gerät für die photographische Aufzeichnung und okulare Beobachtung, das zur Anwendung des Filters selbst hergestellt wurde. Ferner beschreibt Verf. auch eine Anwendung des Filters für eine neue, direkte okulare Messungsmethode der Fläche der chromosphärischen Erscheinungen (Protuberanzen, Fackeln, Flares), die jetzt ausprobiert wird. Verf.

2348. **J. B. Rogerson, L. Spitzer, J. D. Bahng,** A high-dispersion photoelectric spectrophotometer. ApJ **130** 991—1002. — Mit dem hier beschriebenen, am 100″-Reflektor des Mount Wilson Obs. anmontierten Spektralphotometer wurden die Spektren einiger Sterne nach interstellaren Linien durchmustert. In ζ Per wurde die Al I-Linie λ 3944.0 nicht gefunden. In neun Sternen wurde die Äquivalentbreite der CH^+-Linie λ 4232.6 gemessen, in ebenfalls neun Sternen die der D-Linien. Letztere stimmen mit früheren Messungen am Mount Wilson besser überein als mit denen in Victoria. Loh.

2349. **D. A. Roshkowskij,** Microphotometer with rotating table. AC Nr. 207 S. 8—10 (russ.).

2350. **W. M. Sinton,** A pyrometer for planetary temperature measurements. Lowell Obs. Bull. **4** 260—263. — Ein neuer Pyrometertyp wird beschrieben, bei welchem die Differenz der Strahlungsströme gemessen werden kann, die durch zwei in der Fokalebene des Fernrohrs befindliche Öffnungen hindurchtreten. Dadurch wird die Kompensation der Himmelshintergrundstrahlung und ihrer Schwankungen bei der Beobachtung eines Planeten möglich. — Erste Anwendungen auf die Bestimmung der Oberflächentemperatur von Mond und Uranus liegen vor. Stu.

2351. **Z. Švestka,** About the new solar spectrograph at the Observatory Ondřejov. Pokroky **4** 96—101 (tschech.).

2352. **M. A. Tuve, W. K. Ford jr., J. S. Hall, W. A. Baum,** Speed gains obtained with a cascaded image converter. AJ **64** 346—347. — Ref. AAS.

2353. B. Valníček, V. Letfus, M. Blaha, Z. Švestka, Z. Seidl, The flare spectrograph at Ondřejov. BAC **10** 149—160. — Der Spektrograph ermöglicht simultane Aufnahmen der Spektralbereiche λ 6503/6623, 5829/5949, 4797/4917, 4277/4397, 3870/3990 und 3640/3814 Å. Die Dispersion beträgt 1 Å/mm in den 5 ersten, 0.67 Å/mm im UV-Bereich. Die Coelostatenspiegel haben 360 und 280 mm Durchmesser. Das Objektiv ist ein sphärischer Spiegel 230/13500 mm. Das fokale Sonnenbild hat 126 mm Durchmesser. Arbeitshöhe des Spaltes 20 mm, Breite etwa 0.055 mm. Der Kollimatorspiegel hat 230 mm Durchmesser und 8500 mm Brennweite. Der Einfallswinkel auf das Gitter ist 1°5. Das 90 × 100 mm Gitter mit 600 Linien/mm wurde von G.O.I. (UdSSR) hergestellt. 5 Spektralbereiche werden in der 2. Ordnung rechts, 2 in der 3. Ordnung links vom Gitter beobachtet. Ebl.

2354. B. Valníček, About the solar spectrograph of the Observatory in Ondřejov. RH **40** 86—92 (tschech.). — Beschreibung des großen Sonnenspektrographen der Sternwarte Ondřejov bei Prag. J. B.

2355. I. W. Wolkow, W. F. Jessipow, P. W. Schtscheglow, The use of contact photography principle in studying weak light fluxes. DAN **129** 288—289 (russ.). — Die unter Verwendung eines Bildwandlers erfaßte Infrarotstrahlung schwacher Objekte wird dann besonders stark, wenn die optische Übertragung des Bildes vom fluoreszierenden Schirm auf die photographische Platte nicht durch ein optisches System geschieht — wegen der starken Lichtverluste —, sondern die photographische Platte in direktem Kontakt mit dem Schirm steht. Verf. beschreiben eine entsprechende Konstruktion, ein «Photokontaktrohr», und reproduzieren ein so erhaltenes Nachthimmelspektrum zwischen 8700 und 10600 Å. Loh.

2356. L. Xanfomaliti, Systematic errors of electric instruments for measure of light polarization. Bull. Astrophys. Obs. Abastumani Nr. 24 S. 175—178 (russ. mit engl. Ref.).

2357. Applied Solar Energy Research. Herausgegeben von J. S. Jensen. Phoenix, Ariz., Association for Applied Solar Energy, 1959. 21 + 275 S. Preis $ 7.50. — Besprechung in Science **130** 1651, Sky Tel. **19** 181.

2358. Blue filters for the moon. BAA Circ 407.

2359. Photomètre pour l'observation des satellites artificiels. La Nature **87** 499.

2360. Solar energy. Science **129** 1114—1115. — Bericht über Sonnenöfen in vielen Ländern.

2361. Cascaded image converters. Sky Tel. **18** 255. — Ref. AAS.

2362. Ratio spectrometer. Sky Tel. **19** 18. — Ref. AAS.

2363. Największy na świecie piec słoneczny. Urania Kraków **30** 67.

§ 24

Chronometrie

2401. J.-P. Blaser, C. Wyser, Chronographe totalisateur pour instruments astronomiques. Publ. Obs. Neuchâtel Nr. 4, 19 S. — Das Prinzip und die Ausführung eines addierenden Chronographen, der automatisch das Zeitmittel der Kontakte von unpersönlichen Mikrometern von astronomischen Instrumenten bildet, werden beschrieben. Als Integrationsmethode wird das

Zählen einer veränderlichen Frequenz benützt. In dem für das Astrolab Danjon bestimmten Chronographen wird unmittelbar die mittlere Durchgangszeit eines Sternes in Sternzeit gedruckt. Verf.

* * **E. Buschmann,** Zeit- und Breitenbestimmung mit dem unpersönlichen Prismenastrolab von Danjon. Vgl. Ref. **3609**.

2402. **H. J. Cowan,** Time and its Measurement; from the Stone Age to the Nuclear Age. Cleveland, World Publ. Co., 1958. 159 S. Preis $ 4.95.

2403. **A. Danjon,** Instructions pour la détermination de l'heure et de la latitude avec l'astrolabe impersonnel. Ann. International Geophys. Year **4** 151—154, 1957.

2404. **B. Decaux,** La mesure précise du temps en fonction des exigences nouvelles de la science. Paris, Masson et Cie., Editeurs, 1959. 126 S. Preis 1300 F. — Besprechung in Ann d'Astrophys **22** 294—295 (L. Arbey), Ann. Françaises Chronométrie (2) **13** 265 (J. Delhaye), Ciel et Terre **75** 324 (J. F. Brouet), La Nature **87** 509, Mem SA It (NS) **30** 347—349 (E. Proverbio), RJ UdSSR 1960 Nr. 2 S. 14—15 (W. M. Wassiljew).

2405. **B. Decaux,** Etalons de frequence. AJ **64** 116—119. — Gedrängte Darstellung der in Aufbau und Genauigkeit von Quarz- und Atomuhren erzielten Fortschritte. Böh.

2406. **B. Decaux,** High frequency chronometry. Cahiers Phys. **13** 12—16 (französ.). — Ref. in Phys. Abstr. (A) **63** 1042.

2407. **J. Engelbrecht,** Die neuen Druckchronographen der Sternwarte Babelsberg. Monatsber. Deutsch. Akad. Wiss. Berlin **1** 81—84 = Mitt. Babelsberg Nr. 8. — Der Babelsberger Druckchronograph unterscheidet sich von dem in Hamburg-Bergedorf a) im Papiertransport, b) in der elektrischen Schaltung, wodurch eine Kontaktfolge von 7 Drucken pro Sekunde möglich wird, und c) durch die unendliche Farbbandführung. Der Antrieb des Getriebes erfolgt mit einem 50 Hz-AEG-Synchronmotor SSLK 375 mit 8000 cmg Drehmoment beim Einlauf und 15000 cmg beim Synchronlauf. Verbrauch 2 Watt. — Die Kontaktzeiten werden in Sternzeitminuten und einhundertstel Sternzeitsekunden gedruckt. Die tausendstel Sekunden können sehr genau geschätzt werden. Ebl.

2408. **L. Essen,** Report on the precision of atomic standards of frequency. AJ **64** 120—123. — Genauigkeit verschiedener Atomuhren aus Messungen im Laboratorium und aus Vergleichen der Frequenznormalen untereinander. Böh.

2409. **N. P. Gruschinskij, I. A. Jepischin,** Special quartz clocks for gravimetric measurements, their use on the Diesel-engine ship «OB» during the antarctic expedition of 1956—1957. AJ UdSSR **36** 172—178 (russ. mit engl. Ref.). — Verf. beschreiben eine tragbare Quarzuhr, welche im gravimetrischen Laboratorium des Sternberg-Instituts hergestellt wurde. Die Prüfungen dieses Instrumentes haben bewiesen, daß es sich gut für gravimetrische Messungen auf dem Meere eignet. Der Gang ist sehr gleichmäßig, die Genauigkeit ist 10—20 mal höher als bei gewöhnlichen Chronometern. Ond.

2410. **E. Guyot,** Qelle est la précision de l'extrapolation de l'heure fournie par les horloges à quartz? Commun. Obs. Roy. Belgique Nr. 151 S. 1—7. — Verf. zeigt an den Gangleistungen zweier Quarzuhren des Naval Observatory und dreier des Greenwicher Zeitdienstes, daß die aus ihnen extrapolierte Zeit nach Ablauf eines Jahres nur um einige Hundertstel der Sekunde fehlerhaft ist (und nicht bis zu einer ganzen Sekunde, wie von anderer Seite behauptet worden ist). Böh.

2411. **S. Iijima, K. Futsukaichi, G. Shibutani,** Precise measurement of travel times of radio signals between Europe and Japan (Potsdam versus Tokyo). I. TAB (2) Nr. 121 S. 1409—1495.

2412. **D. N. Katsis,** Vervollkommnungen in der Zeitmessung. Astr. Nachr. Athen **9** 1—5 (griech.). — Die neueren Entwicklungen in der Definition, Bestimmung und Messung der Zeit werden kurz auseinandergesetzt. Mav.

2413. **N. Kawano,** Elektronenuhren. Astr. Herald **51** 186—191, 1958 (japan.).

2414. **J. Klētnieks,** LVU Laika dienests, universitātes 40. gadadienu sagaidot. Zvaigžņotā Debess 1959. gada vasara S. 49—50. — Kurzer Bericht über den Zeitdienst der Lettischen Staatsuniversität anläßlich ihres 40. Gründungstages.

2415. **A. J. Lejkin,** A molecular time and frequency standard. AJ UdSSR **36** 734—738 (russ. mit engl. Ref.). — Verf. beschreibt die Kombination eines NH_3-Molekülgenerators mit einer Quarzuhr als Zeit- und Frequenznormal. Das Frequenzauflösungsvermögen ist dabei von der Größenordnung 10^{-10}. Oster

2416. **F. Le Lionnais,** Le temps. Paris, Robert Delpire, 1959. 112 S. Preis 2000 F. — Besprechung in La Nature **87** 509.

2417. **F. Löffler,** Genauigkeit von Zeitsignalaufnahmen bei verschiedenen Registriermethoden. Deutsche Hydrograph. Z. **12** 93—96. — Es wird untersucht, ob die Einführung der Registrierung von Zeitzeichen mittels eines elektronischen Dezimalzählers beim Zeitdienst gegenüber der Registrierung mittels Drehspulschnellschreiber eine Verminderung der zufälligen Aufnahmefehler erbracht hat. Es zeigt sich eine Genauigkeitssteigerung im Rahmen des zu Erwartenden. Ein Vergleich mit den Ergebnissen einiger anderer Aufnahmeverfahren zeigt, daß die elektronische Registrierung bezüglich der zufälligen Aufnahmefehler international durchaus Schritt halten kann. Verf.

2418. **T. Nicolini,** Horloges modernes. Rotation terrestre et temps. Scientia **94** 97—102 = Oss. Astr. Capodimonte—Napoli Contr. Sci. (NS) Nr. 15. — Quarz- und Atomuhren (Ammoniak, Maser, Zäsium, Atomichron) werden kurz beschrieben. Es wird dann gezeigt, wie die Erkenntnis der Ungleichförmigkeit der Erdrotation die Definition von Ephemeridenzeit, Atomzeit und TU2 notwendig machte. T. L.

2419. **N. Pawlow,** Latest results of photoelectric observations of the time service at Pulkowo. Bull. géod. (NS) Nr. 54 S. 35—36.

2420. **G. R. Possoschkow,** Die Anwendung elektronischer Rechenapparate im Zeitdienst des Astronomischen Observatoriums Charkow. Circ. Astr. Obs. Charkow Nr. 19 S. 32—38, 1958 (russ.).

2421. **E. Proverbio,** Irregolarità dei contatti dei pendoli astronomici e dispositivo fotoelettrico per la registrazione dei secondi siderali. Boll. Geod. Sci. affini **18** 31—43 = Contr. Oss. Astr. Milano—Merate Nr. 136. — Die Kontakte der drei Rieflerpendel der Sternwarte Brera wurden mittels eines Belin-Chronographen untersucht. Weil der mittlere Fehler der erhaltenen Korrektionen zu groß war, wurde eine photoelektrische Apparatur mit Transistoren eingerichtet. Die erhaltene Genauigkeit ist von der Ordnung einiger Zehntausendstel Sekunden. B. C.

2422. **E. Proverbio,** Misura sperimentale di ritardi cronografici e precisione dei contatti meccanici per secondi di tempo. Boll. Geod. Sci. affini **18** 305—309 = Contr. Oss. Astr. Milano—Merate (NS) Nr. 143. — Die Verspätungen der Registrierung der Zeitsignale auf Chronographen werden experimentell ermittelt und diskutiert. Die mittleren Fehler, die der Ungenauigkeit der mechanischen Kontakte zuzuschreiben sind, werden bestimmt. B. C.

2423. **V. Ptáček,** About changes in the Czechoslovak time signals. RH **40** 51—52 (tschech.).

2424. **F. Rufener,** Pression constante dans les enceintes pour l'observation des chronomètres. Publ. Obs. Genève (A) Fasc. 55, 12 S., 1957.

2425. **H. Schmiedel,** Die neue Abteilung Zeitmessung. Abh. Ber. Deutsches Museum **27** Heft 3 S. 39—47.

2426. **K.-W. Schrick,** Studien zur Methode der Koinzidenzbeobachtungen nach Cooke-Hänni. Deutsche Geod. Kommission Bayer. Akad. Wiss. (B) Nr. 62 S. 15—26. — Mit Hilfe einer einfachen instrumentellen Anordnung ist eine genaue Beobachtung von Koinzidenzen zwischen den Sekundenmarken von Sternzeitchronometern und Dauerzeitzeichen möglich. Während eines Beobachtungsabends kann der Uhrstand zu jedem Zeitpunkt auf $\pm$ 2 Millisekunden genau bestimmt werden. Es werden die Genauigkeit der Methode diskutiert, Ergebnisse von Beobachtungsreihen mitgeteilt und ein Beispiel ausführlich wiedergegeben. Verf.

2427. **K.-W. Schrick,** Das Verhalten des Chronometers Nardin 124585 während der Feldarbeiten 1958. Deutsche Geod. Kommission Bayer. Akad. Wiss. (B) Nr. 62 S. 31—34. — Das schnellschlagende Taschenchronometer zeigt eine deutliche Luftdruckabhängigkeit; Wirkungen von Temperatur, Feuchtigkeit und Ortswechsel konnten dagegen nicht festgestellt werden. Der Gang bleibt über mehrere Stunden konstant und ändert sich nach den bisherigen Beobachtungen sprunghaft. Die Standkurve während der Sommermonate ist wiedergegeben. Verf.

2428. **A. Stoyko,** Troisième supplément à la liste des coordonnées des stations d'émission et de réception des signaux horaires et leurs distances mutuelles. Bull hor (F) Nr. 21 S. 567—568, 1958.

2429. **A. Stoyko,** La précision des services horaires de 41 observatoires en 1958. Bull hor (F) Nr. 24 S. 665—672, 1958.

2430. **A. Stoyko,** La méthode de calcul de l'heure définitive. Bull hor 1959 (G) S. 1—11.

2431. **A. Stoyko,** Quatrième supplément à la liste des coordonnées des stations d'émission et de réception des signaux horaires et leurs distances mutuelles. Bull hor 1959 (G) S. 43—44.

2432. **N. Stoyko,** Instructions pour la présentation des résultats des services horaires pendant la période 1957—58 et la réduction des observations faites avec des instruments de passages. Ann. International Geophys. Year **4** 145—150, 1957.

2433. **S. S. Towtschigretschko,** The impulse-phasing device of the electromechanical frequency divider of the generator of quartz clocks. AJ UdSSR **36** 1130—1133 (russ. mit engl. Ref.).

* * **T. Ungerer, C. Ungerer, L. Leclerc,** L'horloge astronomique de la cathédrale de Strasbourg, historique, description, fonctionnement. Vgl. Ref. 258.

2434. **F. Zavelski,** Comment on mesure le temps. Moscou, Editions en Langues Etrangères, 1959. 176 S. Preis F 40. — Besprechung in Ciel et Terre **76** 144 (H. Michel).

2435. **G. Zimmermann,** Über die Stand- und Gangbestimmung von Sternzeitchronometern. Deutsche Geod. Kommission Bayer. Akad. Wiss. (B) Nr. 62 S. 7—14. — Stand und momentaner Gang eines Sternzeitchronometers können durch Beobachtung der Koinzidenzen zwischen Uhrsekunden und Impulsen von Dauerzeitzeichen mit einer selbst höchsten Ansprüchen genügenden Genauigkeit bestimmt werden. Der Zusammenhang zwischen Uhrgang und Koinzidenzperiode wird abgeleitet, das bei der Auswertung beobachteter Reihen von Koinzidenzen angewandte Verfahren dargelegt und eine Tabelle von Koinzidenzen der Sternzeitsekunde gegeben. Verf.

2436. **G. Zimmermann,** Das Verhalten des Chronometers Lange 706 während der Feldarbeiten 1956—1958. Deutsche Geod. Kommission Bayer. Akad. Wiss. (B) Nr. 62 S. 27—30. — Die Standkurven des Chronometers werden für die Feldarbeitsperioden 1956, 1957 und 1958 wiedergegeben. Aus ihnen geht hervor, daß der Uhrgang zwar von einer Station zur anderen stark wechselt, aber auf jeder einzelnen Station fast konstant ist. Es handelt sich offensichtlich um Luftdruck-, Temperatur- und Feuchtigkeitseinflüsse. Verf.

* * Astronomical Results from Observations made at the Royal Observatory Greenwich in the Year 1953. Vgl. Ref. **3129.**

2437. Modifications dans la présentation des résultats du service horaire dès janvier 1959. Obs. Neuchâtel Circ. Nr. 2, 4 S.

2438. Chronographe totalisateur. Obs. Neuchâtel Circ. Nr. 3, 3 S.

2439. Atomic clock to orbit. Science **130** 211. — Mitteilung über die Konstruktion einer Atomuhr zum Einbau in einen künstlichen Erdsatelliten und zur Prüfung der Relativitätstheorie.

2440. **Regelmäßige Zeitdienstmitteilungen**

AC, AN, Astr. Ústav ČSAV Praha, Bull hor, Bull. Obs. Astr. Beograd, Bull. Zeitdienst Pulkowo, Circ. Astr. Obs. Taschkent, Circ. Servizio Orario Oss. Astr. Milano—Merate, NAZ, NAZvM, Obs. Neuchâtel Bull. (A), (B), (C), (D), RH, Roy. Greenwich Obs. Bull., Roy. Greenwich Obs. Circ., UAI Circ.

Sonnenuhren

2441. **H. Egger,** Die Universalsonnenuhr. Sterne **35** 242—243. — Es wird eine Sonnenuhr beschrieben, die sich an allen Orten der Nord- und Südhalbkugel ohne Änderung ihrer Form verwenden läßt. Nach entsprechender Justierung bei ihrer Aufstellung zeigt sie die Zonenzeit ihres Standortes und gestattet durch wellenförmige Ableselinien, die der Zeitgleichung gemäß verlaufen, die wahre Sonnenzeit zu bestimmen. Gü-Li

2442. **L. M. Loske,** Die Sonnenuhren, Kunstwerke der Zeitmessung und ihre Geheimnisse. Berlin—Göttingen—Heidelberg, Springer-Verlag, 1959. 8 + 88 S. mit 58 Fig. Preis DM 7.80. — Besprechung in Mitt. Planetenbeobachter **12** 30 (G. D. Roth), Phys. Blätter **15** 332, ZfA **48** 302 (A. Unsöld).

2443. **I. Rabinovičs,** Pētīsim senus Saules pulksteņus. Zvaigžņotā Debess 1959. gada vasara S. 47—48. — Zur Geschichte von Sonnenuhren in Lettland.

§ 25

Photographie

2501. **E. F. Carpenter, R. Jepperson,** Color photography of faint objects with a special fast film. AJ **64** 49—50. — Ref. AAS.

2502. **J. Cohen,** Astronomical photography. J. Astr. Soc. Victoria **12** 59—62.

2503. **F. Egger,** Farbige Himmelsaufnahmen. Orion Schaffhausen **5** 618—619.

2504. **J. Gadomski,** Pierwsze kolorowe fotografie nieba. Urania Kraków **30** 327—328. — Kurze Mitteilung über die von W. C. Miller auf der Palomar-Sternwarte durchgeführten Farbaufnahmen, über die im National Geographical Magazine 1959 Mai berichtet wurde. E. R.

2505. **J. Gadomski,** W sprawie kolorowych fotografii nieba. Urania Kraków **30** 400.

2506. **R. H. Giese, H. Siedentopf,** Die Bedeutung der Körnigkeit in der photographischen Mikrophotometrie. ZfA **48** 269—278 = Mitt. Astr. Inst. Univ. Tübingen Nr. 42.

2507. **C. Hoffmeister,** Verfahren zur Erreichung schwächerer Sterngrößen an photographischen Instrumenten. Sterne **35** 243—244. — Unter Bezugnahme auf eine Untersuchung am Lowell-Observatory (vgl. AJB 58 Ref. **2014**) zur Erweiterung der Reichweite in der Astrophotographie wird beschrieben, von welchen Eigenschaften der Optik und der Photoemulsion die erreichbare Grenzgrößenklasse abhängt und mit welchen Mitteln die Reichweite vergrößert werden kann. Gü-Li

2508. **S. A. Kaplan,** Jak vidět, slyšet a fotografovat umělé družice Země. Übersetzung aus dem Russischen. Prag, Verlag techn. Literatur, 1959. 88 S. Preis 3.25 Kčs. — Besprechung in RH **40** 159—160, Vesmír **38** 318.

2509. **G. T. Keene,** Some suggestions on astrophotography. Sky Tel. **18** 134—137. — Es wird eine übersichtliche Beschreibung für Amateurastronomen gegeben, welche Gesichtspunkte bei der Astrophotographie zu berücksichtigen sind: Feldgröße, Abbildungsmaßstab, Belichtungszeiten, Öffnungsverhältnis, Grenzhelligkeiten, Führungsfernrohr und Programmauswahl. Ebl.

2510. **D. S. Kirby,** Multiple image printing for planetary photography. Publ ASP **71** 334—337. — Feine Details auf Planeten-Aufnahmen gehen im allgemeinen infolge schlechter atmosphärischer Sichtverhältnisse und beim photographischen Prozeß selbst verloren. Es wird eine Methode der Superposition mehrerer Planetenaufnahmen übereinander dargestellt, bei der diese Verluste minimalisiert werden. Ebl.

2511. **W. P. O'Neill,** Astronomical photography. Irish AJ **5** 220—227.

2512. **T. Rackham,** Astronomical Photography at the Telescope. New York, Macmillan Co.; London, Faber and Faber Ltd., 1959. 232 S. Preis $ 7.50 bzw. 36 s. — Besprechung in Nature **186** 190 (D. H. P. Jones), Obs **79** 224 (N. S. C. Rhodes), Publ ASP **72** 221 (G. van Biesbroeck), Sky Tel. **18** 699, **19** 241—242 (G. T. Keene), Spaceflight **2** 252 (H. E. Dall), Urania København **16** 64.

2513. **S. Rösch,** Über die Farben der Sterne. Optik **16** 594. — Da das Auge für lichtschwache Objekte weitgehend farbenblind ist, können von den meisten Sternen die Farben nur rechnerisch aus den photographierten und photometrierten Spektren errechnet werden. Mittels Farbenphotographie kann man aber mit relativ geringem Aufwand farbige Sterne aufnehmen und an der Projektionswand die ganze Farbenpracht mit hell adaptiertem Auge sehen. Verf.

2514. **K. Rudnicki,** Jeszcze w sprawie barwnych fotografii nieba. Urania Kraków **30** 432.

* * **B. P. Sandford, P. Heiser,** Colour photography of the aurora. Vgl. Ref. **7678**.

2515. **P. Vernier,** Sur l'action photographique des électrons. Application aux observations astronomiques. BA **22** 83—127. — Diese Arbeit enthält eine theoretische und experimentelle Untersuchung der Kern-Photoplatten, welche Elektronen von 10 bis 30 kV ausgesetzt sind. Der Callier-Effekt, die Form der Schwärzungskurven und die Korngrößen wurden untersucht. Daraus folgt, daß in gewissen Fällen die gleichgeltende Quantenergiebigkeit der Elektronenkamera derjenigen der Kathode ähnlich ist. Die Grenzgrößen der Sterne, die durch Elektronenphotographie aufnehmbar sind, werden berechnet. Verf.

2516. La fotografia del sole. Coelum **27** 52.

2517. Sección Fotográfica. Bearbeitet von A. G. Gallego. El Universo **13** 149—152.

2518. Astrophotographien in Farben. Orion Schaffhausen **5** 736—737.

2519. Color photographs of deep-sky wonders. Sky Tel. **18** 437.

2520. Lowell composite photographs extend limiting magnitude. Sky Tel. **18** 677.

2521. Die Himmelsphotographie des Amateurastronomen. Veröff. Urania-Sternw. Wien Nr. 2 S. 31—37.

IV. Positionsastronomie

§ 31

Astrometrie

3101. **S. Arend,** Le problème géométrique du rattachement d'un astre à n étoiles de référence, basé sur le principe de l'homographie linéaire. Vgl. AJB **58** Ref. **2403** = Commun. Obs. Roy. Belgique Nr. 154. — Die Aufgabe der photographischen Positionsbestimmung eines Objekts durch Anschluß an Anhaltssterne unter Verwendung der Dependenzenmethode von Schlesinger wird ausführlich und allgemein von den mathematischen Grundlagen an bis zu Zahlenbeispielen für die astronomische Praxis behandelt. Der Anschluß an mehr als 3 Anhaltssterne wird auf mehrfachen Anschluß an 3 Anhaltssterne zurückgeführt. Die allgemeine Behandlung führt zu einer großen Zahl von möglichen Gleichungen. Die Rechnungen brauchen teilweise nur auf wenige Dezimalstellen durchgeführt zu werden. O. G.

3102. **G. Becq, P. J. Melchior,** Rapport sur la réobservation des déclinaisons des étoiles du Service International des Latitudes à l'Observatoire Royal de Belgique. Bull. géod. (NS) Nr. 54 S. 17—19.

* * **J.-P. Blaser, M. Cavedon,** Méthodes d'observation et de réduction à l'astrolabe Danjon. Vgl. Ref. **2204**.

3103. **M. Cavedon, J.-P. Blaser,** Etude statistique des résultats obtenus à l'astrolabe Danjon (Période du 1. 7. 1957 au 31. 12. 1958). Publ. Obs. Neuchâtel Nr. 8, 26 S. — Die über anderthalb Jahre gewonnenen Beobachtungen mit dem Danjonschen Astrolab werden untersucht. Die Verteilung der Beobachtungsfehler eines Sterns besitzt ihr Maximum bei 0ʺ15. Reelle individuelle Fehler in den Sternkoordinaten des FK3-R erscheinen in der Mehrzahl der Fälle. Kleine Effekte in Abhängigkeit von Größe und Spektraltyp werden gefunden. Die Azimut-Abhängigkeit der Abweichungen wird benutzt, um die $\Delta\alpha_\delta$- und $\Delta\delta_\delta$-Fehler des FK3 zu bestimmen. Verf.

* * **A. Danjon,** Astronomie générale. Astronomie sphérique et éléments de mécanique céleste. Vgl. Ref. **1110**.

3104. **J. Delhaye,** Coordonnées moyennes de 86 étoiles O et B déterminées à l'Observatoire de Paris et réduites sans mouvement propre à l'équinoxe 1950,0. Coordonnées normales et mouvements propres de 85 étoiles O et B. JO **42** 94—101.

3105. **N. Hansson,** Äldre och nyare Meridianastronomi. PAT **40** 48—61.

3106. **A. A. Kisselew,** An interpolation method for the photographic determination of the position of a celestial object. AJ UdSSR **36** 348—360 (russ. mit engl. Ref.). — Verf. gibt eine strenge Interpolationsmethode zur photographischen Ortsbestimmung, welche auch auf Platten mit großem Feld und für jede Deklination des Tangentialpunktes anwendbar ist. Als Beispiel für die Anwendung des Verfahrens wird der Anschluß eines sternähnlichen Objekts an drei und eines künstlichen Erdsatelliten an zwei Anhaltssterne behandelt. Zusätzlich werden Formeln abgeleitet, aus denen sich der Einfluß eines fehlerhaft angenommenen Tangentialpunktes der Platte auf den nach dieser Interpolationsmethode bestimmten Ort eines Objekts berechnen läßt; sie ermöglichen umgekehrt, aus den Messungen mehrerer Anhaltssterne die Lage des Tangentialpunktes zu bestimmen. Böh.

3107. **D. K. Kulikow,** On accounting for the aberration of planets. AJ UdSSR **36** 340—347 (russ. mit engl. Ref.). — Es werden Formeln entwickelt und Vorschriften angegeben, die es ermöglichen, für alle Großen Planeten die Aberration auf $0^{s}.001$ in Rektaszension und $0''.01$ in Deklination genau zu berechnen. Böh.

3108. **K. N. Kusmenko, W. H. Plushnikow,** Bestimmung der Rektaszensionen der Großen Planeten am Meridiankreis des Astronomischen Observatoriums Charkow. Circ. Astr. Obs. Charkow Nr. 18 S. 35—36, 1958 (russ.). — Mars, Jupiter, Saturn, Uranus, Neptun.

3109. **K. N. Kusmenko, W. H. Plushnikow,** Bestimmung der Rektaszensionen der Großen Planeten am Meridiankreis des Astronomischen Observatoriums Charkow 1957. Circ. Astr. Obs. Charkow Nr. 19 S. 29—31, 1958 (russ.). — Jupiter, Saturn, Uranus, Neptun.

3110. **K. N. Kusmenko, W. H. Plushnikow,** Bestimmung der Rektaszensionen der Großen Planeten am Meridiankreis des Astronomischen Observatoriums Charkow 1958. Circ. Astr. Obs. Charkow Nr. 20 S. 4 (russ.). — Jupiter, Saturn, Uranus, Neptun.

3111. **P. Kustaanheimo,** On vector methods in spherical astronomy. Commentat. Phys.-Math. Soc. Sci. Fennica **24** Nr. 4, 12 S. = Publ. Astr. Obs. Helsinki Nr. 73.

3112. **J. Lagrula,** Sur une simplification du calcul des éphémérides pour l'astrolabe impersonnel. CR **248** 1938—1940. — Bericht über eine Methode, die scheinbaren Sternörter für Astrolabbeobachtungen aus den genau berechneten Sternephemeriden eines der vorangegangenen Jahre vereinfacht herzuleiten. Die Fehler überschreiten bei diesem zeitsparenden Verfahren nicht 2 Millisekunden und bleiben im Mittel unter einer Millisekunde. Gli.

3113. **J. Meeus,** Oppositielussen. Hemel en Dampkring **57** 155—159.

3114. **R. R. de Freitas Mourão,** Meridian observations of the right ascensions of Saturn during the year 1958. MN ASSA **18** 12—14.

3115. **R. R. de Freitas Mourão,** Meridian observations of the right ascension of Uranus during 1959. MN ASSA **18** 151—153.

3116. **S. Nakano, H. Yasuda, H. Hara,** Meridian observations of the right ascensions of the moon and planets during the year 1958. TAB (2) Nr. 117 S. 1359—1366.

3117. **S. S. Omarow,** The calculation of the total influence of differential refraction and aberration. AJ UdSSR **36** 535—538 (russ. mit engl. Ref.).

3118. **B. I. Orelskaja,** Tables for the calculation of the daily parallax. BIA **7** 478—496 (russ. mit engl. Ref.).

3119. **G. Schindler,** Les conjonctions de Vénus avec Jupiter et leur retour. Gaz astr **41** 69—71.

3120. **F. Schmeidler,** Beobachtungen absoluter Deklinationen in München und Canberra. Sterne **35** 23—28. — Bericht über den äußeren Verlauf und die wissenschaftlichen Ergebnisse einer Forschungsreise nach Canberra (Australien). Vgl. AJB **57** Ref. **9127**. FS

3121. **C. H. Smiley, A. M. Khan,** Polaris and precession. J RAS Canada **53** 249—251. — Ref. in Sky Tel. **19** 218.

3122. **G. E. Taylor,** The use of cross-wires in obtaining positions. JBAA **69** 33—38.

3123. **M. Torao, S. Iijima, S. Okazaki,** Revision of the Tokyo UT2 on the basis of the improved star places for the PZT. TAB (2) Nr. 119 S. 1381—1394.

3124. **K. Tuzi,** Meridian observation of right ascension of equatorial stars made with Repsold transit instrument. Preliminary results No. 14. TAB (2) Nr. 113 S. 1215—1289.

3125. **K. Tuzi, K. Nagane,** Meridian observation of right ascension of Moon's limb made with Repsold transit instrument. Report No. 3. TAB (2) Nr. 114 S. 1291—1304.

3126. **K. Tuzi,** Meridian observation of right ascension of equatorial stars made with Repsold transit instrument. Preliminary results No. 15. TAB (2) Nr. 116 S. 1309—1358.

3127. **M. Wähnl,** Kurze, leicht faßliche Himmelskunde für jedermann (3. Fortsetzung). Koordinatentransformation. Veröff. Urania-Sternw. Wien Nr. 2 S. 45—50.

3128. **E. Zenaro,** Metodo d'osservazione di passaggi di stelle mediante illuminazione intermittente del micrometro. Boll. Geod. Sci. affini **18** 213—228. — Beschreibung des seit 1953 im Institut für Topographie und Geodäsie der Universität Triest verwendeten Beobachtungsverfahrens für Zeit- und Breitenbestimmungen aus gleichen Zenitdistanzen. Es handelt sich um die Realisierung eines Vorschlages von de Graaf-Hunter, wobei Sterndurchgänge durch ein Netz von 35, in 7 Gruppen angeordneten Fäden unter Momentbeleuchtung (ca. 6 msec) des Fadennetzes in wahlweise 3 oder 4 sec Abstand beobachtet werden. Hierbei wird die jeweilige Stellung des Sternes in Bezug auf die benachbarten Fäden im Moment des Aufleuchtens des Netzes dezimal eingeschätzt. Der Aufbau des Schaltgerätes für die Momentbeleuchtung der Fäden wird ausführlich beschrieben. Zi.

3129. Astronomical Results from Observations made at the Royal Observatory Greenwich in the Year 1953. Published by Order of the Board of Admiralty in Obedience to Her Majesty's Command. London, Her Majesty's Stationery Office, 1959. 7 + A72 S. Preis £ 1 5 s.

3130. Photographic zenith tube 1958. Roy. Greenwich Obs. Bull. Nr. 11, 24 S.

3131. Observations of transit of stars at Zi-Ka-Wei Observatory (January—June, 1958). Acta Astr. Sinica **7** 120—144 (chines.).

3132. Moon—Venus conjunction. Sky Tel. **19** 81. — 1959 Okt. 28.

3133. Zweifelhafte Objekte

BSAF **73** 34—35. Observation d'un «objet» céleste le 30 janvier 1959. L. Arbey, P. Castaing, D. Bardin.
BSAF **73** 172. Objet suspect. — 1958 Nov. 30.
BSAF **73** 257. Objet suspect. — 1959 April 12.
DO-CIA Nr. 53. Objets suspects?
DO-CIA Nr. 60. Objet nébuleux à éclat variable. W. Becker, A. Purgathofer.
DO-CIA Nr. 62. Satellite non identifié? — 1959 Sept. 12.
El Universo **13** 96. Nuevo Objeto Estelar.
Harv Card 1427. New object. W. J. Luyten.
NAZ **13** 10. Mitteilung. A. König.

§ 32

Sternkataloge, Sternkarten

3201. **I. Barney, D. Hoffleit, R. B. Jones,** Catalogue of 8380 stars, +50° to +55°. Trans. Astr. Obs. Yale Univ. **26** Part II, 20 + 161 S.

3202. **I. Barney, D. Hoffleit, R. B. Jones,** Catalogue of 8164 stars, +55° to +60°. Trans. Astr. Obs. Yale Univ. **27**, 10 + 158 S.

3203. **G. D. Baturina, W. A. Iwanowa, D. D. Poloshenzew,** On tables of sec δ and tg δ for 23500 stars of AGK 3 R and catalogue of faint stars with declinations from −20° to +80°. AC Nr. 204 S. 22 (russ.).

3204. **G. Becq, P. Melchior,** Catalogue des déclinaisons des étoiles du Service International des Latitudes observées au grand cercle méridien Askania de l'Observatoire Royal de Belgique. Ann. Obs. Roy. Belgique (3) 8 201—287.

3205. **J.-P. Blaser,** Procédés de lissage pour catalogues d'étoiles. Publ. Obs. Neuchâtel Nr. 5, 23 S. — Das Problem der Bestimmung von Fehlern in Sternkatalogen, die zur Zeit- und Breitenbestimmung dienen, wird behandelt. Neue Ausgleichsmethoden für die Sternörter werden angegeben, die gleichzeitig die Berücksichtigung eines Abend-Morgen-Effektes in der scheinbaren Zenitlage gestatten. Die mit einem photographischen Zenitteleskop erhaltenen Resultate werden diskutiert. Verf.

3206. **J.-P. Blaser, M. Cavedon,** La détermination d'erreurs de catalogue avec l'astrolabe à prisme. Publ. Obs. Neuchâtel Nr. 9, 22 S. — Die vom 1. 7. 57—30. 6. 59 mit einem Danjon-Astrolab gewonnenen Beobachtungen werden zur Herleitung von individuellen Korrektionen für die Örter von 141 Sternen des FK3 benutzt. Das Problem der Ausgleichung der Sterngruppen untereinander wird untersucht und die entsprechenden Fehler bestimmt. Die Genauigkeit der erhaltenen individuellen Korrektionen erreicht 0,″04. Sie ist hauptsächlich durch die Unsicherheit der effektiven Zenitdistanz bei der Beobachtung begrenzt. Für 31 Sterne, die mit dem Programm des Pariser Astrolabs gemeinsam sind, wird innerhalb der Fehlergrenzen gute Übereinstimmung gefunden. Verf.

* * **M. Cavedon, J.-P. Blaser,** Etude statistique des résultats obtenus à l'astrolabe Danjon (Période du 1. 7. 1957 au 31. 12. 1958). Vgl. Ref. **3103**.

3207. **A. Dermul,** Catalogues d'étoiles. (Suite). Gaz astr **41** 37—44.

3208. **S. W. Drosdow,** A catalogue of declinations of 197 stars of the Poltava zenith program. AJ UdSSR **36** 146—152 (russ. mit engl. Ref.).

3209. **H. Eichhorn,** Formulae and diagrams for the correction of the systematic errors of the Helsingfors zone of the Astrographic Catalogue. AJ **64** 2—10 = Georgetown Obs. Repr. (2) Nr. 1. — Verf. bestimmt für die Zone Helsingfors des Astrographischen Katalogs diejenigen systematischen Fehler, die von der Helligkeit des Sterns und seiner Lage auf der Platte abhängen, und gibt Diagramme zur bequemen Berechnung der an die Standardkoordinaten anzubringenden Korrektionen. Böh.

3210. **D. Eksinger,** Messier-ov Katalog Maglina. Vasiona **7** 37—39. — Katalog für 1950.0.

3211. **D. S. Evans, A. Menzies, R. H. Stoy,** Fundamental data for southern stars (second list). MN **119** 638—647. — Mitteilung von Helligkeiten, Spektraltypen im MK-System und Radialgeschwindigkeiten von 161 Sternen südlich der Deklination −26°. FS

3212. **A. N. Goyal, B. L. Sharma,** Note on the comparison of Leiden magnitudes with Oxford diameters in the Astrographic Zones +32° & +33°. JO **42** 169—172. — Es wird untersucht, ob die in den Oxford Astrographic Catalogues der Zonen +32° und +33° gegebenen Sterndurchmesser im Vergleich mit den Leiden Helligkeiten systematische Fehler zeigen. Der an Hand mehrerer tausend Sterne durchgeführte Vergleich ergibt solche Fehler in einigen Helligkeitsgruppen zwischen $7^{m}_{.}1$ und $9^{m}_{.}4$. Gli.

3213. **B. Guinot,** La révision des catalogues d'étoiles à l'aide d'astrolabes. BA **23** 91—97. — Vergleich der in Paris in den Jahren 1957 und 1958 beobachteten Sternörter. Deklinationen, welche einem Astrolabium in einer gegebenen Breite erreichbar sind. Verf.

* * **B. Guinot,** L'astrolabe impersonnel A. Danjon, modèle O. P. L. de l'Observatoire de Paris, étude des résultats d'une année d'observations, variation de la latitude, catalogue d'étoiles. Vgl. Ref. **2215**.

3214. **G. van Herk,** Expanding motions in N 30. AJ **64** 348. — Ref. AAS.

3215. **H. Kox,** Zonenkataloge der Astronomischen Gesellschaft. Sterne **35** 171—176. — Nachdem nun alle Bände des 2. Katalogs der Astronomischen Gesellschaft (AGK 2) erschienen sind und somit für fast 184000 Sterne genaue Örter vorliegen, erscheint es angebracht, einen Rückblick auf die Entstehung dieses für die Astronomie so wichtigen Katalogs und eine Vorschau auf die weiter im Zusammenhang mit dem AGK 2 entstandenen Arbeiten zu geben. Verf.

3216. **A. A. Nemiro, N. N. Pawlow,** The influence of systematic errors of star catalogues on the determination of the irregularities of the earth's rotation. AJ **64** 103—106. — Es wird vorgeschlagen, aus den Beobachtungen einer möglichst großen Zahl von Zeitinstituten an Durchgangsinstrumenten ein unabhängiges Rektaszensionssystem zu schaffen, und im einzelnen begründet, wie dadurch der Einfluß der systematischen Fehler des Fundamentalsystems auf die Bestimmung der Zeit und der Schwankungen des Zeitmaßes vermindert wird. Böh.

3217. **E. M. Nenachowa,** Deklinationsverbesserungen einiger FK3-Sterne. AC Nr. 202 S. 6—7 (russ.).

3218. **B. Růžičková,** Photographische Himmelskarte. Rozhledy **38** 31—33 (tschech.).

3219. **P. Sémirot,** Information sur coordonnées équatoriales. UAI Circ 1681.

3220. **N. A. Tschernega,** Katalog der Rektaszensionen von Sternen des Fundamentalkatalogs Schwacher Sterne nach Beobachtungen am Meridiankreis des Astronomischen Observatoriums der Staatsuniversität Kiew in den Jahren 1951 bis 1954. Publ. Astr. Obs. Kiew Nr. 8 S. 68—101 (russ.).

3221. **S. Uemae,** Correction to the apparent places of the star-pairs for the use of the International Latitude Service. Publ. Latitude Obs. Mizusawa **3** Nr. 1 S. 27—33.

3222. Geschichte des Fixsternhimmels, enthaltend die Sternörter der Kataloge des 18. und 19. Jahrhunderts. Herausgegeben von der Deutschen Akademie der Wissenschaften zu Berlin, Sternwarte Babelsberg (Astronomisches Recheninstitut). Berlin, Akademie-Verlag, 1959. 15 + 188 S. Abteilung II. Der südliche Sternhimmel. Band **21.** 20^h Rektaszension. Erste Lieferung. Bearbeitet von M. Lange.

3223. Astronomische Gesellschaft Star Catalogues. Nature **184** 856.

3224. Completion of the AGK_2. Sky Tel. 18 555.

Sternkarten

3225. **A. Alksnis,** Jauni zvaigžņu atlanti. Zvaigžņotā Debess 1959. gada rudens S. 35—36. — Besprechung neuer Sternatlanten.

3226. **A. Bečvář,** Atlas Eclipticalis 1950.0. Vgl. AJB **58** Ref. **9139.** — Weitere Besprechung in AJ UdSSR **37** 782—783 (A. A. Michajlow, russ.), J RAS Canada **54** 90 (P. M. Millman).

3227. **A. Bečvář,** Atlas Coeli II — Katalog 1950.0. Prag, Verlag Akad. Wiss., 1959. 368 S. Preis 41 Kčs. — Katalog der Objekte zu Bečvářs Sternatlas. — Besprechung in RH **41** 100—101, RJ UdSSR 1960 Nr. 7 S. 48 (G. I. Medwedewa, russ.).

3228. **A. Brun,** Atlas des «Selected Areas» du Mont-Wilson. Le Breuil (Allier). — Besprechung in Ann d'Astrophys **22** 190 (P. Couderc).

3229. **V. de Callataÿ,** Atlas of the Sky. Übersetzt von H. Spencer Jones. Vgl. AJB **58** Ref. **9141.** — Weitere Besprechung in J. British Interplanetary Soc. **17** 192 (R. Griffin).

3230. **J. G. Hernández,** Cartas Celestes. El Universo **13** 88—90.

3231. **J. Klepešta, A. Rükl,** Mapa severní hvězdné oblohy. Prag, Verlag ÚSGK, 1958. Preis 23 Kčs. — Eine Wandkarte des nördlichen Himmels, enthaltend alle Sterne bis zu $6^m\!.25$ und Dekl. $-35°$. — Besprechung in RH **40** 120, Vesmír **38** 285.

3232. **L. Perek, O. Rousová,** Identification charts for Selected Areas 57, 61, and 68. BAC **10** 77.

§ 33

Astronomische Konstanten, Fundamentalsystem

3301. **A. Blaauw, C. S. Gum, J. L. Pawsey, G. Westerhout,** Definition of the new I. A. U. system of galactic coordinates. AJ **64** 195—196, ApJ **130** 102—103, MN **119** 422—423.

3302. **G. M. Clemence, H. Jeffreys,** Nutation. Obs **79** 221—222. — Kontroverse darüber, ob es zweckmäßig und sinnvoll ist, die Bewegung der Erdachse (wie in der astronomischen Praxis üblich) in zwei Teile aufzuspalten: die Bewegung der instantanen Rotationsachse und die Bewegung der Figurenachse relativ zu jener.
Böh.

3303. **E. P. Fedorow,** Nutation as derived from latitude observations. AJ **64** 81—84. — Aus langen Beobachtungsreihen des Internationalen Breitendienstes wurden die Hauptglieder der achtzehnjährigen, halbjährigen und vierzehntägigen Terme der Nutation in Länge und in Schiefe bestimmt. In den Koeffizienten treten beträchtliche Differenzen gegenüber den theoretischen Werten auf. Es wird versucht, aus diesen Differenzen Schlüsse auf die Wechselwirkungen zwischen Kern und Mantel des Erdkörpers zu ziehen. Go.

3304. **B. Guinot,** Une nouvelle mesure de la constante de l'aberration. BA **22** 129—153. — Aus Radialgeschwindigkeitsmessungen der Venus wurde die Aberrationskonstante abgeleitet: K = 20″514 ± 0″008 (w. F.). Instrument und Auswertung der Platten werden beschrieben. Verf.

* * **B. Guinot,** La révision des catalogues d'étoiles à l'aide d'astrolabes. Vgl. Ref. **3213.**

3305. **H. Jeffreys,** Nutation and the variation of latitude. AJ **64** 84—86. — Zusammenfassender Bericht über die Bemühungen, aus Kenntnissen über die Nutation, Beobachtungen der Breitenschwankungen und aus geophysikalischen Annahmen über den Erdmantel zu einem Modell für den Aufbau des Erdkerns zu kommen. Vgl. die Arbeiten vom Verf. und R. O. Vicente, AJB **57** Ref. **3109, 3110.** Go.

3306. **H. Jeffreys,** Nutation: comparison of theory and observations. MN **119** 75—80. — Die neuesten, von Fedorow aus Beobachtungen abgeleiteten Werte für die 19jährigen, 14tägigen und halbjährlichen Glieder der Nutation in Schiefe und Länge werden mit den entsprechenden theoretischen verglichen, die sich an zwei dem heutigen Wissen über das Erdinnere angepaßten Grenzmodellen für den Erdkern ergeben. Es zeigt sich, daß die Übereinstimmung zwischen Theorie und Beobachtung viel besser ist als in früheren Untersuchungen, aber noch immer nicht ganz befriedigt. Böh.

3307. **W. J. Luyten,** The definition of the north galactic pole. Obs **79** 218.

* * **S. S. Omarow,** Formeln der differentiellen Refraktion und Aberration. Vgl. Ref. **7305.**

3308. **W. I. Orelskaja,** The determination of constants of the catalogue FK3 from observations of Juno in 1934—1943. BIA **7** 363—393 (russ. mit engl. Ref.). — Aus den Beobachtungen Junos von 1934 bis 1943 wird eine Verbesserung der Lage des Äquators und des Frühlingspunktes des FK3 durchgeführt. Die erhaltenen Resultate werden mit den neuesten Bestimmungen verglichen. Verf. (ü.)

3309. **M. Torao,** On the system of the Tokyo PZT stars. Ann. Tokyo Astr. Obs. (2) **6** 120—128. — Es werden die in Tokio benutzten strengen Formeln zur Berechnung scheinbarer Örter aus den mittleren Örtern gegeben, die Terme 2. und höherer Ordnung berücksichtigen. Auf Grund der PZT-Beobachtungen seit 1954 wird ein revidiertes (α_1, δ_1)-System hergeleitet, das mit dem FK3 und dem N30 verglichen wird. Das α_1-System ähnelt mehr dem RA-System des N30 als dem des FK3. Gli.

3310. **M. Torao, S. Fujii, H. Kobayashi, R. Fukaya,** Revision of the Tokyo PZT star places. Ann. Tokyo Astr. Obs. (2) **6** 129—136. — An Hand der PZT-Beobachtungen in Tokio 1957/58 wird ein verbessertes (α_{59}, δ_{59})-System hergeleitet und mit Meridiankreisbeobachtungen, photoelektrischen Durchgangsbeobachtungen und mit den Zeitsignalen von Washington verglichen. Ferner werden die Breitenbeobachtungen diskutiert. Mittlere Örter der Tokio PZT-Sterne werden veröffentlicht. Gli.

3311. Das neue galaktische Koordinatensystem. AC Nr. 202 S. 23 (russ.). — Nach UAI Circ 1674.

3312. Definition of the new I. A. U. system of galactic coordinates. Ann d'Astrophys **22** 286—287.

3313. Definition of the new I. A. U. system of galactic coordinates. MN ASSA **18** 35—37.

3314. Neue galaktische Koordinaten. NAZ **13** 10.

3315. New I. A. U. system of galactic coordinates. Obs **79** 117—119.

3316. New galactic co-ordinates. Sky Tel. **18** 383.

3317. New system of galactic co-ordinates. UAI Circ 1674.

§ 34

Jahrbücher, Kalender

3401. Der Sternenhimmel 1960. 20. Jahrgang. Kleines astronomisches Jahrbuch für Sternfreunde. Herausgegeben von R. A. Naef. Aarau, Verlag H. R. Sauerländer & Co., 1959. 131 S. Preis Fr. 7.80.

3402. The Indian Ephemeris and Nautical Almanac for the year 1960. Office of preparation: Nautical Almanac Section, Regional Meteorological Centre, Alipore, Calcutta. Published by the Manager of Publications, Civil Lines, Delhi, 1959. 28 + 444 S.

3403. Annuario per il 1960. Herausgegeben von G. Righini. Osservatorio Astrofisico di Arcetri, 1959. 61 S.

3404. Astronomischer Grundkalender 1960. Berlin, VEB Deutscher Zentralverlag, 1959. 40 S.

3405. Blick in die Sternenwelt 1960. Astronomischer Kalender der Archenhold-Sternwarte. Herausgegeben von H. Winkler. Berlin-Treptow, Vorträge, Schriften Archenhold Sternw. Nr. 3, 31 S.

3406. Annuaire de l'Observatoire Royal de Belgique. Jaarboek van de Koninklijke Sterrenwacht van België 1960. Bruxelles, Imprimerie Hayez, 1959. 205 S. Preis 50 F.

3407. Almanaque Nautico y Aeronautico para el año 1960. Republica Argentina, Secretaria de Marina, Servicio de Hidrografia Naval, Publ. H. Nr. 225. Observatorio Naval, 1959. 384 S. Preis $ 200 m/arg.

3408. Suplemento al Almanaque Nautico y Aeronautico para el año 1960. Sol, Planetas y Estrellas. Republica Argentina, Secretaria de Marina, Servicio de Hidrografia Naval, 1959. 6 + 98 S.

3409. Efemerides Astronomicas y Manual del Aficionado para el año 1959. Herausgegeben von der Asociación Argentina Amigos de la Astronomia, Buenos Aires. Rev. Astr. Nr. 150, 64 S.

3410. The Handbook of the Astronomical Society of Southern Africa 1959. Computed and prepared by the Computing Section of the Transvaal Centre and the Editorial Board of MN ASSA. Cape Town, 1959. 34 S. Preis 2 s.

3411. Efemérides Astronómicas para o ano de' 1960. Herausgegeben vom Observatório Astronómico da Universidade de Coimbra, 1959. 13 + 236 S.

3412. Sterrengids 1960. Herausgegeben von J. J. Raimond jr. Groningen, J. B. Wolters, 1959. 68 S. Preis 64 fr. belges.

3413. Nautisches Jahrbuch oder Ephemeriden und Tafeln für das Jahr 1960 zur Bestimmung der Zeit, Länge und Breite zur See nach astronomischen Beobachtungen. Herausgegeben vom Deutschen Hydrographischen Institut, Hamburg, 1959. **109**. Jahrgang.

3414. Scheinbare Örter der Fundamentalsterne 1960, enthaltend die 1535 Sterne des Dritten Fundamental-Katalogs (FK3). Hergestellt unter der Schirmherrschaft der Internationalen Astronomischen Union. Heidelberg, Astronomisches Rechen-Institut, 1959. 43 + 510 S. Preis DM 25.00.

3415. Astronomische Grundlagen für den Kalender 1961. Herausgegeben vom Astronomischen Rechen-Institut in Heidelberg. Karlsruhe, Verlag G. Braun G.m.b.H., 1959. 104 S. Preis DM 10.00.

3416. The Handbook of the British Astronomical Association 1960. Herausgegeben von J. G. Porter. Hounslow West, Middlesex, British Astronomical Association, 1959. 70 S. Preis 5 s. bzw. 9 s.

3417. Annuaire astronomique et météorologique Camille Flammarion pour 1960. Publiée par l'Observatoire de Juvisy.

3418. Kurzer astronomischer Kalender für 1959. Redigiert von A. A. Jakowkin. Kiew, Akad. Wiss. Ukrain. SSR, 1958. 125 S. Preis 3 R. 50 Kop. (russ.).

3419. The Nautical Almanac for the Year 1961. Issued by Her Majesty's Nautical Almanac Office, London and United States Naval Observatory, Washington. London, Her Majesty's Stationery Office, 1959. A 4 + 276 + 35 S. Preis 15 s.

3420. The Astronomical Ephemeris for the Year 1961. Issued by Her Majesty's Nautical Almanac Office, London; Nautical Almanac Office United States Naval Observatory, Washington. London, Her Majesty's Stationery Office, 1959. 8 + 523 S. Preis £ 1 15 s net.

3421. The Star Almanac for Land Surveyors for the Year 1960. Prepared by H. M. Nautical Almanac Office, Published by Order of the Lords Commissioners of the Admiralty. London, Her Majesty's Stationery Office, 1959. 14 + 70 S. Preis 4 s. 6 d. net.

3422. The Air Almanac 1960. London, Her Majesty's Stationery Office; Washington, United States Naval Observatory, 1959. 734 + 186 S. Preis 45 s.

3423. Anuario del Observatorio Astronómico de Madrid para 1960. Madrid, Instituto Geográfico y Catastral, 1959. 406 S.

3424. Astronomisches Jahrbuch der UdSSR für das Jahr 1961. Unter Redaktion von M. F. Subbotin vom Institut für Theoretische Astronomie der Akademie der Wissenschaften der UdSSR herausgegeben. Moskau-Leningrad, Verlag Akad. Wiss. UdSSR, 1959. 652 S. mit einer Beilage über die in Orten der UdSSR in den Jahren 1960—1961 beobachtbaren Sternbedeckungen (61 S.). Preis 69 R. (russ.).

3425. Astronomischer Kalender. Jahrbuch für 1960. Veränderlicher Teil. Redigiert von P. I. Bakulin. Moskau, Phys.-Math. Staatsverlag, 1959. 352 S. Preis 6 R. 80 Kop. (russ.).

3426. Annuaire pour l'an 1960. Publié par Le Bureau des Longitudes, avec un supplément pour l'an 1961. Paris, Gauthier-Villars, 1959. 8 + 587 + A 12 + B 12 + C 17 + D 62 S.

3427. Éphémérides Nautiques pour l'an 1960. Ouvrage publié par Le Bureau des Longitudes spécialement à l'usage des marins. Paris, Gauthier-Villars, 1959. 475 S.

3428. Astronomisches Jahrbuch für das Jahr 1960. Peking, 1959. 444 S. Preis 5 Juan (chines.).

3429. Hvězdářská Ročenka 1960. Zusammengestellt von J. Bouška, V. Guth, B. Onderlička. Praha, Nakladatelství Československé Akademie Věd, 1959. 221 S. Preis Kčs 10.80.

3430. Almanaque Náutico para 1960. Rio de Janeiro, Directoria de Hidrografia e Navegação, 1959. 3 + 276 + 35 S. Preis Cr$ 100,00.

3431. Almanaque Náutico año 1960, publicado de orden de la Superioridad por el Instituto y Observatorio de Marina de San Fernando (Cádiz) para el Meridiano de Greenwich. San Fernando, Observatorio de Marina, 1959. 12 + 470 S. Preis 70 bzw. 85 Ptas.

3432. Almanaque Náutico para uso de los navegantes año 1960, publicado de orden de la Superioridad por el Instituto y Observatorio de Marina de San Fernando (Cádiz) para el Meridiano de Greenwich. San Fernando (Cádiz), Observatorio de Marina, 1959. 417 S. Preis 85 Pesetas.

3433. Anuario del Observatorio Astronomico Nacional de la Universidad de Chile para el año 1960. Santiago de Chile, 1959. 111 S.

3434. Anuário do Observatório de S. Paulo para 1960. Universidade de São Paulo, Instituto Astronômico e Geofísico, 1959. 8 + 248 S.

3435. Das Himmelsjahr. Sonne, Mond und Sterne im Jahr 1960. Zusammengestellt von M. Gerstenberger. Stuttgart, Franckh'sche Verlagshandlung, 1959. 102 S. Preis DM 4.80.

3436. Nautical Almanac 1960. Tokyo, Japanese Hydrographic Office, 1959. Pub. No. 681. 4 + 464 S.

3437. Abridged Nautical Almanac 1960. Tokyo, Japanese Hydrographic Office, 1959. Pub. No. 683. 4 + 233 S.

3438. Japanese Ephemeris 1960. Tokyo, Maritime Safety Board, Japan. Pub. No. 684. 6 + 529 S.

3439. The Observer's Handbook 1959. Editor R. J. Northcott. The Royal Astronomical Society of Canada. 96 S. Preis 75 cents.

3440. The Observer's Handbook 1960. Editor R. J. Northcott. The Royal Astronomical Society of Canada. 96 S. Preis 75 cents.

3441. Annuario astronomico per l'anno bisestile 1960 con numerose tabelle, sette grafici, nonchè f. t. Le carte del cielo. Oss. Astr. Trieste Nr. 294, 68 S.

3442. Rocznik Astronomiczny na Rok 1960. Herausgegeben vom Instytut Geodezji i Kartografii. Warszawa, Państwowe Przedsiębiorstwo Wydawnictw Kartograficznych, 1959. 140 S. Preis zł 70,50.

3443. The American Ephemeris and Nautical Almanac for the Year 1961. Washington, United States Government Printing Office, 1959. 8 + 523 S. Preis $ 4.

3444. Himmelskalender 1960 (Astronomisches Jahrbuch für Österreichs Amateurastronomen). Wien, Verlag Herman Mucke, 1959. Preis S 6.—.

3445. **D. H. Sadler,** The Astronomical Ephemeris, 1960. Nature **183** 1705—1706.

3446. The Astronomical Ephemeris. J. Astr. Soc. Victoria **12** 36.

3447. Rationaliserig av de astronomiska årsböckerna. PAT **40** 69—70.

3448. The new «American Ephemeris». Sky Tel. **18** 239.

3449. **C. H. Cleminshaw,** The heavens for 1960: a summary. Publ ASP **71** 531—533.

3450. **V. Estremadoyro,** Datos generales sobre fenomenos astronomicos que se produciran en 1,960. Bol. As. Peruana Astr. **5** 276—277.

3451. **L. P. Lee,** Visibility of the planets, 1960. Southern Stars **18** 92—93.

3452. De store planeter i 1960. NAT 1959 S. 124.

3453. Planetary appulses and occultations in 1960. Strolling Astronomer **13** 126—128.

3454. Standard dates for ephemerides. UAI Circ 1688.

§ 35

Finsternisse, Chronologie, Kalenderwesen

3501. **W. Brauns,** Die Julianische Periode. Sterne **35** 144—151.

3502. **C. Chassapis,** Der Fehler der Chronologie. 1963 und nicht 1959. Astr. Nachr. Athen **9** 6—11 (griech.). — Betrifft die genaue Festlegung des Geburtsjahres Christi. Mav.

3503. **F. K. Ginzel,** Handbuch der mathematischen und technischen Chronologie. Das Zeitrechnungswesen der Völker. Bd. 1—3. Vgl. AJB **58** Ref. **3304.** — Weitere Besprechung in Math. Rev. **21** 615.

3504. **J. Herrmann,** Der Weihnachtsstern und die chronologische Festlegung der Geburt Christi. VdS Nachr. **8** 1—4.

* * **J. Herrmann,** Die Beobachtung von Sternbedeckungen und ihre Bedeutung für die theoretische Astronomie. II. Vgl. Ref. **8360.**

3505. **D. N. Katsis,** The calendar and the Easter's rule. Publ. Lab. Astr. Univ. Athen (1) Nr. 12, 80 S. (griech. mit engl. Ref.). — Neben den durch Sonnen- und Mondlauf bedingten Jahrformen wird die christliche Festrechnung eingehend behandelt. Im letzten Kapitel sind Tafeln zusammengestellt, aus denen die bei der Kalenderrechnung benötigten Größen entnommen werden können. U. Baehr

3506. **S. A. Mitchell,** Ten total eclipses. J RAS Canada **53** 49—58.

3507. **S. I. Seleschnikow,** Die Geschichte des Kalenders und seine bevorstehende Reform. Leningrad, Staatsverlag, 1959. 71 S. Preis 85 Kop. (russ.). — Besprechung in Priroda **48** Nr. 12 S. 122, RJ UdSSR 1960 Nr. 3 S. 3.

§ 36

Geodätische Astronomie, Navigation

3601. **E. Andersen,** Transfer of geographical coordinates by means of Clarke's curve of alignment. Geod. Inst. København Skrifter (3) **30,** 53 S.

3602. **R. H. Bacon,** The rhumb line on the ellipsoidal earth. Navigation Los Angeles **6** 470—474.

3603. **J. C. Bhattacharji,** A practical method of determining geodetic azimuth and deviation of the vertical. Empire Survey Rev. **15** 71—78. — Die Methode behandelt die Beobachtung der Horizontalwinkel dreier Sterne, von denen einer im Norden, einer im Süden und einer in der Nähe des ersten Vertikals steht, um die genannten Größen zu ermitteln. Frlb.

3604. **J. C. Bhattacharji,** A method of determining astronomical latitude from observations of a star pair near their times of elongation. Empire Survey Rev. **15** 161—168.

3605. **J. C. Bhattacharji,** Azimuth from observations of close circumpolar stars. Hydrograph. Rev. **34** 51—69. — Es werden Vorschläge für Zeit-Azimut- und Höhen-Azimutformeln gemacht, um durch Beobachtung polnaher Sterne mit Hilfe kurzer Tafeln Azimute bequemer zu erhalten, die für Vermessungen erster Ordnung, für hydrographische Vermessungen, aber auch für die Navigation gebraucht werden können. Frlb.

3606. **D. C. Brown,** Results in geodetic photogrammetry. I. The precise determination of the location of Bermuda from photogrammetric observations of flares ejected from Juno II. Missile Test Project, RCA Data Techn. Rep. Nr. 54, 35 S.

3607. **P. R. Burton,** Celestial navigation without a vertical reference. Navigation Los Angeles **6** 317—320.

3608. **P. R. Burton,** Navigation astronomique sans référence de verticale. Navigation Paris **7** 166—175. — Diese und die vorhergegangene Arbeit haben ähnlichen Inhalt. Anstelle des Horizontes wird für ausgewählte Sternpaare die Höhe eines Sterns über dem anderen gemessen, falls beide nahezu im gleichen Vertikal stehen. Auch die Messung des Azimutunterschieds solcher Sterne wird vorgesehen. Zur Durchführung braucht man Sextanten mit zusätzlichen Spiegeln und vorbereiteten Rechentafeln. Für andere Ausführungen ist an einen Kreiselhorizont geringer Genauigkeit gedacht. Für eine zweckmäßige Standlinienberechnung werden Formeln abgeleitet. Frlb.

3609. **E. Buschmann,** Zeit- und Breitenbestimmung mit dem unpersönlichen Prismenastrolab von Danjon. Vermessungstechnik Berlin **7** 140—146. — Ausführliche Beschreibung des Danjonschen Prismenastrolabs sowie des Beobachtungs- und Reduktionsverfahrens. Die seit 1957 am Geodätischen Institut Potsdam erhaltenen Ergebnisse über die innere und äußere Genauigkeit der Beobachtungen werden mitgeteilt. Zi.

3610. **A. Le Calvé,** Cours de Navigation. II. Navigation astronomique. Paris—Marseille, Éditions mar. col., 1959.

3611. **J. Chamagne,** Un appareil pour faire le point astronomique sans calcul. Navigation Paris **7** 270—285.

3612. **Y.-h. Chow, H. Lee, S.-k. Lee, Y.-h. Chu,** Determination of the latitude of Purple Mountain Observatory. Acta Astr. Sinica **7** 29—34 (chines. mit engl. Ref.). — $\varphi = 32°4'\ 0''.04 \pm 0''.08$.

3613. **H. C. Freiesleben,** Navigation astronomique sans référence verticale. Navigation Paris **7** 374—380. — Behandelt astronomische Navigation mittels Azimutdifferenzenmessungen. Frlb.

3614. **A. Hervieu,** Graphique des astres passant au méridien entre deux heures données. Navigation Paris **7** 370—372.

3615. **B. Hilder,** Polynesian navigational stones. J. Inst. Navigation **12** 90—97. — Beitrag zur Kenntnis der Navigation der Südsee-Insulaner auf den Gilbert-Inseln, vermutlich zwischen den Jahren 1000 und 1500. Frlb.

3616. **P. Hugon,** Le point astronomique simplifié dans les régions polaires. Navigation Paris **7** 15—32. — Betrifft das astronomische Standlinienverfahren für polnahe Breiten. Frlb.

3617. **D. N. Hurwitz,** A proposal for a new method of celestial sight reduction and line-of-position plotting. Navigation Los Angeles **6**

475—478. — Verf. macht Vorschläge zur vereinfachten Verarbeitung astronomischer Beobachtungen, vor allem an Bord von Flugzeugen und kleinen Seefahrzeugen. Frlb.

3618. **W. M. Kaula,** Reconciliation of Stokes' function and astrogeodetic geoid determinations. J. Geophys. Res. **64** 61—71.

3619. **A. H. Kerrick,** The limaçon of Pascal as a basis for computed and graphic methods of determining astronomical positions. Navigation Los Angeles **6** 310—316. — Auf Grund der Tatsache, daß die Gleichungen der Höhenstandlinie und der Pascalschen Schnecke einander entsprechen, wenn man den Stundenwinkel gleich dem Drehwinkel, sin h gleich dem Radiusvektor setzt, werden graphische und numerische Verfahren der Auswertung von Höhenstandlinien diskutiert und in ihrem inneren Zusammenhang behandelt. Frlb.

3620. **H. Lee, C.-h. Wang,** Determination of the longitude of Purple Mountain Observatory. Acta Astr. Sinica **7** 26—28 (chines. mit engl. Ref.). — $\lambda = -7^h55^m17\overset{s}{.}016 \pm 0\overset{s}{.}002$.

3621. **H. Lee, C.-p. Ho,** Determination of the longitude and latitude of the Latitude Station of Tientsin. Acta Astr. Sinica **7** 35—38 (chines. mit engl. Ref.). — $\lambda = -7^h48^m13\overset{s}{.}834 \pm 0\overset{s}{.}003$, $\varphi = +39°08'02\overset{''}{.}23 \pm 0\overset{''}{.}08$.

3622. **P. Löhr,** Der «Δh»-Kreis und seine praktische Verwendung zur Bestimmung der Länge und Breite des Beobachtungsortes. Deutsche Hydrograph. Z. **12** 24—28. — Die Untersuchung aller Unterschiede «beobachtete minus berechnete Höhe» für einen bestimmten Koppelort zeigt, daß die mit ihnen ermittelten Leitpunkte von Standlinien alle auf einem Kreis liegen. Die geometrischen Eigenschaften des Kreises und die Möglichkeiten, ihn bei der Standortbestimmung nutzbar zu machen, werden untersucht. Frlb.

3623. **G. R. Marner,** Automatic radio-celestial navigation. J. Inst. Navigation **12** 249—259. — Die Weiterentwicklung der Radio-Navigation bei der Collins Radio Company führte zum Bau zweier neuer Geräte: eines für die Luftwaffe entwickelten Radio-Sextanten als Allwetter-Sonnenkompaß, der in klaren Nächten durch einen optischen Sternkompaß ausgetauscht wird, und eines Präzisions-Radiosextanten, der Sonne und Mond als Radioquellen verwendet und zur automatischen Navigation auf See eingesetzt werden kann. Verschiedene Nachführungsbedingungen werden bei Sonne, Mond und der Radioquelle Cassiopeia «A» in Abhängigkeit von der Wellenlänge untersucht. Schr.

3624. **G. R. Marner,** Navigation radioastronomique automatique. Navigation Paris **7** 346—357. — Gleicht inhaltlich der vorhergegangenen Arbeit.

3625. **A. A. Michajlow,** Tafeln zur genäherten Lösung des umgekehrten geodätischen Problems. Leningrad, Verlag Akad. Wiss. UdSSR, 1958. 100 S. Preis 14 R. 10 Kop. (russ.). — Besprechung in AJ UdSSR **36** 973—974 (W. N. Ganschin, L. S. Chrenow).

3626. **M. Montygierd,** Détermination des coordonnées géographiques par l'observation des étoiles à proximité de l'almicantarat du pôle. Geod. Kartografia Warszawa **8** 138—172. — Formeln für die Breitenbestimmung bei bekannter Zeit und die Zeitbestimmung bei bekannter Breite werden für den Spezialfall des Sterndurchgangs durch den Almucantarat des Himmelsnordpols abgeleitet und graphische Ephemeriden der Durchgangszeiten von 90 hellen Sternen des FK3 für Breiten zwischen +30° und + 60° und die Epoche 1960.0 gegeben. Zi.

3627. **M. Montygierd,** Długość geograficzna Obserwatorium Astronomicznego w Białkowie. Postępy Astr. **7** 131—132. — Von der Beobachtungsstation der Sternwarte Wrocław (Breslau) in Bialków (Belkawe) wurde die geographische Länge bestimmt. E. R.

3628. V. N. S. Murthy, Simultaneous determination of latitude, azimuth and time by observation to a pair of stars. Empire Survey Rev. **15** 15—22. — Beobachtung der Höhen und der Horizontalwinkel gegen eine Azimutmarke sowie die Beobachtungszeiten erlauben es, Breite, Azimut und Zeit zu bestimmen. Frlb.

3629. T. Niethammer, Die genauen Methoden der astronomisch-geographischen Ortsbestimmung. Vgl. AJB **47** Ref. **2103**. Ins Russische übersetzt. Moskau, Geod. Staatsverlag, 1958. 192 S. Preis 10 R. 55 Kop. — Besprechung in RJ UdSSR 1959 Nr. 10 S. 23 (B. A. Orlow).

3630. K. Nygaard, Geodimeter measurements. An evaluation of results and mean error. Geod. Inst. København Skrifter (3) **31**, 55 S.

3631. H. Ricken, Zeichnerische Lösung sphärisch-trigonometrischer Aufgaben. Deutsche Hydrograph. Z. **12** 127—130.

3632. W. D. Rushworth, Use of a photoelectric cell for impersonal longitude observations. Empire Survey Rev. **15** 150—154.

3633. D. H. Sadler, A modern view of astronomical navigation. J. Inst. Navigation **12** 54—57. — Bemerkungen über die geeignetsten Hilfsmittel zur astronomischen Navigation (nach der Methode der Positionslinien aus Höhenbeobachtungen) und Auswahl des Lehrstoffs, der zur Ausbildung von Navigationspraktikern nötig ist. Böh.

3634. D. H. Sadler, P. R. Burton, Celestial navigation without a vertical reference. Navigation Los Angeles **6** 403—404.

3635. P. Sconzo, Sul calcolo automatico della soluzione del problema fondamentale della navigazione astronomica. Lincei Rend. Sci. fis. mat. nat. (8) **26** 207—209 = Oss. Astr. Roma Contr. Sci. (3) Nr. 3. — Vorschlag einer Methode zur direkten Berechnung der geographischen Koordinaten eines Luftschiffes, die auch an elektronischen Rechenmaschinen angewendet werden kann. B. C.

3636. B. M. Ševarlič, G. Teleki, L'amélioration de la latitude moyenne de l'Observatoire déterminée en 1947. Bull. Obs. Astr. Beograd **22** Nr. 3—4 S. 5—19.

3637. G. B. Shoemaker, An extension of the geographical coordinate system as applied to automatic ground position computation. Navigation Los Angeles **6** 370—373. — Um die Positionsbestimmung von Flugkörpern über den Polargebieten zu erleichtern, wird vorgeschlagen, die geographische Breite als eine, die Breite in bezug auf die Ebene des Nullmeridians als andere Koordinate zu benutzen. Es wird gezeigt, wie Positionen und Geschwindigkeiten in diesem System bestimmt werden können. Böh.

3638. H. Strassl, Azimut-Nomogramme für alle Stundenwinkel und Deklinationen im Bereich der geographischen Breiten von $-80°$ bis $+80°$. Forschungsber. Wirtschafts- und Verkehrsministerium Nordrhein-Westfalen Nr. 512 = Mitt. Univ.-Sternw. Bonn Nr. 20, 32 S.

*** * C. Sugawa,** Additional refraction and latitude observation. Vgl. **7307**.

3639. A. Tárczy-Hornoch, W. K. Hristow, Tafeln für das Krassowsky-Ellipsoid. Budapest, Akadémiai Kiadó, 1959. 219, 440 S. — Besprechung in Gerlands Beiträge Geophys. **69** 128 (K. Arnold).

3640. G. E. Thompson, Precise ship positioning. Navigation Los Angeles **6** 354—357.

3641. G. J. Thornton-Smith, A circum-almucantar observation for azimuth. Empire Survey Rev. **15** 79—86.

3642. **P. V. H. Weems, C. V. Lee,** Marine Navigation. Vgl. AJB 58 Ref. 13335. — Weitere Besprechung in J. Inst. Navigation **12** 113 (H. C. Freiesleben).

3643. Höhen und Azimute von Gestirnen. Band 3. Für die Breiten 40°—59°. Moskau, Hydrograph. Dienst Hochseeflotte, 1959. 10 + 295 S. Preis 54 R. 70 Kop. (russ.).

§ 37

Breitendienst, Polschwankung

* * **J.-P. Blaser,** Procédés de lissage pour catalogues d'étoiles. Vgl. Ref. 3205.

* * **A. Danjon,** Instructions pour la détermination de l'heure et de la latitude avec l'astrolabe impersonnel. Vgl. Ref. 2403.

3701. **A. Danjon,** Détermination du déplacement du pôle à partir des variations périodiques des longitudes. CR **249** 206—211. — Unabhängig von der üblichen Bestimmung der Polbewegung durch den Breitendienst kann das gleiche Ziel auch durch die Untersuchung von Längenänderungen erreicht werden. Nach Abzug von gut bestimmbaren Anteilen nichtperiodischer Abweichungen und der Chandlerschen Komponente von den Beobachtungen seit 1956 in Paris ergeben sich Restgrößen mit einer Jahresperiode. In Zukunft wird es möglich sein, aus diesen restlichen Abweichungen mit Hilfe von Astrolabiumbeobachtungen auf der Station Quito nahe am Äquator und einer weiteren Station in Afrika die jährliche Rotationsschwankung zu eliminieren. Die Jahresbewegung des Pols läßt sich dann durch Beobachtungen weniger Stationen auf etwa dem gleichen Meridian und auf verschiedenen Breiten (z. B. Washington, Richmond und Ottawa) von anderen Fehlern, die mit einer Jahresperiode auftreten, trennen. Schr.

3702. **B. Decaux,** Instructions pour l'emploi de la radioélectricité dans l'opération mondiale des longitudes et des latitudes. Ann. International Geophys. Year **4** 155—194, 1957.

3703. **J. Dobrzycki,** Wyniki półtorarocznych pomiarów zmian szerokości w Borowcu. Postępy Astr. **7** 271. — Verf. berichtet über die Breitenänderungen der Breitenstation der Polnischen Akademie der Wissenschaften in Borowiec bei Poznań (Posen). E. R.

3704. **E. P. Fedorow,** On the publication and reduction of the latitude observations made during the International Geophysical Year. Bull. géod. (NS) Nr. 54 S. 21—27.

3705. **E. P. Fedorow,** On the computation of the pole coordinates. Bull. géod. (NS) Nr. 54 S. 29—34.

3706. **E. P. Fedorow,** Die Untersuchung der Polbewegung. Priroda **48** Nr. 11 S. 59—66 (russ.).

3707. **J. O. Fleckenstein(-Gallo),** Risultati provvisori delle osservazioni di latitudine all'Osservatorio di Brera durante l'anno geofisico 1957—58. Mem SA It (NS) **30** 255—264. — Es werden die vorläufigen Ergebnisse von 302 Breitenbeobachtungen nach der Horrebow-Talcott-Methode im System des FK3 während des IGJ mitgeteilt. Für die Breite des südlichen Pfeilers der größeren Kuppel der Sternwarte Brera (Mailand) ergab sich 45°27′59.″467 ± 0.″038 (1958.2). Der Unterschied von 0.″2 zwischen diesem Wert und dem seither bekannten, der aus dem Jahre 1911 stammt, wird Differenzen der Fundamentalkataloge dieser beiden Epochen zugeschrieben. Die graphisch dargestellten Breitenänderungen stimmen mit denen von Neuchâtel (Schweiz) gut überein. B. C.

3708. **B. Guinot,** La variation de la latitude de l'Observatoire de Paris, de 1956,5 à 1959,4. CR **249** 39—41. — Die Beobachtungen erfolgten mit dem unpersönlichen Astrolabium nach Danjon. Nach Anbringung von Verbesserungen an die verwendeten FK3-Sterne wurde das Ergebnis in einen jährlich wiederkehrenden Anteil mit einer Gesamtamplitude von 0."14 und einen sinusförmigen Verlauf der Chandler-Komponente aufgelöst: $\Delta\varphi_{\mathrm{Ch}} = 0.''215 \cdot \sin C$, wobei $C = \frac{2\pi}{1.20}(t - 1957.26)$. Systematische Restabweichungen seit 1958.5 könnten gut durch eine Amplitudenvergrößerung der Chandlerschen Schwankung erklärt werden. Schr.

3709. **T. Hattori,** On the secular motion of the pole. Publ. Latitude Obs. Mizusawa **3** Nr. 1 S. 1—26. — Aus den Beobachtungen an verschiedenen Breitenstationen innerhalb des Zeitraums 1900 und 1952 wurde die säkulare Bewegung des Pols abgeleitet. Loh.

* * **H. Jeffreys,** Nutation and the variation of latitude. Vgl. Ref. **3305**.

3710. **D. I. Krawzew,** Vergleich der verschiedenen Systeme der Gruppenreduktionen im Internationalen Breitendienst. AC Nr. 202 S. 7—8 (russ.).

3711. **W. Markowitz,** Instructions for use of the PZT in the longitude and latitude programme. Ann. International Geophys. Year **4** 197—201, 1957.

3712. **P. Melchior,** Les relations entre les mouvements du pôle et les fluctuations de la vitesse de rotation de la Terre. AJ **64** 86—95 = Commun. Obs. Roy. Belgique Nr. 155 = Série Géophys. Nr. 50. — Es wird versucht, eine Synthese der aus astronomischen Beobachtungen ermittelten Polbewegungen und Rotationszeitschwankungen der Erde zu geben, wozu die geophysikalischen Beobachtungsergebnisse herangezogen werden. Verf. macht auf Widersprüche aufmerksam und weist auf die Bedeutung des Beobachtungsmaterials, das im Verlaufe des Internationalen Geophysikalischen Jahres gewonnen wurde, hin. Gü-Li

3713. **W. W. Nesterow,** Über einige Bearbeitungsbesonderheiten der im Rahmen des erweiterten Programms durchgeführten Breitenbeobachtungen. AC Nr. 200 S. 7—8 (russ.). — Die Überarbeitung von Breitenbestimmungen, die 1925 bis 1928 mit dem Zenitteleskop von Pulkowo durchgeführt worden waren, ergab eine Abhängigkeit der Ergebnisse vom Stundenwinkel der Sonne, wobei Unterschiede bis zu 0."2 auftraten. Schr.

3714. **S. Nowak,** The latitude of Borowiec, Latitude Station of the Polish Academy of Sciences (determined on the basis of observations of the zenith star β Dra). AA **9** 185—192. — $\varphi = 52°16'38.''05 \pm 0.''03$.

3715. **E. I. Obreskowa,** Die Änderungen der mittleren Breite von Mizusawa, Carloforte und Ukiah von 1900—1934. Publ. Gravimetr. Obs. Poltawa 8 152—191 (russ.). — Mit Ausnahme einer plötzlichen Breitenänderung von Ukiah wurden bei allen drei Stationen nur allmähliche Änderungen festgestellt, wobei der Verlauf der Breitenänderungen auf instrumentelle Ursachen schließen läßt. Dabei ist eine tatsächliche Breitenänderung wegen der verhältnismäßig unsicheren Eigenbewegungen der beobachteten Sterne schwer zu bestimmen. Schr.

3716. **N. I. Pantschenko,** Die Bewegung des Erdpols 1946—1954. Publ. Gravimetr. Obs. Poltawa 8 90—151 (russ.). — Zur Ermittlung der Polbewegung wurden Beobachtungen von Stationen des Internationalen Breitendienstes und einigen nicht dem Breitendienst angeschlossenen Observatorien ausgewertet. Besondere Beachtung wurde dabei der Methode der Koordinatenberechnung und der Ermittlung von nicht auf Polbewegungen zurückzuführenden Breitenänderungen geschenkt. Schr.

3717. **N. A. Popow,** The semi-annual and semi-monthly terms of nutation in the variations of latitude of Poltava. AJ UdSSR **36** 164—171 (russ. mit engl. Ref.). — Die Polschwankungen aus Messungen mit einem Zenitteleskop in den Jahren 1950—56 wurden analysiert. Die Beobachtungen wurden nicht nur nachts, sondern auch tagsüber ausgeführt. Die früher entdeckte tägliche Schwankung konnte nicht bestätigt werden. Dagegen wurde eine halbjährige Periode festgestellt, welche durch eine Ungenauigkeit der Amplitude des halbjährigen Nutationsgliedes erklärt werden kann. Ferner wurde ein neuer Wert für die halbmonatliche Schwankung abgeleitet, der mit anderen Meßreihen gut übereinstimmt. Ond.

3718. **N. A. Popow,** Untersuchung der Ergebnisse einer sechsjährigen Reihe dauernder Beobachtungen von Zenitsternen in Poltowa. Publ. Gravimetr. Obs. Poltawa 8 3—89 (russ.). — Dauernde Beobachtungen zweier heller Zenitsterne, deren Kulminationszeiten etwa um einen halben Tag verschieden sind, dienten besonders der Untersuchung des von der Polbewegung unabhängigen Gliedes z der Breitenänderung. Die Reduktion und Kurve der Breitenänderungen von 1950 bis 1956 sowie die Instrumentenuntersuchung und die Anbringung von Verbesserungen sind wiedergegeben. Das Ergebnis stellt die erhaltenen täglichen Breitenschwankungen, das z-Glied und die Nutationsglieder mit Halbmonats- und Halbjahresperiode zur Diskussion. Schr.

3719. **A. A. Rubaschewskij, E. P. Fedorow,** On the computation of mean latitude. AJ UdSSR **36** 1122—1129 (russ. mit engl. Ref.).

3720. **N. Sekiguchi, J. Matsumoto,** Polar tube observations during 1958. TAB (2) Nr. 115 S. 1305—1307.

3721. **B. Ševarlić, G. Teleki,** Observations à la lunette zénithale (de 110 mm) du Service de latitude de l'Observatoire. Bull. Obs. Astr. Beograd **22** Nr. 1—2 S. 2.

3722. **B. Ševarlić, G. Teleki, D. Šaletić,** Observations à la lunette zénithale (de 110 mm) du Service de latitude de l'Observatoire. Bull. Obs. Astr. Beograd **22** Nr. 3—4 S. 3.

3723. **B. Ševarlić, G. Teleki, D. Šaletić, V. Milovanović,** Observations à la lunette zénithale (de 110 mm) du Service de latitude de l'Observatoire. Bull. Obs. Astr. Beograd **23** Nr. 1—2 S. 2—3.

3724. **B. Ševarlić, G. Teleki,** Observations à la lunette zénithale (de 110 mm) du Service de latitude de l'Observatoire. Bull. Obs. Astr. Beograd **23** Nr. 3—4 S. 2.

3725. **S. Takagi,** Star list for the observations of the photographic zenith tube of the Mizusawa Latitude Observatory. Publ. Latitude Obs. Mizusawa **3** Nr. 1 S. 34—53.

3726. **N. A. Tschudowitschewa, P. M. Rabinskij, W. P. Kapralow,** Die Breitenänderungen des Astronomischen Engelhardt-Observatoriums 1957—1958. AC Nr. 199 S. 14—15 (russ.).

* * **S. Uemae,** Correction to the apparent places of the star-pairs for the use of the International Latitude Service. Vgl. Ref. **3221**.

* * Astronomical Results from Observations made at the Royal Observatory Greenwich in the Year 1953. Vgl. Ref. **3129**.

3727. Coordonnées du pôle instantané. Bull hor 1959 (5) S. 7—8, 33, 59, 83, 105, 140.

3728. Déterminations astronomiques de l'heure et de la latitude. Obs. Neuchâtel Bull. (B) Jan.—Déc.

3729. IGY Data on Longitude and Latitude. Part I. Observed at the International Latitude Observatory of Mizusawa. Tokyo, National Committee for IGY, 1959. 255 S.

§ 38

Erdrotation, Zeitmaße

3801. **H. J. M. Abraham,** The determination of universal time and ephemeris time. J. Australian Inst. Cartograph. **2** 145—150, 1958 = Mt. Stromlo Obs. Repr. Nr. 27. — Zusammenfassender Bericht über Definition der Weltzeit und der Ephemeridenzeit und über die Methoden ihrer Bestimmung mit Genauigkeitsangaben. Böh.

3802. **J. Bouška,** About the ephemeris time. RH **40** 153—155 (tschech.).

3803. **D. Brouwer,** Fluctuations and secular changes in the earth's rotation. AJ **64** 97—99. — Zur Erklärung der unregelmäßigen Schwankungen im Betrag der Erdrotation werden geophysikalische Ursachen vermutet. Die beobachtete Korrelation zwischen der Westdrift des Erdmagnetfeldes und den Schwankungen der Tageslänge sowie die Polschwankungen weisen auf Reibungseffekte durch eine unstetige Bewegung des Erdkernes relativ zum Erdmantel gemäß der Theorie von B. L. van der Waerden (vgl. Ref. 3821) hin. Gü-Li

3804. **J. A. Carroll,** An absolute scale of time. Nature **184** 260—261. — Theoretisch können auch gesetzmäßig ablaufende physikalische Zufallsprozesse zur Zeitmessung verwendet werden. Würde man z. B. den Kernzerfall zweier verschiedener Stoffe dazu benutzen, so sollte der Vergleich eine von diesen unabhängige Zeitskala liefern. T. L.

3805. **G. M. Clemence,** Ephemeris time. AJ **64** 113—115 = U.S. Naval Obs. Repr. Nr. 1. — Verf. stellt nach allgemeinen Betrachtungen zur Festlegung der Zeiteinheit fest, daß dazu irgendein Winkel dienen kann, der eine stetige Funktion der Zeit ist und unabhängig von Längenmessungen bestimmt werden kann, und untersucht das gegenseitige Verhältnis der aus dieser Definition folgenden mittleren Sonnenzeit und der Ephemeridenzeit. Böh.

3806. **A. Danjon,** Variation progressive et variation saisonnière de la rotation de la Terre. AJ **64** 102—103. — Ein Vergleich aus vorläufig reduzierten Messungen der Universalzeit mit dem unpersönlichen Astrolab Danjon und der Caesium-Atomzeit (L. Essen und J. V. L. Parry) zwischen 1956.5 und 1958.5 ergab saisonbedingte periodische Schwankungen der Rotationszeit der Erde von mehr als 50 Millisekunden Amplitude. Schwankungen von fortlaufendem Charakter konnten in diesem Zeitraum nicht festgestellt werden. Gü-Li

3807. **A. Danjon,** Variations saisonnière et aléatoire de la rotation de la Terre. BSAF **73** 49—54.

3808. **A. Danjon,** Sur un nouveau régime de la rotation de la Terre qui se serait établi en juillet ou août 1959. CR **249** 2254. — Es wird über eine plötzliche Zunahme der Tagesdauer um 1 ms seit 1959.6 berichtet, die aus den Vergleichen zwischen dem Caesium-Zeitnormal und astronomischen Beobachtungen mit dem unpersönlichen Prismenastrolab erschlossen werden kann. Diese Zunahme bedeutet eine plötzliche Änderung des seit 1956 beobachteten Rotationsverhaltens der Erde. J. P. M.

3809. **F. H. van den Dungen, J. F. Cox, J. van Mieghem,** Sur les irrégularités de la rotation de la Terre. Bull. Cl. Sci. Acad. roy. Belgique (5) **45** 69—71 = Inst. Astr. Bruxelles (2) Nr. 116. — Zu einigen neueren Arbeiten, in denen der Zusammenhang zwischen zufälligen und saisonalen Schwankungen untersucht und die entsprechenden Änderungen der Rotationsgeschwindigkeit der Erde berechnet werden, geben Verf. ergänzende Hinweise. Henn

3810. **L. Essen, J. V. L. Parry, J. McA. Steele,** Frequency variations of quartz oscillators and the earth's rotation in terms of the N.P.L. caesium standard. Proc. Inst. Elect. Engineers Paper 3002 M, 6 S. — Ref. in Phys. Abstr. (A) **63** 3, 1042.

3811. **S. Iijima,** The rotation of the earth and the atomic frequency standard. Astr. Herald **52** 228—231 (japan.).

* * **D. N. Katsis,** Vervollkommnungen in der Zeitmessung. Vgl. Ref. **2412.**

3812. **J. Lequeux,** Données récentes sur la rotation de la Terre. La Nature **87** 80—81.

3813. **W. Markowitz,** Variations in rotation of the earth, results obtained with the dual-rate moon camera and photographic zenith tubes. AJ **64** 106—113 = U.S. Naval Obs. Repr. Nr. 2. — Ausführlicher Bericht über die Ergebnisse des Zeitdienstes am U.S. Naval Observatory 1951—1955: Aus Beobachtungen an zwei photographischen Zenitteleskopen im Vergleich mit Quarz- und Zäsiumuhren wurde die jahreszeitliche Schwankung des Zeitmaßes untersucht und konnte eine Wirkung der Mondgezeiten auf die feste Erdrinde nachgewiesen werden; ferner wurden ab 1955 Einzelheiten über die unregelmäßigen Schwankungen bekannt. Beobachtungen mit der Mondkamera seit 1952 ergaben Zahlenwerte für die Reduktion auf Ephemeridenzeit. Böh.

* * **P. Melchior,** Les relations entre les mouvements du pôle et les fluctuations de la vitesse de rotation de la Terre. Vgl. Ref. **3712.**

3814. **C. M. Murray,** On the determination of ephemeris time. MN **119** 612—615. — Verf. weist auf eine Inhomogenität der Werte für ΔT = Ephemeridenzeit—Weltzeit (vgl. AJB **52** Ref. **13102**, Astr. Ephem. 1960) vor und nach 1923 hin, die davon herrührt, daß in beiden Abschnitten zwei verschiedene Werte für die Abplattung der Erde benutzt worden sind und die Örter der Anschlußsterne für die Beobachtungen des Mondes nicht das gleiche Äquinox haben. Verf. macht Vorschläge für ein Arbeitsprogramm, das notwendig ist, um bessere Werte ΔT zu erhalten. Böh.

* * **A. A. Nemiro, N. N. Pawlow,** The influence of systematic errors of star catalogues on the determination of the irregularities of the earth's rotation. Vgl. Ref. **3216.**

* * **T. Nicolini,** Horloges modernes. Rotation terrestre et temps. Vgl. Ref. **2418.**

3815. **G. Schrutka-Rechtenstamm,** Weltzeit und Ephemeridenzeit. Sternenbote **2** 26—29.

3816. **N. Sekiguchi,** On the acceleration of the earth's rotation caused by the atmospheric oscillation. Publ. Astr. Soc. Japan **11** 1—8 = Tokyo Astr. Obs. Repr. Nr. 176. — Eine Neuberechnung des durch die Schwingungen der Atmosphäre verursachten Zuwachses der Rotationsenergie der Erde ergibt mit 2.06×10^{18} erg/sec einen noch etwas kleineren Wert als den 1952 von Holmberg gefundenen. Andererseits ist der von Jeffreys stammende Wert für den Energieverbrauch durch die Gezeitenreibung mit 1.1×10^{19} erg/sec wahrscheinlich noch zu klein. Angesichts dieser großen Diskrepanz erscheint die Vorstellung eines physikalischen Zusammenhanges zwischen der Rotationsperiode der Erde und der Schwingungsperiode der Atmosphäre nicht sehr wahrscheinlich. Go.

3817. **J. Smak,** Nieregularności ruchu obrotowego Ziemi. Urania Kraków **30** 260. — Ref. der in AJB **58** Ref. 13117 zitierten Arbeit. E. R.

3818. **N. Stoyko,** Variations périodiques et aléatoires de la rotation de la Terre. AJ **64** 99—102. — Aus einer Diskussion der Bestimmungen der Erdzeit mittels verschiedener Atomnormalen zwischen 1952 und 1958 ergaben sich eindeutige periodische Schwankungen der Rotationszeit der Erde, aber auch Schwankungen von zufälligem Charakter. Gü-Li

3819. **N. Stoyko,** L'irrégularité saisonnière de la rotation de la Terre et son extrapolation pour l'année 1960. Bull hor (5) Nr. 1 S. 5—8.

3820. **W. Uhink,** Rotationsschwankungen der Erde und Leistung der Potsdamer Quarzuhren 1954—1957. AN **285** 81—86. — Die Bearbeitung der Stände der Quarzuhren in den Jahren 1954—1957 ergab außer den Rotationsschwankungen der Erde einen Jahreseffekt, der für alle Potsdamer Uhren mit derselben Phase, aber mit unterschiedlichen Amplituden auftritt. Die Deutung und Beseitigung dieser Jahreswelle muß weiteren Messungen an den Quarzuhren selbst vorbehalten bleiben. Verf.

3821. **B. L. van der Waerden,** The irregular rotation of the earth. AJ **64** 96—97. — Zur Erklärung der Unregelmäßigkeiten der Rotation der Erde an der Oberfläche wird ein mechanisches Modell vorgeschlagen, das den Erdmantel als starr, die gesamte Erde aber als nicht starr voraussetzt. Zur Überprüfung des Modelles werden die beobachteten Unregelmäßigkeiten in der Längenänderung des Mondes und der Sonne herangezogen. Gü-Li

3822. **E. W. Woolard,** Inequalities in mean solar time from tidal variations in the rotation of the earth. AJ **64** 140—142 = U.S. Naval Obs. Repr. Nr. 3. — Es werden unter der angestrebten Genauigkeit angepaßten vereinfachenden Annahmen die langperiodischen Ungleichheiten mit Amplituden bis zu 0.10 ms der mittleren Sonnenzeit berechnet, die als Folge der Gezeitenwirkung von Mond und Sonne auf die Erde erscheinen. Böh.

3823. Atomare und astronomische Zeit. Orion Schaffhausen **5** 566—567.

V. Theoretische Astronomie

§ 41

Himmelsmechanik, Störungstheorie

4101. **W. K. Abalakin,** On the motion of a mass-point within the gravitating heterogeneous three-axial ellipsoide. BIA **7** 327—353 (russ. mit engl. Ref.). — Unter den Voraussetzungen, daß die Flächen gleicher Dichte ähnliche dreiachsige Ellipsoide sind, daß die numerischen Exzentrizitäten kleine Größen erster Ordnung sind und daß die Dichte an den Achsen linear abnimmt, wurden die Bedingungen für periodische Bahnen eines Massenpunktes abgeleitet. Die Bahnebenen sind zur Äquatorebene beliebig geneigt, und die Bahnen sind im allgemeinen offene Rosetten, die sich nur bei einer Kommensurabilität schließen. Perek

4102. **K. D. Abhyankar,** Stability of straight-line solutions in the restricted problem of three bodies. AJ **64** 163—169 = Berkeley Repr. Nr. 150. — Zur Klärung der Frage, ob im restringierten Dreikörperproblem die

Bahnen um die kollinearen Librationspunkte L_2 und L_3 stabil sind, wird für den Massenprozentsatz $\mu = 0.1$ das Verhalten von rund 30 durch numerische Integration erhaltenen Bahnen um diese Punkte untersucht. Danach sind die Bahnen als instabil anzusehen, und eine Ansammlung von Materie in den Umgebungen von L_2 und L_3 eines engen Doppelsternsystems ist nicht möglich. Den Schluß bildet eine Tabelle der Koordinaten von L_1, L_2 und L_3 für verschiedene Werte von μ. Böh.

4103. **R. M. L. Baker jr.,** Encke's method and variation of parameters as applied to re-entry trajectories. J. Astronautical Sci. **6** 10—13. — Verf. zeigt, wie zur numerischen Ermittlung der Eintauchbahn eines künstlichen Satelliten in die Erdatmosphäre die Methode von Encke oder die durch Variation der Elemente (mit Vorteil gegenüber dem bisher ausschließlich benutzten Verfahren von Cowell) verwendet werden kann; als Ausgangsbahn dient dabei die allein vom Luftwiderstand beeinflußte (geradlinige) Bahn. Böh.

* * **E. T. Benedikt,** Collision trajectories in the three-body problem. Vgl. Ref. **1703.**

4104. **G. Contopoulos,** Vorlesungen über Himmelsmechanik. Thessaloniki, Verlag Univ. Thessaloniki, 1958. 63 S. (griech.).

4105. **R. Danić,** About the movements of the planets. Vasiona **6** 81—84, 1958 (serb.-kroat.). — Für Anfänger gedachte Einführung.

* * **A. Danjon,** Astronomie générale. Astronomie sphérique et éléments de mécanique céleste. Vgl. Ref. **1110.**

4106. **G. N. Duboschin,** One particular case of the general problem of the translational rotational motion of two bodies. AJ UdSSR **36** 153—163 (russ. mit engl. Ref.). — Aus dem allgemeinen Problem der Bewegung zweier starrer Körper wird der Sonderfall eines kugelförmigen Körpers und einer Massen-Abszisse untersucht. Eine eingehende Analyse bezieht sich auf Bahnen, die durch geschlossene oder einfache Ausdrücke dargestellt werden können, besonders auf kreisförmige und geradlinige Bahnen. Die Ergebnisse können auf die Bewegung eines zylinderförmigen Sputniks angewendet werden. Perek

4107. **E. Finlay-Freundlich,** Celestial Mechanics. Vgl. AJB **58** Ref. **4210.** — Weitere Besprechung in AJ UdSSR **37** 188—190 (M. S. Jarow-Jarowoj), Math. Rev. **21** 884 (M. S. Davis), Nature **186** 60 (R. H. Garstang), ZfMG **82** 235—236 (K. Stumpff).

4108. **B. E. Gelfgat,** Über zwei Integrierbarkeitsfälle des Zweikörperproblems bei veränderlichen Massen und deren Anwendung zur Untersuchung der Bewegung in einem widerstehenden Mittel. BIA **7** 354—362 (russ. mit deutschem Ref.). — Es wird das Zweikörperproblem für den Fall der Massenveränderlichkeit untersucht, wobei die Massen sich nach dem Gesetz $dM/dt = \alpha M^n$ verändern. Die strenge Lösung des Problems ist für $n = 0$ und $n = 3/2$ erhalten. Es wurde bewiesen, daß die im Sinne von Armellini-Jeans oskulierende Bahn für die zwei obenerwähnten Bewegungsfälle eine praktisch unveränderliche Exzentrizität besitzt. Dementsprechend erscheint die Anwendung der beiden untersuchten Fälle auf die Erklärung der in Doppelsternsystemen beobachteten Korrelation «Exzentrizität-Umlaufszeit» als unmöglich. Ferner wird gezeigt, wie nach den gegebenen Anfangsbedingungen festgestellt werden kann, ob Einfang oder Dissipation eines Systems (durch die Massenveränderung vorbedingt) in der Vergangenheit stattgefunden hat oder in der Zukunft geschehen wird, je nach dem Vorzeichen von α. Die erhaltenen Ergebnisse werden auf die Untersuchung der Bewegung eines materiellen Punktes um einen Körper mit konstanter Masse in einem ungravitierenden Mittel angewandt. Der Widerstandseinfluß des Mittels ist proportional zur Geschwindigkeit des Punktes. Es wurde ermittelt, daß die Bahnexzentrizität auch in diesem Fall praktisch unverändert bleibt, welche Tatsache mit der allgemein anerkannten Ansicht in Widerspruch zu stehen scheint. Verf.

4109. **J. Grémillard,** Recherches sur les conditions d'existence de solutions périodiques de la troisième sorte du problème des trois corps. BA **22** 221—242, 243—332 = Ann. Obs. Besançon Astr. Géophys. (NS) **5** 71—182. — Die Existenz von periodischen Lösungen dritter Art im Dreikörpersystem setzt voraus, daß die mittleren Bewegungen der zwei Körper, die um den Zentralkörper kreisen, kommensurabel sind, und ihr Verhältnis also dem Quotienten von zwei ganzen, relativen Primzahlen p und q gleich ist. Je nachdem die Differenz p — q eine gerade oder ungerade Zahl ist, sind die Ergebnisse verschieden. Wenn die gegenseitige Neigung der oskulierenden Bahnen schwach ist, so bleibt die in der Diskussion angewandte Methode gültig, welches auch die Parität von p — q sei. Wenn aber die gegenseitige Neigung der Bahnen einen beliebigen Wert zwischen 0° und 180° hat, so ist die darauf folgende Diskussion verschieden, je nachdem p — q gerade oder ungerade ist. Die periodischen Lösungen, deren Existenz untersucht wird, sind nur möglich für gewisse, bestimmte Anfangswerte der oskulierenden Elemente (oder der Veränderlichen, die man von ihnen ableitet) der zwei Bahnen. Verf.

4110. **W. Gröbner, F. Cap,** The three-body problem earth — moon — spaceship. Astronaut. Acta **5** 287—312. — Es wird zunächst eine Lösung des astronomischen n-Körperproblems mit Hilfe Liescher Reihen besprochen, und die bekannten zehn algebraischen Integrale werden reproduziert. Als Vorbereitung für die Lösung des Dreikörperproblems wird dann das Zweikörperproblem mit Hilfe der neuen Methode gelöst. Um eine Parameterdarstellung r (t), φ (t) der Bahnen zu bekommen, wird die Anomalie λ als unabhängige Variable eingeführt, wobei sich eine Verallgemeinerung der Keplerschen Gleichung ergibt. Die so gewonnenen Lösungen des Zweikörperproblems werden diskutiert. Anschließend wird die Lösung des ebenen Dreikörperproblems in Angriff genommen, wobei sich eine Aufspaltung des Lie-Operators als sehr günstig erweist. Nach einer ausführlichen Diskussion der Anfangsdaten wird die geschlossene Lösung des Dreikörperproblems angeführt, und zwei verschiedene numerische Rechenverfahren werden so detailliert angegeben, daß eine sofortige Programmierung möglich ist. Verf.

4111. **Y. Hagihara,** Stability in Celestial Mechanics. Vgl. AJB **57** Ref. **4210**. — Weitere Besprechung in Nature **186** 60 (R. H. Garstang).

4112. **S. E. Hamid,** Tables of secular perturbations of short period orbits. AJ **64** 142—147. — Um die Methode Brouwers zur Berechnung der säkularen Störungen (vgl. AJB **47** Ref. **6502**) auch auf Meteorströme mit größeren Bahnneigungen anwenden zu können, entwickelt Verf. die Störungsfunktion bis zu Gliedern in $(\mathrm{tg}\ i/2)^6$ und gibt eine Tafel, die die Berechnung der zur Aufstellung der Differentialgleichungen notwendigen Koeffizienten erleichtert. Böh.

4113. **P. Herget, P. Musen,** The calculation of literal expansions. AJ **64** 11—20. — Es wird beschrieben, wie man mit Hilfe einer IBM 650 die analytische Entwicklung einer Funktion nach gegebenen Parametern erhalten kann. Als Beispiele werden Tafeln gerechnet für die Besselschen Funktionen J_k (ie), dargestellt als Potenzreihen von e, und für einige die elliptische Bewegung charakterisierende Funktionen, dargestellt als Fourier-Reihen der mittleren Anomalie. Böh.

4114. **M. S. Jarow-Jarowoj,** Über die Reihenentwicklung der Kraftfunktion der Newtonschen Anziehung zweier Körper. Bote Univ. Moskau (Math., Mechan., Astr., Phys., Chem.) 1958 Nr. 5 S. 55—61 (russ.). — Ref. in RJ UdSSR 1959 Nr. 11 S. 7—8.

4115. **M. S. Jarow-Jarowoj,** Über die Konvergenz der Reihenentwicklung der Kraftfunktion der Anziehung zweier Körper. Bote Univ. Moskau (Math., Mechan., Astr., Phys., Chem.) 1958 Nr. 5 S. 63—65 (russ.). — Ref. in RJ UdSSR 1959 Nr. 11 S. 8.

4116. **M. S. Jarow-Jarowoj,** Über die Anfangsglieder der Reihenentwicklung der Kraftfunktion der Anziehung zweier Körper. Bote

Univ. Moskau (Math., Mechan., Astr., Phys., Chem.) 1958 Nr. 6 S. 39—44 (russ.). — Ref. in RJ UdSSR 1960 Nr. 2 S. 8.

4117. **W. T. Kondurar,** Particular solutions of the general problem on the translational-rotational motion of a spheroid attracted by a sphere. AJ UdSSR **36** 890—901 (russ. mit engl. Ref.). — Partikuläre Lösungen werden mitgeteilt, entsprechend der Bahn eines Satelliten um einen kugelförmigen Planeten. Der Satellit besitzt die Form eines Rotationskörpers, und die Bahn seines Schwerpunktes ist kreisförmig. Der Umlauf in der Bahn, die Präzession und die Rotation um die eigene Symmetrieachse erfolgen mit konstanten Geschwindigkeiten. Perek

4118. **J. Kovalevsky,** Méthode numérique de calcul de perturbations générales. Application au VIIIe satellite de Jupiter. BA **23** 1—89. — Darlegung einer neuen Methode, welche gestattet, eine numerische analytische Theorie vom Mondtypus zu erhalten: die Ergebnisse einer numerischen Integration der Gleichungen werden mittels einer harmonischen Analyse in eine Fouriersche Reihe entwickelt. Variante der Methode, wenn eine quasi-Kommensurabilität zwischen den Argumenten besteht. Anwendung auf den VIII. Jupitermond. Eine provisorische Bahn wird gegeben, welche die Beobachtungen bis zu 190″ darstellt. Das Resultat einer Iteration in der Auflösung der Lagrangeschen Gleichungen wird ebenfalls gegeben. Vergleich der erhaltenen Reihen mit der provisorischen Bahn. Konvergenz dieses Verfahrens. Verf.

4119. **R. Krotkov, R. H. Dicke,** Comparison between theory and observation for the outer planets. AJ **64** 157—163. — Die nach der Bearbeitung der Bahnen von Jupiter, Saturn, Uranus und Neptun (vgl. Astr. Papers 12) übrigbleibenden B—R werden mit Hilfe der Autokovarianz-Funktion auf ihre Abhängigkeit voneinander und auf verborgene Periodizitäten untersucht. Danach enthalten die Widersprüche für Jupiter ein periodisches Glied. Verf. bemühen sich, eine Vorstellung von der Erzeugung dieses Terms zu geben, können aber über die Form der dafür notwendigen zusätzlichen Kraft keine Aussage machen. Böh.

4120. **R. Kurth,** Introduction to the Mechanics of the Solar System. London—New York—Paris—Los Angeles, Pergamon Press, 1959. 9 + 177 S. Preis £ 2/2/—. — Besprechung in Ciel et Terre **75** 379, Sky Tel. **19** 306, 493 —494 (M. S. Davis).

4121. **J. E. Littlewood,** Corrections to the paper «On the problem of n bodies». Kungl. Fysiogr. Sällsk. Lund Förh. **29** 97—98. — Ref. in Math. Rev. **21** 884.

4122. **R. A. Ljach,** Some changes in the method of obtaining the development of the perturbing function. BIA **7** 422—440 (russ. mit engl. Ref.). — Es wird eine Reihenentwicklung der Störungsfunktion von ähnlicher Form wie bei Tisserand angegeben, die für beliebige Werte der gegenseitigen Neigung der Bahnen anwendbar ist. Den Hauptteil der Arbeit bilden Entwicklungen zur vorteilhaften Berechnung der Koeffizienten der Reihenentwicklung. Auch die im Anhang gegebenen Tabellen dienen zur Erleichterung der Berechnung der Koeffizienten. O. G.

4123. **N. G. Magnaradse,** On the restricted three-body problem for the case when the attracted body has the variable mass. Bull. Astrophys. Obs. Abastumani Nr. 24 S. 145—159 (russ.).

4124. **F. R. Marsicano,** On the motion of a point of variable mass attracted to a fixed center by Newtonian force. Ci. Téc. Buenos Aires **127** 170—182 (span.). — Ref. in Math. Rev. **21** 731.

4125. **E. L. Martin,** Sul comportamento della eccentricità osculatrice nel problema dei due corpi di massa variabile. Mem. Accad. Patavina Sci. Lettere Arti Cl. Sci. Mat. Nat. **72**, 23 S. = Oss. Astr. Trieste Nr. 290. —

Im 1. Teil faßt Verf. für das Zweikörperproblem veränderlicher Masse die Fälle zusammen, in denen die oskulierende wahre Anomalie v konstant bleibt und wiederholt und erklärt nachträglich seine eigenen früheren Schlüsse (vgl. AJB **56** Ref. 10007). Dabei stellt sich heraus, daß die Ergebnisse von Chiara unrichtig sind. Im 2. Teil betrachtet er, unabhängig von der obigen Bedingung, das Gesetz der Massenänderung $\dot{m} = -\alpha m^h$. Nach Erwähnung von Ergebnissen einer eigenen Untersuchung (1934) berichtet er, daß sie in Widerspruch mit denjenigen von Armellini für h = 1 (vgl. AJB **53** Ref. 5404) stehen. Im 3. Teil betont Verf., daß er zu den Resultaten des 2. Teils bereits 25 Jahre vor Chiara gekommen ist und bekräftigt die eigenen Schlüsse des ersten Teils. B. C.

4126. **E. L. Martin,** Sulle coniche osculatrici nel moto di due corpi di massa variabile. Atti Ist. Veneto Sci. Lettere Arti Cl. sci. mat. nat. **118**, 15 S. = Oss. Astr. Trieste Nr. 293. — Verf. schildert kurz die Situation des Zweikörperproblems bei veränderlichen Massen. Dann bringt er erneut schon 1934 erhaltene Formeln in bezug auf die momentanen Änderungen der großen Halbachse und der Entfernungen am Periastron und Apastron und leitet dann zwei andere für dm (1 ± e) ab. Daraus sieht man schon qualitativ, daß zwei oskulierende und nur einen gemeinsamen Fokus besitzende Kegelschnitte sich nicht schneiden. Schließlich wird die Bedingung für dieses Ergebnis analytisch auf zwei Wegen abgeleitet. B. C.

4127. **J. Meffroy,** Sur l'origine du terme séculaire pur de la perturbation du troisième ordre des grands axes. CR **248** 1294—1297. — Wie schon von Tisserand vermutet, rührt der rein säkulare Term dritter Ordnung der Störungen der großen Achsen zum einen Teil vom säkularen, zum andern Teil vom periodischen Teil der Störungsfunktion her. Der vom säkularen Teil der Störungsfunktion herrührende Beitrag des rein säkularen Terms wird abgeleitet. J. P. M.

4128. **J. Meffroy,** Sur l'origine du terme séculaire pur de la perturbation du troisième ordre des grands axes. CR **248** 1773—1776. — Der vom periodischen Teil der Störungsfunktion herrührende Beitrag zum rein säkularen Term der Störungen der großen Achsen in dritter Ordnung wird abgeleitet. J. P. M.

4129. **P. J. Message,** Some periodic orbits in the restricted problem of three bodies and their stabilities. AJ **64** 226—236. — Periodische Bahnen der zwei Serien symmetrischer und einer Serie der asymmetrischen Bahnen im restringierten Dreikörperproblem mit dem Kommensurabilitätsverhältnis 1 : 2 wurden numerisch integriert und die Koordinaten in Fourier-Reihen dargestellt. Bei den symmetrischen Bahnen wurde Stabilität für kleine Exzentrizitäten festgestellt, desgleichen bei den untersuchten asymmetrischen Bahnen. T. L.

4130. **W. F. Mjatschin,** On the estimation of errors by numerical integration of the equations of celestial mechanics. BIA **7** 257—280 (russ. mit engl. Ref.). — Ref. in Math. Rev. **21** 358. — Es wird mittels einer Anwendung der Theorie von S. M. Losinskij bestätigt, daß die Abrundungsfehler nach k Schritten proportional $k^{3/2}$ bei elliptischer Bewegung und proportional $k^{1/2}$ bei Kreisbewegung sind. Die vorgelegte Theorie erlaubt es auch, auf die Fehler der Anfangswerte und auf den Einfluß der Vernachlässigung des Restgliedes Rücksicht zu nehmen. Es ist möglich, jede Koordinate gesondert zu verfolgen. Perek

* * **P. Musen,** Application of Hansen's theory to the motion of an artificial satellite in the gravitational field of the earth. Vgl. Ref. **1880**.

4131. **R. R. Newton,** Periodic orbits of a planetoid passing close to two gravitating masses. Smithsonian Contr. Astrophys. **3** 69—78. — Einige Fälle periodischer Bahnen des eingeschränkten Dreikörperproblems in der Nähe einer der beiden Massen werden untersucht bzw. mit einer elektronischen Rechenmaschine numerisch integriert. FS

4132. **G. K. Oertel, S. F. Singer,** Some aspects of a three-body problem. Astronaut. Acta **5** 356—366. — In der vorliegenden Arbeit wird die Bewegung einer Partikel im Feld zweier nichtrotierender Massenzentren, deren Trennung festgelegt bleibt, behandelt. Unter Anwendung eines von Charlier entwickelten Formalismus werden Grenzen für die Bewegung dieser kleinen Masse abgeleitet und im besonderen die Gleichungen für die Ellipsen in Termen der Bewegungskonstanten angegeben. Interessanterweise hängen die Gleichungen der beiden Begrenzungsellipsen nicht davon ab, wie die Gesamtmasse zwischen den zwei Anziehungszentren verteilt ist, sondern bloß von der Trennung der beiden Zentren. Immerhin hängt die Geschwindigkeit, mit der die tatsächliche Bahn zwischen den Bewegungsellipsen traversiert, von der Massenverteilung ab. Für den Fall, in dem die beiden Begrenzungsellipsen zusammenfallen, den periodischen Fall, sind die Energie und auch die Gleichung der Bahn unabhängig von der Verteilung der Gesamtmasse zwischen den beiden Zentren. Verf. (gek.)

4133. **M. S. Petrowskaja,** Eine neue Abschätzung des Konvergenzradius der Hillschen Reihen. BIA **7** 441—465 (russ. mit deutsch. Ref.). — In dieser Arbeit ist eine Verallgemeinerung der von Wintner angegebenen Methode für die Abschätzung des Konvergenzradius der die unendlichen Systeme befriedigenden Potenzreihen dargestellt. Mittels dieser Methode läßt sich die Konvergenz der Hillschen Reihen der Mondtheorie im Gebiet $|m| \leq 0.21$ beweisen. Verf.

4134. **A. Pignedoli,** Sul moto centrale di un punto-massa veloce. I. Boll. Un. Mat. Ital. (3) **13** 341—350, 1958. — Ref. in Math. Rev. **21** 847—848.

4135. **W. F. Proskurin, L. I. Rumjanzewa,** Temporary captures in the problem of three bodies. BIA **7** 287—292 (russ. mit engl. Ref.). — Es wird gezeigt, daß eine Partikel, die sich in einer hyperbolischen Bahn um die Sonne bewegt, durch die Anziehung von Jupiter in eine elliptische Bahn gebracht werden kann. Die Dauer der elliptischen Bewegung ist endlich, aber ziemlich lang. Perek

4136. **F. Schmeidler,** Partikuläre Integrale von dynamischen Gleichungssystemen. AN **285** 58—64 = Veröff. Sternw. München **5** Nr. 6. — Es wird allgemein die Frage untersucht, unter welchen Bedingungen ein dynamisches System spezielle Lösungen besitzt, welche beliebig vorgegebene Bedingungen erfüllen. Als Anwendung wird die Lagrangesche Lösung des Dreikörperproblems neu bewiesen, bei welcher die drei Massen stets an den Ecken eines gleichseitigen Dreiecks stehen. Als weitere Anwendung wird die Existenz einer Klasse von Lösungen des ebenen Dreikörperproblems gezeigt, bei welcher die Apsidenlinien der beiden Planetenbahnen immer zusammenfallen, falls nur säkulare Störungen berücksichtigt werden. Verf.

4137. **B. M. Schtschigolew,** Genäherte Ephemeridenberechnung in einer ungestörten elliptischen Bewegung. Bote Univ. Moskau 1958 Nr. 4 S. 45—56 (russ.). — Ref. in Math. Rev. **21** 223.

4138. **B. M. Schtschigolew,** Über die genäherte Berechnung von Ephemeriden im eingeschränkten Dreikörperproblem. Bote Univ. Moskau (Math., Mechan., Astr., Phys., Chem.) 1958 Nr. 5 S. 37—48 (russ.). — Ref. in RJ UdSSR 1959 Nr. 11 S. 9.

4139. **P. Sconzo,** Sul calcolo rapido delle orbite circolari. Mem SA It (NS) **30** 31—39 = Oss. Astr. Roma Contr. Sci. (3) Nr. 4. — Nach einer kurzen Darstellung der Methoden zur Bahnbestimmung der Planeten schlägt Verf. eine neue Interpolationsmethode zur Berechnung von Kreisbahnen vor, worin die heliozentrische Distanz r und die Geschwindigkeit V des Planeten unter der Bedingung $V^2 - 1/r = 0$ als Funktion der geozentrischen Distanz ausgedrückt werden. In dem Verfahren treten nur elementare algebraische Operationen und keine trigonometrischen Funktionen auf. Eine numerische Anwendung auf den Kleinen Planeten 1177 beweist die Schnelligkeit der Methode. B. C.

4140. **L. Sehnal,** About the computing of secular perturbations. BAC **10** 67—68. — Für bescheidene Genauigkeitsansprüche wird ein Verfahren entwickelt, um die nach der Gaußschen Methode erhaltenen Differentialgleichungen für die Säkularstörungen der Bahnelemente nach den exzentrischen Anomalien beider Körper analytisch zu integrieren; es beruht auf der Entwicklung der Störungsfunktion nach Brouwer in der ihr von Bashenow gegebenen Form. Böh.

4141. **R. Shibahara,** The problem of capture in the celestial mechanics. Astr. Herald **52** 173 (japan.). — Verf. gibt einen Bericht über das Einfangproblem in Anlehnung an Arbeiten von Chazy, Merman, Schmidt und Chilmi etc.

4142. **J. L. Simovljević,** On anomalies in Kepler's motion. Notes Travaux Section Astr. Inst. Math. Beograd **3** 11—21. — Für die Keplersche Bewegung wird eine «verallgemeinerte» Anomalie X der Klasse p mit Hilfe der Gleichung $\operatorname{tg} {}^1/_2\, p\, X = q \operatorname{tg} {}^1/_2\, p\, E$ definiert; hierin sind E die exzentrische Anomalie und q der «charakteristische» Parameter. Verf. erhält so, mit $p = 1$ und 2, für spezielle Ausdrücke von q einige Arten von Anomalien, bringt sie in Zusammenhang mit denen von Callandreau, Subbotin und Stumpff, untersucht ihre Eigenschaften und stellt sie als Funktionen der Zeit, d. h. der mittleren Anomalie, dar. Böh.

4143. **A. S. Sotschilina,** On accumulation of errors in numerical integration in some problems of celestial mechanics. BIA **7** 281—286 (russ. mit engl. Ref.). — Ref. in Math. Rev. **21** 358. — Die praktische Anwendbarkeit der Methode von Mjatschin (vgl. Ref. **4130**) wurde an mehreren numerischen Beispielen bestätigt. Bei der Abschätzung der Fehler wird der schwankende Charakter der Fehler berücksichtigt. Perek

4144. **K. Stumpff,** Himmelsmechanik. Band I. Das Zweikörperproblem und die Methoden der Bahnbestimmung der Planeten und Kometen. Berlin, VEB Deutscher Verlag der Wissenschaften, 1959. 508 S. Preis DM 56.80. — Besprechung in Gaz astr **41** 50—52, Sterne **36** 46—47 (J. Schubart).

4145. **M. F. Subbotin,** Sur la correction différentielle d'une orbite dont l'excentricité diffère peu de l'unité. BIA **7** 407—415 (russ. mit französ. Ref.). — In einem kurzen Überblick über Methoden der Bahnverbesserung wird die Verwendung rechtwinkliger Koordinaten nach Eckert und Brouwer als besonders vorteilhaft hervorgehoben. Um diese Methode auch für den Fall $e \approx 1$ brauchbar zu machen, wählt Verf. als zu verbessernde Elemente T, q und h, wobei $h = -a^{-1}$ ist. Er entwickelt Formeln zur vorteilhaften Berechnung der Koeffizienten der Bedingungsgleichungen unter Verwendung einer früher von ihm abgeleiteten Gleichung. Für die dabei auftretende Funktion $T(\zeta)$ werden in einer Tabelle Werte auf 7 Dezimalstellen gegeben. O. G.

4146. **B. Thüring,** Zwei spezielle Mondeinfang-Bahnen in der Raumfahrt um Erde und Mond. Astronaut. Acta **5** 241—250. — Mit Hilfe der elektronischen Rechenanlage Univac-Factronic (Frankfurt/Main) wurden zwei Bahnen des ebenen, eingeschränkten Dreikörper-Problems im Raum Erde-Mond berechnet als Repräsentanten von «Engpaß-» und «Einfang-Bahnen»; hierbei werden die Lagrangeschen Librationspunkte L_1 und L_2 durch einen Engpaß der Hillschen Grenzkurven hindurch passiert, das eine Mal vom geo-lunaren Innenraum, das andere Mal vom geo-lunaren Außenraum her; beide Bahnen führen zu einem «Einfangen» durch den Mond. Charakteristisch für diese Bahnen ist das oftmalige Umfahren der Erde bzw. des Gesamtsystems Erde-Mond vor dem Passieren des Engpasses bei L_1 bzw. L_2. Sonnenstörungen sind nicht berücksichtigt. Verf.

4147. **L. G. Vargo,** A generalization of the minimum impulse theorem to the restricted three-body problem. J. British Interplanetary Soc. **17** 124—126. — Die Bedingung für den maximalen Zuwachs des Jacobischen Integrals der Bewegungsenergie bei einem Minimum an Geschwindigkeitserhöhung beim restringierten Problem wird abgeleitet. T. L.

4148. **F. Veiga de Oliveira,** Solutions homographiques du problème généralisé des n corps. Univ. Lisboa. Revista Fac. Ci. A (2) **6** 5—82, 1957/58 (portugies.). — Ref. in Math. Rev. **21** 477—478.

* * **A. Wilkens,** Zur Theorie nahezu kommensurabler Bewegungen im System der Planetoiden des Sonnensystems. Vgl. Ref. 8526.

§ 42

Bahnbestimmung der Planeten und Kometen

4201. **S. Arend,** Détermination des directions du rayon vecteur solaire, du vecteur antivitesse, et de la normale au plan de l'orbite décrite par une comète. JO **42** 173—184. — Die Ableitung der Formeln erfolgt unter Benutzung des Algorithmus der Drehungskrakovianen mit der von Hausbrandt stammenden Symbolik. Durch Einführung eines Hilfswinkels, der «normalen Anomalie», ist die gleichzeitige Behandlung aller Kegelschnittkurven möglich. Für die numerische Durchrechnung sind Beispiele gegeben. T. L.

4202. **B. de Jekhowsky,** Sur une méthode de détermination des orbites circulaires. Notes Travaux Section Astr. Inst. Math. Beograd **3** 23—27. — Nach dem von Andoyer (Cours de Mécanique Céleste **1** 128) skizzierten Verfahren entwickelt Verf. eine Methode zur Bestimmung einer Kreisbahn aus 3 genäherten Beobachtungen; benutzt werden dafür α und δ zum mittleren Datum und die aus drei Beobachtungen hergeleiteten ersten Differentialquotienten α' und δ' für denselben Zeitpunkt. Ein Vergleich mit den Zahlen in Lick Obs. Publ. **7** 401 (vgl. AJB **16** Ref. 2606) zeigt die Überlegenheit gegenüber der Methode von Leuschner. Böh.

4203. **B. Popović,** Esploradoj pri utiligebleco de cirklaj orbitoj de planedetoj. Bull. Obs. Astr. Beograd **22** Nr. 1—2 S. 19—30.

4204. **B. Popović,** Pri uzo de la lokocentraj kaj baricentraj koordinatoj en apliko de la metodo de Laplace. Bull. Obs. Astr. Beograd **23** Nr. 3—4 S. 12—16.

4205. **B. Popović,** Die Berechnung der vektoriellen Bahnelemente eines Kleinen Planeten aus drei heliozentrischen Örtern. Glasnik Mat.-Fiz. Astr. (2) **14** 153—158 (russ. mit kroat. Ref.).

4206. **J. Schubart,** Zur Bahnbestimmung erdnah beobachteter Kleinkörper. Vgl. AJB **58** Ref. **4516** = Mitt. Sternw. Sonneberg Nr. 47.

4207. **P. Sconzo,** Le coordinate eliocentriche perturbate di un Pianetino, calcolate con un procedimento numerico di prolungamento analitico. Atti Convegni Astr. Venezia Napoli 1959 S. 25—26.

4208. **M. F. Subbotin,** Sur le calcul des orbites paraboliques. BIA **7** 416—419 (russ. mit französ. Ref.). — In einem historischen Überblick werden die von verschiedenen Autoren vorgeschlagenen Möglichkeiten zum Ersetzen der Eulerschen Gleichung miteinander verglichen und ihre Brauchbarkeit für die praktische Rechnung diskutiert. Als besonders vorteilhaft erweist sich die unabhängig von Du Séjour und von Olbers gefundene Form. O. G.

4209. **B. Thüring,** Programmgesteuerte Berechnung von Librationsbahnen. AN **285** 71—80. — Auf Grund von programmgesteuerten Rechnungen an der Univac-Factronic in Frankfurt a. M. wird für das ebene problème restreint die Existenz von Doppel-Librationen um die Librationspunkte L_4 und L_5 gezeigt. Eine Untersuchung der schon früher entdeckten spiralartigen Form der

Librationsbahnen lehrt ferner, daß die Librationen als Übergangsbewegungen von äußeren zu inneren Bahnen des gestörten Körpers (bzw. umgekehrt) anzusehen sind und daß die Anzahl der Übergangslibrationen von dem Massenverhältnis der beiden massigen Körper abhängt. Für die Trojaner des Sonnensystems ergibt sich (unter gewissen Voraussetzungen) eine Minimalanzahl von 22 (einfachen) Librationen. Verf.

4210. The automatic calculation of improved Minor Planet orbits. MPC 1830.

§ 43

Kinematik und Dynamik von Sternsystemen

4301. **T. A. Agekjan,** The probability of a stellar approach with a given variation of absolute velocity. AJ UdSSR **36** 41—53 (russ. mit engl. Ref.). — Eine neue Methode zur Behandlung des Einflusses eines unregelmäßigen Feldes in Sternsystemen wird vorgelegt. Formeln zur Berechnung der Wahrscheinlichkeit, daß in der Zeit dt das Quadrat der Geschwindigkeit eines Sternes infolge einer Begegnung mit einem Feldstern um eine bestimmte Größe geändert wird, werden abgeleitet. Zwei besondere Fälle werden betrachtet: 1) alle Feldsterne, sowie auch der betrachtete Stern, haben dieselbe Masse, 2) alle Feldsterne haben dieselbe Masse und der betrachtete Stern hat die Masse Null. In der vorliegenden Arbeit werden nur binäre Begegnungen in Betracht gezogen. Verf. beabsichtigt auch den Einfluß mehrfacher Begegnungen zu untersuchen. Ond.

4302. **T. A. Agekjan,** The velocity distribution function and the rate of dissipation in systems of gravitating bodies. AJ UdSSR **36** 283—294 (russ. mit engl. Ref.). — Es wird gezeigt, daß die früher benutzte Methode zur Berechnung der Schnelligkeit der Dissipation in Sternsystemen nicht korrekt ist. Aus der Voraussetzung, daß die Geschwindigkeitsverteilung stationär ist, wird eine Gleichgewichtsgleichung abgeleitet. Zwei Fälle werden behandelt: A) alle Sterne haben dieselbe Masse, B) alle Sterne haben dieselbe Masse und der betrachtete Stern hat die Masse Null. Durch eine genäherte Lösung der Gleichgewichtsgleichung wird die Geschwindigkeitsverteilung gefunden, wobei die Dissipation berücksichtigt wird. Im Falle A ist die Dissipation langsamer als die früheren Bestimmungen angegeben. Im Falle B ist die Dissipation bedeutend schneller als im Falle A (bei offenen Sternhaufen 40mal, bei Kugelhaufen 32mal). Man kann daraus schließen, daß die Dissipation in Systemen mit großer Massendispersion schneller ist als in Systemen mit einer kleineren Massendispersion. Ond.

4303. **S. Aoki,** On the methods of dynamics of stellar systems. Astr. Herald **52** 56 (japan.).

4304. **R. van der Borght,** Note on the theory of expanding aggregates. MN ASSA **18** 9—11. — Entsprechend dem von Oort und Spitzer beschriebenen Effekt der Expansion einer durch heiße Sterne ionisierten Gaswolke werden drei Differentialgleichungen aufgestellt, die für den einfachsten Fall überwiegender Masse der Wolke und gleichförmiger Verteilung der Sterne und ihrer Geschwindigkeiten mit anfänglich verschwindender Expansion eine Expansionsgeschwindigkeit zu berechnen gestatten. Dv.

4305. **R. van der Borght,** Associations of early type stars. MN ASSA **18** 29—31. — In einer früheren Arbeit hat Verf. ein Modell für die Expansion einer durch heiße Sterne ionisierten Gaswolke entwickelt. Die dabei abgeleitete Differentialgleichung ist nur unter einschränkenden Annahmen für die Dichte des interstellaren Gases F (τ) zur Zeit τ exakt lösbar. Für den speziellen Ansatz F (τ) = $A/(1 + \tau)^2$ wird die Lösung hergeleitet und diskutiert. Henn

* * **P. Bouvier,** De la stabilité des amas galactiques en présence de nuages de matière interstellaire. Vgl. Ref. **14110**.

* * **P. Bouvier,** Stabilité des amas stellaires ouverts en présence de matière interstellaire diffuse. Vgl. Ref. **14111**.

* * **P. Bouvier,** Densité critique d'un amas ellipsoïdal; zone de stabilité. Vgl. Ref. **14112**.

* * **P. Bouvier, A. Duriaux,** Effet de marée d'un nuage de matière diffuse à bord flou. Vgl. Ref. **14113**.

4306. P. Bouvier, Un cas de mouvements stellaires doublement perturbés. Arch. Sci. Genève **11** 493—499, 1958 = Publ. Obs. Genève (A) Fasc. 59. — Für ein System, bestehend aus einem Sternhaufen in der galaktischen Ebene und einer von ihm aus gesehen in Richtung zum galaktischen Zentrum gelegenen Wolke diffuser Materie, wird die Bewegung eines Haufensterns untersucht. Verf. zeigt, wie die Näherungen verschiedener Ordnung in Abhängigkeit von der räumlichen Anordnung von Galaxis, Wolke und Haufen zu berechnen sind, d. h. je nachdem die von dem galaktischen Feld oder von der Wolke ausgehenden Störungen überwiegen. Böh.

* * **A. Elvius, P. O. Lindblad,** Numerical computations on the ejection of stars into spiral arms from gas rings containing magnetic fields. Vgl. Ref. **14414**.

4307. M. Hénon, L'amas isochrone. I. Ann d'Astrophys **22** 126—139 = Contr. Inst. d'Astrophys. Paris (B) Nr. 184. — Es werden die Bedingungen dafür untersucht, daß die Umlaufszeiten der Sterne in einem kugelsymmetrischen Sternhaufen nur von der Energie (und nicht, wie im allgemeinen Fall, auch vom Drehimpuls) abhängen. Dies ist z. B. der Fall, wenn praktisch alle Masse im Zentrum ist, oder auch bei konstanter Dichte. Darüber hinaus konnte noch eine weitere Dichteverteilung angegeben werden, die einerseits die obige Forderung erfüllt, und die andererseits die an kugelförmigen Sternhaufen beobachtete Dichteverteilung sehr gut annähert. v. H.

4308. G. M. Idlis, The symmetry of stationary axial-symmetrical stellar systems relative to the equatorial plane. AJ UdSSR **36** 85—88 (russ. mit engl. Ref.). — Es wird bewiesen, daß stationäre, achsensymmetrische, selbstgravitierende Sternsysteme endlicher Masse stets symmetrisch zur Äquatorebene sind. Verf. (ü.)

4309. I. King, The escape of stars from clusters. IV. The retardation of escaping stars. AJ **64** 351—352. — In einem Sternhaufen müssen diejenigen Sterne, deren Bewegung schneller als die Entweichgeschwindigkeit ist, nicht notwendig wirklich entweichen; sie können durch nahe Begegnungen mit anderen Haufenmitgliedern wieder festgehalten werden. In der vorliegenden Arbeit wird dieser Effekt und sein Einfluß auf die Relaxationszeit von Sternsystemen abgeschätzt. Er kann bei sehr kleinen Haufen merklich sein. FS

4310. R. Kurth, Introduction to the Mechanics of Stellar Systems. Vgl. AJB **57** Ref. **4410**. — Weitere Besprechung in ZfMG **84** 238 (K. Stumpff).

4311. D. N. Limber, Effects of intracluster gas and dust upon the virial theorem. ApJ **130** 414—428. — Nach theoretischen Entwicklungen werden Tabellen gegeben, die die Aufgabe erleichtern, den Einfluß der diffusen Materie auf die Massenbestimmung von Nebelhaufen zu berücksichtigen. Dv.

4312. K. F. Ogorodnikow, Dynamik von Sternsystemen. Vgl. AJB **58** Ref. **4418**. — Weitere Besprechung in RH **40** 104.

4313. B. Thüring, Der Gravitations-Stoß. AN **284** 263—268. — Die folgenden Ausführungen wollen einen Beitrag zum Problem des Zusammenstoßes von Galaxien sein. Der einfache Fall zweier Systeme von je zwei sich in Kreisbahnen umeinander bewegenden kugelförmigen Massen, welche in zunächst großer gegenseitiger Entfernung aufeinander zufliegen und im «Zusammenstoß» sich durchdringen, wird numerisch streng integriert. Es wird gezeigt, daß die Bewegung der beiden Systeme trotz alleiniger Gravitationswirkung den Gesetzen des physikalischen Stoßes gehorcht. Nach dem «Gravitations-Stoß» bewegen sich die beiden Systeme in geänderten Richtungen und mit geänderten energetischen Zuständen weiter. Das einfache Modell wird schließlich galaktischen Größenverhältnissen angepaßt. Verf.

4314. **P. A. Wayman,** Velocity ellipsoids and the gravitational potential of the Galaxy. MN **119** 34—45. — Neudiskussion der von Camm 1941 behandelten Frage, wieweit die aus Beobachtungen abgeleiteten Eigenschaften des galaktischen Systems mit der Annahme einer Stationarität des Systems verträglich sind. Als Grundlage der Betrachtung dienen die Resultate für das Gravitationspotential, die M. Schmidt 1956 hauptsächlich aus der Leidener Interpretation der 21 cm-Beobachtungen abgeleitet hat. Auch dieses Modell ist streng nicht mit der Stationaritätsannahme in Einklang zu bringen. Eine numerische Diskussion zeigt jedoch, daß zwischen den von Camm mit der Stationaritätsvoraussetzung abgeleiteten Eigenschaften und dem Modell von M. Schmidt nur geringe Diskrepanzen bestehen. Hieraus wird gefolgert, daß sich die Galaxis in einem Zustand starker Annäherung an Stationarität in der Stern- und Geschwindigkeitsverteilung befindet. Go.

4315. **A. A. Wlassow,** Über räumlich inhomogene Verteilungen eines Systems gravitierender Partikel. Bote Univ. Moskau **12** Nr. 4 S. 95—107, 1957 (russ.). — Ref. in Math. Rev. **21** 223.

§ 44

Kosmologie, Relativitätstheorie

4401. **H. L. Armstrong,** Comment on relativity and space travel. Proc IRE **47** 1778.

* * **R. S. Badessa, R. L. Kent, J. C. Nowell,** Short-time measurement of time dilation in an earth satellite. Vgl. Ref. **1811**.

4402. **V. A. Bailey, H. Bondi,** The steady-state universe and the deduction of continual creation of matter. Nature **184** 537—538.

* * **A. F. Bogorodskij,** Relativistić effects in the motion of an artificial earth satellite. Vgl. Ref. **1817**.

4403. **A. F. Bogorodskij,** Über die dynamische Begründung des Kopernikanischen Systems. Publ. Astr. Obs. Kiew Nr. 8 S. 3—12 (russ.).

4404. **H. Bondi,** Relativity. Rep. Progr. Phys. **22** 97—120.

4405. **C. W. Carnahan,** Relativity and space travel. Proc IRE **47** 1779.

4406. **J. A. Coleman,** Relativity for the Layman. New York, Macmillan; Harmondsworth, Middlesex, Penguin Books Ltd., 1959. 10 + 127 S. Preis $ 3.50. — Besprechung in J RAS Canada **53** 239, Science **131** 822 (P. G. Bergmann).

4407. **J. A. Coleman,** Relativiteitstheorie voor de leek. Übersetzung aus dem Englischen. Utrecht — Antwerpen, Het Spectrum, 1959. 162 S. Preis f 1.25. — Besprechung in Hemel en Dampkring **58** 184 (J. Meeus).

4408. **W. Davidson,** The red shift-magnitude relation in observational cosmology. MN **119** 54—66. — In einem linear expandierenden Universum kann man vielleicht Entwicklungseffekte aufdecken. Häufigkeitsfunktion der Leuchtkräfte und durchschnittlicher Winkelabstand bei Galaxien gleicher Rotverschiebung können helfen, die Berechtigung der steady state-Hypothese zu prüfen. Dv.

4409. **W. Davidson,** Steady-state cosmology treated according to general relativity. MN **119** 309—324. — Die kontinuierliche Massenerzeugung ist verträglich mit den gewöhnlichen Feldgleichungen ohne ein Zusatzglied. Konstante Gesamtdichte und ein negativer Druck bilden ein «natürliches» Gleichgewicht für das expandierende Universum. Störungen dieses Gleichgewichts durch lokale radialsymmetrische Massenverdichtungen oder -verdünnungen, die nach einer Abschätzung Durchmesser bis zu 10^7 Lichtjahren haben könnten, haben überwiegenden Einfluß auf die Entstehungs- oder Vernichtungsrate von Materie. Dv.

4410. **W. Davidson,** Number count relations in observational cosmology. MN **119** 665—681. — Ziel der Arbeit ist die Vorbereitung des Vergleichs der Zählungen von Nebeln nach Rotverschiebung und scheinbarer Helligkeit und von Radioquellen, um zwischen verschiedenen Weltmodellen unterscheiden zu können, insbesondere zwischen einem sich entwickelnden Universum und dem steady state-Universum. Zu dem Zweck wird insbesondere das Vorkommen starker Radioquellen in der Form zusammenstoßender Galaxien in die Diskusion einbezogen. Dv.

* * **R. H. Dicke,** Dirac's cosmology and the dating of meteorites. Vgl. Ref. **9410.**

4411. **H. Dingle,** Relativity and space travel. J. British Interplanetary Soc. **17** 98—99.

4412. **E. Finlay-Freundlich,** The empirical foundation of the general theory of relativity. Scientia **94** 181—187. — Ref. in Phys. Abstr. (A) **63** 4.

4413. **P. S. Florides, W. H. McCrea,** Observable relations in relativistic cosmology III. ZfA **48** 52—71. — Es wird das Verhältnis: Mittlerer Durchmesser zu einem streng definierten mittleren Abstand benachbarter Galaxien (beide in Winkelmaß) betrachtet. Nur für ein der steady state-Hypothese gehorchendes Universum ist diese Verhältniszahl konstant. Für ein expandierendes Universum kann man erwarten, daß mit wachsender Rotverschiebung z die Verhältniszahl wie $(1 + z)^{-1}$ variiert. Es erscheint nicht ausgeschlossen, diesen Effekt erster Ordnung beobachtungsmäßig zu prüfen. Dv.

4414. **V. Fock,** The Theory of Space, Time and Gravitation. Übersetzung aus dem Russischen von N. Kemmer. London — New York, Pergamon Press, 1959. 18 + 411 S. Preis 100 s. — Besprechung in Nature **187** 4—5 (D. W. Sciama), Phil. Mag. (8) **5** 199.

4415. **C. P. Gadsden,** The clock paradox. Proc IRE **47** 1779—1780.

4416. **D. Geissler,** Zum «astronomischen» Bewegungsproblem in der allgemeinen Relativitätstheorie. Z. Naturforschung **14a** 689—696. — Die Bewegungsgleichungen der allgemeinen Relativitätstheorie werden für den Fall schwacher Felder und beliebiger Geschwindigkeiten der beteiligten Körper mit Berücksichtigung von deren Eigenfeld in erster Näherung in der Gravitationskonstanten berechnet und für einen Spezialfall integriert. Verf.

4417. **D. Geissler,** Zur Gravitationsstrahlung nach Bel. Z. Naturforschung **14a** 696—698. — Die Ergebnisse von Bel werden auf das Gravitationsstrahlungsfeld eines zeitweise nichtstationären Systems angewendet. Verf.

4418. **J. J. Gilvarry,** Verification of general relativity by means of artificial planets. Nature **183** 666—667. — Bedingungen für Umlaufszeit und Exzentrizität (nahe 1) werden gegeben, die zur Ableitung einer Periheldrehung besser als bei natürlichen Planeten dienen könnten. Dv.

4419. **M. J. E. Golay,** On a connection between Mach's principle and the principle of relativity. Obs **79** 189—190.

4420. **T. Gold,** The arrow of time. Vgl. AJB **58** Ref. **1194** S. 81—95 = Harv Repr Nr. 515.

4421. **J. G. Hernández,** Cosmogonía Mexicana y el Antiuniverso. El Universo **13** 13—20.

* * **A. Hnatek,** Die absoluten Größen der Haufennebel und das Alter der Welt. Vgl. Ref. **14581**.

4422. **H. Hönl, H. Dehnen,** Allgemein-relativistische Überlegungen zur Kosmologie. Z. Physik **156** 382—398. — A. Es wird das Weltalter als Funktion der Hubble-Konstanten und der kosmischen Massendichte berechnet und auf Grund der neuen astronomischen Daten von Sandage sowie im Zusammenhang mit der Häufigkeit der Uranisotope diskutiert. Als wahrscheinliche mittlere kosmische Massendichte ergibt sich etwa $5 \cdot 10^{-29}$ g/cm³. B. Es werden «bizentrische» statische Lösungen der Feldgleichungen der Gavitation für einen geschlossenen (endlichen) Kosmos angegeben und im Zusammenhang damit das Machsche Prinzip an einem Beispiel (zwei rotierende Flüssigkeitskugeln) näher erläutert. Verf.

4423. **P. Jordan,** Zum gegenwärtigen Stand der Diracschen kosmologischen Hypothesen. Z. Physik **157** 112—121. — Kritische Betrachtung empirischer Tatsachen, die zu Diracs Hypothesen (säkulare Abnahme der Gravitationskonstante, säkulare Zunahme der Gesamtmasse der Welt) in Beziehung gesetzt werden können. Spontane Massenentstehung scheint ausgeschlossen zu sein; wohl aber können sich getrennte dreidimensionale Räume vereinigen, was Beobachter als Massenzunahme deuten können. Dv.

4424. **K. Just,** A test for evolution in cosmology. ApJ **129** 268—270. — Nach G. O. Abell's Katalog von Nebelhaufen (Vgl. AJB **58** Ref. **12401**) wird eine statistische Betrachtung über die Beziehung zwischen «Alter» (gemessen als Zeit zwischen Emission des Lichtes und Eintreffen beim Beobachter) und Zahl der Mitglieder («richness») als Entwicklungseffekt und damit als im Widerspruch zur steady state-Hypothese stehend gedeutet. Dv.

4425. **K. Just,** The motion of Mercury according to the theory of Thiry and Lichnerowicz. Z. Naturforschung **14a** 751. — Verf. rechnet aus, daß der aus der Gravitationstheorie von Thiry und Lichnerowicz folgende Wert für die Periheldrehung des Merkur größer ist als das $\frac{5}{4}$fache des Einsteinschen Wertes (also auch des beobachteten). Da die Theorie von Thiry und Lichnerowicz ein vollständig bestimmter Spezialfall der Jordanschen ist, besteht der Widerspruch mit der Beobachtung auch für diese. Böh.

4426. **N. S. Kalitzin,** Über die Bewegung der rotierenden Satelliten und Doppelsterne nach der Einsteinschen Gravitationstheorie. Nuovo Cimento (10) **11** 178—185. — Es wird die Aufgabe der Apsidendrehung zweier rotierender Körper mit vergleichbaren Massen auf Grund der Bewegungsgleichungen von Fock in der v^2/c^2-Näherung der Einsteinschen Gravitationstheorie exakt behandelt. Die abgeleitete Formel für die Periastrondrehung enthält als Summanden die Einstein-Focksche Periastrondrehung, die Lense-Thirringsche Periastrondrehung und eine neue Periastrondrehung, welche der Summe der Produkte aus dem spezifischen Drehmoment des einen Körpers und der Masse des anderen Körpers proportional ist. Verf.

4427. **H. von Klüber,** The determination of Einstein's light-deflection in the gravitational field of the sun. Vistas in Astronomy **3** 47—77 = Cambridge Obs. Repr. Nr. 34.

4428. **C. B. Mast, J. Strathdee,** On the relativistic interpretation of astronomical observations. Proc. Roy. Soc. (A) **252** 476—487. — Die Grundbegriffe für die scheinbare Bewegung werden im Rahmen der allgemeinen Relativitätstheorie dargestellt. Dazu wird ein dynamisch wichtiges Bezugssystem eingeführt. Die Differentialgleichung, welche die Bewegung in einem Raum beliebiger Krümmung relativ zu diesem System beschreibt, wird aufgestellt und gelöst. Die Lösungen werden mit den Ergebnissen der klassischen und der speziellen Relativitätstheorie verglichen. Verf. (ü.)

* * **W. Mattig,** Über den Zusammenhang zwischen der Anzahl der extragalaktischen Objekte und der scheinbaren Helligkeit. Vgl. Ref. **14530.**

4429. **G. C. McVittie,** The cosmical constant and the curvature of space. AJ **64** 341. — Ref. AAS.

4430. **G. C. McVittie, S. P. Wyatt,** The background radiation in a Milne universe. ApJ **130** 1—11. — Mit Annahmen über Verteilungsfunktion und spektrale Energieverteilung wird unter Berücksichtigung der kosmischen Rotverschiebung die von fernen unaufgelösten Galaxien herrührende Gesamtradiostrahlung berechnet. Unsere Kenntnisse reichen noch nicht aus, Entwicklungseffekte zu berücksichtigen. Dv.

4431. **A. Metz,** L'aberration des étoiles et la déviation des ondes par le mouvement des milieux de propagation. Ann d'Astrophys **22** 759—764. — Es wird gezeigt, daß die Hypothese der Mitführung des Äthers mit der beobachteten astronomischen Aberration unvereinbar ist. FS

4432. **A. W. K. Metzner, P. Morrison,** The flow of information in cosmological models. MN **119** 657—664. — Ziel der Arbeit ist die Untersuchung der Abnahme der Menge empfangener Informationen bei Annäherung an den Horizont zwischen beobachtbarem und nicht beobachtbarem Teil des Universums. Für das Beispiel des steady state-Universums wird die Beziehung zwischen Informationsmenge und Rotverschiebung aufgestellt. Für andere Weltmodelle werden die Ergebnisse der Rechnungen mitgeteilt. Dv.

4433. **A. A. Michajlow,** The deflection of light by the gravitational field of the sun. MN **119** 593—608. — George Darwin Lecture 1959 April 10.

4434. **E. Newman, J. N. Goldberg,** Measurement of distance in general relativity. Phys. Rev. (2) **114** 1391—1395. — Die gedankliche Schwierigkeit, die es in der allgemeinen Relativitätstheorie unmöglich macht, ein universelles Koordinatensystem festzulegen, wird durch die Verbindung ausführbarer Beobachtungen der Winkelabstände diskreter Lichtquellen mit entsprechenden geodätischen Differentiationen von Null-Linien für die Schwarzschildsche und für die homogen-isotrope kosmologische Lösung der Einsteinschen Feldgleichungen umgangen. Zum Schluß wird gezeigt, daß die Entfernungsdefinition der astronomisch gebräuchlichen aus Helligkeiten gleichwertig ist. Dv.

4435. **J. Neyman, E. L. Scott,** Statistical approach to problems of cosmology. J. Roy. Statist. Soc. (B) **20** 1—43, 1958. — Ref. in Math. Rev. **21** 746.

4436. **B. R. A. Nijboer, H. J. Groenewald,** The so-called clock paradox in the theory of relativity. Ned. Tijdschr. Natuurkde. **25** 160—180 (holländ.). — Ref. in Phys. Abstr. (A) **62** 1126.

4437. **L. Pajdušáková-Mrkosová,** Cosmological paradoxa. RH **40** 187—191 (slowak.).

4438. **W. Pauli,** The Theory of Relativity. Übersetzung aus dem Deutschen von G. Field. Vgl. AJB **58** Ref. **4156.** — Weitere Besprechung in La Nature **87** 510, Nature **187** 4—5 (D. W. Sciama), Publ ASP **71** 354—356 (G. C. McVittie).

4439. **J. R. Pierce,** Relativity and space travel. Proc IRE **47** 1053—1061. — Verf. behandelt einige aus der speziellen Relativitätstheorie folgende Effekte bei Raumfahrten mit großer Geschwindigkeit, insbesondere das Uhrenproblem und energetische Fragen des Antriebs der Rakete. Böh.

4440. **J. R. Pierce,** The clock paradox. Proc IRE **47** 1780.

4441. **L. Riger,** Einführung in die Kosmologie. Aus dem Tschechischen ins Russische übersetzt. Moskau, Verlag für Ausländische Literatur, 1959. 130 S. Preis 4 R.

* * **M. Rudkjøbing,** The relativistic periastron motion of DI Her. Vgl. Ref. **12245.**

4442. **K. Rudnicki,** Budowa wszechświata i metoda morfologiczna. Urania Kraków **30** 349—352. — Allgemein verständlicher Artikel über die von Zwicky angewandte morphologische Methode auf Probleme der Kosmologie. E. R.

4443. **B. Russell,** The ABC of Relativity. Revidierte Ausgabe von F. Pirani. London, Allen and Unwin; Fair Lawn, N. J., Essential Books, 1959. 139 S. Preis $ 3.50. — Besprechung in Science **131** 822 (P. G. Bergmann).

4444. **H. Rüssmann,** Über die Differentialgleichungen eines dynamischen Weltmodells. ZfA **48** 39—51. — Für ein symmetrisches Strömungsfeld einer unendlich ausgedehnten homogenen Verteilung von Materie mit einem einfachen quadratischen Ansatz für ein Newtonsches Potential werden einige Integrale betrachtet und die Lösungen in der Nähe singulärer Stellen beschrieben. Dv.

4445. **D. W. Sciama,** The Unity of the Universe. Garden City, New York, Doubleday Anchor Books, 1959. 228 S. Preis $ 3.95. — Besprechung in Sky Tel. **19** 119, 432—433.

4446. **K. P. Stanjukowitsch,** Über die physikalische Natur der Schwere. Bull. Astr.-Geod. Ges. UdSSR Nr. 24 S. 3—17 (russ.).

* * **N. P. Suworoff,** Über die Rotverschiebung in den Spektren von Sternsystemen. Vgl. Ref. **14544.**

4447. **J. P. Tschernow,** Stationary rotation of cosmic gas masses in general relativity. DAN **129** 762—765 (russ.).

4448. **H. Unz,** The clock paradox. Proc IRE **47** 1778—1779.

4449. **G. J. Whitrow,** The Structure and Evolution of the Universe. An Introduction to Cosmology. London, Hutchinson & Co., Ltd., 1959. 2. Auflage. 11 + 212 S. Preis 21 s. — Besprechung in Endeavour **19** 119, Irish AJ **5** 182—184 (W. G. Guthrie), Obs **79** 191—192 (H. Dingle), Proc. Phys. Soc. **74** 384 (A. C. B. Lovell), Publ ASP **71** 553, Sky Tel. **18** 462, 697—698 (S. P. Wyatt).

4450. **G. J. Whitrow,** La struttura dell'universo. Übersetzung aus dem Englischen. Milano, Longanesi e C., 1958. 305 S. Preis 1800 L.

4451. **T. Zeuli,** The motion around the sun of a planet of relativistic energy subject to a generalized force of attraction. Advance of the perihelion. Atti Accad. Sci. Torino (1) **93** 84—94 (italien.). — Ref. in Phys. Abstr. (A) **62** 1233.

4452. Newtonian and relativistic cosmology. Obs **79** 130—131.

4453. Laboratory test of relativity. Sky Tel. **18** 195.

4454. Stationäres oder sich zeitlich entwickelndes Universum? Sterne **35** 247. — Ref.

VI. Theoretische Astrophysik

§ 51

Grundlagen und Probleme allgemeiner Art

5101. **F. A. Baum, S. A. Kaplan, K. P. Stanjukowitsch,** Einführung in die kosmische Gasdynamik. Vgl. AJB **58** Ref. **5004**. — Weitere Besprechung in Math. Rev. **21** 224 (Z. Kopal), ZfMG **84** 239 (J. Rościszewski).

5102. **G. Borocki,** About electronic phaenomena in the universe. Vasiona **6** 68—69, 1958 (serb.-kroat.).

5103. **C. E. R. Bruce,** Cosmic thunderstorms. J. Franklin Inst. **268** 425—445. — Verf. versucht vor allem, die Spektren langperiodischer Veränderlicher, die Gasbewegungen in außergalaktischen Radioquellen, die Entstehung von Magnetfeldern und relativistischen Elektronen mit Entladungsvorgängen in Zusammenhang zu bringen. Hypothetischer sind Anwendungen auf die Entwicklung von Galaxien, Sternpopulationen und die chemische Entwicklung von kühlen Sternen. Die durch Pinch-Effekt im Entladungskanal zusammengepreßte und dort beschleunigte Materie soll Geschwindigkeiten bis zu 4000 km/sec und Temperaturen bis zu $4 \times 10^8\,°$ erreichen, wobei thermonukleare Prozesse eine Grenze setzen müßten. Derartige Nachbeschleunigungen im Entladungskanal werden auch für das verfrühte Eintreffen magnetischer Stürme nach solaren Eruptionen verantwortlich gemacht. V. W.

5104. **C. E. R. Bruce,** The temperature required for nuclear reactions in cosmical electrical discharges. Nature **184** 2004—2005. — Verf. zeigt, daß in den elektrischen Entladungen in kosmischen Atmosphären, die vorwiegend aus Wasserstoff bestehen, Kernprozesse bei einer Temperatur von $4 \cdot 10^8\,°$ stattfinden. Groth

5105. **A. G. W. Cameron,** Nuclear astrophysics. Annual Rev. nucl. Sci. 8 299—326, 1958. — Ref. in Phys. Ber. **39** 1030.

5106. **A. G. W. Cameron,** A revised table of abundances of the elements. ApJ **129** 676—699. — Ref. in Sky Tel. **18** 614. — Die Häufigkeitswerte der chemischen Elemente, deren Zahlenwerte wesentlich auf den Untersuchungen von Meteoriten beruhen, werden auf Grund kernphysikalischer Überlegungen verbessert. FS

5107. **A. G. W. Cameron,** The origin of the elements. Phys. Chemistry Earth **3** 199—223. — In vorliegender Arbeit wird über die nachstehenden Probleme zusammenfassend berichtet: Chemische Zusammensetzung im Universum, ältere Theorien der Sternentstehung, Materieaustausch zwischen Sternen und interstellarem Medium, Sternentwicklung, Gleichgewichtsreaktionen und Supernovaexplosionen, Reaktionen in wasserstoffreichen Sternhüllen, Kernreaktionen in Sternoberflächen, nukleare Reaktionen bei Supernovaexplosionen. Henn

5108. **M. Cimino,** Fenomeni elettromagnetici in astrofisica con particolare riguardo ai fenomeni solari. Atti Convegni Astr. Venezia Napoli 1959 S. 57—72 = Oss. Astr. Roma Contr. Sci. (3) Nr. 1.

5109. **J. W. Dungey,** Cosmic Electrodynamics. Vgl. AJB **58** Ref. **5009**. — Weitere Besprechung in ZfMG **82** 236—237 (A. Unsöld).

5110. **G. B. Field,** The time relaxation of a resonance-line profile. ApJ **129** 551—564. — Der Zanstra-Effekt, durch welchen die Rückverteilung der Strahlung in einem Resonanzlinienprofil erfolgt, hat einen starken Einfluß auf die zeitliche und räumliche Änderung des Profils. Es wird die zeitliche Entwicklung des Strahlungsfeldes als Schlüssel zum Verständnis des komplexeren Transportproblems untersucht. Es wird gezeigt, daß die zeitabhängige Streuungsgleichung für isotrope Doppler-Streuung ohne Dämpfung eine analytische Lösung hat. Die fortschreitende Verbreiterung des Linienprofils erfolgt mit $(\log t)^{1/2}$ zusammen mit einer Abflachung im Linienzentrum. Der Rückstoß infolge endlicher Atommasse wird durch eine Störungsrechnung berücksichtigt. Die mögliche Erweiterung der Untersuchung auf das Transportproblem wird diskutiert. Die Theorie wird angewandt auf das Problem der Anregung der 21 cm-Linie durch Lyα. Groth

5111. **S. A. Kaplan,** On cosmic force-free fields. AJ UdSSR **36** 800—806 (russ. mit engl. Ref.). — Verf. untersucht magnetische Felder, welche die Form $\nabla \mathfrak{H} = \alpha \mathfrak{H}$ haben, wobei α im allgemeinen Fall eine skalare Funktion von Ort und Zeit sein kann. Er spezialisiert dann auf ein konstantes α und betrachtet die beiden Spezialfälle $H_x = H \sin(\alpha z)$, $H_y = H \cos(\alpha z)$, $H_z = 0$, sowie $H_\varrho = 0$, $H_\varphi = H \cdot I_1(\alpha \varrho)$, $H_z = H \cdot I_0(\alpha \varrho)$; I_1 und I_0 sind die Bessel-Funktionen der Ordnung 1 und 0. Für diese beiden Feldkonfigurationen wird die Polarisation der Synchrotronstrahlung bestimmt und festgestellt, daß die von Oort und Walraven für den Crab-Nebel abgeleitete Polarisation mit beiden Modellen nicht verträglich ist. Oster

5112. **M. Kopecký,** About the illegitimate generalisation of some laws in astronomy. RH **40** 81—82 (tschech.).

5113. **P. Ledoux,** Les champs magnétiques en physique cosmique. Scientia **94** 273—278 = Inst. d'Astrophys. Univ. Liège Coll. 8° Nr. 408.

5114. **S. N. Milford,** Nuclear reactions in collisions of galaxies. ApJ **130** 465—468. — Ref. in Urania Kraków **31** 146. — Unter plausiblen Annahmen über die Zussammensetzung und Bewegung der außergalaktischen Nebel berechnet Verf. die bei frontalen Zusammenstößen zweier Nebel durch Kernreaktionen in ihrem Gasgehalt entstehende γ-Strahlung. Diese bleibt anfangs jedenfalls sehr gering, kann aber bei zunehmender Kompression des Gases so weit ansteigen, daß ihre Beobachtung außerhalb der Erdatmosphäre möglich werden könnte. Gü.

* * **L. Oster,** Der kontinuierliche Absorptionskoeffizient für Frei-Frei-Strahlung im radiofrequenten Spektralgebiet. Vgl. Ref. **1648**.

5115. **J. Pfleiderer,** Streulichtintensität großer sphärischer Partikel III. Optik **16** 409—411 = Mitt. Astr. Inst. Univ. Tübingen Nr. 39. — In Fortsetzung der Rechnungen von H. Walter (vgl. Ref. **5119**) über die Intensität des an sphärischen Partikeln gestreuten Lichtes für Teilchen mit dem Brechungsindex 1.33 wurden die Streuintensitäten für Werte von α (Umfang des Teilchens geteilt durch die Wellenlänge des Lichtes) gleich 85, 90, 95, 100, 110, . . . , 200, 250, 300, 350, 400 und für die Streuwinkel ϑ (gegen die Richtung des ungestreuten Lichts) gleich 10°, 20°, . . . , 80°, 100°, 110°, . . . , 140° berechnet. Verf.

5116. **D. H. Sampson,** The opacity at high temperatures due to Compton scattering. ApJ **129** 734—751. — Für einen Temperaturbereich zwischen $kT = 2$ und 125 keV und Dichten, bei denen das Elektronengas noch nicht merklich entartet ist ($\varrho < 10^2$ bzw. 10^4 g cm^{-3}), wird der Beitrag der Compton-Streuung zur Opazität berechnet. Im Anwendungsbereich der Klein-Nishina-Formel kompensieren sich bei gegebener Richtung die herein- und die hinausgestreute Strahlung nicht, wodurch die Compton-Opazität K_c bei kT = 20 keV um 13 %, bei 125 keV sogar um 37 % verringert wird. Die Paarerzeugung macht sich hier zwar noch nicht unmittelbar als Absorption bemerkbar, bewirkt aber dennoch durch die Erhöhung der Elektronen- und Positronendichte N bei den höheren Temperaturen einen bedeutenden Anstieg der Opazität. Bei 125 keV wird N im thermischen Gleichgewicht groß und fast unabhängig von der primären Materiedichte ϱ, weshalb für kT > 125 keV die mittlere freie Photonenweglänge für Compton-Streuung $(\varrho K_c)^{-1}$ klein und von ϱ unabhängig wird. Für kT < 30 keV tritt dagegen der bekannte Fall der kleinen und von ϱ unabhängigen Compton-Opazität ein. Der Beitrag der Photon-Photon-Streuung bleibt für alle T klein gegen K_c. Gü.

5117. **H. E. Suess,** The abundance of the chemical elements. Smithsonian Rep. for 1958 S. 307—318. — Verf. berichtet über einige neuere Untersuchungen über die chemische Zusammensetzung im Kosmos. Insbesondere wird die Elementhäufigkeit auf der Sonne, in Sternen und Meteoriten behandelt. Ein weiterer Abschnitt ist der Isotopenzusammensetzung der Elemente und den Untersuchungen über den Ursprung der Elemente gewidmet. Henn

5118. **S. I. Syrowatskij,** The distribution of relativistic electrons in the Galaxy and the spectrum of magnetic bremsstrahlung radio emission. AJ UdSSR **36** 17—32 (russ. mit engl. Ref.). — Verf. berechnet die Diffusion relativistischer Elektronen aus einer ellipsoidischen Quelle, wobei der Energieverlust der Partikel durch Zyklotronstrahlung verursacht wird. Unter der Annahme eines Energiespektrums $\sim E^{-a}$ für die von der Quelle gelieferten Elektronen wird deren räumliche und energetische Verteilung abgeleitet und die Ergebnisse auf die Galaxis angewandt. Oster

5119. **H. Walter,** Streulichtintensität großer sphärischer Partikel. II. Optik **16** 401—408 = Mitt. Astr. Inst. Univ. Tübingen Nr. 33. — Die Intensität des an sphärischen Partikeln gestreuten Lichtes wurde im Streuwinkelbereich zwischen 0° und 180° unter besonderer Berücksichtigung der Rückwärtsstreuung für Teilchen mit dem Brechungsindex 1.33 und für Werte von α (Umfang des Teilchens geteilt durch die Wellenlänge des Lichtes) gleich 10, 15, . . . 95, 100, 110, . . . 200, 250, 300, 350, 400 berechnet. Zur Berechnung war der Einsatz einer elektronischen Rechenanlage erforderlich. Die tabellierten Intensitätsfunktionen erlauben, den Verlauf der Streufunktion für einen weiten Bereich des Teilchenradius zu diskutieren, sie bilden die Voraussetzung zur theoretischen Behandlung von Streulichtphänomenen in der Atmosphäre und im interplanetaren Raum. Verf.

5120. **J. Wasiutyński,** Grunnstoffenes opprinnelse. Naturen 1959 S. 490—509 = Inst. Teoret. Astrofys. Blindern-Oslo Småtrykk Nr. 29.

5121. **K. C. Westfold,** The polarization of synchrotronradiation. ApJ **130** 241—258. — Die Spektralverteilung und Polarisation der Strahlung eines Elektrons, welches ultrarelativistisch in einem Magnetfeld umläuft, werden berechnet. Das Ergebnis wird benutzt, um das Emissionsvermögen einer Verteilung von Elektronen hoher Energie, wie sie im Crab-Nebel auftritt, zu berechnen. Der Polarisationsgrad der Emission nimmt mit der Frequenz von $^2/_3$ auf 1 zu. Groth

5122. **F. Zwicky,** The molecular-hydrogen content of the universe. Publ ASP **71** 468—469. — Verf. vermutet, daß mindestens die Hälfte der Gesamtmasse eines großen Volumens des kosmischen Raums aus molekularem Wasserstoff besteht. Er nimmt die Bildung von H_2 aus H durch Mehrfachstöße an und weist darauf hin, daß im interstellaren Raum CH und CN beobachtet werden trotz der geringen Häufigkeiten von C und N im Verhältnis zu H. Bei dem Übergang von Orthowasserstoff in Parawasserstoff ist eine Emission bei etwa 85 μ zu erwarten. Verf. macht einen Vorschlag für die Beobachtung dieser Emission. O. G.

Magneto-Hydrodynamik

5123. **C. Agostinelli,** Sulle equazioni dell'equilibrio adiabatico magnetodinamico di una massa fluida gassosa uniformemente rotante e gravitante. Lincei Rend. Sci. fis. mat. nat. (8) **26** 665—670. — Verf. leitet die Gleichungen des adiabatischen Gleichgewichtes einer mit unendlicher elektrischer Leitfähigkeit, gleichförmig rotierenden, gasförmigen Masse ab, worin ein Magnetfeld wegen Leitungsströmen erzeugt wird. Er beweist, daß das Feld symmetrisch in Bezug auf die Rotationsachse sein muß. Das Problem wird auf die Integration zweier Differentialgleichungen zurückgeführt. Im speziellen Fall, wenn keine schräge Komponente des Magnetfeldes vorhanden ist, erhält man eine einzige Differentialgleichung vierter Ordnung mit der Dichte des Fluidums als Unbekannte. Wenn es sich dann um ein starken Magnetfeldern unterworfenes Plasma handelt, wird das Problem auf die Integration einer Differentialgleichung zweiter Ordnung zurückgeführt. B. C.

5124. **C. Agostinelli,** Sui moti magneto idrodinamici in una massa fluida elettricamente conduttrice e figure di equilibrio ellissoidali in presenza di campi magnetici. Atti Convegni Astr. Venezia Napoli 1959 S. 73—77.

5125. **J. Bazer, W. B. Ericson,** Hydromagnetic shocks. ApJ **129** 758—785.

5126. **A. J. Dessler, E. N. Parker,** Hydromagnetic theory of geomagnetic storms. J. Geophys. Res. **64** 2239—2252.

5127. **B. N. Gerschman,** On the propagation of magnetohydrodynamic waves in cosmic conditions. AJ UdSSR **36** 190—192 (russ. mit engl. Ref.). — Es wird die Fortpflanzung magnetohydrodynamischer Wellen unter typischen astrophysikalischen Bedingungen untersucht (Sonneninneres, Sonnenatmosphäre, interstellares Gas) und gezeigt, daß die seinerzeit zuerst von Landau abgeleiteten Dämpfungsphänomene an Bedeutung die Stoßdämpfung übertreffen. Oster

5128. **P. C. Kendall,** On the transference of angular momentum by hydromagnetic waves in a primeval nebula. ApJ **129** 194—204. — Zunächst wird in einem ebenen Modell untersucht, wieviel Impuls von einem bewegten Plasma über eine Lücke verschwindender Dichte hinweg in ein ruhendes Plasma übertragen wird, wenn das Magnetfeld auf Begrenzung und Geschwindigkeit senkrecht steht. Dann wird die Methode auf den sphärischen Fall übertragen. Die Anwendung auf die Bremsung der Sonnenrotation ergibt diskutable Zeitskalen und Feldstärken. Auch andere Mechanismen der Bremsung werden diskutiert. v. H.

5129. **W. V. R. Malkus,** Magnetoconvection in a viscous fluid of infinite electrical conductivity. ApJ **130** 259—275.

5130. **M. G. S. el Mohandis,** Magnetohydrodynamic disturbances due to the sudden introduction of a magnetic dipole in a fluid of finite conductivity. ApJ **129** 172—193.

5131. **T. Oki,** On the magnetohydrodynamic instability of a gaseous cylinder. Sci. Rep. Tôhoku Univ. (1) **43** 113—120 = Sendai Astr. Rap. Nr. 67. — Die magnethydrodynamische Instabilität eines unendlichen Gaszylinders mit einem vorherrschend longitudinalen Magnetfeld und einem elektrischen Strom wird mittels einer Störungsmethode untersucht. Die Lösungen für gleichförmige Stromdichte und inkompressible Flüssigkeit werden unter den Annahmen unendlicher elektrischer Leitfähigkeit und vernachlässigbarer Gravitationskraft erhalten. Eine Anwendung der Ergebnisse auf die Bildung von Sternkettchen wird kurz diskutiert. Verf. (ü.)

5132. **A. G. Pacholczyk, J. S. Stodółkiewicz,** The magnetogravitational instability of an infinite homogeneous medium when a Coriolis force is acting and viscosity is taken into account. Bull. Acad. Polon. Sci. (Math., Astr., Phys.) 7 429—434 = Astr. Obs. Warsaw Univ. Repr. Nr. 89.

5133. **A. G. Pacholczyk, J. S. Stodółkiewicz,** The magnetogravitational instability of a medium in non-uniform rotation. Bull. Acad. Polon. Sci. (Math., Astr., Phys.) 7 503—507 = Astr. Obs. Warsaw Univ. Repr. Nr. 90. — Im Anschluß an Bel und Schatzman (vgl. AJB 58 Ref. 1173) untersuchen Verf. den Fall, daß magnetische Felder vorhanden sind. Es wird angenommen, daß die Kraftlinien kreisförmig um die Symmetrieachse verlaufen. Solche Felder wirken stabilisierend auf rotationssymmetrische Störungen, die sich senkrecht zu den Kraftlinien ausbreiten. Die Bildung von Spiralarmen einer Protogalaxis würde verhindert, wenn die magnetische Feldstärke einen kritischen Wert überschreitet. Für Dimensionen der Spiralarme von 1 kpc und eine Dichte der Protogalaxis in Sonnenumgebung von 4.2×10^{-24} g/cm^3 ergibt sich die kritische Feldstärke zu 1.0×10^{-5} G. V. W.

5134. **A. G. Pacholczyk, J. S. Stodółkiewicz,** The magnetogravitational instability of the medium of finite electrical conductivity. Bull. Acad. Polon. Sci. (Math., Astr., Phys.) 7 681—685 = Astr. Obs. Warsaw Univ. Repr. Nr. 91.

5135. **A. G. Pacholczyk,** Wybrane zagadnienia magnetohydrodynamiki ruchu laminarnego. II. Postępy Astr. 7 3—19. — Verf. setzt hier seine im vorigen Jahr veröffentlichten Untersuchungen und Übersichten zur Magnetohydrodynamik fort. Mögliche Lösungen des Gleichungssystems werden gegeben. E. R.

5136. **A. G. Pacholczyk, J. S. Stodółkiewicz,** Magnetograwitacyjna niestabilność nieskończonego, jednorodnego ośrodka lepkiego, znajdującego się pod działaniem sił Coriolisa. Postępy Astr. 7 191—196. — Verf. untersuchen den Einfluß der Zähigkeit auf den Grenzwert der Wellenlänge einer Störung, die sich bei einem vorhandenen, konstanten Magnetfeld in einem unendlichen, rotierenden, homogenen Medium ausbreitet. Nach Ableitung der Grundgleichungen und der Dispersionsgleichungen wird eine Instabilitätsbedingung angegeben. E. R.

5137. **C. Plumpton,** The propagation of hydromagnetic waves of finite amplitude in a horizontally stratified atmosphere. ApJ **129** 752—757. — Verf. diskutiert die senkrechte Ausbreitung einer Reihe von transversalen Alfvénschen Wellen endlicher Amplitude bei Anwesenheit eines gleichförmigen vertikalen Magnetfeldes. Es zeigt sich, daß in diesem Falle die Bewegung des Gases nicht vollkommen horizontal erfolgen kann. Die vertikale Bewegung ist zu vernachlässigen, solange die Teilchengeschwindigkeit klein gegenüber der lokalen Schallgeschwindigkeit ist. Die Ergebnisse werden in Verbindung mit dem Problem der Ausbreitung von Wellen in der Sonnenatmosphäre diskutiert. Groth

5138. **R. Simon,** Les oscillations hydromagnétiques d'un cylindre incompressible. Ann d'Astrophys **22** 712—726.

5139. **S. P. Talwar,** Hydromagnetic stability of a conducting, inviscid, incompressible fluid of variable density. ZfA **47** 161—168.

5140. **S. K. Trehan,** The effect of fluid motions on the stability of twisted magnetic fields. ApJ **129** 475—482. — Es wird die Stabilität von spiraligen Magnetfeldern in einem unendlich langen Zylinder einer inkompressiblen reibungsfreien Flüssigkeit unendlicher Leitfähigkeit untersucht. Wenn keine Flüssigkeitsbewegung entlang der Kraftlinien vorhanden ist, ist das System instabil. Es ist nur stabil, wenn die kinetische Energie mindestens gleich der magnetischen Energie ist. Groth

5141. **L. Woltjer,** Hydromagnetic equilibrium II. Stability in the variational formulation. Proc. National Acad. Sci. USA **45** 769—771.

5142. **L. Woltjer,** Hydromagnetic equilibrium. III. Axisymmetric incompressible media. ApJ **130** 400—404. — Verf. gibt die vollständige Lösung an für axialsymmetrische Gleichgewichtsprobleme hydromagnetischer inkompressibler Flüssigkeiten. Dieselbe Lösung wird auf dem Wege der Variationsrechnung gefunden. Gü.

5143. **L. Woltjer,** Hydromagnetic equilibrium. IV. Axisymmetric compressible media. ApJ **130** 405—413. — Erweiterung der in der vorhergehenden Untersuchung gegebenen Theorie auf den Fall eines polytropen Gases. Dabei läßt sich das durch 5 vektorielle Differentialgleichungen ausgedrückte Problem auf die Lösung zweier simultaner Differentialgleichungen reduzieren. Weiter wird das Energieintegral berechnet sowie 4 weitere Integrale des Problems, die gleichfalls physikalische Erhaltungssätze enthalten. Schließlich behandelt Verf. hiervon ausgehend dieses Problem als Variationsaufgabe. Gü.

5144. Magnethydrodynamik. (Material eines Symposiums). Redigiert von D. A. Frank-Kamenezkij. Übersetzung des in AJB **57** Ref. **1186** zitierten Symposiums. Moskau, Atom-Verlag, 1958. 122 S. Preis 4 R. 60 Kop. (russ.).

§ 52

Nebel, interstellare Materie

* * **P. Bouvier,** De la stabilité des amas galactiques en présence de nuages de matière interstellaire. Vgl. Ref. **14110.**

* * **P. Bouvier,** Stabilité des amas stellaires ouverts en présence de matière interstellaire diffuse. Vgl. Ref. **14111.**

5201. **P. Bouvier,** Sur l'extinction par un nuage interstellaire à symétrie sphérique ou cylindrique. Arch. Sci. Genève **11** 389—391, 1958 = Publ. Obs. Genève (A) Fasc. 57. — Unter Annahme eines Dichtegesetzes von der Form $\varrho = \varrho_0 \cdot f(r)$ für eine kugel- oder zylindersymmetrische Dunkelwolke und unter Annahme weiterer Vereinfachungen läßt sich die Absorption des Lichts eines hinter der Wolke befindlichen Sterns in Abhängigkeit vom scheinbaren Abstand vom Zentrum oder der Symmetrieachse durch ein einfaches Integral darstellen, dessen Umkehrung f(r) zu bestimmen erlaubt. Die Formeln werden auf den exponentiellen und polytropen (5)-Dichteverlauf angewandt. Astronomische Anwendungsmöglichkeiten werden abschließend kurz diskutiert. Loh.

* * **P. Bouvier, A. Duriaux,** Effet de marée d'un nuage de matière diffuse à bord flou. Vgl. Ref. **14113.**

5202. **R. E. Gerschberg, W. I. Pronik,** On the theory of Strömgren's zones. AJ UdSSR **36** 902—904 (russ. mit engl. Ref.). — An Hand von vier Modellen von Underhill (O5V bis B2.5V) und zwei Modellen von Pecker (B1 und B1.5) für frühe Sterne werden die Strömgren-Radien berechnet, welche gut zu beobachteten Lineardimensionen von HII-Regionen passen. Oster

5203. **G. G. Getmanzew,** The determination of the mean dimensions of magnetized clouds of interstellar gas by methods of radio astronomy. AJ UdSSR **36** 422—426 (russ. mit engl. Ref.). — Zwei vom Verf. vorgeschlagene Methoden zur Bestimmung des mittleren Durchmessers von magnetisierten Wolken interstellaren ionisierten Gases werden untersucht: a) Polarisationsmessungen und b) Messungen von Intensitätsschwankungen der nichtthermischen Radioemission. Obwohl bei der zweiten Methode die relative Intensitätsdispersion der Radiostrahlung einzelner Wolken nur ungefähr geschätzt werden kann, führt diese Methode zu genaueren Resultaten als die erste. Aus veröffentlichten Daten wird die obere Grenze 75 pc für den mittleren Durchmesser abgeleitet. Ond.

5204. **S. Grzędzielski,** Fale uderzeniowe w ośrodku HI z polem magnetycznym. Postępy Astr. **7** 279—280. — Es wird der Einfluß untersucht, den gegenseitige Zusammenstöße von HI-Wolken auf das Verhalten der Wolkenmagnetfelder und den Anteil des ionisierten Gases ausüben. E. R.

5205. **A. Hruška,** A note on the influence of radiation pressure on interstellar grains. BAC **10** 25—27. — Verf. macht eine kurze Bemerkung zur Einwirkung des Strahlungsdruckes auf die festen Partikel der interstellaren Materie unter Berücksichtigung der Umwandlung des kurzwelligen Ultraviolett in Strahlung längerer Wellen durch den interstellaren Wasserstoff. Ho.

5206. **A. Hruška,** Interaction between stars and interstellar matter I. BAC **10** 27—31. — Untersuchung über die Wechselwirkung zwischen Stern und interstellarer Materie, die durch die Gravitation, die elektrischen und magnetischen Felder, sowie durch den Strahlungsdruck ausgeübt wird. Ho.

5207. **A. Hruška,** Interaction between stars and interstellar matter II. BAC **10** 69—71. — Es wird der dynamische Einfluß der Sterne früher Spektraltypen auf interstellare Staubteilchen untersucht. Die Dichteverteilung von interstellaren Staubpartikeln in der Nähe von O- und B-Sternen wird im Zusammenhang mit dem Farbenexzeß diskutiert. Sm.

5208. **S. A. Kaplan,** Interstellare Gasdynamik. Vgl. AJB **58** Ref. **5305**. — Weitere Besprechung in AJ UdSSR **37** 593—594 (S. B. Pickelner).

5209. **S. B. Pickelner, R. E. Gerschberg,** On the possibility of the formation of filamentary structures by twisting. AJ UdSSR **36** 785—793 (russ. mit engl. Ref.). — In verschiedenen kosmischen Objekten, vor allem in den Nebeln, wurden lange, enge Fäden beobachtet. Eine Erklärung der Formierung dieser Fäden mittels eines speziellen mechanischen Pinch-Effekts wird vorgeschlagen. L. Fr.

5210. **J. P. Raiser,** Über die Kondensation in einer sich ins Vakuum ausdehnenden Wolke verdampfter Materie. J. Experim. Theoret. Phys. **37** 1741—1750 (russ. mit engl. Ref.). — Ref. in RJ UdSSR 1960 Nr. 7 S. 42.

5211. **A.-M. Rozis-Saulgeot,** Sur les champs magnétiques à force de Lorentz nulle. CR **248** 2555—2557 = Contr. Inst. d'Astrophys. Paris (A) Nr. 249. — Der Anwendungsbereich der Theorie kraftfreier Felder wird hier präzisiert. Im besonderen wird gezeigt, daß in den H II-Regionen diese Hypothese zur Erklärung des Gleichgewichts des Mediums in Anwesenheit eines magnetischen Feldes nicht notwendig ist. Verf. (ü.)

5212. **H. Zimmermann,** Zum Stoß schneller interstellarer Wasserstoffwolken. AN **285** 129—147 = Mitt. Univ.-Sternw. Jena Nr. 35. — Es wird der Zusammenstoß zweier interstellarer Wolken mit einer Relativgeschwindigkeit von 100 km/sec und die sich daran anschließende Abkühlung der auf etwa $10^{5\circ}$ erhitzten Materie betrachtet. Dazu werden die auftretenden Elementarprozesse unter Voraussetzung reinen Wasserstoffs einzeln diskutiert und die erforderlichen Wirkungsquerschnitte zum Teil neu berechnet. Es zeigt sich, daß in verhältnismäßig kurzer Zeit die Temperatur stark abnimmt, während der Ionisationsgrad des Wasserstoffs einem Maximum zustrebt und dann nur langsam wieder kleiner wird. Die räumliche Dichte hingegen steigt stetig an. Verf.

§ 53

Sternatmosphären

5301. **P. M. Anselone,** Convergence the of Wick-Chandrasekhar approximation technique in radiative transfer. II. ApJ **130** 881—883. — Es wird gezeigt, daß die Wick-Chandrasekharschen Approximationen für das klassische Strahlungstransportproblem für reine isotrope Streuung $I_m(\tau, \mu)$ und $J_m(\tau)$ gleichmäßig gegen $I(\tau, \mu)$ und $J(\tau)$, die Intensität bzw. die mittlere Intensität, konvergieren für alle $0 \leqq \tau < \infty$ und $-1 \leqq \mu \leqq +1$. Thi.

5302. **D. Barbier, M. Mayot,** Une nouvelle solution d'un problème de transfert. Ann d'Astrophys **22** 426—429 = Contr. Inst. d'Astrophys. Paris (B) Nr. 145. — Zur Lösung der Strahlungstransport-Gleichung wird ein neues Verfahren angegeben, bei dem die Integralgleichung in eine Funktionalgleichung umgeformt wird. Voigt

* * **L. Biermann, R. Kippenhahn, R. Lüst, S. Temesváry,** Beiträge zur Theorie der Sonnengranulation. Vgl. Ref. **6403.**

5303. **K. H. Böhm, E. Richter,** Der Einfluß des Strahlungsaustausches auf die Konvektion in einer polytropen Atmosphäre. ZfA **48** 231—248 = Sonderdruck Sternw. Kiel. — Unter Berücksichtigung der Abhängigkeit des Absorptionskoeffizienten von Temperatur und Dichte wird die Stabilität kleiner konvektiver Störungen im Strahlungsfeld einer Sternatmosphäre untersucht. Die hydrodynamischen Gleichungen werden linearisiert und durch Exponentialfunktionen gelöst. Die Anwendung auf die Sonnenatmosphäre ergibt 320 km als Wellenlänge maximaler Instabilität. FS

* * **I. M. Gordon,** Der Bildungsmechanismus relativistischer Elektronen in den Atmosphären instationärer Sterne. Vgl. Ref. **12617.**

5304. **L. Houziaux,** Ionisation et excitation de l'oxygène au voisinage des étoiles chaudes. CR **249** 2497—2499 = Inst. d'Astrophys. Univ. Liège Coll. 4° Nr. 97. — Für ein vereinfachtes Termschema des O II werden für einen B2V-Stern (Modell Underhill I) mit einer Hülle (Abstand 3 Sternradien, Elektronentemperatur 10000°, Elektronendichte 10^{12} cm^{-3}) in der optischen Tiefe $\tau = 2$ der Lyman-Seriengrenze die Besetzungszahlen n_i/n_1 und die Faktoren b_n der Abweichung vom thermodynamischen Gleichgewicht berechnet. Berücksichtigt werden dabei Strahlungsübergänge, Photoionisation, Elektronenstoßanregung und -ionisation; induzierte Übergänge und Dreierstoßrekombination werden vernachlässigt. Es zeigt sich dabei, daß die Ionisation klein gegenüber dem Falle thermodynamischen Gleichgewichts ist, da infolge kleiner Dichte die Stoßionisation und durch den großen Betrag der Lyman-Diskontinuität im Photosphärenspektrum die Strahlungsionisation wenig effektiv sind. J. P. M.

5305. **C. de Jager,** Loss of matter by stars. Vgl. Ref. **1316** S. 280—294 = Sterrewacht «Sonnenborgh» Utrecht Overdruk Nr. 40.

5306. **J. T. Jefferies, R. N. Thomas,** Source function in a non-equilibrium atmosphere. III. The influence of a chromosphere. ApJ **129** 401—407. — Anwendung der in I. und II. entwickelten Methoden zur Berechnung der Quellfunktion für eine Resonanzlinie in einer Atmosphäre, bestehend aus Photosphäre und überlagerter Chromosphäre. Für neutrale und ionisierte Metalle ergibt sich, in Übereinstimmung mit der Beobachtung, ein verschiedenes Verhalten, insbesondere bezüglich der zentralen Emission. Die Balmer-Linien sollten sich wie neutrale Metalle verhalten. Voigt

5307. **M. Kanno, S. Kawabata, T. Kogure,** The formation of forbidden lines in the out-flowing envelopes. Vgl. AJB **58** Ref. **5113** = Contr. Inst. Astrophys. Kwasan Obs. Univ. Kyoto Nr. 77.

5308. **S. A. Kaplan, I. A. Klimischin,** Shock waves in stellar envelopes. AJ UdSSR **36** 410—421 (russ. mit engl. Ref.). — Zur Untersuchung der physikalischen Eigenschaften von Stoßwellen in Sternhüllen werden zuerst allgemeine Formeln abgeleitet. Wegen Vereinfachung werden die Stoßwellen als stationär vorausgesetzt. Die Zusammenwirkung mit der Strahlung wird berücksichtigt. Ferner werden die Parameter von Detonationswellen abgeleitet, bei welchen die Energie durch Rekombination von Ionen gewonnen wird. Weiter wird gezeigt, daß sich bei roten Riesen die äußeren Teile der Hülle mit einer relativ kleinen Geschwindigkeit von 50 km/sec ablösen können. Bei Stoßwellen in Sternhüllen ist selbst in großen optischen Tiefen die Abkühlung durch Ausstrahlung wesentlich und führt zur Temperaturabnahme hinter der Welle um einen Faktor 10 bis 100. Endlich werden einige Eigenschaften von Stoßwellen im entarteten Gas abgeleitet. Der Einfluß des magnetischen Feldes wird berücksichtigt. Ond.

5309. **T. Kogure,** The radiation field and theoretical Balmer decrements of Be stars. I. Publ. Astr. Soc. Japan **11** 127—137 = Contr. Inst. Astrophys. Kwasan Obs. Kyoto Nr. 82. — Zur Untersuchung des Strahlungsfeldes einer Be-Atmosphäre für Lyβ, Lyγ, Hα, Hβ, wird ein 5-Niveau-Problem gelöst. Die Balmer-Dekremente werden abgeleitet, wobei der Verdünnungsfaktor W als Parameter betrachtet wird. Es ergeben sich größere Werte als bei Miyamoto. Der Vergleich mit den Beobachtungen zeigt, daß die Atmosphären kleinere Ausdehnung haben müssen ($\log W \approx -0{,}5$ bis $-1{,}5$). Groth

5310. **T. Kogure,** The radiation field and theoretical Balmer decrements of Be stars. II. Publ. Astr. Soc. Japan **11** 278—291 = Contr. Inst. Astrophys. Kwasan Obs. Kyoto Nr. 86. — Für Be-Sternatmosphären sind die Balmer-Dekremente mit Temperatur und Verdünnungsfaktor als Parameter berechnet worden. Für H_α/H_β nehmen die Werte monoton mit abnehmender Temperatur zu und stimmen mit den Beobachtungen überein. Der Verdünnungsfaktor liegt bei 1/10 bis 1/20, unabhängig vom Spektraltyp. Für H_γ/H_β und H_δ/H_β sind die theoretischen Werte 1.5 bis 2 mal größer als die mittleren beobachteten Werte. Thi.

5311. **M. Krook,** Structure of stellar atmospheres. II. ApJ **129** 724—733 = Harv Repr Nr. 513. — Die Berechnung einer nichtgrauen Sternatmosphäre im Strahlungsgleichgewicht wird mit Hilfe einer Momentenmethode im Rahmen eines Iterationsverfahrens durchgeführt. Groth

5312. **M. Krook,** Structure of stellar atmospheres. III. ApJ **130** 286—295 = Harv Repr Nr. 520. — Es wird für die Lösung der Strahlungstransportgleichung eine Doppelmomentenmethode im Rahmen eines Iterationsverfahrens angegeben. Groth

5313. **J. Kubikowski,** Le refroidissement de l'atmosphère derrière le front de l'onde de choc. Ann d'Astrophys **22** 741—747. — Es wird berechnet, wie rasch in einer Sternatmosphäre nach Durchgang einer Stoßwelle die Abkühlung auf die ursprüngliche Temperatur vor sich geht. Es ergibt sich, daß die bei Stoßwellen auftretenden Temperaturschwankungen für die Temperaturschichtung in der Atmosphäre und für das Aussehen der Spektrallinien wesentliche Bedeutung haben. FS

5314. **J. Kubikowski,** O chłodzeniu się atmosfery poza frontem fali uderzeniowej. Postępy Astr. **7** 287—288. — Verf. berichtet über die Abkühlungsgeschwindigkeit der äußeren Schichten von Sternatmosphären, die sich unmittelbar hinter der Front der Stoßwelle befinden. E. R.

5315. **J. Kubikowski, T. Ciurla,** O powstawaniu linii absorpcyjnych w atmosferze poruszającej się. Postępy Astr. **7** 288—289. — Auf Grund des Böhmschen Modells berechneten Verf. die Konturen des Sauerstoff-Triplets bei 7770 Å für Sterne mit bewegten Atmosphären, deren Geschwindigkeitsflächen durch eine endliche Zahl planparalleler Schichten approximiert wurden. E. R.

5316. P. W. Merrill, Motions in stellar atmospheres. Publ ASP **71** 292—300. — Alle durch Messungen an Spektrallinien erkennbaren Bewegungen in Sternatmosphären werden im Überblick behandelt, und zwar sehr kurz gefaßt für normale Atmosphären und etwas eingehender für ausgedehnte Atmosphären. Verf. hebt hervor, daß zur Erklärung der beobachteten Geschwindigkeiten die entsprechenden Beschleunigungen bekannt sein müssen. Das gilt besonders für das Problem der scharfen verschobenen Linien, die zum Teil mit mehreren Komponenten auftreten. Verf. vermutet die Wirkung von Kräften, die zu einer konstanten Endgeschwindigkeit führen. Er weist auf die plötzlichen Geschwindigkeitsänderungen bei aufsteigenden Protuberanzen hin. Die Notwendigkeit von Beobachtungen zur Erweiterung der Erkenntnisse wird betont. O. G.

5317. I. N. Minin, Über die Lösung des instationären Problems der Theorie des Strahlungstransports. Bote Univ. Leningrad **1959** Nr. 13 S. 137—141 (russ. mit engl. Ref.).

5318. E. R. Mustel, The loss of mass by stationary stars. Part III. An examination of the envelope created by corpuscular emission from the star. Mitt. Astrophys. Obs. Krim **21** 24—39 (russ. mit engl. Ref.). — Die Auswertung von 45 Rechenmodellen ergab, daß die von einem O- oder frühen B-Stern ausgestoßene Gashülle, praktisch unabhängig von den Anfangsbedingungen, nach etwa 10^5 Jahren entweder durch ihr Eigenlicht oder durch die materielle Erhellung des Innenraumes zwischen Hülle und Zentralstern optisch in Erscheinung tritt, nachdem sie die Gestalt eines planetarischen Nebels von etwa 1 pc Radius angenommen hätte. Daß solche Effekte aber nicht beobachtet werden, spricht vorläufig gegen die Existenz starker, von diesen Sternen ausgehender Gasströme. Die hellen Ringe um O- und B-Sterne haben eine völlig andere Ursache. Petri

5319. A. A. Nikitin, Mit verbotenen und doppelten Übergängen verbundene Heliumlinien in Sternspektren. Bote Univ. Leningrad 1959 Nr. 7 S. 146—156 (russ. mit engl. Ref.). — Ref. in RJ UdSSR 1960 Nr. 3 S. 25—26.

5320. A. A. Nikitin, Autoionization effect and its influence on the intensity of certain lines in stellar spectra. DAN **126** 1227—1228 (russ.). — Unter der Voraussetzung, daß in den Atmosphären von Sternen Strahlung existiert, die ein Atom durch Ausstoßen eines inneren Elektrons ionisieren kann, werden die Folgen der Autoionisation untersucht und qualitativ mit dem Vorkommen der Spektrallinien bei Novae, instabilen Sternen, in den Protuberanzen und Nebeln verglichen. Perek

5321. K. Osawa, Model stellar atmospheres with high content of helium. Publ. Astr. Soc. Japan **11** 253—256 = Tokyo Astr. Obs. Repr. Nr. 188. — Es werden Modellatmosphären von hohem Heliumgehalt mit solchen aus reinem Wasserstoff verglichen. Die heliumreichen Sterne strahlen wie Sterne reinen Wasserstoffs, deren Oberflächengravitation durch $X^{0.5}$ geteilt ist, wobei X der Gewichtsanteil des Wasserstoffs der Sternatmosphäre ist. Thi.

5322. J.-C. Pecker, Écarts à l'équilibre et abondances dans les photosphères solaire et stellaires. I. Le spectre du titane neutre — Écarts à l'E. T. L. Ann d'Astrophys **22** 499—526. — Die Benutzung von Äquivalentbreiten und Zentralintensitäten erlaubt die gleichzeitige Berechnung der Elementhäufigkeiten und der Abweichungen vom lokalen thermodynamischen Gleichgewicht. Für neutrales Titan sind diese Abweichungen beträchtlich und ergeben für die Sonne eine mindestens um einen Faktor 5 größere Häufigkeit als nach bisherigen Methoden. Weitere Elemente sind in Arbeit. Voigt

5323. S. R. Pottasch, R. N. Thomas, Departures from the Saha equation under varying conditions of Lyman continuous opacity. ApJ **130** 941—953. — Es wird gezeigt, daß in einer reinen Wasserstoffatmosphäre die Sahasche Gleichung für das Ionisationsgleichgewicht nicht unter allen Umständen anwendbar ist. FS

5324. **H. van Regemorter,** Recherches sur les problèmes théoriques de classification stellaire. I. Les courbes de croissance dans la théorie du transfert radiatif. Ann d'Astrophys **22** 249—285. — Die Ausdrücke für die Äquivalentbreite einer Linie für das Schuster-Schwarzschild- und das Milne-Eddington-Modell werden berechnet. Der Begriff der mittleren Tiefe für die Linienentstehung, wie er von Minnaert für schwache Linien definiert ist, wird verallgemeinert. Auf diese Weise erhält man aus Linien verschiedener Anregungsstufen und verschiedener Intensität Auskunft über die Struktur der Atmosphäre, insbesondere über die Turbulenz und Abweichungen vom lokalen thermodynamischen Gleichgewicht in den Schichten, in welchen die Linien entstehen. Groth

5325. **H. van Regemorter,** Recherches sur les problèmes théoriques de classification stellaire. II. Le calcul des raies d'absorption dans les spectres stellaires. Ann d'Astrophys **22** 341—361. — Die Methode der Sättigungsfunktion von J. C. Pecker wird für den Fall stellarer Linien verallgemeinert. Die Sättigungsfunktion wird in einer Form tabuliert, die die Berechnung für alle Metallinien erlaubt. Die Methode wird für den Fall verallgemeinert, daß die Dämpfungskonstante von der optischen Tiefe abhängt. Groth

5326. **H. van Regemorter,** Recherches sur les problèmes théoriques de classification stellaire. III. L'élargissement des raies de l'hydrogène. Ann d'Astrophys **22** 363—393. — Kolbs Theorie der Linienverbreiterung durch Ionen- und Elektronenfelder wird zur Berechnung von $H\delta$ benutzt. Die Theorie ist — außer für die Linienzentren — über einen großen Temperatur- und Druckbereich für Sterne später als B anwendbar. Der Einfluß der Elektronen darf nicht vernachlässigt werden. Für Sterne vom Typ der Sonne oder heißer kann mit guter Genauigkeit die Pannekoeksche Näherung benutzt werden. Voigt

5327. **S. W. Rublew,** On the possibility of outflow of matter from supergiant stars of late spectral classes. AJ UdSSR **36** 73—84 (russ. mit engl. Ref.). — Verf. gibt Kriterien dafür an, unter welchen Bedingungen Materie aus einer Sternphotosphäre abgeblasen werden kann. Der in die Formeln eingehende Parameter läßt sich aus dem Beobachtungsmaterial bestimmen. Dasselbe gilt für die Frage, ob in der umkehrenden Schicht eine Beschleunigung oder eine Verlangsamung der Bewegung eintritt. Auf einige typische Sterne angewandt, ergibt sich, daß für zwei Hauptreihensterne («typischer» A-Stern, Sonne) keine Massenverluste eintreten, während ein Wolf-Rayet-Stern (V444 Cyg) Masse verliert, wobei die theoretisch abgeleiteten Geschwindigkeiten gut zu spektroskopischen Beobachtungen passen. Zu ebenfalls befriedigenden Resultaten führt die Anwendung auf rote Riesensterne (Mira, α Ori). Bei Geschwindigkeiten von einigen 10 km/sec wird ein Massenverlust von etwa 10^{-4} Sonnenmassen pro Jahr gefunden. Oster

5328. **S. Saito, A. Uesugi,** On the model atmospheres of the O-type stars. Publ. Astr. Soc. Japan **11** 90—97 = Contr. Inst. Astrophys. Kwasan Obs. Univ. Kyoto Nr. 78. — Verf. haben 4 Modellatmosphären zur Anwendung auf O-Sterne durchgerechnet, und zwar für die effektiven Temperaturen 30700° und 41700° und für Gravitationswerte an der Oberfläche $\log g = 4.2$ und 3.8. Oster

5329. **S. Saito,** On the early-type model stellar atmospheres. Publ. Astr. Soc. Japan **11** 98—112 = Contr. Inst. Astrophys. Kwasan Obs. Univ. Kyoto Nr. 79. — Verf. gibt zunächst einen Überblick über die von ihm berechneten Modellatmosphären mit effektiven Temperaturen zwischen 10700° und 41700° bei Gravitationswerten an der Oberfläche entsprechend $\log g = 3.8$ und 4.2. Im Anschluß daran werden die Unterschiede diskutiert, die sich durch die verschiedenen Definitionen der Opazität (Rosselandscher, Chandrasekharscher und Planckscher Mittelwert) ergeben. Oster

5330. **D. W. N. Stibbs, R. E. Weir,** On the H-functions for isotropic scattering. MN **119** 512—525.

5331. **W. W. Sobolew,** On the theory of diffusion of radiation in stellar atmospheres. AJ UdSSR **36** 573—578 (russ. mit engl. Ref.). — Es wird ein mathematisches Lösungsverfahren der Integralgleichung $B(x) = \int_0^\infty K(|x-y|) B(y)\,dy + g(x)$ beschrieben. Lösungen von Gleichungen dieser Art sind für Probleme des Strahlungstransports in Sternatmosphären von Interesse. Oster

5332. **S. Ueno,** La méthode probabiliste pour les problèmes de transfert du rayonnement. Le problème de Milne avec la diffusion non cohérente dans les cas non conservatifs. Vgl. AJB **58** Ref. **5129** = Contr. Inst. Astrophys. Kwasan Obs. Univ. Kyoto Nr. 73.

5333. **S. Ueno,** La méthode probabiliste pour les problèmes de transfert du rayonnement. La réflexion diffuse et la transmission dans l'atmosphère finie. Vgl. AJB **58** Ref. **5130** = Contr. Inst. Astrophys. Kwasan Obs. Univ. Kyoto Nr. 74.

5334. **S. Ueno,** La méthode probabiliste pour les problèmes de transfert du rayonnement. La réflexion diffuse et la transmission dans l'atmosphère finie avec la diffusion non cohérente. Vgl. AJB **58** Ref. **5131** = Contr. Inst. Astrophys. Kwasan Obs. Univ. Kyoto Nr. 75.

5335. **S. Ueno,** The probabilistic method for problems of radiative transfer. IX. Diffuse reflection and transmission in a finite atmosphere with isotropic scattering in the non-conservative case. Ann d'Astrophys **22** 468—483 = Contr. Inst. d'Astrophys. Paris (B) Nr. 185. — In Fortführung früherer Arbeiten des Autors zum gleichen Thema wird die Richtungsverteilung der Strahlung in einer planparallelen, homogenen Atmosphäre berechnet. FS

5336. **S. Ueno,** The probabilistic method for problems of radiative transfer. XI. On the scattering and the transmission functions of S. Chandrasekhar. Ann d'Astrophys **22** 484—490 = Contr. Inst. d'Astrophys. Paris (B) Nr. 186. — Die Resultate der vorhergehenden Arbeit werden durch eine andersartige Rechnung neu abgeleitet (vgl. Ref. **5335**). FS

5337. **G. Wallerstein,** The shock-wave model for the population II Cepheids. ApJ **130** 560—569 = Berkeley Repr. Nr. 152. — Zur Interpretation der Spektren von Population II Cepheiden wird angenommen, daß eine Stoßwelle durch die Atmosphäre sich nach außen bewegt. Unmittelbar hinter der Wellenfront steigt die Gastemperatur auf 30000° an. Durch Rekombination von Wasserstoff und Helium sinkt diese Temperatur schnell wieder ab, so daß die optische Dicke der heißen Schicht im Kontinuum nur sehr klein ist und die Farbtemperatur nicht ändert. Zugunsten dieser Vorstellung spricht, daß bei Linienverdopplungen das hereinfallende Material immer außerhalb des herausströmenden sich befindet. Thi.

§ 54

Innerer Aufbau von Sonne und Sternen

5401. **F. C. Auluck, V. S. Mathur,** Electrostatic interactions in white dwarfs. ZfA **48** 28—33. — Der Einfluß der elektrostatischen Energie auf die Elektronendichte in weißen Zwergen wird für mehrere Modelle verschiedener Masse und chemischer Zusammensetzung berechnet und ergibt eine Erhöhung um etliche Prozent. Ebenso wird die Chandrasekharsche Grenzmasse entarteter Konfigurationen vermindert. Voigt

5402. **N. Baker, R. Kippenhahn,** Untersuchungen über rotierende Sterne. III. Meridionale Zirkulation bei nichtstarrer Rotation. ZfA **48** 140—154. — Frühere Arbeiten über das gleiche Thema werden fortgesetzt und auf Rotationsgesetze allgemeiner Art ausgedehnt. FS

5403. **R. R. Brownlee, A. N. Cox,** Time-dependent stellar models. AJ **64** 324—325. — Ref. AAS.

5404. **A. G. W. Cameron,** Carbon thermonuclear reactions and heavy-element formation. AJ **64** 125—126. — Ref. AAS.

5405. **A. G. W. Cameron,** Pycnonuclear reactions and Nova explosions. AJ **64** 325—326. — Ref. AAS.

5406. **A. G. W. Cameron,** Carbon thermonuclear reactions and the formation of heavy elements. ApJ **130** 429—451. — Wenn die Energieerzeugung eines Sterns wegen Erschöpfung des He auch von diesem nicht mehr getragen werden kann, kommt als weitere Energiequelle der Aufbau schwererer Kerne aus C^{12} in Betracht. Dieses kann durch die exothermen Reaktionen C^{12} (C^{12}, p) Na^{23} und C^{12} (C^{12}, α) Ne^{20} neue Protonen und He-Kerne erzeugen, mit deren Hilfe auf dem Wege C^{12} (p, γ) N^{13} ($\beta^+ \nu$) C^{13} (α, n) O^{16} Neutronen entstehen, die zum Aufbau schwerer Kerne dienen können. Nach einer Diskussion der Reaktionsquerschnitte für p- und n-Einfang wird durch elektronische Integration die entstehende Häufigkeitsverteilung der Elemente berechnet für verschiedene Ausgangsmischungen. Reiner Wasserstoff führt zu einer für die Population I repräsentativen Zusammensetzung. Kleine Zusätze der mittelschweren Elemente können die Häufigkeiten der schweren Kerne auf das 10^3fache und mehr erhöhen, wie sich zeigt, wenn man dem Wasserstoff $^1/_{10}$ Sonnengehalt an Ne bis Ni beimischt oder von der Sonnenmischung ausgeht. Die Bedeutung der hier untersuchten Prozesse für die Sternentwicklung wird diskutiert, wobei sich auch für die überhöhten Häufigkeiten schwerer Elemente in den S-, Kohlenstoff- und BaII-Sternen eine neue Erklärung bietet. Gü.

5407. **A. G. W. Cameron,** Photobeta reactions in stellar interiors. ApJ **130** 452—464. — Nach einer Übersicht über die Theorie der (γ, $\beta^- \bar{\nu}$)-Prozesse mit Anwendung auf einen Kern mit Z = 50 und verschiedene Termdifferenzen wird die Entstehung von Br^{79}, Rb^{85}, Ag^{107}, In^{113}, Sn^{115}, Ho^{163} und Hf^{176} auf diesem Wege diskutiert und gezeigt, daß die behandelten Prozesse den Kernaufbau aus thermischen C^{12}-Kernen begleiten können, wenn man in Konsistenz mit dessen Erfordernissen eine Temperatur von $7 \cdot 10^8\,°$ und einen Neutronenfluß von $3 \cdot 10^{17}$ $cm^{-2}s^{-1}$ annimmt, der — zur Erhaltung der Reaktionsprodukte — in einem kleinen Bruchteil eines Jahres verschwand. Die bei S-Sternen beobachteten verstärkten Nb-Linien können durch den Prozeß Zr^{93} (γ, $\beta^- \bar{\nu}$) Nb^{93} erklärt werden, ebenso auch die Tc-Linien, wenn man sie nicht dem Tc^{99} zuschreibt, sondern dem auf dem Wege Mo^{97} (γ, $\beta^- \bar{\nu}$) Tc^{97} entstandenen Tc^{97}. Gü.

5408. **A. G. W. Cameron,** Neutron star models. ApJ **130** 884—894. — Unter Berücksichtigung der Abhängigkeit der potentiellen Energie eines Neutronengases von der Dichte wird eine revidierte Zustandsgleichung des Neutronengases aufgestellt und 20 Neutronenstern-Modelle berechnet. Als obere Grenze für die beobachtbare Masse ergeben sich etwa 2 $M_\odot$ (gegenüber 0.7 $M_\odot$ früherer Rechnungen mit einem nicht-wechselwirkenden Fermi-Gas); die Radien werden 7—9 km. Unterhalb von 0.05 $M_\odot$ werden die Neutronensterne instabil gegenüber einer Transformation in Eisensterne. — Qualitative Diskussion der Umwandlung der Neutronen in Hyperonen bei sehr hohen Dichten. Voigt

5409. **A. G. W. Cameron,** Neon and oxygen thermonuclear reactions. ApJ **130** 895—915. — Neon und Sauerstoff (wesentliche Bestandteile der Sternmaterie nach Verbrauch von He und C) werden bei Temperaturen von 1.3×10^9 Grad ihrerseits durch thermonukleare Prozesse zerstört. Die sehr vielfältigen

Prozesse werden im einzelnen diskutiert und die Wirkungsquerschnitte abgeschätzt. Selbst unter recht verschiedenen Anfangsbedingungen erhält man als wesentliches Endprodukt stets Mg^{24}, Si^{28} und S^{32}. Eine Überhäufigkeit schwerer Elemente kann durch die Wirkung dieser Prozesse als Neutronenquelle nicht erreicht werden. Voigt

5410. **A. G. W. Cameron,** Pycnonuclear reactions and nova explosions. ApJ **130** 916—940. — Unter sehr hohen Dichten (10^6—10^7 g/cm^3) werden die Kernreaktionen unempfindlich gegenüber der Temperatur, aber sehr empfindlich gegenüber der Dichte; Verf. spricht darum von pyknonuklearen Reaktionen. Die wichtigsten Reaktionen dieser Art werden berechnet. Es wird vermutet, daß nach Ablauf der Helium-Verbrennungsprozesse im fortgeschrittenen Stadium der Sternentwicklung pyknonukleare Helium-Reaktionen eine Explosion auslösen können, die möglicherweise die Ursache mancher Nova-Ausbrüche darstellt. Voigt

5411. **S. Chapman, L. H. Aller,** Diffusion in the sun. AJ **64** 126. — Ref. AAS.

5412. **P. Demarque,** The structure of subdwarf stars. AJ **64** 327—328. — Ref. AAS.

5413. **A. S. Eddington,** The Internal Constitution of the Stars. New York, Dover, 1959. Neudruck. 16 + 407 S. Preis $ 2.25. — Besprechung in Publ ASP **72** 223, Sky Tel. **19** 434, ZfA **50** 77—78 (A. Unsöld).

5414. **T. A. Eminsade,** Die Temperaturverteilung im Inneren der weißen Zwerge. Nachr. Akad. Wiss. Aserbajdshan. SSR (Phys.-Math., Techn.) 1959 Nr. 4 S. 111—118 (russ. mit aserbajdshan. Ref.). — Ref. in RJ UdSSR 1960 Nr. 8 S. 40.

5415. **T. A. Eminsade,** Über die Anwendbarkeit der Modelle mit konvektivem Kern auf rote Zwerge. Publ. Sektor Astrophys. Akad. Wiss. Aserbejdshan. SSR **1** 43—52 (russ. mit aserbejdshan. Ref.). — Ref. in RJ UdSSR 1960 Nr. 2 S. 27.

5416. **T. A. Eminsade,** Über die Grenzenergie weißer Zwerge. Sitzber. Akad. Wiss. Aserbajdshan. SSR **15** 1005—1008 (russ. mit aserbajdshan. Ref.). — Ref. in RJ UdSSR 1960 Nr. 8 S. 40.

5417. **G. García,** Leyes de variacion de la densidad en funcion de la distancia de los conjuntos de estrellas y de los planetas. Actas Acad. Nacional Ci. Exact. Fís. Nat. Lima **22** 17—28.

5418. **C. B. Haselgrove, F. Hoyle,** Main-sequence stars. MN **119** 112—123. — Ref. in Nature **184** 1986. — Modellrechnungen für Hauptreihen-Sterne (homogene chemische Zusammensetzung) vom Typ I und II (Wasserstoffgehalt 75 bzw. 99 %, Heliumgehalt 24 bzw. 0.9 %) zeigen, daß die Trennung der «ursprünglichen Hauptreihen» beider Populationen wahrscheinlich $0^m_\cdot1$ nicht übersteigt. Voigt

5419. **C. Hayashi, M. Nishida, N. Ohyama, H. Tsuda,** Stellar synthesis of the α-particle nuclei heavier than Ne^{20}. Progr. Theoret. Phys. **22** 101—127. — Ref. in RJ UdSSR 1960 Nr. 6 S. 30—31. — Verf. untersuchen (α, γ)- und (γ, α)-Reaktionen, die bei rund $10^9\,°$ Ne^{20}, Mg^{24}, Si^{28}, S^{32}, A^{36} und Ca^{40} aufbauen können. Daneben liefern auch direkte Reaktionen zwischen Ionen α-Teilchen, z. B. $C^{12} + C^{12} \rightarrow Ne^{20} + \alpha$. Um die normale Häufigkeit des Mg zu erklären, müssen Temperaturen von 2 bis $3 \times 10^9\,°$ für 1 bis 10^2 sec andauern. Derartige Verhältnisse sind in den Hüllen der Supernovae zu erwarten. Die Gleichgewichtstheorie verlangt dagegen Temperaturen von $T > 5 \times 10^9\,°$ und Dichten von 10^5 g/cm^3. V.W.

5420. **C. Hayashi, J. Jugaku, M. Nishida,** Evolution of massive stars. II. Helium-burning stage. Progr. Theoret. Phys. **22** 531—543. — Verf. setzen die Untersuchungen für Sternmodelle von 15.6 Sonnenmassen fort, indem das jetzt folgende Stadium der Verbrennung von Helium nach dem $3\,\alpha$-Prozeß in

Betracht gezogen wird. Es werden folgende Zonen angenommen: konvektiver Heliumkern, Heliumzone im Strahlungsgleichgewicht, inhomogene, Wasserstoff verbrennende Zwischenzone (C-N-Zyklus) und Wasserstoffhülle. Die Modelle liegen in der Lücke des H-R-Diagramms des h und χ Persei-Haufens. Es zeigt sich, daß Modelle mit doppelten Energiequellen besonders empfindlich von beiden Energieerzeugungsraten abhängen. Die Entwicklung der Modelle mit zunehmender Größe der Kernzone und entsprechender Verlagerung der Wasserstoff verbrennenden Schale nach außen erfolgt in Richtung zunehmender effektiver Temperaturen mit einer Geschwindigkeit, die $\Delta \log T_e$ proportional ist. Die Leuchtkraft bleibt konstant. V. W.

5421. **R. E. Henryson,** Nuclear sunshine. ASP Leaflet Nr. 363, 8 S.

5422. **H. D. Holmgren, R. L. Johnston,** The He^3 (α, γ) Be^7 and H^3 (α, γ) Li^7 reactions and their astrophysical importance. Rep. NRL Progr. 1959 S. 1—7. — Verf. beschreiben die mit einem 2MV van de Graff-Generator vorgenommenen Experimente zur Bestimmung der Gesamteinfangquerschnitte und diskutieren die Ergebnisse sowohl vom kern- als auch vom astrophysikalischen Standpunkt aus. Die Nichtresonanz-Einfangprozesse haben danach in Übereinstimmung mit theoretischen Überlegungen Christys einen erheblich größeren Querschnitt, als nach der Dispersionstheorie zu erwarten ist: 1 μ barn für E (α) $\approx$ 1 MeV. Falls die Temperaturen im Innern eines Sternes $10^{7\circ}$ übersteigen, wird die He^3 + He^4-Reaktion wichtiger als die He^3 + He^3-Reaktion, was die Neutrinos liefernde Reaktion Be^7 (p, γ) B^8 (β^+, ν) Be^8 (α) He^4 begünstigen würde. V. W.

5423. **W. S. Jardetzky,** Theories of Figures of Celestial Bodies. Vgl. AJB 58 Ref. 4301. — Weitere Besprechung in Math. Rev. **20** 1039 (G. C. McVittie), Phil. Mag. (8) **4** 784.

5424. **M. Johnson,** Astronomy of Stellar Energy and Decay. New York, Dover Publications, 1959. Neudruck eines 1950 erschienenen Buches (vgl. AJB 51 Ref. 5009). 216 S. Preis $ 1.50. — Besprechung in Publ ASP **72** 223.

5425. **R. Kippenhahn,** Untersuchungen über rotierende Sterne. IV. Der Bewegungszustand der Wasserstoffionisationszone bei frühen Spektraltypen. ZfA **48** 203—212. — Es werden die meridionalen Zirkulationsgeschwindigkeiten in solchen Sternen untersucht, deren Wasserstoffkonvektionszone wenig instabil geschichtet ist. Es zeigt sich, daß diese Strömungen dynamisch turbulent verlaufen. Die auf diesem Weg erzeugten Turbulenzgeschwindigkeiten sind von der gleichen Größenordnung wie die in wesentlich instabilen Zonen erzeugten konvektiven Turbulenzgeschwindigkeiten. FS

5426. **P. Ledoux, J. Lambert, C. Whitney,** Détermination des premiers modes d'oscillations radiales d'une étoile gazeuse. Inst. d'Astrophys. Univ. Liège Coll. 8° Nr. 406, 8 S. — Die Schwingungsgleichung pulsierender Sterne wird durch Zerlegung des Sterns in dünne, aber endliche Schichten konstanter Dichte, Temperatur etc. numerisch gelöst. Die Übereinstimmung mit den genauen Werten wird in Tabellen und Kurven dargestellt. FS

5427. **A. Masani,** Le sorgenti di energia nelle stelle. Nuovo Cimento Suppl. (10) **11** 92—124. — In dieser Abhandlung, die eine Übersicht über die augenblickliche Situation des Problems der Energieerzeugung und der Sternentwicklung darstellt, hebt Verf. folgende Punkte heraus: 1. Die Gravitationsenergie, 2. Die thermonukleare Energie, 3. Sterne kleiner Leuchtkraft, 4. Die Sonne, 5. Sterne hoher Leuchtkraft der Hauptreihe, 6. Die weißen Zwerge, 7. Die Riesen, 8. Die gravitative Phase, 9. Die veränderlichen Sterne. Loh.

5428. **D. C. Morton,** An observational test of the carbon-cycle rate. ApJ **129** 20—25. — Wenn die Reaktion N^{14} (p, γ) O^{15} ein Resonanzniveau bei niederen Energien besitzt, wird der C-N-Zyklus wesentlich schneller, um etwa einen Faktor 100, ablaufen. Um astrophysikalisch zu prüfen, ob eine solche Resonanz eventuell vorhanden ist, wurden Leuchtkräfte und effektive Temperaturen am Beginn ihrer Entwicklung stehender Sternmodelle unter Berücksichtigung der beiden Möglichkeiten mit der beobachteten ursprünglichen Hauptreihe verglichen. Es zeigt sich, daß das Ergebnis trotz sonstiger, hauptsächlich theoretischer Schwierigkeiten deutlich gegen das Vorhandensein einer Resonanz spricht. Loh.

5429. **S. Nakamura, T. Ohmura, M. Taketani,** A note on the nuclear reactions in stars. Progr. Theoret. Phys. **21** 18—28. — Verf. halten den von Hoyle und anderen vorgeschlagenen Gleichgewichtsprozess zur Erklärung des Eisen-Häufigkeitsmaximums für zu einfach und erörtern statt dessen weitere Reaktionen, die ebenfalls zu einem Häufigkeitsmaximum des Eisens führen können. In Zusammenhang damit werden Protonen- und Neutroneneinfangprozesse untersucht. Eine zyklische Reaktion ist nur für die Fe-Co-Kette möglich, die die Bildung des Eisenmaximums begünstigt. Die Reaktion V^{50} (p, n) Cr^{50} sollte eine weitere bedeutsame Neutronenquelle sein. V. W.

5430. **J. G. Phillips,** Alchemy in the stars. ASP Leaflet Nr. 355, 8 S.

5431. **S. Piotrowski,** Budowa gwiazd. Urania Kraków **30** 345—349. — Allgemein verständlicher Artikel über den Aufbau der Sterne. E. R.

5432. **W. W. Porfirjew,** On the law of rotation of a polytropic gas sphere. AJ UdSSR **36** 546—548 (russ. mit engl. Ref.). — Es wird gezeigt, daß das Gleichgewicht einer rotierenden polytropen Gaskugel in Abwesenheit von innerer Reibung und Zirkulationsströmen nur im Fall starrer Rotation möglich ist. Verf. (ü.)

5433. **H. Reeves, E. E. Salpeter,** Nuclear reactions in stars. IV. Buildup from carbon. Phys. Rev. (2) **116** 1505—1516. — Die Arbeit stellt eine Fortsetzung früherer Untersuchungen dar, in denen dargelegt wurde, wie aus einem Stern mit etwa Sonnenmasse nach Verbrennen seines Wasserstoffs und anschließend, bei etwa 18^{8} °, seines Heliums ein Produkt entsteht, dessen Inneres im wesentlichen aus C^{12}, O^{16} und Ne^{20} besteht. In der vorliegenden Arbeit wird die Studie weitergeführt und mit hypothetischen Temperaturen zwischen 5 und 10×10^{8} ° die Zerstörung von Kohlenstoffkernen durch C-C-Reaktionen und die Bildung von schwereren Kernen durchgerechnet. Typische Lebensdauern für einen C^{12}-Kern sind 10^5 bzw. ein Jahr bei 6 bzw. 8.5×10^{8} °. Die wesentlichen Endprodukte — neben einigen zusätzlichen O^{16}- und Ne^{20}-Kernen — sind Na^{23} und Mg^{24}. Das Verhältnis Na : Mg ist etwa $^1/_2$, d. h. wesentlich größer als das im Kosmos gefundene Häufigkeitsverhältnis. Oster

5434. **H. Reeves,** Astronomical tests of the existence of Li^4. Phys. Rev. Letters **2** 423—424. — Ref. in Phys. Abstr. (A) **62** 1119, Phys. Ber. **39** 1030.

5435. **S. Sakashita, C. Hayashi,** Internal structure and evolution of very massive stars. Progr. Theoret. Phys. **22** 830—834. — Im Anschluß an die Arbeit über Sterne von 15.6 Sonnenmassen werden innerer Aufbau und Anfangsstadien der Entwicklung von Sternen mit 46.8 Sonnenmassen untersucht. In der halbkonvektiven Zwischenzone mit stetig variierendem Molekulargewicht wird die Bedingung erfüllt, daß die die Konvektion antreibende Kraft überall verschwindet. Es ergibt sich, daß während der 3×10^6 Jahre, in denen der Wasserstoff im Kern verbraucht wird, Leuchtkraft und effektive Temperatur fast unverändert bleiben. V. W.

5436. **E. Schatzman,** White Dwarfs. Vgl. AJB **58** Ref. **9721**. — Weitere Besprechung in Naturwissenschaften **47** 118 (H. Elsässer).

* * **E. Schatzman,** Vues théoriques sur l'instabilité des étoiles. Vgl. Ref. **12114**.

5437. **M. Schwarzschild, R. Härm,** On the maximum mass of stable stars. ApJ **129** 637—646. — In Anlehnung an eine frühere Untersuchung von Ledoux wird der Koeffizient der Pulsationsstabilität für massive Sterne unter Zugrundelegung neuerer Modelle neu berechnet. Unter der Annahme eines Heliumgehaltes von 22 % zeigt sich, daß homogene Modelle, die den ursprünglichen Hauptreihenzustand repräsentieren, pulsationsstabil sind, wenn ihre Massen unterhalb von 60 $M_\odot$ liegen. Im Laufe der Entwicklung, wenn sich das Modell also in ein inhomogenes umwandelt, vergrößert sich die Pulsationsstabilität. Die Existenz einer kritischen Masse in bezug auf Pulsationstabilität von Hauptreihensternen macht es wahrscheinlich, daß die Pulsationsstabilität die obere Grenze für Sternmassen bestimmt. Um die Lücke zwischen dem theoretischen Wert von 65 $M_\odot$ und der beobachteten Grenze von etwa 95 $M_\odot$ zu überbrücken, muß man annehmen, daß in diesem Intervall die Pulsationsinstabilität ausreicht, eine kontinuierliche Materieausstrahlung zu bewirken, wie man es bei P Cygni-Sternen angedeutet findet. Loh.

5438. **S. A. Shewakin,** The evaluation of non-adiabatic stellar pulsations by use of a discrete model. AJ UdSSR **36** 269—282 (russ. mit engl. Ref.). — Ref. in Math. Rev. **21** 358. — Verf. betrachtet zuerst die Methoden von Woltjer und Rosseland zur Berechnung von radialen, nichtadiabatischen Pulsationen von Sternen. Er zeigt, daß beide Methoden bedeutend mühsamer sind als die von ihm vor einiger Zeit eingeführte Methode, welche sich eines diskreten Modells bedient. Es wird gezeigt, daß beim diskreten Modell die Sphärizität der Hülle berücksichtigt werden muß. Die Bedingungen der Anwendbarkeit der diskreten Behandlung werden formuliert; sie sind bei den in Betracht kommenden Fällen erfüllt. Verf. konstruiert ein diskretes n-Schichten-Modell und leitet für dieses die Bewegungsgleichungen ab. Wie Verf. früher gezeigt hat, findet die Übertragung der Energie in der HeII-Zone durch Strahlung statt. Mit dieser Voraussetzung werden die abgeleiteten Gleichungen linearisiert. Ond.

5439. **S. A. Shewakin,** On the theory of stellar pulsations. V. AJ UdSSR **36** 394—409 (russ. mit engl. Ref.). — Verf. leitet in dieser Arbeit die Theorie der Stern-Pulsationen ab, indem er sein sphärisches, diskretes Mehrschichten-Modell benutzt (vgl. Ref. **5438**). Zwei 4-Schichten-Modelle mit verschiedener Masse der äußeren Schicht werden konstruiert und die nichtadiabatischen Oszillationen berechnet. Vorausgesetzt, daß die Hülle 15 % He (nach Atomzahlen) enthält und daß die Energie in der HeII-Zone durch Strahlung übertragen wird, zeigt Verf., daß für ein bestimmtes Intervall des Parameters y_z nichtadiabatischer Schwingungen eine negative Dissipation einsetzt, welche die Schwingungen des Sternes aufrecht erhält. Die früheren Resultate des Verf. mit einem einfacheren Modell werden bestätigt und verfeinert. Der Einfluß der Parameter der Sternhülle auf Amplitude und Phase der Strahlungsschwankungen wird untersucht. Auch wird der Einfluß studiert, welchen das Massenverhältnis (HeII-Schicht) : (darüber liegende Atmosphäre) in Abhängigkeit von Änderungen des Parameters y_z in dessen «nicht stabilem» Intervall auf die Änderungen der Amplitude und Phase des Strahlungsstromes hat. Ond.

5440. **S. A. Shewakin,** On the theory of pulsational stellar variability. VI. AJ UdSSR **36** 996—1006 (russ. mit engl. Ref.). — Von den in einigen früheren Arbeiten durchgeführten Berechnungen (vgl. Ref. **5439**) nichtadiabatischer, linearer Schwingungen von diskreten Mehrschichten-Sternmodellen ausgehend, zeigt Verf., daß die wesentlichen Typen von pulsierenden Veränderlichen im Rahmen seiner Theorie einheitlich erklärt werden können. Die einzelnen Typen, die durch verschiedene Phasen- und Amplituden-Beziehungen zwischen Licht- und Radius-Schwankungen charakterisiert sind, werden maßgebend durch den vom Verf. eingeführten Parameter y_z der nichtadiabatischen Schwingungen bestimmt. Mitbestimmend ist das Massenverhältnis der Zone der kritischen He II-Ionisation und der über dieser Zone liegenden Atmosphäre. Eingehend wird die Interpretation der halbregelmäßigen Veränderlichen besprochen, welche auf der vorläufig noch hypothetischen Voraussetzung von Fluktuationen des Parameters y_z beruht. Ond.

5441. **M. Shimoda,** Internal constitution and evolution of massive stars. Astr. Herald **52** 36 (japan.).

5442. **J. Smak,** Niejednorodne modele Słońca. Postępy Astr. **7** 28—31. — Beschreibung des inhomogenen Sonnenmodells von Schwarzschild etc. (vgl. AJB **57** Ref. **6120**). E. R.

5443. **A. Unsöld,** Energieerzeugung und Entwicklung der Sterne. Vgl. AJB **57** Ref. **5228**. Übersetzung ins Tschechische in Pokroky **4** 318—335.

5444. **D. G. Wentzel,** Equilibria of magnetic stars. AJ **64** 348—349. — Ref. AAS.

5445. **H. Yamazaki, S. Sakashita, Y. Ono,** On the possibility of helium burning in giant stars in a globular cluster. Progr. Theoret. Phys. **21** 355—357. — Verf. finden, daß für einen Stern von 1.2 $M_{\odot}$ mit anfänglich isothermem Heliumkern die Gravitationskontraktion keine höhere Zentraltemperatur als 5.6×10^{7} ° bewirken kann und zeigen, daß die Approximation von Hoyle und Schwarzschild (vgl. AJB **55** Ref. **5410**), die auf 1.1×10^{8} ° geführt hatte, fehlerhaft war, da sie die für die Freisetzung der Gravitationsenergie im Kern gültige exakte Gleichung für Energietransport und -erzeugung nicht berücksichtigt. Zu der genannten Temperatur gehört ein Heliumkern von 0.61 der Gesamtmasse mit einer Randtemperatur von 5×10^{7} °. Die resultierende Leuchtkraft ist 13500mal so groß wie die der Sonne und entspricht einem Stern, der dreimal so hell ist wie der hellste des Haufens M3, aber dessen Zentraltemperatur dennoch nicht ausreicht, um eine Kernverbrennung des Heliums einzuleiten. Verf. nehmen an, daß Heliumverbrennung erst eintreten kann, wenn ein beträchtlicher Teil des Wasserstoffs verbraucht ist. V. W.

5446. Wie die chemischen Elemente entstanden. Priroda **48** Nr. 8 S. 82—83 (russ.).

5447. Pressure-induced nuclear reactions in stars. Sky Tel. **19** 16—17. — Ref. AAS.

§ 55

Entstehung und Entwicklung der Himmelskörper

5501. **S. van den Bergh,** The evolution of galaxies. Publ ASP **71** 5—11 = Commun. David Dunlap Obs. Nr. 43. — Verf. meint, daß alle Nebel etwa gleichzeitig entstanden sind, und zwar als blaue irreguläre Nebel. Die weitere Entwicklung führt über die Spiralnebel zu den elliptischen Nebeln, bei denen die ursprüngliche Gasmenge zur Sternbildung aufgebraucht ist. Die Sternbildung und damit die Entwicklung des Nebels verläuft schneller bei höherer Dichte. So ist es auch zu erklären, daß Kern und äußere Teile eines Spiralnebels in verschiedenen Entwicklungsstadien sein können. O. G.

5502. **B. J. Bok,** Birth and evolution of the stars. J. Astr. Soc. Victoria **12** 95—100.

* * **O. J. Eggen,** p Velorum and stellar evolution. Vgl. Ref. **11105**.

5503. **W. G. Fessenkow,** Über die Entwicklung der Sterne und über die Entstehung des Sonnensystems. Pokroky **4** 480—486 (tschech.).

* * **L. Grattón,** Estrellas variables y evolución estelar. Vgl. Ref. **12107**.

* * **M. Gryziński,** Role of fusion chain reactions in the nonstationary evolution of stars — supernova stars. Vgl. Ref. **12618**.

* * **C. Hayashi, J. Jugaku, M. Nishida,** Evolution of massive stars. II. Helium-burning stage. Vgl. Ref. 5420.

5504. **L. G. Henyey, R. LeLevier, R. D. Levee,** Evolution of main-sequence stars. ApJ **129** 2—19 = Berkeley Repr. Nr. 137. — Mit der UNIVAC-Maschine des Livermore Strahlungslaboratoriums wurden Modelle von Hauptreihensternen mit Massen zwischen 1.5 und 30 $M_\odot$ und ihre Entwicklung unter Annahme einer ursprünglichen chemischen Zusammensetzung von 68 % Wasserstoff, 31 % Helium und 1 % schwererer Elemente (nach Masse) durchgerechnet. Für Opazität, Zustandsgleichung und Kernreaktionsraten wurden Interpolationsformeln abgeleitet. Die zu den einzelnen Massen gehörenden Entwicklungswege wurden bis zu dem Zeitpunkt verfolgt, in dem der Wasserstoffgehalt des konvektiven Kerns fast völlig verbraucht war. Aus den Entwicklungswegen wurden abschließend Isochronen in das Farben-Helligkeitsdiagramm eingezeichnet und von einigen Sternhaufen (h und χ Per, Plejaden, M 41, M 11, Coma, Hyaden-Praesepe, NGC 752) die Alter bestimmt. Loh.

5505. **L. G. Henyey, L. Wilets, K. H. Böhm, R. LeLevier, R. D. Levee,** A method for automatic computation of stellar evolution. ApJ **129** 628—636 = Berkeley Repr. Nr. 146. — Es wird eine Methode zur automatischen Berechnung von zeitlich aufeinander folgenden Sternkonfigurationen mittels schneller Digitalrechner beschrieben. Die zeitabhängigen Differentialgleichungen für den Sternaufbau werden durch Differenzengleichungen zweiter Ordnung ersetzt. Diese nicht-linearen Differenzengleichungen, zusammen mit den Randbedingungen, werden mit einer Iterationsmethode gelöst, die eine Verallgemeinerung der Newton-Raphson-Methode zur Bestimmung der Wurzeln von Funktionen ist. Mit dem UNIVAC-Rechner von Livermore (Lawrence Radiation Laboratory) wurde sie zu Studien von Sternentwicklungen angewandt. Ebl.

5506. **S. v. Hoerner,** Stjernernes tilblivelse. NAT 1959 S. 77—86.

5507. **F. Hoyle,** The ages of type I and type II subgiants. MN **119** 124—133. — Ref. in Nature **184** 1986. — Durch Berechnung von Entwicklungswegen — entsprechend den unteren Teilen im HR-Diagramm der Kugelhaufen und von M 67 — wird das Alter der Pop. I- und Pop. II-Sterne bestimmt. Unter Benutzung beobachteter Helligkeiten naher Sterne mit großer Parallaxe und unter der Annahme, daß Pop. II-Sterne älter sind als Pop. I folgt: 1.) Die Haufenveränderlichen sind schwächer als $M_V = +0.6$; 2.) Das Alter der Galaxis ist größer als 10^{10} Jahre; 3.) Der ursprüngliche Heliumgehalt war vermutlich klein. Voigt

5508. **Y. Iinuma,** Evolutionary model sequence of a star of ten solar masses. Sci. Rep. Tôhoku Univ. (1) **43** 232—244. — In Anlehnung an Kushwaha (vgl. AJB **57** Ref. **5418**) rechnet Verf. aufeinanderfolgende Sternmodelle von 10 Sonnenmassen mit konvektivem Kern, mit isothermem Kern und mit gravitativ kontrahierendem Kern durch. Für die chemische Zusammensetzung der Hüllen ist $X_e = 0.90$, $Y_e = 0.09$ angenommen worden, für die Opazität die Summe der Kramers'schen und der Elektronenstreuung. Das Verhalten der Modelle im Hertzsprung-Russell-Diagramm läßt sich im wesentlichen durch anfänglich geringe Zunahme und später stärkere Abnahme der Leuchtkraft und anfänglich nahezu konstante und später rascher abnehmende effektive Temperatur charakterisieren. Loh.

5509. **C. O. R. Jaschek, A. Ringuelet,** Note on the evolution of the Cepheids. ZfA **48** 22—27 = Obs. Astr. La Plata Separata Astr. Nr. 12. — Ref. in BAV Rundbrief **9** 8—9. — Die Hypothese, daß die δ Cep-Sterne einen normalen Zustand in der Weiterentwicklung früher B-Sterne bilden, wird untersucht. Hinsichtlich der Zahl der B-Sterne in Haufen und im galaktischen Feld und hinsichtlich der Verteilung der δ Cep-Sterne in Assoziationen ergibt sich Übereinstimmung mit der Beobachtung. Für die Lebensdauer der δ Cep-Sterne ergeben sich nach dieser Hypothese 2.5×10^6 Jahre. Für die Perioden-Häufigkeitsverteilung wird eine halbempirische Erklärung gegeben. Voigt

5510. **J. Kleczek,** Evolution of stars, nucleogenesy, and chemical composition of the universe. Pokroky **4** 469—479 (tschech.).

* * **Z. Kopal,** Semi-detached binaries and stellar evolution. Vgl. Ref. **11110.**

5511. **P. Laberenne,** Die Entstehung der Welten. Übersetzung des in AJB **54** Ref. **5417** zitierten Buches aus dem Französischen. Moskau, Techn. Staatsverlag, 1957. 260 S. Preis 5 R. 5 Kop. (russ.).

5512. **A. G. Massewitsch,** On the latest stages of stellar evolution. AJ UdSSR **36** 794—799 (russ. mit engl. Ref.). — In Ergänzung einer Arbeit von K. Kaminisi (J. Sci. (A) **2** 295, **1956**) wurden Sternmodelle mit einem isothermen und nur schwach entartetem Kern berechnet, die sich dem von der Beobachtung geforderten Bilde im HR-Diagramm gut einfügen. Die theoretische Masse-Radius-Beziehung für vollkommen entartete Sterne wird diskutiert. Während der Umwandlung roter Riesen in weiße Zwerge einige Bedenken entgegenstehen, scheint es möglich, daß Hauptreihensterne, deren Masse nicht größer ist als die der Sonne, ohne intermediäres Riesenstadium zu weißen Zwergen werden. Petri

5513. **J. S. Mathis,** On the stellar formation function. ApJ **129** 259—267. — Es ist anscheinend unmöglich, die gegenwärtige Leuchtkraftfunktion der Sterne in Sonnenumgebung allein aus Sternentstehung hier zu verstehen. Wahrscheinlich muß man Sterne berücksichtigen, die in größerem Abstand von der Milchstraße entstehen und bei ihrem (relativ seltenen) Aufenthalt in der Ebene einen Teil ihres Gases (hauptsächlich Helium) ausstoßen. Dv.

5514. **L. Mestel,** The magnetic and dynamical fields outside a protostar. MN **119** 223—248. — Es werden die Verhältnisse bei der Kontraktion eines Proto-Sternes untersucht, der sich in einer magnetisierten Gasmasse gebildet hat. Die Temperatur wird als genügend hoch angenommen, so daß die magnetischen Kraftlinien in der Sternmaterie eingefroren sind. Für die Gaswolke werden die beiden Fälle angenommen, daß sie entweder eine H I bzw. eine H II Region darstellt. Die Struktur des äußeren Magnetfeldes und seine Wirkung auf die Gasströmungen werden diskutiert. Thi.

5515. **F. A. Paneth,** Wie alt ist die Welt? Phys. Blätter **15** 4—11.

* * **K. Pilowski,** Lokaler Geschwindigkeitszustand der Sterne. Entwicklung und Altersbestimmung. Vgl. Ref. **14455.**

5516. **M. Plavec,** On the present opinions about stellar evolution. RH **40** 43—48 (tschech.).

* * **T. Rootsmäe,** The velocity ellipsoids of stars and the problem of stellar evolution. Vgl. Ref. **14457.**

5517. **S. Sakashita, Y. Ono, C. Hayashi,** The evolution of massive stars. I. Progr. Theoret. Phys. **21** 315—323. — Über die Untersuchungen von Tayler (vgl. AJB **54** Ref. **5429**) und Kushwaha (vgl. AJB **57** Ref. **5418**) hinaus behandeln Verf. die Entwicklung von Sternen mit 15.6 Sonnenmassen, bei denen der Strahlungsdruck nicht mehr vernachlässigbar ist. Ausgehend vom homogenen Modell werden frühe Stadien der Entwicklung in den drei Regionen: konvektiver, Wasserstoff verbrennender Kern, Zwischenzone mit stetig variierender Zusammensetzung und äußere Zone im Strahlungsgleichgewicht erfaßt. Der Wasserstoffgehalt im Kern geht von 90 auf 6.3 Gewichtsprozent zurück, während der konvektive Kern schrumpft und die Zwischenzone aufgebaut wird. Eine schmale, instabile Konvektionsschicht entsteht zwischen Hülle und Zwischenzone. Im

H-R-Diagramm liegen die Modelle in der Region des h und χ Persei-Haufens, entfernen sich jedoch unerwartet langsam von der Hauptreihe. Bei zusätzlicher kontinuierlicher Massenabstoßung würde sich die instabile Zone nicht ausbilden. V. W.

* * **S. Sakashita, C. Hayashi,** Internal structure and evolution of very massive stars. Vgl. Ref. **5435**.

5518. **E. E. Salpeter,** The rate of star formation in the Galaxy. ApJ **129** 608—627. — Die Konsequenzen einer konstanten, der Gasdichte proportionalen Entstehungsrate von Sternen (der Leuchtkraftfunktion junger Haufen gleichgesetzt) für ein Gesamtalter der Milchstraße von $7 \cdot 10^9$ Jahren werden ausführlich diskutiert. Massearme Sterne und weiße Zwerge werden berücksichtigt. Versuchsweise wird die Entstehung chemischer Elemente mit mittelschweren Kernen in massereichen Sternen und deren Ausstoßung bei Supernovaausbrüchen für die beobachtete Elementenhäufigkeit verantwortlich gemacht. Dv.

5519. **E. Schatzman,** Stellar evolution with mass loss. Mém. (8°) Soc. Roy. Sci. Liège (5) **3** 295 = Contr. Inst. d'Astrophys. Paris (A) Nr. 254. — Ref. eines Vortrages anläßlich des Symposiums in Lüttich im Juli 1959. — Vgl. Ref. **1316**.

5520. **E. Schatzman,** L'influence de l'accrétion sur l'évolution des naines blanches. Mém. (8°) Soc. Roy. Sci. Liège (5) **3** 320—331 = Contr. Inst. d'Astrophys. Paris (A) Nr. 254. — Vortrag anläßlich des Symposiums in Lüttich im Juli 1959. — Vgl. Ref. **1316**.

5521. **M. Schmidt,** The rate of star formation. ApJ **129** 243—258. — Leuchtkraftfunktion, Massen, Lebensalter von Hauptreihensternen werden kompiliert für die Sonnenumgebung. Die Gleichungen zur Darstellung der beobachteten Leuchtkraftfunktion aus ursprünglicher Leuchtkraftfunktion (etwa junger Haufen) verbunden mit verschiedenen anderen Daten aus Theorie und Beobachtung führen im Mittel zu einem Ansatz für die Wahrscheinlichkeit der Sternentstehung, der quadratisch in der Gasdichte ist. Die kosmische Heliumhäufigkeit wird schematisch in Beziehung zum Abstoßen von Materie durch alte Sterne gesetzt. Für eine einzelne Galaxie bestimmt die mittlere Massendichte den gegenwärtigen Gasgehalt und damit ihren Entwicklungszustand. Dv.

5522. **R. L. Sears,** An evolutionary sequence of solar models. ApJ **129** 489—495 = Publ. Goethe Link Obs. Nr. 28. — Den Modellen, die in Intervallen von 1.5×10^9 Jahren einen Zeitraum von 4.5×10^9 Jahren überdecken, liegt die Annahme zu Grunde, daß ein radiatives Innere von einer konvektiven Hülle umgeben ist. Für die Opazität wurde ein sich an die Berechnungen von Keller und Meyerott (vgl. AJB **55** Ref. **5216**) anlehnende Interpolationsformel gewählt, für die Energieerzeugung die (revidierte) p-p-Reaktion. Die Durchrechnung der Modelle erfolgte nach dem Verfahren von Haselgrove und Hoyle (vgl. AJB **56** Ref. **5411/12**) mit einer IBM 650. Von den 3 homogenen Ausgangsmodellen wurde das mit $\ln K = -5.0654$ und $X = 0.75$, $Z = 0.015$ als Ausgangspunkt für die Entwicklung gewählt. Die Entwicklung verläuft entlang der Hauptreihe in Richtung zunehmender Leuchtkraft. Die Sonne liegt ein wenig abseits (oberhalb) dieses Entwicklungswegs. Durch eine geringe Änderung der chemischen Zusammensetzung würde sich eine noch bessere Übereinstimmung erzielen lassen, doch dürfte das wohl nur eine Möglichkeit neben mehreren anderen sein. Loh.

* * **M. Shimoda,** Internal constitution and evolution of massive stars. Vgl. Ref. **5441**.

* * **J. Smak,** Note on the evolution of close binaries. Vgl. Ref. **11117**.

* * **J. Smak,** Kinematyka i wiek gwiazd w sąsiedztwie Słońca. Vgl. Ref. **14459**.

* * **O. Struve,** Charles Darwin and the problem of stellar evolution. Vgl. Ref. 328.

5523. **K. Takayanagi,** On the formation of the main sequence stars. Astr. Herald **52** 116 (japan.). — Bericht über die Untersuchungen von Herbig, Haro, Walker und Ambarzumjan.

5524. **J. Uchida,** On the evolution of massive stars. Sci. Rep. Tôhoku Univ. (1) **43** 171—180 = Sendai Astr. Rap. Nr. 68. — Verf. hat eine Folge von Sternmodellen mit 10 Sonnenmassen durchgerechnet, um deren Entwicklungsweg zu ermitteln. Mit Ausnahme des Ausgangsmodells besteht jedes Modell aus drei Zonen: einer homogenen radiativen Hülle, einer radiativen Zwischenzone mit kontinuierlich veränderlicher Zusammensetzung und einem homogenen konvektiven Kern. Für die Opazität wurde in Anlehnung an die Tafeln von Keller und Meyerott (vgl. AJB **55** Ref. **5216**) eine Interpolationsformel aufgestellt. Die chemische Zusammensetzung der radiativen Hülle ist $X_e = 0.829$, $Y_e = 0.166$, $Z_e = Z = 0.005$. Der Energieerzeugung (C-N-Zyklus) ist die Tabelle von Wrubel (Handbuch d. Phys. **51** S. 35, vgl. AJB **58** Ref. **5020** I zu Grunde gelegt worden. Die Energieerzeugung außerhalb des Kerns wurde vernachlässigt, der Strahlungsdruck voll berücksichtigt. Ein Vergleich mit den von anderen Autoren berechneten Entwicklungswegen ergibt nur für die Endphasen ($X_c < 0.03$) etwas größere Unterschiede. Loh.

5525. **W. Unno,** The formation of gaseous masses. Astr. Herald **52** 78 (japan.).

* * **A. Unsöld,** Energieerzeugung und Entwicklung der Sterne. Vgl. Ref. **5443**.

* * **O. C. Wilson,** A color-magnitude diagram for late-type stars near the sun. Vgl. Ref. **10529**.

5526. **W. Zonn,** Ewolucja Gwiazd. Warszawa, PWN, 1958. 271 S. Preis 25 zł. — Besprechung in Urania Kraków **30** 70—73 (K. Rudnicki).

§ 56

Entstehung und Entwicklung des Planetensystems

5601. **H. P. Berlage,** Sur l'origine des satellites en général et de la Lune en particulier. Ciel et Terre **75** 173—186. — Vor der Société Belge d'Astronomie gehaltener Vortrag historischen und den heutigen Stand des Problems betreffenden Inhalts. Loh.

5602. **H. P. Berlage,** The basic scheme of any planetary or satellite system corrected and reanalyzed. I. Proc. K. Nederl. Akad. Wet. (B) **62** 63—72. — In Weiterführung seiner früheren Untersuchung (vgl. AJB **57** Ref. **5501**) versucht Verf., seine Theorie über den Ursprung der Planeten und Satelliten aus Scheiben nebliger Materie zu beweisen. Es wird nahegelegt, daß eine solare Gashülle noch existierte, als ihr Staubgehalt schon in Ringen zusammengeballt war, aus denen die Planeten entstanden. Wahrscheinlich ist Saturn und sein System das älteste Kondensationsprodukt des solaren Nebels und Pluto ein normaler Planet terrestrischer Art. Loh.

5603. **H. P. Berlage,** The basic scheme of any planetary or satellite system corrected and reanalyzed. II. Proc. K. Nederl. Akad. Wet. (B) **62** 73—83. — Verf. gibt einen direkten Beweis für die von den Satelliten gezeigte Tendenz, ihre Zentralkörper in Entfernungen mit geometrischer Progression zu umlaufen. Der Mond ist wahrscheinlich der Rest eines aus zwei bedeutenden

Satelliten bestehenden Systems, von denen der innere von der Erde assimiliert wurde. Mars besaß ursprünglich wohl drei Satelliten. In den aus vier bedeutenden Satelliten bestehenden Systemen von Jupiter und Uranus offenbart sich am ehesten die normale Entwicklung. Nach entsprechenden Bemerkungen über die weiteren Planeten wird die Frage nach der Herkunft der Tektite und Stein- bzw. Eisenmeteorite aus Plutoiden bzw. Planetoiden aufgeworfen. Loh.

5604. **R. M. Farquhar,** Geological time. J RAS Canada **53** 34—38.

* * **W. G. Fessenkow,** Über die Entwicklung der Sterne und über die Entstehung des Sonnensystems. Vgl. Ref. **5503.**

* * **P. M. Hurley,** How Old is the Earth? Vgl. Ref. **7126.**

5605. **D. Kotsakis,** Die Herkunft des Sonnensystems. Die gegenwärtigen Theorien. Publ. Lab. Astr. Univ. Athen (1) Nr. 11, 108 S. (griech.). — Die verschiedenen Theorien bezüglich der Entstehung des Sonnensystems werden ausführlich auseinandergesetzt. Mav.

5606. **B. J. Lewin,** Development of planetary cosmogony. Priroda **48** Nr. 10 S. 19—26 (russ.).

5607. **F. A. Lugo,** The capture of the moon. Strolling Astronomer **13** 140—142.

* * **L. N. Mavridis,** Planeten-Rotation und Satelliten-Entstehung. Vgl. Ref. **8114.**

5608. **S. F. Mechtijew,** Wann und wie sich die Erde bildete. Baku, Aserbajdshan. Univ., 1959. 38 S. Preis 1 R. 40 Kop. (russ.).

* * **J. L. Perdrix,** Planetary fragmentation. Vgl. Ref. **9433.**

5609. **A. E. Ringwood,** On the chemical evolution and densities of the planets. Geochim. Cosmochim. Acta **15** 257—283.

5610. **W. S. Safronow,** Über die ursprüngliche Temperatur der Erde. Nachr. Akad. Wiss. UdSSR (Geophys.) 1959 Nr. 1 S. 139—143 (russ.). — Ref. in RJ UdSSR 1960 Nr. 7 S. 87.

5611. **W. S. Safronow,** Success of planetary cosmogony. RH **40** 83—86 (tschech.).

5612. **O. Schmidt,** A Theory of the Origin of the Earth. Four Lectures. Übersetzung des in AJB **57** Ref. **5510** zitierten Buches aus dem Russischen. Moskau, Foreign Languages Publishing House; London, Lawrence and Wishart, 1958/59. 139 S. Preis 4 s 6 d. — Besprechung in Spaceflight **2** 124.

* * **O. Struve,** Finding the age of the earth. Vgl. Ref. **7149.**

5613. **J. Tuominen,** On the vortices postulated in von Weizsäcker's theory of the origin of the solar system. Vgl. AJB **58** Ref. **5510** = Repr. Radio Astr. Station Univ. Helsinki Nr. 6.

5614. **H. C. Urey,** Boundary conditions for theories of the origin of the solar system. Phys. Chemistry Earth **2** 46—76, 1958.

5615. **J. Wasiutyński,** Planetenes fysisk-kjemiske forhistorie. Naturen 1959 S. 515—532 = Inst. Teoret. Astrofys. Blindern—Oslo Småtrykk Nr. 31.

* * **J. Witkowski,** Einige Bemerkungen zum Problem des Ursprungs der Kometen. Vgl. Ref. **9122.**

* * **S. K. Wsechswjatskij,** Bemerkungen zu den Arbeiten von Oort über die Herkunft und Entwicklung der Kometen. Vgl. Ref. **9125.**

VII. Sonne

§ 61

Die Sonne im allgemeinen, Astrometrie

6101. **H. Andrillat,** La parallaxe solaire. BSAF **73** 173—180.

6102. **K. Kiepenheuer,** The Sun. Übersetzung des in AJB **57** Ref. **6009** zitierten Buches. Ann Arbor, University of Michigan Press, 1959. 160 S. Preis $ 5.00. — Besprechung in Sky Tel. **19** 48, 176—180 (H. Zirin).

6103. **K. O. Kiepenheuer,** The observability of hydromagnetic phenomena on the sun. Nuovo Cimento Suppl. (10) **13** 305—310 = Mitt. Fraunhofer-Inst. Freiburg Nr. 46. — Nach einem kurzen Hinweis auf die begrenzte Erkennbarkeit von Erscheinungen auf der Sonne wird die Messung magnetischer Felder auf Grund des Zeeman-Effekts dargelegt und eine Übersicht über einzelne Phänomene (Granulation, Flecke etc.) und ihren (möglichen) Zusammenhang mit Magnetfeldern gegeben. Loh.

6104. **M. Kopecký,** Geschwindigkeit der Sonnenrotation zwischen 40° und 50° heliographischer Breite. BAC **10** 12—14. — Mit Hilfe von Sonnenfleckengruppen in heliographischen Breiten $\geq 40°$ wird der Verlauf der Geschwindigkeiten der Sonnenrotation zwischen 40° und 50° heliographischer Breite bestimmt. Eine Interpolationsformel für die Geschwindigkeit der Sonnenrotation in verschiedenen heliographischen Breiten kann auch für heliographische Breiten zwischen 40° und 50° extrapoliert werden. Verf.

6105. **E. Lilley, D. Brouwer,** The solar parallax and the hydrogen line. AJ **64** 338—339. — Ref. AAS.

6106. **D. H. Menzel,** Our Sun. Cambridge, Mass., Harvard University Press, 1959. Revised Edition. 10 + 350 S. Preis $ 7.50. — Besprechung in J RAS Canada **54** 199—200 (V. Gaizauskas), J. Optical Soc. America **50** 496 (C. C. Kiess), Sky Tel. **19** 119, 301—303 (O. C. Mohler).

6107. **E. Schoenberg,** Die äquatoriale Beschleunigung bei Sonne, Jupiter und Saturn nebst Betrachtungen über die Form der Kontinente. Geofís. pura appl. **43** 1—11 = Forschungsber. Obs. Wendelstein Nr. 23. — Ausgehend von der Emdenschen Theorie der äquatorialen Beschleunigung der Sonne und einer früheren Anwendung derselben auf den Planeten Jupiter, wird auch die Beschleunigung bei Saturn hier erstmalig diskutiert und der Versuch gemacht, dieselbe Theorie zur Erklärung der Ostabweichung der Kontinente der Erde im äquatorialen Gebiet anzuwenden. Das ist nur möglich, wenn man 1.) auf die archaische Periode der Erdentwicklung zurückgreift, bei der aber die wesentlichen Höhenunterschiede der Erdoberfläche schon ausgebildet waren, 2.) der Pol im wesentlichen die jetzige Lage hatte und 3.) der Reibungskoeffizient der festen Erdkruste aber wesentlich geringer war: 10^{14} gegen etwa 10^{20} c.g.s. Verf.

6108. Distance of the sun. Sky Tel. **19** 16. — Ref. AAS.

§ 62

Finsternisse

6201. **V. Bumba,** Warum beobachtet man die totalen Sonnenfinsternisse? Rozhledy **38** 33—37 (tschech.).

6202. **J. Meeus,** A propos des corrections différentielles aux instants des phases des éclipses de Soleil. Ciel et Terre **75** 251—255. — Aus den für einen Erdort gegebenen Zeiten für die Phasen einer Sonnenfinsternis können die entsprechenden Zeiten für einen in der Nähe gelegenen Ort durch Anbringung differentieller Korrektionen berechnet werden. Die Formeln dafür sind in den Jahrbüchern gegeben; für die Zeit der größten Phase liefern jedoch die vollständigeren Ausdrücke, welche hier abgeleitet werden, korrektere Resultate. T. L.

6203. **E. M. Paulton,** On the observation of shadow bands. AAVSO Abstr. Oct. 1959 S. 4—5.

* * **W. L. Price,** Anomalous ionospheric reflection during solar eclipses. Vgl. Ref. 7546.

6204. **T. Rakowiecki,** Calcul des phases de l'éclipse de Soleil. Studia Soc. Sci. Torunensis (F) **2** Nr. 2 S. 1—6 = Bull. Astr. Obs. Toruń Nr. 19. — Bestimmung der Phase einer Sonnenfinsternis für gegebenen Ort und Zeit an Hand der scheinbaren Durchmesser von Sonne und Mond und der scheinbaren Distanz ihrer Zentren. Gli.

6205. **Sonnenfinsternis 1851 Juli 28**

Univ. Gothenburg Astr. Notes Nr. 2 S. 28—30. Measurements of two different daguerreotypes from the solar eclipse 1851. B. Svenonius. — Bei der totalen Sonnenfinsternis vom Jahre 1851 sind in Königsberg 3 Daguerreotypien der verfinsterten Sonne hergestellt worden. Die mit der längsten Belichtungszeit, die sich in Königsberg befindet, wurde vom Verf. photometriert, eine andere, im Besitz der Eidgenössischen Sternwarte in Zürich, wurde von M. Waldmeier ausgewertet. In der vorliegenden Arbeit werden die Isophoten beider Vermessungen auf eine gemeinsame Skala reduziert in einem Bild zusammengestellt. H. M.

6206. **Sonnenfinsternis 1936 Juni 19**

AJ UdSSR **36** 845—850 (russ. mit engl. Ref.). The structure of the far outer corona of June 19, 1936. W. A. Bronstein. — An Hand von Koronaphotographien, welche während der Finsternis vom 19. Juni 1936 an der Kiewer Sternwarte aufgenommen worden waren, wird die Strahlenstruktur der Korona zwischen 5 und 8 Sonnenradien untersucht. Die räumliche Anordnung sowie der Zusammenhang mit Aktivitätszentren auf der Sonne wird im einzelnen dargestellt. Oster

6207. **Sonnenfinsternis 1952 Februar 25**

Circ. Astr. Obs. Charkow Nr. 18 S. 10—17, 1958 (russ.). Der Intensitätsgradient der grünen Koronalinie nach Beobachtungen der totalen Sonnenfinsternisse vom 25. 2. 1952 und 30. 6. 1954. W. A. Fedorez, W. I. Jeserskij.

Publ. Astr. Obs. Kiew Nr. 8 S. 38—51 (russ.). Photometrie der Korona in der grünen Linie λ 5303 Å. P. N. Polupan.

6208. **Sonnenfinsternis 1954 Juni 30**

AJ UdSSR **36** 247—253 (russ. mit engl. Ref.). Spectroscopic observations of the corona during the total solar eclipse of June 30, 1954. G. S. Baturowa, I. S. Pominow, A. L. Stolow, N. N. Smirnowa.

Ark Astr **2** 315—343 = Lund Medd. (1) Nr. 192. The precise timing of the total solar eclipse June 30, 1954. H. Kristenson. — Es wird über die Sonnenfinsternisexpedition des Lund-Observatoriums nach Sydkoster berichtet und der geodätische Teil des Unternehmens beschrieben und ausgewertet. Das Ziel bestand darin, Kontaktzeiten mit einer Genauigkeit von 0ˢ01 zu gewinnen, wofür Serien von Flashspektren mit sehr kurzen zeitlichen Abständen zu diesen Zeitpunkten aufgenommen worden waren. Aus den Photometrierungen der Spektren wurde die Kontaktzeit bzw. die Zeit der Mitte der Totalität bestimmt. Der Vergleich mit den Ergebnissen anderer Expeditionen in nächster Nachbarschaft, die andere Methoden verwandt hatten, enthüllt derart große Diskrepanzen, daß es aussichtslos erscheint, aus Finsternisbeobachtungen verbesserte geodätische Daten gewinnen zu wollen. Werden indes gleiche Beobachtungs- und Reduktionsmethoden benutzt, so wird die Übereinstimmung der Resultate befriedigend. H. M.

Bull. Astr.-Geod. Ges. UdSSR Nr. 24 S. 37—40 (russ.). Die Änderung der gesamten und gestreuten Sonnenstrahlung während der Sonnenfinsternis vom 30. Juni 1954 nach Beobachtungen in Tichorezk und Salsk. B. D. Fomenko.

Bull. Astr.-Geod. Ges. UdSSR Nr. 25 S. 44—45 (russ.). Beobachtungsergebnisse der Sonnenfinsternis vom 30. Juni 1954 in Tscherkassy. M. A. Milchiker.

Circ. Astr. Obs. Charkow Nr. 18 S. 10—17, 1958 (russ.). Der Intensitätsgradient der grünen Koronalinie nach Beobachtungen der totalen Sonnenfinsternisse vom 25. 2. 1952 und 30. 6. 1954. W. A. Fedorez, W. I. Jeserskij.

Geofís. pura appl. **43** 323—328. On the variation of solar radiation and blueness of the sky during the eclipse of June 30, 1954 at Athens. L. N. Karapiperis, P. P. Karapiperis.

Indian J. Phys. **31** 309—323, 1957. Solar eclipse of 30th June, 1954 and its effect upon the ionosphere. S. N. Mitra. — Ref. in Phys. Abstr. (A) **63** 476.

J RAS Canada **53** 66—73. Eclipse chasing above the clouds. J. E. Kennedy.

Urania Kraków Suppl. Nr. 2 S. 5—9. The P.T.M.A. expedition for the total solar eclipse on June 30, 1954. J. Gadomski.

Urania Kraków Suppl. Nr. 2 S. 11—36. Correction to the ephemeris of the moon from the observation of the total eclipse of the sun at Sejny (Poland) on June 30, 1954. A. Piaskowski, G. Sitarski.

Urania Kraków Suppl. Nr. 2 S. 37—38. The experiment to confirm the appearance of the moving shadow bands during the solar eclipse on June 30, 1954 on the altitude 5200 meters. M. Bielicki, K. Rudnicki, A. Kuciński, Z. Szczęsny.

6209. Sonnenfinsternis 1954 Dezember 25

J. Atmosph. Terr. Phys. **14** 273—286. Some further analyses of E-layer measurements in South Africa during the solar eclipse of 25 December 1954. M. W. McElhinny.

J. Atmosph. Terr. Phys. **16** 367—375. The behaviour of the ionosphere over Cape Town and Johannesburg during the annular solar eclipse of 25 December 1954. J. A. Gledhill.

South African J. Sci. **55** 283—286. Temperature variations in the region of the ionosphere during the solar eclipse of 25 December, 1954. M. W. McElhinny. — Ref. in Phys. Abstr. (A) **63** 202.

6210. Sonnenfinsternis 1955 Juni 20

Publ. Astr. Soc. Japan **11** 234—252 = Tokyo Astr. Obs. Repr. Nr. 187. Equatorial coronal streamers of the sun. K. Saito. — Die Arbeit behandelt die sogenannten äquatorialen Koronastrahlen, die bei der Sonnenfinsternis am 20. Juni 1955 beobachtet wurden. Diese Strahlen — insgesamt fünf — wurden aus den Aufnahmen photometrisch bearbeitet. Ihre Positionen wurden mit den Positionen anderer Erscheinungen der Sonnenoberfläche verglichen, und dabei wurde ein Zusammenhang mit der grünen Koronalinie gefunden. Die Elektronendichten in sämtlichen Abständen vom Sonnenrand sowie auch die Gesamtzahl der Elektronen und die Geschwindigkeiten wurden berechnet. Zum Schluß werden die Einflüsse der Koronastrahlen auf die Erde diskutiert. L. Fr.

6211. Sonnenfinsternis 1955 Dezember 14

J. Atmosph. Terr. Phys. **13** 346—350. Ionospheric changes at Singapore during the solar eclipse of 14 December 1955. C. M. Minnis.

6212. Sonnenfinsternis 1956 Dezember 2

BAC **10** 198—202. Observation of lunar occultations and of eclipses of the moon and the sun. E. Buchar. — Beobachtung des letzten Kontakts.

Bull. Astr.-Geod. Ges. UdSSR Nr. 24 S. 41—44 (russ.). Die Änderung einiger geophysikalischer Faktoren während der partiellen Sonnenfinsternis vom 2. Dezember 1956 in Stalingrad. A. N. Karpow.

6213. Sonnenfinsternis 1957 Oktober 23

J. Atmosph. Terr. Phys. **13** 371—372. Measurements of magnetic declination during the solar eclipse of 23 October 1957. H. Helm, J. W. King, A. M. v. Wijk.

6214. Sonnenfinsternis 1958 April 19

Acta Astr. Sinica **7** 1—6 (chines. und russ.) Beobachtung der ringförmigen Sonnenfinsternis vom 19. April 1958 bei 4.5 cm Wellenlänge. A. P. Moltschanow, N. G. Petrowa, F. I. Skripow, Lja Jan.

Acta Astr. Sinica **7** 7—10 (chines. und russ.). Beobachtungen der Radiostrahlung der Sonne im 8 mm-Wellenbereich während der ringförmigen Sonnenfinsternis am 19. April 1958. N. A. Amenizkij, Z.-f. Li, A. E. Salomonowitsch, U. W. Changildin, Z.-l. Tschen.

J. Atmosph. Terr. Phys. **16** 182—185. Ionospheric observations on the F-region during the solar eclipse of 19 April 1958. S. Datta, P. Bandyopadhyay, R. N. Datta.

J. Radio Res. Lab. Tokyo **6** Nr. 23 S. 47—55. Fluctuations of (atmospheric) temperature accompanying the solar eclipse. K. Hirao, K. Akita, I. Shiro. — Ref. in Phys. Abstr. (A) **62** 1111.

Sonnendaten 1958 Nr. 8 S. 70—72 (russ.). Beobachtung der ringförmigen Sonnenfinsternis vom 19. April 1958 bei 4.5 cm Wellenlänge. Lu Jan, A. P. Moltschanow, N. G. Petrowa, F. I. Skripow.

6215. Sonnenfinsternis 1958 Oktober 12

AJ **64** 156. Determination of the first contact of the solar eclipse of October 12, 1958. A. Gutiérrez, G. Romero.

BSAF **73** 28—29. L'éclipse de Soleil du 12 octobre 1958 observée de Tahiti.

Coelum **27** 1—3. Ecclisse solare totale del 12 ottobre 1958, visibile dalla costa cilena. L. Erizzo.

CR **248** 1265—1267. Observation de l'éclipse totale de Soleil du 12 octobre 1958. P. d'Anglejan-Chatillon, A. Dauvillier.

Naturwissenschaften **46** 437—442 = Cambridge Obs. Repr. Nr. 35. Beobachtungen der totalen Sonnenfinsternis vom 12. Oktober 1958 im Gebiet des Pazifischen Ozeans. H. v. Klüber.

Publ. Astr. Soc. Japan **11** 122—125 = Tokyo Astr. Obs. Repr. Nr. 183. Flash spectrum by the grazing incidence method at the total solar eclipse of October 12, 1958. Z. Suemoto, E. Hiei.

Rep. Ionosph. Space Res. Japan **13** 290—293 = Tokyo Astr. Obs. Repr. Nr. 190. Observation of day airglow during the solar eclipse. H. Tanabe, T. Tohmatsu.

Sky Tel. **18** 131. Further word on last October's eclipse.

Sky Tel. **18** 316—317. Eclipse photographs from the South Pacific.

Southern Stars **18** 1—5. Expedition to Atafu. The solar eclipse of 1958 October 12. R. R. Dibble.

Sterne **35** 176—182 = Astr. Mitt. Sternw. Zürich Nr. 222. Die totale Sonnenfinsternis vom 12. Oktober 1958. M. Waldmeier.

ZfA **48** 9—21 = Astr. Mitt. Sternw. Zürich Nr. 223. Ergebnisse der Zürcher Sonnenfinsternisexpedition 1958. I. Photometrie der Flugaufnahmen der Korona. M. Waldmeier. — Aus Integralaufnahmen der Korona, die von einem Flugzeug aus in 3700 m Höhe erhalten worden waren, wurde ihr radialer Intensitätsverlauf in einem r-Bereich von 3 Sonnenradien in annähernd axialer und äquatorialer Richtung sowie auf einem Koronastrahl bestimmt. Bis r = 2,0 war die Intensität in äquatorialer Richtung um etwa 74% größer als in axialer; weiter außen glich sie sich dieser bis auf einen Überschuß von 23% bei r = 4,0 an. Die Isophoten-Abplattung fiel abgesehen von einer Schwankung zwischen 1,04 und 1,10 in der dem Maximumtyp entsprechenden Weise nach außen hin langsam ab. Die nach Ludendorffs Definition bestimmten Elliptizitäten zeigten eine entsprechende Schwankung zwischen 0,11 und 0,02, ergaben jedoch wenigstens im Mittel über alle r einen Formindex a + b = 0,067 in sehr guter Übereinstimmung mit Ludendorffs Phasenbeziehung. Nach dem Intensitätsverlauf auf dem Koronastrahl unterschied sich dessen Elektronendichte bis r = 1,5 nicht merklich von der der ungestörten Umgebung, stieg dann aber auf das 3,3 fache bei r = 2,0 und das 9,1 fache bei r = 2,5 an verglichen mit den entsprechenden Werten der äquatorialen Korona. Gü.

6216. Sonnenfinsternis 1959 April 8

NAT 1959 S. 30. Ringformet solformørkelse.

Sky Tel. **18** 438—439. April's annular eclipse in Australia. B. J. Harris.

6217. Sonnenfinsternis 1959 Oktober 2

BAA Circ 410. Solar eclipse, 1959 October 2.

Boll. Sedute Accad. Gioenia Sci. Natur. Catania (4) **5** 245—254 = Oss. Astrofis. Catania Pubbl. (NS) Nr. 28. Osservazioni fotografiche dell'eclisse di sole del 2 ottobre 1959. M. G. Fracastoro. — Bestimmung der Zeiten des ersten und letzten Kontakts.

BSAF **73** 278. Le 2 octobre 1959, éclipse totale de Soleil, visible en France comme éclipse partielle.

BSAF **73** 446. L'éclipse totale de Soleil du 2 octobre 1959.

BSAF **73** 493. Éclipse de Soleil du 2 octobre 1959.

Coelum **27** 65—66. Progetto d'un viaggio alle Isole Canarie per l'osservazione dell'ecclisse solare totale del 2 ottobre 1959. G. Horn-d'Arturo.

Coelum **27** 161—165. L'eclisse totale di Sole osservata alle Isole Canarie il 2 ottobre 1959. P. Erizzo, L. Erizzo.

Coelum **27** 181. Ecclisse totale di Sole del 2 ottobre visibile come parziale in Italia.

DO-CIA Nr. 64. Éclipse de Soleil du 2 octobre.

Gaz astr **41** 61—68. Un voyage de 4.000 kilomètres vers le Jardin des Hespérides. G. Schindler.

Hemel en Dampkring **57** 89—92. De zonsverduistering van 2 oktober 1959. J. Meeus. — Vorschau.

Hemel en Dampkring **57** 92—95. De expeditie van de Nederlandse eclipscommissie naar de Canarische Eilanden. J. Houtgast. — Vorschau.

Hemel en Dampkring **57** 96—101. De amateur-eclips-expeditie. C. de Jager.

Hemel en Dampkring **57** 266—268. De totale zonsverduistering te Las Palmas de Gran Canaria. G. van den Bergh.

Hemel en Dampkring **57** 269—270, **58** 97. De vliegende schaduwen bij de zonsverduistering van 2 oktober 1959. A. H. de Boer.

Hemel en Dampkring **57** 274—279. Tweede amateur-eclipsexpeditie eveneens mislukt. G. A. W. C. van Hemert tot Dingshof.

Hemel en Dampkring **57** 279—281. Balans der amateur-expeditie. C. de Jager.

Hemel en Dampkring **57** 282—286. De expeditie van de Nederlandse eclipscommissie kon enkele waarnemingen bemachtigen. A. Schadee.

Hemel en Dampkring **57** 292. De corona van 2 oktober 1959. C. de Jager.

Meteoor **15** 51—78. Eclips-expeditie naar Fuerteventura mislukt. G. A. W. C. van Hemert tot Dingshof, C. de Jager, J. C. van der Meulen, A. Mak, B. J. Vastenholt, C. Heynekamp, J. J. van der Laan Bilthoven, A. G. Jansen, D. Riphagen, T. van Dijk, F. A. M. van der Pluym, J. Böinck. — Der Bericht enthält Beiträge der vorstehend genannten Autoren.

Meteoor **15** 64. Amateur-waarnemingen van twee verduisteringen. P. Luxem, J. Meeus.

Mitt. Planetenbeobachter **12** 39—40. Die Sonnenfinsternis vom 2. Oktober 1959. G. D. Roth.

NAT 1959 S. 68. Total solformørkelse.

NAT 1959 S. 132—133. Solformørkelsen 2. Oktober 1959. P. J. Rasmussen.

Obs **79** 211—212. Coronal observations on the day of the solar eclipse of 1959 October 2. R. Müller.

Orion Schaffhausen **5** 612—616. Zur totalen Sonnenfinsternis am 2. Oktober 1959 auf den Kanarischen Inseln. G. Schindler. — Vorschau.

Orion Schaffhausen **5** 726. Beobachtung der totalen Sonnenfinsternis vom 2. Oktober 1959 auf den Kanarischen Inseln. R. A. Naef.

Orion Schaffhausen **5** 731—732. Eclipse de Soleil du 2 octobre 1959.

PAT **40** 98—102. Observationer av den partiella solförmörkelsen på Capri den 2 oktober 1959. Y. Öhman, K. Fredga, B. Svensson.

RH **40** 173—174 (tschech.). The graphical investigation of the solar eclipse of October 2, 1959. J. Štingl.

Science **130** 556. Eclipse expedition goes to Canary Islands.

Sky Tel. **18** 200—201. The next total solar eclipse.

Sky Tel. **18** 306—307. Observing sites for October's eclipse. R. E. Cox.

Sky Tel. **18** 492. Dutch eclipse plans.

Sky Tel. **18** 502—503. Photographing the horizon eclipse. — Vorschau.

Sky Tel. **18** 676. American eclipse plans.

Sky Tel. **19** 4—6. Eclipse over New England.

Sky Tel. **19** 82—83. Total eclipse at El Aaiun. M. Waldmeier.

Sternenbote **2** 130—131. Die Sonnenfinsternis am Flakturm Esterhazypark.

Sternenbote **2** 159—160. Sonnenfinsternisaufnahmen aus St. Andrä-Wördern.

Strolling Astronomer **13** 50—58. Observing the October eclipse. W. H. Glenn. — Vorschau.

Urania København **16** 24. Solformørkelsen 2. Oktober 1959.

Urania København **16** 64. Solformørkelsen den 2. Oktober.

VdS Nachr. **8** 89. Zur Sonnenfinsternis am 2. Oktober 1959. J. Herrmann.

VdS Nachr. **8** 93—94. Die Ergebnisse des Unternehmens «Canaria». E. Mädlow.

VdS Nachr. **8** 97. Bericht zur Sonnenfinsternis vom 2. Oktober 1959. H. Oberndorfer, H. Langenbeck.

Veröff. Urania-Sternw. Wien Nr. 2 S. 44—45. Beobachtung der Sonnenfinsternis vom 2. Oktober 1959. G. Baron.

6218. Sonnenfinsternis 1961 Februar 15

Notes Travaux Section Astr. Inst. Math. Beograd **3** 7—10. Total eclipse of the sun in Yugoslavia February 15, 1961. J. L. Simovljević.

6219. Sonnenfinsternis 1961 November 15

Vasiona **7** 78—81, 106—108 (serb.-kroat.). Vers l'éclipse du Soleil, 15. 11. 1961. N. Janković.

§ 63

Überwachungsdienst

AC Nr. 199 S. 11—12 (russ.). Chromosphärische Eruptionen über dem Sonnenrand. W. N. Sujkow. — Die 1. Tabelle verzeichnet 80 Linien verschiedener Elemente von λ 6847.60 bis λ 3213.3 Å auf Grund von 120 im Sommer 1958 gewonnenen Spektren. In Tabelle 2 werden die Doppler-Breiten von Balmer-Linien bis H_{19} mitgeteilt, wie sie sich aus drei Spektren einer Eruption ergeben. Absolute wie relative Werte nehmen mit zunehmender Balmer-Zahl ab. Petri

AC Nr. 199 S. 13 (russ.). Beobachtung einer Protuberanz in der Höhe 0.7 $R_{\odot}$ am Spektrohelioskop des Sternberg-Instituts. M. A. Kljakotko. — 1959 Febr. 9.

AC Nr. 202 S. 4—6 (russ.). Die eruptive Protuberanz vom 11. April 1959. K. I. Nikolskaja.

AC Nr. 203 S. 2—3 (russ.). Beobachtung einer eruptiven Protuberanz in der Entfernung 0.85 $R_{\odot}$. M. A. Kljakotko. — 1959 April 22.

AC Nr. 207 S. 6—8 (russ.). Chromospheric flash accompanied by an eruptive prominence. W. F. Tschistjakow.

Acta Astr. Sinica **7** 56—98 (chines.). Observations of sun-spots in 1958 at Purple Mountain Observatory and its Stations at Zô-Sè, Kunming, Tsingtao and Peking.

Acta Astr. Sinica **7** 99—102 (chines.). Observations of solar radiation in 1958 at Zô-Sè Observatory. Y.-l. Chang, C.-h. Ho.

AJ **64** 326. The 4.3-mm and 10.7-cm outbursts of June 9, 1959. R. J. Coates, A. E. Covington, S. Edelson. — Ref. AAS.

Ann. Geofis. **12** 197—203 = Oss. Astrofis. Arcetri Contr. Nr. 26. Numeri caratteristici dei flocculi d'idrogeno e di calcio e dei filamenti d'idrogeno per l'anno 1958. G. Godoli.

Astr. Herald **52** 5 (japan.). Recent solar activities. M. Notzuki.

BAC **10** 136—144. Catalogue of chromospheric flares observed at Ondřejov during the first half of the year 1957. V. Letfus, B. Růžičková, Z. Švestka.

Beirut American Univ. Obs. Monthly Bull. (Astr.) 1959 Jan.—April. Solar photospheric observations. G. Contino.

Beob. Sonnenobs. Kanzelhöhe 1959 Nr. 1—12. Die Sonnenaktivität von Dezember 1958—November 1959.

Beob. Sonnenobs. Kanzelhöhe 1959 Nr. 4 S. 10—12. Der große chromosphärische Auswurf am 9. Feb. 1959.

BMI **1** Nr. 1—3, 86 S., Nr. 4—6, 80 S.

Bol. As. Peruana Astr. **5** 245—246. Manchas solares.

Bol. As. Peruana Astr. **5** 272—273. Actividad solar. V. Estremadoyro.

Bol. Mensual Obs. Cartuja Granada, 28 S. Observaciones astronómicas y microsísmicas. Años 1957 y 1958. J. A. Burgos.

Boll. Accad. Gioenia Sci. Nat. Catania (4) **5** Fasc. 4 S. 1—18 = Oss. Astrofis. Catania Pubbl. (NS) Nr. 24. Osservazioni solari nel 1958. S. Cristaldi.

BSAF **73** 14—15, 65, 120, 170—171, 212—213, 255—256, 491—493. Soleil.

BSAF **73** 26—27, 73, 133, 168—169, 231, 284, 323, 368, 432, 487—488. L'activité solaire. Cartes synoptiques de la chromosphère et des taches. M.-J. Martres. —Rotationen Nr. 1406—1417.

BSAF **73** 29. Une nouvelle éruption solaire blanche.

BSAF **73** 68—71. Taches solaires de janvier 1959.

BSAF **73** 72. Nombres relatifs de Wolf pour l'année 1958. M. Waldmeier.

BSAF **73** 166—167. Éruption chromosphérique avec déplacement de matière absorbante du 6 février 1959. M.-J. Martres, G. Olivieri.

Bull. Informat. Ionosph. Géophys. **2** Nr. spécial, 1957; **3** Nr. 3—4, 5—6, 7—8, 1958.

Bull. Obs. Astr. Beograd **22** Nr. 1—2 S. 8. Activité des taches solaires et des protubérances, observée à Belgrade en 1957. M. Protitch.

Ciel et Terre **75** 28—33. L'éruption chromosphérique du 9 avril 1956 et ses phénomènes associés. A. Koeckelenbergh.

Ciel et Terre **75** 34—43. Activité solaire en 1957. A. Koeckelenbergh.

Ciel et Terre **75** 129—153. Activité radioélectrique solaire sur 169 MHz et 600 MHz en 1957. R. Gonze.

Ciel et Terre **75** 361—364. Observations de l'activité solaire en 1958. A. Koeckelenbergh.

Circ. Astr. Obs. Charkow Nr. 18 S. 18—34, 1958 (russ.). Photographische Photometrie der Sonnenkorona am 30. Juni 1954 durch Lichtfilter. W. A. Michajlow, K. N. Kusmenko, W. H. Plushnikow.

Circ. Astr. Obs. Charkow Nr. 20 S. 5—39 (russ.). Die Aktivität der Sonnenphotosphäre und -chromosphäre vom 1. Januar bis 31. Dezember 1956 nach Beobachtungen am Astronomischen Observatorium Charkow. L. I. Krissenko.

Circ. Astr. Obs. Kiew Nr. 69 S. 16—20 (russ.). Spektralphotometrie chromosphärischer Eruptionen. P. N. Polupan. — In der zweiten Hälfte des Jahres 1956 ist am Astr. Obs. Univ. Kiew begonnen worden, mit einer horizontalen Sonnenkamera (Sonnenbild 8 cm Durchmesser, Beugungsgitterdispersion 0.8 Å/mm), Spektren von Eruptionen aufzunehmen. In der vorliegenden Mitteilung wird über die ersten Beobachtungen kurz berichtet. Loh.

Circ. Astr. Obs. Taschkent Nr. 298 S. 13—23, Nr. 299 S. 6—15, Nr. 300 S. 6—16 (russ.). Die Sonnenaktivität 1958 November—1959 April. S. Korobowa

Coelum **27** 19, 52—53, 86, 119—120, 146—147, 178—179. Fenomeni solari dei mesi di ottobre 1958—settembre 1959.

Coelum **27** 63. Eccezionale incandescenza solare.

Commun. Obs. Roy. Belgique Nr. 147, 213 S., 1958. Observations photosphériques et chromosphériques en 1957. A. Koeckelenbergh, J. Peeters.

Commun. Obs. Roy. Belgique Nr. 148, 115 S., 1958. Observations radioélectriques solaires sur 169 MHz et 600 MHz en 1957. P. Evrard, R. Gonze, A. Koeckelenbergh.

Fraunhofer-Inst. Freiburg. Map of the sun. — 1959 Jan. 1—Dez. 31.

Gaz astr **41** 23—24. Observations du Soleil à l'œil nu en 1958. A. Moissejew.

Hemel en Dampkring **57** 25, 54, 134, 188, 216, 246, 259, 281. Zonnevlekkengetallen.

Irish AJ **5** 209—211. Watching the sun. M. A. Ellison.

JBAA **69** 90. Sunspot photography.

J. Geophys. Res. **64** 1347—1362. Geomagnetic and solar data. M. Waldmeier, A. Romaña, J. Bartels, J. Veldkamp, R. E. Gebhardt.

Kodaikanal Obs. Bull. Nr. 148 S. 1—7. Summary of prominence and calcium flocculus observations for the second half of 1956. A. K. Das.

Kodaikanal Obs. Bull. Nr. 150 S. 1—7. Summary of prominence and calcium flocculus observations for the first half of 1957. A. K. Das.

Liga Latinoamericana Astr. Bol. Nr. 1 S. 15. Observaciones de manchas solares.

Mem SA It (NS) **30** 47—56 = Oss. Astrofis. Arcetri Contr. Nr. 28. Area e posizione dei flocculi di calcio per il 1958 secondo le osservazioni eseguite alla torre solare di Arcetri. G. Godoli.

Mem SA It (NS) **30** 153—166 = Oss. Astr. Roma Monte Mario Contr. Sci. Nr. 249. Posizione eliografica, classifica es area delle macchie solari durante il II semestre 1957, secondo i rilievi fotografici giornalieri dell'Osservatorio Astronomico di Roma su Monte Mario. T. Fortini, M. Torelli.

Mitt. Archenhold-Sternw. Berlin-Treptow Nr. 53, 8 S. Bericht über Sonnenbeobachtungen im Jahre 1958. D. Wattenberg.

Mitt. Astrophys. Obs. Potsdam Nr. 203 S. 69—83. Polaritäten und Maximalwerte magnetischer Feldstärken von Sonnenflecken im Zeitraum 1957 Oktober 1 bis Dezember 31. F. W. Jäger, H. Künzel, W. Mattig, E. H. Schröter.

Mitt. Astrophys. Obs. Potsdam Nr. 204 S. 85—104. Polaritäten und Maximalwerte magnetischer Feldstärken von Sonnenflecken im Zeitraum 1958 Januar 1 bis März 31. F. W. Jäger, H. Künzel, W. Mattig, E. H. Schröter.

Mitt. Astrophys. Obs. Potsdam Nr. 205 S. 105—132. Polaritäten und Maximalwerte magnetischer Feldstärken von Sonnenflecken im Zeitraum 1958 April 1 bis Juni 30. F. W. Jäger, H. Künzel, W. Mattig, E. H. Schröter.

Mitt. Astrophys. Obs. Potsdam Nr. 302—306 S. 17—155. Messungen der solaren Radiostrahlung Juli 1957—September 1958. A. Böhme, H. Daene.

MN **119** 435—436. Solar activity. P. S. Laurie, A. K. Das.

Nature **183** 152. A large sunspot group.

Obs **79** 69—71. Solar activity and geomagnetic storms, 1958. P. S. Laurie, H. F. Finch.

Obs **79** 96—98. An unusual flare of 1958 August 7. J. H. Reid.

Orion Schaffhausen **5** 566, 621, 729. Provisorische Sonnenflecken-Relativzahlen Oktober 1958—September 1959. M. Waldmeier.

Orion Schaffhausen **5** 621. Definitive Sonnenflecken-Relativzahlen — Monatsmittel 1958. M. Waldmeier.

Orion Schaffhausen **5** 659—664. Les éruptions chromosphériques observées à la Specola Solare, Locarno-Monti. S. Cortesi, A. Pittini.

Orion Schaffhausen **5** 724. Eruptionen auf der Sonne. W. Scheidegger.

Oss. Astr. Roma Circ. Nr. 13—24. Fenomeni solari. — 1959 Januar—Dezember.

Oss. Astrofis. Arcetri Annuario per il 1960 S. 27—32. Osservazioni di macchie solari, di protuberanze e della cromosfera eseguite nel periodo 1° luglio 1958—30 giugno 1959. G. Noci, M. Rigutti.

Oss. Astrofis. Arcetri Annuario per il 1960 S. 33—40. Attività dei flocculi d'idrogeno e di calcio e dei filamenti d'idrogeno per il periodo 1° luglio 1958—30 giugno 1959. G. Godoli.

Oss. Astrofis. Arcetri Annuario per il 1960 S. 41—53. Brillamenti cromosferici osservati in Arcetri dal 1° luglio 1958 al 30 giugno 1959. M. C. Ballario.

Publ ASP **71** 58—63, 173—178. Summary of Mount Wilson magnetic observations of sunspots for September 1958—December 1958.

Publ ASP **71** 212—215. Solar activity in 1958. T. A. Cragg.

Publ. Istanbul Univ. Obs. Nr. 64, 9 S. Observations des taches solaires au premier semestre de l'année 1957. F. Yilmaz.

Publ. Sternw. Zürich **11** 61—87. Heliographische Karten der Photosphäre für das Jahr 1958. M. Waldmeier.

Rensselaer Obs. Publ. Nr. 4—14. 18 megacycle cosmic-noise intensities 1959 January 1 to November 30. R. Fleischer, P. R. Lichtenstein, N. C. Carragan.

Rev. Fac. Sci. Univ. Istanbul (C) **23** 201—209, 1958 (französ.). Observations of sunspots during the first half of 1957. F. Yilmaz. — Ref. in Phys. Abstr. (A) **63** 836.

RH **40** 17, 95, 139, 177, 220 (tschech.). Synoptische Karten der Photosphäre, Rotationen 1403—1413. L. Schmied.

RH **40** 165—167 (tschech.). About the big solar prominence of April 11, 1959. K. Hermann-Otavský.

RH **40** 193—196 (tschech.). About the chromospheric activity preceding the geomagnetic storm of February 11, 1958. B. Bednářová-Nováková.

Roy. Greenwich Obs. Bull. Nr. 14, 86 S. Photoheliographic results, 1956. R. v. d. R. Woolley.

Sci. Record (NS) **3** 635—639. The large solar flares of July 10 and 14, 1959. P. Chen.

Sky Tel. **18** 156, 207, 268, 335, 393, 452, 516, 569, 633, 693, **19** 41, 108. Sunspot numbers. — 1958 Okt.—1959 Okt.

Sky Tel. **18** 437. April eruptive prominence observed in Czechoslovakia.

Sky Tel. **18** 544—545. The solar flare of May 10, 1959.

Sky Tel. **18** 560. Catalogue of solar flares.

Sky Tel. **18** 678—679. An amateur's solar observations. W. J. Semerau.

Sonnendaten 1958 Nr. 8—1959 Nr. 8 (russ.). Tägliche Karten der Sonne und geophysikalische graphische Darstellungen. — 1958 Aug.—1959 Aug.

Sonnendaten 1959 Nr. 1 S. 79—80 (russ.). Beobachtung der Eruption vom 3. März 1958. R. E. Gussejnow, M. M. Mussajew.

Sonnendaten 1959 Nr. 2 S. 74—75 (russ.). Die Fläche der Sonnenfleckengruppen im Jahre 1958. A. J. Besrukowa.

Sonnendaten 1959 Nr. 4 S. 79—80 (russ.). Über die chromosphärische Eruption vom 3. September 1958. W. M. Sobolew.

Sonnendaten 1959 Nr. 5 S. 83—85 (russ.). Die große Schwankung der Radiostrahlung am 23. März 1958. W. N. Ichsanowa.

Sonnendaten 1959 Nr. 7 S. 85—86 (russ.). Die Randeruption vom 10. April 1958. W. G. Banin.

Sonnendaten 1959 Nr. 8 S. 94—95 (russ.). Beobachtungen am statischen Spektroheliographen 1959. A. W. Merkulow.

Sterne **35** 29—31. Die Sonnentätigkeit im zweiten Halbjahr 1957. R. Müller.

Sterne **35** 78—81. Die Sonnenfleckentätigkeit im ersten Halbjahr 1958. R. Müller.

Sterne **35** 152—155. Die Sonnentätigkeit im zweiten Halbjahr 1958. R. Müller.

Sterne **35** 155. Definitive Sonnenfleckenrelativzahlen für 1958. M. Waldmeier.

Sterne **35** 205—206. Ein interessantes Beispiel des Zerfallens der Sonnenflecke. L. Bartha, E. Fejes. — Es wird der Zerfall eines großen Sonnenfleckes an Hand von Beobachtungen auf der Urania-Sternwarte in Budapest ausführlich beschrieben. H. M.

Sternenbote **2** 100—101. Riesenfleckengruppen höchster Lebensdauer in 1947. R. Fischer.

Sternenbote **2** 160. Sonnentätigkeit 1959.

Stockholms Obs. Ann. **20** Nr. 8, 29 S. Solar flares and surges observed at the Stockholm Observatory and the Swedish Astrophysical Station in Anacapri in the year 1958. Y. Öhman.

Studia **3** 154—164. The chromospheric flare effect in atmospherics (IGY 1957). L. Křivský, B. Růžičková.

Tokyo Astr. Obs. Bull. Solar Phenomena **11** 1—92. Sunspots, Ca flocculi and H_α prominences; evolution table of sunspot groups; solar eruptions; intensity of coronal emission line 5303 Å; solar radio emission. — 1959 Jan.—Sept.

Urania Kraków **30** 146—148. Aktywność Słońca w 1958 r. J. Mergentaler.

VJS Naturforschende Ges. Zürich **104** 345—378 = Astr. Mitt. Sternw. Zürich Nr. 221. Die Sonnenaktivität im Jahre 1958. M. Waldmeier.

§ 64

Photosphäre, Spektrum, Granulation

6401. M. G. Adam, A new determination of the centre to limb change in solar wave-lengths. MN **119** 460—474. — In 261 Punkten der Sonnenscheibe wurden mit dem 35 m-Teleskop (Oxford) Radialgeschwindigkeiten gemessen. Die Punkte liegen in der Äquatorzone und haben Randabstände kleiner als 0.15. Aus den Beobachtungen wird die Mitte-Rand-Variation der Radialgeschwindigkeit hergeleitet. Die erhaltene mittlere Kurve paßt gut zu den älteren Beobachtungen. Am äußersten Sonnenrand folgt eine Rotverschiebung von 0.84 km/sec (zu vergleichen mit dem Einsteinschen Wert 0.636 km/sec). Stu.

6402. B. Bell, A. Meltzer, The Doppler widths of solar absorption lines. Smithsonian Contr. Astrophys. **3** 39—46 = Harv Repr (2) Nr. 149 = Rensselaer Obs. Publ. Nr. 8. — Mit einer Dispersion von 4.45 mm/Å wurden auf dem Sacramento Peak die Profile von 22 ziemlich schwachen Linien des C, Si und Fe (mit Anregungsenergien über 4.1 eV) in der Mitte der Scheibe aufgenommen und nach der Methode der Voigt-Funktionen untersucht, wobei die sehr verschiedenen Atomgewichte 12, 28, 56 eine Trennung des davon abhängigen Temperaturbeitrags von der davon unabhängigen Verbreiterung durch Turbulenz und Apparatprofil im Doppler-Kern ermöglichte. Es zeigte sich, daß die Dämpfung nicht vernachlässigt werden darf; unabhängig davon ergaben sich aber unter verschiedenen Voraussetzungen stets kinetische Temperaturen zwischen 10000 und 12000°, während für die Turbulenzgeschwindigkeit je nach der Form des angenommenen Apparatprofils Werte zwischen 1.2 und 1.6 km/sec gefunden wurden. Eine bei $\cos \vartheta = 0.8$ durchgeführte Aufnahmereihe ergab wenig höhere Temperaturen. Nach einer eingehenden Diskussion bleibt als wahrscheinlichste Ursache der hohen Temperaturwerte ein wesentlicher Beitrag der Chromosphäre zu den Doppler-Kernen der untersuchten Linien. Gü.

6403. **L. Biermann, R. Kippenhahn, R. Lüst, S. Temesváry,** Beiträge zur Theorie der Sonnengranulation. ZfA **48** 172—188. — Numerische Berechnungen mehrerer Modelle der Wasserstoff-Konvektionszone der Sonne ergeben, daß die beobachtete Größe der Granulen (≈ 1000 km) von der Größenordnung der Äquivalenthöhe derjenigen Schichten ist, in denen sie entstehen. Die durch die Granulation angeregten magnetohydrodynamischen Schwingungen werden untersucht und insbesondere deren Energietransport quer zum Magnetfeld näher diskutiert. Voigt

6404. **D. E. Blackwell, D. W. Dewhirst, A. Dollfus,** The observation of solar granulation from a manned balloon. I. Observational data and measurement of contrast. MN **119** 98—111. — Von einem bemannten Ballon aus wurde mit einem 29 cm-Refraktor (f = 294 cm) bei einer Vergrößerung von 6″7/1 mm und einer Belichtungszeit von $2 \cdot 10^{-4}$ sec die Granulation aufgenommen ($\lambda = 530$ mμ, Gradation $\gamma = 6.1$). Ein Aufstieg auf 5900 m erbrachte 480 Aufnahmen, wobei mit einem Trennvermögen um 0″5 trotz schlechter Bodensicht die an Bodenstationen erreichte Bildgüte übertroffen wurde. Der mittlere Durchmesser der Granula lag bei 1″4. Eine Untersuchung der 5 besten Platten nach der Autokorrelationsmethode ergab Halbwertsbreiten des Autokorrelationskoeffizienten zwischen 0″72 und 0″97. Photometerregistrierungen dieser Platten ergaben für den Kontrast der Granula Werte von 7 bis 9 %, Isophotometerdiagramme als mittleren Kontrast 11 %. Mit Hilfe von Testgittern mit photometrischem Sinusprofil wurde die Kontrast-Durchlässigkeitsfunktion des Teleskops bestimmt und damit der gefundene Kontrast-Mittelwert von 10 % auf 40 % korrigiert. An Hand von 17 Abbildungen wird die Struktur der Granulation diskutiert (Form der Granula, Gruppen- und Reihenbildung etc.). Gü.

* * **K. H. Böhm, E. Richter,** Der Einfluß des Strahlungsaustausches auf die Konvektion in einer polytropen Atmosphäre. Vgl. Ref. **5303**.

6405. **C. Chassapis,** Fine structure of the solar photosphere. AAVSO Abstr. Oct. 1959 S. 7—9.

6406. **M. S. Chochlow,** An experimental determination of the oscillator strengths of the Pb I lines $\lambda\lambda$ 4057 and 3683 Å and the lead abundance in the solar atmosphere. II. The determination of the lead abundance in the sun. Mitt. Astrophys. Obs. Krim **21** 103—111 (russ. mit engl. Ref.). — Mit den in einer vorausgegangenen Arbeit berechneten Oszillatorenstärken wurde auf Grund von Mikrospektrogrammen der Linien 4057 und 3683 Å der Bleigehalt in der Sonnenatmosphäre zu log N(H)/logN(Pb) ≈ 10.75 bestimmt. Dieser Wert liegt zum Teil stark über dem von früheren Arbeiten, stimmt aber mit dem von Suess und Urey für Meteoriten gefundenen (10.93) sehr gut überein. Wahrscheinlich ist auch der relative Thoriumgehalt der Sonnenatmosphäre mit N(Th)/N(Pb) ≈ 0.1 dem von Meteoriten ähnlich. Petri

6407. **S. V. M. Clube,** Some observations of the Hα line at the solar limb. Obs **79** 214—216. — Die Beobachtungen wurden mit dem Oxforder Sonnenteleskop in Verbindung mit einem neuen Bausch und Lomb-Gitter durchgeführt

(Durchmesser des Sonnenbildes 18 cm). Bei nahezu radialer Richtung des Spaltes konnten Hα-Profile für Bereiche bis zu 11″ innerhalb und 7″ außerhalb des Sonnenrandes gleichzeitig erhalten werden. Verf. diskutiert die Ergebnisse einer bei besonders guter Luftruhe aufgenommenen Platte. Die Profile innerhalb der Scheibe sind danach aus einem Absorptions- und Emissionsprofil zusammengesetzt, während in der Chromosphäre nur das letztere vorhanden ist. Das Emissionsprofil wird der Hα-Emission von Spiculae zugeschrieben. Els.

6408. **A. Dollfus,** Observations astronomiques en ballon libre. BSAF **73** 345—362, 411—426, 467—487. — Eingehende Beschreibung von drei Aufstiegen mit Freiballons am 30. Mai 1954, 22. Nov. 1956 und 1. April 1957. Verf. war der Ansicht, daß ein Freiballon genügend stabil sei, um astronomische Beobachtungen mit Instrumenten zuzulassen. Dies hat sich vollkommen bestätigt. Beim ersten Aufstieg wurde der Wassergehalt der Atmosphäre spektroskopisch bestimmt. Bei den beiden letzten Aufstiegen wurde ein Refraktor mit 30 cm Öffnung und 3 m Brennweite mitgeführt. Der Zweck des Fluges waren Aufnahmen von den feinsten Einzelheiten der Sonnengranulation. Beim ersten Aufstieg waren die Bilder wegen eines Fehlers des Verschlusses überexponiert, aber der letzte Flug gab sehr feine Aufnahmen, die später ausgemessen wurden. Die Struktur der Granulation ist sehr verwickelt. Verf. ist der Ansicht, daß sich die Granula nicht im selben Niveau befinden. Aus den Eigentümlichkeiten kann vielleicht auch das Vorhandensein von schwachen Magnetfeldern erklärt werden. C.L.J.

6409. **R. B. Dunn,** Solar limb darkening near λ 6563 from 0.9 to 1.00 R. ApJ **130** 972—984. — Die Randverdunklung am äußersten Sonnenrand im Wellenlängenbereich nahe Hα wird gemessen. Das Apparateprofil wird aus den Beobachtungen heller Protuberanzen bestimmt. Die Resultate stimmen gut mit früheren Messungen von ten Bruggencate und anderen überein, zeigen aber gegenüber anderweitigen Meßreihen Unterschiede. FS

6410. **P. Fellgett,** On the interpretation of solar granulation. MN **119** 475—511. — Die Methoden der Interpretation von Granulationsbeobachtungen werden mit Berücksichtigung der stochastischen Natur des physikalischen Phänomens und des Umstandes untersucht, daß es bislang nicht möglich ist, die Intensitätsverteilung in den Objekten zu bestimmen. Viele der angeführten Gesichtspunkte sind elementar; ihre ausführliche Diskussion ist aber notwendig, weil in der Literatur häufig Resultate publiziert wurden, welche die ihnen zugeschriebene Bedeutung nicht zu verdienen scheinen. Aus Anwendungen auf die simultanen Geschwindigkeits- und Helligkeits-Beobachtungen von Richardson, Schwarzschild und Plaskett folgt, daß die Korrelation zwischen Geschwindigkeit und Helligkeit schwächer ist, als angenommen wurde. Periodizitäten in zwei der Oxforder Beobachtungsreihen können möglicherweise mit magnetohydrodynamischen Effekten zusammenhängen, aber die Annahme einiger Autoren, daß deutliche Periodizitäten über große Regionen der Sonnenoberfläche hin existieren, lassen sich nicht bestätigen. Stu.

6411. **E. Finlay-Freundlich, E. G. Forbes,** On the red shift of the solar lines. III. Ann d'Astrophys **22** 727—732 = Contr. Obs. Univ. St. Andrews Nr. 13. — Die Finlay-Freundlichsche Hypothese, daß eine beobachtete Rotverschiebung proportional zu Weglänge und vierter Potenz der Temperatur eines von den Photonen durchlaufenen Strahlungsfeldes ist, wird bei der Diskussion absoluter Wellenlängen im Sonnenspektrum nach M. G. Adam von 1948 (vgl. AJB **48** Ref. **6101**) und der Mitte-Rand-Variationen nach W. Adams von 1910 (vgl. AJB **12** Ref. **3105**) bestätigt. Dv.

6412. **L. Goldberg, O. C. Mohler, E. A. Müller,** The double reversal in the cores of the Fraunhofer H and K lines. ApJ **129** 119—133. — Bei verschiedenem Abstand von der Sonnenmitte werden photoelektrische Beobachtungen von Profilen der Kalziumlinien durchgeführt. Es werden Doppler-Breiten berechnet, mit denen sich die Beobachtungen überall gut darstellen lassen. Die

Verbreiterung der Profile gegen den Sonnenrand deutet darauf hin, daß die Turbulenz anisotrop ist und mit der Höhe zunimmt. Die Chromosphäre besteht vermutlich aus Zonen verschiedenen physikalischen Verhaltens. v. H.

* * **L. Houziaux,** Ionisation et excitation de l'oxygène au voisinage des étoiles chaudes. Vgl. Ref. 5304.

* * **J. N. Howard,** The transmission of the atmosphere in the infrared. Vgl. Ref. 7323.

6413. **C. de Jager,** Zonnefotografie van grote hoogte. Hemel en Dampkring 57 1—8.

6414. **C. de Jager, L. Neven,** Saturation effects in very faint Fraunhofer lines. Obs **79** 102—105 = Sterrewacht «Sonnenborgh» Utrecht Overdruk Nr. 37. — An drei Multipletts des CIII, NIII, OII wird gezeigt, wie bei einer Linienabsorption in größerer optischer Tiefe das Verhalten starker Linien in Bezug auf die Wachstumskurve mit einer sehr geringen Äquivalentbreite infolge der kontinuierlichen Absorption in den höheren Schichten verbunden sein kann. Gü.

6415. **V. Letfus,** Abundance of iron in the solar atmosphere. BAC **10** 78.

6416. **R. E. Loughhead, R. J. Bray,** «Turbulence» and the photospheric granulation. Nature **183** 240—241. — Auf Grund von erstklassigen Aufnahmen der Granulation der Sonne, die in kurzen zeitlichen Abständen gewonnen wurden, wird die Ansicht verfochten, daß es sich bei den Granulationselementen um Konvektionszellen handelt, nicht um Turbulenzeinheiten, wie andere Forscher angenommen haben. H. M.

6417. **C. Macris,** The dimensions of the photospheric granules in various spectral regions. Obs **79** 22—24. — Um einen ersten Beitrag zur Klärung der Frage zu liefern, ob die Granulen im Violetten größer sind als im Roten oder nicht, hat Verf. in Athen Aufnahmen der Sonne auf Gevaert Process Extra Pan P 5-Platten durch Orangefilter gemacht. Der mittlere Durchmesser der Granulen beträgt 1″3. Loh.

6418. **P. Mein,** Spectre continu du Soleil. BSAF **73** 5—11.

6419. **R. Michard,** Nouvelles promesses de la spectroscopie du Soleil. BSAF **73** 155—165.

6420. **W. E. Mitchell jr.,** The center-limb variation of the intensities of selected solar lines. ApJ **129** 93—118. — Ein Vergleich der beobachteten Mitte-Rand-Variation mit theoretisch berechneten Werten wird durchgeführt. Es werden Linien benutzt, die gegenüber Temperatur und Druck empfindlich und schwach sind, und die in Bereichen mit gut definiertem Kontinuum liegen. Läßt man die theoretischen Äquivalentbreiten mit den beobachteten in der Sonnenmitte übereinstimmen, so überwiegen am Rand die beobachteten Intensitäten die berechneten. Änderungen der benutzten Modellschichtung, speziell des Elektronendruckes, werden vorgeschlagen, und auch der Einfluß des Geschwindigkeitsfeldes auf Linien mit größerer Sättigung wird diskutiert. v. H.

6421. **W. E. Mitchell jr.,** The distribution of electron pressure in the solar photosphere. ApJ **129** 369—374. — Für $\lambda = 0.8$, 1.1 und 1.6 μ wurden Temperatur, Gas- und Elektronendruck der Photosphäre mit einer Metallhäufigkeit log A = 4.28 und ohne He berechnet, wobei die hydrostatische Grundgleichung für $\tau_\lambda < 0.01$ durch Iteration, für größere optische Tiefen nach dem Runge-Kuttaschen-Verfahren gelöst wurde. Die große Ähnlichkeit der berechneten Modelle erweist, daß für die H^--Absorption die Berechnung von Chandrasekhar und Breen (1946) völlig ausreicht. Die Modelle werden mit denen von Böhm-Vitense (II), von Pagel sowie von Aller, Pierce und Elste verglichen; gegenüber dem letzten erscheinen hier die Elektronendrucke in der äußeren Photosphäre bei gleicher Temperatur um etwa 50% kleiner. Gü.

6422. **C. E. Moore, H. P. Broida,** CH in the solar spectrum. J. Res. National Bur. Stand. **63 A** 19—53. — Ref. in Phys. Abstr. (A) **62** 1234.

6423. **C. E. Moore, H. P. Broida,** OH in the solar spectrum. J. Res. National Bur. Stand. **63 A** 279—295. — Ref. in Phys. Abstr. (A) **63** 648.

6424. **B. E. J. Pagel,** Note on collisional dissociation of the H^- ion in the solar atmosphere. MN **119** 609—611. — Im Gegensatz zu einer früheren Mitteilung des Verf. (vgl. AJB **56** Ref. **6110**) ist der Einfluß der Elektronenstöße auf die H^--Dichte der äußeren Sonnenatmosphäre neben dem der Photodissoziation durchweg zu vernachlässigen, wie eine neue Berechnung von S. Geltman unter Berücksichtigung des weitreichenden Coulomb-Feldes ergeben hat. Wirksamer ist die assoziative Abspaltung des Elektrons ($H^- + H \rightarrow H_2 + e^-$), die nach einer von A. Dalgarno angegebenen Abschätzung der entsprechenden Assoziationswahrscheinlichkeit bei gegebener geometrischer Tiefe eine Vergrößerung der optischen Tiefen $\tau_{5000} < 0.0002$ um etwa 70% bewirkt. Gü.

* * **J.-C. Pecker,** Écarts à l'équilibre et abondances dans les photosphères solaire et stellaires. I. Le spectre du titane neutre — Écarts à l'E. T. L. Vgl. Ref. **5322.**

6425. **H. H. Plaskett,** Motions in the sun at the photospheric level. VIII. Solar rotation and photospheric circulation. MN **119** 197—212. — Für 332 Punkte der sichtbaren Sonnenhälfte wurden auf Spektralaufnahmen aus der Zeit 1953 April 21—23 Radialgeschwindigkeiten gemessen. Die Radialgeschwindigkeit kann für jeden Punkt als lineare Funktion ihrer Ost-West- und Nord-Süd-Komponente ausgedrückt werden. Lösungen solcher Beobachtungsgleichungen für verschiedene Breiten zeigen eine Asymmetrie der Rotationsgeschwindigkeiten in der Äquatorzone und das Vorhandensein meridionaler Strömungen. Diese Bewegungen lassen die Existenz einer Zirkulation in der Photosphäre vermuten, die an die in der oberen Erdatmosphäre erinnert. Diese Hypothese wird im Zusammenhang mit einer Untersuchung von M. J. Lighthill geprüft. Ein Beobachtungstest wird vorgeschlagen. Verf. (ü.)

* * **C. Plumpton,** The propagation of hydromagnetic waves of finite amplitude in a horizontally stratified atmosphere. Vgl. Ref. **5137.**

* * **H. van Regemorter,** Recherches sur les problèmes théoriques de classification stellaire. III. L'élargissement des raies de l'hydrogène. Vgl. Ref. **5326.**

6426. **M. Rigutti,** Variazioni di due doppietti del sodio lungo un raggio del disco solare. Mem SA It (NS) **30** 121—134 = Oss. Astrofis. Arcetri Contr. Nr. 29. — Auf Grund von Aufnahmen mit dem Turmteleskop in Arcetri, die in 8 verschiedenen Punkten eines Sonnenradius gemacht wurden, wird die Änderung der Linienprofile und der Äquivalentbreiten der beiden Natrium-Dubletts bei 5686 Å und 8189 Å in ihrem Verlauf vom Zentrum bis zum Rand der Sonnenscheibe studiert. Die Beobachtungen sind mit der Annahme verträglich, daß die Natriumlinien in der unteren Chromosphäre oder in der Grenzschicht zwischen Photosphäre und Chromosphäre gebildet werden. H. M.

6427. **J. B. Rogerson jr.,** The solar limb intensity profile. ApJ **130** 985—990. — Auf Aufnahmen, die von einem Ballon aus gemacht wurden, wird die Randverdunklung am äußersten Sonnenrand in der Nähe der Wellenlänge 5400 Å bestimmt. Die Resultate werden erst in der Entfernung von 1″ vom Sonnenrand unsicher. FS

6428. **J. Rösch,** Observations sur la photosphère solaire. I. Technique des observations photographiques (objectif de 23 cm). Ann d'Astrophys **22** 571—583. — Es wurden sehr sorgfältig und ausführlich die Bedingungen instrumenteller, technischer und meteorologischer Art diskutiert, die es ermöglichen könnten, von einer Beobachtungsstation auf der Erdoberfläche, speziell auf dem Pic du Midi, Sonnenaufnahmen von einer solchen Qualität zu gewinnen, daß das Auflösungsvermögen des Fernrohres ausgenutzt wird. Das endgültig benutzte Fernrohr ist ein Refraktor mit einer Objektivöffnung von 23 cm; wesentliche Maßnahmen sind: Kühlung der Fokalebene, kleiner Bildausschnitt, enger wirksamer Spektralbereich, Bildfolgen von 24 Bildern pro Sekunde während einiger Sekunden und Wiederholungen alle 30 bis 60 Sekunden bei sehr kurzen Belichtungszeiten, Wahl günstiger meteorologischer Verhältnisse und günstiger Tageszeit, 2—3 Stunden nach Sonnenaufgang. Einige Ergebnisse werden beschrieben, die besonders interessant sind, da sie die Granulation nahe am Sonnenrand und innerhalb von Sonnenflecken zeigen. H. M.

6429. **J. Rösch,** Observations sur la photosphère solaire. II. Numération et photométrie photographique des granules dans le domaine spectral 5900—6000 Å. Ann d'Astrophys **22** 584—607. — Nach der im ersten Teil der Arbeit beschriebenen Methode wurde eine große Zahl von Sonnenaufnahmen gemacht, aus denen eine ganz besonders gute Serie vom 29. Sept. 1957 zur genauen Untersuchung ausgewählt wird. Der mittlere Abstand der Zentren zweier Granulen ergibt sich danach zu 2″0, wobei 65% der Werte zwischen 1″4 und 2″4 gelegen sind. Für die Gesamtzahl der Granulen auf der Sonnenoberfläche findet man 3.5×10^6, in guter Übereinstimmung mit einer früheren Bestimmung von Keenan. Für ein ausgesuchtes Teilgebiet wird eine Isophotenkarte hergestellt, aus der man ersieht, daß die hellen Gebilde zahlreicher sind als die dunklen. Die mittlere Helligkeitsdifferenz zwischen Granulen und Poren, damit sind dunkle Stellen von der Größe der Granulen gemeint, beträgt 11.7%. Berücksichtigt man den Einfluß der Diffraktion auf den Kontrast, so findet man, daß die zentrale Helligkeit der Granulen die zentrale Helligkeit der Poren um 23% übertrifft, was einer Temperaturdifferenz von 340° entspricht. H. M.

6430. **J. Rösch, M. Hugon,** Sur l'évolution dans le temps de la granulation photosphérique. CR **249** 625—627. — Mit einem 38 cm-Objektiv wurde auf dem Pic du Midi eine Serie von 28 Aufnahmen der Granulation im Abstand von je einer Minute gewonnen, die die Auflösung der Schwarzschildschen Ballonaufnahmen erreicht. Bei der Diskussion dieses Materials zeigt sich, daß die Frage nach einer mittleren Lebensdauer der Granulationselemente nicht so einfach zu fassen ist, da für verschiedenartige Individuen von Granulationselementen verschiedene Entwicklungsmöglichkeiten bestehen, wie z. B. einfaches Auflösen, Aufspalten, Kondensation etc. J.P.M.

6431. **B. M. Rubaschew, G. P. Swetschnikowa,** Über die Wechselwirkung der hydrodynamischen und elektromagnetischen Faktoren in der Konvektionszone der Sonne. Sonnendaten 1958 Nr. 11 S. 58—59 (russ.). — In der Konvektionszone — Sonnenflecken ausgeschlossen — ist eine Wechselwirkung zwischen elektromagnetischen und hydrodynamischen Kräften zwar vorhanden, aber nicht in dem Ausmaß, wie es nach Alfvén der Fall sein sollte. Loh.

6432. **V. C. Rubin,** Solar limb darkening determined from eclipse observations. ApJ **129** 812—825 = Georgetown Obs. Repr. Nr. 23. — Aus den während der totalen Sonnenfinsternis 1952 Februar 25 in Khartoum, Bangui und Libreville photoelektrisch gemessenen Lichtkurven der Sonne für $\lambda = 800 \pm 100$ mμ wird die Helligkeitsverteilung $J(\vartheta)$ am äußersten Sonnenrand ($0.988 \leqq \sin \vartheta \leqq 0.999$) ermittelt. Dabei wird der Mondrand nach Watts Profilen stufenförmig approximiert. In der Darstellung $J(\vartheta) = c_0 + c_1 \cdot \cos \vartheta$ hängt c_1/c_0 stark von der Wahl des Wertes für den Mondradius ab. Nimmt man ihn an, wie er sich aus Sternbedeckungen ergab, wird $c_1/c_0 = 4.4 \pm 0.9$ (w. F.). Bei Kalibrierung mittels einer Messung der Vollmondhelligkeit und der 1954 von Pierce gemessenen Randverdunklung ergibt sich unter Bezug auf die Sonnenmitte $c_0 = 0.34$, $c_1 = 1.5$. Gü.

6433. F. Saiedy, R. M. Goody, The solar emission intensity at 11 μ. MN **119** 213—222. — Zwischen 6.3 μ und 15 μ ist die Erdatmosphäre verhältnismäßig durchlässig, und da sich in diesem Bereich auch nur unbedeutende Fraunhofer-Linien solaren Ursprungs im Sonnenspektrum befinden, besteht begründete Aussicht, hier das reine Kontinuum erfassen zu können. Innerhalb eines sehr schmalen Fensters der Atmosphäre bei 11.10 μ wird die Zentrumsintensität der Sonne mit der Strahlung eines schwarzen Körpers von 1300° verglichen, wobei die Sonnenstrahlung durch rotierende Sektoren entsprechend abgeschwächt war. Das Intensitätsverhältnis beider Strahlungen wurde dann mittels eines Golay-Detektors bestimmt. Aufbau der ganzen Anordnung und Reduktion der Messungen sind ausführlich beschrieben. Aus 5 Meßreihen ergibt sich eine Zentralintensität von $(2.408 \pm 0.016) \times 10^{10}$ erg cm^{-2} $ster^{-1}$ sec^{-1} pro cm Wellenlängenbereich entsprechend einer Temperatur von 5036° ± 30°, was gut zu anderen Messungen in der Nähe von 2 μ und bei 6 mm paßt. H. M.

6434. S. Sankaranarayanan, Centre-limb variation of solar excitation temperature as derived from Ti I lines. Kodaikanal Obs. Bull. Nr. 149, 8 S.

6435. F. Schmeidler, Über das Turbulenzspektrum der thermischen Konvektion in der Sonne. AN **285** 65—70 = Veröff. Sternw. München **5** Nr. 7. — Das Turbulenzspektrum einer infolge thermischer Instabilität konvektiven Gasmasse weicht vom Spektralgesetz der hydrodynamischen Turbulenz ab, weil das Spektrum wesentlich durch die thermische Auftriebskraft bestimmt wird. Der Mechanismus der Konvektion bringt es mit sich, daß sich aus einem aufsteigenden heißen Element durch Wärmeabgabe an die Umgebung ein größeres Element bildet, aus diesem wieder ein noch größeres etc. Der Durchmesser der größten Elemente ist ungefähr gleich der Skalenhöhe der Temperaturänderung. Die Geschwindigkeit der Elemente ist proportional zum Quadrat ihres Durchmessers. Für die kleinsten Elemente ergibt sich das hydrodynamische Spektralgesetz als Grenzfall. Die Energiedissipation kann gegenüber der gesamten Turbulenzenergie vernachlässigt werden, solange die größten Elemente sich in guter Näherung adiabatisch verhalten. Verf.

6436. E. Schoenberg, Die Umrisse der Sonnenphotosphäre nach Beobachtungen des Sonnenrandes. Sitzber. Bayer. Akad. Wiss. Math.-naturwiss. Kl. 1959 S. 195—217 = Mitt. Sternw. München **1** Nr. 10. — Die vom Verf. entwickelte Apparatur zur Messung des Sonnenhalbmessers wurde durch Einführung eines größeren und aus Quarzglas geschliffenen Prismas verbessert. Die Reduktion der Beobachtungen wird ausführlich dargestellt. Messungen von 1958 Aug. bis 1959 Jan. werden tabellarisch und, sofern ein Tagesgang des Radius auftrat, auch graphisch mitgeteilt. Petri

6437. E. H. Schröter, Rotverschiebung und «limb-Effekt» im Sonnenspektrum. Monatsber. Deutsch. Akad. Wiss. Berlin **1** 738—744 = Mitt. Astrophys. Obs. Potsdam Nr. 83. — Kurzer zusammenfassender Bericht über die an anderer Stelle (vgl. AJB **57** Ref. **6119**) ausführlich publizierten neueren Potsdamer Untersuchungen zur relativistischen Rotverschiebung im Sonnenspektrum und die überlagerten Doppler-Effekte der solaren Granulation. Els.

6438. M. Schwarzschild, Photographs of the solar granulation taken from the stratosphere. ApJ **130** 345—363. — Mit einem 30 cm-Teleskop mit automatischer Nachführung und Kamera in einem unbemannten Ballon wurden in 24 km Höhe Aufnahmen der Sonnengranulation von hervorragender Definition gewonnen. Die Granulation zeigt den Charakter einer nicht-stationären Konvektion; Durchmesser der Granulen 300 bis 1800 km, mit irregulären, oft polygonalen Formen, getrennt durch schmale, dunkle Linien. Die Temperaturfluktuationen $\sqrt{\overline{\Delta T^2}}$ sind wahrscheinlich kleiner als 100°. Voigt

6439. A. B. Sewerny, W. L. Chochlowa, The spectrophotometry of lines in grains of continuous emission. Mitt. Astrophys. Obs. Krim **21** 190—197 (russ. mit engl. Ref.). — Die Untersuchung der im Sommer 1957 aufgenommenen Spektren ergab keine merklichen Unterschiede im Verhalten der neutralen Atome und Ionen der Granula, die demnach optisch dünne Gebilde in Tiefen $\tau \leq 1$ sein dürften. Linienprofile und Zahlenwerte der Restintensitäten werden ausführlich mitgeteilt. Petri

6440. T. L. Swihart, Convection in the sun. AJ **64** 133. — Ref. AAS.

6441. W. Unno, Turbulent motion in the solar atmosphere. I. Doppler widths of photospheric lines. ApJ **129** 375—387. — Aus 25 Paaren von Multiplettlinien mäßiger Intensität wird die Doppler-Breite in verschiedenen optischen Tiefen im Zentrum der Sonnenscheibe hergeleitet. Sie nimmt von 1.55 km/sec in $\tau_{5000} = 0.6$ auf 0.75 km/sec in $\tau_{5000} = 0.2$ ab. Voigt

6442. H. H. Voigt, «Drei-Strom-Modell» der Sonnenphotosphäre. II. Die infraroten Nickellinien λ 7789 und 7798 Å. ZfA **47** 144—160 = Veröff. Univ.-Sternw. Göttingen Nr. 125. — Interpretation der mit hoher Dispersion beobachteten Nickellinien. Die Symmetrie der Linie 7798 (trotz des unsymmetrischen Beitrags der drei Ströme) läßt keine weiteren Schlüsse auf die Temperaturinhomogenitäten zu. Jedoch wird die Kontur durch ein Drei-Strom-Modell besser wiedergegeben. Die Halbwertsbreite ist gegenüber Temperaturinhomogenitäten sehr unempfindlich und führt auf eine Mikroturbulenz, die in den höheren Schichten auf 2—3 km/sec ansteigt. — Die Linie 7789 wird vermutlich durch einen unbekannten «blend» gestört. Voigt

6443. Telescope-balloon flights. Science **130** 89. — Bericht über Sonnenbeobachtungen mit einem 12″-Teleskop und einer Fernsehkamera.

6444. Project stratoscope obtains finest pictures of the sun. Sky Tel. **19** 79—80.

6445. Technetium auf der Sonne nicht bestätigt. Sterne **35** 39. — Ref.

6446. Häufigkeit des Kohlenstoffisotops C^{13} auf der Sonne. Sterne **35** 85. — Ref.

6447. Kohlenmonoxyd auf der Sonne. Sterne **35** 245—246. — Ref.

6448. Technetium auf der Sonne nicht bestätigt. Sternenbote **2** 47—48.

§ 65

Flecke, Fackeln, Sonnenaktivität

6501. M. d'Azambuja, Les taches du Soleil et leur périodicité. BSAF **73** 113—118.

6502. H. Bachmann, Der jetzige Sonnenfleckenzyklus. Orion Schaffhausen **5** 698—703.

6503. J. D. R. Bahng, J. B. Danielson, J. B. Rogerson jr., M. Schwarzschild, Sunspot photographs from the stratosphere. AJ **64** 323. — Ref. AAS.

6504. E. A. Baranowskij, W. E. Stepanow, The profile of the sodium D_1 line and the gradient of the magnetic field of a sunspot. Mitt. Astrophys. Obs. Krim **21** 180—189 (russ. mit engl. Ref.). — 180 Spektren des D_1-Bereichs wurden mit einer früher beschriebenen Polarisationseinrichtung

1957 Aug. und 1958 Feb. in der 4. Ordnung des Gitterspektrographen am Turmteleskop des Krim-Observatoriums bei 0.29 Å/mm aufgenommen. Ihre Untersuchung ergab, daß der Gradient des Magnetfeldes in verschiedenen Flecken unterschiedliche Werte zwischen etwa 1.0 und 1.8 Γ/km annimmt. Die nach dem Fleckenmodell von R. Michard berechneten theoretischen Profile passen schlecht zu den Beobachtungen. Es wird unter anderem vorgeschlagen, eine geringere effektive Temperatur im Fleck anzunehmen und den diamagnetischen Effekt zu berücksichtigen. Petri

6505. **U. Becker,** Über eine sekundäre Fleckenzone. ZfA **48** 88—94 = Mitt. Fraunhofer Inst. Freiburg Nr. 40. — An Hand der Fleckenflächen der 7 Zyklen Nr. 12—18 wird nachgewiesen, daß bei den Flecken neben der Hauptzone, die äquatorwärts wandert, auch eine Nebenzone festgestellt werden kann, die beim Minimum in 25° Breite beginnt, sich polwärts verlagert und etwa beim Maximum erlischt. Der Vergleich mit der entsprechenden sekundären Protuberanzenzone zeigt gute Übereinstimmung und läßt vermuten, daß auch die Fleckenaktivitätszone im Grunde noch bis zu höheren Breiten als 40° reicht, dort aber nur noch an Fackelfeldern zu erkennen ist. H. M.

6506. **B. Bell,** On the magnetic field strengths of sunspots. Publ ASP **71** 165—167 = Harv Repr Nr. 518. — Obwohl das Aktivitätsmaximum 1957 mehr Flecken aufwies als die vorhergehenden, sind nach den Mount Wilson-Beobachtungen diesmal sowohl die stärksten magnetischen Fleckenfelder seltener wie auch die Lebensdauer der Fleckengruppen kürzer. Gü.

6507. **B. Bell, H. Glazer,** Some sunspot and flare statistics. Smithsonian Contr. Astrophys. **3** 25—38 = Harv Repr (2) Nr. 150. — Statistische Untersuchung von 5940 am Mount Wilson Observatory 1937—1953 beobachteten Sonnenfleckengruppen und 8403 damit verbundenen Eruptionen mit folgenden Ergebnissen: 1.) Verteilung der Fleckengruppen auf die magnetischen Klassen unter Berücksichtigung von Größe und Alter. 2.) Die stärksten Magnetfelder fanden sich i. a. in solchen Gruppen, in denen der größere Fleck voranging. 3.) Bestätigung des bekannten Zusammenhangs zwischen größter Feldstärke und Gruppenfläche. 4.) Dgl. für die magnetische Entwicklung. 5.) Eine neue Untersuchung der EW-Asymmetrie der Fleckenzahlen unter Berücksichtigung der magnetischen Klassen und der Sichtbarkeitsdauern stützt Schusters Erklärung als Auswahlphänomen. 6.) In Übereinstimmung mit Giovanelli, Sewerny sowie Hoyle und Gold wurden in den komplexen Gruppen der Klasse γ die meisten Eruptionen gefunden. 7.) Zusammenhang zwischen Flare-Häufigkeit und Gruppenfläche. Gü.

6508. **A. J. Besrukowa,** Einige Überlegungen über die Höhe des Maximums des Sonnenzyklus Nr. 20. Sonnendaten 1959 Nr. 6 S. 83—85 (russ.).

6509. **R. J. Bray, R. E. Loughhead,** High resolution observations of the granular structure of sunspot umbrae. Australian J. Phys. **12** 320—326. — Auf Photographien von 6 Sonnenflecken verschiedener Größe wurde in den Fleckenumbrae granulare Struktur gefunden. Bei den mit einem 5″-Heliographen gewonnenen Aufnahmen wurden die Fleckenpartien aus dem primären Sonnenbild (16 mm Durchmesser) ausgeblendet und sekundär vergrößert. Die Arbeit enthält Beispiele für drei Flecken. Aus mehreren aufeinanderfolgenden Aufnahmen erhalten Verf. eine Lebenszeit der Umbragranulen, die ein Mehrfaches der von photosphärischen Granulen beträgt. Ihre mittlere Größe soll etwas kleiner sein als in der Photosphäre. Els.

6510. **V. Bumba,** The relation of motion in «unipolar» sun-spots to the magnetic field in these spots. BAC **10** 183—184. — Zusammenfassung der Ergebnisse einer später veröffentlichten Untersuchung von G-, H- und J-Flecken am Krim-Observatorium: Darstellung der an Fe $\lambda\lambda$ 5250 und 6302 gemessenen Feldstärken in der Form $|\mathfrak{H}| = a/\varrho^3$; Höhenvariation von $|\mathfrak{H}|$ unter

Benutzung der Linien H und K. Lage des schwächeren Pols bei «unipolaren» Flecken. Zum Evershed-Effekt: Fahnen und Begleiter der Fraunhofer-Linien abhängig von Fleckenlage und Äquivalentbreite, Variation der Radialgeschwindigkeit mit der Zentraldistanz ϑ. Physikalische Diskussion der Magnetfelder und Materiebewegungen. Gü.

6511. **W. B. Chadwick,** Prediction of sunspot numbers for cycle 20. Nature **184** 1787.

6512. **E. Chvojková,** Ein Problem der Sonnentätigkeit. Sterne **35** 112—113. — Es werden die über N-, S-, O- und W-Halbkugel getrennt summierten Fleckenflächen während einiger Aktivitätszyklen graphisch dargestellt und diskutiert. Die beträchtlichen Unterschiede zwischen jeweils zwei miteinander verglichenen Halbkugeln (N u. S bzw. O u. W) bleiben meist über viele Rotationen, mitunter sogar über mehrere Zyklen hin erhalten. Stu.

6513. **A. K. Das,** The solar cycle and the associated behaviours of sunspots and prominences. Kodaikanal Obs. Bull. Nr. 152, 13 S. — Es wird ein Versuch dargelegt, die Wanderung der Sonnenflecken zum Äquator und die der Protuberanzen zum Pol auf Grund der klassischen Dynamik zu erklären. Da die Sonne trotz ihrer Rotation nicht abgeplattet ist, muß eine Beschleunigungskomponente in Richtung vom Pol zum Äquator auf ihrer Oberfläche, der Photosphäre, auftreten, was die Fleckenwanderung verständlich macht. Andererseits wird nachgewiesen, daß auch die Chromosphäre nicht die der Rotation entsprechende Gleichgewichtsfigur annimmt, sondern stärker abgeplattet ist, so daß hier eine zum Pol gerichtete Beschleunigung erscheint, wodurch die Wanderung der Protuberanzen verständlich wird. In Verbindung mit einer früheren Theorie des Verf. über die Entstehung von Flecken und Protuberanzen durch Auswürfe von Materie aus einem stark konvektiven Sonnenkern wird auch die Bildung bipolarer Fleckengruppen, der bekannte Wechsel der Polaritäten und noch anderes als plausibel dargestellt. H. M.

6514. **A. Dauvillier,** Sur la structure et le mécanisme des taches solaires. CR **248** 1084—1086. — Es wird ein spezieller elektromagnetischer Mechanismus für das Zustandekommen von Granulation und Sonnenflecken vorgeschlagen und diskutiert. J. P. M.

6515. **P. M. Đurković,** Pokazatelji Sunčeve aktivnosti i anomalije tekućeg ciklusa Sunčevih pega. Vasiona **7** 96—99.

* * **A. S. Dworjaschin,** On the statistics of geomagnetic disturbances and solar active regions. Vgl. Ref. **7610.**

6516. **T. Fortini,** I campi magnetici delle macchie solari. Atti Convegni Astr. Venezia Napoli 1959 S. 89—96 = Oss. Astr. Roma Contr. Sci. (3) Nr. 2.

6517. **H. Haupt, W. Ellerböck, R. Kern,** Die Abhängigkeit der am Sonnenobservatorium Kanzelhöhe beobachteten Sonnenfleckenrelativzahlen von Luftgüte und Klassifizierung. Anzeiger Österreich. Akad. Wiss. Math.-naturwiss. Kl. **96** 237—245 = Mitt. Sonnenobs. Kanzelhöhe Nr. 15. — In den letzten drei Jahren zeigten unsere Fleckenrelativzahlen $R = k\,(10\,g + f)$, auch mit den seinerzeit erhaltenen Faktoren k auf die Züricher Skala reduziert, noch größere Abweichungen gegenüber den definitiven Züricher Relativzahlen. Es galt also nach der Ursache dieser Diskrepanz zu suchen bzw. neue Faktoren für den täglichen Gebrauch zu bestimmen. Insbesondere sollte festgestellt werden, ob etwa eine Verschlechterung der atmosphärischen Bedingungen auf der Kanzelhöhe für diese Erscheinung verantwortlich gemacht werden muß, oder ob der Beobachterwechsel und die damit verbundene unterschiedliche Klassifizierung daran schuld ist. Ferner war zu untersuchen, welche Rolle dabei die atmosphärisch bedingte Qualität des Bildes und die Klassifizierung der Fleckengruppen überhaupt spielen. Verf.

6518. **P. Herrinck,** Prediction of sunspot numbers until the end of the present cycle. Nature **184** 51—52. — Die von Anderson (vgl. AJB **54** Ref. **6302**) diskutierte lange Sonnenfleckenperiode von 169 Jahren, die besonders auf der sehr engen Koinzidenz der beiden Perioden von 1749—1785 und 1918—1954 beruht, ist in Leopoldsville mit Erfolg zu ionosphärischen Voraussagen benutzt worden. Nach der numerischen Festlegung der Korelation der Daten von 1954 April—1958 Okt. und denen vor 169 Jahren (heute = 1.527 × früher −13.4) werden Monatsvoraussagen ab 1959 Jan.—1967 Dez. gemacht. Loh.

6519. **L. Holloway,** Sunspot prediction post mortem. AAVSO Abstr. Oct. 1959 S. 5.

6520. **R. Howard,** Observations of solar magnetic fields. ApJ **130** 193—201. — Mit dem Magnetographen des 150 Fuß-Sonnenturms des Mt. Wilson Observatoriums wurden in einer Reihe aktiver und ruhiger Gebiete der Sonnenoberfläche die magnetischen Feldstärken gemessen. Es zeigte sich, daß der Fluß in der Nähe von Sonnenflecken in den meisten Fällen ausreichte, um den Fluß im Fleck zu kompensieren. Die magnetischen Karten zeigen, daß die magnetischen Gebiete ($H \geq 10$ Gauß) mit den Gebieten, in denen Ca II-Emission beobachtet wird, übereinstimmen. H_α-Filamente fanden sich nur in den Gebieten geringer Feldstärke (Vertikalkomponente). Aus der Übereinstimmung der magnetischen Gebiete mit den Ca II-Fackelflächen wird auf eine säulenartige Struktur der Chromosphäre geschlossen. Groth

6521. **C. de Jager,** Optical and radiophenomena associated with a solar activity centre. Nuovo Cimento Suppl. (10) **13** 284—290 = Sterrewacht «Sonnenborgh» Utrecht Overdruk Nr. 35. — Vortrag anläßlich des Symposiums in Varenna, vgl. Ref. **1317**.

6522. **J. Jakimiec,** O średnich rozmiarach plam słonecznych. Postępy Astr. **7** 282—283. — Es werden Indizes der mittleren Leistung für mittlere Flecke (PS) und mittlere Gruppen (GS) eingeführt. Im GS-t-Diagramm gibt sich eine Korrelation mit dem 80-jährigen Sonnenzyklus zu erkennen. E. R.

* * **N. M. Jerofejew,** Die Merkmale der Diffusheit der F_2-Schicht über Aschchabad und ihr Zusammenhang mit der Sonnenaktivität. Vgl. Ref. **7528**.

* * **H. L. Johnson, B. Iriarte,** The sun as a variable star. Vgl. Ref. **6881**.

6523. **M. A. Kljakotko,** On the probalitity of the correlation coefficients of the fields of velocities of nonrecurrent sunspots in latitude for different years. AJ UdSSR **36** 550—551 (russ. mit engl. Ref.). — Die Bearbeitung der Jahre 1877—1887 ergibt, daß die Korrelationskoeffizienten nichtzufällige Größen sind. Hierdurch wird bestätigt, daß das Geschwindigkeitsfeld nichtwiederkehrender Sonnenflecken in Breite eine Struktur hat. Petri

* * **P. E. Kolpakow,** On the generation of corpuscular streams by the magnetic fields of sunspots. Vgl. Ref. **6865**.

6524. **M. Kopecký,** Die Sonnenflecken. Rozhledy **37** 87—90 (tschech.).

6525. **M. Kopecký,** Die Zyklizität physikalischer Indizes und ihre Beziehung zur Zyklizität der fleckenbildenden Tätigkeit der Sonne. Sonnendaten 1959 Nr. 3 S. 79—82 (russ.). — Die Zahl der Entstehung der Fleckengruppen in einer Zeiteinheit und ihre mittlere Lebensdauer wurde aus dem Greenwicher Material (1874 bis 1950) bestimmt und damit der Zusammenhang der Wolfschen Fleckenrelativzahlen mit der fleckenbildenden Tätigkeit beschrieben. L. Fr.

6526. **M. Kopecký,** Some new conclusions about the periodicity of sunspots. Vesmír **38** 55—56 (tschech.).

6527. **D. W. Korolkow, J. N. Parijskij, N. S. Sobolewa,** Über die Messung von Magnetfeldern und anderen physikalischen Merkmalen in Gebieten über Flecken aus Radiobeobachtungen. Sonnendaten 1958 Nr. 9 S. 65—69 (russ.). — Verf. untersuchen die Frage nach der Bestimmung der Longitudinalkomponente eines Magnetfeldes aus der Beobachtung der Radiostrahlung der Sonnenfleckengebiete unter der Annahme, daß diese Strahlung thermischer Natur ist. Die Frage wird für Strahlung zwischen 3 und 20 cm Wellenlänge bejahend beantwortet. Loh.

6528. **K. Kuleschowa,** Der aufsteigende Ast des Sonnenaktivitätszyklus N° 19 nach Beobachtungen am TAO. Circ. Astr. Obs. Taschkent Nr. 298 S. 8—12 (russ.).

6529. **G. Laborde,** Essai de détermination de la pression dans les taches solaires. CR **248** 1941—1943. — Aus den Äquivalentbreiten der MgH- und C_2-Bandenlinien und ihrer Mitte-Rand-Variation in Flecken wird versuchsweise der Druck in Flecken bestimmt. Auftretende Diskrepanzen lassen sich unschwer durch die noch zu ungenau bekannten Ausgangsparameter (Ionisationspotentiale usw.) erklären. In der mittleren optischen Tiefe der Entstehung der C_2-Linien ist der Druck in Flecken und Photosphäre von der gleichen Größenordnung. J. P. M.

6530. **J.-L. Leroy,** Polarisation de la lumière des taches solaires. CR **249** 2492—2494. — Mit einem photoelektrischen Polarimeter wurden in Sonnenflecken Polarisationsgrade zwischen 10^{-4} und 2×10^{-3} beobachtet. Das polarisierte Licht geht von kleinen Gebieten (Durchmesser $<15''$) aus, die sich zum Teil rasch verändern und am zahlreichsten und stärksten während des Maximums der Entwicklung der Fleckengruppe sind. Die Beobachtungen dieser Gebiete sind weitgehend unabhängig von der Lage des Flecks auf der Sonnenscheibe. J. P. M.

6531. **F. Loewe, U. Radok,** On the annual cycle in the sunspot numbers. Gerlands Beiträge Geophys. **68** 342—353. — Die durchschnittlichen Monatsmittel der Sonnenfleckenrelativzahlen für die Jahre 1867—1953 zeigen eine Jahresperiode mit Sommermaximum, auf die zuerst L. A. Bauer im Jahre 1921 hinwies. Die Häufigkeitsverteilung der Fleckenrelativzahlen wird durch eine Quadratwurzel-Transformation auf die Gaußsche Form gebracht; dann zeigt der aus den einzelnen Jahreswellen konstruierte Vektorzug ein zeitweiliges Beharren in derselben Vektorenrichtung. Von den verschiedenen anderen Ursachen, die für eine vorgetäuschte Jahresperiode der Fleckenrelativzahlen vorgeschlagen wurden, scheint nur die Krümmung der Sonnenfleckenkurve haltbar; aber diese Krümmung ist selbst nicht unveränderlich, nicht einmal im Vorzeichen. Es wird daraus geschlossen, daß die Jahresperiode der Fleckenrelativzahlen einfach eine Erscheinung des charakteristischen kontinuierlichen Schwankungsspektrums autokorrelierter Reihen ist. Verf.

6532. **R. E. Loughhead, R. J. Bray,** Observations of faculae bordering small sunspots near the limb. Australian J. Phys. **12** 97—99. — Es wird darauf hingewiesen, daß kleine, hoflose Sonnenflecken in der Nähe des Sonnenrandes häufig an der dem Sonnenrand zugewandten Seite von hellen Fackeln begrenzt sind. Man kann diese Erscheinung in der Weise erklären, daß sich über den Flecken helle Wolken von der gleichen Ausdehnung wie der Fleck befinden, die bei einer Höhe von etwa 1200 km über der Photosphäre infolge der Perspektive zum Rande hin verschoben sind. H. M.

* * **P. Maltby,** Correlation between the intensity of the umbra of sunspots and enhanced radiation on 200 Mc./s. Vgl. Ref. **6841**.

* * **F. Mariani, F. Molina,** Geomagnetic, auroral, ionospheric, and cosmic ray perturbations: Interdependence and relation to solar activity. Vgl. Ref. 7811.

6533. **W. Mattig,** Beobachtungen randnaher Sonnenflecken in den Balmer-Linien H_α bis H_δ. Monatsber. Deutsch. Akad. Wiss. Berlin **1** 723—727 = Mitt. Astrophys. Obs. Potsdam Nr. 82. — Kurzer Bericht über schon an anderer Stelle (vgl. AJB **58** Ref. **6340**) diskutierte Beobachtungen, die Informationen über Anregungsbedingungen und Turbulenz in den über Flecken liegenden Teilen der Chromosphäre geben. Els.

6534. **J. Mergentaler,** The dependence of various parameters of solar activity on the phase of the eleven-year cycle. AA **9** 107—112. — Für 7 Zyklen wurde die Abhängigkeit der Fläche S der Sonnenflecken von den Wolfschen Fleckenrelativzahlen R untersucht. Eine lineare Abhängigkeit von R und von dem Zyklus-Phasenwinkel wurde für S vorausgesetzt und der entsprechende Koeffizient berechnet. Die Zyklustätigkeit zeigt eine Abhängigkeit von der Phase, die in Diagrammen in Form einer Schlinge auftritt. E. R.

6535. **J. Mergentaler,** Czy cykle aktywności słonecznej zmieniają się okresowo? Urania Kraków **30** 184—185. — Die von Szymański (vgl. AJB **58** Ref. **6357**) aufgestellte Behauptung über die Existenz von Schwankungen der Dauer der Sonnentätigkeitszyklen in der 15-Zyklen-Periode ist nicht ausreichend begründet. E. R.

6536. **J. Mergentaler,** Pochodnie słoneczne. Urania Kraków **30** 281—286. — Allgemein verständlicher Artikel über Beobachtungsergebnisse und Theorie der Sonnenfackeln. E. R.

* * **C. M. Minnis, G. H. Bazzard,** Some indices of solar activity based on ionospheric and radio noise measurements. Vgl. Ref. **7540**.

* * **C. M. Minnis, G. H. Bazzard,** A daily index of solar activity based on E-layer ionization (July 1957—December 1958). Vgl. Ref. **7541**.

* * **O. N. Mitropolskaja,** Some results of statistical treatment of geomagnetic disturbances on the declining branch of solar activity. Vgl. Ref. **7614**.

6537. **A. P. Moltschanow,** Über die Möglichkeit von Prognosen über das Erscheinen gewisser Sonnenflecken aus radioastronomischen Beobachtungen. Sonnendaten 1959 Nr. 4 S. 82—83 (russ.). — Die Mehrheit der Fleckengruppen ist mit Gebieten verbunden, die Radiowellen ausstrahlen und ziemlich hoch oberhalb der Photosphäre und dem Niveau der Radiostrahlung der ruhigen Sonne liegen. Diese Erscheinung kann zu Prognosen über das Erscheinen von Sonnenflecken dienen. Bei einer statistischen Untersuchung von 16 Gruppenserien waren 75% richtige Prognosen. Eine erhöhte Genauigkeit und Frequenz der radioastronomischen Sonnenbeobachtungen wird eine regelmäßige Voraussage von Sonnenflecken ermöglichen. Ond.

6538. **G. G. Mursalimowa,** Der Zusammenhang zwischen der Breite der fleckenbildenden Zone und der Intensität der Sonnenaktivität. Nachr. Akad. Wiss. Usbek. SSR (Phys.-Math.) 1957 Nr. 4 S. 77—83 (russ. mit usbek. Ref.). — Ref. in RJ UdSSR 1960 Nr. 4 S. 48.

6539. **E. R. Mustel,** Statistical effects due to the connection between plages and geomagnetic disturbances. AJ UdSSR **36** 215—223 (russ. mit engl. Ref.). — In der vorliegenden Arbeit wird eine ausführliche statistische Untersuchung der im Titel genannten Beziehung unternommen. Es zeigt sich, daß die Hauptquelle für M-Störungen Fackelflächen sind, die zur Zeit des Zentralmeridiandurchgangs nahe dem scheinbaren Mittelpunkt der Sonne standen. Weiter wird aufgezeigt, daß aktive Gebiete auf der Sonne bevorzugt in Längenzonen auftreten, die um mehr als 100° auseinander liegen. Oster

6540. **V. Nadolschi,** Spatial generalization of the statistical theory of sun-spot groups. BAC **10** 161—164 (russ. mit engl. Ref.). — Eine Verallgemeinerung der statistischen Theorie von Sonnenflecken von M. Kopecký wird vorgelegt. Dabei wird vorausgesetzt, daß die Sichtbarkeitsfunktion zentralsymmetrisch ist. Formeln zur Berechnung des Verhältnisses aller Gruppen zu den beobachteten und des Verhältnisses der Anzahl aller in einer Zeiteinheit entstandenen Gruppen zu allen in derselben Zeiteinheit sichtbar gewordenen, werden abgeleitet. Ond.

6541. **A. I. Ohl,** Über die mögliche Periodizität der Sonnenaktivität. Sonnendaten 1959 Nr. 6 S. 85—88 (russ.). — Die Existenz einer strengen Periodizität der Sonnentätigkeit wurde bestätigt. Die Abweichungen, welche in einzelnen Fällen stattfinden, kommen nicht zufällig vor, sondern hängen von dem allgemeinen Niveau der Sonnentätigkeit ab. Am Ende dieser Arbeit wird eine Tafel der Sonnentätigkeit der nächsten Zyklen zugefügt. L. Fr.

6542. **W. Priester,** Sonnenaktivität und Abbremsung der Erdsatelliten. Naturwissenschaften **46** 197—198 = Mitt. Univ.-Sternw. Bonn Nr. 24. — Die Schwankungen der anomalistischen Periode des Satelliten 1957 Beta zeigen im Dezember 1957 und Januar 1958 eine sehr enge Korrelation mit der 20 cm-Strahlung der Sonne, und zwar ist die Parallelität der beiden Kurven besonders auffällig, wenn sich das Perigäum auf der Tagseite der Erde befindet. Zur Erklärung dieser Erscheinung kann man die Aufheizung der Ionosphäre durch die von den koronalen Kondensationen emittierte kurzwellige Röntgenstrahlung heranziehen, eventuell in Verbindung mit der ebenfalls konform mit der 20 cm-Strahlung verstärkten korpuskularen Strahlung. H. M.

* * **R. G. Rastogi,** Geomagnetic influence on the F1- and F2-regions of the ionosphere — effect of solar activity. Vgl. Ref. **7549.**

6543. **P. R. Romantschuk, T. P. Kudinowa,** On the east-west asymmetry of spot formation activity of the sun. AJ UdSSR **36** 743—745 (russ. mit engl. Ref.). — Verf. bestätigen aus einer Analyse der Greenwich-Beobachtungen der Jahre 1935, 1937 und 1939—1946 erneut die Existenz einer Ost-West-Asymmetrie in der Entstehung von Fleckengruppen. Darüberhinaus wird bewiesen, daß die Asymmetrie nicht durch Rotations-, Projektions- und Fleckenentwicklungseffekte hervorgerufen wird, sondern sich auf Grund der Verteilung der Fleckenentstehungszentren herausbildet. Loh.

* * **Z. Sekanina,** Solar activity as related to the statistics of comets. Vgl. Ref. **9117.**

6544. **R. Servajean,** Etude du champ des vitesses Evershed dans une tache solaire. CR **248** 2071—2073. — Auf Spektrogrammen mit einer Dispersion von 0.86 Å/mm wird der Evershed-Effekt an der Eisenlinie λ 5691.5 Å für das Gebiet Penumbra–angrenzende Photosphäre untersucht. Unter der Annahme einer zylindersymmetrischen Geschwindigkeitsverteilung werden aus den beobachteten Radialgeschwindigkeiten die Komponenten des Geschwindigkeitsvektors in zylindrischen Koordinaten berechnet und mitgeteilt. Ein Mitte-Rand-Effekt infolge der Schichtung ist deutlich. J. P. M.

6545. **A. B. Sewerny,** The fine structure of the magnetic field and the depolarization of radiation in sunspots. AJ UdSSR **36** 208—214 (russ. mit engl. Ref.). — An Hand von photoelektrischen Beobachtungen mit dem Magnetographen des Krim-Observatoriums (Auflösungsvermögen etwa 1″) wird gezeigt, daß die Magnetfelder von Sonnenflecken eine Feinstruktur von der Größenordnung einiger Bogensekunden haben. Mit Schwankungserscheinungen in diesen Feinstrukturelementen hängt dann offenbar die beobachtete Depolarisation der verschiedenen Zeeman-Komponenten zusammen. Die Feldstruktur wird im einzelnen diskutiert. Oster

6546. **O. Steen, P. Maltby,** On the correlation between observations of magnetic fields of sunspots at Mt. Wilson, Potsdam and the Crimea. Astrophys. Norvegica **6** 113—122. — Der höchste Korrelationskoeffizient wird zwischen den Beobachtungen des Mt. Wilson und Potsdam gefunden. Die Korrelation für Beobachtungen des gleichen Tages ist höher als für die jeweils beobachteten Maximalfeldstärken. Thi.

6547. **A. Szanto,** Die Nord-Süd-Asymmetrie der Sonnenflecken zur Zeit des Maximums von 1957. Veröff. Uraniasternw. Wien Nr. 2 S. 38—39.

6548. **W. Szymański,** Prawo Spörera. Urania Kraków **30** 57—59. — Erklärung des Spörerschen Gesetzes. E. R.

6549. **W. Szymański,** Dalsze uwagi o okresowych zmianach długości 11-letnich cykli. Urania Kraków **30** 304—306. — Bemerkung in bezug auf lange Perioden der Sonnentätigkeit (15 oder 19 Zyklen). E. R.

6550. **W. F. Tschistjakow,** Aufteilung der statistischen Gesetzmäßigkeiten der Sonnenzyklizität in zwei Reihen. Bull. Astr.-Geod. Ges. UdSSR Nr. 25 S. 12—18 (russ.).

6351. **W. F. Tschistjakow,** Die Wechselbeziehung der benachbarten 22-jährigen Zyklen der Sonnenaktivität. Sonnendaten 1959 Nr. 2 S. 64—68 (russ.). — Es läßt sich zeigen, daß ähnlich wie bei den nacheinanderfolgenden elfjährigen Zyklen auch bei den Doppelzyklen eine Tendenz zum Wechsel der großen und geringen Tätigkeit existiert. Die Regelmäßigkeit des Wechsels wird aber von säkularen Perioden, besonders in der nahen Umgebung von säkularen Maxima und Minima, beeinflußt. L. Fr.

6552. **W. Unno,** Comments in Warwick's paper on the formation of absorption lines in a sunspot. Ann d'Astrophys **22** 430—435. — Es wird nachgewiesen, daß die von Warwick angegebenen Gleichungen des Strahlungstransportes für den Fall des schiefen Zeeman-Effektes unter dem Einfluß eines homogenen magnetischen Feldes (vgl. AJB **57** Ref. **6364**) unrichtig sind. H. M.

6553. **D. Venkatesan,** Solar activity and transient decreases in cosmic-ray intensity. J. Geophys. Res. **64** 505—520. — Die Intensitätsmessungen der Mesonen- und Nukleonenkomponenten in Ottawa, Churchill und Resolute von Okt. 1956—Dez. 1957 ergaben eine Korrelation zwischen vorübergehenden Intensitätsabnahmen der kosmischen Strahlung und Durchgängen solarer Aktivitätsgebiete durch den Zentralmeridian. Die Abnahmen sind umso stärker, je aktiver die Gebiete sind, doch ist eine Trennung nach Flares, Sonnenflecken etc. nicht möglich. Die Abnahmen können ionisierten, verdünnten, von der Sonne ausgehenden Gasstrahlen zugeordnet werden, die sich in ihren Merkmalen jedoch beträchtlich unterscheiden. Loh.

* * **V. R. Venugopal,** Variation of the F2-layer ionization with solar activity at Kodaikanal on magnetically disturbed and quiet days. Vgl. Ref. **7559**.

6554. **S. W. Visser,** A new analysis of some features of the 11-year and 27-day cycles in solar activity and their reflection in geophysical phenomena. Kongl. Nederl. Meteorol. Inst. Med. Verh. Nr. 75, 65 S.

6555. **M. Waldmeier,** Rote Sonnenflecken. Astr. Mitt. Sternw. Zürich Nr. 224, 14 S. — Es wird auf das gelegentliche Erscheinen von roten oder braunroten Stellen in der Umbra großer Sonnenflecken hingewiesen, das ziemlich selten zu beobachten und auch schwierig wahrzunehmen ist. Einige typische Fälle werden angeführt und dargestellt. Über Ursache und Wesen dieses Phänomens läßt sich noch nichts aussagen. H. M.

* * **R. van der Walt,** The relation between cosmic-ray intensity and geomagnetic activity during periods of high and low solar activity. Vgl. Ref. **13545**.

6556. **J. I. Witinskij,** Über das Spörersche Gesetz für Aktivitätszentren auf der Sonne. Sonnendaten 1958 Nr. 11 S. 59—62 (russ.). — Die Bewegungen der Aktivitätsherde sind über kurze Zeiten hinweg recht kompliziert, weil neben Breitenveränderungen auch Längenveränderungen vorkommen, die zusammen an schraubenförmige Bewegungen erinnern. Dadurch wird die Zonenwanderung der Flecken in kleinen Zeiträumen unregelmäßig, jedoch das Spörersche Gesetz seinem Wesen nach natürlich nicht angetastet. Loh.

6557. **J. I. Witinskij,** Über eine Besonderheit der Fluktuationen der Sonnenaktivität. Sonnendaten 1959 Nr. 7 S. 91—92 (russ.). — Die kleineren, das heißt kürzer als ein Jahr dauernden Fluktuationen der Sonnentätigkeit scheinen keine Periodizität und untereinander keinen Zusammenhang zu zeigen. L. Fr.

6558. **G. F. Wjalschin,** Vergleich zweier Methoden zur Messung magnetischer Felder von Sonnenflecken. Sonnendaten 1959 Nr. 1 S. 81—83 (russ.). — Die magnetische Intensität in Sonnenflecken wurde mit zwei Methoden bestimmt: mit einem Fabry-Perot-Interferometer und mit einem in vierter Ordnung arbeitenden Beugungsspektrographen. Der Vergleich zeigte, daß die Interferometerwerte bei einer Intensität von 2000 Gauß um 200—300 Gauß systematisch kleiner waren. Diese Abweichung kann durch ungenaue Einstellung der Interferenzringe auf die Fleckenmitte, wo die Intensität maximal ist, erklärt werden. Ond.

6559. **J. Xanthakis,** L'expression de l'activité solaire en fonction du temps d'ascension. Ann d'Astrophys **22** 855—876 = Contr. Res. Computing Center Acad. Sci. Athens (1) Nr. 1. — Es wird der Versuch unternommen, Formeln für die Maximalwerte und auch für die Mittelwerte der verschiedenen Indizes für die Sonnenaktivität, wie Relativzahlen, Fleckenflächen und dgl. in einem Sonnenzyklus aufzustellen, die als wesentlichen Parameter die Anstiegszeit vom Minimum zum Maximum in dem betreffenden Zyklus enthalten. Die Werte dieser Indizes in den verschiedenen Zyklen lassen sich andererseits durch eine Parabelgleichung darstellen. Es gelingt auf diese Weise auch, die Relativzahlen von 1755 bis 1953 mit befriedigender Genauigkeit zu berechnen. Auch für die Asymmetrie der beiden Hemisphären und für andere kleinere Besonderheiten der beobachteten Kurven wird eine Erklärung gefunden. H. M.

6560. **J. Xanthakis,** Les aires des taches solaires vers le Nord et vers le Sud de l'équateur du Soleil en fonctions du temps d'ascension. CR **249** 1315—1317 = Contr. Res. Computing Center Acad. Sci. Athens (1) Nr. 2. — Für den Verlauf der Jahresmittel der Fleckenflächen auf der Nord- und Südhalbkugel werden analytische Ausdrücke angegeben, die neben der Anstiegszeit Minimum — Maximum noch periodische Glieder mit Perioden von 2 und 4 Sonnenzyklen enthalten. Die Nord-Süd-Asymmetrie wird deutlich. Ein Vergleich dieser Darstellung mit dem beobachteten Verlauf zeigt befriedigende Übereinstimmung. J. P. M.

6561. **J. Xanthakis,** L'asymétrie N — S dans l'activité solaire. CR **249** 1458—1459 = Contr. Res. Computing Center Acad. Sci. Athens (1) Nr. 3. — Für die Nord-Süd-Asymmetrie der gesamten Fleckenflächen wird eine analytische Darstellung in Abhängigkeit von der Anstiegszeit des Zyklus und mit zwei periodischen Gliedern von 2 bzw. 4 Sonnenzyklen Länge gegeben. J. P. M.

6562. **C. Zwaan,** Curves of growth for a large sunspot. BAN **14** 288—298. — Aus Beobachtungen des Fleckenspektrums (λ 5110—5470 Å; Mt. Wilson und ältere Beobachtungen von ten Bruggencate und v. Klüber) werden Wachstumskurven (WK) für Ti I und Fe I abgeleitet, bei denen auch der lineare Teil besetzt ist. Für die Anregungstemperatur ergibt sich 3900° $\pm$ 200°. Die «Schulter» der WK liegt im Fleck 0.16 höher als in der Photosphäre. Es wird gezeigt, daß dies nicht durch magnetische Verstärkung erklärt werden kann. Als Ursache kommen systematische Fehler (blends mit schwachen Linien) oder erhöhte

Turbulenz (≈ 1.2 km/sec) in Betracht. Log N_0H für Ti I wird um 1.02 größer als in der Photosphäre; die Dämpfung ist vermutlich etwas geringer. Voigt

6563. Den senaste tidens solaktivitet. PAT **40** 152.

6564. Observations of solar magnetic fields. Sky Tel. **18** 557—558. — Ref. AAS.

6565. Flecken in heliographischen Breiten >40°. Sterne **35** 118—119. — Ref.

§ 66

Chromosphäre, Flares, Protuberanzen

* * **K. A. Anderson, R. Arnoldy, R. Hoffman, L. Peterson, J. R. Winckler,** Observations of low-energy solar cosmic rays from the flare of 22 August 1958. Vgl. Ref. **6871.**

6601. R. G. Athay, Anomalous broadening of the CaII K line in spicules. AJ **64** 323. — Ref. AAS.

6602. R. G. Athay, The number of spicules in the middle chromosphere. ApJ **129** 164—171. — Auf H_α-Aufnahmen der Sonne werden die spicules in einer Höhe von 3000 km über dem Rand und weiter sukzessive in größeren Höhen abgezählt. Unter den Annahmen, daß die spicules zufällig verteilt sind, daß sie alle die gleiche Oberflächenhelligkeit haben, und daß sie in H_α optisch dick sind, kann man daraus die Gesamtzahl der spicules auf der Sonne in den jeweiligen Höhen ausrechnen. Man kommt damit zu 9.3×10^4 spicules in 3000 km Höhe, und bei einem Durchmesser von 700 km wären demnach 0.6 % der Sonnenoberfläche von ihnen bedeckt. Dieser Wert liegt zwischen dem kleineren von Athay und Thomas und dem größeren von Lippincott, die aus früheren Untersuchungen zum Teil durch Extrapolation gewonnen worden waren. H. M.

6603. R. G. Athay, G. I. Thompson, The continuous spectrum of the low chromosphere. Obs **79** 12—15. — Kontroverse beider Verf. über die Erklärung der von G. I. Thompson 1954 gefundenen Blauverfärbung des Chromosphärenkontinuums, die nach Athay nicht auf Rayleigh-Streuung, nach Thompson aber auch nicht auf H^--Emission oder Wolkenverfärbung zurückgeführt werden kann. Gü.

6604. M. d'Azambuja, La chromosphère du Soleil. BSAF **73** 205—210.

6605. M. C. Ballario, Ricerca sulla relazione fra area apparente ed area vera delle facole solari in radiazione di calcio. Lincei Rend. Sci. fis. mat. nat. (8) **26** 379—382 = Oss. Astrofis. Arcetri Contr. Nr. 27. — Aus 185 Messungen von 20 Fackeln bestätigt Verf., daß die Umwandlung der scheinbaren Flächen in wahre Flächen durch Multiplikation mit der Sekante des heliozentrischen Winkels befriedigend ist. B. C.

6606. M. C. Ballario, On the scale of importance of solar flares. Vgl. Ref. **742** S. 371—376 = Oss. Astrofis. Arcetri Contr. Nr. 36.

* * **O. M. Barsukow,** Die geomagnetische Wirksamkeit chromosphärischer Eruptionen aus Beobachtungsunterlagen des Jahres 1957. Vgl. Ref. **7602.**

6607. U. Becker, Die Beobachtung von Surges, Filamenten und chromosphärischen Strukturen im Integrallicht. ZfA **48** 189—202 = Mitt. Fraunhofer-Inst. Freiburg Nr. 41. — Es wird darüber berichtet, wie bei Beobachtungen der Sonne im integrierten Licht häufig diffuse, dunklere Stellen festgestellt werden können, die kleinen Flecken ähneln oder schmale, fadenförmige Gebilde sind, sich aber stets ziemlich rasch ändern. Der Kontrast gegen die ungestörte Photosphäre beträgt nur wenige Prozent, ihre Sichtbarkeit hängt aber anscheinend nicht von ihrer Position auf der Scheibe ab. Aus dem Vergleich mit gleichzeitigen chromosphärischen Beobachtungen kann man schließen, daß es sich dabei vornehmlich um Auswürfe chromosphärischer Materie, um aktivierte, bisweilen auch ruhende Filamente handelt, die also unter Umständen auch im weißen Licht sichtbar werden. Wahrscheinlich ist dieser Absorptionseffekt durch Streuung an einer Wolke freier Elektronen verursacht. H. M.

* * **B. Bell, H. Glazer,** Some sunspot and flare statistics. Vgl. Ref. **6507.**

6608. **P. L. Bhatnagar, B. B. Chakraborty,** Hydromagnetic model for a quiescent prominence. Proc. National Inst. Sci. India (A) **25** 380—387. — In Fortsetzung der Arbeiten von Menzel, Kippenhahn und Schlüter (vgl. AJB **57** Ref. **6644**) untersuchen Verf. Protuberanzen im hydrostatischen Gleichgewicht unter dem Einfluß von Gravitation, Druckgradient und Lorentz-Kraft. Es bestehen Schwierigkeiten, die spezielle Form der bisher geforderten Magnetfelder zu realisieren. Für ein neues Modell soll die Feldverteilung dadurch zustande kommen, daß das Feld eines linearen, bipolaren Sonnenflecks bei der Bewegung der Chromosphäre auf Grund der hohen elektrischen Leitfähigkeit mitgenommen wird. V. W.

6609. **L. Biermann, R. Lüst,** Radiation and particle precipitation upon the earth from solar flares. Proc IRE **47** 209—210. — Die Haupteigenschaften der nichtthermischen Ausstrahlungen von den Eruptionen auf der Sonne und ihre Einflüsse auf die Erdionosphäre werden diskutiert. Die Energie der verschiedenen Komponenten — der UV- und Röntgenstrahlung, der Korpuskularstrahlung (aus ionisierten Teilchen mit Geschwindigkeiten von etwa 1000 km/sec), ferner der Radiostrahlung (20—10000 MHz) sowie der relativistischen Teilchen, die manchmal eine Zunahme der kosmischen Strahlung auf der Erde bewirken — wird abgeschätzt und mit der des thermischen Strahlungsflusses verglichen. HHR

6610. **R. R. Brown, R. G. D'Arcy,** Observations of solar flare radiation at high latitude during the period July 10—17, 1959. Phys. Rev. Letters **3** 390—392. — Ref. in Phys. Abstr. (A) **63** 132.

6611. **P. ten Bruggencate, G. Elste,** Temperatur und Turbulenz in ruhenden Protuberanzen, bestimmt aus Linien-Breiten. Nachr. Akad. Wiss. Göttingen Math.-Phys. Kl. 1959 S. 255—272 = Veröff. Univ.-Sternw. Göttingen Nr. 127. — Aus Spektren von 10 Protuberanzen, die mit dem Konkavgitter des Göttinger Turmteleskops aufgenommen wurden, sind Halbwertsbreiten und Profile von H, He und Ca^+-Linien abgeleitet worden. Während sich die Linien $H\gamma$, $H\varepsilon$ und Ca^+ λ 8542 durch Gauß-Profile befriedigend darstellen ließen, entsprach He D3 einem Voigt-Profil. Aus der Abhängigkeit der Linienbreiten vom Molekulargewicht folgen für die kinetische Temperatur der Protuberanzen Werte zwischen 5000° und 11300°, während die Anregungstemperatur bei 4000° liegen dürfte. Die Turbulenzgeschwindigkeiten bewegen sich von 3.7 bis 9.9 km/sec. Els.

6612. **A. Bruzek,** Über die Spiculen auf der Sonnenscheibe. ZfA **47** 191—197 = Mitt. Fraunhofer-Inst. Freiburg Nr. 38. — Auf Chromosphärenaufnahmen von 1956 mit $H\alpha$-Lyot-Filter werden die dunklen «mottles» untersucht. Ihre Zahl und Form, die aus Vergleichen zwischen Linienzentrum und -flügeln erschlossenen Radialgeschwindigkeiten wie auch die Wiederholungstendenz legen eine Identifizierung mit den Spiculen nahe. Die im Vergleich zu diesen und den mottle-Beobachtungen von Macris und von de Jager etwas größere Lebensdauer von ca. 10 min wird teils auf die Auswahl zurückgeführt, teils auf die größere Durchlaßbreite des Filters (0.65 Å). Auch das Verhalten der mottles in Fleckennähe entspricht dem der Spiculen. Gü.

6613. **V. Bumba, L. Křivský,** Chromospheric pre-flares. BAC **10** 221—223. — Es werden 7 Typen einer neuen Klasse eruptiver Chromosphärenerscheinungen beschrieben, die als brodelnde Unruhe der Flocculi oder kleine Flares größeren Eruptionen in ihrer Nachbarschaft um 10 bis 50 min vorangehen. Sie unterscheiden sich von den normalen Eruptionen durch kürzere Dauer, kleinere Linienbreite, Bevorzugung von Stellen geringerer magnetischer Feldstärke, Bevorzugung alter F-Fleckengruppen und Erzeugung von «atmospherics» bei $\lambda = 130$ cm, kaum bei 56 cm, was auf höhere Lage in der Sonnenatmosphäre hinweist. Gü.

6614. **P. Chen,** The large solar flares of July 10 and 14, 1959. Sci. Record (NS) **3** 635—639. — Ref. in Phys. Abstr. (A) **63** 1038.

6615. **W. L. Chochlowa,** A spectrophotometric investigation of the H and K Ca^+ lines in the chromosphere and solar faculae. AJ UdSSR **36** 54—64 (russ. mit engl. Ref.). — Verf. wertet bereits veröffentlichte photographische und photoelektrische Beobachtungen der Linienkontur von CaII H und K aus. Er findet, daß H_3 und K_3 in einer mittleren Höhe von 5000 km über der Photosphäre gebildet werden, wobei die Turbulenzgeschwindigkeiten 8 km/sec nicht überschreiten. Schließlich werden noch optische Tiefen für Fackelflächen bestimmt. Oster

6616. **W. L. Chochlowa,** Über die Bestimmung der optischen Dicke der Chromosphäre in verschiedenen Höhen in den Linien $H\alpha$ und $H\beta$ aus Beobachtungen. Sonnendaten 1958 Nr. 8 S. 75—78 (russ.). — Verf. untersuchte Spektren von Flocculi beim Sonnenrand, welche mit dem Sonnenturmteleskop des Krim-Observatoriums gewonnen wurden. Aus photometrischen Durchschnitten senkrecht zur Dispersion in verschiedenen Abständen vom Zentrum der $H\alpha$- und $H\beta$-Linie wurden die Höhen abgeleitet, für welche in der Chromosphäre — bei der Beobachtung unter dem Winkel Θ zur Normale — die optische Dicke ≈ 1 ist. Die Ergebnisse wurden mit den chromosphärischen Modellen von van de Hulst und Böhm-Vitense verglichen. Ond.

6617. **W. Comper,** Die große Eruption vom 3. Juli 1957. ZfA **47** 34—43 = Mitt. Sonnenobs. Kanzelhöhe Nr. 12. — Von den zehn während der großen Eruption vom 3. Juli 1957 aufgenommenen Spektren werden die Zentralintensitäten sowie die Äquivalentbreiten von $H\alpha$ bestimmt. Ionosphärische Störungen wie radiofrequente Strahlungen während der Eruption werden an Hand von Registrierkurven aufgezeigt. Verf.

6618. **T. A. Cragg,** Photograph of a «white light» flare. Publ ASP **71** 56—57. — Bericht über eine 1958 Juni 9 auf dem Mount Wilson beobachtete Eruption, die außer auf einem K_2-Spektroheliogramm auch im benachbarten Kontinuum erschien, obwohl sie nur der Importance-Klasse 1 zuzurechnen war. Gü.

6619. **T. Cragg,** The eruptive prominence of June 15, 1958. Publ ASP **71** 307—309. — Ein bemerkenswerter Protuberanzenaufstieg am Südwestrand der Sonne wurde durch 60 Aufnahmen mit einem 4 m-Spektroheliographen bei 5 cm Sonnendurchmesser festgehalten. $H\alpha$-Aufnahmen an mehreren Tagen vor dem Aufstieg zeigen am fraglichen Ort statt eines zusammenhängenden Filaments nur einige kleine Klümpchen. Kurz vor dem Aufstieg sieht die Protuberanz wie ein V-förmiger «Bogen» aus. Ein Höhen/Zeit-Diagramm läßt den Verlauf des Aufstiegs erkennen: Bei einer Maximalgeschwindigkeit von 265 km/sec wird eine Höhe von 1.3×10^6 km nach etwa 8 Stunden erreicht. HHR

6620. **E. E. Dubow, T. W. Orlowa,** Über das Unterscheiden von Eruptionen und Flocculi-«Aufhellungen». Sonnendaten 1958 Nr. 9 S. 69—72 (russ.). — Wie die Erfahrung zeigt, wird besonders in statistischen Untersuchungen oft nicht zwischen Eruptionen und Flocculi-Aufhellungen unterschieden. Um dies zu vermeiden, haben Verf. zur Klärung der Begriffe und des Ablaufs der beiden Erscheinungen einige Hinweise zur Beurteilung gegeben. Loh.

* * **S. Edelson, R. J. Coates, N. Santini, T. F. McCullough,** Time relations between centimeter wavelength bursts and solar Hα flares. Vgl. Ref. 6827.

6621. **J. W. Evans,** Flare-associated magnetic activity in the sun. AJ 64 330. — Ref. AAS.

* * **L. D. de Feiter, A. D. Fokker, J. Roosen,** Association of radio outbursts with solar flares. Vgl. Ref. 6830.

6622. **M. G. Fracastoro,** Su una variazione undecennale dell'altezza media della cromosfera. Ric. Sci. **29** 1898—1911 = Oss. Astrofis. Catania Pubbl. (NS) Nr. 22. — Es wurde eine vollständige Überarbeitung der sich auf die Messung der Chromosphärenhöhe bezüglichen Daten durchgeführt, und zwar auf Grund der an der astrophysikalischen Sternwarte von Catania in der Zeitspanne 1922—1958 erhaltenen Beobachtungen. Die Revision ermöglichte die Feststellung einer Schwankung der mittleren jährlichen Chromosphärenhöhe, die eng mit dem elfjährigen Zyklus der Sonnenaktivität verbunden ist. Auf Grund der seit 1947 von der Sternwarte von Arcetri veröffentlichten Daten wurde die enge Wechselbeziehung zwischen dem Sinusoidalitätsindex und der Phase des Elfjahrzyklus auch für die Zeitspanne 1947—1957 bestätigt. Verf.

6623. **L. Fritzová,** On the frequency distribution of intervals between successive flares. BAC **10** 145—147. — Die Analysierung der Häufigkeitsverteilung von Eruptionen, die in Ondřejov in einer Zeitspanne von $1^1/_2$ Jahren beobachtet wurden, führt zu dem Ergebnis, daß das nahezu gleichzeitige Auftreten von Eruptionen durchaus mit den Gesetzen der Wahrscheinlichkeitsrechnung verträglich ist und nicht irgendeine physikalische Ursache hat. H. M.

6624. **G. Godoli,** Sulla consistenza della determinazione dei numeri caratteristici dei flocculi di calcio. Ann. Geofis. **12** 515—521 = Oss. Astrofis. Arcetri Contr. Nr. 31. — Aus einem Vergleich der monatlichen, halbjährlichen und jährlichen Mittel der Charakterzahlen der hellen Ca-Flocculi in Arcetri, Ikomasan und Tokio werden Aussagen über die Genauigkeit dieser Bestimmungen gewonnen. Loh.

6625. **G. Godoli,** Relazione preliminare sull'attività del Principal World Data Center AGI all'Osservatorio di Arcetri. Ric. Sci. **29** 1366—1381 = Oss. Astrofis. Arcetri Contr. Nr. 25. — Die astrophysikalische Sternwarte von Arcetri ist P WDC C (Principal World Data Center C) für die Sammlung und Ausarbeitung der sich auf die Sonnenflocken in K-Strahlung beziehenden Angaben. Nach einer kurzen Beschreibung der WDC AGI wird das in Arcetri gesammelte Material sowie das von anderen Sternwarten gemäß dem AGI-Programm erhaltene Material behandelt. Weiter wird die Reduktionsmethode des Versuchsmaterials und das Ausarbeitungsverfahren für die Daten erörtert. Es werden die vorläufigen Ergebnisse verglichen, besonders um die Gleichartigkeit des zur Verfügung stehenden Materials zu untersuchen. Verf.

* * **I. G. van Griethuysen, J. Houtgast,** Quantitative photometric measurements with a Lyot filter. Vgl. Ref. 2321.

* * **O. Hachenberg, A. Krüger,** The correlation of bursts of solar radio emission in the centimetre range with flares and sudden ionospheric disturbances. Vgl. Ref. 6837.

* * **O. Hachenberg, H. Volland,** Vergleich zwischen 3.2 cm-Radiostrahlung der Sonne und ionosphärischer Dämpfung im D-Gebiet während einer Sonneneruption. Vgl. Ref. 6838.

6626. **R. T. Hansen,** Recurrent geomagnetic stroms and solar prominences. J. Geophys. Res. **64** 23—25. — Verf. untersucht die Beziehung zwischen dem Auftreten von Protuberanzen und wiederkehrenden magnetischen Stürmen im Zeitraum 1917—1944. Die frühere Vermutung, die solaren M-Regionen könnten mit ruhenden Protuberanzen identifiziert werden, hat sich nicht bestätigt. Loh.

6627. **K. Hermann-Otavský,** Filtergrams of the solar active fields. RH **40** 26—31 (tschech. mit deutsch. Ref.). — Erfahrungen mit einem neuartigen Quarzfilter. J. B.

6628. **K. Hermann-Otavský,** Filtergrams of solar flares. RH **40** 186—187 (tschech.).

6629. **K. Hermann-Otavský,** Coronal prominences. RH **40** 228—230 (tschech. mit deutsch. Ref.).

6630. **R. Howard, T. Cragg, H. W. Babcock,** Magnetic field associated with a great solar flare. Nature **184** 351. — Mit Hilfe des solaren Magnetographen des Mt. Wilson Observatoriums wurde das Magnetfeld in der Umgebung der großen Sonneneruption (3+) am 16. 7. 59 beobachtet. Das Magnetfeld wurde durch die Eruption in keiner Weise zerstört oder wesentlich verändert. Thi.

* * **B. Hultqvist, J. Aarons, J. Ortner,** Effects of the solar flares of 7 July 1958, observed at Kiruna Geophysical Observatory, Sweden. Vgl. Ref. **7526.**

6631. **G. S. Iwanow-Cholodny,** The electron density in solar prominences. AJ UdSSR **36** 589—600 (russ. mit engl. Ref.). — Die Arbeit ist eine kritische Betrachtung der heute vorhandenen Protuberanzenbeobachtungen und der daraus gezogenen Schlüsse über Temperatur und Elektronendichte. Man gelangt zu einer befriedigenden Übereinstimmung, wenn folgende Werte kombiniert werden: kinetische Temperatur zwischen 6000° und 9000°, Elektronendichte 10^{12} cm^{-3}, Wasserstoffdichte = doppelte Elektronendichte. Daraus folgt, daß der Wasserstoff in Protuberanzen nur teilweise ionisiert ist und daß ferner die individuellen Protuberanzenelemente Durchmesser von der Größenordnung 10^7 cm besitzen. Oster

* * **C. de Jager,** Optical and radiophenomena associated with a solar activity centre. Vgl. Ref. **6521.**

6632. **C. de Jager,** Dynamical features of the chromosphere. Nuovo Cimento Suppl. (10) **13** 291—298 = Sterrewacht «Sonnenborgh» Utrecht Overdruk Nr. 36. — Vortrag anläßlich des Symposiums in Varenna, vgl. Ref. **1317.**

6633. **R. Jayanthan,** The flare of 1957 September 19. Obs **79** 210—211. — Kurze Beschreibung von spektrographischen Beobachtungen der Eruption vom 19. 9. 57. zwischen 4^h05 und 4^h32 WZ. Ein 4^h09 aufgenommenes Spektrum zeigt die Balmer-Linien und H und K in Emission mit unsymmetrischer Verbreiterung in bezug auf die ungestörten Photosphärenlinien (stärker verbreitert im langwelligen). Bei dem 2^m später aufgenommenen Spektrum ist die Asymmetrie verschwunden. Die Linienbreiten der Balmer-Linien nehmen von Hα zu den höheren Gliedern der Balmer-Serie ab. Führt man die Asymmetrie auf Bewegungsvorgänge zurück, so folgen etwa +30 km/sec für die Radialgeschwindigkeit. Els.

6634. **J. T. Jefferies, E. v. P. Smith, H. J. Smith,** The flare of September 18, 1957. ApJ **129** 146—163 = Harv Repr Nr. 508 = High Altitude Obs. Boulder, Col., Misc. Repr. Nr. 127. — Von der großen Eruption am 18. Sept. 1957 wurde auf dem Sacramento Peak Observatorium eine Reihe von Spektren im Wellenlängenbereich 3900—7200 Å mit einer Dispersion von 2 Å/mm erhalten, die sowohl den Anstieg als auch die maximale Phase überdecken. Die Spektren werden ausführlich beschrieben und diskutiert. Man kann mit Sicherheit daraus schließen, daß der Anregungsgradient in einer solchen Eruption sehr groß ist, die Elektronentemperatur variiert im sichtbaren Bereich der Eruption mit der Tiefe von 50000° bis zu weniger als 10000°, so daß vielleicht die ganze sichtbare Eruption nur der Ausläufer eines viel gewaltigeren Phänomens ist. Die Flügel der Balmer-Linien lassen sich entweder durch den Stark-Effekt erklären oder auch durch eine Nicht-Maxwellsche Geschwindigkeitsverteilung makroskopischer oder mikroskopischer Elemente. H. M.

* * **J. T. Jefferies, R. N. Thomas,** Source function in a non-equilibrium atmosphere. III. The influence of a chromosphere. Vgl. Ref. **5306.**

6635. **E. Jensen,** On the dynamics of prominences and coronal condensations. Astrophys. Norvegica **6** 93—111. — Befindet sich ein Plasma nicht im thermischen Gleichgewicht, was durch langsame Änderung eines Magnetfeldes erreicht werden kann, dann hat ein inhomogenes Magnetfeld einen Einfluß auf die Dichteverteilung — es verhält sich wie ein diamagnetisches bzw. ein paramagnetisches Medium: die Materie wird zu Orten kleinerer bzw. größerer magnetischer Feldstärke getrieben. Auf diesem Effekt kann die Bildung von Kondensationen (kalt oder heiß) oberhalb von Flecken beruhen. Thi.

6636. **H. R. Johnson, R. G. Athay,** The excitation of chromospheric He I lines. AJ **64** 335—336. — Ref. AAS.

* * **Y. Kato, T. Tamao, T. Saito,** Geomagnetic pulsation accompanying with the intense solar flare. Vgl. Ref. **7613.**

6637. **I. Kawaguchi,** On the emission curves of growth of Fe I and Ti II in the lower chromosphere. Publ. Astr. Soc. Japan **11** 138—150 = Contr. Inst. Astrophys. Kwasan Obs. Kyoto Nr. 83. — Unter der Annahme von wahrer Absorption wird die Temperatur und Druckverteilung in der unteren Chromosphäre aus Wachstumskurven für Emission abgeleitet. Es erweist sich als unwahrscheinlich, daß die Flash-Linien nach dem Mechanismus der wahren Absorption entstehen, denn 1. weicht die abgeleitete Strahlungstemperatur von 5200° erheblich von der empirisch bestimmten Anregungstemperatur von 4150° ab und 2. müßten die Kerne starker Fraunhofer-Linien nach der berechneten Dichteverteilung in der unteren Chromosphäre entstehen. Aus den Restintensitäten ergibt sich aber unter der Annahme von wahrer Absorption eine geringere Temperatur. Groth

6638. **K. O. Kiepenheuer,** Magnetic fields in the solar atmosphere. Problems of measurement; their effects on the structure of the chromosphere. Atti Convegni Astr. Venezia Napoli 1959 S. 97—99.

6639. **E. W. Kolomejez,** Kleine Effekte solarer Eruptionen und das Energiespektrum der primären Variationen der kosmischen Strahlung. J. Experim. Theoret. Phys. **36** 1351—1353 (russ. mit engl. Ref.). — Ref. in RJ UdSSR 1960 Nr. 6 S. 36.

6640. **W. A. Krat,** On dark markings in solar prominences. Sonnendaten 1958 Nr. 10 S. 64—65 (engl. mit russ. Ref.). — Wenn die Gasdichte in einer Protuberanz groß und die Konzentration der Wasserstoffatome von der Ordnung 10^{14} ist, wird der obere Teil der Gaskondensation die auffallende Hα-Strahlung nur streuen und damit eine Abdunklung des hellen Untergrunds bewirken. Loh.

6641. **W. A. Krat, W. M. Sobolew,** Gleichgewichtsanregung des Heliums in der Sonnenchromosphäre. Sonnendaten 1958 Nr. 12 S. 61—63 (russ.). — Die Ausmessung von in Pulkowo 1958 aufgenommenen Spektren einiger Eruptionen am Sonnenrand zeigen, daß die Intensitätsverhältnisse zwischen den He-Linien verschieden sein können. Die He II-Linie 4686 fehlt häufig. Unter der Annahme, daß sich in kurzer Zeit eine stationäre Verteilung der Atomzustände einstellt, wird für verschiedene Elektronendichten (n_e) und Elektronentemperaturen (T_e) das Intensitätsverhältnis von 4 He-Linien zur D_3-Linie berechnet. Dabei stellt sich heraus, daß nur die beiden Linienverhältnisse 4713/D_3 und 3889/D_3 merklich von n_e und T_e abhängen und sich damit zur Beurteilung der physikalischen Bedingungen in der Chromosphäre eignen. Loh.

6642. L. Křivský, B. Růžičková, Beziehung der Eruptionstypen zu den Anomalieformen der atmosphärischen Störungen und Äußerung der Eruptionen mit Rücksicht auf ihre Größenklasse. BAC **10** 1—9. — Aus einem größeren Beobachtungsmaterial aus der ersten Jahreshälfte des IGJ wird der Verlauf chromosphärischer Eruptionen, bei denen die effektive Linienbreite von Hα im Spektroheliokop gemessen wird, mit dem gleichzeitigen Verlauf von Störungen der ionosphärischen D-Schicht, der aus den Registrierungen atmosphärischer Parasiten bei 27 kHz entnommen wird, verglichen. In beiden Fällen läßt sich aus der beobachteten Kurvenform eine Einteilung in 6 Typen vornehmen, die jeweils eng miteinander korreliert sind, so daß man die effektive Breite der Hα-Emissionslinie als Maßstab für die in den unteren Ionosphärenschichten wirksamen aktiven Ionisationen ansehen kann. Diese Zusammenhänge sind naturgemäß deutlicher bei großen Eruptionen zu erkennen als bei kleinen, doch erweist sich nach der vorliegenden Untersuchung auch hier die Korrelation größer als sie sich bei früheren Arbeiten ergeben hatte. H.M.

* * **R. B. Leighton,** Observations of solar magnetic fields in plage regions. Vgl. Ref. **6904**.

* * **H. Leinbach, G. C. Reid,** Ionization of the upper atmosphere by low-energy charged particles from a solar flare. Vgl. Ref. **7535**.

* * **P. R. Lichtenstein,** Calculation of cosmic radio noise absorption produced by pulses of ionizing radiation. Vgl. Ref. **7536**.

* * **S. L. Malurkar,** Further studies of cosmic ray bursts with solar activity. Vgl. Ref. **6875**.

* * **K. G. McCracken,** The production of cosmic radiation by a solar flare on August 31, 1956. Vgl. Ref. **6876**.

6643. K. G. McCracken, A correlation between the emission of white light and cosmic radiation by a solar flare. Nuovo Cimento (10) **13** 1081—1085. — Es wird gezeigt, daß die meisten solaren Eruptionen, die ein Ansteigen der Intensität der kosmischen Strahlung auf der Erde auslösen, auch im weißen Licht beobachtet wurden. Dies wird in der Weise interpretiert, daß nur die energiereichsten Flares merkliche Mengen kosmischer Strahlung erzeugen können. Das seltene Auftreten solcher Flare-Effekte wird zum Teil durch die geringe Häufigkeit energiereicher Flares erklärt. Verf. weist außerdem nach, daß kosmische Strahlung, die in einem Flare am Ostrande der Sonne erzeugt wird, die Erde nicht erreichen kann. Henn

6644. L. R. McNarry, Distribution of flares on the solar disk associated with noise. Nature **184** 806. — Die bei Polarlicht-Radarfilmregistrierungen aufgenommenen Radiobursts (48 MHz) von weniger als 30 sec Dauer werden auf ihre Koinzidenzhäufigkeit mit Eruptionen untersucht. Ferner wird die Verteilung der 535 von Bursts begleiteten Eruptionen (das sind 14.6 % aller simultan beobachteten Eruptionen) über die Sonnenscheibe ermittelt. Es ergeben sich besonders günstige Abstrahlbedingungen für die Scheibenmitte (Zentralmeridian ± 5°) und den Nord-West-Quadranten. HHR

6645. O. A. Melnikow, S. S. Shurawlew, Über die Methoden zur Untersuchung der Wasserstofflinien in den Spektren von Sonnenprotuberanzen. Sonnendaten 1959 Nr. 4 S. 75—79 (russ.). — Eine von den Verf. entwickelte Methode wird zur Untersuchung der Linien H$_\alpha$, H$_\beta$, H$_\gamma$ im Spektrum einer Protuberanz benutzt. Der Vergleich der beobachteten Wachstumskurven mit den berechneten relativen Wachstumskurven führt im Mittel zum Wert $\Delta\lambda_D/\lambda = 5.00 \times 10^{-5}$. Ferner wird für dieselben Linien eine Methode von Huang und Struve (vgl. AJB **55** Ref. **5111**) zur Bestimmung der Radialgeschwindigkeiten u_M, u_m von großen und kleinen Turbulenzelementen verwendet. Ond.

6646. R. Michard, La raie H_α dans la chromosphère. Ann d'Astrophys **22** 547—570. — Mit dem 9 m-Spektrographen in Meudon wurde eine Serie von Spektren im Bereich von H_α in verschiedenen Abständen vom Sonnenrand gewonnen, wobei aufeinanderfolgende Spektren einem Abstand von jeweils 730 km entsprachen. Aus den daraus hergeleiteten Profilen der H_α-Linie in Spiculen und in deren Umgebung in verschiedenen Höhen kann man folgende Schlüsse ziehen. Da man in Höhen über 5000 bis 6000 km eine Emissionslinie mit einem reinen Doppler-Profil einer Halbwertsbreite von 1.2 Å findet, unter 5000 km hingegen zunehmend eine darüber gelagerte zentrale Absorption beobachtet wird, so bestehen demnach die Spiculen, die man als zylindrische Säulen ansehen kann, aus heißen Gasen mit einer kinetischen Temperatur von 50000—100000° und einer Anregungstemperatur für H_α von 3800—4000°, sind aber unterhalb von 5000 km in ein kühleres Gas eingebettet, dessen Anregungstemperatur für H_α etwa 3400° beträgt. Dieses Umgebungsgas muß in Höhen über 5000 km für H_α völlig durchsichtig sein, absorbiert hingegen in der unteren Chromosphäre stark und enthält daselbst wahrscheinlich zahlreiche Gebilde höherer kinetischer Temperatur, die mit werdenden oder vergehenden Spiculen zu identifizieren sind. H. M.

6647. R. Michard, R. Servajean, G. Laborde, Spectroscopie des éruptions solaires dans le programme français de l'A.G.I. I. Instruments et observations. Ann d'Astrophys **22** 877—886. — Es wird eine Apparatur beschrieben, die auf dem Pic du Midi zur spektrographischen Untersuchung von Eruptionen und ähnlichen Vorgängen auf der Sonne eingerichtet worden ist. Durch Ausnutzung der 2., 3. und 4. Ordnung eines ebenen Beugungsgitters wird es ermöglicht, gleichzeitig das ganze Sonnenspektrum von 3500 bis 9000 Å mit einer Dispersion von etwa 2 Å/mm zu photographieren. Entsprechend den drei Ordnungen des Gitters werden dabei drei Bereiche im Spektrum, die sich, meist ein wenig überdeckend, aneinander anschließen, auf drei entsprechend geeigneten Filmen aufgenommen. Ein H_α-Filter gestattet es, die Sonne gleichzeitig visuell zu beobachten und die Eruptionen auf den Spalt einzustellen. Schließlich besteht auch noch die Möglichkeit, die Eruption direkt im Lichte von H_α zu photographieren und kinematographisch Spektren von einem kleinen Bereich um H_α in einem ausgedehnteren Gebiet auf der Sonne aufzunehmen. H. M.

6648. R. Michard, Spectroscopie des éruptions solaires dans le programme français de l'A.G.I. II. Généralités sur les spectres des éruptions. Ann d'Astrophys **22** 887—900. — Mit der in Ref. **6647** beschriebenen Apparatur sind von 1957—58 von 63 Eruptionen rund 200 Spektren im Bereich von 3600 bis 8800 Å aufgenommen worden. Auf den Spektren wurden folgende Größen nach visueller Schätzung ermittelt: Breite und Zentralintensität von H_α, Zahl der Balmer-Emissionslinien, die Intensitäten der Metallemissionslinien bei 5184, 5169 und 3906 Å von Magnesium, Eisen, Silizium, das Verhalten der gelben Heliumlinie D_3 und die Intensität des Kontinuums in der Gegend der H- und K-Linien. Die Änderungen dieser Größen mit der Phase der Eruption und mit ihrem Ort auf der Sonnenscheibe wurden statistisch bestimmt. Es zeigt sich unter anderem, daß die Metallinien aus tieferen Schichten stammen als die Wasserstofflinien und auch rascher nach dem Maximum an Intensität abnehmen. Die außerhalb der Sonnenscheibe beobachteten Eruptionen gehören einer etwas späteren Phase des Verlaufs der Eruption an, und hier kommen die Emissionslinien aus höheren Schichten. H. M.

6649. R. Michard, Le spectre optique des éruptions solaires. CR **248** 365—368. — Etwa 200 Eruptionsspektren aus mehr als 60 verschiedenen Erscheinungen wurden mit Hilfe einer im Rahmen des französischen Programms für das Internationale Geophysikalische Jahr geschaffenen Einrichtung erhalten. Die halbquantitative Untersuchung dieses Materials erlaubt einige neue Gesetze aufzufinden. Im besonderen wird das Vorkommen eines kontinuierlichen Spektrums demonstriert, dessen Eigenschaften beschrieben werden. Verf. (ü.)

* * **O. N. Mitropolskaja,** The connection between the geomagnetic disturbances in 1950 and calcium plages. Vgl. Ref. **7615.**

6650. O. Namba, Note on the excitation of the ionized helium in the solar chromosphere. Publ. Astr. Soc. Japan **11** 50—53 = Contr. Inst. Astrophys. Kwasan Obs. Kyoto Nr. 80. — Es wird vorgeschlagen, die hohe Anregung der HeII- und HeI-Linien in der Chromosphäre durch die Annahme heißer Strömungen aus der Korona zu erklären, die der Chromosphäre rekombinationsfähige α-Teilchen bzw. anregende UV-Strahlung zuführen. Gü.

6651. S. O. Obaschew, An electromagnetic mechanism of heating of solar prominences. AJ UdSSR **36** 1037—1040 (russ. mit engl. Ref.). — Der elektromagnetische Mechanismus der Aufheizung von Sonnenprotuberanzen wird untersucht. Die Lebensdauer von Protuberanzen ist ihren Abmessungen direkt proportional und nimmt mit Erhöhung der Magnetfeldstärke ab. Die aus der Bewegung der Protuberanz berechnete Feldstärke stimmt mit der aus der Lebensdauer abgeschätzten überein. Die eruptiven Protuberanzen unterscheiden sich von den ruhenden wesentlich durch ihre größere magnetische Feldstärke. Petri

6652. S. O. Obaschew, Über den elektromagnetischen Aufheizungsmechanismus der Sonnenprotuberanzen. Mitt. Astrophys. Inst. Alma-Ata 8 64—67 (russ. mit engl. Ref.). — Um eine Erklärung für die Existenz der sich bezüglich Lebensdauer und Temperatur mehr oder weniger stark unterscheidenden ruhenden und eruptiven Protuberanzen zu geben, leitet Verf. in Anlehnung an Cowling (vgl. AJB **45** Ref. **4111**) für die Lebensdauer einer Protuberanz den Ausdruck $\tau = 4\,\pi\,l\,\sqrt{\varrho}\;H^{-1}$ ab. Unter Annahme mittlerer Daten für eine eruptive Protuberanz folgt hieraus für die magnetische Feldstärke $H \approx 2$ Gauß. Für ruhende Protuberanzen muß H wesentlich kleiner sein. Das bei einer (merklichen) Änderung von H induzierte elektrische Feld bewirkt die Aufheizung der Protuberanz. Loh.

6653. S. O. Obaschew, Zur Erklärung der beobachteten Protuberanzenformen. Sonnendaten 1959 Nr. 7 S. 89—90 (russ.). — Die Aufmerksamkeit wurde den Protuberanzen gewidmet, welche aus einzelnen Schichten zusammengesetzt sind. Die Formen und Bewegungen dieser Schichten sind — ähnlich wie bei den Nordlichtern — durch das Magnetfeld bestimmt. L. Fr.

6654. Y. Öhman, Apparent solar prominences caused by jet planes crossing the solar limb. Obs **79** 217—218. — Ref. in Sky Tel. **19** 472.

6655. Y. Öhman, Observationer av solens protuberanser i Balmerkontinuet. PAT **40** 43—47. — In allgemein verständlicher Weise berichtet Verf. über einige auf Capri durchgeführte Beobachtungen über die Intensität des Balmer-Kontinuums und über Protuberanzenspektren. Das mit einem Interferenzfilter ausgestattete Instrumentarium wird kurz beschrieben. Die Beobachtungen erfolgen in einem 60 Å breiten Bereich bei 4780 Å. Es wurde eine Protuberanzentemperatur von 4900° gefunden. C. L. J.

* * **R. Parthasarathy,** On the origin of the flare-associated Röntgenemission. Vgl. Ref. **6845.**

6656. L. E. Peterson, J. R. Winckler, Gamma-ray burst from a solar flare. J. Geophys. Res. **64** 697—707.

* * **G. C. Reid, H. Leinbach,** Low-energy cosmic-ray events associated with solar flares. Vgl. Ref. **6878.**

* * **M. Rigutti,** Variazioni di due doppietti del sodio lungo un raggio del disco solare. Vgl. Ref. **6426.**

* * **N. A. Sawitsch,** Über den zeitlichen Gang der für die Ionosphäre aktiven Strahlung von Eruptionen. Vgl. Ref. **7554.**

6657. E. F. Schaposchnikowa, M. B. Ogir, The development of chromospheric flares according to observations made in 1957. Mitt. Astrophys. Obs. Krim **21** 112—130 (russ. mit engl. Ref.). — 1958 Juni–Okt. wurden 30 stärkere Eruptionen beobachtet (Tabelle). Für einen Teil derselben werden nähere Angaben gemacht, Photographien und Entwicklungsdiagramme gegeben. Die Gesamtauswertung soll nach Abschluß des Internationalen Geophysikalischen Jahres erfolgen. Petri

6658. A. B. Sewerny, Über die Entstehung der kosmischen Strahlung beim Pinch-Effekt in Sonneneruptionen. AJ UdSSR **36** 972 (russ.). — Plasmateilchen, die sich zwischen den aufeinander zulaufenden hydromagnetischen Stoßwellenfronten befinden, können unter bestimmten Bedingungen von diesen wie von magnetischen Wänden reflektiert und dabei sehr stark beschleunigt werden. Bei schrägem Zusammenlaufen der Fronten werden Teilchen mit einigen MeV Energie aus dem Gebiet thermonuklearer Reaktionen in das Beschleunigungsgebiet injiziert und sehr rasch auf 10^9—10^{10} eV gebracht. Die beobachtete Partikeldichte der solaren Ultrastrahlung wird durch diese Annahme plausibel. Petri

6659. A. B. Sewerny, An investigation of the spectra of great flares. Mitt. Astrophys. Obs. Krim **21** 131—151 (russ. mit engl. Ref.). — Bei starken Eruptionen erscheinen für durchschnittlich 9 Minuten während der rasch verlaufenden «Flash-Phase» Emissions-Schnurrbärte (moustaches), die mitunter asymmetrisch sind und die die Flügel der Balmer-Linien entsprechend verzerren. Für einige Eruptionen des Jahres 1957 werden die beobachteten Balmer-Emissionsflügel mit den theoretischen Doppler-Profilen und den Profilen für die ungestörte Sonnenatmosphäre verglichen. Besonders interessant ist die unmittelbar am Sonnenrande beobachtete Eruption Nr. 2459 (1957 Sept. 24), da hier der Einfluß der darunterliegenden Schichten wegfällt. — Die Analyse der Balmer-Linien zeigt große Abweichungen vom Stark-Effekt, aber gute Übereinstimmung mit dem Doppler-Effekt. Unter Zugrundelegung makroskopischer Geschwindigkeiten von 80 bis 250 km/sec sind für alle Balmer-Emissions- und für die H- und K-Linien die relativen Doppler-Verbreiterungen praktisch konstant. — Schließlich werden noch Heliumlinien untersucht: D_3 zeigt starke Selbstabsorption und Anstieg der Ergiebigkeit innerhalb der Eruption. Das Profil der Parheliumlinie 3964.73 Å ergab 15 km/sec Turbulenzgeschwindigkeit am Rande der Eruption. Schnurrbärte sind bei Helium wegen der geringen optischen Dicke und der Stärke des Kontinuums nur am Sonnenrande beobachtet worden. Für die Heliumanregung in Eruptionen sind hauptsächlich Elektronenstöße verantwortlich. Petri

6660. J. Slonim, Chromosphärische Eruptionen und Protuberanzen aktiver Gebiete. Circ. Astr. Obs. Taschkent Nr. 300 S. 17—20 (russ.). — In den aktiven Gebieten findet ein allgemeiner Austausch der Masse zwischen Korona und Chromosphäre statt. Deswegen kann man dort bei den Protuberanzen keine koronalen und chromosphärischen Typen unterscheiden. Die Bewegungen dieser Protuberanzen sowie auch die Entstehung der Eruptionen hängen von dem Massenaustausch ab, welcher wieder mit dem Magnetfeld eng verbunden ist. L. Fr.

6661. W. E. Stepanow, N. N. Petrowa, The brightness of flocculi, magnetic fields and mechanismus of heating. Mitt. Astrophys. Obs. Krim **21** 152—179 (russ. mit engl. Ref.). — Simultane spektroheliographische und magnetographische Beobachtungen des Jahres 1957 werden eingehend dargestellt. Isophoten und Isogaußen sind eng korreliert: Bei Feldern $>70\ \Gamma$ wachsen Helligkeit und Feldstärke gemeinsam an. Bei größeren Feldstärken nimmt die Helligkeit wieder ab, so daß die Flocculi die Gestalt von Ringen annehmen, in deren Mitte ein dunkles Gebiet das lokale Feldstärkemaximum kennzeichnet. — Für die Entstehung der Flocculi werden zwei Mechanismen betrachtet: sowohl Lumineszenz als Folge einer Eruption, verbunden mit Stoßwellen, als auch magnetohydrodynamische Wellen, wenn die Feldstärke innerhalb der Welle die des äußeren Feldes überwiegt. Da die chromosphärische Absorption gerade in Gebieten maximaler Feldstärke besonders gering ist, wirken solche Gebiete als «Fenster», durch die ein beträchtlicher Energiestrom aus subphotosphärischen Schichten in die Korona gelangt. Petri

6662. **Z. Suemoto, E. Hiei,** Balmer series lines of the flare and its structure. Publ. Astr. Soc. Japan **11** 185—194 = Tokyo Astr. Obs. Repr. Nr. 184. — Aus den Spektren der Eruptionen, welche mit dem Spektrographen in Tokio photographiert wurden, haben Verf. Linienbreiten der Glieder der Balmer-Serie von H_α bis H_{14} bestimmt. Auf Grund der Voraussetzung, daß die Linien der höheren Glieder durch den Stark-Effekt und die Linien der niedrigeren Glieder durch Selbstabsorption beeinflußt werden, wurde die Elektronendichte und die Zahl der Wasserstoffatome im zweiten Quantenzustand abgeleitet. Diese Resultate führten dann zu dem Schluß, daß die geometrische Dichte der Eruptionen etwa nur 10 km sein muß. Daraus ergibt sich, daß die Eruptionen aus einer Menge von lokalen Kondensationen ähnlich dünner Fäden zusammengesetzt werden müssen. L. Fr.

6663. **W. N. Sujkow,** Chromosphärische Eruptionen über dem Sonnenrand. Sonnendaten 1959 Nr. 1 S. 83—85 (russ.). — Es werden vier Eruptionen besprochen, deren Spektren im Bereich von 3213.3 Å bis 6847.6 Å auf der Pulkowoer Sternwarte gewonnen wurden. Einzelne Wellenlängen der Spektrallinien, welche in den Eruptionenspektren erscheinen, sind übersichtlich in einer Tabelle angeführt. L. Fr.

6664. **W. N. Sujkow,** Die kinetische Temperatur des Wasserstoffs und Heliums in Eruptionen. Sonnendaten 1959 Nr. 6 S. 81—83 (russ.). — Die Mitteilung enthält die Ergebnisse der Bearbeitung von Spektren einer Eruption vom 16. Juli 1958. Methodisch lehnt sich die Bearbeitung an eine bereits früher veröffentlichte Mitteilung (vgl. AJB 58 Ref. 6688) an. Es zeigt sich, daß die kinetische Temperatur des Wasserstoffs von der Größenordnung 14000—15000° und die des Heliums etwa 23000—25000° ist. Loh.

6665. **W. N. Sujkow,** Die Konzentration der Kalzium- und Heliumatome in metallischen Protuberanzen. Sonnendaten 1959 Nr. 7 S. 87—89 (russ.). — Auf Grund der Bearbeitung von 22 Spektrogrammen der metallischen Protuberanzen wurde die Zusammensetzung der Protuberanzen besprochen. Die Zahl der neutralen, einmal und zweimal ionisierten Atome von H, He und Ca wurde bestimmt. L. Fr.

6666. **E. Tandberg-Hanssen, H. Zirin,** Physical conditions in limb flares and active prominences. I. The loop prominences of November 12 and 22, 1956. ApJ **129** 408—413. — Von zwei eruptiven Protuberanzen wurden Serien von Spektren in sukzessive größerem Abstand vom Sonnenrand gewonnen, in denen im Bereich von 4340 bis 4861 Å besonders 5 Emissionslinien von H, HeI und HeII zu erkennen sind. Die Linienprofile lassen sich sehr gut durch Gaußsche Kurven darstellen, doch variieren die aus der Linienbreite abgeleiteten Temperaturen für die verschiedenen Atome beträchtlich. Wir haben also bei der gleichen Protuberanz verschiedene Temperaturregionen, wobei nicht klar festzustellen ist, ob es sich um scharf begrenzte Schichten oder um einen kontinuierlichen Übergang handelt, ob jedes Protuberanzenfilament Materie verschiedener Temperatur enthält, oder ob wir eine Anzahl von Filamenten in verschiedenen Temperaturstadien sehen. Die höchsten Temperaturen ergibt HeII mit 150000°, dann folgt HeI mit rund 50000°, während H die tiefsten Temperaturen bis gegen 20000° herab liefert. Die Temperaturangaben sind etwas unsicher wegen einer eventuell noch vorhandenen Turbulenz. H. M.

6667. **E. Tandberg-Hanssen,** Physical conditions in limb flares and active prominences. III. The difference between the surge and loop prominences of December 19, 1956. ApJ **130** 202—214. — Die Spektren einer Bogenprotuberanz (loop) und zweier Spritzprotuberanzen (surges) wurden verglichen. Die vergrößerte Breite von λ 5694 und das Erscheinen von $\lambda\lambda$ 4086 und 5445 in der Korona über der Bogenprotuberanz ließen dort eine erhöhte Temperatur erkennen. Während die Gesamtintensitäten bei den Spritzprotuberanzen mit der Höhe stark abnahmen, änderten sie sich in der Bogenprotuberanz nur sehr wenig, worin sich wiederum ihre enge Verbindung mit der heißen Korona zeigte. Die Linienprofile von Hβ und von CaII H und K lassen sich nicht durch Temperatur- und Turbulenzverbreiterung erklären, sondern verlangen die Annahmen getrennter, verschieden heißer Emissionsgebiete für die verschiedenen Linien. Gü.

6668. **W. Unno,** Turbulent motion in the solar atmosphere. II. Turbulent velocities in the lower chromosphere. ApJ **129** 388—400. — Aus 8 Paaren starker Multiplettlinien wird die Doppler-Breite in der unteren Chromosphäre bestimmt. Die Turbulenz (1.9 bzw. 3.5 km/sec in 500 bzw. 1000 km Höhe) nimmt mit der Höhe etwa umgekehrt proportional mit der vierten Wurzel der Dichte zu. Hieraus wird geschlossen, daß sie durch akustische Wellen, gestreut an inhomogenen Strukturen, bedingt ist. Der akustische Energiestrom reicht aus, die gesamte Ausstrahlung der Korona zu decken. Voigt

6669. **P. J. del Vecchio,** Indirect detection of solar flares. Sky Tel. **18** 546—548, 551. — Eruptionen auf der Sonne können statt auf optischem Weg auch durch die von ihnen verursachte Verstärkung der atmosphärischen Störungen im Radiowellenbereich entdeckt werden. Es werden einige Beobachtungen dieser Art beschrieben. FS

6670. **M. Waldmeier, H. Bachmann,** Statistik der Sonneneruptionen 1945—1954. ZfA **47** 81—93 = Astr. Mitt. Sternw. Zürich Nr. 219. — Von den im Quarterly Bulletin on Solar Activity 1945—1954 verzeichneten 4828 Eruptionen entfielen auf die Importance-Stufe 1 79%, auf Stufe 2 18%, auf Stufe 3 3%. Die flare-Häufigkeit war wieder proportional zur Fleckenzahl. Die mittleren Lebensdauern (22, 45, 85 min für die Stufen 1—3) lagen etwas höher als bisher. Davon entfielen im Mittel 29% auf den Anstieg, im einzelnen 30.8% bei Stufe 1, 25.6% bei den übrigen oder 31.8 und 27.3% bei Lebensdauern $\leqq$ bzw. $>$20 min. Die Breitenverteilung der Eruptionen folgte sehr genau der der Flecken. Mit l als heliographischer Länge vom Zentralmeridian ließen sich die Häufigkeiten der drei Stufen wieder als lineare Funktionen von cos l darstellen, zeigten jedoch zwischen 10 und 20° jedesmal eine charakteristische Depression und außerdem einen Ostüberschuß von 5.5%. Der Randabfall der Häufigkeit läßt sich nicht allein auf perspektivische Verkürzung zurückführen, sondern läßt ebenso wie der Ostüberschuß eine merkliche chromosphärische Absorption vermuten. Gü.

6671. **W. H. Ward,** On the origin of terrestrial particles from solar flares. J. Atmosph. Terr. Phys. **14** 296—298.

6672. **C. Warwick, M. Wood,** A study of limb flares and associated events. ApJ **129** 801—811. — Auf H$_\alpha$-Aufnahmen der Sonne vom Sacramento Peak-Observatorium werden die Höhen von 278 Rand-Eruptionen bestimmt; es wird daraus die Verteilungsfunktion der Höhen von Eruptionen abgeleitet, die eine stetige Abnahme der Häufigkeit mit zunehmender Höhe erkennen läßt. Es wird weiter nachgewiesen, daß zwischen der Höhe der Eruption und dem Auftreten von Kurzwellenfadings, wie auch zwischen der Stärke der Eruption und Kurzwellenfadings eine enge Korrelation besteht, indem im allgemeinen nur Eruptionen mit Höhen von mehr als 12000 km Kurzwellenfadings hervorrufen, bei großen Höhen selbst Eruptionen sehr geringer Stärke. Es wird gezeigt, daß hierfür wahrscheinlich die Absorption der ionisierenden Strahlung, und zwar der Lyman-Strahlung, in der Chromosphäre verantwortlich ist. Schließlich besteht auch noch ein enger Zusammenhang zwischen Eruptionen mit Kurzwellenfadings und der Häufigkeit von Bursts im Radiowellengebiet, und zwar ist diese Korrelation sehr stark bei Dezimeterwellen, schwächer bei Meterwellen. H. M.

* * **C. S. Warwick, R. T. Hansen,** Geomagnetic activity following large solar flares. Vgl. Ref. 7628.

6673. **H. Zirin, E. Tandberg-Hanssen,** Spectroscopic classification of prominences. AJ **64** 350. — Ref. AAS.

6674. **H. Zirin,** Physical conditions in limb flares and active prominences. II. A remarkable limb flare, December 18, 1956. ApJ **129** 414—423. — Die spektrographische Beobachtung einer recht bemerkenswerten Randeruption ermöglicht es, einige wichtige Schlüsse zu ziehen. Vor der Eruption bestand an dieser Stelle in der Korona eine dichte Wolke, die sich in weniger als 2 Stunden gebildet hatte und die ein kontinuierliches Spektrum aufwies; während der Eruption kondensiert sich diese Wolke in wenigen Minuten, um sich dann nachher rasch aufzulösen. Es scheint, daß die Eruption sich aus dieser dichten koronalen Kondensation gebildet hat. Aus den Linienbreiten errechnet sich eine Temperatur von 50000° bis 100000° für die Eruption. Aus dem sehr ähnlichen Verhalten der Koronalinien bei 4086 Å und bei 5694 Å während der Eruption kann man zwingend schließen, daß letztere zum Ca XV gehört, wie schon bisher vermutet wurde. H. M.

6675. **J. B. Zirker,** The high-temperature excitation of ionized helium. ApJ **129** 424—431. — Berechnung der Anregung und Ionisation des He II in einer Atmosphäre mit Abweichungen vom lokalen thermodynamischen Gleichgewicht. Die beobachtete Intensität von He II, λ 4686, wird durch L_α beeinflußt. Die Temperatur in der Helium-emittierenden Schicht der Sonnenchromosphäre liegt im Bereich von 2.5×10^4 bis 4×10^4 Grad, je nach der Stärke der Kopplung von H und He II in L_α. Voigt

§ 67

Korona

6701. **D. E. Billings,** Line width structure of coronal regions. AJ **64** 49. — Ref. AAS.

6702. **D. E. Billings,** Velocity fields in a coronal region with a possible hydromagnetic interpretation. ApJ **130** 215—220. — Die Verteilung der Halbwertsbreiten der Linie λ 5303 in einem Koronagebiet zeigt eine periodische Struktur. Diese Struktur und die korrelierten Doppler-Verschiebungen der Linien können von einer transversalen hydromagnetischen Welle in der Korona hervorgerufen werden. Es werden auch longitudinale Wellen betrachtet, diese stellen die Beobachtungen aber nicht so gut dar. Änderungen des Magnetfeldes (1 Gauß) um 0.05 Gauß genügen, um die Struktur zu erklären. Groth

6703. **D. E. Billings,** Distribution of matter with temperature in the emission corona. ApJ **130** 961—971. — Aus Linienprofilen von Koronalinien unter verschiedenen äußeren Bedingungen wird auf Temperaturen der Korona von 2—3 Millionen Grad geschlossen. FS

6704. **D. E. Blackwell, D. W. Dewhirst, E. P. Ney, P. J. Kellogg,** Kellogg and Ney's model of the solar corona. Nature **184** 1120—1123 = Cambridge Obs. Repr. Nr. 36. — Verf. weisen eine Theorie von Kellogg und Ney zurück, nach der ein wesentlicher Teil des kontinuierlichen Spektrums der Sonnenkorona durch Synchrotronstrahlung relativistischer Elektronen im Sonnenmagnetfeld entstehen soll, wobei die Teilchen in der Art eines Strahlungsgürtels angeordnet sein sollen. Verf. finden, daß diese Theorie zwar mit älteren Beobachtungen in Einklang gebracht werden kann, aber nicht mit genaueren Messungen aus den letzten Jahren, auf die Kellogg und Ney nicht eingegangen waren, und stellen fest, daß das Vorhandensein der Fraunhofer-Linien im Spektrum der äußeren Korona die Existenz von Staubpartikeln verlangt. Schließlich sprechen die gemessenen Polarisationen gegen eine Entstehung durch Synchrotronstrahlung. In einer Antwort halten Kellogg und Ney im wesentlichen aufrecht, daß Synchrotronstrahlung in der Korona wenigstens zusätzlich auftreten könnte und schlagen genauere Messungen der Polarisationsrichtungen vor. Oster

6705. **L. A. Borissoglebskij,** On the identification of coronal lines Ca XV. AJ UdSSR **36** 905—907 (russ. mit engl. Ref.). — Unter Berücksichtigung der neuesten theoretischen Grunddaten wird eine Neuberechnung des Intensitätsverhältnisses der CaXV-Linien λ 5694.4 und λ 5446.5 durchgeführt. Loh.

6706. **M. C. Bretz, D. E. Billings,** Analysis of emission corona 1942—1955 from Climax spectrograms. ApJ **129** 134—145. — Die Analysierung der Beobachtungen der grünen und der roten Koronalinie in Climax in den Jahren 1942—1955 zeigt, daß sich die Gesamtemission in beiden Linien dem Sonnenzyklus anschließt, doch ist dieser Gang für die grüne Linie weit ausgeprägter als für die rote. Die Übereinstimmung mit den Beobachtungen in Arosa und auf dem Pic du Midi ist gut mit der einzigen Ausnahme, daß ein von Arosa beobachtetes starkes Maximum der roten Linie im Jahre 1943 hier nicht bestätigt werden kann. Die Beobachtungen können in der Weise interpretiert werden, daß beim Sonnenfleckenmaximum sowohl die Elektronendichte als auch die Elektronentemperatur höher ist als beim Minimum, daß aber die Intensität beider Linien vornehmlich durch die Elektronendichte bestimmt ist. Das Studium der Breitenverteilung der Linien während des Zyklus läßt unter anderem den Schluß zu, daß während des Sonnenfleckenminimums sich in Äquatornähe noch kühlere Koronamaterie befindet, die während des neuen Zyklus erst allmählich verschwindet. H. M.

* * **O. Burkhard,** Radio reflexions from the moon and solar corona. Vgl. Ref. 8305.

6707. **A. Dollfus,** Observation de la couronne solaire à l'Observatoire de Meudon en 1959. CR **249** 2273—2275. — Mit einem photoelektrischen Polarimeter (vgl. AJB 58 Ref. 6408), das noch Polarisationsgrade von 10^{-4} zu messen erlaubt, gelingt es, auch im Flachland die weiße Korona bis zu einem Abstand von 10′ vom Sonnenrand zu beobachten. Beispiele werden mitgeteilt. Es zeigt sich, daß die im weißen Licht beobachteten Aufhellungen (Gebiete hoher Elektronenkonzentration) eine Lebensdauer ähnlich der im monochromatischen Licht beobachteten besitzen, während sich ihre innere Struktur (Strahlen) im Lauf von Tagen verändern kann. J. P. M.

* * **A. Dollfus,** Quelques observations géophysiques et astronomiques effectuées en ballon dans la stratosphère. Vgl. Ref. 7206.

6708. **A. Dollfus,** Quelques propriétés des jets de la couronne solaire, observées en lumière blanche. CR **249** 2722—2724. — Es wird über weitere Beobachtungen mit dem Koronapolarimeter (vgl. AJB **58** Ref. **6408**) berichtet und für die Zeit von August bis September 1959 eine heliographische Karte der am Ostrand beobachteten Strukturen mitgeteilt. Daraus ergibt sich: 1. Die Aufhellungen (Strahlen) sind eng mit den Aktivitätszentren der Chromosphäre assoziiert, haben auch eine Lebensdauer von derselben Größenordnung, 2. sind sie sehr wahrscheinlich auch der Entstehungsort der kontinuierlichen Radioemission bei etwa 3 cm Wellenlänge, wie ein Vergleich der Positionsbestimmung solcher diskreter Quellen mit der Karte ergibt. J. P. M.

6709. **W. L. Ginsburg, W. W. Shelesnjakow,** On the propagation of electromagnetic waves in the solar corona taking into account the influence of the magnetic field. AJ UdSSR **36** 233—246 (russ. mit engl. Ref.). — Die bekannte Dispersionstheorie elektromagnetischer Wellen in der Sonnenkorona wird durch die Einbeziehung starker Magnetfelder erweitert, so daß der

Weg von Radiostrahlen in der Umgebung von Sonnenflecken behandelt werden kann. Darüber hinaus wird der Einfluß von Streuprozessen an Elektroneninhomogenitäten in der Korona erörtert. Oster

6710. **R. E. Gussejnow,** Über die Streuung der Radiowellen in der Sonnenkorona. Nachr. Akad. Wiss. Aserbajdshan. SSR (Phys.-Math. Techn.) 1959 Nr. 4 S. 107—109 (russ. mit aserbajdshan. Ref.). — Ref. in RJ UdSSR 1960 Nr. 4 S. 36.

6711. **W. N. Ichsanowa,** Die Radiostrahlung koronaler Kondensationen bei 3.2 cm Wellenlänge und ihr Zusammenhang mit sichtbaren Gebilden auf der Sonne, I. Sonnendaten 1958 Nr. 10 S. 65—68 (russ.). — Seit Ende 1956 werden mit dem großen Pulkowoer Radioteleskop Beobachtungen zum oben genannten Zweck durchgeführt. Über jeder Fleckengruppe mit einer Fläche größer als 50 bis $100 \cdot 10^{-6} \odot$ existiert eine koronale, radiostrahlende Kondensation. Sie tritt praktisch gleichzeitig mit der Fleckengruppe in Erscheinung. Loh.

6712. **W. N. Ichsanowa,** Abschätzung des Inhomogenitätsgrades der Korona aus Beobachtungen von Aufgängen und Untergängen koronaler Kondensationen. Sonnendaten 1958 Nr. 11 S. 62—64. — Der Inhomogenitätsgrad der unteren Korona liegt innerhalb vernünftiger Grenzen. Offensichtlich hängt er von der Aktivität tiefliegender Schichten ab. Loh.

* * **E. Jensen,** On the dynamics of prominences and coronal condensations. Vgl. Ref. **6635.**

6713. **M. G. Karimow,** Die gelbe Koronalinie 5694 Å nach Außerfinsternisbeobachtungen. Mitt. Astrophys. Inst. Alma-Ata 8 59—63 (russ. mit engl. Ref.). — Die Anregung dieser Linie erfolgt durch Elektronenstoß. Loh.

6714. **P. J. Kellogg, E. P. Ney,** A new theory of the solar corona. Nature **183** 1297—1301. — Im Gegensatz zu den bisherigen Ansichten über den Aufbau der Sonnenkorona wird ein gänzlich anderes Koronamodell vorgeschlagen: Die Korona besteht aus eingefangenen geladenen Teilchen, die sich im Magnetfeld der Sonne bewegen, sie ist also das völlige Analogon zum Strahlungsgürtel der Erde. Es wird gezeigt, daß die wesentlichen Beobachtungstatsachen sich nach dem neuen Modell besser deuten lassen als nach dem alten, indem die merklichen Diskrepanzen bei den Temperaturbestimmungen erklärt werden können. Darüberhinaus bieten einige andere Effekte, die bisher noch relativ wenig beachtet wurden, wie die Verteilung der Polarisationsrichtungen, die Intensitätsänderungen im Sonnenzyklus und der Strahlungsüberschuß im Infraroten die Möglichkeit, zwischen beiden Theorien zu entscheiden, wobei sich nach der vorläufigen Prüfung ergibt, daß die neue Theorie vorzuziehen ist. H. M.

6715. **K. O. Kiepenheuer,** Über die Verdichtung der Koronamaterie. ZfA 48 290—297 = Mitt. Fraunhofer-Inst. Freiburg Nr. 42. — Es wird gezeigt, daß sich Koronamaterie unter der Einwirkung eines äußeren Druckes so stark abkühlt, daß trotz zunehmender Verdichtung bis zur Dichte von Protuberanzenmaterie der Gasdruck des betrachteten Gasvolumens nicht zunimmt, woraus die Bildung von Protuberanzen verständlich wird. Der erforderliche Druck wird dabei von zusammenstoßenden oder sich bildenden Magnetfeldern geliefert, z. B. beim Entstehen von Flecken, also in aktiven Gebieten. Aus diesem Prozeß heraus lassen sich auch gut die Vorgänge von Eruptionsauswürfen (flare surges) verstehen. Durch die magnetische Kompression wird Koronamaterie verdichtet, abgekühlt und gleichzeitig aus dem Feld herausgequetscht, wobei die Bewegung natürlich längs der Kraftlinien erfolgen muß. Auch quantitativ lassen sich die Beobachtungen nach diesem Modell gut erklären. H. M.

6716. **R. Müller,** Katalog monochromatischer Koronastrahlen 1958. Forschungsber. Obs. Wendelstein Nr. 22, 15 S.

6717. G. A. Newkirk, G. W. Curtis, D. K. Watson, R. Manning, J. Shelby, The inner solar corona during June 1959. Nature **184** 1308—1309. — In Hinblick auf die Bedeckung der Radioquelle Taurus A durch die Sonnenkorona, deren Beobachtung es ermöglicht, die Struktur der Korona in großen Abständen vom Sonnenrand zu studieren, werden zur Erleichterung der Deutung dieser Beobachtungen die Daten über die Verhältnisse in der inneren Korona während der in Frage kommenden Zeit zusammengestellt und diskutiert, wie sie sich aus den üblichen Koronabeobachtungen in Climax ergeben. H. M.

6718. G. M. Nikolskij, On coronal emission in λ 5694. AJ UdSSR **36** 477—480 (russ. mit engl. Ref.). — Außerhalb von Sonnenfinsternissen angestellte Beobachtungen der Linien 5694 und 6374 Å wurden untersucht. Das Ergebnis bestätigt die Theorie von G. Elwert. Danach werden beide Linien im gleichen Koronagebiet ausgestrahlt und entstehen durch den ionisierenden Einfluß der harten (Röntgen-) Strahlung koronaler Kondensationen auf Ca XI-Ionen in «roten» Koronagebieten. Diese Tatsache engt den Kreis der für die Linie 5694 Å in Betracht kommenden Ionen weiter ein. Offenbar ist Edléns Identifikation der gelben Linien mit Ca XV richtig. Verf. (ü.)

6719. C. Pecker, Sur l'identification de quelques raies coronales. Vgl. AJB **58** Ref. **6712** = Contr. Inst. d'Astrophys. Paris (A) Nr. 247bis.

* * **W. W. Pissarewa,** On the variations of the intensity of radio emission, scattered on coronal non-uniformities. Vgl. Ref. **6846**.

6720. S. B. Schwartz, Ionization cross-section of Fe XIV by electron collision and the electron coronal temperature. AJ **64** 54. — Ref. AAS.

6721. S. B. Schwartz, H. Zirin, Collisional ionization cross-section for Fe XIV in the solar corona and the coronal electron temperature. ApJ **130** 384—392. — Die Ionisationsquerschnitte von Fe XIV bei Elektronenstößen werden neu berechnet. Dabei wird ein wasserstoffähnliches Modell benutzt, bei dem alle Wellenfunktionen des Kontinuums in großen Abständen vom Atom durch Coulomb-Funktionen approximiert werden. Der sich dabei ergebende Wirkungsquerschnitt ist mehr als 10 mal kleiner als die gegenwärtig benutzten Werte. Berücksichtigt man dies in der Ionisationsformel der Korona, so wird für gleiche Intensität von grüner und roter Koronalinie die kinetische Elektronentemperatur etwa 2×10^6 Grad. Verf. (ü.)

* * **O. B. Slee,** Occultations of the Crab nebula by the solar corona in June 1957 and 1958. Vgl. Ref. **13427**.

* * **T. Tamburini, G. Thiessen,** Center-limb variation of the slowly variable earth magnetic effective solar Röntgen-ray radiation and remarks on the structure of coronal condensations. Vgl. Ref. **6813**.

6722. M. Trellis, L'évolution lente des jets coronaux. Ann d'Astrophys **22** 845—854. — Aus Isophotenkarten der Korona im Licht der grünen Linie wird der Entwicklungsweg einzelner Koronastrahlen verfolgt. Es zeigt sich, daß die Lebensdauer eines Strahles proportional zu seiner maximalen Intensität ist. Ferner ist bei den einzelnen Strahlen der zeitliche Intensitätsanstieg zum Maximum steiler als der Abfall, ähnlich wie auch bei anderen Erscheinungen auf der Sonne. Die Häufigkeit von Strahlen einer bestimmten Intensität läßt einen ausgeprägten Gang mit der Phase des Fleckenzyklus erkennen, so daß man diese Häufigkeit als Index der Sonnenaktivität verwenden kann. H. M.

6723. M. Waldmeier, Beobachtungen an der Koronalinie 5694 Å. ZfA **47** 94—105 = Astr. Mitt. Sternw. Zürich Nr. 220. — Unter den 1954 bis 1957 in Arosa beobachteten 118 Koronaemissionen in λ 5694 entfielen 3 auf 1955, 39 auf 1956 und 76 auf das Jahr 1957, in dem die Linie an 91 % aller Beobachtungstage gefunden wurde. Anstelle der scheinbaren Abnahme der Häufigkeit und Größe der Emissionsgebiete gegenüber dem vorigen Maximum 1947 erhält man nach

Reduktion auf gleiche Beobachtungsbedingungen eine Zunahme ähnlich wie bei den Flecken. Obwohl die Intensität der Linie i. a. symmetrisch zu den von ihr begleiteten Fleckengruppen verteilt war, zeigte ihre Breitenstatistik 1956 und auf der Südhälfte auch 1957 gegen die der Flecken eine Verschiebung um ca. 5° polwärts, was auf ein häufigeres Auftreten der Emission bei Flecken in höheren Breiten schließen läßt. In 9 Fällen war eine starke λ 5694-Emission von λ 5445 begleitet, wobei die bei den stärksten Emissionen gefundenen Intensitätsverhältnisse λ 5445 : λ 5964 von 1 : 3 bis 1 : 2 auf einen Anstieg mit zunehmender Intensität hinzuweisen scheinen. Gü.

6724. **M. Waldmeier,** Radioheliogramme und Koronaintensität. ZfA **48** 163—171 = Astr. Mitt. Sternw. Zürich Nr. 225. — Ref. in Sternenbote **3** 33. — Der Vergleich von Radioheliogrammen (λ = 21 cm) mit der Koronaintensität (λ = 5303 Å) führt zu keiner befriedigenden Übereinstimmung im Detail. Als Ursache dürften dabei folgende Tatsachen eine Rolle spielen: 1) Während die Koronaintensität in einer Höhe von (20—40) $\times 10^3$ km über der Photosphäre gemessen wird, stammt die Radiostrahlung aus einer Höhe, die etwa zwischen 5 und 50×10^3 km schwankt, je nach Abstand von der Sonnenscheibenmitte, der momentanen Elektronendichte und der Magnetfeldstärke. 2) Da die Koronaintensität nur am Rande gemessen werden kann, sind die zum Vergleich benutzten Werte für die auf der Scheibe liegenden Gebiete mehrere Tage alt, stammen also aus einer anderen Zeit als die Radiowerte. HHR

6725. **C. Warwick,** Green coronal line intensity and geomagnetism. J. Geophys. Res. **64** 527—531. — Climax-Spektrogramme mit λ 5303 aus den Jahren 1942—44, also in der Nähe des Aktivitätsminimums, wurden neu ausgemessen. Es zeigte sich, daß dem Durchgang von Gebieten starker λ 5303-Intensität durch den Zentralmeridian ein Minimum an geomagnetischer Aktivität folgt. Man darf annehmen, daß sich solare Aktivitätsgebiete mit Gebieten starker λ 5303-Intensität überdecken, M-Regionen aber meiden. Im Minimum Okt. 1953—Okt. 1954 wurde keine Beziehung zwischen λ 5303-Intensität und geomagnetischer Aktivität festgestellt. Loh.

6726. **W. W. Witkewitsch, B. N. Panowkin,** On the structure of the nonuniformities of the solar supercorona. AJ UdSSR **36** 544—546 (russ. mit engl. Ref.). — Wie die Beobachtung der Bedeckung des Crab-Nebels durch die Korona im Jahre 1957 zeigt, haben die Inhomogenitäten der Superkorona die Gestalt langer, hauptsächlich oder nahezu radial gerichteter Strahlen. Diese Orientierung steht mit der Vorstellung einer Ausrichtung entlang den Kraftlinien eines allgemeinen magnetischen Dipolfeldes der Sonne nicht in Widerspruch. Verf. (ü.)

6727. Akustischer Energietransport und Aufheizung der Korona. Sterne **35** 83—84. — Ref.

§ 68

Wellen- und Partikelstrahlung, Gesamthelligkeit, Aktinometrie

Solare UV- und Röntgen-Strahlung

6801. **A. Aboud, W. E. Behring, W. A. Rense,** Emission-line intensities in the solar ultraviolet. ApJ **130** 381—383. — Aufnahmen des kurzwelligen Sonnenspektrums, die bei einem Raketenaufstieg 1957 Aug. 6 in Höhen von 130—150 km erhalten wurden, sind photometrisch ausgewertet worden. Die Kalibrierung wird beschrieben. Für 24 Emissionslinien im Gebiet 1206—1817 Å werden Intensitäten angegeben. Die größte Intensität hat HLα, die nächststarken

Emissionen sind zwei Si II-Linien. Auf einem Flügel von $HL\alpha$ tritt eine überlagerte He II-Linie auf. Das UV-Kontinuum ist bis 1650 Å erkennbar, seine Intensität wurde bei 1720 Å und bei 1800 Å geschätzt und mit der Strahlung eines schwarzen Körpers von 5800° verglichen. O. G.

* * **J. C. Brandt,** Solar Lyman-β fluorescence mechanism in the upper atmosphere. Vgl. Ref. 7409.

6802. **M. A. Ellison,** A unique photograph of the sun. Dunsink Obs. Repr. Nr. 12, 2 S. — Bericht über Aufnahmen im Licht von L_α.

6803. **H. E. Hinteregger, K. R. Damon, L. A. Hall,** Analysis of photoelectrons from solar extreme ultraviolet. J. Geophys. Res. **64** 961—969.

6804. **G. S. Iwanow-Cholodny,** Über die Erforschung der kurzwelligen Sonnenstrahlung mit Raketen. Nachr. Akad. Wiss. UdSSR (Geophys.) 1959 Nr. 1 S. 108—121 (russ.). — Ref. in RJ UdSSR 1960 Nr. 1 S. 53.

6805. **C. de Jager,** Een zonnefoto vanuit een raket. Hemel en Dampkring **57** 126—127.

6806. **T. W. Kasatschewskaja, G. S. Iwanow-Cholodny,** Continuous solar emission in the Röntgen-ray region. AJ UdSSR **36** 1022—1027 (russ. mit engl. Ref.). — Nach Berechnung des Gaunt-Faktors wird das kontinuierliche Spektrum dargestellt. Die Röntgen-Emission und deren Verhältnis zur radiofrequenten Ausstrahlung führen auf eine Temperatur von 1.5×10^6°. Im Erdabstand beträgt die Energie der kontinuierlichen Sonnenstrahlung mehr als 0.3 erg/cm² sec jenseits der Lyman-Grenze. Die Sonnenkorona ist sehr inhomogen. Der größte Teil ihrer Substanz füllt nur 1 % ihres Volumens aus. Verf. (ü.)

6807. **W. P. Katschalow, N. A. Pawlenko, A. W. Jakowlewa,** Das ultraviolette Sonnenspektrum im Gebiet 2471—2635 Å. Nachr. Akad. Wiss. UdSSR (Geophys.) 1958 Nr. 9 S. 1099—1104 (russ.). — Ref. in RJ UdSSR 1959 Nr. 10 S. 59.

6808. **W. P. Katschalow, N. A. Pawlenko, A .W. Jakowlewa,** Das ultraviolette Sonnenspektrum im Gebiet 2636—2937 Å. Nachr. Akad. Wiss. UdSSR (Geophys.) 1959 Nr. 8 S. 1177—1185 (russ.). — Ref. in RJ UdSSR 1960 Nr. 6 S. 51.

6809. **O. A. Melnikow,** Die Erforschung des ultravioletten Sonnenspektrums. Priroda **48** Nr. 6 S. 75—78 (russ.).

6810. **J. D. Purcell, R. Tousey, D. M. Packer, W. R. Hunter,** Solar disk photographs made with Lyman-α of hydrogen. AJ **64** 131. — Ref. AAS.

6811. **J. D. Purcell, D. M. Packer, R. Tousey,** Lyman-Alpha photographs of the sun. Nature **184** 8—10. — Im März 1959 wurden Aufnahmen der Sonne von einer Aerobee-Hi-Rakete in 110 bis 170 km Höhe im Licht der Wasserstofflinie L_α gewonnen. Vergleiche mit gleichzeitigen Aufnahmen in H_α, in der Ca^+-K-Linie und im integralen Licht zeigen eine besonders starke L_α-Emission in Fackelflächen, während Sonnenflecken in L_α kaum erscheinen. Voigt

6812. **K. Saito, K. Nishi,** Attempts to observe the solar ultraviolet radiation with a rocket-borne spectrograph. TAB (2) Nr. 122 S. 1497—1509. — Vorbereitung, Planung und Durchführung von vier Raketenaufstiegen werden beschrieben. Ziel der Experimente war eine Untersuchung des UV-Spektrums der Sonne mittels eines im Raketenkopf mitgeführten Konkavgitterspektrographen. Alle Aufstiege blieben wegen technischer Störungen ohne Erfolg. Stu.

6813. **T. Tamburini, G. Thiessen,** Center-limb variation of the slowly variable earth magnetic effective solar Röntgen-ray radiation and remarks on the structure of coronal condensations. Mem SA It (NS) **30** 265—285. — Bei der Korrelation von Tageswerten gewisser Größen mit den Sonnenflecken wird ein maximaler Korrelationskoeffizient erzielt, wenn die Fleckenrelativzahl mit der gleichen Mitte-Rand-Variation gebildet wird, wie sie physikalisch die zu Grunde liegende solare Zusatzstrahlung besitzt. Auf diese Weise wird die Mitte-Rand-Variation der erdmagnetisch wirksamen Röntgenstrahlung im Bereich von 40—100 Å bestimmt. — Es wird gezeigt, daß die koronalen Kondensationen Gebiete mit höherer Dichte, aber niedrigerer Temperatur im Vergleich zur umgebenden Korona sind. Thi.

6814. **R. Tousey, J. D. Purcell, D. M. Packer, W. R. Hunter,** A new solar spectrum in the extreme ultraviolet. AJ **64** 133—134. — Ref. AAS.

6815. **T. Violett, W. A. Rense,** Far ultraviolet spectrum of the sun. AJ **64** 348. — Ref. AAS.

6816. **T. Violett, W. A. Rense,** Solar emission lines in the extreme ultraviolet. ApJ **130** 954—960. — Auf Spektren, die von Raketen in über 200 km Höhe aus aufgenommen wurden, werden Wellenlängen von Emissionslinien im Sonnenspektrum gemessen. FS

6817. Solar photographs in Lyman-alpha light. Sky Tel. **18** 440—441, 489.

6818. Far-ultraviolet solar spectrum. Sky Tel. **18** 496. — Ref. AAS. — Ref. in VdS Nachr. **9** 85.

6819. UV-Spektrum der Sonne und Bild der Sonne in Lyman-Alpha. Sterne **35** 246—247. — Ref.

Solare Radiostrahlung

6820. **Y. Avignon, M. Pick,** Relation entre les émissions de type IV et d'autres formes d'activité solaire. CR **248** 368—371. — Die im Meterwellenbereich definierten Emissionen vom Typ IV sind im allgemeinen mit großen Ausbrüchen im Zentimeterwellenbereich verbunden. Es wird gezeigt, daß eine enge Korrelation zwischen den optischen Zentren, aus denen die Typ IV-Emissionen hervorgehen, und den Zentren von Radiostürmen besteht. Verf. (ü.)

6821. **Y. Avignon, M. Pick-Gutmann,** Relation entre les émissions solaires de rayons cosmiques et les sursauts de type IV. CR **249** 2276—2278. — Eine Zusammenstellung der Beobachtungen von Bursts des Typus IV, von Eruptionen der Importance 3 und 3+ und von Fällen verstärkter solarer Ultrastrahlung während des I.G.J. in einem Diagramm, das als Ordinate die Intensität des Bursts, als Abszisse die heliographische Länge der zugehörigen Eruption enthält, zeigt, daß die stärksten Bursts auch von einer Zunahme der solaren Komponente der kosmischen Strahlung begleitet sind. Außerdem sind dabei Eruptionen auf der Westhalbkugel bevorzugt. Dies bedeutet eine Stütze für die Hypothese, wonach die Bursts IV durch Synchrotronstrahlung relativistischer Elektronen hervorgerufen werden. J. P. M.

6822. **A. Boischot, J. W. Warwick,** Radio emission following the flare of August 22, 1958. J. Geophys. Res. **64** 683—684.

6823. **M. H. Cohen,** Linear polarization in type III bursts. ApJ **130** 221—227. — Von den solaren Radioausbrüchen, die innerhalb von 1200 Beobachtungsstunden registriert wurden, waren 6 Typ III-Bursts deutlich elliptisch polarisiert, ferner ein Typ V-Burst, dessen Polarisation mit dem vorangehenden Typ III-Burst nahezu übereinstimmte. In zwei von diesen 6 Fällen betrug die Polarisation sogar etwa 30%. Zur Messung der vier Polarisationsparameter bei $f = 202$ MHz wurde ein sehr schmalbandiges ($\Delta f = 10$ kHz, bzw. auch 15 kHz) Radiometer (mit einem 5 m-Paraboloid) verwendet, um eine möglichst kleine Faraday-Dispersion $\psi = 2 \cdot \Phi \cdot df/f$ (Φ = Faraday-Rotationswinkel $\sim f^{-2}$) zu erhalten. In Übereinstimmung mit der Theorie (von Hatanaka) ergab sich ein $\Phi \leq 2 \cdot 10^4$ rad. HHR

6824. A. E. Covington, Internal precision of the daily radio flux observations at 10.7 centimetres. J RAS Canada **53** 156—161. — Die Messung der solaren Strahlungsflußdichte bei $\lambda = 10.7$ cm mit zwei voneinander unabhängigen Radiometern (in Ottawa/Canada) zeigt, daß die relative Meßgenauigkeit für den Einzelwert $\pm$ 1 % und für das Monatsmittel $\pm$ 0.45 % beträgt. Hierbei sind die Fehler von den Registriergeräten ($\pm$ 1 %) und durch veränderliche, wetterabhängige Verluste in der Wetterschutzhülle für den Dipol ($\pm$ 1 %) noch nicht berücksichtigt, so daß der relative wahrscheinliche Gesamtfehler in beiden Fällen bei etwa $\pm$ 2 bis 3 % liegt. HHR

6825. O. Czyżewski, Wstępne wyniki obserwacij wybuchów radiowego promieniowania Słońca na fali 37 cm. Postępy Astr. **7** 268—271. — Vom 1. 10. 1957 bis 31. 12. 1958 wurden mit Hilfe des Krakówer (Krakauer) Radioteleskops bei 37 cm Wellenlänge 291 Ausbrüche der solaren Radiostrahlung beobachtet. Dabei wurde nach einer Korrelation zwischen diesen Ausbrüchen und chromosphärischen Eruptionen gesucht. E. R.

6826. H. Daene, Bemerkungen zu den Messungen der solaren Radiostrahlung am Astrophysikalischen Observatorium Potsdam 1957 — 1958. Mitt. Astrophys. Obs. Potsdam Nr. 301 S. 1—14. — Die von der radioastronomischen Abteilung des Astrophysikalischen Observatoriums Potsdam im Bereich von etwa 60 cm bis 27 m Wellenlänge durchgeführten Messungen der solaren Radiostrahlung sollen von jetzt ab vierteljährlich veröffentlicht werden. Die Veröffentlichung beginnt mit den Messungen vom 1. Juli 1957 bis zum 30. September 1957. Es erfolgt eine kurze Beschreibung der Apparaturen, außerdem werden einige Hinweise bezüglich der Auswertung gegeben. Verf.

6827. S. Edelson, R. J. Coates, N. Santini, T. F. McCullough, Time relations between centimeter wavelength bursts and solar Hα flares. AJ **64** 330. — Ref. AAS.

6828. O. Elgaröy, Observations of the fine structure of enhanced solar radio radiation with a narrow-band spectrum analyser. Nature **184** 887—888. — Inst. Theoret. Astrophys. Blindern—Oslo Repr. Nr. 29. — Mit einem Radiospektrometer hoher Auflösung wurden Radiobursts untersucht, die solaren Ursprungs waren. Es zeigte sich bei allen Bursts im Bereich von 190—215 MHz eine regelmäßige zeitliche Frequenzverschiebung von 2—4 MHz von niedrigen zu höheren Frequenzen. Thi.

6829. O. Elgaröy, Frequency drift and fine structure of 200-Mc/s solar bursts. Vgl. Ref. **1304** S. 248—250 = Inst. Theoret. Astrophys. Blindern—Oslo Repr. Nr. 26.

6830. L. D. de Feiter, A. D. Fokker, J. Roosen, Association of radio outbursts with solar flares. Nature **184** 805—806. — Anhand des verhältnismäßig umfangreichen Beobachtungsmaterials aus dem «Internationalen Geophysikalischen Jahr» wird die Frage nach der Häufigkeit von Koinzidenzen der Radiostrahlungsausbrüche mit solaren Eruptionen erneut untersucht. Während ein großer Teil der Eruptionen der Importance 2 und 3 mit Radiobursts koinzidiert, ist es bei den kleineren Eruptionen nur ein geringer Prozentsatz. Bei den Eruptionen der Imp. 1 — jedoch nicht bei denen der Imp. 2 und 3 — mit steilem Helligkeitsanstieg tritt ein größerer Anteil zusammen mit Radiobursts auf als bei denen mit allmählicher Helligkeitszunahme. Wie bei früheren Untersuchungen ergab sich auch hier bei bestimmten Aktivitätszentren eine besonders hohe Koinzidenzhäufigkeit, bei anderen eine besonders geringe. HHR

6831. A. D. Fokker, Ruis-actieve gebieden op de zon. Hemel en Dampkring **57** 139—151.

6832. N. C. Gerson, Periodicities in solar radio noise emission. Australian J. Phys. **12** 299—300. — Die bei 2 bis 30 MHz beobachteten «Sweepers»

(verursacht wahrscheinlich durch Relaxationseffekte in der Sonnenchromosphäre) treten meist in «Zügen» auf mit Wiederholzeiten zwischen 1 und 140 sec, meist jedoch zwischen 2 und 20 sec. Verf. glaubt, solche Sweeper-Züge auch im Bereich von 40 bis 80 MHz entdeckt zu haben, wobei Wiederholzeiten zwischen 90 und 260 sec auftreten sollen. HHR

6833. **S. J. Goldstein jr.,** The angular size of short-lived solar radio disturbances. AJ **64** 333. — Ref. AAS.

6834. **S. J. Goldstein jr.,** The angular size of short-lived solar radio disturbances. ApJ **130** 393—399 = Harv Repr Nr. 525. — Um die Größe der Quellen kurzzeitiger Radiostrahlungsstöße (Typ I- und III-Bursts) bei 125 MHz zu messen, wurde ein breitbandiges (105—140 MHz) Zwei-Antennen-Interferometer entwickelt. Die Theorie dieses neuartigen Instrumentes (das Strahlung aus dem gesamten Frequenzbereich gleichzeitig empfängt) wird erläutert, Aufbau und Eigenschaften der Anordnung werden beschrieben. Das Empfindlichkeitsmaximum des Interferometers wird einmal je Sekunde um etwa 100′ hin- und herbewegt. Mehrere hundert Typ I-Bursts und 7 Typ III-Burstgruppen mit 15 auflösbaren Einzelbursts wurden registriert. Für den Durchmesser der Typ I-Bursts wurde eine obere Grenze zwischen 1!2 und 1!6 ermittelt, während sich bei drei Typ III-Bursts ein Durchmesser zwischen 2!4 und 4!1 ergab, und bei vier weiteren eine obere Grenze für den Durchmesser zwischen 2!6 und 3!9. Eine Bewegung der Burstquellen relativ zur Sonnenoberfläche konnte bei den Typ III-Bursts nicht, bei den Typ I-Bursts in einem Falle (um etwa 1′) beobachtet werden. HHR

6835. **S. Gorgolewski, H. Iwaniszewski, J. Hanasz, Z. Turło,** Obserwacje radiowe Słońca na częstotliwości 127 MHz. Postępy Astr. **7** 278—279. — An der Sternwarte der Universität Toruń (Thorn) werden mit Hilfe einer beweglichen 12 m-Parabolantenne und eines auf 127 MHz abgestimmten Radioempfängers Beobachtungen der solaren Radiostrahlung durchgeführt. E. R.

6836. **R. E. Gussejnow,** Einige beobachtbare Daten über die Radiostrahlung der Sonne und ihre Interpretation. Die theoretische Abhängigkeit zwischen der Höhe über der Photosphäre und der relativen Intensität der Radioschwankungen. Publ. Sektor Astrophys. Akad. Wiss. Aserbejdshan. SSR **1** 53—70 (russ. mit aserbejdshan. Ref.). — Ref. in RJ UdSSR 1960 Nr. 2 S. 42—43.

6837. **O. Hachenberg, A. Krüger,** The correlation of bursts of solar radio emission in the centimetre range with flares and sudden ionospheric disturbances. J. Atmosph. Terr. Phys. **17** 20—33.

6838. **O. Hachenberg, H. Volland,** Vergleich zwischen 3.2 cm-Radiostrahlung der Sonne und ionosphärischer Dämpfung im D-Gebiet während einer Sonneneruption. ZfA **47** 69—80. — Der (mit Hilfe von drei voneinander unabhängigen Beobachtungsmethoden ermittelte) zeitliche Dämpfungsverlauf im D-Schicht-Gebiet während solarer Eruptionen (MD-Effekt) wird dazu benutzt, um den Intensitätsverlauf der ionisierenden Strahlung zu bestimmen. Dieser ist in guter Übereinstimmung mit dem der 3.2 cm-Radiostrahlung. Das läßt vermuten, daß diese beiden Strahlungsarten am gleichen Ort in der Sonnenatmosphäre durch ähnliche Mechanismen erzeugt werden. HHR

* * **W. N. Ichsanowa,** Die Radiostrahlung koronaler Kondensationen bei 3.2 cm Wellenlänge und ihr Zusammenhang mit sichtbaren Gebilden auf der Sonne, I. Vgl. Ref. **6711**.

* * **C. de Jager,** Optical and radiophenomena associated with a solar activity centre. Vgl. Ref. **6521**.

6839. R. C. Jennison, The detection of coherent harmonics in certain solar outbursts. Obs **79** 111—113 = Astr. Contr. Univ. Manchester (2) Jodrell Bank Repr. Nr. 189. — Es wird zu klären versucht, ob die beobachteten Oberwellen bei Typ II- und Typ III-Bursts wahre Harmonische sind, die direkt mit der Grundwelle korreliert sind, und wenn ja, ob diese Korrelation während der Ausbreitung bestehen bleiben kann, und ob umgekehrt nichtlineare Fortpflanzungsbedingungen eine kohärente Harmonische neu bilden können. Zu diesem Zweck wurde ein spezielles Interferometer für 127 MHz ($\Delta f = 500$ kHz) entwickelt, das die Kohärenz zwischen der Grund- und der ersten Oberwelle (254 MHz) zu messen erlaubt (Zeitkonstante = 2 sec). Die Messungen ergaben einen hohen Grad von Kohärenz für solare Radioausbrüche (wahrscheinlich Typ II). Die Typ III-Bursts können (wegen der Zeitkonstante) nicht gemessen werden. HHR

6840. M. R. Kundu, Structures et propriétés des sources d'activité solaire sur ondes centimétriques. Ann d'Astrophys **22** 1—100. — Zur Untersuchung der Radiostrahlung der Sonne bei 3.23 cm wird ein Interferometer in Anwendung gebracht, das aus 2 Parabolspiegeln von 2 m Durchmesser in äquatorialer Montierung und im Abstand von 60 m besteht, die in der Ost-West-Richtung angeordnet sind. Die infolge der täglichen Bewegung im Laufe des Tages kontinuierlich variierende Auflösungskraft dieses Interferometers ermöglicht es, Ort und Dimensionen von Radioquellen auf der Sonnenscheibe zu bestimmen; die dazu erforderliche Theorie wird ausführlich dargelegt. Die mit dieser Apparatur gewonnenen Ergebnisse über die Verteilung und Art diskreter Radioquellen auf der Sonne, sowohl der beständigeren Radioquellen als auch der kurzzeitigen Strahlungstöße, werden beschrieben und diskutiert, besonders auch in Hinblick auf die entsprechenden Erscheinungen bei anderen Radiofrequenzen und im optischen Gebiet. Auch bei dieser Wellenlänge kann nur für einen Teil der Phänomene thermische Strahlung verantwortlich gemacht werden. H. M.

6841. P. Maltby, Correlation between the intensity of the umbra of sunspots and enhanced radiation on 200 Mc./s. Nature **184** 1391. — Die Frage, welche Eigenschaften die Sonnenflecke auszeichnen, die bei 200 MHz eine Erhöhung der solaren Radiostrahlung («noise storms») verursachen, wird untersucht in der Hoffnung, weitere Informationen über den Erzeugungsmechanismus erhalten zu können. Nachdem bisher keine beobachtbaren Eigenschaften gefunden worden waren, die eine hohe Korrelation mit der erhöhten Radiostrahlung aufweisen, wird die relative Intensität der Umbra (gemessen bei λ 4250, λ 5500 und λ 8500) mit der erhöhten Radiointensität verglichen. Ein Diagramm aus 27 Meßpunkten zeigt eine hohe Korrelation zwischen der erhöhten Radiointensität bei 200 MHz und dem «Dunkelheitsgrad» der Umbra. HHR

6842. A. Maxwell, A. R. Thompson, G. Garmire, The association of solar radio bursts with auroral streams. Planet Space Sci. **1** 325—332 = Harv Repr Nr. 531.

6843. D. J. McLean, Solar radio emission of spectral type IV and its association with geomagnetic storms. Australien J. Phys. **12** 404—417 = Division Radiophys. C.S.I.R.O. Chippendale. — Eine Untersuchung der in Sydney registrierten Typ IV-Bursts, die sich von den Typ I-Kontinua durch ein gleichmäßiges Spektrum, eine feste Korrelation mit Typ II-Bursts und mit erdmagnetischen Stürmen unterscheiden, zeigt, daß sie immer gleichzeitig mit großen Sonneneruptionen auftreten. Dagegen treten keine erdmagnetischen Stürme ohne Typ IV-Bursts auf, auch dann nicht, wenn vorher große Eruptionen mit Typ II-Bursts oder Typ I-Stürmen stattfanden. Die Erzeugung der Typ IV-Strahlung und das Auftreten der korrelierten Phänomene läßt sich durch eine einzelne Gaswolke erklären, die durch die Sonnenkorona hindurchfliegt.

HHR

* * **A. P. Moltschanow,** Über die Möglichkeit von Prognosen über das Erscheinen gewisser Sonnenflecken aus radioastronomischen Beobachtungen. Vgl. Ref. **6537**.

6844. A. A. Neylan, An association between solar radio bursts at metre and centimetre wavelengths. Australian J. Phys. **12** 399—403 = Division Radiophys. C.S.I.R.O. Chippendale. — Eine Untersuchung der solaren Radiostrahlung im cm- und m-Wellenbereich ergab, daß Typ III-Bursts, die simultan mit cm-Bursts auftraten, häufig mit Typ V-Bursts kombiniert waren. Typ V-Bursts treten bei Frequenzen unter 150 MHz auf und dauern etwa eine Minute. Sie entstehen vermutlich in einem Synchrotronmechanismus. Die simultanen cm-Bursts dauern etwa gleich lange. Sie haben gleiche Intensitäten wie andere cm-Bursts und dürften entweder thermisch oder ebenfalls in einem Synchrotronmechanismus entstehen. Eine Entscheidung kann erst nach weiteren Beobachtungen gefällt werden. Jedenfalls dürften beide Burst-Phänomene durch relativistische Teilchen, die von Eruptionsgebieten auf der Sonne ausgestoßen werden, in oder an der Grenze der Chromosphäre, bzw. hoch in der Korona angeregt werden. HHR

6845. R. Parthasarathy, On the origin of the flare-associated Röntgen-emission. Obs **79** 65—67. — Nachdem die kurze Dauer der mit Eruptionen verbundenen Röntgenstrahlung gegen ihre Zurückführung auf eine lokale Korona-erhitzung spricht, schlägt Verf. ihre Erklärung als Bremsstrahlung schneller Elektronen aus der Eruption vor. Wie eine für 80 keV-Elektronen ($\beta = 0.5$) durchgeführte Berechnung der Richtungsverteilung dieser Bremsstrahlung zeigt, läßt sich so die von H. W. Dodson und E. R. Hedeman 1958 gefundene Abhängigkeit der Crochet-Häufigkeit des geomagnetischen Solar-flare-Effekts vom Eruptionsort mit ihrem Minimum bei Flares auf dem Zentralmeridian befriedigend erklären. Gü.

6846. W. W. Pissarewa, On the variations of the intensity of radio emission, scattered on coronal non-uniformities. AJ UdSSR **36** 427—433 (russ. mit engl. Ref.). — Im Herbst 1957 wurde auf 206 MHz in Gorkij und Irkutsk simultan die Fluktuation der solaren Radiostrahlung beobachtet. Innerhalb der Genauigkeitsgrenze von 2% ergaben sich keine Anzeichen für Beugung innerhalb der Korona. Obwohl dieser Befund durch große Abmessungen der emittierenden Gebiete erklärt werden kann, ist auf Grund weiterer Diskussion anzunehmen, daß die Korona auch kleinere Inhomogenitäten von höchstens 10^4 km Durchmesser enthält. Petri

6847. J. A. Roberts, Solar radio bursts of spectral type II. Australian J. Phys. **12** 327—356 = Division Radiophys. C.S.I.R.O. Chippendale. — Von 65 registrierten Typ II-Bursts werden die Eigenschaften untersucht, um damit eine zusammenfassende Übersicht über das vorliegende Beobachtungsmaterial zu schaffen. Außer den bekannten Eigenschaften, wie kleine Bandbreite, langsame Frequenzdrift, Auftreten der ersten Oberwelle, Aufspaltung der Frequenzbänder, Auftreten von Feinstrukturen und anderen Besonderheiten, werden erstmalig ein U-Burst des Typs II und der sog. Fischgräten-Effekt («herring-bone structure») beschrieben. Der U-Burst ist ein Analogon zu den Typ III-U-Bursts. Die Erscheinung, deren Registrierung an eine Fischgräte erinnert, ist offenbar ein Typ II-Burst, von dem dann wiederum eine Serie von Typ III-ähnlichen Bursts mit sehr schneller (sowohl positiver als auch negativer) Frequenzdrift ausgeht. Ferner wird das mit den Typ II-Bursts gleichzeitige, häufige Auftreten von (1) Typ III-Burstgruppen, (2) solaren Eruptionen und (3) erdmagnetischen Stürmen statistisch untersucht. Bei der Interpretation der Typ II-Erscheinungen zeigt sich die Plasmahypothese als die geeignetste; jedoch sind bis zu einer völligen Klärung der physikalischen Zusammenhänge noch manche Schwierigkeiten zu überwinden. HHR

6848. **A. L. Semjonow,** Messung des Radiorauschens der Sonne bei der Frequenz 209 MHz. Nachr. Akad. Wiss. Georg. SSR **22** 413—416 (russ.). — Ref. in RJ UdSSR 1960 Nr. 4 S. 36.

6849. **C. A. Shain, C. S. Higgins,** Location of the sources of 19 MHz solar bursts. Australian J. Phys. **12** 357—368 = Division Radiophys. C.S.I.R.O. Chippendale. — Mit einem neuartigen Radiointerferometersystem wurden Quellen solarer 19 MHz-Bursts mit beträchtlicher Genauigkeit lokalisiert. Die gefundenen Positionen waren mit denen optisch aktiver Gebiete korreliert. 1950—51 entstanden die 18.3 MHz-Bursts in etwa 3.4 $R_{\odot}$ Abstand von der Sonnenoberfläche. 1957 ergaben zuverlässigere Messungen für 19.7 MHz-Burstquellen Abstände von 2.9 $R_{\odot}$. Die Abstände der 19 MHz-Burstquellen sind also viel größer als die der 19 MHz-Plasmafrequenz-Niveaus in der «Allen-Baumbach Korona». Es wird deshalb angenommen, daß die Bursts in Gebieten viel größerer Dichte (Koronastrahlen) entstehen. HHR

6850. **K. V. Sheridan, G. H. Trent, J. P. Wild,** The extension of solar radio spectroscopy to decametre wavelengths. Obs **79** 51—53 = Division Radiophys. C.S.I.R.O. Chippendale. — Der Frequenzbereich des australischen Radiospektrographen von 40 bis 210 MHz wurde bis 24 MHz erweitert (mit 100 kHz Bandbreite). Einige als Beispiele abgebildete «dynamische Spektren» zeigen Typ III-Bursts, die (entsprechend dem Koronamodell von Allen-Baumbach) eine Höhe von 2.1 Sonnenradien überschreiten — U-Bursts, die erst bei 35 MHz umkehren — Typ III-Bursts, die aus einem Typ II-Burst herauskommen — sowie das Verschwinden des Signals eines irdischen Senders (MD-Effekt) kurz vor Beginn eines Typ II-Bursts. HHR

6851. **K. Sinno,** Characteristics of solar outbursts to excite geomagnetic storms. J. Radio Res. Lab. Tokyo **6** Nr. 23 S. 17—20. — Ref. in Phys. Abstr. (A) **62** 1005.

6852. **A. G. Smith, T. D. Carr, W. H. Perkins,** Anomalous night-time reception of a major solar radio burst. Nature **183** 597—598. — Mehr als 4 Stunden vor Sonnenaufgang wurde in Gainesville in Florida von 5 verschiedenen Empfängern im Frequenzbereich 18 bis 27.6 MHz ein intensiver Strahlungsausbruch registriert, der zweifellos mit einem Strahlungsausbruch auf der Sonne identisch ist, welcher von mehreren Observatorien auf der Tagseite der Erde beobachtet wurde. Der ungewöhnliche Empfang dieses Strahlungsausbruches auf der Nachtseite der Erde kann entweder dadurch erklärt werden, daß die Strahlung durch ein zufälliges Loch der Ionosphäre auf der Tagseite drang und dann um die Erde geleitet wurde, oder daß eine Reflexion am Mond stattgefunden hat, der gerade in der Richtung der Antenne stand. H. M.

6853. **L. R. O. Storey,** On the correlation of solar noise fluctuations in harmonically related bands. J. Res. National Bureau Standards **63D** 293—296. — Ref. in Phys. Abstr. (A) **63** 346.

6854. **K. M. Streshnewa, W. M. Pletschkow, A. M. Starodubzew,** Untersuchung der Korrelation zwischen der Intensität der solaren Radiostrahlung und sichtbaren aktiven Gebieten auf der Sonne. II. Sonnendaten 1958 Nr. 8 S. 72—75 (russ.). — Nicht nur zwischen der gestörten Radiostrahlung der Sonne und den Flecken besteht eine Korrelation, sondern auch, wie Verf. für 10 und 3.2 cm nachweisen, für Fackeln, Flocculi und Protuberanzen. Ferner fallen, wiederum bei 10 und 3.2 cm, Verstärkungen der Radiostrahlung mit chromosphärischen Eruptionen zusammen. Loh.

* * **S. Suzuki,** Multiphase radio interferometers for locating the sources of the solar radio emission. Vgl. Ref. 2278.

6855. **T. Takakura,** Polarized bursts and noise storms of solar radio emission. II. Storm bursts and background continuum. Publ. Astr.

Soc. Japan **11** 55—70 = Tokyo Astr. Obs. Repr. Nr. 181 Teil II. — Das Auftreten der Bursts vom Spektraltyp I (storm bursts) zusammen mit einer sehr breitbandigen Zunahme der Hintergrundstrahlung (noise storm) führte zu der Hypothese, daß das Typ I-Kontinuum aus zahlreichen Radiostrahlungsstößen gleichartigen Intensitätsverlaufs besteht, deren Häufigkeit und Amplitude statistisch schwanken. Die Sturm-Bursts sind dann über dem Mittelwert liegende Schwankungen, bestehen also aus der Überlagerung von mindestens einigen Stößen. Fast alle «noise storms» lassen sich durch diese Hypothese gut erklären, wenn plausible Annahmen über die zeitlichen Änderungen der beiden wesentlichen Parameter (Anzahl der Stöße in der Zeiteinheit und Intensitätsbereich der statistischen Streuung der Stoßamplituden) gemacht werden. Diese beiden Parameter sind unabhängig voneinander. HHR

6856. **T. Takakura,** Polarized bursts and noise storms of solar radio emission. III. The post-detection low frequency spectra of noise storms. Publ. Astr. Soc. Japan **11** 71—78 = Tokyo Astr. Obs. Repr. Nr. 181 Teil III. — Die Hypothese des Verf., daß das Typ I-Kontinuum (noise storm) aus zahlreichen Radiostrahlungsstößen besteht, deren Intensität linear bis zum Maximum ansteigt und exponentiell (mit einer Zeitkonstante zwischen 0.5 und 0.8 sec) abklingt, erwies sich bei der Untersuchung des Nf-Spektrums zwischen 0.3 und 30 Hz als in guter Übereinstimmung mit der Beobachtung. Dabei zeigte sich, daß der Verlauf des Nf-Spektrums von der Intensität des Kontinuums und der Schwankungsamplitude unabhängig ist. HHR

6857. **B. Vauquois,** Étude de la composante lentement variable du rayonnement radioélectrique solaire. Ann d'Astrophys **22** 189—248. — Es wird versucht, aus den Beobachtungen der Gesamtstrahlung der Sonne im Bereich der Zentimeter- und der Dezimeterwellen in den Jahren 1950 bis 1955 unter Anwendung statistischer Methoden die Eigenschaften der Radioquellen auf der Sonne herzuleiten, durch die die langsam veränderliche Strahlungskomponente verursacht ist. Das gewonnene Modell dieser Radioquellen stellt eine Verfeinerung der Waldmeierschen koronalen Kondensationen dar, deren Dimensionen, Dichten und Temperaturen abgeleitet werden. Der Vergleich mit der Beobachtung lehrt, daß als wichtiger Parameter das Alter dieser Kondensationen eingeführt werden muß; die koronalen Kondensationen haben eine längere Lebensdauer als die dazu gehörigen Flecken, aber eine kürzere als die entsprechenden Fackelgebiete. H. M.

* * **M. Waldmeier,** Radioheliogramme und Koronaintensität. Vgl. Ref. **6724**.

6858. **J. P. Wild, K. V. Sheridan, A. A. Neylan,** An investigation of the speed of the solar disturbances responsible for type III radio bursts. Australian J. Phys. **12** 369—398 = Division Radiophys. C.S.I.R.O. Chippendale. — Ein (den Bereich von 40 bis 70 MHz ständig durchlaufendes) Radiointerferometer wurde entwickelt, um die Frage zu untersuchen, ob Typ III-Bursts durch Störungen entstehen, die mit Geschwindigkeiten von über 0.1 c durch die Sonnenkorona fliegen, ob also die Burststrahlung bei den nacheinander auftretenden verschieden hohen Frequenzen auch in verschieden großen Höhen in der Korona entsteht — wie es durch die «Plasmahypothese» vorausgesagt wird. Die Untersuchungsergebnisse stützen die Plasmahypothese sehr stark, doch es ergaben sich Geschwindigkeiten, die beträchtlich höher sind als zu erwarten war, nämlich zwischen 0.2 und 0.8 c (Durchschnittswert = 0.45 c). Es muß deshalb angenommen werden, daß die Elektronendichte in der Korona erheblich größer ist, als die von Allen und Baumbach ermittelte, bzw. daß die Radiobursts in den viel dichteren Koronastrahlen entstehen. Die Bedeutung der hohen Geschwindigkeiten wird diskutiert, auch im Hinblick auf die Entstehung der Typ V-Bursts (durch Synchrotronstrahlung) und auf das von Satelliten festgestellte Auftreten von relativistischen Sonnenelektronen in Erdnähe. HHR

6859. W. W. Witkewitsch, M. W. Gorelowa, T. A. Losinskaja, The spectrum of peaks of solar radio emission. AJ UdSSR **36** 641—642 (russ. mit engl. Ref.). — Verf. finden zwei Haupttypen solarer Bursts sehr kurzer Dauer (weniger als 1 sec): Der eine, häufigere Typ hat eine Bandbreite von weniger als 5 MHz, während die Bandbreiten im zweiten Fall zwischen 12 und 15 MHz liegen. Oster

6860. M. B. Wood, C. S. Warwick, Geomagnetic disturbance and velocity of slow-drift solar radio bursts. Nature **184** 1471—1472. — Beim Vergleich der Fortpflanzungsgeschwindigkeit der von Eruptionen ausgehenden erdmagnetischen Störungen mit der des Anregungsvorganges von Typ II-Bursts wurde in vielen Fällen eine gute Übereinstimmung festgestellt. Eine Untersuchung sollte zeigen, auf welche Typ II-Bursts erdmagnetische Störungen folgen und auf welche nicht. Es ergab sich, daß die Frequenzdrift-Geschwindigkeit der 28 Bursts mit nachfolgender erdmagnetischer Störung auf eine systematisch größere Beschleunigung der Burstquelle schließen ließ als die der 20 anderen Bursts ohne nachfolgende Störung. Dieses Ergebnis ist statistisch jedoch nur schwach gesichert. HHR

6861. Solar radio bursts. Sky Tel. **18** 556. — Ref. AAS.

6862. Beobachtung von «Pips». Sterne **35** 84. — Ref.

Solare Korpuskularstrahlung

* * **W. H. Bennett,** Solar proton stream forms with a laboratory model. Vgl. Ref. **1604**.

6863. M. S. Bobrow, The estimation of some parameters expressing the inhomogeneity of solar corpuscular streams. AJ UdSSR **36** 601—615 (russ. mit engl. Ref.). — Aus Beobachtungen der Störungen des geomagnetischen Feldes durch solare Korpuskel versucht Verf. ein Maximum an Informationen über die physikalischen Verhältnisse in den solaren Korpuskelströmen zu erhalten. So findet er aus gleichzeitigen Beobachtungen von Amplitude und Phase der Störungen an entfernten Orten einen Wert von 100—300 km für die Größe einer typischen Partikelwolke. Der mittlere Abstand von Schwärmen untereinander beträgt dann 10^4 km. Für die in den Partikelschwärmen eingefrorenen Magnetfelder ergibt sich eine untere Grenze von 10^{-4} Oe, während die obere Grenze bei 10^{-2} Oe liegen sollte. Oster

6864. M. S. Bobrow, A study of solar corpuscular streams based on world-wide geomagnetic disturbances observed during the IGY. AJ UdSSR **36** 1028—1036 (russ. mit engl. Ref.). — Die Auswertung der von mehr als 50 Observatorien während des IGJ gewonnenen Magnetogramme läßt eine scharfe zonale Gliederung erkennen. Zwischen einem bis ungefähr $\pm 50°$ geomagnetischer Breite reichenden Gürtel, wo die Horizontalintensität über große Gebiete fast synchron variiert, und den durch ständige, überwiegend lokale, Störungen ausgezeichneten Polkalotten liegen zwei Zonen, wo Störungen in einigen Hundert Kilometern Entfernung keinen zeitlichen Zusammenhang erkennen lassen. Vermutlich werden die phasengleichen äquatornahen Störungen durch Deformation des erdmagnetischen Feldes in größerer Entfernung (infolge Durchzugs eines ausgedehnten Gebiets von Sonnenplasma) verursacht, während die örtlichen Störungen abgetrennten einzelnen Plasmafetzen zuzuschreiben sind. In den Schwankungen der phasengleichen Störungen kommt die Inhomogenität der solaren Korpuskelströme zum Ausdruck. Petri

* * **Y. Kato, T. Watanabe,** Particles of aurorae and geomagnetic pulsations. Vgl. Ref. **7659.**

6865. **P. E. Kolpakow,** On the generation of corpuscular streams by the magnetic fields of sunspots. AJ UdSSR **36** 65—72 (russ. mit engl. Ref.). — Verf. betrachtet einen Beschleunigungsmechanismus für geladene Teilchen durch ein inhomogenes Magnetfeld, dessen Stärke mit der Zeit zunimmt. Als Anwendung ist an eine unipolare Sonnenfleckengruppe gedacht. Hier sollten die raschesten Teilchen des Korona- und Chromosphärenplasmas Energien der Größenordnung $6 \cdot 10^3$ bis $4 \cdot 10^5$ eV erhalten können. Oster

6866. **W. I. Krassowskij, J. M. Kušnir, G. A. Bordowskij,** Untersuchung der Sonnenkorpuskularstrahlung mittels der künstlichen Erdsatelliten. Pokroky **4** 82—90 (tschech.).

6867. **J. D. Kraus, W. R. Crone,** Apparent observation of solar corpuscular clouds by direct continuous-wave reflexion. Nature **184** 965—966. — Am Ohio State University Radio Observatory wurden frequenzverschobene Signale empfangen, die sehr wahrscheinlich Reflexionen kontinuierlicher Wellensignale an schnell bewegten solaren ionisierten Korpuskularwolken darstellen. Thi.

6868. **E. R. Mustel, O. N. Mitropolskaja,** On the velocity spectrum of corpuscles in solar corpuscular streams. AJ UdSSR **36** 5—16 (russ. mit engl. Ref.). — Aus Beobachtungen von Fackelfeldern und der geomagnetischen Aktivität für die Jahre 1951—53 werden Geschwindigkeiten abgeleitet, welche den Teilchen zugeschrieben werden müssen, die für die geomagnetischen Störungen verantwortlich sind. In einer Reihe von graphischen Darstellungen wird zunächst gezeigt, wie die Fackelfelder und die verschiedenen Arten von geomagnetischen Störungen zusammenhängen, und Gesetzmäßigkeiten über das Verschwinden und Auftauchen der Störungen besprochen. Für jedes Fackelfeld werden dann nach einer im einzelnen beschriebenen Methode Maximal- und Minimalgeschwindigkeiten abgeleitet. Es zeigt sich, daß der Bereich von Geschwindigkeitsdifferenzen, den man auf diese Weise erhält, in der Gegend von 200 km/sec liegt, teilweise noch darunter. Das widerspricht den Beobachtungen der Emissionskontur von H_α in Nordlichtern. Verf. schließen deshalb, daß die Gaswolken, welche die geomagnetische Aktivität verursachen, nicht direkt mit den Protonen zusammenhängen, welche durch die H_α-Beobachtungen erfaßt werden. Dafür spricht auch das Nichtvorhandensein einer engen Korrelation zwischen geomagnetischer Aktivität und H_α-Emission in Nordlichtern. Oster

6869. **E. P. Ney, J. R. Winckler, P. S. Freier,** Protons from the sun on May 12, 1959. Phys. Rev. Letters **3** 183—185. — Ref. in Phys. Ber. **39** 1388.

* * **A. P. Nikolskij,** Solar protons as responsible for morning and night magnetic perturbations in high latitudes. Vgl. Ref. **7617.**

6870. **S. O. Obaschew,** Selection in the H_α emission. DAN **124** 786—787 (russ.). — Am 31. 10. 1957 wurden am Koronaspektrographen der Koronastation von Alma-Ata kurz hintereinander drei Spektrogramme aufgenommen, von denen das zweite eine Emission auf der violetten Seite von H_α erkennen läßt. Offensichtlich handelt es sich hier um die Strahlung einer Eruption, die aus Wasserstoff besteht und sich mit geoaktiver Geschwindigkeit bewegt. Verf. sieht hierin die Aussage Mustels bestätigt, daß an einer Reihe von Stellen der Sonnenoberfläche von Zeit zu Zeit der Auswurf kleiner Materiezusammenballungen erfolgt, und daß man diese in Emission beobachten kann. Loh.

* * **M. H. Rees, G. C. Reid,** The aurora, the radiation belt and the solar wind: a unifying hypothesis. Vgl. Ref. **7675.**

Solare kosmische Strahlung

6871. **K. A. Anderson, R. Arnoldy, R. Hoffman, L. Peterson, J. R. Winckler,** Observations of low-energy solar cosmic rays from the flare of 22 August 1958. J. Geophys. Res. **64** 1133—1147.

* * **S. P. Baliga, T. Thambyahpillai,** The apparent sidereal daily variation of cosmic ray intensity during the recent sunspot minimum. Vgl. Ref. **13506.**

6872. **L. Bartha,** Kosmische Strahlung und Sonnentätigkeit. Phys. Blätter **15** 228—229.

* * **A. G. Fenton, K. G. McCracken, D. C. Rose, B. G. Wilson,** The onset times of Forbush-type cosmic ray intensity decreases. Vgl. Ref. **13514.**

6873. **P. S. Freier, E. P. Ney, J. R. Winckler,** Balloon observation of solar cosmic rays on March 26, 1958. J. Geophys. Res. **64** 685—688. — Verf. beschreiben eine Reihe solarer und terrestrischer Ereignisse, die Ende März 1958 beobachtet wurden. Auf ein Flare (Imp. 3+) am 23. März folgte unmittelbar ein Rauschsturm (Typ IV) mit Radioemission auf allen Frequenzen von 169 bis 9400 MHz. Die solare Wolke, die durch das Flare ausgeschleudert wurde, löste am 25. März auf der Erde einen magnetischen Sturm aus. Wenig später (zwischen dem 25. und 26. März) konnte ein starkes Absinken der Intensität der kosmischen Strahlung festgestellt werden. Verf. beschreiben und diskutieren die während Ballonflügen in dieser Periode (21. 3.—8. 4.) gewonnenen Messungen zur Feststellung der Energie und Zusammensetzung der Kosmischen Strahlung in der Nähe von Minneapolis (geomagn. Breite 55°). Henn

* * **P. S. Freier, E. P. Ney, C. J. Waddington,** Flux and energy spectrum of cosmic-ray α particles during solar maximum. Vgl. Ref. **13516.**

* * **A. Fréon, J. Berry, J.-P. Coste,** Sur les variations récurrentes d'intensité du rayonnement cosmique primaire en période de maximum d'activité solaire. Vgl. Ref. **13517.**

6874. **J. Katzman,** The sun as a source of cosmic rays of intermediate energies. Canadian J. Phys. **37** 1207—1215. — Mit einem Teleskop sehr großer Winkelauflösung (1.2×10^{-3} steradian) und 96″ Blei als Absorber wurden die Intensitäten der kosmischen Strahlung im Zeitraum 1955 Jan. 1 bis 1958 Dez. 31 gemessen. Die gemessene Zunahme um 20% wird dem von der Sonne kommenden Anteil zugeschrieben. Es wird gezeigt, daß die zeitliche Verschiebung der Maxima der ersten und zweiten Oberwelle als eine Auswirkung der relativen Bedeutung der aktiven Zonen gedeutet werden kann. Das Phänomen wird einer Änderung der Anzahl und der Polarität der Sonnenflecken zugeschrieben. Groth

6875. **S. L. Malurkar,** Further studies of cosmic ray bursts with solar activity. Acta Phys. Acad. Sci. Hung. **9** 353—368. — Untersuchung von neun durch Pomerantz ausgewählten Eruptionen der Jahre 1947—52 bezüglich der Entwicklung aktiver Regionen. V. W.

* * **P. L. Marsden, Q. N. Begum,** The solar diurnal variation of the intensity of the nucleonic component of the cosmic radiation. Vgl. Ref. **13527.**

6876. **K. G. McCracken,** The production of cosmic radiation by a solar flare on August 31, 1956. Nuovo Cimento (10) **13** 1074—1080. — Die an drei weit auseinanderliegenden Stationen registrierten Neutronenanzahlen zeigten am 31. Aug. 1956 etwa 30 min. nach der Feststellung einer solaren Eruption einen Anstieg um annähernd 2%. Die an allen drei Stationen festgestellte Erscheinung besaß die charakteristischen Merkmale der Flare-Effekte, plötzliches Einsetzen und allmählicher Rückgang. Die Zeitspanne zwischen der visuellen Wahrnehmung der Eruption und der ersten Ankunft kosmischer Strahlen auf der Erde betrug etwa 20 min. Die bei dieser Eruption beobachtete Menge kosmischer Strahlung war um zwei bis drei Größenordnungen geringer als bei früheren Flare-Effekten. Eine weitere Untersuchung führt zur Feststellung, daß während dieser Eruption nur wenig kosmische Strahlung erzeugt wurde. Henn

* * **K. G. McCracken,** A correlation between the emission of white light and cosmic radiation by a solar flare. Vgl. Ref. **6643.**

6877. **F. B. McDonald,** Primary cosmic-ray intensity near solar maximum. Phys. Rev. (2) **116** 462—463. — Die Messung der Energieflüsse der primären Protonen und α-Teilchen der kosmischen Strahlung wurde bis zum letzten Sonnenfleckenmaximum fortgesetzt. Obwohl die Energieabhängigkeit beider Komponenten sich während des Sonnenfleckenzyklus stark ändert, zeigen während des Zyklus beide Komponenten das gleiche relative Energiespektrum. Ein Modell mit Annahme eines elektrischen Feldes gibt gute Übereinstimmung mit den beobachteten langperiodischen Schwankungen. Groth

6878. **G. C. Reid, H. Leinbach,** Low-energy cosmic-ray events associated with solar flares. J. Geophys. Res. **64** 1801—1805.

6879. **P. Rothwell, C. McIlwain,** Satellite observations of solar cosmic rays. Nature **184** 138—140. — Im August 1958 wurde dreimal eine starke Zunahme der Intensität der Ladungsträger außerhalb des van Allenschen Strahlungsgürtels festgestellt. Zur Erklärung wird vermutet, daß dies auf das Vorhandensein solarer Protonen zurückzuführen ist, die bei Flares am 16., 22. und 26. August emittiert wurden. Loh.

* * **A. B. Sewerny,** Über die Entstehung der kosmischen Strahlung beim Pinch-Effekt in Sonneneruptionen. Vgl. Ref. **6658.**

6880. **L. C. Towle, J. A. Lockwood,** Cosmic-ray increases associated with solar flares. Phys. Rev. (2) **113** 641—647. — Verf. berichten über die Ergebnisse der Intensitätsmessung der kosmischen Strahlung mit Hilfe von Neutronenmonitoren auf dem Mt. Washington (New Hampshire). Im Gegensatz zu anderen Ergebnissen finden Verf. keine Steigerungen der Höhenstrahlungsaktivität oberhalb von etwa 0.25% in Zusammenhang mit schwachen Eruptionen auf der Sonne. Sie schlagen zur Erklärung eine Grenzenergie für die Beschleunigung der Teilchen auf der Sonne vor. Oster

* * **D. Venkatesan, A. Dattner,** Long term changes in the daily variation of cosmic ray intensity. Vgl. Ref. **13543.**

Gesamthelligkeit, Aktinometrie

* * **G. Dietze,** Eine Methode zur Bestimmung der atmosphärischen Lichtextinktion aus Aktinometermessungen. Vgl. Ref. **7321.**

6881. **H. L. Johnson, B. Iriarte,** The sun as a variable star. Lowell Obs. Bull. **4** 99—102. — Ref. in NAT 1959 S. 106—107, Sky Tel. **18** 501, Urania Kraków **30** 258. — Die Blauhelligkeiten von Uranus und Neptun haben von 1952 bis 1958 gleichmäßig um $0^m_.02$ zugenommen. Verf. ziehen daraus den Schluß, daß sich die Solarkonstante um etwa 2% vergrößert hat. Im gleichen Zeitraum nahm auch die Sonnenaktivität zu. Loh.

6882. **G. Larsson-Leander,** Är solen variabel? PAT **40** 92—97. — Eine populäre Beschreibung von Langleys und Abbots Bestimmungen der Solarkonstanten mit sehr ausführlicher Erläuterung der Fehlerquellen. Weiterhin werden die Helligkeitsmessungen von Jupiter, Uranus und Neptun auf der Lick-Sternwarte und der Lowell-Sternwarte diskutiert. Verf. ist der Ansicht, daß die letzteren Messungen mit ziemlich großer Sicherheit langsame Variationen der Intensität der Sonnenstrahlung nachweisen. C. L. J.

6883. **D. J. Martynow,** The visual stellar magnitude of the sun, moon and lux. AJ UdSSR **36** 648—661 (russ. mit engl. Ref.). — Dank der genauen photoelektrischen und spektralphotometrischen Arbeiten seit 1938 ist eine Überprüfung der scheinbaren Integralhelligkeiten von Sonne (m☉), Mond (m☾) und des internationalen Lux (m_0) empfehlenswert, ja sogar notwendig angesichts der großen Unsicherheit des bis heute akzeptierten internationalen photovisuellen Systems (IPv). Die Integralhelligkeiten wurden in drei photometrischen Systemen ermittelt: 1.) im Zinnerschen System, 2.) im Quasi-IPv-System auf Grund der Kuiperschen Beziehung IPv—PD = $-0^m\!.22 + 0.11$ C, und 3.) im photoelektrischen V-System. Die Ergebnisse sind in der Reihenfolge m☉, m☾, m_0: (1) $-26^m\!.59$, $-12^m\!.54$, $-13^m\!.75$; (2) $-26^m\!.76$, $-12^m\!.68$, –; (3) $-26^m\!.80$, $-12^m\!.71$, $-13^m\!.78$. Loh.

6884. **R. Pastiels,** Contribution to the study of the problem of actinometric methods. Publ. Inst. Roy. Meteorol. Belgique (A) Nr. 11, 128 S. (französ.). — Ref. in Phys. Abstr. (A) **63** 475.

§ 69

Magnetfeld, sonstige Fragen

6901. **H. D. Babcock,** The sun's polar magnetic field. ApJ **130** 364—365. — Ref. in Sterne **36** 169. — Die Polarität des allgemeinen solaren Magnetfeldes in hohen Breiten war in der Zeit von 1953—57 derjenigen der Erde entgegengesetzt. Mitte 1957 änderte sich zunächst die Polarität des heliographischen Südpols, und erst Ende November 1958 folgte die Umkehr der Polarität des heliographischen Nordpols. Thi.

* * **M. Cimino,** Fenomeni elettromagnetici in astrofisica con particolare riguardo ai fenomeni solari. Vgl. Ref. **5108.**

6902. **I. K. Csada,** General magnetic field of the sun based on magnetograms. I. Acta Phys. Chem. Szeged (NF) **5** 12—19. — Um das allgemeine Magnetfeld der Sonne aus den Babcockschen Magnetogrammen zu bestimmen, sind geometrische und statistische Umrechnungen nötig, die von Verf. beschrieben und am praktischen Beispiel erläutert werden. V. W.

6503. **Y. Öhman,** Sulla misura di campi magnetici solari. Atti Convegni Astr. Venezia Napoli 1959 S. 109—113.

6904. **R. B. Leighton,** Observations of solar magnetic fields in plage regions. ApJ **130** 366—380. — Mit Hilfe einer geeigneten Polarisationsoptik werden auf dem Eintrittsspalt eines Spektroheliographen 2 Bilder der gleichen Stelle der Oberfläche für ursprünglich entgegengesetzt zirkulare Lichtkomponenten erzeugt. Der Austrittsspalt liegt auf dem Flügel einer Zeeman-Effekt-empfindlichen Linie. Die beiden Spektroheliogramme zeigen entgegengesetzte Helligkeitsänderungen an Stellen mit genügend großem longitudinalen Magnetfeld. Ca II-Emissionsgebiete sind immer mit Magnetfeldern bis zu 200 Gauß verbunden. Es wird ein plausibler Anregungsmechanismus der Ca^+-Ionen angeführt. Thi.

* * **T. L. Swihart,** Convection in the sun. Vgl. Ref. **6440.**

VIII. Erde

§ 71

Erdkörper

7101. **Z. Alterman, H. Jarosch, C. L. Pekeris,** Oscillations of the earth. Proc. Roy. Soc. (A) **252** 80—95.

7102. **K. Arnold,** Die Randbedingungen von Cauchy und die Hauptaufgabe der physikalischen Geodäsie mit besonderer Berücksichtigung der Eindeutigkeit der Lösung. Gerlands Beiträge Geophys. **68** 1—14 = Mitt. Geodät. Inst. Potsdam Nr. 22. — Auf einer Randfläche, deren Form a priori unbekannt ist, seien Randwerte der Cauchyschen Form gegeben. Es wird untersucht, ob es im Falle der Gültigkeit der Laplaceschen Differentialgleichung möglich ist, aus den Randwerten die Gestalt der Randfläche zu bestimmen. Eine Gleichung, die entsprechende Kriterien liefern kann, wird abgeleitet und auf den Fall der Erdoberfläche als Randfläche spezialisiert. Es ergibt sich die Eindeutigkeit der Lösung. Schließlich wird untersucht, welchen Einschränkungen die Lösung unterworfen ist, wenn das Potential als einer der Randwerte nur bis auf eine willkürliche Konstante bekannt ist. Verf.

7103. **K. Arnold,** Vergleiche zwischen verschiedenen Definitionen des mittleren Erdellipsoids. Gerlands Beiträge Geophys. **68** 129—136. — Die beiden auf dem «bestanschließenden» Erdellipsoid bzw. auf der «Normalfigur» der (regularisierten) Erde beruhenden Definitionen des mittleren Erdellipsoids werden mit einander verglichen. Beide Definitionen erweisen sich als äquivalent, wenn man die Beobachtungsfehler vernachlässigt. Verf.

7104. **K. Arnold,** Die Bewegung der Knotenlinie einer Satellitenbahnebene auf Grund der Schwereanomalien. Gerlands Beiträge Geophys. **68** 193—203 = Mitt. Geodät. Inst. Potsdam Nr. 26. — Es wird gezeigt, daß bei der Bestimmung der Abplattung des mittleren Erdellipsoids aus Satellitenbeobachtungen die Kugelfunktionen vierter und höherer Ordnung in der Entwicklung der Schwereanomalien nicht vernachlässigt werden dürfen. Verf.

7105. **K. Arnold,** Zur strengen Theorie der Figur der Erde. Gerlands Beiträge Geophys. **68** 257—262. — Die vom Verf. früher formulierte Gleichung zur strengen Bestimmung der Figur der Erde wird durch mathematische Umformungen weiter vereinfacht. Verf.

7106. **K. Arnold,** Zur Bestimmung der Geoidundulationen aus Freiluftanomalien. Veröff. Geod. Inst. Potsdam Nr. 12 S. 3—50.

7107. **K. Arnold,** Strenge Theorie der absoluten Lotabweichungen als Funktionen der Freiluftanomalien der Schwere. Veröff. Geod. Inst. Potsdam Nr. 13, 46 S.

7108. **I. A. Balabuschewitsch, M. J. Seldina,** Die Lösung des direkten und umgekehrten Problems der Gravimetrie aus dem vertikalen Gradienten für störende Körper einfachster Form. II. Publ. Astr. Obs. Kiew Nr. 8 S. 115—140 (russ.).

7109. **I. A. Balabuschewitsch,** Die Struktur des Gravitationsfeldes des südwestlichen europäischen Teils der UdSSR. Publ. Astr. Obs. Kiew Nr. 8 S. 141—157 (russ.).

7110. **J. C. Bhattacharji,** An earth model and the reduction of gravity observations for use in Stokes's integral. Geophys. J. RAS **2** 136—139.

7111. **A. Beiser,** Our Earth. Dutton, 1959. 123 S. Preis $ 3.25. — Besprechung in Sky Tel. **18** 699.

7112. **L. Blitzer,** Earth oblateness in terms of satellite orbital periods. Science **129** 329—330. — Verf. legt eine Beziehung zwischen der Erdabplattung und der Bewegung des Perigäums und des Knotens sowie Bahnparametern eines Erdsatelliten vor. Mangels genauer Unterlagen für die Knotenbewegung werden Vanguard-Voraussagen benutzt, um die Methode zu prüfen. Loh.

7113. **G. Boaga,** Su talune questioni relative alla funzione di Roche sulla distribuzione della densità nello interno della Terra. Lincei Rend. Sci. fis. mat. nat. (8) **26** 123—129.

7114. **G. Boaga,** Sulla determinazione della densità media del Geoide per mezzo di gravità osservate a latitudini diverse. Lincei Rend. Sci. fis. mat. nat. (8) **26** 316—320.

7115. **R. H. Bruton, K. J. Craig, B. S. Yaplee,** The radius of the earth and the parallax of the moon from radar range measurements on the moon. AJ **64** 325. — Ref. AAS. — Ref. in Heavens **41** 103 (japan.).

* * **K. von Bülow,** Fundamentaltektonische Parallelen zwischen Mond und Erde. Vgl. Ref. 8379.

7116. **M. Bursa,** Die Ausmaße des Erdellipsoids aus den europäischen astronomisch-geodätischen Netzen. Vermessungstechnik **7** 77—80. — Die Frage des bestanschließenden Ellipsoids für Europa wird mit Hilfe der translativen bzw. der projektiven Flächenmethode untersucht. Beide Methoden führen zu einem Ergebnis, das Liebermann auf anderem Wege auch erhalten hatte. Das Ellipsoid von Krassowskij kommt gegenüber denen von Bessel und Hayford diesem Resultat am nächsten. Schr.

7117. **B. Chovitz, I. Fischer,** The influence of the distant topography on the deflection of the vertical. Bull. géod. (NS) Nr. 54 S. 37—43.

7118. **C. F. Davidson,** The geological time-scale. Nature **184** 1473.

7119. **L. W. Dimitrow,** Graphical method of calculating the second vertical derivative of the gravitational potential. Nachr. Akad. Wiss. UdSSR (Phys.) **23** 617—620 (russ.). — Ref. in Phys. Abstr. (A) **62** 1226.

7120. **I. Fischer,** The Hough ellipsoid or the figure of the earth from geoidal heights. Bull. géod. (NS) Nr. 54 S. 45—52.

7121. **A. Gloden,** Nouvelles mesures gravimétriques au Grand-Duche de Luxembourg. Ciel et Terre **75** 359—360.

7122. **S. W. Gromow,** Einige Fragen der Theorie der Erdfigur als Entwicklung der Ideen von F. A. Sludskij. Abh. Staatsuniv. Leningrad 1958 Nr. 273 S. 208—249 (russ.).

7123. **S. W. Gromow,** Über die gleichzeitige Bestimmung von Masse und Figur der Erde aus astronomisch-geodätischen und gravimetrischen Daten. Bote Univ. Leningrad 1959 Nr. 1 S. 111—118 (russ. mit engl. Ref.).

7124. **B. Gutenberg,** Physics of the Earth's Interior. New York, Academic Press, 1959. 240 S. Preis $ 8.50. — Besprechung in Ann. Géophys. **16** 297—298, Ciel et Terre **76** 143, Geophys. J. RAS **3** 283, Phil. Mag. (8) **5** 421—422, Science **131** 1216 (B. C. Heezen).

7125. **R. Haubrich jr., W. Munk,** The pole tide. J. Geophys. Res. **64** 2373—2388.

7126. **P. M. Hurley,** How Old is the Earth? New York, Doubleday & Company Inc., 1959. 160 S. Preis 95 c. — Besprechung in Sky Tel. **19** 48.

7127. **A. A. Isotow,** Reference-ellipsoid and the standard geodetic datum adopted in the USSR. Bull. géod. (NS) Nr. 53 S. 1—6. — Über die Bemühungen, ein geeignetes Referenzellipsoid für die UdSSR zu erhalten, wird ein Überblick gegeben. Unter Verwendung der astronomisch-geodätischen Rahmenarbeit in den USA und in Westeuropa war mit Hilfe des in neuerer Zeit gewonnenen Beobachtungsmaterials der UdSSR unter der Leitung von Krassowskij ein Rotationsellipsoid mit $a = 6378245 \pm 15$ m und $(a—b)/a = 1:(298.3 \pm 0.4)$ zugrundegelegt und nach ihm benannt worden. Bezugspunkt ist Pulkowo mit $\varphi = 59° 46' 18''71$ N; $\lambda = 30° 19' 38''55$ E. Schr.

7128. **H. Jeffreys,** The Earth. Its Origin, History and Physical Constitution. Cambridge, University Press, 1959. 4. Auflage. 16 + 420 S. Preis 75 s. — Besprechung in Ciel et Terre **75** 268 (M. Nicolet), Geophys. J. RAS **3** 282—283, Nature **184** 1007—1008 (B. Gutenberg), Naturwissenschaften **46** 540 (J. Bartels).

7129. **R. K. C. Johns,** The figure of the earth. J RAS Canada **53** 257—263. — Ref. in Heavens **41** 130 (japan.).

7130. **D. G. King-Hele, R. H. Merson,** A new value for the earth's flattening, derived from measurements of satellite orbits. Nature **183** 881—882.

7131. **Y. Kozai,** Orbits of artificial satellites and earth's centre of gravity. Astr. Herald **52** 53 (japan.).

7132. **T. J. Kukkamäki,** Stellar triangulation. Bull. géod. (NS) Nr. 54 S. 53—59 = Publ. Astr. Obs. Helsinki Nr. 74.

7133. **M. Lecar, J. Sorenson, A. Eckels,** A determination of the coefficient J of the second harmonic in the earth's gravitational potential from the orbit of satellite 1958 β_2. J. Geophys. Res. **64** 209—216.

7134. **K. Ledersteger,** Die Stokes'schen Konstanten und die Trägheitsmomente einer Gleichgewichtsfigur. Österreich. Z. Vermessungswesen **47** 97—112. — Es wird gezeigt, daß die Trägheitsmomente einer Gleichgewichtsfigur wesentlich von der Massenverteilung abhängen und daher nicht Integralinvarianten für verschiedene Dichtegesetze sein können. In jedem System Stokesscher Elemente gibt es nur eine Massenverteilung im hydrostatischen Gleichgewicht. Die klassische Theorie, die die Trägheitsmomente als Stokessche Konstanten betrachtet, stützte sich darauf, daß eine Konstanz der Trägheitsmomente wegen der Kompensation zunehmender Massenkonzentration gegen den Schwerpunkt durch entsprechende Expansion der Figuren ermöglicht wird. Die Konstanz von Rotationsgeschwindigkeit, Trägheitsmomenten und dynamischer Abplattung ist jedoch nur in einer linearen Reihe heterogener Gleichgewichtsfiguren gegeben. Schr.

7135. **K. Ledersteger,** Die geometrischen und physikalischen Daten des Normalsphäroides der Erde. Sitzber. Bayer. Akad. Wiss. Math.-naturwiss. Kl. 1959 S. 23—39. — Als Bestimmungsstücke der noch nicht definitiv festliegenden Normalfigur der Erde werden derzeit zumeist die numerischen Daten des sogenannten «Internationalen Näherungssystemes» verwendet, welches bekanntlich auf dem Hayfordschen Ellipsoid und auf der internationalen Schwereformel beruht. Gegenwärtig wird es immer offensichtlicher, daß das Näherungssystem revisionsbedürftig ist. Diese Revision hat sich aber nicht allein auf die reinen Zahlenwerte des Systemes zu beschränken. Vielmehr soll auf Grund einer eingehenden Analyse der Nachweis erbracht werden, daß das Näherungssystem überhaupt eine physikalisch unmögliche Figur repräsentiert. Verf.

7136. **K. Ledersteger,** Die möglichen Gleichgewichtsfiguren der rotierenden Erdmasse. Z. Vermessungswesen **84** 73—90. — Ausgehend von MacLaurinschen Ellipsoiden, werden durch Konstanthalten je eines Parameters fünf Reihen homogener Gleichgewichtsfiguren erhalten, die sich in sieben Punkten schneiden. Die Schnittpunkte dienen als Ausgangspunkte ebensovieler Reihen heterogener Gleichgewichtsfiguren, von denen jede das Normalsphäroid enthalten muß, und die sich daher in der Normalfigur der Erde schneiden. Da auf ein hypothetisches Dichtegesetz verzichtet wird, ist ein solcher exakter Schnitt nicht herbeizuführen; jedoch ergab sich durch das Studium solcher Reihen manche wichtige Erkenntnis. Schr.

7137. **I. Lehmann,** Velocities of longitudinal waves in the upper part of the earth's mantle. Ann. Géophys. **15** 93—118 = Publ. Dominion Obs. Ottawa **19** 381—406.

7138. **I. M. Longman,** Formulas for computing the tidal accelerations due to the moon and the sun. J. Geophys. Res. **64** 2351—2355. — Zur Erledigung der obigen Aufgabe hat Verf. eine Zusammenstellung von Formeln gegeben, die es erlauben, ohne Verwendung von Tafeln für jede Zeit und jeden Punkt der Erdoberfläche die Flutbeschleunigungen zu berechnen. Loh.

7139. **O. Lucke,** Über das Innere der Erde. Phys. Blätter **15** 487—499.

7140. **G. J. F. MacDonald,** Calculations on the thermal history of the earth. J. Geophys. Res. **64** 1967—2000.

7141. **K. Munkelt,** Formeln zur harmonischen Analyse von Gezeitenerscheinungen, denen ein unbekannter Gang überlagert ist. Deutsche Hydrograph. Z. **12** 189—195.

7142. **A. Norinelli,** Contributo allo studio della marea gravitazionale terrestre. Lincei Rend. Sci. fis. mat. nat. (8) **27** 212—217.

7143. **J. A. O'Keefe, A. Eckels, R. K. Squires,** The gravitational field of the earth. AJ **64** 245—253. — Es wird gezeigt, daß die oskulierenden Elemente einer Satellitenbahn als Funktionen der Zeit (bzw. der mittleren Anomalie) dargestellt werden können. Diese Funktionen enthalten einen Satz Ausgangselemente sowie das bis zu den Kugelfunktionen 4. Ordnung entwickelte Erdpotential; von Reibungseffekten ist dabei abgesehen. Als Beispiel wird die Bahn des Satelliten 1958 β_2 mit den für 37 Epochen aus den Beobachtungen berechneten Elementensystemen herangezogen. T. L.

7144. **J. A. O'Keefe,** Zonal harmonics of the earth's gravitational field and the basic hypothesis of geodesy. J. Geophys. Res. **64** 2389—2392.

7145. **J. A. O'Keefe, A. Eckels, R. K. Squires,** Vanguard measurements give pear-shaped component of earth's figure. Science **129** 565—566.

7146. **H. Peschel,** Die Bedeutung des Krassowski-Ellipsoides für das deutsche Vermessungswesen. Vermessungstechnik **7** 4—7. — Im Zusammenhang mit einer allgemeinen Übersicht über den Stand der Arbeiten am deutschen Hauptdreiecksnetz werden die Daten der Ellipsoide nach Bessel, Hayford und Krassowskij angegeben und diskutiert. Das Ellipsoid von Krassowskij wird von einem zukünftigen mittleren Erdellipsoid voraussichtlich nur unwesentlich abweichen. Eine Bestätigung der Abplattung nach Krassowskij wurde durch Beobachtungen künstlicher Satelliten erhalten. Schr.

7147. **A. F. Spilhaus,** Satellite of the Sun. The Science of the Earth and its Surroundings. New York, Viking Press, 1958. 119 S. Preis $ 3.50.

7148. **A. Stoyko,** Sur la variation séculaire des longitudes entre l'Amérique du Nord et l'Europe. CR **248** 190—193.

7149. **O. Struve,** Finding the age of the earth. Sky Tel. **18** 433—435.

7150. **K. Stumpff,** Planet Earth. Übersetzung des in AJB **55** Ref. **7223** zitierten Buches aus dem Deutschen. Ann Arbor, University of Michigan Press, 1959. 191 S. Preis $ 5.00. — Besprechung in Sky Tel. **18** 402.

7151. **B. Svejgaard,** Gravity measurements in western Greenland 1953 and 1955. Geod. Inst. København Skrifter (3) **32,** 19 S.

7152. **G. P. Tamrasjan,** Über den Aufbau der Erde. Nachr. Akad. Wiss. Turkmen. SSR 1959 Nr. 1 S. 22—35 (russ.). — Ref. in RJ UdSSR 1960 Nr. 8 S. 41.

* * **A. Tárczy-Hornoch, W. K. Hristow,** Tafeln für das Krassowsky-Ellipsoid. Vgl. Ref. **3639.**

7153. **L. G. D. Thompson,** An improved bronze pendulum apparatus for relative gravity determinations. Publ. Dominion Obs. Ottawa **21** 141—176.

* * **R. Tomaschek,** Great earthquakes and the astronomical positions of Uranus. Vgl. Ref. **8803.**

7154. **F. A. Vening Meinesz,** The outside gravity field up to great distance from the earth. Proc. K. Nederl. Akad. Wet. (B) **62** 109—114.

7155. **H. Volland,** Über ein dem elektrisch leitfähigen Erdinneren äquivalentes Schalenmodell der Erde. Gerlands Beiträge Geophys. **68** 31—36. — Es wird gezeigt, daß für die im Erdinneren fließenden Induktionsströme erdmagnetischer Variationen mit Perioden kleiner als einen Tag der leitfähige Erdkern durch eine äquivalente Kugelschale ersetzt werden kann. Ihre Leitfähigkeitsbelegung ist gleich der Leitfähigkeit des Erdkerns multipliziert mit der Eindringtiefe der Störung. Ihr Abstand vom Erdmittelpunkt ist gleich dem um die halbe Eindringtiefe reduzierten Erdradius. Verf.

7156. **H. B. Wackernagel,** Die Abplattung der Erde. Orion Schaffhausen **5** 669—671.

7157. **R. H. Wilson jr.,** A gravitational force function for the earth representing all deviations from a spherical geoid. AJ **64** 56. — Ref. AAS.

7158. **R. H. Wilson jr.,** A gravitational force function for the earth representing all deviations from a spherical geoid. J. Franklin Inst. **268** 378—387. — Ref. in Phys. Abstr. (A) **63** 212.

* * **A. P. Winogradow,** Meteorite und Erdkruste. Vgl. Ref. **9456.**

7159. Physics and Chemistry of the Earth. Vol. **3.** Herausgegeben von L. H. Ahrens, F. Press, K. Rankama, S. K. Runcorn. London, Pergamon Press, 1959. — Besprechung in Ann. Géophys. **16** 156—158 (G. Jobert).

7160. The Book of the Earth; being a Collection of Writings about the Earth in all its Aspects. Herausgegeben von A. C. Spectorsky. New York, Appleton-Century-Crofts, 1957. 497 S. Preis $ 12.50.

7161. Les températures du noyau terrestre. La Nature **87** 508.

7162. Shape of the earth. Sky Tel. **18** 249.

7163. Earth's core temperature. Sky Tel. **18** 501. — Ref. in Bol. As. Peruana Astr. **5** 271, NAT 1959 S. 108—109, Urania Kraków **31** 14—15.

§ 72

Atmosphäre

7201. **F. Begemann,** Neubestimmung der natürlichen irdischen Tritiumzerfallsrate und die Frage der Herkunft des «natürlichen» Tritium. Z. Naturforschung **14a** 334—342. — Im Anschluß an die Bestimmung der Tritiumzerfallsrate wird versucht zu entscheiden, ob der Einfang von solarem Tritium oder die Tritiumerzeugung durch kosmische Strahlung für die zusätzliche Tritiumproduktion bedeutsam ist. Die Ergebnisse deuten an, daß die troposphärische Tritiumproduktionsrate (bis auf eine Phasenverschiebung von etwa 2 Jahren) in Antiphase mit dem Sonnenfleckenzyklus variiert, so daß — zumindest vorläufig — eine Produktion durch kosmische Strahlung in Frage kommt. Loh.

* * **E. K. Bütner,** The dissipation of gas from planetary atmospheres. II. The total velocity of dissipation of gas from a planetary atmosphere. The problem of terrestrial helium. Vgl. Ref. **8103.**

7202. **C. Casci, V. Giavotto,** An experimental and indirect method for determining the high atmosphere's density. Nuovo Cimento (10) **11** 291—297.

7203. **S. Chapman,** The earth and its environment. Proc IRE **47** 137—141.

7204. **A. Dauvillier,** Sur la présence de l'oxydrile et du sodium dans la haute atmosphère. CR **248** 1901—1903.

7205. **D. Deirmendjian,** Theory of the solar aureole. Part II: Applications to atmospheric models. Ann. Géophys. **15** 218—249.

* * **A. A. Dmitrijew,** Über die Ausbreitungsgeschwindigkeit feiner kosmischer Materie von höheren zu niederen Atmosphärenschichten. Vgl. Ref. **9319.**

* * **A. Dollfus,** Observations astronomiques en ballon libre. Vgl. Ref. **6408.**

7206. **A. Dollfus,** Quelques observations géophysiques et astronomiques effectuées en ballon dans la stratosphère. CR **249** 2602—2604. — Es wird über die Beobachtungen von dünnen, ausgedehnten Schichten aus Eiskristallen in der Nähe der Tropopause berichtet, die mit einer automatischen Kamera bei einem Ballonaufstieg während des Sonnenaufgangs gemacht wurden. Spektralphotometrische Messungen an der Wasserdampfbande 1.4 μ während eines Aufstiegs bis 13000 m Höhe ergaben für die darüberliegende Atmosphäre eine Gesamtkonzentration von 0.015 g/cm^2 kondensierbaren Wassers. Oberhalb der Tropopause sinkt die Himmelshelligkeit dadurch auf nahe 2×10^{-7} der der Sonnenscheibe ab, so daß eine unmittelbare Beobachtung der Sonnenkorona möglich wird. J. P. M.

7207. **W. G. Fessenkow,** On the investigation of atmospheric ozone by photometry of lunar eclipses. AJ UdSSR **36** 564—572 (russ. mit engl. Ref.).

7208. **M. Golay,** Densité de la haute atmosphère obtenue à l'aide des satellites artificiels. Orion Schaffhausen **5** 704—706.

7209. **J. Grandjean,** Chimie et radioactivité atmosphériques. Ciel et Terre **75** 1—25.

* * **J. S. Greenhow, E. L. Neufeld,** Measurements of turbulence in the 80—100 km region from the radio echo observations of meteors. Vgl. Ref. **9327.**

7210. **J. S. Greenhow, E. L. Neufeld,** Measurements of turbulence in the upper atmosphere. Proc. Phys. Soc. **74** 1—10 = Astr. Contr. Univ. Manchester (2) Jodrell Bank Repr. Nr. 182.

7211. **G. Grimminger,** Density of the upper atmosphere. Nature **183** 811—812.

* * **G. V. Groves,** A theory for determining upper-atmosphere winds from radio observations on meteor trails. Vgl. Ref. **9329.**

7212. **G. V. Groves,** Air density in the upper atmosphere from satellite orbit observations. Nature **184** 178—179.

7213. **G. V. Groves,** Determination of upper-atmosphere air density and scale height from satellite observations. Proc. Roy. Soc. (A) **252** 16—27. — Aus den Beobachtungen von sechs künstlichen Erdsatelliten wird die Dichte der Erdatmosphäre zwischen 170 und 700 km Höhe abgeleitet. Die verwendeten Formeln enthalten die Abnahme der Länge der großen Halbachsen und der Distanzen im Perigäum. Die Abplattung der Erde und der Atmosphäre sind berücksichtigt. Gü-Li

7214. **G. V. Groves,** Determination of upper-atmosphere air-density profile from satellite observations. Proc. Roy. Soc. (A) **252** 28—34. — In Ergänzung der früheren Bestimmung der Dichte in der Erdatmosphäre aus Beobachtungen künstlicher Erdsatelliten durch den Verf. (vgl. vorstehendes Ref.) wird versucht, die relative Änderung der Luftdichte mit der Höhe aus der zeitlichen Abnahme der Distanzen im Perigäum und aus der Bewegung des Perigäums infolge der Erdabplattung zu ermitteln. Die Übereinstimmung mit früheren Ergebnissen ist gut. Gü-Li

7215. **I. Harris, R. Jastrow,** An interim atmosphere derived from rocket and satellite data. Planet. Space Sci. **1** 20—26.

7216. **C. O. Hines,** Turbulence at meteor heights. J. Geophys. Res. **64** 939—940. — Um die in der Ionosphäre optisch und radioelektrisch beobachtete Turbulenz zu erklären, nimmt Verf. zwei Turbulenzreihen an. Die erste ist verbunden mit langperiodischen Oszillationen und ist durch Gravitationseinfluß stark anisotrop, während die zweite kurzperiodische Oszillationen aufweist und isotrop ist. Henn

7217. **W. Horn,** Die Dichte der Atmosphäre in großen Höhen. Bestimmt aus den Bahnverhältnissen künstlicher Satelliten. Sterne **35** 41—43.

7218. **L. G. Jacchia,** Atmospheric fluctuations of solar origin revealed by artificial satellites. AJ **64** 129—130. — Ref. AAS.

7219. **L. G. Jacchia,** Atmospheric fluctuations of solar origin revealed by satellites. Harv Card 1423.

* * **A. J. Jurjew,** Unerschöpfliche Energie. Neueste Daten über die Energie der Hochatmosphäre. Vgl. Ref. **7529.**

7220. **H. K. Kallmann,** A preliminary model atmosphere based on rocket and satellite data. J. Geophys. Res. **64** 615—623.

7221. **L. A. Katassjow,** The determination of the height of a homogeneous atmosphere from photographic observations of meteors. AJ UdSSR **36** 334—339 (russ. mit engl. Ref.). — Es werden Formeln für die Berechnung der Skalenhöhe aus der photographischen Beobachtung von Meteoren abgeleitet. Aus Aufnahmen von 15 Meteoren werden die Skalenhöhen und Temperaturen für die Höhen von 73 bis 103 km berechnet. Die Ergebnisse werden mit den auf andere Weise gewonnenen Angaben verglichen. Plvá.

7222. **D. G. King-Hele, D. M. C. Walker,** Irregularities in the density of the upper atmosphere: results from satellites. Nature **183** 527—529.

7223. **D. G. King-Hele,** Density of the atmosphere at heights between 200 km and 400 km, from analysis of artificial satellite orbits. Nature **183** 1224—1227.

7224. **D. G. King-Hele,** Density of the upper atmosphere from analysis of satellite orbits: further results. Nature **184** 1267—1270.

* * **P. G. Konjajew,** Zu den höheren Schichten der Atmosphäre. Die Schaffung künstlicher Erdsatelliten und die Untersuchung der Ionosphäre. Vgl. Ref. **7532.**

7225. **M. A. Korez,** Einige Ergebnisse über die Erforschung der hohen Schichten der Atmosphäre und des kosmischen Raums. Priroda **48** Nr. 7 S. 76—78 (russ.). — Bericht über ein Seminar im Institut für Physikalische Probleme Akad. Wiss. UdSSR.

7226. **W. I. Krassowskij,** Energy sources of the upper atmosphere. Planet. Space Sci. **1** 14—19.

7227. **W. I. Krassowskij,** Exploration of the upper atmosphere with the help of the third Soviet sputnik. Proc IRE **47** 289—296.

7228. **H. E. Lagow, R. Horowitz, J. Ainsworth,** Arctic atmospheric structure to 250 km. Planet. Space Sci. **2** 33—38.

7229. **S. H. H. Larsen,** On the scattering of ultraviolet solar radiation in the atmosphere with the ozone absorption considered. Geophys. Norvegica **21** Nr. 4 S. 1—44 = Inst. Theoret. Astrophys. Blindern Repr. Nr. 27.

7230. **S. H. H. Larsen,** Measurements of atmospheric ozone at Spitzbergen (78° N) and Tromsö (70° N) during the winter season. Geophys. Norvegica **21** Nr. 5 S. 1—8 = Inst. Theoret. Astrophys. Blindern Repr. Nr. 28.

7231. **T. Loebsack,** Our Atmosphere. Übersetzung aus dem Deutschen von E. L. Rewald und D. Rewald. New York, Pantheon, 1959. 256 S. Preis $ 5. — Besprechung in Science **130** 262 (H. E. Landsberg).

7232. **H. S. W. Massey, R. L. F. Boyd,** The Upper Atmosphere. London, Hutchinson & Co., Ltd., 1958; New York, Philosophical Library, Inc., 1959. 12 + 333 S. Preis 63 s bzw. $ 17.50. — Besprechung in Endeavour **18** 163 (G. M. M. Dobson), Proc IRE **47** 1791 (M. G. Morgan), Publ ASP **71** 357, Sky Tel. **18** 462, 698—699 (F. E. Roach), ZfMG **83** 240 (K. Rawer).

7233. **M. Nicolet,** The constitution and composition of the upper atmosphere. Proc IRE **47** 142—147.

7234. **M. Nicolet,** Nouvelles de l'espace. Ciel et Terre **75** 91—107.

7235. **T. Obayashi,** The acceleration of particles in the outer atmosphere. J. Geomagn. Geoelect. **10** 151—152. — Ref. in Phys. Abstr. (A) **63** 200.

7236. **H. K. Paetzold,** Die oberste Erdatmosphäre nach Satelliten-Messungen. Naturwissenschaften **46** 416—422.

7237. **H. K. Paetzold,** Die Erforschung der terrestrischen Exosphäre. Z. angew. Phys. **11** 234—243.

7238. **D. W. Parkin, W. Hunter,** Cosmic dust in the atmosphere. Nature **183** 732—734. — In Wasser verschiedener Herkunft und auf gelatineüberzogenen Platten wurden schwarze oder silbrige magnetische kugelähnliche Körnchen von durchschnittlich 20 μ Durchmesser nachgewiesen, die zweifellos als meteorische Stäubchen anzusehen sind. Auch größere eisenhaltige Partikel (bis 240 μ Länge und 100 μ Dicke), die vermutlich ebenfalls extraterrestrischen Ursprungs sein dürften, wurden festgestellt. Loh.

7239. **W. S. Prokudina,** Bestimmung der «Rotations»-temperatur des Hydroxyls in der Hochatmosphäre. Nachr. Akad. Wiss. UdSSR (Geophys.) 1959 Nr. 4 S. 629—631 (russ.). — Ref. in RJ UdSSR 1960 Nr. 2 S. 56.

7240. **J. W. Reed,** A note on satellite density observations. Bull. American Meteorol. Soc. **40** 310—311. — Ref. in Phys. Abstr. (A) **62** 994.

7241. **G. F. Schilling, T. E. Sterne,** Densities and temperatures of the upper atmosphere inferred from satellite observations. Harv Repr Nr. 509, 4 S.

7242. **G. F. Schilling, C. A. Whitney,** Derivation and analysis of atmospheric density from observations of satellite 1958 Epsilon. Planet. Space Sci. **1** 136—145 = Harv Repr (2) Nr. 147.

7243. **K.-H. Schmidt,** Der Dichteverlauf in der hohen Erdatmosphäre. Naturwissenschaften **46** 138.

7244. **A. Susslow,** An attempt to construct the curve of growth from the A and B bands of the O_2 molecule. AC Nr. 204 S. 11—13 (russ.).

7245. **A. K. Susslow,** Der Einfluß des zentralen Konturenteils auf die Bestimmung der Äquivalentbreite der tellurischen O_2-Linien. Sonnendaten 1959 Nr. 7 S. 93—94 (russ.).

7246. **E. Vigroux,** Distribution verticale de l'ozone atmosphérique d'après les observations de la bande 9.6 μ. Ann. Géophys. **15** 516—538 = Contr. Inst. d'Astrophys. Paris (B) Nr. 191.

7247. **E. Vigroux,** Distribution verticale de l'ozone atmosphérique d'après les observations de la bande 9.6 μ. CR **248** 2622—2624 = Contr. Inst. d'Astrophys. Paris (A) Nr. 250.

* * **A. A. Weiss,** Theory of the radio-echo meteor height distribution in a non-isothermal atmosphere. Vgl. Ref. **9373**.

7248. **T. Yonezawa,** Physics of the ultra-upper atmosphere, especially on the influence of the solar radiation and particle stream on the earth. Astr. Herald **52** 222—228 (japan.). — Zusammenfassende Darstellung über die Verhältnisse in 75 bis 600 km Höhe, insbesondere über den Einfluß der Sonnenstrahlung und Partikelströme auf die Erde und ihre Atmosphäre.
Matsunami

7249. Die Erforschung der höheren Atmosphäre. Priroda **48** Nr. 8 S. 84 (russ.).

§ 73

Refraktion, Szintillation, Extinktion, Astroklima

Refraktion

7301. **J. P. Castelli, J. Aarons, C. Ferioli, J. Casey,** Absorption, refraction, and scintillation measurements at 4700 MHz with a travelling-wave tube radiometer. Planet. Space Sci. **1** 50—56.

7302. **W. G. Fessenkow,** On the optical state of the earth's atmosphere under twilight illumination. AJ UdSSR **36** 201—207 (russ. mit engl. Ref.). — Verf. berechnet Tabellen, aus denen die Krümmung von Sonnenstrahlen in der Erdatmosphäre, Refraktion und Extinktion abgelesen werden können.
Oster

7303. **P. Herget,** Partial astronomical refraction. AJ **64** 334—335. — Ref. AAS.

7304. **G. Karský,** The effect of the refraction parallax on the observations of meteors and artificial satellites of the earth. BAC **10** 32—33.

* * **S. S. Omarow,** The calculation of the total influence of differential refraction and aberration. Vgl. Ref. 3117.

7305. **S. S. Omarow,** Formeln der differentiellen Refraktion und Aberration. Nachr. Akad. Wiss. Aserbejdshan. SSR (Phys.-Techn., Chem.) 1958 Nr. 5 S. 19—30 (russ. mit aserbejdshan. Ref.). — Ref. in RJ UdSSR 1960 Nr. 1 S. 22.

7306. **A. Pericoli,** Determinazione rapida della rifrazione e della parallasse solare nelle stazioni astronomiche speditive. Boll. Geod. Sci. affini **18** 299—304. — Verf. beschreibt ein Nomogramm, das mit einer bei raschen astronomischen Beobachtungen erforderlichen Genauigkeit gestattet, den Wert der Refraktion als Funktion der beobachteten Zenitdistanz, der Temperatur und des Luftdrucks zu bestimmen. Ein zweites Nomogramm ermöglicht es, die Korrektur (Refraktion und Parallaxe) für zenitale Beobachtungen der Sonne zur Azimutbestimmung abzuleiten. B. C.

7307. **C. Sugawa,** Additional refraction and latitude observation. Astr. Herald **52** 245—248 (japan.).

7308. **G. Tadini,** Semplici formole per il calcolo delle correzioni alla rifrazione astronomica media. Coelum **27** 104—106.

7309. **A. Thom,** An empirical investigation of atmospheric refraction. Empire Survey Rev. **14** 248—262. — Beobachtung der Höhe von Punkten bekannter Entfernung von einer festen Beobachtungsstelle in Schottland zu verschiedenen Jahreszeiten, Ableitung der Refraktion und Diskussion der Ergebnisse auf Abhängigkeit vom Temperaturgradienten und vom Einfluß des Windes. Frlb.

7310. **É. Vassy,** Physique de l'atmosphère. Tome II. «Phénomènes de réfraction». Paris, Gauthier-Villars, 1959. 227 S. Preis 3200 fr bzw. $ 6.53. — Besprechung in J. Optical Soc. America **50** 629 (R. Tousey).

Szintillation

7311. **J. Arsac,** Sur la scintillation atmosphérique observée en ondes centimétriques. Ann d'Astrophys **22** 447—467. — Die Theorie des Szintillationsphänomens in einer inhomogenen Atmosphäre wird durch eine Reihenentwicklung bis zu Gliedern erster Ordnung vereinfacht. Da über die Atmosphäre noch nicht genug bekannt ist, wird angenommen, daß die Variationen ihres Brechungsindexes den Charakter einer Zufallsverteilung (eines «Rauschens bei weißem Raum-Frequenz-Spektrum») haben und in weiten Grenzen von Höhe und meteorologischen Bedingungen unabhängig sind. Dabei schränken die mangelhaften Kenntnisse über die Atmosphäre die Gültigkeit der Theorie mehr ein als die zur Vereinfachung der Rechnung vorgenommene Reihenentwicklung. Diese vereinfachte Theorie liefert Ergebnisse, die gut mit den Ergebnissen sowohl der optischen als auch der 3 cm-Radiobeobachtungen übereinstimmen. Auskünfte über die statistischen Eigenschaften der Schwankungen des Brechungsindexes in der Atmosphäre lassen sich anscheinend aus Beobachtungen im Gebiet der cm-Wellen nicht ableiten. HHR

* * **H. G. Booker,** Turbulence in the ionosphere with applications

to meteor trails, radio star scintillation, auroral radar echoes, and other phenomena. Vgl. Ref. **7506**.

7312. H. J. A. Chivers, J. S. Greenhow, Auroral ionization and the absorption and scintillation of radio stars. Vgl. Ref. **7641**.

7313. H. Elsässer, H. Siedentopf, Zur Theorie der astronomischen Szintillation. I. ZfA **48** 213—230 = Mitt. Astr. Inst. Univ. Tübingen Nr. 41. — Die durch die Turbulenz der Erdatmosphäre hervorgerufenen Helligkeits- und Richtungsschwankungen des Lichtes zenitnaher Sterne werden auf geometrisch-optischer Grundlage diskutiert. Im Gegensatz zu den älteren Untersuchungen ist der Einfluß der ganzen Erdatmosphäre berücksichtigt. Für die Abnahme der Brechungsindexschwankungen mit zunehmender Höhe ergibt sich ein Exponentialgesetz. Die aus der beobachteten Szintillation berechnete Streuung des Brechungsindex in Seehöhe liegt zwischen 0.3×10^{-8} und 1.3×10^{-8}, die äquivalenten Temperaturschwankungen sind $0\overset{\circ}{.}03$ bzw. $0\overset{\circ}{.}13$. Der Hauptbeitrag zur beobachteten Helligkeitsszintillation kommt aus etwa 8 km Höhe, während die Beiträge zu den Richtungsschwankungen mit zunehmender Höhe in der Atmosphäre abnehmen. Els.

7314. G. Goy, Etude de la turbulence en vue de la détermination de l'emplacement d'un télescope de 1 m de diamètre. Orion Schaffhausen **5** 561—565.

7315. G. Goy, Une station itinérante pour l'étude de la turbulence. Orion Schaffhausen **5** 656—658.

7316. T. R. Hartz, Radio star scintillations and ionospheric disturbances. Canadian J. Phys. **37** 1137—1152. — Aus Beobachtungen bei 53 MHz in Ottawa ging hervor, daß Radiosternszintillationen mit den ionosphärischen Störungen, die solaren Partikelstrahlungen zugeschrieben werden, im engen (zeitlichen und örtlichen) Zusammenhang stehen, also nicht — wie allgemein angenommen wird — von den Ionisationsdichteschwankungen verursacht werden, die in der F_2-Schicht liegen und als von der Polarlichtaktivität unabhängig angesehen werden (Spread E-Phänomen). Es sind also mindestens zwei Mechanismen für die Radiosternszintillationen verantwortlich: ein mit der solaren Teilchenstrahlung verknüpfter, der in höheren geographischen Breiten dominiert, und ein in der F_2-Schicht liegender, der in niederen Breiten vorherrscht. HHR

7317. D. F. Martyn, Sporadic E-region ionization, «spread F», and the twinkling of radio stars. Nature **183** 1382—1383.

7318. L. N. Shukowa, On chromatic scintillations. AJ UdSSR **36** 548—549 (russ. mit engl. Ref.). — Für Zenitdistanzen über 75° zeigte eine photographisch-photometrische Untersuchung im Bereich 5800—3800 Å keine merkliche Korrelation zwischen den Helligkeitsvariationen. Die Helligkeitsamplituden infolge Szintillation betrugen $0\overset{m}{.}3$—$0\overset{m}{.}7$. Spektralgebiete, innerhalb derer die Schwankungen korreliert sind, variieren in ihrer Breite von 200 bis 1000 Å. Für $z = 75°$ ist der Korrelationskoeffizient infolge Szintillation für $\Delta\lambda = 300$ Å etwa 0.25. Petri

7319. W. I. Tatarskij, L. N. Shukowa, Chromatic scintillation of stars. DAN **124** 567—570 (russ.).

7320. Szintillation von Radiosternen. Sternenbote **2** 35—36. — Ref.

Extinktion

7321. **G. Dietze,** Eine Methode zur Bestimmung der atmosphärischen Lichtextinktion aus Aktinometermessungen. Gerlands Beiträge Geophys. **68** 308—314. — Aus den routinemäßigen Aktinometermessungen mit Standardfiltern läßt sich ein Trübungsfaktor T_Δ ableiten, der ein brauchbares Maß für die Lichtextinktion in der Atmosphäre ist. Die Berechnungsgrundlagen für T_Δ und Beispiele für seine Verwendung bei atmosphärisch-optischen Problemen werden gegeben. Verf.

7322. **R. Hardie,** An improved method for measuring extinction. ApJ **130** 663—669. — Es wird vorgeschlagen, nicht mehr mittlere Extinktionskoeffizienten zu verwenden, sondern die Koeffizienten für jede Beobachtungsnacht aus Messungen von Standardsternen mit sicher bekannten Helligkeiten und Farben abzuleiten, die in verschiedenen Zenitdistanzen stehen. Bei lichtelektrischer Beobachtung in 3 Farben können die Messungen für mindestens 6 Standardsterne in einer halben Stunde durchgeführt werden. Durch diese Methode wird eine größere Zahl von Nächten als bisher für photometrische Messungen brauchbar. O. G.

7323. **J. N. Howard,** The transmission of the atmosphere in the infrared. Proc IRE **47** 1451—1457. — Kurze, zusammenfassende Darstellung unserer heutigen Kenntnis vom infraroten Sonnenspektrum und seiner Transmission durch die Erdatmosphäre. Die verschiedenen Infrarotatlanten sowie die wichtigsten Laboratoriumsmessungen sind mit kurzen Angaben über Methodik und Meßverfahren zusammengestellt. In einer Bibliographie von 52 Positionen werden einschlägige Publikationen bis 1958 aufgeführt. Oster

7324. **W. S. Matjagin,** Die Transmissionskoeffizienten der Erdatmosphäre im Ultravioletten aus Beobachtungen einiger Sterne. Mitt. Astrophys. Inst. Alma-Ata **8** 53—58 (russ. mit engl. Ref.).

Astroklima

7325. **F. Bernhardt,** Berechnungen der Globalstrahlung nach Budyko, Black und Bernhardt. Z. Meteorol. **12** 225—230, 1958. — Ref. in Phys. Ber. **38** 2236.

7326. **J. V. Dave, Z. Sekera,** Effect of ozone on the total sky and global radiation received on an horizontal surface. J. Meteorol. **16** 211—212. — Ref. in Phys. Abstr. (A) **62** 1227.

7327. **L. Dunkelman, R. Scolnik,** Solar spectral irradiance and vertical atmospheric attenuation in the visible and ultraviolet. J. Optical Soc. America **49** 356—367. — Die spektrale Sonnenstrahlung außerhalb der Erdatmosphäre wurde aus lichtelektrischen Messungen in 2400 m Höhe (Mt. Lemmon) nach Langleys Extrapolationsmethode auf Luftmasse Null bestimmt. Die Ergebnisse stimmen sehr gut mit denen von Pettit, gut mit Raketenbeobachtungen von Purcell und Tousey überein. Die Änderung der Sonnenintensität mit der Luftmasse zeigt über Mt. Lemmon eine um etwa 15% stärkere Abnahme als für eine Rayleigh-Atmosphäre zwischen λ 3400 und λ 4650 Å. Die Beleuchtungsstärke der Sonne außerhalb der Atmosphäre: 13.67 lumen/cm². Ebl.

7328. **M. G. Fracastoro, A. Redolfi,** Studio del seeing di Lojano. Atti Fondazione Giorgio Ronchi **14** 69—75 = Pubbl. Oss. Astr. Univ. Bologna **7** Nr. 9.

7329. **I. M. Gluschtschenko,** Die meteorologischen Bedingungen an einigen Stellen Kasachstans in Zusammenhang mit der Wahl eines Ortes zur Errichtung eines künftigen Planetenobservatoriums. Publ. Sektor Astrobotanik Akad. Wiss. Kasach. SSR **7** 217—225 (russ.). — Ref. in RJ UdSSR 1960 Nr. 7 S. 35.

7330. **W. P. Kusnezow,** Die atmosphärischen Strahlungsverhältnisse im Gebiet des Gejgel-Sees und des Schuschi-Bergs. Publ. Sektor Astrophys. Akad. Wiss. Aserbajdshan. SSR **1** 96—107 (russ. mit aserbajdshan. Ref.). — Ref. in RJ UdSSR 1960 Nr. 4 S. 25.

§ 74

Licht des Tages- und Nachthimmels

7401. **E. B. Armstrong,** The temperature in the atmospheric region emitting the nightglow OI 5577 line and in regions above faint auroral arcs. J. Atmosph. Terr. Phys. **13** 205—216.

7402. **D. R. Barber,** Origin of upper-atmosphere lithium atoms responsible for the new twilight airglow at 6708 Å. Nature **183** 384.

7403. **D. Barbier,** Recherches sur la raie 6300 de la luminescence atmosphérique nocturne. Ann. Géophys. **15** 179—217 = Publ. Obs. Haute-Provence **4** Nr. 30.

7404. **D. Barbier, J. Glaume,** Contribution à l'étude de la structure de la couche qui émet la raie 5577 du ciel nocturne. Ann. Géophys. **15** 266—271 = Contr. Inst. d'Astrophys. Paris (B) Nr. 182.

7405. **D. Barbier,** Sur les variations systématiques des intensités des principales radiations de la lumière du ciel nocturne à l'Observatoire de Haute-Provence. Ann. Géophys. **15** 412—414 = Contr. Inst. d'Astrophys. Paris (B) Nr. 188.

* * **D. Barbier,** L'observation des aurores polaires et de la lumière du ciel nocturne pendant l'Année Géophysique Internationale. Vgl. Ref. **7634**.

7406. **D. Barbier,** Les raies rouges de l'oxygène dans la lumière du ciel nocturne. Scientia **94** 79—82 = Contr. Inst d'Astrophys. Paris (A) Nr. 245.

7407. **P. N. Bojko, G. S. Liwschiz, T. P. Toropowa,** Geplante Untersuchungen der Streuungsfunktion. Mitt. Astrophys. Inst. Alma-Ata **8** 98—107 (russ. mit engl. Ref.).

7408. **L. G. Bolschakowa, J. N. Georgijewskij, A. N. Otto, S. F. Rodionow,** On the electrophotometric investigation of the illumination of the night sky. Nachr. Akad. Wiss. UdSSR (Geophys.) 1958 Nr. 8 S. 1044—1047 (russ.). — Ref. in Phys. Abstr. (A) **63** 77.

7409. **J. C. Brandt,** Solar Lyman-β fluorescence mechanism in the upper atmosphere. ApJ **130** 228—240. — Unter der Annahme des Bowenschen Mechanismus der Fluoreszenzanregung wird nach der Chandrasekharschen Theorie des Strahlungsaustausches die Intensität der OI-Linie λ 8446 im Tagesglühen berechnet. Bei Benutzung des Nicoletschen Modells der O-Verteilung und der von Rense bei Raketenaufstiegen gemessenen Lβ-Intensität ergibt sich ein Wert von 500 Rayleigh (= $5 \cdot 10^8$ Quanten/sec in der Säule über 1 cm^2). Im Gegensatz zu einer Schätzung von Schklowskij liegt die Intensität des Dämmerungslichtes bei dieser Wellenlänge bei nur etwa 1 Rayleigh. Aus Beobachtungen der λ 8446-Intensität bei verschiedenen Höhen über der durch die O_2-Absorption gesetzten Grenze von 100 km könnte auf diesem Wege die Verteilung des atomaren O in der oberen Atmosphäre ermittelt werden. Gü.

* * **J. C. Brandt, J. W. Chamberlain,** Interplanetary gas. I. Hydrogen radiation in the night sky. Vgl. Ref. **9503**.

7410. **J. W. Chamberlain, C. A. Smith,** On the excitation rates and intensities of OH in the airglow. J. Geophys. Res. **64** 611—614.

7411. **M. W. Chiplonkar, P. V. L. Kulkarni,** Seasonal variation of twilight intensity. BAC **10** 182.

7412. **H. J. A. Chivers, H. W. Wells,** Observations of unusual radiofrequency noise emission and absorption at 80 MHz. J. Atmosph. Terr. Phys. **17** 13—19 = Astr. Contr. Univ. Manchester (2) Jodrell Bank Repr. Nr. 186.

7413. **I. A. Chwostikow, T. G. Megrelischwili,** New bands and lines in the twilight sky spectrum. Nature **183** 811. — Ref. in Phys. Abstr. (A) **62** 870.

7414. **J. Connes, H. P. Gush,** Spectroscopie du ciel nocturne dans l'infrarouge par transformation de Fourier. J. Phys. Radium **20** 915—917 = Publ. Obs. Haute-Provence **4** Nr. 58.

* * **D. Deirmendjian,** Theory of the solar aureole. Part II: Applications to atmospheric models. Vgl. Ref. **7205.**

7415. **N. B. Diwari, A. S. Assaad,** On the emission of the green line of the night sky in zodiacal light. AJ UdSSR **36** 327—333 (russ. mit engl. Ref.). — Aus den im Herbst 1957 in Ägypten gemachten Beobachtungen ergibt sich keine Verstärkung der grünen Linie λ 5577 [OI] des Nachthimmelleuchtens im Zodiakallicht. Verf. (ü.)

7416. **N.-H. Doan,** Rapport des intensités des raies D_2 et D_1 du sodium émises dans la haute atmosphère au crépuscule et pendant la nuit. CR **249** 739—741 = Publ. Obs. Haute-Provence **4** Nr. 49.

7417. **T. M. Donahue, V. R. Stull,** Excitation of the sodium twilight glow. Ann. Géophys. **15** 481—515.

7418. **M. Dufay,** Étude photoélectrique du spectre du ciel nocturne dans le proche infra-rouge. Ann. Géophys. **15** 134—152.

7419. **M. Dufay,** Présence de la raie interdite $^4S — ^2D$ de l'atome d'azote dans le spectre du ciel nocturne. CR **248** 2505—2507 = Publ. Obs. Haute-Provence **4** Nr. 42.

7420. **G. R. A. Ellis, D. G. Cartwright,** Directional observations of radio noise from the outer atmosphere. Nature **184** 1307—1308.

7421. **G. R. A. Ellis, D. G. Cartwright, J. R. V. Groves,** Spaced observations of radio noise from the outer atmosphere. Nature **184** 1391—1392.

7422. **N. I. Fedorowa,** Night sky spectra in the 8200—11200 Å range. DAN **125** 535—537 (russ.).

7423. **N. I. Fedorowa,** Die Hydroxylstrahlung der höheren Atmosphäre. Nachr. Akad. Wiss. UdSSR (Geophys.) 1959 Nr. 6 S. 836—846 (russ.). — Ref. in RJ UdSSR 1960 Nr. 5 S. 53—54.

7424. **E. M. Feigelson,** Über die Deutung von Beobachtungen der Himmelshelligkeit. Nachr. Akad. Wiss. UdSSR (Geophys.) 1958 Nr. 10 S. 1222—1238 (russ.). — Ref. in RJ UdSSR 1960 Nr. 6 S. 28.

7425. **W. G. Fessenkow,** On the twilight produced by the zodiacal light. Mitt. Astrophys. Inst. Alma-Ata **8** 13—18 (russ. mit engl. Ref.). — Verf. zeigt, daß die helleren Teile des Zodiakallichts nur eine sehr kleine Beleuchtung der Atmosphäre hervorrufen und daß dadurch die Isophoten des Zodiakallichts nicht gestört werden. Loh.

7426. **L. M. Fischkowa, G. W. Markowa,** Some results of the electrophotometric observations of the OI, Na, OH emissions and continuum in the airglow. Bull. Astrophys. Obs. Abastumani Nr. 24 S. 161—173 (russ. mit engl. Ref.).

7427. **R. M. Gallet,** The very low-frequency emissions generated in the earth's exosphere. Proc IRE **47** 211—231.

7428. **I. L. Genkin, K. Nepessow,** Das Leuchten des Nachthimmels und der Polarlichter während des Internationalen Geophysikalischen Jahres in Aschchabad. Nachr. Akad. Wiss. Turkmen. SSR 1959 Nr. 6 S. 13—18 (russ.). — Ref. in RJ UdSSR 1960 Nr. 8 S. 76—77.

7429. **C. Hoffmeister,** Beobachtungen des verstärkten Nachthimmelleuchtens in den Jahren 1946 bis 1957. Berlin, Akademie-Verlag, 1959. 30 S. Preis DM 3.50 = Veröff. Sternw. Sonneberg **4** 285—314. — Ref. in Gerlands Beiträge Geophys. **69** 123, Mitt. Planetenbeobachter **13** 51. — Mit dem vorliegenden Bericht wird eine dreißigjährige systematische Überwachung der nicht polarlichtartigen Leuchtvorgänge der hohen Atmosphäre vollendet. Vom Beginn des Jahres 1928 an wurden Aufzeichnungen über den Himmelsanblick auch in denjenigen Nächten vorgenommen, die keine abnormen Erhellungen aufwiesen, so daß auf dieser Grundlage nunmehr eine einigermaßen strenge Statistik möglich ist, deren Ergebnisse an anderer Stelle veröffentlicht werden sollen. Die Beobachtungen früherer Jahre sind sämtlich in den «Mitteilungen der Sternwarte zu Sonneberg» Nr. 11, 19, 26, 32, 35, 37 und 40 enthalten. Verf. (gek.)

7430. **M. Huruhata, T. Nakamura, H. Tanabe, T. Tohmatsu,** Oxygen red line in the night airglow and ionospheric F2 region. Rep. Ionosph. Space Res. Japan **13** 283—289 = Tokyo Astr. Obs. Repr. Nr. 189.

7431. **A. V. Jones,** Observations of the lithium lines in the twilight airglow in the northern hemisphere. Nature **183** 1315—1316. — Ref. in Phys. Abstr. (A) **62** 870.

7432. **K. J. Kondratjew, I. L. Senderichina,** Über die genäherten Gleichungen des Strahlungstransports. Nachr. Akad. Wiss. UdSSR (Geophys.) 1959 Nr. 5 S. 725—731 (russ.). — Ref. in RJ UdSSR 1960 Nr. 3 S. 25.

7433. **J. E. Kupperian jr., E. T. Byram, T. A. Chubb, H. Friedman,** Far ultraviolet radiation in the night sky. Planet. Space Sci. **1** 3—6.

7434. **G. Kvifte,** Nightglow observations at Ås (Norway) during the I. G. Y. Geofys. Publ. **20** Nr. 12, 15 S. — Ref. in Phys. Abstr. (A) **63** 77.

* * **G. Kvifte,** Auroral and nightglow observations at Ås, Norway. Vgl. Ref. **7660**.

7435. **G. Kvifte,** The twilight radiation at 6708 Å. Nature **183** 1384—1385.

7436. **J. Lenoble,** Étude du rayonnement ultraviolet du ciel. I. Spectrophotomètre-polarimètre pour le ciel zénithal. Rev. Optique **38** 282—289. — Ref. in Phys. Ber. **39** 588.

7437. **T. G. Megrelischwili,** Spektroskopische Untersuchung des Dämmerungshimmels im Infraroten. Nachr. Akad. Wiss. UdSSR (Geophys.) 1959 S. 910—918 (russ.). — Ref. in RJ UdSSR 1960 Nr. 5 S. 55.

* * **R. Montalbetti,** Photoelectric measurements of hydrogen emissions in aurorae and airglow. Vgl. Ref. **7665**.

7438. **W. I. Moros,** The night sky spectrum in the 1,2—3,4 μ range. DAN **126** 983—986 (russ.).

7439. **J. F. Noxon, A. W. Harrison, A. V. Jones,** The infra-red spectrum of the night airglow from 1.4 μ to 4.0 μ. J. Atmosph. Terr. Phys. **16** 246—251.

7440. **M. P. Perewertun,** Die Helligkeit des Dämmerungshimmels im Vertikal der Sonne unter Berücksichtigung der sekundären Streuung. Publ. Sektor Astrobotanik Akad. Wiss. Kasach. SSR **7** 207—216 (russ.). — Ref. in RJ UdSSR 1960 Nr. 9 S. 29.

7441. **E. W. Pjaskowskaja-Fessenkowa,** Untersuchung der Streuung des Lichts in der Erdatmosphäre. Moskau, Verlag Akad. Wiss. UdSSR, 1957. 219 S. Preis 12 R. 90 Kop. (russ.). — Besprechung in RJ UdSSR 1960 Nr. 5 S. 22—23 (E. M. Feigelson).

7442. **E. W. Pjaskowskaja-Fessenkowa,** Einige Ergebnisse über die Polarisation des Himmels im südlichen Ägypten. Mitt. Astrophys. Inst. Alma-Ata 8 82—97 (russ. mit engl. Ref.).

7443. **G. N. Plass,** The infrared radiation flux in the atmosphere. Proc IRE **47** 1448—1451. — Die in verschiedenen Höhen über der Erdatmosphäre vorhandene Infrarotstrahlung wird auf ihre Herkunft und auf den Einfluß der Bodenstruktur (Ozeane, Flachland, Gebirge) sowie der Bewölkung untersucht. Oster

7444. **F. E. Roach,** Photometric observation of the airglow. Ann. International Geophys. Year **4** 115—138, 1957.

7445. **F. E. Roach, J. W. McCaulley, E. Marovich,** Origin of [OI] 5577 in the airglow and the aurora. J. Res. National Bureau Standards **63 D** Nr. 1 S. 15—18. — Ref. in Phys. Abstr. (A) **62** 1228.

* * **F. E. Roach, J. W. McCaulley, C. M. Purdy,** Comparison of absolute intensities of [OI] 5577 in the auroral and subauroral zones. Vgl. Ref. **7676**.

7446. **F. E. Roach,** The night airglow. Proc IRE **47** 267—271.

7447. **B. P. Sandford,** Studies of the upper atmosphere from Invercargill New Zealand. IV. Correlation of the intensity of the forbidden oxygen lines in the airglow and aurora with magnetic activity. Ann. Géophys. **15** 445—452.

7448. **I. S. Schklowskij,** On hydrogen emission in the night glow. Planet. Space Sci. **1** 63—65.

* * **H. Siedentopf,** Polarlicht und Nachthimmelsleuchten. Vgl. Ref. **7680**.

7449. **E. Vigroux,** Émission continue de l'atmosphère terrestre à 9.6 μ. Ann. Géophys. **15** 453—460 = Contr. Inst. d'Astrophys. Paris (B) Nr. 189.

* * **G. Weill,** Aurores polaires et phénomènes crépusculaires observés en radiation 3914 Å dans l'Antarctique. Vgl. Ref. **7687**.

* * Spektroskopische, elektrophotometrische und radarische Untersuchungen von Polarlichtern und des Nachthimmelleuchtens. Sammlung von Aufsätzen. Vgl. Ref. **7688**.

7450. Untersuchungen über die UV-Strahlung des Nachthimmels. Sternenbote **2** 49—50. — Ref.

§ 75

Ionosphäre

7501. **E. V. Appleton,** The normal E region of the ionosphere. Proc IRE **47** 155—159.

7502. **D. K. Bailey,** Abnormal ionization in the lower ionosphere associated with cosmic-ray flux enhancements. Proc IRE **47** 255—266. — Die abnorme Ionisation der tieferen Ionosphäre (in 30—110 km Höhe), die mit einer durch solare Vorgänge verursachten Zunahme der kosmischen Ultrastrahlung koinzidiert, läßt zwei Effekte unterscheiden: der frühe Effekt (auf der Nachtseite zur Zeit der plötzlichen Ultrastrahlungszunahme) läßt sich durch die andersartige Zusammensetzung der solaren Partikelströme im Vergleich zu der normalen Ultrastrahlung erklären. Der späte Effekt (allmähliche Zunahme bis zu einem Maximum ein paar Stunden nach dem Ultrastrahlungsanstieg und anschließend langsame Abnahme innerhalb mehrerer Tage, etwas schneller in niederen geomagnetischen Breiten) wird durch die Bremsung der etwa isotrop einfallenden solaren Partikel erklärt. Das Ausbleiben einer Polarlicht- und einer merklichen magnetischen Aktivität ist mit diesen Erklärungen vereinbar. HHR

7503. **P. Bandyopadhyay,** The early morning *E2*-layer and some evidence of pre-sunrise *F*-layer «splitting». J. Atmosph. Terr. Phys. **16** 84—92.

7504. **W. W. Berning,** Earth satellite observations of the ionosphere. Proc IRE **47** 280—288.

7505. **B. N. Bhargava, U. V. Gopala Rao,** Ionospheric disturbances associated with magnetic storms at Kodaikanal. Indian J. Meteorol. Geophys. **10** 203—208.

7506. **H. G. Booker,** Turbulence in the ionosphere with applications to meteor trails, radio star scintillation, auroral radar echoes, and other phenomena. J. Atmosph. Terr. Phys. Special Suppl. 1957 S. 52—81. — Ref. in Phys. Abstr. (A) **63** 202. — Auszug aus dem 2. Symposium der Polar Atmosph. Ionosph. Section, Oslo 1956.

7507. **H. J. A. Chivers, H. W. Wells,** A new ionospheric phenomenon. Nature **183** 1178 = Astr. Contr. Univ. Manchester (2) Jodrell Bank Repr. Nr. 188. — Verf. berichten über gleichzeitig stattgefundene Erhöhungen und Verminderungen der Radiostrahlung in verschiedenen Himmelsarealen. Das Phänomen soll durch Ströme ionisierter Partikel hoher Geschwindigkeit beim Durchgang durch verschiedene Schichten der Ionosphäre verursacht sein. In der oberen Ionosphäre wird die Erzeugung von Radiostrahlung angeregt, während in den niederen Schichten eine Absorption der Hintergrundstrahlung stattfindet. Henn

7508. **E. Chvojková,** Ionospheric layer during photoionisation. III. Application on rocket research. BAC **10** 92—94.

7509. **E. Chvojková, O. Rousová,** Ionospherical conditions at any point of the earth for satellite and telecommunication purposes. BAC **10** 216—221.

7510. **S. Croom, A. Robbins, J. O. Thomas,** Two anomalies in the behaviour of the F2 layer of the ionosphere. Nature **184** 2003—2004.

7511. **A. K. Das,** Ionospheric observations for the second half of 1956. Kodaikanal Obs. Bull. Nr. 148 S. 8, 46—141.

7512. **A. K. Das,** Ionospheric observations for the first half of 1957. Kodaikanal Obs. Bull. Nr. 150 S. 8, 47—143.

7513. **W. Dieminger,** Ionosphärenforschung im Internat. Geophys. Jahr (AGI) und in der Internat. Geophys. Kooperation 1959 (IGC). Phys. Blätter **15** 203—208.

7514. **W. G. Dubrowskij, M. Schirmamedow,** Der Einfluß der Sonneneruption vom 23. März 1958 auf den Zustand der Ionosphäre und des geomagnetischen Feldes nach Beobachtungen in Aschchabad. Nachr. Akad. Wiss. Turkmen. SSR 1959 Nr. 1 S. 110—112 (russ.). — Ref. in RJ UdSSR 1960 Nr. 2 S. 49.

* * **W. G. Dubrowskij,** Über den Zusammenhang zwischen der geomagnetischen Aktivität und der Störbarkeit der F_2-Schicht. Vgl. Ref. **7608**.

7515. **H. Friedman,** Rocket observations of the ionosphere. Proc IRE **47** 272—280.

7516. **F. F. Gardner,** The effect of sudden ionospheric disturbances (S.I.D.'s) on 2.28 MHz pulse reflections from the lower ionosphere. Australian J. Phys. **12** 42—53 = Division Radiophys. C.S.I.R.O. Chippendale.

7517. **O. K. Garriott,** Satellite studies of outer atmospheric ionization. Publ ASP **71** 385—386. — Ref. ASP.

7518. **J. J. Gibbons, A. H. Waynick,** The normal D region of the ionosphere. Proc IRE **47** 160—161.

7519. **J. A. Gledhill,** The effects of a solar eclipse on a stratified ionosphere. J. Atmosph. Terr. Phys. **16** 360—366.

7520. **P. A. Goldberg,** Some aspects of the electrical properties of the upper atmosphere. J. Astronaut Sci. **6** 63—68.

* * **O. Hachenberg, A. Krüger,** The correlation of bursts of solar radio emission in the centimetre range with flares and sudden ionospheric disturbances. Vgl. Ref. **6837.**

* * **O. Hachenberg, H. Volland,** Vergleich zwischen 3.2 cm-Radiostrahlung der Sonne und ionosphärischer Dämpfung im D-Gebiet während einer Sonneneruption. Vgl. Ref. **6838.**

* * **T. R. Hartz,** Radio star scintillations and ionospheric disturbances. Vgl. Ref. **7316.**

7521. **P. Herrinck,** Tides in the F_2 ionospheric layer. Nature **184** 1055—1056.

7522. **F. H. Hibberd, J. A. Thomas,** The determination of the electron distribution in the upper ionosphere from satellite Doppler observations. J. Atmosph. Terr. Phys. **17** 71—81.

7523. **C. O. Hines,** Motions in the ionosphere. Proc IRE **47** 176—186.

7524. **A. J. Hirsh,** The electron density distribution in the F-region of the ionosphere. J. Atmosph. Terr. Phys. **17** 86—95.

7525. **B. Hultqvist, J. Ortner,** Observations of intense ionization of long duration below 50 km altitude after some strong solar flares. Nature **183** 1179—1180. — In vier Fällen wurden im Sommer 1958 in Kiruna einige Stunden nach sehr intensiven Eruptionen auf der Sonne lang andauernde starke Absorptionen der kosmischen Radiostrahlung beobachtet. Es wird nachgewiesen, daß dies durch starke Ionisation von Schichten unterhalb von 50 km Höhe bewirkt ist, die wahrscheinlich durch Protonenemission der Sonne verursacht ist. H. M.

7526. **B. Hultqvist, J. Aarons, J. Ortner,** Effects of the solar flares of 7 July 1958, observed at Kiruna Geophysical Observatory, Sweden. Tellus **11** 319—331.

7527. **B. Hultqvist,** On the interpretation of ionization in the lower ionosphere occurring on both day and night side of the earth within a few hours after some solar flares. Tellus **11** 332—343.

* * **M. Huruhata, T. Nakamura, H. Tanabe, T. Tohmatsu,** Oxygen red line in the night airglow and ionospheric F2 region. Vgl. Ref. **7430.**

7528. **N. M. Jerofejew,** Die Merkmale der Diffusheit der F_2-Schicht über Aschchabad und ihr Zusammenhang mit der Sonnenaktivität. Nachr. Akad. Wiss. Turkmen. SSR 1959 Nr. 3 S. 10—14 (russ.). — Ref. in RJ UdSSR 1960 Nr. 5 S. 50.

7529. **A. J. Jurjew,** Unerschöpfliche Energie. Neueste Daten über die Energie der Hochatmosphäre. Priroda **48** Nr. 9 S. 95—97 (russ.). — Die in der Hochatmosphäre durch äußere Einflüsse bewirkte Ionisation und Dissoziation der Gase stellen Energievorräte dar, die zur Beschleunigung des Fluges von Flugzeugen und Raketen von Bedeutung werden könnten, wenn Verfahren zu ihrer Ausnutzung gefunden werden. Loh.

7530. **R. W. Knecht,** An additional lunar influence on equatorial E_s at Huancayo. J. Atmosph. Terr. Phys. **14** 348—349.

7531. **M. M. Komesaroff, C. A. Shain,** Refraction of extra-terrestrial radio waves in the ionosphere. Nature **183** 1584—1585 = Division Radiophys. C.S.I.R.O. Chippendale.

7532. **P. G. Konjajew,** Zu den höheren Schichten der Atmosphäre. Die Schaffung künstlicher Erdsatelliten und die Untersuchung der Ionosphäre. Belgorod, Buchverlag, 1959. 60 S. Preis 95 Kop. (russ.).

* * **L. Křivský, B. Růžičková,** Beziehung der Eruptionstypen zu den Anomalieformen der atmosphärischen Störungen und Äußerung der Eruptionen mit Rücksicht auf ihre Größenklasse. Vgl. Ref. **6642**.

7533. **H. Lange,** Über Korpuskularstörungen der F2-Schicht und die Südwärtsbewegung des Störungseinsatzes auf der Nordhalbkugel der Erde. Gerlands Beiträge Geophys. **68** 230—245. — Einleitend werden die klassischen Theorien über die solare Korpuskelstrahlung und die darauf zurückzuführenden Störungen der Ionosphäre kurz beschrieben. Die Einsatzzeiten von Störungen aus den Monaten Juli—Okt. 1957 werden untersucht zur Klärung folgender Fragen: 1. Ist eine Südwärtsbewegung im untersuchten Gebiet nachzuweisen? 2. Wie groß ist die Ausbreitungsgeschwindigkeit? 3. Welche Form haben die Linien gleichzeitigen Störungseinsatzes? Die Untersuchung ergibt, daß eine Südwärtsbewegung mit einer Geschwindigkeit von etwa 500 km/h feststellbar ist und die Ausbreitung nicht konzentrisch zum fiktiven Magnetpol erfolgt. Verf.

7534. **G. Lange-Hesse,** Durchschnittlicher Tagesgang der F1-Schicht-Grenzfrequenzen und seine Abhängigkeit von geographischer Breite und Jahreszeit. Z. Geophys. **25** 199—208. — Die in mittleren und höheren Breiten während der Sommermonate auftretende F1-Schicht zeigt dort im Durchschnittstagesgang der Grenzfrequenzen (f_0F1) eine deutliche Abhängigkeit vom Sonnenstand. Diese Sonnenstandsabhängigkeit ist jedoch in den Breiten zwischen Äquator und Wendekreisen in Jahren eines Sonnenfleckenmaximums nicht mehr vorhanden. Erst von den Wendekreisbreiten an aufwärts macht sich eine zunächst schwache Sonnenstandsabhängigkeit bemerkbar, die nach höheren Breiten hin stärker wird. Das jahreszeitliche Auftreten der F1-Schicht zeigt in Äquatornähe zwei Maxima, in Breiten oberhalb der Wendekreise dagegen nur eins. Verf.

7535. **H. Leinbach, G. C. Reid,** Ionization of the upper atmosphere by low-energy charged particles from a solar flare. Phys. Rev. Letters **2** 61—63. — Ref. in Phys. Abstr. (A) **62** 605.

7536. **P. R. Lichtenstein,** Calculation of cosmic radio noise absorption produced by pulses of ionizing radiation. AJ **64** 338. — Ref. AAS.

7537. **K. I. Maeda, T. Sato,** The F region during magnetic storms. Proc IRE **47** 232—239.

* * **L. A. Manning, V. R. Eshleman,** Meteors in the ionosphere. Vgl. Ref. **9343**.

7538. **F. Mariani,** The worldwide distribution of the F2 layer electron density: seasonal and non-seasonal variations and correlations with solar activity. Nuovo Cimento (10) **12** 218—240. — Ref. in Phys. Abstr. (A) **62** 869.

7539. **D. F. Martyn,** The normal F region of the ionosphere. Proc IRE **47** 147—155.

7540. **C. M. Minnis, G. H. Bazzard,** Some indices of solar activity based on ionospheric and radio noise measurements. J. Atmosph. Terr. Phys. **14** 213—228. — Die kritischen Frequenzen der ionosphärischen E- und F_2-Schicht f_0E und f_0F_2 können nur dann zur Bestimmung der Sonnenaktivität benutzt werden, wenn jahreszeitliche Änderungen eliminiert werden können. Dies ist nach den hier angegebenen Methoden mit Hilfe der für die Zeit von 1938 bis 1957 tabulierten Monatsmittel der beiden Kenngrößen I_E und I_{F_2} möglich. Diese beiden Kenngrößen: die Intensität der ionisierenden Strahlung für die E-Schicht I_E und die Komponente der Monatsmittel der Sonnenfleckenrelativzahl, die eng mit der Ionisation der F_2-Schicht korreliert ist, I_{F_2}, sowie eine dritte: die Intensität Φ der Radiostrahlung bei 10.7 cm wurden ausgewählt, weil sie im Gegensatz zu f_0E und f_0F_2 nur von der Sonnenaktivität und nicht von der Jahreszeit abhängen. (Die Abhängigkeit der Größe I_{F_2} von den beiden anderen, I_E und Φ, ist nahezu linear.) Die angegebene Methode ist besonders gut zur Untersuchung der solar-terrestrischen Beziehungen geeignet, sowie für Vorhersagen der kritischen Frequenzen f_0E und f_0F_2. HHR

7541. **C. M. Minnis, G. H. Bazzard,** A daily index of solar activity based on E-layer ionization (July 1957—December 1958). J. Atmosph. Terr. Phys. **17** 57—64.

7542. **W. Mollakow,** Die Hauptmerkmale der E_s-Schicht und der meteorischen Ionisation einzelner Ströme nach Beobachtungen in Aschchabad 1956. Nachr. Akad. Wiss. Turkmen. SSR 1959 Nr. 1 S. 3—8 (russ.). — Ref. in RJ UdSSR 1960 Nr. 5 S. 40.

7543. **M. G. Morgan,** The nature of the ionosphere — an IGY objective. Proc IRE **47** 131—132.

7544. **H. K. Paetzold,** Weitere Beobachtungen der russischen Erdsatelliten. Raketentech. Raumfahrtforsch. **3** Nr. 2 S. 45—49. — Ref. in Phys. Ber. **39** 400.

7545. **R. Parthasarathy, R. P. Basler, R. N. DeWitt,** A new method for studying the auroral ionosphere using earth satellites. Proc IRE **47** 1660.

7546. **W. L. Price,** Anomalous ionospheric reflection during solar eclipses. J. Atmosph. Terr. Phys. **16** 93—98.

7547. **V. Ptáček,** Reflection of radio waves by the ionosphere between Prague and Tokyo. BAC **10** 79.

7548. **C. S. R. Rao,** Solar tidal effects in the F_2-region of ionosphere over Delhi. Indian J. Phys. **31** 516—525, 1957. — Ref. in Phys. Abstr. (A) **63** 633.

7549. **R. G. Rastogi,** Geomagnetic influence on the F1- and F2-regions of the ionosphere — effect of solar activity. J. Atmosph. Terr. Phys. **14** 31—40. — Verf. diskutiert den geomagnetischen Einfluß auf die mittäglichen kritischen Frequenzen der F1- und F2-Schichten in verschiedenen Jahreszeiten und zu verschiedenen Phasen der Sonnenaktivität. Es zeigt sich, daß die F1-Schicht nur in Jahren starker Sonnenaktivität vom Magnetfeld beeinflußt wird. Die äquatoriale Depression der Mittags-f_0F2 ist andererseits am auffälligsten in Jahren geringer Sonnenaktivität. Verf. (ü.)

7550. **J. A. Ratcliffe,** The Magneto-Ionic Theory and its Applications to the Ionosphere. New York—London, Cambridge University Press, 1959. 10 + 206 S. Preis $ 7.50 bzw. 40 s. — Besprechung in Ciel et Terre **75** 170—171 (M. Nicolet), Nature **187** 810—811 (H. S. W. Massey), Publ ASP **71** 354 (S. Chapman).

7551. **K. Rawer,** Hauteur et épaisseur vraies de la couche ionosphérique E. Ann. Géophys. **15** 547—550.

7552. **M. H. Rees, W. A. Rense,** Note on the cause of ionization in the F-region. J. Geophys. Res. **64** 1251—1255. — Kürzlich erfolgte Intensitätsmessungen der solaren HeII-Resonanzlinie bei 304 Å mittels Raketen erlauben den Schluß, daß die Ionisation der F-Schicht der Photoionisation von Sauerstoffatomen durch 304 Å-Photonen zugeschrieben werden kann. Loh.

7553. **B. J. Robinson,** Experimental investigations of the ionospheric E-layer. Rep. Progr. Phys. **22** 241—279.

* * **G. Rose,** Über die Meteor-Ionisation im E-Bereich der Ionosphäre. Vgl. Ref. **9364**.

7554. **N. A. Sawitsch,** Über den zeitlichen Gang der für die Ionosphäre aktiven Strahlung von Eruptionen. Sonnendaten 1959 Nr. 3 S. 82—85 (russ.).

7555. **K. H. Schmelovsky, L. Klinker, R. Knuth,** Über die Elektronenkonzentration in der äußeren Ionosphäre nach Untersuchungen des Faraday-Fadings am Satelliten 1958 δ_2. Gerlands Beiträge Geophys. **68** 321—341. — Ausgehend von der Appleton-Hartree-Formel werden die Grundlagen für die Auswertung des Faraday-Fadings abgeleitet. Zuverlässige Einzelwerte der Gesamtelektronenzahl können nur durch ein iteratives Näherungsverfahren, das eine längere Beobachtungsreihe voraussetzt, gewonnen werden. Aus 135 Satellitendurchgängen des Sommers 1958 wird die Höhenverteilung der Elektronenkonzentration oberhalb des F-Schicht-Maximums bis 1200 km gewonnen. Zwischen 500 und 900 km ergibt sich ein Abfall mit exp(-aH), wobei $a = 2.5 \times 10^{-3}$ km^{-1} ist. Die Gesamtelektronenzahl bis zu 1200 km Höhe beträgt 3.6×10^{17} m^{-2}, wovon sich etwa 70% oberhalb des F_2-Schicht-Maximums befinden. Der Tagesgang der Gesamtelektronenzahl ist zu $^2/_3$ auf das Gebiet unterhalb des F_2-Maximums zurückzuführen. Bei magnetischen und ionosphärischen Störungen nimmt die Gesamtelektronenzahl ab. Verf.

7556. **L. R. O. Storey,** A method for measuring local electron density from an artificial satellite. J. Res. National Bureau Standards **63D** 325—340. — Ref. in Phys. Abstr. (A) **63** 339.

7557. **J. O. Thomas,** The distribution of electrons in the ionosphere. Proc IRE **47** 162—175.

7558. **J. E. Titheridge,** Ionization below the night-time F-layer. J. Atmosph. Terr. Phys. **17** 126—133.

7559. **V. R. Venugopal,** Variation of the F2-layer ionization with solar activity at Kodaikanal on magnetically disturbed and quiet days. Kodaikanal Obs. Bull. Nr. 151, 5 S. — Die in Kodaikanal in den Jahren 1952—57 beobachteten Grenzfrequenzen der F2-Schicht um die Mittagszeit werden zu den Sonnenfleckenrelativzahlen, den Fleckenflächen und den Flächen der Kalzium-Flocculi in Beziehung gesetzt. In allen drei Fällen ergibt sich eine enge lineare Beziehung zwischen der Grenzfrequenz und dem jeweiligen Indikator der Sonnenaktivität. Im einzelnen liegt die Grenzfrequenz höher an magnetisch gestörten Tagen als an magnetisch ruhigen, ferner ist ein ausgeprägter jahreszeitlicher Einfluß festzustellen. H. M.

7560. **M. L. White,** Oscillatory currents in the ionosphere. AJ **64** 56. — Ref. AAS.

7561. **W. W. Witkewitsch,** On the degree of homogeneity of a quiet ionosphere. AJ UdSSR **36** 623—625 (russ. mit engl. Ref.). — Aus interferometrischen Beobachtungen von Radiosternen schließt Verf. auf Inhomogenitäten der Elektronendichte in der Ionosphäre mit einem Durchmesser von 3—5 km. Die Inhomogenitäten sollten weniger als 1 % der gesamten ionosphärischen Elektronen enthalten. Oster

7562. **R. W. Wright, N. J. Skinner,** Lunar tides in the sporadic E-layer at Ibadan. J. Atmosph. Terr. Phys. **13** 217—221.

§ 76

Magnetfeld, Polarlichter, Strahlungsgürtel

Magnetfeld

7601. **M. G. Anzilewitsch,** Über die physikalische Natur der gestörten sonnentäglichen Variationen des geomagnetischen Feldes. Nachr. Akad. Wiss. Usbek. SSR (Math.) 1958 Nr. 5 S. 93—100 (russ. mit usbek. Ref.). — Ref. in RJ UdSSR 1959 Nr. 11 S. 61—62.

7602. **O. M. Barsukow,** Die geomagnetische Wirksamkeit chromosphärischer Eruptionen aus Beobachtungsunterlagen des Jahres 1957. Nachr. Akad. Wiss. UdSSR (Geophys.) 1959 Nr. 11 S. 1690—1693 (russ.). — Ref. in RJ UdSSR 1960 Nr. 9 S. 61—62.

* * **W. H. Bennett,** Solar proton stream forms with a laboratory model. Vgl. Ref. **1604.**

* * **B. N. Bhargava, U. V. Gopala Rao,** Ionospheric disturbances associated with magnetic storms at Kodaikanal. Vgl. Ref. **7505.**

* * **S. Chapman,** Alexander von Humboldt et l'étude du géomagnétisme. Vgl. Ref. **305.**

7603. **K. D. Cole,** Low-energy corpuscular radiation at high latitudes. Nature **183** 738. — Ref. in Phys. Abstr. (A) **62** 735.

7604. **J. Coulomb,** Pulsations of the earth's magnetic field and earth currents. Ann. Geofis. **12** 461—487 (französ.). — Ref. in Phys. Abstr. (A) **63** 1025—1026.

7605. **A. K. Das,** Magnetic observations for the second half of 1956. Kodaikanal Obs. Bull. Nr. 148 S. 8—45.

7606. **A. K. Das,** Magnetic observations for the first half of 1957. Kodaikanal Obs. Bull. Nr. 150 S. 8—46.

7607. **S. S. Dolginow, N. W. Puschkow,** Some results obtained by measuring the magnetic field of the earth with a space rocket. DAN **129** 77—80 (russ.).

* * **W. G. Dubrowskij, M. Schirmamedow,** Der Einfluß der Sonneneruption vom 23. März 1958 auf den Zustand der Ionosphäre und des geomagnetischen Feldes nach Beobachtungen in Aschchabad. Vgl. Ref. **7514.**

7608. **W. G. Dubrowskij,** Über den Zusammenhang zwischen der geomagnetischen Aktivität und der Störbarkeit der F_2-Schicht. Nachr. Akad. Wiss. Turkmen. SSR 1959 Nr. 2 S. 3—12 (russ.). — Ref. in RJ UdSSR 1960 Nr. 5 S. 50.

7609. **A. S. Dworjaschin,** Short-period pulsations of the earth's magnetic field. Mitt. Astrophys. Obs. Krim **21** 198—208 (russ. mit engl. Ref.).

7610. **A. S. Dworjaschin,** On the statistics of geomagnetic disturbances and solar active regions. AJ UdSSR **36** 620—622 (russ. mit engl. Ref.). — Die geomagnetischen Störungen der Jahre 1942—44 wurden nach der Methode der überlagerten Stichtage in ihrer Korrelation zur Sonnenaktivität (Zentraldurchgänge von Flocculi oder hellen «grünen» Koronagebieten) untersucht. Die statistischen Kurven zeigen zwei Maxima und dazwischen, 2—3 Tage nach dem Zentraldurchgang, ein Minimum. Sowohl die Verspätung der Störungen als ihre Dauer wachsen mit der Phase im Sonnenaktivitätszyklus an. Petri

7611. **T. Gold,** Motions in the magnetosphere of the earth. J. Geophys. Res. **64** 1219—1224 = Harv Repr Nr. 521.

* * **R. T. Hansen,** Recurrent geomagnetic storms and solar prominences. Vgl. Ref. **6626**.

7612. **J. A. Jacobs,** Magnetic storms. J RAS Canada **53** 85—90.

7613. **Y. Kato, T. Tamao, T. Saito,** Geomagnetic pulsation accompanying with the intense solar flare. J. Geomagn. Geoelect. **10** 203—207. — Ref. in Phys. Abstr. (A) **63** 201.

* * **K. I. Maeda, T. Sato,** The F region during magnetic storms. Vgl. Ref. **7537**.

* * **D. J. McLean,** Solar radio emission of spectral type IV and its association with geomagnetic storms. Vgl. Ref. **6843**.

7614. **O. N. Mitropolskaja,** Some results of statistical treatment of geomagnetic disturbances on the declining branch of solar activity. AJ UdSSR **36** 224—232 (russ. mit engl. Ref.). — An Hand von Beobachtungsmaterial aus den Jahren 1929—1933, 1942—1944 und 1951—1953 wird der Zusammenhang zwischen Fackelfeldern auf der Sonne und M-Störungen des Erdmagnetfelds untersucht und eine statistische Korrelation abgeleitet, welche für Prognosezwecke geeignet ist. Es zeigt sich weiterhin, daß die M-Störungen in den meisten Fällen auf Fackelfelder zurückgeführt werden können, die zur Zeit ihres Zentralmeridiandurchgangs nahe dem Mittelpunkt der Sonnenscheibe stehen. Oster

7615. **O. N. Mitropolskaja,** The connection between the geomagnetic disturbances in 1950 and calcium plages. AJ UdSSR **36** 616—619 (russ. mit engl. Ref.). — Für die Jahre 1950 (Rot. 1291—1301) wurde die Korrelation zwischen dem Durchgang von Calcium-Flocculi durch die Scheibenmitte und den geomagnetischen Störungen untersucht und graphisch dargestellt. Die mittlere Verspätung der Störungen betrug 3.5 Tage und nahm für die Jahre 1951—53 (auf Grund einer Analyse nach der Methode der überlagerten Stichtage) um 2 Tage zu. Als wahre Ursache der Störungen werden nicht Flocculi, sondern langlebige örtliche Magnetfelder (F-Gebiete) auf der Sonne angesehen. Petri

7616. **E. R. Mustel, O. N. Mitropolskaja,** On certain statistical effects in the problem of the origin of geomagnetic disturbances. Obs **79** 15—18.

7617. **A. P. Nikolskij,** Solar protons as responsible for morning and night magnetic perturbations in high latitudes. DAN **127** 82—85 (russ.). — Verf. revidiert seine früheren Theorien über die Ursachen der magnetischen Störungen. Nach neuen Erkenntnissen werden die Störungen nur durch Protonen verursacht. Perek

7618. **A. A. Onhauser, M. H. Onhauser,** Three-hour range indices of magnetic elements, Agincourt and Meanook, 1956—57—58. Publ. Dominion Obs. Ottawa **21** 177—221.

7619. **C. A. Onwumechilli, N. S. Alexander,** Variations in the geomagnetic field at Ibadan, Nigeria — I. Solar variations. J. Atmosph. Terr. Phys. **16** 106—114.

7620. **C. A. Onwumechilli, N. S. Alexander,** Variations in the geomagnetic field at Ibadan, Nigeria — II. Lunar and luni-solar variations in *H* and *Z*. J. Atmosph. Terr. Phys. **16** 115—123.

7621. **J. H. Piddington,** The transmission of geomagnetic disturbances through the atmosphere and interplanetary space. Geophys. J. RAS **2** 173—189 = Division Radiophys. C.S.I.R.O. Chippendale. — Theorie der Ausbreitung elektromagnetischer Schwingungen in einem teilweise ionisierten Gas (Plasma) mit spezieller Berücksichtigung der Erdatmosphäre und des angrenzenden interplanetaren Raums. Die Maxwellschen Gleichungen und die hydrodynamischen Bewegungsgleichungen werden unter Vernachlässigung des Verschiebungsstroms, der thermischen Viskosität und des mechanischen Druckgradienten benutzt und unter Voraussetzung der Kleinheit der Abweichungen vom Normalzustand linearisiert. Es ergeben sich unter diesen Voraussetzungen erste Näherungen über das elektrische Verhalten des betrachteten Mediums in verschiedenen Höhen über der Erdoberfläche. FS

7622. **W. E. Ross,** Record of observations at the Agincourt Magnetic Observatory 1950—1951. Publ. Dominion Obs. Ottawa **23** 1—119.

7623. **W. E. Ross,** Record of observations at the Agincourt Magnetic Observatory, 1952—1953—1954. Publ. Dominion Obs. Ottawa **23** 123—285.

7624. **P. Rothwell,** Magnetic cutoff rigidities of charged particles in the earth's field at times of magnetic storms. J. Geophys. Res. **64** 2026—2028.

* * **K. Sinno,** Characteristics of solar outbursts to excite geomagnetic storms. Vgl. Ref. **6851.**

7625. **C. P. Sonett,** Magnetic compression in the geomagnetic field as measured by Pioneer 1. Publ ASP **71** 390—392. — Ref. ASP.

7626. **B. Trumpy,** Magnetic and cosmic ray storms. Univ. Bergen Arbok Nr. 2, 29 S. — Ref. in Phys. Abstr. (A) **62** 551.

7627. **E. H. Vestine,** Magnetic storms. Science **130** 897—901.

* * **C. Warwick,** Green coronal line intensity and geomagnetism. Vgl. Ref. **6725.**

7628. **C. S. Warwick, R. T. Hansen,** Geomagnetic activity following large solar flares. J. Atmosph. Terr. Phys. **14** 287—295.

7629. **J. W. Warwick,** Some remarks on the interaction of solar plasma and the geomagnetic field. J. Geophys. Res. **64** 389—396.

7630. **J. R. Winckler, L. Peterson, R. Hoffman, R. Arnoldy,** Auroral X-rays, cosmic rays, and related phenomena during the storm of February 10—11, 1958. J. Geophys. Res. **64** 597—610.

7631. Location of the north magnetic dip pole. Sky Tel. **18** 447.

Polarlichter

7632. **B. A. Bagarjazkij, J. I. Galperin,** On hydrogen line profiles in the spectra of aurorae. AJ UdSSR **36** 192—193 (russ. mit engl. Ref.).

7633. **B. A. Bagarjazkij,** Über die Doppler-Konturen und die Kurven der Helligkeitsverteilung für Wasserstoff und die Polarlichter. Nachr. Akad. Wiss. UdSSR (Geophys.) 1959 S. 858—864 (russ.). — Ref. in RJ UdSSR 1960 Nr. 5 S. 56.

7634. **D. Barbier,** L'observation des aurores polaires et de la lumière du ciel nocturne pendant l'Année Géophysique Internationale. La Nature **87** 439—443.

7635. **A. E. Belon, K. C. Clark,** Spectroscopic observations of the great aurora of 10 February 1958. II. Unusual atomic features. J. Atmosph. Terr. Phys. **16** 220—227.

7636. **R. C. Bless, C. W. Gartlein, D. S. Kimball, G. Sprague,** Auroras, magnetic bays, and protons. J. Geophys. Res. **64** 949—953.

7637. **C. M. Botley,** Aurorae seen in daylight. JBAA **69** 222—226. — Ref. in Sky Tel. **19** 18. — 1744—1958.

7638. **J. W. Chamberlain,** On the polarization of the oxygen red line in aurorae. Planet. Space Sci. **2** 73—75.

7639. **S. Chapman,** The aurora in middle and low latitudes. Ann. International Geophys. Year **4** 25—40, 1957.

7640. **S. Chapman, C. W. Gartlein, D. S. Kimball, J. Paton, O. Schneider, I. L. Thomsen,** Visual auroral observation. Ann. International Geophys. Year **4** 41—103, 1957.

7641. **H. J. A. Chivers, J. S. Greenhow,** Auroral ionization and the absorption and scintillation of radio stars. J. Atmosph. Terr. Phys. **17** 1—12 = Astr. Contr. Univ. Manchester (2) Jodrell Bank Repr. Nr. 184.

7642. **K. C. Clark, A. E. Belon,** Spectroscopic observations of the great aurora of 10 February 1958. I. Abnormal vibration of N_2^+. J. Atmosph. Terr. Phys. **16** 205—219.

7643. **C. Collins, P. A. Forsyth,** A bistatic radio investigation of auroral ionization. J. Atmosph. Terr. Phys. **13** 315—345.

7644. **R. L. Dowden,** Low-frequency (100 kc./s.) radio noise from the aurora. Nature **184** 803.

7645. **R. B. Dyce,** Some radio reflection and transmission properties of the aurora. Publ ASP **71** 510—516.

7646. **A. Egeland,** An investigation of the microstructure of the perturbations in the geomagnetic field in the auroral zone. Inst. Theoret. Astrophys. Blindern-Oslo Rep. Nr. 6, 19 S.

7647. **S. Evans,** Horizontal movements of visual auroral features. J. Atmosph. Terr. Phys. **16** 191—193.

7648. **S. Evans, G. M. Thomas,** The southern auroral zone in geogmagnetic longitude sector 20° E. J. Geophys. Res. **64** 1381—1388.

7649. **J. I. Feldstein,** Die Verteilung der Polarlichter im polnahen Gebiet. Nachr. Akad. Wiss. UdSSR (Geophys.) 1959 Nr. 1 S. 170—171 (russ.). — Ref. in RJ UdSSR 1959 Nr. 9 S. 57.

7650. **I. G. Frishman,** Distribution of energy in the spectra of aurora borealis in the region 3900—8700 Å. Optika Spektrosk. **6** 323—328 (russ.). —Ref. in Phys. Abstr. (A) **62** 1229.

7651. **R. H. Gajnullina,** Spektralphotometrie des roten Teils des Spektrums des in niederen Breiten sichtbaren Polarlichts vom 29.—30. September 1957. Mitt. Astrophys. Inst. Alma-Ata **8** 79—81 (russ. mit engl. Ref.).

7652. **G. I. Galperin,** Hydrogen emission and two types of auroral spectra. Planet. Space Sci. **1** 57—62.

7653. **C. W. Gartlein,** Auroral photography. Ann. International Geophys. Year **4** 104—109, 1957.

* * **I. L. Genkin, K. Nepessow,** Das Leuchten des Nachthimmels und der Polarlichter während des Internationalen Geophysikalischen Jahres in Aschchabad. Vgl. Ref. **7428.**

7654. **D. P. Hale,** Characteristics of the visual aurorae at Byrd Station, Antarctica, during 1957. J. Atmosph. Terr. Phys. **17** 65—70.

* * **I. Halliday,** Auroral green line and collision effects in meteor wakes. Vgl. Ref. **9333.**

7655. **A. W. Harrison, A. V. Jones,** Observations of Meinel N_2^+ bands near 1.5 μ in the auroral spectrum. J. Atmosph. Terr. Phys. **13** 291—294.

7656. **T. Hatherton, G. G. Midwinter,** Diurnal variation of aurora and geomagnetic disturbance at New Zealand Antarctic Stations. Nature **184** 889—890.

7657. **D. M. Hunten, H. J. Koenig, A. V. Jones,** Rotational structure of the 3914 Å N_2^+ band in sunlit aurorae. Nature **183** 453—454.

7658. **S. W. Karjagina,** Das in niederen Breiten sichtbare Polarlicht vom 29.—30. September 1957. Mitt. Astrophys. Inst. Alma-Ata **8** 68—78 (russ. mit engl. Ref.).

7659. **Y. Kato, T. Watanabe,** Particles of aurorae and geomagnetic pulsations. J. Geomagn. Geoelect. **10** 185—194. — Ref. in Phys. Abstr. (A) **63** 201.

7660. **G. Kvifte,** Auroral and nightglow observations at Ås, Norway. J. Atmosph. Terr. Phys. **16** 252—258.

7661. **K. Lassen,** Existence of an inner auroral zone. Nature **184** 1375—1377.

7662. **J. M. Malville,** Type-*B* aurora in the Antarctic. J. Atmosph. Terr. Phys. **16** 59—66.

7663. **E. R. Manring, H. B. Pettit,** Photometric observations of the 5577 Å and 6300 Å emissions made during the aurora of February 10—11, 1958. J. Geophys. Res. **64** 149—153.

7664. **B. McInnes,** Visual auroral observation: recent results and future plans. Irish AJ **5** 195—203.

7665. **R. Montalbetti,** Photoelectric measurements of hydrogen emissions in aurorae and airglow. J. Atmosph. Terr. Phys. **14** 200—212.

7666. **T. M. Muljartschik,** Interferometrische Messungen der Breite der Linie λ 5577 Å [OI] in Polarlichtern. Nachr. Akad. Wiss. UdSSR (Geophys.) 1959 Nr. 12 S. 1902—1903 (russ.). — Ref. in RJ UdSSR 1960 Nr. 8 S. 76.

7667. **W. B. Murcray,** Some properties of the luminous aurora as measured by a photoelectric photometer. J. Geophys. Res. **64** 955—959.

7668. **B. Nichols,** Auroral ionization and magnetic disturbances. Proc IRE **47** 245—254.

7669. **A. Omholt,** Studies on the excitation of aurora borealis. I. The hydrogen lines. Geofys. Publ. **20** Nr. 11 S. 1—40 = Inst. Theoret. Astrophys. Blindern-Oslo Repr. Nr. 24.

7670. **A. Omholt,** Studies on the excitation of aurora borealis. II. The forbidden oxygen lines. Geofys. Publ. **21** Nr. 1 S. 1—38 = Inst. Theoret. Astrophys. Blindern-Oslo Repr. Nr. 25.

7671. **E. N. Parker,** Auroral phenomena. Proc IRE **47** 239—244.

7672. **J. Paton, B. McInnes, K. A. Robertson,** Auroral activity during 1958. Obs **79** 194—195.

7673. **M. H. Rees,** Absolute photometry of the aurora — I. The ionized molecular nitrogen emission and the oxygen green line in the dark atmosphere. J. Atmosph. Terr. Phys. **14** 325—337.

7674. **M. H. Rees,** Absolute photometry of the aurora — II. Molecular nitrogen emission in the sunlit atmosphere. J. Atmosph. Terr. Phys. **14** 338—344.

7675. **M. H. Rees, G. C. Reid,** The aurora, the radiation belt and the solar wind: a unifying hypothesis. Nature **184** 539—540. — Der Ort der maximalen Wasserstoffemissionslinienintensität verschiebt sich während der ersten Phase eines typischen Nordlichtes von Norden nach Süden und gegen Morgen umgekehrt von Süden nach Norden. Es wird wahrscheinlich gemacht, daß dieser Effekt auf einer Störung des Erdfeldes durch sich von der Sonne nähernde ionisierte Korpuskelwolken beruht. Thi.

* * **F. E. Roach, J. W. McCaulley, E. Marovich,** Origin of [OI] 5577 in the airglow and the aurora. Vgl. Ref. **7445**.

7676. **F. E. Roach, J. W. McCaulley, C. M. Purdy,** Comparison of absolute intensities of [OI] 5577 in the auroral and subauroral zones. J. Res. National Bureau Standards **63 D** 19—20. — Ref. in Phys. Abstr. (A) **62** 1228.

7677. **F. E. Roach, E. Marovich,** A monochromatic low-latitude aurora. J. Res. National Bureau Standards **63 D** 297—301. — Ref. in Phys. Abstr. (A) **63** 340.

* * **B. P. Sandford,** Studies of the upper atmosphere from Invercargill New Zealand. IV. Correlation of the intensity of the forbidden oxygen lines in the airglow and aurora with magnetic activity. Vgl. Ref. **7447**.

7678. **B. P. Sandford, P. Heiser,** Colour photography of the aurora. Nature **184** 540.

7679. **J. E. Shaw,** Outline of a theory of magnetic separation of auroral particles and the origin of the S_D field. Planet. Space Sci. **2** 49—55.

7680. **H. Siedentopf,** Polarlicht und Nachthimmelsleuchten. Naturwissenschaften **46** 309—314 = Mitt. Astr. Inst. Univ. Tübingen Nr. 47. — Vortrag, gehalten auf der 100. Versammlung der Gesellschaft Deutscher Naturforscher und Ärzte am 30. Sept. 1958 in Wiesbaden.

7681. **J. M. Stagg, B. Hultqvist,** Auroral frequency lines. Nature **184** 262—263.

7682. **L. Vegard, S. Berger, A. Nundal,** Results of auroral observations at Tromsø and Oslo for the four winters 1953—54 to 1956—57. Geofys. Publ. **20** Nr. 9, 36 S., 1958. — Ref. in Phys. Abstr. (A) **63** 78.

7683. **E. H. Vestine, W. L. Sibley,** Remarks on auroral isochasms. J. Geophys. Res. **64** 1338—1339.

7684. **K. Vujičić-Gamser,** O polarnoj svetlosti. Vasiona **6** 78—81, 1958.

7685. **L. Wallace,** An analysis of a spectrogram of the aurora of 11 February 1958, in the wavelength range 3710—4420 Å. J. Atmosph. Terr. Phys. **17** 46—56.

7686. **L. Wallace, J. W. Chamberlain,** Excitation of O_2 atmospheric bands in the aurora. Planet. Space Sci. **2** 60—70.

7687. **G. Weill,** Aurores polaires et phénomènes crépusculaires observés en radiation 3914 Å dans l'Antarctique. CR **249** 2092—2094.

7688. Spektroskopische, elektrophotometrische und radarische Untersuchungen von Polarlichtern und des Nachthimmelleuchtens. Sammlung von Aufsätzen. Moskau, Verlag Akad. Wiss. UdSSR, 1959. 48 S. (russ.).

7689. Aurora observations in Antarctica. Sky Tel. **18** 138—139.

7690. North-south aurora correlation. Sky Tel. **18** 672.

7691. **Beobachtungen von Polarlichtern**

AC Nr. 200 S. 27 (russ.). Polarlichter.

AC Nr. 201 S. 23 (russ.). Polarlicht in Kasan. M. Lawrow. — 1959 Febr. 25.

AC Nr. 201 S. 23—24 (russ.). Polarlicht in Nowgorod. S. Drosdow. — 1959 Febr. 25.

AC Nr. 202 S. 22 (russ.). Polarlichter. J. Prjachin, W. K. Drofa, W. Strajshis, A. A. Rubaschewskij. — 1958 Sept. 5, 1959 März 19, April 15, 23.

AC Nr. 203 S. 19 (russ.). Polarlicht. W. Strajshis. — 1959 Mai 24.

AC Nr. 204 S. 20. Aurora borealis. K. Slanawitschus. — 1959 Juli 15—16, 17—18.

AC Nr. 205 S. 29 (russ.). Aurorae. W. Strajshis, I. Astapowitsch. — 1959 Sept. 3—4.

Ann. Geofis. **12** 215—225 = Pubbl. Oss. Astr. Univ. Bologna **7** Nr. 7. Aurore boreali osservate dalla stazione astronomica di Loiano negli anni 1957—1958. P. Maffei.

Australian J. Phys. **12** 197—198. Photometric observations of subvisual red auroral arcs at middle latitudes. R. A. Duncan.

BAA Circ 407. The aurora of February 28—March 1.

BSAF **73** 20. Aurores boréales 1958.

BSAF **73** 40—42. La magnifique aurore boréale du 4 septembre 1958.

BSAF **73** 54. La magnifique aurore boréale du 4 septembre 1958. Y. Delaporte

BSAF **73** 134—135. L'aurore boréale du 20—21 juin 1958. S. Lipinski.

BSAF **73** 181—182. Aurores boréales 1959.

BSAF **73** 204. L'aurore boréale du 4 septembre 1958.

BSAF **73** 257. Aurore boréale du 28 mars 1959.

BSAF **73** 328—329. L'aurore boréale du 15—16 juillet 1959. P. Chamaraux.

Bull. Obs. Astr. Beograd **22** Nr. 1—2 S. 9—10. Beobachtung der Aurora Borealis am 21. Januar 1957. V. Glumac.

DO-CIA Nr. 51. Aurore polaire du 28 mars.

Hemel en Dampkring **57** 178—180. De poollichten van 28/29 maart en 23/24 april 1959. T. W. Polet.

J. Astr. Soc. Victoria **12** 31, 101. Aurora notes.

J. Atmosph. Terr. Phys. **14** 111—122. On the aurora of 19 August 1950, photographed from Greece. W. N. Abbott, S. Chapman.

JBAA **69** 167—176. The auroral display of 1958 September 4—5. B. McInnes, K. A. Robertson.

J. Geophys. Res. **64** 1328—1330. Note on auroral motion. W. A. Feibelman.

J. Geophys. Res. **64** 1331—1332. Aurora of May 4—5, 1959. W. A. Feibelman.

J. Geophys. Res. **64** 1389—1393. Antarctic auroral observations, Ellsworth Station, 1957. J. M. Malville.

La Nature 87 102. Les aurores boréales exceptionnelles de 1957.

Météorologie 1959 Nr. 53 S. 1—8 = Contr. Inst. d'Astrophys. Paris (B) Nr. 190. Participation française à l'observation des aurores de latitudes faibles. D. Barbier.

Mitt. Archenhold-Sternw. Berlin-Treptow Nr. 52 S. 14. Nordlichtbeobachtungen 1957/1958.

Mitt. Krim. Abt. Geograph. Ges. UdSSR 1958 Nr. 5 S. 273—274 (russ.). Polarlichter auf der Krim. D. A. Burzew. — Ref. in RJ UdSSR 1960 Nr. 2 S. 59.

Obs 79 68. Aurorae in Mexico.

Priroda 48 Nr. 2 S. 87—89 (russ.). Fälle seltener Polarlichter. — 1958 Juli 8—9, Sept. 4—5.

Priroda 48 Nr. 12 S. 112—113 (russ.). Visuelle Beobachtung eines kronenförmigen Polarlichts. R. W. Abramow. — Leningrad, 1959 Febr. 25.

Sky Tel. 19 14—15. The great aurora of early September.

Sky Tel. 19 81. Auroral wall of light.

Sterne 35 85—86. Nordlicht in der Nacht vom 31. Mai zum 1. Juni 1958. G. Jackisch.

Sterne 35 86—87. Das Nordlicht vom 4. September 1958. W. Malsch.

Sterne 35 123. Polarlichtbeobachtung vom 11. 2. 1958. D. Ruhnow.

Sterne 35 205. Starke Himmelsaktivität zwischen 1959 September 2 und 4. N. Richter.

Urania Kraków 30 429—430. Jasna zorza polarna. L. Wohlfeil. — Beobachtungen des Polarlichts vom 3.—4. 9. 1959 in Gdańsk — Oliwa. E. R.

VdS Nachr. 8 37. Nordlichtbeobachtungen am 27. und 28. März 1959.

VdS Nachr. 8 66. Nordlicht-Tage im Jahre 1958. W. Sandner.

VdS Nachr. 8 89. Nordlicht vom 5. September 1959. U. Langenbeck.

VdS Nachr. 8 98. Zum Nordlicht vom 4. September 1959. H. Wende.

Strahlungsgürtel

7692. **J. A. van Allen, C. E. McIlwain, G. H. Ludwig,** Radiation observations with satellite 1958 ε. J. Geophys. Res. **64** 271—286. — Die mit den künstlichen Erdsatelliten 1958 α und γ gemachte Entdeckung des Strahlungsgürtels wurde mit einer verbesserten Apparatur bestätigt und weitergeführt. Es scheint, als ob zahlreiche bedeutende geophysikalische Erscheinungen mit dem Reservoir von Ladungsträgern im Strahlungsgürtel in Beziehung stehen. Loh.

7693. **J. A. van Allen, L. A. Frank,** Radiation around the earth to a radial distance of 107,400 km. Nature **183** 430—434. — Es wird über die Ausrüstung mit Meßgeräten, den Flug und die Ergebnisse des Pioneer III berichtet. Die Zählgeschwindigkeit der eingebauten Geiger-Müller-Zählrohre besitzt als Funktion des Abstandes von der Erde zwei Maxima bei etwa 2.5 und 3.5 Erdradien Abstand vom Erdzentrum, die zwei Strahlungszonen entsprechen. In größerem Abstand von der Erde nähert sich die Zählgeschwindigkeit einem bestimmten Grenzwert, der der Dichte des interplanetarischen Raumes entspricht. Thi.

7694. **J. A. van Allen, L. A. Frank,** Radiation measurements to 658,300 km with Pioneer IV. Nature **184** 219—224. — Die von Pioneer IV (Start 3. 3. 59) durchgeführten Strahlungsmessungen ergaben für die äußere van Allen-Zone viel höhere Intensitäten als die Pioneer III-Messungen am 6. 12. 58. Da dem 3. 3. 59 mehrere Tage mit starken Nordlichtern und magnetischen Störungen vorausgingen, was beim 6. 12. 58 nicht der Fall war, spricht dies dafür, daß zumindest die äußere van Allen-Zone durch solare Korpuskelstrahlung stark beeinflußt wird. Thi.

7695. **J. A. van Allen,** Radiation belts around the earth. Sci. American **200** Nr. 3 S. 39—47. — Ref. in Phys. Abstr. (A) **63** 1206.

7696. **N. Cimahoviča,** Bīstamu staru gredzens ap Zemi. Zvaigžņotā Debess 1959. gada vasara S. 28—29. — Kurze Mitteilung über den Strahlungsgürtel.

7697. **J. A. Crawford,** Fermi acceleration of electrons in the outer van Allen belt. Phys. Rev. Letters **3** 316—318 = Berkeley Repr. Nr. 158. — Es wird gezeigt, daß die intensive Strahlung im äußeren van Allen-Strahlungsgürtel der Erde durch eine lokale Fermi-Beschleunigung der Elektronen in von der Sonne ausgestoßenen und magnetische Stürme erzeugenden Materiewolken in Gegenwart des geomagnetischen Feldes erzeugt werden kann. Thi.

7698. **A. J. Dessler,** Effect of magnetic anomaly on particle radiation trapped in geomagnetic field. J. Geophys. Res. **64** 713—715.

7699. **R. B. Dyce, M. P. Nakada,** On the possibility of detecting synchrotron radiation from electrons in the van Allen belts. J. Geophys. Res. **64** 1163—1168.

76100. **S. C. Freden, R. S. White,** Protons in the earth's magnetic field. Phys. Rev. Letters **3** 9—11. — Ref. in Phys. Abstr. (A) **62** 1227.

76101. **T. Gold,** Origin of the radiation near the earth discovered by means of satellites. Nature **183** 355—358 = Harv Repr Nr. 511. — Kurze Zusammenstellung der bisherigen Beobachtungen des Strahlungsgürtels um die Erde. Die möglichen Bewegungen der Teilchen im Erdmagnetfeld werden diskutiert (Gyration im Feld, Nord-Süd-Oszillation längs der Kraftlinien, Drift in Länge, Drift und Diffusion in Höhe). Als Ursprung dieser Strahlung werden Partikelstrahlungen von solaren Störungen angenommen, die in Verbindung mit magnetischen Stürmen die Erde erreichen. Voigt

76102. **A. J. Herz, K. W. Ogilvie, J. Olley, R. B. White,** Radiation observations with satellite 1958 δ over Australia. Nature **184** 391—395. — Die in Sydney zwischen dem 19. Juli und 4. Aug. 1958 von Sputnik 3 (1958 δ 2) empfangenen Messungen der Strahlungsintensität in 1800 km Höhe lassen neben einem Minimum in $\varphi \approx 35°$ S recht beträchtliche zeitliche Schwankungen erkennen. Die technischen Einzelheiten werden ausführlich beschrieben. Loh.

76103. **W. N. Hess,** Van Allen belt protons from cosmic-ray neutron leakage. Phys. Rev. Letters **3** 11—13. — Ref. in Phys. Abstr. (A) **62** 1227.

76104. **R. Jastrow,** Scientists at Space Agency Seminar compare views on composition and origin of van Allen radiation layer. Science **129** 1012—1013.

76105. **P. J. Kellogg,** Van Allen radiation of solar origin. Nature **183** 1295—1297. — Zur Deutung der beiden beobachteten van Allen-Zonen wird angenommen, daß von der Sonne kommende Gasströmungen in etwa 5—7 Erdradien Abstand durch das irdische Magnetfeld gestoppt werden. Von hier aus bewegen sich die Partikel durch Diffusion nach außen und nach innen. Die nach innen laufenden werden durch variable elektrische und magnetische Felder beschleunigt. Wenn nun ursprünglich ein Energiespektrum mit überwiegend niedrigen Energien vorliegt, werden wegen der Ansprechempfindlichkeitsgrenze der Zählrohre zwei Zonen hoher Zählgeschwindigkeit beobachtet, obwohl tatsächlich die Partikeldichte monoton mit dem Abstand von der Erdoberfläche variiert. Thi.

76106. **P. J. Kellogg,** Possible explanation of the radiation observed by van Allen at high altitudes in satellites. Nuovo Cimento (10) **11** 48—66. — Verf. untersucht den schon von anderen Autoren geäußerten Vorschlag, die von van Allen in großen Höhen beobachtete Strahlung Elektronen und Protonen zuzuschreiben, die durch Neutronen in der Erdatmosphäre unter der Einwirkung kosmischer Strahlung erzeugt und im Magnetfeld angehäuft werden. Die zu erwartenden Dichten werden unter Berücksichtigung von Streuverlusten abgeschätzt. Für die Elektronendichte wird in der Nähe der Erde als obere Grenze der Wert 10^{-2} Elektronen/cm^3 erhalten. In großen Abständen r_0 ergeben sich für Elektronen- und Protonendichte die Werte 0.05 $(R_E/r_0)^3$ Elektronen/cm^3 bzw. 0.03 $(R_E/r_0)^2$ cm^{-3}. Henn

* * **M. A. Korez,** Einige Ergebnisse über die Erforschung der hohen Schichten der Atmosphäre und des kosmischen Raums. Vgl. Ref. **7225**.

76107. **W. I. Krassowskij, I. S. Schklowskij, J. I. Galperin, E. M. Swetlizkij,** Discos very of about 10-keV electrons in the upper atmosphere by mean- of the third Soviet earth satellite. DAN **127** 78—81 (russ.). — Eine Apparatur zur Beobachtung von Elektronen mit Energien von rund 10 keV, die beim dritten Sputnik benützt wurde, wird beschrieben. Die Elektronen wurden in einer Höhe von 470 bis 1880 km über dem Meeresspiegel registriert. Der Intensitätsverlauf zeigt ein Minimum über dem magnetischen Äquator in einer Höhe von 1300 km. Die Anzahl von Elektronen, die in niedrigere Schichten der Atmosphäre durchdringen, kann nicht durch kosmische Strahlung allein gedeutet werden. Perek

76108. **S. B. Pickelner,** Über die Entstehung des äußeren Strahlungsgürtels der Erde. AJ UdSSR **36** 1134 (russ.). — Kurze Bemerkung, in der die Wechselwirkung des erdmagnetischen Feldes mit einströmenden raschen Elektronen sowie die Herkunft deren Energie diskutiert wird. Oster

76109. **A. Rosen, C. P. Sonett, P. J. Coleman jr., C. E. McIlwain,** Ionizing radiation at altitudes of 3,500 to 36,000 kilometers. Pioneer I. J. Geophys. Res. **64** 709—712. — Mit einer Ionisationskammer in Pionier 1 wurden in Höhen von 3500 bis 36000 km Messungen der ionisierenden Komponente der kosmischen Strahlung angestellt. Die ersten van Allenschen Ergebnisse werden bestätigt. In 4000 bis 24000 km Höhe beträgt die Bestrahlungsdosis mindestens 2 Röntgen/Stunde. Loh.

76110. **I. S. Schklowskij, W. I. Krassowskij, J. I. Galperin,** Über die Natur der Korpuskularstrahlung in der Hochatmosphäre. Nachr. Akad. Wiss. UdSSR (Geophys.) 1959 Nr. 12 S. 1799—1806 (russ.). — Ref. in RJ UdSSR 1960 Nr. 7 S. 45.

76111. **S. F. Singer,** Artificial modification of the earth's radiation belt. J. Astronaut. Sci. **6** 1—10. — Der vorliegende Bericht wurde bei der 5. Jahresversammlung der Amerikanischen Austronautischen Gesellschaft (1958) vorgetragen. Nach einleitenden historischen Bemerkungen zum Bewegungsproblem von Ladungsträgern im erdmagnetischen Feld behandelt Verf. den Einfang solarer und kosmischer elektrischer Partikel und ihre Lebenszeit in Einfangbahnen. Der mit Hilfe von Sputniks entdeckte Strahlungsgürtel der Erde bekräftigt diese Überlegungen. Wünschenswert wäre es nur, das Verhalten, insbesondere Bewegung und Diffusion, in das Erdmagnetfeld eingeschossener Elektronen hoher Geschwindigkeit zu untersuchen, was von Sputniks aus geschehen könnte. Hierzu macht Verf. instrumentelle Vorschläge. Loh.

76112. **C. W. Snyder,** The upper boundary of the van Allen radiation belts. Nature **184** 439—440. — Es wird gezeigt, daß der durch die Flüge von Pionier III und IV gefundene Unterschied der Strahlungsintensität im interplanetarischen Raum außerhalb des van Allen-Strahlungsgürtels nicht reell ist — er verschwindet bei richtiger Interpretation der Ergebnisse von Pioneer III. Thi.

76113. **G. W. Stuart,** Satellite-measured radiation. Phys. Rev. Letters **2** 417—418. — Ref. in Phys. Abstr. (A) **62** 1227.

76114. **A. E. Tschudakow, E. W. Gortschakow,** Die terrestrische Korpuskularstrahlung. Priroda **48** Nr. 8 S. 86—89 (russ.). — Die Eigenschaften der bei den Flügen von sowjetischen und amerikanischen Satelliten und Raketen entdeckten zwei Zonen erhöhter Strahlung werden dargelegt. Perek

76115. **E. C. Whipple jr.,** The ion-trap results in «exploration of the upper atmosphere with the help of the third Soviet sputnik». Proc IRE **47** 2023—2024.

* * **T. Yonezawa,** Physics of the ultra-upper atmosphere, especially on the influence of the solar radiation and particle stream on the earth. Vgl. Ref. **7248**.

§ 77

Leuchtende Nachtwolken

* * **I. S. Astapowitsch,** Der Fall des meteorischen Leuchtens des Nachthimmels. Vgl. Ref. 9305.

7701. **E. J. Bugoslawskaja,** Über die Bestimmung der Bewegungen leuchtender Nachtwolken. Bull. Astr.-Geod. Ges. UdSSR Nr. 24 S. 24—27 (russ.).

7702. **C. Hoffmeister,** Beobachtungen der Nachthelligkeit in Sonneberg. Sterne **35** 86. — 1958 Dez. 10/12.

7703. **L. Meier,** Bearbeitung einer Erscheinung von leuchtenden Nachtwolken am 12. Juli 1953. Vgl. AJB **55** Ref. **72130** = Mitt. Sternw. Sonneberg Nr. 47.

7704. **N. Richter,** Beobachtung von abnorm erhelltem Himmel in der zentralen Sahara. Sterne **35** 86. — 1958 Dez. 10/11.

7705. **W. W. Scharonow,** Die Untersuchung leuchtender Nachtwolken im Jahre 1958. Bote Univ. Leningrad 1959 Nr. 13 S. 145—147 (russ.). — Ref. in RJ UdSSR 1960 Nr. 8 S. 77.

7706. **W. W. Scharonow,** Neue Daten über die Verteilung der Leuchtenden Nachtwolken. Priroda **48** Nr. 2 S. 81—83 (russ.).

7707. **W. Strajshis,** Observations of noctilucent clouds in Vilnius. AC Nr. 204 S. 17—18 (russ.). — Im Juni 1959 wurden viermal leuchtende Nachtwolken beobachtet: am 6./7., 12./13., 16./17. und 26./27.

7708. **N. N. Sytinskaja,** Die Photometrie leuchtender Nachtwolken für Liebhaber der Astronomie. Bull. Astr.-Geod. Ges. UdSSR Nr. 24 S. 28—36 (russ.).

7709. **O. B. Wassiljew,** Über die Berechnung der atmosphärischen Extinktion bei den Beobachtungen leuchtender Nachtwolken. Bull. Astr.-Geod. Ges. UdSSR Nr. 25 S. 24—25 (russ.).

7710. **G. Witt,** Polarization of light from noctilucent clouds. Nature **184** 1618—1619.

7711. **G. Witt,** Leuchtende Nachtwolken. Photographie und Wissenschaft 8 26—27.

7712. Lyse natskyer. NAT 1959 S. 109—110.

§ 78

Weitere solar-terrestrische Beziehungen

7801. **C. G. Abbot,** Long-range weather forecasting. Smithsonian Inst. Publ. Nr. 4352, 19 S.

7802. **F. Baur,** Die Sommerniederschläge Mitteleuropas in den letzten $1^1/_2$ Jahrhunderten und ihre Beziehungen zum Sonnenfleckenzyklus. Leipzig, Akademische Verlagsgesellschaft Geest & Portig K.-G., 1959. 4 + 80 S. Preis DM 9.00. — Besprechung in Coelum **28** 56—57, Gaz astr **41** 76—78 (A. Dermul).

7803. **F. Baur,** Neue Forschungsergebnisse über solare Einflüsse auf Wetter und Großwetter. Sterne **35** 97—107. — Der Einfluß der Sonnenvorgänge auf das Wetter folgt nicht einer einfachen Schwankung im Lauf des Sonnenfleckenzyklus, sondern einer Doppelwelle. FS

7804. **L. A. Chandoshko,** A case of abnormally low daylight intensity. Priroda **48** Nr. 10 S. 111—112 (russ.). — Leningrad 1957 Jan. 28.

7805. **A. Dauvillier,** Activité aurorale et albedo planétaire. CR **248** 1740—1743. — Es wird gezeigt, daß die 11jährige Variation der Erd-Albedo von der schwankenden Dichte eines NO_2NH_4-Aerosols in der hohen Atmosphäre herrührt. Dieses Aerosol wird durch Polarlichtaktivität erzeugt; seine Dichte stellt sich gemäß dem Gleichgewicht zwischen Erzeugung und thermischem Zerfall der Verbindung ein. J. P. M.

7806. **A. Djakow,** L'activité solaire, les aurores boréales exceptionnelles et les instabilités troposphériques. BSAF **73** 183—185.

7807. **M. S. Eigenson,** Sun, weather and climate. Priroda **48** Nr. 4 S. 83—85 (russ.).

7808. **M. A. Ellison,** The Sun and its Influence. An Introduction to the Study of Solar-Terrestrial Relations. London, Routledge and Kegan Paul, Ltd., 1959. Zweite, revidierte Auflage. 14 + 237 S. Preis 25 s. — Besprechung in Nature **186** 69 (C. W. Allen). — Eine Übersetzung ins Russische ist in Moskau, Phys.-Math. Staatsverlag, 1959 erschienen. Preis 7 R. 10 Kop.

7809. **S. Fempl,** Doprinos Profesora Milankovića. Matematičkoj teoriji klime. Vasiona **7** 32—33.

7810. **R. Fischer,** Gewittertage in Bamberg und Sonnenfleckenextreme. Sternenbote **2** 114—115.

* * **L. Křivský, V. Letfus,** On the relation between singularities of precipitation and meteoric showers. Vgl. Ref. **9386**.

7811. **F. Mariani, F. Molina,** Geomagnetic, auroral, ionospheric, and cosmic ray perturbations: Interdependence and relation to solar activity. Ann. Geofis. **12** 297—368, 389—437 (italien.). — Ref. in Phys. Abstr. (A) **63** 630.

7812. **A. Moissejew,** Taches solaires et jours orageux à Moscou de 1935 à 1959. Gaz astr **41** 45—46.

7813. **E. P. Ney,** Cosmic radiation and the weather. Nature **183** 451—452. — Aus Boden- und Ballonmessungen der atmosphärischen Ionisation durch kosmische Strahlung folgt eine negative Korrelation mit der Sonnenaktivität in den beiden letzten Sonnenzyklen. Vielleicht hat die geringere atmosphärische Ionisation zur Zeit der Fleckenmaxima erhöhte Gewittertätigkeit und Bewölkung, und damit niederere atmosphärische Temperaturen zur Folge. Loh.

7814. **R. Revelle,** Sun, sea, and air. Smithsonian Report for 1958 S. 251—260 = Smithsonian Publ. Nr. 4356.

7815. **N. A. Schulz,** Der Einfluß der Schwankungen der Sonnenaktivität auf das Blut. Priroda **48** Nr. 6 S. 92—94 (russ.). — Ref. in Urania Kraków **30** 389—390.

7816. **M. Siebert,** Die solaren Gezeiten im Barogramm des Juli 1959. Z. Geophys. **25** 109—112. — Infolge einer ungewöhnlich konstanten Druckverteilung über Mitteleuropa in der zweiten Julihälfte traten die gezeitenartigen Schwankungen des Luftdruckes unmittelbar im Barogramm hervor. Die harmonische Analyse der Daten von nur 11 Tagen führte auch quantitativ auf Druckvariationen, wie sie sonst nur aus der Analyse langer Beobachtungsreihen bekannt sind. Verf.

7817. **D. Stranz,** Solar activity and the altitude of the tropopause near the equator. J. Atmosph. Terr. Phys. **16** 180—182.

7818. **L. G. Tschumakow,** Eine ungewöhnliche Erscheinung. Priroda **48** Nr. 9 S. 177 (russ.). — Omutninsk (Kirower Gebiet), 1958 März 24. Vermutlich handelt es sich um ein von der Sonne beleuchtetes Polarlicht. Loh.

* * **S. W. Visser,** A new analysis of some features of the 11-year and 27-day cycles in solar activity and their reflection in geophysical phenomena. Vgl. Ref. **6554.**

7819. **L. A. Witels,** Sonnenaktivität, Umwandlungen der atmosphärischen Zirkulationsformen und innermonatliche Temperaturschwankungen. Publ. Geophys. Hauptobs. UdSSR Nr. 87 S. 56—65 (russ.). — Ref. in RJ UdSSR 1960 Nr. 9 S. 63.

7820. Climatic changes and secular solar activity. Nature **184** 682. — Ref.

Grüner Strahl

7821. **I. Molnár,** The green ray. RH **40** 191—193 (slowak.).

7822. **L. Poncelet,** A propos du rayon vert. Ciel et Terre **75** 25—27.

7823. **J. Ponsen,** Een waarneming van de groene «straal». Hemel en Dampkring **57** 245. — 1959 Juni 14.

7824. **S. W. Visser,** Belangrijke waarnemingen van de groene straal. Hemel en Dampkring **57** 57—59.

Halo

7825. **B. Albers,** Arbeitsgemeinschaft für Halo-Beobachtungen. Bericht für 1958. VdS Nachr. **8** 38.

7826. **A. Moissejew,** Observations de halos lunaires en 1935—1958. Gaz astr **41** 9—11.

7827. **A. D. Samorskij,** Seltene Fälle von Halos und Regenbogen. Priroda **48** Nr. 7 S. 81—85 (russ.).

7828. **W. Sandner,** Ein schöner Sonnen-Halo. VdS Nachr. **8** 60.

7829. **W. Tschernow,** Observations de halos en 1958. Gaz astr **41** 17—20.

7830. **S. W. Visser,** Halo's zonder kleine kring. Hemel en Dampkring **57** 260—262.

7831. Statistik der Halo-Tage 1958. Mitt. Archenhold-Sternw. Berlin-Treptow Nr. 52 S. 9—13.

7832. Halo-Statistik 1958. VdS Nachr. **8** 32.

7833. Ein seltener Mond-Halo. VdS Nachr. **8** 38. — 1959 März 21.

§ 79

Internationales Geophysikalisches Jahr

7901. **L. d'Azambuja,** L'observation du Soleil et l'Année géophysique. BSAF **73** 289—296.

7902. **L. V. Berkner,** The International Geophysical Year. Proc IRE **47** 133—136.

7903. **J. Bouška,** Czechoslovak programme of the international geophysical cooperation 1959. RH **40** 133—135 (tschech.).

7904. **S. Chapman,** Year of Discovery — The Story of the International Geophysical Year. Ann Arbor, University of Michigan Press; London, The Mayflower Publishing Co., Ltd., 1959. 112 S. Preis 40 s. bzw. $ 4.95. — Besprechung in Nature **187** 185 (S. K. Runcorn).

7905. **P. M. Đurković,** Peto zasedanje. Vasiona **6** 86—87, 1958.

7906. **T. S. Lebedew,** Die Untersuchungen der ukrainischen Wissenschaftler im Rahmen des Programms des Internationalen Geophysikalischen Jahres. Bote Akad. Wiss. Ukrain. SSR 1958 Nr. 12 S. 36—45 (ukrain.).

* * **K. A. Ljubarskij, I. N. Latyschew,** Die Aktivität der teleskopischen Meteore während des Internationalen Geophysikalischen Jahres. Vgl. Ref. **9339.**

* * **P. M. Millman,** The I. G. Y. visual meteor programme — Progress Report No. 3. Vgl. Ref. **9348.**

7907. **H. Odishaw,** International Geophysical Year. The second part of a two-part summary of IGY activities covers heat and water, the earth, and data exchange. Science **129** 14—25.

7908. **G. Righini,** Relazione sull'attività del gruppo di lavoro «Attività Solare» durante l'Anno Geofisico Internazionale. Oss. Astrofis. Arcetri Contr. Nr. 34, 3 S.

7909. **N. A. Routledge,** Russian contributions to the International Geophysical Year. Nature **183** 1087—1088.

7910. **H. Scheffler,** Resultados preliminares del Año Geofisico Internacional. El Universo **13** 51—58.

7911. **W. Sullivan,** The International Geophysical Year. Carnegie Endowment for International Peace, 1959. 78 S. Preis 25 c. — Besprechung in J. Atmosph. Terr. Phys. **16** 397 (E. V. Appleton).

7912. **J. Veldkamp,** Nieuws van het Geofysische Jaar. Hemel en Dampkring **57** 18—24, 41—46, 169—171, 217—220.

7913. Sonnenbeobachtungen. Internationales Geophysikalisches Jahr 1957—1958—1959. Moskau, Verlag Akad. Wiss. UdSSR, 1959. 39 S. (russ.).

7914. Zum Abschluß des Internationalen Geophysikalischen Jahres. Endeavour **18** 3—4.

7915. Some International Geophysical Year achievements. Nature **184** 604—605.

7916. Anno Geofisico Internazionale. Notiziario. Ric. Sci. **29** 141—163, 339—362, 547—588, 815—848, 1067—1093, 1255—1279.

7917. Czechoslovak programme of international geophysical cooperation 1959. Studia **3** 207—212.

7918. Japanese Contribution to the International Geophysical Year 1957/8. Tokyo, National Committee of the International Geophysical Year, 1958. 178 S.

7919. Preliminary report of the remarkable events observed in Japan during the International Geophysical Year. Nr. 1. Tokyo, National Committee for the IGY, 1958. 30 S. — 1957 Juli—Dez.

7920. Preliminary report of the remarkable events observed in Japan during the International Geophysical Year. Nr. 2. Tokyo, National Committee for the IGY, 1959. 44 S. — 1958 Jan.—Juni.

IX. Planeten. Monde

§ 81

Planetensystem

8101. **J. Ashbrook,** Planet notes from Moscow. Sky Tel. **18** 258—259.

* * **H. P. Berlage,** The basic scheme of any planetary or satellite system corrected and reanalyzed. I. Vgl. Ref. **5602.**

* * **H. P. Berlage,** The basic scheme of any planetary or satellite system corrected and reanalyzed. II. Vgl. Ref. **5603.**

8102. **G. Boaga,** Ulteriore sviluppo di una formula del Pizzetti sulla gravità alla superficie di un pianeta sferoidico non di rotazione. Mem SA It(NS) **30** 13—17.

8103. **E. K. Bütner,** The dissipation of gas from planetary atmospheres. II. The total velocity of dissipation of gas from a planetary atmosphere. The problem of terrestrial helium. AJ UdSSR **36** 89—99 (russ. mit engl. Ref.). — Auf Grund einer früher abgeleiteten Formel werden Geschwindigkeit und Intensität der Dissipation einer einkomponentigen Planetenatmosphäre als Funktion der Höhe dargestellt. Die Erweiterung der Untersuchung auf ein schweres Gas, dem eine geringe Menge leichten Gases beigemischt ist, zeigt, daß die Dicke der den Hauptbeitrag zur Dissipation liefernden Schicht stets mit der kinetischen Energie des Gases zunimmt, in einer gemischten Atmosphäre aber erheblich kleiner ist als in einer homogenen. Die Ergebnisse werden auf die Dissipation des Heliums aus einer wirksamen Schicht der Erdatmosphäre angewandt, deren Höhe um 500 km liegen dürfte. Petri

8104. **E. K. Bütner,** Dissipation of hydrogen from the atmospheres of planets. DAN **124** 53—56 (russ.). — Photodissoziation von Wasserdampf kommt in einer Schicht zwischen 70 bis 80 km über der Erdoberfläche vor. Die Geschwindigkeit der Dissipation von Wasserstoff in den Raum beträgt 10^9 cm^{-2} sec^{-1}. Dies entspricht im Laufe von 4×10^9 Jahren 1% der Gesamtmenge von Wasser auf der Erde. Perek

8105. **S. Chandra, B. P. Srivastava,** Absorption of microwaves in planetary atmospheres. ZfA **47** 127—134. — Für die Absorption in den Wellenlängen 1—10 cm kommen besonders O_2, N_2O, NH_3 und die Ionosphäre in Frage. Die Rechnungen ergeben für Venus, Erde und Mars eine sehr kleine, für Jupiter hohe Absorption. hz

8106. **R. Compte Porta,** Observaciones Planetarias en 1958. El Universo **13** 135—138.

8107. **G. Diedrich,** Bode's law modernized. AAVSO Abstr. May 1959 S. 3—4.

8108. **P. M. Đurković,** Qu'est-ce que nous pouvons voir sur les grandes planètes. Vasiona **7** 34—37 (serb.-kroat.).

8109. **V. A. Firsoff,** On the radiation balance in the atmospheres of the Earth, Venus and Mars. JBAA **69** 196—211. — Die Arbeit enthält Rechnungen über die durch den Betrag der erhaltenen Sonnenstrahlung bedingten Temperaturen an den Oberflächen der inneren Planeten. Die Resultate hängen stark von den Annahmen über die Albedo ab. FS

8110. **V. A. Firsoff,** Dissipation of planetary atmospheres. Science **130** 1337—1338. — Die Entweichdichte ist der Schwere etwa umgekehrt proportional und nähert sich mit abnehmender Masse der des interplanetaren Gases. Wenn dieser Wert erreicht ist, muß die Dissipation aufhören. Die minimal mögliche Bodendichte der Mondluft wird auf 10^{-12} der Luft bei normaler Temperatur und normalem Druck berechnet. Ionisation bremst die Dissipation ein wenig. Loh.

8111. **P. Guintini,** Les Planètes. Paris, Presses univ. France, 1958. 2. Auflage. 128 S. Preis 177 fr.

8112. **S. L. Hess,** Atmosphärische Bedingungen auf den Planeten. Vesmír **38** 150—151 (tschech.).

8113. **A. K. Kolessow,** Die Lichtverhältnisse am Terminator. Bote Univ. Leningrad 1959 Nr. 1 S. 103—110 (russ. mit engl. Ref.). — Ref. in RJ UdSSR 1960 Nr. 1 S. 30.

8114. **L. N. Mavridis,** Planeten-Rotation und Satelliten-Entstehung. Monographs Astr. Dep. Univ. Thessaloniki Nr. 4, 32 S. — Die Ansichten Kuipers über die Rotation der Planeten und die Entstehung der Satelliten werden kritisch diskutiert. Verf.

8115. **C. H. Mayer,** Planetary radiation at centimeter wave lengths. AJ **64** 43—45.

* * **G. de Mottoni,** L'impiego dei grandi riflettori nello studio dei pianeti. Vgl. Ref. **2127.**

* * **A. E. Ringwood,** On the chemical evolution and densities of the planets. Vgl. Ref. **5609.**

8116. **B. Rosen,** Remarques concernant le rôle possible des poussières carboniques dans les atmosphères planétaires. CR **248** 2069—2070 = Inst. d'Astrophys. Univ. Liège Coll. 4° Nr. 96. — Es wird die Frage aufgeworfen, ob nicht Moleküle von C_3 und daraus kondensierter «Ruß» für die «blaue» Hülle des Mars und die von Kosyrew auf dem Mond beobachteten Eruptionserscheinungen verantwortlich sind. C_3 könnte durch Photodissoziation von Kohlenwasserstoffen infolge Sonneneinstrahlung entstehen. J. P. M.

8117. **G. Ruggieri,** Considerazione sulla visione dei pianeti al telescopio. Astronautica 8 54—60, 184—187.

8118. **G. Ruggieri,** Considerazioni sulla visione al telescopio dei pianeti da una stazione di osservazione situata al di fuori dell'atmosfera terrestre. Astronautica 8 102—113.

8119. **A. G. Smith, T. D. Carr,** Radio-frequency observations of the planets in 1957—1958. ApJ **130** 641—647. — Ausführlich wird über Beobachtung der Radiosignale von Jupiter in 3 Frequenzen berichtet. Die frühere Feststellung einer konstanten Rotationsperiode von $9^h 55^m 28^s\!.8$ für Radioquellen auf der festen Oberfläche von Jupiter wird bestätigt gefunden. Polarisationsmessungen der Radiostrahlung sprechen für die Existenz eines Magnetfelds auf Jupiter, dessen Stärke grob zu 7 Gauß geschätzt wird. Von Saturn wurden wenig, von Uranus und Venus keine Radiosignale beobachtet. O. G.

8120. **H. J. Smith,** Non-thermal solar system sources other than Jupiter. AJ **64** 41—43.

8121. **L. G. Tomtschuk,** Über ein unbekanntes empirisches Gesetz. Bull. Astr.-Geod. Ges. UdSSR Nr. 25 S. 46—47 (russ.). — Für die Planeten Mars bis Neptun gilt: Das Verhältnis der Produkte von Umlaufszeit und Rotationsdauer eines Planeten zu dem des nächstinneren ist (nahezu) konstant, und zwar im Mittel 2.75. Die sich damit für Merkur und Erde ergebenden Rotationsdauern von 12^h und $16^h.7$ stimmen mit den beobachteten nicht überein, wahrscheinlich auf Grund der Flutwirkungen von Sonne und Sonne—Mond. Nimmt man an, daß der Mond die Erdrotation im Lauf der Zeit gleichmäßig verzögert hat, dann folgt für ihn ein Alter von 3.9×10^9 Jahren. Loh.

8122. **H. C. Urey,** Primitive planetary atmospheres. Priroda **48** Nr. 4 S. 33—38 (russ.). — Auf dem internationalen Symposium über Probleme der Herkunft des Lebens auf der Erde im August 1957 in der UdSSR verlesener Vortrag, der besonders der Geschichte der Erdatmosphäre und den Atmosphären von Venus und Mars gewidmet war. Loh.

8123. **K. Wanka,** Eine Kurve dritten Grades in der Astronomie. Sterne **35** 121—122.

8124. Planètes. BSAF **73** 15.

8125. Polarization of light of moon and planets. Sky Tel. **19** 17—18, 94. — Ref. AAS.

§ 82

Merkur, Venus

Merkur

* * **D. P. Cruikshank,** Observations of Venus and Mercury with large apertures. Vgl. Ref. **8209.**

8201. **M. B. B. Heath,** Tables of Mercury. JBAA **69** 42—46.

8202. **M. B. B. Heath,** The libration of Mercury. JBAA **69** 46—48.

* * **R. R. de Freitas Mourão,** Visual observations of Mercury and Venus in 1957 and 1958. Vgl. Ref. **8217.**

8203. **O. C. Ranck,** Report of the A.L.P.O. Mercury Section. Strolling Astronomer **13** 20—22.

8204. **W. Sandner,** Die Welt des Merkur. Murnau—München—Innsbruck—Basel, Verlag Sebastian Lux, 1959. 66 S. — Besprechung in El Universo **14** 160—162 (H. Scheffler), Gaz astr **41** 52—53, Mitt. Planetenbeobachter **12** 46 (H. Oberndorfer), Orion Schaffhausen **5** 867, Sterne **36** 47 (G. D. Roth), Sternenbote **2** 135, VdS Nachr. 8 98 (J. Herrmann), Veröff. Urania-Sternw. Wien Nr. 2 S. 56 (M. Wähnl).

8205. **W. Sandner,** Merkur. Mitt. Planetenbeobachter **12** 64.

Venus

8206. **L. Bartha, K. Thaly,** Zwei Venus-Beobachtungen 1959. Veröff. Urania-Sternw. Wien Nr. 2 S. 41.

8207. **M. H. Briggs,** The clouds of Venus. Obs **79** 20—22. — Die schnellen Änderungen der Venuswolken und ihrer Eigenschaften scheinen auf ein veränderliches chemisches System hinzuweisen, das mehr an organische als anorganische Verbindungen erinnert. Verf. stützt sich hierbei auf viele Literaturstellen. Loh.

8208. **J. Brustat,** Beobachtungen der Venus Mai—Juli 1959. Mitt. Planetenbeobachter **12** 34—35.

8209. **D. P. Cruikshank,** Observations of Venus and Mercury with large apertures. Strolling Astronomer **13** 108—115.

8210. **T. Dahlgren jr.,** Nyare försök att bestämma Venus' rotationstid. PAT **40** 70—71.

8211. **J. V. Evans, G. N. Taylor,** Radio echo observations of Venus. Nature **184** 1358—1359 = Astr. Contr. Univ. Manchester (2) Jodrell Bank Repr. Nr. 205. — Mit dem 75 m-Radioteleskop von Jodrell Bank wurde versucht, bei 408 MHz ein Radarecho von der Venus zu empfangen. Gesendet wurden zirkular polarisierte 50 kW-Impulse von 30 msec Dauer mit einer Sekunde Abstand in 5 bis 6 min dauernden Serien. In den etwa gleich langen Sendepausen wurde mit 60 Hz Bandbreite empfangen, wobei eine Doppler-Verschiebung kompensiert werden mußte. Die Echos waren schwächer als das Eigenrauschen des Empfängers (4.6 db). Sie wurden erst nach Analyse für acht benachbarte Zeitintervalle von je 30 msec «Breite» mit einem Integrationsgerät ermittelt. Fast 59 Beobachtungsstunden waren nötig, um für die Sonnenparallaxe den Wert von 8″8020 ± 0″0005 mit einer Wahrscheinlichkeit von 92 % ermitteln zu können. Dieser Wert stimmt gut mit dem in den USA gefundenen überein, dessen Wahrscheinlichkeit 99 % beträgt. Eine noch zu klärende Unstimmigkeit mit den USA-Beobachtungen ergab sich über die effektive Reflexionsfläche des Planeten. HHR

* * **T. Gehrels,** Polarization of the light from Moon, Mars, Venus, and NGC 7023. Vgl. Ref. **8312.**

8212. **D. Guerrini,** Ipotesi sulla formazione dell'atmosfera di Venere. Astronautica 8 251—253.

8213. **F. J. Heyden, C. C. Kiess, H. K. Kiess,** Spectrum of Venus in the violet and near-ultraviolet. Science **130** 1195. — Kürzliche Beobachtungen des Venusspektrums mit Spektrographen großer und kleiner Dispersion am Georgetown College Obs. lassen eine breite kontinuierliche Absorptionsbande im Violetten und nahen Ultravioletten erkennen. Die Bande beginnt bei 4500 Å und reicht bis zur kurzwelligen Grenze der Spektrogramme bei 3800 Å. Sie ähnelt in ihrer Struktur einer starken N_2O_4-Absorption. Loh.

* * **A. P. Lenham,** Observations of Jupiter, Saturn, and Venus, in 1958. Vgl. Ref. **8620.**

8214. **F. Link,** Passages de Vénus sur le Soleil. BAC **10** 105—115. — Der für Mondfinsternisse entwickelten Theorie entsprechend werden die Beobachtungen der hellen Aureole um Venus bei den Ein- und Austritten der Durchgänge 1761, 1769, 1874 und 1882 reduziert und ergeben, daß die Refraktion in der Höhe der Durchlässigkeit der Venusatmosphäre etwa zwischen 0′7 und 1′7 liegt, Äquator- und Polargegenden wie auch jahreszeitlicher Wechsel sich deutlich unterscheiden (Pollage übereinstimmend mit Kuiper) und daher die Rotationsdauer wesentlich kürzer als die Umlaufszeit der Venus sein muß. hz

8215. **P. Moore,** The Planet Venus. London, Faber & Faber, Ltd.; New York, Macmillan Co., 1959. 151 S. Preis 18 s. bzw. $ 3.75. — Besprechung in PAT **41** 90—91 (K. Lodén), Sky Tel. **19** 370.

8216. **P. Moore,** Venus: western elongation 1958. JBAA **69** 108—111.

8217. **R. R. de Freitas Mourão,** Visual observations of Mercury and Venus in 1957 and 1958. Southern Stars **18** 17—20.

8218. **J. V. Narayana,** Magnetic field of the planet Venus. Kodaikanal Obs. Bull. Nr. 153, 8 S. — Um die Zeiten unterer Konjunktionen der Venus zeigt sich ein Abfall geomagnetischer Aktivität mit einem Minimum 2 Tage vor der Konjunktion, das der Ablenkung solarer Partikel durch ein Magnetfeld der Venus zugeschrieben wird. Nach Blacketts Formel rotiert dann Venus innerhalb einiger Tage. Entsprechende Analysen für Merkur und den Mond blieben negativ. hz

8219. **G. Newkirk jr.,** The airglow of Venus. Planet. Space Sci. **1** 32—36. — Spektren geringer Dispersion von der Nachtseite von Venus zeigen Emissionen bei λ 4415 und 4435 Å, welche mit den von Kosyrew (vgl. AJB **54** Ref. 7125) gefundenen übereinstimmen. Die übrigen von Kosyrew angegebenen Emissionsbanden konnten nicht bestätigt werden, dagegen wurde bei λ 4505 Å eine bisher unbekannte Bande festgestellt. Die Emissionsbande bei λ 4420 Å ist etwa 80 mal so stark wie die bei λ 5577 liegende Linie im Nachthimmellicht der Erde. Es ist noch ungeklärt, ob die Emissionen der Nachtseite von Venus dem Nord- oder Nachthimmellicht entsprechen. Aus den Beobachtungen sollen weitere Informationen über die Zusammensetzung der Venusatmosphäre sowie über die mögliche Existenz eines Magnetfeldes abgeleitet werden. Henn

8220. **R. Price, P. E. Green jr., T. J. Goblick jr., R. H. Kingston, L. G. Kraft jr., G. H. Pettengill, R. Silver, W. B. Smith,** Radar echoes from Venus. Advances in several arts made possible this experiment in radio astronomy performed during the IGY. Science **129** 751—753. — Beschreibung der Beobachtungsmethode der M.I.T. Lincoln Laboratory Millstone Hill Radarstation und der Ergebnisse von fünf Versuchen bei 400 MHz am 10. und 12. Februar 1958. Als Empfänger diente ein auf die Temperatur des flüssigen Heliums gekühlter Maser. Die Auswertung erfolgte durch Berechnung von Kreuzkorrelationen mit Hilfe elektronischer Datenverarbeitungsanlagen. Bei zwei oder vier ausgewerteten Versuchen ist das Venus-Echo statistisch merkbar festgestellt worden. V. W.

8221. **W. Sandner,** Venus in östlicher Elongation 1959. Mitt. Planetenbeobachter **12** 33—34.

8222. **W. Sandner,** Dichotomie der Venus im November 1959. Mitt. Planetenbeobachter **12** 62.

8223. **H. Scheffler,** Contactos con Venus. El Universo **13** 105—106.

8224. **E. Schoenberg, W. Sandner,** Die Dichotomie der Venusscheibe. Ann d'Astrophys **22** 839—844 = Veröff. Sternw. München **5** Nr. 9. — Ref. in Mitt. Planetenbeobachter **13** 42—43, Sitzber. Bayer. Akad. Wiss. Math.-naturwiss. Kl. 1959 S. 33*. — Die Dichotomie des Planeten Venus wird immer bei einem von 90° verschiedenen Phasenwinkel beobachtet, bei östlichen Elongationen zu früh, bei westlichen zu spät, im Mittel um 5 Tage, was einem Phasenwinkel von 86° entspricht. Ohne Atmosphäre müßte der Planet einen Anblick mit deutlicher Krümmung des Terminators darbieten. Daß er aber geradlinig erscheint, erklären Verf. durch die Diffusion des Lichts in der Venusatmosphäre entsprechend der Theorie der Refraktion und Diffusion (1931, 1933, 1948). Eine Prüfung dieser Erklärung wäre durch sorgfältige Mikrometermessung mit und ohne Rotfilter beider Durchmesser des Planeten möglich. Verf.

8225. **J. H. Shaw, N. T. Bobrovnikoff,** Natural environment of the planet Venus. Perkins Obs. Misc. Sci. Papers Repr. Nr. 40, 64 S. — Vorliegender Bericht gibt eine zusammenfassende Übersicht über die Untersuchungen der physikalischen Beschaffenheit des Planeten Venus und seiner Atmosphäre. In 28 Abschnitten werden im ersten Teil die Beobachtungsergebnisse zusammengestellt, die Verf. dann im zweiten Teil kritisch diskutiert. Ein umfangreicher Quellennachweis beschließt die Arbeit. Henn

8226. **B. A. Smith,** Venus in the ultraviolet. Strolling Astronomer **13** 91—94.

8227. **W. W. Spangenberg,** Venus-Beobachtungen im Frühjahr 1959. Mitt. Planetenbeobachter **12** 59—61.

8228. **G. de Vaucouleurs,** Vénus observée au radar. La Nature **87** 353—355. — Bericht über die Messungen von R. Price und P. Green (Massachusetts Inst. Technol.) am 10. und 12. Febr. 1958.

* * **H. Woolf,** The Transits of Venus. A Study of Eighteenth-Century Science. Vgl. Ref. 261.

8229. **A. Wróblewski,** Obrót Wenus dokoła osi. Urania Kraków **30** 166—175. — Historische Übersicht zum Problem der Venusrotation. Während die Richtung der Drehachse gut bestimmt zu sein scheint, bleibt das Problem der Rotationsdauer offen. E. R.

8230. **F. C. Wykes,** The rotational period and tilt of the planet Venus. Spaceflight **2** 63—64.

8231. Le champ magnétique de Vénus. BSAF **73** 337.

8232. Venere 1959. Coelum **27** 144—145.

8233. La rotation de Vénus. Gaz astr **41** 24.

8234. The atmosphere of Venus. J. Astr. Soc. Victoria **12** 104.

8235. Venus im Frühjahr 1959. Mitt. Planetenbeobachter **12** 23—24.

8236. Airglow of Venus. Sky Tel. **18** 368.

8237. Radar echos from Venus. Sky Tel. **18** 384—385. — Ref. in Urania Kraków **30** 298—299. — Mit «Maser»-Apparatur und mit Korrelationsanalyse auf der IBM 704 gelang es 1958 am Massachusetts Institute of Technology, die äußerst schwachen Echos zu ermitteln. Sie sind zur Verbesserung der Entfernung Venus—Erde brauchbar. hz

8238. Schattenwurf beim Licht der Venus. Sternenbote **2** 86—87. — Ref.

8239. Venus-Dichotomie. Sternenbote **2** 88.

8240. Special Venus study. Strolling Astronomer **13** 46.

8241. The «ashen light» of Venus. Strolling Astronomer **13** 96.

8242. **Regulus-Bedeckung durch Venus 1959 Juli 7**

AC Nr. 204 S. 3—4 (russ.). Observations of occultation of Regulus by Venus. A. Alksnis, Z. Alksne.

AC Nr. 204 S. 4—5 (russ.). Observations of occultation of α Leo by Venus. I. S. Astapowitsch.

BAA Circ 410. Occultation of Regulus by Venus, 1959 July 7.

BSAF **73** 286. Observations de l'occultation de Régulus par Vénus faites à l'Observatoire de la Société. A. Duplay, R. Sagot, L. Tartois, J. Plassard.

BSAF **73** 378—388. Occultation de Régulus (α du Lion) par Vénus le 7 juillet 1959.

Bull. Cl. Sci. Acad. roy. Belgique (5) **45** 839—844 = Inst. Astr. Bruxelles (2) Nr. 118. Observation de l'occultation de Régulus par Vénus le 7 juillet 1959, à l'Observatoire Royal de Belgique. J. F. Cox, J. F. Brouet, J. Dommanget.

Ciel et Terre **75** 256—257. Observation d'amateur de l'occultation de Régulus par Vénus le 7 juillet 1959. J. Meeus.

Ciel et Terre **75** 325—336. Essais de détermination du rayon apparent de Vénus par l'observation de son passage devant Régulus, le 7 juillet 1959. J. Dommanget.

Coelum **27** 149—150. La stella Regolo (α Leonis) occultata dal pianeta Venere il 7-VII-59.

Coelum **27** 176—177. L'occultazione di Regolo osservata dalla Stazione Astronomica di Loiano.

DO-CIA Nr. 56. Occultation de Régulus par Vénus, 7 juillet 1959.

DO-CIA Nr. 58. Observations diverses.

DO-CIA Nr. 60. Occultation de Régulus par Vénus du 7 juillet. H. Kern.

Gaz astr **41** 20—21. Occultation de Régulus par Vénus le 7 juillet 1959. J.-M. Falise.

Gaz astr **41** 21—22. Waarneming van de bedekking van Regulus door Venus op 7 juli 1959. J. Storms.

Harv Card 1442, 1443, 1444. Occultation of Regulus by Venus, July 7, 1959.

Hemel en Dampkring **57** 121—124. Een zeldzaam hemelverschijnsel: Venus bedekt Regulus op 7 juli 1959. J. Meeus.

Hemel en Dampkring **57** 222. De bedekking van Regulus op 7 juli 1959.

Irish AJ **5** 212. Occultation of Regulus by Venus, 1959 July 7.

JBAA **69** 32—33. Occultation of Regulus by Venus, 1959 July 7. G. E. Taylor. — Vorschau.

La Nature 87 478—483. L'occultation de Régulus par Vénus. G. de Vaucouleurs.

Meteoor **15** 39—40. De bedekking van Regulus door Venus op 7 juli 1959. J. Meeus.

Meteoor **15** 79—80. De bedekking van Regulus door Venus op 7 juli 1959. J. Meeus.

Mitt. Planetenbeobachter **12** 17, 19. Bedeckung Alpha Leonis durch Venus, 1959 VII. 7^d. M. Steinbach.

Mitt. Planetenbeobachter **12** 37—39. Die Beobachtungen der Regulus-Bedeckung durch Venus 1959 Juli 7. A. Güttler.

Mitt. Planetenbeobachter **12** 61. Weitere Beobachtungen der Regulus-Bedeckung durch Venus 1959 Juli 7. A. Güttler.

Mitt. Sternw. München **1** Nr. 9, 2 S. Beobachtung der Venus-Regulus-Bedeckung am 7. Juli 1959. W. D. Heintz.

MN ASSA **18** 52—53, 62. Occultation of Regulus by Venus. H. C. Lagerweij, J. A. Bruwer, T. Walraven, J. W. Muller, A. Johnston, K. G. Fuhr, R. S. Tuffin, S. C. Venter, N. M. Hoogenhout, P. G. van der Bÿl, J. C. Bennett, G. Bekink.

MN ASSA **18** 63—66. Observations of the occultation of Regulus by Venus at the Radcliffe Observatory. A. D. Thackeray.

MN ASSA **18** 97—98. Observations of the occultation of Venus at the Boyden Observatory. J. Anderson.

NAT 1959 S. 107. Okkultationen af Regulus ved Venus den 7. juli 1959.

NAZ **13** 17—18. Bedeckung von Regulus durch Venus 1959 Juli 7. Visuelle Beobachtungen. A. Bohrmann, E. Geyer, R. Knigge, C. Hoffmeister, R. Schneider.

NAZvM Nr. 417. Bedeckung von Regulus durch Venus.

Orion Schaffhausen **5** 620. Occultation par Vénus. — Vorschau.

Orion Schaffhausen **5** 676. Beobachtungen der Bedeckung von Regulus durch Venus am 7. Juli 1959. R. A. Naef.

Orion Schaffhausen **5** 714—715. Beobachtungen der Bedeckung des Regulus durch die Venus am 7. Juli 1959. R. A. Naef.

Orion Schaffhausen **5** 716—717. Occultation de Régulus par Vénus le 7 juillet 1959 à $15^h 21^m$ HEC. M. Fluckiger.

Orion Schaffhausen **5** 731. Occultation de Régulus par Vénus.

PAT **40** 150—152. Venus ockultation av Regulus den 7 juli 1959.

Postępy Astr. **7** 219—220. Zakrycie Regulusa przez Wenus dn. 7 lipca 1959. F. Kępiński. — Es werden Angaben zur Berechnung der Regulusbedeckung gemacht und verbesserte Werte der Momente der geozentrischen Konjunktion von Regulus mit Venus sowie die Besselschen Elemente für denselben Augenblick angegeben. E. R.

Science **130** 707—708. Occultation of the bright star Regulus by Venus. J. A. Hynek.

Sky Tel. **18** 483, 507. Occultation of Regulus by Venus this month.

Sky Tel. **18** 554. First reports of Venus - Regulus occultation.

Sky Tel. **18** 606—609 = Harv Repr (2) Nr. 153. The occultation of Regulus by Venus in July. G. de Vaucouleurs.

Sky Tel. **18** 672. Occultations of Regulus by Venus.

Southern Stars 18 95. Venus obscures Regulus. South Africans see planetary occultation.
Sterne **35** 120—121. Bedeckung des Regulus durch Venus 1959 Juli 7. P. Ahnert.
Sternenbote **2** 102—103. Verfinsterung des Regulus durch Venus. C. Christescu, J. Trier, P. Darnell.
Strolling Astronomer **13** 27—28. A very rare event: an occultation of Regulus by Venus on July 7, 1959. W. H. Haas.
Strolling Astronomer **13** 156. Occultation of Regulus by Venus on July 7, 1959. R. R. de Freitas Mourão.
UAI Circ 1679. Occultation of Regulus by Venus. G. E. Taylor. — Vorschau.
UAI Circ 1683. Occultation of Regulus by Venus. G. Demetrescu, C. Christescu, J. Trier, P. Darnell.
UAI Circ 1684. Occultation of Regulus by Venus. R. L. Waterfield, R. A. Naef, P. Jacober, M. Gubser, R. Szafraniec, C. Hoffmeister, A. Velghe, J. Plassard.
UAI Circ 1685. Occultation of Regulus by Venus on July 7th. A. G. Jansen.
UAI Circ 1688. Occultation of Regulus by Venus, 1959 July 7. O. Schneider, J. Fuchs.
Urania Kraków **30** 324—325. Zakrycie Regulusa przez Wenus. A. Wróblewski. — Beobachtungsergebnisse nach UAI Circ 1683—84. E. R.
Urania Kraków **30** 331. Zakrycie Regulusa przez Wenus w dniu 7 VII 1959 r. L. Wohlfeil, G. Franecki. — Beobachtungen an der Volkssternwarte Gdańsk —Oliwa und in Suchowola bei Zamość. E. R.
VdS Nachr. 8 69—71. Die Bedeckung von Regulus durch Venus am 7. Juli 1959.

§ 83

Mond

8301. **R. de Azevedo,** Selene. São Paulo, Edicoes Pincar Ltda., 1959. 144 S. Preis 150 cruzeiros. — Besprechung in Sky Tel. **19** 306.

* * **E. Bagge, O. Binder,** Eine lunare Intensitätsschwankung der kosmischen Strahlung und ihr Ursprung. Vgl. Ref. **13505.**

8302. **A. Balklāvs,** Ūdeņraža bumbas uz Mēness. Zvaigžņotā Debess 1959. gada rudens S. 28—30. — Über Wasserstoffbombenexplosionen auf dem Mond.

8303. **N. P. Barabaschow,** Der Mond. Moskau, «Sowjetrußland», 1958. 68 S. Preis 1 R. 20 Kop. (russ.).

8304. **R. C. Barthle,** Radar studies of the cislunar medium. Publ ASP **71** 381. — Ref. ASP.

* * **R. H. Bruton, K. J. Craig, B. S. Yaplee,** The radius of the earth and the parallax of the moon from radar range measurements on the moon. Vgl. Ref. **7115.**

8305. **O. Burkhard,** Radio reflexions from the moon and solar corona. Nature **183** 1180. — Bei der Benutzung des Faraday-Effektes zur Herleitung der Elektronendichte in der Ionosphäre ist unter Umständen die noch merkliche Elektronendichte im Raum um die Erde zu berücksichtigen. Es wird eine entsprechend verbesserte Formel abgeleitet, und der Einfluß des Korrektionsgliedes abgeschätzt. H. M.

8306. **R. J. Coates,** The lunar brightness distributions at 4.3-mm wave length. AJ **64** 326. — Ref. AAS.

8307. I. M. Demenko, Über die Neigung der Mondbahn. AC Nr. 203 S. 1—2 (russ.). — Auf Grund einer gründlichen Bearbeitung der Greenwicher Meridianbeobachtungen des Mondes in den Jahren 1923/1947 wurde die Abhängigkeit des scheinbaren Monddurchmessers von der optischen Libration in der Breite bestätigt. Eine Korrektion der Neigung der Mondbahn gegenüber dem Wert, der für die Berechnung der Mondephemeride benützt wurde, wurde zu $\Delta i = -0''233 \pm 0''059$ bestimmt. Perek

* * **H. Fauth,** Philipp Fauth and the moon. Vgl. Ref. **307.**

8308. V. A. Firsoff, Strange World of the Moon. An Enquiry into Lunar Physics. London, Hutchinson and Co., Ltd., 1959. 10 + 226 S. Preis 25 s. net. — Besprechung in JBAA **70** 240—242 (P. Moore), Nature **185** 718—719 (B. E. J. Pagel), Sky Tel. **19** 372.

8309. V. A. Firsoff, Is the moon covered with dust? JBAA **69** 153—155. — Kritische Bemerkungen über die von Gold vorgebrachte Ansicht, daß die Mondoberfläche mit Staub bedeckt ist. FS

8310. M. W. Friedland, On the determination of the moon's free libration in longitude. BIA **7** 293—317 (russ. mit engl. Ref.). — In der Arbeit wird versucht, die freie Libration des Mondes in Länge gleichzeitig mit der Ermittlung der Librationskonstanten zu bestimmen, und insbesondere den Wert des Parameters der physischen Libration zu präzisieren. Die Amplitude der freien Libration, die sich aus der Bearbeitung der zwei weit auseinanderliegenden Beobachtungsreihen von Hartwig und Nefedjew ergibt, ist von derselben Größenordnung wie auch die Amplituden der Hauptwellen der erzwungenen Libration. Sie daher bei der Bestimmung der Konstanten der physischen Libration zu vernachlässigen, ist unmöglich. Verf. (ü.)

8311. I. W. Gawrilow, Baricentrical big relief of lunar edge. AC Nr. 206 S. 5—6 (russ.). — Vorläufige Mitteilung. In Abhängigkeit vom Positionswinkel und der Libration in Breite ist die Höhe eines gegebenen Punktes der wahrscheinlichsten Peripherie über der barizentrischen Peripherie tabuliert. Loh.

8312. T. Gehrels, Polarization of the light from Moon, Mars, Venus, and NGC 7023. AJ **64** 332. — Ref. AAS.

8313. T. Gold, Dust on the moon. Vistas Astronautics **2** 261—266 = Harv Repr (2) Nr. 148. — Ältere Krater (relatives Alter bestimmt aus dem Überlappen) zeigen bei gleichem Durchmesser eine geringere Höhe der Wände und abgerundetere Formen. Dies wird auf Erosion zurückgeführt, hervorgerufen durch Einsturz feinster Partikel, durch UV- und Röntgenstrahlung. Infolgedessen sollte die Mondoberfläche mit einer stellenweise bis über 1 km dicken Schicht feinsten Staubes bedeckt sein, die sich jedoch infolge des eigenen Gewichts in 30 m Tiefe bereits wie ein fester Körper verhält. Das Vorhandensein einer Staubschicht wird durch die Radioastronomie bestätigt. Voigt

8314. F. S. Gun-Bayer, Lunar magnetic periods, reflected in the pulsations of life phenomena. Rev. Univ. Catholic Univ. Chile **43** 65—115, 1958 = Sonderdruck Inst. Phys. Astr. Catholic Univ. Chile.

8315. J. K. Hargreaves, Radio observations of the lunar surface. Proc. Phys. Soc. **73** 536—537. — Verf. versucht, durch statistische Betrachtung der Reflexion und Brechung von Wellen an der Mondoberfläche die Beobachtung von Reflexionen der Radio-Wellen an der Mondoberfläche zu erklären. Groth

8316. J. R. Herring, A. L. Licht, Effect of the solar wind on the lunar atmosphere. Science **130** 266. — Ref. in Bol. As. Peruana Astr. **5** 288—289, Sky Tel. **18** 676. — Verf. schätzen unter Zugrundelegung der Biermannschen Werte (vgl. AJB **51** Ref. 8002) für den Protonenfluß die Wahrscheinlichkeit elastischer Stöße in der Mondatmosphäre ab, die zu anschließendem Entweichen der getroffenen Partikel führen. Danach wird die Dichte der Mondatmosphäre durch den solaren Wind für Argon um einen Faktor 10^{11}, für H_2O um 10^4, für CO_2 um 10^{15} und für SO_2 um 10^{22} verringert. V. W.

8317. **J. C. Jaeger, J. H. Fremlin,** Sub-surface temperatures on the moon. Nature **183** 1316—1318. — In einer Kontroverse bezweifelt der erste Verf. die von Fremlin angenommene Bedeutsamkeit der zu vulkanartigen Erscheinungen führenden Wärmestauung im Inneren der Mondkrater, da dabei 1. die Wärmeleitfähigkeit des Mondbodens unterschätzt und 2. die radioaktive Wärmeproduktion des Mondes überschätzt sei. In Fremlins Entgegnung wird der 2. Einwand anerkannt, der erste dagegen nicht. Gü.

8318. **J. Klepešta, L. Lukeš,** Mondkarten. Übersetzt von A. Rais. Prag, Institut für Kartographie und Reproduktion, 1959. Preis DM 5.50. — Besprechung in Sterne **36** 175—176 (P. Ahnert), VdS Nachr. **9** 18 (U. Langenbeck).

8319. **U. Langenbeck,** Zum aschgrauen Mondlicht. Mitt. Planetenbeobachter **12** 61—62.

8320. **F. Link,** Sur la luminescence lunaire. BAC **10** 102.

8321. **F. A. Lugo,** Dust on the moon. Strolling Astronomer **13** 23—27.

* * **D. J. Martynow,** The visual stellar magnitude of the sun, moon and lux. Vgl. Ref. 6883.

8322. **P. G. Mezger, H. Strassl,** The thermal radiation of the moon at 1420 MHz. Planet. Space Sci. **1** 213—226 = Mitt. Univ.-Sternw. Bonn Nr. 27. — Ref. in JBAA **70** 195—196. — Ausführliche Beschreibung der Beobachtungen der thermischen Mondstrahlung bei 21 cm über drei Lunationen. Innerhalb der relativen Genauigkeit von $\pm 2\%$ zeigt sich kein Gang mit der Phase; die Strahlung stammt also aus einer Tiefe, in der die Schwankungen der Sonnenaufheizung bereits abgeklungen sind. Für die Temperatur ergibt sich 250°.2 mit einer geschätzten absoluten Unsicherheit von $\pm 12\%$. Voigt

8323. **P. G. Mezger, H. Strassl,** Die thermische Radiostrahlung des Mondes bei 1420 MHz. ZfA **48** 72—76. — Die thermische Radiostrahlung des Mondes (1420 MHz), verglichen mit der die reflektierte Radiostrahlung der Sonne keine Rolle spielt, entsteht im wesentlichen in einer Schichttiefe (mindestens etwa 15 cm), in der sich bereits eine von der wechselnden Sonneneinstrahlung unabhängige, (auf $\pm 2\%$) konstante Temperatur von 250°.2 $\pm 12\%$ eingestellt hat. Diese (konstante) Strahlungstemperatur des Mondes wird aus der periodisch schwankenden Antennentemperatur durch Multiplikation mit einer Korrekturfunktion ermittelt, die als wesentliche Veränderliche den scheinbaren Mondradius enthält (dessen Schwankungsamplitude 13% beträgt). HHR

8324. **J. Mietelski,** Prosta metoda posługiwania się atlasem Weimera. Postępy Astr. **7** 263—265. — Verf. legt eine graphische Methode zur Ermittlung des Mondprofils mit Hilfe der im Weimerschen Atlas (Paris, 1952) enthaltenen Daten dar. E. R.

8325. **C. A. Murray,** An error in the determination of ΔT from the lunar ephemeris and the frequency of caesium in terms of U. T. + Δ T. Nature **184** 441—442. — Es wird die Korrektion angegeben, welche an die aus den Mondbeobachtungen abgeleiteten Werte ΔT angebracht werden muß, wenn man eine Abweichung der Erdelliptizität von dem der Brownschen Mondtheorie zugrunde liegenden Wert 1/294 berücksichtigen will. T. L.

8326. **S. P. Nikolajew,** Über die genäherte Berechnung der Mondphasen. Bull. Astr.-Geod. Ges. UdSSR Nr. 25 S. 38—40 (russ.).

8327. **M. B. Protitch,** Un essai pour expliquer les mouvements des apsides et des nœuds de la Lune. Bull. Obs. Astr. Beograd **23** Nr. 3—4

S. 9—11. — Aus dem Flächensatz wird die Perihelverschiebung des Mondes abgeleitet und sodann gezeigt, wie sich hieraus als einfache Folgerung die säkulare Bewegung des Knotens ergibt. T. L.

8328. **W. A. Schischakow,** Vyprávění o Měsíci. Aus dem Russischen übersetzt von V. Špinka. Prag, Verlag Práce, 1959. 61 S. Preis 1.85 Kčs. — Besprechung in RH **40** 142.

8329. **W. Schröder-Rönnebeck,** Das aschgraue Mondlicht. Mitt. Planetenbeobachter **12** 10—11.

8330. **G. Schrutka-Rechtenstamm, J. Hopmann,** Die Figur des Mondes. Erläuterungen zu einer neuen Höhenschichtenkarte des Mondes. Sitzber. Österreich. Akad. Wiss. Math.-naturwiss. Kl. Abt. II **167** 283—290 = Mitt. Univ.-Sternw. Wien **10** Nr. 3. — Vgl. AJB **58** Ref. **7340.**

8331. **M. R. Selinskaja, W. S. Troizkij, L. I. Fedossejew,** Radio emission of the moon on 1.63 cm. AJ UdSSR **36** 643—647 (russ. mit engl. Ref.). — Verf. werten Radiobeobachtungen der Mondstrahlung bei 1.63 cm aus und finden folgende Werte für die Temperaturen im Zentrum (Ω t = 0 entspricht Neumond): $T = 224° - 36° \cos (\Omega t - 40°)$. Für die Leitfähigkeit des lunaren Materials ergibt sich aus Dämpfungsmessungen 7.9×10^8 EsCGS. Oster

8332. **N. N. Sytinskaja,** Die Natur des Mondes. Moskau, Phys.-Math. Staatsverlag, 1959. 176 S. Preis 4 R. 25 Kop. (russ.). — Besprechung in Priroda **49** Nr. 2 S. 118.

8333. **N. N. Sytinskaja,** New data on the meteor-slag theory of the formation of the outer layer of the lunar surface. AJ UdSSR **36** 315—321 (russ. mit engl. Ref.). — Verf. führt neue Daten an, die die Meteor-Schlackentheorie über die Entstehung der äußeren Schicht der Mondoberfläche bestätigen. So ist die Dichte der Mondatmosphäre so minimal, daß auch Mikrometeorite den Mond mit kosmischen Geschwindigkeiten erreichen. Da nach Raketenversuchen mit 1 Aufsturz/cm^2 sec gerechnet werden darf, reichen die Mikrometeorite allein aus, um die Mondoberfläche in kurzer Zeit mit einem Staubfilm zu überziehen. Das schlackenförmige Material ist wegen des Zerfalls von Silikaten von der Art des Olivins und wegen der Aussonderung bzw. Bildung schwarzer Eisenoxyde von dunkler Farbe. Auf den Maren ist es dunkler, weil das Mondgestein dort mehr Eisen enthält als anderswo. Loh.

8334. **N. N. Sytinskaja,** Die wahrscheinlichen Ausmaße der Ungleichheit des Mikroreliefs der Mondoberfläche. Mitt. Kommission Planetenphysik Nr. 1 S. 81—84 (russ.). — Durch einen Vergleich des Reflexionsvermögens der Mondoberfläche im Optischen und im Dezimeterwellenbereich ergibt sich eine Ungleichheit von der Größenordnung einiger Milli- oder Zentimeter. Loh.

8335. **G. Turner,** The extent of the lunar atmosphere. Spaceflight **2** 57—58.

8336. **H. C. Urey, W. M. Elsasser, M. G. Rochester,** Note on the internal structure of the moon. ApJ **129** 842—848. — Ref. in JBAA **70** 106. — Es wird gezeigt, daß unter Benutzung einer passend gewählten Form einer inhomogenen Dichteverteilung im Inneren und einer zusätzlichen unsymmetrischen Oberflächenbelegung jede Mondfigur und jedes Trägheitsellipsoid als Gleichgewicht darstellbar ist. Während hiernach für den Mondkern keine wesentliche Starrheit mehr erforderlich ist, muß diese in den äußeren Schichten wegen der beobachteten Abweichungen einzelner Formationen vom isostatischen Gleichgewicht die des Erdmantels übertreffen. Einerseits spricht dies gegen eine Mondentwicklung aus einem Hochtemperaturzustand und eine erhebliche plutonische Aktivität. Andererseits verlangt die abgeleitete Dichteinhomogenität nach der Konglomerationshypothese, wie eine statistische Betrachtung zeigt, eine Mondentstehung aus im wesentlichen nur 10^4 bis 10^5 nicht zu kleinen Primärmassen. Gü.

8337. **M. Wähnl,** Das Magnetfeld des Mondes — Die Rückseite des Mondes. Veröff. Urania-Sternw. Wien Nr. 2 S. 15—17.

8338. **J. E. Westfall,** A suggested program of lunar research. Strolling Astronomer **13** 6—8.

8339. **F. L. Whipple,** On the lunar dust layer. Vistas Astronautics **2** 267—272 = Harv Repr (2) Nr. 146. — Beobachtungen im optischen, infraroten und Radiobereich sowie Radarversuche zeigen, daß die Mondoberfläche mit einer dünnen, isolierenden Schicht lockeren Materials bedeckt ist und in den Dimensionen um 10 cm herum eine relativ glatte Oberfläche hat, ähnlich einer Sandwüste. Verf. glaubt, daß der durch das Meteorbombardement und durch die Strahlung der Sonne gebildete Staub nicht lose, sondern zu einer porösen, weichen Masse zusammen-«zementiert» ist, und starr genug für die Operationen einer Mondexpedition ist. Voigt

8340. **H. P. Wilkins,** Moon Maps. New York, Macmillan, 1959. 38 S., 27 Karten. Preis $ 6.00. — Besprechung in Sky Tel. **20** 163.

8341. **A. Wróblewski,** Nowy «kawał» księżycowy. Urania Kräków **30** 45—55. — Heftige Kritik der phantastischen Äußerungen von K. Zaleski über das Bewohnen des Mondes durch vernünftige Wesen. E. R.

8342. Mondbildkarte. Hamburg—Berlin—Den Haag, Falk-Verlag, 1959. — Besprechung in VdS Nachr. **9** Nr. 3 S. 8 (J. Herrmann).

8343. Atlas photographique de la Lune. Ciel et Terre **75** 153.

8344. Pourquoi la Lune nous paraît-elle plus grosse à son lever qu'à son point culminant? Orion Schaffhausen **5** 723.

8345. Transatlantic radio via the moon. Sky Tel. 18 676. — Ref. in Bol. As. Peruana Astr. **5** 289.

8346. Moon's distance by radar. Sky Tel. **19** 16. — Ref. AAS. — Ref. in Orion Schaffhausen **5** 861.

8347. Microwave study of the moon. Sky Tel. **19** 93. — Ref. AAS.

8348. The lunar missile survey: Possible changing objectives. Strolling Astronomer **13** 123—124.

8349. A method of detecting lunar Swan emission bands. Strolling Astronomer **13** 124.

8350. Luminescencja powierzchni Księżyca. Urania Kraków **30** 28—29.

8351. Luminescencja Księżyca. Urania Kraków **30** 66.

8352. Nowy fotograficzny atlas Księżyca. Urania Kraków **30** 138.

Mondfinsternisse

8353. **S. Fujinami, Y. Yamasaki,** An experiment on penumbral lunar eclipses. Sky Tel. 18 620—621. — Die Erkennbarkeit des Halbschattens auf dem Mond hängt davon ab, ob die Verdunklung der Mondscheibe größer als der Schwellenwert des menschlichen Auges ist. Mit Aufnahmen, die während der Halbschattenphase der Mondfinsternis vom 29. 11. 1955 gemacht wurden, sind von den Verf. an einer großen Zahl von Versuchspersonen Experimente über die Erkennbarkeit einer Verdunklung der Mondoberfläche gemacht worden. FS

8354. **W. W. Scharonow,** Ein neues Verfahren zur Abschätzung der Helligkeit von Mondfinsternissen aus der Sichtbarkeit von Einzelheiten der Mondscheibe. Bull. Astr.-Geod. Ges. UdSSR Nr. 24 S. 18—23 (russ.).

8355. Vision simultanée de la Lune eclipsée et du Soleil! Orion Schaffhausen 5 717.

8356. **Mondfinsternis 1957 März 13—14**

BAC **10** 198—202. Observation of lunar occultations and of eclipses of the moon and the sun. E. Buchar. — Helligkeit und Kraterkontakte.

8357. **Mondfinsternis 1957 Mai 13**

BSAF **73** 42. L'éclipse totale de Lune du 13 mai 1957 observée à Hasnon. B. Hémez.

Mitt. Archenhold-Sternw. Berlin-Treptow Nr. 51 S. 2—4. Auswertung von Schattenantrittsbeobachtungen während der totalen Mondfinsternis 1957 Mai 13/14. H. Winkler.

Mitt. Archenhold-Sternw. Berlin-Treptow Nr. 51 S. 5—7. Spektralaufnahmen während der totalen Mondfinsternis 1957 Mai 13/14. D. H. Haage.

Mitt. Archenhold-Sternw. Berlin-Treptow Nr. 51 S. 7—9. Silberkugelphotometrie der totalen Mondfinsternis 1957 Mai 13/14. D. Herrmann.

Mitt. Archenhold-Sternw. Berlin-Treptow Nr. 51 S. 9—11. Photometrie der totalen Mondfinsternis 1957 Mai 13/14 in drei Spektralbereichen. G. Libuda.

Mitt. Archenhold-Sternw. Berlin-Treptow Nr. 51 S. 11—14. Farbaufnahmen des verfinsterten Mondes. K. H. Neumann.

Sterne **35** 140—142. Vergrößerung des Erdschattens bei der Mondfinsternis 1957 Mai 13. J. Bouška.

8358. **Mondfinsternis 1959 März 24**

AC Nr. 201 S. 6—7 (russ.). Beobachtungen der Mondfinsternis vom 24. März 1959. W. M. Grigorewskij, O. E. Mandel. — Schattenkontakte mit Mondformationen.

AC Nr. 201 S. 7—9 (russ.). Beobachtungen der partiellen Mondfinsternis vom 24. März 1959. S. K. Wsechswjatskij. — Schattenkontakte mit Mondformationen.

AC Nr. 202 S. 1—2 (russ.). Beobachtungen der partiellen Mondfinsternis vom 24. März 1959 am Astronomischen Observatorium der Universität Kiew. A. K. Ossipow, N. A. Tschernega. — Kraterkontakte.

AC Nr. 202 S. 3 (russ.). Beobachtung der partiellen Mondfinsternis vom 24.—25. März 1959 in Petrodworez. I. A. Parschin. — Kraterkontakte und physische Beobachtungen.

AC Nr. 202 S. 3—4 (russ.). Die partielle Mondfinsternis vom 24. März 1959. W. M. Tschernow. — Kraterkontakte und physische Beobachtungen.

AC Nr. 204 S. 9—10 (russ.). Observations of the partial eclipse of the moon on March 24, 1959. S. W. Drosdow.

AC Nr. 205 S. 6—7 (russ.). Lunar eclipse 1959 March 24—25. J. R. Alexandrowitsch. — Kraterantritte und -austritte.

BAC **10** 198—202. Observation of lunar occultations and of eclipses of the moon and the sun. E. Buchar. — Kraterkontakte.

BSAF **73** 227—230. Éclipse partielle de Lune du 24 mars 1959. E. Geneslay, W. Groubé, P. Perni, P. Levert, B. Solås.

Ciel et Terre **75** 154. Photographies d'amateur de l'éclipse partielle de Lune du 24 mars 1959. J. Meeus.

Ciel et Terre **75** 154. Éclipse partielle de Lune, le 24 mars 1959. E. Gilson.

Ciel et Terre **75** 155. Éclipse partielle de Lune du 24 mars 1959. A. Koeckelenbergh.

Coelum **27** 88. Ecclisse parziale di Luna del 24 Marzo 1959.

Mitt. Planetenbeobachter **12** 11. Beobachtungen der partiellen Mondfinsternis am 24. März 1959. W. Schröder-Rönnebeck.

Mitt. Planetenbeobacher **12** 25—26. Beobachtung der partiellen Mondfinsternis 1959 März 24 an der Privatsternwarte Eulbach. F. Graf zu Erbach.

NAT 1959 S. 30. Partiel måneformørkelse.
Sterne **35** 204. Beobachtung der Mondfinsternis 1959 März 24 auf der Sternwarte Sonneberg. C. Hoffmeister.
Sterne **35** 204—205. Mondfinsternis 1959 März 24.

8359. **Mondfinsternis 1959 September 16—17**
Meteoor **15** 64. Amateur-waarnemingen van twee verduisteringen. P. Luxem, J. Meeus.
Sternenbote **2** 119. Partielle Mondfinsternis am 16./17. September.
Strolling Astronomer **13** 153. Penumbral lunar eclipse of September 16—17, 1959.
Urania Kraków **30** 431. Zaćmienie Księżyca przez półcień Ziemi. L. Wohlfeil.

Sternbedeckungen

8360. **J. Herrmann,** Die Beobachtung von Sternbedeckungen und ihre Bedeutung für die theoretische Astronomie. II. VdS Nachr. **8** 6—8.

8361. **F. McBain Sadler,** Predicting and observing lunar occultations. Sky Tel. **19** 84—86

8362. **J. Meeus,** De regelmaat in de sterbedekkingen. Hemel en Dampkring **57** 249—259.

8363. Occultation predictions. BAA Circ 413.

8364. Lunar occultations. J. Astr. Soc. Victoria **12** 89—90.

8365. Okkultations-kampagnen. NAT 1959 S. 32—33.

8366. Lunar occultation observations by amateurs. Sky Tel. **19** 71.

8367. **Vorausberechnungen**
Bol. As. Peruana Astr. **5** 270. Ocultacion de estrellas por la Luna. V. A. Estremadoyro.
Hemel en Dampkring **57** 54, 103, 188, 246, 299. Werkgroep bedekkingen. P. de Bruijn.
Meteoor **15** 10—12. Een rakende sterbedekking in Belgie en Nederland. J. Meeus.
Meteoor **15** 45—46. Rakende sterbedekkingen, juli—december 1959. J. Meeus.
NAT 1959 S. 87—89. Måneokkultationer 1960, beregnet for København.
NAZ **13** 21—27. Sternbedeckungen 1960.
Sky Tel. **19** 99—106. 1960 predictions for the United States and Canada.
Sternenbote **2** 7—8. Dreizehn Aldeberan-Bedeckungen durch den Mond.
VdS Nachr. **8** 59. Sternbedeckungen im III. Quartal 1959. A. Güttler.

8368. **Beobachtungen und Reduktionen**
AA **9** 183—184. Occultations of stars by the moon, observed at the Astronomical Observatory of the Wrocław University during the years 1955—1958. Z. Kordylewski.
AC Nr. 199 S. 28 (russ.). Beobachtungen von Sternbedeckungen an der Magnet-Ionosphärischen Station Irkutsk. G. W. Kuklin. — 1958 Okt. 31—Nov. 21.
AC Nr. 199 S. 28—29 (russ.). Beobachtungen von Sternbedeckungen am Astronomischen Hauptobservatorium in Golossejewo. I. W. Gawrilow. — 1958 Juni 24—Sept. 9.
AC Nr. 199 S. 29—30 (russ.). Beobachtungen von Sternbedeckungen in Odessa. J. R. Alexandrowitsch. — 1956 Okt. 15, 1957 April 8—Dez. 28, 1958 Febr. 22 — Dez. 19.
AC Nr. 200 S. 26—27 (russ.). Beobachtungen von Sternbedeckungen und der Venusbedeckung am Astrophysikalischen Observatorium Abastumani 1958. W. P. Dshapiaschwili, O. R. Bolkwadse.

AC Nr. 201 S. 22—23 (russ.). Beobachtungen von Sternbedeckungen am Astronomischen Engelhardt-Observatorium 1958. W. P. Kapralow.

AC Nr. 202 S. 20 (russ.). Beobachtungen von Sternbedeckungen am Observatorium Charkow 1958. K. N. Kusmenko, W. C. Plushnikow.

AC Nr. 202 S. 20 (russ.). Beobachtungen von Sternbedeckungen in Tomsk. G. S. Tjuterew. — 1959 Jan. 16—März 19.

AC Nr. 202 S. 21 (russ.). Beobachtungen von Sternbedeckungen am Institut für Astrophysik Akad. Wiss. Tadshik. SSR. A. M. Bacharew. — 1959 April 14—19.

AC Nr. 202 S. 21—22 (russ.). Beobachtungen von Sternbedeckungen am GAO AN USSR in Golossejewo. E. M. Sereda. — 1959 Febr. 12—April 19.

AC Nr. 205 S. 26—27 (russ.). Occultations of stars by the moon in Irkutsk. G. Kuklin. — 1959 Febr.—Sept.

AC Nr. 207 S. 20—21 (russ.). Observations of occultations of stars by the moon in Kiew. A. K. Ossipow. — 1958 Mai 23, 1959 Febr.—Okt.

BAC **10** 102. Observations of occultations made at the University Observatory Prague in the year 1958. J. Bouška.

BAC **10** 115. Occultations observed at the Astronomical Observatory Skalnaté Pleso in 1958. M. Antal.

BAC **10** 181. Observations of occultations made at the People's Observatory Prague-Petřín in the year 1958. R. Rajchl.

BAC **10** 198—202. Observation of lunar occultations and of eclipses of the moon and the sun. E. Buchar. — 1950—1955.

BAC **10** 203—204. Occultations observed at the Observatory Skalnaté Pleso in the first half of 1959. M. Antal.

Bol. Inst. Mat. Astr. Fis. Cordóba **1** Nr. 1 S. 35, 1957. Ocultaciones de estrellas por la Luna observadas durante el año 1956 en el Observatorio Astronomico de la Universidad Nacional de Cordóba, Republica Argentina. D. McLeish, A. Puch.

Bull. Obs. Astr. Beograd **22** Nr. 3—4 S. 4. Occultations d'étoiles par la Lune observées à l'Observatoire de Beograd en 1957. Dačić, Brkić, Čepinac, Djurković, Mitić, Protitch, Teleki.

Circ. Astr. Obs. Taschkent Nr. 299 S. 16 (russ.). Beobachtung von Sternbedeckungen in Taschkent. K. F. Kuleschowa, B. N. Tirnstein. — 1959 März 17.

Circ. Astr. Obs. Taschkent Nr. 300 S. 21 (russ.). Beobachtung von Sternbedeckungen in Taschkent. A. Kadyrow. — 1959 April 17—18.

NAT 1959 S. 27. Observationer af okkultationer af stjerner ved månen. Reinbach, Darsenius, Darnell, Hegvad, Klinting. — 1958 Jan. 28—Okt. 20.

NAZ **13** 4. Sternbedeckungen. W. Malsch. — 1958 Febr. 28.

NAZ **13** 20. Sternbedeckungen. Beobachtungen der Schwäbischen Sternwarte Stuttgart. R. Schneider. — 1955 März—1959 März.

Publ. Astr. Obs. Kiew Nr. 8 S. 112—114 (russ.). Beobachtungen von Sternbedeckungen am Astronomischen Observatorium der Staatsuniversität Kiew 1951—1953. A. K. Ossipow, K. W. Alikajewa.

8369. Bedeckungen von Planeten

AC Nr. 200 S. 26—27 (russ.). Vgl. Sternbedeckungen.

El Universo **13** 147—148. Ocultación de Venus por la Luna. J. G. Hernández. — Beob. 1959 März 11.

Mondformationen

8370. N. P. Barabaschow, W. I. Jeserskij, Colour contrasts of lunar craters. AC Nr. 205 S. 9—10 (russ.). — Aus je zwei Rot- und Blau-Aufnahmen (6500 und 4150 Å) aus dem Jahr 1953 wurden für 18 Kratergebiete gegenüber Mare Crisium ($\varphi = +26°$; $\lambda = +57°$) spezielle, arithmetisch gemittelte Farbenexzesse und deren mittlere Abweichungen vom Mittelwert bestimmt und in einer Tabelle angegeben. Alle Krater sind röter als MC. Eine Farbänderung als Funktion des Abstandes vom Kratermittelpunkt wurde nicht beobachtet. Gelegentlich scheint die Farbe mosaikartig verteilt zu sein (vgl. Firsoff, AJB 58 Ref. 7316). Petri

8371. **N. P. Barabaschow, W. I. Jeserskij, W. A. Fedorez,** On colour contrasts of the lunar surface. AJ UdSSR **36** 496—502 (russ. mit engl. Ref.). — Die photographisch-spektralphotometrische Untersuchung zahlreicher Teile der Mondoberfläche ergab in Bestätigung und Ergänzung früherer Arbeiten, daß die Albedo mit der Wellenlänge zunimmt. Das Verhältnis von Δ CI zu Δ lg I_{550} liegt bei 0.6. Die Farbkontraste betragen, im üblichen Farbenindexsystem gemessen, durchschnittlich etwa $0^m.25$. Petri

8372. **N. P. Barabaschow, A. T. Tschekirda,** Rocks most similar to those composing the lunar surface. AJ UdSSR **36** 851—855 (russ. mit engl. Ref.). — Ein eingehender Vergleich verschiedenster auf optischem Wege gewonnener Kriterien der Mondoberfläche mit irdischen Mineralien ergibt keine Hinweise auf einen früheren schmelzflüssigen Zustand. Vielmehr dürfte die Mondoberfläche von Tuffsteinen und stellenweise auch von grober Vulkanasche bedeckt sein. Petri

8373. **N. P. Barabaschow,** Vergleich von Mondobjekten mit irdischen Felsengesteinen. Circ. Astr. Obs. Charkow Nr. 19 S. 3—26, 1958 (russ.).

8374. **N. P. Barabaschow, A. T. Tschekirda,** Über Felsengesteine, die denen am besten entsprechen, die auf der Mondoberfläche vorkommen. Mitt. Kommission Planetenphysik Nr. 1 S. 5—39 (russ.). — Die Untersuchung stützt sich auf photometrische und spektralphotometrische Messungen am Mond und an Gesteinen durch die Autoren sowie auf andere Merkmale. Die sich aus zahlreichen und verschiedenartigen Untersuchungsmethoden ergebenden Resultate zeigen, daß die Mondoberfläche einer Schmelzkruste nicht ähnlich ist. Sie kann am ehesten mit einer Bedeckung aus zerkleinertem vulkanischem Tuffstein verglichen werden, an einigen Stellen mit grobkörniger vulkanischer Asche. Loh.

8375. **N. P. Barabaschow, I. K. Kowal,** Versuch einer photographischen Polarimetrie des Mondes mit Lichtfiltern. Mitt. Kommission Planetenphysik Nr. 1 S. 55—58 (russ.). — Die Mehrzahl der Mondformationen hat nach photographischen Polarisationsmessungen die größten Polarisationsgrade im Blauen, nur einige im Roten. Loh.

8376. **N. P. Barabaschow, W. A. Jeserskaja, W. I. Jeserskij, T. I. Ischutina,** Über die photometrische Homogenität der Mondoberfläche. Mitt. Kommission Planetenphysik Nr. 1 S. 67—79 (russ.). — Auf Grund der Angaben im Katalog von Fedorez über das Reflexionsvermögen von Mondformationen (vgl. AJB 52 Ref. 7306) und eigens hierzu ausgemessener Mondaufnahmen wird festgestellt, daß die Mondoberfläche in hohem Grad photometrisch homogen ist, d. h. im Mittel ein und denselben Porositätsgrad besitzt. Loh.

8377. **K. Beneš,** Remarks to the tectonic structure of some lunar maria. RH **40** 208—212 (tschech.).

8378. **K. Beneš,** Remarks to the tectonic structure of some lunar formations. RH **40** 233—236 (tschech.).

8379. **K. von Bülow,** Fundamentaltektonische Parallelen zwischen Mond und Erde. Forschungen Fortschritte **33** 1—4.

8380. **C. A. Cross,** The meteoric hypothesis and «tectonic grids». JBAA **69** 219—220.

8381. **J. van Diggelen,** Photometric properties of lunar crater floors. Rech. Astr. Obs. Utrecht **14** Part 2, 114 S. — Photographische Integralphotometrie von 38 Kraterböden bei verschiedenen Mondphasen. Das sehr gut mit früheren Beobachtungen übereinstimmende Phasengesetz mit seinem typischen Maximum bei Vollmond oder nahe dabei (bei hellen, umstrahlten Kratern) erlaubt keine Darstellung durch einfache Streugesetze der Mondoberfläche, wird aber wiederum durch eine porige Struktur derselben gut wiedergegeben, wenn man mit Bennett annimmt, daß $^2/_3$ der nach dem Lambertschen Gesetz streuenden Mondoberfläche von halbellipsoidischen Löchern eingenommen werden, deren Tiefe dreimal so groß ist wie ihr Radius. Durch Berücksichtigung einer gleichartigen Streuung der Innenwand gelingt noch eine kleine Verbesserung. In Bestätigung von Beleuchtungsversuchen an profilierten Modelloberflächen, aber im Gegensatz zu Vulkanaschen und Glasperlen, streut auch eine lockere Schicht der Flechte Cladonia Rangiferina ähnlich wie die Mondoberfläche. Danach steht die große Tiefe der Bennettschen Löcher der Annahme von Sytinskaja und Scharonow nicht im Wege, wonach die Mondoberfläche überall eine durch den Einschlag von Mikrometeoriten erzeugte schlackenartig-porige Struktur hat, die möglicherweise noch von einer sehr dünnen Aschenschicht überdeckt ist. Eine Vergrößerung der Porenfläche auf 75 % der Oberfläche führt zu einer befriedigenden Darstellung der Kraterstrahlen. Das gegen das Baldwinsche Gesetz verstoßende Profil der Poren läßt den Verf. ihre Dimensionen im cm- oder mm-Bereich suchen. Aber auch eine schwammige Überdeckung der Mondoberfläche mit photoelektrisch aufgeladenen Staubpartikeln erscheint möglich. Gü.

8382. **W. G. v. Dorn, Z. Kopal,** Origin of the lunar craters and maria. Nature **183** 737—738 = Astr. Contr. Univ. Manchester (3) Nr. 64. — Auf Grund von Ergebnissen terrestrischer Kernexplosionen übt v. Dorn Kritik an der Kopalschen Hypothese der Entstehung von Kratern und Maren. Kopal verteidigt seine Auffassung unter Hinweis auf die anders gearteten Bedingungen auf dem Mond und hebt die Bedeutung des kumulativen Effekts seismischer Störungen erneut hervor. Loh.

8383. **D. Eksinger,** Razne hipoteze postanka Mesečevih kratera. Vasiona **6** 88—89, 1958.

8384. **G. Fielder,** Measurement of the profile of a lunar wrinkle ridge. Vgl. AJB **58** Ref. **7381** = Astr. Contr. Univ. Manchester (3) Nr. 61.

8385. **G. Fielder,** Lunar lattice patterns and their time of origin. Vgl. AJB **58** Ref. **7382** = Astr. Contr. Univ. Manchester (3) Nr. 56.

8386. **G. Fielder,** The physical nature of the surface of the moon. J. British Interplanetary Soc. **17** 57—58.

8387. **A. G. Gaydon, R. C. M. Learner,** Simulation of lunar craters: a blow-hole theory. Nature **183** 37. — Verf. berichten über die Bildung von Blasen in Magnesiumcarbonat, wenn dieses in einen Rezipienten gebracht und dieser rasch luftleer gemacht wird. Ähnliche Effekte treten auf, wenn trockenes Pulver (Sand, Salz, Magnesiumoxyd bzw. -carbonat) eingebracht wird, und durch ein dünnes Loch im Boden des Rezipienten Luft eindringen kann. In Übertragung auf den Mond würde es zur Bildung regelmäßiger Krater durch das Platzen okkludierter Gasblasen kommen, weil die emporgesprühten Staubmassen durch das Fehlen einer Atmosphäre nicht vom Wind verweht werden können. Durch Stoßwellenanregung von CO, CO_2 oder CH_4 kann es zur C_2-Swan-Emission kommen. Loh.

8388. **L. A. Giamboni,** Lunar rays: their formation and age. ApJ **130** 324—335. — Das Entstehen der Kopernikus- und Tycho-Strahlen wird durch explosiven Materieauswurf vom Krater in diskreten Azimuten und verschiedenen Höhenwinkeln angenommen, wobei speziell Doppelstrahlen entstehen können. Der Mechanismus ist in die sehr frühe Mondgeschichte zu verlegen. Aus dem Verlauf der Tycho-Strahlen ergibt sich die damalige Rotationszeit zwischen $0^d\!.5$ und $6^d\!.8$ bei nicht erheblich anderer Pollage. hz

8389. **A. Güttler,** Zur plutonischen Theorie der Mondformationen. Mitt. Planetenbeobachter **12** 49—55.

8390. **W. A. Jeserskaja, W. I. Jeserskij,** Comparison of the catalogues of lunar surface reflectivity. AC Nr. 205 S. 10—11 (russ.). — Der Vergleich bezieht sich auf die Kataloge von Sytinskaja-Scharonow (Abh. Univ. Leningrad Nr. 153 S. 114—154, 1952) und Fedorez (vgl. AJB **52** Ref. **7306**), deren photometrische Systeme kleine Unterschiede aufweisen. Loh.

8391. **E. K. Kochan,** Untersuchung des Polarisationsgrades und -winkels des von Mondformationen reflektierten Lichts in drei Spektralbereichen. Mitt. Kommission Planetenphysik Nr. 1 S. 41—53 (russ.). — In der vorliegenden Arbeit berichtet Verf. über Verfahren und Ergebnisse von Polarisationsbeobachtungen des Mondes im Gesamtlicht und durch Blau- und Gelbfilter in Pulkowo und Abastumani von 1955 bis 1958. Von den zahlreichen Einzelergebnissen sind hervorzuheben: 1) Der Polarisationsgrad (p) aller Details ist im Blauen größer als im Gelben; 2) Bei den Phasenwinkeln 0 und $\pm 27^\circ\!.5$ ist $p = o$ in allen Farben, dazwischen negativ; 3) Die Mare geben die größte Polarisation; 4) Der maximale Polarisationsgrad hängt von der maximalen Helligkeit der Formation(en) ab; 5) Die Lage der Polarisationsebene hängt vom Phasenwinkel ab; bei Vollmond erfolgt eine sehr schnelle Drehung. Loh.

8392. **Z. Kopal,** Origin of the lunar craters and maria. Nature **183** 169—170 = Astr. Contr. Univ. Manchester (3) Nr. 42. — Wenn die beim Aufprall eines Kometen(kopfes) auf den Mond freiwerdende kinetische Energie vollständig in Wärme umgewandelt würde, könnte sie ausreichen, um auch größere Gebiete der Mondoberfläche in einen lavaähnlichen Zustand zu versetzen und damit die Herkunft der Mare zu erklären. Derartige Zusammenstöße dürften trotz ihrer — bei großen Energien — sehr geringen Wahrscheinlichkeit im Laufe der Existenz des Mondes in ausreichender Zahl vorgekommen sein. Durch Zusammenstöße mit kleineren Kometen könnten Krater von der Art des Plato, Archimedes oder auch Alphonsus entstanden sein. Vielleicht ist die in letzterem vor kurzem beobachtete Gasentladung dahingehend zu deuten, daß das dort durch einen lang zurückliegenden Zusammenstoß mit einem Kometen entstandene Gas durch einen Zufall frei geworden ist. Loh.

8393. **K. Krejci-Graf,** Der Bau der Mondoberfläche im Vergleich mit der Erde. Daten und Deutung. Astronaut. Acta **5** 163—223. — Die Deutung der Formen der Mondoberfläche wird hauptsächlich dadurch erschwert, daß unsere Kenntnis der Erdrinde sehr beschränkt ist. Bei der Deutung sind die Regeln für Modellversuche zu berücksichtigen: die physikalischen Eigenschaften der Stoffe müssen dem Maßstab entsprechend geändert werden. Bei Vorgängen geht die mechanische Ähnlichkeit des Maßstabes verloren. Die Maria sind vermutlich Lavaergüsse entsprechend den großen Eruptivdecken der Erde. Die Mondkrater sind als vulkanische Formen zu deuten. Die Meteorhypothese versagt bei den reihenförmig angeordneten Kratern und den gefüllten Kratern, z. B. Wargentin; die kreisrunde Form der Mondkrater ist nicht vereinbar mit dem schiefen Aufprall der Meteorite. Die Streifen müssen als Aschenauswürfe gedeutet werden. An nutzbaren Mineralien ist das Vorkommen von Hydraten und Carbonaten, sowie von anderen Stoffen vulkanischer Exhalationen oder Auswürfe, einigermaßen wahrscheinlich. Verf.

8394. **P. Lacroute,** Sur la formation des mers lunaires. CR **249** 2495—2496. — Ausgehend von der Tatsache, daß die Aufnahmen der Rückseite des Mondes weitaus weniger Mare zeigen als die Vorderseite, wird eine Hypothese entwickelt, derzufolge die Mare durch den Einsturz relativ langsamer (5—10 km/sec), aber massereicher Meteore hervorgerufen wurden, die sich nahezu in der Bahnebene des Mondes bewegt haben und durch das kombinierte Gravitationsfeld von Erde und Mond auf dessen Vorderseite konzentriert wurden. J. P. M.

8395. **J. N. Lipskij,** Distinctive features of spectrophotometric studies of the lunar surface. AJ UdSSR **36** 322—326 (russ. mit engl. Ref.). — Für spektralphotometrische Untersuchungen der Mondoberfläche ist es oft erforderlich, den Polarisationsgrad und die Orientierung der Polarisationsebene in Rechnung zu stellen, besonders wenn räumlich von einander entfernte Gebiete auf dem Monde verglichen werden. Die Einflüsse werden in ihrer Abhängigkeit von der Wellenlänge und für verschiedene Spektrographentypen analytisch diskutiert und graphisch dargestellt. Petri

8396. **K. A. Ljubarskij,** Versuch zur Bestimmung des absoluten Alters von Mondformationen. Bull. Astr.-Geod. Ges. UdSSR Nr. 25 S. 3—8 (russ.).

8397. **A. Marks,** Krajobraz Księżyca. Urania Kraków **30** 17—20.

8398. **J. Pok,** Sztuczne kratery księżycowe. Urania Kraków **30** 178—179.

8399. **T. J. Richards,** The profiles of lunar objects. A semi-graphical method of analysis. Southern Stars **18** 32—38. — Verf. beschreibt ein für Amateure mit nur elementaren mathematischen Kenntnissen gedachtes Verfahren zur Ermittlung des Profils eines Mondobjekts. Loh.

83100. **P. F. Sabanejew,** Ergebnisse der Modellierung von Mondkratern auf einer sphärischen Oberfläche. Bull. Astr.-Geod. Ges. UdSSR Nr. 24 S. 53—56 (russ.).

83101. **A. N. Sergejewa,** Spektralphotometrie von Mondformationen. Mitt. Kommission Planetenphysik Nr. 1 S. 59—66 (russ.). — Die hier mitgeteilten vorläufigen Ergebnisse besagen, daß Farbkontraste in der Mehrzahl der Fälle fehlen und nur selten 20% erreichen. Im Vergleich mit den Maren sind Krater und Gebirgszüge rötlich getönt, nur in zwei Fällen erscheinen Mare rötlich. Loh.

83102. **W. G. Teufel,** On the spectral-polarization characteristics of the lunar surface. AC Nr. 205 S. 7—8 (russ.). — 108 Spektrogramme von 12 Mondgebieten, die 1959 Juni/Juli unter Vorschaltung eines Polarisationsfilters gewonnen waren, ergaben eine Abnahme des Polarisationsgrades um 5—7% mit zunehmender Wellenlänge im Intervall $\lambda = 4000$—6200 Å. Wenn man den wellenlängigen Polarisationsgrad an die mittleren Albedowerte für λ 4300 und 5600 Å nach L. N. Radlowa (vgl. RAJ **20** Nr. 5—6, 1943) anschließt auf Grund der Formel $\Delta P\lambda = P_{5600} - P_{4300} = -1.95\ (\overline{A}_{5600} - \overline{A}_{4300})$, so ergeben sich aus diesen Beobachtungen $\Delta P\lambda = -0.01$ bis -0.05, die mit den Werten von -0.03 für «Meere» und -0.07 für «Kontinente» gut verträglich sind. Petri

83103. **W. G. Teufel,** On the normal colour indices and the dependence colour-brightness for regions of the lunar surface. AJ UdSSR **36** 114—120 (russ. mit engl. Ref.). — Die Farbenindizes von 262 kleinen Gebieten der Mondoberfläche liegen nach den Angaben eines im Druck befindlichen Katalogs des Verf. zwischen $+0^m\!.76$ und $0^m\!.85$, wobei für Capella $0^m\!.82$ angenommen wurde. Der mittlere Farbenindex aller 262 Details beträgt $0^m\!.85$. Die Streuung in der Proportionalität zwischen der Helligkeit bei 5500 Å und dem Farbenindex läßt sich herabdrücken, wenn man sich auf einzelne Mare etc. beschränkt, sofern nur noch genügend Meßpunkte zur Verfügung stehen. Loh.

83104. **W. G. Teufel,** On the difference in the spectral properties of areas of the lunar surface. AJ UdSSR **36** 1041—1046 (russ. mit engl. Ref.). — Die Ergebnisse spektralphotometrischer Messungen für 90 Gebiete der Mondoberfläche im Intervall λ 390—620 mμ werden mitgeteilt. Der fast monotone Verlauf der Intensitätsverteilungskurven, die relativ zu einer Bezugsfläche im Mare Vaporum konstruiert wurden, zeigt, daß im allgemeinen Farbenindizes zur Charakterisierung ausreichen. Eine Tabelle enthält Gradienten für λ 390—500 mμ und für λ 510—620 mμ. In der Hälfte der Fälle würde ein mittlerer Gradient genügen. Die geringen systematischen Unterschiede der Gradienten für morphologisch verschiedene Gruppen von Objekten bestätigen frühere aus Farbenindexbeobachtungen erhaltene Ergebnisse. O. G.

83105. **M. Wähnl,** Die spezielle Mondbeobachtung — das Phänomen der weißen Krater auf dem Mond. Veröff. Urania-Sternw. Wien Nr. 2 S. 29—31.

83106. Données récentes sur la nature du sol et l'origine du relief de la Lune. BSAF **73** 326—328.

83107. Craters on the moon. Nature **183** 864—865.

83108. Lunar topography. Southern Stars **18** 38.

83109. Some comments on a lunar research project. Strolling Astronomer **13** 95—96.

83110. Przewodnik po Księżycu. Urania Kraków **30** 105—109, 141—142, 186—191, 229—230, 264—266, 302—303, 328—330, 364—365, 391.

83111. **Mitteilungen über einzelne Mondformationen**

Astronautica 8 16—20. Da Cassini al Promontorio Heraclides. Itinerario lunare. I. Guerrini.

BSAF **73** 256. Lune.

DO-CIA Nr. 49. Intéressante formation lunaire près du Cirque Fra Mauro.

El Universo **13** 21—27. Aristarchus y Herodotus. Valle de Schröter. R. Compte Porta.

El Universo **13** 94—95. Observando la Luna. D. Martínez García.

Irish AJ **5** 173—177. Two lunar formations. L. Milling.

Meteoor **15** 80—82. Een «interessante» maanformatie bij de ringberg Fra Mauro. T. E. de Vries.

Sky Tel. **18** 555. Profile of a lunar ridge.

Sterne **35** 142—143. Der «verschwundene Riesenkrater» Alhazen in Abendbeleuchtung. P. Ahnert.

Sterne **35** 160. Beobachtungen im Mondkrater Alphonsus. L. Bartha.

Strolling Astronomer **13** 45. The O'Neill bridge again.

Strolling Astronomer **13** 45—46. Cleft south of Plato.

Strolling Astronomer **13** 46. Concerning very fine lunar detail.

Strolling Astronomer **13** 46. Lunar dome near Arago.

Strolling Astronomer **13** 95. Temporary bright spot on the moon.

Strolling Astronomer **13** 123. Burg.

Strolling Astronomer **13** 137—140. The great dome near Vitruvius. J. Ashbrook, E. E. Both.

Strolling Astronomer **13** 153. Cleft system near Grimaldi. C. M. Cyrus.

Strolling Astronomer **13** 153—156. Plato. P. McIntosh.

Strolling Astronomer **13** 156. Linné.

Urania Kraków **30** 29—30. «Krzyż» na Księżycu.

Urania Kraków **30** 185—186. Obserwacje «krzyża» na Księżycu. G. W. Cooklyn.

Mondvulkanismus

83112. **F. Fischer, K. Fischer,** Mondvulkanismus. Vesmír **38** 119 (tschech.).

83113. **J. H. Fremlin,** Volcanoes on the moon. Nature **183** 239. — Ref. in Urania Kraków **30** 177. — Die von Kosyrew beobachtete Aktivität im Mondkrater Alphonsus braucht nicht als vulkanische Aktivität im Sinne der terrestrischen betrachtet zu werden. Weil nämlich ein auch nur geringer Wärmefluß vom Mondinnern oder infolge lunarer Radioaktivität zu einem Wärmestau an der unteren Grenze der lunaren Staubschicht führen kann, ist die Aktivität des Mondes in Hinblick auf den dort reichlich vorhandenen Staub — insbesondere in den Kratern —, dessen thermische Leitfähigkeit außerordentlich klein ist, eher einem ruckartigen Kochen analog. Loh.

83114. **J. Sadil,** Does exist the vulcanic activity on the moon? RH **40** 10—12 (tschech.).

83115. **M. W. Windsor,** Volcanoes on the moon. Nature **184** 1556—1557. — Ref. in JBAA **70** 243—244. — Da Kosyrews Beobachtung der Alphonsus-Aufhellung zeitlich nahe mit einer Sonneneruption zusammenfiel, schlägt Verf. vor, an nicht stark erhitzten Stellen der Oberfläche könne chemisch instabiles Material (photodissoziierte Radikale) existieren und unter Wirkung energiereicher Strahlung oder Teilchen exotherm reagieren. In diesem Falle wären solche Erscheinungen auf der Tagseite des Mondes, auch außerhalb von Kratern, möglich. hz

83116. **Mondkrater Alphonsus**

BAA Circ 408. Red patch in Alphonsus?

BAA Circ 416. Lunar crater Alphonsus.

BSAF **73** 140—141. Changements sur la Lune.

Coelum **27** 7—8. Supposta eruzione vulcanica lunare. G. Ruggieri.

DO-CIA Nr. 45. Les phénomènes éruptifs du cratère lunaire Alphonse.

El Universo **13** 75. Luz Cenicienta. A. M. Velasco.

El Universo **13** 101—104. ¿Volcanos activos en la Luna? H. Scheffler.

Hemel en Dampkring **57** 181—183. Uitbarsting op de maan?

Meteoor **15** 10. De Maan. Bewaking van de Ringberg Alphonsus. T. E. de Vries.

NAT 1959 S. 69. Vulkansk udbrud på Månen?

Nature **184** 856. Volcanic activity on the moon.

Orion Schaffhausen **5** 623. Gasausbruch auf dem Mond?

PAT **40** 23—28. «Vulkanutbrott» och andra förändringar på Månytan. K. Lodén.

Pokroky **4** 704—708 (tschech.). Vulcanic activity on the moon. N. A. Kosyrew.

Priroda **48** Nr. 3 S. 84—87 (russ.). Vulkantätigkeit auf dem Mond. N. A. Kosyrew. — Ins Polnische übersetzt und erschienen in Urania Kraków **30** 215—222 von W. Jodłowski.

Publ ASP **71** 46—47. The Kozyrev observations of Alphonsus. D. Alter.

Publ ASP **71** 233—235. Recent observations of possible volcanic activity within the lunar crater Alphonsus. H. F. Poppendiek, W. H. Bond.—Publ ASP **71** 236. Comment on the preceding paper. W. H. Haas. — Die ersten Autoren verfolgten 1958 Nov. 19 eine Wolke (diffuse Aufhellung) im Innern des Alphonsus (am Terminator) mindestens 20 Minuten lang und schreiben sie Vulkangasen vom Zentralberg zu. Bei den gleichzeitigen Beobachtungen von Haas war im Krater nichts Derartiges zu sehen. hz

Sky Tel. **18** 123, 131. Volcanic activity on the moon.

Sky Tel. **18** 184—186. Observation of a volcanic process on the moon. N. A. Kosyrew. Mit einer Bemerkung von G. P. Kuiper S. 307 und einer von N. A. Kosyrew S. 561.

Southern Stars **18** 94. Volcanic activity on the moon. N. A. Kosyrew.

Spaceflight **2** 11, 21. The Alphonsus outbreak. P. Moore.

Sterne **35** 85. Mondkrater Alphonsus. — Ref.

Strolling Astronomer **13** 34—38. Some further notes on the recent apparent volcanic activity in the lunar crater Alphonsus. W. H. Haas.

Strolling Astronomer **13** 83—85. The history of Alphonsus. P. Moore.

Strolling Astronomer **13** 94—95. More about Alphonsus.

Strolling Astronomer **13** 100—101. Some observations of Alphonsus and Plato with a large telescope. A. K. Herring.

Urania København **16** 20—24. Vulkanudbruddet paa Maanen. C. Luplau Janssen.

Urania Kraków **30** 27—28. Wybuch wulkanu na Księżycu.

Vasiona **7** 8 (serb.-kroat. mit engl. Ref.). Volcanic appearings in the crater Alphonsus. L. Bartha.

VdS Nachr. **8** 27—29. Der «Vulkanausbruch» im Mondkrater Alphonsus. J. Herrmann.

Rückseite des Mondes

83117. Die ersten Photographien der Rückseite des Mondes. Moskau, Verlag Akad. Wiss. UdSSR, 1959. 35 S. Preis 4 R. (russ.). — Inhalt: Einleitung, S. 7; Die Konstruktion der kosmischen Rakete, S. 9; Der Flug der kosmischen Rakete, S. 14; Photographierung und Bildübermittlung, S. 24; Die unsichtbare Seite des Mondes, S. 31. — Besprechung in Priroda **49** Nr. 1 S. 117—118 (S. O. Smugly), RJ UdSSR 1960 Nr. 6 S. 62 (W. W. Scharonow), Urania Kraków **31** 185 (M. Pańków).

83118. **N. P. Barabaschow, J. N. Lipskij,** First results of investigation of the other side of the lunar surface. AC Nr. 206 S. 1—4 (russ.).

83119. **N. P. Barabaschow, J. N. Lipskij,** First results derived from the photographs of the moon's back side. DAN **129** 1000—1002 (russ.).

83120. **D. B. Beard,** Absence of craters on the far side of the moon. Nature **184** 1631. — Wenn auf der Rückseite des Mondes tatsächlich weniger Krater vorhanden sein sollten als auf der Vorderseite, dann kann man diesen Verhalt als Effekt des terrestrischen Gravitationsfeldes auf sich um die Sonne bewegende meteoritische Materie erklären. Dann hat sich auch die Bewegung der interplanetaren Materie in der Zeit, die seit der Bildung der Mondoberfläche vergangen ist, nicht wesentlich verändert, und die Mondkrater entstanden nicht durch die Einwirkung extraplanetarer Materie. Loh.

83121. **J. Bouška,** The moon reached. RH **40** 185—186 (tschech.).

83122. **G. Dedebant, P. Schereschewsky,** Sur la possibilité d'observer la face cachée de la Lune. CR **248** 3530—3532. — An Hand elementarer Näherungslösungen werden die Möglichkeiten einer zur Beobachtung der Mondrückseite günstigen Raketenbahn diskutiert. J. P. M.

83123. **C. Luplau Janssen,** Maanens bagside. Urania København **16** 81—84.

83124. **J. Klepešta, A. Rükl,** Photographs of the invisible lunar hemisphere. RH **40** 225—227 (tschech.).

83125. **G. W. Petrowitsch,** Die Untersuchung des Mondes mit Raketen. Bote Akad. Wiss. UdSSR 1959 Nr. 11 S. 3—22 (russ.). — Ref. in RJ UdSSR 1960 Nr. 6 S. 62—63.

83126. **G. Ruggieri,** Considerazioni su nuovi indirizzi della selenologia in conseguenza dei recenti ritrovamenti lunari sovietici. Astronautica 8 225—228.

83127. **N. Vichney,** Comment furent prises les premières photos de la face invisible de la Lune. La Nature **87** 513—520.

83128. **A. Wróblewski,** Odwrotna strona Księżyca. Urania Kraków **30** 20—27. — Allgemein verständliche Darstellung der optischen Libration und Betrachtungen über die Rückseite des Mondes. E. R.

83129. **A. Wróblewski,** Pierwsza fotografia drugiej półkuli Księżyca. Urania Kraków **30** 424—427. — Beschreibung der ersten Aufnahme der Rückseite des Mondes. E. R.

83130. Měsíc neznámý — První fotografie odvrácené strany Měsíce. Aus dem Russischen übersetzt von Z. Ceplecha. Prag, Verlag Akad. Wiss., 1959. 40 S. Preis 8.60 Kčs. — Besprechung in RH **41** 102.

83131. Fotografia del otro lado de la Luna. Bol. As. Peruana Astr. **5** 284—285.

83132. Moon pictures show «monotonous» other side. Science **130** 1241—1242.

83133. First photograph of moon's far side. Sky Tel. **19** 72—73.

83134. Moon's averted hemisphere photograph. Strolling Astronomer **13** 156.

83135. Månens bagside. Urania København **16** 79.

§ 84

Mars

8401. **L. B. Abbey jr.,** The nomenclature of the planet Mars and the IAU. Strolling Astronomer **13** 106—108.

8402. **E. Antonini,** Observations de Mars, 1943—1959. Arch. Sci. Genève **12** 31—50 = Publ. Obs. Genève (A) Fasc. 60. — Die an verschiedenen Sternwarten und Instrumenten durchgeführten Beobachtungen betreffen jahreszeitliche und nichtperiodische Schwankungen, Farbtönungen, Kanäle, Atmosphäre — Wolken, atmosphärischen Druck, Temperatur, Oberfläche und Perspektiven visueller Beobachtungen. Loh.

8403. **K. K. Bandyopadhyay,** Relative intensity distribution on Mars in red light during the 1954 opposition. Kodaikanal Obs. Bull. Nr. 154 S. 9—25. — Elf ausgewählte Photographien wurden mikroregistriert. Die resultierenden Isophotenskizzen werden gegeben. hz

8404. **N. P. Barabaschow, I. K. Kowal,** Die hauptsächlichsten Ergebnisse der Marsbeobachtungen 1956 am Astronomischen Observatorium Charkow. Bote Akad. Wiss. Ukrain. SSR 1959 Nr. 1 S. 15—23 (ukrain.). — Ref. in RJ UdSSR 1959 Nr. 11 S. 71.

8405. **N. P. Barabaschow,** Vorläufige Ergebnisse der Marsbeobachtungen während der Opposition 1956. Circ. Astr. Obs. Charkow Nr. 18 S. 3—9, 1958 (russ.). — Zwischen dem 15. Juni und dem 15. Nov. 1956 wurden an 52 Beobachtungstagen etwa 3000 Marsaufnahmen in sechs Farben (360, 460, 520, 640, 750, 840 mμ) erhalten. Dazu kamen noch 140 Zeichnungen in drei Farben und 15 Integralspektren mit Objektivprisma. Zahlreiche einzelne Formationen und die an ihnen erfolgten, zum Teil bedeutenden Änderungen werden beschrieben. Loh.

8406. **N. P. Barabaschow,** Neues zur Erforschung des Mars. Priroda **48** Nr. 6 S. 13—18 (russ.). — Zusammenfassender Bericht über vor allem sowjetische Beobachtungsergebnisse während der Opposition 1956. Loh.

8407. **N. P. Barabaschow, I. K. Kowal,** Über die Helligkeitsverteilung in den Mars«maren». Sitzber. Akad. Wiss. Ukrain. SSR 1959 Nr. 2 S. 153—155 (ukrain. mit russ. und engl. Ref.). — Ref. in RJ UdSSR 1960 Nr. 1 S. 65—66.

8408. **A. Boggess III, L. Dunkelman,** Ultraviolet reflectivities of Mars and Jupiter. ApJ **129** 236—237. — Von einer Rakete über White Sands aus wurden Mars und Jupiter photoelektrisch bei 270 mμ gemessen. Die Reflexion der Violettschicht des Mars ist im UV merklich höher als in blauem Licht. hz

8409. **J. Bouška,** The new nomenclature for Mars. RH **40** 109—112 (tschech.).

8410. **C. Bréan,** La oposición de Marte de 1958. El Universo **13** 71—74.

8411. **I. R. H. Brickett,** Some observations of Mars — 1958. MN ASSA **18** 39—45. — Mitteilungen über das Aussehen und Verhalten zahlreicher Marsformationen am 9″-Refraktor des Union Obs. Loh.

8412. **B. Burrell,** On the Martian yellow cloud in 1956. Obs **79** 107—109.

8413. **H. Camichel,** La planète Mars. BSAF **73** 297—300, 363—367.

8414. **H. Camichel,** Mars observations at the Pic du Midi. Sky Tel. 18 600—604.

8415. **W. Carnuth,** Mars 1958/59. Mitt. Planetenbeobachter **12** 55—59.

8416. **T. R. Cave,** The amateur Mars observer and some notes on the 1958—59 apparition. Strolling Astronomer **13** 128—134.

8417. **R. Chauvin,** La nature de la vie sur Mars. La Nature **87** 531—532.

8418. **S. Cortesi,** Mars: présentation 1958—1959. Orion Schaffhausen **5** 605—611.

8419. **V. Croce,** L'opposizione di Marte del 1958. Coelum **27** 40—44.

8420. **C. A. Cross,** Conditions on Mars. Spaceflight **2** 25—29.

8421. **D. L. Cyr,** Mars Revisited. Philadelphia, Dorrance & Co., Inc., 1959. Preis $ 3.00. — Besprechung in Strolling Astronomer **13** 152—153 (J. R. Smith).

8422. **J. H. Focas,** Etude photométrique de la variation saisonnière de la brillance des régions sombres de la planète Mars. CR **248** 924—926. — Die dunklen Gebiete des Marsbodens werden nach Winterbeginn in Richtung von den Polen zum Äquator mit einer Geschwindigkeit von etwa 35 km/Marstag dunkler. Nach Überschreiten des Äquators klingt der Vorgang bei Sommerende in etwa 22° Breite der anderen Halbkugel aus. Aller Wahrscheinlichkeit nach steht dieses Dunkeln mit der großräumigen Diffusion des Wasserdampfes in der Marsatmosphäre in enger Beziehung. Loh.

* * **T. Gehrels,** Polarization of the light from Moon, Mars, Venus, and NGC 7023. Vgl. Ref. 8312.

8423. **E. Geneslay, A. Dollfus,** Les calottes polaires de Mars. BSAF **73** 265—276. — Geneslay berechnet die Wärmezustrahlung in der Marssüdpolgegend, vergleicht einige Beobachtungen aus drei Periheloppositionen mit dem berechneten Abschmelzen und mit Daten über die Schneeschmelze in Nordschweden, und schließt: Die Polkappen sind aus Schnee, einige cm bis über 1 m dick; der den Sommer überstehende kleine Rest der Kappe ist gletscherartig. Dollfus bemerkt dazu, daß die niedrige Polarisation der Kappen nicht durch Schnee, besser durch sehr feine Reifkristalle, völlig aber durch bei niederem Druck und starker Bestrahlung erzeugte Kristalle dargestellt wird, d. h. die Oberfläche der Kalotten entspricht keiner der irdischen Reif- und Eisformen, sondern erklärt sich aus den martischen Bedingungen. Hier ersetzt Sublimation des Eises bereits das Schmelzen. Mars hat kein flüssiges Wasser; auch der dunkle Saum rührt nach der Polarisation nicht von Wasser (Durchfeuchtung) her. Die Winterbewölkung der Pole besteht aus Eiskristallen, die sich bis in mittlere Breiten fein verteilen. Weitere Lyot-Polarimetermessungen werden empfohlen. hz

* * **J. A. Giordmaine, L. E. Alsop, C. H. Townes, C. H. Mayer,** Observations of Jupiter and Mars at 3-cm wave length. Vgl. Ref. 8616.

8424. **P. Guérin,** Les satellites de Mars et l'extraordinaire accélération angulaire de Phobos. La Nature **87** 526—528.

8425. **P. Guérin,** Les taches sombres de Mars et les preuves spectrales de l'existence de composés organiques. La Nature **87** 528—531.

8426. **H. d'Halluin,** Opposition de Mars en 1958. BSAF **73** 214.

8427. **G. A. Harding, M. P. Candy,** Occultation of BD +15° 450 by Mars 1958 August 25. JBAA **69** 294—295. — Ref. in Urania Kraków **31** 182. — Die visuelle Beobachtung der Kontaktzeiten wird durch das Eintauchen des

Sterns in die Marsatmosphäre beeinträchtigt. Der aus 4 ausgewählten Photographien erhaltene Marsort weicht in α um $-0^s.09$ ab (Quelle des Sternorts nicht angegeben). hz

8428. **W. D. Heintz,** Visuelle Beobachtungen des Mars 1954 und 1956. AN **285** 3—8 = Veröff. Sternw. München **5** Nr. 5. — Beobachtungen aus zwei Periheloppositionen des Mars (1956 auch mit Filtern) werden zu einer Karte zusammengestellt und dazu Veränderungen während des Beobachtungszeitraumes, die Südpolumgebung, Wolken, Schleier und Polkappen gesondert erwähnt. Die Marskanäle sind als großenteils reell, wenngleich nicht unbedingt als sehr schmale, scharfe Gebilde anzusprechen. Verf.

8429. **W. D. Heintz,** Die Marsannäherung 1956. Sterne **35** 129—140.

* * **M. P. Kossatschewskij,** Abschätzung der Dichte der interplanetaren Materie aus der Veränderung der mittleren Bewegung von Phobos. Vgl. Ref. **9516.**

8430. **C. de Jager,** Marswaarnemingen op de Pic du Midi. Meteoor **15** 46—47.

8431. **A. G. Jansen,** Nederlandse waarnemingen van Mars in 1958. Meteoor **15** 34—39.

8432. **C. Luplau Janssen,** Hvide Pletter paa Videnskabens Kort. Astronomien. Urania København **16** 17—20.

8433. **W. A. Jeserskaja, N. F. Jeremenko,** Spektralphotometrie des Mars in der Nähe der Opposition 1956. Circ. Astr. Obs. Charkow Nr. 19 S. 27—28, 1958 (russ.). — Aus Spektrogrammen vom 4. und 27. Sept. 1956 haben Verf. im Anschluß an α Aql die spektrale Energieverteilung des Planeten zwischen 382 mμ und 588 mμ bestimmt und diese mit Ergebnissen von anderer Seite verglichen. Die Farbenindizes betrugen an den beiden Tagen $1^m.43$ bzw. $1^m.68$. Loh.

8434. **K. I. Koslowa, J. W. Glagolewskij,** Über die Farbänderung des Mars nach photoelektrischen Beobachtungen 1958. AC Nr. 201 S. 4—6 (russ.). — Mars wurde vom 14. Okt.—27. Nov. 1958 im Anschluß an α Aur bei den effektiven Wellenlängen 4200 Å und 5350 Å photoelektrisch gemessen. Der Farbenindex des Planeten vergrößerte sich mit zunehmendem Phasenwinkel, der Farbenexzeß durchlief zur Zeit der Opposition ein Minimum. Loh.

8435. **K. I. Koslowa,** Ergebnisse spektralphotometrischer Marsbeobachtungen im Jahre 1956 am ASP-9-Spektrographen. Publ. Sektor Astrobotanik Akad. Wiss. Kasach. SSR **7** 3—7 (russ.). — Ref. in RJ UdSSR 1960 Nr. 8 S. 78—79.

8436. **I. K. Kowal,** Über den Glättegrad der Länder und Meere des Mars. Mitt. Kommission Planetenphysik Nr. 1 S. 85—92 (russ.). — Verf. hat die Kontraständerungen zwischen den Ländern und Maren vom Zentrum zum Rand von Marsbildchen untersucht, die nach Vorschalten von Infrarot- und Rotfiltern aufgenommen worden waren, ferner auch die Lagen der Helligkeitsmaxima der Intensität am Äquator für Länder und Mare bei verschiedenen Phasenwinkeln. Hiernach verkleinern sich die Kontraste zum Rand hin, und die Lagen der obengenannten Helligkeitsmaxima fallen nicht zusammen. Ferner bestätigt sich eine frühere Schlußfolgerung des Verf., daß das Reflexionsgesetz für mittlere Länder und Mare nicht dasselbe ist. Verf. (ü.)

8437. **M. Kutscher,** Der Mars im Vierzöller bei der Opposition 1956. Sterne **35** 43—44.

8438. **N. I. Kutscherow,** Die neuesten Ergebnisse über Leben auf Mars Moskau, Verlag «Snanie», 1959. 44 S. Preis 85 Kop. (russ.). — Besprechung in Priroda **48** Nr. 8 S. 122.

8439. **A. P. Kutyrewa,** Mars im Jahre 1956. Publ. Sektor Astrobotanik Akad. Wiss. Kasach. SSR 7 8—46 (russ.). — Ref. in RJ UdSSR 1960 Nr. 9 S. 70.

8440. **E. López,** Marte. El Universo **13** 43—45.

8441. **C. C. McClelland,** Mars flare report. Strolling Astronomer **13** 29—30.

8442. **G. de Mottoni,** Nuove carte del pianeta Marte sulla base delle fotografie del Pic du Midi. Atti Convegni Astr. Venezia Napoli 1959 S. 123—128.

8443. **J. V. Narayana,** Observations of Mars during 1954 opposition. Kodaikanal Obs. Bull. Nr. 154 S. 2—8. — Beschreibung von Zeichnungen am 6″-Refraktor. hz

8444. **J. V. Narayana, N. Viswanathan,** Observations of Mars at Kodaikanal during the 1956 opposition. Kodaikanal Obs. Bull. Nr. 154 S. 26—28. — Sechs photographische Beobachtungen vom 5. bis 19. Sept. 1956 werden beschrieben. hz

8445. **E. Öpik,** Further evidence of vegetation on Mars. Irish AJ **5** 137.

8446. **E. Öpik,** The composition of the Martian atmosphere. Irish AJ **5** 137—139.

8447. **M. P. Perewertun,** Vorläufige Ergebnisse visueller Marsbeobachtungen im Jahre 1956. Publ. Sektor Astrobotanik Akad. Wiss. Kasach. SSR **7** 47—53 (russ.). — Ref. in RJ UdSSR 1960 Nr. 8 S. 78.

8448. **W. S. Popow,** Über die Anzeichen für ein Leben auf den Planeten nach astrospektroskopischen Beobachtungen. Priroda **48** Nr. 11 S. 89—90 (russ.).

* * **E. Rabe,** The orbit of (1011) Laodamia and the mass of Mars. Vgl. Ref. 8513.

8449. **R. S. Richardson, P. E. Roques,** An example of the blue clearing observed 74 days before opposition. Publ ASP **71** 321—323. — Oberflächenkonturen zeigen sich auf Violettaufnahmen am 3. IX. 1958, jedoch nicht mehr an den folgenden Tagen. Die Beobachtung eines «blue clearing» so weit außerhalb der Opposition ist ungewöhnlich. hz

8450. **G. Ruggieri,** Osservazioni di Marte nell' opposizione 1958. Atti Accad. Gioenia Sci. Nat. Catania (6) **12** 131—166 = Oss. Astrofis. Catania Pubbl. (NS) Nr. 23. — Verf. stellt die Ergebnisse der visuellen Beobachtungen von Mars dar, die er an der Sternwarte von Catania während der Opposition 1958 mit dem Refraktor Merz von 30 cm Öffnung und teilweise mit dem Reflektor Marcon von 25 cm gewonnen hat. Dimensionen und Stellung der süd- und nordpolaren Kalotte wurden gemessen sowie eine Reihe von Schätzungen von Helligkeitsstufen verschiedener Gebiete des Planeten nach der Methode von de Vaucouleurs ausgeführt. Weiterhin werden aerographische Einzelheiten in Bezug auf ihre Form und Farbe sowie ihre regelmäßigen und unregelmäßigen Änderungen kritisch untersucht. Schließlich werden einige Daten über die atmosphärischen Formationen mitgeteilt. Verf.

8451. **M. de Saussure,** Observations de Mars en 1958. Orion Schaffhausen **5** 668—669.

8452. **W. M. Sinton,** Further evidence of vegetation on Mars. Lowell Obs. Bull. **4** 252—258. — Ref. in JBAA **70** 195, Nature **184** 1612. — In Infrarotspektren des Mars (speziell seiner Dunkelgebiete) vom Oktober 1958 werden — außer CO_2 — die bereits 1956 (vgl. AJB **57** Ref. 7465) gefundenen C-H-Banden bei 3.5 μ bestätigt. Sie werden organischen Molekülen zugeschrieben und finden sich auch bei einer Algenart. Nicht nachzuweisen waren die benachbarten Absorptionen von CH_4 und N_2O. hz

8453. **W. M. Sinton,** Further evidence of vegetation on Mars. Science **130** 1234—1237. — Beobachtungen bei der Opposition 1958 bestätigen das Vorhandensein der 3.5 μ-Bande, das aller Wahrscheinlichkeit nach auf Absorption von Pflanzen zurückgeführt werden muß. Eine Bande bei 3.67 μ, die zunächst nicht auf der Erde bekannt war, ist neuerdings bei der Alge Cladophora festgestellt worden. V. W.

8454. **R. Sommer,** Marskarten in der Vergangenheit und Gegenwart. VdS Nachr. 8 25—27.

8455. **S. A. Stanko,** Über den Einfluß des Reflexionsspektrums des Marsbodens auf das Reflexionsspektrum seiner Vegetation. Publ. Sektor Astrobotanik Akad. Wiss. Kasach. SSR **6** 55—64, 1958 (russ.). — Ref. in RJ UdSSR 1959 Nr. 10 S. 73—74.

8456. **W. G. Teufel,** Der Farbenindex des Mars während der Opposition 1958. AC Nr. 202 S. 1 (russ.). — Verf. erhielt Werte zwischen $1^m.50$ und $1^m.66$.

8457. **W. G. Teufel,** Colour index of Mars during the 1958 opposition. AC Nr. 204 S. 10—11 (russ.).

8458. **G. A. Tichow,** Vorläufige Ergebnisse der Marsbeobachtungen am Sektor für Astrobotanik während der Perihelopposition 1956. Publ. Sektor Astrobotanik Akad. Wiss. Kasach. SSR **6** 3—6, 1958 (russ.). — Ref. in RJ UdSSR 1959 Nr. 10 S. 73.

8459. **G. de Vaucouleurs,** Multicolor photometry of Mars in 1958. Planet. Space Sci. **2** 26—32 = Harv Repr Nr. 539. — Photoelektrische Beobachtungen des Planeten im Oktober und November 1958 am Lowell Obs. ergeben Helligkeiten und Albedo in fünf Wellenlängen von λ 3300 bis λ 6900. Im nahen Ultraviolett ($3000 < \lambda < 4000$) ist Mars «grau» und sehr dunkel, seine Albedo nahezu konstant $A = 0.046$. Frühere Beobachtungen am Mount Stromlo und in Flagstaff werden ebenfalls diskutiert. Verf. (ü.)

8460. **G. de Vaucouleurs,** Observations of Mars in 1958. Sky Tel. **18** 484—489 = Harv Repr (2) Nr. 151. — Verf. gibt einen vorläufigen Bericht über seine Beobachtungen in Flagstaff. Die photoelektrischen Messungen des Gesamtlichtes in 5 Farben ergaben eine zwischen 330 und 400 mμ konstante Albedo und Abhängigkeit vom Zentralmeridian. An Hand von 32 gut reproduzierten Zeichnungen werden Veränderungen einiger Oberflächengebilde beschrieben und einige Gedanken über die Kanäle dargelegt. Von den atmosphärischen Erscheinungen fiel die über dem Raum Libya Mitte Oktober besonders auf. Sie stimmt örtlich und jahreszeitlich mit Verschleierungen in drei früheren Oppositionen überein. hz

8461. **M. Wähnl,** Marsbeobachtungen auf der Urania-Sternwarte Wien 1958/59. Veröff. Urania-Sternw. Wien Nr. 2 S. 42—43.

8462. **B. M. Wladimirskij, K. A. Ljubarskij,** Über die Natur der Marsoberfläche. Publ. Sektor Astrobotanik Akad. Wiss. Kasach. SSR **6** 34—38, 1958 (russ.). — Ref. in RJ UdSSR 1959 Nr. 10 S. 73.

8463. **B. M. Wladimirskij, K. A. Ljubarskij,** Zur Kritik der Hypothese über die Existenz einer Vegetation auf Mars. Publ. Sektor Astrobotanik Akad. Wiss. Kasach. SSR **6** 43—54, 1958 (russ.). — Ref. in RJ UdSSR 1959 Nr. 10 S. 73.

8464. **A. Wróblewski,** Najdziwniejszy układ satelitów. Urania Kraków **30** 90—97. — Kurze Betrachtungen über die Marsmonde, die das merkwürdigste Satellitensystem darstellen, und über die Hypothesen bezüglich der Entstehung dieses Systems. E. R.

8465. **A. Wróblewski,** Jeszcze o księżycach Marsa. Urania Kraków **30** 256—257. — Verf. berichtet über die Argumente von I. S. Schklowskij zugunsten der Hypothese, die Marsmonde seien seine künstlichen Satelliten. E. R.

8466. Ergebnisse der Marsbeobachtungen während der Perihelopposition 1956 in der UdSSR. Moskau, Verlag Akad. Wiss. UdSSR, 1959. 194 S. Preis 8 R. 80 Kop. (russ.). — Besprechung in Priroda **49** Nr. 4 S. 123.

8467. Planètes. BSAF **73** 120.

8468. La «végétation» de Mars. BSAF **73** 336—337.

8469. The opposition of Mars 1958. Irish AJ **5** 143—145.

8470. Mars 1958/59 (3. Zwischenbericht). Mitt. Planetenbeobachter **12** 3—8.

8471. Vegetation på Mars. PAT **40** 71—72.

8472. Martian vegetation. Sky Tel. **18** 252. — Ref. AAS. — Ref. in Orion Schaffhausen **5** 673, Urania Kraków **30** 175—176.

8473. An occultation of a star by Mars. Strolling Astronomer **13** 45. — 1958 Nov. 21.

8474. A.L.P.O. map of Mars for 1958—59. Strolling Astronomer **13** 123.

8475. Międzynarodowa nomenklatura dla Marsa. Urania Kraków **30** 60—62.

§ 85

Kleine Planeten

* * **W. G. Fessenkow,** On the nature of zodiacal light and its probable connection with asteroids and periodic comets. Vgl. Ref. 9506.

* * **W. G. Fessenkow,** Über die Teilungsbedingungen der Asteroiden aus beobachteten Besonderheiten des Zodiakallichts. Vgl. Ref. 9509.

8501. **W. G. Fessenkow,** Distribution of the asteroids as revealed by the shape of the zodiacal light. Mitt. Astrophys. Inst. Alma-Ata **8** 3—12 (russ. mit engl. Ref.). — Davon ausgehend, daß die Staubteilchen der Zodiakallichtmaterie hauptsächlich durch Zusammenstöße von Kleinen Planeten entstanden sind, berechnet Verf. unter weiteren plausiblen Annahmen die scheinbare Form der (von der Erde aus wahrnehmbaren) Isophoten des Tierkreislichts. In Hinblick auf die in Wirklichkeit beobachtete Breite der Isophoten muß aber angenommen werden, daß noch weitere interplanetare Objekte mit räumlich ungeordneten Bahnen, wie die Kometen, dazu beigetragen haben. Loh.

8502. **J. Gadomski,** Fotograficzny przegląd planetoid. Urania Kraków **30** 360—361. — Betrifft die vermutliche Anzahl von Kleinen Planeten bis zur 20. Größe nach der von Kuiper und Mitarbeitern durchgeführten Untersuchung. E. R.

8503. **H. d'Halluin,** Observations de la Petite Planète Vesta. BSAF **73** 124. — Helligkeiten.

8504. **G. S. Hawkins,** The relation between asteroids, fireballs and meteorites. AJ **64** 450—454. — Es wird gezeigt, daß Asteroiden, Meteorite und Feuerkugeln mit visuellen Helligkeiten $M < -5$ die gleiche Massenverteilung besitzen. Helle Feuerkugeln sind daher Bruchstücke von Asteroiden, während die schwächeren Meteore ihren Ursprung in Kernen von Kometen haben. Bei einer visuellen Helligkeit von **−3** strömen gleich viel Meteore kometarischen wie asteroiden

Ursprungs ein. Der Prozentsatz der Asteroidenmeteore variiert von 90 % bei einer Größe von −10 bis zu 7 % bei einer Größe von +5. Eine Feuerkugel der Helligkeit −10, die mit einer Geschwindigkeit von 17 km/sec fliegt, hat beim Eintritt in die Erdatmosphäre eine Masse von 40 kg und erzeugt einen Meteoriten von etwa 10 kg. Die Erde fängt im Mittel 3.3 Feuerkugeln pro Tag der Helligkeit ≤ -10 auf und sammelt alle einhundert Jahre ein Asteroidenbruchstück von mehr als 4000 t ein. Verf. (ü.)

8505. **N. S. Jachontowa,** Determination of the ephemerides of Minor Planets. Priroda **48** Nr. 10 S. 87—89 (russ.). — Kurzer Bericht über die Ephemeridenberechnung am Inst. Theoret. Astronomie in Leningrad.

8506. **M. Kitamura,** A photoelectric study of colors of asteroids and meteorites. Publ. Astr. Soc. Japan **11** 79—89 = Tokyo Astr. Obs. Repr. Nr. 182. — In den Jahren 1953—56 wurden photoelektrische Messungen der Farben von 42 Planetoiden in den effektiven Wellenlängen 4760 Å und 5610 Å durchgeführt. Es wurde festgestellt, daß während einzelner Nächte keine Änderungen der Farbe größer als 0.02 auftraten. Einige Planetoiden wurden 1954 und auch 1956 beobachtet. Keine wesentliche Farbendifferenz zwischen diesen zwei Jahren wurde gefunden. Es wurde auch ein Zusammenhang zwischen den Farben und den Bahnelementen gesucht, aber keine enge Korrelation gefunden. Plvá.

8507. **S. W. Majewa,** Die thermische Geschichte der Kleinen Planeten Mitt. Kommission Planetenphysik Nr. 1 S. 105—108 (russ.). — Obiges Problem wird unter Annahme eines mittleren Gehaltes an radioaktiven Elementen in Meteoriten und eines Verhältnisses von Eisenmeteoriten zu Steinmeteoriten von 1 : 6 behandelt. Die Rechnungen wurden für Kugeln von 400 und 770 km Durchmesser durchgeführt. Darnach erfolgte die maximale Aufwärmung einige Milliarden Jahre nach der Bildung der Körper. Bei solchen von 400 km Durchmesser und einem Alter von 5×10^9 Jahren liegt die Temperatur im Zentrum in der Nähe der des Schmelzbeginns. Verf. (ü.)

8508. **J. Meeus,** Petites Planètes perdues? BSAF **73** 186. — 155, 330, 473, 525, 531, 612, 682, 719, 724, 831, 843, 864, 879, 903.

8509. **J. Meeus,** Voor de kijkerbezitters: de Kleine Planeten. Meteoor **15** 26—29.

8510. **R. S. Mitrinović,** Sur la masse totale des Petites Planètes. Bull. Obs. Astr. Beograd **22** Nr. 1—2 S. 15—18. — Es wird nicht nur das Material der numerierten Planeten, sondern neben den unnumerierten auch die Gesamtheit der beobachteten Objekte herangezogen, für die keine Bahnbestimmung möglich gewesen war. Bei diesen konnte für die absoluten Helligkeiten natürlich nur ein statistischer Ansatz gemacht werden. Für die Masse sämtlicher 7979 erfaßten Planeten ergibt sich $1/397 \times 10^{-6}$ Sonnenmassen. Es wird schließlich gezeigt, daß die Masse der übrigen Asteroiden an diesem Resultat nur wenig ändern kann, gleichgültig welche Abschätzung ihrer Anzahl man in Betracht zieht. T. L.

8511. **R. S. Mitrinović,** Merenje i određivanje prečnika malih nebeskih tela. Vasiona **6** 122—124, 1958.

8512. **E. Rabe,** The orbital motion of the Minor Planet (1362) Griqua and the mass of Jupiter. AJ **64** 53—54. — Ref. AAS.

8513. **E. Rabe,** The orbit of (1011) Laodamia and the mass of Mars. AJ **64** 344. — Ref. AAS.

8514. **K. Reinmuth,** Mitteilung. NAZ **13** 30. — Zu Ehren von Max Beyer erhielt der Kleine Planet Nr. 1611 den Namen Beyer.

8515. **N. Richter,** Vermutliche Anzahl und Gesamtmasse der Kleinen Planeten. Sterne **35** 157—159.

8516. **N. S. Samojlowa-Jachontowa,** Minor Planets (1957). BIA 7 177—185 (russ. mit engl. Ref.).

8517. **N. S. Samojlowa-Jachontowa,** Minor Planets (1958). BIA 7 397—406 (russ. mit engl. Ref.). — Bericht über die Ergebnisse der Beobachtungs- und Ephemeridenarbeit an den Kleinen Planeten nebst einer kurzen Literaturübersicht für 1957 und einer Bibliographie von Arbeiten auf dem Gebiet der Kleinen Planeten. Verf. (ü.)

8518. **E. W. Sandakowa,** Bestimmung der Farbenindizes heller Kleiner Planeten. Publ. Astr. Obs. Kiew Nr. 8 S. 21—37 (russ.). — Den Messungen liegen photographische Aufnahmen von 1950—1953 an zwei Kameras (D = 10 cm, f = 50 cm) in Kiew zu Grunde. Hier werden die Ergebnisse für 50 Kleine Planeten mitgeteilt und dazu das Beobachtungs- und Meßverfahren beschrieben. Einzelne Asteroiden zeigen recht merkliche Farbenindexschwankungen, die Gesamtheit nimmt einen mehr als $1^{m}2$ großen Bereich ein. Loh.

8519. **G. E. B. Stephenson,** Minor Planets. Spaceflight 2 59—60.

8520. **G. F. Sultanow,** Die Verteilung der Bruchstücke des hypothetischen Planeten aus den Elementen der großen Halbachsen und der Parameter ihrer Bahnen und der Jakobischen Konstanten im ebenen eingeschränkten Problem Sonne-Jupiter-Bruchstück. Nachr. Akad. Wiss. Aserbajdshan. SSR (Phys.-Math., Techn.) 1959 Nr. 3 S. 23—28 (russ. mit aserbajdshan. Ref.). — Ref. in RJ UdSSR 1960 Nr. 5 S. 8.

8521. **G. F. Sultanow,** Die Verteilung der sekundären Bruchstücke des hypothetischen Planeten nach der Größe ihrer Bahnelemente. Publ. Sektor Astrophys. Akad. Wiss. Aserbajdshan. SSR 1 10—21 (russ. mit aserbajdshan. Ref.). — Ref. in RJ UdSSR 1960 Nr. 4 S. 11.

8522. **G. F. Sultanow,** Die empirische Verteilung der Asteroiden. Publ. Sektor Astrophys. Akad. Wiss. Aserbajdshan. SSR 1 22—42 (russ.) — Ref. in RJ UdSSR 1960 Nr. 3 S. 11.

8523. **G. A. Tschebotarjow, A. I. Boshkowa,** The investigation of the motion of two asteroids of the Trojan group by means of numerical integration. BIA 7 186—201 (russ. mit engl. Ref.). — Durch numerische Integration wird in der vorliegenden Arbeit die Bewegung der beiden Trojaner (617) Patroclus und (1173) Anchises für einen Zeitraum von mehr als 700 Jahren untersucht. Verf. (ü.)

8524. **G. A. Tschebotarjow, M. S. Wolkow,** The investigation of the motion of the asteroid Patroclus in the gravitational field of the sun and proto-Jupiter. BIA 7 202—207 (russ. mit engl. Ref.). — Durch numerische Integration wird in der vorliegenden Arbeit die Bewegung des Trojaners Patroclus (617) im Schwerefeld von Sonne und Proto-Jupiter untersucht. Verf. (ü.)

8525. **G. A. Tschebotarjow, M. S. Wolkow,** The investigation of the motion of the asteroid Diomedus (1437) in the gravitational field of the sun and proto-Jupiter. BIA 7 420—421 (russ. mit engl. Ref.). — Für die Untersuchung der Diomedes-Bewegung im Schwerefeld der Sonne und des Proto-Jupiter (20 fache gegenwärtige Jupitermasse) wurde von oskulierenden Elementen des Diomedes für 1951 Nov. 21. 222 mit der Vereinfachung ausgegangen, daß die Bewegung in der Bahnebene des Jupiter angenommen wurde. Im Laufe der 40 Jahre, für die die Rechnungen durchgeführt wurden, kam es zu einer Annäherung an Proto-Jupiter bis $\Delta = 1.01$. Die ursprüngliche Trojanerbahn ging in eine Kometenbahn über (zufällig ähnlich der Bahn von Komet Tempel II). Die Jakobische Konstante änderte sich dabei nur unwesentlich. O. G.

8526. **A. Wilkens,** Zur Theorie nahezu kommensurabler Bewegungen im System der Planetoiden des Sonnensystems. Sitzber. Bayer. Akad. Wiss. Math.-naturwiss. Kl. 1959 S. 61—101. — Das Ziel der folgenden Untersuchungen ist die Darstellung einer Theorie zu einer praktisch einfachen Lösung spezieller Fälle des Dreikörperproblems in bezug auf die Bewegung typischer Planetoidengruppen des Sonnensystems, deren mittlere Bewegungen zu der des großen Planeten Jupiter in einem bestimmten Verhältnis ganzer Zahlen nahezu kommensurabel sind, und deren Anzahl bei der bald gegen 2000 ansteigenden Gesamtmenge aller Planetoiden ebenfalls relativ stark angewachsen ist. Verf.

8527. **W. Zonn,** «Służba asteroid». Postępy Astr. **7** 291—294. — Besprechung der in AJB **58** Ref. **7514** zitierten Arbeit zur Statistik der Kleinen Planeten. E. R.

8528. Minor Planet Circular 1830—1960. Herausgegeben vom Cincinnati Observatory.

8529. Ephemeriden Kleiner Planeten für das Jahr 1960. Herausgegeben vom Institut für Theoretische Astronomie der Akademie der Wissenschaften der UdSSR. Moskau — Leningrad, Verlag Akad. Wiss. UdSSR, 1959. 168 S. Preis 15 R. (russ.). — Inhalt: Einleitung, S. 3—10; Elemente von 1630 Kleinen Planeten, S. 11—43; Oppositionsdaten, S. 44—54; Ephemeriden von 1233 Planeten, die 1960 in Opposition kommen, S. 55—157; Ephemeriden zur physischen Beobachtung heller Kleiner Planeten, S. 158—167; Tabelle über den Stand der Beobachtungen Kleiner Planeten am 1. Jan. 1959, S. 168. Loh.

8530. Planètes perdues? BSAF **73** 226.

8531. Planetoidernes Albert-Alinda-gruppe. NAT 1959 S. 66—67.

8532. Minor Planet survey. Sky Tel. **18** 363. — Ref. in NAT 1959 S. 67—68.

8533. **Beobachtungen und Berechnungen Kleiner Planeten**

AC Nr. 199 S. 3—8 (russ.). Photographische Beobachtungen heller Kleiner Planeten. T. P. Pereshogina. — Betrifft: 1, 2, 3, 4, 6, 7, 11, 18, 40.

AC Nr. 199 S. 8 (russ.). Die Bahn des Kleinen Planeten 1954 XC. W. K. Abalakin.

AC Nr. 200 S. 7 (russ.). Die Bahn des Kleinen Planeten σ 215. W. K. Abalakin.

AC Nr. 204 S. 7—8 (russ.). Accurate positions of the Minor Planet Hebe from the observations made at the Kiew Astronomical Observatory. E. M. Sereda.

AC Nr. 207 S. 5—6 (russ.). Elliptical elements of the Minor Planet 1957 MK. W. K. Abalakin.

Acta Astr. Sinica **7** 39—51 (chines.). New orbital elements of 17 Minor Planets of Flora group. — Betrifft: 72, 169, 282, 306, 587, 703, 707, 823, 929, 1052, 1058, 1060, 1126, 1219, 1224, 1225, 1527.

Acta Astr. Sinica **7** 52—55 (chines. mit engl. Ref.). Improvement of orbit of planet (504) Cora with perturbations by Jupiter. C.-e. Mo, F.-y. Ku, W.-t. Hsü.

Acta Astr. Sinica **7** 103—111 (chines.). Photographic observations of the positions of Minor Planets at the Purple Mountain Observatory during July—December, 1958. — Betrifft: 8, 10, 25, 29, 38, 46, 51, 53, 56, 61, 65, 66, 72, 83, 88, 91, 92, 97, 110, 112, 118, 120, 121, 122, 124, 125, 130, 132, 144, 145, 150, 161, 164, 168, 204, 208, 209, 221, 260, 267, 287, 306, 335, 342, 379, 380, 382, 407, 410, 416, 451, 470, 485, 489, 498, 510, 523, 524, 528, 530, 533, 550, 554, 556, 558, 567, 599, 600, 618, 619, 675, 713, 747, 785, 790, 799, 820, 890, 894, 906, 914, 940, 946, 977, 978, 980, 1001, 1031, 1075, 1096, 1100, 1123, 1175, 1199, 1209, 1228, 1245, 1317, 1359, 1379, 1398, 1424, 1436, 1463, 1467, 1542, 1553, 1570, 1575, P. O. 24, P. O. 25, P. O. 26, P. O. 27, P. O. 29, P. O. 30, P. O. 31.

Acta Astr. Sinica **7** 112—119 (chines.). Photographic observations of the accurate positions of ten Minor Planets. — Betrifft: 1, 2, 3, 4, 6, 7, 11, 18, 39, 40.

AN **285** 90. Beobachtungen von Planetoiden 1958. W. Malsch. — Betrifft: 1, 7, 8, 9, 29, 97, 144, 511.

An. Facultad Ci. Fís. Mat. **16** 47—62 = Obs. Astr. Nacional Santiago de Chile Publ. Nr. 2. Observaciones del Planetoide (51) Nemausa durante los años 1951—1954. A. Gutiérrez Alonso.

Astr.-Opt. Inst. Univ. Turku Informo Nr. 18, 15 S. Bahnverbesserungen der Kleinen Planeten 1496, 1500, 1503, 1504, 1512, 1534. L. Oterma.

BAA Circ 411. Minor Planets. 15 Eunomia.

Bull. Obs. Astr. Beograd **22** Nr. 1—2 S. 10—11. Éléments des orbites circulaires. R. S. Mitrinović. — Betrifft: 1956 PB, QA, RE—RQ, SA, SD—SG, TB—TL, TO—TV, UC—UQ, VE, VF, VH, XC—XE, 1957 AA, AC, BA—BN, CB—CD, EB, EC, FB—FD.

Bull. Obs. Astr. Beograd **22** Nr. 1—2 S. 12. Orbites circulaires des Petites Planètes. R. S. Mitrinović. — Betrifft: 1956 PD, TM, TN, 1957 AB.

Bull. Obs. Astr. Beograd **22** Nr. 1—2 S. 12. Identification 1957 HB = 1496 (1938 SA_1). R. S. Mitrinović.

Bull. Obs. Astr. Beograd **22** Nr. 3—4 S. 1—2. Observations photographiques de Petites Planètes faites à l'astrographe de 160 mm. M. Protitch, Č. Čepinac. — Betrifft: 3, 4, 6, 11, 12, 25, 27, 28, 32, 39, 51, 54, 87, 93, 124, 128, 133, 134, 139, 146, 160, 174, 185, 205, 216, 287, 301, 403, 485, 532, 747, 894, 1554.

Bull. Obs. Astr. Beograd **23** Nr. 1—2 S. 7—10. Eléments des orbites des Petites Planètes. R. S. Mitrinović. — Betrifft: 1956 LB — LE, PE, PF, PH, PJ, QB, RS, SH, VJ, VK, XG, XJ — XM, 1957 AD, BO, BP, BR, BS, BU — BZ, BA_1, DD, EG — EM, FF, HC, HE — HG, HL — HW, HY, HZ, HA_1, JA, JB, JD, JE, JG, JH, JL — JP, JW — JZ, JA_1 — JE_1, KA — KJ, KM, KO, KP, LC, LE — LL, LN — LP, MA — MD, MJ, OB, OD — OK, ON, OO, OR — OV, OY, OZ, QA — QC, QE, QF, QH, QJ, QN — QP, SA — SG, TA — TM, UA — UO, UT — UZ, UA_1 — UC_1, UG_1, UJ_1, WC, WE — WG, WJ, WK, WM — WZ, WA_1 — WF_1, WH_1 — WM_1, WO_1 — WR_1, WT_1 — WZ_1, WA_2 — WC_2, XD, YA — YD, YG, YJ, YO — YR.

Bull. Obs. Astr. Beograd **23** Nr. 3—4 S. 7. 1955 TS = 1935 YA = 1957 GD. R. S. Mitrinović.

Bull. Obs. Astr. Beograd **23** Nr. 3—4 S. 7. 1957 CA = 1923 OG. R. S. Mitrinović.

Bull. Obs. Astr. Beograd **23** Nr. 3—4 S. 7. Elements of unnumbered Minor Planet 1957 JK. R. S. Mitrinović.

Bull. Obs. Astr. Beograd **23** Nr. 3—4 S. 7. 1955 QJ = (483) Seppina. R. S. Mitrinović.

Bull. Obs. Astr. Beograd **23** Nr. 3—4 S. 7. Circular elements of Minor Planets. R. S. Mitrinović. — Betrifft: 1956 XH, 1957 BQ, HD, JT, QD, VB, VC.

Bull. Obs. Astr. Beograd **23** Nr. 3—4 S. 7. Identifications (MPC-1632). — Betrifft: 1950 DL ≠ 1927 UH.

Bull. Obs. Astr. Beograd **23** Nr. 3—4 S. 8. Elements of unnumbered Minor Planet 1956 EE. R. S. Mitrinović.

Bull. Obs. Astr. Beograd **23** Nr. 3—4 S. 8. Elements of unnumbered Minor Planet 1956 TM. R. S. Mitrinović.

Bull. Obs. Astr. Beograd **23** Nr. 3—4 S. 8. Circular elements of Minor Planets. R. S. Mitrinović. — Betrifft: 1955 XV, 1956 PG, 1957 HX, JD, JG, JU, JV, LM, US, WG_1, XC, 1958 DD, DF.

Bull. Obs. Astr. Beograd **23** Nr. 3—4 S. 8. Double designations. R. S. Mitrinović. — Betrifft 1957 LC = 1957 MJ.

Circ. Astr. Obs. Charkow Nr. 19 S. 39—44, 1958 (russ.). Absolute Störungen erster Ordnung der Bahnelemente des Kleinen Planeten Urania (30). A. I. Slastenow.

DO-CIA Nr. 43. Petite Planète 4 Vesta.

Inst. Obs. Marina San Fernando Sección Astr. (B) Nr. 4, 31 S. Pequeños Planetas.

Japan Astr. Study Ass. Circ. 173. Elliptic orbits of Minor Planets. S. Kanda. — Betrifft: 1446, 1942 CH = 1902 HY = 1953 VD_1.

Japan Astr. Study Ass. Circ. 173. Circular orbits of Minor Planets. — Betrifft: 1945 TD, VJ, 1953 AJ, FH, TX, UY, VG, VL, VG_1, VT_1, VZ_1, 1954 JN, 1957 XB, XC, XE; 1953 AJ = CG, FH = GD, TX = VO, UY = VH_1 = XN, VG =XT, VL = XS, VG_1 = XO, VT_1 = XD, VZ_1 = XU, 1954 JN = KN.

Japan Astr. Study Ass. Circ. 173. Identifications of Minor Planets. S. Kanda. — Betrifft: 1957 TZ_2 = 1353, 1957 DD = 1291, 1957 JE_1 = 1357, 1957 OO = 252, 1957 OS = 560, 1957 OT = 163, 1957 OU = 1314, 1957 QO = 939 (?), 1957 WO_1 = 1419, 1957 WR_1 = 761 (?), 1957 WU_1 = 541, 1958 GL = 1933 OJ.

Japan Astr. Study Ass. Circ. 178. Identifications of Minor Planets. S. Kanda, K. Yoshihiro. — Betrifft: 1948 RP = 1948 TA = 1933 BB, 1958 QE = 1953 TD_3 = 1944 DA.

Japan Astr. Study Ass. Circ. 178. Circular orbits of Minor Planets. Mori, Nakao, Takeuchi. — Betrifft: 1957 TB, XF, 1958 CA, GR, GS, OB, 1958 RA = 1958 RK.

Japan Astr. Study Ass. Circ. 179. Identification of Minor Planets. S. Kanda. — Betrifft: 1955 QA = 100, 1955 RQ = 282, 1955 SJ = 590, 1955 UN = 1470, 1959 CA = 834.

Japan Astr. Study Ass. Circ. 179. Double designation 1956 XK = 1956 YH. S. Kanda.

Japan Astr. Study Ass. Circ. 180. Elliptic orbits of Minor Planets. K. Yoshihiro, T. Seki. — Betrifft: 1933 BB = 1948 RP = 1948 TA, 1951 RU.

Japan Astr. Study Ass. Circ. 180. Identifications of Minor Planets. S. Kanda. — Betrifft: 1908 CT = 1931 FO = 1940 DA = 1951 RU = 1958 FL, 1954 EG = 1233, 1954 UF_2 = 320, 1955 BH = 1280?, 1955 DL = 1270, 1955 EB = 819, 1955 EC = 1157, 1955 ED = 1528, 1958 UN = 1936 TG, 1959 GF = 1941 DF.

Japan Astr. Study Ass. Circ. 180. 1951 RU = 1940 DA = 1908 CT = 1931 FO = 1958 FL. S. Kanda.

Japan Astr. Study Ass. Circ. 181. Double designation. S. Kanda. — Betrifft: 1950 EP = 1950 FB, 1950 SB = 1950 TU, 1950 SJ = 1950 TG_1, 1950 TC = 1950 TJ_1, 1950 TE = 1950 TY.

Japan Astr. Study Ass. Circ. 181. Identification of Minor Planets. S. Kanda. — Betrifft: 1950 BS = 917, BV = 390, BB_1 = 974, CE = 499, CL = 396, CM = 103, CN = 655, DV = 300, DW = 384, DY = 197, PV = 1529, UB = 935, UG = 407, 1951 CY = 113, DB = 190, KO = 1447, MA = 1326 (?), MC = 943, OE = 104, SJ = 728 (?), TB = 837, UB = 1315.

Japan Astr. Study Ass. Circ. 182—183. Identifications of Minor Planets. H. O-ishi, S. Kanda. — Betrifft: 1947 EB = 940, 1951 UF = 1552, 1951 XA = 35 (?), 1952 BD = 1363, 1952 BF = 1036, 1952 BN = 886, 1952 BO = 621, 1952 HU = 257, 1952 JK = 718, 1952 MJ = 1288, 1952 SO = 171, 1952 SE_1 = 605, 1953 AJ = 1358, 1953 AK = 1125 (?), 1953 VF_1 = 1488, 1955 FH_1 = 1506, 1955 ST = 1469, 1955 UB = 1469.

Japan Astr. Study Ass. Circ. 182—183. Circular orbits of Minor Planets. K. Mori, T. Takeuchi. — Betrifft: 1957 WH, 1958 RG, TL, UE, UK, UN, 1959 CL, CM.

MPC 1830—1960.

NAZ **13** 1—2. Photographische Aufnahmen von Kleinen Planeten in Heidelberg. A. König, W. Wenzel. — Betrifft: 8, 53, 56, 72, 91, 110, 204, 205, 208, 350, 397, 451, 700, 723, 742, 927, 972, 978, 1031, 1095, 1096, 1180, 1201, 1288, 1328, 1542, 1562, 1580?, 1582, 1588, 1951 QA?, 1958 XA — XH.

NAZ **13** 2. Identitäten. O. Kippes, S. Kanda. — 1943 OE = 1931 FH, 1949 KE = 1926 PE?, 1949 SJ = 1916 ZE, 1906 TD = 1943 EY, 1924 RY = 1943 EY, 1953 TZ_2 = 1353, 1953 VD_1 = 1942 CH, 1958 GL = 1933 OJ.

NAZ **13** 3. Doppelbezeichnungen. O. Kippes, S. Kanda. — Betrifft: 1950 RD_1 = 1950 TF_3, 1951 CH_1 = 1951 CR_1, 1951 ER = 1951 GO, 1953 AJ = 1953 CG, 1953 FH = 1953 GD, 1953 VG = 1953 XT, 1953 VG_1 = 1953 XO, 1953 VZ_1 = 1953 XU, 1955 SH = 1955 UU_1, 1958 DC = 1958 DC_1, 1958 DE = 1958 DA_1.

NAZ **13** 5. Berichtigung zu Planet 1954 WV.

NAZ **13** 8—9. Photographische Aufnahmen von Kleinen Planeten in Heidelberg. A. König, W. Wenzel. — Betrifft: 6, 158, 159, 187, 190, 224, 234, 261, 302, 308, 338, 362, 408, 452, 507, 514, 521, 541, 566, 569, 570, 571, 585, 586, 603, 697, 827, 830, 842, 884, 909, 910, 928, 939, 1047, 1144, 1163, 1207, 1254, 1349, 1409, 1474, 1563, 1959 CA — CS.

NAZ **13** 12—13. Photographische Aufnahmen von Kleinen Planeten in Heidelberg. A. König, W. Wenzel, G. Jackisch. — Betrifft: 3, 6, 14, 18, 24, 48, 50, 85, 113, 158, 159, 224, 234, 235, 243, 261, 302, 312, 317, 399, 444, 483, 508, 526, 603, 632, 733, 755, 825, 830, 845, 888, 981, 1003, 1015, 1062, 1074, 1076, 1085, 1094, 1127, 1156?, 1216, 1263, 1307, 1465, 1481. 1539, 1959 CS, 1959 EA — ED, 1959 GA — GG.

NAZ **13** 15—16. Photographische Aufnahmen von Kleinen Planeten in Heidelberg. A. König, G. Jackisch. — Betrifft: 1, 22, 44, 67, 140, 153, 304, 367, 447, 513, 559, 563, 641, 731, 739, 798, 885, 892, 954, 956, 959, 962, 974, 1059, 1063, 1278, 1364, 1447, 1959 JA — JC.

NAZ **13** 19. Photographische Aufnahmen von Kleinen Planeten in Heidelberg. G. Jackisch, A. König. — Betrifft: 58, 102, 142, 263, 420, 623, 664, 919, 924, 1291, 1298, 1339, 1440, 1959 PA — PC.

Sky Tel. **18** 313. Orbital motion of Griqua. — Ref. AAS. — Ref. in Sterne **35** 244—245.

TAB (2) Nr. 120 S. 1395—1407. Photographic observations of Minor Planets and comets (35). H. Hirose, K. Tomita. — Betrifft: 1, 4, 7—10, 12, 14, 16—18, 21—29. 32, 34, 37, 38, 42, 44, 50—52, 55, 58—60, 63, 64, 66, 67, 72, 73, 75, 77, 78, 82—84, 92, 94, 100, 10—13, 17, 19, 22—24, 26, 27, 29, 38, 40, 46, 51, 63, 68, 71, 73, 79, 81, 83, 96, **2**01, 13, 19, 21, 24, 26, 33, 36, 40, 41, 45, 46, 60, 66, 70, 83, 87, 89, **3**00, 06, 08, 13, 22, 27, 32, 34, 38, 46, 54, 58, 61, 64, 71, 74, 75, 85, 86, 88, 95, **4**02, 03, 06, 11, 12, 16, 19, 20, 25, 27, 29, 33, 35, 44, 64, 72, 76, 78, 84, 85, 88, 89, 91, **5**05, 06, 08, 11, 14, 17, 18, 22, 30, 32, 38—40, 46, 48, 62, 63, 66, 79, 84, 86, 89, **6**21, 25, 31, 33, 36, 38, 40, 53, 62, 73, 74, 75, 91, 94, 96, **7**00, 04, 20, 29, 36, 55, 58, 64, 70, 76, 79, 80, 87, 98, **8**03, 08, 14, 16, 34, 38, 42, 45, 52, 54, 56, 57, 61, 68, 69, 77, 89, 92, 94, 95, **9**00, 04, 14, 25, 39, 50, 51, 62, 63, 76, 80, **10**06, 07, 18, 21, 36, 56, 86, **11**20, 37, 54, 57, 66, 86, 91, 99, **12**21, 37, 40, 45, 66, 69, **13**04, 29, 31, 47, 85, **14**20, 32, 42, 61, 79, 84, 95, **15**04, 17, 20, 44, 94, **16**03, 09, 12, 18, 19, 21. — 1937 TG, 1955 YC, 1956 AA, AV—AZ, AA_1, AB_1, CE, CF, ED_1—EK_1, GJ, HA, RV, TY, WA—WC, XN, XO, YB—YM.

Union Circ **6** 306—307. Photographic observations of Minor Planets observed at the Union Observatory Annexe, Hartbeespoort, with the Franklin-Adams star camera. J. A. Bruwer. — Betrifft: 15, 31, 36, 55, 63, 82, 87, 88, 92, 93, **1**06, 15, 17, 22, 27, 33, 34, 35, 45, 47, 49, 54, 60, 65, 75, 82, 92, 95, 99, **2**12, 37, 45, 47, 54, 63, 68, 70, 74, 90, 93, **3**00, 21, 32, 33, 47, 56, 63, 69, 72, 73, 75, 76, 83, 89, **4**04, 07, 12, 18, 20, 25, 27, 32, 38, 66, 69, 72, 81, 94, **5**03, 06, 17, 19, 29, 35, 36, 39, 46, 51, 65, 84, 95, 98, **6**04, 07, 16, 23, 24, 26, 31, 36, 51, 58, 75, 83, 84, 90, 93, **7**05, 15, 18, 46, 57, 71, 72, 92, **8**18, 49, 66, 68, 91, 97, **9**07, 11, 32, 36, 49, 51, **10**21, 32, 36, 64, 87, **11**12, 15, 28, 49, 77, 91, 93, **12**04, 40, 48, **13**03, 04, 32, 39, 54, 58, **1426**, **1604**.

§ 86

Jupiter

8601. **L. Muniz Barreto, R. R. de Freitas Mourão, J. Barroso jr., O. Cardoso Tavares,** Observações de Júpiter em 1958. Obs. Nacional Publ. Serviço Astr. Nr. 5, 35 S.

8602. **C. H. Barrow,** The latitudes of radio sources on Jupiter. JBAA **69** 211—217. — Für ein vereinfachtes Planetenmodell wird eine Methode angegeben, um die jovigraphische Breite von Radioquellen auf dem Jupiter zu bestimmen.

Dabei muß zunächst die Grenzfrequenz einer hypothetischen Jupiteratmosphäre ermittelt werden, und zwar mit Hilfe der Beobachtung eines wesentlichen Teiles des Spektrums von mit Plasmaschwingungen gekoppelten Strahlungsausbrüchen. Die angegebene Methode läßt sich auch bei Vorhandensein von Jupitermagnetfeldern anwenden, auf die aus Polarisationsmessungen an Bursts zu schließen ist. Für die bisher beobachteten Radioquellen (bei denen die Grenzfrequenz nicht mehr ermittelt werden kann) läßt sich wenigstens eine untere Grenze für die jovigraphische Breite bestimmen. HHR

8603. **L. Bartha, F. Vrabez,** Jupiter-Beobachtungen 1959. Veröff. Urania-Sternw. Wien Nr. 2 S. 39—40.

8604. **J. C. Bartlett jr.,** Jovian spot phenomena and some significant statistical aspects of festoon activity in 1958. Strolling Astronomer **13** 85—90.

8605. **F. M. Bateson,** Amateur observations of Jupiter. Southern Stars **18** 96.

* * **A. Boggess III, L. Dunkelman,** Ultraviolet reflectivities of Mars and Jupiter. Vgl. Ref. 8408.

8606. **P. W. Budine,** Some suggestions for observing Jupiter. Strolling Astronomer **13** 1—3.

8607. **P. W. Budine,** Central meridian transit observations on Jupiter. Strolling Astronomer **13** 3—6.

8608. **P. W. Budine,** Jupiter in 1958—59: First interim report. Jupiter before opposition. Strolling Astronomer **13** 101—105.

8609. **T. D. Carr,** Radio frequency emission from the planet Jupiter. AJ **64** 39—41.

8610. **S. Cortesi,** Jupiter: présentation 1959. Orion Schaffhausen **5** 718—723. — Rapport Nr. 6 du «Groupement planétaire SAS».

8611. **P. Darnell,** Udforskning af planeten Jupiter. Natur. verden 1959 Juli S. 207—215.

8612. **F. D. Drake, S. Hvatum,** Non-thermal microwave radiation from Jupiter. AJ **64** 329—330. — Ref. AAS.

8613. **E. E. Epstein,** Anomalous continuum radiation from Jupiter. Nature **184** 52 = Harv Repr Nr. 522. — Beobachtungen mit dem 20 m-Harvard-Radioteleskop zwischen 1959 Mai 16 und Juni 2 zufolge ist die Jupiterstrahlung bei 21 cm Wellenlänge veränderlich, und zwar um etwa einen Faktor 2 innerhalb einiger Stunden. Aller Wahrscheinlichkeit nach ist die Strahlung nichtthermischer Natur. Loh.

8614. **G. B. Field,** The source of radiation from Jupiter at decimeter wavelengths. J. Geophys. Res. **64** 1169—1177. — Der Strahlungsfluß von Jupiter ist im Dezimeterwellengebiet relativ groß und zwischen 3 und 68 cm fast wellenlängenunabhängig. Eine Diskussion über die Herkunft dieser Strahlung zeigt, daß sie weder aus der Jupiterionosphäre noch -atmosphäre stammt. Am ehesten könnte sie von solaren Elektronen erzeugt werden, die vom Magnetfeld des Planeten eingefangen werden. Loh.

8615. **K. L. Franklin,** An account of the discovery of Jupiter as a radio source. AJ **64** 37—39.

8616. **J. A. Giordmaine, L. E. Alsop, C. H. Townes, C. H. Mayer,** Observations of Jupiter and Mars at 3-cm wave length. AJ **64** 332—333. — Ref. AAS. — Ref. in Heavens **41** 103 (japan.).

8617. **W. H. Haas,** Some recent work on the Reese hypothesis of south equatorial belt disturbances on Jupiter. Strolling Astronomer **13** 148—152.

8618. **V. Hambálek, D. Kaláb,** Observations of Jupiter in the years 1953—1958. RH **40** 71—73 (tschech.).

* * **J. Kovalevsky,** Méthode numérique de calcul de perturbations générales. Application au VIIIe satellite de Jupiter. Vgl. Ref. **4118**.

8619. **J. D. Kraus,** Radio observations of Jupiter. Proc IRE **47** 82. — Bereits veröffentlichte Beobachtungen (bei $\lambda = 11$ m) zeigen, daß Emission vom Jupiter immer dann auftrat, wenn sich ein bestimmtes Gebiet des Planeten in der Nähe des Zentralmeridians befand. Dieses Gebiet dürfte mit der «South Tropical Disturbance» koinzidieren. HHR

8620. **A. P. Lenham,** Observations of Jupiter, Saturn, and Venus, in 1958. JBAA **69** 163—167.

8621. **W. Löbering,** Sind visuelle Beobachtungen der Jupiteroberfläche heute zwecklos? Sterne **35** 107—110. — An Hand zahlreicher Beobachtungen von Veränderungen an der Jupiteroberfläche weist Verf. nach, daß auch heute noch visuelle Beobachtungen ihren Wert haben, weil nur so plötzliche Vorgänge beobachtet werden können, die sonst der Forschung verloren gingen. Loh.

8622. **E. F. McClain,** A test for non-thermal radiation from Jupiter at a wave length of 21 cm. AJ **64** 339—340. — Ref. AAS.

8623. **R. A. McIntosh,** Amateur observations of Jupiter. Southern Stars **18** 5—8.

8624. **P. Moore,** Ungewöhnliche Färbung in der Aequatorialzone Jupiters. Orion Schaffhausen **5** 621—622.

8625. **U. dall'Olmo,** Prime osservazioni del pianeta Giove durante l'opposizione 1958—1959. Coelum **27** 109—111.

8626. **H. A. Papazian,** The colors of Jupiter. Publ ASP **71** 237—239. — Die Farbstreifen können vom Einfall geladener Teilchen aus van Allen-artigen Gürteln durch Bildung chemischer Radikale bei tiefer Temperatur verursacht sein. Der vermutbare Zusammenhang mit der Sonnentätigkeit läßt sich kaum von der Jupiterumlaufszeit trennen. Färbungswechsel durch Reaktionen schon bei kleinen Temperaturschwankungen (durch Bahnexzentrizität) scheinen möglich. hz

8627. **B. M. Peek,** The determination of the longitudes of sources of emission of radio noise on Jupiter. JBAA **69** 70—79. — Mit einer Genauigkeit, die nahezu die der optischen Beobachtungen erreicht, könnte die jovigraphische Länge des Ortes der Radioquellen auf Jupiter bestimmt werden, wenn eine Jupiter-Ionosphäre (ähnlich der irdischen) angenommen werden darf, für die bestimmte vereinfachende Voraussetzungen zutreffen. Hierzu sind nur genügend lang andauernde Simultanbeobachtungen bei zwei (noch besser: drei) verschiedenen Frequenzen erforderlich. — Nachtrag: Die inzwischen gewonnenen Ergebnisse entsprechender Simultanbeobachtungen stehen im krassen Widerspruch zu den Voraussagen auf Grund der obengenannten Hypothesen, es sei denn, die Annahme erwiese sich unwahrscheinlicherweise als richtig, daß statt bei 19.6 und 27 MHz bei 19.6 und 13.5 MHz beobachtet wurde, d. h., daß mit dem 27 MHz-Empfänger statt der Grundwelle (von 27 MHz) die erste Oberwelle der Frequenz 13.5 MHz empfangen wurde. HHR

8628. **P. Příhoda,** Observation of Jupiter at the Popular Observatory Prague in the year 1958. RH **40** 167—169 (tschech.).

* * **E. Rabe,** The orbital motion of the Minor Planet (1362) Griqua and the mass of Jupiter. Vgl. Ref. 8512.

8629. **E. J. Reese,** The 1957—8 apparition of Jupiter. Strolling Astronomer **13** 58—81.

8630. **H. Rishbeth,** The ionosphere of Jupiter. Australian J. Phys. **12** 466—468. — Es wird gezeigt, daß Jupiter wahrscheinlich eine durch die Sonnenstrahlung produzierte Ionosphäre (ähnlich der F_1-Schicht der Erde) mit einer kritischen Frequenz von 20 MHz und in einer Höhe von einigen 100 km über dem Niveau der sichtbaren Wolken besitzt. Vermutlich wird hier die Radiostrahlung des Jupiter durch Plasmaschwingungen hervorgerufen, deren Ursache jedoch nicht diskutiert wird. Die Korrelation mit der Rotationsdauer zeigt, daß noch weitere Effekte (Phänomene in der Wolkendecke oder an der Oberfläche selbst) für die Radiostrahlung mit verantwortlich sind. Voigt

8631. **J. A. Roberts, G. J. Stanley,** Radio emission from Jupiter at a wavelength of 31 centimeters. Publ ASP **71** 485—496. — Bei einer Wellenlänge von 31 cm wurde mit einem 27 m-Radioteleskop für Jupiter eine unerwartet hohe (mittlere) Temperatur von 5500° gemessen. Ein Vergleich mit Messungen bei anderen Wellenlängen zeigt, daß die Strahlungsintensität ziemlich frequenzunabhängig ist. Die Radiostrahlung könnte durch Frei-Frei-Übergänge oder durch relativistische Elektronen entstehen, die in einem Magnetfeld kreisen (Synchrotronmechanismus). Die bisher durchgeführten Beobachtungen reichen nicht aus, um eine Entscheidung über den Strahlungsmechanismus fällen zu können. HHR

8632. **G. D. Roth,** Jupiter 1958 und 1959. Mitt. Planetenbeobachter **12** 26—28.

8633. **G. D. Roth,** Jupiter 1959. Mitt. Planetenbeobachter **12** 41.

8634. **G. Ruggieri,** Sulla possibilità di previsioni nei riguardi dei fenomeni superficiali di Giove. Atti Convegni Astr. Venezia Napoli 1959 S. 27—30.

8635. **M. J. Rutkowskaja,** Jupiter 1955. Bull. Astr.-Geod. Ges. UdSSR Nr. 25 S. 19—23 (russ.).

* * **E. Schoenberg,** Die äquatoriale Beschleunigung bei Sonne, Jupiter und Saturn nebst Betrachtungen über die Form der Kontinente. Vgl. Ref. **6107**.

8636. **C. A. Shain,** A note on Jupiter's passages across the Milky Way in 1960. Obs **79** 205—206 = Division Radiophys. C. S. I. R. O. Chippendale. — Auf die Beobachtung des dreifachen Vorübergangs Jupiters an Radioquellen bei M 20 im März, Juni und Oktober 1960 wird hingewiesen. hz

8637. **R. M. Sloanaker,** Apparent temperature of Jupiter at a wave length of 10 cm. AJ **64** 346. — Ref. AAS.

* * **K. A. Steins,** Über den Einfluß des Widerstands der Jupiteratmosphäre auf den Einfang von Kometen. Vgl. Ref. **9119**.

8638. **W. G. Teufel,** Über die Intensitätsverteilung in den Methan-Absorptionsbanden auf der Jupiterscheibe. AC Nr. 201 S. 3—4 (russ.). — Auf Spektrogrammen aus dem Jahre 1958 wurden für Äquator, Nördl. Äquatorialstreifen und Zentralmeridian des Jupiter die Intensitätsunterschiede der Methanabsorptionsbanden 5430 Å und 6190 Å gegenüber dem benachbarten Kontinuum bestimmt (Tabelle). Innerhalb der Meßgenauigkeit zeigte die Intensitätsverteilung keine Abhängigkeit von der Lage auf der Scheibe. Vermutlich kommt dies durch Kompensation der Absorptionsverläufe in den Wolkenschichten und dem darüber befindlichen Gas der Jupiteratmosphäre zustande. Die optische Tiefe der CN-Banden wird zu 0.05 abgeschätzt. Loh.

8639. **W. G. Teufel,** Über die Intensitätsverteilung auf der Jupiterscheibe in den Methan-Absorptionsbanden. Mitt. Kommission Planetenphysik Nr. 1 S. 93—104 (russ.). — Aus 1958 aufgenommenen Jupiterspektren hat Verf. die Intensitätsverteilung entlang des Äquators, des nördlichen tropischen Streifens und des Zentralmeridians in den 6190 Å- und 5430 Å-Banden des CH_4 ermittelt. Die Verteilung in den Banden stimmt mit der des kontinuierlichen Spektrums überein. Verf. (ü., gek.)

8640. **J. P. Wlassow, I. T. Sotkin,** Jupiter-Photographie mit Okularvergrößerung. Bull. Astr.-Geod. Ges. UdSSR Nr. 24 S. 45—52 (russ.). — An einen 8″-Zeiß-Refraktor wurde hinter einer Zwischenoptik eine Spiegelreflexkamera befestigt und damit zahlreiche Jupiteraufnahmen gemacht. Daraus wurden die jovigraphischen Breiten verschiedener Streifen im Jahre 1956 ermittelt und ein photometrischer Schnitt entlang des Zentralmeridians am 4. Mai 1956 erhalten. Loh.

8641. Jupiter. BAA Circ 410.

8642. Planètes. BSAF **73** 256.

8643. Jupiter 1959. Mitt. Planetenbeobachter **12** 1.

8644. Italienische Jupiterbeobachtungen 1957—1958. Mitt. Planetenbeobachter **12** 8—9.

8645. Radio studies of Jupiter. Sky Tel. **18** 380—381. — Ref. AAS.

8646. Nonthermal radio noise from Jupiter. Sky Tel. **18** 501.

8647. Spectrum of Jupiter. Sky Tel. **18** 558. — Ref. in Orion Schaffhausen **5** 673, VdS Nachr. **9** 87.

8648. Jupiterbeobachtungen 1958 an der Volkssternwarte München. Sterne **35** 124—126.

8649. Die innere Struktur des Planeten Jupiter. Sternenbote **2** 6—7. — Ref.

8650. Jupiter 1959. Sternenbote **2** 88—89. — Vorschau.

Jupitermonde

8651. **O. Gingerich,** A model of Jupiter's satellite orbits. Sky Tel. **18** 376—377.

8652. **S. Herrick, C. G. Hilton,** 1959 ephemerides of Jupiter's ninth and twelfth satellites. Publ ASP **71** 172.

8653. **J. Incer,** Eclipses, ocultaciones y transitos de los satélites de Júpiter. Bol. As. Peruana Astr. **5** 252—254.

8654. **C. E. Rost,** Jovian satellite phenomena in 1959. Strolling Astronomer **13** 105.

8655. Jupiter's four «great» satellites. J. Astr. Soc. Victoria **12** 8.

§ 87

Saturn

8701. **M. S. Bobrow,** The deduction of the theoretical phase function of the brightness of Saturn's rings and its comparison with observations. AJ UdSSR **36** 129—133 (russ. mit engl. Ref.). — Unter Vernachlässigung der Beugung wird theoretisch untersucht, wie die Flächenhelligkeit einer ebenen Schicht makroskopischer Kugeln vom Phasenwinkel der Beleuchtung durch eine nicht punktförmige entfernte Lichtquelle abhängt. Die Beobachtungen am B-Ring des Saturn werden durch einen solchen rein geometrischen Schatteneffekt vorzüglich dargestellt. Petri

8702. **M. S. Bobrow,** On the absolute brightness of Saturn's B-ring. AJ UdSSR **36** 863—866 (russ. mit engl. Ref.). — Ref. in Urania Kraków **31** 207—208. — Neureduktion der Messungen von W. N. Lebedinez (vgl. AJB **57** Ref. **7607**) ergab für $b_B(0)$ den höheren Wert 0.51 ± 15%. Petri

8703. **E. A. Grebenikow,** The perturbed motion of Japetus. AJ UdSSR **36** 361—369 (russ. mit engl. Ref.). — Die absoluten Störungen dieses Saturnmondes wurden nach der Hillschen Methode berechnet. Die erhaltenen Elemente und Koordinaten stellen die relativen Beobachtungen von 1917 und 1927 gut dar und stimmen gut mit den aus den jeweiligen Beobachtungsserien abgeleiteten Elementen überein. Loh.

8704. **W. A. Iswekow,** Sternbedeckungen vom Saturnring 1959 und 1960. AC Nr. 199 S. 25—28 (russ.).

* * **A. P. Lenham,** Observations of Jupiter, Saturn, and Venus, in 1958. Vgl. Ref. **8620**.

8705. **R. R. de Freitas Mourão,** Saturn in 1958. Obs. Nacional Publ. Serviço Astr. Nr. 6, 17 S.

* * **E. Schoenberg,** Die äquatoriale Beschleunigung bei Sonne, Jupiter und Saturn nebst Betrachtungen über die Form der Kontinente. Vgl. Ref. **6107**.

8706. Snow on Saturn. Astronautics **3** 128, 1958.

8707. Saturn 1958 im 40-Zöller. Mitt. Planetenbeobachter **12** 28—29.

8708. Die Durchsichtigkeit der Saturnringe. Sternenbote **2** 18—19. — Ref.

8709. Saturn 1958 im 40-Zöller. Sternenbote **2** 117—118.

§ 88

Uranus

8801. **G. Gauthier,** Observation des satellites III et IV d'Uranus. BSAF **73** 154.

8802. **W. M. Sinton,** The albedos and phase variations of Uranus and Neptune. Lowell Obs. Bull. **4** 93—97. — Aus den photoelektrischen Beobachtungen von Uranus und Neptun am Lowell Obs. in 320 Nächten von 1953—1958 bzw. 215 Nächten von 1954—1958 leitete Verf. die Phasenkoeffizienten 0.00031 ± 0.00006 (w.F) bzw. 0.00060 ± 0.00025 (w.F.) Größenklassen pro Quadratgrad ab. Die Übereinstimmung mit dem von Talley und Horak theoretisch abgeleiteten Phasenkoeffizienten 0.00020 ist mehr oder weniger erträglich. Für drei Farben (U, B, V) werden die Albedos ermittelt: Uranus 0.88, 0.97, 0.89, Neptun 0.82, 0.88, 0.71. Loh.

8803. **R. Tomaschek,** Great earthquakes and the astronomical positions of Uranus. Nature **184** 177—178. — Ein Vergleich der oder der um 12^h vergrößerten Rektaszension des Meridians des Epizentrums zur Zeit eines großen Erdbebens mit der von Uranus führt für die 23 größeren Erdbeben der Jahre 1904—1906 zu dem überraschenden Ergebnis, daß sie sich relativ oft nur um weniger als eine Stunde unterscheiden. In den darauffolgenden Jahren nimmt diese Korrelation ab. Doch zur Zeit der drei großen Erdbeben von 1923, 1933 und 1950 sind die Meridiandistanzen des Uranus in unterer Kulmination wiederum kleiner als 30^m. Loh.

§ 89

Neptun, Pluto, Transpluto

8901. **G. Gauthier,** Observation de Pluton avec un télescope de 320 mm. BSAF **73** 36.

8902. **H. H. Kritzinger,** Transpluto, hypothetische elliptische Elemente. NAZ **13** 3. — Ref. in Orion Schaffhausen **5** 795.

* * **W. M. Sinton,** The albedos and phase variations of Uranus and Neptune. Vgl. Ref. 8802.

8903. **W. Strubell,** Über die Möglichkeit und den Nachweis der Existenz eines transplutonischen Planeten. Weltraumfahrt **10** 93—95. — Ref. in Phys. Ber. **39** 399.

X. Interplanetare Objekte

§ 91

Kometen im allgemeinen

9101. **Z. Alksne,** Saules sistēmas mazie ķermeņi. Zvaigžņotā Debess 1959. gada rudens S. 36—38. — Erläuterung der Begriffe «Kleinkörper» des Sonnensystems.

9102. **M. Beyer,** Physische Beobachtungen von Kometen. XI. AN **284** 241—262 = Mitt. Sternw. Hamburg-Bergedorf Nr. 109. — Der vorliegende Bericht schließt unmittelbar an die in AN **284** 112 veröffentlichten Ergebnisse an und enthält die zwischen 1955 Aug. 17 und 1957 Okt. 1 erhaltenen Beobachtungen von weiteren 9 Kometen. Die Beobachtungen der letzten Jahre bestätigen die auch aus photographischen Filteraufnahmen gewonnene Erfahrung, daß die Kometen, unabhängig von ihren Größen, eine sehr verschiedenartige Beschaffenheit haben. Jedes Objekt hat seine individuelle Gestalt, die auch in den verschiedenen Sonnenabständen im wesentlichen erhalten bleibt. So unterscheiden sich die spitzen, sehr staubreichen Schweifkometen, denen eine Koma oft ganz fehlt, sehr stark von den zumeist kugelrunden, gasförmigen Köpfen mit einer sternartigen Verdichtung, aus der Bündel fadenförmiger Strahlen des CO^+ fast geradlinig in den Raum gestoßen werden. Die Helligkeitsentwicklung verläuft bei der ersten Gruppe der Staubkometen wesentlich stetiger und ruhiger, was deutlich in dem zumeist niedrigeren Wert des Exponenten n (zwischen 2 und 4) zum Ausdruck kommt, wenn man die Intensitätsänderungen des Kometen in erster Näherung durch $I_{beob.} = I_0/r^n\Delta^2$ darstellt. Einige Objektivprismen-Spektrogramme, die von den sehr hellen Kometen Arend-Roland (1956 h) und Mrkos (1957 d) erhalten wurden, lassen in Übereinstimmung mit den übrigen Beobachtungen auf einen überwiegenden Anteil reflektierender Teilchen auch in den Schweifen schließen. Verf. (gek.)

9103. **A. Cornejo Parró,** Cometas. Bol. As. Peruana Astr. **5** 278—282.

9104. **G. Darsenius,** Kometspaning och amatörer. PAT **40** 140—142. — Kurze Darstellung von Peltiers Arbeiten und seines Instrumentariums. Hierzu werden einige Ratschläge von Clarence L. Friend für kometensuchende Amateure hinzugefügt. C. L. J.

9105. **O. W. Dobrowolskij,** Die Radiostrahlung der Kometen. Bull. Inst. Astrophys. Akad. Wiss. Tadshik. SSR Nr. 26 S. 3—11, 1958 (russ.). — Ref. in RJ UdSSR 1960 Nr. 8 S. 61—62.

9106. **B. Donn,** Comets and the chemistry of matter in space. AJ **64** 126—127. — Ref. AAS.

* * **W. G. Fessenkow,** On the nature of zodiacal light and its probable connection with asteroids and periodic comets. Vgl. Ref. 9506.

9107. **L. Houziaux,** Sur l'origine du spectre continu des comètes. Bull. Cl. Sci. Acad. roy. Belgique (5) **45** 218—238 = Inst. d'Astrophys. Univ. Liège Coll. 8° Nr. 407. — Einige hellere Kometen der letzten Jahre, besonders die Kometen Arend-Roland und Mrkos (1957 d) boten die Möglichkeit, den kontinuierlichen Teil des Spektrums genauer zu untersuchen. Für den Kern und Kopf der Kometen dürften 4 Mechanismen zu einer Rückstrahlung des Sonnenlichts beitragen: 1. eine diffuse Reflexion am festen Kern, 2. eine Streuung an Molekülen, 3. eine Streuung an kleinen festen Partikeln und 4. eine Streuung an freien Elektronen. Die verfügbaren Beobachtungen, insbesondere die zahlreichen Filteraufnahmen von N. Richter in Sonneberg zeigen in Übereinstimmung mit den polarimetrischen Messungen von Blackwell und Willstrop, daß der kontinuierliche Anteil des Lichts im wesentlichen durch Streuung des Sonnenlichts an kleinen festen Partikeln (Staub) verursacht wird. Bey.

9108. **H. Hurnik,** The distribution of the directions of perihelia and of the orbital poles of non-periodic comets. AA **9** 207—221 = Poznań Repr. Nr. 40. — Für 451 Kometen mit Exzentrizitäten größer als 0.9 bestimmt Verf. das Verteilungsellipsoid für die Richtung ihrer Perihelien und für die Lage ihrer Bahnpole. Nach Berücksichtigung von den Beobachtungen von Kometen anhaftenden Auswahleffekten erhält er zwei neue Richtungsellipsoide, die für einen interstellaren Ursprung der nichtperiodischen Kometen sprechen. Böh.

9109. **R. Kurth, M. Hodgkinson,** On the probability of discovery of comets. Mem SA It (NS) **30** 3—12. — Nach einer Aufzählung der Faktoren, von denen die Entdeckungswahrscheinlichkeit der Kometen abhängt, wird unter plausiblen Voraussetzungen für die Entdeckungswahrscheinlichkeit P eines Kometen im Zeitintervall Δt die Formel $P = 1 - e^{-\nu \Delta t}$ abgeleitet. ν ist eine nicht negative und von der Zeit unabhängige Funktion der die Entdeckungswahrscheinlichkeit bestimmenden Faktoren, ihr reziproker Wert ist die mittlere Zeit, die notwendig ist, um in einem sehr langen Zeitraum (etwa mehrere Jahrzehnte) einen Kometen zu entdecken. Die Methode arbeitet (also) nur dann, wenn die Beobachtungen über einen genügend langen Zeitraum hinweg auf gleiche Art und Weise erfolgen. Loh.

9110. **B. J. Lewin,** Über den Ursprung der Kometen. Sterne **35** 188—194. — Wiedergabe eines Vortrages auf der Konferenz über «Interplanetare Materie» in Jena. Verf. vertritt die Ansicht, daß die Kometen ebenso wie die Meteorite im Verlaufe des Hauptprozesses der Bildung unseres Planetensystems entstanden sind. Als wichtige Stützen werden die Theorien von O. J. Schmidt, von J. H. Oort und F. L. Whipple herangezogen. Die von S. K. Wsechswjatskij aufgestellte Hypothese, derzufolge die Kometen ihren Ursprung in Eruptionen aus den Planeten oder deren Satelliten haben sollen, wird als physikalisch nicht begründet abgelehnt. Bey.

9111. **J. L. Losoya,** Los Cometas. El Universo **13** 31—32.

9112. **B. L. Meek,** On the shape of cometary tails. MN **119** 3—10. — Auf der Grundlage eines Partikelschwarms als Modell eines Kometenschweifs wird die räumliche Verteilung von Teilchen verschiedener Größe im Perihel für mehrere Beispiele berechnet. Die Abspaltung einiger Partikel vom Hauptschweif des Kometen wird durch den Strahlungsdruck oder äquivalente dynamische Effekte hervorgerufen. Einige der Ergebnisse werden auf den Kometen Arend-Roland angewendet. Sm.

9113. **D. Meisel,** The art of comet searching. Strolling Astronomer **13** 8—12.

9114. **D. D. Meisel,** A study in cometary proper motion. Strolling Astronomer **13** 146—147. — Die tägliche scheinbare Bewegung eines Kometen hängt außer von seiner geozentrischen Distanz auch von seiner heliozentrischen Geschwindigkeit ab, oder, unter Benutzung eines bekannten Satzes von Lambert anders formuliert, von der Krümmung seiner scheinbaren Bahn. Diese Beziehungen werden hier kurz abgeleitet und innerhalb der den Praktiker interessierenden Grenzfälle auch numerisch diskutiert. Stu.

9115. **P. Proisy,** L'identification des spectres de comètes et l'analyse des spectres de l'ammoniac. Acta Astr. Sinica **7** 20—25 (chines. mit französ. Ref.). — Das unter schwachem Druck und schwacher Anregung erzeugte Ammoniakspektrum ist benutzt worden, um diejenigen Linien in Kometenspektren herauszufinden und zu untersuchen, die Stickstoff-Wasserstoff-Molekülen, insbesondere NH_2, zugeordnet werden können. Loh.

9116. **Z. Sekanina,** Variability of the photometrical exponent of the dust part of the cometary coma. BAC **10** 60—67. — Von 105 Kometen mit Umlaufsperioden $P > 1000$ Jahre, die zwischen 1853 und 1957 beobachtet wurden, ist der photometrische Exponent n der Koma bestimmt worden. Er ist selbst wieder als Funktion der Entfernung darstellbar. Ho.

9117. **Z. Sekanina,** Solar activity as related to the statistics of comets. BAC **10** 103—104. — In Abhängigkeit von der Phase des Sonnenfleckenzyklus werden 563 in der Zeit von 1610 bis 1954 entdeckte Kometen untersucht. Dabei wurden die Zahl der entdeckten Kometen N, die Stärken der Kometenschweife τ, die mittlere heliozentrische Entfernung r der Kometen zur Zeit ihrer Entdeckung, die entsprechende mittlere geozentrische Distanz $\varDelta$, die mittlere absolute Helligkeit H zur Zeit des Periheldurchgangs und die mittlere scheinbare Helligkeit m zur Entdeckungszeit zur Sonnentätigkeit in Beziehung gesetzt. Eindeutige Korrelationen ergeben sich für r, $\varDelta$ und H, während m innerhalb der Genauigkeitsgrenzen konstant ist. Bei N und τ treten zwei Minima auf, wofür eine Erklärung gegeben wird. Sm.

9118. **K. A. Steins,** Some remarks concerning the determination of the primary and ultimate orbits of long-periodic comets. AA **9** 193—202. — Verf. berechnet nach einem Näherungsverfahren einen Durchschnittswert für die Störungen des reziproken Wertes der großen Halbachsen a eines langperiodischen Kometen sowohl mit der Sonne als auch dem Massenzentrum des Sonnensystems als Ursprung des Koordinatensystems und erhält daraus Grenzwerte von 1/a für zunehmende Entfernung von der Sonne. Böh.

9119. **K. A. Steins,** Über den Einfluß des Widerstands der Jupiteratmosphäre auf den Einfang von Kometen. Abh. Lett. Univ. **20** 185—192, 1958 (russ. mit lett. Ref.). — Ref. in RJ UdSSR 1960 Nr. 8 S. 16.

9120. **K. A. Steins,** The distribution of the Jovian group of comets. AJ UdSSR **36** 512—523 (russ. mit engl. Ref.) = Sonderdruck Univ.-Sternw. Riga. — Diese Arbeit ist die Fortsetzung der im AJB **57** Ref. 8025 zitierten. Verf. leitet in zwei Varianten Formeln zur Bestimmung der Verteilungsfunktion der großen Achsen, der Parameter p und der Bahnneigungen für die kurzperiodischen Kometen ab. Die erste, von H. A. Newton (1891) angewandte «hydrodynamische» Variante erklärt die Beobachtungen nicht. In der zweiten, von W. G. Fessenkow (1947) angewandten Variante werden die individuellen Eigenschaften der Kometenbahnen während des Einfangens berücksichtigt. Unter plausiblen statistischen Annahmen für die Bahneigenschaften der langperiodischen Kometen und unter Berücksichtigung der Kometenauflösung und der Entdeckungswahrscheinlichkeit für kurzperiodische Kometen ergibt sich gute Übereinstimmung mit den Beobachtungen. Loh.

9121. **W. I. Tscherednitschenko,** The dissociation and ionization of cometary molecules in the photon and corpuscular field of solar radiation. AJ UdSSR **36** 254—263 (russ. mit engl. Ref.). — Verf. berechnet Dissoziation und Ionisation der wichtigsten in Kometenköpfen gefundenen Moleküle (H_2O, CH_4 etc.) und Radikale (C_2, CN etc.) unter der Wirkung von Stößen mit solaren Korpuskeln ebenso wie der normalen, insbesondere der UV-Strahlung der Sonne. Nach Auswahl der wahrscheinlichsten Prozesse wird ein Transformationsschema mit mittleren Lebenszeiten angegeben und auf die Variation des Kopfdurchmessers des Halleyschen Kometen angewandt (Aufnahmen der C_2 IV-Emission). Die theoretischen Ergebnisse stimmen gut mit den Beobachtungen überein. Oster

9122. **J. Witkowski,** Einige Bemerkungen zum Problem des Ursprungs der Kometen. Sterne **35** 194—197. — Wiedergabe eines Vortrags auf der Konferenz über «Interplanetare Materie» in Jena. Es wird dargelegt, daß sich die Frage nach der interstellaren Herkunft der Kometen oder ihrer ursprünglichen Zugehörigkeit zum Sonnensystem zur Zeit noch nicht beantworten läßt. Schon vor mehr als 70 Jahren fand Svedstrup, daß die Perihele der nicht periodischen Kometen die galaktische Ebene bevorzugen. Diese Feststellung deutet darauf hin, daß die im interstellaren Raum in galaktozentrischen Bahnen kreisenden Kometen unter Umständen von unserem Sonnensystem eingefangen und eingegliedert werden. Was die bemerkenswerte Stabilität der Kometen gegenüber den Sonneneinflüssen im Perihel anbetrifft, so wird vermutet, daß in größeren Sonnenabständen eine Regeneration durch Sammlung von gefrorenem Gas und Staub erfolgt. Bey.

9123. **S. K. Wsechswjatskij,** On the nature of «synchronic» formations in cometary tails. AJ UdSSR **36** 503—511 (russ. mit engl. Ref.). — Die in den Schweifen einiger Kometen beobachteten Streifen («Synchronen» nach Bredichin) können nicht, wie gezeigt wird, aus einmaligen bzw. simultanen Auswürfen von Staubteilchen aus dem Kometenkern entstanden sein. Da mehrere wesentliche Argumente gegen die bis heute angenommene Erklärung der Synchronen sprechen, schlägt Verf. in Anlehnung an Beobachtungen an Kometen im allgemeinen und an 1957d Mrkos im besonderen und außerdem in Analogie zu den Koronastrahlen vor, die Synchronen als Erscheinungsbilder magnetischer Kraftlinien zu deuten. Viele Strukturbesonderheiten in Typ I-Schweifen und Strahlensystemen können nur durch elektromagnetische Prozesse im kometarischen Plasma erklärt werden. Loh.

9124. **S. K. Wsechswjatskij,** Kometenphotometrie. Bote Univ. Kiew (Astr., Math., Mechan.) 1958 Nr. 1 S. 135—144 (ukrain. mit russ. Ref.). — Ref. in RJ UdSSR 1960 Nr. 8 S. 82.

9125. **S. K. Wsechswjatskij,** Bemerkungen zu den Arbeiten von Oort über die Herkunft und Entwicklung der Kometen. Publ. Astr. Obs. Kiew Nr. 8 S. 13—20 (russ.). — Mit diesen Bemerkungen übt Verf. Kritik an den Untersuchungen Oorts und stellt ihnen seine Eruptionshypothese gegenüber, die auch mit neueren geologischen und mineralogischen Anschauungen über das Problem der Herkunft der Meteorite besser in Einklang steht als die Olbers-Oortsche Hypothese. Loh.

9126. Comets and cosmic chemistry. Sky Tel. **18** 557. — Ref. AAS.

§ 92

Einzelne Kometen

9201. **J. Gadomski,** Kronika Komet. Urania Kraków **30** 358. — Betrifft die Kometen des Jahres 1959. E. R.

9202. **H. Hirose,** The orbits of comets observed in 1957 and 1958. Astr. Herald **52** 158 (japan.).

9203. **K. Mayrhofer,** Periodische Kometen des Jahres 1959. Sternenbote **2** 42—46.

9204. **D. Meisel,** A.L.P.O. Comets Section report I. Strolling Astronomer **13** 12—18.

9205. **J. G. Porter,** Comets (1958). MN **119** 437—444.

9206. **E. Roemer,** Comet notes. Publ ASP **71** 66—68, 180—183, 245—247, 348—351, 474—476, 546—549.

9207. **J. M. Vinter-Hansen,** Kometerne i 1958. Natur. verden März 1959 S. 68—69.

9208. Suchephemeriden periodischer Kometen 1959. AC Nr. 200 S. 1—6 (russ.). — Aus dem BAA Handbook, 1959.

9209. Chronik. AC Nr. 202 S. 23 (russ.). — Mehrere polnische Astronomen haben die Untersuchungen der Bahnen von 6 Kometen unternommen.

9210. Les comètes de 1959. Gaz astr **41** 24—27, 72—73.

9211. Comet notes. Obs **79** 28—29, 159—161, 225—226.

9212. Roman numeral designations of comets in 1956. UAI Circ 1702.

9213. Komety 1958 roku. Urania Kraków **30** 98—99.

9214. Definitywne oznaczenie komet 1955 roku. Urania Kraków **30** 99—100.

9215. Komet 1908 III Morehouse

Sky Tel. **19** 74—78. Comet Morehouse 1908 III. O. Struve.

ZfA **47** 225—265. Die Bewegung der Materie im Schweif des Kometen Morehouse am 29. Oktober 1908. P. Stumpff. — Auf Grund von Messungen auf 2 Aufnahmen, die M. Wolf 1908 Okt. 29 mit je 10 Min. Belichtung am Heidelberger 71 cm-Spiegel im zeitlichen Abstand von 24 Minuten erhalten hatte, wird die Dynamik der Schweifstrahlen des Kometen untersucht, um festzustellen, wie weit die Beobachtungen den Auffassungen von A. Kopff ($1 - \mu$ im Schweif variabel), K. Wurm ($1 - \mu$ konstant, Anfangsgeschwindigkeiten variabel) und L. Biermann (solare Korpuskularstrahlung erteilt den Ionen im Schweif Beschleunigungen von mindestens 10^3) entsprechen. Die Beobachtungen gestatten kaum eine andere Deutung, als daß die Beschleunigung stark von innen nach außen im Schweif zunimmt und außen Werte der Größenordnung 10^3—10^4 erreicht. Diese Feststellung ist verständlich, wenn man annimt, daß die zentralen Teile des Schweifs durch die Kopfregion des Kometen gegen die Wirkung der Korpuskularstrahlung abgeschirmt werden. Eine Ausströmungsgeschwindigkeit der Materie von der Größenordnung etwa 1 km/sec sowie die Beschleunigung durch einen solaren Partikelstrom vermögen die gesamten Bewegungsphänomene im Schweif zu deuten. Die Unterschiede in den beobachteten $1 - \mu =$ Werten für Kondensationen einerseits und für Schweifstrahlen andererseits sind als Folge der verschiedenen Lage dieser Objekte im Schweif anzusehen. Bey.

9216. Komet 1910 II (= 1835 III) Halley

Bol. As. Peruana Astr. **5** 255—261. Observaciones del cometa Halley. C. Chavez.

9217. Komet 1941 VI (= 1925 II) Schwassmann–Wachmann 1

AC Nr. 206 S. 1; NAZ **13** 30; NAZvM Nr. 433, 437; UAI Circ 1673.

AN **285** 117—128 = Mitt. Univ.-Sternw. Jena Nr. 42. Halobildung beim Kometen 1925 II. A. Weigert. — Es werden verschiedene Möglichkeiten der Bildung von Staubhalos beim Auftreffen schneller solarer Korpuskularströme auf den Kometen 1925 II diskutiert. Dabei wird das Whipplesche Modell des Kometenkernes vorausgesetzt. Halobildungen, die zu merklichen Steigerungen der Helligkeit (1^m bis 3^m) führen, sind in verschiedener Weise erklärbar. Für die Ausbreitungsgeschwindigkeiten ergeben sich Werte von 10^3 bis zu einigen 10^4 cm/sec. Die wesentliche Ursache für diese Halobildungen dürfte aber in Inhomogenitäten des Kernaufbaus liegen. Eine Korrelation zu den erdmagnetischen Stürmen ist nicht wahrscheinlich. Auch das vorliegende Beobachtungsmaterial läßt hierüber keine eindeutigen Schlüsse zu. Verf.

Publ ASP **71** 169—170 = Contr. Lick Obs. (2) Nr. 94. Observations of comet Schwassmann-Wachmann 1 during an outburst. M. F. Walker. — Gelegentlich eines Helligkeitsausbruchs des im Abstand von etwa 6 astr. Einh. umlaufenden periodischen Kometen gelang es N.U. Mayall 1958 Dez. 3 lichtelektrische Beobachtungen in den U-, B- und V-Bereichen vorzunehmen. Gleichzeitig wurde ein Spektrum mit einer Dispersion von 430 Å/mm bei $H\gamma$ erhalten. Der Komet zeigte — wie bei 2 früheren Ausbrüchen — das Spektrum des reflektierten Sonnenlichts. Da die B–V- und U–B-Werte dem Spektraltyp G8V entsprechen, ist eine leichte Rötung des zurückgestrahlten Lichts nachgewiesen. Bey.

9218. Komet 1941 VII Du Toit-Neujmin-Delporte

UAI Circ 1675. Periodic comet Du Toit-Neujmin-Delporte (1941 VII). M. P. Candy.

9219. Komet 1943 I Whipple-Fedtke-Tevsadse

Ann d'Astrophys **22** 812—819. La vie moyenne des états de rotation de l'état fondamental de la molécule CN. J. Hunaerts. — Vgl. Ref. **1626**.

BAC **10** 34—38. The physical parameters of the comet 1943 I. Z. Sekanina.

9220. Komet 1946 V (= 1940 I) Giacobini-Zinner

AC Nr. 201 S. 1—2, Nr. 202 S. 1, Nr. 204 S. 2—3, Nr. 205 S. 5—6; BAA Circ 410, 412, 413, 414; BSAF **73** 186, 238; Coelum **27** 178; DO-CIA Nr. 44, 53, 61, 63, 64, 66; Gaz astr **41** 11, 47; Harv Card 1434, 1456; J. Astr. Soc. Victoria **12** 83; MN ASSA **18** 156—157; NAT 1959 S. 65—66, 102; NAZ **13** 7, 29; NAZvM Nr. 416, 430, 433, 435; PAT **40** 149, 150; Sky Tel. **18** 614; Sternenbote **2** 19, 36; Strolling Astronomer **13** 118; UAI Circ 1664, 1677, 1680, 1682, 1685, 1689, 1691, 1696—1700, 1702, 1705; VdS Nachr. **8** 58, 98.

AC Nr. 207 S. 2—3 (russ.). Brightness of comet Giacobini-Zinner 1959b. S. K. Wsechswjatskij.

AC Nr. 207 S. 4—5 (russ.). Integral brightness of comet Giacobini-Zinner 1959b. A. M. Bacharew.

9221. Komet 1948 XIII (= 1931 I) Neujmin 1

BIA **7** 221—232 (russ. mit engl. Ref.). On the movement of the comet Neujmin 1 in 1931—1948. H. K. Raudsaar. — Dieser Komet mit einer Umlaufzeit von 18 Jahren wurde 1913 von G. N. Neujmin entdeckt und 1931 und 1948 beobachtet. Van Biesbroeck erhielt auf Grund der Beobachtungen von 1913 und 1931 ein Elementensystem des Kometen unter Berücksichtigung der Störungen von Jupiter und Saturn. In der vorliegenden Arbeit wird ein Elementensystem aus den Beobachtungen von 1931 und 1948 unter Berücksichtigung der Störungen von fünf Planeten abgeleitet. Verf. (ü.)

9222. Komet 1949 V (= 1939 IV) Väisälä 1

BAA Circ 414, 416; BSAF **73** 446; Gaz astr **41** 47; Harv Card 1454, 1455, 1458, 1462; Kop Akt Medd 407; NAT 1959 S. 143—144; NAZ **13** 29; NAZvM Nr. 435; UAI Circ 1680, 1697, 1698, 1702, 1705.

9223. Komet 1950 III (= 1942 VII) Oterma

PAT **40** 69; UAI Circ 1670.

9224. Komet 1950 VI (= 1942 VI) Wolf 1

AA **9** 1—3. Elements and ephemeris of comet P/Wolf I for its reapparition in 1959. M. Kamieński. — Der Komet ist in den Jahren 1933—1958 nicht wesentlich schwächer geworden. Die von W. A. Baum am 3. 6. 1958 gemessenen Örter stimmen gut mit der Ephemeride überein. Unter Berücksichtigung der Störungen berechnet Verf. eine Ephemeride für 1959. E. R.

AA **9** 53—89. Comet P/Wolf I 1750—1959. M. Kamieński. — Als Zusammenfassung einer großen Zahl von Untersuchungen, für die ein Quellenverzeichnis beigefügt ist, wird eine Theorie der Bewegung des periodischen Kometen P/Wolf I für die Zeit von 1750 bis 1959 gegeben. Die Hauptstörungen durch Jupiter, in dessen Bahn sich das Aphel der Kometenbahn befindet, bewirken eine Bahnbewegung auf einer pulsierenden Ellipse, deren Apsidenlinie sich langsam gegen die Umlaufsrichtung des Kometen dreht. Die Untersuchung schließt mit einer Diskussion der Helligkeitsentwicklung des Kometen unter Berücksichtigung der Sonnenaktivität. Gü-Li

BSAF **73** 74. Le mouvement de la comète périodique Wolf I. J. Meeus.

Postępy Astr. **7** 283—285. Pięćdziesię-ciolecie badań nad kometą P/Wolf I. M. Kamieński. — Verf. berichtet über seine Untersuchungen über die Bewegung dieses Kometen in den Jahren 1750—1958. E. R.

9225. Komet 1951 VII (= 1906 IV) Kopff

NAZ **13** 11. Kopffscher Komet (1958 d = 1951 VII).

Postępy Astr. **7** 285—287. Ruch okresowej komety 1906 IV (Kopff) w latach 1951—58. F. Kępiński. — Verf. macht Mitteilungen über den Verlauf der Bahnrechnungen dieses Kometen in den Jahren 1951 bis 1958, an denen auch M. Kamieński und M. Bielicki teilnahmen. Die Störungen des Kometen während seines Verweilens in der Aktivitätssphäre von Jupiter (18. März 1954—27. April 1954) wurden genau berechnet. E. R.

Studia Soc. Sci. Torunensis (F) **2** Nr. 4 S. 1—6 = Bull. Astr. Obs. Toruń Nr. 21. Liaison de 4 apparitions de la comète périodique 1906 IV (Kopff) 1919—1926—1932—1939. F. Kępiński. — Verbesserung der Bahnelemente aus Beobachtungen der Erscheinungen 1919, 1926, 1932 und 1939 unter Berücksichtigung der Störungen durch die 5 großen Planeten. Gli.

9226. Komet 1951 X Arend

AC Nr. 201 S. 2—3; BAA Circ 410; BSAF **73** 286; DO-CIA Nr. 58; Harv Card 1440; J. Astr. Soc. Victoria **12** 83; NAZ **13** 11, 15; NAZvM Nr. 418; PAT **40** 69, 149; UAI Circ 1671, 1683.

BIA **7** 208—220 (russ. mit engl. Ref.). Comet 1951 X Arend. S. U. Kan. — Die definitive Bahn des Kometen 1951 X wird aus den Beobachtungen von 1951—1952 berechnet und eine Vorausberechnung der Erscheinung des Kometen im Jahre 1959 durchgeführt. Verf. (ü.)

Ciel et Terre **75** 337—341. La comète Arend, deuxième comète périodique Belge, réobservée à son retour.

*** * Komet 1951 I (= 1952 III Schaumasse)**

9227. Komet 1952 II Harrington

Sternenbote **2** 33; UAI Circ 1667.

9228. Komet 1952 III (= 1943 V) Schaumasse

BAA Circ 414; BSAF **73** 388; Gaz astr **41** 47; Harv Card 1451; Kop Akt Medd 407; NAT 1959 S. 102; NAZ **13** 29; NAZvM Nr. 432; PAT **40** 150; UAI Circ 1680, 1694, 1702.

Publ. Astr. Obs. Kiew Nr. 8 S. 52—67 (russ.). Die Helligkeitsverteilung im Kopf des Kometen 1951 1 Schaumasse. W. P. Konoplewa. — Photographische Aufnahmen an zwei Kameras des Obs. Kiew wurden zur Ableitung der Isophoten, der scheinbaren und der räumlichen Helligkeitsverteilung während der Erscheinung im Jan. und Febr. 1952 ausgemessen. Für die Gasdichte in Kernnähe folgt hieraus 1.2×10^3 CN-Moleküle/cm^3, für die Masse der gasförmigen Komponente des Kometen 10^9 Gramm. Loh.

9229. Komet 1952 IV (= 1947 II) Grigg-Skjellerup

NAZ **13** 15; TAB (2) Nr. 120 S. 1395—1407; UAI Circ 1681.

G. Sitarski hat die Untersuchung der Bewegung des Kometen übernommen.

AA **9** 175—181 = Astr. Obs. Warsaw Univ. Repr. Nr. 88. Researches on the motion of comet Grigg-Skjellerup. Part I. The motion of the comet in the period 1957. Jan. 2.0 — 1964. Sept. 22.0 and its close approach to Jupiter in 1964. (Preliminary results). G. Sitarski. — Die Bewegung des Kometen wird unter dem Einfluß der Störungen durch Jupiter und Saturn untersucht. Diese Rechnungen sollen nach der nächsten Erscheinung des Kometen im Winter 1961/62 mit dem Ziel der weiteren Bahnverbesserung fortgesetzt werden. Stu.

AA **9** 227—230 = Astr. Obs. Warsaw Univ. Repr. Nr. 94. Ephemeris of comet P/Grigg-Skjellerup for its reappearance in 1961—1962. G. Sitarski. — Verf. berechnete die durch Jupiter und Saturn bewirkten Störungen von 1957 Jan. 2 bis 1962 Febr. 25. Ferner wird eine Ephemeride des Kometen von 1961 Sept. 18 bis 1962 Febr. 25 gegeben. E. R.

9230. Komet 1952 VII (= 1944 II) Comas Solá

UAI Circ 1676.

9231. Komet 1953 IV (= 1932 IV) Borrelly 1

UAI Circ 1677, 1700.

9232. Komet 1953 V (= 1946 IV) Brooks 2

UAI Circ 1674.

9233. Komet 1953 VII Finlay

UAI Circ 1700.

* * **Komet 1953 c (= 1954 VII Pons-Brooks)**

* * **Komet 1953 g (= 1954 X Abell)**

9234. Komet 1954 III (= 1948 XII) Honda-Mrkos-Pajdusakova

DO-CIA Nr. 51; NAZ **13** 5; Strolling Astronomer **13** 117; UAI Circ 1674.

9235. Komet 1954 VII (= 1884 I) Pons-Brooks

Bol. Inst. Mat. Astr. Fis. Córdoba **1** Nr. 1 S. 33—34, 1957.

9236. Komet 1954 X Abell

Bol. Inst. Mat. Astr. Fis. Córdoba **1** Nr. 1 S. 33—34, 1957.

9237. Komet 1954 XII Kresak-Peltier

Bol. Inst. Mat. Astr. Fis. Córdoba **1** Nr. 1 S. 33—34, 1957.

9238. Komet 1954 XIII Harrington-Abell

UAI Circ 1675. Periodic comet Harrington-Abell (1954 XIII). T. Seki.

* * **Komet 1954 d (= 1954 XII Kresak-Peltier)**

* * **Komet 1954 k (= 1956 I Haro-Chavira)**

9239. Komet 1955 II (= 1947 IX Faye)

BIA 7 466—477 (russ. mit engl. Ref.). The motion of comet Faye. Communication 2. The orbit of comet Faye from observations during 1932—1933, 1939—1940 and 1947—1948. F. B. Chanina, O. N. Bartenewa. — Die Arbeit ist eine Fortsetzung der Rechnungen von W. F. Shewershejew (vgl. AJB 52 Ref. 8107). Unter Benutzung von 11 Normalörtern von Shewershejew und 3 weiteren für 1947—1948 wurden drei Erscheinungen des Kometen miteinander verbunden. Die numerischen Integrationen zur Berücksichtigung der Störungen aller Großen Planeten von Merkur bis Uranus wurden von 1939 aus rückwärts und vorwärts durchgeführt. Die schrittweisen Verbesserungen und die jeweilige Genauigkeit der Rechnungen werden ausführlich wiedergegeben. Eine Normalkoordinate wird schließlich mit einem mittleren Fehler von $\pm 2\overset{''}{.}0$ dargestellt. Wie schon ein Vergleich der 3 Systeme von oskulierenden Elementen zeigt, sind in dem erfaßten Zeitraum nur Störungen von mäßiger Größe aufgetreten. O. G.

9240. Komet 1955 V Honda

Bol. Inst. Mat. Astr. Fis. Córdoba 1 Nr. 1 S. 33—34, 1957.

9241. Komet 1955 VII (= 1896 VII) Perrine-Mrkos

AA 9 165—174. Investigation on the motion of comet Perrine 1896 VII — Mrkos. Approach of the comet to Jupiter in 1959 (provisional results). R. Szafraniec. — Durch die Analyse der Jupiterstörungen auf die Kometen 1896 VII und 1955 i wird die Identität der beiden Objekte nachgewiesen. Damit ergeben sich zugleich verbesserte Grundlagen für die Ephemeride des Kometen bei seiner erwarteten Wiederkehr im Febr. 1961. Stu.

AA 9 223—225. Ephemeris of the periodic comet Perrine 1896 VII. R. Szafraniec. — Auf Grund der von Jupiter hervorgerufenen Störungen im Zeitraum 1955 Sept. 30 bis 1962 Febr. 25 werden Elemente für die Oskulation 1962 Febr. 25 und eine Ephemeride des Kometen für den Zeitraum 1961 Mai 21 bis Dez. 31 angegeben. E. R.

TAB (2) Nr. 120 S. 1395—1407.

* * **Komet 1955 c (= 1956 II Ashbrook-Jackson)**

* * **Komet 1955 g (= 1955 V Honda)**

* * **Komet 1955 i (= 1955 VII Perrine-Mrkos)**

9242. Komet 1956 I Haro-Chavira

TAB (2) Nr. 120 S. 1395—1407.

9243. Komet 1956 II (= 1948 IX) Ashbrook-Jackson

TAB (2) Nr. 120 S. 1395—1407.

9244. Komet 1956 III Mrkos

TAB (2) Nr. 120 S. 1395—1407.

9245. Komet 1956 IV (= 1887 V) Olbers

TAB (2) Nr. 120 S. 1395—1407.

9246. Komet 1956 V (= 1949 II) Johnson
TAB (2) Nr. 120 S. 1395—1407.

9247. Komet 1956 VI (= 1928 III) Crommelin
Bol. Inst. Mat. Astr. Fis. Córdoba 1 Nr. 1 S. 33—34, 1957; TAB (2) Nr. 120 S. 1395—1407.

* * **Komet 1956 a (= 1956 IV Olbers)**

* * **Komet 1956 b (=1956 III Mrkos)**

9248. Komet 1956 c Wirtanen
Sternenbote 2 32; UAI Circ 1665.

* * **Komet 1956 f (= 1956 V Johnson)**

* * **Komet 1956 g (= 1956 VI Crommelin)**

9249. Komet 1956 h Arend-Roland

AA **9** 129—140 = Bull. Astr. Obs. Toruń Nr. 22. Photographic and photovisual photometry of comet Arend-Roland (1956 h). S. Grudzińska. — Aus 20 photographischen und 18 photovisuellen Beobachtungen der inneren Kopfregion des Kometen wurde der Verlauf der Helligkeit mit der Zeit abgeleitet. In Übereinstimmung mit den früheren Resultaten von Thiessen (vgl. AJB **57** Ref. 8168) läßt sich daraus folgern, daß die Helligkeit invers mit der solaren UV-Aktivität korreliert ist. Stu.

AC Nr. 199 S. 13—14 (russ.). Die Beziehung zwischen der Sonnenaktivität und der Helligkeit des Kerns des Kometen Arend-Roland. W. Strajshis. — Ein Vergleich der von Hopmann, Widorn und Purgathofer beobachteten Helligkeitswerte des Kometenkerns mit den Wolfschen Relativzahlen ergibt enge zeitliche Korrelation der Extremwerte, wobei auch die Laufzeit der solaren Korpuskeln zum Ausdruck kommt. Die von Hopmann beobachtete Teilung des Kerns am 11. Mai 1957 fällt mit einem besonders hohen Aktivitätsmaximum zusammen. Zwei kleine Helligkeitsmaxima (am 29./30. April und 9. Mai) traten auf, als eine Fleckengruppe nahe dem Projektionspunkt des Kometen auf die Sonnenoberfläche durchging. Petri

AC Nr. 204 S. 6—7 (russ.). Photographic photometry of comets Arend-Roland (1956 h) and Mrkos (1957 d). S. K. Wsechswjatskij, L. I. Danilenko.

AJ **64** 463—468. Photoelectric photometry of comet Arend-Roland (1956 h). A. Wehlau, W. Wehlau. — Photoelektrische Beobachtungen im blauen und gelben Spektralbereich sowie (mittels Interferenzfilter) bei λ 4065 Å wurden in 11 Beobachtungsnächten vorgenommen. Die Intensität bei λ 4065 Å nahm weniger rasch mit wachsendem Abstand Sonne-Komet ab, als im blauen und gelben Bereich, wo Übereinstimmung mit Thiessens Resultaten gefunden wurde. — Intensitätsregistrierungen durch den Kometenkopf konnten dargestellt werden durch das «fountain»-Modell mit einer Maxwell-Boltzmann-Verteilung der Ausströmungsgeschwindigkeiten. Verf. (ü.)

AJ UdSSR **36** 719—722 (russ. mit engl. Ref.). Accelerations in the tail of the comet 1956 h (Arend-Roland). G. K. Nasartschuk. — In der Zeit vom 27. April bis 2. Mai 1959 wurden Repulsivkräfte festgestellt, die die Sonnenanziehung um das 850- bis 2500fache übertrafen. Die Teilchengeschwindigkeiten im Schweif stiegen mit dem Radiusvektor an. Die Repulsivbeschleunigungen wuchsen mit zunehmendem Radiusvektor der Teilchen erst an und nahmen dann wieder ab. Durch Projektion des Kometen auf die Sonnenscheibe wurde eine für die Beschleunigungen verantwortliche Protuberanz ermittelt. (Verf. ü., gek.)

AJ UdSSR **36** 1053—1057 (russ. mit engl. Ref.). Photometry of the comet Arend-Roland 1956 h. G. A. Manowa, O. D. Dokutschajewa, B. A. Woronzow-Weljaminow. — Nach zwei Aufnahmen vom 24. und 25. April 1957 wurden Isophoten des Kometenkopfes und photometrische Schnitte des Kernes abgeleitet. Der Komet besaß zwei Köpfe, von denen der innere, scharf begrenzte, einen Schweif vom Typus I, der äußere, verwaschene, einen Schweif vom Typus II aufwies. Die Helligkeitsverteilung im Kopf konnte in der Richtung zur Sonne durch r^{-1} dargestellt werden, in der senkrechten Richtung wich der Helligkeitsverlauf jedoch davon ab. Ond.

BAC **10** 116—120. The initial velocity in the tail of comet 1956 h. V. Vanýsek, J. Grygar, Z. Sekanina. — Aus sieben Aufnahmen des Kometen 1956 h, die in der Zeit von 1957 April 29 bis Mai 4 gewonnen wurden, wurde die anfängliche Geschwindigkeit der Partikel im Schweif des Kometen abgeleitet. Unter der Annahme einer Beschleunigung von 60 cm/sec² erhielten die Autoren für April 29 einen Wert von 35.4 km/sec. Im weiteren Verlauf nahm die Geschwindigkeit schnell ab, so daß sie am Ende der Beobachtungsperiode 9 km/sec nicht überstieg. Sm.

Bote Univ. Kiew 1958 Nr. 1 (Astr., Math., Mechan.) S. 125—127 (ukrain. mit russ. Ref.). Photographische und visuelle Beobachtungen des Kometen Arend-Roland. S. K. Wsechswjatskij. — Ref. in RJ UdSSR 1960 Nr. 5 S. 61.

Bull. Astr.-Geod. Ges. UdSSR Nr. 25 S. 31—34 (russ.). Beobachtungen der Kometen Arend-Roland und Mrkos im Jahre 1957. W. N. Pyschnenko, M. N. Pyschnenko. — Wiedergabe einiger Photographien und des Kometenwegs auf einer Sternkarte.

Circ. Astr. Obs. Charkow Nr. 20 S. 3 (russ.). Photographische Beobachtungen des Kometen Arend-Roland. K. N. Kusmenko, W. H. Plushnikow, R. M. Petrenko.

Commun. Obs. Roy. Belgique Nr. 156, 14 S. Observations au prisme-objectif de la comète Arend Roland (1956 h). J. Hunaerts. — 8 Spektren werden diskutiert unter Mitteilung von Registrierkurven. Die Resultate werden mit den an 3 anderen Kometen erlangten verglichen. C. H.

Publ. Sektor Astrobotanik Akad. Wiss. Kasach. SSR **7** 84—92 (russ.). Spektralphotometrie des Kometen Arend-Roland. J. W. Glagolewskij. — Ref. in RJ UdSSR 1960 Nr. 8 S. 83.

Publ. Sektor Astrobotanik Akad. Wiss. Kasach. SSR **7** 93—107 (russ.). Über einige Beobachtungsergebnisse des Kometen 1956 h Arend-Roland. I. D. Kupo, W. G. Teufel. — Ref. in RJ UdSSR 1960 Nr. 8 S. 83.

Sterne **34** 209—214 = Mitt. Sternw. Sonneberg Nr. 48. Bildbericht vom Kometen 1956 h (Arend-Roland). C. Hoffmeister. — Vgl. AJB **58** Ref. 8167.

Sterne **34** 215—227 = Mitt. Sternw. Sonneberg Nr. 48. Das physikalische Bild des Kometen Arend-Roland (1956 h). N. Richter. — Vgl. AJB **58** Ref. 8167.

Studia Soc. Sci. Torunensis (F) **2** Nr. 2 S. 19—20 = Bull. Astr. Obs. Toruń Nr. 19. On the brightness of the comet 1956 h (Arend-Roland). W. Dziewulski.

TAB (2) Nr. 120 S. 1395—1407.

*** * Komet 1956 i (= 1952 IV Grigg-Skjellerup)**

9250. Komet 1957 d Mrkos

AC Nr. 199 S. 1—2, Nr. 204 S. 5—6; Union Circ **6** 308.

AA **9** 50. Photographic observations of comet Mrkos 1957 d. Z. Korbel, J. Kordylewski. — Mitteilungen über 5 photographische Beobachtungen des Kometen vom 11.—13. Aug. 1957. E. R.

AC Nr. 204 S. 6—7 (russ.). Photographic photometry of comets Arend-Roland (1956 h) and Mrkos (1957 d). S. K. Wsechswjatskij, L. I. Danilenko.

Ann d'Astrophys **22** 790—811. Etude de la bande λ 3883 de CN dans le spectre de la comète Mrkos 1957 d. J. Hunaerts. — Die Untersuchung von Spektren hoher Dispersion (200″-Spiegel, 18 Å/mm) mit vollständiger Auflösung des R-Zweiges bestätigt mit hoher Genauigkeit den Swings'schen Resonanz-Fluoreszenz-Mechanismus (Einfluß des solaren Absorptionsspektrums). Ihm überlagert sich ein Effekt 2. Ordnung (Greenstein-Effekt): Änderung des Intensitätsverhältnisses individueller Linien an gegenüberliegenden Seiten des Kometenkerns. Deutung durch Rotation des Kerns und damit verbundener Doppler-Verschiebung des reflektierten Sonnenspektrums, dessen Intensitätsverlauf mit dem Abstand vom Kern bestimmt wird. Ferner wird die (1—1)-Bande des CN nachgewiesen; Intensität: I (1—1)/I (0—0) = 0.15. Voigt

Bull. Astr.-Geod. Ges. UdSSR Nr. 25 S. 31—34 (russ.). Beobachtungen der Kometen Arend-Roland und Mrkos im Jahre 1957. W. N. Pyschnenko, M. N. Pyschnenko. — Wiedergabe einiger Photographien und des Kometenwegs auf einer Sternkarte.

CR **249** 908—910 = Publ. Obs. Haute-Provence 4 Nr. 51. Observations polarimétriques de la comète 1957 d et essai d'interprétation. M.-T. Martel. — Die Ergebnisse von Polarisationsmessungen am Kern des Kometen 1957 d in verschiedenen Spektralbereichen werden mitgeteilt und zum Teil durch Werte anderer Autoren ergänzt. Es zeigt sich, daß die Beobachtungen mit theoretischen Berechnungen über Streupolarisation an Teilchen mit Durchmessern von 0.4 bis 0.6 μ und einem Brechungsindex von nahe 1.33 verträglich sind. J. P. M.

JO **42** 103—105. Photométrie de la comète Mrkos (1957 d). F. Baldet, C. Bertaud. — Die photographischen Helligkeiten des Kometenkopfes wurden aus extrafokalen Aufnahmen mit der Voigtländer-Kamera in Meudon vom 11. Aug.—27. Sept. 1957 bestimmt. Die Darstellung der Beobachtungen durch die übliche photometrische Formel mit den Parametern $H_0 = 5^m00$ und n = 2.12 ist gut; auftretende Schwankungen reichen zur Ordnung einer halben Größenklasse. Loh.

Mitt. Obs. Bjurakan Nr. 26 S. 35—52 (russ. mit armen. Ref.). Untersuchung des Kometen Mrkos (1957 d). I. Über die Polarisation des Kometenlichts. L. W. Mirsojan, E. E. Chatschikjan. — 1957 Aug. 17 und 21 wurden in Bjurakan bei der effektiven Wellenlänge 4400 Å insgesamt 6 Sätze von je 3 Polarisationsaufnahmen gemacht. Die Ergebnisse der Auswertung werden in Zeichnungen und Tabellen ausführlich mitgeteilt. Der mittlere Polarisationsgrad betrug mindestens 14—16%. Petri

Mitt. Obs. Bjurakan Nr. 27 S. 15—30 (russ. mit armen. Ref.). Untersuchung des Kometen Mrkos (1957 d). II. Photometrie des Kometenleuchtens. L. W. Mirsojan, E. E. Chatschikjan. — Aus 5 Aufnahmen des Kometen am 8—12″ Schmidt-Spiegel von Bjurakan zwischen dem 17. und 24. August 1957 ermittelten Verf. die Isophoten des Kometen, ferner die Helligkeitsverläufe entlang einiger durch den Kometenkopf gehender Geraden. Loh.

Studia Soc. Sci. Torunensis (F) **2** Nr. 2 S. 21—23 = Bull. Astr. Obs. Toruń Nr. 19. On the brightness of the comet 1957 d (Mrkos). W. Dziewulski.

ZfA **47** 205—207. Die Bewegung von Schweifmaterie des Kometen Mrkos (1957 d). R. Lüst. — Auf Grund von photographischen Aufnahmen, die zwischen 1957 Aug. 18 und 28 mit dem 48zölligen Mt. Palomar-Schmidt-Spiegel erhalten wurden, konnten quantitative Untersuchungen der Bewegungsverhältnisse der Schweifmaterie vorgenommen werden. Einzelne Knoten, die in mehreren aufeinander folgenden Nächten beobachtet werden konnten, zeigten eine Schraubenbewegung um die Schweifachse. Die damit verbundenen zopfartigen und wellenförmigen Strukturen lassen ebenso wie die starke Bündelung der Schweifstrahlen die Einwirkung von der Sonne mitgeführter Magnetfelder vermuten. Im übrigen gewähren die Untersuchungen Aufschlüsse über den Beschleunigungsmechanismus und andere Prozesse in den langgestreckten, aus ionisierten CO-Molekülen bestehenden Schweifen, die in Wechselwirkung mit dem solaren Partikelstrom stehen. Bey.

*** * Komet 1957 g (= 1952 II Harrington)**

9251. Komet 1958 a Burnham

NAZ **13** 30; UAI Circ 1671.

Publ ASP **71** 12—22. Photoelectric magnitudes and colors of comet Burnham,

1958 a. W. M. Sinton. — In 14 Nächten zwischen 1958 Feb. 25 und Juni 8 wurden lichtelektrische Beobachtungen im B- und V-System (Johnson-Morgan), zuweilen auch im U-Bereich vorgenommen, indem jedesmal zum Kometenkern konzentrisch liegende Kreisausschnitte zwischen 24″ und 350″ Durchmesser im Kopf des Kometen gemessen wurden. In Übereinstimmung mit Messungsergebnissen, die an Kometen mit ebenfalls kontinuierlichem Spektrum erhalten wurden, ergibt sich, daß die Helligkeitsabnahme im Kopf dem Abstand vom Kern umgekehrt proportional verläuft. Die durch die wechselnden Sonnenabstände des Kometen bedingten Helligkeitsänderungen vollzogen sich nach dem Perihel etwas schleppender. Eine Korrelation zwischen den sekundären Schwankungen der Helligkeit und Färbung und der Sonnentätigkeit war nicht sicher nachzuweisen. Bey.

* * **Komet 1958 c (= 1950 VI Wolf 1)**

* * **Komet 1958 d (= 1951 VII Kopff)**

9252. **Komet 1958 e Burnham-Slaughter**

DO-CIA Nr. 42, 44, 46, 48; NAZvM Nr. 412, 415; PAT **40** 69; Sternenbote **2** 31, 48; Strolling Astronomer **13** 117; UAI Circ 1665, 1672, 1675, 1678, 1681.

9253. **Komet 1959 a Slaughter-Burnham**

AC Nr. 199 S. 1; BAA Circ 407; BSAF **73** 43; Coelum **27** 63; DO-CIA Nr. 46, 47; Gaz astr **41** 11; Harv Card 1424, 1425, 1426, 1428, 1439; J. Astr. Soc. Victoria **12** 83; NAT 1959 S. 30; NAZ **13** 1; NAZvM Nr. 413, 414, 425; PAT **40** 69, 149; Sky Tel. 18 308; UAI Circ 1666, 1668, 1669, 1682; Urania Kraków **30** 97—98, 176—177.

* * **Komet 1959 b (= 1946 V Giacobini-Zinner)**

* * **Komet 1959 c (= 1951 X Arend)**

9254. **Komet 1959 d Bester-Hoffmeister**

BAA Circ 411; BSAF **73** 336; DO-CIA Nr. 60, 61; Harv Card 1445, 1446, 1448; J. Astr. Soc. Victoria **12** 83; Kop Akt Medd 404; NAT 1959 S. 101; NAZ **13** 15; NAZvM Nr. 420, 421, 423, 424, 427; PAT **40** 149—150; Sternenbote **2** 119; UAI Circ 1685, 1686, 1688, 1705.

9255. **Komet 1959 e Alcock**

AC Nr. 204 S. 1—2, Nr. 205 S. 4, 5, Nr. 207 S. 1—2, 3—4; BAA Circ 411, 412, 413, 414; BSAF **73** 336; Coelum **27** 178; DO-CIA Nr. 60, 61; Harv Card 1446, 1447, 1448, 1449, 1452, 1460; J. Astr. Soc. Victoria **12** 83; Kop Akt Medd 404; NAT 1959 S. 101; NAZ **13** 15, 30; NAZvM Nr. 422, 424, 427, 431, 434, 435; Obs **79** 225; Orion Schaffhausen **5** 729—730; PAT **40** 150; UAI Circ 1686—1698, 1705.

9256. **Komet 1959 f Alcock**

AC Nr. 204 S. 2, Nr. 207 S. 1—2; BAA Circ 411, 412, 413, 414; BSAF **73** 336; Coelum **27** 178; DO-CIA Nr. 61, 66; Harv Card 1447, 1448, 1449, 1450; J. Astr. Soc. Victoria **12** 83; Kop Akt Medd 404, 405, 406; MN ASSA **18** 99, 156—157; NAT 1959 S. 101—102; NAZ **13** 19; NAZvM Nr. 425, 427, 428, 429, 431, 437; Obs **79** 225; Orion Schaffhausen **5** 729—730; PAT **40** 150; UAI Circ 1687—1692, 1698.

* * **Komet 1959 g (= 1946 V Giacobini-Zinner)**

* * **Komet 1959 h (= 1952 III Schaumasse)**

* * **Komet 1959 i (= 1949 V Väisälä 1)**

9257. Komet 1959 j Mrkos

AC Nr. 206 S. 1; BAA Circ 415, 416; BSAF 73 498; DO-CIA Nr. 68; Harv Card 1457, 1459, 1460, 1461; J. Astr. Soc. Victoria 12 104; Kop Akt Medd 407, 408; NAT 1959 S. 144; NAZ 13 29; NAZvM Nr. 438, 439, 440; Schnell-Mitt. VdS Nachr. Dez. 1959; UAI Circ 1701—1705.

9258. Kometen. Verzeichnis der Beobachter und Berechner.

G. E. D. Alcock	C. Hoffmeister	A. Puch
A. Aldor	V. Ionescu	A. Purgathofer
M. Antal	M. Itzigsohn	Riswanow
S. Archer	G. Jackisch	E. Roemer
S. Arend	H. M. Jeffers	J. Saugère
J. C. Bennett	Jeroschowitsch	A. P. Sawruchin
Bester	J. Jewdokimow	A. S. Scharow
G. van Biesbroeck	Jørgensen	J. Schubart
J. Bobone	S. Kan	T. Seki
Boyer	T. Kiang	C. D. Slaughter
N. M. Bronnikowa	T. Kisselewa	M. G. Sumner
J. A. Bruwer	A. König	Swindin
R. Burnham jr.	S. M. Kosik	J. B. Tatum
W. H. F. Calway	L. Kresák	K. Tomita
M. P. Candy	U. Langenbeck	J. Tremko
Codina	H. von Lüde	N. S. Tschernych
C. Cristescu	B. G. Marsden	Tschudowitschewa
G. Demetrescu	D. McLeish	J. P. Turtle
Denissjuk	D. M. Meisel	S. C. Venter
A. D. Dubjago	Morkowska	J. Villermaux
D. P. Elias	A. Mrkos	J. M. Vinter Hansen
J. Gibson	L. Nowoborskaja	A. Višňovcová
H. L. Giclas	Orús	S. Vlaicu
I. Hasegawa	L. Oterma	R. L. Waterfield
J. Herrmann	L. Pajdušáková	E. Worobjewa
H. Hirose	D. N. Ponomarjow	S. K. Wsechswjatskij

§ 93

Meteore

9301. N. A. Anfimow, Some regularities of motion of meteoritic bodies in the atmosphere. AJ UdSSR **36** 137—140 (russ. mit engl. Ref.). — Auf Grund allgemeiner Überlegungen weist Verf. auf Zusammenhänge zwischen Koeffizienten der physikalischen Theorie der Meteore und der Machschen sowie der Reynoldsschen Zahl hin. Mit Hilfe von photographischen Beobachtungen von Jacchia und Ceplecha wird eine empirische Beziehung zwischen der Größe σ und den beiden genannten Zahlen abgeleitet. Ho.

9302. I. S. Astapowitsch, Vergleich der Meteoraktivität während des Internationalen Geophysikalischen Jahres nach visuellen, radarischen und teleskopischen Beobachtungen in Aschchabad. AC Nr. 200 S. 22—26 (russ.). — Auf Grund von gleichzeitigen visuellen, teleskopischen und radarischen Beobachtungen in Aschchabad werden die Zeitintervalle erhöhter Aktivität der Meteore mitgeteilt. Perek

9303. I. S. Astapowitsch, Methodische Hinweise zur Beobachtung von Meteorspuren, ihrer Drift, Diffusion und Turbulenz. Nachr. Akad. Wiss. Turkmen. SSR 1958 Nr. 2 S. 107—110 (russ.). — Ref. in RJ UdSSR 1960 Nr. 8 S. 86.

9304. **I. S. Astapowitsch,** Physikalische Eigenschaften von Meteoren bei Beobachtungen im Teleskop. Nachr. Akad. Wiss. Turkmen. SSR 1959 Nr. 1 S. 139—140 (russ.).

9305. **I. S. Astapowitsch,** Der Fall des meteorischen Leuchtens des Nachthimmels. Nachr. Akad. Wiss. Turkmen. SSR 1959 Nr. 3 S. 92 (russ.). — Ref. in RJ UdSSR 1960 Nr. 5 S. 63.

9306. **R. M. L. Baker jr.,** The transitional aerodynamic drag of meteorites. ApJ **129** 826—841. — Die Theorie des aerodynamischen Widerstandes für das Übergangsgebiet zwischen Molekular- und Kontinuumströmung wird auf das Gebiet der Meteorerscheinungen angewandt. Die meteoritischen Körper werden ihrer Größe nach in Mikro-, Meso- und Makrometeorite eingeteilt. Die Vorgänge im Übergangsgebiet spielen bei den drei Meteoritentypen eine verschiedene, aber bedeutungsvolle Rolle. — Eine Berichtigung des Verf. zum Akkomodationskoeffizienten findet sich in Ref. **9307.** Ho.

9307. **R. M. L. Baker jr.,** Effect of accommodation on the transitional aerodynamic drag of meteorites. ApJ **130** 1024—1026. — Vgl. Ref. **9306.**

9308. **A. Balklāvs,** Mākslīgie meteori. Zvaigžņotā Debess 1959. gada rudens S. 26—28. — Künstliche Meteore.

9309. **A. T. Belouss, L. G. Astapowitsch,** Radarbeobachtungen der Meteoraktivität in Aschchabad vom Oktober 1957 bis zum Juni 1958 im Rahmen des Internationalen Geophysikalischen Jahres. Nachr. Akad. Wiss. Turkmen. SSR 1959 Nr. 2 S. 96—101 (russ.). — Ref. in RJ UdSSR 1960 Nr. 2 S. 45.

9310. **A. T. Belouss, A. Ljubarskaja,** Über die Radarbeobachtungen in Aschchabad vom Oktober bis Dezember 1958. Nachr. Akad. Wiss. Turkmen. SSR 1959 Nr. 3 S. 93—95 (russ.). — Ref. in RJ UdSSR 1960 Nr. 3 S. 57.

* * **H. G. Booker,** Turbulence in the ionosphere with applications to meteor trails, radio star scintillation, auroral radar echoes, and other phenomena. Vgl. Ref. **7506.**

9311. **Z. Ceplecha,** On the colour index of meteors. BAC **10** 39. — Verf. nimmt Bezug auf Bestimmungen von Farbenindizes bei Meteoren durch L. G. Jacchia (vgl. AJB **57** Ref. 8243) und diskutiert die Gründe für die Unterschiede in den Ergebnissen. Ho.

9312. **Z. Ceplecha, J. Rajchl,** Photographic meteors 1955 and 1956. BAC **10** 133—135. — Für 28 sporadische Meteore, die im Laufe des Jahres 1956 mit Hilfe der Basis-Station photographisch beobachtet wurden, sind Zeit und Position, Geschwindigkeit, Höhe und Helligkeit mitgeteilt. Für 3 Meteore wird der Verlauf einiger Bestimmungsstücke längs der Bahn und für einen Meteoriten die heliozentrischen Bahnelemente angegeben. Ho.

9313. **Z. Ceplecha, J. Rajchl, L. Sehnal,** Complete data on bright meteor 15761. BAC **10** 204—212. — Das große Meteor vom 13. August 1958 wurde auf 7 Aufnahmen photographiert, was eine genaue Bestimmung der Geschwindigkeit, der Geschwindigkeitsabnahme, der Lichtkurve, des Spektrums und der heliozentrischen Bahn ermöglichte. Bemerkenswert ist die rasche Geschwindigkeitsabnahme unter 50 km Höhe. Die Bahn war planetenartig. Plvá.

9314. **A. F. Cook,** Shielding of meteoroids by vaporization. AJ **64** 326—327. — Ref. AAS.

9315. **A. F. Cook II, G. S. Hawkins, F. M. Steinon,** The width of meteor trails II. AJ **64** 327. — Ref. AAS.

9316. **J. Davis, J. S. Greenhow, J. E. Hall,** Combined photographic and radio echo observations of meteors. Proc. Roy. Soc. (A) **253** 121—129 = Astr. Contr. Univ. Manchester (2) Jodrell Bank Repr. Nr. 193. — In Jodrell Bank wurden gleichzeitig photographische und Radioecho-Messungen an Meteoren durchgeführt. Die Beobachtungen wurden mit einer Meniskus-Schmidt-Kamera und zwei Tast-Radiosendern bei einer Frequenz von 36 MHz ausgeführt. Im Rahmen dieses Programms wurden am 14. Dez. 1957 Beobachtungen eines hellen Geminiden erhalten, deren Ergebnisse diskutiert werden. Es zeigt sich, daß die Dauer der Radioechos um einige Zehnerpotenzen geringer ist, als nach der Diffusionstheorie zu erwarten war. Zur Erklärung wird eine Anlagerung von Elektronen an die neutralen Sauerstoffmoleküle angenommen. Für diesen Anlagerungskoeffizienten wird der Wert $\beta_e = 5 \times 10^{-15}$ cm^3 sec^{-1} abgeleitet. Henn

9317. **J. Davis, J. S. Greenhow, J. E. Hall,** The effect of attachment on radio echo observations of meteors. Proc. Roy. Soc. (A) **253** 130—139 = Astr. Contr. Univ. Manchester (2) Jodrell Bank Repr. Nr. 194. — In Fortführung vorstehender Arbeit wird die Auswirkung der Anlagerung von Elektronen an neutrale Luftmoleküle auf die Radioecho-Messungen an Meteorschweifen untersucht. Bisher wurde der Diffusionsprozeß in erster Linie für die Reduktion der Elektronendichte verantwortlich gemacht, durch den auch die Dauer der Radioechos begrenzt wird. Der im ersten Teil abgeleitete Anlagerungskoeffizient von der Größenordnung 5×10^{-15} cm^3 sec^{-1} verringert die Dauer der Radioechos für eine helle Feuerkugel um einen Faktor 1000 und mehr. Die beobachtete Relation zwischen der Helligkeit des Meteors und der Dauer des Radioechos kann damit durch diesen Anlagerungsvorgang erklärt werden. Auch die Beobachtungen, daß die langdauernden Radioechos von Meteoren bei einer Höhe von 95 km aufhören, obwohl das Helligkeitsmaximum für helle Meteore unterhalb von 80 km liegt, lassen sich damit erkären. Henn

9318. **A. Derbenjowa,** Observations of meteors in Aquarii. AC Nr. 207 S. 22—23 (russ.). — 1959 Sept. 7—10.

9319. **A. A. Dmitrijew,** Über die Ausbreitungsgeschwindigkeit feiner kosmischer Materie von höheren zu niederen Atmosphärenschichten. Nachr. Akad. Wiss. UdSSR (Geophys.) 1959 Nr. 10 S. 1468—1472 (russ.). — Ref. in RJ UdSSR 1960 Nr. 9 S. 77.

9320. **E. I. Fialko,** Die Variation der stündlichen Zahl der bei $\lambda = 10$ m radarregistrierten Meteore. AC Nr. 200 S. 19—21 (russ.). — Verf. gibt einige statistische Angaben über die Leistungsfähigkeit eines meteorischen Radars, das bei der Wellenlänge 10 m und mit einer Leistung von 100 kW arbeitet. Während 661 Stunden wurden insgesamt 143500 Meteore beobachtet; die wahrscheinlichste Stundenhäufigkeit wurde zwischen 100—200 gefunden. Plvá.

9321. **E. I. Fialko,** An approximate estimation of the probability of meteoric ionization. AJ UdSSR **36** 491—495 (russ. mit engl. Ref.). — Es wurde eine annähernde Schätzung des Exponenten n, der die Abhängigkeit der Wahrscheinlichkeit der Ionisation von der Geschwindigkeit des Meteors charakterisiert ($\beta = a\,v^n$), durchgeführt. Verf. kommt zu dem Schluß, daß n in den Grenzen von 0.75—1.5 liegt. Plvá.

9322. **E. I. Fialko,** The mean hour-number of meteors, recorded by a radio locator. AJ UdSSR **36** 626—628 (russ. mit engl. Ref.). — Verf. sucht einen Ausdruck für die Anzahl der Meteore, die durch Radar — im Falle daß die Meteore zu einem Strom gehören — registriert werden. Der gefundene Ausdruck ist vereinfacht und zur Berechnung der Frequenz geeignet. Plvá.

9323. **E. I. Fialko,** The distribution of radio-echoes according to duration. I. Reflection from stable trails. AJ UdSSR **36** 867—873 (russ. mit engl. Ref.). — Verf. leitet Differential- und Integralgesetze für die Verteilung der Dauer von langdauernden Meteorechos unter zwei Voraussetzungen ab: a) die Echos stammen nur von einem kleinen Element der Echoebene, b) sie kommen von einem Sektor der Ebene. Ein Vergleich mit der Beobachtung zeigt, daß die Ausdrücke auch für einfache Antennen brauchbar sind. Plvá.

9324. **E. I. Fialko,** A method for the investigation of the distribution of meteoric bodies according to mass. AJ UdSSR **36** 1058—1060 (russ. mit engl. Ref.). — Verf. entwickelt eine Methode zur Untersuchung der Verteilung meteorischer Körper gemäß ihrer Masse und wendet sie auf Radarbeobachtungen des Perseidenstroms des Jahres 1957 an. Ho.

9325. **E. I. Fialko,** Eine neue Methode zur Messung der Höhe der homogenen Atmosphäre. Nachr. Akad. Wiss. UdSSR (Geophys.) 1959 Nr. 12 S. 1891—1894 (russ.). — Ref. in RJ UdSSR 1960 Nr. 8 S. 64.

9326. **J. S. Greenhow, E. L. Neufeld,** Turbulence at altitudes of 80—100 km and its effects on long-duration meteor echoes. J. Atmosph. Terr. Phys. **16** 384—392.

9327. **J. S. Greenhow, E. L. Neufeld,** Measurements of turbulence in the 80—100 km region from the radio echo observations of meteors. J. Geophys. Res. **64** 2129—2133 = Astr. Contr. Univ. Manchester (2) Jodrell Bank Repr. Nr. 206. — Die Arbeit behandelt große Turbulenzelemente bis zu 50 km Horizontaldurchmesser und gibt Zahlen über Strömungsgeschwindigkeiten. C. H.

9328. **J. S. Greenhow,** Eddy diffusion and its effects on meteor trails. J. Geophys. Res. **64** 2208—2209 = Astr. Contr. Univ. Manchester (2) Jodrell Bank Repr. Nr. 207. — Die Arbeit befaßt sich mit der Mikroturbulenz in Höhen von etwa 90 km und macht Angaben über Dauer und Energie der Wirbel. C. H.

9329. **G. V. Groves,** A theory for determining upper-atmosphere winds from radio observations on meteor trails. J. Atmosph. Terr. Phys. **16** 344—356.

9330. **G. Guigay,** L'effet Poynting-Robertson. J. Phys. Radium **20** 494—503. — Verf. gibt eine neue Ableitung des Poynting-Robertson-Effekts, wobei auch der Fall der Einwirkung korpuskularer Strahlung auf ein Teilchen untersucht wird. Die große Halbachse und die Exzentrizität der Bahn nimmt stetig ab, so daß ein Teilchen in die Sonne fällt. Für ein Teilchen mit 0.1 mm Radius und der Dichte 4 g/cm^3 vollzieht sich dieser Einsturz aus der Entfernung 1 AE in etwas mehr als 10^5 Jahren. Abschließend wird die Auswirkung des Effekts auf die Verteilung der Bahnen in einem Meteorstrom, auf die Zodiakallichtmaterie und den Einfang von meteorischer Materie durch die Erde untersucht. Loh.

9331. **H. D. Gulmedow,** Meteorspuren 1957 nach Beobachtungen am Astrophysikalischen Observatorium in Wannowskoje. Nachr. Akad. Wiss. Turkmen. SSR 1958 Nr. 2 S. 110—112 (russ.). — Ref. in RJ UdSSR 1960 Nr. 3 S. 57.

9332. **T. Hagfors, B. Landmark,** Observations of direction of arrival of long-duration meteor echoes in forward scatter propagation. J. Geophys. Res. **64** 19—22. — Ziel vorliegender Untersuchung ist die Beschreibung einiger Beobachtungen des Auftreffwinkels langdauernder Meteorerscheinungen, die bei 46.8 MHz ausgeführt wurden. Es ergibt sich eine starke Abhängigkeit des Reflexionskoeffizienten von Auftreffwinkel. Es werden einige Konsequenzen dieser Beobachtungen für die Deformation der Meteorschweife diskutiert. Das Ergebnis schließt die Turbulenztheorie von Booker und Cohen aus und spricht mehr für die Windtheorie von Manning und Eshleman. Henn

9333. **I. Halliday,** Auroral green line and collision effects in meteor wakes. AJ **64** 51. — Ref. AAS.

* * **G. S. Hawkins,** The relation between asteroids, fireballs and meteorites. Vgl. Ref. 8504.

9334. **G. S. Hawkins, W. E. Howard,** Decay of light from a meteor train. ApJ **130** 1003—1007 = Harv Repr Nr. 530. — Ein Vergleich der kurz- und langdauernden Meteorspuren zeigt, daß die Lichtabnahme der Spur größtenteils durch die atmosphärischen Verhältnisse bestimmt wird, nicht aber durch die Eigenschaften der erzeugenden Meteore. Die Lichtabnahme erfolgt exponentiell. Es wird festgestellt, daß in der Spur auch der atomare Sauerstoff strahlt. Plvá.

9335. **R. F. Hughes,** Meteor trains. Smithsonian Contr. Astrophys. **3** 79—94. — Verf. diskutiert 48 Meteorspuren, die während des Harvard-Meteorprogramms photographiert worden sind. Er gibt atmosphärische Bahnen, Intersitätsverteilung sowie Dauer der Spuren an und bespricht deren Zusammenhang mit den Charakteristiken der erzeugenden Meteore. Die Anwendung des Whippleschen Kriteriums besagt, daß alle diese Meteore kometarischen Ursprungs sind. Plvá.

9336. **W. I. Iwanikow,** Die Abhängigkeit der Reziprozitätskorrektur von der Intensität des Meteors. AC Nr. 201 S. 18—20 (russ.). — Aus den Versuchen an künstlichen Meteoren folgt, daß die Korrektur der gemessenen Meteorhelligkeit wegen der Ungültigkeit des Reziprozitätsgesetzes mit der Meteorhelligkeit zunimmt. Plv.

* * **L. A. Katassjow,** The determination of the height of a homogeneous atmosphere from photographic observations of meteors. Vgl. Ref. 7221.

9337. **L. Kohoutek, J. Mikušek,** On the determination of angular lengths of telescopic meteors. BAC **10** 50—54. — Es wird gezeigt, daß es möglich ist, aus den beobachteten Teilstücken der Spuren teleskopischer Meteore Anhaltspunkte für die wirklichen Bogenlängen zu gewinnen. Ho.

9338. **L. Kohoutek,** On the precision of the photographical determination of the geocentric meteor velocity. BAC **10** 120—132. — Untersuchung über die Genauigkeit der Bestimmung der geozentrischen Geschwindigkeit von Meteoren mit Hilfe einer photographischen Basis-Station. Die fraglichen Fehlerquellen, besonders die durch den rotierenden Sektor hervorgerufenen, werden theoretisch beschrieben und praktisch am photographischen Beobachtungsmaterial von Ondřejov ermittelt. Ho.

9339. **K. A. Ljubarskij, I. N. Latyschew,** Die Aktivität der teleskopischen Meteore während des Internationalen Geophysikalischen Jahres. Nachr. Akad. Wiss. Turkmen. SSR 1959 Nr. 5 S. 97—98 (russ.). — Ref. in RJ UdSSR 1960 Nr. 8 S. 85.

9340. **A. C. B. Lovell,** Meteor Astronomy. Vgl. AJB **54** Ref. 8238. Ins Russische übersetzt. Moskau, Phys.-Math. Staatsverlag, 1958. Preis 17 R. 80 Kop.

9341. **L. A. Manning,** Oblique echoes from over-dense meteor trails. J. Atmosph. Terr. Phys. **14** 82—93.

9342. **L. A. Manning,** Air motions and the fading, diversity, and aspect sensitivity of meteoric echoes. J. Geophys. Res. **64** 1415—1425. — Die Störungen bzw. Zerstörungen von Meteorspuren durch Winde sind Ausgangspunkte für verschiedene technische und aerodynamische Betrachtungen. Loh.

9343. **L. A. Manning, V. R. Eshleman,** Meteors in the ionosphere. Proc IRE **47** 186—199. — In der vorliegenden Übersicht berichten Verf. über die Bedeutung der Echomessungen für Astronomie, Physik der Hochatmosphäre und Radioverbindungen. Im einzelnen werden folgende Punkte erörtert: Natur der Meteore, Ionisationsverteilung, Reflexionen an Ionisationsspuren, Echofading und Spurstörung, Windmessungen, Spurenbildung und Fresnel-Effekte, Radianten und Zahl der Meteore, Vorwärtsstreuung durch Meteorspuren. Loh.

9344. **A. G. McNamara, D. W. R. McKinley,** The effect of trail irregularities on the interpretation of meteor echoes. J. Atmosph. Terr. Phys. **16** 156—159.

9345. **M. L. Meeks, J. C. James,** Meteor radiant distributions and the radio-echo rates observed by forward scatter. J. Atmosph. Terr. Phys. **16** 228—235.

9346. **P. M. Millman, I. Halliday,** The near-infrared spectrum of meteors. AJ **64** 342. — Ref. AAS.

9347. **P. M. Millman, A. F. Cook,** Photometric analysis of a spectrogram of a very slow meteor. ApJ **130** 648—662 = Contr. Dominion Obs. Ottawa **2** Nr. 30. — Spektren eines sehr langsamen Meteors wurden photometrisch ausgewertet. Es wird die Energieverteilung im Kontinuum $\lambda > 4800$ Å in absoluten Einheiten bestimmt. Eine ständige Zunahme der Helligkeit von Stickstoffbanden relativ zur Helligkeit des Meteors längs des Schweifes wird beobachtet. Thi.

9348. **P. M. Millman,** The I. G. Y. visual meteor programme — Progress Report No. 3. J RAS Canada **53** 137—141.

9349. **P. M. Millman,** Photographic meteor spectra (Appendix 7). J RAS Canada **53** 271—276.

9350. **T. Murakami,** The meteor and its tail. Astr. Herald **52** 198 (japan.).

9351. **E. K. Nemirowa,** Some results of preliminary observations of resonance scattering by meteor trails. AJ UdSSR **36** 377—379 (russ. mit engl. Ref.). — Bei der Resonanzstreuung der radioelektrischen Wellen durch die meteorische Spur entsteht eine Ablenkung der Polarisationsebene der zurückgestrahlten Welle, und es erscheint eine Feldkomponente in der Ebene senkrecht zu der Polarisationsebene der primären Welle. Verf. benutzt diesen Effekt zur Bestimmung der Anzahl von Meteoren, bei welchen Resonanzstreuung entsteht. Nach den vorläufigen Ergebnissen findet etwa bei 40% der Meteore Resonanzstreuung statt. Plvá.

9352. **E. K. Nemirowa,** On the role of resonance effects in measurements of meteor velocities. AJ UdSSR **36** 481—486 (russ. mit engl. Ref.). — Man berechnet den Einfluß der Resonanzstreuung auf die Messungen von Meteorgeschwindigkeiten mittels der Fresnel-Zonen. Es zeigt sich, daß unter bestimmten Bedingungen der entstehende Fehler sehr wesentlich sein kann. Die Verkürzung der Periode in Fresnels Diffraktionscharakteristik kann 15—20% betragen. Diese Tatsache hat einen Einfluß besonders auf die Messung der Geschwindigkeiten und der Bahnen von einzelnen Meteoren; bei der statistischen Bearbeitung von Geschwindigkeiten ist dieser Resonanzfehler nicht wesentlich, da er nur unter bestimmten speziellen Voraussetzungen in der ionisierten Spur in Frage kommt. Plvá.

9353. **A. V. Nielsen,** Stjerneskuddenes natur. NAT 1959 S. 8—11. — In diesem allgemeinverständlichen Artikel über die Natur der Meteoriten werden Arbeiten von Öpik, Millman, Jacchia, Whipple und Hawkins besprochen. Verf. weist insbesondere darauf hin, daß große Feuerkugeln nicht in Verbindung mit Kometen auftreten können. C. L. J.

9354. **M. Nomoto,** Physical theory of meteor. Sci. Rep. Tôhoku Univ. (1) **43** 245—259. — Die Wirkung der Atmosphäre auf ein Meteor wird unter dem Gesichtspunkt des Zusammenstoßes von einzelnen Atomen und Molekülen der Atmosphäre mit der Meteoroberfläche behandelt. Verf. (gek.)

9355. **J. A. O'Keefe,** A probable natural satellite: the meteor procession of February 9, 1913. J RAS Canada **53** 59—65.

9356. **C. P. Olivier,** Meteor Reports. American Meteor Society. Flower and Cook Obs. Repr. Nr. 115, 20 S.

9357. **E. J. Öpik,** Physics of Meteor Flight in the Atmosphere. Vgl. AJB **58** Ref. 8254. — Weitere Besprechung in BAC **11** 166.

9358. **A. Pearlmutter,** Visual meteor observing. AAVSO Abstr. Oct. 1959 S. 7.

9359. **J. Rajchl,** The variation of frontal areas of meteors. BAC **10** 45—47. — Aus 10 in Ondřejov photographisch beobachteten Meteoren wird das Verhalten des Querschnitts der Erscheinung längs der Bahn untersucht. Es wird gefunden, daß allgemein eine Abnahme längs der Spur eintritt. Bei Lichtausbrüchen verläuft die Querschnittskurve entsprechend der Intensität. Ho.

9360. **J. Rajchl,** The maximum brightness and structure of meteor bodies. BAC **10** 47—50. — Unter Benutzung der Lewinschen Theorie wird zwischen der maximalen Helligkeit der Meteore und der Höhe eine lineare Beziehung abgeleitet. Weiter wird eine Einteilung der Meteore in solche mit und ohne Lichtausbrüche vorgenommen. Die zweite Gruppe soll im Mittel geringere Periheldistanzen haben. Ho.

9361. **J. Rajchl,** Some characteristics of faint and bright meteors. BAC **10** 177—180 (russ. mit engl. Ref.). — Einige charakteristische Größen der hellen und schwachen photographischen Meteore werden statistisch besprochen. Es wird insbesondere gezeigt, daß die Wahrscheinlichkeit eines allmählichen Zerfalls für die schwachen Meteore mit wachsender Geschwindigkeit abnimmt. Plvá.

9362. **J. Rajchl,** The variation of the Levin's quantity μ during the meteor flight. BAC **10** 213—216 (russ. mit engl. Ref.). — Während der raschen Zunahme der Meteorhelligkeit im Helligkeitsausbruch nehmen der Koeffizient des Wärmeaustausches und die Lewinsche Größe μ plötzlich ab. Plv.

9363. **J. Rajchl,** Spectra of meteors. Rozhledy **37** 180—184 (tschech.).

9364. **G. Rose,** Über die Meteor-Ionisation im E-Bereich der Ionosphäre. Z. Geophys. **25** 1—15. — In der vorliegenden Arbeit wird über Untersuchungen auf einer Frequenz von 1.65 MHz berichtet, die zur Klärung der Entstehungsursache der nächtlichen Streuechos aus dem unteren E-Bereich der Ionosphäre im Frühjahr 1955 durchgeführt wurden. Grundsätzlich wurde an Hand der tages- und jahreszeitlichen Variationen der Streuechotätigkeit sowie mit Hilfe von Koinzidenzversuchen nachgewiesen und bestätigt, daß die auf niedrigen Frequenzen beobachteten Streuechos aus dem unteren E-Niveau mit einem hohen Maß an Wahrscheinlichkeit auf Meteorionisation zurückzuführen sind. Verf. (gek.)

9365. **N. D. Rosenbljum,** A photogrammetric method for the determination of space coordinates of the trajectory of a meteor. AJ UdSSR **36** 1061—1072 (russ. mit engl. Ref.). — Eine photogrammetrische Methode der Meteorbahnbestimmung wird beschrieben, die gegenüber den üblichen Verfahren beträchtliche Vereinfachungen bringt, ohne daß dabei eine merkliche Einbuße an Genauigkeit eintritt. Ho.

9366. **N. D. Rosenbljum,** Über die Formel von S. W. Orlow. Bull. Astr.-Geod. Ges. UdSSR Nr. 25 S. 35—36 (russ.).

9367. **O. A. Rudenko, N. N. Israjezkaja,** Bahnelemente von 16 Meteoren. AC Nr. 200 S. 19 (russ.).

9368. **J. Schubart,** Über die Möglichkeit natürlicher Erdsatelliten. Sterne **35** 229—232 = Mitt. Sternw. Sonneberg Nr. 50. — Die Existenzmöglichkeiten von natürlichen Erdsatelliten werden einer kritischen Studie unterzogen. Dabei werden drei Fälle untersucht, bei denen die Bewegung interplanetarer Kleinkörper in der Nachbarschaft der Erde von der hyperbolischen auf eine unterparabolische abgebremst werden kann, wodurch eine periodische Bahnbewegung ermöglicht wird. Sowohl der Mond als auch die Hochatmosphäre der Erde können an der Verminderung der Geschwindigkeit beteiligt sein. Gü-Li

9369. **W. E. Stepan,** Flickering meteors. AC Nr. 207 S. 21—22 (russ.). — Verf. beobachtete unter 1701 teleskopischen Meteoren 36 derjenigen, deren Helligkeit rasch veränderlich war. Er gibt eine Statistik dieser Meteore. Plvá.

9370. **J. L. Trutze,** Über die Möglichkeit der photoelektrischen Registrierung von Meteoren. Nachr. Akad. Wiss. Turkmen. SSR 1959 Nr. 4 S. 95—96 (russ.). — Ref. in RJ UdSSR 1960 Nr. 7 S. 82—83.

9371. **F. Verniani,** The deceleration of meteors during their passage through the earth's atmosphere. Nuovo Cimento (10) **14** 938—942. — Verf. untersucht die Geschwindigkeitsabnahme von Meteoren in Abhängigkeit von der Verdampfung. Aus der Diskussion der Ergebnisse folgt, daß die Geschwindigkeitsabnahme für mehr als $^3/_4$ aller Meteore bis zum Ende der Verdampfung zunimmt. Weiterhin wird gezeigt, daß an den Stellen maximaler Verdampfung die Geschwindigkeitsabnahme in erster Näherung für alle Meteore gleich angenommen werden kann. Henn

9372. **F. Verniani,** Alcune considerazioni sulla velocità delle meteore durante la loro evaporazione. Ric. Sci. **29** 1965—1970. — Durch die Meteorverdunstungsgleichungen von Herlofson beweist man, daß ein Teil der Meteore wegen des übermäßigen Geschwindigkeitsverlustes nicht gänzlich verdunsten kann; außerdem beweist man, daß alle Meteore während des ganzen Verdunstungsprozesses bedeutende Geschwindigkeitsverminderungen erfahren. Verf.

9373. **A. A. Weiss,** Theory of the radio-echo meteor height distribution in a non-isothermal atmosphere. Australian J. Phys. **12** 54—65. — In der Arbeit leitet Verf. die Höhenverteilung der Reflexionspunkte von sporadischen und Strommeteoren ab, und zwar für das Modell der Atmosphäre, in dem die Skalenhöhe eine linare Funktion der Höhe ist. Weiter berechnet Verf. die Abhängigkeit der mittleren Abweichungen vom Gradienten der Skalenhöhe. Keiner von den Parametern ändert sich wesentlich mit dem Gradienten der Skalenhöhe, soweit unter den Meteoren nicht ein wesentlicher Anteil von massiven Partikeln vorkommt. Plvá.

9374. **A. A. Weiss,** Elevation, height, and electron density of echoing points of meteor trails. Australian J. Phys. **12** 65—76. — Die Messungen, welche mit der Adelaide-Apparatur bei 27 MHz gewonnen wurden, werden bearbeitet. Mit der erwähnten Apparatur kann unter anderem auch die Höhe und die Richtung der Reflexionspunkte auf der ionisierten Spur gemessen werden. Auf Grund dieser Messungen wird die Verteilung der Zenitdistanzen der Reflexionspunkte von sporadischen Meteoren mit der theoretischen Verteilung verglichen. Weiter wird die Verteilung der Zenitdistanzen der Reflexionspunkte für Strommeteore studiert, sowie auch die Verteilung der linearen Elektronendichten und die Verteilung der Reflexionspunkte mit der Höhe. Plvá.

9375. **A. A. Weiss,** The temporal variation of the heights of reflection points of meteor trails. Australian J. Phys. **12** 116—126. — Es wird eine Analyse der Höhen von Reflexionspunkten von mehr als 6000 sporadischen Meteoren, die auf der Frequenz von 27 MHz registriert worden sind, bearbeitet. Es erschien keine wesentliche Jahresvariation, weder in der mittleren Höhe, noch in der Streuung der Höhenverteilung. Die mittlere Höhe hat eine tägliche Variation mit dem Maximum gegen Mitternacht. Die mittlere Höhe sowie auch die Streuung der Höhenverteilung hängen von der Zenitdistanz des Apex der Erdbahn ab. Die beobachteten Werte wurden mit der theoretischen Höhenverteilung verglichen. Beobachtete und vorausgesagte Streuung stimmen überein. Für Zenitdistanzen kleiner als 100° hat das Modell eine ähnliche Form der Abhängigkeit der mittleren Höhe von der Zenitdistanz des Apex, wie aus der Beobachtung folgt. Dem Model nach ist aber die Variation der mittleren Höhe weit größer als die beobachtete. Plvá.

9376. **A. A. Weiss,** The limitations of narrow-beam radio equipments in the detection of weak meteor showers. J. Atmosph. Terr. Phys. **14** 19—30. — Bei den in diesem Fall zu erwartenden Echoraten ist die Feststellung einer schwachen Schauertätigkeit in erster Linie durch Schwankungen der Anzahl der (sporadischen) Feldmeteore begrenzt. In Adelaide bei 67 MHz durchgeführte Beobachtungen zeigen, daß die Untergrundschwankungen über kurze Zeitintervalle nach dem Zufall verteilt sind. Zur Entdeckung einer schwachen Schaueraktivität bei nicht zufälligen Untergrundschwankungen wird ein Test entwickelt und auf Messungen im Dezember 1956 und Januar 1957 angewandt. Loh.

9377. Heights of meteors. Sky Tel. **18** 131.

9378. Forbidden oxygen lines in meteor spectra. Sky Tel. **18** 249.

9379. Artificial meteor observations. Sky Tel. **18** 440. — Ref. AAS.

9380. Meteoric satellite of the earth? Sky Tel. **18** 599.

9381. Meteor trails used in radio communication. Sky Tel. **19** 19.

Meteorströme

9382. **A. Alksnis,** Meteoru lietus. Zvaigžņotā Debess 1959. gada rudens S. 32. — Meteorströme.

9383. **I. S. Astapowitsch,** Zum Vergleich photographischer und visueller Radianten von Meteorströmen. AC Nr. 201 S. 16—18 (russ.). — Die Mehrzahl der photographischen Radianten gehört schwachen Meteorströmen an, deren Radianten schon im 19. Jahrhundert bekannt waren. Die visuelle Bestimmung von Radianten hat auch noch heute ihren Wert. Perek

9384. **E. I. Fialko,** A new method for determining the radiant of a meteor stream, using an antenna of low directivity. AJ UdSSR **36** 134—136 (russ. mit engl. Ref.).

9385. **I. Hasegawa,** General index-list. Theoretical radiant points of meteors associated with comets. Third Part: August to October. DOB **11** Nr. 8, 4 S., 1958.

Dgl. Fourth Part: November and December. DOB **11** Nr. 11, 4 S., 1958.

9386. **L. Křivský, V. Letfus,** On the relation between singularities of precipitation and meteoric showers. BAC **10** 100—101. — Die Frage, ob Staubeinbrüche bzw. Meteorschwärme eine bestimmte Zeit nach dem Falltermin zu erhöhter Niederschlagstätigkeit führen, wird behandelt, aber zu keinem überzeugenden Schluß geführt. Ho.

9387. **Z. Kvíz, J. Bulínová,** Program for meteor observations. RH **40** 12—13 (tschech.). — Beobachtungsbedingungen für die wichtigsten Meteorströme in den Jahren 1959—1970. Berichtigung in RH **40** 240. J. B.

9388. **P. W. Makowezkij,** The antiradiant of a meteor stream. AJ UdSSR **36** 487—490 (russ. mit engl. Ref.). — Verf. beschreibt die Änderungen im Verlaufe der Dichte des Meteorstromes, die während des Durchganges eines Planeten durch den Strom entstehen. In der Nähe des Planeten entsteht ein Gebiet erhöhter Dichte von Meteoren in der Richtung des Antiradianten, das sehr gefährlich für kosmische Flüge sein könnte. Verf. ist der Meinung, daß aus Beobachtungen der Bedeckung von Radianten durch den Mond neue Angaben über die Parameter des Stromes und auch über die Mondatmosphäre gewonnen werden können. Plvá.

* * **W. Mollakow,** Die Hauptmerkmale der E_s-Schicht und der meteorischen Ionisation einzelner Ströme nach Beobachtungen in Aschchabad 1956. Vgl. Ref. 7542.

9389. **R. E. McCrosky, A. Posen,** New photographic meteor showers. AJ **64** 25—27 = Harv Repr (2) Nr. 145. — In der Zeit von Febr. 1952—Juli 1954 wurden mit Baker Super-Schmidt-Kameras an zwei Stationen des Harvard Meteorprogramms 3623 Meteore aufgenommen. In 2538 Fällen wurden die Bahnen berechnet. Dabei schälten sich sieben neue Meteorströme heraus. Drei der neuen Ströme sind mit den Kometen 1739, 1819 IV und 1913 I assoziiert. Nur zwei der neuen Ströme sind bereits in Katalogen visueller Meteorströme aufgeführt. Loh.

9390. **K. W. Murphy,** Meteors — showers and sporadic. J. Astr. Soc. Victoria **12** 9—11.

9391. Andromediden

AJ **64** 51. Recovery of the Andromedids. G. S. Hawkins, R. B. Southworth, F. Stienon. — Ref. AAS.

AJ **64** 183—188 = Harv Repr (2) Nr. 154. Recovery of the Andromedids. G. S. Hawkins, R. B. Southworth, F. Stienon. — Aus den photographischen Beobachtungen mit der Harvardschen Super-Schmidt-Kamera wurden in den Jahren 1952—56 23 Meteore gefunden, die der Bahn des Biela-Kometen folgen und einen Rest der Andromediden darstellen. Die Bahnen der einzelnen Meteore zeigen Störungen durch die Erde und Jupiter. Die in der Arbeit beschriebenen Meteore erlitten Störungen in der Bahnebene des Kometen durch einen Prozeß, der der beobachteten Streuung in dem zur Sonne gerichteten Schweife des Arend-Rolandschen Kometen ähnlich ist. Plvá.

Sky Tel. **18** 383. Andromedids recovered. — Ref. AAS.

9392. Draconiden

AC Nr. 205 S. 4 (russ.). Draconids. D. J. Martynow.

AC Nr. 206 S. 7—8 (russ.). Results of observations of Draconids in the Arctic. W. I. Dsjubenko, J. A. Nadubowitsch.

AC Nr. 206 S. 8—9 (russ.). Radio observations of Draconids in Tiksy. N. N. Blisnjuk, W. I. Dsjubenko, J. A. Nadubowitsch.

AC Nr. 206 S. 10 (russ.). Visual observations of Draconids in 1959. A. P. Sawruchin.

AC Nr. 206 S. 10—12 (russ.). Observations of Draconids in 1959. A. K. Terentjewa.

Hemel en Dampkring **57** 131. De Draconiden bleven uit.

NAT 1959 S. 69. Draconidesvœrmen.

NAT 1959 S. 144. Draconidesvœrmen 1959.

Sterne **35** 207. Beobachtungen der Oktober-Draconiden 1958. W. Schröder.

VdS Nachr. **8** 89. Zum vermuteten Sternschnuppenschwarm der Draconiden.

VdS Nachr. **8** 97. Berichte zu den vermuteten Oktober-Draconiden. U. Langenbeck, W. Schröder.

9393. Geminiden

AC Nr. 199 S. 24 (russ.). Beobachtungen des Geminiden-Meteorstroms. D. Lukjaschko.

AC Nr. 203 S. 17—19 (russ.). Einige Daten über die Aktivität der Geminiden 1958 und der Quadrantiden 1959. A. K. Terentjewa.

AJ UdSSR **36** 141—145 (russ. mit engl. Ref.). The velocity of meteors of the Geminid shower. B. S. Dudnik, B. L. Kaschtschejew, M. F. Lagutin, I. A. Lyssenko. — In den Nächten vom 10.—14. Dezember 1957 wurden 569 Geschwindigkeitsmessungen von Meteoren des Stroms per Radar durchgeführt. 226 haben Geschwindigkeiten zwischen 32.5 und 37.5 km/sec; der Mittelwert beträgt 35.9 km/sec. Da die Radianten nicht ermittelt wurden, konnten auch die sporadischen Meteore nicht ausgeschlossen werden. Loh.

AJ UdSSR **36** 629—640 (russ. mit engl. Ref.). On the structure of the Geminid meteor stream. B. L. Kaschtschejew, W. N. Lebedinez. — Vom 10. bis 19. Dezember 1958 wurde die Meteoraktivität radioelektrisch gemessen. Es wurde gefunden, daß die Anzahl der sporadischen Meteore mit der Masse m einer Abhängigkeit $N = N_0/m^2$ folgt. Das Maximum des Geminidenstromes wurde in der Nacht vom 13. zum 14. Dez. beobachtet. Die höchste Stundenfrequenz von Meteoren war 945. Zur Zeit des Maximums hat sich die Verteilung der Meteore mit der Masse plötzlich geändert; es wurde eine erhöhte Anzahl von größeren Teilchen beobachtet. Die zentrale Kondensation hat den Durchmesser von $5 \cdot 10^5$ km. In der Mitte des Stroms hat die Verteilung der Meteore mit der Masse die Form $N = N_0/m^{1.3}$ für $m > 0.02$ g und $N = N_0/m^{2.2}$ für $m < 0.02$ g. Am 12. Dez. ist die Erde zwischen 0^h und 2^h durch eine Kondensation von großen Partikeln durchgegangen. Den Durchmesser dieser Kondensation kann man zu $2 \cdot 10^5$ km bis $5 \cdot 10^5$ km abschätzen. Plvá.

Australian J. Phys. **12** 315—319. Radio echo observations of the Geminid meteor stream. A. A. Weiss. — Die Beobachtungen wurden 1956 und 1957 durchgeführt. Der daraus abgeleitete Radiant von 113°4, +31°4 bei ⊙ = 260°2 stimmt gut mit dem von Davidson (vgl. AJB **56** Ref. 8285) für dieselbe Epoche erhaltenen überein. Die Aktivitätskurve ist asymmetrisch mit dem Maximum bei ⊙ = 260°8. Loh.

BAC **10** 55—59. Geminids 1955. II. Luminosity function derived from observations in limited regions. L. Kohoutek.

BAC **10** 97—100. Geminids 1955. III. A meteor's perceptibility and the luminosity function. Z. Kvíz. — Aus Geminiden-Beobachtungen der Volkssternwarte Brno wurden die Kurve der Auffassungswahrscheinlichkeit verschieden heller Meteore sowie die Verteilungsfunktion der Meteorzahlen auf die Helligkeitsklassen abgeleitet. Ho.

9394. Giacobiniden

BAA Circ 413. The Giacobinid meteor shower, 1959 October 8—10.

DO-CIA Nr. 63. Essaim des Giacobinides.

JBAA **69** 111—113. The Giacobinid meteor shower, 1958 October. H. B. Ridley.

Kop Akt Medd Nr. 406. Giacobinide-meteorerne (Draconidesvaermen). I. Hasegawa.

Orion Schaffhausen **5** 725. Photographie des Giacobinides par l'Observatoire de Genève.

UAI Circ 1691. Giacobinid meteors. I. Hasegawa.

UAI Circ 1695. The Giacobinids. K. Steensgaard, J. C. Steensgaard, A. V. Nielsen.

Urania Kraków **30** 431. Obserwacje Giacobinid 1959. A. Marks. — Beobachtungen vom 9.—11. Okt. 1959 in Warschau. E. R.

9395. Leoniden

Publ. Astr. Soc. Japan **11** 151—156. On the structure of the Leonid stream. T. Murakami. — Auf Grund visueller Beobachtungen der Leoniden in den Jahren 1929—1934 wird gezeigt, daß der dichte Kern des Stroms ungefähr 6 Jahre braucht, um den Erdbahnknoten zu durchlaufen, daß er aber sehr rasch zerfällt. Die Abnahme der Dichte senkrecht zur Zentralspur erfolgt exponentiell. Plvá.

9396. Lyriden

AJ **64** 349. Photographic Lyrid meteors. F. W. Wright, L. G. Jacchia, B. W. Boehm. — Ref. AAS.

J RAS Canada **53** 183. A Lyrid meteor cluster. W. A. Feibelman.

NAT 1959 S. 69—71. Lyridesværmen.

Urania Kraków **30** 229. Rój α-Lyridów znów obfity. A. Wróblewski. — Kurze Notiz über Beobachtungen vom 12.—25. Juli 1958 in Simferopol (Krim) nach AC Nr. 196, 1958. E. R.

9397. Orioniden

Nachr. Akad. Wiss. Turkmen. SSR 1959 Nr. 4 S. 96—98 (russ.). Die Aktivität der Orioniden 1958 nach Beobachtungen am Astrophysikalischen Observatorium in Wannowskoje. H. Gulmedow. — Ref. in RJ UdSSR 1960 Nr. 5 S. 63.

9398. Perseiden

AJ UdSSR **36** 311—314 (russ. mit engl. Ref.). Radio-echo observations of the Perseids. E. I. Fialko. — Beobachtungen in Tomsk vom 11.—12. Aug. 1957 bei 10 m Wellenlänge ergaben zwei Häufigkeitsmaxima, eines bei Tag und eines bei Nacht, von denen das erste den Perseiden zuzuschreiben ist. Loh.

Bull. Astr.-Geod. Ges. UdSSR Nr. 24 S. 57—60 (russ.). Ergebnisse photographischer Beobachtungen der Perseiden durch Polaroide. D. L. Astawin-Rasumin. — Die im August 1956 und 1957 in Kutschino durchgeführten Beobachtungen ergaben nur kleine, innerhalb der Fehlergrenzen liegende Polarisationsgrade, deren Realität damit also nicht verbürgt ist. Loh.

Bull. Inst. Astrophys. Akad. Wiss. Tadshik. SSR 1958 Nr. 26 S. 13—20 (russ.). Photographische Beobachtungen der Perseiden. P. B. Babadshanow. — Ref. in RJ UdSSR 1960 Nr. 7 S. 83.

Hemel en Dampkring **57** 162—163. De bouw van de Perseidenzwerm. H. van Woerden.

Meteoor **15** 44—45. Perseiden 1959. A. G. Jansen.

Nachr. Akad. Wiss. Turkmen. SSR 1959 Nr. 1 S. 138—139 (russ.). Die Aktivität der Perseiden 1943 und 1944 nach Beobachtungen in Aschchabad. I. S. Astapowitsch. — Ref. in RJ UdSSR 1960 Nr. 1 S. 69.

Sky Tel. **18** 549—551. Some Perseid meteor spectra of the past decade. J. A. Russell.

Sterne **35** 86. Die Beobachtung des Perseidenmaximums im Jahre 1958. L. Bartha, K. Thaly.

Zvaigžņotā Debess 1959. gada rudens S. 24—26. Perseīdu meteora spektrs. A. Alksnis.

9399. Quadrantiden

AC Nr. 203 S. 17—19 (russ.). Einige Daten über die Aktivität der Geminiden 1958 und der Quadrantiden 1959. A. K. Terentjewa.

AJ **64** 333—334. On the regressional motion of the node of the Quadrantid meteor stream. S. Hamid, M. Nagib. — Ref. AAS.

93100. Ursiden

AC Nr. 200 S. 21—22 (russ.). Beobachtungen der Ursiden 1958. A. M. Bacharew.

AC Nr. 203 S. 14—16 (russ.). Beobachtungen der Ursiden vom Flugzeug aus. A. K. Terentjewa.

Sterne **35** 87. Ursidenzählungen 1958. W. Schröder.

93101. Beobachtungen und Mitteilungen über einzelne Meteore

AC Nr. 199 S. 22—24 (russ.). Die Bremsung des Meteores vom 29. Juli 1957 nach photographischen Daten. A. N. Simonenko. — Der Flug des Meteors wurde von den Endpunkten (Geabjuldag bei Wannowskoje—Keschi) einer 21 km langen Basis mittels Überwachungskameras verfolgt. In Abhängigkeit von der Zeit sind Höhe, Geschwindigkeit und Verzögerung ausführlich tabuliert. Loh.

AC Nr. 201 S. 22 (russ.). Beobachtung eines hellen Boliden in Rjasan. E. B. Gussew. — 1959 März 11.

AC Nr. 203 S. 16 (russ.). Beobachtung des hellen Boliden in Kasachstan vom 6. August 1958. J. Prjachin.

AC Nr. 203 S. 16—17 (russ.). Beobachtung des Boliden in Kasachstan vom 12. August 1958. J. Prjachin.

AC Nr. 205 S. 27 (russ.). Observations of bright fire-balls. N. P. Barabaschow. — 1959 Juli 23 und Sept. 8.

AC Nr. 205 S. 28—29 (russ.). Fire-balls. W. I. Kuryschew, E. B. Gussew, W. A. Stepunina. — 1959 Juli 27, 28, Aug. 1, 26, 28,

Astr. Nachr. Athen **9** 20. Beobachtung zweier sehr heller Boliden an der Station der Insel Ikaria. D. Ilias. — 1958 Okt. 30 und 31.

BSAF **73** 15, 66, 493—494. Bolides, étoiles filantes.

BASF **73** 93. Bolide exceptionnel. J. M. Girard.

BSAF **73** 193—203. Le météore du 17 novembre 1955. A. Danjon, J. Kovalevsky.

BSAF **73** 257. Étoiles filantes.

Bull. Astr.-Geod. Ges. UdSSR Nr. 25 S. 37 (russ.). Bearbeitung der einseitigen Photographie des Meteores vom 9.—10. Dezember 1950. N. D. Rosenbljum.

Bull. Inst. Astrophys. Akad. Wiss. Tadshik. SSR 1958 Nr. 26 S. 21—24 (russ.). Untersuchung des Weges des Meteores vom 30. Juli 1957. B. G. Balan. — Ref. in RJ UdSSR 1960 Nr. 7 S. 84.

Coelum **27** 21, 55, 88, 120, 160, 181. Meteoriti.

DO-CIA Nr. 61. Météore du 7 août 1959.

Meteoritika Nr. 17 S. 9—22 (russ.). Der helle Bolid vom 25. Dezember 1957. M. G. Karimow, W. S. Matjagin.

Mitt. Archenhold-Sternw. Berlin-Treptow Nr. 52 S. 15—16. Helle Meteore bzw. Feuerkugeln.

Monatsber. Deutsch. Akad. Wiss. Berlin **1** 2—4. Das große Tagesmeteor vom 6. Dezember 1957. C. Hoffmeister.

NAZ **13** 6. Helles Meteor. W. Dürbeck. — 1959 März 10.

NAZ **13** 10. Helles Meteor. W. Dürbeck, R. Knigge. — 1959 März 31

Orion Schaffhausen **5** 622. Meteorbeobachtung vom 5. Mai 1959. B. Bart, C. Zahn.

Priroda **48** Nr. 6 S. 113 (russ.). Helles Meteor über der Halbinsel Kola. N. A. Kornilow. — 1957 Nov. 21.

RH **40** 99 (tschech.). Vorläufiger Bericht über den Boliden vom 7. April 1959. L. Sehnal.

Sky Tel. **18** 676. 1955 fireball over France. — 1955 Nov. 17.

Sterne **35** 122—123. Beobachtung des hellen Meteors vom 4. 2. 1959. S. Marx.

Sterne **35** 161—171 = Mitt. Sternw. Sonneberg Nr. 50. Das Tagesmeteor vom 6. Dezember 1957. C. Hoffmeister. — Ausführlicher Bericht über die Umstände dieses am Tage gefallenen Meteoriten. Sein Fallort liegt westlich $\lambda = 10^\circ\!.8$ und $\varphi = 50^\circ\!.7$. Der Meteorit selbst konnte nicht gefunden werden. Ho.

Urania Kraków **30** 431. Jasny bolid. J. Ułanowicz. — 1959 Aug. 23.

VdS Nachr. **8** 13. Helles Meteor. W. Malsch. — 1958 Nov. 6.

VdS Nachr. **8** 19. Helles Meteor. W. Malsch. — 1958 Dez. 29.

VdS Nachr. **8** 31. Helles Meteor. G. Lambek. — 1959 Febr. 28.

§ 94

Meteorite

9401. **I. S. Astapowitsch,** Über die Bewegungsrichtung kraterbildender Meteorite. AC Nr. 201 S. 20—22 (russ.). — Verf. bespricht 15 Meteoritenfälle und zeigt aus der Form der Krater, daß der Meteorit in 10 Fällen aus der Südrichtung kam, und schließt, daß die Radianten in der Nähe der Ekliptik lagen. Die Bahnen hatten kleine Neigungen und waren direkt. Plvá.

* * **R. M. L. Baker jr.,** The transitional aerodynamic drag of meteorites. Vgl. Ref. 9306.

9402. **R. M. L. Baker jr.,** Sputtering as it is related to hyperbolic meteorites. J. appl. Phys. **30** 550—555. — Ref. in Phys. Abstr. (A) **62** 612, Phys. Ber. **39** 611.

9403. **D. M. Barringer,** Four years of meteoritics. Contr. Meteoritical Soc. **6** Nr. 3, 3 S.

9404. **G. L. Bate, J. R. Huizenga, H. A. Potratz,** Thorium in stone meteorites by neutron activation analysis. Geochim. Cosmochim. Acta **16** 88—100. — 8 Analysen von 5 Chondritenproben erbrachten einen Thoriumgehalt von im Mittel $(3.96 \pm 0.20) \times 10^{-8}$ g Th/g. Hieraus folgt eine kosmische Atomhäufigkeit von 0.026 Th-Atome/10^6 Si-Atome. In 2 Achondriten unterschieden sich die gefundenen Th-Häufigkeiten um fast 2 Größenordnungen. Loh.

9405. **W. I. Bgatow, J. W. Tschernjajew,** Meteorstaub in Schlichproben. Priroda **48** Nr. 7 S. 111—112 (russ.). — Bei der mineralogischen Erforschung von Schlichproben des Sutschansker Steinkohlenbassins wurde festgestellt, daß viele der Schliche Mineralteilchen regelmäßiger oder fast regelmäßiger, sphärischer Form enthalten, deren Durchmesser zwischen 0.05 und 0.5 mm liegen. Nach ihren morphologischen, physikalischen und chemischen Eigenschaften sind sie Meteorstäubchen außerordentlich ähnlich. Loh.

9406. **M. H. Briggs,** Meteorites and the origin of life. Spaceflight **2** 39—44.

9407. **J. D. Buddhue,** The Oxydation and Weathering of Meteorites. Vgl. AJB **57** Ref. 8304. — Weitere Besprechung in Meteoritika Nr. 17 S. 133—139 (L. G. Kwascha).

9408. **R. D. Cherry, S. R. Taylor,** Origin of Be^{10} and Al^{26} in tektites. Geochim. Cosmochim. Acta **17** 176—185. — Es wird zu zeigen versucht, daß die unlängst gefundenen Be^{10}- und Al^{26}-Gehalte in Tektiten möglicherweise durch Ureys «Kometen»hypothese (vgl. AJB **58** Ref. 8357) über die Herkunft der Tektite erklärt werden können. Loh.

9409. **A. J. Cohen,** Moldavites and similar tektites from Georgia, U.S.A. Geochim. Cosmochim. Acta **17** 150—153.

9410. **R. H. Dicke,** Dirac's cosmology and the dating of meteorites. Nature **183** 170—171. — Die Beobachtungen sind zur Zeit noch nicht exakt genug, um verbürgte Unterschiede in Altersbestimmungen nach verschiedenen Methoden auszunutzen, um die Frage nach der Veränderlichkeit der Gravitationskonstanten abschließend zu beantworten. Dv.

9411. **W. D. Ehmann, J. R. Huizenga,** Bismuth, thallium and mercury in stone meteorites by activation analysis. Geochim. Cosmochim. Acta **17** 125—135.

9412. **G. A. Eiby,** A survey of the tektite problem. New Zealand J. Geology Geophys. **2** 183—194. — Einem Bericht über das Vorkommen, die Eigenschaften und die Zusammensetzung der Tektite folgt eine kritische Diskussion der wesentlichen Theorien, die zur Erklärung ihrer Herkunft aufgestellt worden sind. Loh.

9413. **E. L. Fireman, J. DeFelice,** Argon-39 and tritium in meteorites. AJ **64** 127. — Ref. AAS.

9414. **W. Gentner, J. Zähringer,** Kalium-Argon-Alter einiger Tektite. Z. Naturforschung **14a** 686—687. — Mittels Kalium-Argon-Messungen ermittelten Verf. die Alter von Proben von Moldaviten, Indochiniten, Billitoniten und Australiten zu 8.5×10^6 bzw. 0.56, 0.53 und 0.58×10^6 Jahren. Diese Alter stimmen etwa mit dem der Formation überein, in der sie gefunden wurden. Aus den Ergebnissen muß man schließen, daß die Moldavite gegenüber den anderen Tektitenfunden sicher einem zeitlich verschiedenen Ereignis zuzuschreiben sind. Zur Frage der Herkunft der Tektite kann noch nicht klar Stellung genommen werden. Loh.

* * **G. S. Hawkins,** The relation between asteroids, fireballs and meteorites. Vgl. Ref. 8504.

9415. **M. Honda,** Cosmogenic potassium-40 in iron meteorites. Geochim. Cosmochim. Acta **17** 148—150.

9416. **O. A. Kirowa,** Verwendung der Zentrifugenmethode zur Aussonderung der monomineralischen Fraktionen aus Steinmeteoriten. Meteoritika Nr. 17 S. 102—106 (russ.).

* * **M. Kitamura,** A photoelectric study of colors of asteroids and meteorites. Vgl. Ref. 8506.

9417. **T. P. Kohman, W. D. Ehmann,** Cosmic-ray induced radioactivity in meteorites and tektites. Angew. Chem. (A) **70** 76. — Ref. in Phys. Ber. **39** 8—9.

9418. **H. König, H. Wänke,** Uranbestimmungen an Steinmeteoriten mittels Neutronenaktivierung über die Xenon-Isotope 133 und 135. Z. Naturforschung **14a** 866—869. — Nach einer bereits früher veröffentlichten Neutronenaktivierungsmethode zur Bestimmung kleinster Uranmengen, bei welcher die durch die Spaltung des Urans 235 entstandenen Xenon-Isotope 133 und 135 gemessen werden, wurde der Urangehalt von acht Steinmeteoriten, fünf Chondriten und drei Achondriten, bestimmt. Es zeigt sich, daß bis auf eine Ausnahme alle untersuchten Chondrite nahezu konstanten Urangehalt von etwa 1×10^{-8} g/g Meteorit besitzen, während der Urangehalt der Achondrite stark variiert. Das Verhältnis Thorium/Uran beträgt bei den Steinmeteoriten im Mittel 3.46. Verf.

9419. **E. A. Kreiken,** The fall-out of meteoric iron particles. Planet. Space Sci. **2** 39—48.

9420. **E. L. Krinow,** Meteorieten en meteorietenkunde. Meteoor **15** 12—16, 18.

9421. **E. L. Krinow,** Nonterrestrial dust on the earth. Sky Tel. **18** 617—619.

9422. **L. G. Kwascha,** Achondrite; Vektordiagramm der chemischen Zusammensetzungen. Meteoritika Nr. 17 S. 23—46 (russ.).

9423. **B. J. Lewin,** Über die Herkunft der Meteorite. Meteoritika Nr. 17 S. 55—63 (russ.). — Auf der 8. Meteoritenkonferenz in Moskau (3. Juni 1958) gehaltener Vortrag, der eine Überarbeitung eines anläßlich der Tagung über interplanetare Materie in Jena (Okt. 1957) vorgelegten darstellt. Loh.

9424. **J. F. Lovering,** A typical parent meteorite body — reply to Professor Urey. Geochim. Cosmochim. Acta **16** 195.

9425. **J. F. Lovering,** Frequency of meteorite falls throughout the ages. Nature **183** 1664—1665.

9426. **J. F. Lovering,** Micrometeorite impacts to an altitude of 135 km. Planet. Space Sci. **2** 75—77. — Die mittlere Einfallsrate von Mikrometeoriten mit Durchmessern von 10 μ oder größer wurde mit Hilfe künstlicher Erdsatelliten gemessen. Es ergaben sich dabei Werte von der Größenordnung 1.7×10^{-3} Partikel/m^2 sec. Im Gegensatz zu den in verschiedenen Höhen gemessenen Werten haben Berg und Meredith (vgl. AJB **56** Ref. 8303) mit einer Aerobee Rakete in einer Höhe von 103 km einen um mehrere Größenordnungen höheren Wert festgestellt. Um diese Diskrepanz aufzuklären, wurde der Versuch am 28. Mai mit einer Zwei-Stufenrakete wiederholt. Die Rakete erreichte eine Höhe von 135 km und eine Flugzeit von 495 sec. Dabei wurden die mit Satelliten gewonnenen Werte bestätigt. Der außerordentlich hohe Wert der beiden Autoren kann aber vielleicht durch die Tatsache erklärt werden, daß ihre Messungen zur Zeit des Leonidenschwarmes stattfanden. Henn

9427. **E. R. Manring,** Micrometeorite measurements from 1958 Alpha and Gamma satellites. Planet. Space Sci. **1** 27—31.

9428. **K. P. Massalskaja,** Klassifikationsschema der Literatur zur Meteoritik. Meteoritika Nr. 17 S. 143—158 (russ.).

9429. **W. Nichiporuk, A. A. Chodos,** The concentration of vanadium, chromium, iron, cobalt, nickel, copper, zinc, and arsenic in the meteoritic iron sulfide nodules. J. Geophys. Res. **64** 2451—2463.

9430. **R. W. Nicholls, M. D. Watson, W. H. Parkinson,** The laboratory excitation of meteoritic spectra in shock tubes. J RAS Canada **53** 223—231. — Durch Stoßwellenanregung pulverisierter Meteoritenmaterie — die hohe Gastemperatur unmittelbar hinter der Stoßwellenfront verdampft teilweise die Materie und regt sie zum Leuchten an —, werden Spektren gewonnen, die sehr weitgehend mit direkten Meteorspektren übereinstimmen. Es wurden in keinem Fall Molekülspektren erhalten. Thi.

9431. **H. H. Nininger,** Out of the Sky: An Introduction to Meteoritics. New York, Dover Publications, Inc., 1959. 8 + 336 S. Preis $ 1.85. — Besprechung in Phys. Blätter **16** 88 (E. Brüche), Publ ASP **72** 220—221 (C. A. Bauer), ZfA **49** 70 (A. Unsöld).

9432. **J. A. O'Keefe,** Origin of tektites. Science **130** 97—98.

* * **D. W. Parkin, W. Hunter,** Cosmic dust in the atmosphere. Vgl. Ref. 7238.

9433. **J. L. Perdrix,** Planetary fragmentation. J. Astr. Soc. Victoria **12** 23—26.

9434. **H. Pettersson,** Frequency of meteorite falls throughout the ages. Nature **183** 1114.

9435. **J. Pokrzywnicki,** Tektyty. Urania Kraków **30** 81—85, 130—137. — Verf. beschreibt die Eigenschaften der Moldavite, Australite und anderer Tektite. In Verbindung mit dem Alter der Tektite werden die Hypothesen über ihre Herkunft diskutiert. E. R.

9436. **D. H. Robey,** Meteoritic dust and ground simulation of impact on space vehicles. J. British Interplanetary Soc. **17** 21—30.

9437. **P. F. Sabanejew,** Über die Entstehung der Meteorite. Bull. Astr.-Geod. Ges. UdSSR Nr. 25 S. 9—11 (russ.). — Durch den Einsturz gewichtiger Brocken auf den Mond ist es (früher) nicht nur zur Entstehung von Vertiefungen, Wällen und Ringwällen gekommen, sondern auch zum Auswurf von Splittern und Bruchstücken des Mondbodens in den interplanetaren Raum. Ein guter Teil davon wurde im Lauf der Zeit von der Erde eingefangen. Loh.

9438. **F. E. Senftle, A. Thorpe,** Magnetic susceptibility of tektites and some other glasses. Geochim. Cosmochim. Acta **17** 234—247.

9439. **I. A. Sotikow,** Experimentelle Untersuchung über das Schmelzen von Körpern durch Überschallstrom. Meteoritika Nr. 17 S. 85—92 (russ.).

9440. **F. D. Stacey, J. F. Lovering,** Natural magnetic moments of two chondritic meteorites. Nature **183** 529—530.

9441. **I. E. Starik, E. W. Sobotowitsch, G. P. Lowzjus, M. M. Schaz, A. W. Lowzjus,** Isotopic composition of lead in iron meteorites. DAN **128** 688—690 (russ.). — Aus den ermittelten Isotopenhäufigkeiten darf man den Schluß ziehen, daß die Meteorite, insbesondere die Eisenmeteorite, nicht gemeinsamen Ursprungs sind. Zumindest kann die Bildung eines Teiles von ihnen unter Bedingungen erfolgt sein, als die radiogenen Isotopen des Bleies schon vorhanden waren. Sie sind dann längst nicht so alt, wie man früher angenommen hat. Loh.

9442. **A. C. Stone,** Composition of meteorites. J. Astr. Soc. Victoria **12** 22—23.

9443. **S. R. Taylor, L. H. Ahrens,** The significance of K/Rb ratios for theories of tektite origin. Geochim. Cosmochim. Acta **15** 370—372.

9444. **H. C. Urey,** A typical parent meteorite body — a reply to Dr. J. F. Lovering. Geochim. Cosmochim. Acta **16** 194.

9445. **H. C. Urey, T. Mayeda,** The metallic particles of some chondrites. Geochim. Cosmochim. Acta **17** 113—124.

9446. **H. C. Urey, J. F. Lovering,** A typical parent meteorite body. Geochim. Cosmochim. Acta **17** 194—195. — Zwei kritische Bemerkungen.

9447. **H. C. Urey,** Chemical composition of tektites. Nature **183** 1114.

9448. **C. M. Varsavsky,** Tektites and their origin. ASP Leaflet Nr. 365.

9449. **J. Villermaux,** Sur une méthode d'étude de poussières météoriques. BSAF **73** 129—132.

9450. **H. Voshage, H. Hintenberger,** Die Kalium-Isotope als Reaktionsprodukte der kosmischen Strahlung im Eisenmeteoriten Carbo. Z. Naturforschung **14a** 194—195. — Während das Isotopenverhältnis $K^{39}:K^{41}$ für gewöhnliches Kalium und das in einem von Rik und Schokoljukow (vgl. AJB **54** Ref. 8320) untersuchten Steinmeteoriten 15 : 1 ist, beträgt es nach Untersuchungen der Verf. beim Eisenmeteoriten Carbo nur 5 : 1. K^{40} ist in den beiden ersten Fällen nur zu 0.01% vorhanden, im Carbo-Meteoriten macht es jedoch 4.8% aus. Es ist praktisch vollständig kosmogen. Loh.

9451. **H. Voshage, H. Hintenberger,** Kalium als Reaktionsprodukt der kosmischen Strahlung in Eisenmeteoriten. Z. Naturforschung **14a** 828—838. — Es wurden relative Isotopenhäufigkeiten von Kalium aus Eisenmeteoriten bestimmt. Das Massenspektrum ist durch die Überlagerung der Massenspektren von drei verschiedenen Kaliumsorten gegeben: 1. durch das «kosmogene» Kalium; 2. durch das schon beim Entstehen des Meteoriten im Eisen vorhandene gewöhnliche Kalium; 3. durch Verunreinigungen mit normalem terrestrischem Kalium. Unter Bedingungen, bei denen der letzte dieser Anteile am geringsten war, wurden für drei verschiedene Eisenmeteorite folgende relative Isotopenhäufigkeiten gemessen: Carbo: ^{39}K 79.5%, ^{40}K 4.8%, ^{41}K 15.7%; Treysa: ^{39}K 85.35%, ^{40}K 3.10%, ^{41}K 11.55%; Clark County: ^{39}K 90.8%, ^{40}K 0.8%, ^{41}K 8.4%. Aus den Messungen ergeben sich gewisse Schlüsse über die Verschiedenheit der Geschichte (evtl. der Strahlungsalter) der Meteorite Carbo und Treysa. Verf. (gek.)

9452. **H. Wänke, H. König,** Eine neue Methode zur Kalium-Argon-Altersbestimmung und ihre Anwendung auf Steinmeteorite. Z. Naturforschung **14a** 860—866. — Nach einer neuen Methode wurden an fünf Chondriten und zwei Achondriten Kalium-Argon-Altersbestimmungen durchgeführt. Es handelt sich um eine Neutronenaktivierungsmethode, bei der sowohl Kalium als auch Argon über ein durch die Bestrahlung gebildetes aktives Argonisotop bestimmt werden. So entsteht aus Kalium 39 durch (n, p)-Reaktion Argon 39 und aus Argon 40 durch (n, γ)-Reaktion Argon 41. Da es für die Altersbestimmungen im wesentlichen nur auf das Verhältnis der Aktivitäten von Argon 39 zu Argon 41 ankommt, erscheint diese Methode besonders vorteilhaft, zumal sie nur geringen apparativen Aufwand erfordert. Die Alter der untersuchten Meteorite ergaben sich zu 2.78×10^9 bis 4.25×10^9 Jahren und stimmen, soweit Messungen nach anderen Verfahren bereits vorliegen, mit diesen überein. Nebenbei wurden aus den durch (n, α)-Prozesse entstandenen Argon 37-Aktivitäten Werte für den Calciumgehalt der untersuchten Meteoritproben erhalten. Verf.

9453. **H. Wänke, E. Vilcsek,** Argon 39 als Reaktionsprodukt der Höhenstrahlung in Eisenmeteoriten. Z. Naturforschung **14a** 929—934. — Es wird die Abtrennung und Messung von Argon 39 beschrieben, das in Meteoriten durch Einwirkung der Höhenstrahlung auf die Eisenkerne entsteht. Von den drei untersuchten Eisenmeteoriten hatte nur der Meteorit Treysa meßbare Aktivitäten von Argon 39. Für den Zeitpunkt des Falles erhielten wir für Treysa eine Argon 39-Zerfallsrate von 0.36 ± 0.02 Zerfällen/kg sec. Das negative Ergebnis für die beiden anderen untersuchten Meteorite Carbo und Clark County beweist, daß der Zeitpunkt des Falles dieser Meteorite mehr als 1000 Jahre zurückliegen muß. Aus diesen Messungen konnte für Treysa ein Strahlungsalter von 6.0×10^8 Jahren berechnet werden. Ferner ergibt sich für die Intensität der Höhenstrahlung für Teilchen mit Energien über 1 GeV ein Wert von $I_0 = 0.25 \pm 0.07$ Teilchen cm^{-2} sec^{-1} $sterad^{-1}$. Verf.

9454. **F. L. Whipple, E. L. Fireman,** Calculation of erosion in space from the cosmic-ray exposure ages of meteorites. Nature **183** 1315 = Harv Repr Nr. 514. — Aus der Messung der Spaltprodukte von Elementen, die durch kosmische Strahlung gespalten werden, wird die Erosionsrate von Meteoriten abgeleitet. Groth

9455. **D. T. Williams,** A fluid-dynamic mechanism of meteorite pitting. Smithsonian Contr. Astrophys. **3** 47—67. — Es wird die Frage gestellt, inwieweit die an der Außenfläche von Meteoriten beobachteten Erosionserscheinungen durch Luftströmungen erklärt werden können. Experimentelle Nachahmungen des Vorgangs zeigen in gleicher Weise wie theoretische Überlegungen, daß der Vorgang möglich ist. FS

9456. **A. P. Winogradow,** Meteorite und Erdkruste. Nachr. Akad. Wiss. UdSSR (Geol.) 1959 Nr. 10 S. 5—27 (russ.). — Ref. in RJ UdSSR 1960 Nr. 9 S. 78—79.

9457. **G. G. Worobjew,** New data on tektites. DAN **128** 61—62 (russ.). — Bei einer Untersuchung der Tektitensammlung im Meteoriten-Komitee Akad. Wiss. UdSSR entdeckte Verf. an der Oberfläche einiger philippinischer Tektite konzentrierte Magnetitkügelchen. Ihre Beschaffenheit, Verteilung und Lage in den Oberflächen wird — erstmals — näher beschrieben. Loh.

9458. **G. G. Worobjew,** Untersuchung der Zusammensetzung der Tektite. I. Indochinite. Meteoritika Nr. 17 S. 64—72 (russ.).

9459. Nuffield Collection of meteorites at the British Museum (Natural History). Nature **183** 221—222.

9460. Meteorites for the British Museum. Obs **79** 30.

Einzelne Meteorite

9461. **G. Astre,** Météorites conservées en Haute-Garonne. Ann. Obs. Astr. Mét. Toulouse **27** 99—105.

9462. **F. Begemann, P. Eberhardt, D. C. Hess,** ^3He-^3H-Strahlungsalter eines Steinmeteoriten. Z. Naturforschung **14a** 500—503. — Die Untersuchung von drei Proben des Steinmeteoriten Abee des Geologischen Überwachungsdienstes von Kanada (Ottawa) ergab ein ^3He-^3H-Strahlungsalter von 13×10^6 Jahren, dem ein ^4He-U-Alter von 3.8×10^9 Jahren gegenübersteht. Zur Erklärung dieser Diskrepanz wird vermutet, daß dieser Meteorit bis vor 13×10^6 Jahren Teil eines wesentlich größeren Meteorits war und durch das ihn umgebende Material gegen die Einwirkung der kosmischen Strahlung abgeschirmt war. Dann erfolgte ein Zerfall. Der Meteorit kann aber auch durch stetiges Abbröckeln seine spätere Gestalt erhalten haben. Loh.

9463. **Z. Ceplecha, J. Rajchl, L. Sehnal,** Der neue tschechoslowakische Meteorit «Luhy». AC Nr. 203 S. 17 (russ.).

9464. **Z. Ceplecha, J. Rajchl, L. Sehnal,** New Czechoslovak meteorite «Luhy». BAC **10** 147—148. — Bericht über den Fall des Meteoriten vom 7. 4. 1959, 19^h30^m WZ. Die atmosphärische Bahn wurde sicher erfaßt, die Leuchtspur auf insgesamt 10 Platten photographiert. Der Meteorit (Endmasse = 4.5 + 0.8 kg) gehört seiner heliozentrischen Bahn nach zum System der Kleinen Planeten. Ho.

9465. **Z. Ceplecha,** The new Czechoslovak meteorite «Luhy». RH **40** 121—124 (tschech.). — Ein Bericht über den Meteoriten vom 7. April 1959, der auch photographisch und visuell beobachtet wurde. Bahn des Meteors (heliozentrisch, geozentrisch), Beschreibung des Meteorits. J. B.

9466. **M. I. Djakonowa,** Die Meteorite Chinas. Meteoritika Nr. 17 S. 96—101 (russ.).

9467. **W. G. Fessenkow,** Über die beim Fall des tungusischen Meteoriten 1908 erzeugte Luftwelle. Meteoritika Nr. 17 S. 3—7 (russ.).

9468. **E. L. Fireman,** The distribution of helium-3 in the Grant meteorite and a determination of the original mass. Planet. Space Sci. **1** 66—70.

9469. **L. Fritzová,** Czechoslovak meteorites. RH **40** 106—109 (tschech.). — Ein Bericht über 22 Meteorite, die in der Tschechoslowakei gefunden wurden. J. B.

9470. **W. G. Gnilowskoj,** Ein neues Stück des Steinmeteoriten Manytsch. Meteoritika Nr. 17 S. 73—79 (russ.).

9471. **K. Goebel, P. Schmidlin, J. Zähringer,** Das Tritium-Helium- und das Kalium-Argon-Alter des Meteoriten «Ramsdorf». Z. Naturforschung **14a** 996—998. — Unter Zuhilfenahme der Kaliumanalyse (K = 0.10 Gew.-%) berechnet sich ein Kalium-Argon-Alter von $370 \cdot 10^6$ a. Aus dem Tritium- und $Helium^3$-Gehalt, nach Korrektur der $Helium^3$-Mengen auf Direktbildung durch die kosmische Strahlung mit Hilfe der von Schaeffer und Zähringer und anderen gemessenen Wirkungsquerschnitte berechnet sich ein Bestrahlungsalter des Meteoriten Ramsdorf von $4 \cdot 10^6$ a. Auch aus den Neon- und Ar^{36}-, Ar^{38}-Mengen lassen sich ähnliche Bestrahlungszeiten abschätzen. Bei anderen Chondriten fand man für das K-Ar-Alter und Bestrahlungsalter einige 10^9 bzw. 10^7 bis 10^8 a. Beim Meteoriten Ramsdorf sind beide Alter somit erstaunlich niedrig. Da es sich um eine sehr weiche und poröse Substanz handelt, ist die Vermutung von Gasverlusten sehr naheliegend. Verf.

9472. **H. Hentschel,** Der Meteorit von Breitscheid - III. Petrographische Untersuchung. Geochim. Cosmochim. Acta **17** 323—338. — Der Meteorit von Breitscheid ist ein grauer geaderter Nickeleisen- und Troilit-führender Bronzit-Olivin-Chondrit. Eigentümlich ist ihm ein hohes Porenvolumen von ca. 10%. Die Dichte des Steins ist 3.7, sein Raumgewicht 3.3. Die Chondren machen etwa 20 Vol. % des Steins aus. Erzminerale sind: Nickeleisen (Kamazit und Taenit), Troilit, Chromit, Ilmenit, in der Schmelzrinde außerdem noch Magnetit. Insbesondere ließ sich Ilmenit, — als Meteoritenmineral bis vor kurzem noch für unsicher geltend —, in gut bestimmbarer Form einwandfrei nachweisen. Die silikatischen Komponenten umfassen: Olivin, Bronzit, Klinopyroxen, Plagioklas (?), Glas und einige weitere unbestimmbar gebliebene Minerale. Mineralische Zusammensetzung und Gefüge werden beschrieben und durch den aus der Analyse berechneten Mineralbestand ergänzt. Beachtlich erscheint, daß Troilit in zweierlei Form auftritt, von denen die eine für sekundär gehalten wird, weil ihre Erscheinungsweise auf eine metasomatische Entstehung aus festem Nickeleisen hindeutet. Verf.

9473. **J. Herrmann,** Ein neuer bedeutender Meteoritenfall in Deutschland. VdS Nachr. 8 14. — 1958 Juli 26.

9474. **J. H. Hoffman, A. O. Nier,** The cosmogenic He^3 and He^4 distribution in the meteorite Carbo. Geochim. Cosmochim. Acta **17** 32—36. — Das Häufigkeitsverhältnis He^3/He^4 beträgt im Mittel aus verschiedenen Proben 0.239. Der gesamte He-Gehalt nimmt von der Oberfläche nach innen ab. Loh.

9475. **C. Hoffmeister,** Der Meteoritenfall von Ramsdorf und einige Probleme. Sterne **35** 218—227 = Mitt. Sternw. Sonneberg Nr. 50. — Der etwas ungewöhnliche Fall des Meteoriten von Ramsdorf wird beschrieben. Im Zusammenhang mit ihm werden allgemeine Betrachtungen über abnorme Meteoritenfälle durchgeführt. Ho.

9476. **A. A. Jawnel,** Die meteoritische Materie am Fallort des tungusischen Meteoriten. Meteoritika Nr. 17 S. 8 (russ.). — Ref. der in AJB 57 Ref. 8374 zitierten Arbeit.

9477. **H. König, H. Wänke, K. I. Mayne, K. Goebel, P. Schmidlin, K. H. Ebert, F. Hernegger,** Der Meteorit von Breitscheid-IV. Radiochemische Untersuchungen. Geochim. Cosmochim. Acta **17** 339—351. — In verschiedenen Gruppen haben Verf. den Gehalt dieses Meteoriten an He und Ne, T, U und K sowie A bestimmt. Loh.

9478. **E. L. Krinow,** Der Steinmeteoritenregen Norton-County, U.S.A. Meteoritika Nr. 17 S. 80—84 (russ.).

9479. **S. Murayama,** A new meteorite «Okabe». Japan Astr. Study Ass. Circ. Nr. 178.

9480. **N. S. Nikoloff,** Über den nichtuntersuchten bulgarischen Meteoriten Konjowo. Meteoritika Nr. 17 S. 93—95 (russ.).

9481. **F. A. Paneth,** Der Meteorit von Breitscheid I. Einleitung. Geochim. Cosmochim. Acta **17** 315—319. — Am 11. August 1956 fiel ein Steinmeteorit im Dorf Breitscheid im Dillkreis (50° 51′ n. B., 8° 12′ ö. L.); sein Gewicht betrug wahrscheinlich rund 1.5 kg, doch wurde der Stein vor dem Erkennen seiner Meteoritnatur zerschlagen und das Gesamtgewicht der bekannten Bruchstücke erreicht nur 970 g. Die petrographische Untersuchung ließ in Dünnschliffen eine Vielfalt sehr charakteristischer Chondren erkennen; der Breitscheid-Meteorit ist ein Bronzit-Olivin-Chondrit. Bemerkenswert ist, daß darin Troilit sowohl in primärer wie in sekundärer Bildung vorliegt und daß Ilmenit mit Sicherheit als meteoritisches Mineral nachgewiesen werden konnte. Die chemische Gesamtanalyse stimmt sehr gut mit dem petrographischen Befund überein. Durch spezielle Verfahren, die zum Teil erst im Laufe dieser Arbeit entwickelt wurden, wurde der Gehalt an Helium, Neon, Argon, Tritium, Kalium und Uran bestimmt. Von Helium und Neon wurde das Isotopenverhältnis gemessen, das sich sehr wesentlich von dem des terrestrischen Heliums und Neons unterscheidet. Aus dem Argon-Kalium-Verhältnis ergibt sich ein geologisches Alter von 3300 Millionen Jahren. Der Helium- und Neongehalt variiert von Stelle zu Stelle in überraschend starkem Maß, eine Erscheinung, die näherer Aufklärung bedarf; aus dem Verhältnis des Helium-3 zu Tritium an einer Stelle würde ein Bestrahlungsalter des Breitscheid-Meteoriten von ca. 20 Millionen Jahren folgen. Verf.

9482. **J. G. Perel,** Meteorite of Tunguska or rocket from Mars? Vesmír **38** 228—230 (tschech.).

9483. **J. Pokrzywnicki,** O spadku meteorytu we wsi Gaj powiatu wołomińskiego. Postępy Astr. **7** 22—26. — Im Dorfe Gaj, Kreis Wołomin (in der Nähe von Warschau) wurde im Juni 1927 eine Erscheinung beobachtet, die höchstwahrscheinlich mit einem Meteoritenfall zusammenhing. Verf. berichtet über die Aussagen von Zeugen im Jahre 1954 und die Durchsuchungen des Geländes 1958. Der Meteorit selbst wurde nicht gefunden. E. R.

9484. **J. Pokrzywnicki,** Nowe meteoryty. Urania Kraków **30** 423—424. — Zusammenstellung über das Niederfallen und Auffinden von 11 Meteoriten in den Jahren 1955—1958. E. R.

9485. **S. P. Rodionow,** Mineralogisch-petrographische Untersuchung des Steinmeteoriten Swonkowoje. Meteoritika Nr. 17 S. 47—54 (russ.).

9486. **O. A. Schaeffer, D. E. Fisher,** Cosmogenic noble gases in the Washington County meteorite. Nature **183** 660—661.

9487. **A. I. Schulshenko,** Ein Meteoritenfund. Priroda **48** Nr. 5 S. 115—116 (russ.). — Ref. in Nature **184** 1026. — In der Grube «M. W. Frunse» im Magadaner Gebiet wurde im Nov. 1957 ein etwa 15 kg schwerer Meteorit in 32 m Tiefe gefunden. Loh.

9488. **E. Vilcsek,** Der Meteorit von Breitscheid-II. Chemische Analyse. Geochim. Cosmochim. Acta **17** 320—322. — Verf. teilt kurz die Ergebnisse der chemischen Analyse bezüglich Fe, Ni, Co, FeS, SiO_2, TiO_2, Al_2O_3, MnO, FeO, MgO, CaO, Na_2O, K_2O, P_2O_5, H_2O^-, Cr_2O_3, C und B_2O_3 mit. Loh.

9489. **A. Wróblewski,** Meteor Tunguski. Urania Kraków **30** 398—399.

9490. **S. Wróblewski,** Meteoryt czy meteor Tunguski? Urania Kraków **30** 337.

9491. **B. I. Wronskij,** Nochmals über den Meteoritenfund im Magadaner Gebiet. Priroda **48** Nr. 9 S. 116—117 (russ.). — Ref. in Nature **187** 648. — Der Meteorit, über den bereits Schulshenko (vgl. Ref. **9487**) berichtet hat, dürfte etwa vor 15—20000 Jahren niedergestürzt sein. Verf. wirft die Frage auf, ob dieser Meteorit, der den Beinamen «Sussuman» erhalten hat, und dessen Fundort nur 28 km von dem des Meteoriten «Maldjak» entfernt liegt, nicht mit letzterem einem Meteoritenschwarm angehört hat. Loh.

9492. De vondst van de Susuman meteoriet, USSR. Meteoor **15** 12.

9493. Über den tungusischen Meteoriten. Priroda **48** Nr. 11 S. 84—85, mit einem Nachsatz in Priroda **49** Nr. 3 S. 109 (russ.). — Ref. in Nature **187** 1077—1078.

9494. Ile waży największy muzealny meteoryt świata «Anighito». Urania Kraków **30** 101—102.

Meteoritenkrater

9495. **C. S. Beals, P. M. Millman,** A comparison of sub-surface materials from two meteorite craters. AJ **64** 324. — Ref. AAS.

9496. **A. F. Collins,** Meteor craters. J. British Interplanetary Soc. **17** 99.

9497. **H. H. Nininger,** Another meteorite crater studied. Science **130** 1251—1252. — Bericht über den von Simpson 1938 erwähnten Dalgaranga-Krater in West-Australien.

9498. **H. Scheffler,** Crateres meteoriticos. El Universo **13** 157—162. — Beschreibung einiger Meteoritenkrater.

9499. **M. Walton,** The Arizona meteor crater controversy. J RAS Canada **53** 162—171. — Verf. berichtet über den langjährigen Streit über die gesamte Masse des Meteoriten, und ob ein beträchtlicher Teil desselben unter dem Boden des Kraters gefunden werden kann. Plv.

94100. Shattered rocks beneath meteorite craters compared. Sky Tel. **19** 94. — Ref. AAS.

94101. Odkrycie krateru meteorytowego na Sokotrze. Urania Kraków **30** 65.

§ 95

Interplanetare Materie, Zodiakallicht, Gegenschein

9501. **D. B. Beard,** Interplanetary dust distribution. ApJ **129** 496—506. — Es wird eine Verteilung des interplanetaren Staubes in der unmittelbaren Sonnenumgebung aus den Streulichtmessungen abgeleitet, wobei die Parameter, insbesondere die Dichteabhängigkeit vom Sonnenabstand und die Häufigkeit der Teilchengröße, bestimmt werden. Sm.

9502. **J. M. Beckers,** The spectrum of the zodiacal light. Proc. K. Nederl. Akad. Wet. (B) **62** 248—262 = Sterrewacht «Sonnenborgh» Utrecht Overdruk 4° Nr. 15. — Die Hoffmeisterschen Spektren des Zodiakallichts und des Nachthimmellichts werden diskutiert. Das Auftreten der H- und K-Linien in diesen Spektren kann, wenn das Zodiakallicht als Sonnenlicht gedeutet wird, auf Streuung durch stationären interplanetaren Staub und Elektronen zurückgeführt werden. Die Temperaturverteilung im interplanetaren Raum nach Chapman kann die Beobachtungen nicht erklären; ein Temperaturverlauf der Form $T(r) = T(1)\, r^{-1}$ ist wahrscheinlicher. 50 % oder mehr des Zodiakallichts gehen auf Elektronenstreuung zurück. Aus Polarisationsbeobachtungen fanden frühere Autoren, daß 40 % Elektronen zu verdanken ist. Dieser Bruchteil würde noch kleiner sein, wenn Fessenkows Ansichten über die Polarisation von staubgestreutem Licht wahr wären. Auf Grund dieser Annahme würde es schwer sein, zwischen den Ergebnissen der spektroskopischen Beobachtungen und denen der Polarisationsmessungen Übereinstimmung zu erzielen. Verf. (ü.)

9503. **J. C. Brandt, J. W. Chamberlain,** Interplanetary gas. I. Hydrogen radiation in the night sky. ApJ **130** 670—682. — Lyman α-Strahlung im Nachthimmellicht scheint durch Resonanzstreuung der solaren L_α-Strahlung durch H im interplanetarischen Medium und nicht in einer Art irdischer Korona erzeugt zu werden. Dies interplanetarische H befindet sich überwiegend innerhalb 1AE. Entfernung von der Erde; die Dichte in Erdnähe ist mindestens 0.2 Atome/cm^3. Die L_α-Strahlung der Erdatmosphäre zwischen 85 und 120 km Höhe wird wahrscheinlich nicht durch Reflexion und Streuung extraterrestrischer L_α-Strahlung erzeugt — möglicherweise liegt eine zusätzliche L_α-Strahlungsquelle vor. Thi.

9504. **J. Budějický,** The radio emission of interplanetary gas. BAC **10** 94—97. — Es wird die Radioemission der interplanetaren Korona unter der Annahme einer hohen Elektronendichte des interplanetaren Raumes untersucht, wobei das Koronamodell von Chapman benutzt wird. Es zeigt sich, daß nur im Fall einer ungewöhnlich hohen Elektronendichte das interplanetare Gas einen wesentlichen Beitrag zur beobachteten Radiostrahlung leistet. Sm.

* * **N. B. Diwari, A. S. Assaad,** On the emission of the green line of the night sky in zodiacal light. Vgl. Ref. **7415**.

9505. **N. B. Diwari, A. S. Assaad,** Photoelectric observations of zodiacal light in Egypt. AJ UdSSR **36** 856—862 (russ. mit engl. Ref.). — Die Ergebnisse der 1957 Okt./Nov. nahe Assuan durchgeführten Beobachtungen werden in Tabellen und Diagrammen mitgeteilt. Der maximale Polarisationsgrad des Zodiakallichts betrug 22 % (unreduziert: 10 %). Wie schon von A. Behr und H. Siedentopf festgestellt (vgl. AJB **53** Ref. 8404), verlaufen die Isophoten quer zur Ekliptik im polarisierten Licht flacher als im natürlichen Licht. Der Farbenindex betrug im Mittel $+0^m\!.35$. Sein beobachteter Gang mit der Elongation ist noch nicht ganz geklärt. Petri

9506. **W. G. Fessenkow,** On the nature of zodiacal light and its probable connection with asteroids and periodic comets. Ann d'Astrophys **22** 820—838. — Nach einigen Modellbetrachtungen, die dem Verf. zu zeigen scheinen, daß die Polarisation des Zodiakallichts nicht durch freie Elektronen des interplanetaren Raumes hervorgerufen ist, werden nach Beobachtungen in Ägypten Ergebnisse über die Streufunktion atmosphärischer Dunstteilchen mitgeteilt. Verf. meint, der in der Hochatmosphäre vorhandene Dunst sei interplanetaren Ursprungs, seine polarisierende Wirkung würde zur Erklärung der Zodiakallichtpolarisation ausreichen. Dann diskutiert er als mögliche Lieferanten des interplanetaren Staubes Asteroiden und periodische Kometen, aus deren Bahnneigungen theoretische Zodiakallichtisophoten abgeleitet werden. Els.

9507. **W. G. Fessenkow,** Über die Natur des Zodiakallichts. Meteoritika Nr. 17 S. 107—115 (russ.). — Im Herbst 1957 weilte eine Expedition des Astrophys. Inst Akad. Wiss. Kasach. SSR unter Leitung des Verf. in der Nähe von Assuan/Ägypten, um Beobachtungen des Zodiakallichts durchzuführen. Verf. teilt hierzu Einzelheiten über die instrumentelle Ausrüstung und die photoelektrischen und polarimetrischen Messungen mit. Die Ergebnisse lassen den Schluß zu, daß die Zodiakallichtmaterie überwiegend aus festen Stäubchen besteht und nur eine geringfügige Beimengung an Gasen enthält. Hervorgegangen dürfte sie aus der Zerstückelung von Asteroiden und Meteoriten sein. Loh.

9508. **W. G. Fessenkow,** Über die Natur des Gegenscheins. Meteoritika Nr. 17 S. 116—120 (russ.). — Verf. setzt sich kritisch mit den verschiedenen Theorien des Gegenscheins auseinander. Keine von ihnen vermag die Erscheinung einwandfrei zu erklären. Am wahrscheinlichsten dürfte beim heutigen Stand unseres Wissens noch die Meinung van de Hulsts (vgl. AJB **56** Ref. 738, Vol. 2) sein, nach der der Gegenschein als Projektion des Gasschweifs der Erde an die Sphäre gedeutet wird. Loh.

9509. **W. G. Fessenkow,** Über die Teilungsbedingungen der Asteroiden aus beobachteten Besonderheiten des Zodiakallichts. Meteoritika Nr. 17 S. 121—130 (russ.). — Verf. versucht die beobachteten Isophoten des Zodiakallichts theoretisch darzustellen, wobei er voraussetzt, daß der Zodiakalstaub durch Zerfall von Asteroiden entsteht. Die theoretisch berechneten Isophoten hängen nur wenig von der Streuungsindikatrix des interplanetaren Staubes ab und sind deshalb durch die Verteilung der Bahnneigungen der Staubteilchen zur Ekliptik bestimmt. Es wird gezeigt, daß die Hypothese des Asteroidenzerfalls die beobachteten Isophoten gut darzustellen vermag, wenn man voraussetzt, daß die Staubteilchen beim Zerfall der Asteroiden mit Geschwindigkeiten von 5—10 km/sec zerstreut werden. Verf. bemerkt, daß solche Anfangsgeschwindigkeiten etwas zu groß zu sein scheinen. Ond.

* * **W. G. Fessenkow,** On the twilight produced by the zodiacal light. Vgl. Ref. **7425**.

* * **W. G. Fessenkow,** Distribution of the asteroids as revealed by the shape of the zodiacal light. Vgl. Ref. **8501**.

9510. **W. G. Fessenkow,** New results of the investigation of interplanetary and interstellar space. Pokroky **4** 701—704 (tschech.).

* * **W. G. Fessenkow,** Neues über die Untersuchung des interstellaren und interplanetaren Mediums. Vgl. Ref. **13309**.

9511. **L. M. Gindilis,** On the annual variation of latitude of the counterglow. AJ UdSSR **36** 1091—1093 (russ. mit engl. Ref.). — Die aus den Gegenscheinbeobachtungen ermittelte Lage des äußeren Zodiakalringes wird zur unveränderlichen Laplaceschen Ebene in Beziehung gesetzt. Zur Beseitigung der Breitendiskrepanz wird auf den «Schweif» der Erde hingewiesen. Ho.

9512. **T. Gold,** Plasma and magnetic fields in the solar system. J. Geophys. Res. **64** 1665—1674 = Harv Repr Nr. 524. — Es wird davon ausgegangen, daß bei der Emission von Gaswolken durch die Sonne Magnetfelder mitgeschleppt werden. Nach Ansicht des Verf. laufen dabei die Feldlinien stets auf die Sonne zurück. Die Partikelemission würde also nur eine Streckung der Feldlinien bis weit in das Planetensystem hinein zur Folge haben, aber keine Ablösung der Felder von der Sonne. Unter dieser Voraussetzung ergibt sich eine zwanglose Erklärung der Forbush-Effekte: Das Sonnensystem durchquerende Ultrastrahlung wird durch Magnetfelder abgelenkt. Das führt zu einer Verminderung der auf der Erde beobachteten Strahlungsintensität evtl. in Verbindung mit einem magnetischen Sturm. Aus der Abnahme der Ultrastrahlungsintensität während eines Forbush-Effekts ergibt sich nach einer einfachen Abschätzung die Magnetfeldstärke im interplanetaren Raum zu 10^{-5} bis 10^{-4} Gauß. Es wird dann der Einfluß dieser Felder auf die Bewegung von solaren Teilchen mit Energien zwischen 10 und 100 MeV diskutiert, die nach neueren Beobachtungen im Anschluß an Eruptionen für ionosphärische Effekte verantwortlich sind. Nach Meinung des Verf. scheinen sie durch interplanetare Magnetfelder gespeichert zu werden. Sie wären dann das solare Analogon des van Allenschen Strahlungsgürtels. Els.

* * **G. Guigay,** L'effet Poynting-Robertson. Vgl. Ref. **9330.**

9513. **C. de Jager,** Interplanetare magnetische Streufelder. Sterne **35** 182—188 = Sterrewacht «Sonnenborgh» Utrecht Overdruk Nr. 34. — Beobachtungen der durch Sonnenaktivität verursachten Ultrastrahlung führen zu einem Modell der interplanetaren magnetischen Wirbelfelder. Diese sollten im Raum zwischen Erde und Sonne schwächer sein als 10^{-6} Gauß, außerhalb jedoch bei etwa 1.4 AE auf etwa 10^{-5} Gauß anwachsen. Hier sollte also eine größere Elektronendichte herrschen, die auf Zusammenstöße von Materie im Bereich der Kleinen Planeten zurückgeführt wird, wobei die kleinsten Staubteilchen am wirksamsten beitragen. Voigt

9514. **J. M. Kelso,** The determination of the electron density in interplanetary space. J. Atmosph. Terr. Phys. **16** 357—359. — Kurze Betrachtung über die Möglichkeit, durch die Messung der Verzögerung von Impulsen an ein Raumschiff infolge des Vorhandenseins von Elektronen die Elektronendichte in der Ionosphäre und dem interplanetaren Raum zu bestimmen. Die Überlegungen führen zu günstigen Ergebnissen. Loh.

9515. **M. A. Korez,** Die Temperatur des interplanetaren Raums. Priroda **48** Nr. 11 S. 131—132 (russ.).

9516. **M. P. Kossatschewskij,** Abschätzung der Dichte der interplanetaren Materie aus der Veränderung der mittleren Bewegung von Phobos. AC Nr. 199 S. 9—10 (russ.). — An Hand der Methode zur Bestimmung der Dichte der Atmosphäre aus der Bewegung von künstlichen Satelliten hat Verf. die Dichte der interplanetaren Materie aus der Bewegung von Phobos auf $5 \cdot 10^{-20}$ g/cm³ berechnet. Perek

9517. **N. N. Parijskij, L. M. Gindilis,** Energy distribution in the spectrum of the counterglow. AJ UdSSR **36** 1078—1090 (russ. mit engl. Ref.). — Photographische Spektren des Gegenscheins im Wellenlängenbereich 4200 bis 6520 Å liefern die spektrale Energieverteilung und werden diskutiert. Ho.

* * **J. H. Piddington,** The transmission of geomagnetic disturbances through the atmosphere and interplanetary space. Vgl. Ref. **7621.**

9518. **R. O. Redman,** Dust and gas between the earth and the sun. Obs **79** 172—181. — Halley Lecture für 1959.

9519. **N. Richter,** Experimentelle Untersuchungen zur Beleuchtung interplanetarer Materie. Monatsber. Deutsch. Akad. Wiss. Berlin **1** 727—737. — Bericht über einen am 16. Juni 1959 in der Physikalisch-chemischen Gesellschaft, Universität Wien, gehaltenen Vortrag. Verf.

9520. **F. L. Whipple,** Solid particles in the solar system. J. Geophys. Res. **64** 1653—1664 = Harv Repr Nr. 526. — Die Arbeit gibt einen Überblick der Möglichkeiten zur Erforschung der Körper des Sonnensystems, die «größer als Moleküle und kleiner als Planeten» sind. Sie befaßt sich mehr mit den Methoden als mit den Ergebnissen. C. H.

XI. Sterne

§ 101

Entfernung

10101. **S. L. Lippincott,** Parallaxes and proper motions of six nearby stars from photographs taken with the 24-inch Sproul refractor. Vgl. AJB **58** Ref. **9305** = Sproul Obs. Repr. Nr. 106.

* * **N. Missana,** I moti propri delle stelle e le parallassi statistiche. Vgl. Ref. **10211**.

* * **A. Opolski, J. Krawiecka,** Additional note to the nomogram for the correcting of star distances for interstellar absorption. Vgl. Ref. **13321**.

10102. **V. Osvalds, H. L. Alden,** Corrections to McCormick parallaxes. AJ **64** 268—269.

10103. **Z. Osvalds, V. Osvalds,** Trigonometric parallaxes of fifty-eight stars determined by photography with the McCormick 26-inch refractor. AJ **64** 265—267.

* * **R. M. Petrie,** Luminosities and distances of the high-temperature stars. Vgl. Ref. **10509**.

10104. **B. M. Ševarlić,** Sur les parallaxes moyennes des étoiles du Service de Latitude. Bull. Obs. Astr. Beograd **23** Nr. 1—2 S. 10—16. — Es wird der Einfluß der Sternparallaxen auf die Beobachtungen des Breitendienstes des Observatoriums Belgrad von 1949.0 bis 1957.0 untersucht. Dazu werden für jeden der 157 Sterne Parallaxen nach der Formel von Kapteyn und nach der Formel von van Rhijn hergeleitet. Der Einfluß der individuellen Parallaxen auf die Breitenbestimmungen erreicht in diesem Programm den Wert +0\".09, ein Betrag, der nicht mehr vernachlässigt werden kann. Gli.

10105. **C. L. Stearns,** Trigonometric parallaxes derived from photographs taken with the twenty-inch refractor of the Van Vleck Observatory. (Eighth list). AJ **64** 269—270.

10106. **A. D. Thackeray,** Note on systematic errors in trigonometrical parallaxes correlated with declination. Obs **79** 8—9. — Anläßlich einer Untersuchung über die Genauigkeit der spektroskopischen Parallaxen des Yale-Katalogs 1935 werden systematische Unterschiede sowohl in den Verhältnissen der trigonometrischen und spektroskopischen Parallaxen als auch in den Differenzen derselben aufgedeckt, die von der Deklination abhängig zu sein scheinen. Eine Wiederholung dieser Untersuchung mit dem moderneren Material des Yale-Katalogs 1952 wird empfohlen. Gü-Li

10107. Proxima Centauri. Southern Stars **18** 52.

§ 102

Bewegung

* * **O. J. Eggen,** The space motions of visual binaries. Vgl. Ref. **11216.**

10201. **D. S. Evans, R. H. Stoy,** HD 89499: A high-velocity sub-dwarf. MN ASSA **18** 144.

* * **J. Smak,** Jeszcze jedna gwiazda — uciekinier z Mgławicy Oriona Vgl. Ref. **13124.**

10202. **O. Struve,** Stellar motions. Sky Tel. **18** 669—672.

10203. Barnards hurtigløber. NAT 1959 S. 104—106.

Eigenbewegung

10204. **Z. Alksne, I. Daube, L. Rejsin,** The improvement of the proper motions of stars. AJ UdSSR **36** 677—681 (russ. mit engl. Ref.). — Verf. geben eine Methode zur Verbesserung der Eigenbewegungen von Sternen aus einigen neuen Örtern an. Durch ihre Anwendung wird dasselbe Resultat erzielt, wie durch die Berechnung der Eigenbewegungen aus allen vorhandenen Beobachtungen. Verf. (ü.)

10205. **S. Aravamudan,** Stars with large proper motions in the Astrographic Zones +32° and +33° (list II, III). JO **42** 39—44, 123—127. — Fortsetzungen der in AJB **56** Ref. **9201** zitierten Arbeit. 353 + 189 Sterne wurden erfaßt. Dv.

10206. **N. M. Artjuchina, D. K. Karimowa,** Meridian proper motions of 161 stars in the region of the belt of Orion. AJ UdSSR **36** 121—128 (russ. mit engl. Ref.). — Verf. bestimmten die Eigenbewegungen von 161 O–A0-Sternen in der Umgebung des Oriongürtels. 140 von ihnen gehören aller Wahrscheinlichkeit nach der Orion-Assoziation an. Unter Annahme einer Entfernung von 400 pc ergibt sich für die Dispersion der Tangentialgeschwindigkeiten in jeder Koordinate 8—9 km/sec. Dieses Ergebnis stimmt gut mit dem aus den Radialgeschwindigkeiten von 40 der untersuchten Sterne erhaltenen überein (±9.4 km/sec). Loh.

10207. **N. M. Artjuchina,** On a method for improving the proper motions of stars given in GC. AJ UdSSR **36** 690—694 (russ. mit engl. Ref.). — Zur Verbesserung der Eigenbewegungen von GC-Sternen mit Hilfe von Beobachtungen, die bei der Aufstellung des GC nicht benutzt wurden, leitet Verf. einen geeigneten Ausdruck ab. Diese Methode ist mit der gewöhnlichen Methode zur Bestimmung der Eigenbewegungen nach der Methode der Kleinsten Quadrate unter Benutzung aller erreichbaren Positionen völlig identisch. Verf. (ü.)

* * **J. Delhaye,** Coordonnées moyennes de 86 étoiles O et B déterminées à l'Observatoire de Paris et réduites sans mouvement propre à l'équinoxe 1950,0. Coordonnées normales et mouvements propres de 85 étoiles O et B. Vgl. Ref. **3104.**

10208. **H. L. Giclas, C. D. Slaughter, R. Burnham jr.,** Lowell proper motions II. Proper motion survey of the northern hemisphere with the 13-inch photographic telescope of the Lowell Observatory. Lowell Obs. Bull. **4** 136—251. — Fortsetzung des im AJB **58** Ref. **9202** besprochenen Katalogs von durch Blinken gefundenen und gemessenen relativen Eigenbewegungen über 0″27/Jahr. Die im ersten Teil veröffentlichten Ergebnisse von 18 Plattenpaaren werden wiederholt. Für jeden Stern wird ein Identifizierungskärtchen gegeben. Nach Abschluß der Arbeit soll eine sternweise Zusammenstellung der Ergebnisse folgen. Dv.

10209. **H. L. Giclas,** The Lowell proper-motion program. Publ ASP **71** 461—462. — Die Liste der Ergebnisse von den ersten 50 Platten wird in LOB 102 veröffentlicht und enthält 1105 neue Sterne mit jährlicher Eigenbewegung >0."27, darunter acht mit Eigenbewegungen ≥1". Der w. F. einer Messung der Eigenbewegungen ist ±0."02, am Plattenrand ±0."04. hz

* * **S. L. Lippincott,** Parallaxes and proper motions of six nearby stars from photographs taken with the 24-inch Sproul refractor. Vgl. Ref. **10101.**

10210. **W. J. Luyten,** A search for faint blue stars. XVII. Proper motions for 101 faint blue stars. Obs. Univ. Minnesota, Minneapolis, 7 S.

10211. **N. Missana,** I moti propri delle stelle e le parallassi statistiche. Coelum **27** 71—75, 101—104.

10212. **V. R. Ölander, R. Lehti, G. Pipping, A. Savelius,** Proper motions of 41 variable stars in the photographic zone of Helsinki Observatory. Soc. Sci. Fennica Commentationes Phys.-Math. **22** Nr. 2 = Sonderdruck Astr. Obs. Helsinki, 38 S. — Gegeben werden relative, auf meistens 24 Anhaltsterne bezogene Eigenbewegungen von Veränderlichen der Liste von L. Plaut (Vgl. AJB **55** Ref. **1163**). Dv.

10213. **E. Paloque, P. Pretre, M. Reynis,** Mouvements propres des étoiles variables de la liste du Dr. Plaut établie en vue d'études galactiques à la suite du colloque de Groningue de 1953 (suite). Ann. Obs. Astr. Mét. Toulouse **27** 7—32.

10214. **L. Plaut,** Reduction to the FK3 system for the photographic proper motions in the Selected Areas at declination 0° published in Groningen Publications No. 56. Publ. Kapteyn Astr. Lab. Groningen Nr. 60, 42 S. — Benutzt werden neu abgeleitete Eigenbewegungen für 839 mit den Yale-Katalogen gemeinsame Sterne. Neue Positionen dieser Sterne und ein Katalog neuer Plattenkonstanten für 236 Platten der Zonen −2°, −1°, 0°, +1°, +2° der Carte du Ciel Algier werden gegeben. Dv.

10215. **L. Roze,** Zvaigzne ar lielu īpatnējo kustību. Zvaigžņotā Debess 1959. gada vasara S. 27—28. — Betrifft den Stern mit $\alpha = 4^h 46^m 24^s.32$; $\delta = 89° 35' 35''.8$, der eine große Eigenbewegung besitzt.

Radialgeschwindigkeit

* * **R. Bouigue,** Contribution aux recherches de photométrie photoélectrique dans la Galaxie. Vgl. Ref. **10305.**

10216. **J. Boulon, M. Duflot, C. Fehrenbach, A. Duflot, E. Rebeirot, M. Petit,** La mesure des vitesses radiales au prisme objectif. IX. 3e liste de vitesses radiales déterminées au prisme objectif à vision directe. JO **42** 1—15 = Publ. Obs. Haute-Provence **4** Nr. 34. — Die Liste enthält die Radialgeschwindigkeiten von 208 Sternen in 3 Feldern niederer galaktischer Breite. Die Feldmitten sind $\alpha = 1^h35^m$, $\delta = +62°.1$; 3^h52^m, $+52°.5$; 23^h26^m, $+59°.8$. Loh.

10217. **J. Boulon, C. Fehrenbach, A. Duflot, E. Rebeirot, M. Petit,** La mesure des vitesses radiales au prisme objectif. X. 4e liste de vitesses radiales déterminées au prisme objectif à vision directe. JO **42** 149—167. — Diese neue Liste enthält Radialgeschwindigkeiten von 312 Sternen in 5 Feldern. Die Feldmitten sind: $\alpha = 1^h55^m.0$, $\delta = +61°27'$; $2^h21^m.9$, $+61°19'$; $4^h41^m.0$, $+44°41'$; $6^h35^m.2$, $+5°0'$; $11^h33^m.0$, $+30°13'$. Loh.

10218. **W. Buscombe, P. M. Morris,** Radial velocities of fundamental southern stars. MN 118 609—617 = Mt. Stromlo Obs. Repr. Nr. 12. — Vgl. AJB 58 Ref. 9211.

10219. **M. Duflot,** Premiers résultats obtenus avec le grand prisme objectif de 40 cm de diamètre de l'Observatoire de Haute-Provence. CR 248 2719—2721 = Publ. Obs. Haute-Provence 4 Nr. 43. — Es werden die Resultate der Radialgeschwindigkeitsmessungen von 213 Sternen 9.—12. photographischer Größe im Selected Area 19 gegeben. Die Häufigkeitskurve der Radialgeschwindigkeiten der B-, A- und F-Sterne zeigt ein Maximum bei —8 km/sec infolge der Sonnenbewegung. Bei den G-, K- und M-Sternen zeigt die Kurve außer dem gleichen Maximum überraschenderweise ein weiteres bei —90 km/sec. Verf. (ü.)

10220. **D. S. Evans,** HD 24202: a high-velocity sub-dwarf spectroscopic binary? MN ASSA 18 159. — Die Ausmessung von fünf in Pretoria aufgenommenen Spektren ergab Radialgeschwindigkeiten zwischen +31 und +103 km/sec mit einem Mittelwert bei +61 km/sec. Der Spektraltyp wurde zu G2 V geschätzt, allerdings mit dem Zusatz, daß das Spektrum Schnelläufer-Unterzwerg-Merkmale aufweist. Das Vorhandensein eines UV-Überschusses kann ebenfalls bzw. am leichtesten durch die Annahme einer zweiten, blauen Komponente erklärt werden. Loh.

10221. **R. I. Kiladse,** Über die Bestimmung der Radialgeschwindigkeiten von Sternen am Astrophysikalischen Observatorium Abastumani. AC Nr. 199 S. 15—17 (russ.). — In einer Tabelle sind relative Radialgeschwindigkeiten von 75 BD-Sternen der Spektralklassen B bis F im Gebiet der Assoziation ζ Per angeführt, die in den Jahren 1956—58 am 70 cm-Meniskusteleskop mit 8° Objektivprisma bestimmt wurden. Die Gütebezeichnungen a, b und c entsprechen mittleren Fehlern von ± 7, 9 und 13 km/sec. Um absolute Werte zu erhalten, ist der Betrag $+14 \pm 8$ km/sec anzubringen. Petri

10222. **R. I. Kiladse,** Radial velocities of the early spectral classes stars. AC Nr. 205 S. 12—13 (russ.). — Mit dem 70 cm-Meniskusteleskop und einem Objektivprisma wurden auf dem Abastumani-Observatorium Radialgeschwindigkeiten für 68 Sterne in einem Feld von 20 Quadratgrad bestimmt (Feldmitte $\alpha = 3^h 54^m$, $\delta = +34° 05'$, 1950.0). Für 66 BD-Sterne werden die Radialgeschwindigkeiten und Spektren gegeben. Die Qualität a, b, c ist durch mittlere Fehler ± 7, ± 9 und ± 13 km/sec charakterisiert. Die Reduktion auf das Lick-System beträgt $+13 \pm 8$ km/sec. Ond.

10223. **R. I. Kiladse,** On the experimental determinations of stellar radial velocities by means of the objective prism attached to the 70 cm-meniscus type telescope. Bull. Astrophys. Obs. Abastumani Nr. 24 S. 35—84 (russ. mit engl. Ref.). — Im ersten Kapitel wird über die Untersuchung des 70 cm-Meniskusteleskops von Abastumani und des Objektivprismas berichtet, im zweiten über die Versuche, mit ihm die Radialgeschwindigkeiten von Sternen zu bestimmen. Die Ergebnisse für 84 Sterne werden mitgeteilt. Die Genauigkeit ist von der Größenordnung 10 km/sec. Loh.

10224. **G. Wallerstein,** The radial velocity of Sigma Orionis E. ApJ 130 338—339. — Neue Beobachtungen der Radialgeschwindigkeit von σ Ori E zeigen, daß diese keine Änderung mit einer Amplitude von 15 km/sec aufweist, sondern vermutlich konstant ist. Groth

10225. **J. A. Wright,** Radial velocities of seven K-type stars measured in the red region. Publ ASP 71 539—541. — Betrifft die Sterne XZ Cas, CK Ori, Z Mon, HR 4598, HD 121 447, UW Dra, HD 183 915.

§ 103

Helligkeit, Farbe

10301. **S. P. Apriamaschwili,** Über den Stern Nr. 17 der Nordpolsequenz. AC Nr. 202 S. 15—16 (russ.). — Nach photoelektrischen Messungen in Abastumani ist dieser Stern mit einer Amplitude von $0^m.4$ im Roten und $0^m.15$ im Photographischen veränderlich. Loh.

10302. **M. A. Arakeljan,** Bemerkungen über das photometrische U-B-V-System. Mitt. Obs. Bjurakan Nr. 26 S. 27—33 (russ. mit armen. Ref.). — Auf Grund der Literaturangaben über die spektrale Energieverteilung von S Mon, Sonne und 5 mittleren B3V — A0V-Sternen wurden folgende Gleichungen bestimmt:

$$C_y = (0.942 \pm 0.027)\,(B-V) - (1.047 \pm 0.008)$$
$$C_u = (1.126 \pm 0.067)\,(U-B) + (0.764 \pm 0.041).$$

Während C_y gut mit den Daten von Johnson und Morgan (vgl. AJB **53** Ref. **9407**) übereinstimmt, fordert C_u eine Vergrößerung des (U–B)-Index jener Autoren um den Faktor 1.13. Petri

10303. **J.-H. Bigay,** Mesures photoélectriques, en trois couleurs (U. B. V.), d'étoiles B dans la Selected Area 49. CR **249** 816—819 = Publ. Obs. Haute-Provence **4** Nr. 48. — Von 78 Sternen des Spektraltyps B im Selected Area 49 werden die Größen und die Farbenindizes U—B, B—V im UBV-System gemessen. Das U—B/B—V-Diagramm zeigt die interstellare Rötung, und aus dem Q/B—V-Diagramm läßt sich eine sehr genaue spektrale Klassifikation entnehmen. J. P. M.

10304. **J. Borgman,** Photometric criteria for the separation of different population types. ApJ **129** 362—368 = Contr. McDonald Obs. Nr. 297. — Es wird gezeigt, daß der UV-Exzeß der Schnelläufer und der Index $m = m_{5029} + m_{4035} - 2\,m_{4527}$ (die Indizes geben die Wellenlänge der benutzten Interferenzfilter an) als Populationskriterien benutzt werden können. Zusammen mit den Kriterien von Strömgren und Gyldenkerne sollte somit eine Bestimmung von Spektraltyp, Leuchtkraftklasse, Population und interstellarer Verfärbung bei späten Typen möglich sein. Voigt

10305. **R. Bouigue,** Contribution aux recherches de photométrie photoélectrique dans la Galaxie. Ann. Obs. Astr. Mét. Toulouse **27** 47—85, 107—110 = Publ. Obs. Haute-Provence **4** Nr. 52. — In mehreren galaktischen Feldern wurden Radialgeschwindigkeiten gemessen und Spektraltypen und Leuchtkraftklassen auf Objektivprismenaufnahmen bestimmt. Von Überriesen, Riesen und meist frühen Hauptreihensternen werden die Helligkeiten V und Farben B—V gemessen. Die Sterne der Leuchtkraftklasse Ia haben zwischen O9 und F2 eine absolute Helligkeit von nahezu $-7^M.0$. In der galaktischen Ebene wird die interstellare Absorption bestimmt zwischen 50° und 150° Länge. Für die nahen Sterne der Klassen III bis V werden absolute Helligkeiten und Farben gemessen. Im 5. Teil werden die photoelektrisch gemessenen Werte für die einzelnen Sterne zugleich mit Identifizierungskarten der 6 galaktischen Felder publiziert. Im Nachtrag wird die Beziehung zwischen Farbenexzeß und totaler Absorption an Hand der neuen Messungen diskutiert. Gli.

* * **R. Canavaggia,** Effet de l'absorption interstellaire sur les magnitudes hétérochromes. Interprétation qualitative. Vgl. Ref. **13305.**

* * **R. Canavaggia,** Effet de l'absorption interstellaire sur les magnitudes hétérochromes. Vgl. Ref. **13306.**

10306. **E. Chavira,** Estrellas azules en el casquete galáctico Norte —II. Bol. Obs. Tonantzintla y Tacubaya Nr. 18 S. 3—30. — Verf. macht nähere Angaben über 771 blaue Sterne, die in einem in allgemeiner Richtung zum galaktischen Nordpol gelegenen Gebiet von etwa 500 Quadratgraden entdeckt wurden. Darunter befindet sich auch ein SS Cyg-Stern. Loh.

10307. **A. W. J. Cousins,** Measures of bright southern stars on UBV system. MN ASSA 18 46—47. — Diese Beobachtungen am 18″-Reflektor der Kap-Sternwarte geschahen hauptsächlich deshalb, um eine definitive Verbindung zwischen dem Johnson-Morganschen UBV-Standardsystem und dem für Südsterne zu erhalten. Dabei stellte sich heraus, daß die Sterne H. R. 48, 105, 1162, 1264, 2596, 3237, 3447, 3634, 3642, 3654 und 8698 um einige Hundertstel Größenklassen veränderlich zu sein scheinen. Es handelt sich dabei um frühe oder späte Spektraltypen. Loh.

10308. **O. J. Eggen,** Ultra-violet excesses from Cape refractor colours. MN ASSA 18 91—97. — Der rechnerische Anschluß der mit dem 24″-Refraktor des Cape Observatory beobachteten UV-Farben $(U-B)_C$ an das UBV-System ist nur ungenau möglich. Es wird deshalb eine Standardrelation $[B-V, (U-B)_C]$ aufgestellt, die durch Beobachtung von Sternen mit einer Raumgeschwindigkeit <40 km/sec gewonnen wird. Solche Sterne haben nach Roman praktisch keinen UV-Exzeß. Thi.

10309. **T. Elvius,** On the intrinsic colour-indices of F-type stars. Ark Astr 2 353—357 = Uppsala Astr. Obs. Medd. Nr. 124. — Bezüglich der wahren Farbenindizes der F0–dG0-Sterne sind Elvius, Ramberg und Ljunggren zu etwas unterschiedlichen Ergebnissen gelangt. Zur Klärung dieser Diskrepanzen hat Verf. ein kurz vor der Veröffentlichung stehendes umfangreiches photometrisches Beobachtungsmaterial diskutiert. Die neuen Ergebnisse stimmen mit den Ljunggrenschen am besten überein. Loh.

10310. **J. Feige,** An atlas of identification charts for 113 blue stars. ApJ **129** 600.

10311. **A. Feinstein,** The intrinsic colors of the supergiant stars of intermediate types. ZfA **47** 218—224 = Obs. Astr. La Plata Separata Astr. Nr. 9. — Aus dem Material verschiedener Autoren werden die Farben $B-V$ von 94 A0- bis K7-Sternen der Leuchtkraftklassen Ia, Iab, Ib, Ib—II gegen die Spektraltypen aufgetragen und mit denen der Klassen III und V verglichen. Nach Elimination des Farbenexzesses für jeden Stern zeigt sich, daß die Farben der F0-Supergiganten um $0^m_.14$ geringer als die der Hauptreihensterne sind, die der K0-Supergiganten dagegen um $0^m_.40$ größer. Gli.

* * **M. Golay,** Les irrégularités du fond continu des spectres stellaires et leurs effets sur les mesures photoélectriques. Vgl. Ref. **10421**.

10312. **M. Golay,** Effets de la largeur de la bande passante des filtres sur les relations entre des systèmes photométriques différents. Arch. Sci. Genève **12** 350—374 = Publ. Obs. Genève (A) Fasc. 60. — Die häufig beim Vergleich photometrischer Systeme angewandte Beziehung $m_1 = \alpha\, m_2 + \beta\, C_2 + \gamma$, deren Koeffizienten α, β, γ durch eine Ausgleichung zu ermitteln sind, ist bei großen Genauigkeitsansprüchen nur in begrenzten Helligkeitsintervallen zuverlässig. Das gleiche gilt für den Vergleich von Farbenindizes. Loh.

10313. **M. Golay,** Photométrie en trois couleurs du corps noir. Effets de la largeur de la bande passante des filtres sur l'excès de couleur. Arch. Sci. Genève **12** 375—392 = Publ. Obs. Genève (A). Fasc. 60. — Für Sterne, die wie schwarze Körper verschiedener Temperatur strahlen und deren Licht interstellare Materie verschiedener Dicke durchläuft, berechnet Verf. Helligkeiten in drei Farb- bzw. Filterbereichen, Farbenindizes, effektive Wellenlängen, Farbenexzesse und die Verhältnisse E_U/E_Y und A_V/E_Y. Ferner werden Betrachtungen über den Einfluß der Durchlässigkeitsbreite der Farbfilter angestellt. Loh.

10314. **K. A. Grigorjan,** Elektrokolorimetrie und Elektropolarimetrie einer Sterngruppe bei λ Orionis. Mitt. Obs. Bjurakan Nr. 27 S. 69—71 (russ. mit armen. Ref.). — Von den Sternen BD + 9° 881, 882, 883, φ und λ Ori wurden in Bjurakan Farbenindizes, Spektraltypen, Farbenexzesse und Polarisation gemessen. Loh.

10315. **M. Hack,** Colore, grandezza assoluta e composizione chimica delle stelle a righe metalliche. Mem SA It (NS) **30** 111—119. — Die B–V-Farbenindizes der Metallsterne werden mit denen der Normalsterne gleichen Spektraltyps verglichen. Im Hertzsprung-Russell-Diagramm liegen die Metallsterne auf einer Reihe, die der Hauptreihe fast parallel ist und $0^m.5$ über ihr liegt. Die Besonderheiten des Kontinuums und des Linienspektrums können durch einen Überschuß an Metallen gegenüber der Sonne um einen Faktor 3—4 und eines ionisierenden Agens nach Greenstein erklärt werden. B. C.

* * **R. N. Ichsanow,** The spectra, magnitudes and colours of O—A type stars in an area of the Milky Way with the center $\alpha = 20^h\,16^m$, $\delta = +42°\,30'$. Vgl. Ref. **10427.**

10316. **F. Imagawa,** Photoelectric magnitudes and colour index systems. Astr. Herald **52** 16 (japan.).

10317. **B. Iriarte,** Photoelectric photometry of faint blue stars. Lowell Obs. Bull. **4** 130—135. — Als Fortsetzung der Untersuchung der schwachen blauen Sterne, die in den letzten Jahren in großer Zahl nahe der galaktischen Pole gefunden wurden, konnten für 50 Objekte lichtelektrische Messungen im U, B, V-System mit den 42- bzw. 21zölligen Reflektoren des Lowell-Observatory erhalten werden. Trägt man in einem Zwei-Farben-Diagramm die U–B gegen die B–V auf, so scheinen die Sterne 4 Gruppen zu bilden, die zum Teil recht erheblich aus der Hauptreihe herausfallen. Über die Ursachen dieser Abweichungen sind Vermutungen mitgeteilt. Bey.

10318. **T. S. Kirillowa,** Photographic magnitudes of faint stars in the region of ζ and σ Orionis. AJ UdSSR **36** 682—689 (russ. mit engl. Ref.). — Sechs Aufnahmen am 50 cm-Meniskusteleskop von Alma-Ata wurden zur Bestimmung der photographischen Helligkeiten von etwa 300 Sternen dieses an Sternen mit Hα-Emission reichen Gebiets um ζ und σ Ori benutzt. Bei einem kleinen Teil der Sterne mußte sich Verf. auch mit weniger Platten begnügen. Die Streuung der Meßergebnisse deutet in einzelnen Fällen — größenordnungsmäßig etwa 20% der Sterne — auf Veränderlichkeit hin. Dazu wird eine kurze statistische Überlegung angestellt. Loh.

10319. **T. A. Kotschlaschwili,** On the dependence between two photometric systems of star magnitudes. Bull. Astrophys. Obs. Abastumani Nr. 24 S. 91—96 (russ. mit engl. Ref.). — Verf. diskutiert das Problem der Reduktion zweier photometrischer Systeme aufeinander, wenn die interstellare Absorption von Bedeutung ist. Loh.

10320. **P. Mianes,** Sur une méthode de réduction des observations photoélectriques à l'Observatoire de Haute-Provence. CR **248** 3409—3411 = Publ. Obs. Haute-Provence **4** Nr. 46. — Bei der Sechs-Farben-Photometrie hoher Präzision kann infolge der endlichen spektralen Breite der Filterdurchlässigkeit nicht mehr nach dem einfachen sec z-Gesetz auf die extraterrestrische Helligkeit geschlossen werden. Es werden daher zusätzliche Korrekturglieder erster Ordnung angegeben, die von der Farbe des Sterns abhängen und eine mittlere atmosphärische Durchlässigkeitskurve sowie die spektralen Eigenschaften des Photometers enthalten. J. P. M.

10321. **G. Pinto,** Su alcune questioni di fotometria fotoelettrica. Contr. Oss. Astrofis. Asiago Nr. 105, 16 S. — Für einen weiteren Kreis naturwissenschaftlich Interessierter gedachter Beitrag über die Definitionen des Größenklassensystems, der effektiven Wellenlänge, des Farbenindex, des Farbenexzesses, des UBV-Systems und der Extinktion. Loh.

10322. **A.-M. Rozis-Saulgeot,** Contribution des raies de Balmer à la magnitude U du système photoélectrique en trois couleurs U.B.V. (ultraviolet, bleu, jaune). CR **248** 2455—2457. — Nach einem früher beschriebenen Verfahren (vgl. AJB **58** Ref. **9552**) wird der Beitrag der Balmer-Linien zur Ultraviolettheiligkeit U im U, B, V-System hergeleitet für einen A0V-Stern (γ Gem) zu $0^{m}.25$ und für einen A7V-Stern (α Cep) zu $0^{m}.21$. Der Einfluß ist also wesentlich größer auf U als auf die Größe B. Gli.

10323. **W. Schröder,** Die photographischen Helligkeitsbestimmungen: Die Durchmessermethode und das Ableiten der Helligkeit aus Sternspuren auf Grund eigener Versuche. BAV Rundbrief 8 1—2.

10324. **R. H. Stoy,** Photoelectric three colour magnitudes for 300 southern stars. MN ASSA **18** 136—143. — Als Fortsetzung einer im Dezember 1958 veröffentlichten Liste (vgl. AJB **58** Ref. **9429**) werden photoelektrisch gemessene Helligkeiten V und Farben B−V sowie $(U-B)_{Cape}$ von 301 Sternen gegeben, deren visuelle Helligkeiten meist zwischen 6. und 9. Größe liegen. Gli.

10325. **R. H. Stoy,** Photoelectric three colour magnitudes for southern stars. MN ASSA 18 160—162.

10326. **B. Westerlund,** Three-color photometry of bright southern supergiants. Publ ASP **71** 156—161 = Uppsala Astr. Obs. Medd. Nr. 123. — Für 34 von Bidelman klassifizierte Überriesen werden lichtelektrisch gemessene Helligkeiten und Farbenindizes (FI) im UBV-System angegeben, dazu abgeleitete Farbenexzesse, absolute Helligkeiten und Entfernungsmoduln. Ein Vergleich mit photometrischen Daten von Arp ergibt gute Übereinstimmung in den visuellen Größen aber einen merklichen Nullpunktsunterschied in den FI. Er wird erklärt aus der Verwendung von Sternen der Helligkeitsklassen III—V für die Übertragung des Instrumentensystems auf das U, B, V-System. Die Beziehung zwischen den U−B und den B−V wird in einem Diagramm dargestellt. O. G.

10327. **H. Zimmer,** Zur Bestimmung photographischer Sternhelligkeiten nach der Durchmessermethode. BAV Rundbrief 8 23—24.

10328. Katalog der roten Riesensterne. Sternenbote **2** 119—120.

§ 104

Spektrum, Temperatur

10401. **L. H. Aller, J. Jugaku,** The atmospheres of the B stars. VII. Quantitative chemical analysis of Gamma Pegasi. ApJ Suppl **4** 109—155. — Ref. in ApJ **129** 862. — Verf. analysieren unter Heranziehung der von Underhill und Milligan berechneten Modellatmosphären und der Peckerschen Theorie der Linienintensitäten diesen B2.5 V-Stern. Aus Hγ wird die Oberflächenschwere und aus den relativen Intensitäten von SiII-, SiIII- und SiIV-Linien die effektive Temperatur ermittelt. Dabei stellt sich in Übereinstimmung mit Underhill heraus, daß die vorhergesagten Intensitäten der SiIII-Linien zu schwach sind, wenn die Intensitäten der SiII- und SiIV-Linien den Beobachtungen angepaßt werden. Dieser Mangel der Theorie könnte vielleicht durch Annahme eines rotierenden Sterns an Stelle eines stationären behoben werden. Bezüglich der gefundenen Häufigkeiten für He, C, N, O, F, Ne, Mg, Al, Si, P, S, Cl und A gibt es gegenüber der Sonne und anderen B-Sternen keine wesentlichen Unterschiede. Diskrepanzen in den aus verschiedenen Linien abgeleiteten He-Häufigkeiten resultieren wahrscheinlich aus unsicheren physikalischen Parametern. Das H/He-Verhältnis gleicht fast dem von Mathis für den Orion-Nebel gefundenen. Loh.

10402. **L. H. Aller, J. Jugaku,** The atmospheres of the B stars. VIII. The precise calculation of Balmer line profiles. ApJ **130** 469—472.

— Um den Beitrag der Elektronen zur Stoßverbreiterung der Absorptionslinien zu berücksichtigen, wurde nach einer approximativen Theorie von Kolb eine exakte von Griem, Kolb und Shen angegeben. Hier wurden beide auf $H\gamma$ in Atmosphärenmodellen früher Sterne angewandt, wobei die exakte Theorie bis zu 2% größere Linientiefen ergibt als die approximative. Gü.

* * **L. H. Aller,** Some aspects of ultraviolet satellite spectroscopy. Vgl. Ref. 1805.

10403. **I. Almár,** Quantitative Spektralanalyse des B 2-Riesensterns Gamma Orionis. Mitt. Sternw. Ungar. Akad. Wiss. Budapest-Szabadsághegy Nr. 44, 24 S. — Es wird eine Grobanalyse des B2 III-Sterns γ Ori vorgelegt, welcher im H-R-Diagramm in der Nähe der β CMa-Sterne liegt. Es ergibt sich eine Temperatur von 19200°, ein mittlerer Elektronendruck $\log P_e = 2.15$, eine effektive Schwerebeschleunigung $\log g_{eff} = 3.79$. Die Turbulenzgeschwindigkeit beträgt 2 km/sec. Die Häufigkeitsverteilung der Elemente ist die gleiche wie bei anderen B-Sternen. Der Vergleich mit β CMa-Sternen zeigt, daß bei diesen die Häufigkeitsverhältnisse H : He und H : O größer sind als bei γ Ori. Groth

10404. **Y. Andrillat,** Les étoiles de Wolf-Rayet. BSAF **73** 259—264.

10405. **I. Atanasijević, D. Chalonge,** Classification de quelques étoiles dans les amas Ori I, NGC 2264 et dans les Pléiades. Vgl. AJB 58 Ref. **9503** = Contr. Inst. d'Astrophys. Paris (B) Nr. 178.

10406. **B. Baschek,** Aufbau und chemische Zusammensetzung der Atmosphäre des Subdwarfs HD 140283. ZfA **48** 95—139 = Sonderdruck Sternw. Kiel. — Aus dem Spektrum werden zunächst in einer Grobanalyse mittlere Temperatur ($\Theta = 5040/T$), mittlerer Elektronendruck P_e und Häufigkeiten der Elemente differentiell zur Sonne bestimmt: $\Theta - \Theta_\odot = 0.02$, $\log P_e^\odot/P_e = 0.6$. Dann folgt eine verfeinerte Analyse unter Verwendung einer Modellatmosphäre im nichtgrauen Strahlungsgleichgewicht. Die berechneten Profile der Balmer-Linien und die Größen des kontinuierlichen Spektrums werden mit der Beobachtung verglichen. Die Elementhäufigkeiten werden aus den Linien mittels der universellen Wachstumskurven bestimmt. Für die Effektivtemperatur T_e und die Schwerebeschleunigung g ergeben sich $T_e = 5940° \pm 250°$, $\log g = 4.6 \pm 0.5$. Für die Häufigkeiten ε_i der schweren Elemente Na, Mg, Al, Si, Ca, Sc, Ti, Cr, Mn, Fe, Co, Ni und Sr bezogen auf den Wasserstoff gilt im Mittel verglichen mit den entsprechenden Häufigkeiten $\varepsilon_i^\odot$ auf der Sonne: $\overline{\log \varepsilon_i^\odot / \varepsilon_i} = 2.32$. Die relativen Häufigkeiten der schweren Elemente unterscheiden sich innerhalb der Fehlergrenzen nicht von denen auf der Sonne. Verf. (gek.)

10407. **C. Bertaud,** Catalogue et bibliographie des étoiles A à spectre particulier. JO **42** 45—73. — Der Katalog enthält Angaben über 476 A-Sterne, über deren Spektren bis Anfang 1959 Mitteilungen in der astronomischen Literatur gemacht worden sind. Im ganzen wurden 240 Arbeiten herangezogen. Die Mehrzahl der Sterne sind solche mit Metallinien oder mit anomalen Linien der folgenden ionisierten Elemente: Sr II, Cr II, Eu II, Ba II, Si II, Mn II. Loh.

10408. **A. A. Bojartschuk,** A quantitative analysis of the atmosphere of the supergiant $\varkappa$ Cas. Mitt. Astrophys. Obs. Krim **21** 54—70 (russ. mit engl. Ref.). — 1953 Okt. und 1954 Sept. wurden bei 23.4 Å/mm ($H\gamma$) zwei Beobachtungsreihen in den Bereichen 5000—3800 Å und $H\alpha$ gewonnen. Deren Auswertung ergab keine wesentlichen Unterschiede der chemischen Zusammensetzung gegenüber anderen B-Sternen mit Ausnahme vielleicht eines Mangels an N und C, während die Äquivalentbreiten gewisse Schwankungen — auch gegenüber den Werten von G. Mannino (Padua 1952) — zeigten, die auf Änderungen der Turbulenzgeschwindigkeiten schließen lassen, deren Ursache noch unbekannt ist. Petri

10409. **W. K. Bonsack,** The abundance of lithium and convective mixing in stars of type K. ApJ **130** 843—871. — Das Verhältnis der Häufigkeiten von Lithium und Vanadium wurde für 46 Sterne später Spektraltypen und die Sonne bestimmt. Es ergeben sich erhebliche Unterschiede von Stern zu Stern, deren Ursachen in Verschiedenheiten der Konvektion vermutet werden. FS

10410. **W. Buscombe,** Standard stars for spectral classification. Mt. Stromlo Obs. Mimeogram Nr. 3, 10 S.

10411. **E. K. Charadse, R. A. Bartaja,** Zur Untersuchung der spektroskopischen Merkmale von Sternen im Gebiet diffuser Emissionsnebel und Sternhaufen. Nachr. Akad. Wiss. Georg. SSR **21** Nr. 1 S. 29—35, 1958 (russ.). — Ref. in RJ UdSSR 1959 Nr. 10 S. 44.

10412. **A. D. Code,** The energy distribution of subdwarfs. ApJ **130** 473—481. — Berichtigung in ApJ **131** 252. — Die Energieverteilungskurven von Unterzwergen nach lichtelektrischen Messungen zeigen außer dem bekannten UV-Überschuß auch einen Infrarotüberschuß. Die Unterschiede in der Energieverteilung lassen sich aus der verschieden starken Wirkung des Blanketing-Effekts und einer niedrigeren Temperatur der Unterzwerge, als nach dem Farbenindex B—V zu erwarten wäre, erklären. Die Leuchtkraftunterschiede zwischen Unterzwergen und Hauptreihensternen sind wegen der Temperaturkorrektion geringer, als angenommen wurde. Die Unterzwerge liegen etwa 1^m unter der Hauptreihe. O. G.

10413. **M. W. Dolidse,** Neue Emissionssterne bei CO Orionis. AC Nr. 202 S. 12—13 (russ.). — Verf. teilt die Örter von 16 Sternen mit, in deren Spektrum $H\alpha$ in Emission auftritt.

10414. **M. W. Dolidse,** Ein neuer Wolf-Rayet-Stern in Sct. AC Nr. 202 S. 13 (russ.).

10415. **M. W. Dolidse, W. W. Wjasowow,** The stars with $H\alpha$-emission in the region around μ Cephei. Bull. Astrophys. Obs. Abastumani Nr. 24 S. 3—5 (russ. mit engl. Ref.). — Auf Objektivprismenaufnahmen des 70 cm-Meniskusteleskops von Abastumani wurden 125 neue Sterne 10. bis 16. Größe mit $H\alpha$ in Emission gefunden, von denen Örter und $H\alpha$-Intensität mitgeteilt werden. Loh.

10416. **M. W. Dolidse,** The stars with $H\alpha$-emission around the cluster NGC 7380. Bull. Astrophys. Obs. Abastumani Nr. 24 S. 7—11 (russ. mit engl. Ref.). — Auf Objektivprismenaufnahmen des 70 cm-Meniskusteleskops von Abastumani wurden in der Umgebung von NGC 7380 186 Sterne mit $H\alpha$ in Emission gefunden, von denen Örter und $H\alpha$-Intensitäten mitgeteilt werden. Es wird gezeigt, daß $H\alpha$-Sterne, die in Gruppen vorkommen, in den meisten Fällen mit Nebelgruppen, O- oder T-Assoziationen und Sternhaufen in Verbindung stehen und mit ihnen die Population der galaktischen Spiralarme bilden. Loh.

10417. **F. Egger,** Dreidimensionale Klassifikation der Sternspektren. Orion Schaffhausen **5** 593—604.

* * **T. Elvius,** On the intrinsic colour-indices of F-type stars. Vgl. Ref. **10309.**

* * **A. Feinstein,** The intrinsic colors of the supergiant stars of intermediate types. Vgl. Ref. **10311.**

10418. **A. M. Fringant,** Étude spectrophotométrique de deux étoiles O très bleues. Vgl. AJB **58** Ref. **9518** = Contr. Inst. d'Astrophys. Paris (B) Nr. 179.

10419. **Y. Fujita, Y. Yamashita, S. Nishimura,** Spectral features of some M, S and C type stars in the visual region. Publ. Astr. Soc. Japan

11 35—49 = Tokyo Astr. Obs. Repr. Nr. 178. — Das Verhalten einiger spezieller Absorptionslinien in den Spektren von Sternen sehr später Typen wird studiert. In einigen Fällen variieren die Intensitäten der Linien im Lauf des Lichtwechsels. FS

10420. M. Golay, Remarque sur la correspondance entre les types spectraux du Henry Draper et ceux du système MK. Arch. Sci. Genève **11** 370—373, 1958 = Publ. Obs. Genève (A) Fasc. 57. — Der Vergleich erstreckt sich nur auf B-Sterne. Die Unterlagen für die MK-Klassifikation wurden den Arbeiten von Johnson-Morgan (vgl. AJB **53** Ref. **9407**) und Hiltner (vgl. AJB **56** Ref. **9407**) entnommen. Allein die Korrelation HD:JM für helle V-Sterne ist hinreichend gut. Loh.

10421. M. Golay, Les irrégularités du fond continu des spectres stellaires et leurs effets sur les mesures photoélectriques. Arch. Sci. Genève **12** 9—30 = Publ. Obs. Genève (A) Fasc. 59. — Verf. zeigt, daß die verschiedenen speziellen Eigenschaften des kontinuierlichen Spektrums mit Hilfe der Sechs- bzw. Dreifarbenphotometrien von Stebbins-Whitford bzw. Johnson-Morgan erklärt werden können. Im besonderen gilt das für die Unregelmäßigkeit bei 4800 Å und die von der Leuchtkraft abhängige Änderung des Gradienten an dieser Stelle. Durch Wahl geeigneter Filter dürften diese Photometrien noch bessere Ergebnisse hinsichtlich solcher Effekte zu Tage bringen. Loh.

* * **K. A. Grigorjan,** Elektrokolorimetrie und Elektropolarimetrie einer Sterngruppe bei λ Orionis. Vgl. Ref. **10314**.

10422. M. Hack, Parametri fisici e composizione chimica delle atmosfere delle stelle normali di popolazione I. Mem SA It (NS) **30** 89—110. — Die Ergebnisse der quantitativen Analyse von 46 O9–K5-Sternen werden zusammengestellt, um die Abhängigkeit der physikalischen Parameter von Spektraltyp und Helligkeit zu prüfen, und um die chemischen Zusammensetzungen zu vergleichen. Letztere ähneln vielfach derjenigen der Sonne, doch sind He, C, N und O relativ zu H in den O9–B3-Überriesen etwa doppelt so häufig. Verf. erklärt dies durch die relativ späte Bildung dieser Sterne im Vergleich mit typgleichen Zwergen. Verf. vertritt die Auffassung, daß eine «Überzwerg»-Reihe existiert, die etwa $0^m\!.5$—$1^m\!.0$ über der Hauptreihe liegt, und der die O9–B3-Überriesen, die magnetischen und die Metallsterne angehören. B. C.

* * **M. Hack,** Colore, grandezza assoluta e composizione chimica delle stelle a righe metalliche. Vgl. Ref. **10315**.

10423. H. Haffner, Classifying stellar spectra. MN ASSA **18** 80—89.

10424. H. L. Helfer, G. Wallerstein, J. L. Greenstein, Abundances in some population II K giants. ApJ **129** 700—719. — Aus Wachstumskurven ergibt sich für 3 K-Riesen der Population II (zwei in Kugelhaufen und ein Schnellläufer) ein um den Faktor 20—100 größeres Verhältnis Wasserstoff zu Metallen als für die Sonne, während ein K-Riese in einem galaktischen Haufen das solare Verhältnis besitzt. In allen 4 Sternen sind die Metallhäufigkeiten relativ zu Eisen bis auf den Faktor 5 etwa die gleichen. Thi.

10425. R. Herman, M. T. Barin, M. Pendzel, Classement de 123 étoiles de type B. Ann d'Astrophys **22** 540—546. — Durch Messung der Äquivalentbreiten und Zentraltiefen der Wasserstofflinien konnten diese Sterne nach Spektraltyp und Leuchtkraftklasse klassifiziert werden. Die Ergebnisse werden mit denen anderer Autoren verglichen. In den wenigen Fällen, in denen die Übereinstimmung nicht gut ist, wird versucht, eine Erklärung zu geben. Loh.

10426. J. A. Hynek, P. C. Stanger, The composite-spectrum star 5 Lacertae. Publ ASP **71** 310—315. — Die Radialgeschwindigkeitskurve von 5 Lac wird für die Zeit von 1908 bis 1958 abgeleitet. Die Periode beträgt wahrscheinlich etwa 50 Jahre, e wird zu 0.7 geschätzt. In dem zusammengesetzten Spektrum

(K5Ib + A0) treten zusätzliche scharfe H- und K-Linien in Absorption und Emission auf, die abweichende Radialgeschwindigkeiten ergeben. Verf. vermuten, daß diese Linien in der ausgedehnten Atmosphäre des Hauptsterns entstehen. Mit einer Abschätzung der Massenfunktion und der Helligkeitsdifferenz der Komponenten wird eine Vermutung über die Entwicklung des Systems verbunden. 5 Lac könnte zeitweise als visueller Doppelstern beobachtbar sein. O. G.

10427. **R. N. Ichsanow,** The spectra, magnitudes and colours of O—A type stars in an area of the Milky Way with the center $\alpha = 20^h16^m$, $\delta = +42°30'$. Mitt. Astrophys. Obs. Krim **21** 229—256 (russ. mit engl. Ref.). — Der Katalog enthält Spektraltypen, Größen und Farbenindizes von 952 O-, B- und A-Sternen bis $12^m_.5$ in einem Gebiet von 6° Durchmesser mit dem im Titel angeführten Mittelpunkt (1950). Das Farbensystem und seine Reduktion auf das UBV-System sowie Identifikationskarten werden gegeben. Perek

10428. **C. de Jager, L. Neven,** The influence of the metal abundance on the continuous stellar spectra. Vgl. Ref. **1316** S. 413—426 = Sterrewacht «Sonnenborgh» Utrecht Overdruk Nr. 39.

10429. **C. Jaschek, M. Jaschek,** Some remarks on metallic-line stars. ZfA **47** 29—33 = Obs. Astr. La Plata Separata Astr. Nr. 8. — Verf. bestätigen eine Korrelation zwischen dem Spektraltyp, den man für Metalliniensterne aus den Wasserstofflinien ableitet, und den photoelektrischen Farbenindizes. Verf. schließen daraus, daß die Verstärkung der Metallinien ein Leuchtkrafteffekt ist, und daß der Elektronendruck der Metalliniensterne derselbe ist wie derjenige der Hauptreihensterne. Oster

10430. **M. Jaschek, C. Jaschek,** Southern peculiar A stars. Publ ASP **71** 48—50 = Obs. Astr. La Plata Separata Astr. Nr. 10. — Verf. geben eine vorläufige Liste von südlichen peculiar A-Sternen heller als $7^m_.0$. Groth

10431. **M. Jaschek, C. Jaschek,** HD 96446: a helium-rich B-type star. Publ ASP **71** 465—467. — Das Spektrum von HD 96446 wird kurz beschrieben. Es hat außer der anomalen Stärke der He I-Linien die Merkmale eines B1- oder B2-Spektrums mit Verbreiterung der Linien durch Stark-Effekt. Einzelne Linien ergeben stark vom Mittel abweichende Radialgeschwindigkeiten. Wenn die aus der Stärke der interstellaren K-Linie geschätzte Entfernung richtig ist, liegt der Stern etwas unter der Hauptreihe. O. G.

10432. **J. Jugaku,** On the abundance ratio of helium to hydrogen in the atmosphere of Tau Scorpii. Publ. Astr. Soc. Japan **11** 161—183 = Contr. Inst. Astrophys. Kwasan Obs. Univ. Kyoto Nr. 85. — Es wird versucht, das Häufigkeitsverhältnis von Helium und Wasserstoff in der Atmosphäre von τ Sco mit Hilfe neuer Beobachtungen zu bestimmen. Unter der Annahme eines Atmosphärenmodells werden die Intensitäten von neutralen und ionisierten He-Linien nach der Theorie von Pecker berechnet. Es zeigt sich, daß die Häufigkeit des Helium nicht sicher bestimmt werden kann, da der Mechanismus für die Linienverbreiterung nicht genau genug bekannt ist. Groth

10433. **J. Junkes, E. W. Salpeter,** Linienbreiten in der photographischen Spektralphotometrie. I. Zur Geschichte der photographischen Photometrie in Astronomie und Spektroskopie. Labor. Astrofis. Specola Vaticana Ric. Spettroscop. **2** 221—251. — Im Hinblick auf die Methode der effektiven Linienbreiten und ihre Anwendung in der chemischen Spektralanalyse soll in vier Teilen eine gründliche Darstellung des Gesamtgebietes gebracht werden. V. W.

10434. **F. Kamijo,** Low dispersion spectra of some carbon stars. Publ. Astr. Soc. Japan **11** 257—263. — Spektren kleinerer Dispersion im Bereich 5400—6700 Å werden für 8 Kohlenstoff-Sterne untersucht. Aus den Profilen der C_2- und der CN-Banden wird die Temperatur bestimmt. Sie wird an der Intensität der Na D-Linien unter Benutzung der Saha-Boltzmann-Formel nachgeprüft. Thi.

10435. **M. Kanno, S. Kawabata, T. Kogure,** Note on Zanstra's temperatures of the P Cygni stars. Publ. Astr. Soc. Japan **11** 113—120 = Contr. Inst. Astrophys. Kwasan Obs. Univ. Kyoto Nr. 84. — Unter den Temperaturbestimmungen von P Cygni-Sternen nach der Zanstra-Methode ergeben sich die Wasserstofftemperaturen niedriger als die aus den anderen Ionen. Strahlt der Stern wie ein schwarzer Körper, so sind die niedrigeren Wasserstofftemperaturen auf eine unvollständige Absorption der ionisierenden Strahlung innerhalb der Sternatmosphäre zurückzuführen. Die optische und geometrische Dicke der emittierenden Atmosphären wurden daher so berechnet, daß sie mit den tiefen Wasserstofftemperaturen konsistent sind. Die Rechnungen wurden für ein Nebel- und Be-Typ-Strahlungsfeld durchgeführt. Die Diskussion der Diskrepanz der Zanstra-Temperaturen der P Cygni-Sterne aus verschiedenen Ionen ergibt, daß das Wasserstoff-Strahlungsfeld eher dem der Be-Sterne als dem der planetarischen Nebel ähnelt. Ebl.

10436. **R. P. Kraft,** On the variation of the K2 emission width as a function of absolute visual magnitude in the spectra of late-type stars. Ann d'Astrophys **22** 164—176. — Eine rein empirische Untersuchung an Sternen späten Spektraltyps zeigt: 1.) Die Äquivalentbreite der K_2-Emission ist proportional der photosphärischen Turbulenz (definiert durch Wachstumskurve oder Linienprofil-Analyse), 2.) das Verhältnis von konvektivem zum Energiefluß durch Strahlung ist konstant, unabhängig von Spektraltyp und Leuchtkraft. In Übereinstimmung mit der Wilson-Bappu-Korrelation wird die Äquivalentbreite proportional zu $L_V^{1/6}$ (L_V = Leuchtkraft entsprechend der absoluten visuellen Helligkeit). Eine Deutung des eigentlichen Mechanismus der Emission wird nicht gegeben. Voigt

* * **R. P. Kraft, F. N. Edmonds jr.,** Ca II emission in the spectrum of Procyon. Vgl. Ref. **11229**.

10437. **I. D. Kupo,** Einige Ergebnisse der Spektralphotometrie von φ Per. Publ. Sektor Astrobotanik Akad. Wiss. Kasach. SSR **7** 108—116 (russ.). — Ref. in RJ UdSSR 1960 Nr. 9 S. 27.

10438. **R. S. Kushwaha,** Curve of growth analysis of HD 223 385. Proc. National Inst. Sci. India (A) **25** 243—254. — Untersuchung des Spektrums des A3-Überriesen 6 Cas im Bereich $\lambda\lambda$ 3900—4800 Å. Die Balmer-Linien sind bis H28 trennbar, der Balmer-Sprung beträgt 0.4. Wachstumskurven wurden für FeI, FeII, TiII, CrII konstruiert. Für MgII, ScII, SiII und NiII sind die Resultate unsicher. Die Turbulenzgeschwindigkeit beträgt 17 km/sec, die Anregungstemperaturen für FeII 8400° ± 400°, für TiII 11300° ± 800°. Aus dem Vergleich theoretischer und beobachteter Profile von $H\gamma$ und $H\delta$ folgt $T \approx 12600°$. Die Häufigkeiten ähneln den von Buscombe (vgl. AJB **51** Ref. **9515**) für α Cyg gefundenen. V. W.

10439. **S. Kushwaha,** The turbulent velocity in the atmosphere of 6 Cassiopeiae. Res. J. Hindi Sci. Acad. (1) **2** 29—33 (hindi mit engl. Ref.). — Verf. findet v = 15 km/sec für kleine und 30 km/sec für große Turbulenzelemente. V. W.

10440. **M. Lacoarret,** Variations rapides de l'intensité de l'émission $H\alpha$ dans le spectre de HD 174.237. CR **248** 927—929 = Publ. Obs. Haute-Provence **4** Nr. 37. — Die Intensität der $H\alpha$-Emissionslinie im Spektrum dieses Sterns kann innerhalb weniger Stunden zwischen 4 und 6 Å Äquivalentbreite variieren. Das Linienprofil verändert sich ebenfalls sehr stark. Beides ist wahrscheinlich auf die Eigenschaften und die relative Bewegung der Emissions- und der Absorptionshülle zurückzuführen. Verf. vermutet, daß die heiße Hülle des Sterns aus periodischen Materieausbrüchen auf der Oberfläche herrührt. Loh.

10441. **E. Lamla,** Die Intensitätsverteilung im kontinuierlichen Spektrum von Sternen der Spektralklassen B—M. AN **285** 12—26 = Mitt. Astrophys. Obs. Potsdam Nr. 72. — Das in verschiedenen Spektralphotometrien enthaltene Beobachtungsmaterial über die spektrale Intensitätsverteilung des verschmierten Kontinuums der Sterne der Spektralklassen B—M der Leuchtkraftgruppen I bzw. II, III und V wird dazu benutzt, mit Hilfe der bereits vorhandenen Anschlüsse der kontinuierlichen Sternstrahlung an die eines Planckschen Strahlers die «absoluten» Intensitätsverteilungen zu erhalten. Soweit die Beobachtungen nicht ausreichen, werden diese im ultravioletten und infraroten Wellenlängenbereich durch theoretisch berechnete Intensitätsverteilungen ergänzt, so daß schließlich der Verlauf des verschmierten Kontinuums der Sternspektren im Wellenlängenbereich $300 \leq \lambda \leq 1060$ mμ zur Verfügung gestellt werden kann. — Eine mittlere Beziehung zwischen dem Strahlungsstrom der Sterne und ihren Spektraltypen gibt die Möglichkeit, die «absoluten» Intensitätsverteilungen in absolute Einheiten umzurechnen. — Weiterhin werden die Lage der Farbbereiche verschiedener Mehrfarbenphotometrien in bezug auf die Standard-Intensitätsverteilungen untersucht und Zwei-Farbenindex-Diagramme unter Verwendung verschiedener langwelliger Farbenindizes aufgestellt, um festzustellen, wann eine bessere Trennung der Bildpunkte der Hauptreihensterne in diesen Diagrammen von denen der Riesensterne erreicht werden kann. — Abschließend wird der Intensitätsverlauf des Kontinuums des Spektrum-Variablen α And untersucht. Verf.

* * **E. Lamla,** Über die Erkennbarkeit unaufgelöster Doppelsterne aus dem spektralen Intensitätsverlauf. Vgl. Ref. **11112**.

10442. **E. Lamla,** Über die spektrale Intensitätsverteilung von Sternen und Sternsystemen. Wiss. Z. Humboldt-Univ. Berlin (Math.-Naturwiss.) 8 314—315. — Dissertationsref.

10443. **B. Ljunggren, T. Oja,** A preliminary classification of standard stars in Selected Area 141. Ark Astr **2** 391—392 = Uppsala Astr. Obs. Medd. Nr. 125. — Von 18 Sternen dieses Feldes im Helligkeitsintervall $8^m.08 \leq V \leq 14^m.22$ teilen Verf. UBV-Helligkeiten und Spektraltypen mit. Loh.

10444. **G. A. Manowa,** Newly detected emission stars in Orion. AJ UdSSR **36** 187—190 (russ. mit engl. Ref.). — Verf. teilt eine Liste von 32 Sternen mit Hα in Emission in der HII-Region bei λ Ori mit, die auf Aufnahmen in Abastumani gefunden worden sind. Diese Sterne bilden zusammen mit den früher in diesem Gebiet entdeckten ein ausgedehntes System, das als Kondensationen die Gebiete um CO Ori und um den Emissionsnebel S 280 bei FU Ori enthält. Loh.

* * **L. N. Mavridis,** Relatively cool stars in galactic clusters. Vgl. Ref. **14138**.

* * **S. W. McCuskey, W. A. McCuskey,** The giant-dwarf ratio among the G5 stars. Vgl. Ref. **14422**.

10445. **S. W. McCuskey,** Stellar spectra in Milky Way regions. VII. A region in Auriga. ApJ Suppl **4** 1—22 = Warner & Swasey Obs. Case Inst. Technol. Repr. Nr. 89. — Ref. in ApJ **128** 742. — Für 1871 Sterne in der kreisförmigen, 16.9 Quadratgrad großen Region LF7 (Zentrum: $\alpha = 5^h01^m$, $\delta = +41°.6$; $l = 133°$, $b = +2°$) werden in einer Tabelle photographische Helligkeiten und Spektralklassen (teilweise mit Leuchtkraftklasse) angegeben und für viele Sterne frühen Spektraltyps auch rote Farbenindizes. Anmerkungen enthalten außer Besonderheiten der Spektren auch für einige Sterne die BD-Nummer. Auf Identifikationskarten sind die Sterne der Tabelle bezeichnet. Die Aufnahmen wurden mit einer Schmidt-Kamera mit und ohne Prisma (4°, zur Ergänzung auch 2°) durchgeführt. O. G.

10446. **S. W. McCuskey,** Stellar spectra in Milky Way regions. VIII. A region in Orion. ApJ Suppl **4** 23—43 = Warner & Swasey Obs. Case Inst. Technol. Repr. Nr. 89. — Ref. in ApJ **128** 742. — Für 1577 Sterne der kreisförmigen Region LF8 (Zentrum: $\alpha = 6^h14^m$, $\delta = +14°$; $l = 165°$, $b = +1°$) von 17.3 Quadratgrad Größe werden photographische Helligkeiten und Spektralklassen (zum Teil mit Leuchtkraftklasse) in einer Tabelle angegeben, die für einen Teil der Sterne auch rote Farbenindizes enthält. Die Tabelle wird durch Anmerkungen und vor allem durch Identifizierungskarten ergänzt. Die Helligkeiten und Spektralklassen wurden gewonnen aus Aufnahmen mit einer Schmidt-Kamera des Warner- und Swasey-Observatoriums. Die Spektralklassen wurden aus Aufnahmen mit 4°-Prisma, einige mit 2°-Prisma geschätzt. O. G.

10447. **D. B. McLaughlin,** The Be spectrum variable π Aquarii. AJ **64** 340—341. — Ref. AAS.

10448. **A. B. Meinel,** Ratio spectra for G8 stars. AJ **64** 341—342. — Ref. AAS.

10449. **A. B. Meinel, J. C. Golson,** Spectral classification from ratio spectra. Publ ASP **71** 445—450 = Contr. Kitt Peak National Obs. Nr. 2. — Ein lichtelektrisches Spektralphotometer wurde entwickelt, womit man die spektrale Energieverteilung eines Sterns relativ zum Energieinhalt eines vorgewählten Gebietes im Spektrum desselben Sterns bestimmen kann. Die gefundenen relativen Energieverteilungskurven werden für einige MK-Standardsterne wiedergegeben. Mit Hilfe solcher Kurven erwartet man, sowohl eine Spektral- und Leuchtkraftklassifizierung, als auch eine Altersabschätzung im Falle von Sternen späterer Spektraltypen durchführen zu können. Mav.

10450. **O. A. Melnikow, N. F. Kuprewitsch, L. N. Shukowa,** Absolute spectrophotometric stellar gradients, derived by reference to a «star» with a high colour temperature. AJ UdSSR **36** 585—588 (russ. mit engl. Ref.). — Von den Sternen ε UMa, β UMa, α CrB, Θ Leo und γ Gem haben Verf. spektralphotometrische Gradienten bestimmt. Die Beobachtungen wurden an den bereits früher (vgl. AJB **56** Ref. **9602**) beschriebenen künstlichen Stern hoher Farbtemperatur angeschlossen. Im Mittel ergab sich ein Gradient von 1.01, dem bei 4100 Å eine Gradiententemperatur von 16000° entspricht. Oster

10451. **L. Münch,** Observacion de estrellas «A» peculiares. Bol. Obs. Tonantzintla y Tacubaya Nr. 18 S. 31—36. — An Hand von Objektivprismenaufnahmen mit der Schmidt-Kamera von Tonantzintla diskutiert Verf. spektroskopische Besonderheiten der Sterne BD −1° 1414 = HD 50169, BD −1° 1459 = HD 51106 und BD +46° 1913. Alle Sterne besitzen in teils größerem, teils geringerem Maße veränderliche Radialgeschwindigkeiten. Loh.

10452. **K. Osawa,** Spectral classification of 533 B8–A2 stars and the mean absulute magnitude of A0 V stars. ApJ **130** 159—177 = Contr. McDonald Obs. Nr. 308. — Die Spektren von 533 B8–A2 Sternen heller als $6^m_.5$ mit Deklinationen zwischen 10° und 40° werden im MK-System klassifiziert. Für 220 dieser Sterne werden die Farben photoelektrisch im UBV-System gemessen. Die mittlere Parallaxe von A0V-Sternen der scheinbaren Helligkeit $5^m_.0$ wird aus der Bewegung von 99 Sternen abgeleitet. Die absolute Helligkeit von A0V-Sternen ergibt sich zu $0^m_.5$. Groth

* * **J.-C. Pecker,** Écarts à l'équilibre et abondances dans les photosphères solaire et stellaires. I. Le spectre du titane neutre — Écarts à l'E. T. L. Vgl. Ref. **5322**.

10453. **H. Perraud, B. Pelletier,** Listes et classifications d'étoiles M, S, C trouvées dans divers champs pris aux prismes objectifs à vision directe. JO **42** 33—37 = Publ. Obs. Haute-Provence **4** Nr. 39. — Nach Indienststellung der großen Objektivprismenkamera des Obs. Haute Provence im Juli

1957 konnte eine Anzahl schwacher interessanter Sterne später Spektraltypen untersucht bzw. klassifiziert werden, ein Teil davon erstmalig. Im ganzen wurden 118 M-, 10 C- und 1 S-Stern erfaßt. Der Spektralbereich reicht von 4000—4900 Å. Loh.

10454. **H. Perraud, B. Pelletier,** Listes et classifications d'étoiles à émission trouvées dans divers champs pris aux prismes objectifs à vision directe. JO **42** 75—76 = Publ. Obs. Haute-Provence **4** Nr. 40. — Das Verzeichnis enthält 26 Wolf-Rayet- und B-Sterne.

10455. **H. Perraud, B. Pelletier,** II.-Listes et classifications d'étoiles M, S, C trouvées dans divers champs pris aux prismes objectifs à vision directe. JO **42** 142—148.

10456. **R. M. Petrie,** Spectroscopic observations of faint B stars. AJ **64** 343. — Ref. AAS.

10457. **D. M. Popper,** Emission lines in dwarf stars. Obs **79** 217.

10458. **H. van Regemorter,** Recherches sur les problèmes théoriques de classification stellaire. IV. Applications aux problèmes de classification. Ann d'Astrophys **22** 681—711. — Durch umfangreiche Modellrechnungen für A- und F-Sterne wurde geprüft, wie die Kriterien Höhe des Balmer-Sprungs D und Gradient φ_b nicht nur von der Oberflächentemperatur T_0 und der Schwerebeschleunigung g abhängen, sondern außerdem vom Temperaturgradienten, der chemischen Zusammensetzung (Metallhäufigkeit) und der Turbulenz. Danach werden die Äquivalentbreiten der Linien Hδ, g und K als Klassifikationskriterien untersucht. Die Kriterien Hδ und D führen auf die gleichen Werte von T_0 und g wie die Kriterien D und φ_b, wenn die Verbreiterung von Hδ nach Kolb berechnet wird. Durch Proberechnungen wird gezeigt, daß die von Chalonge und Mitarbeitern gefundene Diskontinuität bei λ 4800 Å vielleicht durch Absorption von atomarem Kohlenstoff zu erklären ist. O. G.

* * **A.-M. Rozis-Saulgeot,** Contribution des raies de Balmer à la magnitude U du système photoélectrique en trois couleurs U. B. V. (ultraviolet, bleu, jaune). Vgl. Ref. **10322.**

10459. **F. Rufener,** Classifications stellaires. Orion Schaffhausen **5** 539—552.

10460. **A. Slettebak, J. J. Nassau,** Peculiar and metallic-line A-type stars in a galactic zone. ApJ **129** 88—92 = Warner & Swasey Obs. Case Inst. Technol. Repr. Nr. 91 = Contr. Perkins Obs. (1) Nr. 54. — Das sich von 335° bis 201° galaktischer Länge erstreckende und 12° breite Milchstraßenband wurde nach Objekten der obengenannten Art durchmustert. Dabei wurden auch 6 Sterne mit spectrum compositum und 8 Überriesen der Klassen II oder heller gefunden. Loh.

10461. **A. Slettebak, J. Stock,** A finding list of stars of spectral type F 2 and earlier in a north galactic pole region. Herausgegeben von der Hamburger Sternwarte. Hamburg-Bergedorf, 1959. 24 S. — Objektivprismenaufnahmen (4°-Objektivprisma, 590 Å/mm bei Hγ) des großen Bergedorfer Schmidt-Spiegels wurden nahe des galaktischen Nordpols nach Sternen des Typs F2 und früher durchmustert. Die 601 katalogisierten Sterne sollen in erster Linie Material für eingehendere Untersuchungen mit Spaltspektrographen liefern, um Scheiben- und Halopopulation trennen zu können. Für die 236 nicht in der BD enthaltenen Sterne, deren schwächste von 14. photographischer Größe sind, werden auch Umgebungskärtchen veröffentlicht. Die Spektralklassifikation wird in der Einleitung genauer erläutert. Gli.

10462. **W. W. Sobolew,** Some remarks on the spectra of Be type stars. AJ UdSSR **36** 753—761 (russ. mit engl. Ref.). — Unter vereinfachenden Voraussetzungen werden Formeln zur Berechnung von Konturen von Emissionslinien in Be-Sternen berechnet. Es wird gezeigt, daß die in einer rotierenden Hülle entstehenden Emissionslinien doppelt oder einfach sein können (in Abhängigkeit vom Dichteverlauf in der Hülle) und daß die Konturen verschiedener Linien ganz verschieden sein können (in Abhängigkeit von der optischen Dicke der Hülle in der Linie). Ferner betrachtet Verf. das Problem der Intensitäten von Emissionslinien, ausgehend von seiner Theorie der in Bewegung befindlichen Sternhüllen. Aus den von Burbidges für 6 Be-Sterne abgeleiteten Äquivalentbreiten von Balmer-Linien wird im Mittel die Elektronenkonzentration auf der inneren Hüllengrenze zu 2×10^{11} cm^{-3} bestimmt. Einige kritische Bemerkungen über die Arbeiten von Menzel und Baker (vgl. AJB **39** Ref. **3535**, **40** **3509a**), sowie auch von G. R. und E. M. Burbidge (vgl. AJB **53** Ref. **5105**, **53** **9510**, **54** **11182**, **55** **11196**) werden gemacht. Ond.

* * **J. Stock, J. J. Nassau,** Objective prism surveys of stars of high luminosity. Vgl. Ref. **10516**.

10463. S. Taffara, Ricerche spettrofotometriche sulle stelle Be. XVIII. Studio della stella 28 Tauri (Pleione). Mem SA It (NS) **30** 135—144 = Contr. Oss. Astrofis. Asiago Nr. 102. — Auf fünf am 48zölligen Reflektor von Asiago 1953 aufgenommenen Spektren wird der Stern spektroskopisch untersucht und ein Verzeichnis der zwischen $\lambda\lambda$ 3643 und 6681 beobachteten Linien gegeben. Es wird bemerkt, daß einige Linien sehr stark in einigen Spektren, aber schwach oder abwesend in anderen waren. Die Änderungen des Spektrums erfolgen sehr rasch. Die Hauptmerkmale des Spektrums werden dann dargestellt und Balmer-Sprung, Elektronendichte und Radialgeschwindigkeiten der Balmer-Linien berechnet. B. C.

10464. A. D. Thackeray, Errors in spectral classifications with objective prisms. Obs **79** 10—11.

10465. A. B. Underhill, Some spectrophotometric observations of the Wolf-Rayet stars HD 192103 and HD 192163. AJ **64** 55. — Ref. AAS.

10466. A. B. Underhill, Line shapes in the Wolf-Rayet stars HD 192103 and HD 192163. AJ **64** 134. — Ref. AAS.

10467. A. B. Underhill, The hydrogen lines of 9 Sagittae, O7f. AJ **64** 347. — Ref. AAS.

10468. A. B. Underhill, 9 Sagittae and the «nitrogen sequence». ApJ **130** 1027—1028. — Es wird die Ansicht vertreten, daß gewisse Verschiedenheiten der Linienintensitäten für Kohlenstoff und Stickstoff der Wolf-Rayet-Sterne eine Folge verschiedener Anregungsbedingungen sind. FS

10469. A. B. Underhill, Shocks, shells and supergiants. J RAS Canada **53** 172—178. — Verf. berichtet über die beobachteten spektroskopischen Änderungen in Hüllensternen und Überriesen und weist auf die Bedeutung von Stoßwellen in der Ausbildung und der Energiebilanz der Hüllen und ausgedehnten Atmosphären solcher Sterne hin. Nach einer Beschreibung des Spektrums von Frühtyp-Überriesen und den daraus gefolgerten Schlüssen werden die Eigenschaften der Hüllen von B-Sternen dargestellt. Loh.

10470. A. B. Underhill, A wave-length study of the spectrum of H. D. 188001, 9 Sagittae. Publ. Dominion Astrophys. Obs. Victoria **11** 143—184. — Auf 21 Prismen- und Gitter-Spektralaufnahmen mit Dispersionen von 11 (bei $H\gamma$) bis 47 (bei $H\alpha$), im UV von 31 bis 59 bzw. mit Gitter 16 Å/mm wurden die Wellenlängen von 1256 Linien im Bereich von 3100 bis 6700 Å bestimmt (w. F. = $\pm$ 0.15 bis 0.27 Å) und mit Photometerdiagrammen verglichen. Bis auf 335 wurden alle Linien identifiziert. Sicher nachgewiesen: HI, HeI, HeII, CII, CIII, CIV, NIII, NIV, OIII, OIV, NeII, MgII, SiIV, PIII, SIII, KIII, TiIV, FeIII; wahrscheinlich: OV, FII, NaII, AlIII, SiIII, PIV, SIV, KII, CaIII; möglicherweise: BIII, NV,

OII, OVI, FIII, PV, Cl III, AIV; nicht nachweisbar: LiII, BeII, NII, SiII, SII, CIII, AII, AIII, TiIII. Alle Linien sind flach und erreichen höchstens eine Linientiefe von ca. 30%. Nach dem unsymmetrischen Profil von HeI λ 4471 gehört der O7f-Stern zur Hauptsequenz. Das schärfere Profil der Linien mit niederer Anregungsspannung läßt ihre Bildung in einer dünnen Hülle vermuten. Jedoch zeigt das HeI-Spektrum keine Verdünnungseffekte. Emissionen treten auf in Hα, CIII λ 5696, bei HeII λ 4686 und NIII λ 4634—41. Die Radialgeschwindigkeiten zeigen merkliche Schwankungen um ihren Mittelwert 13.8 ± 5 km/s. (w. F.). Gü.

10471. **G. Wallerstein, H. L. Helfer,** Abundances in G dwarf stars. I. A comparison of two stars in the Hyades with the sun. ApJ **129** 347—355. — Mit Hilfe einer Wachstumskurven-Analyse werden die Elementhäufigkeiten von zwei G-Zwergen in den Hyaden mit denen der Sonne verglichen. Die Häufigkeit von Na, Mg, Si, Ca, Sc, Ti, Cr, Mn, Fe und Ni ist innerhalb von 25% die gleiche, während Barium in den Hyaden etwa um einen Faktor 2 häufiger ist. Das Ergebnis deutet darauf hin, daß seit Entstehung der Sonne keine oder nur eine geringe Anreicherung der interstellaren Materie an schwereren Elementen erfolgt ist. Voigt

10472. **G. Wallerstein, H. L. Helfer,** Abundances in G dwarf stars. II. The high-velocity star 85 Pegasi. ApJ **129** 720—723. — Für den Schnellläufer 85 Pegasi ergibt sich aus den Wachstumskurven für 9 Elemente von Na bis Ni eine um den Faktor 3, für Mg um den Faktor 9 und für Ba um den Faktor 5 kleinere Häufigkeit relativ zur Sonne. Thi.

10473. **K. O. Wright,** Line intensities in the spectrum of Arcturus. AJ **64** 349—350. — Ref. AAS.

10474. **A. A. Wyller,** Anomalous C^{13} features in the spectrum of 19 Piscium. AJ **64** 57. — Ref. AAS.

10475. Abundance differences among supergiants. Sky Tel. **18** 255. — Ref. AAS.

10476. Lithium in K stars. Sky Tel. **18** 493, 495, — Ref. AAS.

10477. Absorptionsbande bei 10460 Å identifiziert. Sterne **35** 38. — Ref.

10478. Kohlenstoff-Sterne in der nördlichen Milchstraße. Sterne **35** 246. — Ref.

10479. Zweidimensionale Spektralklassifikation auf photoelektrisch-photometrischem Wege. Sterne **35** 247—248. — Ref.

§ 105

Leuchtkraft, Masse, Radius, Zustandsdiagramme

* * **R. Bouigue,** Contribution aux recherches de photométrie photoélectrique dans la Galaxie. Vgl. Ref. **10305.**

10501. **W. Buscombe,** The characteristics of subdwarf stars. J RAS Canada **53** 7—14 = Mt. Stromlo Obs. Repr. Nr. 10. — Die vorliegende Übersicht wurde in Hinblick auf Pläne zur spektroskopischen Beobachtung südlicher Sterne hoher Geschwindigkeit verfaßt, um die verstreut in der Literatur zu findenden Informationen über diese Sterne zusammenzufassen. Im einzelnen werden Spektren, Kinematik, Photometrie und laufende Untersuchungen behandelt. Das Vorkommen in hohen galaktischen Breiten, die zum Teil sehr exzentrischen galaktozentrischen Bahnen, die relativ starke Ultraviolettstrahlung und die relativ kleinen Massen sind die hervorstechendsten Merkmale der Unterzwerge. Loh.

10502. O. J. Eggen, White dwarf members of the 61 Cygni group. Obs **79** 135—139. — Drei weiße Zwerge (BD −0° 4234, He 3 und R 627) und vielleicht der röteste und schwächste bekannte weiße Zwerg W 489 sind wahrscheinliche Mitglieder der 61 Cygni Schnelläufer-Gruppe (vgl. AJB **58** Ref. **12339**). Auch zur γ-Leonis-Gruppe gehören wahrscheinlich der weiße Zwerg L 997—21 und die Nova Aql 1918. Mav.

10503. D. S. Evans, The angular diameter of μ Geminorum. MN ASSA 18 158. — Ref. in Sky Tel. **20** 8. — In der Nacht vom 21. Febr. 1956 fand eine Bedeckung dieses M3 III-Sterns statt, die photoelektrisch verfolgt wurde. Für den Winkeldurchmesser ergab sich 0.″023, für den linearen Radius log $R/R_{\odot} = 2.08$. Loh.

* * **M. Hack,** Colore, grandezza assoluta e composizione chimica delle stelle a righe metalliche. Vgl. Ref. **10315.**

10504. J. Hardorp, K. Rohlfs, A. Slettebak, J. Stock, Luminous stars in the northern Milky Way. I. Herausgegeben von der Hamburger Sternwarte und dem Warner and Swasey Observatory. Hamburg-Bergedorf, 1959. 40 S. — Nach den in einer früheren Publikation (vgl. AJB **57** Ref. **9539**) beschriebenen Methoden wurden auf Objektivprismenaufnahmen mit dem großen Bergedorfer Schmidt-Spiegel die Sternfelder längs der nördlichen Milchstraße nach Sternen hoher Leuchtkraft durchmustert. Dieser erste Teil der Durchmusterung gibt zwischen +52° und +71° Deklination etwa 1900 Objekte zwischen 6. und 13.5 photographischer Helligkeit mit Angabe des Spektraltyps, des Ortes für 1950 und der Präzession. Die den geschätzten Typen zugrunde gelegte Klassifikation wird in der Einleitung eingehend beschrieben. Die Verteilung der Sterne der Unterklassen der O–B-Gruppe und die Verteilung der Supergiganten wird auf Karten gezeigt. Gli.

10505. H. L. Johnson, On the luminosities of early-type stars. Lowell Obs. Bull. **4** 87—91. — Verf. vergleicht die Ergebnisse der Leuchtkraftbestimmung aus H_{γ} von Sternen des Scorpio-Centaurus-Bewegungshaufens mit den von Bertiau auf geometrische Art abgeleiteten absoluten Größen. Die Übereinstimmung ist recht befriedigend. Diskrepanzen scheinen jedoch bei drei Sternpaaren der Assoziation I Ori aufzutreten, denen bei je gleicher Leuchtkraft aus H_{β} verschiedene V_0 gegenüberstehen. Hierbei handelt es sich aber um e-Sterne und vielleicht nicht aufgelöste Doppelsterne. Abschließend werden aus der Anpassung der Hauptreihen sowie den H_{γ}- und H_{β}-Stärken noch die Entfernungsmodulen für die Plejaden, die α Per-Gruppe und die Assoziationen II Per und I Ori abgeleitet. Loh.

10506. W. J. Luyten, New white dwarfs and degenerate stars. Harv Card 1436—1437, NAZ **13** 30.

* * **W. J. Luyten,** A search for faint blue stars. XVII. Proper motions for 101 faint blue stars. Vgl. Ref. **10210.**

10507. N. Martin, Détermination de magnitudes absolues par la méthode d'Öhman. CR **248** 1776—1778 = Publ. Obs. Haute-Provence **4** Nr. 38. — Die von Öhman (vgl. AJB **30** Ref. **7502**) vorgeschlagene Methode zur Bestimmung der Äquivalentbreiten der Balmer-Linien bei frühen Sternen (O bis A5) wird auf 36 Sterne angewendet. Es zeigt sich, daß die Genauigkeit ausreicht, um Aussagen über die Leuchtkraft zu machen. J. P. M.

* * **A. Michałowska, J. Smak,** Kinematyczne charakterystyki gwiazd szybkich. Vgl. Ref. **14452.**

10508. G. Münch, A. Slettebak, A new O-type subdwarf. ApJ **129** 852—854. — Der Stern GS 259—8 in der Lacerta Assoziation ist möglicherweise Mitglied dieser Assoziation, wie aus der Entfernung über die interstellare K-Linienstärke und der Radialgeschwindigkeit geschlossen werden kann. Möglicherweise handelt es sich um den fortentwickelten Rest des sehr hellen Sternes, der die expandierende Gruppe erzeugt hat. Thi.

* * **K. Osawa,** Spectral classification of 533 B8–A2 stars and the mean absolute magnitude of A0 V stars. Vgl. Ref. **10452.**

10509. **R. M. Petrie,** Luminosities and distances of the high-temperature stars. ASP Leaflet Nr. 359, 8 S.

10510. **D. M. Popper,** Remarks on bolometric corrections and effective temperatures. ApJ **129** 647—658. — Es werden verbesserte Werte der bolometrischen Korrektion abgeleitet, die für Typen später als F0 aus photoelektrischen Messungen stammen. Für frühere Sterne werden verbesserte Theorien der Sternatmosphären zugrunde gelegt. Für mehrere Einzelsterne (z. B. Sirius) ergeben sich bessere Werte der effektiven Temperatur. Die Temperaturunterschiede zwischen Riesen und Zwergen sind kleiner als bisher. FS

10511. **J.-L. Rigal,** Contribution au problème de l'estimation de la magnitude absolue des étoiles naines. BA **22** 171—219 = Thèse Univ. Paris. — Das Prinzip vom «Maximum der Wahrscheinlichkeit» wurde auf die Radialgeschwindigkeiten und Eigenbewegungen der nahen Zwerge angewandt, um ihre absoluten Helligkeiten zu erhalten. Eine Untersuchung und Nachprüfung der angenommenen Hypothesen führten zu einer bedeutenden Erhöhung der Neigung der Hauptreihe und insbesondere zu einer Verringerung der Helligkeiten von Keenan und Morgan der A5–F5 Zwerge um eine Größe. Die vor unserer Arbeit gefundenen Resultate erklären wir durch eine Unterschätzung der erheblichen Rolle, welche Beobachtungsauswahleffekte von der 7. Größe ab spielen. Verf.

10512. **K. A. Saakjan,** Im Sternbild des Schwans entdeckte weiße Zwerge. Mitt. Obs. Bjurakan Nr. 27 S. 3—13 (russ. mit armen. Ref.). — Auf Aufnahmen am 21″ Schmidt-Spiegel in Bjurakan wurden 53 weiße Zwerge und 8 Sterne, die vermutlich solche sind, entdeckt. Umgebungskärtchen sind beigefügt. Loh.

10513. **I. S. Schklowskij,** Corpuscular emission of early type stars as a possible cause of emission of a nebula in the region 1225—1350 Å. AJ UdSSR **36** 579—584 (russ. mit engl. Ref.). — Wie sich aus Raketenbeobachtungen ergeben hat, besitzt eine Reihe galaktischer Gasnebel eine starke Ultraviolettemission zwischen 1225 und 1350 Å. Die gemessenen Intensitäten können nach Angabe des Verf. nicht durch Rekombination von Wasserstoffionen erklärt werden, die sich durch die üblichen Prozesse (Photoionisation im Strahlungsfeld benachbarter heißer Sterne etc.) gebildet haben. Verf. schlägt deshalb eine zusätzliche Ionisation durch rasche Partikel vor, die von heißen Sternen ausgesandt werden und deren Gesamtenergie die in der Form von Wellenstrahlung abgegebene Energiemenge erreichen oder sogar übertreffen soll. Oster

10514. **J. Smak,** Badania najjaśniejszych gwiazd. Urania Kraków **30** 300— 301. — Ref. über ζ' Sco und HDE 269700. E. R.

10515. **J. Smak,** 50 najjaśniejszych gwiazd nieba. Urania Kraków **30** 362—364. — Verzeichnis der 50 hellsten Sterne des Himmels nach der in AJB **57** Ref. **9408** genannten Zusammenstellung. E. R.

10516. **J. Stock, J. J. Nassau,** Objective prism surveys of stars of high luminosity. AJ **64** 132—133. — Ref. AAS.

* * **B. Westerlund,** Three-color photometry of bright southern supergiants. Vgl. Ref. **10326.**

10517. **O. C. Wilson,** Accuracy of absolute magnitudes derived from widths of H and K emission components. ApJ **130** 499—506. — Zur Kalibrierung absoluter Helligkeiten, die aus der Breite der Emissionskomponenten der Linien H und K bestimmt sind, wurden diese Linienbreiten im Sonnenspektrum und in den Spektren von 4 gelben Riesen in den Hyaden gemessen. Der wahrscheinliche Fehler einer Helligkeit liegt für Riesen und Unterriesen bei $\pm 0^m.26$. Die kosmische Streuung wird zu $\pm 0^m20$ erhalten. Bei Hauptreihensternen ist die Streuung größer, vermutlich durch Rotationsverbreiterung der Linien. O. G.

10518. Peculiar new star. Sky Tel. **18** 308. — Ref. in Urania Kraków **31** 114.

Zustandsdiagramme

10519. **A. Alksnis,** Zvaigžņu attīstība. Zvaigžņotā Debess 1959. gada vasara S. 7—14. — Allgemein verständliche Darstellung des Hertzsprung-Russell-Diagramms, der Farben-Helligkeitsdiagramme, der Entwicklung und des Alters von Sternen und Sternhaufen.

10520. **H. Arp,** The Hertzsprung-Russell diagram. ASP Leaflet Nr. 360, 8 S.

10521. **J. Berger, D. Chalonge, L. Divan, A.-M. Fringant, B. Westerlund,** Diagrammes λ_1, D, pour les populations I et II. Comparaison au diagramme HR. Vgl. AJB **58** Ref. **9701** = Contr. Inst. d'Astrophys. Paris (B) Nr. 180.

10522. **C. Luplau Janssen,** Hertzsprung-Russell Diagrammet. Urania København **16** 53—58.

10523. **S.-m. Kung, H.-c. Chen,** The interpretation of the Hertzsprung-Russell diagram and the hydrogen and helium content of various main sequences. Sci. Sinica 8 962—978. — Ref. in Phys. Ber. **39** 1237.

10524. **S.-m. Kung, H.-c. Chen,** The distribution of the main sequences of populations I and II in the Hertzsprung-Russell diagram. Sci. Sinica 8 979—989. — Ref. in Phys. Ber. **39** 1237.

10525. **J. B. Oke,** The Hertzsprung-Russell diagram for F5–K2 stars with the most accurate absolute magnitudes. ApJ **130** 487—495 = Commun. David Dunlap Obs. Nr. **44**. — Ein H–R-Diagramm wird für 185 Sterne von F5 bis K2 konstruiert, deren absolute Helligkeiten mit wahrscheinlichen Fehlern von höchstens $0^m.2$ bekannt sind. Ein Vergleich mit dem alten Sternhaufen M 67 ergibt, daß viele Sterne sich durch Entwicklung von der Hauptreihe entfernt haben. 16 Sterne scheinen älter zu sein als die Sterne in M 67. Besonders diskutiert werden Möglichkeiten zur Erklärung der Breite der Hauptreihe unterhalb $M_V = 4^m$ und die Lage der Sterne mit hoher Geschwindigkeit im Diagramm. O. G.

10526. **A.-M. Rozis-Saulgeot,** Étude du diagramme gradient-indice de couleur. Ann d'Astrophys **22** 177—184 = Contr. Inst. d'Astrophys. Paris (B) Nr. 183. — Verf. untersucht die Korrelation zwischen spektralphotometrischen Gradienten und photoelektrischen Farbenindizes B–V (Johnson-Morgan). Es zeigt sich, daß die an heißen Sternen im Visuellen (4800 Å) von Chalonge und Mitarbeitern gefundene «Diskontinuität» auch in den photoelektrischen Messungen hervortritt. Verf. (ü.)

10527. **A. R. Sandage, O. J. Eggen,** On the existence of subdwarfs in the (M_{Bol}, Log T_e)-diagram. MN **119** 278—296. — Verf. gehen davon aus, daß die Fraunhofer-Linien im Sonnenspektrum und in Sternspektren die U-, B- und V-Regionen in verschiedener Weise beeinflussen und daß dadurch die beobachteten Farbenindizes U–B und B–V unterschiedlich verändert werden. Diese Änderungen werden für die Sonne hergeleitet; dadurch wird eine «blanketing line» im (U–B, B–V)-Diagramm definiert, mit deren Hilfe Korrektionen der beobachteten B–V aus den beobachteten Ultraviolettexzessen entnommen werden können. So werden die Helligkeits- und Farbendaten der Unterzwerge korrigiert, die mehr als $0^m.25$ unter der Hauptreihe liegen. Es scheint, daß die meisten der Unterzwerge nur wegen dieses Einflusses der Fraunhofer-Linien auf die beobachteten Farben unterhalb der Hauptreihe liegen. Die Mitglieder der «Groombridge 1830-Gruppe» scheinen jedoch auch im (M_{Bol}, log T_e)-Diagramm wirklich unter der Hauptreihe zu stehen. Die (U−B/B−V)-Beziehung der Hyaden-Sterne wird mit der der Praesepe und des Coma-Haufens verglichen. Die nahen Sterne zeigen im (U−B, B−V)-Diagramm eine viel größere Streuung als die Haufensterne. Gli.

10528. **O. C. Wilson,** Location of late type high-velocity stars in the color-magnitude diagram. Publ ASP **71** 338—340. — Mittels der Emissionskomponenten der K-Linie wurden die absoluten Helligkeiten und damit die Entfernungen und Raumgeschwindigkeiten einer Anzahl von Schnelläufern des Romanschen Katalogs berechnet. Im (M_V, B−V)-Diagramm liegen diese Sterne um den Riesenast des Sternhaufens M 67, jedoch scheint es als ob die Sterne mit größeren Raumgeschwindigkeiten höher als die anderen liegen. Mav.

10529. **O. C. Wilson,** A color-magnitude diagram for late-type stars near the sun. ApJ **130** 496—498. — Für Sterne späten Spektraltyps, für die lichtelektrisch gemessene Farbenindizes (B−V) vorliegen, wurden absolute visuelle Helligkeiten aus der Breite der Emissionskomponenten der Linien H und K (vgl. AJB **57** Ref. **9550**) oder mit Hilfe der trigonometrischen Parallaxe bestimmt, soweit diese $\geq 0\overset{''}{.}080$. In das FHD sind außer der Hauptreihe Kurven für M 67 und für M 3 eingetragen. Viele Sterne sind offenbar älter als die Sterne in M 67, sie sind etwa 10^{10} Jahre alt. Ihre Entwicklungslinien, die von der Hauptreihe etwa zwischen $M_V = 4^m$ und $M_V = 5^m$ ausgehen, verlaufen ungefähr parallel zur Kurve für M 3. Die Umkehrstelle der Entwicklungslinien erscheint im Diagramm als scharfe Grenze. O. G.

§ 106

Figur, Rotation

10601. **I. M. Kopylow, A. A. Bojartschuk,** The relation between rotational velocities of stars and spectral classes and luminosities. Mitt. Astrophys. Obs. Krim **21** 40—53 (russ. mit engl. Ref.). — Die Sternrotation wird an einem Material von 2362 Sternen studiert. Bei den Leuchtkraftklassen III—V zeigt sich eine allgemeine Tendenz zur Abnahme der Rotationsgeschwindigkeit von der Spektralklasse O bis G. Im einzelnen ist aber der Gang der Kurven ziemlich verwickelt. Die Geschwindigkeiten der Überriesen liegen unter denen der anderen Sterne und bei Klasse B3 sinken sie plötzlich bis auf 20 km/sec. Die β CMa-Sterne, pekuliare A-Sterne und einige metallische Sterne haben niedrigere Rotationsgeschwindigkeiten als andere Sterne derselben Spektralklassen. Es wird gezeigt, daß die gefundenen Abhängigkeiten die Theorie der Entwicklung der Sterne mit konstanter Masse unterstützen. Perek

* * **R. P. Kraft, D. C. Camp, J. D. Fernie, C. Fujita, W. T. Hughes,** Line profiles for classical Cepheid SV Vulpeculae and for supergiants Beta Aquarii and 9 Pegasi. Vgl. Ref. **12324.**

10602. **D. H. McNamara, K. Hansen, W. Walton,** Stellar rotation and the Beta Canis Majoris stars. AJ **64** 341. — Ref. AAS.

* * **L. Mestel,** A note on the magnetic braking of a rotating star. Vgl. Ref. **10705.**

* * **W. W. Porfirjew,** On the law of rotation of a polytropic gas sphere. Vgl. Ref. **5432.**

§ 107

Magnetfeld

* * **G. Dricot, P. Ledoux,** Remarque sur la théorie des oscillations d'une masse fluide incompressible en présence d'un champ magnétique. Vgl. Ref. **1611**.

10701. **H. R. F. Gollnow,** Magnetic stars. J. Astr. Soc. Victoria **12** 79—82.

10702. **M. Hack,** Stelle A peculiari e campi magnetici stellari. Atti Convegni Astr. Venezia Napoli 1959 S. 101—108.

10703. **T. Jarzębowski,** Zagadnienia magnetyzmu gwiazd. Postępy Astr. 7 221—242. — In diesem Übersichtsartikel werden zuerst die Beobachtungsdaten angeführt. Verschiedene Erklärungen der Existenz der magnetischen Felder in Himmelskörpern werden besprochen: die Hypothese von Blackett, verschiedene Formen der Dynamo-Theorien und die Hypothese, daß der Sternmagnetismus im Protosternstadium seinen Ursprung hat. Endlich werden Theorien der Veränderlichkeit von magnetischen Feldern in Sternen diskutiert. Ond.

10704. **T. Jarzębowski,** Zmiany blasku w gwiazdach zmiennych magnetycznych. Postępy Astr. 7 283. — Nach Beobachtungen in Wrocław (Breslau) besitzen die Sterne HD 71866 und 53 Cam Lichtwechsel mit Amplituden von $0^{m}\!.037$ und $0^{m}\!.015$. Die Ergebnisse für diese beiden Sterne werden mit denen von α^2 CVn und HD 125248 zusammengestellt. E. R.

* * **L. Mestel,** The magnetic and dynamical fields outside a protostar. Vgl. Ref. **5514**.

10705. **L. Mestel,** A note on the magnetic braking of a rotating star. MN **119** 249—254. — Es wird angenommen, daß sich ein Stern in einer rotierenden Gasmasse gebildet hat. Ein vom Stern ausgehendes Magnetfeld sorgt dafür, daß eine symmetrisch zum Stern gelegene Gaskugel bis zum Radius r_k mit dem Stern mitrotiert. Es werden kräftefreie Magnetfelder diskutiert, die Drehmomente über das Gebiet niedriger Dichte zwischen Stern und r_k hinwegtransportieren können. Thi.

* * **A. Stawikowski,** The effects of the magnetic intensification of lines in the spectra of some RR Lyrae type variables. Vgl. Ref. **12343**.

* * **D. G. Wentzel,** Equilibria of magnetic stars. Vgl. Ref. **5444**.

10706. Katalog «magnetischer Sterne». Sterne **35** 39, Sternenbote **2** 46—47. — Ref.

XII. Doppel- und Mehrfachsterne

§ 111

Die Systeme im allgemeinen

11101. **J. Berger,** Classification d'étoiles doubles dans le système à 3 paramètres λ_1, D, Φ_b. Vgl. AJB 58 Ref. 10002 = Contr. Inst. d'Astrophys. Paris (B) Nr. 181.

11102. **W. H. van den Bos,** Note on orbital elements of double stars. AJ 64 422—424. — Verf. zeigt die Überlegenheit der Thiele-Innes-Konstanten gegenüber den von Belorizky (vgl. Ref. 11206) befürworteten ursprünglichen Thiele-Konstanten. hz

11103. **M. H. Briggs,** The detection of planets at interstellar distances. J. British Interplanetary Soc. 17 59—60. — Die Frage nach der Häufigkeit von Planetensystemen wird unter Heranziehung neuerer Theorien über deren Entstehung äußerst optimistisch beantwortet. Verf. glaubt, daß ihre Anzahl für die Milchstraße von der Größenordnung 10^{11} und bei einem Großteil davon das Vorhandensein von Leben möglich sei. T. L.

11104. **L. Chiara,** Limiti superiori della variazione dell'eccentricità nei sistemi binari di massa decrescente. II. Lincei Rend. Sci. fis. mat. nat. (8) 26 506—510. — Im zweiten Teil seiner Untersuchung über die obere Grenze der Exzentrizitätsänderung in Doppelsternsystemen abnehmender Masse beweist Verf., daß bei Abnahme nach dem Gesetz von Eddington-Jeans $\dot{m} = -\lambda m^h$ die Änderung der Exzentrizität immer kleiner als dm/m π bleibt, wenn dm die maximale Abnahme während einer Periode ist. B. C.

11105. **O. J. Eggen,** p Velorum and stellar evolution. MN ASSA 18 15—16. — Im Gegensatz zu Arp und Evans (vgl. AJB 56 Ref. 10101) und innerhalb der Unsicherheiten der Beobachtungsunterlagen liegen die Komponenten 2 und 3 des Systems auf der Hauptreihe, Komponente 1 um etwa 1^m bis $1^m\!.5$ darüber. Das System scheint damit weniger ungewöhnlich zu sein, die von Arp und Evans gezogenen Schlüsse über die Entwicklung der Komponenten nicht notwendig. Loh.

11106. **D. S. Evans,** p Velorum. MN ASSA 18 17—19.

11107. **N. L. Gould,** Particle trajectories around close binary systems. AJ 64 136—139 = Berkeley Repr. Nr. 149. — Durch numerische Integration der Gleichungen des klassischen «problème restreint» mit Hilfe der elektronischen Rechenmaschine IBM 701 in Berkeley werden Ejektionsbahnen von Gaspartikeln im Gravitationsbereich enger Doppelsterne berechnet, wobei die Massenverhältnisse der Komponenten, die Anfangspositionen der Partikel und ihre Anfangsgeschwindigkeiten variiert werden. Für einige der gewählten Anfangsbedingungen ergeben sich Gasringe sowohl um eine der Komponenten als auch um beide zusammen. Gü-Li

11108. **P. van de Kamp,** Onzichtbare sterren. Natuurkund. Voordrachten (NR) Nr. 37 S. 21—29, 1958 = Sproul Obs. Repr. Nr. 108.

11109. **Z. Kopal,** Close Binary Systems. London, Chapman & Hall Ltd.; New York, John Wiley & Sons, 1959. 14 + 558 S. Preis $ 16.75. — Besprechung in Proc. Phys. Soc. **75** 942—943 (T. Kiang), Publ ASP **71** 552—553 (C. R. Lynds), RH **40** 199—200, Sky Tel. **18** 699, **19** 303—305 (F. B. Wood).

11110. **Z. Kopal,** Semi-detached binaries and stellar evolution. ASP Leaflet Nr. 361, 8 S.

11111. **J. Kubikowski, J. Łukaszewicz, A. Opolski,** Some remarks on the statistical tests for double stars. AA **9** 4—9 = Wrocław Astr. Obs. Repr. Nr. 13. — Es wird eine Formel zur Berechnung der Wahrscheinlichkeit P für das Zustandekommen eines optischen Doppelsterns einer bestimmten unteren Grenzdistanz ϱ abgeleitet, die sowohl für Sterne gleicher Größenklassen als auch für verschieden helle Sterne gilt. Für die Sterne der 8. Größe ergibt sich bei der von R. G. Aitken in seinem Katalog festgesetzten Grenzdistanz $\varrho = 16''$ die verschwindend kleine Wahrscheinlichkeit $P = 2 \cdot 10^{-5}$. Für die höheren Wahrscheinlichkeiten $P = 0.01$ und $P = 0.05$ liegen die mit der Formel berechneten Grenzdistanzen fast ohne Ausnahme im Bereich mehrerer Bogenminuten. Deswegen werden die meisten weiten Doppelsterne als physische Paare angesehen.
Gü-Li

11112. **E. Lamla,** Über die Erkennbarkeit unaufgelöster Doppelsterne aus dem spektralen Intensitätsverlauf. AN **285** 27—32 = Mitt. Astrophys. Obs. Potsdam Nr. 73. — Mit Hilfe der aus spektralphotometrischen Beobachtungen von Einzelsternen gewonnenen spektralen Intensitätsverläufe des verschmierten Kontinuums verschiedener Spektraltypen und Leuchtkraftgruppen im Wellenlängenbereich $300 \leq \lambda \leq 1060$ mμ werden rechnerisch Intensitätsverteilungen von Doppelsternen ermittelt, um sie mit denjenigen von Einzelsternen zu vergleichen. Dadurch soll festgestellt werden, ob und in welchem Spektralbereich auf Grund einer Spektralphotometrie der kontinuierlichen Strahlung unaufgelöster Doppelsterne ihr Doppelsterncharakter erkannt werden kann. Es zeigt sich, daß dies in extremen Wellenlängenbereichen möglich sein wird. Abschließend werden einige beobachtete Intensitätsverteilungen von Doppelsternen diskutiert, insbesondere die des Bedeckungsveränderlichen ε Aur.
Verf.

11113. **D. J. Martynow,** Problemer ved dobbeltstjerner. NAT 1959 S. 113—123. — Wiedergabe eines Vortrags vor der Astronomisk Selskab am 28. April 1959. Nach der Darlegung allgemeiner astronomischer und astrophysikalischer Probleme werden speziell die Bedeckungsveränderlichen behandelt. Dabei erörtert Verf. Fragen des Massenverlustes und Massenaustausches sowie die Bewegung der Apsidenlinie in engen Systemen. Einzelheiten betreffen die W UMa-Sterne, ε Aur und Nova Herculis 1934. C. L. J.

11114. **D. C. Morton,** Evolutionary mass exchange in close binary systems. AJ **64** 342—343. — Ref. AAS.

11115. **N. G. Roman,** Planets of other suns. AJ **64** 344—345. — Ref. AAS. — Ref. in Heavens **41** 102—103 (japan.).

11116. **R. A. Saakjan,** Die Verteilungsfunktion enger Doppelsterne in bezug auf die Helligkeitsunterschiede der Komponenten. Nachr. Akad. Wiss. Armen. SSR (Phys.-Math.) **12** Nr. 1 S. 93—98 (russ. mit armen. Ref.). — Ref. in RJ UdSSR 1960 Nr. 3 S. 35.

11117. **J. Smak,** Note on the evolution of close binaries. AA **9** 13—16 = Astr. Obs. Warsaw Univ. Repr. Nr. 79. — Aus einer Diskussion der Masse-Radius-Beziehung von 19 engen Doppelsternen im Katalog von Z. Kopal und M. B. Shapley (vgl. AJB **56** Ref. **11218**) ergibt sich, daß die Radien der Hauptsterne systematisch größer sind als die Radien der Begleiter von gleicher Masse. Derselbe Radienüberschuß ist auch für die Hauptkomponenten der visuellen Doppelsterne aus dem Hertzsprung-Russell-Diagramm festgestellt worden und entspricht der Forderung der Theorie über die Entstehung von Doppelsternen (vgl. AJB **45** Ref. **3914**). Gü-Li

11118. **G. A. Starikowa,** Relative positions and magnitudes of components of Trapezium type stars. AJ UdSSR **36** 374 (russ. mit engl. Ref.). — Von den Systemen ADS 2159, 2843, 3579 und 14965 wurden aus Aufnahmen mit dem Normalastrographen in Taschkent Distanzen und Positionswinkel der jeweils 3 bzw. 4 Komponenten gemessen. Loh.

11119. **K. Walter,** Über die Potentiale der freien Oberflächen enger Doppelsterne. Ann d'Astrophys **22** 101—103. — Nach Kopal ergibt sich aus der Bearbeitung des Beobachtungsmaterials enger Doppelsternsysteme bei Hauptreihensternen eine sehr nahe Übereinstimmung der Potentialwerte der freien Oberflächen der beiden Komponenten. Diese Übereinstimmung wird hier, innerhalb gewisser Grenzen, als eine allgemeine Eigenschaft von Doppelsternsystemen nachgewiesen, die sich aus Hauptreihensternen zusammensetzen. Entwicklungsgeschichtliche Bedeutung braucht ihr deshalb nicht beigemessen zu werden. Verf.

§ 112

Visuelle Doppelsterne

11201. **K. D. Abhyankar,** A study of some early type close binary stars. ApJ Suppl **4** 157—198 = Berkeley Repr. Nr. 141. — Ref. in ApJ **129** 863—864. — Die spektroskopischen Bahnen dreier Systeme werden verbessert und die Änderungen der Radialgeschwindigkeit und Intensität einzelner Linien wie auch Asymmetrien und Verschiebungen der Lichtkurven untersucht. Bei β Scorpii ergibt sich eine Apsidendrehung von 0°007 pro Umlauf; der Begleiter hat abnorm hohe Leuchtkraft und Gasmassen vor seiner Vorderseite. Auch bei HD 47129 (Plasketts Stern) verstärken sich die Begleiterlinien in einer Bahnlage. Nach den Hüllenlinien ist die Hülle im Durchmesser sechsmal so groß wie der Hauptstern, ihre Elektronentemperatur 24000°; die Entfernung des Systems ist 1140 pc, Umlaufszeit 14^{d}3961 und Massenfunktion 12.88. AO Cas zeigt eine Apsidendrehung von 0°05 pro Umlauf, ein um −0^{d}067 (Schreib- bzw. Druckfehler im Abstract!) verschobenes Hauptminimum, Änderungen der Geschwindigkeitsamplituden und eine viel zu geringe Leuchtkraft des Begleiters verglichen mit seiner Masse; dies kann durch Reflexionswirkung nicht erklärt werden. hz

11202. **S. Arend,** Orbites des étoiles doubles visuelles. Ann. Obs. Roy. Belgique (3) **8** 131—144. — Betrifft ADS 2630 = JDS 533 = A 1535, ADS 3614 = BDS 2472 = Hu 445, ADS 3799 (AB) = BDS 2588 = OΣ 517.

11203. **S. Arend,** Méthodes expéditives de détermination de la trajectoire apparente rectiligne décrite par certains compagnons d'étoiles doubles visuelles. Ann. Obs. Roy. Belgique (3) **8** 145—154. — Zur Bestimmung der geradlinigen scheinbaren Bahnen bei optischen Doppelsternen werden Formeln und Rechenschemata entwickelt, die sowohl für gleiche als auch für ungleiche Beobachtungsintervalle geeignet sind. Zwei numerische Beispiele sind angeführt. Gü-Li

11204. **P. Baize,** Éléments orbitaux de vingt étoiles doubles. JO **42** 109—121. — Betrifft: ADS 8705 = A 1092, ADS 10158 = A 349, BD +6°4718 = Kuiper, ADS 17052 = A 2700, ADS 1315 = Hu 531 AB, ADS 1411 = O Σ 34, ADS 1762 = A 207, ADS 2828 = A 1293, ADS 3520 = Hu 555, ADS 3608 = A 1844, ADS 6719 = A 337, ADS 7365 = A 222, ADS 9441 = A 1627, ADS 10916 = β 1299 AB, ADS 13135 = Hu 687, ADS 13738 = Hu 158, ADS 14893 = A 617, ADS 15419 = Hu 380, ADS 16098 = A 1470, ADS 16463 = Hu 398.

11205. **G. A. Bakos,** The color-magnitude diagram of visual binaries. AJ **64** 323—324. — Ref. AAS.

11206. **D. Belorizky,** A graphical method for the determination of the ephemeris for visual double stars. AJ **64** 20—21. — Verf. beschreibt ein graphisches Verfahren zur Berechnung von Ephemeriden visueller Doppelsterne; es beruht darauf, daß für die exzentrische Anomalie der scheinbaren Bahn eine einfache Deutung gefunden werden konnte. Böh.

11207. **W. H. van den Bos,** The orbit of B 780. JO **42** 79—80.

11208. **W. H. van den Bos,** The orbit of A 519 — ADS 5752. JO **42** 93.

11209. **W. H. van den Bos,** The orbit of Don 91. Union Circ **6** 311.

11210. **W. H. van den Bos,** The orbit of Hu 731, ADS 8325. Union Circ **6** 312.

11211. **W. H. van den Bos,** The orbit of A 349, ADS 10158. Union Circ **6** 312.

11212. **P. Couteau,** Orbites de deux étoiles doubles visuelles. JO **42** 30—32. — Betrifft ADS 34 = β 862, ADS 8035 = β 1077.

11213. **J. Dommanget,** Les associations stellaires optiques parmi les étoiles doubles visuelles. Commun. Obs. Roy. Belgique Nr. 151 S. 17—18. — Auf ein 1956 aufgestelltes statistisches Kriterium für optische Doppelsterne (vgl. AJB **56** Ref. **10107**) wird hingewiesen. hz

11214. **J. Dommanget,** Propriétés du système des équations fondamentales de la méthode de Thiele-Innes pour le calcul d'orbites d'étoiles doubles visuelles. JO **42** 129—133. — Eine notwendige, aber nicht hinreichende Bedingung für die Lösbarkeit der Grundgleichungen von Thiele-van den Bos wird mit einigen Zahlenbeispielen gegeben. hz

11215. **J. Dommanget,** Orbite de l'étoile double visuelle ADS 12469 = BDS 9313 = β 142. JO **42** 134—141.

11216. **O. J. Eggen,** The space motions of visual binaries. Obs **79** 206—209. — Die Komponenten U, V, W der Raumbewegung relativ zum galaktischen Zentrum von visuellen Doppelsternen mit bekannten Bahnen und strahlungsenergetischen Parallaxen (vgl. Franz, AJB **55** Ref. **10110**) werden berechnet und ihre Verteilung diskutiert. Die Verteilung zeigt Übereinstimmung mit dem entsprechenden Diagramm für die hellen «Pekuliar»- und Metalliniensterne vom Spektraltyp A. Gü-Li

11217. **D. Eksinger,** Dvojne zvezde. (Kratak prikaz i katalog 92 para zvezda). Vasiona **7** 68—71.

11218. **W. S. Finsen,** The orbit of φ 316. JO **42** 81.

11219. **P. L. Fischer,** Die Eigenbewegungen von 55 Jonckheere-Doppelsternen. Mitt. Univ. Sternw. Wien **10** 91—118. — R. Jonckheere gibt im JO **35** 37 (vgl. AJB **52** Ref. **10106**) eine Liste von 61 Doppelsternen, bei denen nach der Methode von Russell und Moore mit Verwendung der von Baize verbesserten Masse-Leuchtkraft-Relation dynamische Parallaxen von 0ʺ152 bis 0ʺ027 (im Mittel 0ʺ065) gefunden wurden; große Eigenbewegungen wären zu erwarten. Doch zeigt der Vergleich neuer, 1954 bis 1956 in Wien gemachter photographischer Aufnahmen mit den alten Platten der Carte du Ciel (um 1900) eine nur geringe, wenn nicht verschwindende relative Eigenbewegung beim Gros dieser Jonckheere-Sterne. Die von Jonckheere errechneten Parallaxen dürften also nicht reell sein. Verf.

11220. **E. Hock,** Doppelsterne, insbesondere enge Paare, durch das Okular photographiert. Würzburg, Univ., 1958. 43 S. — Dissertation. — Der Versuch, enge Doppelsterne, die mit langbrennweitigen Refraktoren im direkten Fokus photographisch nicht mehr trennbar sind, mit einer vergrößernden Zwischenoptik getrennt zu photographieren und zu messen, führt auf beachtliche

Trennfähigkeit, jedoch unter Preisgabe der bei der klassischen Doppelsternphotographie geforderten hohen Bildqualität. Die Genauigkeit guter visueller Messungen wird erreicht und bei günstigen Aufnahmebedingungen sowie bei Paaren mit geringem Helligkeitsunterschied überboten. Gü-Li

11221. **J. Hopmann,** Photometrisch-kolorimetrische Beobachtungen von visuellen Doppelsternen. V. Das zweite Programm. Beobachtungen mit dem Blaukeilphotokolorimeter von 345 Sternen. Sitzber. Österreich. Akad. Wiss. Math.-naturwiss. Kl. Abteilung II **167** 343—368 = Mitt. Univ.-Sternw. Wien **10** Nr. 4. — Vgl. AJB **58** Ref. 10111.

11222. **J. Hopmann,** Photometrisch-kolorimetrische Beobachtungen von visuellen Doppelsternen. VI. Diskussion des Generalkatalogs. Mitt. Univ.-Sternw. Wien **10** 47—89. — Die in fünf Einzelkatalogen bisher veröffentlichten Farben- und Helligkeitsmessungen der Einzelkomponenten von über 600 visuellen Doppelsternen bis 0".5 Distanz und $10^m.5$ wurden zu einem Generalkatalog zusammengefaßt, wobei auf das Johnsonsche Farbensystem übergegangen wurde. Der innere mittlere Fehler einer Farbenindexangabe des Katalogs beträgt etwa $\pm 0^m096$. Verf.

11223. **J. Hopmann,** Die Entfernung des Antares. Sterne **35** 110—111. — Die Parallaxe und die von ihr abhängigen astrophysikalischen Systemkonstanten des Doppelsternes α Sco werden diskutiert. Die Untersuchung stützt sich auf eine provisorische Bahnbestimmung des Verf. Gü-Li

11224. **T. Jastrzębski,** Orbite de ADS 11897 = Σ 2438. AA **9** 10—12 = Wrocław Astr. Obs. Repr. Nr. 15. — Neue Elemente und Ephemeride für die Jahre 1950—1990. E. R.

11225. **P. van de Kamp,** Visual binaries. Handbuch Phys. **50** 187—224, 1958 = Sproul Obs. Repr. Nr. 104.

11226. **P. van de Kamp,** Parallax, orbital motion and mass of the visual binary L 726—8. AJ **64** 236—240 = Sproul Obs. Repr. Nr. 107. — Ref. in JBAA **70** 151. — Aus einer photozentrischen Bahnbestimmung für den lichtschwachen visuellen Doppelstern L 726—8 = UV Cet leitet Verf. eine neue Bahn und eine genauere Parallaxe ab. Die Komponenten des Paares haben die kleinsten bisher bekannten Massen und geben eine wertvolle Ergänzung des Materials zur Bestimmung der empirischen Masse-Leuchtkraft-Beziehung. Gü-Li

11227. **M. Kitamura,** Frequency of visual and spectroscopic binaries. Astr. Herald **52** 96 (japan.).

11228. **G. F. G. Knipe,** The orbit of β 1118, ADS 10374. Union Circ **6** 313—314.

11229. **R. P. Kraft, F. N. Edmonds jr.,** Ca II emission in the spectrum of Procyon. ApJ **129** 522.

11230. **S. L. Lippincott,** Parallax and mass ratio of ADS 7284 from photographs taken with the 24-inch Sproul refractor. Vgl. AJB **58** Ref. 9304 = Sproul Obs. Repr. Nr. 105.

11231. **S. L. Lippincott,** Parallax and mass ratio of 10 Ursae Majoris from photographs taken with the 24-inch Sproul refractor. AJ **64** 415—418 = Sproul Obs. Repr. Nr. 109. — Aus 186 Platten von 1912 bis 1959 ergeben sich für das photographisch nicht trennbare Paar (GC 12434 Lyn) unter Benutzung der visuellen Bahn von Baize 1954 die Parallaxe 0".074 (unter Einschluß früherer Ergebnisse) und die Massen 0.63 und 0.49 $M_\odot$. Verglichen mit der Leuchtkraft sind beide Massen sehr klein. hz

11232. **S. L. Lippincott,** Parallax and mass-ratio of Furuhjelm 46 from photographs taken with the 24-inch Sproul refractor. AJ **64** 419

—422 = Sproul Obs. Repr. Nr. 110. — 230 Platten von 1938 bis 1958 ergeben für das photographisch nicht getrennte Paar die Parallaxe 0.″160 (unter Einschluß früherer Resultate) und die Massen 0.262 und 0.254 $M_{\odot}$. hz

11233. **P. Muller,** Orbites nouvelles. UAI Commission des Etoiles Doubles Circ. d'Information Nr. 17, 18, 19.

11234. **O. Nys,** Trajectoires rectilignes pour treize compagnons d'étoiles doubles visuelles. Ann. Obs. Roy. Belgique (3) 8 155—199. — Betrifft ADS 566 = BDS 368 = Σ 49, ADS 1339 = BDS 877 = Σ 147, ADS 2756 = BDS 1878 = β 1003, ADS 6532 = BDS 4402 = Σ 1175, ADS 8486 = BDS 6097 = Σ 1621, ADS 8841 (AB) = BDS 6442 = β 800, ADS 9025 = BDS 6630 = O Σ 270, ADS 9167 = BDS 6776 = Σ 1820, ADS 11971 (BC) = BDS 8986 (BC) = Σ 2434, ADS 14573 = BDS 10685 = Σ 2744, ADS 15600 = BDS 11483 = Σ 2863, ADS 16145 = BDS 11866 = Σ 2928, ADS 16649 (AB) = BDS 12276 (AB) = β 79.

11235. **T. Rakowiecki,** Les distances critiques du satellite d'une binaire visuelle à l'étoile principale. Studia Soc. Sci. Torunensis (F) 2 Nr. 2 S. 7—18 = Bull. Astr. Obs. Toruń Nr. 19 (poln. mit französ. und russ. Ref.). — Die kritischen Abstände des Begleiters vom Hauptstern, deren Anzahl 2, 3 oder 4 sein kann, sind die Segmente der Normalen der scheinbaren Bahn, welche durch den Hauptstern gehen. Die Formeln zur Berechnung ihrer Länge, ihrer Positionswinkel und der ihnen entsprechenden Zeiten aus den Elementen der scheinbaren Bahn werden abgeleitet. (Im französ. Ref. wäre die mißverständliche Übersetzung «satellite» besser mit «compagnon» wiedergegeben.) T.L.

11236. **W. Sandner,** Farb-Angaben für den Doppelstern Gamma Delphini. Sternenbote 2 115—116.

11237. **C. B. Stephenson,** Visual binaries having primaries above the main sequence. AJ **64** 132. — Ref. AAS.

11238. **O. Struve, V. Zebergs,** Radial velocity measurements of some visual double stars. AJ **64** 219—222. — Von 48 klassischen Doppelsternen des Aitken-Katalogs mit großen Distanzen werden Radialgeschwindigkeitsmessungen mit dem Coudé-Spektrographen des 100 inch-Spiegels auf dem Mt. Wilson mitgeteilt. Der größte Teil der Doppelsterne ist physischer Natur. Gü-Li

11239. **O. Struve, V. Zebergs,** The velocity-curve of 85 Pegasi. ApJ **130** 134—136 = Berkeley Repr. Nr. 153. — Das aus visuellen Beobachtungen für 85 Peg gefundene Massenverhältnis sollte geprüft werden. Radialgeschwindigkeitsmessungen von 1913 bis 1959 wurden mit der bekannten Periode von 26.ª27 zu Mittelwerten vereinigt. Diese Mittel stimmen gut mit einer theoretischen Radialgeschwindigkeitskurve aus den visuellen Bahnelementen überein, wobei $\gamma = -35.7$ km/sec gewählt wurde. Das bestätigt die von Wyller gefundenen Massen. O. G.

11240. **S. Wierzbiński,** Orbite de ADS 5752 = A 519. JO **42** 83—84.

11241. **A. Ziller,** Correspondances entre les courbes $\Theta(t)$ et $\varrho(t)$ d'une étoile double visuelle et amélioration de la courbe $\Theta(t)$. Commun. Obs. Roy. Belgique Nr. 151 S. 8—16. — Verf. gibt eine graphische Verbesserung von Positionswinkeln aus der Kurve log ϱ nach dem Flächensatz, mit älteren Messungen von 70 Oph als Beispiel. hz

11242. Zeta Aquarii. Sky Tel. **18** 195.

11243. The Alpha Centauri system. Sky Tel. **18** 380. — Ref. AAS. — Ref. in Urania Kraków **30** 260.

11244. Color-magnitude diagram for visual binaries. Sky Tel. **19** 17. — Ref. AAS.

11245. Poczwórny system «epsilon Lyrae». Urania Kraków **30** 67—68.

11246. Nadolbrzym Antares. Urania Kraków **30** 109—110.

11247. **Beobachtungen visueller Doppelsterne**

Ann. Bosscha Obs. Lembang **9** Part 2, 63 S., 1958. Photographic measures of double stars from plates obtained with the 60 cm refractor. Compiled and edited by G. B. van Albada.

Ann. Obs. Roy. Belgique (3) **8** 87—130. Mesures micrométriques d'étoiles doubles visuelles effectuées de 1950 à 1954 à l'équatorial de 45 cm. J. Dommanget.

ApJ Suppl **4** 45—72 = Contr. McDonald Obs. Nr. 292. Micrometer measures of double stars. W. H. van den Bos. — Ref. in ApJ **129** 523.

Bull. Obs. Astr. Beograd **22** Nr. 1—2 S. 1. Mesures micrométriques d'étoiles doubles faites au réfracteur de 0.65 m d'ouverture. P. M. Djurković, L. M. Dačić.

Bull. Obs. Astr. Beograd **22** Nr. 3—4 S. 2. Mesures micrométriques d'étoiles doubles faites au réfracteur de 0.65 m d'ouverture. P. M. Djurković, L. M. Dačić.

Bull. Obs. Astr. Beograd **23** Nr. 1—2 S. 1. Mesures micrométriques d'étoiles doubles faites au réfracteur de 0.65 m d'ouverture. P. M. Djurković, L. M. Dačić.

Bull. Obs. Astr. Beograd **23** Nr. 3—4 S. 1. Mesures micrométriques d'étoiles doubles faites au réfracteur de 0.65 m d'ouverture. P. M. Djurković, L. M. Dačić.

JO **42** 17—30. Mesures d'étoiles doubles faites au réfracteur de 38 cm de l'Observatoire de Nice. P. Couteau.

JO **42** 85—91. Mesures d'étoiles doubles. P. Muller.

JO **42** 92. Mesures micrométriques d'étoiles doubles en 1955. D. P. Elias.

MN ASSA **18** 31. New double stars (IX). W. S. Finsen.

MN ASSA **18** 56. New double stars (X). W. S. Finsen.

MN ASSA **18** 56. New double stars (XI). W. S. Finsen.

MN ASSA **18** 114. New double stars (XII). W. S. Finsen.

MN ASSA **18** 150. New double stars (XIII). W. S. Finsen.

Union Circ **6** 308—311. Micrometer measures of double stars. W. H. van den Bos.

Union Circ **6** 315—316. Interferometer measures of double stars. W. S. Finsen.

Veröff. Sternw. Babelsberg **13** Heft 2, 23 S. Mikrometermessungen von Doppelsternen in den Jahren 1956—1958. H. Pauscher.

§ 113

Spektroskopische Doppelsterne

* * **K. D. Abhyankar,** A study of some early type close binary stars. Vgl. Ref. 11201.

11301. **A. Abrami,** Orbita spettroscopica della binaria 39 Herculis. Mem SA It (NS) **30** 75—82 = Oss. Astr. Trieste Nr. 285. — An Hand von 44 am 48″-Reflektor von Asiago 1957—58 aufgenommenen Spektren werden neue Bahnelemente abgeleitet. Während die Periode wesentlich verbessert werden konnte (2ᵈ307573), ergaben sich für die anderen Elemente keine bedeutenden Veränderungen. B. C.

11302. **R. Bouigue, J.-L. Chapuis,** Binaires spectroscopiques. 6me catalogue complémentaire. Ann. Obs. Astr. Mét. Toulouse **27** 87—98.

11303. **E. G. Ebbighausen,** The orbit of the spectroscopic binary Θ^2 Tauri. Publ ASP **71** 384—385. — Ref. ASP.

11304. **D. S. Evans,** The dwarf binary HD 16157: an interim report. MN **119** 526—533. — Ref. in Sky Tel. **19** 414. — Die spektroskopische Periode ist 1.56 Tage; schwache Emissionskomponenten gehören möglicherweise dem Begleiter an. Die Lichtkurven aus drei aufeinanderfolgenden Jahren sind völlig verschieden. Wahrscheinlich liegen keine Bedeckungen, sondern Änderungen in einer instabilen Atmosphäre vor. Weitere Beobachtungen sind nötig. hz

* * **D. S. Evans,** HD 24202: a high-velocity sub-dwarf spectroscopic binary? Vgl. Ref. **10220.**

11305. **K. L. Franklin,** A qualitative spectrophotometric investigation of Capella. ApJ **130** 139—158. — Zur genaueren Festlegung der Energieverteilung im Spektrum von Capella wurden dessen Spektrum und die Spektren von Vergleichssternen lichtelektrisch mit kleiner Auflösung registriert. Die Energiekurven reichen jedoch nicht aus, um die Spektraltypen der beiden Komponenten genau festzulegen; es können nur Grenzen angegeben werden. Vergleiche zeigen, daß das zusammengesetzte Spektrum von Capella nahezu das eines frühen G-Riesen ist. Intensitätskurven des Spektrums, aufgenommen mit großer Dispersion, in drei verschiedenen Phasen werden mit denen anderer Sterne verglichen. Insgesamt ergeben sich für die Zusammensetzung zwei Möglichkeiten: Das System besteht aus einem späten F-Riesen (seltener Typ) und einem frühen G-Riesen, oder die F-Komponente ist zu rot für ihren Spektraltyp. Mehrere mögliche Erklärungen für dieses Verhalten werden angegeben. Groth

11306. **G. Hagemann,** The system of ζ Phoenicis. MN **119** 143—149 = Mt. Stromlo Obs. Repr. Nr. 14. — Es wird eine vollständige Bestimmung der Bahn und der absoluten Dimensionen des spektroskopischen und photometrischen Doppelsterns ζ Phoenicis mitgeteilt. Die Hauptunterlagen sind 71 neue Spektrogramme vom Mt. Stromlo Observatory. Gü-Li

11307. **C. Hetzler, R. D. Summers,** An improved period for the spectroscopic binary π Scorpii. Publ ASP **71** 50—52.

11308. **S.-s. Huang,** The spectral and luminosity anomaly of secondary components of early-type spectroscopic binaries. Ann d'Astrophys **22** 527—539 = Berkeley Repr. Nr. 161. — Auf Grund spektroskopischer und Helligkeitsanomalien einiger spektroskopischer Doppelsterne wird vermutet, daß die Atmosphäre des Sekundärsterns durch Korpuskularstrahlung der Primärkomponente aufgeheizt wird. Als Ursprung kommen Sternflares (ähnlich den solaren Flares) in Betracht, deren Existenz auch die Struktur von Linien im Doppelstern α Vir erklären würde. Voigt

11309. **C. Jaschek, M. Jaschek,** Spectroscopic binaries and evolution. ZfA **48** 263—268. — Auszählung von Sternen mit veränderlicher Radialgeschwindigkeit aus Wilsons Generalkatalog, unter der Annahme, daß sich die Auswahleffekte der Entdeckungswahrscheinlichkeit aufheben, ergibt: Die Häufigkeit solcher Sterne sinkt mit zunehmendem Sternalter (von 20% bei B–A V bis 8% bei F–K VI); sie nimmt auch auf den mutmaßlichen Entwicklungswegen einzelner Sterntypen zeitlich ab. hz

* * **M. Kitamura,** Frequency of visual and spectroscopic binaries. Vgl. Ref. **11227.**

11310. **C. R. Lynds,** The light-variation of HD 224151. ApJ **130** 599—602 = Berkeley Repr. Nr. 157. — Lichtelektrische Beobachtungen des spektroskopischen Doppelsterns HD 224151 ($6^{m}_{.}05$, B0) ergaben Helligkeitsänderungen von $0^{m}_{.}1$, die mit der Umlaufsperiode von $P = 13^{d}_{.}4187$ übereinstimmen. Die wiedergegebene Lichtkurve zeichnet sich durch kurze und sehr spitze Maxima aus, die sich geometrisch schwer deuten lassen. Bey.

11311. **G. Mannino,** La binaria spettroscopica AO Cassiopeiae. Mem SA It (NS) **30** 19—30 = Contr. Oss. Astrofis. Asiago Nr. 103. — Vom Nov. 1955 bis Dez. 1957 wurden 79 spektroskopische Beobachtungen dieses Veränderlichen erhalten. Aus ihnen und den seit 1914 vorhandenen photoelektrischen und spektroskopischen Beobachtungen folgt eine konstante Periode von $3^{d}5234769$. Unter Benutzung sowohl der neuen als auch der älteren Radialgeschwindigkeitsmessungen der primären Komponente von Pearce, Struve und Horak werden neue Bahnelemente abgeleitet. Die neuen Beobachtungen bestätigen die Radialgeschwindigkeitskurve der sekundären Komponente von Struve und Horak. B. C.

11312. **D. B. McLaughlin,** Spectroscopic binary Delta Sagittae. Harv Card Nr. 1453.

11313. **R. M. Petrie,** The orbit and spectrum of HD 95638. Publ ASP **71** 389. — Ref. ASP.

11314. **L. Plaut,** The rotation of spectroscopic binaries. Publ ASP **71** 167—168. — Von 97 spektroskopischen Doppelsternen mit bekannten Rotationsperioden werden die Logarithmen der Verhältnisse $V_{rev}/V_{rot} \cdot \sin i$ ($V = 2\pi R/P$, R = Radius) gebildet und ihre Beziehung zu den Logarithmen der Periode P untersucht. Unterhalb von $P = 10$ Tagen sind die Verhältnisse im Durchschnitt gleich 1. Für Perioden länger als 10 Tage ist die Periode der Rotation kürzer als die Periode der Revolution. Gü-Li

11315. **O. Struve, S.-s. Huang, V. Zebergs,** The spectroscopic binary HR 8800 = BD +45°4147. ApJ **129** 314—319 = Berkeley Repr. Nr. 140. — Herleitung neuer Bahnelemente mit einer Periastron-Drehung von $1^{\circ}9$ pro Jahr. Die Asymmetrie von H_{α} zu verschiedenen Phasen deutet auf einen Gasstrom in diesem System hin. Die anderen Linien lassen diesen Gasstrom nicht erkennen. Voigt

11316. Spectroscopic binary in the Pleiades. JBAA **69** 53—54. — Betrifft HD 23642.

11317. Polarstjernen. NAT 1959 S. 62—65, 102—103.

11318. Gwiazda spektroskopowo-podwójna w Plejadach. Urania Kraków **30** 180. — Ref. einer Arbeit von H. A. Abt in ApJ **128** 139—140 (vgl. AJB **58** Ref. 10201).

XIII. Veränderliche Sterne

§ 121

Kataloge, Ephemeriden, allgemeinere Fragen

12101. **R. Bajcár,** On the visual estimations of variable stars. RH **40** 212—215 (slowak.).

12102. **F. M. Bateson,** Charts for southern variables. Roy. Astr. Soc. New Zealand Variable Star Sect. Circ. Nr. 94, 2 S.

12103. **Chang Yuin,** Explanation of photographic light curves of very short period variable stars. AAVSO Abstr. May 1959 S. 7—8.

12104. **C. B. Ford,** Programming monthly estimates of variable stars. AAVSO Abstr. May 1959 S. 9.

12105. **G. Freiburghaus,** Les étoiles variables. Orion Schaffhausen **5** 636—642, 691—697.

12106. **T. A. Goloborodko,** Die statistische Abhängigkeit der Amplituden der Helligkeitsschwankungen veränderlicher Sterne von ihrer Spektralklasse. Bull. Astr.-Geod. Ges. UdSSR Nr. 25 S. 26—30 (russ.). — Die obengenannte Abhängigkeit wurde für folgende Veränderliche untersucht: kurz- und langperiodische Cepheiden, Unregelmäßige und Halbregelmäßige, Langperiodische, Bedeckungsveränderliche, RV Tau-, Orion-, RW Aur-Veränderliche. Dabei zeigt sich, daß neben der Periode-Spektrum-Beziehung bei den physikalischen Veränderlichen eine noch allgemeinere Amplitude-Spektrum-Beziehung besteht. Es scheint möglich zu sein, bei einer Vervollständigung des Materials Entwicklungswege aufzufinden. Loh.

12107. **L. Grattón,** Estrellas variables y evolución estelar. Bol. Inst. Mat. Astr. Fis. Cordóba **1** Nr. 1 S. 13—32, 1957.

12108. **M. Harwood,** Distribution of variable stars in the Scutum Cloud. AJ **64** 334. — Ref. AAS. — Ref. in Sky Tel. **19** 93—94.

12109. **D. Hoffleit,** Back to variables. AAVSO Abstr. Oct. 1959 S. 2.

* * **H. Sawyer Hogg,** Variable stars in star clusters. Vgl. Ref. **14128.**

12110. **M. W. Mayall,** Bimonthly variable star predictions for 1959. AAVSO Bull. Nr. 19, 3 S.

12111. **M. W. Mayall,** 1960 annual predictions. Maxima and minima of long period variables. AAVSO Bull. Nr. 20, 6 S. — Verf. teilt die Daten von 504 Maxima und 493 Minima für 385 langperiodische Veränderliche mit.

* * **V. R. Ölander, R. Lehti, G. Pipping, A. Savelius,** Proper motions of 41 variable stars in the photographic zone of Helsinki Observatory. Vgl. Ref. **10212.**

* * **E. Paloque, P. Pretre, M. Reynis,** Mouvements propres des étoiles variables de la liste du Dr. Plaut établie en vue d'études galactiques à la suite du colloque de Groningue de 1953 (suite). Vgl. Ref. **10213.**

12112. **G. Romano,** Determinazione grafica degli elementi provvisori di una variabile periodica. Coelum **27** 9—15 = Oss. Privato Specola «Ariel» Treviso Pubbl. Nr. 15.

12113. **D. A. Roshkowskij, R. H. Gajnullina,** Über die Verzerrung der Lichtkurve bei photographischen Aufnahmen langer Belichtungszeit. Mitt. Astrophys. Inst. Alma-Ata **8** 19—23 (russ. mit engl. Ref.).

12114. **E. Schatzman,** Vues théoriques sur l'instabilité des étoiles. Scientia **94** 241—244 = Contr. Inst. d'Astrophys. Paris (A) Nr. 251.

12115. **H. Schneller,** Die Geschichte und Literatur (GuL) des Lichtwechsels der Veränderlichen Sterne. Band IV. Vgl. AJB **57** Ref. **11010.** — Weitere Besprechung in BAV Rundbrief 8 11—12 (H. Zimmer).

12116. **W. Schröder,** Auftretende Fehler beim Beobachten veränderlicher Sterne. BAV Rundbrief **8** 17—19.

12117. **O. Struve,** Variable stars. Sky Tel. **18** 309—312.

12118. Rocznik Astronomiczny Obserwatorium Krakowskiego 1960. Supplemento Internationale Nr. 31. Kraków, 1960. 179 S. Preis 90 zł.

12119. English version of the remarks to the second edition of the General Catalogue of Variable Stars. Herausgegeben von der Internationalen Astronomischen Union, 1959. 74 S.

12120. Des étoiles variables dans les Pléiades. BSAF 73 91.

12121. The observation of variable stars. J. Astr. Soc. Victoria 12 7. — Besprechung einer kleinen Broschüre.

12122. Faint variable stars in galactic nebulae. Sky Tel. 18 313—314. — Ref. AAS.

§ 122

Bedeckungsveränderliche

12201. **A. Abrami,** Studio fotoelettrico della binaria ad eclisse AM Leonis. Mem SA It (NS) **30** 303—320 = Oss. Astr. Trieste Nr. 289. — Aus 514 lichtelektrischen Beobachtungen dieses Bedeckungsveränderlichen (= BD +10°2234) im Febr.—Mai 1957 und Mai 1959 am 26 cm-Refraktor der Sternwarte Trieste wurde die Lichtkurve näher untersucht. Das System besteht aus zwei stark abgeplatteten Sternen. Die Bahnelemente wurden nach der Methode von Russell und Merrill abgeleitet. B. C.

12202. **H. A. Abt, G. van Biesbroeck,** The visual companion of RW Tauri. Publ ASP **71** 345—346. — Es wird nachgewiesen, daß der 1941 von Joy entdeckte visuelle Begleiter des Bedeckungsveränderlichen nicht identisch mit der Komponente C ist, die die mit einer Periode von 61 Jahren verlaufenden Schwankungen der Lichtwechselperiode erzeugt. Dennoch macht die nahezu gleiche Eigenbewegung wahrscheinlich, daß auch dieser Stern physisch mit RW Tau verbunden ist. Bey.

12203. **S. Archer,** The photometric elements and absolute physical properties of TW Ceti. ApJ **130** 774—782. — Auf Grund der zweifarbigen photoelektrischen Messungen von Cillié und Bok berechnet Verf. die geometrischen und photometrischen Elemente dieses W UMa-Systems. Ein Massenaustausch zwischen den Komponenten scheint wahrscheinlich. Plv.

12204. **W. S. Awedissowa,** Spektrale Änderungen im System ε Aurigae. AC Nr. 203 S. 10—12 (russ.). — Verf. berichtet über die Untersuchung von zwei Spektrogrammen, die Kopylow am 1.2 m-Reflektor mit einer Dispersion von 23.4 Å/mm aufgenommen hat. Aus der Untersuchung der Äquivalentbreiten und Wachstumskurven folgt, daß die Atmosphäre des F2-Überriesen sehr ausgedehnt sein muß, und daß das System am besten durch das Modell von Struve repräsentiert wird. Die Turbulenzgeschwindigkeit ist sehr hoch: 10.5 $\pm$ 0.5 km/sec. Plv.

12205. **M. K. V. Bappu, S. D. Sinvhal,** Interference filter photometry of weak emission lines in CQ Cephei. Obs **79** 140—142. — Aus Beobachtungen der Linienintensitäten werden Aufschlüsse über die Gashülle des Bedeckungssystems abgeleitet. C. H.

12206. **L. Binnendijk,** Photoelectric light curves of V 566 Ophiuchi and AB Andromedae. AJ **64** 65—73 = Flower and Cook Obs. Repr. Nr. 113. — Von beiden W UMa-Sternen wurden in den Jahren 1955 und 1957 1502 lichtelektrische Messungen im gelben und blauen Bereich am 28zölligen Reflektor des Flower and Cook Observatory, Philadelphia, erhalten. Sämtliche Einzelbeobachtungen sowie die daraus abgeleiteten Normalpunkte, Lichtkurven und Elemente sind mitgeteilt. Bey.

12207. **A. A. Bojartschuk,** A quantitative analysis of the chemical composition of the atmosphere of the bright component of β Lyr. AJ UdSSR **36** 766—777 (russ. mit engl. Ref.). — Verf. bestimmt die absolute visuelle Größe des Systems zu $-2^m.6$. Auf Grund der Wachstumskurven findet er, daß der Wasserstoffgehalt fünfmal kleiner und der Heliumgehalt fünfzigmal größer ist als bei normalen Sternen. Er erklärt diese Abweichung durch eine vollkommene Mischung der Materie. Aus der Veränderlichkeit der Äquivalentbreiten findet er eine gewisse Veränderlichkeit der Struktur der Atmosphäre des Hauptsterns über seine Oberfläche. Plv.

12208. **B. Cester,** La doppia spettrofotometrica AN Andromedae. Mem SA It (NS) **30** 213—222 = Oss. Astr. Trieste Nr. 287. — Auf Grund von 52 in den Jahren 1957 (Sept.) und 1958 (Okt.) erhaltenen Spektren am 120 cm-Spiegel von Asiago wurde eine neue Bahnbestimmung dieses Systems (= BD +40° 5043 = HD 219815) durchgeführt. Für die Periode ergibt sich eine Verbesserung ($P = 3^d.219565$). Mit Ausnahme von ω ergaben sich praktisch keine Änderungen der Bahnelemente. Für das Massenverhältnis folgt 0.51. Die Komponenten können in die Kopalsche Klasse Ic eingeordnet werden. B. C.

12209. **B. Cester,** Orbita spettrografica della stella Σ 12 A (UU Psc). Mem SA It (NS) **30** 229—237 = Oss. Astr. Trieste Nr. 291. — Aus 53 Spektren am 120 cm-Reflektor von Asiago wurde eine neue Bahnbestimmung von UU Psc durchgeführt. Dieser Veränderliche ist die leuchtkräftigere Komponente des visuellen Doppelsterns Σ 12 = 35 Psc. Die Ableitung der Bahnelemente führt im Gegensatz zu früheren Ergebnissen von MacCormack (1934) mit e = 0.027 zu einer Kreisbahn. Verf. schlägt vor, UU Psc als Kontaktdoppelstern anzusehen. Die in Abastumani beobachteten Helligkeitsänderungen sollten der Elliptizität der Komponenten zugeschrieben werden. B. C.

12210. **B. Cester,** La variabile ad eclisse AI Draconis. Osservazioni fotoelettriche e studio dell'orbita. Mem SA It (NS) **30** 287—301 = Oss. Astr. Trieste Nr. 292. — Dieser Bedeckungsveränderliche (= BD +52° 2009 = HD 153345) wurde 1957 und 1958 lichtelektrisch am 26 cm-Refraktor der Sternwarte Triest beobachtet. Insgesamt ergaben sich im Anschluß an BD +52° 2018 = HD 154199 732 Beobachtungen. Die Periode konnte verbessert werden ($1^d.1988147$). Die Bahnelemente wurden nach der Methode von Russell und Merrill abgeleitet. B. C.

12211. **K. C. Chou,** New light elements of five eclipsing variables. AJ **64** 468—472. — Betrifft TV Cas, XX Cas, BX And, WW Aur, W UMa.

12212. **W. Deinzer, E. Geyer,** Die Lichtkurve des Bedeckungsveränderlichen BV 143 = BD +35°4496. ZfA **47** 211—217 = Kleine Veröff. Remeis-Sternw. Bamberg Nr. 26. — Ref. in Sternenbote **3** 31. — 727 lichtelektrische Messungen, die 1957—58 in 14 Nächten am 60 cm-Reflektor der Remeis-Sternwarte, Bamberg, im blauen und visuellen Farbbereich vorgenommen wurden, ergeben einen kurzperiodischen β Lyr-Lichtwechsel. Die geringere Helligkeit des 1., dem Hauptminimum folgenden Maximums, die verschieden lange Bedeckungsdauer im Haupt- und Nebenminimum sowie die unsymmetrische Gestalt des Hauptminimums lassen vermuten, daß eine der Komponenten mit einer absorbierenden Hülle umgeben ist, in der durch Rayleigh-Streuung die beobachteten Effekte erzeugt werden können. Bey.

12213. **E. G. Ebbighausen, O. Struve,** The anomalous behavior of the radial velocities of Algol A. Publ ASP **71** 39—45 = Berkeley Repr. Nr. 144. — Auf 54 Gitter-Spektrogrammen mit einer Dispersion von 4.5 Å/mm, die von Struve und Sahade am 100-zölligen Mt. Wilson-Reflektor erhalten waren, sind die Radialgeschwindigkeiten der an den roten Kanten der Wasserstoffabsorptionen vorhandenen Emissionen gemessen und mit denjenigen des Si II verglichen. Die Deutungen der Geschwindigkeitsunterschiede führen zu Annahmen, die erhebliche Änderungen der absoluten Dimensionen des Systems voraussetzen. Bey.

12214. **J. D. Fernie,** The binary system X Ophiuchi. ApJ **130** 611—625 = Publ. Goethe Link Obs. Nr. 35. — Ref. in BAV Rundbrief **9** 6—7. — Auf Grund einer Zusammenfassung aller bisher erhaltenen Beobachtungen werden die Dimensionen und die physischen Verhältnisse des Systems, dessen eine Komponente einen Mira-Lichtwechsel zeigt, erneut untersucht. Während die Begleiter der Langperiodischen Mira Ceti und R Aql wegen ihres anomalen Typs keine sicheren Massenbestimmungen zulassen, ist die unveränderliche Komponente des Systems X Oph als ein normaler K 1 III-Riese wesentlich geeigneter. Der Verf. kommt zu dem Schluß, daß die Masse der langperiodischen M6e-Komponente etwa einer Sonnenmasse entspricht, obwohl nach der Massen-Leuchtkraft-Beziehung etwa 16 Sonnenmassen anzunehmen wären. Die kleinere Masse ergibt aber eine Pulsationskonstante, die in guter Übereinstimmung mit der Theorie steht und den Verhältnissen bei anderen Veränderlichen entspricht. Aus dem großen Massenverlust, den der Stern erlitten haben muß, wird sein Alter auf 5×10^9 Jahre geschätzt. Es liegen Anzeichen dafür vor, daß diese Langperiodischen sich aus frühen F-Sternen entwickelt haben. Bey.

12215. **L. W. Fredrick,** World-wide observations of VV Cephei. Sky Tel. **18** 132—133 = Flower and Cook Obs. Repr. Nr. 112. — Ref. in Urania Kraków **31** 275—277.

12216. **S. Gaposchkin,** On γ Velorum, ε Carinae and a Carinae as eclipsing variables. AJ **64** 127. — Ref. AAS.

12217. **K. C. Gordon,** Photoelectric observations of β Lyrae. Publ ASP **71** 526—530 = Contr. Lick Obs. (2) Nr. 101. — Messungen in Gelb und Blau für 3 Minima aus der Zeit 1959 Aug. 10—Sept. 9 werden mitgeteilt. C. H.

12218. **G. Grant,** A photoelectric study of the eclipsing variable RW Tauri. ApJ **129** 62—77 = Contr. McDonald Obs. Nr. 293. — Aus dem in 3 Farbbereichen beobachteten Lichtverlust bei der totalen Bedeckung der B-Komponente durch den K-Unterriesen wurden die Helligkeiten beider Sterne ermittelt und der Entfernungsmodul zu –8.1 Größenklassen bestimmt. Aus dem Verlauf der Lichtkurve kurz nach dem Beginn der Totalität wird auf die Existenz eines Gasrings geschlossen, der sich um 0.1 des Radius der B-Komponente über deren Oberfläche erhebt und ca. 0.001 ihrer Leuchtkraft aufweist. Die kleine Massenfunktion und der große Radius des K-Sterns lassen vermuten, daß dieser laufend Masse an den B-Stern abgibt, wobei der beobachtete Emissionsring entsteht. Ein ellipsoidisches Modell des K-Sterns mit $a = 3.40\ R_\odot$, $b = 3.00\ R_\odot$ und $c = 2.90\ R_\odot$ stellt die Lichtkurve nahe dem 1. Kontakt besser dar als eine Kugel. Zi.

12219. **G. Grant,** A spectroscopic and photometric study of the eclipsing system Lambda Tauri. ApJ **129** 78—87 = Contr. McDonald Obs. Nr. 294. — Nachdem einige Linien des Spektrums der sekundären Komponente erkannt werden konnten, wurde deren Spektraltyp als A4IV bestimmt. Aus Radialgeschwindigkeitsdifferenzen beider Sterne wurde das Massenverhältnis Primärstern : Sekundärstern = 3.75 gefunden, woraus mit der Massensumme $7.68\ M_\odot$ die Einzelmassen m (B3V) = $6.06\ M_\odot$ und m (A4IV) = $1.61\ M_\odot$ folgen. Die photoelektrischen Lichtkurven ergaben die Radien $r_{B3V} = 6.0\ R_\odot$ und $r_{A4IV} = 4.0\ R_\odot$. Von der vermuteten 3. Komponente konnte weder spektroskopisch noch photometrisch eine Spur nachgewiesen werden. Zi.

12220. **G. Grant, H. A. Abt,** Photoelectric observations of the 1955—1956 eclipse of Zeta Aurigae. ApJ **129** 320—322 = Contr. McDonald Obs. Nr. 295. — Aus 60 photoelektrischen Helligkeitsmessungen in 3 Farben während des Abstiegs zum Minimum konnten Farben und Helligkeiten beider Komponenten bestimmt werden. Durch Vergleich der Farbenindizes mit denen von Standardsternen ergab sich für den sekundären Stern der Spektraltyp B7IV, was auf M = –2.2 (visuell) für die K4II-Komponente führt. Zi.

12221. **O. Günther,** Untersuchungen über SX Cassiopeiae. I. AN **285** 97—104 = Mitt. Astrophys. Obs. Potsdam Nr. 79. — Beobachtungen des Verf. werden mit den visuellen Beobachtungen von Dugan zu einer visuellen Normallichtkurve vereinigt. Die verbesserte Periode ist 36ᵈ56732, ein neues Normalminimum J. D. 243 3963ᵈ281. Es wird gezeigt, daß Bahnen von bewegten Gasmassen, die für ein vereinfachtes Modell von SX Cas berechnet wurden, weitgehend den spektrographischen Beobachtungen entsprechen. Verf.

12222. **O. Günther,** Untersuchungen über SX Cassiopeiae. II. AN **285** 105—116 = Mitt. Astrophys. Obs. Potsdam Nr. 80. — Es wird angenommen, daß die Streuung des Lichts im Gasring um die A-Komponente — vorwiegend an freien Elektronen — 1. eine starke Randverdunklung der A-Komponente hervorruft, 2. im Nebenminimum merklich zur Schwächung des Lichts der G-Komponente beiträgt und 3. zur Ausbildung der Flügel des Hauptminimums führt. Das diskutierte Modell ist durch die folgenden vorläufigen Werte charakterisiert: $k_{vis} = 0.43$, $k_{pg} = 0.18$; $r_g = 0.226$; $i = 84.°5$; $r_A \geq 4\ \odot$; $r_G \approx 9\ \odot$; Radius R und Dicke D des Gasrings: $R = 4.65\ r_A$, $D = 2\ r_A$; Elektronendichte $N_e \leq 1.56 \times 10^{12}\ cm^{-3}$; $N_e : N_H \leq 1.4 \times 10^3$. Der hohe Ionisationsgrad erfordert die Zusatzannahme, daß die kinetische Temperatur im Gasring etwa 11000° beträgt. Der zur Erhaltung des Gasrings notwendige Massenzufluß von der G-Komponente her wird $\leq 8.4 \times 10^{16}\ g\ sec^{-1}$ geschätzt. Auf Möglichkeiten zur Prüfung des Modells durch weitere Beobachtungen wird hingewiesen. Verf.

12223. **M. Hack,** The spectrum of Epsilon Aurigae. ApJ **129** 291—313 = Berkeley Repr. Nr. 139. — Ausführliche Untersuchung mehrerer Spektren während der partiellen Phase nach der Totalität. Die schon 1929 beobachtete Verdopplung der Linien (entsprechend einer Radialgeschwindigkeit von etwa 40 km/sec) zeigt sich wieder. Die violette Komponente entsteht offenbar in der Hülle eines unsichtbaren Sterns. Dieses Hüllenspektrum wird mit Hilfe von Wachstumskurven untersucht. Ferner wird zum Vergleich eine Analyse des Spektrums von ε Aur außerhalb der Finsternis durchgeführt. Voigt

* * **G. Hagemann,** The system of ζ Phoenicis. Vgl. Ref. **11306**.

12224. **K. Hansen, D. H. McNamara,** A spectrographic study of the eclipsing binary RZ Scuti. ApJ **130** 791—810. — Verf. haben die Radialgeschwindigkeiten, Äquivalentbreiten und Linienprofile an 72 Mt. Wilson-Spektrogrammen gemessen. Eine merkliche Absorption in Gasströmen wird gefunden. Eine differentielle Rotation in der Atmosphäre des B2-Sterns wird entdeckt. Das Spektrum der Nebenkomponente ist unsichtbar. Eine Massenbestimmung ist schwierig. Verf. schlagen folgendes Modell vor: die Nebenkomponente berührt die Roche-Grenze, die Hauptkomponente ist wahrscheinlich ein Be-Stern. Plv.

12225. **T. Herczeg,** Probleme des Algol-Systems. Sterne **35** 1—22.

12226. **T. Herczeg,** Untersuchungen über das Algol-System. Lichtelektrische Dreifarbenphotometrie und Bahnbestimmung. Veröff. Univ.-Sternw. Bonn Nr. 54, 37 S. — Von Oktober 1957 bis Dezember 1958 wurden je etwa 270 Beobachtungen bei den isophoten Wellenlängen 370 $m\mu$, 450 $m\mu$ und 600 $m\mu$ erhalten. Es ergeben sich geringfügige Änderungen der Tiefe des Minimums und bei den Rotmessungen ein deutlicher Elliptizitätseffekt. Der Versuch einer spektralen Trennung der Komponenten ergab für B: später F- oder früher G-Unterriese, für C: F-Hauptreihenstern. Die Lösung ermöglicht, korrigierte Bahnelemente für das Bedeckungspaar zu bestimmen. Die instantane Periode ist 2ᵈ867315. C. H.

12227. **T. Herczeg,** Lichtelektrische Dreifarbenphotometrie des Algol-Systems. ZfA **48** 298—301. — In Form einer kurzen Mitteilung wird ein Verfahren dargelegt, das die Ermittlung der Zustandsgrößen aller 3 Komponenten des Bedeckungsveränderlichen aus lichtelektrischen Messungen im UV, Blauen und

Roten gestattet. Für die Analyse der Lichtkurven wurden zur Trennung die Methoden der Bahnbestimmung herangezogen. Gegenüber früheren Ergebnissen wurde für Algol C eine wesentlich geringere und für Algol B eine merklich höhere Leuchtkraft gefunden. Eine ausführliche Darstellung des Verfahrens und der gewonnenen Ergebnisse soll demnächst in den Veröff. Univ. Sternw. Bonn erscheinen. Bey.

12228. **A. van Hoof,** Is Ny Eridani an eclipsing binary? ZfA **47** 67—68. — Lichtelektrische Beobachtungen dieses β CMa-Sterns, die 1958 von H. Haffner und M. J. Bester auf der Boyden-Station erhalten wurden, zeigten 1958 Okt. 19 ein Absinken des Helligkeitsniveaus der Pulsationen um $0^m.3$, das auf einen Bedeckungslichtwechsel und somit auf die Doppelstern-Natur dieses Veränderlichen hinweist. Dieser bei β CMa-Sternen häufiger beobachtete Fall wird durch 7 Radialgeschwindigkeitsmessungen von O. Struve und K. D. Abhyankar aus den Jahren 1953—54 gestützt, die in Verbindung mit der Boyden-Beobachtung auf eine Periode von $103^d.9$ schließen lassen. Bey.

12229. **C. M. Huffer, A. D. Code,** A three-color study of the stream-of-gas star U Cephei. AJ **64** 129. — Ref. AAS.

12230. **R. C. Huffer, J. H. Karle,** The radial velocity of Y Cygni. ApJ **129** 237. — Verf. teilen für 1957 Juli 6 und 7 (Phasen $\approx$ 0.3 bzw. 0.6) Radialgeschwindigkeiten von beiden Komponenten, und für Juli 8 (Phase $\approx$ 0.0) mittlere Radialgeschwindigkeiten mit. Die Ergebnisse bestätigen das Vorrücken der Periastronlänge. Loh.

12231. **J. B. Irwin,** Standard light-time curves. AJ **64** 149—155. — Hilfstabellen zur Erleichterung der Analysis von Periodenänderungen als Folge der Bewegung eines Bedeckungsveränderlichen um einen dritten Körper. Dv.

12232. **M. Kitamura,** On the close binary stars of W Ursae Majoris type. Publ. Astr. Soc. Japan **11** 216—233 = Tokyo Astr. Obs. Repr. Nr. 186. — Die Bestimmungsgrößen derjenigen W Ursae Majoris-Sterne, deren Parallaxen bekannt sind, werden ausführlich diskutiert und Schlüsse über die Wirkung der Turbulenz und des Massenaustausches gezogen. C. H.

12233. **M. Kitamura, C. Takahashi,** Note on the elements of the eclipsing system AH Virginis. TAB (2) Nr. 123 S. 1511—1514. — Da die von Kopal und Shapley abgeleitete Bahnneigung von 61° der von Kwee und Binnendijk beobachteten konstanten Phase im Minimum widerspricht, werden auf Grund neuerer Beobachtungen von Kitamura, Tanabe und Nakamura unter Annahme einer Neigung von 90° verbesserte photometrische Elemente bestimmt. Mit Ausnahme der mittleren Lichtkurve sind keine Beobachtungen mitgeteilt. Bey.

12234. **R. H. Koch,** The eclipsing binary, XY Leonis. AJ **64** 52. — Ref. AAS.

12235. **R. P. Kraft, A. U. Landolt,** Eclipsing binaries in galactic clusters and O-B associations. ApJ **129** 287—290. — Innerhalb der Grenzen offener Sternhaufen wurden 27 Bedeckungsveränderliche gefunden, 577 in optischer Übereinstimmung mit O-B-Assoziationen. Von den letzteren gibt es 105 Sterne heller als $M_V = +1$ mit $\log P \leq +1.4$, die optisch 6 Assoziationen zugehören. Die Häufigkeitsverteilung der Bedeckungsveränderlichen bezüglich log P ist für die «Assoziations»-Veränderlichen sehr nahe dieselbe wie für Feld-Veränderliche. Loh.

12236. **G. Larsson-Leander,** Photoelectric observations of the 1956—1957 eclipse of VV Cephei. Ark Astr **2** 301—308 = Stockholms Obs. Medd. Nr. 114. — Als Fortsetzung der früher (vgl. AJB **57** Ref. **11139**) mitgeteilten lichtelektrischen Beobachtungen des ersten Teils (Eintritts) der Bedeckung (1955 Nov. 18 bis 1957 Apr. 3) werden die im blauen und gelben Bereich erhaltenen Messungen aus der Zeit von 1957 Apr. 17 bis 1958 Juli 20 mitgeteilt. Die graphische Darstellung der Beobachtungen läßt neben dem Bedeckungs-Lichtwechsel sehr deutlich die physischen Helligkeitsschwankungen der M-Komponente erkennen. Auch die B-Komponente dürfte rasch verlaufende Helligkeitsänderungen geringer Amplitude aufweisen, die vielleicht durch die chromosphärischen Wolken des Überriesen hervorgerufen werden. Neben allen Einzelbeobachtungen sind die Lichtkurven und am Schluß eine Zusammenstellung der Verfinsterungsdaten wiedergegeben. Bey.

12237. **G. Larsson-Leander,** Photoelectric observations of the eclipsing binary AZ Cassiopeiae. Ark Astr **2** 347—351 = Stockholms Obs. Medd. Nr. 117. — Lichtkurven im photographischen und visuellen Bereich für das Minimum 1956—1957 dieses Bedeckungssterns ($P = 3406^d$) werden mitgeteilt und die Zeiten des 3. und 4. Kontakts bestimmt. C. H.

12238. **C. R. Lynds,** A new eclipsing binary of very short period. ApJ **130** 603—610 = Berkeley Repr. Nr. 154. — Lichtelektrische Beobachtungen des B-Riesen HD 208392, die 1958 am 20zölligen Mt. Palomar-Reflektor in den Bereichen U, B, V vorgenommen wurden, ergaben einen Bedeckungslichtwechsel vom Typ W UMa mit einer Amplitude von $0^m\!.1$ und der extrem kurzen Periode von 20 Stunden. Wahrscheinlich besteht das System aus zwei sich berührenden B2-Sternen. Sämtliche Einzelbeobachtungen, die Lichtkurve sowie ein Modell des Systems vervollständigen den Bericht. Bey.

12239. **N. L. Magalaschwili, J. I. Kumsischwili,** Photoelectric observations of the eclipsing variable star RR Lyn and Y Cyg. Bull. Astrophys. Obs. Abastumani Nr. 24 S. 13—24 (russ. mit engl. Ref.). — Die beiden Veränderlichen wurden von 1950—1957 photoelektrisch in Abastumani beobachtet. RR Lyn wurde bei den effektiven Wellenlängen 527 mμ und 381 mμ, Y Cyg bei 420 mμ gemessen. Alle Einzelbeobachtungen werden mitgeteilt. Im ersten Fall ergeben sich in beiden Farben dieselben Bahnelemente. Im zweiten Fall wurden relative und absolute Dimensionen, Massen und Dichten der Komponenten abgeleitet. Loh.

12240. **A. McKellar, L. H. Aller, G. J. Odgers, E. H. Richardson,** The chromospheric K-line of Ca II in the spectrum of 31 Cygni. Publ. Dominion Astrophys. Obs. Victoria **11** 35—58. — Auf Grund von 58 in Victoria und 20 in Ann Arbor mit großer Dispersion aufgenommenen Spektren von 31 Cygni werden die Profile der chromosphärischen K-Linie 70^d vor bis 90^d nach der Bedeckung 1951 untersucht. Die Äquivalentbreiten, aufgetragen über der vom 2. bzw. 3. Kontakt gerechneten Phase, lassen den Verlauf der Wachstumskurve deutlich erkennen, die chromosphärische K-Linie war dabei bis zu 2.8 Sternradien hinaus zu beobachten. Während die Radialgeschwindigkeit der FeI-Linien schon 10^d vor dem 2. und nach dem 3. Kontakt der Bahnbewegung folgte, blieb der chromosphärische Charakter der H- und K-Linien des CaII während der ganzen Beobachtungszeit erhalten. Besonders nach dem 3. Kontakt zeigten sich Aufspaltungen und große, regellose Streuungen der Radialgeschwindigkeit, die — in großen Zügen übereinstimmend mit McLaughlins Befund (vgl. AJB **52** Ref. **11123**) — bis zu 130 km/s reichten. Sie können durch schnell bewegte Gaswolken von einigen 10^7 km Durchmesser im äußeren Teil der von 0.6 bis 1.8 Sternradien reichenden Chromosphäre der K-Komponente erklärt werden. Mit einer darin von 3000 auf 5700° ansteigenden Temperatur lassen sich die Profile der K-Linie am besten darstellen mit Turbulenzgeschwindigkeiten von 20 und 10 km/s für die innere bzw. äußere Chromosphäre. Nach den Äquivalentbreiten fällt dann die Zahl $N \cdot H$ der absorbierenden Ionen von $3 \cdot 10^{18}$ (3^d von der Totalität entfernt) auf 10^{12} cm^{-2} ab. Gü.

12241. **D. H. McNamara,** The hydrogen lines in the spectrum of U Sagittae. Publ ASP **71** 241—243. — Die gemessenen Doppler-Verschiebungen der H-Linien auf 148 Spektrogrammen von U Sge wurden nochmals untersucht. Es wurden Radialgeschwindigkeiten für Hβ allein und für Hγ bis H9 zusammen abgeleitet. Ein systematischer Unterschied ist bei den Phasen $0^P\!.25$ und

0ᴾ85 angedeutet. Er wird aus der Doppler-Verschiebung der Linienkerne erklärt, die in einem Gasstrom entstehen und für die ersten Glieder der Balmer-Serie stärker sind als für höhere Glieder. O. G.

* * **W. J. Miller, A. A. Wachmann,** Ten eclipsing variables in the Cygnus cloud, VV 51—60. Vgl. Ref. **12516**.

12242. **M. Plavec,** Period changes of the eclipsing binary W Delphini. BAC **10** 185—191. — 116 Minima aus 60 Jahren (1896—1956) ergeben eine streng periodische Veränderlichkeit der Periode des Lichtwechsels (P = 4ᵈ8060), die sich in 50.9 Jahren mit einer Halb-Amplitude von 0ᵈ0555 vollzieht. Weder eine Apsidenbewegung noch das Vorhandensein einer 3. Komponente, einer Knotenbewegung oder einer Massenabgabe (Hypothese von Wood) vermögen die Erscheinung zu deuten. Bey.

12243. **M. Plavec, M. Smetanová,** Period variations of the eclipsing binary RS Canum Venaticorum. BAC **10** 192—195. — 65 Minima aus 65 Jahren (1892—1957) zeigen eine periodische Veränderlichkeit der Periode des Lichtwechsels (P = 4ᵈ797891), die in 42 Jahren mit einer Halb-Amplitude von 0ᵈ042 verläuft. Es wird gezeigt, daß eine Apsiden- oder Knotenbewegung den Vorgang nicht erklären. Bey.

12244. **A. Purgathofer, T. Widorn,** Lichtelektrische Beobachtungen des Bedeckungsveränderlichen V 566 Ophiuchi. Mitt. Univ.-Sternw. Wien **10** 119—127. — Im Rahmen der an der Univ.-Sternw. Wien durchgeführten lichtelektrischen Beobachtungen von Bedeckungsveränderlichen wurde 1958 auch V 566 Oph verfolgt. Die Messungen wurden in zwei Farbbereichen ausgeführt. Insgesamt wurden je 314 Beobachtungen für den gelben und blauen Spektralbereich erhalten, aus denen Normallichtkurven und Farbenindexkurve abgeleitet werden. Unter Verwendung der Ergebnisse anderer Beobachter ergibt sich, daß der Veränderliche keine auffallende Periodenänderung aufweist, alle bisherigen Beobachtungen sich demnach durch lineare Lichtwechselelemente darstellen lassen. Henn

12245. **M. Rudkjøbing,** The relativistic periastron motion of DI Her. Ann d'Astrophys **22** 111—117 = Medd. Ole Roemer-Obs. Århus Nr. 28. — Vermutlich werden genaue zukünftige Beobachtungen der relativen Verschiebungen der Zeiten von Haupt- und Nebenminimum den relativistischen Effekt der Periheldrehung von dem Effekt des Einflusses der Deformation der Komponenten zu trennen erlauben. Dv.

12246. **J. Sahade,** An alternative model for 29 UW Canis Majoris. Publ ASP **71** 151—155 = Obs. Astr. La Plata Separata Astr. Nr. 11. — Zur Erklärung des beobachteten Verhaltens der Spektrallinien während eines Umlaufs wird angenommen, daß von der Hauptkomponente, einem O7f-Stern, radialsymmetrisch Masse ausgestoßen wird und daß außerdem von der Spitze der Rocheschen Grenzfläche ein Gasstrom ausgeht, der nach Umströmen der Rückseite der Nebenkomponente sich zerstreut in die das ganze System umgebende, in Ausdehnung begriffene Gashülle. Radialsymmetrische Ejektion von einer Komponente eines Doppelsternsystems verfälscht die aus Linien dieser Komponente abgeleitete Schwerpunktsgeschwindigkeit γ in Richtung negativer Werte. O. G.

12247. **J. Sahade, S.-s. Huang, O. Struve, V. Zebergs,** The spectrum of Beta Lyrae. Trans. American Phil. Soc. (NS) **49** Part 1, 32 S. — Ref. in Ann d'Astrophys **22** 294, J RAS Canada **53** 188—189, Obs **79** 155, ZfA **48** 304. — Es wird das Ergebnis der sorgfältigen Untersuchung einer großen Anzahl neuaufgenommener Spektren des Systems β Lyr vorgelegt. Die zeitliche Änderung der Radialgeschwindigkeiten wird gemessen für verschiedene Linien der B8-Komponente, für die Linien des Hüllenspektrums, für die Satellitenlinien und für die Emissionslinien. Die gemessenen Geschwindigkeiten werden in Form von Tabellen und Kurven gegeben. Die Arbeit enthält einen Atlas von Vergrößerungen von 30 Spektren im

Gebiet λλ 3680—4580. Die Bahnelemente werden neu abgeleitet. Die Diskussion der Beobachtungen ergibt, daß die Masse der sekundären Komponente erheblich größer sein kann als die der Primärkomponente. Der sekundäre Stern zeigt sicher, der primäre sehr wahrscheinlich eine Abweichung von der konventionellen Masse-Leuchtkraft-Beziehung. Groth

12248. **S. Sakuma,** Visual observations of ε Aurigae during the eclipse of 1955—57. Publ. Astr. Soc. Japan **11** 157—160. — Aus 378 Beobachtungen aus den Jahren 1954 bis 1957 werden Normalhelligkeiten in Abständen von 10 Tagen gegeben, die Lichtkurve gezeichnet und die Zeiten für Beginn, Mitte und Ende der Bedeckung bestimmt. Aus allen bekannten Epochen kleinsten Lichtes wird ein neuer Wert P = 9890ᵈ1 abgeleitet. C. H.

12249. **H. Schmidt, T. Herczeg,** Untersuchungen an W Ursae Majoris-Sternen. IV. Lichtelektrische Beobachtungen von AK Herculis. ZfA **47** 106—120 = Mitt. Univ.-Sternw. Bonn Nr. 23. — In der Zeit von 1957 bis 1958 sind an dem Bedeckungsveränderlichen AK Her lichtelektrische Messungen bei einer Wellenlänge von etwa λ 480 mμ ausgeführt worden. Einige zusätzliche Beobachtungen wurden bei λ 450 und 580 mμ gemacht. Die Lichtkurve zeigt kurzzeitig Änderungen besonders im Hauptminimum und Maximum I. Eine merkliche Abhängigkeit des Farbenindex $FI_{450/580}$ von der Phase kann mit Ausnahme des Minimums I nicht festgestellt werden. Nach einem Vergleich mit älteren Beobachtungsdaten ändert sich die Lichtkurve regellos. Es ist anzunehmen, daß die Hauptkomponente des Systems instabil ist und Gasströme vorhanden sind. Die Periodenänderung des Lichtwechsels kann in der Hauptsache auf das Vorhandensein eines 3. Körpers zurückgeführt werden. Verf.

12250. **H. Schmidt,** Der Hüllenstern Omikron Andromedae. ZfA **48** 249—262 = Mitt. Univ.-Sternw. Bonn Nr. 30. — In den Jahren 1956 bis 1958 wurde der Hüllenstern o And lichtelektrisch in den Wellenlängenbereichen λ 370, 450 und 600 mμ beobachtet. Nach sorgfältiger Berücksichtigung der Extinktion ergibt sich ein Bedeckungslichtwechsel geringer Amplitude, die wellenlängenabhängig ist. Die Periode beträgt P = 1ᵈ599 839 8. Der Farbenindex zeigt eine deutliche Abhängigkeit von der Phase. Eine in grober Näherung durchgeführte Bestimmung der Systemkonstanten zeigt, daß es sich hier um ein sehr enges Kontaktsystem mit stark deformierten Komponenten handelt, die offenbar nach Masse und Spektraltyp nur wenig voneinander verschieden sind. Es wird vermutet, daß das Hüllenphänomen seine Ursache nicht, wie bisher angenommen wurde, in schnell rotierenden, instabilen Einzelsternen hat, sondern an enge Kontaktsysteme gebunden ist, bei denen ganz allgemein eine Instabilität und Massenabgabe beobachtet wird. Verf.

12251. **H. Schneller,** Tafeln zur Berechnung der Elemente von randverdunkelten Bedeckungsveränderlichen. Publ. Astrophys. Obs. Potsdam **30** Nr. 2, 23 + 118 S. — Besprechung in Sterne **36** 46 (J. Schubart).

12252. **H. Spinrad,** Photoelectric observations of the eclipsing system V401 Cygni. Publ ASP **71** 53—55 = Berkeley Repr. Nr. 143.

12253. **O. Struve, J. Sahade, V. Zebergs,** Y Cygni. ApJ **129** 59—61 = Berkeley Repr. Nr. 138. — Die Radialgeschwindigkeitskurve aus Mount Wilson-Spektrogrammen ergab die Länge des Periastrons in guter Übereinstimmung mit der 1931 von Dugan aus photometrischen Beobachtungen abgeleiteten Umlaufsperiode der Apsidenlinie. Für die Schwerpunktsgeschwindigkeit wurde −65 km/sec gefunden, gegenüber Redmans Werten von −52 km/sec (1919—1921) und −62 km/sec (1928—1929). Zi.

12254. **O. Struve, V. Zebergs,** The velocity-curve of XY Leonis. ApJ **130** 137—138 = Berkeley Repr. Nr. 153. — Aus 11 Spektrogrammen (Dispersion 20 Å/mm) des W Ursae Majoris-Sterns XY Leo wurden genäherte Elemente abgeleitet. Aus der Breite der Absorptionen bei Trennung in zwei Komponenten ergaben sich Rotationsgeschwindigkeiten. Die CaII-Linien H und K treten in Emission auf. Die Doppelsternkomponente mit größerer Masse zeigt bei Annäherung zwei Emissionskomponenten, von denen Verf. vermuten, daß sie in den Flutbergen des Sterns entstehen. In der anderen Elongation wird von jedem der beiden Sterne je eine Emissionskomponente erzeugt. O. G.

12255. **O. Struve, V. Zebergs,** The spectrum of YY Geminorum (Castor C). ApJ **130** 783—788 = Berkeley Repr. Nr. 163. — Verf. bestimmen neue Geschwindigkeitskurven aus Emissions- und Absorptionslinien und finden kleine unregelmäßige Änderungen in der Intensität der Emissionskomponenten der Balmer-Linien. C. H.

12256. **O. Struve, V. Zebergs,** The spectrum of V 502 Ophiuchi. ApJ **130** 789—790 = Berkeley Repr. Nr. 165. — Aus 20 Spektrogrammen wird eine neue Geschwindigkeitskurve bestimmt. C. H.

12257. **O. Struve, V. Zebergs,** The red satellite absorption spectrum of Beta Lyrae. ApJ **130** 817—823 = Berkeley Repr. Nr. 164. — Das Spektrum des Gasstromes, der kurz vor dem Hauptminimum beobachtbar ist, besteht aus einer Reihe von Absorptionslinien von neutralen und einmal ionisierten Metallen (neben H und He I). Die Intensitäten der Fe I- und Fe II-Linien deuten auf eine Ionisationsstufe zwischen α Cyg und α Per, während die He I-Linien denen in υ Sgr ähneln. Plv.

12258. **O. Struve,** Spectroscopic and photometric anomalies of β Lyrae. Publ ASP **71** 441—444. — Im Sommer 1958 wurden gleichzeitig lichtelektrische Beobachtungen und Spektralaufnahmen angestellt, um festzustellen, ob rasche sekundäre Helligkeitsänderungen während einer Nacht auftreten und ob die in aufeinander folgenden Zyklen beobachteten Unterschiede im Verlauf der Lichtkurven mit spektralen Änderungen verknüpft sind. Die lichtelektrischen Messungen wurden von D. Wood und M. Walker auf der Lick-Sternwarte erhalten, während die Spektralaufnahmen von O. Struve am 100 zölligen Mount-Wilson-Spiegel (10 Å/mm bei Hγ) und S. N. Svolopoulos am 36 zölligen Refraktor (9 Å/mm bei Hγ) der Lick-Sternwarte gewonnen wurden. Rasch verlaufende Schwankungen wurden nicht gefunden, dagegen waren Abweichungen in den Lichtkurven nachzuweisen, die besonders um die Phasen $0^P\!.25$ und $0^P\!.8$ hervortraten, wenn das Licht der hellen Komponente eine erheblich dickere Schicht ionisierten Gases zu durchdringen hatte. Bey.

12259. **O. Struve,** YY Geminorum. Sky Tel. **18** 552—554. — Ref. in BAV Rundbrief **9** 3—4.

12260. **R. Szafraniec,** Minima of eclipsing variables observed in 1958. AA **9** 48—49. — Betrifft: XZ, WZ, AB And, KO, V346 Aql, RY Aur, TU, TY, VW Boo, RZ, TV Cas, U Cep, SY, WW, BO, BR, DK, V698 Cyg, W Del, V338 Her, RV, TT Lyr, U, SW, V501 Oph, OS Ori, UX, BG, CU, DI, DK, DO Peg, RT, RY Per, RW Tau, X Tri, XZ, BE, BO Vul.

12261. **A. Szczepanowska,** Minima of eclipsing variables observed in the years 1956—1958. AA **9** 46—47. — Betrifft: XZ And, Y Cam, RZ, TV, ZZ, AB Cas, ZZ Cep, WZ, ZZ, V346 Cyg, Z, RR, RZ Dra, SZ, TU, BO, CC Her, Y Leo, RZ, SW Oph, U, TY, DO Peg, Z, ST Per, Y Psc, AK, AO Ser, V Tri, AH Vir.

12262. **A. D. Thackeray,** The emission line spectrum of the eclipsing variable AR Pavonis. MN **119** 629—637. — Das Spektrum dieses Bedeckungssterns mit P = 605^d zeigt helle Linien. Seine Veränderungen bei der Bedeckung werden beschrieben und Modelle geprüft, die das System in Verbindung mit einem geschichteten planetarischen Nebel darstellen. Die beste Annäherung wird mit einem expandierenden Ring erreicht. C. H.

12263. **B. S. Whitney,** Minima and periods of eclipsing stars. AJ **64** 258—265. — Verf. teilt die photographisch bestimmten Zeiten der Minima von 70 Bedeckungsveränderlichen mit. Für 43 Veränderliche werden neue Lichtelemente abgeleitet. In 19 Fällen wurde eine Veränderlichkeit der Periode neu gefunden. Plv.

12264. **T. Widorn,** Lichtelektrische Beobachtungen von Epsilon und Eta Aurigae. Sitzber. Österreich. Akad. Wiss. Math.-naturwiss. Kl. Abteilung II **167** 203—211 = Mitt. Univ.-Sternw. Wien **10** Nr. 2. — Vgl. AJB **58** Ref. **11138.**

12265. **F. B. Wood,** The eclipsing variables, TZ Corona Austrini, V Tucanae, RS Leporis, ST Carinae. AJ **64** 56—57. — Ref. AAS.

12266. **K. O. Wright, J. K. McDonald,** Chromospheric K-line intensities in the spectrum of 32 Cygni at the 1952 and 1959 eclipses. Publ ASP **71** 506—509 = Contr. Dominion Astrophys. Obs. Victoria Nr. 65. — Verf. bestimmten die Äquivalentbreiten der K-Linie während der Bedeckung des aus einem Überriesen späten und einem kleineren Stern frühen Typs bestehenden Systems. Ältere Beobachtungen werden herangezogen. Die verschiedenen Bedeckungen ergeben gute Übereinstimmung im Verhalten der K-Linie. C. H.

12267. **K. O. Wright, E. K. Lee,** The B-type secondary spectrum and atmospheric effects observed at the 1951 eclipse of 31 Cygni. Publ. Dominion Astrophys. Obs. Victoria **11** 59—75. — Aus dem Kontinuum von Spektralaufnahmen von 31 Cygni innerhalb und außerhalb der Bedeckung 1951 wird das Lichtverhältnis der beiden Komponenten bestimmt; es fällt von 1.32 bei 380 mμ auf 0.21 bei 440 mμ. Weiter wird in ähnlicher Weise als Differenzspektrum das Spektrum der Sekundärkomponente gewonnen. Sie wird auf Grund der dabei gefundenen Äquivalentbreiten von Hη, ζ, ϑ und HeI $\lambda\lambda$ 3820 und 4026 als B3-Stern mit $M_V = -2.0$ identifiziert. Weiter können nun auch Radialgeschwindigkeiten für die ersten vier dieser Linien sowie Hε und Hι bestimmt werden, woraus sich ein Massenverhältnis $m_1/m_2 = K_2/K_1 = 1.7 \pm 0.4$ ergibt. Nach sorgfältiger Auswahl von Spektralbereichen ohne chromosphärische Absorption der K-Komponente wird die Verdunklung der B-Komponente während der partiellen Phasen studiert. Das Ergebnis ist mit einer Dauer derselben von $1\overset{d}{.}7$ konsistent. Schließlich wird noch der Einfluß der chromosphärischen Absorption auf die Lichtkurve untersucht, der von **447** mμ nach kürzeren Wellenlängen hin erheblich zunimmt. Gü.

12268. **H. Zimmer,** Forschungsergebnisse über das System Zeta Aurigae. BAV Rundbrief 8 2—5.

§ 123

Cepheiden, RR Lyrae-Sterne

12301. **K. D. Abhyankar,** AD CMi — a new ultrashort-period variable. ApJ **130** 834—842 = Berkeley Repr. Nr. 166. — Neue photoelektrische und spektrographische Beobachtungen zeigen, daß es sich bei AD CMi um einen kurzperiodischen Veränderlichen der Periode 0.123 Tage handelt. Die Radialgeschwindigkeit variiert mit umgekehrter Phase (180° Verschiebung) wie die Helligkeit. Die Radienbestimmung nach Wesselink führt zu keinem eindeutigen Resultat. Thi.

12302. **H. A. Abt,** The Cepheid binary FF Aquilae. ApJ **130** 769—773 = Contr. McDonald Obs. Nr. 313. — Ref. in Urania Kraków **31** 271. — FF Aquilae ist ein Cepheid der Periode 4.47 Tage, der eine langsame Variation der mittleren Radialgeschwindigkeit besitzt, die als Bahnbewegung in einem Doppelsternsystem der Umlaufszeit 1435 Tage gedeutet wird. Es wird abgeschätzt, daß nur etwa 2 % der Cepheiden Doppelsternsystemen angehören werden, was den Beobachtungen etwa entspricht. Thi.

12303. **H. A. Abt,** Wesselink's method and shock waves in RR Lyrae. ApJ **130** 824—833 = Contr. McDonald Obs. Nr. 314. — Wesselink hatte vorgeschlagen, Helligkeit und Radius pulsierender Sterne durch Vergleich von zwei Zeitpunkten in der Lichtkurve zu bestimmen, zu denen die Farbe und folglich auch die Temperatur gleich ist. Die vorliegende Arbeit zeigt, daß diese Methode auf Schwierigkeiten stößt, wenn die Pulsationen klein sind oder wenn Emissionslinien im Spektrum vorkommen. Die Schwierigkeiten können weitgehend beseitigt werden, wenn die Wirkung der Stoßwellen in den Atmosphären der Sterne berücksichtigt wird. FS

12304. **H. A. Abt,** A new radial-velocity-curve for the Cepheid SU Cassiopeiae. ApJ **130** 1021—1022 = Contr. McDonald Obs. Nr. 315.

12305. **I. F. Alanija,** Spectra of RR Lyrae stars. AC Nr. 205 S. 17 (russ.). — Für 10 RR Lyrae-Sterne werden die Spektren für verschiedene Phasen gegeben. Für die Klassifikation wurden als Vergleichssterne Sterne in den Plejaden verwandt. Die Arbeit ist ein Teil eines Programms mit dem 70 cm-Meniskusteleskop in Abastumani, dessen Ziel die Spektralklassifikation und Photometrie des kontinuierlichen Spektrums von RR Lyrae-Sternen ist. Ond.

12306. **W. I. Aleschin,** On the asymmetry of the radial velocity curve of Cepheids. AJ UdSSR **36** 468—476 (russ. mit engl. Ref.). — Die Schwingungen von Sternen mit starker Massenkonzentration zum Zentrum werden untersucht. Verf. benutzt zur Vereinfachung ein diskretes, aus fünf Schichten bestehendes Modell. Es wird gezeigt, daß die Asymmetrie der Schwingungen teils durch Änderung der Elastizität des Gases mit schwankender Dichte, teils durch Änderung der Gravitationsenergie bei der Kompression zu erklären ist. Die Ergebnisse der numerischen Integration der Bewegungsgleichungen für das benutzte Modell sind im guten Einklang mit der beobachteten Radialgeschwindigkeitskurve eines typischen Cepheids. Ond.

12307. **S. Archer,** A further note on Omicron Andromedae. Obs **79** 99—100. — Für *o* And wurden zeitweise merkliche Helligkeits- und Gradientenänderungen mit einer Periode von $0^{d}.78823$ gefunden. Die Verschiedenheit der Ergebnisse von früheren Beobachtungen ist wahrscheinlich so zu erklären, daß die Änderungen mit zeitweiser Ausbildung einer Hülle verbunden sind. O. G.

12308. **H. Arp, A. Sandage, C. Stephens,** Cepheids in galactic clusters. IV. DL Cas in NGC 129. ApJ **130** 80—89. — DL Cas ist der 3. δ Cephei-Veränderliche (P = $8^{d}.000$), dessen Leuchtkraft und Farbenindizes genau bestimmt werden können. Der Stern gehört zum offenen Haufen NGC 129. Für 192 Sterne dieses Haufens sind Helligkeiten in den U-, B-, V-Bereichen mitgeteilt, von denen 32 lichtelektrisch gemessen sind. Neben einer Tabelle der lichtelektrischen Einzelbeobachtungen von DL Cas in U, B, V und den daraus bestimmten Lichtkurven sind auch Farben-Helligkeits- und Zwei-Farben-Diagramme des Sternhaufens wiedergegeben, die eine recht sichere Bestimmung des Entfernungsmoduls gestatten. Eine photographische Karte im Maßstab 1' = 7.3 mm erleichtert die Identifizierung der gemessenen Haufensterne. Bey.

12309. **P. Broglia,** La seconda periodicità della variabile BP Pegasi. Mem SA It (NS) **30** 57—74. — Dieser RR Lyrae-Stern wurde 1953 und 1958—59 in Merate photoelektrisch beobachtet. Aus den Epochen von 29 Maxima folgen die Elemente Max. = 2434600.5520 + 0.10954347 · E. Vor 1953 hat sich die Periode wahrscheinlich geändert. Die B–R und die Maximumhelligkeiten können durch eine sekundäre Periode ($0^{d}.3720$ für 1953 und $0^{d}.3698$ für 1958—59) dargestellt werden. Die Amplitude der Maximumhelligkeiten beträgt $0^{m}.045$ (vis.) und $0^{m}.07$ (pg). Das Verhalten des Veränderlichen ist anomal. B. C.

12310. **R. Canavaggia,** Sur le rapport Q_{AB}/Q_{C} chez les céphéides de population I. CR **249** 1318—1320.

12311. J. P. Cox, Stellar pulsation. V. A semitheoretical period-luminosity relation for Cepheids with radiative envelopes. ApJ **130** 296—307. — Cepheiden-Instabilität wird für einen Stern angenommen, wenn die Phasenverzögerung im emittierten Fluß etwa $\pi/2$ beträgt. Unter der Annahme, daß die Phasenverzögerung durch partielle Ionisation des He^+ bewirkt wird, wird eine Perioden-Helligkeitsbeziehung (P–L) abgeleitet, die auf Modellen mit strahlenden Hüllen beruht. Die P–L-Relation stimmt mit der empirischen für klassische Cepheiden im Bereich $0.4 < P$ (Tage) < 0.86 überein, wenn eine halbempirische Masse-Leuchtkraft-Relation angenommen wird. Physikalische Argumente fordern, daß Modelle mit strahlenden Hüllen für Cepheiden mit $P < 6^d$ richtig sein sollten. Der Nullpunkt der P–L-Relation hängt etwas von der Heliumhäufigkeit ab; die Abhängigkeit vom Opazitätsgesetz und der Masse-Leuchtkraftrelation wird diskutiert. Die Annahme $M = 1.25\,M_\odot$ für Population II-Cepheiden führt zu einer P–L-Relation, die parallel zu der der klassischen Cepheiden verläuft, aber $1^m\!.2$ unter dieser liegt. Groth

12312. J. D. Fernie, The intrinsic colour of l Carinae. MN ASSA **18** 99—104. — Obgleich dieser Stern (δ Cephei-Veränderlicher mit $P = 35^d\!.5$) in einer Region der südlichen Milchstraße steht, die ziemlich frei von absorbierender Materie ist, zeigt er einen Farbenexzeß von $0^m\!.38$. Eine Untersuchung von 9 B-Sternen, die dem Veränderlichen räumlich nahe stehen, ergibt ohne wesentliche Streuung eine rund zehnmal geringere Verfärbung. Auch Sternzählungen in unmittelbarer Nachbarschaft von l Car zeigen keine Andeutungen lokaler Trübungen. Aufschlüsse aus den interstellaren Linien im Spektrum stehen noch aus. Wenn die stärkere Färbung sich als ein physisches Merkmal des Sterns erweisen sollte, so würde er in ein Gebiet des Hertzsprung-Russell-Diagramms fallen, in dem physische Veränderliche sonst nicht vorkommen. Bey.

12313. W. S. Fitch, Photoelectric observations of the cluster-type variables EH Librae and DY Herculis. Vgl. AJB **57** Ref. **111104** = Steward Obs. Repr. Nr. 30.

12314. A.-M. Fringant, Variation de la période primaire de RR Lyrae entre 1899 et 1956. CR **248** 3121—3123 = Contr. Inst. d'Astrophys. Paris (A) Nr. 252. — Das gesamte Material über die Periodenlänge von RR Lyrae von 1899 bis 1956 wird zusammengefaßt. Dabei zeigt sich, daß etwa ab 1940 sehr starke Variationen der Periodenlänge auftreten, die nicht mit den von Detre 1941 vorausgesagten übereinstimmen. J. P. M.

12315. M. S. Frolow, On the relation between the forms of light curves and periods of longperiod Cepheids of the spherical component of the Galaxy. AC Nr. 207 S. 12 (russ.). — Zur Untersuchung der Form der Lichtkurven wurden 12 Cepheiden benutzt, deren z-Koordinaten 300 pc überschreiten und deren Perioden im Intervall 4—14 Tage liegen. Die von Kukarkin und Parenago ausgearbeitete Methode von Standard-Lichtkurven wurde verwendet. Ähnlich wie bei den Cepheiden des flachen Untersystems wurde die Tendenz festgestellt, daß sich die Erhöhung auf dem abfallenden Teil der Lichtkurve zum Maximum hin verschiebt. Die kritische Periode beträgt 8 Tage. Ond.

12316. J. Gauzit, Températures de vibration de RU Cam, Céphéide de population II. Ann d'Astrophys **22** 781—789. — In Ergänzung zu Rechnungen von Wyller (vgl. AJB **57** Ref. **9608**) werden relative Intensitäten von CN- und C_2-Banden für 6 verschiedene Temperaturen berechnet. Auf 14 Spektrogrammen von RU Cam wurden Intensitäten der Banden gemessen und mit (nicht sehr sicheren) Verbesserungen wegen des Einflusses der zusätzlich auftretenden Isotopenbanden korrigiert. Die abgeleiteten Schwingungstemperaturen zeigen keinen Gang mit der Phase des Lichtwechsels. Die Mittelwerte sind 3760° aus CN-Banden und 3520° aus C_2-Banden. Verf. schätzt die Amplitude der wahrscheinlich vorkommenden Änderungen der Schwingungstemperatur auf höchstens 100°. O. G.

12317. **G. H. Herbig,** Observations and an interpretation of VV Puppis. AJ **64** 128—129. — Ref. AAS.

12318. **R. S. Iroschnikow,** Radial velocity curves of long-period Cepheids with secondary maxima from the point of view of the central theory of pulsation. VS Bull **12** 119—123 (russ. mit engl. Ref.). — Auf Grund der Pulsationstheorie von Frank-Kamenezkij versucht Verf. die beobachteten Geschwindigkeitskurven durch Überlagerung von zwei Oszillationen zu erklären. Die Geschwindigkeitskurve der Nebenoszillation ist eine ungerade Funktion. Die Untersuchung bestätigt, daß die langperiodischen Cepheiden eine kritische Periode haben, die in der Nähe von 9 Tagen liegt. Die Asymmetrie der Hauptoszillation und die Phasenverschiebung ändern sich scharf an dieser Grenze. Plv.

12319. **F. Janák,** Zero-point correction of the period-luminosity curve from the proper motions of the Cepheids. BAC **10** 72—76. — Die Eigenbewegungen von 45 Cepheiden, deren Entfernungen auf Grund photoelektrischer Farbmessungen maximal 1 kpc betragen, werden auf ein mittleres System (FK3 + N30)/2 reduziert. Aus diesem Eigenbewegungsmaterial wird die Korrektion an die Perioden-Leuchtkraft-Beziehung von Shapley zu $-1^{m}.2 \pm 0^{m}.2$ (wahrsch. Fehler) hergeleitet. Gli.

* * **C. O. R. Jaschek, A. Ringuelet,** Note on the evolution of the Cepheids. Vgl. Ref. **5509**.

12320. **J. N. Jefremow,** On the relation between mean periods of long-period Cepheids of the spherical component of the Galaxy and their distances from the center of the Galaxy. AC Nr. 207 S. 10—11 (russ.). — Für 64 Cepheiden, die in dem neuen Katalog der veränderlichen Sterne zum sphärischen Untersystem gezählt werden, sowie auch für weitere 24 Cepheiden, deren z-Koordinaten größer als 300 pc sind, wurden galaktozentrische Entfernungen bestimmt. Die statistische Untersuchung führte zum Ergebnis, daß die Perioden mit der Entfernung vom Zentrum der Galaxis abnehmen, ebenso wie für die Cepheiden der Population I. Ond.

12321. **T. D. Kinman,** A note on the RR Lyrae variables. MN **119** 134—142. — Es wird gezeigt, daß die von Oosterhoff gefundene verschiedene Verteilung der mittleren Perioden der RR Lyrae-Sterne (Baileys Typen a, b und c) in den Kugelhaufen mit Hilfe des Pulsationsmodells erklärt werden kann. Das Pulsationskriterium ist auch für die Veränderlichen mit extrem kurzen Perioden ($P < 0^{d}.2$) gültig und gibt die Möglichkeit einer sicheren Bestimmung der absoluten Helligkeit. Im übrigen wird die räumliche Verteilung der einzelnen Untergruppen der RR Lyrae-Sterne innerhalb der Galaxis behandelt. Bey.

12322. **T. D. Kinman,** The radial velocity curve of a short period variable. MN ASSA **18** 153—154. — Bei lichtschwachen Veränderlichen, insbesondere RR Lyrae-Sternen, überdeckt die Belichtungszeit einer Spektralaufnahme oft einen merklichen Teil der Periode. Die in einem solchen Fall für die Mitte der Belichtung gefundene Radialgeschwindigkeit entspricht dann meist nicht der wirklichen in diesem Moment. Verf. diskutiert daher unter gewissen einfachen Voraussetzungen für die Lichtkurve und die Geschwindigkeitskurve den dabei möglichen Fehler. Loh.

12323. **R. P. Kraft,** Intrinsic colors for Cepheids and late-type supergiants derived from interference filter photometry of the G-band. AJ **64** 337. — Ref. AAS.

12324. **R. P. Kraft, D. C. Camp, J. D. Fernie, C. Fujita, W. T. Hughes,** Line profiles for classical Cepheid SV Vulpeculae and for supergiants Beta Aquarii and 9 Pegasi. ApJ **129** 50—58 = Publ. Goethe Link Obs. Nr. 27. — Herleitung von Wachstumskurven im Maximum und Minimum der Lichtkurve und bei maximalem und minimalem Radius zur Bestimmung der

Dämpfungs- und Doppler-Parameter. Unter bestimmten Annahmen für die Randverdunklung und für das Verhältnis Streuung zu Absorption werden die Profile für λ 4508 (Fe II) für ein ME-Modell berechnet. Übereinstimmung mit der Beobachtung läßt sich nur unter Hinzuziehung von Rotation oder Makroturbulenz erreichen. Voigt

12325. **R. P. Kraft, D. C. Camp, W. T. Hughes,** The hydrogen emission lines in population II variable stars. ApJ **130** 90—98 = Publ. Goethe Link Obs. Nr. 33 = Contr. McDonald Obs. Nr. 305. — Es werden vier Gruppen von Veränderlichen untersucht: RR Lyr-, BL Her- und W Vir-Sterne, sowie Schnellläufer. Verf. finden zwischen der Periode P und der Zeit τ, während welcher Wasserstoffemissionen vorhanden sind, eine Relation log P $\sim$ log τ. Unter der Annahme, daß starke Stoßwellen für die Emission verantwortlich sind, läßt sich der UV-Exzeß bei W Vir voraussagen. Groth

12326. **G. E. Kron, S. N. Svolopoulos,** Color excesses of 24 galactic Cepheids derived from six-color photometry. Publ ASP **71** 126—144 = Contr. Lick Obs. (2) Nr. 94. — Die im einzelnen wiedergegebenen Ergebnisse der Messungen zeigen, daß der starke Unterschied zwischen dem Farbenindex der klassischen Cepheiden der Milchstraße und demjenigen der Cepheiden der Kleinen Magellanschen Wolke nicht auf einen Farbenexzeß infolge Absorption zurückzuführen ist. Neben anderen Merkmalen (Unterschiede in den Helligkeitsamplituden) weisen auch die für die Maxima und Minima verschiedenen Abweichungen der Farbenindizes der galaktischen Cepheiden von denjenigen der viel blaueren Cepheiden der Kleinen Magellanschen Wolke darauf hin, daß hier ein Unterschied in der Natur der beiden Veränderlichengruppen vorliegt. Bei einer Verwendung der Cepheiden als Entfernungsindikatoren ist diese Tatsache besonders zu beachten. Bey.

12327. **N. E. Kurotschkin,** On the dependence between the amplitude of variation of brightness and the amplitude of variation of radial velocities. AJ UdSSR **36** 695—699 (russ. mit engl. Ref.). — Die Beziehung $\Delta V = k\Delta m + 1$ wurde für Veränderliche der Typen β Cep, RR Lyr und δ Sct untersucht. Dabei sind ΔV die Schwankungsbreite der Radialgeschwindigkeit und Δm die Schwankungsbreite der Helligkeit. Die Größe k ist bei den einzelnen Typen verschieden. Für RR Lyr- und δ Sct-Veränderliche ist die Beziehung (Δm, ΔV) praktisch dieselbe. An den Typ δ Sct schließen sich die kurzperiodischen Cepheiden vom Typ AI Vel mit starken sekundären Schwankungen an. Verf. (ü.)

12328. **N. E. Kurotschkin,** The period-amplitude diagram for RR Lyr type stars. AJ UdSSR **36** 816—824 (russ. mit engl. Ref.). — Verf. diskutiert die Beziehungen zwischen Periode P und Amplitude A der RR Lyrae-Sterne in Abhängigkeit von der Richtung der Objekte in der Galaxis und in den kugelförmigen Sternhaufen. Das P—A-Diagramm der RR Lyr-Sterne in Richtung des Antizentrums bzw. des galaktischen Pols ähnelt dem der relativ zur Sonne langsam bewegten bzw. schnellbewegten RR Lyr-Sterne. Auch in den kugelförmigen Sternhaufen zeichnet sich eine Zweiteilung ab, ein M3-Typ und ein ω Cen-Typ. Loh.

12329. **N. E. Kurotschkin,** On the reliability of statistical investigations in stellar astronomy. VS Bull **12** 216—222 (russ. mit engl. Ref.). — Verf. begründet statistisch Bedenken an der Richtigkeit der von Struve (vgl. AJB **50** Ref. 12350) gefundenen Beziehung zwischen der mittleren absoluten Größe der Radialgeschwindigkeiten und der Periode der RR Lyr-Sterne. Auch die von Pawlowskaja (vgl. AJB **54** Ref. 11168) durchgeführte Einteilung der RR Lyr-Sterne in Unterklassen nach kinematischen Merkmalen ist wegen der großen Geschwindigkeitsdispersion und der unzureichenden Ausgangsdaten unhaltbar. Loh.

12330. **E. F. Ludtschenko,** Verzeichnis der verbesserten Eigenbewegungen von 46 langperiodischen Cepheiden. AC Nr. 202 S. 13—15 (russ.).

12331. **O. E. Mandel, W. M. Grigorewskij,** Two statistical relations connected with the Blashko effect. AC Nr. 205 S. 18 (russ.).

12332. **A. Marks,** Maxima of Cepheids. AA **9** 51 = Astr. Obs. Warsaw Univ. Repr. Nr. 83. — Betrifft: η, FF Aql, RT Aur, X, SU, DT Cyg, W, ζ Gem, S Sge, SZ Tau, T Vul.

12333. **P. T. Oosterhoff,** Is Harvard variable 953 in the Large Magellanic Cloud a Cepheid in a state of rapid evolution? Obs **79** 19—20. — Die Periode von HV 953 hat von 1924 bis 1946 um 0ᵈ22 zugenommen. Unter der Annahme, daß der Stern in einem Stadium rascher Entwicklung ist und daß der Pulsationsparameter Q und die Masse konstant bleiben, wurden die prozentualen Änderungen der Mittelwerte von Dichte, Radius und Temperatur pro Jahrhundert berechnet. O. G.

12334. **C. Payne-Gaposchkin,** Cepheid variables and the period-luminosity relation. J. Washington Acad. Sci. **49** 333—350 = Harv Repr Nr. 536. — Verf. gibt einen Überblick über Forschungsergebnisse, die durch Anwendung der Perioden-Leuchtkraftbeziehung seit ihrer Ableitung durch H. S. Leavitt (1912) gewonnen wurden. Sodann wird auf eine Reihe bestehender Probleme hingewiesen. Henn

12335. **G. W. Preston,** A spectroscopic study of the RR Lyrae stars. ApJ **130** 507—538 = Contr. Lick Obs. (2) Nr. 96. — 494 Spektrogramme geringer Dispersion (430 Å/mm bei Hγ), die von 130 RR Lyrae-Sternen mit dem Nebel-Spektrographen des Crossley-Reflektors auf der Lick-Sternwarte erhalten wurden, zeigen große Unterschiede in der Stärke der Metallinien. Bei den Sternen des Baileyschen a-Typs haben die Wasserstofflinien vor dem Helligkeitsminimum alle die gleiche Stärke. Die K-Linie des Ca II ist dagegen verschieden und zumeist sehr viel stärker entwickelt und entspricht damit einem wesentlich späteren Spektraltyp. Dabei treten alle Übergänge von einem normalen F-Spektrum bis zu demjenigen eines extremen Unterzwergs auf. Zur Erzielung einer klaren Charakteristik wurden alle Spektren einmal nach ihren Wasserstofflinien und zum anderen nach ihren CaII-Absorptionen klassifiziert. Der Unterschied in der Klassifikation liefert in Verbindung mit der Perioden-Häufigkeits-Verteilung ein vortreffliches Merkmal für weitere statistische Untersuchungen. So zeigt sich, daß die in unserer Nachbarschaft stehenden RR Lyrae-Sterne sich erheblich von den Veränderlichen in den Kugelhaufen oder in hohen galaktischen Breiten unterscheiden. Bey.

12336. **G. W. Preston, H. Spinrad,** On the intrinsic colors of the RR Lyrae stars. Publ ASP **71** 497—502 = Contr. Lick Obs. (2) Nr. 101. — Die Arbeit befaßt sich mit einer Beziehung der B—V-Farbenindizes zu Eigenschaften des Spektrums, die aus der relativen Intensität der Wasserstofflinien und der K-Linie abgeleitet werden. Es ergab sich ein Effekt, der seine Ursache sehr wahrscheinlich in den Sternen selbst und nicht in interstellarer Rötung hat. C. H.

12337. **J. P. Pskowskij,** The zero-point of the period-luminosity relation for Cepheids, found from an analysis of radial velocities according to Oort's formula. AJ UdSSR **36** 662—667 (russ. mit engl. Ref.). — Die Entfernungen der Cepheiden wurden einerseits aus der Oortschen Formel, andererseits aus der Periode-Leuchtkraftbeziehung abgeleitet und daraus eine Nullpunktskorrektion von $-0^m8 \pm 0^m5$ bezüglich des Nullpunkts von Kukarkin berechnet. Für entfernte Cepheiden zeigt sich als wichtig, die Abhängigkeit von γ (= Absorption/CE) von CE zu berücksichtigen. Perek

12338. **V. C. Reddish,** The intrinsic dispersion of the period-luminosity relation of classical Cepheids. ApJ **130** 336—338. — Kritische Bemerkungen zu einer Arbeit von Sandage (vgl. AJB **58** Ref. 12423). Groth

12339. **A. Shinji,** Space distribution and motions of Cepheid variables. Astr. Herald **52** 133 (japan.).

12340. **H. Spinrad,** Photoelectric observations of RR Lyrae stars. ApJ **130** 539—559 = Berkeley Repr. Nr. 156. — Lichtelektrische Messungen von 9 einzelstehenden RR Lyrae-Veränderlichen (Feldsternen), die 1958 mit dem 20zölligen Reflektor des Leuschner-Obs. in Berkeley im blauen und gelben Bereich durchgeführt worden sind. Neben einer Zusammenstellung aller Einzelbeobachtungen sind die Lichtkurven sowie Diagramme der Perioden-Farben-Beziehungen wiedergegeben. Mit diesen Ergebnissen liegen zur Zeit die photometrischen Parameter für 23 RR Lyrae-Feldsterne vor, die in Verbindung mit den Spektren die Grundlage für eine weiterführende Klassifizierung bieten. Bey.

12341. **H. Spinrad,** Note on the periods of the RR Lyrae stars. Publ ASP **71** 340—341. — Eine Untersuchung des Lichtwechsels von 11 klassischen RR Lyrae-Sternen mit Perioden > $0^d.4$ zeigt, daß zwischen den Hauptschwankungen und den sekundären Wellen (fundamental period = P_0; first overtone = P_1 und beat period = P_B) übereinstimmend die Beziehung $P_1/P_0 \approx 0.99$ besteht. Ähnliche Verhältnisse findet man bei den β Canis Majoris-Sternen, während die Kurzperiodischen vom δ Scuti-Typ stark abweichen. Bey.

12342. **H. Spinrad,** Note on AN Serpentis. Publ ASP **71** 542—544. — Es handelt sich um einen RR Lyrae-Stern, Untertypus a, mit relativ starker Rötung. Es werden Lichtkurven und Änderungen der Farbenindizes mitgeteilt und kurz diskutiert. C. H.

12343. **A. Stawikowski,** The effects of the magnetic intensification of lines in the spectra of some RR Lyrae type variables. AA **9** 113—127 = Bull. Astr. Obs. Toruń Nr. 22. — Bei einigen Veränderlichen des RR Lyrae Typs werden Linienverbreiterungen festgestellt, die sich als Folge des durch ein Magnetfeld verursachten Zeeman-Effekts interpretieren lassen. FS

* * **A. F. Torondshadse, A. S. Chatissow,** An investigation of the interstellar absorption on the base of the color-excess data for the longperiod Cepheids. Vgl. Ref. **13338.**

12344. **G. Wallerstein,** Effective temperatures, radii, masses, and pulsation properties of the population II Cepheids M 5 No. 42 and W Virginis. ApJ **129** 356—361. — Unter verschiedenen Annahmen werden die Radialgeschwindigkeitskurven und eine Drei-Farben-Photometrie der genannten Sterne analysiert. Die Masse, bestimmt aus der Verzögerung der auswärts bewegten Materie, ergibt sich (innerhalb eines Faktors 2) zu einer Sonnenmasse. Die berechneten Werte der Zustandsgrößen lassen noch keine eindeutige Bestimmung der absoluten Größe und keine Entscheidung über die Existenz von Stoßwellen zu. Voigt

12345. **W. P. Zessewitsch,** Empfehlungen zur Beobachtung veränderlicher Sterne. AC Nr. 199 S. 30—31 (russ.). — Auf Grund einer Resolution der Kommission 27 der IAU schlägt Verf. eine Reihe RR Lyrae-Sterne zur regelmäßigen Beobachtung vor. Loh.

12346. Cepheids in the Galaxy. Sky Tel. **18** 314—315. — Ref. AAS.

12347. Rozmieszczenie Cefeid w Galaktyce. Urania Kraków **30** 104.

§ 124

Sonstige Veränderliche

12401. **G. O. Abell,** Three-color observations of a flare on AD Leonis. Publ ASP **71** 517—521. — Ein Aufleuchten von AD Leonis wurde zufällig am Mount Wilson-100 inch-Teleskop beobachtet (1959 März 9) und konnte im Abstieg in den Farben V, B, U verfolgt werden. Es ergab sich ein beträchtlicher Ultraviolettüberschuß, jedoch keine starken Änderungen während der etwa 15^m dauernden Erscheinung. Es folgen Betrachtungen über den Betrag der ausgestrahlten Energie. C. H.

12402. **N. M. Artjuchina,** Absolute proper motions of 21 RW Aur type stars. AJ UdSSR **36** 832—837 (russ. mit engl. Ref.).

12403. **M. K. V. Bappu,** The light variation of 6 Cassiopeiae. Obs **79** 100—102. — Für 6 Cas hatte Abt Radialgeschwindigkeitsänderungen mit einer Periode von ungefähr 30 Tagen gefunden. Lichtelektrische Beobachtungen ergaben einen halbregelmäßigen Lichtwechsel (Amplitude etwa 0^{m}10) mit einer Periode von etwa 46 Tagen. O. G.

12404. **D. R. Barber,** Visual and far-red gradients and colour temperatures of γ Cassiopeiae, II. MN **119** 534—537. — Es wird eine weitere Serie von spektralphotometrischen Gradienten von γ Cas (bei 5120 Å und 7090 Å) und die dazugehörigen Farbtemperaturen angegeben (gemessen von 1951 April bis 1958 Dez.). Die Änderungen der Gradienten werden diskutiert. Groth

12405. **F. M. Bateson,** Eruptive stars. J. Astr. Soc. Victoria **12** 75—79.

12406. **C. Bertaud,** Disparition des raies d'émission dans le spectre de la novoïde V 568 Cygni. CR **248** 193—194 = Publ. Obs. Haute-Provence **4** Nr. 36. — An Hand von 10 Spektrogrammen, die in der Zeit von Juli 1956 bis Dezember 1958 gewonnen wurden (Dispersion 60 Å/mm bei Hδ), wird das spektrale Verhalten des von Kukarkin und Parenago als Novoid klassifizierten V 568 Cygni untersucht. Dabei zeigt sich, daß etwa ab Oktober 1957 die zentralen Emissionen der Balmer-Linien schwächer werden — die emittierende Hülle wird abgebaut. Es wird auf ein ähnliches Verhalten bei Plejone hingewiesen. J. P. M.

12407. **G. van Biesbroeck,** Mira as a double star. Publ ASP **71** 462—465. — Aus Helligkeitsschätzungen von über 30 Jahren schließt Verf., daß der Begleiter von Mira (ADS 1778) unregelmäßig veränderlich um mindestens 2 Größenklassen ist. Das Paar hat langperiodische Bahnbewegung; Parenagos Bahn erscheint fehlerhaft. hz

12408. **A. Brun, M. Petit,** Atlas des étoiles variables du type U Geminorum. VS Bull **12** 18—20 mit 49 Kartenblättern (russ. mit französ. Ref.).

12409. **A. J. Deutsch, P. W. Merrill,** Gross differences between the R Cygni spectra at two successive maxima. ApJ **130** 570—576. — Mehrere Coudé-Spektrogramme, die während der Helligkeitsmaxima 1951, 57 und 58 von diesem S-Stern erhalten wurden, zeigen sehr starke Unterschiede, die offensichtlich im Zusammenhang mit der Höhe des Maximums stehen. Im Gegensatz zu den langperiodischen M-Sternen, deren Metall-Emissionslinien nach dem Maximum am kräftigsten hervortreten, verschwanden diese Emissionen bei R Cyg 1951 schon vor dem Maximum. Während des abnorm niedrigen Maximums 1957 trat dagegen eine große Zahl von scharfen Emissionslinien der Metalle auf, die in dem darauffolgenden um 2^m höheren Maximum des Jahres 1958 nur als Absorptionen vorhanden waren. Neben Reproduktionen der Spektren von R Cyg und einigen anderen Langperiodischen vom Spektraltyp S sind die Identifizierungen und Radialgeschwindigkeiten der Linien sowie ein «spektroskopisches Modell» des Sterns wiedergegeben. Bey.

12410. **F. Dossin,** Le spectre de l'étoile symbiotique BF Cygni dans la région rouge et proche infra-rouge. Ann d'Astrophys **22** 733—740. — Der Veränderliche ist halbregelmäßig mit Spektrum Bep und großer Amplitude. Verf. untersucht das Spektrum zwischen Hα und 9000 Å. Für einige starke Emissionen werden folgende Identifizierungen vorgeschlagen: 1 Emission [S I], 2 He I, 2 O I, 2 N I, 1 als Überlagerung von P_{13}, Ca II und C III. Eine starke Emission findet keine Deutung. C. H.

12411. **D. Engelkemeir,** Photoelectric observations of a flare on AD Leonis. Publ ASP **71** 522—525. — Verf. beobachtete 1959 April 13 ein Aufleuchten und gibt Lichtkurven für Gelb und Blau, die letztere mit erheblich größerer Amplitude. Es zeigten sich 3 Spitzen, und die ganze Erscheinung dauerte fast 1 Stunde. Betrachtungen über die Gesamtenergie deuten darauf hin, daß nur ein kleiner Bereich der Sternoberfläche beteiligt war. C. H.

12312. **W. S. Fitch,** On period ratios of the δ Scuti-type variables. ApJ **130** 1022—1024. — Verf. betrachtet neben den mehrfach-periodischen δ Scuti-Sternen auch die sehr rasch wechselnden pulsierenden Zwergsterne wie SX Phe und findet für diese Objekte ein festes Verhältnis zwischen der Grundschwingung P_0 und der überlagerten Schwingung P_1 von etwa $P_1/P_0 = 0.78$. Da sich das Ergebnis auf nur 7 Fälle stützt, hält Verf. eine Bestätigung für erforderlich. C. H.

* * **I. M. Gordon,** Der Bildungsmechanismus relativistischer Elektronen in den Atmosphären instationärer Sterne. Vgl. Ref. **12617.**

12413. **G. Grant, H. A. Abt,** Photoelectric photometry of an outburst of SS Cygni. ApJ **129** 323—326 = Contr. McDonald Obs. Nr. 296. — Der Veränderliche wurde während seines Maximums im Nov. 1955 in 3 Farben photometrisch verfolgt. Die Farben stimmen mit denen alter Novae und anderer novaähnlicher Veränderlicher überein, ausgenommen zur Zeit des Helligkeitsanstiegs. Es wird versucht, die Farben wegen des spektroskopischen dG5-Begleiters zu korrigieren und den Einfluß interstellarer und zirkumstellarer Absorption zu diskutieren. Loh.

12414. **K. A. Grigorjan,** Polarisationsbeobachtungen von μ Cephei. Mitt. Obs. Bjurakan Nr. 27 S. 43—48 (russ. mit armen. Ref.). — Zwischen 1954 und 1957 wurde μ Cep 48 mal mit dem photoelektrischen Photometer in Bjurakan polarimetrisch beobachtet. Sowohl Polarisationsgrad (δ) als auch -richtung (Θ) änderten sich merklich. Daher wurde μ Cep im Sommer 1958 erneut 202 mal beobachtet. Während δ und Θ der Anschlußsterne nur geringfügig variierten, sind die Änderungen bei μ Cep wiederum merklich gewesen. Darüberhinaus ist δ (negativ) mit Θ korreliert. Loh.

12415. **K. A. Hämeen-Anttila,** Spektralphotometrische Beobachtungen von DD Lacertae. Ann. Acad. Sci. Fennicae (A) 6. Physica Nr. 28 = Sonderdruck Astr. Obs. Helsinki, 28 S. — Aus 28 Objektivprismenspektrogrammen, die 1958 Okt. 13 mit dem 31/38 cm-Schmidt-Väisälä-Spiegel des Astr. Obs. Helsinki erhalten wurden und eine volle Periode des β Cephei-Lichtwechsels von DD Lac überdecken, sind monochromatische Lichtkurven für 15 je 250 Å auseinanderliegende Punkte des Wellenlängenbereichs 3500—7000 Å abgeleitet. Die bildlich wiedergegebenen Lichtkurven stellen die Abweichungen der monochromatischen Helligkeiten des Sterns von dem entsprechenden über die ganze Periode gültigen Mittelwert dar. Bey.

12416. **E. Hertzsprung,** Note sur Mira Ceti. JO **42** 77—78. — Die von van den Bos erhaltenen Messungen des Doppelsterns Mira Ceti scheinen den 1953 von Couteau geführten Nachweis der Bahnbewegung zu bestätigen. Zur Feststellung der möglicherweise großen Exzentrizität wird eine sorgfältige Überwachung der Radialgeschwindigkeit empfohlen. Bey.

12417. **A. van Hoof,** The multiple periodicity of ν Eridani. Publ ASP **71** 455—460. — Aus lichtelektrischen Beobachtungen von November 1957 bis Januar 1958 wird gezeigt, daß bei ν Eri neben der Periode von rund 4^h eine Periode von rund 2^h, also die schon früher vermutete Obertonpulsation, erkennbar ist. In einem Zusatz werden verbesserte Werte der beiden Perioden angegeben und Vermutungen über die Ursache der Veränderlichkeit der beobachteten Schwebungsperiode vorgebracht. Verf. nimmt auch kurz Stellung zu kritischen Bemerkungen von Ledoux. O. G.

12418. **A. van Hoof, H. Haffner,** Note on the period of Beta Crucis. ZfA **47** 198—204. — Lichtelektrische Beobachtungen dieses β CMa-Sterns am 60zölligen Boyden-Reflektor ergeben im Gegensatz zu den Resultaten früherer Beobachter eine Periode von etwa 6 Stunden, die sich gut in die für die β CMa-Sterne gültige Perioden-Spektrum-Beziehung einfügt. Die im einzelnen aufgeführten Messungen sowie ihre graphische Darstellung zeigen jedoch, daß erhebliche Störungen auftreten, die auf sekundäre Wellen mit Perioden bis zu 20 Minuten herunter zurückzuführen sind. Bey.

12419. **S.-s. Huang,** A semi-empirical interpretation of the period-luminosity relation of variable stars. Publ ASP **71** 220—225 = Berkeley Repr. Nr. 159. — Die Annahme von O. Struve, daß die β Canis Majoris-Sterne in einem Entwicklungsstadium sind, in dem sie sich von der Hauptreihe entfernen, soll geprüft werden. Dazu wird der Parameter β in der Beziehung zwischen Leuchtkraft und Masse $\delta L/L = \beta\, \delta M/M$ bestimmt auf dem Wege über die Beziehungen Leuchtkraft-Temperatur und Leuchtkraft-Periode. Da nur 12 β Canis Majoris-Sterne als Grundlage für die empirische Bestimmung zur Verfügung stehen, ist das Ergebnis, das für die Annahme von Struve spricht, als vorläufig zu betrachten. Entsprechende Rechnungen werden auch für δ Cephei-Sterne durchgeführt. O. G.

12420. **H. M. Johnson,** Flicker stars. Publ ASP **71** 226—232. — Als Flackersterne werden rasch und unregelmäßig veränderliche Sterne bezeichnet. Verf. rechnet damit, daß bei den Beobachtungen auch einige periodische Veränderliche mit erfaßt wurden. Die Suche nach Flackersternen erstreckte sich auf 3 Felder (Nähe des galaktischen Nordpols, Dunkelwolkengebiet Ophiuchus-Scorpius und S.A. 89). Auf Platten, die in rascher Folge am 48″-Schmidt-Teleskop aufgenommen worden waren, wurden die Flackersterne durch Abblinken gesucht und dann photometriert. Unter 2000 Feldsternen heller als etwa 20^m flackert einer in 90 Minuten einmal. Es sind Sterne von etwa $M = +9^m$, also vom Spektraltyp dK. O. G.

12421. **A. H. Joy,** Mira Ceti. ASP Leaflet Nr. 358, 8 S.

12422. **I. M. Kopylow,** The sequence of β CMa type stars. Mitt. Astrophys. Obs. Krim **21** 71—83 (russ. mit engl. Ref.). — Aus der Periode allein kann die absolute Größe auf $\pm 0^m.1$ und die Spektralklasse auf $\pm$ 0.15 der Unterklasse bestimmt werden. Im HR-Diagramm kommen β CMa-Sterne in einem engen Streifen parallel zur Linie des Null-Alters vor. Es ist wahrscheinlich, daß alle Sterne in diesem Gebiet zum β CMa-Typ gehören. Ist diese Annahme richtig, durchlaufen alle Sterne, die an der Linie des Null-Alters den Klassen B 0 bis B 1.2 angehören, das Entwicklungsstadium der β CMa-Sterne. Die Dauer dieses Stadiums kann auf 2×10^5 bis 10^6 Jahre abgeschätzt werden. Perek

12423. **W. S. Krogdahl,** Analogies between self-excited systems and intrinsic variables. AJ **64** 337. — Ref. AAS.

12424. **B. W. Kukarkin,** On 18 Mira Ceti stars in Gemini. VS Bull **12** 33—43 (russ. mit engl. Ref.). — Betrifft: RV, ST, TY, UU, UZ, VV, VX, WZ, XX, ZZ, AM, AO, AU, BC, BE, BP, BR, CD.

12425. **J. I. Kumsischwili,** Untersuchung des unregelmäßigen Veränderlichen ν Eridani. Nachr. Akad. Wiss. Georg. SSR **22** Nr. 1 S. 33—40 (russ.). — Ref. in RJ UdSSR 1960 Nr. 2 S. 23.

12426. **I. D. Kupo,** Einige Besonderheiten des Emissionsspektrums von χ Ophiuchi. AC Nr. 200 S. 10—12 (russ.). — Im Sommer 1957 wurden von dem Veränderlichen zahlreiche Spektren am Sektor für Astrobotanik aufgenommen und eine vergleichende Analyse der Wasserstofflinien, insbesondere eine Bestimmung ihrer Äquivalentbreiten und des Balmer-Dekrements, durchgeführt. Letzteres ist nicht konstant. Loh.

12427. **I. D. Kupo,** A spectrophotometric study of χ Ophiuchi. I. The variations of the continuous spectrum of χ Oph. AJ UdSSR **36** 825—831 (russ. mit engl. Ref.). — Verf. untersuchte 133 Objektivprismenspektrogramme des unregelmäßigen Veränderlichen χ Oph. Das Kontinuum 3800—6500 Å kann durch drei Gradientenwerte dargestellt werden. Die kurzperiodischen Änderungen der Gradienten 3800—4400 Å und 4500—5200 Å sind einander entgegengesetzt. Verf. betrachtet auch die Beziehungen zwischen dem langperiodischen Gang der Gradienten und der visuellen und photographischen Helligkeit. Ond.

* * **N. E. Kurotschkin,** On the dependence between the amplitude of variation of brightness and the amplitude of variation of radial velocities. Vgl. Ref. **12327.**

12428. **W. J. Luyten, G. Haro,** Note on some faint blue variables. Publ ASP **71** 469—471. — Auf Palomar-Survey-Platten wurden in hohen südlichen galaktischen Breiten 5 neue Veränderliche blauer Färbung gefunden, die nach ihren Amplituden dem SS Cygni-Typ angehören dürften. Ihre geringen scheinbaren Helligkeiten lassen auf Entfernungen von 2000—6000 pc schließen und weisen sie als Angehörige des Halos (Population 2) aus. Aufsuchungskarten sind wiedergegeben. Bey.

12429. **C. R. Lynds,** A new Beta Canis Majoris star. ApJ **129** 674—675. — HD 21803 (6^m33, B2 IV) kann mit ziemlicher Sicherheit den β CMa-Sternen zugezählt werden. Nach photoelektrischen Beobachtungen mit dem 20″-Reflektor auf dem Mt. Palomar beträgt die Periode 4^h48^m, die Amplitude im Gelben etwa 0^m1. Letztere scheint veränderlich zu sein. Loh.

12430. **C. R. Lynds,** The light-variability of early B giants. ApJ **130** 577—598 = Berkeley Repr. Nr. 155. — Ref. in Urania Kraków **31** 183. — 50 Sterne heller als 7^m0 aus dem Spektralbereich, der von den bekannten β CMa-Sternen eingenommen wird, wurden lichtelektrisch beobachtet. Von diesen Sternen zeigten 29 Helligkeitsänderungen $\geq 0^m02$. Für alle Programmsterne wird mitgeteilt, was aus Helligkeits- und Radialgeschwindigkeitsmessungen bekannt ist. O. G.

12431. **G. Mannino,** Variabili nebulari in IC 434. Mem SA It (NS) **30** 321—324. — Zwischen Nov. 1956 und Febr. 1958 wurden 24 Aufnahmen des Nebels IC 434 am 120 cm-Spiegel von Asiago gemacht. Dabei wurden 11 neue veränderliche Sterne aufgefunden, ferner die bereits bekannten Veränderlichen BG und RV Ori und zwei von Haro und Moreno als verdächtig bezeichnete Sterne gemessen. Die 15 Sterne, von denen Koordinaten und Grenzwerte der Helligkeiten angegeben werden, gehören wahrscheinlich dem Rwn-Typ von Kukarkin oder den T Tau-Sternen an. Nur 6 der auf den Platten sichtbaren Hαe-Sterne von Haro und Moreno wurden als Veränderliche bestätigt. B. C.

12432. **M. W. Mayall,** 1959 annual predictions. Maxima and minima of long period variables. AAVSO Bull. Nr. 18, 7 S.

* * **D. H. McNamara, K. Hansen, W. Walton,** Stellar rotation and the Beta Canis Majoris stars. Vgl. Ref. **10602.**

12433. **P. W. Merrill,** Nebular lines in the spectrum of AG Pegasi. ApJ **129** 44—49. — Diskussion von 36 Spektren, aufgenommen zwischen 1949 und 1956. Der 800 tägige Zyklus der Doppler-Verschiebungen der Emissionslinien wurde weiter bestätigt, wobei manche Linien eine Geschwindigkeitsamplitude von weniger als 10, andere dagegen eine von fast 70 km/sec zeigten. Die mittlere Geschwindigkeit der hellen Wasserstofflinien hat von +16 km/sec (1915) auf −27 km/sec (1952) abgenommen. Das M-Typ-Absorptionsspektrum ist mehr und mehr in den Vordergrund getreten. Voigt

12434. **P. W. Merrill,** Wave lengths of absorption lines in the spectrum of Omicron Ceti. ApJ **130** 123—133. — Verf. gibt eine Liste von 1347 Linien im Bereich $\lambda\lambda$ 3528—4462 des Spektrums von *o* Ceti. Die gemessenen Verschiebungen verschiedener Linien werden mit zunehmendem Anregungspotential um 1.3 km/sec pro Elektronenvolt größer. Die Ursache ist vermutlich eine expandierende Hülle kühler Gase. Groth

12435. **P. W. Merrill,** The story of AG Pegasi. Sky Tel. **18** 490—492.

12436. **W. J. Miller, A. A. Wachmann,** Six new SS Cygni stars and Nova Cygni 1948, VV 61—67. Specola Astr. Vaticana Ric. Astr. **6** 229—277. — Mehr als 4000 in Fordham und Bergedorf durchmusterte Platten ergaben 6 neue Veränderliche, von denen wenigstens 5 typische SS Cygni-Sterne mit gut beobachteten Maxima sind. Der 6. ist wahrscheinlich auch ein Stern dieses Typs, doch wurden von ihm nur einige isolierte Maxima wirklich beobachtet. Weiterhin wurde die Lichtkurve von Nova Cygni (1948) aus 1033 Beobachtungen abgeleitet. Loh.

12437. **M. Petit,** Etoiles à sursauts lumineux. VS Bull **12** 4—17 (russ. mit französ. Ref.). — Unter den Flare-Sternen lassen sich vier Hauptgruppen unterscheiden: 1. Rote Zwerge vom Typ UV Cet, 2. T Tau-Sterne, 3. Enge Doppelsterne und 4. Novae und Unterzwerge. Nach einer listenmäßigen Zusammenstellung der Vertreter dieser Gruppen mit Angaben über Ort, Helligkeiten, Spektrum etc. werden die physikalischen Haupteigenschaften herausgearbeitet und einander gegenübergestellt, insbesondere die Häufigkeit der Flare-Erscheinungen, das spektrale Verhalten und die gegenseitigen Beziehungen. Loh.

12438. **K. Schaifers,** Spektraltypen roter veränderlicher Sterne. MVS Nr. 385—386.

12439. **E. Schatzman,** Remarques sur le phénomène de Nova (IX). (Modèle d'étoile SS Cygni). Ann d'Astrophys **22** 436—446 = Contr. Inst. d'Astrophys. Paris (B) Nr. 177. — Es wird angenommen, daß SS Cyg durch die Bahnbewegung im Doppelsternsystem erzwungene, nichtradiale Schwingungen ausführt, deren Amplitude in Pol- und Äquatorgebieten verschieden groß ist. Die Schwingung wird instabil, es kommt zu einer Explosion, wenn die Konzentration von ^{3}He einen kritischen Wert überschreitet. Mit vereinfachten Formeln und graphischen Darstellungen wird die Folge der Explosionen, die meistens in Pol- und Äquatorgebieten abwechselnd auftreten, untersucht. O. G.

12440. **H. Spinrad,** Photoelectric observations of μ Persei. Publ ASP **71** 170—171. — Lichtelektrische Messungen am 20 zölligen Reflektor des Leuschner Observatory in Berkeley ließen 1958 Dez. 4 und 10 den von Jackisch (Sonneberg) bekanntgegebenen Lichtwechsel von $0^m\!.08$ mit einer Periode von 2^h20^m nicht erkennen. Die Helligkeit von μ Persei erwies sich als konstant. Bey.

12441. **C. Stableford, K. D. Abhyankar,** A spectrophotometric study of several Beta Canis Majoris variables ApJ **130** 811—816 = Berkeley Repr. Nr. 162. — In 12 β CMa-Sternen wurden die Äquivalentbreiten von Hγ, Mg II 4481 und O II 4349 gemessen. Die graphische Darstellung der Breite von Hγ gegen die der beiden anderen Linien zeigt, daß die Variablen eine Gruppe bilden, die deutlich von derjenigen der nichtveränderlichen Sterne der Leuchtkraftklasse V bzw. I getrennt ist. Die Variablen lassen sich weiterhin in Untergruppen aufteilen, die der verschiedenen Periodenlänge entsprechen. Thi.

12442. **O. Struve, V. Zebergs,** The radial velocity of HD 21803 — a new Beta Canis Majoris variable. ApJ **129** 668—673 = Berkeley Repr. Nr. 147. — Verf. haben von diesem Veränderlichen (B2, P = 4^h48^m) in vier aufeinanderfolgenden Nächten (1958 Okt. 31—Nov. 3) 49 Spektrogramme aufgenommen und Radialgeschwindigkeiten abgeleitet. Sowohl Amplitude als auch Periode der Radialgeschwindigkeiten sind veränderlich, ebenfalls die Linienbreiten. Letztere sind in der Nähe des Radialgeschwindigkeitsmaximums und auf dem absteigenden Ast der Geschwindigkeitskurve sehr schmal. Da die Lage einiger β CMa-Sterne im HRD auf ein ungefähr gleiches Alter dieser Objekte hindeutet, können Unterschiede der chemischen Zusammensetzung nicht genetisch erklärt werden. Loh.

12443. **O. Struve,** Flare stars. Sky Tel. **18** 612—613.

12444. **A. A. Wachmann,** Doppel-Flare eines neuen Flare-Veränderlichen. NAZ **13** 20, DO-CIA Nr. 64. — Innerhalb einer Stunde leuchtete der Stern bei $\alpha_{1900} = 19^h34^m36^s.79$, $\delta_{1900} = +27°22'18''.8$ (m $\approx$ 13.5) zweimal um $1^m.3$ bzw. $1^m.0$ auf. Loh.

12445. **G. Wallerstein,** Three-color photometry of U Geminorum during an outburst. Publ ASP **71** 316—320 = Berkeley Repr. Nr. 160. — Ein J.D. 2436649 beobachteter Helligkeitsausbruch um 5^m wurde bis 670 sowohl visuell als auch lichtelektrisch im U, B, V-System verfolgt. Der Helligkeitsabfall erfolgte mit etwa $0^m.33$ pro Tag und zeigt in Übereinstimmung mit spektralen Befunden an ähnlichen Sternen ein stark abweichendes Verhalten von dem der rekurrierenden Novae. In einem Diagramm, das die U-B-Werte den B-V-Werten von U Gem, SS Cyg, den unverfärbten Hauptreihen-Sternen und der Strahlung des Schwarzen Körpers zuordnet, liegen die genannten Veränderlichen sehr erheblich über der Schwarzkörper-Kurve. Bey.

12446. **B. Westerlund,** A red variable with extreme variations in spectral type and brightness. Ark Astr **2** 345—346 = Uppsala Astr. Obs. Medd. Nr. 122. — Betrifft HV 8454.

12447. **F. B. Wood,** The short-period variable, SX Phoenicis. AJ **64** 222—226. — Eine Wiedergabe von 113 lichtelektrischen Messungen, die in den 3 Nächten J.D. 2436159, 176 und 184 im U, B, V-Bereich am 20 zölligen Reflektor des Mt. Stromlo-Obs. erhalten wurden. Bey.

12448. Überriesen als Veränderliche. Sterne **35** 39—40. — Ref.

§ 125

Beobachtungslisten, Einzelbeobachtungen

12501. **S. Archer,** New variables in the Coma cluster. JBAA **69** 157—160.

12502. **F. M. Bateson,** Royal Astronomical Society of New Zealand. Variable Star Section. Circ. Nr. 89—93, 95—97. Umfaßt die Beobachtungen der nachstehenden Veränderlichen:

Ara U
Aps S, T, V, Z, RR, UZ, VV
Aqr R, Z, TW, TX, VV, VX, WW
Aql TV, TX, VW, DX, DY, EM
Ara U
Cae R
CMa Z
Cap RR, RX
Car R, S, T, Z, RR, RS, RV, RW, RY, RZ, AF, AG, BO, CL, HR, IW, 1, Eta
Cen R, T, U, W, X, RS, RT, RV, RX, RZ, SX, AD, BV
Cet U, o
Cha R, T, Z
Col R, S, T
CrA R, S, T, TY
CrB T
Crv R
Dor R, SU
Eri T, U, W, RW
For R
Gem U, SW
Gru R, S, T
Hor R, T, U
Hya R, W, RS, RT, RU, RW
Hyi VW
Ind R, S

Leo	RY	Sgr	R, S, RR, RT, RU, RV, RW, RX, RY, ST, SW, TY, VX, AR, AZ, BH, V 348
Lep	R	Sco	R, S, Z, RR, RS, RT, RU, RW, SV, SX, TV, CL, V 380, α
Lib	U, W, RU	Scl	R, S, T, U, V, X, RS
Lup	R, Y, EX	Sct	R, S, ST
Mic	R, S, U, RX	Ser	UZ
Mon	R, U, RS, RX, SW	Sex	S
Nor	R, T	Tau	RV
Oct	R, S, T, U	Tel	R, S, RR
Oph	W, RS, RY, TT, TX, UX, UZ, VV	Tuc	R, S, T, U, AA
Ori	S, RR, UV, CN, CZ, α	Vel	W, Y, Z, SY, WY
Pav	R, S, T, W, ϰ	Vir	S, RV, SU
Phe	R, T, V	Vol	R, S
Pic	R, S, T, RR		
PsA	R, S, U, RY, ST		
Pup	U, W, Y, Z, L_2		
Ret	R		

12503. **P. Broglia, F. Lenouvel,** Osservazioni fotoelettriche. Mem SA It (NS) **30** 199—207. — Betrifft: AE Aqr, RW Aur, WW Aur, RU Cam, RZ Cnc, RZ Cas, SS Cyg, UZ Leo, RR Tau.

12504. **W. Götz,** Neue Veränderliche in der Umgebung von FU Orionis. MVS Nr. 415. — Betrifft Manowa Nr. 1—32.

12505. **W. Götz,** Identitäten. NAZ **13** 14. — S 3723 = AJ UdSSR **36** 187 Nr. 11; S 3925 = dgl. Nr. 14.

12506. **D. Hoffleit,** Periods for forty-one variable stars in Sagittarius. AJ **64** 147—148.

12507. **D. Hoffleit,** Six variable stars of unusual type in Sagittarius. AJ **64** 241—244. — Für die Sterne GU, GW und MV Sgr und drei weitere in ihrer Nachbarschaft stehende, neuentdeckte Veränderliche werden neben Aufsuchungskarten die graphischen Darstellungen der auf 250 bis 700 Harvard-Platten aus den Jahren 1924—51 bestimmten Helligkeiten wiedergegeben. Es handelt sich um einen bisher unbekannten Flare-Stern (12^m—15^m), einen RV Tauri-Veränderlichen und 4 R CrB-Sterne. Das häufige Vorkommen des letztgenannten Typs entspricht der Konzentration dieser Veränderlichengruppe in Richtung zum galaktischen Zentrum. Bey.

12508. **C. Hoffmeister,** 89 neue veränderliche Sterne. AN **284** 275—280. — S 5219—5307.

12509. **C. Hoffmeister,** 41 neue südliche Veränderliche. AN **285** 151—152. — Die nachstehend bekanntgemachten Veränderlichen hat Verf. auf Platten gefunden, die in den Jahren 1952 und 1953 in Südwestafrika aufgenommen wurden. Es handelt sich um Überwachungsplatten von 2 Zeiß-Tessaren 1 : 3.5, f = 165 mm. Die besten Aufnahmen reichen nahe der Feldmitte bis 15^m. Bevorzugt wurde bei der Suchaktion die südliche Polgegend außerhalb der Milchstraße. Kärtchen der neuen Veränderlichen werden in den «Mitteilungen über veränderliche Sterne» erscheinen. Verf.

12510. **C. Hoffmeister,** Umgebungskarten für 41 neue Veränderliche. MVS Nr. 403—404. — Betrifft S 5342—5382.

12511. **S. Kanda, S.-i. Sakuma, A. Sugizaki,** Observed max. and min. of long period and irregular variables in 1958. Japan Astr. Study Ass. Circ. 182—183. — Betrifft: R, Y And, R, V Aqr, Z Aur, R Aql, R, U Ari, R Aur, R, V Boo, R, RS Cnc, R CMi, T, V, SS, SV Cas, T Cen, T, SS Cep, T, *o* Cet, S CrB, R, Z, RT, RU, SS, AF, CH, χ Cyg, R Dra, T Eri, R Gem, S, T, U, SX,

AC Her, W Hya, R, RT Leo, T Lyn, T Mic, U, V Mon, R, X Oph, S Ori, R, Y Per, RR Sgr, RR Sco, S Scl, R Sct, R, U Ser, R, Y Tau, R, S, T, Z, RS UMa, S UMi, R, S Vir, R Vul.

* * **B. W. Kukarkin,** On five variable stars near globular cluster NGC 5466. Vgl. Ref. **14215**.

12512. **N. E. Kurotschkin,** An investigation of variable stars in the region around SA 110. VS Bull **12** 277—290 (russ. mit engl. Ref.). — Verf. untersuchte 23 Veränderliche dieses Gebiets, von denen 5 von ihm entdeckt wurden.

12513. **P. Maffei,** Nuove stelle variabili nella regione dell'M 20. Mem SA It (NS) **30** 83—87 = Pubbl. Oss. Astr. Univ. Bologna **7** Nr. 8. — Bei einer Durchmusterung von 27 am 24″-Reflektor von Loiano 1956—58 aufgenommenen Infrarotplatten wurden 8 Veränderliche entdeckt, von denen wahrscheinlich 4 RW Aur-Sterne sind. Außerdem wurden 3 von Lampland und Duncan angegebene veränderlich-verdächtige Sterne geschätzt; ihre Helligkeitsänderungen sind jedoch nicht größer als $0^{\rm m}3$. B. C.

12514. **M. W. Mayall,** The American Association of Variable Star Observers. Quarterly Rep. 22, 23. 106 S. — Die Berichte enthalten Mitteilungen über Beobachtungen der nachfolgenden Veränderlichen im Zeitraum 1955 April 2 — 1957 Juni 9:

And R, T, U, V, W, X, Y, Z, RR, RS, RU, RV, RW, RX, RY, RZ, SS, ST, SU, SV, SZ, TV, TY, TZ, UZ, VX, VY, WY, AQ, λ
Aps S, T, Θ
Aqr R, S, T, U, V, W, X, Y, Z, RR, RS, RT, RU, RX, AE, χ
Aql R, S, V, W, X, Y, Z, RR, RS, RT, RU, RV, RW, SV, SY, TY, UU, VW, V356, V450, V603, η
Ara U
Ari R, S, T, U, V, RR, RZ
Aur R, S, U, V, W, X, Z, RS, RT, RU, RW, SS, SV, TU, TW, TX, UU, UV, UX, UZ, XZ, AB, AE, CO, ψ^1, ε
Boo R, S, U, V, W, Y, Z, RR, RV, RW, RX, RY, RZ, UV
Cae R, T
Cam R, S, T, U, V, X, Z, RR, RS, RU, RY, ST, UV, VZ, XX, ZZ
Cnc R, T, U, V, W, X, RS, RT, RV, SY
CVn R, T, V, Y, TU
CMa W, Z
CMi R, S, T, U, V, YZ
Cap R, T, U, V, W, X, Y, Z, RR, RS, RT, RU, RX, AB
Car R, S, Z, RR, RV, RW, RY, RZ, AF, AG, η, l
Cas R, S, T, U, V, W, X, Y, Z, RR, RU, RV, SS, ST, SV, TZ, UV, WZ, IZ, α, γ, ϱ
Cen R, T, U, W, X, RS, RT, RV, RX, UW, AD
Cep S, T, U, V, W, X, Y, Z, RR, RU, RW, RX, SS, ST, AR, DM, DO, μ
Cet R, S, T, U, V, W, X, Z, RS, TZ, UV, o
Cha R, S
Col R, S, T
Com R, 40
CrA R, S, T, TY
CrB R, S, T, V, W, X, Y, Z, RR, RS, SW
Crv R
Crt R
Cyg R, S, T, U, V, W, X, Z, RS, RT, RU, RV, RW, RX, RY, RZ, SS, ST, SV, SX, TT, TU, TW, TY, TZ, UU, UV, UX, WX, WY, AA, AB, AC, AF, AV, AW, AX, BC, BD, BF, BG, BI, CE, CH, CN, CP, EY, V395, V449, V460, V476, V485, V568, χ, P
Del R, S, T, U, V, X, Y, Z, RS, CT, CZ, EU
Dor R, β
Dra R, S, T, U, V, W, X, Y, RY, SS, SV, SZ, TX, UW, UX, UY, VW, VY, AB
Equ R
Eri R, T, U, V, W, Z, RR, SU, SY, BR
For R
Gem R, S, T, U, V, X, Y, Z, RS, SS, SW, TU, TV, TW, WY, BM, BN, BQ, BU, η, ζ

Gru R, S, T, π_1
Her R, S, T, U, W, X, Y, RR, RS, RT, RU, RV, RY, RZ, SS, ST, SV, SX, TV, TZ, UU, UW, UY, AC, DQ, IQ, LQ, OP, α, g
Hor R, T
Hya R, S, T, U, V, W, X, Y, RR, RS, RT, RU, RV, AK, FF
Ind R, S
Lac R, S, RS, RV, RX, RY, CP, DK, EV
Leo R, S, T, V, W, X, RY, TU, AB, AD
LMi R, S, U
Lep R, S, T, RX
Lib R, S, T, U, V, W, X, Y, RR, RS, RT, RU, 48
Lup R, S, Y
Lyn R, S, T, U, V, Y
Lyr R, S, T, U, V, W, Z, RS, RT, RU, RW, RX, RY, SZ, TU, XY, AY, CY, EY, HK, δ^2
Mic R, S, T, U
Mon R, S, U, V, X, Y, Z, RR, RS, RV, RX, RY, SU, SW, EQ, FU
Mus R, BO
Nor R, T
Oct R, S, T, U
Oph R, S, T, V, W, X, Z, RR, RS, RT, RU, RY, SS, TT, TX, V849, $\varkappa$, χ
Ori R, S, T, U, V, W, RR, RT, TU, AD, AE, AK, AN, AQ, BL, BQ, CI, CK, CN, CZ, FX, KX, LP, NU, V352, V359, V361, V371, V372, α
Pav R, S, T, W, Y, $\varkappa$
Peg R, S, T, V, W, X, Y, Z, RR, RS, RT, RU, RV, RW, RX, RY, RZ, SS, SV, SY, SZ, TT, TW, TX, UV, AG, AM, BD, EQ, β
Per R, S, T, U, W, X, Y, RR, RS, RU, RZ, SU, TT, TX, TZ, UV, VW, XX, AD, FO, FZ, GK, ϱ
Phe R, T, V
Pic R, S, T, RR
Psc R, S, T, U, Z, TV, TX, TY, 57
PsA R, S, U
Pup R, T, U, W, X, Z, RS, RU, RY, RZ, CP, L_2
Pyx S, U
Ret R
Sge R, T, V, X, VZ
Sgr R, S, T, Z, RR, RT, RU, RV, RW, RX, RY, SS, ST, SW, TY, UX, VX, AQ
Sco R, S, W, X, Y, Z, RR, RS, RT, RU, RW, RZ, SV, V380
Scl R, S, T, U, V, X, RR
Sct R, S
Ser R, S, T, U, UZ, τ^4, d
Sex S
Tau R, S, T, V, W, X, Y, Z, RR, RU, RV, RX, SU, TT, TU, TV, TX, UZ, XX, BU, CE
Tel R, S, RR, RW, BL
Tri R, W
Tuc R, S, T, U
UMa R, S, T, U, V, X, Y, Z, RS, RY, RZ, ST, SU, SW, SY, SZ, TV, TZ, VW, VY, δ
UMi R, S, T, U, V, RR
Vel W, Y, Z
Vir R, S, T, U, V, W, Y, Z, RR, RS, RT, RU, RV, RW, RX, RY, SS, SU, SW, BK, CN, CO
Vol R, S
Vul R, V, W, RT, RU, VZ, DY
BD 55°1823, −4°3419
HD 84610

12515. **M. W. Mayall,** Variable star notes. J RAS Canada **53** 39—42, 91—94, 145—148, 193—195, 279—282.

12516. **W. J. Miller, A. A. Wachmann,** Ten eclipsing variables in the Cygnus cloud, VV 51—60. Specola Astr. Vaticana Ric. Astr. **6** 153—227. — Die Untersuchung erstreckt sich auf zwei β Lyrae- und acht Algol-Sterne. Mit Ausnahme von VV 58 = P 5162 sind alle Veränderlichen Neuentdeckungen im Helligkeitsintervall der 13. bis 19. Größe. Loh.

12517. **T. G. Nikulina,** On 16 variables discovered at the Bamberg Observatory. AC Nr. 207 S. 14—16 (russ.). — Betrifft: Bamberg 178, 179, 182, 192, 195, 196, 198, 199, 201, 203, 205, 206, 207, 208, 209, 223.

12518. **C. P. Olivier,** On the epoches and periods of 24 variable stars. AN **285** 148. — Betrifft die Veränderlichen TT Psc, GP Ori, 338.1933, CP Tau, DP Ori, BG Mon, UY Cnc, AH Ser, BC Ser, DN Her, DO Her, 67.1935, V 855 Oph, V 447 Oph, V 759 Oph, FU Her, V 450 Oph, DS Her, LS Aql, TX Sge, 180.1935, DG Peg, 368.1934, DL Peg.

12519. **R. H. Stoy,** Some bright variable stars. MN ASSA 18 48. — Die Sterne H. R. 105, 429, 1081, 1264, 1762, 2288, 2596, 2749, 3237, 3447, 3654, 3663, 4045, 4104, 4114, 4257, 5311 und 8850 scheinen zumeist veränderlich zu sein. Loh.

12520. **W. Strohmeier,** Neue Veränderliche in hoher Deklination. AN **285** 87—89 = Veröff. Remeis-Sternw. Bamberg **5** Nr. 2. — Auf alten Babelsberger Ernostar-Platten wurden 8 neue Veränderliche entdeckt; darunter sind 2 Bedeckungsveränderliche, deren Elemente und Lichtkurven abgeleitet werden. Verf.

12521. **W. Strohmeier,** Neue Veränderliche: BV 223—254. Kleine Veröff. Remeis-Sternw. Bamberg Nr. 24, 4 S.

12522. **W. Strohmeier, E. Geyer,** Bedeckungsveränderliche aus der Bamberger Veränderlichenliste. Kleine Veröff. Remeis-Sternw. Bamberg Nr. 25, 9 S. — BV 4, 11, 72, 115, 126, 203, 224.

12523. **W. Strohmeier,** Mitteilungen über Veränderliche der Bamberger Liste. Veröff. Remeis-Sternw. Bamberg **5** Nr. 3, 6 S. — Es werden die Ergebnisse einer Auswertung neuerlicher Platten der Bamberger Himmelsüberwachung mitgeteilt, die sich auf Entdeckungen, Bestätigungen, Bedeckungsveränderliche und langperiodische Veränderliche beziehen. Verf.

12524. **W. Strohmeier, R. Knigge,** Mitteilungen über Veränderliche der Bamberger Liste. Veröff. Remeis-Sternw. Bamberg **5** Nr. 4, 7 S. — Neuerliches Durchblinken Babelsberger Ernostar-Platten (Juni 1959) und weiteres Bearbeiten Bamberger Platten lieferten die folgenden Ergebnisse bezüglich Entdeckungen, Bestätigungen, Bedeckungsveränderlichen und Langperiodischen. Die Art und Weise der Bearbeitung wurde nicht geändert. Verf.

12525. **M. Valdez L., V. A. Estremadoyro R., G. Garland, A. Cornejo Parró,** Estrellas variables. Liga Latinoamer. Astr. Bol. Nr. 1 S. 4—9. — Betrifft: S Scl, T Cet, Z Scl, *o* Cet, U Cet, Z Eri, R Hor, W Eri, R Scl, R Cet, R Tri, RR Eri, X Cet, U Eri, T Eri, R Tau, R Dor, T Cae, W Ori, U Ori, V Mon, V CMi, R CMi, R Cae, R Lep, T Lep, S Ori, T Ori, S Lep, R Gem, X Mon, L_2 Pup, S CMi, R Cnc, V Cnc, S Hya, W CMa, V Gem, U Mon, Z Pup, W Pup, RT Hya, X Cnc, R Car, l Car, U Hya, V Hya, X Cen, T Hya, RT Cnc, X Hya, R Leo, Y Hya, S Car, Eta Car, R Aqr, W Cet.

12526. **R. Weber,** Nouvelles étoiles variables. JO **42** 106—108. — Wr 76—96.

* * **J. A. Wright,** Radial velocities of seven K-type stars measured in the red region. Vgl. Ref. **10225.**

12527. **W. Zonn, I. Semeniuk,** Photographic observations of variables in the vicinity of β Cassiopeiae. Part I. AA **9** 141—160 = Astr. Obs. Warsaw Univ. Repr. Nr. 86. — Betrifft: RS, RY, UU, ZZ, BD, CD, CF, CG, CW, DD, DL, DW, FM, MU, OR, QQ Cas.

12528. Observaciones de estrellas variables. Bol. As. Peruana Astr. **5** 246—249. — Betrifft: R Dor, T Lep, U Ori, V Mon, X Mon, W CMa, T Cae, S Ori, S Lep, R Gem, U Mon, Z Pup, R Car, V Hya, S Car, L_2 Pup, S CMi, R Cnc, R LMi, R Leo, l Car, U Hya, V Hya, R Crv, SS Vir, U Cen, R Hya, R Cen, Eta Car, R Vir, S Vir, T Cen, RT Lib, S Lib, R Nor, T Nor, V Oph, RR Sco, RT Sco, RV Sgr, T Sgr, R Sgr, R Ser, RS Sco, R Oph, R Pav, R Sct, RY Sgr, T Pav.

12529. Observaciones de estrellas variables. Bol. As. Peruana Astr. **5** 273—274. — Betrifft: R, S, Z Scl; R Hor; R Dor; R Pic; T Cet; T Eri; T Cae; S, T Lep; L, S Car; R, T Cen; RS, RT Sco; R Sgr; L_2 Pup.

12530. Krakowskie Obserwacje Gwiazd Zmiennych 1920—1950. Część pierwsza. Andromeda-Crater. Herausgegeben von R. Szafraniec. AA Suppl. 3. Warszawa, Polska Akademia Nauk, Komitet Astronomii, Państwowe Wydawnictwo Naukowe, 1959. 14 + 276 S. Preis zł 75.

12531. Variable star notes. J. Astr. Soc. Victoria **12** 64.

12532. Weitere Beobachtungen und Mitteilungen

Andromeda

R BAA Circ 413
W Ciel et Terre **75** 60
Meteoor **15** 32
Z MVS Nr. 416
NAZvM Nr. 436
UAI Circ 1696, 1698
RX BAA Circ 406, 412
SW AC Nr. 207 S. 17
MVS Nr. 377
XX AC Nr. 200 S. 17, 207 S. 17
XZ AC Nr. 200 S. 14
AC VS Bull **12** 83
AT AC Nr. 207 S. 17

Aquarius

RY AC Nr. 200 S. 14
SU Dgl.
AE VS Bull **12** 223
CP MVS Nr. 429
CY AA **9** 161 = Astr. Obs. Warsaw Univ. Repr. Nr.87
AC Nr. 207 S. 17
DS MVS Nr. 412—413

Aquila

R BAA Circ 412
MVS Nr. 418
XZ VS Bull **12** 293
AY AC Nr. 202 S. 16
BC Dgl.
CU Dgl.
DK Dgl.
DZ MVS Nr. 405
IV MVS Nr. 380
KL VS Bull **12** 236
LL MVS Nr. 381
LR MVS Nr. 394
LY MVS Nr. 381
MV MVS Nr. 405
MW MVS Nr. 393
NW Dgl.
NY MVS Nr. 394
OP MVS Nr. 390
OZ MVS Nr. 392
PQ Dgl.

Aries

T Ciel et Terre **75** 60
Meteoor **15** 32
RR JBAA **69** 161
RV AA **9** 161 = Astr. Obs. Warsaw Univ. Repr. Nr.87
RZ JBAA **69** 161

Auriga

SS BAA Circ 407, 412, 413, 414
YZ VS Bull **12** 223
AE VS Bull **12** 148
ε AJ **64** 346. — Ref. AAS

Bootes

V BAA Circ 409
RS AC Nr. 207 S. 17
RX Ciel et Terre **75** 60
RY JBAA **69** 155
UY AC Nr. 207 S. 17
YZ BAC **10** 195
MVS Nr. 425—427
44i VS Bull **12** 249

Camelopardalis

U Meteoor **15** 32
V BAA Circ 413
Z BAA Circ 406
BAV Rundbrief 8 34
XX NAT 1959 S. 140

Cancer

R Ciel et Terre **75** 60
Meteoor **15** 32
VZ MVS Nr. 395, 396, 399
YY AC Nr. 202 S. 16

Canes Venatici

RS AJ **64** 344. — Ref. AAS

Canis Major

R AJ **64** 337. — Ref. AAS

Canis Minor

XZ VS Bull **12** 262

Capricornus

T AC Nr. 207 S. 14
Z Dgl.
RV AC Nr. 207 S. 17
VS Bull **12** 164
RW AC Nr. 200 S. 14

Carina

l_2 AJ **64** 331. — Ref. AAS

Cassiopeia

R AC Nr. 207 S. 14
S BAA Circ 413
RS AC Nr. 200 S. 14
RZ AA **9** 104 = Astr. Obs. Warsaw Univ. Repr. Nr. 84
AC Nr. 200 S. 14, 201 S. 14, 205 S. 18, 207 S. 16
Acta Astr. Sinica **7** 11
BAV Rundbrief **8** 6
Postępy Astr. **7** 185
SZ VS Bull **12** 309, 310
TV AC Nr. 205 S. 18, 24
BAV Rundbrief **8** 9
XY AC Nr. 205 S. 20
AE AC Nr. 202 S. 16
CE AC Nr. 206 S. 12
DT VS Bull **12** 53
EI Dgl.
EL Dgl.
IR VS Bull **12** 74
IS VS Bull **12** 312
KW AC Nr. 205 S. 24
LW AC Nr. 199 S. 18
MN AC Nr. 203 S. 13
MS VS Bull **12** 69
OR AC Nr. 199 S. 20
PV MVS Nr. 428
VS Bull **12** 124
QQ VS Bull **12** 78
QX AC Nr. 199 S. 22, 201 S. 11, 12
MVS Nr. 411

V 341 AC Nr. 205 S. 24
α Urania Kraków **30** 148
γ Ciel et Terre **75** 60
ϱ NAT 1959 S. 141

Cepheus
U RH **40** 128
W Ciel et Terre **75** 60
Meteoor **15** 32
RT VS Bull **12** 315
RZ AC Nr. 203 S. 13
NAZ **13** 10
VW AA **9** 38
BAV Rundbrief 8 7
XX VS Bull **12** 21
BB AC Nr. 205 S. 24
EE VS Bull **12** 124
δ VS Bull **12** 99
μ Mitt. Obs. Bjurakan Nr. 27 S. 49

Cetus
S AC Nr. 207 S. 14
U Dgl.
V Dgl.
W Dgl.
TT VS Bull **12** 262
TU Dgl.
UV Sky Tel. **18** 440
Sterne **35** 246
δ AC Nr. 201 S. 15
o AAVSO Abstr. May 1959 S. 2

Coma Berenices
X VS Bull **12** 44
TX Dgl.

Corona Austrina
W AC Nr. 207 S. 17
X Dgl.

Corona borealis
R AJ **64** 345. — Ref. AAS
Ciel et Terre **75** 60
Japan Astr. Study Ass. Circ. 178
S AC Nr. 207 S. 14
Ciel et Terre **75** 60
Meteoor **15** 32
U AC Nr. 205 S. 18, 207 S. 16

Corvus
W VS Bull **12** 262

Crater
V VS Bull **12** 262

Cygnus
R Sky Tel. **18** 382
S BAA Circ 413
Z VS Bull **12** 108
RT Dgl.
SS BAA Circ 408, 410, 412, 414
Contr. Oss. Astrofis. Asiago Nr. 106
JBAA **69** 149
NAT 1959 S. 27
SU VS Bull **12** 157
SW AC Nr. 200 S. 14, 201 S. 13
SX VS Bull **12** 108
TT Ciel et Terre **75** 60
TX AC Nr. 205 S. 21
UY Dgl.
VS Bull **12** 128
VX AC Nr. 205 S. 21
VY Dgl.
VS Bull **12** 58
XZ VS Bull **12** 164
AE AA **9** 52 = Astr. Obs. Warsaw Univ. Repr. Nr. 80
BZ AC Nr. 205 S. 21
CV AC Nr. 207 S. 13
DD VS Bull **12** 227
DM VS Bull **12** 128
DR VS Bull **12** 108
DU AC Nr. 205 S. 19
EP AC Nr. 205 S. 21
MR VS Bull **12** 117
MZ AC Nr. 205 S. 21, 22
V 356 AC Nr. 205 S. 21
V 367 Urania Kraków **30** 430
V 382 Urania Kraków **30** 423
VS Bull **12** 240
V 401 VS Bull **12** 227
V 514 AC Nr. 205 S. 21
V 532 Dgl.
χ BAA Circ 412
Ciel et Terre **75** 60
Meteoor **15** 32

Delphinus
FM VS Bull **12** 67

Dorado
β VS Bull **12** 231

Draco
SW VS Bull **12** 137
XZ VS Bull **12** 164

Eridanus
RY VS Bull **12** 262
TZ Dgl.
UY VS Bull **12** 72

Gemini
R BAA Circ 416
U BAA Circ 413, 416
SZ MVS Nr. 397

Hercules
R Ciel et Terre **75** 60
S BAA Circ 412
T BAA Circ 408
U BAA Circ 412
Ciel et Terre **75** 60
Meteoor **15** 32
RS Ciel et Terre **75** 60
RU Dgl.
RZ AC Nr. 202 S. 17
TW AC Nr. 207 S. 17
VX Dgl.
VZ Dgl.
YZ AC Nr. 204 S. 16
AF AC Nr. 203 S. 12
AG Dgl.
BB VS Bull **12** 58, 132
BD AC Nr. 203 S. 13
BL VS Bull **12** 132
DE AC Nr. 204 S. 16
DF AC Nr. 202 S. 17
DY Dgl.
DZ AC Nr. 204 S. 16
GT AC Nr. 203 S. 12
GV Dgl.
GY Dgl.
GZ Dgl.
IQ Japan Astr. Study Ass. Circ. 180
LQ JBAA **69** 160
MZ AA **9** 52 = Astr. Obs. Warsaw Univ. Repr. Nr. 80
PW MVS Nr. 388, 389
V 359 VS Bull **12** 154
α Urania Kraków **30** 261

Hydra
SZ AC Nr. 201 S. 14, 207 S. 17
VX Publ ASP **71** 57
WY VS Bull **12** 262
WZ AC Nr. 207 S. 17
XX Dgl.
DH Dgl.

Lacerta
RR VS Bull **12** 76
AR AC Nr. 205 S. 18, 207 S. 16

Leo
R BAA Circ 409
RR MVS Nr. 399, 419
VY JBAA **69** 39
AD Harv Card 1433
Sky Tel. **18** 445
AM BAV Rundbrief 8 13

Lepus
U AC Nr. 207 S. 17

Libra
SS VS Bull **12** 262
TV AC Nr. 205 S. 25
VZ VS Bull **12** 262
EH VS Bull **12** 137

Lynx
R BAA Circ 413
TT MVS Nr. 422—423

Lyra
R Ciel et Terre **75** 60
Meteoor **15** 32
Urania Kraków **30** 68
RR AJ **64** 343. — Ref. AAS
RZ VS Bull **12** 164
TX AC Nr. 205 S. 21
UZ AC Nr. 200 S. 14
CC AC Nr. 205 S. 21
CG AC Nr. 203 S. 12
CI Dgl.
CM MVS Nr. 406
CO AC Nr. 203 S. 12
EZ Dgl.
IO Dgl.
KM Dgl.
KX Dgl.
LR Dgl.
LX Dgl.
β Astr. Herald **51** 171, 1958
δ^2 JBAA **69** 155

Monoceros
X AJ **64** 336. — Ref. AAS
Sky Tel. **19** 94
TU VS Bull **12** 262
AV Dgl.
BE MVS Nr. 400, 401
IR MVS Nr. 379, 380

Ophiuchus
U AC Nr. 205 S. 18, 207 S. 16
X Urania Kraków **30** 259
RS Zvaigžņotā Debess 1959. gada vasara S. 26

Orion
BQ Ciel et Terre **75** 60
Meteoor **15** 32

Pegasus
R Ciel et Terre **75** 60
RU BAA Circ 412, 414
BX AA **9** 52 = Astr. Obs. Warsaw Univ. Repr. Nr. 80
DH AC Nr. 203 S. 13
MVS Nr. 378
DY AC Nr. 205 S. 21, 207 S. 17

Perseus
R BAA Circ 413
Z AC Nr. 200 S. 14
RT Dgl.
ST Dgl.
UV BAA Circ 412
AR MVS Nr. 397, 398, 419—420
VS Bull **12** 137
BM VS Bull **12** 243
IK MVS Nr. 407—408
β AC Nr. 200 S. 14
NAT 1959 S. 142

Pisces
Y AC Nr. 200 S. 14
RU MVS Nr. 378
RV AC Nr. 200 S. 14

Puppis
VV Sky Tel. **18** 493
AQ AJ **64** 331. — Ref. AAS

Sagitta
S AC Nr. 206 S. 13
V AAVSO Abstr. May 1959 S. 4
DO-CIA Nr. 61
Z Dgl.
DE MVS Nr. 402

Sagittarius
XZ AC Nr. 199 S. 21, 200 S. 14
V 348 JBAA **69** 54

Scorpius
AL VS Bull **12** 262

Scutum
R BAA Circ 413
V AC Nr. 201 S. 10
AC VS Bull **12** 262

Serpens
R AC Nr. 201 S. 10
U Dgl.
RU Dgl.
AI Dgl.
AN VS Bull **12** 137
BC AC Nr. 201 S. 10

Taurus
V AC Nr. 201 S. 10
Y Meteoor **15** 32
RW AC Nr. 200 S. 14
RX AC Nr. 201 S. 10
SU Japan Astr. Study Ass. Circ. 178
VX AC Nr. 201 S. 10

Telescopium
RR Obs **79** 11

Triangulum

X AC Nr. 200 S. 14
RS AA **9** 52 = Astr. Obs. Warsaw Univ. Repr. Nr. 80

Ursa maior

S AC Nr. 201 S. 10
T Dgl.
Z NAT 1959 S. 103
RR AC Nr. 201 S. 10
RS Dgl.
TU MVS Nr. 420

Virgo

R AC Nr. 201 S. 10
S Dgl.
U Dgl.
V Dgl.
SU Dgl.
UY Dgl.
AK VS Bull **12** 262
BH BAV Rundbrief **8** 15
α Urania Kraków **30** 182

Vulpecula

R AC Nr. 201 S. 10
X VS Bull **12** 157
RS AC Nr. 205 S. 18
AT VS Bull **12** 157
BN AC Nr. 207 S. 17
VS Bull **12** 227
DR VS Bull **12** 298

Veränderliche mit provisorischer Bezeichnung

78.1934 MVS Nr. 409
315.1934 AN **285** 9
10.1937 MVS Nr. 417
45.1939 AC Nr. 201 S. 16
73.1943 MVS Nr. 410
377.1943 MVS Nr. 414
Sky Tel. **19** 80

Bamberger Veränderliche

126 MVS Nr. 382, 383
141 MVS Nr. 383
148 MVS Nr. 421
149 MVS Nr. 424
223 AC Nr. 207 S. 13

Veränderliche BD-Sterne

+75°791 DO-CIA Nr. 42
74 877 JBAA **69** 38
70 618 NAZ **13** 17
69 1191 NAZ **13** 3
69 325 DO-CIA Nr. 60
NAZ **13** 10
+62° 2332 VS Bull **12** 149, 152
60 1665 NAZ **13** 4
59 607 NAZ **13** 6
55 224 VS Bull **12** 314
54 2517 NAZ **13** 13
+53° 323 DO-CIA Nr. 42
49 226 VS Bull **12** 124
46 985 DO-CIA-Nr. 60
NAZ **13** 10
40 3866 NAZ **13** 13
37 2318 VS Bull **12** 223
24 4530 MVS Nr. 406

Veränderliche HD-Sterne

9234 = BD +53°323
19644 = BD +59°607
33853 = BD +46°985
35311 = BD +69°325
147232 = BD +60°1665
186776 = BD +40°3866
203378 = BD +54°2517
205234 = BD +75°791
206821 = BD +69°1191

Veränderliche HR-Sterne

2749 MN ASSA 18 19
5105 Dgl.
5185 Dgl.

KVVS-Sterne

355 = SVS 955
995 = 45.1939
1141 = SVS 1033
1969 = SVS 383
1988 = S 4765
2000 = SVS 384

Sonneberger Veränderliche

4732 VS Bull **12** 306
4741 MVS Nr. 376
4765 VS Bull **12** 44
5340 MVS Nr. 387
5341 MVS Nr. 391
5383 MVS Nr. 406
5384 DO-CIA Nr. 62
= BD +70°618

SVS-Sterne

383 VS Bull **12** 44
384 Dgl.
955 VS Bull **12** 66
1033 AC Nr. 201 S. 16
1271 AC Nr. 204 S. 15
1272 Dgl.
1273 Dgl.
1274 Dgl.

Sonstige Veränderliche

		Äqu. 1855
$8^h 28^m.9$	+26° 43′	MVS Nr. 421
		Äqu. 1900
$0^h\ 9^m 54^s$	+59° 47.′1	AC Nr. 207 S. 12
3 41 28.4	+23 35 21″	AC Nr. 200 S. 13
4 8 4	+32 12.8	Mem SA It (NS) **30** 209 = Contr. Oss. Astrofis. Asiago Nr. 104
19 34 36.8	+27 22 18.8	UAI Circ 1692
19 58 23	+21 32	Coelum **27** 45 = Oss. Privato Specola «Ariel» Treviso Pubbl. Nr. 16 = Oss. Astr. Padova Comun. Rassegne Nr. 11
20 0 38	+19 56	Dgl.
20 4 52	+24 36	Dgl.
20 7 25	+20 54	Dgl.
20 10 47	+21 50	Dgl.
23 24 58	+43 10	DO-CIA Nr. 46
		Äqu. 1950
$18^h 57^m 33^s.8$	+31° 1.′4	MVS Nr. 384

Romano 32	AC Nr. 199 S. 20	Romano 43	AC Nr. 199 S. 20
34	Dgl.	55	Dgl.
37	Dgl.	58	Dgl.
41	Dgl.		

12533. Veränderliche Sterne. Verzeichnis der Beobachter und Berechner

P. Ahnert
R. M. Adams
C. Albo
J. R. Alexandrowitsch
A. Alksnis
R. G. Andrews
M. Antal
S. Archer
T. A. Asarnowa
J. Barthel
A. A. Batyrew
A. S. Beljakowa
G. van Biesbroeck
A. Biskupski
Bloch
W. Braune
P. Broglia
H. Busch
P. N. Cholopow
N. Dinulescu
O. D. Dokutschajewa
O. J. Eggen
W. P. Fedorowitsch
J. D. Fernie
G. S. Filatow
A. J. Filin
W. S. Fitch
J. Gadomski
S. I. Gaposchkin
H. Gessner
E. Geyer
W. M. Grigorewskij
K. A. Grigorjan
C. Grubissich
B. Hacar
K. Häussler
W. A. Hiltner
C. H. Hsin
S.-s. Huang
H. Huth
R. S. Iroschnikow
I. M. Ischtschenko
J. M. Jefremow
G. E. Jerlexowa
S. Kanda
W. G. Karetnikow
P. C. Keenan
Z. Kienć
L. A. Klepikowa
R. H. Koch
A. Koeckelenbergh
L. A. Korowkina
G. T. Kowal
R. P. Kraft
A. Kruszewski
B. W. Kukarkin
N. P. Kukarkina
G. W. Kuklin
J. Kumsischwili
N. E. Kurotschkin
S. A. Kutusow
G. A. Lange
M. I. Lawrow
N. Lawrowa
K. Löchel
F. I. Lukazkaja
N. Magalaschwili
O. E. Mandel
A. Masani
J. Masuch
M. W. Mayall
J. Meeus
J. P. Mehltretter
A. A. Nijland
T. G. Nikulina
Y. Okada
J. B. Oke
G. Olijnyk
P. P. Parenago
N. B. Perowa
G. Pinto

D. M. Popper
W. W. Prokofjewa
G. Richter
G. Romano
L. Rosino
S. Rössiger
R. Rudolph
A. Sandage
E. A. Satanowa
K. Schaifers
R. G. Schneider
Schubart
L. Searle
J. E. Senzowa
J. Smak
A. W. Solowjow
G. S. Steiman
K. A. Strand
W. Strohmeier
A. Szczepanowska
S. Takahasi
R. G. Teske
A. D. Thackeray
J. Tremko
R. I. Tschuprina
A. A. Wachmann
R. A. Wardanjan
R. Weber
W. Wenzel
R. V. Willstrop
A. Wróblewski
T. Yamada
G. S. Zarewskij
W. P. Zessewitsch
W. Zonn

§ 126

Novae, Supernovae

12601. **F. M. Bateson,** Recurrent Novae. Southern Stars 18 25—28 = RAS New Zealand Variable Star Section Repr. Nr. 7.

* * **A. G. W. Cameron,** Pycnonuclear reactions and Nova explosions. Vgl. Ref. 5405.

12602. **W. Iwanowska, A. Burnicki,** Przynależność gwiazd Nowych do populacji. Postępy Astr. 7 282. — Novae kommen in beiden Populationen vor, doch gehören von etwa 100 galaktischen Novae 15 zur Population II, die übrigen zu I. E. R.

12603. **J. Jefferies, S. Pottasch,** The Nova outburst. III. The ionization of hydrogen gas by an exciting star. Ann d'Astrophys 22 318—340. — Die Ionisation von Wasserstoffgas durch die Strahlung eines Sterns wird allgemein behandelt. Außer der direkten ionisierenden Sternstrahlung werden auch die in der Hülle diffus gestreute ionisierende Strahlung sowie Stoßionisation mit berücksichtigt. Die beiden Fälle a) Stern mit Wasserstoffschale, b) Stern in Wasserstoffwolke werden für mittlere und niedrige (konstante) Gasdichte durchgerechnet. Dabei ergibt sich eine ziemlich scharf begrenzte H II-Region, deren Radius im Dichtebereich 10^6—10^{14} Atome/cm^3 um einen Faktor von mindestens 10 größer ist als nach der Theorie von Strömgren. Bei Dichten unter 10^4 Atome pro cm^3 geht dieser Faktor auf 2 oder noch weniger herunter. O. G.

12604. **S. Pottasch,** The Nova outburst. I. Ann d'Astrophys 22 297—309. — Als Grundlage für spätere Diskussionen werden Beobachtungsergebnisse für Novae mit besonderer Hervorhebung der spektralen Eigenarten zusammengetragen. Es sollen die physikalischen Eigenschaften der nach außen strömenden Gase untersucht werden. In einer kurzen Diskussion der Modelle von McLaughlin (starke Abnahme der Massenejektion nach dem Hauptausbruch) und von Payne-Gaposchkin und Gaposchkin (mit der Zeit zunehmende Ejektion) werden für das letztere Modell Widersprüche gefunden. Die Masse der abgestoßenen Hülle wird abgeschätzt ($\geq 3 \cdot 10^{28}$ g). Verf. entscheidet sich für die Durchrechnung eines symmetrischen Modells. O. G.

12605. **S. Pottasch,** The Nova outburst. II. The radiative cooling of an expanding shell. Ann d'Astrophys 22 310—317. — Oberflächentemperaturen der Hülle und daraus eine theoretische visuelle Lichtkurve für eine typische Nova werden unter den Voraussetzungen berechnet, daß die Photosphäre des Sterns die Anfangstemperatur der Hülle behält und daß die ursprünglich isotherme Hülle durch Strahlung und durch adiabatische Expansion abkühlt. Die für einen Satz von Anfangsbedingungen erhaltene numerische Lösung ergibt einen zeitlichen Verlauf der Helligkeiten und Temperaturen vom Beginn des Ausbruchs bis zu dem Zeitpunkt, in dem die Hülle für visuelle Strahlung optisch dünn zu werden beginnt, in guter Übereinstimmung mit den Beobachtungen. O. G.

12606. **S. Pottasch,** The Nova outburst. IV. The intensity of Hα. Ann d'Astrophys **22** 394—411. — Um Vergleiche mit Beobachtungen durchführen zu können, berechnet Verf. die Energie, die in der Hα-Emissionslinie von der Nova ausgestrahlt und pro cm^2 und sec auf der Erde empfangen wird, und zwar für die Fälle einer optisch dicken und einer optisch dünnen bewegten Hülle. Beobachtungen liegen für 6 Novae vor. Das «Nebelstadium» des Novaspektrums und die Helligkeitsschwankungen in der Lichtkurve treten ein, wenn die H II-Region etwa 5% der Dicke der Hülle erreicht. Für 5 Novahüllen werden die Wasserstoffmassen bestimmt. Zur Berechnung von Elektronendichten und Elektronentemperaturen werden Intensitätsverhältnisse von [O III]-Linien mit herangezogen. O. G.

12607. **S. Pottasch,** The Nova outburst. V. The temperature and radius of the central exciting star and observation of elements other than hydrogen. Ann d'Astrophys **22** 412—425. — Aus beobachteten Intensitäten von He II 4686 werden in Anlehnung an die Methode von Zanstra Temperaturen des anregenden Sterns für 5 Novae für die Zeit berechnet, in der die Hülle optisch dick für Lyman-Strahlung ist, und dazu effektive Sternradien. Es ergibt sich eine Kontraktion der Sterne, die alle sehr heiße Unterzwerge sind. Die He III-Regionen in den Hüllen entsprechen etwa den H II-Regionen. Die Heliummassen der Hüllen werden bestimmt. Verf. vergleicht die vom Zentralstern ausgestrahlte und die aus der Lichtkurve abgeleitete Energie mit der kinetischen Energie der Hülle. Die Ausdehnung der H II-Region in der Hülle wird nochmals diskutiert. Schließlich wird die ungefähre chemische Zusammensetzung der Novahüllen ermittelt und mit der Zusammensetzung von planetarischen Nebeln und von Sternen verglichen. O. G.

* * **E. Schatzman,** Remarques sur le phénomène de Nova (IX). (Modèle d'étoile SS Cygni). Vgl. Ref. **12439.**

* * **E. Schatzman,** Vues théoriques sur l'instabilité des étoiles. Vgl. Ref. **12114.**

12608. **P. Smits,** The Novae. MN ASSA **18** 115—122.

12609. Nova Chamaeleontis (1953)

AN **285** 149—150. Ort und Lichtkurve der Nova Chamaeleontis 1953. C. Hoffmeister.

Harv Card **1431,** NAZ **13** 5, Sky Tel. **18** 368, UAI Circ 1671, 1677. Nova Chamaeleontis 1953. C. Hoffmeister.

12610. Nova Cygni (1948)

Specola Astr. Vaticana Ric. Astr. **6** 229—277. Six new SS Cygni stars and Nova Cygni 1948, VV 61—67. W. J. Miller, A. A. Wachmann. — Vgl. Ref. **12436.**

12611. Nova DQ Herculis (1934)

AJ UdSSR **36** 762—765 (russ. mit engl. Ref.). The chemical composition of N Her 1934. E. R. Mustel, M. E. Bojartschuk. — Mit neu bestimmten Oszillatorenstärken wurde eine neue genauere Bestimmung der chemischen Zusammensetzung der Nova Her 1934 vorgenommen. Die Hauptresultate einer früheren Arbeit der beiden Verf. (vgl. Mitt. Astrophys. Obs. Krim **21** 3, 1959) wurden bestätigt. Die relative Häufigkeit der Metalle entspricht ungefähr derselben eines normalen Sternes, dagegen ist die Häufigkeit der Elemente O, C, N bedeutend höher, die Häufigkeit von Wasserstoff kleiner. Ond.

ApJ **130** 99—109 = Contr. McDonald Obs. Nr. 306. The binary system Nova DQ Herculis. I. The spectrum and radial velocity during the eclipse cycle. J. L. Greenstein, R. P. Kraft. — Nach einer Reihe von Spektrogrammen (Dispersion 180 Å/mm) von DQ Her wurde das Verhalten der Emissionslinien als Funktion der Phase des Bedeckungslichtwechsels untersucht. Die höheren Glieder der Balmer-Serie haben größte Intensität bei 0ᴾ6. Während der Bedeckung ist das Balmer-Dekrement wahrscheinlich steiler als außerhalb der Bedeckung. Die Amplitude der Radialgeschwindigkeitskurve ist am größten für He II und für die höheren Glieder der Balmer-Serie, während Hβ nur geringe Radialgeschwindigkeits- und Intensitätsänderungen zeigt. Bei He II λ 4686 tritt ein deutlicher Rotationseffekt auf. Die Nova ist wohl von einem rotierenden Gasring umgeben. In ihm entstehen die höheren Glieder der Balmer-Serie und He II, während Hβ und die verbotenen Emissionslinien ihren Ursprung hauptsächlich in der expandierenden Nebelhülle um das ganze System haben. Lösungen für die Massen der Komponenten und a · sin i werden für zwei Werte von K_1 und eine Reihe von angenommenen Massenverhältnissen angegeben. O. G.

ApJ **130** 110—122 = Contr. McDonald Obs. Nr. 307. The binary system Nova DQ Herculis. II. An interpretation of the spectrum during the eclipse cycle. R. P. Kraft. — Folgendes Modell für DQ Her wird diskutiert und mit Abschätzungen auf verschiedenen Wegen begründet: Die Nova ist ein weißer Zwergstern mit einer Masse von etwa 0.25 $M_\odot$ und einer Strahlungstemperatur von 80000°. Die dunkle Komponente (vielleicht ein dM3-Stern) ist bis an die innere Lagrangesche Fläche ausgedehnt. Gasmassen, die von der dunklen Komponente abströmen, bilden einen Ring um die Nova, der als Kreisscheibe idealisiert wird, mit einer Elektronendichte von der Größenordnung 10^{13} cm^{-3} und einer Elektronentemperatur von 40000°. Zur beobachteten Helligkeit trägt der Gasring viel stärker bei als der weiße Zwergstern. Das beobachtete Balmer-Dekrement wird erklärt durch starke Selbstabsorption der Balmer-Linien im Gasring. O. G.

BAV Rundbrief 8 8—9. Die Praenova DQ Her 1934 — ein Doppelstern? R. Rudolph.

Mitt. Astrophys. Obs. Krim **21** 3—23 (russ. mit engl. Ref.). The chemical composition of the atmosphere of N Her 1934. E. R. Mustel, M. E. Bojartschuk. — Aus 7, von G. A. Schajn 1934 Dez. 22 zur Zeit ihres Maximums von der Nova Her erhaltenen Spektrogrammen wurde die chemische Zusammensetzung der sehr ausgedehnten Atmosphäre gewonnen. Zum Vergleich wurden die mit der gleichen Apparatur erhaltenen Spektren der Sterne α Cyg, δ Del, ν Her, HD 110628, 41 Cyg und γ Cyg analysiert, für die auch Wachstumskurven wiedergegeben sind. Die Ergebnisse sind in Tabellenform ausführlich mitgeteilt. Für N Her wurden nach Abschluß der vorliegenden Arbeit mit Hilfe neu abgeleiteter Oszillatorenstärken noch genauere Werte berechnet. Petri

PAT **40** 73. Nya observationer av Nova Herculis.

Sky Tel. **18** 497—500. Nova Herculis as a binary system. O. Struve.

12612. Nova RS Ophiuchi (1933)

AC Nr. 199 S. 17—18 (russ.). Photoelektrische Beobachtungen der Wiederkehrnova RS Ophiuchi. N. L. Magalaschwili, J. I. Kumsischwili. — Beobachtungen von 1958 Juli 16 bis Aug. 17.

AC Nr. 200 S. 12—13 (russ.). RS Ophiuchi. A. J. Filin. — Photographische Helligkeiten von JD 2436398.28—2436463.13.

AJ **64** 131—132. Spectrophotometry of RS Ophiuchi, 1958. T. P. Stecher, R. I. Johnson, K. M. Yoss. — Ref. AAS.

BAA Circ 412. RS Oph.

BAC **10** 171—173. Nova RS Ophiuchi. M. Antal, J. Tremko. — Vom dritten Aufleuchten der Nova (1958) wurden visuelle und photographische Beobachtungen erhalten. Eine Lichtkurve wird abgeleitet und Helligkeitsschwankungen in den Jahren vor dem Ausbruch nachgewiesen. hz

Bol. Obs. Tonantzintla y Tacubaya Nr. 18 S. 39—40. Nova Ophiuchi 1958. E. de la Rosa.

BSAF **73** 16. La Nova récurrente RS Ophiuchi.

BSAF **73** 369—372. Étude préliminaire du spectre de RS Ophiuchi après l'explosion du 14 juillet 1959. J. Dufay, M. Bloch, C. Bertaud, M. Dufay.

CR **249** 631—633 = Publ. Obs. Haute-Provence **4** Nr. 50. Sur l'évolution du spectre de Nova (RS) Ophiuchi après l'explosion de 1958. J. Dufay, M. Bloch, C. Bertaud, M. Dufay. — Die Entwicklung von Einzelheiten im Spektrum der Nova RS Ophiuchi werden beschrieben. Sie lassen sich im wesentlichen durch die Annahme deuten, daß von der Explosion herrührende Gasströme in die emittierende Hülle eintreten, für die ein Radius von mehr als 60 A.E. hergeleitet werden kann. J. P. M.

DO-CIA Nr. 66. Nova Ophiuchi 1957. A. Jones.

JBAA **69** 114—118. Report on RS (Nova) Ophiuchi in 1958. R. G. Andrews.

Mem SA It (NS) **30** 183—198 = Oss. Astr. Trieste Nr. 286. Osservazione fotometriche della Nova ricorrente RS Ophiuchi. A. Abrami, B. Cester. — Verf. teilen zweifarbige lichtelektrische und photographische Beobachtungen der Nova vom Juli bis August 1958 mit. Die voneinander unabhängig abgeleiteten Lichtkurven stimmen gut überein. B. C.

Orion Schaffhausen **5** 629—635. Zum neuen Lichtausbruch von RS Ophiuchi. R. A. Gubser, H. Habermayr.

Postępy Astr. **7** 21—22. Nowa RS Wężownika. T. Jarzębowski.

Publ ASP **71** 47—48. A light curve of the recent outburst of RS Ophiuchi. T. A. Cragg.

Supernovae

12613. P. Ahnert, Indianische Felszeichnungen — ein Bericht von der Supernova 1054? Sterne **35** 116—118. — Es wird über den vermutlichen Zusammenhang zweier Felszeichnungen aus Arizona mit dem Vorübergang des Mondes am Crab-Nebel während der Zeit seines frühen Nova-Stadiums (1054 n. Chr.) berichtet. Gü-Li

12614. E. Anders, Californium-254, iron-59, and supernovae of type I. ApJ **129** 327—346. — Es wird vorgeschlagen, daß der exponentielle Helligkeitsabfall der Supernovae vom Typ I nicht durch Cf^{254} (Halbwertszeit 56—61 Tage), sondern durch Fe^{59} (HWZ 45 Tage) hervorgerufen wird. Diese Vermutung wird sowohl von Seiten der Theorie wie von der Beobachtung her ausführlich begründet. Voigt

12615. S. van den Bergh, The frequency of supernovae in galaxies of different types. Ann d'Astrophys **22** 123—125 = Contr. Perkins Obs. (2) Nr. 11. — Ref. in Urania Kraków **31** 270. — Supernovae vom Typ I kommen in elliptischen Nebeln und Spättyp-Spiralen etwa gleich häufig vor. In unregelmäßigen Nebeln ist ihre Häufigkeit jedoch überraschend groß. Verf. (ü.)

12616. C. Bertaud, Les cinq supernovae découvertes depuis 1957. BSAF **73** 453—458.

12617. I. M. Gordon, Der Bildungsmechanismus relativistischer Elektronen in den Atmosphären instationärer Sterne. J. Experim. Theoret. Phys. **37** 853—855 (russ.). — Ref. in RJ UdSSR 1960 Nr. 7 S. 40.

12618. M. Gryziński, Role of fusion chain reactions in the nonstationary evolution of stars — supernova stars. Phys. Rev. (2) **115** 1087—1089. — Verf. stellt die Hypothese auf, daß die Ursache für eine Supernovaexplosion die Entwicklung einer Kettenreaktion im stellaren Material ist, das einen großen Anteil von He^3 bei großer Dichte enthält. Es wird festgestellt, daß unter gewöhnlichen Bedingungen eine starke Konzentration von He^3 nur für relativ kleine Wasserstoffsterne vorhanden ist. Protosterne mit Massen kleiner als die Sonnenmasse ergeben Supernovae vom Typ I, solche mit Massen größer als die Sonnenmasse Supernovae vom Typ II. Der Überrest einer Supernova I ist ein Gasnebel, dessen Helligkeit auf dem Zerfall von Be^7 beruht, welches bei der Explosion entsteht. Groth

12619. **M. L. Humason,** New supernova. Harv Card 1438, UAI Circ 1682. — Mitt. über die Entdeckung einer Supernova in NGC 7331.

12620. **M. L. Humason,** Second new supernova. Harv Card 1440, UAI Circ 1683. — Diese Supernova befindet sich in dem sehr schwachen Nebel mit den Koordinaten $13^h\,08^m\,50^s$, $+3°\,39!6$ (1960).

12621. **M. L. Humason,** Supernova in sehr kleinem Nebel und in NGC 7331. NAZvM Nr. 419.

12622. **D. B. McLaughlin,** Absorption-like features in a supernova spectrum. AJ **64** 130. — Ref. AAS.

12623. **E. Öpik,** Prehistoric records of supernova 1054 a. D. in Arizona? Irish AJ **5** 139—143.

12624. **A. Sandage,** A supernova in NGC 23. Publ ASP **71** 162. — Eine 1955 Okt. 23 mit dem 200″-Teleskop erhaltene Aufnahme des Nebels zeigt eine helle Supernova, die auf einer entsprechenden Aufnahme von 1955 Aug. 23 nicht zu finden ist. Nach einer Abschätzung des Verf. war die Supernova im Maximum etwas heller als $M_V = -18^m$. O. G.

* * **E. Schatzman,** Vues théoriques sur l'instabilité des étoiles. Vgl. Ref. **12114.**

12625. Supernovae nouvelles. BSAF **73** 304. — Betrifft die Supernovae in NGC 7331 und im Nebel mit den Koordinaten $\alpha = 13^h\,8^m\!.8$; $\delta = +3°40'$.

12626. Supernova in sehr kleinem Nebel und in NGC 7331. NAZ **13** 16.

12627. Spectra of supernovae of type I. Sky Tel. **18** 495—496. — Ref. AAS.

12628. Three new supernovae. Sky Tel. **18** 604.

12629. Supernova in NGC 7331. Sternenbote **2** 102.

XIV. Diffuse Objekte. Radioquellen. Kosmische Strahlung

§ 131

Emissionsnebel, Reflexionsnebel

13101. **L. H. Aller,** Abundance of carbon in gaseous nebulae. AJ **64** 49. — Ref. AAS.

13102. **L. H. Aller, W. Liller,** The composition of the Orion nebula. AJ **64** 49. — Ref. AAS.

13103. **L. H. Aller, W. Liller,** Photoelectric spectrophotometry of gaseous nebulae. I. The Orion nebula. ApJ **130** 45—56. — In der hellsten Region des Orion-Nebels wurden mit einem lichtelektrischen Spektralphotometer Intensitäten der Emissionslinien von λ 3727 bis λ 10938 beobachtet. Bei der Reduktion der Beobachtungen sind die atmosphärische molekulare Absorption im Infraroten und die Korrektion für interstellare Absorption am unsichersten. Es wurde versucht, die Ionenkonzentration aus den verbotenen Linien abzuleiten und die Verteilung der Atome im Nebel in verschiedenen Ionisationsstufen abzuschätzen. Die relativen Atomhäufigkeiten zeigen eine chemische Zusammensetzung wie die der eingebetteten Sterne. Ebl.

13104. **Y. Andrillat, H. Andrillat,** Le spectre de la nébuleuse d'Orion dans la région de l'infrarouge photographique. Ann d'Astrophys **22** 104—110 = Publ. Obs. Haute-Provence **4** Nr. 25. — Ref. in Sternenbote **3** 81. — Zwei langbelichtete Aufnahmen des Infrarotspektrums des Orion-Nebels (750 Å/mm bei 8500 Å) zeigen zahlreiche Emissionslinien: Paschen-Serie P_{10}—P_{17}, He I, [O I], [O II], [N II], [S II], [A III], [A IV]. Der an die Strahlung eines schwarzen Körpers angeschlossene Verlauf des Kontinuums zeigt gute Übereinstimmung mit der theoretischen Intensitätsverteilung nach Spitzer und Greenstein mit $T_{el} = 10000°$. Das deutet darauf hin, daß hier nur die normalen Prozesse von Bedeutung sind, während sekundäre Effekte wie Streuung innerhalb des Nebels in diesem Spektralbereich offenbar keine Rolle spielen. Voigt

13105. **Y. Andrillat, H. Andrillat,** Spectre de raies et spectre continu de II 4997. BSAF **73** 373—374.

13106. **Y. Andrillat, H. Andrillat,** Spectre de raies et spectre continu de la nébuleuse II 4997 dans la région de l'infrarouge photographique. CR **249** 628—630 = Publ. Obs. Haute-Provence **4** Nr. 47. — Mit einer Belichtungszeit von 5^h am 120 cm-Reflektor wurde ein infrarotes Spektrum des Nebels II 4997 gewonnen. Die Intensitätsabstufung der verschiedenen Liniengruppen des O II (λ 7319—7330 Å) und S II (λ 6717—6731 Å) sprechen für die Hypothese einer Hüllenstruktur. Insbesondere ist die Linie O I λ 8446 Å von hoher Intensität. Das kontinuierliche Spektrum entspricht weitgehend den theoretischen Berechnungen von Spitzer und Greenstein. J. P. M.

* * **A. Boischot,** L'éclipse coronale de la nébuleuse du Crabe observée sur 169 MHz. Vgl. Ref. **13403**.

* * **R. Bouigue,** Sur la mesure photoélectrique de l'absorption interstellaire. Vgl. Ref. **13304**.

* * **E. K. Charadse, R. A. Bartaja,** Zur Untersuchung der spektroskopischen Merkmale von Sternen im Gebiet diffuser Emissionsnebel und Sternhaufen. Vgl. Ref. **10411**.

13107. **O. D. Dokutschajewa,** The determination of the mass of the Orion nebula from photographs in the red light. AJ UdSSR **36** 461—467 (russ. mit engl. Ref.). — Aus 4 Aufnahmen im roten Licht wird die durchschnittliche Ausstrahlung des Nebels in der Linie Hα für 3 Gebiete abgeleitet, woraus die Elektronendichten und Massen berechnet werden. Für das größte Gebiet (430 Quadratminuten) ergeben sich: Elektronendichte 3.7×10^2 cm^{-3}, Masse 96 $M_\odot$. Die Ergebnisse sind im Einklang mit einer früheren Abschätzung des Verf. Der Orion-Nebel gehört also nicht zu der seltenen Gruppe sehr massiver Nebel mit Massen von der Größenordnung 10^3 $M_\odot$. Ond.

13108. **M. W. Dolidse,** Über den schlingenförmigen Nebel im Schwan. AC Nr. 203 S. 8 (russ.). — Nach der Entdeckung von Emissionssternen, die im Gebiet von IC 443 + S 40 mit Emissionsfasern verbunden sind, durchmusterte Verf. spektroskopisch das Gebiet von NGC 6960, 6979, 6992—5. Hier sind die schwachen Emissionssterne jedoch über das ganze Feld verteilt und damit wahrscheinlich nicht mit Emissionsfasern assoziiert. Nur zwei kleine, noch nicht bezeichnete Nebelchen enthalten je einige schwache Emissionssterne mit Hα. Ferner wurde ein kleiner planetarischer Nebel schwächer als 14. Größe entdeckt ($\alpha = 20^h 25^m$, $\delta = +30° 47'$, 1900). Loh.

13109. **M. W. Dolidse,** Emission nebula IC 443 + S 40. AC Nr. 204 S. 13—14 (russ.). — In dem ringförmigen Fasernebel wurden kurze, schwach leuchtende Nebelfasern entdeckt, die nordsüdlich orientiert sind und meist mit Emissionssternen verbunden erscheinen, welche in einiger Entfernung vom Nebel oder an dessen Rand liegen. Weitere Beobachtungen sind erwünscht. Petri

13110. **A. Elvius,** On the polarization of light in reflection nebulae with filamentary structure. Ark Astr **2** 309—313 = Uppsala Astr. Obs. Medd. Nr. 121. — Ausgehend von dem früher gefundenen Ergebnis beim Spiralnebel NGC 7331 werden Betrachtungen über die Polarisation angestellt. Die «positive» Polarisation ist mit der Absorption, die «negative» mit der Streuung des Lichts durch interstellare Staubteilchen verknüpft. Die «negative» Polarisation ist bei Reflexionsnebeln mit Filamentstruktur zu beobachten. Sm.

13111. **D. S. Evans,** Notes on five southern gaseous nebulae. MN **119** 150—156. — Es werden Beobachtungsresultate von fünf südlichen Gasnebeln (NGC 3918, 6302, 6326, IC 4776, Anon $16^h 13^m\!.5$, -51°52′), die mit dem 74″-Teleskop von Radcliffe gewonnen wurden, mitgeteilt: Spektren von λ 3700 Å bis 6750 Å, Radialgeschwindigkeiten, innere Bewegung und Form der Nebel. Ebl.

* * **T. Gehrels,** Polarization of the light from Moon, Mars, Venus, and NGC 7023. Vgl. Ref. **8312**.

13112. **R. E. Gerschberg, W. I. Pronik,** Absolute spectrophotometry of the nebula NGC 7000 with light filters. Mitt. Astrophys. Obs. Krim **21** 215—228 (russ. mit engl. Ref.). — Zur Standardisierung der Filteraufnahmen dienten extrafokale Aufnahmen von Sternen, deren Energieverteilung spektralphotometrisch an die Sonne angeschlossen war. Für das Kontinuum des Nebels sind hauptsächlich nichtaufgelöste Hintergrundsterne verantwortlich. Die Elektronentemperatur ist in den O III- und O II-Zonen praktisch dieselbe und steigt nicht an in den hellen Filamenten, welche ausgeprägte Grenzen von O III-Gebieten darstellen. Vielleicht befindet sich hinter dem Dunkelnebel, der sich zwischen dem Nordamerika- und dem Pelikan-Nebel befindet, ein starkes Ionisationszentrum. Die Absorption im Nebel muß aber größer als 6^m sein, und seine Masse mehrere hundert Sonnenmassen betragen. Verf. (ü., gek.)

* * **J. Grygar,** A photographic photometry of diffuse objects. Vgl. Ref. **2112**.

13113. **S. Grzędzielski,** Mgławica Krab. Urania Kraków **30** 241—247. — Beschreibung des Crab-Nebels und allgemeinverständliche Hinweise auf die Theorie seines Leuchtens. E. R.

13114. **G. A. Gursadjan,** Über das Leuchten der kometarischen Nebel. Mitt. Obs. Bjurakan Nr. 27 S. 73—121 (russ. mit armen. Ref.). — Es wird zu zeigen versucht, daß viele sich auf die kometarischen Nebel beziehenden Daten dafür sprechen, daß diese Objekte Magnetfelder besitzen, und daß ihren Kernen relativistische Elektronen entströmen. Aller Wahrscheinlichkeit nach unterscheiden sich die kometarischen Nebel von den gewöhnlichen diffusen Nebeln nicht nur durch ihre Form, sondern vor allem durch die in ihnen ablaufenden physikalischen Prozesse und durch den besonderen Charakter ihres Zusammenhangs mit Sternen. — Die einzelnen Hauptergebnisse sind am Ende dieser längeren Untersuchung in 11 Punkten kurz zusammengefaßt. Loh.

* * **J. V. Hindman, C. M. Wade,** The Eta Carinae nebula and Centaurus A near 1400 MHz. I. Observations. Vgl. Ref. **13415**.

13115. **H. M. Johnson,** The spectrum and mass of the 30 Doradus nebula. Publ ASP **71** 425—434 = Mount Stromlo Obs. Repr. Nr. 23. — Das Spektrum von NGC 2070 wurde im Newton-Fokus des 74″-Teleskops mit einem Zeiß-Nebelspektrographen mit UV-Glasprismen gewonnen. 60 Minuten Belichtung auf 103a – O, 298 Å/mm bei Hγ ergaben 15 identifizierbare Emissionen und einen Blend bei λ 4670. — Die Anregung des Nebels liegt zwischen 3 und 4 der Klassifikation nach Aller (wie bei NGC 1976), die Elektronentemperatur ist 14000°, das He/H-Häufigkeitsverhältnis ist 0.13. Unter der Voraussetzung gleichförmiger Dichte liegt die Elektronendichte zwischen 840 und 580/cm^3. Für die gesamte Gasmasse des Nebels werden 5 × 10^6 Sonnenmassen abgeschätzt. Ebl.

* * **S. A. Kaplan,** On cosmic force-free fields. Vgl. Ref. 5111.

* * **A. D. Kusmin, W. A. Udalzow,** An investigation of the polarization of 10-cm radiation of the Crab nebula. Vgl. Ref. **13417**.

13116. **L. Marshall,** Production of the magnetic field of the Crab nebula. Nuovo Cimento (10) **12** 477—482. — Das Magnetfeld des Crab-Nebels, so zeigt Verf., existierte noch nicht vor der Explosion, aus der er hervorging, sondern entstand aus der kinetischen Energie der expandierenden Materie. Die Umwandlung von kinetischer in magnetische Energie hängt dabei 1. von der Entstehung von Stoßwellen in der explodierenden Supernova, 2. vom Eintreten von Ladungstrennungen in den Stoßfronten und 3. von der Existenz feiner geometrischer Unregelmäßigkeiten in der Oberflächenschicht des explodierenden Sterns ab. Eine Feldstärke von 10^{-3} Gauß ist mit einer Elektronendichte von 10^3/cm^3 in den Filamenten verträglich. Loh.

* * **C. H. Mayer, R. M. Sloanaker,** Polarization of the 10-cm radiation from the Crab nebula and other sources. Vgl. Ref. **13418**.

13117. **D. Osterbrock, R. Stockhausen,** Photoelectric photometry of diffuse nebulae. AJ **64** 53. — Ref. AAS.

13118. **D. Osterbrock, E. Flather,** Electron densities in the Orion nebula. II. ApJ **129** 26—43. — Frühere Beobachtungen der Intensitätsverhältnisse verschiedener Linien werden durch neuere Beobachtungen erweitert, und auch die Art der Auswertung wird durch Korrekturen verbessert. Ein schematisches, kugelsymmetrisches Modell des Nebels vermag zwar in groben Zügen die Beobachtungen wiederzugeben, nicht jedoch die Flächenhelligkeit und die Ergebnisse von Radiomessungen. Ein vorläufiges Modell des Nebels wird diskutiert, bei dem die Materie in viele kleine Kondensationen konzentriert ist, so daß nur $^1/_{30}$ des gesamten Volumens von Materie erfüllt ist. Hoe.

13119. **D. E. Osterbrock,** Parallel filamentary structure in diffuse nebulae. Publ ASP **71** 23—27. — Die Filamentstrukturen des Plejaden-Nebels, des Pferdekopf-Nebels IC 434, der Nebel NGC 1499 und S 172 werden diskutiert. Die letzten drei Filamentnebel sind Beispiele, bei denen die ionisierten Gebiete, auf einer Seite von neutralem Material höherer Dichte begrenzt, in Richtung geringerer Dichte expandieren. Der allgemeine Schluß ist der, daß parallele Filamentstruktur in solchen Nebeln auftritt, die durch Ionisation der Frontseite einer Dunkelwolke durch einen Stern außerhalb der Wolke entstehen. Der Mechanismus der Filamentbildung ist noch nicht endgültig bekannt; er könnte aber mit einem Magnetfeld verbunden sein, das nur Bewegungen parallel zur lokalen Richtung des Feldes erlaubt. Ebl.

* * **B. N. Panowkin,** Die Bedeckung des Krebs-Nebels durch die äußere Sonnenkorona. Vgl. Ref. **13422**.

13120. **M. Petit,** Merveilles du ciel: les nébuleuses diffuses. BSAF **73** 75—90.

13121. **N. A. Rasmadse,** Some results of the photometry of the cometary nebula NGC 2261. Bull. Astrophys. Obs. Abastumani Nr. 24 S. 25—29 (russ. mit engl. Ref.). — Im Frühjahr 1957 wurden zahlreiche Aufnahmen dieses Nebels am 70 cm-Meniskusteleskop von Abastumani im Violetten und Gelben durch ein Polaroid gemacht. Photometrische Querschnitte auf den besten Aufnahmen hatten folgende Ergebnisse: 1. Die Helligkeitsstruktur des Nebels ist sehr kompliziert; er ist im Gelben stärker amorph als im Violetten. 2. Die Polarisation im Nebel ist hauptsächlich radial in bezug auf den Nebelkopf. Ihr Mittelwert ist 19%, im Maximum gelegentlich sogar 60%. 3. Zwischen Farbe und Polarisation besteht keine Korrelation. Loh.

13122. **M. P. Savedoff,** The Crab and Cygnus A as gamma ray sources. Nuovo Cimento (10) **13** 12—18. — Der beim Zerfall von Cf^{251} während einer Supernovaexplosion auftretende γ-Strahlungsfluß wird für den Crab-Nebel zu 10^{-2} cm^{-2} sec^{-1} abgeschätzt. Die Extrapolation des visuellen und des Radiostrahlungsflusses lassen zwischen 1 und 2 MeV einen γ-Fluß von 10γ cm^{-2} sec^{-1} möglich erscheinen. Modellrechnungen zufolge müssen aber oberhalb 10 MeV Werte von $7 \times 10^{-5}\,\gamma$ cm^{-2} sec^{-1} als wahrscheinlicher angegesehen werden. Bremsstrahlung und Compton-Streuung führen zu niedrigeren Werten. Wird die Entstehung von Cyg A auf zwei kollidierende Galaxien zurückgeführt, so ergibt sich für den γ-Strahlungsfluß ein kleinerer Wert als der von Morrison angegebene. Henn

* * **I. S. Schklowskij,** Corpuscular emission of early type stars as a possible cause of emission of a nebula in the region 1225—1350 Å. Vgl. Ref. **10513.**

* * **O. B. Slee,** Occultations of the Crab nebula by the solar corona in June 1957 and 1958. Vgl. Ref. **13427.**

13123. **J. Smak,** Wielka Mgławica Oriona. Urania Kraków **30** 206—215. — Populärer Artikel über die physikalischen Eigenschaften der Materie im Orion-Nebel und über die Orion-Assoziation, Hinweis auf die Existenz von 2 Ausreißern (AE Aur und μ Col) des Nebelgebiets und Bemerkung über die Herbig-Haro-Objekte im Nebel. E. R.

13124. **J. Smak,** Jeszcze jedna gwiazda — uciekinier z Mgławicy Oriona. Urania Kraków **30** 300. — Betrifft den als Ausreißer vom Orion-Nebel bekanntgewordenen Stern 53 Ari. E. R.

* * **C. M. Wade,** The Eta Carinae nebula and Centaurus A near 1400 Mc/s. II. Physical discussion of the Eta Carinae nebula. Vgl. **13430.**

13125. **E. B. Weston,** The apparent distribution of faint emission-line and variable stars in galactic nebulae. AJ **64** 55—56. — Ref. AAS.

13126. **O. C. Wilson, G. Münch, E. M. Flather, M. F. Coffeen,** Internal kinematics of the Orion nebula. ApJ Suppl **4** 199—256. — Im Coudé-Fokus des 200″-Reflektors (Mt. Palomar) bei 4.5 Å/mm Dispersion (außerhalb eines inneren Feldes mit 9.2 Å/mm) gemachte Aufnahmen werden verwendet. Einzelheiten über expandierende Teile, Erfüllung des Raums um die Trapez-Sterne mit O, H und Staub werden abgeleitet. Ausführliche Tabellen geben die Resultate. Auf 5 Tafeln werden Beispiele der Spektralaufnahmen wiedergegeben. Dv.

13127. **K. Wurm, L. Rosino,** Monochromatic Atlas of the Orion Nebula. Osservatorio Astrofisico di Asiago, Sternwarte Hamburg-Bergedorf, 1959.

13128. Objekt för amatörteleskopen. PAT **40** 152—154. — Besprechung von einigen wohlbekannten Nebelobjekten und ihrer Sichtbarkeit in kleineren Fernrohren; speziell wird von den Nebeln im Orion gesprochen. C. L. J.

* * Faint variable stars in galactic nebulae. Vgl. Ref. **12122.**

13129. Orion nebula's composition. Sky Tel. **18** 381—382. — Ref. AAS. — Ref. in Urania Kraków **30** 328.

13130. Bewegungsverhältnisse im Orion-Nebelhaufen. Sterne **35** 156—157. — Ref.

§ 132

Planetarische Nebel

13201. **H. Andrillat,** Les nébuleuses planétaires. BSAF **73** 215—225.

13202. **Y. Andrillat,** Recherche de NII dans le noyau de N. G. C. 1501. Ann d'Astrophys **22** 188 = Publ. Obs. Haute-Provence **4** Nr. 33. — Aus den Mikrophotometerkurven des Spektrums von NGC 1501 ergibt sich, daß die N II-Linien in der Umgebung von H_α nicht vorhanden sind. Der Kern dieses planetarischen Nebels scheint ein «reines» WC-Spektrum zu haben. Groth

13203. **S. P. Apriamaschwili,** Neuer planetarischer Nebel. AC Nr. 202 S. 13 (russ.). — $\alpha = 19^h 37^m 15^s$, $\delta = +13° 35'$, 1900.

13204. **G. A. Gursadjan, N. A. Rasmadse,** Polarimetrische Untersuchung des planetarischen Nebels NGC 7026. Mitt. Obs. Bjurakan Nr. 26 S. 19—26 (russ. mit armen. Ref.). — Falls das optische Kontinuum gewisser planetarischer Nebel einen Anteil von Synchrotronstrahlung durch Bremsung relativistischer Elektronen im Magnetfeld enthält (vgl. Ref. **13205**), sollte darin Polarisation senkrecht zu den magnetischen Kraftlinien auftreten. Eine vorläufige Untersuchung des wegen seiner bipolaren Struktur und großen Flächenhelligkeit ausgewählten NGC 7026 ergab einen Polarisationsgrad von 5.3 % unter ungefähr 63° zur magnetischen Achse des Nebels. Petri

13205. **G. A. Gursadjan,** Magnetische Bremsung in planetarischen Nebeln. Mitt. Obs. Bjurakan Nr. 26 S. 59—75 (russ. mit armen. Ref.). — Unter der Annahme magnetisch eingefrorener Kraftlinien wird zunächst qualitativ der differentielle Effekt magnetischer Bremsung eines Nebels in verschiedenen Richtungen zu seinem Dipolfelde behandelt. Je nach dem Charakter des zugrundeliegenden Dipolfeldes kann die Gestalt des Nebels vom Kreis bis zum langgestreckten Rechteck variieren. Sodann werden für einen rechteckigen Nebel Isophoten berechnet, die mit denen von IC 4406 gut verträglich sind. Schließlich wird gezeigt, daß die bei vielen planetarischen Nebeln beobachtete zweite äußere Hülle sehr wohl durch L_α-Strahlungsdruck von der primären Hülle ausgestoßen sein kann, auch wenn dabei ein magnetischer Widerstand zu überwinden war. Petri

13206. **K. G. Henize,** A new planetary nebula NGC 6164—65 (Cederblad 135a, b). AJ **64** 51—52. — Ref. AAS.

13207. **J. S. Jefimow,** Photometry of the planetary nebula NGC 7293. AJ UdSSR **36** 457—460 (russ. mit engl. Ref.). — Der Nebel wurde mit dem 64 cm-Astrographen auf dem Krim-Observatorium aufgenommen ($\lambda_{eff} = 6550$ Å). Die totale Rothelligkeit beträgt $5^m\!.0$. Ein Isophotendiagramm wird gegeben. Je nach der angenommenen Entfernung (Woronzow-Weljaminow oder Schklowskij) beträgt die Elektronendichte 1000 oder 2000 cm^{-3} und die Masse 3.16 oder 0.14 Sonnenmassen. Ond.

13208. **A. Marks,** Mgławica planetarna w Lisie M 27 (NGC 6853). Urania Kraków **30** 330—331. — Beschreibung des planetarischen Nebels in Vulpecula, M 27 = NGC 6853. E. R.

13209. **A. Marks,** Mgławica planetarna w Lutni M 57 (NGC 6720). Urania Kraków **30** 392. — Beschreibung des planetarischen Nebels in Lyra, M 57. E. R.

13210. **A. A. Nikitin,** The investigation of the lines of heavy elements in the spectra of planetary nebulae. AJ UdSSR **36** 778—784 (russ. mit engl. Ref.). — Verf. diskutiert an Hand des Beobachtungsmaterials von 10 planetarischen Nebeln das NIII-Rekombinationsspektrum und leitet für die Übergänge $^3P_2 - {}^3P_1$ und $^3P_2 - {}^3P_0$ Wahrscheinlichkeitskoeffizienten für Quadrupol- und magnetische Dipolstrahlung ab. Oster

13211. **J. P. Pskowskij,** A comparison of the distance scales for planetary nebulae, using the galactic rotation effect. AJ UdSSR **36** 305—310 (russ. mit engl. Ref.). — Aus Radialgeschwindigkeiten für 40 planetarische Nebel näher als 2 kpc werden die Sonnenbewegung und der K-Effekt berechnet. Die Entfernungsskalen von Woronzow-Weljaminow und von Schklowskij werden dann auf folgende Weise verglichen: aus Radialgeschwindigkeiten für 81 Nebel werden die Camm-Funktion und der Parameter A von Oort mit den verschiedenen Entfernungen berechnet, wobei die Nebel in zwei Gruppen ($r_W < r_{Sch}$ und $r_W > r_{Sch}$) eingeteilt werden. Für die Entfernungen nach Woronzow-Weljaminow weichen die A-Werte in beiden Gruppen stark voneinander ab, während sie für die Entfernungen nach Schklowskij gut übereinstimmen. Ein ähnlicher Vergleich mit Berman zeigt, daß auch hier die Entfernungen von Schklowskij vorzuziehen sind. Wenn man für die planetarischen Nebel den sonst üblichen Wert A = 19.5 km/sec/kpc annimmt, muß der Maßstab von Schklowskij 1.5mal verkleinert werden. (Anm.: Einige Zeichen <, > stehen im engl. Ref. umgekehrt). Ond.

13212. **N. A. Rasmadse, R. S. Iroschnikow, E. W. Kotok,** Isophotes of the planetary nebula NGC 6853 in the light λ 3727 [OII]. Bull. Astrophys. Obs. Abastumani Nr. 24 S. 31—33 (russ. mit engl. Ref.). — Den Isophoten liegen Aufnahmen am 70 cm-Meniskusteleskop von Abastumani zu Grunde. Loh.

13213. Large planetary in Norma. Sky Tel. 18 315. — Ref. AAS.

§ 133

Interstellare Materie

* * **R. Ampel,** Interstellar extinction and distribution of stars in the Cassiopeia field. Vgl. Ref. **14401.**

* * **E. Bartl,** Polarisationsmessungen mit lichtstarken Abbildungssystemen. Vgl. Ref. **2302.**

13301. **A. Behr,** Die interstellare Polarisation des Sternlichts in Sonnenumgebung. Nachr. Akad. Wiss. Göttingen Math.-Phys. Kl. 1959 S. 185—240 = Veröff. Univ.-Sternw. Göttingen Nr. 126. — Polarisationsmessungen von 550 Sternen meist näher als 250 pc (differentielle Methode, mittl. Fehler $0^m\!.0005$) werden beschrieben und im Katalog zusammengestellt. Bis zu 25 pc sind die Werte meist kleiner als die mittleren Fehler, jedoch läßt sich statistisch schon hier eine Polarisation erkennen. Zwischen 25 und 250 pc zeigt sich ein Anwachsen der Dichte der polarisierenden Materie, insbesondere der Einfluß der Taurus- und Ophiuchus-Wolken. Die Schwingungsebenen liegen vorwiegend parallel zum lokalen Spiralarm, für dessen Vertex sich die galaktische Länge $l = 30° \pm 5°$ ergibt. Lokale Strukturen in den Plejaden, den Perseus-Assoziationen I und II und — in hoher galaktischer Breite — in Bootes werden näher diskutiert. Voigt

13302. **A. Behr,** Beobachtungen zur Wellenlängenabhängigkeit der interstellaren Polarisation. ZfA **47** 54—58 = Veröff. Univ.-Sternw. Göttingen. Nr. 124. — Von einigen ausgewählten Sternen wurde die Polarisation in drei Farben gemessen. Bei den Sternen γ Cas, ζ Per, ξ Per und ζ Oph wurde eine kleine Abnahme des Polarisationsgrades zu kürzeren Wellenlängen gefunden, während φ And und φ Per ein flaches Maximum im blauen Bereich aufweisen. Sm.

13303. **N. Bel,** Matière diffuse brillante et matière diffuse obscure. BSAF **73** 427—431.

13304. **R. Bouigue,** Sur la mesure photoélectrique de l'absorption interstellaire. CR **248** 2956—2958 = Publ. Obs. Haute-Provence **4** Nr. 45. —

Mit einer Zelle von A. Lallemand wurden photoelektrisch die Farbenindizes B–V von 30 O6–B3-Sternen gemessen. Es zeigt sich eine lineare Beziehung zwischen B–V und den von L. Divan (vgl. AJB **54** Ref. **12510**) bestimmten Quantitäten M_p der interstellaren Absorption, die es gestattet, die interstellare Absorption photoelektrisch zu messen. Die im Orion-Nebel gefundenen Resultate stimmen mit den Schlüssen von L. Divan überein. Gli.

13305. **R. Canavaggia,** Effet de l'absorption interstellaire sur les magnitudes hétérochromes. Interprétation qualitative. Ann d'Astrophys **22** 765—780. — Die bekannte Wirkung einer selektiven Absorption auf eine vorgegebene spektrale Energiekurve wird unter Verwendung der effektiven Wellenlänge in zwei Effekte zerlegt: die monochromatische Schwächung der Intensität an der Stelle dieser Wellenlänge und die Modifikation der Kurve selbst. Ho.

13306. **R. Canavaggia,** Effet de l'absorption interstellaire sur les magnitudes hétérochromes. CR **248** 774—776. — Es wird eine sehr allgemeine qualitative Deutung des interstellaren Absorptionseffekts auf heterochrome Helligkeiten gegeben und eine Bemerkung über die effektive Frequenz gemacht. Verf. (ü.)

13307. **L. Davis jr.,** The color dependence of the polarization of starlight. ZfA **47** 59—66. — Es wird die Theorie der Wellenlängenabhängigkeit der interstellaren Polarisation untersucht. Es ergibt sich, daß ein Maximum des Polarisationsgrades zu erwarten ist, während bei sehr großen und sehr kurzen Wellenlängen die Polarisation gering ist. Es scheint Übereinstimmung mit den Beobachtungen von Behr zu bestehen. Sm.

13308. **T. Dunham,** The space between the stars. J. Astr. Soc. Victoria **12** 39—42.

* * **W. G. Fessenkow,** New results of the investigation of interplanetary and interstellar space. Vgl. Ref. **9510**.

13309. **W. G. Fessenkow,** Neues über die Untersuchung des interstellaren und interplanetaren Mediums. Priroda **48** Nr. 2 S. 4—7 (russ.).

* * **R. E. Gerschberg, W. I. Pronik,** On the theory of Strömgren's zones. Vgl. Ref. **5202**.

13310. **M. Golay,** Etude de l'absorption interstellaire dans une région obscurcie du Cygne. Arch. Sci. Genève **11** 373—389 = Publ. Obs. Genève (A) Fasc. 57, 1958. — Das untersuchte Gebiet ist NB 144 und Umgebung. Die Messung der Sternhelligkeiten erfolgte mit dem photoelektrischen Photometer am 120 cm-Teleskop von Haute-Provence. Die Helligkeiten wurden an das UVB-System angeschlossen. Ausführliche Kataloge sind beigegeben. Die Dunkelwolke setzt in etwa 850 pc Entfernung ein, die Farbenexzesse schwanken zwischen 0^m30 und 0^m65. In der Umgebung der Wolke, zu der auch die offenen Sternhaufen NGC 6871 und 6883 gehören, ist die interstellare Absorption uneinheitlich. Loh.

13311. **S. Grzędzielski,** Remarks concerning the hypothetical dependence of p/A_V on galactic latitude. AA **9** 25—28 = Astr. Obs. Warsaw Univ. Repr. Nr. 82. — Es wird gezeigt, daß die galaktische Breitenabhängigkeit des Verhältnisses zwischen interstellarer Polarisation und Extinktion kein realer Effekt ist, sondern durch die größere Depolarisationswahrscheinlichkeit in der Nähe des galaktischen Äquators vorgetäuscht wird. Sm.

13312. **S. Grzędzielski,** Pierwsze obserwacje mgławic w dalekim ultrafiolecie. Urania Kraków **30** 257—258. — Referat der in AJB **58** Ref. **12214** zitierten Arbeit. E. R.

13313. **R. N. Ichsanow,** The investigation of absorption in a region of the Milky Way with the center $\alpha = 20^h 16^m$, $\delta = +42°30'$. Mitt. Astrophys. Obs. Krim **21** 257—267 (russ. mit engl. Ref.). — Auf Grund von Normalfarben der Sterne des unter Ref. **10427** zitierten Katalogs, wird die selektive Absorption in einem Gebiet bei γ Cygni untersucht. Da die Absorption stark unregelmäßig ist, wird die Abhängigkeit des CE von der Entfernung in acht Teilgebieten gesondert bestimmt. Die Abhängigkeiten unterscheiden sich deutlich. Perek

* * **G. M. Idlis, G. M. Nikolskij,** The diffuse medium in globular clusters. Vgl. Ref. **14210**.

* * **C. Iwaniszewska,** Badanie struktury Drogi Mlecznej w wybranych polach. Pole w gwiazdozbiorze Sagitta. Vgl. Ref. **14420**.

* * **H. M. Johnson,** H_α emission between the Magellanic Clouds. Vgl. Ref. **14567**.

13314. S. A. Kaplan, I. A. Klimischin, On the correlation between the observed difference of the degree of interstellar polarization and the angular distance of the corresponding points on the celestial sphere. AJ UdSSR **36** 370—371 (russ. mit engl. Ref.). — Zwischen der Differenz des Polarisationsgrades eines Sternpaares und ihrer scheinbaren Entfernung besteht eine Korrelation, die vielleicht durch die turbulente Natur interstellarer Magnetfelder erklärt werden kann. Loh.

13315. T. A. Kotschlaschwili, On the absorption of light in the direction to the centre of the Galaxy. Bull. Astrophys. Obs. Abastumani Nr. 24 S. 85—90 (russ. mit engl. Ref.). — Verf. berichtigt die Ergebnisse seiner früheren Arbeit (vgl. AJB **58** Ref. **9418**) nach der Methode von Torondshadse. Dabei wird auf die diskrete Struktur der absorbierenden Materie und auf die Fehler in Bestimmung der Farbenexzesse und Distanzmoduln Rücksicht genommen. Perek

13316. W. Krzemiński, Photoelectric polarization measurements of 23 stars with known interstellar λ 4430 band intensities. AA **9** 231—237 = Astr. Obs. Warsaw Univ. Repr. Nr. 93. — Verf. hat mit einem photoelektrischen Photometer am 65 cm-Refraktor der Sternwarte Belgrad Messungen zur Untersuchung der Beziehung zwischen der Polarisation des Lichts von 23 Sternen im Orion-Spiralarm und der Intensität des interstellaren Bandes λ 4430 durchgeführt. E. R.

13317. W. Krzemiński, Fotoelektryczne pomiary polaryzacji światła gwiazd o znanych szerokościach równoważnych międzygwiazdowego pasma λ 4430. Postępy Astr. **7** 287. — Verf. hat an der Sternwarte Belgrad lichtelektrisch die Polarisation des Lichtes von Sternen gemessen, deren Äquivalentbreiten des interstellaren Bandes bei 4430 Å bekannt sind. E. R.

13318. H. Lambrecht, K.-H. Schmidt, Über die relative Häufigkeit einiger Komponenten des interstellaren Mediums. Wiss. Z. Friedrich-Schiller-Univ. Jena (Math.-Naturwiss.) 8 1—4 = Mitt. Univ.-Sternw. Jena Nr. 40. — Es wird die früher empirisch gefundene Beziehung zwischen der Dichte des interstellaren Staubes und des neutralen Wasserstoffs auf größere Staubdichten ausgedehnt, wobei einige von Bok untersuchte Dunkelwolken betrachtet werden. In gleicher Weise wird eine Beziehung zwischen der Dichte des neutralen interstellaren Natriums und des HI ermittelt. Sm.

13319. L. O. Lodén, Ricerche sulla polarizzazione della luce stellare. Atti Convegni Astr. Venezia Napoli 1959 S. 116—121.

13320. L. O. Lodén, Den interstellära polarisationen som avståndskriterium. PAT **40** 111—118. — Populär gehaltene Beschreibung der vom Verf. angefangenen Arbeit über einen möglichen Zusammenhang zwischen Polarisation und Entfernungsmodul. Es scheint, daß ein solcher Zusammenhang innerhalb kleiner Felder vorhanden ist. Verf. gibt auch eine kurze Zusammenstellung der Versuche, die interstellare Polarisation physikalisch zu erklären. C. L. J.

* * **G. A. Manowa,** Newly detected emission stars in Orion. Vgl. Ref. **10444**.

13321. **A. Opolski, J. Krawiecka,** Additional note to the nomogram for the correcting of star distances for interstellar absorption. AA **9** 9 = Wrocław Astr. Obs. Repr. Nr. 14. — Verf. teilen mit, daß sie von Strassl darauf aufmerksam gemacht wurden, daß das in AA **7** 194, 1957 (vgl. AJB **57** Ref. 12512) veröffentlichte Nomogramm dem in Nr. 36 (1949) der Veröffentlichungen der Univ. Sternw. Bonn (vgl. AJB **49** Ref. 132) dargestellten sehr ähnlich ist. E. R.

13322. **A. G. Pacholczyk,** Statistical investigations of the polarization of starlight in the Milky Way. Part I. On the ratio of polarization to absorption in different spiral arms of the Galaxy. AA **9** 17—24 = Astr. Obs. Warsaw Univ. Repr. Nr. 75. — Eine statistische Untersuchung der Polarisationsmessungen von Hiltner und van P. Smith zeigt, daß das Verhältnis zwischen interstellarer Polarisation und Extinktion für die entfernteren Spiralarme größer ist als für die näheren. Daraus ergibt sich, daß die Polarisation vorwiegend in den weniger dichten Wasserstoffgebieten zwischen den Spiralarmen hervorgerufen wird. Sm.

13323. **A. G. Pacholczyk,** Statistical investigations of the polarization of starlight in the Milky Way. II. Interstellar λ 4430 band and polarization of starlight. AA **9** 90—103 = Astr. Obs. Warsaw Univ. Repr. Nr. 85. — Die bis 1958 vorliegenden Beobachtungen der Äquivalentbreite W_λ der λ 4430-Absorption werden auf ein einheitliches System reduziert. Der zwischen W_λ, der visuellen interstellaren Absorption A_V und der interstellaren Polarisation bestehende statistische Zusammenhang wird mittels Korrelationsrechnung untersucht. Um die auf das galaktische Magnetfeld zurückgeführte Abhängigkeit der Polarisation von der galaktischen Länge l zu eliminieren, werden anstelle der Polarisationsgrade p die mit dem Stokeschen Parameter $Q = 10^3 \cdot p \cdot \cos 2 (\vartheta - \bar{\vartheta})$ gebildeten reduzierten Parameter $\tilde{Q} = 2Q/(1 + \cos 2 (112° - l))$ berechnet. Es wird gezeigt, daß von den drei zwischen A_V, W_λ und $\tilde{Q}$ paarweise bestehenden Korrelationen die zwischen W_λ und $\tilde{Q}$ nur mittelbar durch Vermittlung von A_V besteht. Nach physikalischer Erörterung der Größe Q/W_λ wird gezeigt, daß ihre bei verschieden weit entfernten Sternen beobachteten Werte wie auch die $\tilde{Q}/W_\lambda$ der Erwartung entsprechen, wobei beide für den Perseus-Arm der Milchstraße systematisch größer sind als für den näheren Orion-Arm. Damit bestätigen sich die vom Verf. früher aus den p/A_V-Werten gezogenen Folgerungen vollends, da die Q/W_λ und die p/A_V entgegengesetzten Auswahleffekten ausgesetzt sind. Gü.

13324. **A. G. Pacholczyk,** Międzygwiazdowe pasmo λ 4430 a polaryzacja światła gwiazd. Postępy Astr. **7** 125—131. — Verf. berichtet über seine Arbeit, in welcher er die Korrelation zwischen interstellarer Polarisation und der Intensität des Bandes λ 4430 untersucht hat. Diese Korrelation ist gut, und sie wächst noch, wenn der Effekt der Spiralstruktur des galaktischen magnetischen Feldes in Betracht gezogen wird. Eine genauere Analyse zeigt jedoch, daß kein direkter Zusammenhang zwischen Polarisation und der Intensität des Bandes λ 4430 besteht, sondern daß derselbe nur durch Korrelation zwischen Polarisation und Absorption einerseits und zwischen Absorption und der Intensität des Bandes λ 4430 andererseits verursacht wird. Es wurde auch das Ergebnis einer früheren Arbeit des Verf. bestätigt, daß das Verhältnis des Polarisationsgrades zur Absorption größer ist für Gebiete mit kleinerer Dichte des interstellaren Gases (vgl. Ref. 13322, 13323). Ond.

13325. **S. B. Pickelner,** Physik des interstellaren Mediums. Moskau, Verlag Akad. Wiss. UdSSR, 1959. 216 S. Preis 3 R. 40 Kop. (russ.).

13326. **S. B. Pickelner, I. S. Schklowskij, G. S. Iwanow-Cholodny,** On possible mechanisms of emission of discrete galactic objects in the spectral region 1225—1350 Å. AJ UdSSR **36** 264—268 (russ. mit engl. Ref.). — Verf.

diskutieren die bisher vorgeschlagenen Mechanismen zur Erklärung der Raketen- und Satellitenbeobachtungen über Emissionen im Wellenlängengebiet 1225—1350 Å, welche offenbar von diskreten Quellen in der Milchstraße ausgesandt werden. Im allgemeinen ergeben sich theoretisch zu niedrige Intensitäten. Eine starke Quelle in Virgo läßt sich durch die Anwesenheit von HII-Regionen in der Nachbarschaft heißer Sterne erklären. Oster

13327. **S. Piotrowski,** Materia międzygwiazdowa. Urania Kraków **30** 201—206, 247—254. — In diesem allgemein verständlichen Aufsatz über die interstellare Materie und die sich in ihr abspielenden physikalischen Prozesse weist Verf. auf die flockenartige Struktur der interstellaren Materie und auf die interstellare Polarisation des Sternlichtes sowie auf die zur Zeit an der Universitäts-Sternwarte Warszawa (Warschau) in Gang befindlichen Untersuchungen hin. E. R.

* * **I. I. Pronik,** An investigation of a region in the Milky Way with the center l = 343°, b = 0°. Vgl. Ref. **14430**.

* * **J. B. Rogerson, L. Spitzer, J. D. Bahng,** A high-dispersion photoelectric spectrophotometer. Vgl. Ref. **2348**.

13328. **A.-M. Rozis-Saulgeot,** Sur les régions très ionisées de la matière interstellaire. CR **248** 650—653 = Contr. Inst. d'Astrophys. Paris (A) Nr. 248. — Es wird hier eine Parallele zwischen den Eigenschaften der stark ionisierten Regionen der interstellaren Materie und den supraleitenden Eigenschaften der Metalle bei sehr tiefen Temperaturen gezogen. Diese Analogie führt zu einer ziemlich neuen Beschreibung gewisser Regionen der interstellaren Materie. Verf. (ü.)

13329. **A.-M. Rozis-Saulgeot,** Influence du rougissement interstellaire sur la contribution des raies de Balmer aux magnitudes photoélectriques. CR **249** 42—43 = Contr. Inst. d'Astrophys. Paris (A) Nr. 253. — Der Einfluß der interstellaren Rötung auf den differentiellen Beitrag der Balmer-Linien zu den Größen U, B des UBV-Systems wird untersucht. Dabei zeigt sich, daß die Größen ΔU, Δ(U−B) und ΔB linear von der Masse M der rötenden Materie abhängen. Zwischen M = 0 und M = 1 variiert Δ (U−B) von 0^m17 bis 0^m35, für einen A0-Stern. J. P. M.

13330. **C. Schalén,** The interstellar reddening in Cygnus. Ark Astr **2** 359—378 = Lund Medd. (1) Nr. 193. — Verf. dehnte seine spektralphotometrischen Untersuchungen des Kontinuums früher Sterne im Cygnus mittels Objektivprismenaufnahmen im Spektralgebiet $\lambda\lambda$ 3900—6350 in ein Feld um γ Cygni aus, wobei die Leuchtkraft wieder aus Hγ und Hδ bestimmt wurde. Deutliche Abweichungen des Verfärbungsgesetzes von seiner normalen Form wurden hier nicht gefunden. Die Frage eines allgemeingültigen Verfärbungsgesetzes wird erneut diskutiert. Gü.

13331. **H. Scheffler,** Methodik und Ergebnisse bei der Ermittlung der Verteilung des interstellaren Staubes. Wiss. Z. Humboldt-Univ. Berlin (Math.-Naturwiss.) **8** 641—649 = Mitt. Astrophys. Obs. Potsdam Nr. 81. — Die Methoden zur Gewinnung der räumlichen Verteilung des interstellaren Staubes lassen sich in zwei Gruppen aufspalten: Methoden, deren Ziel die Ableitung der individuellen Strukturen der Staubverteilung ist und Methoden, die auf der Grundlage der statistischen Behandlung des Staubmediums als Ganzes zur Ermittlung der statistischen Charakteristiken dieser Verteilung dienen. Unter Verlagerung des Hauptgewichtes auf die noch in der Entwicklung befindliche zweite Auffassung des Problems, werden Methoden und Ergebnisse in ihrem Zusammenhang kritisch beschrieben und diskutiert. Aus der Diskussion bisher vorliegender Untersuchungen der Winkelkorrelation der Flächenhelligkeit der Milchstraße ergibt sich die Notwendigkeit eines neuen stochastischen Modells für die räumliche Staubverteilung. Es wird ferner gezeigt, daß die vorliegenden, scheinbar widerspruchsvollen Ergebnisse über die Verteilung der Wolkenabsorptionen miteinander verträglich sind. Verf.

* * **I. S. Schklowskij,** Corpuscular emission of early type stars as a possible cause of emission of a nebula in the region 1225—1350 Å. Vgl. Ref. **10513.**

13332. **K. Serkowski,** Polaryzacja światła gwiazd. Postępy Astr. **7** 145—179. — Der Artikel ist die erste Hälfte einer Übersicht über die Polarisation des Sternlichts. Zuerst werden die Parameter von Stokes eingeführt und die Lichtstreuung betrachtet. Ferner werden die Methoden photoelektrischer Polarisationsmessung beschrieben und die Genauigkeit der photoelektrischen und photographischen Messungen verglichen. Der letzte Abschnitt ist der Polarisation des Lichtes durch orientierte Teilchen des interstellaren Staubes gewidmet. Ond.

13333. **K. Serkowski,** Polaryzacja światła gwiazd. II. Postępy Astr. **7** 243—262. — Der Artikel ist die zweite Hälfte einer Übersicht über die Polarisation des Sternlichts (1. Teil vgl. Ref. **13332**). Für den Verteilungsparameter F werden theoretische Formeln gegeben, die zur Diskussion des Orientierungsmechanismus der Staubteilchen dienen können. Die Theorie von Davis und Greenstein wird ausführlich besprochen und auch andere Orientierungsmechanismen werden erwähnt. Ferner werden die Fluktuationen des interstellaren magnetischen Feldes und die Abhängigkeit der Polarisation von den galaktischen Koordinaten und von der interstellaren Absorption besprochen. Ond.

13334. **J. L. Sérsic,** The H II regions as distance indicators. Obs **79** 54—56. — Verf. beschreibt eine Methode, um aus dem Winkeldurchmesser oder der scheinbaren Helligkeit von H II-Regionen in außergalaktischen Nebeln deren Entfernung zu bestimmen. Gü.

13335. **B. M. Ševarlić,** La matière cosmique obscure et l'importance de son étude. Vasiona **7** 29—31 (serb.-kroat.).

13336. **S. Sharpless,** A catalogue of H II regions. ApJ Suppl **4** 257—279 = U. S. Naval Obs. Repr. Nr. 7. — Ref. in ApJ **131** 247. — Der Katalog enthält Ort, Durchmesser, Form, Struktur und Helligkeit von 313 H II-Regionen nördlich von −27°, sowie bekannte Sterne frühen Typs, die mit ihnen in Zusammenhang stehen. Die scheinbare Verteilung der H II-Regionen wird diskutiert und ein galaktischer Pol bezüglich des ionisierten Wasserstoffs abgeleitet, der sich merklich vom Lund-Pol und dem I. A. U.-Pol (21 cm-Linie) unterscheidet. Voigt

* * **L. Spitzer jr., F. R. Zabriskie,** Interstellar research with a spectroscopic satellite. Vgl. Ref. 18108.

13337. **O. Struve,** Interstellare Materie. Sternenbote **2** 94—100.

13338. **A. F. Torondshadse, A. S. Chatissow,** An investigation of the interstellar absorption on the base of the color-excess data for the longperiod Cepheids. Bull. Astrophys. Obs. Abastumani Nr. 24 S. 97—108 (russ. mit engl. Ref.). — Eine Formel zur Berechnung der Absorption wird unter der Voraussetzung einer gleichmäßigen Verteilung der absorbierenden Materie abgeleitet. Das Verhältnis der selektiven zur totalen Absorption wird dabei als veränderlich angenommen. Die Methode wird auf die Farbenexzesse der Cepheiden angewendet. Perek

13339. **A. F. Torondshadse,** The nomogram and the sliding-rule for the cosmic absorption determination. Bull. Astrophys. Obs. Abastumani Nr. 24 S. 109—116 (russ. mit engl. Ref.).

13340. **A. F. Torondshadse,** On the application to the absorption calculation of the empirical law of the absorbing medium density distribution normally to the galactic plane. Bull. Astrophys. Obs. Abastumani Nr. 24 S. 117—122 (russ. mit engl. Ref.). — Die Verteilung der absorbierenden Materie in der z-Richtung wird abgeleitet. Es wird gezeigt, daß diese empirische Kurve zur Konstruktion eines Nomogramms zur Berechnung der Absorption benutzt werden kann. Perek

13341. **A. F. Torondshadse,** On the law of absorbing medium density distribution perpendicularly to the galactic plane. Bull. Astrophys. Obs. Abastumani Nr. 24 S. 123—128 (russ. mit engl. Ref.). — Eine Formel für die Verteilung der absorbierenden Materie in der z-Richtung wird unter folgenden Voraussetzungen abgeleitet: Die Verteilung war ursprünglich vom Gaußschen Typus, die Anziehungskraft ist proportional z und die Anzahl der Partikel nimmt ab, da aus der absorbierenden Materie Sterne entstehen. Perek

13342. **A. F. Torondshadse,** Über den Betrag der neutralen Absorption in der Galaxis. Mitt. Akad. Wiss. Georg. SSR **21** 417—420, 1958 (russ.). — Ref. in RJ UdSSR 1960 Nr. 8 S. 37.

13343. **T. A. Uranowa,** Light absorption in a region in the rift of the Milky Way. AJ UdSSR **36** 740—743 (russ. mit engl. Ref.). — Es folgt aus einem Vergleich von photometrischen Daten mit trigonometrischen und spektroskopischen Parallaxen, daß in Aquila eine absorbierende Wolke vorkommt, die 400 pc dick ist und sich von 200 bis 1200 pc Entfernung erstreckt. Die Absorption beträgt 1^m/kpc, aber nahe der galaktischen Ebene zwischen 200 und 440 pc Entfernung sogar 6^m/kpc. Perek

13344. **J. Warzée,** Distance et pouvoir absorbant d'une nébuleuse obscure. Bull. Cl. Sci. Acad. roy. Belgique (5) **45** 1063—1077. — Darlegung einer einfachen Methode, die es gestattet, aus dem Wolf-Diagramm Entfernung und Absorptionsvermögen eines Dunkelnebels abzuleiten. Dabei wird angenommen, daß die Sterne gemäß der allgemeinen Leuchtkraftfunktion nach van Rhijn verteilt sind und daß die Sterndichten im Raum dem Gesetz von Seeliger genügen, d. h. daß log A(m) sich durch eine Gerade darstellen läßt. Zwei Tabellen erleichtern die Anwendung der Methode, die an einem numerischen Beispiel erläutert wird. Verf. (ü.)

* * **B. Westerlund,** An infrared survey of a region in Aquila. Vgl. Ref. **14437.**

* * **B. Westerlund,** An infrared survey of a region in Cygnus. Vgl. Ref. **14438.**

* * Interstellare Materie in der Praesepe. Vgl. Ref. **14154.**

§ 134

Radioquellen

13401. **G. P. Apuschkinskij, J. N. Parijskij,** Observations of the Crab nebula with the large radio telescope of the Pulkovo Observatory. AJ UdSSR **36** 739—740 (russ. mit engl. Ref.). — Im September 1958 wurden bei λ 3 cm mit einer Auflösung von $2' \times 20'$, Empfindlichkeit von 0°2 und Zeitkonstanten von 2.5 sec 4 Durchgänge des Crab-Nebels beobachtet. Halbwertsbreite und Gesamterstreckung des Objekts in Ost-Westrichtung wurden zu $3'\!.4 \pm 0'\!.1$ und $<6'$ bestimmt. Die erhaltene Kurve verläuft, in Übereinstimmung mit Messungen bei λ 75 cm, im Westen weniger steil als im Osten. Der Schwerpunkt liegt bei α (1950) $= 5^h\,31^m\,29^s\!.5 \pm 1^s$. Petri

13402. **J. Basinski, B. J. Bok, K. Gottlieb,** Optical identification of southern radio sources. Mt. Stromlo Obs. Repr. Nr. 17, 9 S. — Vortrag aus IAU Symposium Nr. 9.

13403. **A. Boischot,** L'éclipse coronale de la nébuleuse du Crabe observée sur 169 MHz. Ann d'Astrophys **22** 901—912. — Es werden Beobachtungen der Bedeckung des Krabben-Nebels durch die Sonnenkorona in den Jahren 1957 und 1958 beschrieben, die mit dem Interferometer in Nançay bei der Wellenlänge von 177 cm ausgeführt wurden. Bei Annäherung an die Sonne zeigt sich eine starke Vergrößerung des Durchmessers der Radioquelle bis auf mehr als das dreifache des normalen Wertes. Der Einfluß der Sonnenkorona macht sich dabei schon mindestens bei 15 Sonnenradien Abstand vom Sonnenzentrum bemerkbar. Eine Ortsänderung der Radioquelle ist nicht festzustellen, hingegen eine Zunahme der Flußdichte um 50%. Beim Vergleich mit früheren Beobachtungen ist zu berücksichtigen, daß der Aktivitätszustand der Sonne eine wesentliche Rolle spielt. Im übrigen läßt sich die Beobachtung einerseits durch eine Diffusion, veranlaßt durch Inhomogenitäten innerhalb der Korona erklären, und andererseits durch eine Refraktion in der Korona. Erstere ist für die Vergrößerung schon bei großen Abständen verantwortlich, letztere für die Erhöhung der Flußdichte. H. M.

13404. **M. W. Broten, M. J. Medd,** Absolute flux measurements of radio sources at 9.37 centimeters. AJ **64** 324. — Ref. AAS.

13405. **G. R. Burbidge,** Estimates of the total energy in particles and magnetic field in the non-thermal radio sources. ApJ **129** 849—852. — Es wird für eine Reihe von galaktischen und auch außergalaktischen Radioquellen die Gesamtenergie = Partikelenergie + Magnetische Feldenergie der Quelle unter der Annahme berechnet, daß die beobachtete Radiostrahlung auf dem Synchrotronstrahlungsmechanismus beruht. Dabei werden die beiden Fälle unterschieden, daß 1. die Gesamtpartikelenergie gleich der Energie der strahlenden Elektronen ist, und 2. daß im wesentlichen die Partikelenergie von den Protonen getragen wird, die erst sekundär die strahlenden Partikel erzeugen. Thi.

13406. **B. F. Burke, J. W. Firor jr.,** Transit observations at 405 MHz. AJ **64** 325. — Ref. AAS.

13407. **R. D. Davies, R. C. Jennison,** Red-shift absorption spectrum of the Cygnus-A radio source. Nature **184** 803—804 = Astr. Contr. Univ. Manchester (2) Jodrell Bank Repr. Nr. 202. — Neue Untersuchungen zu der von A. E. Lilley und E. F. McClain (vgl. AJB **56** Ref. **12652**) mitgeteilten Absorption neutralen Wasserstoffs im 21 cm-Wellenlängenbereich mit einer Fluchtgeschwindigkeit von 16800 km/sec wurden mit dem 250 ft-Teleskop von Jodrell Bank ausgeführt. Der kosmologisch bedeutsame Effekt, daß die Rotverschiebung auch im Radiogebiet mit dem gleichen Wert wie im optischen Bereich auftritt, wird im Gegensatz zu Lilley und McClain nicht bestätigt. Dv.

* * **J. J. Eaton, J. D. Kraus,** A map of the Cygnus region at 915 megacycles per second. Vgl. Ref. **14464**.

13408. **D. O. Edge, J. R. Shakeshaft, W. B. McAdam, J. E. Baldwin, S. Archer,** A survey of radio sources at a frequency of 159 MHz. Mem RAS **68** 37—60. — Ref. in MN **119** 580. — Mit dem Cambridger 4-Antennen-Interferometer wurden bei 159 MHz die Positionen und Strahlungsdichten von 471 Radioquellen im Gebiet $-22° < \delta < +71°$ bestimmt. Für die helleren Quellen ergaben sich auch Anhaltspunkte über die Winkeldurchmesser, die beim größeren Teil dieser Quellen kleiner als 6′ waren. Die meisten Quellen sind zwar isotrop verteilt, aber die intensivsten zeigen eine Konzentration zur galaktischen Ebene. Ferner ist ein Überschuß an Radioquellen in der Region angezeigt, wo der Gürtel der Hintergrundstrahlung die galaktische Ebene bei $l = 0°$ kreuzt. Bei dem Vergleich der Häufigkeitsverteilung der gemessenen Strahlungsdichten mit derjenigen Verteilung, die theoretisch bei gleichförmiger Verteilung der Quellen im Raum zu erwarten ist, stellt sich ein Defizit von mehr intensiven Quellen heraus. Verf. (ü.)

13409. **B. Elsmore, M. Ryle, P. R. R. Leslie,** The positions, flux densities and angular diameters of 64 radio sources observed at a frequency of 178 MHz. Mem RAS **68** 61—67. — Ref. in MN **119** 580. — Bei der Frequenz 178 MHz wurden Position, Strahlungsdichte und Winkeldurchmesser von 64 Radioquellen zwischen den Deklinationen +65° und −6° gemessen. Diese Beobachtungen schaffen ein System von Referenzquellen und können für spätere optische Identifizierungsversuche nützlich sein. Die durchschnittlichen wahrscheinlichen Fehler der 64 Positionen sind $\pm 1^s.5$ in α und $\pm 1'.5$ in δ. Die optische Identifizierung von 6 der Quellen wurde durch diese Beobachtungen bestätigt. Stu.

13410. **P. Espinosa Blanco,** La radioastronomía. El Universo **13** 177—181.

13411. **B.-H. Grahl, W. Priester,** Eine Messung der Position der Radioquelle Sagittarius A. ZfA **47** 50—53 = Mitt. Univ.-Sternw. Bonn Nr. 21. — Viele Gründe sprechen dafür, daß die Radioquelle Sgr A im Zentrum unserer Milchstraße liegt und deshalb als Nullpunkt für ein neues galaktisches Koordinatensystem prädestiniert ist. In Verbindung mit einer umfangreichen Untersuchung über die Einstellgenauigkeit des Bonner Radioteleskops wurde die Position bei 1419 MHz neu bestimmt zu $\alpha = 17^h 43^m 7^s.9 \pm 4^s.0$ und $\delta = -28° 57'.9 \pm 1'.0$ für 1958.0. HHR

13412. **G. A. Harrower,** Distance and density of cosmic radio sources. AJ **64** 334. — Ref. AAS.

13413. **C. Hazard, D. Walsh,** An expermimental investigation of the effects of confusion in a survey of localized radio sources. MN **119** 648—656. — Mit verschiedenartigen Radioempfangsanlagen (Mills'cross und Interferometer) wurden zum Teil sich überlappende Himmelsgebiete nach diskreten Radioquellen durchmustert. Der Vergleich der Ergebnisse miteinander ergab beträchtliche Unstimmigkeiten, die hauptsächlich auf Irrtümer bei der schwierigen Auswertung der Messungen zurückzuführen sein dürften. Auf Grund dieses Vergleiches konnte abgeschätzt werden, bis zu welcher «Quellendichte» eine Empfangsanlage noch zuverlässig arbeitet. Es zeigte sich, daß der Grenzwert praktisch bei einer Dichte von einer Quelle pro 25 Antennenkeulen-Querschnitten liegt. Eine Anwendung auf die genannten Durchmusterungen ergab, daß die Sydneyer Mills'cross-Messungen — im Gegensatz zur Cambridge 2C-Durchmusterung — frei von ernstlichen Irrtümern sind. HHR

* * **H. L. Helfer, H. E. Tatel,** A 21-cm survey around the Pleiades. Vgl. Ref. 14126.

13414. **W. A. Hiltner,** Polarization of the Cassiopeia radio source. ApJ **129** 856—858 = Contr. McDonald Obs. Nr. 298. — Mit einem 2.10 m-Spiegelteleskop wurde vergeblich versucht, durch photoelektrische Messungen Besonderheiten in der Polarisation bei der Radioquelle Cas A zu entdecken. Es ergab sich vielmehr, daß eine starke Polarisation sehr wahrscheinlich nicht vorhanden ist. Die Ergebnisse der Polarisationsbeobachtungen stehen nicht im Widerspruch zu denen der Entfernungsbestimmung, die für die Radioquelle eine Entfernung von 2 bis 3 kpc ergab. HHR

13415. **J. V. Hindman, C. M. Wade,** The Eta Carinae nebula and Centaurus A near 1400 MHz. I. Observations. Australian J. Phys. **12** 258—269 = Division Radiophys. C. S. I. R. O. Chippendale. — Zur Bestimmung der allgemeinen physikalischen Eigenschaften des sehr südlich gelegenen Nebels Eta Car wurden mit einem Radioteleskop (mit Parabolantenne von 11 m ⌀, entsprechend einer Winkelauflösung von 1°.4) die Flußdichte und die Helligkeitsverteilung auch bei 1400 MHz gemessen. Der Nebel erwies sich als nahezu symmetrisch mit sehr hellem Zentrum; die gesamte Flußdichte beträgt 5.8×10^{-24} W m^{-2} Hz^{-1} $\pm$ 20%. Mit demselben Radioteleskop wurde auch die Cen A-Quelle beobachtet, deren zentraler Teil mit dem Sternsystem NGC 5128 identisch zu sein scheint. Die bereits bei größeren Wellenlängen gefundene große Ausdehnung der Quelle wurde bestätigt; bei 1400 MHz beträgt der Durchmesser in Deklination 7° und in A. R. etwa 3°. Der zentrale Teil der Quelle trägt nur mit etwa 23% zu der bei 1400 MHz ermittelten gesamten Flußdichte von 1.3×10^{-23} W m^{-2} Hz^{-1} $\pm$ 20% bei. Ein deutliches Nebenmaximum wurde bei $\alpha \approx 13^h 21^m$ und $\delta \approx -44°.7$ festgestellt. HHR

13416. **R. C. Jennison, V. Latham,** The brightness distribution within the radio sources Cygnus A (19N4A) and Cassiopeia A (23N5A). MN **119** 174—183. — Bei interferometerischen Messungen der Helligkeitsverteilung an diskreten Radioquellen führte die Vernachlässigung des Phasenwinkels der Fourier-Transformierten zu Mehrdeutigkeiten. Mit einem Ost-West-Interferometer, das außer der Amplitude auch die Phase zu messen erlaubt, wird die Helligkeitsverteilung der Quellen Cyg A und Cas A bei 127 MHz ermittelt. Bei Cyg A wird das Vorhandensein zweier Komponenten bestätigt, wobei die vorangehende etwas heller als die folgende ist. Die Verbindungslinie beider Zentren hat einen Positionswinkel von 97° und ist 82″ lang, während der Durchmesser der Quelle bei 187° relativ klein ist. Bei Cas A, einer nahezu rotationssymmetrischen Quelle, wurde ein schwacher Ausläufer in der Nähe des Positionswinkels 90° festgestellt und wahrscheinlich eine schwache Randerhellung beim Rumpf der Quelle. HHR

13417. **A. D. Kusmin, W. A. Udalzow,** An investigation of the polarization of 10-cm radiation of the Crab nebula. AJ UdSSR **36** 33—40 (russ. mit engl. Ref.). — Verf. hat mit Hilfe eines 31 m-Radioteleskops die Polarisation der Radiostrahlung des Krabben-Nebels bei 9.6 cm Wellenlänge gemessen. Nach einer kurzen Diskussion instrumenteller Eigenschaften wird über die Meßergebnisse berichtet. Der Polarisationsgrad beträgt $3 \pm 0.5\,\%$, ist also kleiner als der im Optischen ermittelte Wert. Soweit sich bisher überblicken läßt, ist dies der depolarisierenden Wirkung des interstellaren Mediums und gewisser Nebelpartien zuzuschreiben. Der Positionswinkel $142 \pm 5°$ fällt praktisch mit der Richtung der Längserstreckung des Nebels zusammen. Loh.

* * **W. G. Malumjan,** Observations of the central region on the Galaxy on the λ 33.3 wave length with the aid of the GAO large radiotelescope. Vgl. Ref. **14475**.

13418. **C. H. Mayer, R. M. Sloanaker,** Polarization of the 10-cm radiation from the Crab nebula and other sources. AJ **64** 339. — Ref. AAS.

13419. **R. X. McGee, J. D. Murray,** Neutral hydrogen gas in the Taurus-Orion region observed with a multichannel 21 cm line receiver. Australian J. Phys. **12** 127—133 = Division Radiophys. C. S. I. R. O. Chippendale. — Beschreibung eines 48-Kanal-Empfängers für die 21 cm-Linie, der die Registrierung des gesamten Profils in etwa 2 min erlaubt und somit für Überdeckungsarbeiten besonders geeignet ist. Erste Beobachtungen des rund 3500 Quadratgrad großen Taurus-Orion-Komplexes mit dieser Apparatur lassen vermuten, daß eine einzige große Wolke oder zusammenhängende Assoziationen neutraler Wasserstoffwolken praktisch den ganzen Bereich überdecken. Voigt

13420. **E. G. Mirsabekjan,** Eine Methode zur Bestimmung der Koordinaten kosmischer Radioquellen mit hoher Genauigkeit. Mitt. Obs. Bjurakan Nr. 27 S. 31—34 (russ. mit armen. Ref.).

13421. **G. Münch, L. Münch,** On the distance of the Cassiopeia radio source. ApJ **129** 854—856. — Die Radioquelle Cas A wurde mit einem galaktischen Nebel von eigenartiger Struktur identifiziert, dessen Entfernung aus der Eigenbewegung und der Radialgeschwindigkeit zu 540 ± 150 pc bestimmt wurde. Andererseits ergaben Radiobeobachtungen von Absorptionserscheinungen in der 21 cm-Linie eine Mindestentfernung von etwa 3 kpc, wobei vorausgesetzt wurde, daß die Bewegung des interstellaren Gases nicht durch die Quelle selbst beeinflußt wird. Zur direkten Klärung der Verhältnisse sollte eine Untersuchung der Farbenexzesse bei Sternen dienen, die im Gebiet der Radioquelle liegen. Diese Untersuchung ergab eine Entfernung von etwa 2 kpc in guter Übereinstimmung mit der aus der gemessenen Radialgeschwindigkeit eines (vor der Quelle liegenden) Vergleichssternes ermittelten. Die Ergebnisse der beschriebenen Untersuchungen stützen somit anscheinend die Entfernungsbestimmung mit Hilfe des 21 cm-Linienprofils. HHR

13422. **B. N. Panowkin,** Die Bedeckung des Krebs-Nebels durch die äußere Sonnenkorona. Priroda 48 Nr. 6 S. 125 (russ.).

13423. **J. N. Parijskij,** Observation of the Sagittarius-A source of radiowaves with a high resolution. DAN **129** 1261—1263 (russ.). — Im April 1959 wurde die Radioquelle Sgr A mit dem Radioteleskop in Pulkowo auf den Wellenlängen 3.2 und 9.4 cm mit einem Auflösungsvermögen 1!1 × 40′, bzw. 3!7 × 120′ beobachtet, wobei eine Feinstruktur der Quelle entdeckt wurde. Ein Detail vom Durchmesser 3′, d. h. etwa 6 pc ($\alpha_{1958.0} = 17^h 43^m 08^s\!.8 \pm 0^s\!.3$) kann als dichter Gaskern der Galaxis angesehen werden, welcher von einer nichtthermischen Quelle umgeben ist. Der genannte Kern entspricht dem von Baade 1958 entdeckten Kern (2″5 × 1″5, d. h. 8 × 5 pc) von M 31. Seine Elektronendichte ist größer als 500 cm^{-3}, die Masse 10^4 Sonnenmassen. Beobachtungen auf der Welle 21 cm werden vorbereitet. Ond.

13424. **W. Pletschkow, W. Rasin,** Note on the measurements of radio emission from Cassiopeia A. MN **119** 72.

13425. **G. Reber,** Radio interferometry at three kilometers altitude above the Pacific Ocean. J. Geophys. Res. **64** 287—303.

* * **M. S. Roberts,** A search for neutral atomic hydrogen in globular clusters. Vgl. Ref. **14226**.

13426. **B. Rowson,** Angular diameter measurements of the radio sources Cygnus (19N4A) and Cassiopeia (23N5A) on a wavelength of 10.7 cm. MN **119** 26—33 = Astr. Contr. Univ. Manchester (2) Jodrell Bank Repr. Nr. 179. — Mit einem speziellen Interferometer für 2800 MHz, dessen zwei Antennen (Parabolreflektoren von 7.5 bzw. 3 m ⌀) eine Keulenbreite von 1° bzw. 2°5 haben, lassen sich Durchmesser von Radioquellen bei einer Basis bis zu 3400 λ Länge (in beliebiger Richtung) bestimmen. Bei den Quellen Cassiopeia A und Cygnus A wurden die Durchmesser in zwei aufeinander senkrecht stehenden Richtungen bestimmt. Dabei ergab sich, daß Cas A um 0 bis 25 % kleiner ist als bei Meterwellen, jedoch ebenfalls rotationssymmetrisch und ohne Feinstruktur. Bei Cyg A wurde zunächst der Positionswinkel der Nebenachse zu 19° ± 2° bestimmt. Es ergaben sich ferner zwei voneinander getrennte Emissionszentren, deren Größe mit der Frequenz zunimmt. HHR

* * **M. P. Savedoff,** The Crab and Cygnus A as gamma ray sources. Vgl. Ref. **13122**.

13427. **O. B. Slee,** Occultations of the Crab nebula by the solar corona in June 1957 and 1958. Australian J. Phys. **12** 134—156 = Division Radiophys. C. S. I. R. O. Chippendale. — Es werden Beobachtungen beschrieben, die in den Jahren 1957 und 1958 von der Bedeckung des Krabben-Nebels durch die Sonnenkorona bei der Frequenz 85.5 MHz angestellt worden sind. Als Aufnahmeapparaturen dienten ein großes Mills-Kreuz, der eine Arm eines Mills-Kreuzes und ein Interferometer. Jedes dieser Systeme besitzt seine eigenen Vorteile in Hinblick auf die störenden Interferenzen durch die Sonne, so daß durch die Kombination der Resultate der drei Instrumente eine eindeutige Interpretation zu erhoffen war. Es zeigt sich, daß eine reine Streuung an Elektronen keine befriedigende Darstellung liefert, man muß vielmehr dazu eine reguläre Brechung von der gleichen Größenordnung annehmen und außerdem noch große Unregelmäßigkeiten der Elektronendichten in ausgedehnten Bereichen. Auch kurzzeitige Änderungen innerhalb der Korona, die den Durchgang der radiofrequenten Strahlung merklich beeinflussen und die wahrscheinlich durch Störungen von aktiven Stellen auf der Sonne verursacht sind, sind nachzuweisen. H. M.

13428. **G. M. Towmassjan,** Über die Beobachtung punktförmiger Radioquellen. Sitzber. Armen. SSR **28** Nr. 1 S. 3—6 (russ. mit armen. Ref.). — Ref. in RJ UdSSR 1960 Nr. 3 S. 43.

13429. **H. Tunmer,** The relation of cosmic radio emission to the electronic component of cosmic rays. MN **119** 184—193. — Mit großer Wahrscheinlichkeit wird die nicht-thermische kosmische Radiostrahlung hauptsächlich durch relativistische Elektronen in schwachen Magnetfeldern erzeugt (Synchrotronmechanismus). Da das Energiespektrum der kosmischen Ultrastrahlung dem dieser relativistischen Elektronen sehr ähnlich ist, darf angenommen werden, daß die Elektronen durch Zusammenstöße der Primärstrahlung mit der interstellaren Materie entstehen. Zum Beweis dieser Annahme wird zunächst der theoretisch zu erwartende Verlauf des Radiospektrums erörtert. Die Untersuchung des Energiespektrums der Elektronen zeigt, daß es in seinen verschiedenen Teilen durch verschiedenartige Verluste (Ionisation, Brems- und Synchrotronstrahlung) bestimmt wird. Ein Vergleich mit den Beobachtungen ergibt eine gute Übereinstimmung und läßt Rückschlüsse auf die physikalischen Bedingungen im Innern der verschiedenartigen Radioquellen zu. HHR

13430. **C. M. Wade,** The Eta Carinae nebula and Centaurus A near 1400 Mc/s. II. Physical discussion of the Eta Carinae nebula. Australian J. Phys. **12** 418—429 = Division Radiophys. C. S. I. R. O. Chippendale. — Ein Vergleich der 1400- und der 85.5 MHz-Beobachtung führt auf eine Elektronentemperatur von 10000° ± 1000° für den Carina-Nebel. Bei einer (optisch bestimmten) Entfernung von 1400 pc ergibt sich für das innere Kerngebiet (24′ Durchmesser) eine Dichte von 71 Ionen/cm³ und für die äußere Hülle (2° Durchmesser) 11 Ionen/cm³. Die Gesamtmasse beträgt nicht mehr als 25000 $M_\odot$. Vermutlich sind mehrere O-Sterne nötig, um die Ionisation des Nebels aufrecht zu erhalten. Voigt

13431. **C. M. Wade,** The extended component of Centaurus A. Australian J. Phys. **12** 471—476 = Division Radiophys. C. S. I. R. O. Chippendale. — Die ausgedehnte Komponente (≈ 75 % der Gesamtstrahlung) der Radioquelle Cen A (IAU 13S4A, identifiziert mit NGC 5128, ein sphärischer Nebel mit starkem Absorptionsgürtel) ist mit 20 Quadratgrad zu groß, um als normale Halostrahlung angesehen zu werden. Sie besteht, wie sich nach Subtraktion der Kernkomponente (25 %) des optisch sichtbaren Nebels ergibt, aus zwei Anteilen, deren Zentren 2°7 voneinander entfernt sind. In einem Vergleich mit Cyg A werden die Ähnlichkeiten (Dimensionen) und Unterschiede (Strahlungsintensität) gegenübergestellt. Voigt

* * **K. C. Westfold,** The polarization of synchrotron radiation. Vgl. Ref. 5121.

§ 135

Kosmische Strahlung

13501. **H. Aizu, Y. Fujimoto, S. Hasegawa, M. Koshiba, I. Mito, J. Nishimura, K. Yokoi, M. Schein,** Heavy nuclei in the primary cosmic radiation at Prince Albert, Canada. I. Carbon, nitrogen, and oxygen. Phys. Rev. (2) **116** 436—444. — Das Energie- und Ladungsspektrum der kosmischen Strahlung wurde in einer Höhe von 120000 Fuß bei 61° N geomagnetischer Breite untersucht. Es wurden Energiemessungen an C, N und O-Kernen mit Energien bis zu 1 BeV/Nukleon ausgeführt. Das Spektrum zeigt ein breites Maximum bei 550 MeV/Nukleon. Verschiedene Möglichkeiten zur Erklärung des Spektrums werden diskutiert. Groth

13502. **K. I. Alexejewa, N. L. Grigorow,** Heavy nuclei flux in the primary cosmic radiation at a geomagnetic latitude of 31° N. J. Experim. Theoret. Phys. **37** 380—388 (russ.). — Engl. Übersetzung in Soviet Phys. JETP **37** 271—277. — Ref. in Phys. Abstr. (A) **63** 933.

13503. **H. R. Anderson,** Sudden increase of cosmic-ray intensity. Phys. Rev. (2) **116** 461—462. — Ein plötzlicher Anstieg der Intensität der kosmischen Strahlung um 30% in einer Atmosphärenhöhe, welche 80 g/cm² entsprach, wurde 1958 Okt 16 in Bismarck, Nord-Dakota beobachtet. Eine zu gleicher Zeit in Neuseeland ausgeführte Messung zeigte keinen Anstieg der Intensität. Groth

13504. **F. Bachelet, P. Balata, A. M. Conforto, N. Iucci, G. Marini,** The cosmic ray storm of May 11, 1959. Nuovo Cimento (10) **13** 1055—1059. — Ref. in Phys. Abstr. (A) **63** 262.

13505. **E. Bagge, O. Binder,** Eine lunare Intensitätsschwankung der kosmischen Strahlung und ihr Ursprung. Naturwissenschaften **46** 424.

13506. **S. P. Baliga, T. Thambyahpillai,** The apparent sidereal daily variation of cosmic ray intensity during the recent sunspot minimum. Phil. Mag. (8) **4** 973—984.

13507. **W. M. Bjakow, R. G. Awalow,** Die Beschleunigung der kosmischen Strahlung in einem fluktuierenden Magnetfeld. J. Experim. Theoret. Phys. **35** 1181—1184, 1958 (russ. mit engl. Ref.). — Ref. in RJ UdSSR 1959 Nr. 11 S. 35.

13508. **H. Carmichael, J. F. Steljes,** Unusual cosmic-ray fluctuations on July 17 and 18, 1959. Phys. Rev. Letters **3** 392—394. — Ref. in Phys. Abstr. (A) **63** 132.

13509. **R. E. Danielson,** Geomagnetic measurements on heavy primary cosmic radiation near the equator. Phys. Rev. (2) **113** 1311—1322. — Die Winkelverteilung der primären kosmischen Strahlung mit Ladungen $Z \geq 6$ wurde in der Nähe des geomagnetischen Äquators gemessen. Die beobachtete Verteilung kann gut beschrieben werden, wenn man annimmt, daß das Erdmagnetfeld an der Oberfläche das Feld eines Dipols im Erdzentrum ist. Die Grenzwerte des Störmerschen Hauptkegels am Äquator werden zur Berechnung eines integralen Energiespektrums benutzt, von welchem angenommen wird, daß es umgekehrt proportional der α-ten Potenz der gesamten Energie pro Nukleon ist. Für α ergibt sich der Wert 1.82. Groth

13510. **A. Dattner, D. Venkatesan,** Anisotropies in cosmic radiation. Tellus **11** 239—248. — Verf. diskutieren die Anisotropie der kosmischen Strahlung außerhalb des geomagnetischen Feldes und bringen sie mit verschiedenen Prozessen im interplanetaren Gas in Beziehung. Besondere Aufmerksamkeit wird dem Einfluß des Dichtegradienten in der Verteilung der kosmischen Strahlung, der Erdbahnbewegung und der Bewegung des interplanetaren Gases im Sonnensystem gewidmet. Verf. (ü.)

13511. **N. A. Dobrotin,** Cosmic ray studies by means of artificial earth satellites. Priroda **48** Nr. 1 S. 57—64 (russ.). — In dieser allgemeinverständlichen Darstellung der bisherigen Ergebnisse berichtet Verf. nach einigen Erläuterungen zum Begrifflichen über die Abhängigkeit der relativen Intensität der kosmischen Strahlung von der Höhe (bis zu 700 km) und der Teilchenzahl von der geomagnetischen Breite, über den Verlauf der Isokosmen und die Häufigkeit schwerer Kerne. Abschließend wird über den van Allenschen Strahlungsgürtel berichtet. Loh.

13512. **H. Erbe,** Auswirkung der Variationen der primären kosmischen Strahlung auf die Mesonen- und Nukleonenkomponente am Erdboden. Mitt. Max-Planck-Inst. Aeronomie Nr. 2, 36 S. — Zwischen Herbst 1956 und Ende 1957 wurde von Weissenau aus bei acht Ballonaufstiegen die kosmische Strahlung in großen Höhen registiert. Die Meßergebnisse von sieben Flügen zeigen, daß unter normalen Umständen zwischen der relativen Schwankung der kosmischen Strahlung in verschiedenen Höhen eine lineare Beziehung besteht. Das Schwankungsverhältnis nimmt mit wachsender Höhe zu. Die Variation der Nukleonenkomponente und der Mesonen verhält sich zur Änderung der Primärstrahlung so, wie die Breiteneffekte dieser Komponenten. Aus dieser Beziehung läßt sich die

Änderung des Primärspektrums errechnen. Sie entspricht einer Modulation durch Schwankungen des elektrostatischen Potentials der Erde und ihrer Umgebung gegenüber dem fernen Raum. Bei zwei Aufstiegen wurde in großen Höhen zusätzliche Strahlung registriert, die vermutlich solaren Ursprung hat. Bei einem Flug wurde ein Effekt beobachtet, der sich durch die Annahme erklären läßt, daß die Sonde durch eine radioaktive Wolke flog, die sich von 18 bis etwa 29 km Höhe ausdehnte. Verf.

13513. **A. G. Fenton, K. G. McCracken, D. C. Rose, B. G. Wilson,** Transient decreases in cosmic ray intensity during the period October 1956 to January 1958. Canadian J. Phys. **37** 569—578.

13514. **A. G. Fenton, K. G. McCracken, D. C. Rose, B. G. Wilson,** The onset times of Forbush-type cosmic ray intensity decreases. Canadian J. Phys. **37** 970—982. — Verf. werten Messungen von plötzlichem, Tage andauerndem Absinken der kosmischen Höhenstrahlungsintensität aus. Dabei stellt sich zunächst heraus, daß die Einsatzzeiten bei voneinander genügend entfernten Stationen merklich differieren. Aus der Auswertung folgt, daß der im einzelnen unbekannte Mechanismus, der für den Intensitätsschwund verantwortlich ist, eine deutliche räumliche Asymmetrie gegenüber der Verbindungslinie Erde — Sonne zeigt, und zwar derart, daß die Depression zunächst für Partikel eintritt, welche zwischen 30 und 120° W von der Linie Erde — Sonne eintreffen. Oster

13515. **P. S. Freier, E. P. Ney, C. J. Waddington,** Lithium, beryllium, and boron in the primary cosmic radiation. Phys. Rev. (2) **113** 921—927. — Das Ladungsspektrum der kosmischen Strahlung wurde in höheren Atmosphärenschichten als bisher gemessen. Die leichten Elemente geben einen merklichen Beitrag zur Anzahl aller Kerne mit $Z \geq 3$ in der primären kosmischen Strahlung. Nach der Reduktion ergeben sich außerhalb der Atmosphäre folgende Werte (Teilchen/m^2 steradian): Li, Be, B (L-Kerne) 1.9 ± 0.3, C, N, O, F (M-Kerne) 5.1 ± 0.5, $Z \geq 10$ (H-Kerne) 1.7 ± 0.3. Groth

13516. **P. S. Freier, E. P. Ney, C. J. Waddington,** Flux and energy spectrum of cosmic-ray α particles during solar maximum. Phys. Rev. (2) **114** 365—373. — Der Fluß der primären kosmischen α-Teilchen wurde während des Maximums der Sonnenaktivität 1957 über verschiedenen Gebieten gemessen. Die Anzahl der einfallenden Teilchen war erheblich kleiner als zur Zeit des Sonnenfleckenminimums. Das Energiespektrum zwischen 200 und 3000 MeV/Nukleon wurde bestimmt. Es zeigte sich, daß die Neigung des integralen Spektrums geringer war als während des Aktivitätsminimums. In einem Anhang wird die Bestimmung der Teilchenenergie aus der Messung ihrer Ionisation behandelt. Groth

13517. **A. Fréon, J. Berry, J.-P. Coste,** Sur les variations récurrentes d'intensité du rayonnement cosmique primaire en période de maximum d'activité solaire. CR **248** 674—677. — Registrierungen der Intensitätsschwankungen der kosmischen Neutronen seit Oktober 1956 auf der Sternwarte des Pic du Midi und seit Juli 1957 auf den Kerguelen zeigen seit Beginn der Beobachtungen und im Verlauf von wenigstens 20 Sonnenrotationen die Existenz einer Variation mit der konstanten Periode von 27.35 ± 0.1 mittleren Sonnentagen und einer maximalen Amplitude von 2.2 % im Oktober 1957. Verf. (ü.)

13518. **S. Hayakawa, M. Koshiba,** Origin of cosmic rays revealed in the rigidity spectrum of primary particles. Progr. Theoret. Phys. **21** 473—475. — Verf. diskutieren Möglichkeiten, nach denen das beobachtete Spektrum durch Zusammenwirkung eines Beschleunigungs- und eines Absorptionsprozesses zustande kommt, die z. B. in den Atmosphären der Riesen und Überriesen ablaufen könnten. V. W.

13519. **S. Hayakawa, K. Ito, Y. Terashima,** Origin of cosmic rays. Suppl. Progr. Theoret. Phys. Nr. 6 S. 1—92, 1958. — Ref. in Phys. Abstr. (A) **63** 38.

13520. **R. C. Haymes,** High altitude neutron intensity diurnal variation. Phys. Rev. (2) **116** 1231—1237. — Verf. beschreibt zwei Ballon-Testflüge, welche im September 1958 auf einer geomagnetischen Breite von 41° N durchgeführt wurden. Die Ballons erreichten etwa 30 km Höhe und trugen BF_3-Neutronenzähler. Die Meßdaten sind ausführlich dargestellt. Es zeigte sich, daß seit 1954 die Intensität der langsamen Neutronenstrahlung um etwa 12 % abgenommen hat, wobei der wesentliche Beitrag zu dieser Abnahme von Teilchen mit niedrigsten Energien stammt. Bemerkenswert war auch ein scharfer Anstieg der Neutronenintensität kurz vor Sonnenaufgang, der etwa 25 Minuten anhielt und dessen Herkunft unklar ist. Danach zeigten sich keine merklichen Intensitätsschwankungen. Oster

13521. **E. W. Hones jr.,** Antiparticles in space. Phys. Rev. Letters **2** 509—510. — Ref. in Phys. Abstr. (A) **62** 1119.

13522. **P. L. Jain,** Nuclear interaction of heavy primary cosmic radiation. Nuovo Cimento (10) **13** 839—848.

13523. **P. L. Jain, E. Lohrmann, M. W. Teucher,** Energy spectrum of the heavy nuclei in the cosmic radiation between 7- and 100-BeV/nucleon. Phys. Rev. (2) **115** 654—659. — Das Energiespektrum schwerer Kerne der kosmischen Strahlung wurde zwischen 7 und 100 BeV/Nukleon erhalten. Die Energieverteilung der Gruppen von Kernen mit verschiedener Ladungszahl ($6 < Z < 9$; $Z \geq 10$) stimmen innerhalb der Fehlergrenzen überein. Das integrale Energiespektrum ist von der Gestalt $N(> E) \sim E^{-1.6 \pm 0.15}$. Die Flußwerte für die Kerne verschiedener Ladung am geomagnetischen Äquator werden angegeben. Das integrale Energiespektrum von α-Teilchen wird für Energien größer als 1500 BeV/Nukleon durch das gleiche Potenzgesetz dargestellt. Groth

13524. **M. Johnson,** Cosmic ray exchanges between galactic halo and centre. Obs **79** 109—111. — Verf. vertritt die Auffassung, daß im Kern der Milchstraße «weiche» kosmische Strahlung entsteht, die nur an den Stellen den Kern verlassen kann, an denen die Spiralarme aus dem Kern herauskommen. Die kosmische Strahlung wird von Magnetfeldern in den Spiralarmen nach außen geführt und gelangt in den Halo, wo sie in Wolken von sehr geringer Dichte (große freie Weglängen!) weiter beschleunigt wird, so daß sie schließlich ein «Gas» mit einer Dichte von 10^{-29} g cm^{-3} und einer Temperatur von $10^{12\circ}$ bildet. Diese Vorstellungen stützen sich vor allem auf neuere radioastronomische Ergebnisse. Die Frage, ob ein Teil der harten kosmischen Strahlung durch Diffusion nach dem Zentrum zurückkehrt, bleibt noch offen. O. G.

13525. **J. E. Kasper,** The earth's simple shadow effect on cosmic radiation. Nuovo Cimento Suppl. (10) **11** 1—26. — Die Arbeit betrifft eine Untersuchung des Schatteneffektes der Erde auf die kosmische Strahlung. Mit einer IBM 704 wurden etwa 550 Bahnen geladener Partikel berechnet. Die sich daraus ergebenden Schattenkegel unterscheiden sich von denen, die Schremp berechnet hat. Letztere müssen fehlerhaft sein. B. C.

13526. **P. J. Kellogg, M. Schwartz,** Theoretical study of the cosmic ray equator. Nuovo Cimento (10) **13** 761—768.

* * **E. W. Kolomejez,** Kleine Effekte solarer Eruptionen und das Energiespektrum der primären Variationen der kosmischen Strahlung. Vgl. Ref. **6639.**

13527. **P. L. Marsden, Q. N. Begum,** The solar diurnal variation of the intensity of the nucleonic component of the cosmic radiation. Phil. Mag. (8) **4** 1247—1254. — Die Untersuchung erstreckt sich auf die Jahre 1954—58. Zusammen mit Ergebnissen, über die kürzlich berichtet wurde, zeigt die Untersuchung, daß die Richtung der Anisotropie, die die tägliche Variation verursacht, im wesentlichen konstant geblieben ist, und zwar 60 bis 70° östlich der Verbindungslinie Erde — Sonne. Ausgenommen ist das Jahr 1954, in dem sich die Richtung plötzlich verlagert hatte und westlich der Verbindungslinie Erde — Sonne lag. Die Amplitude der täglichen Welle zeigt eine beträchtliche Variation, die mit der planetarischen Amplitude der magnetischen Aktivität A_p enger korreliert ist als mit den relativen Sonnenfleckenzahlen. Loh.

13528. **F. B. McDonald, W. R. Webber,** Proton component of the primary cosmic radiation. Phys. Rev. (2) **115** 194—205.

13529. **P. Meyer,** Primary cosmic-ray proton and Alpha-particle intensities and their variation with time. Phys. Rev. (2) **115** 1734—1741. — Bei einer Reihe von Ballonaufstiegen wurden die Flüsse der primären Protonen und α-Teilchen der kosmischen Strahlung untersucht. Die lang- und kurzperiodischen Änderungen der Intensitäten werden ausführlich diskutiert. Der absolute Fluß von α-Teilchen mit Energien größer als 560 MeV/Nukleon außerhalb der Atmosphäre wurde mehrfach gemessen. Groth

13530. **T. Murayama,** Cosmic ray data and variations of W Orionis. AAVSO Abstr. May 1959 S. 5—6. — Die vom Ort $\alpha = 5^h\,0^m$, $\delta = 0°$ ausgehende kosmische Strahlung ist nicht nur intensiver als die von anderen Stellen des Himmels, sondern auch noch veränderlich, und zwar ziemlich synchron mit dem Lichtwechsel des dort befindlichen Veränderlichen W Ori. Loh.

13531. **T. Murayama,** The point source of the cosmic rays and its relation to the variable star W Ori. Astr. Herald **52** 188 (japan.). — Bericht über Untersuchungen an der Nagoya Univ.

13532. **H. V. Neher,** Change of cosmic rays in space. Nature **184** 423—425. — Nach 3 verschiedenen Methoden wird für die Zahl der Primärpartikel der kosmischen Strahlung für den magnetischen Nordpol für das Jahr 1954 (Sonnenfleckenminimum) im Mittel 0.27 par · $cm^{-2} \cdot sec^{-1} \cdot sterad^{-1}$ gefunden, während für das Sonnenfleckenmaximumjahr 1958 nur 0.047 par · $cm^{-2} \cdot sec^{-1} \cdot sterad^{-1}$ beobachtet werden konnte. Die Ursache dieses gewaltigen Unterschiedes ist nicht bekannt. Thi.

13533. **K. W. Ogilvie, M. M. Winn,** Evidence for cosmic ray energy spectrum changes during a Forbush decrease. Nature **184** 888—889.

13534. **A. I. Ohl,** Die Intensitätsvariationen der kosmischen Strahlung während magnetischer Stürme mit plötzlichem und allmählichem Anfang. Sonnendaten 1959 Nr. 2 S. 68—71 (russ.). — Die Unterschiede zwischen magnetischen Stürmen mit plötzlichem und allmählichem Anfang werden an dem unterschiedlichen Gang der Mesonenintensität und der Neutronenkomponente der kosmischen Strahlung illustriert. Perek

13535. **C. F. Powell,** Die Entstehung der kosmischen Strahlungsteilchen hoher Energie. Phys. Blätter **15** 433—445. — Ins Deutsche übertragener Vortrag von der dritten Tagung der Nobelpreisträger für Physik am 1. Juli 1959. Inhalt: 1. die Bedeutung der kosmischen Strahlung, 2. Das Wesen der kosmischen Strahlung, 3. Das Ladungsspektrum der kosmischen Strahlung, 4. Ursprung und Vorgeschichte der kosmischen Strahlung.

13536. **V. Sarabhai, R. Palmeira,** North-south anisotropy and anticipatory increase of intensity associated with the cosmic-ray storm of February 11, 1958. Nature **184** 1204—1207.

13537. **E. Schopper,** Elementarteilchen in der kosmischen Strahlung. Naturwissenschaften **46** 290—295.

13538. **M. Schwartz,** Penumbra and simple shadow cone of cosmic radiation. Nuovo Cimento Suppl. (10) **11** 27—58. — Verf. erweitert frühere Untersuchungen über den Hauptkegel und die Penumbra der Erde auf größere geomagnetische Breiten (30°—50°). Die Ergebnisse stimmen mit den Messungen Wincklers und Andersons gut überein und beweisen, daß die Rechnungen Schremps fehlerhaft sind. B. C.

13539. **Y. Sekido, S. Yoshida, Y. Kamiya,** Point source of cosmic rays in Orion. Phys. Rev. (2) **113** 1108—1114. — Ref. in Urania Kraków **30** 390—391. — Verf. finden eine neue Quelle für kosmische Strahlung bei $\alpha = 5^h\,15^m$, $\delta = 0{,}^\circ 5$ mit Teleskopen von Geiger-Müller-Zählern. Die Intensität der Quelle liegt im Mittel etwa 10 % über der Intensität der Hintergrundstrahlung. Der mittlere Impuls der Primärteilchen beträgt 280 GeV/c, falls es sich um Protonen handelt. Groth

13540. **S. F. Singer, R. C. Wentworth,** Cosmic-ray measurements in the vicinity of planets and some applications. I. Primary cosmic radiation. J. Geophys. Res. **64** 1807—1813. — Die Veränderlichkeit der Intensität der primären kosmischen Strahlung wird in Abhängigkeit von der Entfernung von einem Dipol in seiner Äquatorebene berechnet. Die Ergebnisse werden in allgemeiner Form angegeben und dann speziell auf den Mond angewandt. Auf Anwendungen, insbesondere der Bestimmung der Magnetfelder des Mondes und der Planeten, wird hingewiesen. Loh.

13541. **S. F. Singer,** On the origin of the charge spectrum of the primary cosmic radiation. Nuovo Cimento Suppl. (10) **12** 120—121. — Ergänzung zu einer früheren Veröffentlichung des Verf. in Nuovo Cimento Suppl. (10) **8** 548—555 (vgl. AJB **58** Ref. **1172**).

13542. **J. F. Steljes,** Day to day analysis of the cosmic ray diurnal wave in 1958. Nuovo Cimento (10) **13** 857—863.

* * **B. Trumpy,** Magnetic and cosmic ray storms. Vgl. Ref. **7626**.

* * **H. Tunmer,** The relation of cosmic radio emission to the electronic component of cosmic rays. Vgl. Ref. **13429**.

* * **D. Venkatesan,** Solar activity and transient decreases in cosmic-ray intensity. Vgl. Ref. **6553**.

13543. **D. Venkatesan, A. Dattner,** Long term changes in the daily variation of cosmic ray intensity. Tellus **11** 116—129. — Verf. untersuchen die Messungen der kosmischen Strahlung in verschiedenen Stationen des Zeitraums 1937—1955. Die tägliche Variation stellt sich als weltweite Erscheinung heraus, und ergibt so die Anisotropie der primären Strahlung und ihre Korrelation mit solarer und geomagnetischer Aktivität. Verf. (ü.)

13544. **C. J. Waddington,** The study of cosmic ray variations with nuclear emulsions. Nuovo Cimento (10) **14** 1205—1216.

13545. **R. van der Walt,** The relation between cosmic-ray intensity and geomagnetic activity during periods of high and low solar activity. Nuovo Cimento (10) **13** 936—943. — Für die Zeit von Juni 1957 bis August 1958 wurden die Phasenbeziehungen zwischen den Intensitätsschwankungen der kosmischen Strahlung und der geomagnetischen Aktivität untersucht. Die Ergebnisse zeigen einen deutlichen Unterschied in der Beziehung für Perioden hoher und geringer Sonnenaktivität. Es wird vermutet, daß dieser Unterschied dem häufigeren Auftreten von starken Forbush-Abnahmen in Zeiten maximaler Sonnenaktivität zuzuschreiben ist. Henn

13546. **O. B. Young, F. W. Zurheide,** Primary heavy cosmic rays near the geomagnetic equator. Nuovo Cimento (10) **14** 90—98.

13547. **O. B. Young, H. Y. Chen,** Heavy primary cosmic rays at geomagnetic latitude of 41°N. Phys. Rev. (2) **115** 1719—1721. — Es wurden bei 9 Ballonaufstiegen bei einer geomagnetischen Breite von 41° N in Höhen zwischen 70000 und 100000 Fuß die Primärteilchen ($Z \geq 10$) der kosmischen Strahlung beobachtet. Es werden die Ladungsspektren, die Flüsse, die mittleren freien Weglängen und die Winkelverteilung angegeben. Groth

XV. Sternsysteme

§ 141

Offene Sternhaufen, Bewegungshaufen

* * **A. Alksnis,** Zvaigžņu attīstība. Vgl. Ref. **10519.**

14101. **G. Alter, H. Sawyer Hogg, J. Ruprecht, V. Vanýsek,** Catalogue of Star Clusters and Associations. Supplement I. Appendix BAC zu Vol. **10** Nr. 3, 16 S. — Zu dem 1958 erschienenen Katalog der Sternhaufen und Assoziationen (vgl. AJB **58** Ref. **12101**) werden einige Berichtigungen gegeben. Ferner werden neue Objekte aufgeführt, und in einer dritten Liste sind für eine größere Anzahl der Katalogobjekte neue Daten mit Quellenangaben zusammengestellt. Gli.

14102. **A. N. Argue,** Note on correlations in the deviations of magnitudes of stars in clusters. Obs **79** 151—153. — Im Anschluß an eine Arbeit von Reddish (vgl. AJB **58** Ref. **12137**) wird auf zwei systematische Fehler der photographischen Photometrie des Sternhaufens M 67 (vgl. AJB **55** Ref. **12112**) hingewiesen. Mav.

14103. **H. Arp,** Southern hemisphere photometry VII. The color-magnitude diagram of NGC 330 and the adjoining region of the Small Magellanic Cloud. AJ **64** 254—258 = Publ. Goethe Link Obs. Nr. 36. — Ref. in Sternenbote **3** 82—83. — Der der kleinen Magellanschen Wolke angehörende galaktische Sternhaufen NGC 330 ähnelt bezüglich der Helligkeiten seiner Sterne h und χ Persei, zeigt aber nach den photoelektrischen Beobachtungen des Verf. (V, B) ein sehr abweichendes Farben-Helligkeitsdiagramm, in dem die roten Überriesen zahlreicher und blauer sind und die Hertzsprung-Lücke enger ist. Auch hier erscheint zwischen der oberen Hauptsequenz und den Überriesen eine Lücke von 1^m. Die Unterschiede werden wieder auf eine verschiedene chemische Zusammensetzung der jungen Sterne zurückgeführt. Das Farben-Helligkeitsdiagramm der umgebenden Feldsterne läßt nur ungefähr halb so viele Sterne vom Kugelhaufentyp erkennen wie die Umgebung von NGC 419, was auf verschieden weit fortgeschrittene Sternbildung in beiden Gebieten der Wolke hinzuweisen scheint. Ein Veränderlicher wurde in NGC 330 gefunden. Gü.

* * **H. Arp, A. Sandage, C. Stephens,** Cepheids in galactic clusters. IV. DL Cas in NGC 129. Vgl. Ref. **12308.**

14104. **N. M. Artjuchina, P. N. Cholopow,** Stellar density distribution in the region of h and χ Persei. AJ UdSSR **36** 1007—1021 (russ. mit engl. Ref.). — Als Beobachtungsmaterial dienten Sternzählungen an einer Aufnahme einer Gegend von $6 \times 6°$ um den Haufen mit einem Breitwinkelastrographen von 23 cm Durchmesser, 1 : 10. Die interstellare Absorption scheint die beobachteten Dimensionen und die Form nicht zu beeinflussen. Die Struktur beider Kerne ist ähnlich der von M 37. Beide Kerne sind von einer ausgedehnten Korona von rund 75×50 pc umgeben. Die Sterndichte in der Korona ist beinahe konstant und ihre Form ist ähnlich einer äußeren kritischen Äquipotentialfläche eines Doppelsystems. Da keine Tendenz zur Äquipartition angedeutet wird, kann man den Haufen für verhältnismäßig jung halten. Perek

* * **I. Atanasijević, D. Chalonge,** Classification de quelques étoiles dans les amas Ori I, NGC 2264 et dans les Pléiades. Vgl. Ref. **10405.**

14105. **K. A. Barchatowa,** An atlas of colour-magnitude diagrams for open clusters. AJ UdSSR **36** 100—105 (russ. mit engl. Ref.). — Nach einer Beschreibung des 1958 erschienenen Atlasses von Farben-Helligkeitsdiagrammen offener Sternhaufen der Verf. werden hier die Ergebnisse einer Untersuchung der räumlichen Verteilung dieser Objekte mitgeteilt. Danach bilden die O-Haufen, die oft auch mit diffusen Nebeln verbunden sind, ein in der galaktischen Hauptebene liegendes, besonders flaches System. Die Anordnung der B-Haufen ist der vorigen ähnlich, nur können sie nicht mehr in so großen Entfernungen wahrgenommen werden. Die Haufen mit gelben oder roten Riesen sind jedoch (weit) weniger ausgeprägt zur galaktischen Hauptebene konzentriert; ihr mittlerer Abstand beträgt 150 pc. Wahrscheinlich spiegeln sich im Konzentrationsgrad Entstehungs- bzw. Altersunterschiede wider. Loh.

14106. **W. Becker,** Dreifarben-Photometrie südlicher offener Sternhaufen. I. NGC 2439, 2447, 4103. ZfA **48** 279—289 = Mitt. Astr.-Meteorol. Anstalt Univ. Basel Nr. 12. — Photographische Photometrie im UBV-System der Kap-Sternwarte. Bei NGC 2447 wurden 104 Sterne zwischen V = 8^m und $13\overset{m}{.}3$ gemessen. Die Entfernung des Haufens ergibt sich aus der Lage der unteren Hauptreihe im FH-Diagramm zu 1100 pc. Das FH-Diagramm zeigt Alterseffekte. — NGC 2439: 70 Sterne zwischen $6\overset{m}{.}6$ und $13\overset{m}{.}5$. Entfernung 1610 pc. Alterseffekte angedeutet. — NGC 4103: 67 Sterne zwischen 9^m und $13\overset{m}{.}5$. Entfernung 1200 pc. FHD zeigt keinen Entwicklungseffekt. Els.

14107. **W. Becker, A. Purgathofer,** Nebulous variable object in the galactic cluster NGC 1807. Harv Card **1444,** UAI Circ 1685.

14108. **S. van den Bergh,** Old galactic clusters. Vgl. AJB **58** Ref. **12113** = Contr. Perkins Obs. (1) Nr. 53.

14109. **V. M. Blanco, G. Grant,** Red stars near the young cluster NGC 6530. Publ ASP **71** 194—201 = Warner & Swasey Obs. Case Inst. Technol. Repr. Nr. 93. — Durch Vergleich zweier Paare von Aufnahmen, die photovisuelle und infrarote Helligkeiten lieferten, wurden 35 rote Sterne gefunden, die wahrscheinlich Haufenmitglieder sind (Spektren, soweit bestimmt: M1—M7). Für einen Teil der Sterne sind vielleicht die V - I durch Absorption in der mit NGC 6530 verbundenen interstellaren Materie vergrößert. In einem Farben-Helligkeitsdiagramm schließen die roten Sterne an die von Walker untersuchten Sterne an. Sie liegen über der normalen Hauptreihe, wie es erwartet wurde. Die bekannten Veränderlichen des Haufens gehören nicht zu den roten Sternen. O. G.

14110. **P. Bouvier,** De la stabilité des amas galactiques en présence de nuages de matière interstellaire. Vgl. AJB **57** Ref. **12106** = Publ. Obs. Genève (A) Fasc. 56.

14111. **P. Bouvier,** Stabilité des amas stellaires ouverts en présence de matière interstellaire diffuse. Arch. Sci. Genève **10** 608—609, 1957. — Vorläufige Mitteilung.

14112. **P. Bouvier,** Densité critique d'un amas ellipsoïdal; zone de stabilité. Arch. Sci. Genève **10** 609—610, 1957. — Vorläufige Mitteilung.

14113. **P. Bouvier, A. Duriaux,** Effet de marée d'un nuage de matière diffuse à bord flou. Arch. Sci. Genève **11** 391—395, 1958 = Publ. Obs. Genève (A) Fasc. 57. — Verf. behandeln den gravitativen Einfluß einer interstellaren Wolke mit zum Rand abnehmender Dichte auf einen offenen Sternhaufen. Loh.

14114. **E. M. Burbidge, G. R. Burbidge,** Spectra of stars in galactic clusters. ApJ **129** 513—516. — Von 13 hellen Sternen in M 67 bzw. 4 in NGC 7789, 1 in M 11 und 2 in NGC 752 wurden die Spektralklassen bestimmt und Vergleiche mit Standard-Sternen sowie δ Tau (Hyaden) durchgeführt. Die Sterne in M 67, die in die Hertzsprung-Lücke fallen, zeigen nichts Ungewöhnliches. Die Deutung sonst festgestellter geringer Unterschiede in Spektrum, absoluter Helligkeit und Farbe ist wegen der geringen Dispersion der Spektren noch unsicher. Loh.

* * **E. K. Charadse, R. A. Bartaja,** Zur Untersuchung der spektroskopischen Merkmale von Sternen im Gebiet diffuser Emissionsnebel und Sternhaufen. Vgl. Ref. **10411**.

14115. **J. Cuffey,** NGC 6838. AJ **64** 327. — Ref. AAS.

14116. **M. W. Dolidse,** Über den Haufen bei ζ Scl. AC Nr. 200 S. 9 (russ.). — In der Umgebung von ζ Scl wurden nach spektroskopischen Beobachtungen mit dem 70 cm-Meniskusteleskop von Abastumani etwa 70 Sterne (8^m—16^m) mit H_α in Emission gefunden. Davon gehört der größte Teil dem 250 pc von der galaktischen Hauptebene entfernten Haufen an. Einige Bemerkungen über die Spektraltypen der Sterne schließen diese vorläufige Mitteilung ab. Loh.

14117. **M. W. Dolidse,** On the star clusters in Coma Berenices and Pleiades. AC Nr. 207 S. 10 (russ.). — In den untersuchten Gebieten wurden zahlreiche schwache Sterne (14^m—17^m) mit H_α-Emission entdeckt, die im Falle der Plejaden noch weit über das Gebiet des Sternhaufens hinausreichen. Petri

14118. **W. A. Dombrowskij,** Untersuchung der Polarisation des Lichts der Sterne im Gebiet des doppelten Sternhaufens χ und h Persei. Bote Univ. Leningrad 1959 Nr. 19 S. 135—157 (russ.). — Ref. in RJ UdSSR 1960 Nr. 7 S. 34.

14119. **W. Dziewulski,** Some remarks on the Ursa Maior stream. Studia Soc. Sci. Torunensis (F) **2** Nr. 4 S. 7—13 = Bull. Astr. Obs. Toruń Nr. 21. — In einer Stellungnahme zu der Untersuchung der Ursa Major-Gruppe von N. G. Roman (vgl. AJB **49** Ref. **12364**) diskutiert Verf. die Frage, aufgrund welcher Bewegungskriterien Sterne als wahrscheinliche Strommitglieder zu bezeichnen sind. Gli.

14120. **O. J. Eggen, A. R. Sandage,** Stellar groups, IV. The Groombridge 1830 group of high velocity stars and its relation to the globular clusters. MN **119** 255—277. — Identische Raumgeschwindigkeiten dienen als Auswahlkriterium für die Gruppe von 5 Sternen, die auch RR Lyrae umfaßt. Die Unterzwerge der Gruppe werden im Hertzsprung-Russell-Diagramm mit der Hauptreihe des Kugelhaufens M 13 identifiziert. 2 RR Lyr-Sterne aus M 13 und RR Lyr selbst ergeben Mv = $0\overset{m}{.}5$ bis $0\overset{m}{.}8$. Vorläufige Tabellen mit Unterzwergen werden gegeben. Sie lassen hoffen, weitere Bewegungshaufen nach weiteren Beobachtungen zu finden und damit eine wichtige Quelle zur Eichung der Entfernungsmoduli von Kugelhaufen zu erschließen. Dv.

14121. **O. J. Eggen,** The Gamma Leonis group of high velocity stars. Obs **79** 88—95. — Nach Angabe der Kriterien für die Zugehörigkeit zur γ Leonis-Gruppe werden in Tabellen Helligkeiten, Farben und Leuchtkräfte, ferner Eigenbewegungen und Radialgeschwindigkeiten mit den resultierenden Raumgeschwindigkeiten und schließlich ein Vergleich der Gruppenparallaxen mit trigonometrischen und spektroskopischen Werten gegeben. Die Gruppe bewegt sich senkrecht zur galaktischen Rotation. In einem Farben-Helligkeitsdiagramm wird die Lage der Gruppenmitglieder zu den Linien für die Hyaden, M 13 und M 67 gezeigt. Nach einer Diskussion von Korrektionen für M 13 und M 67 wird ein FHD mit den verbesserten Unterriesensequenzen dieser Haufen gezeigt. δ Eri, der erst älter als M 67 zu sein schien, ergibt sich jetzt als gleich alt wie M 67 (10^{10} Jahre). O. G.

14122. **O. J. Eggen,** Further tests of the reality of the Hyades group. Obs **79** 143—148. — Für die 10150 Sterne des GC mit bekannten Radialgeschwindigkeiten wurden die beobachteten Werte des Positionswinkels der Eigenbewegung Θ und der Radialgeschwindigkeit ϱ mit denjenigen verglichen, die man im Falle einer Zugehörigkeit zur Hyaden-Gruppe zu erwarten hat. Außer den bekannten

Hyaden- und Praesepe-Mitgliedern gibt es 137 Sterne mit $|\Delta\Theta \sin\lambda| \leqq 3, \Delta\varrho =$ 4.5 und 6 km/sec für Radialgeschwindigkeitsqualität a, b bzw. c (λ bedeutet den Winkelabstand des Sterns vom Konvergenzpunkt des Hyadenhaufens) und einer Eigenbewegung größer als 0."02. 57 dieser Sterne fallen im (M_V, B–V)-Diagramm in das gleiche Gebiet wie die Haufenmitglieder und werden von Verf. als wahrscheinliche Mitglieder der Hyaden-Gruppe betrachtet. Mav.

14123. **O. J. Eggen,** An attempt to test the reality of the Gamma Leonis group by analysis of the GC proper motions. Obs **79** 182—186. — Die Realität der in einer früheren Arbeit des Verf. (vgl. Ref. **14121**) postulierten γ-Leonis-Gruppe wird an Hand der Eigenbewegungen geprüft. Die Realität der Gruppe läßt sich nicht zwingend beweisen. FS

14124. **J. D. Fernie,** Photoelectric magnitudes and colours in NGC 2547. MN ASSA **18** 57—61. — Ref. in Obs **79** 195, Heavens **41** 156.

14125. **C. Grubissich,** Dreifarben-Photometrie des offenen Sternhaufens NGC 2169. ZfA **47** 24—28 = Contr. Oss. Astrofis. Asiago Nr. 96. — Eine Dreifarben-Photometrie (RGU-System) von NGC 2169 ergibt m — M = 11^m80. Der wegen interstellarer Absorption (0^m81) verbesserte Modul entspricht 1.6 kpc. Der Durchmesser des Kerns von NGC 2169 beträgt etwa 3.3 pc. Verf.

14126. **H. L. Helfer, H. E. Tatel,** A 21-cm survey around the Pleiades. ApJ **129** 565—582. — Bei 21 cm Wellenlänge wurde die Intensitätsverteilung der Umgebung der Plejaden (Bereich $3^h 15^m$ — $4^h 15^m$; und +21° bis +37°) gemessen. Es existiert keinerlei Korrelation zwischen dieser 21 cm-Intensitätsverteilung und der Verteilung absorbierender Staubmassen. Thi.

14127. **A. A. Hoag, E. v. P. Smith,** Polarization in NGC 2244. Publ ASP **71** 32—38. — Bei einer photoelektrischen Polarimetrie von 63 Sternen bis 11^m6 pv im Gebiet des Rosetten-Nebels zeigten die meisten Mitglieder der Assoziation I Mon deutliche Polarisationsgrade bis zu 4%. Dabei ließen die Polarisationsrichtungen keinen klaren Zusammenhang mit der Struktur des Nebels erkennen. 28 Sterne ohne deutliche Polarisation wurden als Vordergrundsterne identifiziert. Hiernach erfolgt die interstellare Polarisation zwischen 0.5 kpc und dem Nebel (1.4 kpc). Mit neuen B–V von H. L. Johnson und $A_V/E_{B-V} = 3.0$ (Absorption : Rötung) ergab sich für P/A_V ein Mittelwert von 0.014. Der Versuch einer photographischen Sternpolarimetrie bei NGC 2244 und NGC 2264 zeigte weiterhin nur, daß bei dem letzten dieser Nebel die Polarisation aller Sterne unter 3% liegt. Gü.

14128. **H. Sawyer Hogg,** Variable stars in star clusters. J RAS Canada **53** 97—108. — Eine Zusammenfassung unserer Kenntnisse über die Verteilung der verschiedenen Veränderlichen-Typen in den Kugelhaufen (auch der intergalaktischen und extragalaktischen) und in den offenen galaktischen Sternhaufen. Bey.

14129. **J. Hopmann, K. Haidrich,** Der galaktische Sternhaufen NGC 663. Mitt. Univ.-Sternw. Wien **10** 129—154. — Drei Platten mit Aufnahmen des Haufens, gewonnen 1955 am Normalastrographen der Wiener Sternwarte wurden vermessen und mit den Ergebnissen der Bearbeitung von zwei Platten verglichen, die um 1900 am 8zölligen Astrographen der Kuffner-Sternwarte erhalten worden waren. Dabei wurde an die gleichen 16 Anhaltssterne angeschlossen. Es ergaben sich so die Positionen und Eigenbewegungen von 168 Sternen. Verf.

14130. **W. E. Howard III, A. T. Young,** Galactic clusters and O-associations. Publ ASP **71** 330—333 = Harv Repr Nr. 534. — Verf. vertreten die Annahme, daß galaktische Sternhaufen sich aus genügend stabilen Kernen von O-Assoziationen entwickeln. Sie zeigen vor allem, daß die beobachtete Häufigkeit der Sternhaufen schon erklärt werden kann, wenn nur ein Bruchteil der O-Assoziationen solche Kerne besitzt. O. G.

* * **I. King,** The escape of stars from clusters. IV. The retardation of escaping stars. Vgl. Ref. 4309.

14131. **D. Koelbloed,** Three-colour photometry of the three southern open clusters NGC 3532, 6475 (M7), and 6124. BAN **14** 265—278. — An der Kap-Sternwarte wurden photoelektrische Helligkeiten im Gelben, Blauen und Ultravioletten von Sternen der oben genannten Haufen erhalten. Zusätzlich wurden für eine größere Zahl von Sternen in NGC 3532 und 6475 blaue und gelbe photographische Größen ermittelt. Im Feld von NGC 3532 gemessene relative Eigenbewegungen wurden zur Eliminierung von Vordergrundsternen bei diesem Haufen benutzt. Die photometrischen Entfernungen wurden nach der (Johnsonschen) Anpassungsmethode bestimmt und die Alter abgeschätzt. Es ergaben sich 432 pc, 233 pc bzw. 435 pc und 1×10^8, 7×10^7 bzw. 7×10^7 Jahre. Der NGC 3532 benachbarte δ Cephei-Stern ER Car ist nicht Mitglied des Haufens. Verf. (ü.)

* * **R. P. Kraft, A. U. Landolt,** Eclipsing binaries in galactic clusters and O-B associations. Vgl. Ref. 12235.

14132. **G. E. Kron, N. U. Mayall,** Photoelectric photometry of galactic and extragalctic star clusters. AJ **64** 428—431. — Anläßlich des Symposiums über Kugelsternhaufen (vgl. Ref. 1315) berichteten Verf. in großen Zügen über die am Lick Obs. durchgeführten photometrischen Beobachtungen.

14133. **E. Krušpán,** RGU-Photometrie der offenen Sternhaufen NGC 559, 581, 637, 659 und Tr 1. ZfA **48** 1—8 = Mitt. Astr.-Meteorol. Anstalt Univ. Basel Nr. 11. — In diesem Beitrag zur Lokalisierung der Spiralarme unseres Systems werden fünf galaktische Sternhaufen in der Cassiopeia nach der RGU-Photometrie untersucht. Der Katalog der Helligkeiten sowie die Karten der Sternhaufen erscheinen in einer anderen Mitteilung der Basler Sternwarte. Verf.

14134. **W. Krzemiński,** Polaryzacja gromad otwartych. Postępy Astr. **7** 287. — Kurzer Bericht über lichtelektrische Messungen der Polarisation des Lichtes von Sternen der offenen Sternhaufen NGC 2169, 7234 und des Stockschen Haufens im Perseus. E. R.

14135. **G. Larsson-Leander, K. Serkowski,** The polarization of J. Stock's cluster in Perseus. Ark Astr **2** 295—299 = Stockholms Obs. Medd. Nr. **113**. — Am 60 cm-Refraktor in Stockholm wurde eine photoelektrische Polarimetrie des von Stock untersuchten, stark geröteten, 2°.4 N von h und χ Per gelegenen galaktischen Sternhaufens durchgeführt. Die aus Objektivprismenaufnahmen bestimmten Spektralklassen ergaben zusammen mit den CI nach Brodskaja und Schajn die Absorptionen A_V. Dabei zeigte sich, daß die Stockschen Farbenindizes (470—640 mμ) um $-0^m.35$ zu korrigieren sind. Die Polarisationsrichtungen streuen nur wenig. Die Polarisationsgrade P zeigen keine Korrelation zu A_V und betragen im Mittel $0^m.050$, womit der Mittelwert von $P/A_V = 0.042$ nur wenig unter dem für h und χ Per liegt. Gü.

14136. **G. Lyngå,** UBV sequences in five southern galactic clusters. Ark Astr **2** 379—390 = Lund Medd. (1) Nr. 194. — Betrifft: NGC 2422, NGC 2423, An ($7^h 36^m.7$, $-14° 42'$), NGC 2437, IC 2391, IC 2395, NGC 2670, Tr 10, NGC 3114, Tr 12. Von HD 60414,5 wird die Lichtkurve von JD 2436190 bis 2436290 gegeben. Loh.

14137. **B. E. Markarjan,** Verteilungsbesonderheiten der offenen Sternhaufen in der galaktischen Ebene. Mitt. Obs. Bjurakan Nr. 26 S. 53—57 (russ. mit armen. Ref.) — Offene Sternhaufen bilden zwei Gruppen. Haufen mit O–B2 Sternen sind jung und kommen besonders in Spiralarmen vor. Haufen, die diese Sterne nicht enthalten, sind nahezu gleichförmig in dem untersuchten Teil der Galaxis verteilt. Perek

14138. **L. N. Mavridis,** Relatively cool stars in galactic clusters. ApJ **130** 626—628 = Warner & Swasey Obs. Case Inst. Technol. Repr. Nr. 96 = Contr. Astr. Dep. Univ. Thessaloniki Nr. 5. — Aus einem Programm zum Suchen nach M-, S- und C-Sternen in 7 galaktischen Haufen werden mögliche Mitglieder von NGC 7789 und NGC 7790 mit spätem Spektraltyp nach Infrarotspektrogrammen kurz diskutiert. O. G.

14139. **J. K. McDonald,** Radial velocities of stars in the Praesepe cluster. AJ **64** 340. — Ref. AAS.

14140. **J. Meurers,** Eigenbewegungen des Doppel-Sternhaufens h und χ Persei. Naturwissenschaften **46** 573. — In Fortführung der Eigenbewegungsuntersuchungen der beiden Haufen (vgl. W. Dieckvoss, AJB **56** Ref. **12108**) mittels alter und neuer Aufnahmen in Bonn zeigt sich, daß das Gegeneinanderlaufen der Haufen durch die Abweichung von χ Per vom allgemeinen Bewegungsfeld bewirkt wird. Loh.

14141. **H. Perraud,** L'amas des Hyades. BSAF **73** 459—466.

14142. **P. Pesch,** The galactic cluster NGC 457. ApJ **130** 764—768 = Contr. McDonald Obs. Nr. 312. — Von fast 100 Sternen des Haufengebiets werden UBV-Helligkeiten ermittelt. Die interstellare Rotverfärbung beträgt $0^m_.50$, der wahre Entfernungsmodul $12^m_.3$, dem eine Entfernung von 2900 pc entspricht. Das Farben-Helligkeitsdiagramm ist dem von h und χ Persei ähnlich. Wahrscheinlich gehören dem Haufen 3 Überriesen der Typen B6 Ib, F0 Ia und M0 Ib—II an. Loh.

14143. **P. Pişmiş,** Nuevos cumulos estelares en regiones del Sur. Bol. Obs. Tonantzintla y Tacubaya Nr. 18 S. 37—38. — Eine Durchmusterung von Schmidt-Platten aus Tonantzintla führte zur Entdeckung von 24 neuen galaktischen und 2 neuen kugelförmigen Sternhaufen. Während von letzteren nur die Örter angegeben sind, werden erstere noch näher beschrieben. Loh.

14144. **K. Rohlfs, K.-W. Schrick, J. Stock,** Lichtelektrische Dreifarben-Photometrie von NGC 6405 (M6). ZfA **47** 15—23 = Mitt. Sternw. Hamburg-Bergedorf **23** Nr. 269. — Mit dem 60″-Reflektor des Boyden-Observatoriums wurden lichtelektrische Helligkeiten V und Farben B−V und U−B von 132 Sternen des galaktischen Haufens NGC 6405 gemessen; für die helleren Sterne wurden die Spektraltypen durch Objektivprismenaufnahmen gewonnen. Es wird das Farben-Helligkeitsdiagramm und das Zwei-Farben-Diagramm des Haufens gezeigt. Die Entfernung ergibt sich zu 630 pc, das Alter zu 1.0×10^8 Jahren. Auf die Ähnlichkeit des Farben-Helligkeitsdiagramms mit dem der Plejaden wird hingewiesen. Gli.

14145. **J. Smak,** Zagadnienia fizyki gwiazd w gromadach otwartych. Postępy Astr. **7** 110—123. — Verf. gibt eine Übersicht über Studien der HR-Diagramme von Sternhaufen und deren Erklärung vom Standpunkt der Sternentwicklung. Ferner wird das UBV-System, die φ_b, D, λ_1-Klassifikation von Barbier und Chalonge und das Vorkommen von Veränderlichen in offenen Sternhaufen besprochen. Ond.

14146. **C. B. Stephenson,** A possible new galactic cluster involving δ Lyrae. Publ ASP **71** 145—150 = Warner & Swasey Obs. Case Inst. Technol. Repr. Nr. 92. — In Fortführung einer unvollendeten Untersuchung von G. Grant wird gezeigt, daß ein Sternhaufen von etwa 40′ Durchmesser in Verbindung mit δ^1 und δ^2 Lyr, der nur auf Aufnahmen mit Objektivprisma hervortritt, wahrscheinlich reell ist. Verf. hat Spektren klassifiziert und mit Helligkeiten aus verschiedenen Quellen ein H-R-Diagramm aufgestellt, das eine deutliche Hauptreihe zeigt. Die Radialgeschwindigkeiten von 3 wahrscheinlichen Haufenmitgliedern stimmen gut überein. O. G.

14147. **S. Vasilevskis, A. G. A. Balz jr.,** Relative proper motions of stars in the region of the open cluster NGC 2281. AJ **64** 170—174 = Lick Obs.

Bull. Nr. 561. — Auf zwei Plattenpaaren des Allegheny-Refraktors wurden 127 Sterne gemessen. Übersichtskarte mit Nummern und Tabelle der Ergebnisse einschließlich individueller Wahrscheinlichkeiten der Haufenzugehörigkeit werden gegeben. Dv.

14148. **H. B. Wackernagel,** Dreifarbenphotometrie im RGU-System des offenen Sternhaufens Messier 35. ZfA **47** 121—126 = Mitt. Astr.-Meteorol. Anstalt Univ. Basel Nr. 10. — An Hand von 79 Aufnahmen (mit 4 verschiedenen Spiegelteleskopen) wurde eine Dreifarbenphotometrie des offenen Sternhaufens M 35 (1900.0: $6^h 3^m$, +24° 20′) durchgeführt. Zwei Abbildungen zeigen das langwellige und das kurzwellige Farben-Helligkeitsdiagramm von über 300 physischen Mitgliedern. Die neuen Daten geben nach Eliminierung eines geringen Farbenexzesses die Entfernung zu 842 pc und den Durchmesser zu 7.1 pc. Die durchschnittliche Sterndichte bis zu M = +6 beträgt 1.3 Sterne pro pc^3. Gli.

14149. **M. F. Walker,** Studies of extremely young clusters. III. IC 5146. ApJ **130** 57—68 = Contr. Lick Obs. (2) Nr. 95. — Der Sternhaufen ist in einen Nebel eingebettet. Helligkeiten in 3 Farben wurden photographisch und teilweise lichtelektrisch gemessen. Mit Verwendung der Spektralklassen, soweit sie bekannt sind, wurden Farbenexzesse abgeleitet. Ein FHD des Haufens zeigt einen großen Teil der Sterne über der Hauptreihe im Stadium der Kontraktion. Das Alter des Haufens wird auf $3 \cdot 10^6$ Jahre geschätzt. Die 21 gefundenen Veränderlichen sind noch nicht näher untersucht worden. Zwei im FHD herausfallende Sterne werden kurz diskutiert; einer davon ist ein gelber Riese. O. G.

14150. **Å. Wallenquist,** Some structural properties of galactic clusters. Results based on the space distribution of the stars. Nova Acta Reg. Soc. Sci. Upsaliensis (4) **17** Nr. 7, 40 S. = Uppsala Astr. Obs. Ann. **4** Nr. 6. — In sechs Kapiteln werden behandelt: 1. Die Beobachtungsdaten (insgesamt von 67 Haufen). 2. Sterndichten in offenen Haufen. 3. Entfernungsbestimmungen auf Grund der Sternverteilung und der Durchmesser von Haufen. 4. Dichteverteilung, Konzentration und Sternanzahlen individueller Haufen. 5. Häufigkeitsverteilung der linearen Durchmesser und der zentralen Sterndichten. 6. Alter und räumliche Verteilung der Haufen. Die Ergebnisse sind in einer größeren Anzahl von Tabellen und Diagrammen enthalten. Els.

14151. **G. Wallerstein,** The brightest main sequence star in M 67. Publ ASP **71** 451—454. — Mit Hilfe von 3 Spektrogrammen (Dispersion 40 Å/mm) wurden die Rotationsgeschwindigkeit (u sin i = 70 km/sec) und die Äquivalentbreite von Hγ (8.72 Å) des helleren Hauptreihensterns Fagerholm 81 im Sternhaufen M 67 bestimmt. Beide Werte weisen darauf hin, daß dieser Stern ein normaler B8 V-Stern, also kein «nach links» entwickelter roter Riese ist. Mav.

* * Des étoiles variables dans les Pléiades. Vgl. Ref. **12120.**

* * Spectroscopic binary in the Pleiades. Vgl. Ref. **11316.**

14152. Præsepe. NAT 1959 S. 28—30.

14153. Neue Entfernungsbestimmungen galaktischer Sternhaufen. Orion Schaffhausen **5** 730. — Ref.

14154. Interstellare Materie in der Praesepe. Sternenbote **2** 104—105. — Ref.

* * Gwiazda spektroskopowo-podwójna w Plejadach. Vgl. Ref. **11318.**

§ 142

Kugelförmige Sternhaufen

14201. **S. L. T. J. van Agt, P. T. Oosterhoff,** Observations of variable stars in the globular clusters NGC 4590 (M 68) and NGC 6266 (M 62). Ann. Sterrewacht Leiden **21** 253—290. — Auf einer Serie von Platten, die Oosterhoff 1950 mit dem 74zölligen Radcliffe-Reflektor in Südafrika erhalten hat, wurden in den beiden Kugelhaufen M 68 und M 62 eine größere Anzahl bis dahin unbekannter Veränderlicher entdeckt, so daß jetzt 38 bzw. 83 Objekte für die statistische Untersuchung zur Verfügung stehen. Neben Tabellen der Einzelbeobachtungen sind die Lichtkurven für 108 Kurzperiodische sowie photographische Identifizierungskarten wiedergegeben. Die Häufigkeitsverteilung der Perioden ist in beiden Haufen verschieden und zeigt im Vergleich mit anderen Kugelhaufen recht deutlich das Vorhandensein von zwei verschiedenen Haufentypen, auf die auch andere Korrelationen hinzuweisen scheinen. Bey.

* * **G. Alter, H. Sawyer Hogg, J. Ruprecht, V. Vanýsek,** Catalogue of Star Clusters and Associations. Supplement I. Vgl. Ref. **14101**.

14202. **H. C. Arp, W. G. Melbourne,** Color-magnitude diagram for the globular cluster M 22. AJ **64** 28—32. — Von mehr als 400 Sternen des Haufens wurden die photographischen und photovisuellen Größen bestimmt. Die Vollständigkeitsgrenze liegt bei $m_{pv} = 15.0$. Der blaue Ast im Farben-Helligkeitsdiagramm ist wie bei M 13 stark geneigt. Durch Anpassung an M 13 ergab sich damit ein Entfernungsmodul von $14^{m}.0$ und eine Rötung von $0^{m}.5$. Da die RR Lyrae-Sterne des Haufens selbst nicht gemessen wurden, sind Verbesserungen denkbar. Die Entfernung des Haufens beträgt 3.3 kpc. Für die hellsten Sterne ist $M_V = -3.0$ und $CI = +1^{m}.6$. Loh.

14203. **H. Arp,** The absolute magnitudes, colors, and metal abundances of stars in globular clusters. AJ **64** 441—447. — Aus am 200″-Teleskop gewonnenen photoelektrischen B- und V-Helligkeiten bis zu $V = 20$ bis 22^{m} und zusätzlichen photographischen Beobachtungen für $V > 17^{m}.5$ wird das Farben-Helligkeitsdiagramm für M 5 sowie provisorisch auch für M 2 ermittelt und mit dem von M 13 verglichen, wobei für die RR Lyr-Sterne die gleiche Helligkeit angenommen wird. In einem zweiten Vergleich werden die Hauptsequenzen der 3 Diagramme nach Korrektion wegen unterschiedlicher Metall-Linienabsorption der der Hyaden angepaßt. Dann wird für die RR Lyr-Sterne von M 2 und M 5 $M_V = +0.8$ bis $+1.0$, für die von M 13 $+0.2$, was auf den Altersunterschied zurückgeführt wird. Schließlich wird gezeigt, daß der Farbenindex $U-B$ der Haufen-Riesen mit $B-V = 1^{m}.0$ ein Kriterium für den Metallgehalt darstellt, was durch einen bei 6 Kugelsternhaufen durchgeführten Vergleich mit den Metall-Linien-Klassen nach Deutsch bestätigt wird. Gü.

14204. **W. A. Baum, W. A. Hiltner, H. L. Johnson, A. R. Sandage,** The main sequence of the globular cluster M 13. ApJ **130** 749—763. — Von 26 Sternen schwächer als $V = 17.5$ wurden mit dem 42″-Spiegel des Lowell Obs., dem 82″-Spiegel des McDonald Obs. und dem 200″-Spiegel des Mt. Palomar photoelektrische Helligkeiten bestimmt. Die Photometrierung von über 200 Sternen eines Teilgebiets von M 13 geschah dann in Anschluß an die obigen Sterne über photographische Aufnahmen am 200″-Spiegel. Das so erhaltene Farben-Helligkeitsdiagramm umfaßt das Intervall $16.0 \leq V \leq 21.7$. Bei $V = 18.7$ hebt sich deutlich das Knie der Hauptreihe ab, die ins Gebiet der Unterzwerge fällt und damit die Schlußfolgerung des Referenten (vgl. AJB **52** Ref. **12138**) bestätigt. Nach der Theorie von Haselgrove und Hoyle (vgl. Ref. **5418**) ist M 13 etwa 10^{10} Jahre alt. Loh.

* * **J. M. A. Danby,** The inner structure of the Galaxy. Vgl. Ref. **14410**.

14205. **R. M. Dsigwaschwili,** The determination of parameters of the velocity distribution function for the globular clusters on the base of the maximum likelihood principle. Bull. Astrophys. Obs. Abastumani Nr. 24 S. 129—143 (russ. mit engl. Ref.). — Die Entfernungen und Radialgeschwindigkeiten der Kugelsternhaufen wurden auf Grund der Chandrasekharschen Theorie der nichtstationären Galaxis untersucht. Das die Parameter bestimmende Gleichungssystem wird in drei Annäherungen gelöst. Als definitiv wurde das Mittel aller Lösungen genommen. Das Maximum der Rotationsgeschwindigkeit des Systems der Kugelhaufen wird in der Sonnenentfernung erreicht. Die Streuung der Geschwindigkeiten hängt von der Richtung ab und bewegt sich zwischen 70 und 100 km/sec. Perek

14206. **J. Dufay, J.-H. Bigay,** Mesure photoélectrique des indices de couleur de 21 amas globulaires. CR **248** 2162—2164 = Publ. Obs. Haute-Provence **4** Nr. 41. — Es wurden die Farbenindizes von 21 Kugelhaufen in der Umgebung des galaktischen Zentrums gemessen. Es zeigt sich eine lineare Relation (mit nur geringer Streuung) zwischen diesen B−V und den Indizes C_2 von Stebbins und Whitford; allerdings erweisen sich die B−V als wesentlich sensibleres Maß für die Farbe der Haufen als die C_2. Die Farbe der Kugelhaufen wird erheblich stärker von der interstellaren Absorption beeinflußt als vom Spektraltyp. Gli.

* * **O. J. Eggen, A. R. Sandage,** Stellar groups, IV. The Groombridge 1830 group of high velocity stars and its relation to the globular clusters. Vgl. Ref. **14120.**

14207. **S. I. Gaposchkin,** On two brightest globular clusters. AJ **64** 331. — Ref. AAS.

* * **M. Hénon,** L'amas isochrone. I. Vgl. Ref. **4307.**

14208. **M. Hénon,** L'amas isochrone. II. Calcul des orbites. Ann d'Astrophys **22** 491—498 = Contr. Inst. d'Astrophys. Paris (B) Nr. 187. — In einer früheren Arbeit des Verf. (vgl. Ref. **4307**) war der Begriff eines «isochronen» Sternhaufens definiert worden. Jetzt werden spezielle Sternbahnen im Innern eines solchen Haufens berechnet und einige davon zeichnerisch wiedergegeben. FS

14209. **H. Sawyer Hogg,** The areas of difference among globular clusters. AJ **64** 425—428. — Zusammenfassender Überblick zur Eröffnung eines Symposiums (vgl. Ref. **1315**) über die Unterschiede zwischen den Kugelhaufen: Konzentration, Leuchtkraft, Masse, Sterndichte, Durchmesser, Farben-Helligkeitsdiagramm, Sterninhalt (Riesen, Veränderliche . . .), chemische Zusammensetzung (Metallgehalt), Verteilung usw. Voigt

* * **H. Sawyer Hogg,** Variable stars in star clusters. Vgl. Ref. **14128.**

14210. **G. M. Idlis, G. M. Nikolskij,** The diffuse medium in globular clusters. AJ UdSSR **36** 668—676 (russ. mit engl. Ref.). — Auf dem dichten Sternuntergrund des zentralen Teils des Kugelsternhaufens M 4 entdeckten Verf. auf dem Palomar-Atlas lichte Stellen, die nach Wahrscheinlichkeitsbetrachtungen nicht zufällige interstellare Streifen sind, sondern abschirmende Wolken eines diffusen Mediums. Die Parameter dieser Wolken werden abgeschätzt: Radius $\approx$ 1ʺ8 $\approx$ 0.02 pc, optische Dicke $\approx$ 3, Staubmasse $\approx$ 0.001 $M_\odot$, Gesamtmasse $\approx$ 0.1 $M_\odot$, Wasserstoffdichte $\approx 10^5$ cm^{-3}, Gesamtzahl der Wolken $\approx$ 140. Polarisationsbeobachtungen im visuellen Spektralbereich und Messungen der monochromatischen Radiostrahlung bei $\lambda = 21$ cm werden vorgeschlagen. Verf. (ü.)

14211. **H. L. Johnson,** The integrated magnitudes and colors of globular clusters. Lowell Obs. Bull. **4** 117—121. — Von 27 Kugelsternhaufen teilt Verf. Messungen und Ergebnisse der Integralhelligkeiten und Farben im UBV-System mit. Im Zwei-Farbenindex-Diagramm liegen die Meßpunkte mit Ausnahme nur eines (NGC 7492) in einem Sektor sehr kleiner Öffnung in Richtung wachsender U−B und B−V. Die Neigung des Sektors ist — im Sinne des Diagramms — kleiner als die der Hauptreihe von Galaxien. Loh.

* * **I. King,** The escape of stars from clusters. IV. The retardation of escaping stars. Vgl. Ref. **4309.**

14212. T. D. Kinman, Globular clusters, I. The radial velocities of southern globular clusters. MN **119** 157—173. — Ref. in Nature **186** 608. — Im Rahmen einer Bestimmung und Untersuchung der Beobachtungsdaten südlicher Kugelsternhaufen wird in einem ersten Beitrag über Spektralaufnahmen mit dem 74″-Reflektor des Radcliffe Observatory berichtet. Spektren von 28 Haufen wurden mit dem Cassegrain-Spektroskop gewonnen (86 Å/mm) — teils im integrierten Licht, teils Spektren individueller Sterne; 4 weitere Haufen wurden mit dem Newtonschen Spektroskop (380 Å/mm) aufgenommen. Die Radialgeschwindigkeiten von 12 dieser Kugelsternhaufen werden mit den Messsungen von Mayall und Joy verglichen. Abschließend werden die Radialgeschwindigkeiten und Entfernungen mit Genauigkeitsabschätzungen für 70 Kugelsternhaufen zusammengestellt. Gli.

14213. T. D. Kinman, Globular clusters, II. The spectral types of individual stars and of the integrated light. MN **119** 538—558. — Ref. in Nature **186** 608. — In Fortsetzung einer früheren Arbeit (vgl. Ref. **14212**) wird das Problem diskutiert, Spektren individueller Haufensterne und Spektren, die im integrierten Licht eines Kugelhaufens aufgenommen wurden, zu klassifizieren. Die Typen werden mit der Klassifikation von Mayall und Morgan verglichen. Das Verhältnis Metallhäufigkeit zu Wasserstoff in den Sternen der Kugelhaufen liegt zwischen Werten geringer als 0.01 bis größer als 0.1 des Sonnenwertes. Haufen der frühen Spektraltypen (geringe Metallhäufigkeit) bilden ein ausgedehntes sphärisches System mit geringer Konzentration gegen die galaktische Ebene; Haufen der späten Typen, deren Sterne den größten Metallgehalt zeigen, haben eine starke Konzentration gegen die galaktische Ebene. Die meisten Haufen liegen sowohl in räumlicher Verteilung als auch im Typ zwischen beiden extremen Gruppen. Gli.

14214. T. D. Kinman, Globular clusters, III. An analysis of the cluster radial velocities. MN **119** 559—575. — Ref. in Nature **186** 608. — Auf Grund der Radialgeschwindigkeiten von 70 Kugelsternhaufen ergibt sich die Sonnengeschwindigkeit zu 167 $\pm$ 30 km/sec in Richtung der galaktischen Rotation — eine Bestätigung des Wertes von Mayall (1946) durch vermehrte und gleichmäßiger verteilte Beobachtungsdaten. RR Lyrae-Sterne gleicher Periode haben ähnliche galaktische Bewegungen, unabhängig davon, ob sie in Kugelhaufen stehen oder zum allgemeinen Feld gehören. Das deutet auf einen gemeinsamen Ursprung hin. In der Mehrzahl zeigen die Bahnen der Kugelhaufen starke Exzentrizitäten ($e \approx 0.8$). Es wird versucht, aus den Bewegungen der Kugelsternhaufen die Massenverteilung in der Galaxis herzuleiten. Die Resultate bestätigen das Modell von M. Schmidt (vgl. AJB **56** Ref. **4422**), wenigstens innerhalb 12 kpc. Der mittlere Drehimpuls pro Masseneinheit des Kugelhaufensystems ist der gleiche wie der des übrigen galaktischen Systems. Gli.

* * **G. E. Kron, N. U. Mayall,** Photoelectric photometry of galactic and extragalactic star clusters. Vgl. Ref. **14132.**

14215. B. W. Kukarkin, On five variable stars near globular cluster NGC 5466. VS Bull **12** 50—52 (russ. mit engl. Ref.). — Von 5 Veränderlichen in der Umgebung dieses Haufens, die zuletzt von Baade (vgl. AJB **28** Ref. **8510**) untersucht worden waren, gibt Verf. Vergleichssterne, Umgebungskärtchen und Helligkeitsschätzungen. Loh.

14216. B. W. Kukarkin, N. P. Kukarkina, An investigation of variable stars in the globular cluster M3 = NGC 5272. I. A catalogue of photographic magnitudes of 81 stars in the outer regions of the cluster. VS Bull **12** 291—292 (russ.). — Aus Aufnahmen mit dem Schmidt-Spiegel in Bjurakan (1956) ermittelten Verf. die photographischen Helligkeiten von 81 unveränderlichen Sternen des Haufens. Loh.

14217. **N. Kurotschkin,** Variable stars in large vicinities of the M3 cluster. AC Nr. 205 S. 14—16 (russ.). — Daten für 23 Veränderliche in einem Gebiet von 10 Quadratgrad um den Haufen M 3 werden in einer Tabelle gegeben. In der weiteren Umgebung von M 3 wurde ein Überschuß von RR Lyrae-Sternen gefunden. Verf. macht Abschätzungen über den Strom von RR Lyrae-Sternen, die aus M 3 entwichen sind und in das Gebiet der Milchstraße abfließen. Wenn ein ähnlicher Zufluß von der Hälfte der Kugelsternhaufen kommt, sind im Verlauf von 10^9 Jahren etwa 26000 zugewanderte RR Lyrae-Sterne zu erwarten. Das Vorkommen von zwei verschiedenartigen Gruppen von RR Lyrae-Sternen in der Milchstraße kann damit erklärt werden. O. G.

14218. **E. Lamla,** Über die spektrale Intensitätsverteilung und die Leuchtkraftverteilung von Sternsystemen. AN **285** 33—48 = Mitt. Astrophys. Obs. Potsdam Nr. 74. — Mit Hilfe der aus vorliegenden Spektralphotometrien gewonnenen Standard-Intensitätsverteilungen von Einzelsternen verschiedener Spektraltypen und Leuchtkraftgruppen werden die Intensitätsverteilungen von Sternsystemen — Kugelhaufen und elliptische Nebel — berechnet und mit den vorliegenden Beobachtungen verglichen. Die erforderlichen Leuchtkraftverteilungen (LKV) werden aus Extrapolationen der aus der Beobachtung bekannten LKV der hellsten Sterne der Kugelhaufen (Polpulation II) unter der Bedingung gewonnen, daß mit den LKV die beobachteten Daten über Gesamtmasse und Gesamtleuchtkraft dieser Systeme durch die Rechnung gut wiedergegeben werden können. Zur Ermittlung der LKV der E-Nebel muß eine Annahme über die Form der Farben-Helligkeitsdiagramme gemacht werden. Es gelingt, die Intensitätsverteilungen der E-Nebel mit LKV zu ermitteln, die sowohl der reinen Population II als auch der «alten» Population I entsprechen. Insbesondere tritt in der mit Sternen der Population I berechneten Intensitätsverteilung ein Balmer-Sprung auf, der bei Annahme der reinen Population II nicht zu erwarten ist. Dadurch ist unter Umständen die Möglichkeit gegeben, auf Grund des Intensitätsverlaufes im UV entscheiden zu können, zu welcher Population die Sterne eines E-Nebels zu zählen sind. Neben der Darstellung der beobachteten Intensitätsverläufe durch die Rechnung werden auch die anderen integralen Zustandsparameter der Sternsysteme bestimmt. Entsprechende Rechnungen sind für das lokale System der Sterne der näheren Sonnenumgebung durchgeführt worden. Verf.

14219. **G. Mannino,** Sulla variabile n. 99 dell'ammasso globulare M 15. Mem SA It (NS) **30** 343—344 = Contr. Oss. Astrofis. Asiago Nr. 110.

14220. **A. Marks,** Kulista gromada gwiazd M 13 (NGC 6205) w Herkulesie. Urania Kraków **30** 306—307. — Beschreibung des kugelförmigen Sternhaufens M 13. E. R.

14221. **N. Matsunami, S. Obi, M. Shimoda, B. Takase, H. Takebe,** Evolution of globular clusters. Publ. Astr. Soc. Japan **11** 9—34 = Tokyo Astr. Obs. Repr. Nr. 177. — Ref. in Astr. Herald **52** 178. — Nach einer Untersuchung der statistischen Beziehungen zwischen den galaktozentrischen Entfernungen, Radien, Gesamthelligkeiten, integralen Spektraltypen und mechanischen Energien von 94 Kugelsternhaufen diskutieren die Verfasser deren Entwicklung. Bei kleinen Haufen ist die Zahl der entweichenden Sterne nicht zu vernachlässigen. Jedoch sind die beobachteten Schnelläufer zu zahlreich, um auf diese Weise oder auch durch den Zusammenstoß von Kugelsternhaufen erklärt werden zu können. Unter Benutzung von Sandages halbempirischem Entwicklungsdiagramm für M 3 werden unter plausiblen Annahmen ähnliche verallgemeinerte Diagramme gefunden, mit deren Hilfe die gegenwärtigen und anfänglichen Massen und Sternzahlen der Haufen sowie ihre ursprünglichen Radien und Leuchtkräfte ermittelt werden. Das von den 94 Haufen in 6×10^9 a abgegebene Gas ergibt 2.5×10^6 Sonnenmassen und über den Raum des Milchstraßenhalos verteilt für diesen eine mittlere Dichte von 10^{-27} g cm^{-3}. Die Abhängigkeit der Ergebnisse von den speziellen Annahmen wird diskutiert und ihre mögliche kosmogonische Bedeutung gestreift. Gü.

14222. **W. W. Morgan,** The integrated spectra of globular clusters. AJ **64** 432—436. — Zusammenfassender Überblick (vgl. Ref. **1315**): a) Allg. Interpretation zusammengesetzter Spektren; Beitrag der verschiedenen Sterntypen in den verschiedenen Spektralbereichen. b) Spektralklassifikation der Kugelhaufen: Einteilung in 8 Gruppen nach der Stärke der Metallinien, wodurch gleichzeitig die Populationszugehörigkeit charakterisiert wird. Haufen mit höherem Metallgehalt gehören offenbar zum abgeflachten Untersystem der Galaxis anstatt zum Halo. Voigt

14223. **J. H. Oort, G. van Herk,** Structure and dynamics of Messier 3. BAN **14** 299—321. — Als Beobachtungsmaterial dienten die Flächenhelligkeiten von Hertzsprung, die Sternzählungen von Sandage und die von v. Zeipel. Nach Ableitung der Raumdichten wurde die Verteilung der schwächeren Sterne in Anlehnung an die Hypothese von Sandage ermittelt. Die abweichende Verteilung der RR Lyr-Sterne kann als Folge des Massenverlustes vor dem RR Lyr-Stadium und der nachfolgenden Äquipartitionstendenz gedeutet werden. Die Sternbegegnungen haben bis zu 8 pc Entfernung eine nahezu Maxwellsche Geschwindigkeitsverteilung bewirkt. Im Zentrum herrscht isothermes Gleichgewicht. Das wahrscheinlichste Modell hat ungefähr 150000 Sonnenmassen, ein Massen-Leuchtkraftverhältnis von 0.25 und eine mittlere innere Radialgeschwindigkeit von 2.9 km/sec. Die Anzahl der weißen Zwerge ist 1.0 bis 2.5 mal größer als die Anzahl der Sterne oberhalb der Hauptreihe. In dem ursprünglich kleinen Haufen waren die massiven Sterne am stärksten konzentriert. Beim Übergang zum Stadium weißer Zwerge und dem damit verbundenen Massenverlust ist die Masse des Haufens auf rund 40% abgefallen und der Durchmesser hat sich verdoppelt. Diese Expansion konnte sich durch eine Zusammenschrumpfung ausgeglichen haben, die dadurch zustande kam, daß nahe Begegnungen einen Teil der Sterne in ausgestreckte Bahnen vertrieben haben. Perek

14224. **E. Pisani Belserene,** Magnitudes and colors in ω Centauri. AJ **64** 58—64. — Das der Untersuchung zu Grunde liegende Beobachtungsmaterial besteht aus Aufnahmen des Südwestquadranten des Haufens in Pretoria und einer photoelektrischen Vergleichssternfolge bis zur 19. Größe am Kap und in Pretoria. Das im B−V-System erhaltene Farben-Helligkeitsdiagramm umfaßt einen Bereich von acht Größenklassen und erfaßt insbesondere auch das Knie der Hauptreihe. Ein Vergleich mit dem Diagramm von M 3 und M 13 erbringt kleine Unterschiede im Verlauf des roten Riesenastes. Die Leuchtkraftfunktion verläuft im Bereich $-3 < M < +5$ ziemlich parallel zu der der Sonnenumgebung. Loh.

* * **P. Pişmiş,** Nuevos cumulos estelares en regiones del Sur. Vgl. Ref. 14143.

14225. **M. S. Roberts,** Studies of star clusters. ASP Leaflet Nr. 362, 7 S.

14226. **M. S. Roberts,** A search for neutral atomic hydrogen in globular clusters. Nature **184** 1555—1556 = Berkeley Repr. Nr. 170. — Die Beobachtung der Emission bei 21 cm Wellenlänge zeigt, daß in den Kugelhaufen M3 bzw. M13 die Masse des «interglobularen» Wasserstoffs kleiner als 700 bzw. 200 Sonnenmassen ist. Groth

14227. **A. Sandage, G. Wallerstein,** The color-magnitude diagram of the nuclear globular cluster NGC 6356 compared with halo clusters. AJ **64** 345. — Ref. AAS.

14228. **A. Sandage,** On the intrinsic colors of RR Lyrae stars in M 3. ApJ **129** 596—599. — Die vor einiger Zeit veröffentlichten Helligkeiten von RR Lyrae-Sternen in M3 hat Verf. in das U, B, V-System transformiert. Es wird darauf hingewiesen, daß die Farbenexzesse von RR Lyr-Feldsternen wahrscheinlich nicht aus den gemessenen B−V und der Periode allein abgeleitet werden können, weil die Periode-Farbe-Beziehung nicht als einheitlich erwartet werden darf. Um daher E_{B-V} und E_{U-B} für RR Lyr-Sterne zu finden, müssen sowohl U−B und B−V beobachtet werden. Loh.

14229. **A. D. Thackeray,** Comparison of globular clusters in the Galaxy and in the Magellanic Clouds. AJ **64** 437—441. — Kurze Charakterisierung von 47 Tucanae und mehrerer Kugelhaufen der Magellanschen Wolken in bezug auf Farbe der hellsten Sterne, Anzahl und Typ der aufgefundenen Veränderlichen, spektroskopische Befunde etc. Es wird hervorgehoben, daß 47 Tuc nicht die extrem schwachen Metallinien zeigt wie die «normalen» galaktischen Kugelhaufen. Auch andere Kriterien weisen auf eine Sonderstellung dieses Systems hin. Els.

14230. Unusual star cluster Messier 71. Sky Tel. **19** 93. — Ref. AAS.

§ 143

Sternassoziationen

* * **G. Alter, H. Sawyer Hogg, J. Ruprecht, V. Vanýsek,** Catalogue of Star Clusters and Associations. Supplement I. Vgl. Ref. **14101.**

14301. **V. A. Ambarzumjan,** Las «asociaciones» estelares. El Universo **13** 163—176.

14302. **V. A. Ambarzumjan,** Sternassoziationen. Endeavour 18 45—51.

14303. **A. Blaauw, W. A. Hiltner, H. L. Johnson,** Photoelectric photometry of the association III Cephei. ApJ **130** 69—79 = Contr. McDonald Obs. Nr. 304. — Die lichtelektrischen Helligkeitsmessungen erstreckten sich auf Sterne frühen Spektraltyps im Gebiet der Assoziation III Cephei und einige schwache Sterne in unmittelbarer Nachbarschaft der Programmsterne. Wegen der Verbindung der Assoziation mit interstellarer Materie werden Farbenexzesse und Absorptionen abgeleitet. Diese dienen in Verbindung mit einem FHD zum Aussuchen der wahrscheinlichen Mitglieder der Assoziation. Der Entfernungsmodul ist $9^{m}.3$. O. G.

14304. **V. M. Blanco, A. D. Williams,** A new O−B association with an unusual reddening effect. ApJ **130** 482—486 = Warner & Swasey Obs. Case Inst. Technol. Repr. Nr. 95. — Bei den Sternen der neu gefundenen Assoziation mit Spektraltypen von O7 bis B5 ist der Farbenexzeß mit dem Spektraltyp korreliert. Die systematische Vergrößerung des Farbenexzesses beim Übergang zu früheren Typen wird versuchsweise auf die Stellung in der umgebenden Wolke zurückgeführt, aus der der betreffende Stern entstanden ist: je jünger der Stern, umso näher steht er dem Kern seiner Mutterwolke. Dv.

* * **R. van der Borght,** Associations of early type stars. Vgl. Ref. **4305.**

14305. **P. N. Cholopow,** A revised list of T-associations and their members. AJ UdSSR **36** 295—304 (russ. mit engl. Ref.). — Die Liste enthält 29 sichere und 12 mögliche T-Assoziationen mit Angaben über ihre Koordinaten, Durchmesser, Entfernungen und jeweils ein Verzeichnis der einzelnen Mitglieder. Zur Klassifizierung der Veränderlichen werden einige Bemerkungen gemacht. Loh.

14306. **P. N. Cholopow,** The system of T-associations. AJ UdSSR **36** 434—443 (russ. mit engl. Ref.). — Von seiner Liste von T-Assoziationen ausgehend (vgl. Ref. **14305**), untersucht Verf. die scheinbare und räumliche Verteilung dieser Systeme. Die T-Assoziationen bilden ein flaches Untersystem; oft kommen Ketten von T-Assoziationen vor. Alle O-Assoziationen bis zur Entfernung 500 pc enthalten T-Assoziationen. Die spektrale Zusammensetzung von T-Assoziationen, welche mit Nebeln verbunden sind, hängt nicht von der Anwesenheit von OB-Sternen ab.

Daraus schließt Verf., daß zwischen O- und T-Assoziationen kein wesentlicher Unterschied besteht. T-Assoziationen, welche nicht mit Nebeln verbunden sind, haben kleinere Dichten und größere Durchmesser als T-Assoziationen in Nebeln. Dies scheint für eine Expansion von T-Assoziationen zu sprechen. Verf. vertritt die Meinung, daß im flachen Untersystem zwei Bestandteile zu unterscheiden sind: a) mehr oder weniger gleichmäßig verteilte Feldsterne und Sternhaufen, die ein normales HR-Diagramm aufweisen, und b) Spiralarme, die durch das HR-Diagramm von Assoziationen charakterisiert sind. Die Zahl der T-Assoziationen in der Galaxis kann zu 10^4 abgeschätzt werden. Ond.

14307. N. H. Dieter, Neutral hydrogen in OB associations. AJ **64** 329. — Ref. AAS.

14308. M. W. Dolidse, M. A. Arakeljan, The T-association near ϱ Ophiuchi. AJ UdSSR **36** 444—447 (russ. mit engl. Ref.). — Auf Aufnahmen mit dem 70 cm-Meniskusteleskop mit einem Objektivprisma wurden in dem Gebiet bei ϱ Oph 88 Sterne mit H_α-Emission entdeckt. Die Raumdichte dieser Objekte ist mit der Dichte im Gebiet des Orion-Nebels und NGC 2264 vergleichbar. Ond.

* * **M. W. Dolidse,** The stars with Hα-emission around the cluster NGC 7380. Vgl. Ref. **10416.**

14309. K. A. Grigorjan, Polarisationsbeobachtungen einiger kühler Überriesen der Assoziation Cepheus II. Mitt. Obs. Bjurakan Nr. 27 S. 55—67 (russ. mit armen. Ref.). — Nach einer Beschreibung des Meßgerätes, das eine automatische Registrierung der Polarisationsbeobachtungen erlaubt, wird das Beobachtungsverfahren kurz geschildert und über die Meßergebnisse berichtet. Danach sind Polarisationsgrad und -winkel der Anhaltssterne über den Beobachtungszeitraum des Jahres 1958 hinweg praktisch konstant, während die drei Spättypsterne RW, ST und VV Cep der Assoziation gewisse Änderungen derselben aufweisen. Loh.

14310. R. H. Hardie, C. K. Seyfert, A study of the I Lacertae association. ApJ **129** 601—607. — Für zahlreiche Sterne in der Assoziation bei 10 Lac werden Spektraltypen aus Objektivprismenaufnahmen, photoelektrische Helligkeiten und Farben mitgeteilt. Es handelt sich um Sterne mit Spektraltypen später als B5. Das Farben-Helligkeitsdiagramm und das Hertzsprung-Russell-Diagramm werden unter Hinzunahme der von Harris gefundenen Ergebnisse (vgl. AJB **55** Ref. **12367**) entworfen. Der Entfernungsmodul wird zu $8^m_.4$ abgeschätzt. Loh.

* * **W. E. Howard III, A. T. Young,** Galactic clusters and O-associations. Vgl. Ref. **14130.**

* * **H. L. Johnson,** On the luminosities of early-type stars. Vgl. Ref. **10505.**

14311. G. T. Kewanischwili, Über Ansammlungen von A-Sternen. AC Nr. 202 S. 10—12 (russ.). — Für 55000 A-Sterne aus dem HD-Katalog wurden die Entfernungen berechnet. In der Zone zwischen +10° und −10° galaktischer Breite wurden 21 Ansammlungen von A-Sternen entdeckt. Besonders ausgeprägt sind 3 Ansammlungen in Perseus, Cygnus und Lacerta. Die Realität der Ansammlungen wurde mittels der Monte Carlo-Methode geprüft. Die mittleren Durchmesser und Dichten der entdeckten Ansammlungen sind mit denen der O- und T-Assoziationen vergleichbar. Ond.

* * **R. P. Kraft, A. U. Landolt,** Eclipsing binaries in galactic clusters and O−B associations. Vgl. Ref. **12235.**

14312. B. E. Markarjan, Farben und Helligkeiten heller Sternassoziationen der Spiralnebel M 51 und M 101. Mitt. Obs. Bjurakan Nr. 26 S. 3—17 (russ. mit armen. Ref.). — Die absoluten Größen der Sternassoziationen in M 51 und M 101 liegen bis auf wenige Ausnahmen im Intervall $-12^m_.3$ bis $-10^m_.1$; die hellsten Assoziationen in den Spiralnebeln sind also in der Helligkeit mit den Zwerggalaxien vergleichbar. Es folgt aus den gemessenen CI, daß in den Assoziationen in

M 51 und M 101 auch rote Riesen vorkommen. Da die Helligkeiten der Assoziationen unabhängig von der Entfernung vom Zentrum sind, müssen die Assoziationen und daher auch die Sterne gleichzeitig auf der ganzen Länge der Spiralarme entstehen. Perek

* * **G. Münch, A. Slettebak,** A new O-type subdwarf. Vgl. Ref. **10508.**

* * **T. Oki,** On the magnetohydrodynamic instability of a gaseous cylinder. Vgl. Ref. **5131.**

14313. **J. Široký, M. Široká,** Stellar associations of the type T. RH **40** 202—207 (tschech.).

* * **G. A. Starikowa,** Relative positions and magnitudes of components of Trapezium type stars. Vgl. Ref. **11118.**

14314. **V. Vand,** Formation of stellar associations from galactic gas. Nature **184** 441. — Wenn eine sehr flache, große H I-Region durch die Anwesenheit eines heißen Sterns in Expansion gerät, können nach dem Zerfall des sich bildenden Materierings Sternkettchen entstehen. Eine Durchmusterung von Sternaufnahmen bestätigt diese Schlußfolgerung, wobei insbesondere zahlreiche elliptische Sternkettchen auffallen, die auch doppelt sein können. Loh.

* * Bewegungsverhältnisse im Orion-Nebelhaufen. Vgl. Ref. **13130.**

14315. Neue Untersuchung des OB-Aggregats «Cassiopeia-Taurus« Sterne **35** 159. — Ref.

14316. T-Assoziationen. Sterne **35** 248—250. — Ref.

§ 144

Milchstraßensystem

Aufbau

14401. **R. Ampel,** Interstellar extinction and distribution of stars in the Cassiopeia field. Studia Soc. Sci. Torunensis (F) **2** Nr. 3 S. 1—41 = Bull. Astr. Obs. Toruń Nr. 20. — Veröffentlichung von photographischen Helligkeiten, Farbenindizes und Spektraltypen von 1180 Sternen eines 10 Quadratgrad großen Feldes bei $23^h\ 57^m$, $+59\overset{\circ}{.}6$ (1950) in Fortsetzung einer früheren Arbeit (vgl. AJB **58** Ref. **9402**). Aus den Werten des Farbenexzesses wird die interstellare photographische Extinktion hergeleitet. Die räumliche Dichte der Sterne wird in 8 Spektralgruppen zwischen B2 und M III bestimmt. Ferner wird die Leuchtkraftfunktion im Bereich M_P von -2 bis $+5$ für 100, 200, 400 und 600 pc gegeben. Gli.

14402. **R. Ampel,** Badania struktury Drogi Mlecznej w wybranych polach. Pole w gwiazdozbiorze Cassiopeia. Postępy Astr. **7** 267—268. — Auf Grund der Beobachtungen von 1180 Sternen in Toruń (Thorn) wird die Korrelation zwischen Sterndichte und Gas- und Staubverteilung diskutiert, außerdem die Feinstruktur dieser Verteilungen. Die Entfernungen der Carina-Cygnus- und Perseus-Spiralarme werden abgeschätzt. E. R.

14403. **H. C. Arp,** Stars in the direction of the galactic center. AJ **64** 33—34. — Aus einer Untersuchung der Farben und Helligkeiten von 300 Sternen 15′ nördlich von M 22 geht hervor, daß in dem Volumenelement, das 2.3 kpc seitlich des galaktischen Zentrums liegt, die Mehrzahl der röteren Sterne weniger leuchtkräftig ist als die Kugelhaufen-Riesen desselben Farbenindexes. Diese Sterne scheinen in Leuchtkraft den alten Riesen galaktischer Haufen näher zu stehen. Loh.

14404. **S. van den Bergh,** Cepheids and galactic structure. Vgl. AJB **58** Ref. **12301** = Contr. Perkins Obs. (2) Nr. 12.

14405. **B. Bok, P. Bok,** The Milky Way. Vgl. AJB **57** Ref. **12303**. Ins Russische übersetzt. Moskau, Phys.-Math. Staatsverlag, 1959. 264 S. Preis 6 R. 65 Kop.

14406. **B. J. Bok,** The spiral structure of our Galaxy. Obs **79** 58—62 = Mt. Stromlo Obs. Repr. Nr. 16. — Verf. nimmt nach kritischer Prüfung der von verschiedenen Autoren vermuteten größeren Zahl von Spiralarmen vorläufig nur 3 als gesichert an, die er als Perseus-Arm, Carina-Cygnus-Arm und Sagittarius-Arm bezeichnet. Der Verlauf dieser Arme und einiger Sporne (spurs) wird nach Untersuchungen über O- und B-Sterne, klassische Cepheiden, andere Sterne, Nebel und Sternhaufen als Ergänzung zu den radioastronomischen Ergebnissen über H I-Gebiete diskutiert. In einer Abbildung werden die Ergebnisse zusammengefaßt. O. G.

* * **J. Borgman,** Photometric criteria for the separation of different population types. Vgl. Ref. **10304**.

14407. **D. Chalonge,** Populations stellaires. BSAF **73** 393—410.

14408. **D. Chalonge,** Stern-Populationen. Orion Schaffhausen **5** 523—538.

14409. **H. K. Crowder,** On the computation of stellar space density functions. AJ **64** 22—25. — Gegeben ist die beobachtete Anzahl von Sternen bestimmten Spektraltyps pro Quadratgrad und Größenklasse als Funktion der scheinbaren Helligkeit, gesucht ist die räumliche Dichte dieser Sterne als Funktion des Abstandes. Dies führt auf eine Integralgleichung, deren direkte numerische Behandlung sehr zeitraubend ist. Für die IBM 650 wird ein Programm entwickelt, welches ein von Schwarzschild vorgeschlagenes Näherungsverfahren benutzt. Eine Anzahl von gerechneten Beispielen zeigen befriedigende Übereinstimmung mit dem direkten Verfahren. Hoe.

14410. **J. M. A. Danby,** The inner structure of the Galaxy. Obs **79** 220—221. — Die von H. M. Johnson (vgl. AJB **57** Ref. **12310**) geäußerte Vermutung, die Galaxis sei eine Balkenspirale, scheint sich durch eine andeutungsweise balkenähnliche Verteilung der dem galaktischen Zentrum näheren Kugelsternhaufen zu bestätigen. Loh.

14411. **M. W. Dolidse,** Über die räumliche Verteilung der Emissionssterne. AC Nr. 201 S. 9—10 (russ.). — Dunkle und leuchtende diffuse Nebel, offene Sternhaufen, neutraler Wasserstoff etc. kommen auch außerhalb der Spiralarme vor und bilden in der Sonnenumgebung zwei Wolken. Es besteht kein genetischer Zusammenhang zwischen den Nebeln und Gruppen von Sternen mit Hα in Emission, es besteht aber ein physikalischer Zusammenhang zwischen Nebeln und assoziierten Sternen. Auf Grund von diesen Schlüssen sagt Verf. voraus, daß im Coma Berenices-Haufen und bei $l = 140°$, $b = -25°$, Verdichtungen von Sternen mit Hα in Emission gefunden werden. Perek

14412. **J. Dufay,** Sur la région centrale de la Galaxie. CR **248** 647—650 = Publ. Obs. Haute-Provence **4** Nr. 35. — Die brillante Sternwolke, die durch Infrarotphotographie in der Richtung zum Milchstraßenzentrum entdeckt worden ist, muß wohl, wie die große Wolke in Sagittarius, der zentralen galaktischen Kondensation angehören und nicht den Spiralarmen, die sich in 1.5 und 3.0 kpc Entfernung von der Sonne hinziehen. Es werden die genäherten Dimensionen der zentralen Kondensation und die wahrscheinlichen Entfernungen der dazwischenliegenden absorbierenden Wolken abgeschätzt. Verf. (ü.)

14413. **J. Dufay,** La région centrale de la Voie Lactée. Scientia **94** 218—224.

14414. **A. Elvius, P. O. Lindblad,** Numerical computations on the ejection of stars into spiral arms from gas rings containing magnetic fields.

Ark Astr **2** 393—406 = Uppsala Astr. Obs. Medd. Nr. 126. — In großen Gasringen mit innerem Magnetfeld, die das Zentrum eines extragalaktischen Systems umschließen, stellt sich eine solche Geschwindigkeit ein, daß Gleichgewicht zwischen der Zentrifugalkraft einerseits und den Gravitations- und magnetischen Kräften andererseits herrscht. Bilden sich durch Kontraktion aus Teilwolken dieses Ringgases Sterne, dann werden sie, da auf sie keine magnetische Kraft wirkt, aus dem Gasring wegen ihrer für die Anfangsdistanz vom Zentrum zu großen Geschwindigkeit nach außen hinauslaufen. Diese Sterne sollen die Spiralarme bilden. Thi.

14415. **S. Emoto,** Untersuchungen über die schwachen blauen Sterne. I. Die räumliche Verteilung der B-Sterne. Publ. Astr. Soc. Japan **11** 264—277. — Nach Darstellung der Methode der Berechnung der Sterndichte wird die Anzahl der B- und A-Sterne durch Abzählungen in verschiedenen galaktischen Breiten bestimmt. Mit Hilfe des Prozentsatzes der spektralen Unterklassen der B- und A-Sterne wird die Leuchtkraftfunktion hergeleitet. Die damit bestimmte räumliche Verteilung der B-Sterne zeigt in 4 kpc senkrechtem Abstand von der galaktischen Ebene eine Diskontinuität, aus der Verf. auf eine zweite Gruppe von Sternen schließt: unter der Hauptreihe liegende Unterzwerge, deren räumliche Verteilung eine auffallende Ähnlichkeit mit der der RR Lyrae-Sterne zeigt. Gli.

14416. **C. Fehrenbach,** Recherches sur la Galaxie effectuées en Haute Provence et à Marseille. BSAF **73** 97—112.

14417. **S. Gaposchkin,** The visual Milky Way. AJ **64** 50—51. — Ref. AAS.

14418. **S. Gaposchkin,** The visual Milky Way. Vistas in Astronomy **3** 289—295 = Harv Repr Nr. 535.

14419. **R. H. Garstang,** The galactic system as a spiral nebula. Nature **183** 1308—1309.

* * **J. Hardorp, K. Rohlfs, A. Slettebak, J. Stock,** Luminous stars in the northern Milky Way. I. Vgl. Ref. **10504.**

* * **E. Holmberg,** Om universums uppbyggnad. Vgl. Ref. **14521.**

14420. **C. Iwaniszewska,** Badanie struktury Drogi Mlecznej w wybranych polach. Pole w gwiazdozbiorze Sagitta. Postępy Astr. **7** 281. — Für 1155 Sterne eines ausgewählten Feldes in Sagitta wurden Farbenindizes und Farbenexzesse ermittelt und daraus die interstellare Absorption im Photographischen bestimmt. E. R.

* * **F. D. Kahn, L. Woltjer,** Intergalactic matter and the Galaxy. Vgl. Ref. **14597.**

* * **B. E. Markarjan,** Verteilungsbesonderheiten der offenen Sternhaufen in der galaktischen Ebene. Vgl. Ref. **14137.**

14421. **M. F. McCarthy,** Stellar populations. J RAS Canada **53** 211—222 = Specola Vaticana Comun. Nr. 24.

14422. **S. W. McCuskey, W. A. McCuskey,** The giant-dwarf ratio among the G5 stars. AJ **64** 189—194 = Warner & Swasey Obs. Case Inst. Technol. Repr. Nr. 97. — Nach Kiewiet de Jonge wurden die ersten vier Momente der Häufigkeitsverteilung nach absoluter Helligkeit aus den Momenten der Häufigkeitsverteilungen nach Eigenbewegung, Radialgeschwindigkeit und scheinbarer Helligkeit zusammengesetzt. Diese beobachteten Momente wurden mit theoretischen Momenten verglichen, die für verschiedene Anteile von Zwergsternen mit der Annahme von Gauß-Verteilungen berechnet wurden. Danach sind etwa 25 % der G5-Sterne mit $5^m\!.51 \leq m_V \leq 6^m\!.50$ Zwergsterne. Dieses aus den Bewegungsverhältnissen abgeleitete Ergebnis stimmt gut überein mit dem Anteil der Zwergsterne der Klasse G5 unter den hellsten Sternen mit spektroskopisch bestimmten absoluten Helligkeiten. O. G.

14423. **B. Onderlička,** Some problems of the investigation of the Galaxy. Pokroky 4 584—594 (tschech.).

* * **A. G. Pacholczyk,** Statistical investigations of the polarization of starlight in the Milky Way. Part I. On the ratio of polarization to absorption in different spiral arms of the Galaxy. Vgl. Ref. **13322.**

14424. **A. G. Pacholczyk,** Wybrane zagadnienia magnetohydrodynamiki ruchu laminarnego. III. Postępy Astr. 7 67—109. — Den dritten Teil seines Übersichtsartikels widmet Verf. dem allgemeinen magnetischen Feld der Galaxis. Es wird gezeigt, daß verschiedene Beobachtungen (interstellare Polarisation des Lichtes, Orientation der Nebelfilamente, Isotropie und große Energie der primären kosmischen Strahlung, sphärische Komponente der galaktischen Radiostrahlung) indirekt für ein magnetisches Feld von der Größenordnung 10^{-5} Gauß zeugen. Ferner werden folgende Fragen behandelt: Die Spiralarme als Zylinder im magnetischen Feld, magnetohydrodynamische Wellen in der interstellaren Materie und der Charakter des allgemeinen regulären magnetischen Feldes der Galaxis. Ond.

14425. **A. Pacholczyk,** Pola magnetyczne w Galaktyce. Urania Kraków **30** 320—324, 352—357. — Allgemeinverständlicher Artikel über Magnetfelder in der Galaxis, insbesondere mit eingehender Begründung ihrer Existenz. E. R.

14426. **P. P. Parenago,** The function A (m, C) — the distribution of stars according to stellar magnitudes and colour indices. AJ UdSSR **36** 182—187 (russ. mit engl. Ref.). — Verf. führt eine Verteilungsfunktion A (m, C) für Sterne nach Helligkeit und Farbenindex ein, zu deren Berechnung er eine Formel ableitet. Er zeigt ferner, daß in einem Gebiet von 9 Quadratgrad im Orion-Nebel ein Überschuß von O–B9- und F5–F9-Sternen eindeutig für die Existenz einer Assoziation spricht. Die A0–A4- und F0–F4-Sterne kommen in einer kleineren Anzahl vor, und nur sehr wenige A5–A9-Sterne sind anwesend. Verf. ist der Meinung, daß dies eher für eine Unterbrechung im Spektrum-Helligkeitsdiagramm als für eine allmählich wachsende Abweichung von der Hauptreihe spricht. Ond.

14427. **L. Perek,** Distribution in space of stellar populations. BAC **10** 15—22. — Für die drei Populationen I, II und die Scheibenpopulation werden unter Zugrundelegung der modernen Beobachtungsdaten Modelle angesetzt: Population I und die Scheibenpopulation als Sphäroide, deren Dichte exponentiell mit wachsender Entfernung vom Zentrum abnimmt; für Population II werden die Flächen gleicher Dichte als konfokale Sphäroide dargestellt; die Dichte nimmt umgekehrt proportional der 6. Potenz der Entfernung vom Zentrum ab. Durch Variation der Massen in Population II und der Scheibenpopulation wird die Verteilung gesucht, die die beobachteten Rotationsgeschwindigkeiten des neutralen Wasserstoffs, die Anziehung in der z-Richtung und die Werte der Oortschen Konstanten am besten wiedergibt. Von der Gesamtmasse der Galaxis gehören 7% zur Population I, etwa 17—26% zur Population II, während der Anteil der Scheibenpopulation zwischen 67 und 76% beträgt. In Sonnennähe beträgt der Massenanteil der Population II etwa 3—5%. Gli.

14428. **S. B. Pickelner, I. S. Schklowskij,** On the problem of the nature of the gas corona of the Galaxy. Ann d'Astrophys **22** 913—925. — Die Gaskorona ist sehr dünn, ausgedehnt und nur wenig abgeplattet. Außer Gas spielen wichtige Rollen magnetische Felder und relativistische Partikel. Die kleine Abplattung weist auf eine langsame Rotation hin. Der Drehimpuls der Korona — auf eine Masseneinheit bezogen — ist viel kleiner als der des flachen Untersystems. Der Ursprung der Gaskorona kann in dem von den Sternen in den Endphasen ihrer Entwicklung ausgestoßenen Gas gesucht werden. Das magnetische Feld in der Korona muß sehr unregelmäßig sein. Es ist möglich, daß in der Korona kein Gleichgewicht herrscht, sondern daß sie von der kosmischen Strahlung aufgeschwollen ist. Perek

14429. **S. B. Pickelner,** On the genetic relation of stars of different subsystems. Mitt. Astrophys. Obs. Krim **21** 209—214 (russ. mit engl. Ref.). — Auf Grund des Milchstraßenmodells von M. Schmidt wurden die spezifischen Drehimpulse von Sternen verschiedener Untersysteme berechnet. Die Verteilung der Drehimpulse und Sterne wird weder durch die Theorien von C. F. v. Weizsäcker, A. I. Lebedinskij und L. E. Gurewitsch, noch durch einige andere Hypothesen erklärt. Mehrfache Windungen der Arme werden offenbar durch die Wirkungen eines Magnetfeldes verhindert. Verf. (ü.)

14430. **I. I. Pronik,** An investigation of a region in the Milky Way with the center l = 343°, b = 0°. Mitt. Astrophys. Obs. Krim **21** 268—275 (russ. mit engl. Ref.). — Auf Grund einer eingehenden Diskussion des benutzten Größen- und Farbensystems wird gezeigt, daß die Absorption in der untersuchten Richtung zwischen 90 und 150 pc auf $1^m_.4$ anwächst. Dann nimmt sie weiter zu und erreicht bei 1300 pc $3^m_.0$. Letzteres wird als Wirkung eines inneren Spiralarmes gedeutet. Perek

14431. **A. S. Scharow,** On the nature of the relation between the stellar colour excesses and the brightness of the Milky Way. AJ UdSSR **36** 106—113 (russ. mit engl. Ref.). — Eine Gegenüberstellung der aus lichtelektrischen Farbenindexmessungen abgeleiteten Farbenexzesse von Sternen in galaktischen Breiten $| b | \leq 5°$ und der Integralhelligkeiten der zugehörigen Milchstraßenfelder zeigt für die in mehrere Entfernungsgruppen eingeteilten Sterne jeweils deutlich, daß die Integralhelligkeit mit wachsendem Farbenexzeß abnimmt. In diesem Effekt spiegelt sich der Einfluß der Dunkelwolken auf Integralhelligkeit und Farbenexzeß wider. Frühere, ähnliche Ergebnisse werden damit bestätigt. Loh.

14432. **Z. Sekanina,** The apparent and space distribution of bright B-stars. Publ. Astr. Inst. Prague (2) Nr. 26 S. 37—85 (tschech. mit russ. und engl. Ref.). — Scheinbare Verteilung von 801 Sternen der Klassen B0–B5, Analyse der interstellaren Absorption im Lokalen System, Abhängigkeit der Raumdichte der B-Sterne von der Position im Milchstraßensystem. J. B.

14433. **T. Shimizu,** General features of our Galaxy. Astr. Herald **52** 69, 93 (japan.).

14434. **G. A. Starikowa,** Die prozentuale Häufigkeit der Sterne verschiedener Merkmale in der Sonnenumgebung. AC Nr. 203 S. 8—9 (russ.). — Verf. untersuchte die Verteilung von Sternen bis $6^m_.0$ und von Sternen bis zur Entfernung 20 pc nach Leuchtkraftklasse, Farbenindex und visueller absoluter Helligkeit. Daraus wurde die prozentuale Häufigkeit der Sterne verschiedener Merkmale im Volumen von 1000 pc^3 in der Sonnenumgebung berechnet. Die Ergebnisse werden in 4 Tabellen gegeben. Ond.

14435. **O. Struve,** The spiral structure of the Milky Way. Sky Tel. **18** 364—368.

* * **A. D. Thackeray,** Comparison of globular clusters in the Galaxy and in the Magellanic Clouds. Vgl. Ref. **14229.**

14436. **M. Wähnl,** Sternpopulationen. Veröff. Urania-Sternw. Wien Nr. 2 S. 6—11.

14437. **B. Westerlund,** An infrared survey of a region in Aquila. ApJ **130** 178—192 = Warner & Swasey Obs. Case Inst. Technol. Repr. Nr. 94. — In 3 rechteckigen Gebieten von je 2 Quadratgrad Größe bei l = 12° und b = –8°, $-6^{\circ}_{.}5$ und –5° wurden Spektralklassen, photographische Infrarothelligkeiten und Farben (Rot — Infrarot) für 478 M-Sterne bestimmt. Eine Tabelle enthält Angaben über die Veränderlichen der Felder. Die interstellare Absorption wird mit Wolf-Diagrammen und mit Farbenexzessen untersucht. Die räumliche Verteilung der M-Sterne in einer Schicht um die galaktische Hauptebene ist ziemlich gleichförmig. Frühe M-Sterne sind häufiger als späte. Alle Ergebnisse werden verglichen mit den Ergebnissen für ein Feld in Cygnus (vgl. Ref. **14438**). O. G.

14438. **B. Westerlund,** An infrared survey of a region in Cygnus. ApJ Suppl **4** 73—108 = Warner & Swasey Obs. Case Inst. Technol. Repr. Nr. 90. — Ref. in ApJ **129** 523. — In 4 Feldern mit Zentren bei l = 32°.5, b = −1°.1 bis +6°.5 wurden rote Sterne untersucht. In Tabellen werden Spektralklassen im Case-Infrarotsystem und Infrarothelligkeiten für rund 1800 Sterne angegeben, die auf beigefügten Identifizierungskarten bezeichnet sind. Für Kohlenstoffsterne und für Veränderliche werden ausführliche Angaben getrennt zusammengestellt. Verf. zeigt, daß die meisten Sterne der Spektralklassen M7–M10 veränderlich sind. Für Untersuchungen über interstellare Absorption und über Sternverteilungen wird das größte Feld nach galaktischer Breite in 4 Streifen unterteilt. Die interstellare Absorption wird an Hand von Wolf-Diagrammen diskutiert. Daraufhin können korrigierte scheinbare Verteilungen N (m) bzw. A (m) für Sterne der Klassen M2 – M4, M5 – M6.5 und M7 – M10 angegeben werden. Nur für M2 – M4-Sterne ist die absolute Infrarothelligkeit zur Untersuchung der räumlichen Dichteverteilung genügend genau bekannt. O. G.

14439. M-Sterne und rote Veränderliche im galaktischen Zentrum. Sterne **35** 157. — Ref.

* * Kohlenstoff-Sterne in der nördlichen Milchstraße. Vgl. Ref. **10478.**

* * Rozmieszczenie Cefeid w Galaktyce. Vgl. Ref. **12347.**

14440. Gwiazdy typu M i zmienne czerwone w centrum Galaktyki. Urania Kraków **30** 140—141.

Kinematik und Dynamik

14441. **J. B. Alexander,** Some aspects of stellar motions. MN ASSA **18** 22—28.

14442. **S. Aoki,** Sternbahnen in den inneren und äußeren Gebieten der Milchstraße. Astr. Herald **51** 135—136, 1958 (japan.).

14443. **S. Aoki,** Departure from the circular motion of the galactic rotation. Astr. Herald **52** 250—251 (japan.).

14444. **G. Courtès,** Comportement de l'hydrogène interstellaire ionisé dans la Galaxie. CR **248** 2953—2955 = Publ. Obs. Haute-Provence **4** Nr. 44. — Die Radialgeschwindigkeiten der H II-Regionen werden als differentielle Rotationskomponenten der Milchstraße interpretiert und damit zur Entfernungsbestimmung herangezogen, in besonderen Fällen auch zur Bestimmung der Lage der anregenden Sterne in Bezug auf die Spiralarme. Zwei Abbildungen vergleichen die Radialgeschwindigkeitsmessungen in verschiedenen H II-Regionen mit den Radialgeschwindigkeiten der interstellaren Absorptionslinien und der der H I-Regionen. Gli.

14445. **W. Dziewulski,** O ruchu gwiazd olbrzymów typów widmowych B, A i F w układzie lokalnym. Postępy Astr. **7** 271. — Bestimmung der Koordinaten und Eigengeschwindigkeiten der B-, A- und F-Riesen im Lokalen System. E. R.

14446. **W. Dziewulski,** On the motion of B, A, F type giants in the Local System. Studia Soc. Sci. Torunensis (F) **2** Nr. 4 S. 15—20 = Bull. Astr. Obs. Toruń Nr. 21. — Ein Material von 768 Riesen der Klassen B, A und F (bis zur absoluten Helligkeit M = 3.0) in Entfernungen bis 500 pc wird aufgeteilt in 6 Gruppen nach der räumlichen Lage der Sterne in der galaktischen Ebene. Nach Eliminierung der galaktischen Rotationskomponenten deuten die mittleren Bewegungen in der galaktischen Ebene relativ zum Zentroid aller 768 Sterne zwei Wirbel an. Die gleiche Untersuchung wird nach Ausschluß der B-Sterne wiederholt. An Hand der 327 A- und F-Sterne, die größere galaktozentrische Entfernungen als die Sonne haben und den einen Wirbel zeigen, werden Werte der Oortschen Konstanten abgeleitet, die erheblich von den bekannten Werten abweichen. Gli.

14447. **O. J. Eggen,** Motions of the bright peculiar and metallic-line A-type stars. Obs **79** 197—204. — An Hand eines Materials von 62 helleren Ap- und Am-Sternen (heller als 6^m), deren photometrische Daten und Bewegungskomponenten sicher bekannt sind, wird die Geschwindigkeitsverteilung dieser Gruppe betrachtet. Es wird auf Gemeinsamkeiten mit der Geschwindigkeitsverteilung der Gruppe der langsam bewegten G–K-Zwerge hingewiesen. Durch Vergleich der Geschwindigkeitsverteilungen könnte es möglich sein, G–K-Riesen der «older population I» von den G–K-Riesen der «disk»-Population zu unterscheiden. Gli.

14448. **S. Gąska,** Ruchy gwiazd olbrzymów I i II populacji. Postępy Astr. **7** 278. — Berechnung der Geschwindigkeitsdispersionsverhältnisse der Riesen der beiden Populationen. E. R.

14449. **T.-c. Ho,** Determination of the galactic rotation constant A from Cepheid variables. Acta Astr. Sinica **7** 16—19 (chines. mit russ. Ref.). — Es werden mehrere Lösungen für die Rotationskonstante auf Grund der Radialgeschwindigkeiten von Cepheiden berechnet. In einigen Lösungen wurde das Material um eine Anzahl von RR Lyrae-Sternen vermehrt. Verf. leitet den definitiven Wert von A = 17.4 km/sec/kpc ab. Perek

14450. **F. Janák, P. Mayer,** Comparison of the radial velocities of the OB-stars and Cepheids in the Perseus arm. BAC **10** 22—25. — Die Radialgeschwindigkeiten von Assoziationen, OB-Sternen und Cepheiden im Perseus-Arm zwischen galaktischer Länge 70° und 105° liefern die Kurve der Rotationsgeschwindigkeit. Wird diese für OB-Sterne und Cepheiden gleich gesetzt, so ergibt sich die Nullpunktskorrektion der Perioden-Leuchtkraft Beziehung von Shapley zu $-1^m\!.0 \pm 0^m\!.2$. Gli.

14451. **F. Janák,** On the validity of the linear equations of stellar kinematics. BAC **10** 87—92. — Kritische Auseinandersetzung mit der Frage, warum die von Weaver hergeleiteten Werte für die Oortsche Konstante A (vgl. AJB **55** Ref. **12357**, 58) von den Werten anderer Autoren abweichen. Es wird eine korrigierte lineare Gleichung für die Eigenbewegungskomponente der Rotation in galaktischer Länge abgeleitet, die mit ausreichender Genauigkeit bis zu heliozentrischen Distanzen von etwa 2 kpc gelten dürfte. Der Einfluß nicht gleichmäßiger Verteilung der Sterne in galaktischer Länge kann durch eine in dieser Arbeit ausgeführte Gewichtsmethode ausgeschaltet werden. Gli.

14452. **A. Michałowska, J. Smak,** Kinematyczne charakterystyki gwiazd szybkich. Postępy Astr. **7** 289. — Betrifft den Zusammenhang zwischen kinematischen Merkmalen schnellbewegter Sterne und ihrer Lage im Hertzsprung-Russell-Diagramm. E. R.

14453. **P. P. Parenago,** On the observational difference between the expressions for the galactic potential according to Kusmin and to Parenago. AJ UdSSR **36** 179—182 (russ. mit engl. Ref.). — Die Ausdrücke für das galaktische Potential in der galaktischen Ebene von Kusmin (1954) und Parenago (1952) ergeben in verschiedenen Entfernungen vom galaktischen Zentrum miteinander gut übereinstimmende Kreisbahngeschwindigkeiten. Es ist aber noch nicht möglich, aus den heute bekannten kreisbahnähnlichen Geschwindigkeiten zu entscheiden, welcher der beiden Ansätze der Wirklichkeit am nächsten kommt. Loh.

14454. **L. Perek,** Galactic orbits of stars. Publ ASP **71** 388—389. — Ref. ASP.

14455. **K. Pilowski,** Lokaler Geschwindigkeitszustand der Sterne. Entwicklung und Altersbestimmung. Techn. Hochschule Hannover Astr. Station Geod. Inst. 1959, 45 S.

14456. **J. P. Pskowskij,** An investigation of the parameters of galactic rotation from radial velocities of Cepheids and radio observations of the interstellar hydrogen emission line. AJ UdSSR **36** 448—456 (russ. mit engl. Ref.). — Aus Radialgeschwindigkeiten für 164 Cepheiden wird die Camm-Funktion abgeleitet, und zwar für zwei verschiedene Werte der Entfernung der Sonne vom Zentrum der Galaxis: $R_\odot = 7.2$ kpc und 8.2 kpc. Beide Alternativen führen zum Wert A = 20 km/sec/kpc für die Oortsche Konstante in der Sonnenumgebung. Verf. zeigt, daß die aus der Rotationstheorie der stationären Galaxis folgende Funktion von Camm gut mit der aus den Cepheiden und dem interstellaren Wasserstoff berechneten übereinstimmt, wenn man $R_\odot = 7.2$ kpc annimmt. Die Berechnung des Gliedes zweiter Ordnung in der Rotationsformel aus entfernten Cepheiden ist mit systematischen Fehlern behaftet, wie ein Vergleich mit der Theorie zeigt. Ond.

14457. **T. Rootsmäe,** The velocity ellipsoids of stars and the problem of stellar evolution. Abh. Staatsuniv. Tartu Nr. 74, 55 S. = Tartu Astr. Obs. Teated Nr. 4 (russ. mit estn. und engl. Ref.). — Die Größen und Richtungen der Achsen der Geschwindigkeitsellipsoide wurden für Sterne verschiedener Typen untersucht. Das Anwachsen des Volumens der Ellipsoide im Sinne B, A, dF, dG wird als Folge des Entwicklungsweges gedeutet. In ähnlicher Weise wird ein Entwicklungsweg von B über A zum Riesenast abgeleitet. Im allgemeinen werden die Riesen jünger gefunden als die Zwerge. Ferner werden die Über- und Unterriesen und die Bedeutung der Vertexrichtung diskutiert. Perek

14458. **K. Rudnicki,** Methode der Untersuchung der Vertexrichtung von Sterngruppen mit geringer Mitgliederanzahl auf Grund der Eigenbewegungen der Sterne. Bull. Acad. Polon. Sci. (Math., Astr., Phys.) **7** 677—679 = Astr. Obs. Warsaw Univ. Repr. Nr. 92. — Sterne bilden eine Gruppe gemeinsamer Bewegung, wenn die Großkreispole der Pekuliarkomponenten ihrer Eigenbewegungen an der Sphäre sich in einem Streifen längs eines Großkreises verdichten, dessen Pol dann der Vertex der Gruppenbewegung ist. Eine solche Untersuchung der 45 N- und R-Sterne des GC deutet nicht darauf hin, daß deren Vertexrichtung senkrecht zur galaktischen Ebene steht. Gli.

* * **A. Shinji,** Space distribution and motions of Cepheid variables. Vgl. Ref. **12339**.

14459. **J. Smak,** Kinematyka i wiek gwiazd w sąsiedztwie Słońca. Postępy Astr. **7** 27—28. — Bemerkung über die Kinematik und das Alter von Sternen in Sonnenumgebung nach Arbeiten von Woolley und Eggen. E. R.

14460. **M. Vetešnik,** Frequency of stars in the vicinity of the sun according to the integral of energy. BAC **10** 81—86. — Es wird die Verteilung der Werte des Energie-Integrals $I_1 = W^2 - 2\,\Phi$ in der Sonnenumgebung an einem Material von 5420 Sternen (B0–M, Unterzwerge, RR Lyrae-Sterne, Cepheiden) untersucht, deren Geschwindigkeiten W relativ zum galaktischen Zentrum berechnet wurden. Die Häufigkeitsverteilung kann in den Klassen B bis M durch Gaußsche Kurven dargestellt werden, jedoch nicht mehr bei den RR Lyrae-Sternen. Zugrunde liegt eine Kreisbahngeschwindigkeit von 216 km/sec; unter der Annahme einer unteren Grenze der Entweichgeschwindigkeit von 281 km/sec wird an Hand dieser Kurven der Anteil der Sterne mit hyperbolischen Geschwindigkeiten abgeschätzt. Unter den frühen Typen treten keine solchen Geschwindigkeiten auf; auch unter den späten Typen bleibt der Anteil von der Größenordnung 10^{-5}. Dagegen könnten unter den RR Lyrae-Sternen bis zu 20% hyperbolische Geschwindigkeiten auftreten. Gli.

* * **P. A. Wayman,** Velocity ellipsoids and the gravitational potential of the Galaxy. Vgl. Ref. **4314**.

* * **O. C. Wilson,** Location of late type high-velocity stars in the color-magnitude diagram. Vgl. Ref. **10528**.

14461. **H. Yasuda,** High-velocity stars and populations of stars. Astr. Herald **52** 201—203 (japan.).

Radiostrahlung

14462. **F. D. Drake,** A high-resolution radio study of the galactic center. AJ **64** 329. — Ref. AAS.

14463. **F. D. Drake,** Radio resolution of the galactic nucleus. Sky Tel. 18 428—429 = National Radio Astr. Obs. Repr. Nr. 6.

14464. **J. J. Eaton, J. D. Kraus,** A map of the Cygnus region at 915 megacycles per second. ApJ **129** 282—286. — Auf Grund von Beobachtungen mit dem 40 ft-Paraboloid (Ohio State Univ.) im Frühjahr 1957 wird eine Radiokarte der Strahlungstemperatur der Cygnus-Gegend (18^h bis 24^h; +24° bis +60°) abgeleitet. Eine Tabelle gibt ferner 24 diskrete Radioquellen in diesem Gebiet an. Voigt

14465. **G. Elwert,** Die 21cm-Linie des Wasserstoffs und die Spiralstruktur des Milchstraßensystems. Ergebnisse der exakten Naturwissenschaften **32** 1—78. — Im April 1959 abgeschlossener, zusammenfassender Bericht über 21 cm-Untersuchungen mit breiter Darstellung der physikalischen Grundlagen der Linienentstehung im Teil I. Teil II: Struktur des Milchstraßensystems. Teil III: Die Bedeutung der 21 cm-Linie für Untersuchungen an extragalaktischen Nebeln. Els.

14466. **S. Gorgolewski, H. Iwaniszewski, J. Hanasz, Z. Turło,** Obserwacje radiowe Galaktyki na częstotliwości 127 MHz. Postępy Astr. **7** 279. — Im ersten Halbjahr 1959 wurde an der Sternwarte der Universität Toruń (Thorn) in Piwnice die Radiostrahlung der Galaxis bei 127 MHz gemessen. E. R.

14467. **S. Grzędzielski,** On gas expansion in the central parts of the Galaxy. Bull. Acad. Polon. Sci. (Math., Astr., Phys.) **7** 627—632 = Astr. Obs. Warsaw Univ. Repr. Nr. 96. — Verf. versucht, die Beobachtungen Westerhouts (vgl. AJB **58** Ref. **12654**) bei 1390 MHz zu erklären, nach denen im Abstand von 3 kpc vom Kern der Galaxis die Radialgeschwindigkeit plötzlich von 200 km/sec auf 50 km/sec abnimmt. Berechnungen ergeben, daß ein transversales Magnetfeld von 10^{-5} Gauß oder mehr die HII-Regionen und auf Grund aerodynamischer Wechselwirkung auch das neutrale Gas derart bremsen kann, daß die beobachtete Dichtezunahme hervorgerufen wird. Die Ursachen der Expansion selbst werden nicht erörtert. V. W.

14468. **S. Grzędzielski,** Ruchy gazu w centralnej części Galaktyki. Postępy Astr. **7** 280—281. — Verf. diskutiert die Frage, wie das expandierende Gas im galaktischen Kern seinen Impuls erlangen kann. E. R.

14469. **C. S. Gum,** Some similarities in the distribution of neutral hydrogen and radio continuum sources in the Galaxy. AJ **64** 333. — Ref. AAS.

14470. **H. L. Helfer,** On the velocity field of the nearby interstellar hydrogen. AJ **64** 128. — Ref. AAS.

14471. **H. C. van de Hulst,** Die Struktur der Galaxis und die 21 cm-Linie. Endeavour **18** 117—124.

14472. **H. M. Johnson,** On a feature of galactic radio emission. Phil. Mag. (8) **4** 877.

14473. **F. J. Kerr,** The integrated brightness approach to 21-cm galactic studies. AJ **64** 336—337. — Ref. AAS.

14474. **F. J. Kerr, J. V. Hindman, C. S. Gum,** A 21 cm survey of the southern Milky Way. Australian J. Phys. **12** 270—292 = Division Radiophys. C. S. I. R. O. Chippendale. — Für den südlichen Teil der Milchstraße wurde beiderseits des galaktischen Äquators die 21 cm-H-Linienstrahlung untersucht, und zwar mit einem Radioteleskop, dessen Winkelauflösung 1°.4 und dessen Frequenzauflösung 40 kHz (entsprechend 8,5 km/sec) beträgt. Hierdurch konnten die Leidener Beobachtungen für den nördlichen Teil mit einem etwa gleich großen Teleskop zu einem vollen 360°-Bereich galaktischer Länge ergänzt werden. Eine gute Übereinstimmung der Meßergebnisse konnte in den sich überlappenden Bereichen festgestellt werden. Die Beobachtungsergebnisse sind in 41 Tafeln mit «Konturdiagrammen» (21 cm-Intensität als Funktion von Geschwindigkeit und galaktischer Breite) und in zahlreichen Abbildungen von am galaktischen Äquator gemessenen Linienprofilen dargestellt. HHR

* * **D. Kotsakis,** Radioteleskope und Galaxien. Vgl. Ref. **2270**.

14475. **W. G. Malumjan,** Observations of the central region on the Galaxy on the λ 33.3 wave length with the aid of the GAO large radiotelescope. DAN **129** 1003—1004 (russ.). — Die Radioquelle Sagittarius A besteht aus zwei Komponenten. Unter Voraussetzung Gaußscher Verteilungen für beide Komponenten sind ihre Halbbreiten 5′ und 1°25. Aus der symmetrischen Lage beider Kurven kann man auf den physikalischen Zusammenhang beider Komponenten schließen. Es folgt daraus, daß Sagittarius A sich im galaktischen Zentrum befindet. Außer den zwei Komponenten zeigt sich auf den Registrierungen die Strahlung der Milchstraße als ein schwacher Hintergrund. Perek

14476. **B. Y. Mills,** The radio continuum radiation from the Galaxy. Publ ASP **71** 267—291 = Division Radiophys. C. S. I. R. O. Chippendale. — Die Entstehung der thermischen und nichtthermischen Radiostrahlung aus dem Kosmos wird diskutiert. Die Verteilung der Radiohelligkeit in der Milchstraße ist in großen Zügen geklärt. Nicht so klar sind die Prozesse, die zur nichtthermischen Strahlung führen. Die starken diskreten Quellen entstehen wahrscheinlich durch Synchrotronstrahlung, also durch relativistische Elektronen in Magnetfeldern. Beides dürften Überbleibsel von Supernova-Ausbrüchen sein. Mit wachsendem Alter und zunehmender Expanison verteilen sich die Elektronen über die Spiralarme und erfüllen später auch die galaktische Korona, wobei sie weiterhin Radiostrahlung erzeugen. Dieser Entwicklungsprozeß ist allerdings eine Hypothese, die durch weitere Beobachtungen mit sehr hochauflösenden Instrumenten bei verschiedenen Frequenzen noch bestätigt werden muß und eine detaillierte Theorie erfordert. Die Wirkung des ionisierten Wasserstoffs sowohl in den dichten H II-Gebieten als auch in den Spiralarmen bei geringer Dichte ist leicht zu erkennen. Theorie und Messungen sind in bester Übereinstimmung. HHR

14477. **H. G. Müller,** Messung des kosmischen Radiokontinuums bei 1420 MHz mit hoher Temperaturauflösung. Veröff. Univ.-Sternw. Bonn Nr. 52, 49 S. — Die vorliegende Arbeit beschreibt die Entwicklung einer Meßapparatur für die kosmische Kontinuumsstrahlung bei einer Frequenz von 1420 MHz mit hoher Temperaturauflösung. Es wird ausführlich behandelt, wie die Auflösung von den Eigenschaften verschiedener Teile der Apparatur abhängt, und es werden Methoden angegeben, wie die Gesamtfunktion der Anlage verbessert werden kann. Es konnte ein Temperaturauflösungsvermögen von der Größenordnung 0°1 erreicht werden. Mit der Apparatur wurde in Verbindung mit dem Bonner 25 m-Spiegel eine Durchmusterung der Milchstraße in einigen Gebieten (Okt. 1958 und Febr.—März 1959) durchgeführt. Die Ergebnisse der Durchmusterung werden in Schnittliniendarstellungen wiedergegeben. Eine Tabelle enthält die beobachteten Positionen, Strahlungstemperaturen und Identifikationen der beobachteten diskreten Quellen. Die Ergebnisse werden mit der Kontinuumsdurchmusterung von G. Westerhout bei 1390 MHz und den Beobachtungen von F. D. Drake in Cygnus bei 1396 MHz verglichen. Verf.

14478. **J. H. Oort, G. W. Rougoor,** The interstellar gas in the central part of the Galaxy. AJ **64** 130—131. — Ref. AAS.

* * **S. I. Syrowatskij,** The distribution of relativistic electrons in the Galaxy and the spectrum of magnetic bremsstrahlung radio emission. Vgl. Ref. **5118**.

14479. **H. H. Voigt,** Die 21-cm-Linie. I. Beobachtungen innerhalb unserer Milchstraße. Umschau **59** 452—455. — Überblick über die Möglichkeiten und wichtigsten Ergebnisse der Untersuchung der galaktischen 21 cm-Strahlung: 1) Physikalische Grundlagen, 2) Spiralstruktur der Milchstraße, 3) Spezielle Untersuchungen wie Breitenausdehnung der Spiralarme, galaktische Rotation, das galaktische Zentrum, die Plejaden, 4) Physik der interstellaren Materie. Voigt

14480. **G. Westerhout,** Recent galactic and extragalactic studies at Dwingeloo, The Netherlands. AJ **64** 134—135. — Ref. AAS.

14481. Gaskern der Milchstraße entdeckt? Sternenbote **2** 101—102.

14482. Badania radiowe Galaktyki na półkuli południowej. Urania Kraków **30** 105.

§ 145

Galaxien

Galaxien und Mehrfachgalaxien

14501. **H. Arp,** Southern hemisphere photometry. VI. The color-magnitude diagram of NGC 458 and the adjoining region of the Small Magellanic Cloud. AJ **64** 175—182 = Publ. Goethe Link Obs. Nr. 34. — Ref. in JBAA **70** 151, Sterne **36** 165—166. — In dem «blauen Kugelsternhaufen» NGC 458 und in seiner Umgebung wurden in Fortsetzung früherer photometrischer Arbeiten visuelle und blaue Helligkeiten gemessen. Das Farben-Helligkeitsdiagramm (FHD) des Haufens enthält viele Riesen mit $B-V \leq 1^{m}_{.}0$, die von den hellsten Sternen der Hauptreihe durch eine Lücke von 1^{m} abgesetzt sind. Das Alter von NGC 458 wird auf etwa $2 \cdot 10^{7}$ Jahre geschätzt. Ein Veränderlicher, vielleicht ein Cepheid, wurde gefunden. Das FHD der Feldsterne läßt sich aus den FHD von alten und jungen Haufen der Kleinen Magellanschen Wolke zusammengesetzt denken. Das FHD von NGC 458 ist anders als das FHD gleichalter Haufen der Milchstraße. Verf. führt das auf verschiedene chemische Zusammensetzung der Sterne zurück. O. G.

14502. **W. A. Baum,** Population inferences from star counts, surface brightnesses, and colors. Publ ASP **71** 106—117. — Nach einem schon früher angewendeten Verfahren (vgl. AJB **55** Ref. **12404**) wird aus verschiedenem Verhältnis der Sternzahlen zu integrierten Helligkeiten in Probefeldern geschlossen, daß NGC 205 im Unterschied zu M 31 Population II enthält. Die aus Sechs-Farben-Helligkeitsmessungen erhaltene Intensitätsverteilung für M 32, den anderen elliptischen Begleiter von M 31, entspricht nicht der erwarteten Verteilung für Population II, selbst bei großem Zusatz von Zwergsternen. Unter Heranziehung von M 67 als Vergleichsobjekt wird gezeigt, daß M 32 und auch M 31 vorwiegend alte Population I mit einem Zusatz von Objekten mit niedriger Temperatur enthalten. Verf. vermutet, daß die Sternentwicklung in Systemen mit kleinerer Masse und kleinerem Drehimpuls früher zum Stillstand kommt. O. G.

14503. **S. van den Bergh,** The luminosity classification of galaxies. AJ **64** 347—348. — Ref. AAS.

14504. **S. van den Bergh,** A catalogue of dwarf galaxies. Publ. David Dunlap Obs. **2** 145—156. — Ref. in Sky Tel. **19** 19. — Verf. hat die Karten der Palomar-Himmelsüberwachung nach Zwerggalaxien durchmustert und einen Katalog dieser Objekte für $\delta > -23°$ zusammengestellt. Die scheinbare Verteilung der Zwerggalaxien ist nicht gleichmäßig, insbesondere findet sich bei M 94 in CVn eine Anhäufung. Loh.

14505. **N. W. Boggess,** The orientation and inclination of M 81. Publ ASP **71** 534—536. — Mit einem automatisch registrierenden Isophotometer wurden aus 4 Aufnahmen von M81 je 6 Isophoten erhalten, deren Orientierung mit Hilfe von Feldsternen bestimmt wurde. Die Isophoten wurden genähert durch Ellipsen dargestellt, aus deren Achsenverhältnissen die Neigung abgeleitet wurde. Eine Diskussion der Isophoten der Kerns ergab, daß der Kern von M81 in seiner Form einem E5-Nebel ähnlich ist. O. G.

14506. **R. Hanbury Brown, C. Hazard,** The radio emission from normal galaxies. I. Observations of M 31 and M 33 at 158 MHz and 237 MHz. MN **119** 297—308. — M31 und M33 zeigen im Verhältnis zur photogr. Helligkeit etwa die gleiche Radiohelligkeit. Die Intensitätsverteilung läßt bei M31 zwei Komponenten erkennen: Scheibe ($\approx$ 10%) und Halo ($\approx$ 90%). Achsenverhältnis des Halo 0.6, große Achse etwa dreimal so groß wie die des sichtbaren Nebels. Bei M33 liegen die Verhältnisse ähnlich. In beiden Systemen scheint die Radioeffektivität des Halo geringer zu sein als in der Milchstraße. Voigt

14507. **E. M. Burbidge, G. R. Burbidge,** Rotation and internal motions in NGC 5128. ApJ **129** 271—281. — Bei NGC 5128 handelt es sich nach Baade und Minkowski um zwei zusammenstoßende extragalaktische Systeme, die mit der Radioquelle Centaurus A identisch sind. Verf. berichten von einer Untersuchung dieses Objekts mit dem Nebelspektrographen des 82″-Teleskops, bei der der Spektrographenspalt in verschiedenen Richtungen orientiert war. Als mittlere Radialgeschwindigkeit der zentralen Achse des Nebels finden sie +605 km/sec, als Rotationsperiode bei 5×10^6 pc Entfernung 6×10^7 a. Für die Masse folgen $2 \times 10^{11} M_\odot$. Es werden Schwankungen der Radialgeschwindigkeit über den Nebel hinweg von 100—200 km/sec beobachtet, die mit der photographierten Helligkeitsstruktur korreliert sind. Ob es sich wirklich um zwei verschiedene Galaxien handelt, läßt sich nach den spektroskopischen Beobachtungen nicht entscheiden. Els.

14508. **E. M. Burbidge, G. R. Burbidge,** The remarkable extragalactic system NGC 2444—5. ApJ **130** 12—14 = Contr. McDonald Obs. Nr. 299. — Das System NGC 2444—5, das in einer Abbildung gezeigt wird, besteht aus einem elliptischen Nebel in Verbindung mit riesigen Emissionsgebieten, eingebettet in einen schwach leuchtenden Nebel. Auf Spektrogrammen wurden Radialgeschwindigkeiten für den E-Nebel und 5 Emissionsgebiete gemessen. Mit der aus der Radialgeschwindigkeit abgeschätzten Entfernung wurden die Dimensionen abgeleitet. Zwei Versuche zur Deutung des ungewöhnlichen Systems werden kurz angegeben. O. G.

14509. **E. M. Burbidge, G. R. Burbidge,** Kinetic and potential energy in Stephan's quintet. ApJ **130** 15—19 = Contr. McDonald Obs. Nr. 300. — Da die Massen der 3 Spiralnebel und der 2 elliptischen Nebel, die zusammen Stephans Quintett bilden, nicht bekannt sind, werden zunächst allgemeine Ausdrücke für die kinetische und potentielle Energie dieser Nebel abgeleitet. Die Gruppe wäre nur dann stationär, wenn sehr große Massen, vor allem für die elliptischen Nebel, einzusetzen wären. Das Masse : Leuchtkraft-Verhältnis ergäbe sich dabei für die elliptischen Nebel $\geq$300. Wahrscheinlich ist das System in (rascher) Auflösung begriffen, denn auch die Annahme einer ausreichenden zusätzlichen Masse in Form von dunkler Materie erweist sich als unplausibel. O. G.

14510. **E. M. Burbidge, G. R. Burbidge,** Three unusual S0 galaxies. ApJ **130** 20—22 = Contr. McDonald Obs. Nr. 301. — Die Systeme NGC 2685, NGC 128 und NGC 7332 werden abgebildet und beschrieben. Für zwei dieser Systeme wird die Mitwirkung magnetischer Kräfte bei ihrer Bildung vermutet. O. G.

14511. **E. M. Burbidge, G. R. Burbidge,** Some interconnected multiple extragalactic nebulae. ApJ **130** 23—25 = Contr. McDonald Obs. Nr. 302. — Die ersten 3 Systeme, die abgebildet und beschrieben werden, erinnern an NGC 2444—5 (vgl. Ref. **14508**) und sind wohl instabil. PA 649, Nr. 5—9 ist ein Nebelquintett, das sich wahrscheinlich langsam auflöst. NGC 4676 besteht aus zwei Nebeln, die durch intergalaktische Materie verbunden sind und Anzeichen von starker Gezeitenwirkung aufweisen. Der lange, gerade «Schwanz» des einen Nebels ist vielleicht mit der Annahme eines starken Magnetfelds erklärbar. O. G.

14512. **E. M. Burbidge, G. R. Burbidge, K. H. Prendergast.** Mass distribution and physical conditions in the inner region of NGC 1068. ApJ **130** 26—37 = Contr. McDonald Obs. Nr. 303. — Die Neigung der Emissionslinien auf 2 mit verschiedener Orientierung des Spaltes aufgenommenen Spektrogrammen zeigt lineares Wachsen der Rotationsgeschwindigkeit bis etwa 25″ vom Zentrum. Für ein homogenes Ellipsoid mit dem Achsenverhältnis c/a = 0.2 ergibt sich die Masse zu $2.7 \times 10^{10}\,M_\odot$. Die Annahme einer Zusatzmasse im Zentrum führt zu Widersprüchen gegen die Beobachtungen. Die breiten, vom Zentrum ausgehenden Emissionen haben geringere Rotverschiebung als NGC 1068 im ganzen. Die Beobachtungen werden erklärt durch die Annahme einer Ejektion von Gas aus dem Kern. Die physikalischen Verhältnisse im Kern werden diskutiert. O. G.

14513. **E. M. Burbidge, G. R. Burbidge, K. H. Prendergast,** The rotation and mass of NGC 2146. ApJ **130** 739—748 = Contr. McDonald Obs. Nr. 311. — Der Spiralnebel NGC 2146 scheint durch einen Spiralarm, der nicht in der Rotationsebene verläuft, ausgezeichnet zu sein. Aus drei, mit dem 82″-Teleskop aufgenommenen Spektren des Nebels wurden an Hand der Emissionslinien Hα und [NII] λ 6584 eine Rotationskurve abgeleitet, deren Verlauf verschiedene Irregularitäten aufweist. Unter der Annahme, die Flächen gleicher Dichte wären einander ähnliche Sphäroide, ergibt sich die Masse des Systems zu 1.8×10^{10} Sonnenmassen, das Masse-Leuchtkraftverhältnis zu 3. Der größte Teil der Masse liegt innerhalb eines Durchmessers von 4.5 kpc. Die besonders hervortretenden zwei Spiralarme des Systems verlaufen weiter außen. Els.

14514. **E. F. Carpenter,** Spectra of binary galaxies photographed with an echelle-type nebular spectrograph. Vgl. AJB **57** Ref. **12406** = Steward Obs. Repr. Nr. 31.

14515. **N. Cimahoviča,** Radiogalaktikas. Zvaigžņotā Debess 1959. gada vasara S. 1—6.

14516. **A. D. Code,** Energy distribution curves of galaxies. Publ ASP **71** 118—125. — Der Stebbins-Whitford-Effekt, die Rötung entfernter extragalaktischer Systeme, die über den Betrag hinausgeht, der durch die Wirkung der Rotverschiebung zu erwarten ist, war aus lichtelektrischen Sechs-Farbenmessungen unter der Annahme gefunden worden, daß die Energieverteilung von M 32 repräsentativ für elliptische Nebel ist. Ein direkter Vergleich der Energieverteilung von M 32 und anderen elliptischen Nebeln mit der Energieverteilung von Standardsternen mit Hilfe eines lichtelektrisch registrierenden Spektrographen und absoluter Kalibrierung der Energiekurven reduzierte den Stebbins-Whitford-Effekt auf etwa 20 % seines früheren Betrags, wenn die obige Annahme beibehalten wird. Tatsächlich sind aber hellere elliptische Nebel röter als der schwächere Nebel M 32, was auch diesen Restbetrag noch erklärt. O. G.

14517. **M. W. Dolidse, J. N. Jefremow,** Emission objects in the high northern galactic latitudes. AC Nr. 205 S. 11—12 (russ.). — Von den mit einer lichtstarken Objektivprismenkamera beobachteten 5 Galaxien zeigen die ersten 3 und die 5. der Liste H_α-Emission, die 4. (rötlich, irr., m_{ph} = 15) dagegen nicht. Petri

14518. **C. Grubissich, L. Rosino,** Osservazioni di altre dodici stelle nuove scoperte ad Asiago nella galassia M 31 d'Andromeda. Ric. Sci. **29** 85—92 = Contr. Oss. Astrofis. Asiago Nr. 93. — Gelegentlich einer Überwachung des Andromeda-Nebels mit dem 120 cm-Reflektor in Asiago wurden zwischen 1957 Jan. 4 und 1958 Okt. 19 weitere 12 Novae entdeckt und beobachtet. Neben einer Zusammenstellung der Einzelbeobachtungen sind Reproduktionen aller Entdeckungsaufnahmen und der Lichtkurven wiedergegeben. Bey.

14519. **W. A. Hiltner,** Photoelectric polarization observations of the jet in M 87. ApJ **130** 340—343 = Contr. McDonald Obs. Nr. 309. — Für drei Verdichtungen im strahlförmigen Ausläufer von M 87 wurde die Polarisation photoelektrisch untersucht. Während bei der inneren (A) und der äußeren (C) die Ebene des elektrischen Vektors ungefähr parallel zum Ausläufer orientiert ist, liegt sie bei der mittleren Verdichtung (B) nahezu senkrecht dazu. Für die Größe der Polarisation ergab sich bei A $0^{m}_{.}207$, bei B $0^{m}_{.}232$, bei C $0^{m}_{.}111$. Mit Berücksichtigung des Untergrundes wird sie bei A und B nahezu übereinstimmend etwa $0^{m}_{.}4$. Gü.

14520. **E. Holmberg,** Universums expansion. NAT 1959 S. 1—7, 37—41.

14521. **E. Holmberg,** Om universums uppbyggnad. PAT **40** 81—91.

14522. **E. Hubble,** The Realm of the Nebulae. Vgl. AJB **58** Ref. **12416**. — Weitere Besprechung in La Nature **88** 230, Phys. Blätter **16** 88 (E. Brüche), Publ ASP **71** 553.

14523. **H. L. Johnson,** Additional magnitudes and colors of galaxies. Lowell Obs. Bull. **4** 115.

14524. **M. Karpowicz,** Zagadnienie odległości międzygalaktycznych. Urania Kraków **30** 161—166. — Allgemein verständlicher Artikel über die Grundsätze bei der Bestimmung der Galaxienentfernungen und über die Ergebnisse neuerer Arbeiten, die zu einer mehrfachen Vergrößerung der Entfernungen geführt haben. E. R.

14525. **K. W. Kawrajskaja,** Statistical investigation of the ellipticities of double galaxies. Bote Univ. Leningrad **14** Nr. 7 S. 129—139 (russ. mit engl. Ref.). — Ref. in Math. Rev. **21** 610.

* * **D. Kotsakis,** Radioteleskope und Galaxien. Vgl. Ref. **2270**.

* * **G. E. Kron, N. U. Mayall,** Photoelectric photometry of galactic and extragalactic star clusters. Vgl. Ref. **14132**.

* * **E. Lamla,** Über die spektrale Intensitätsverteilung und die Leuchtkraftverteilung von Sternsystemen. Vgl. Ref. **14218**.

14526. **E. Lamla,** Der Einfluß der Rotverschiebung auf die spektrale Intensitätsverteilung extragalaktischer Nebel. AN **285** 49—57 = Mitt. Astrophys. Obs. Potsdam Nr. 75. — Mit Hilfe einer aus den beobachteten spektralen Intensitätsverläufen von Einzelsternen verschiedener Spektraltypen und Leuchtkraftgruppen zusammengesetzten, mit der Beobachtung übereinstimmenden Intensitätsverteilung eines extragalaktischen elliptischen Nebels werden die Beziehungen zwischen den Farbenindizes bzw. den bolometrischen Korrektionen dieser Sternsysteme und der Rotverschiebung berechnet und mit entsprechenden Beobachtungsdaten verglichen. Außerdem wird die Abhängigkeit dieser Beziehungen von der Farbklasse des jeweiligen Nebelspektrums untersucht. Dabei ergibt sich unter anderem, daß auf Grund der großen Unsicherheit in der Festlegung der bolometrischen Korrektion eine Entscheidung zwischen den verschiedenen Weltmodellen der relativistischen Kosmologie nicht möglich ist. Die Bestimmung der Größe der Rotverschiebung eines Nebels aus dem Verlauf seines Kontinuums ist nur im Rahmen von Mehrfarbenphotometrien eindeutig möglich. Verf.

14527. **M. I. Large, D. S. Mathewson, C. G. T. Haslam,** A high-resolution survey of the Andromeda nebula at 408 MHz. Nature **183** 1250—1251 = Astr. Contr. Univ. Manchester (2) Jodrell Bank Repr. Nr. 190. — Mit dem 250 ft Radioteleskop von Jodrell Bank wurde bei 408 $\pm$ 2 MHz die Intensitätsverteilung im Andromeda-Nebel gemessen. Es ergab sich eine stark komplexe Struktur der Korona, also der äußersten Teile des Nebels (Ausdehnung bis zu 10° längs der großen und 6° längs der kleinen Achse). Thi.

14528. **G. Lyngå,** A photographic photometry of the Andromeda nebula. Lunds Univ. Årsskrift (NF) (2) **55** Nr. 4, 30 S. = Lund Medd. (2) Nr. 137. — Messungen der Helligkeitsverteilung innerhalb des Andromeda-Nebels in verschiedenen Farben. FS

* * **B. E. Markarjan,** Farben und Helligkeiten heller Sternassoziationen der Spiralnebel M 51 und M 101. Vgl. Ref. **14312**.

14529. **A. Marks,** Wielka Mgławica w Andromedzie M 31 (NGC 224). Urania Kraków **30** 427—428. — Beschreibung des Andromeda-Nebels. E. R.

14530. **W. Mattig,** Über den Zusammenhang zwischen der Anzahl der extragalaktischen Objekte und der scheinbaren Helligkeit. AN **285** 1—2 = Mitt. Astrophys. Obs. Potsdam Nr. 71. — Im Rahmen der relativistischen Kosmologie wird für den Fall des verschwindenden kosmologischen Gliedes Λ ein strenger Zusammenhang zwischen der Anzahl der extragalaktischen Objekte und der bolometrischen Helligkeit angegeben. Verf.

14531. **L. N. Mavridis,** Die außergalaktischen Nebel. Große Griechische Enzyklopädie Ergänzungsband **2** 317—322 = Veröff. Astr. Inst. Univ. Thessaloniki Nr. 4 (griech.). — Bericht über die neueren Entwicklungen bezüglich der außergalaktischen Nebel und Nebelsysteme (Klassifizierung, Entfernungen, Dimensionen, physikalische und kinematische Eigenschaften). Verf.

* * **S. N. Milford,** Nuclear reactions in collisions of galaxies. Vgl. Ref. **5114**.

14532. **R. Minkowski, D. Osterbrock,** Interstellar matter in elliptical nebulae. ApJ **129** 583—595. — Es werden die elliptischen Nebel untersucht, bei denen das Dublett λ 3727 beobachtet wurde. Es zeigt sich, daß die Dichte der ionisierten interstellaren Materie gering ist. Die Anregung ist möglicherweise auf den kleinen Anteil der heißen Sterne in der Population II zurückzuführen. Ebenso ist es möglich, daß ein beträchtlicher Teil der Ionisationsenergie aus der Umwandlung von turbulenter kinetischer Energie stammt. Die beobachtete Masse der interstellaren Materie in den elliptischen Nebeln ist gering und kann durch den Massenverlust der Sterne infolge ihrer Entwicklung erklärt werden. Sm.

14533. **W. W. Morgan,** The spectra of galaxies. Publ ASP **71** 92—100. — Um für die zusammengesetzten Spektren extragalaktischer Nebel zu einer zweidimensionalen Klassifikation zu kommen, die versuchsweise Schlüsse auf die Sternpopulationen dieser Nebel erlaubt, ist mit anderen zusammengesetzten Spektren zu vergleichen. Als Vergleichsstandards werden die integrierten Spektren der Sterne der Sonnenumgebung, des Orion-Nebel-Haufens, der Plejaden, des offenen Haufens NGC 752 und des Kugelsternhaufens NGC 6356 diskutiert. Die frühesten Typen (Nebel der Klassen B und A + Emissionslinien) und die spätesten Typen (elliptische Riesensysteme und hellste Teile stark verdichteter Spiralen) werden besonders hervorgehoben. Verf. unterscheidet zwischen Systemen, die reich an jungen Sternen sind, und Systemen, die arm an jungen Sternen sind. Er vergleicht diese Systeme mit den Baadeschen Sternpopulationen. O. G.

14534. **W. W. Morgan,** A preliminary classification of the forms of galaxies according to their stellar population. II. Publ ASP **71** 394—411. — Die Arbeit enthält die Klassifikation von 320, im Teil I noch nicht enthaltenen Galaxien des Shapley-Ames Katalogs, die heller sind als 13^m1, nach dem neuen von Morgan und Mayall entwickelten Schema. Auf die Möglichkeit einer feineren Unterteilung der a-Systeme, entsprechend dem verschiedenen Gehalt an B-Sternen, wird hingewiesen. Els.

14535. **G. Münch,** The mass-luminosity ratio in stellar systems. Publ ASP **71** 101—105. — Das beobachtete Licht extragalaktischer Systeme vermittelt keine direkte Information über das schwache Ende ihrer Leuchtkraftverteilungsfunktionen. Da aber schwache Sterne am meisten zu der Masse beitragen, durch die die dynamischen Eigenschaften der Systeme bestimmt sind, kann das Masse-Leuchtkraft-Verhältnis eine Aussage über die Sterne von geringer Leuchtkraft gestatten. Für M 31, M 81 und wahrscheinlich auch für das elliptische Riesensystem NGC 3115 ergibt sich das Masse-Leuchtkraft-Verhältnis und damit auch das schwache Ende der Leuchtkraftverteilungsfunktion als ziemlich übereinstimmend. O. G.

14536. **T. Page,** Masses of the double galaxies. AJ **64** 53. — Ref. AAS.

14537. **J. P. Pskowskij,** Die Überprüfung der Skala der außergalaktischen Entfernungen. Priroda **48** Nr. 9 S. 91—94 (russ.).

14538. **J. L. Sérsic,** On four southern peculiar galaxies. ZfA **47** 9—14. — An Hand von Aufnahmen mit dem 154 cm-Reflektor von Bosque Alegre werden die Galaxien NGC 1487, NGC 3256, NGC 3256—C und das Objekt McLeish beschrieben; von den beiden ersten wird die Struktur durch Isophoten gezeigt. Gli.

14539. **C. D. Shane, C. A. Wirtanen, U. Steinlin,** The distribution of extragalactic nebulae, III. AJ **64** 197—219 = Lick Obs. Bull. Nr. 562. — Fortsetzung früherer Arbeiten der beiden ersten Verf. (vgl. AJB **54** Ref. **12441** und **56** Ref. **12428**) für 4 weitere Felder der insgesamt 9 Felder. Tabellen über die empirische Nebelverteilung und Karten mit den Konturen der Nebelhäufigkeit werden gegeben. Dv.

14540. **H. Shapley,** The Inner Metagalaxy. Vgl. AJB **57** Ref. **12321**. — Weitere Besprechung in Nature **186** 109—110 (D. W. Dewhirst).

14541. **J. Smak,** Dyskusja odległości pozagalaktycznych. Postępy Astr. **7** 215—218. — Ref. der in AJB **58** Ref. **12433** zitierten Arbeit von Sandage. E. R.

14542. **J. Smak,** Nowa klasyfikacja galaktyk. Urania Kraków **30** 313—316. — Betrifft die neue Klassifikation von Galaxien nach Morgan. E. R.

14543. **O. Struve,** Classifying the galaxies. Sky Tel. **18** 125—130.

14544. **N. P. Suworoff,** Über die Rotverschiebung in den Spektren von Sternsystemen. Naturwissenschaften **46** 529. — Die von einem Photon aus einer Galaxie gegen deren Gravitationsfeld geleistete Arbeit führt im Vergleich mit der Hubble-Konstanten zu einem plausiblen Wert für die mittlere Massendichte im interstellaren Raum. Dv.

* * **B. Thüring,** Der Gravitations-Stoß. Vgl. Ref. **4313**.

14545. **G. de Vaucouleurs,** Photographic dimensions of the brighter galaxies. AJ **64** 397—409. — Die Arbeit beschäftigt sich mit den systematischen Fehlern, die bei der Bestimmung der Dimensionen von Galaxien aus photographischen Aufnahmen auftreten. Der Autor reduziert die Ergebnisse mehrerer solcher Untersuchungen an Objekten des Shapley-Ames-Katalogs auf ein System und findet an Hand der reduzierten Daten Korrelationen zwischen scheinbarem Durchmesser und Achsenverhältnis bzw. galaktischer Breite. Die Möglichkeit, aus dem scheinbaren Durchmesser, der für einen bestimmten Nebeltyp mit der Totalhelligkeit korreliert ist, Entfernungen zu bestimmen, wird diskutiert. Els.

14546. **G. de Vaucouleurs,** Études sur les galaxies brillantes. Ann. Obs. Le Houga **2** Fasc. 2, 49 S. — Ausführliche Untersuchung der mikrometrischen und der photometrischen Durchmesser der helleren extragalaktischen Systeme. FS

14547. **G. de Vaucouleurs,** Photoelectric photometry of Messier 33 in the U, B, V system. ApJ **130** 728—738 = Harv Repr Nr. 529. — In M33 wurde die Helligkeitsverteilung im U, B, V-System lichtelektrisch am 21″-Spiegel des Lowell-Observatoriums gemessen. Die Messung erfolgte durch Registrierung in Intervallen von je 5′ in Deklination. Die Helligkeiten sind in Größenklassen pro Quadratbogensekunde ermittelt worden und können für den Blau-Bereich einer Isophotenkarte des Nebels entnommen werden. Die schwächste gemessene Iosphote entspricht $m_B = 25.80$ mag/sec². Bis zu dieser Grenze wurde die integrierte Helligkeit und Farbe des Nebels ermittelt. Der zentrale Teil des Nebels ist nur etwa 0.1 Größenklassen röter als die äußeren Teile. Ermittelt wurde auch die Lage der großen Achse, das Achsenverhältnis, die Neigung des Nebels und das Masse-Leuchtkraftverhältnis. W. F.

14548. **G. de Vaucouleurs,** Magnitudes and colors of galaxies in the UBV system. Lowell Obs. Bull. **4** 105—114. — Mit dem 21″-Reflektor wurden in den Jahren 1957—1958 124 Galaxien und 1 Kugelsternhaufen photoelektrisch gemessen. Unter Hinweis auf eine spätere, umfangreiche Diskussion des Beobachtungsmaterials werden hier nur einige kurze Bemerkungen über die Verteilung der Galaxien im Zwei-Farbenindex-Diagramm und die Korrelationen zwischen Farbe und Galaxientyp gemacht. Die Hauptreihe ist für normale Galaxien im U–B/B–V-Diagramm deutlich und mit relativ geringer Streuung ausgeprägt; sie verläuft jedoch oberhalb der Standard-Hauptreihe der Sterne. Loh.

14549. **G. de Vaucouleurs,** Photoelectric photometry of Messier 33 in the U, B, V system. Obs **79** 148—149 = Harv Repr Nr. 543.

14550. **H. H. Voigt,** Die 21-cm-Linie. II. Beobachtungen an außergalaktischen Objekten. Umschau **59** 494—496. — Überblick über die Untersuchungen der außergalaktischen 21 cm-Strahlung: 1) Magellansche Wolken, 2) Andromeda-Nebel, 3) Entfernte Nebel und Nebelhaufen, 4) 21 cm-Absorption in Radiogalaxien, 5) Rotverschiebung. Voigt

14551. **L. Volders,** Neutral hydrogen in M 33 and M 101. BAN **14** 323—335. — Aus Intensitäts-Geschwindigkeitsprofilen an mehreren Stellen in den Sc-Nebeln M 33 und M 101 werden Dichteverteilung des neutralen Wasserstoffs und Rotation der Systeme abgeleitet. Die maximalen Rotationsgeschwindigkeiten sind 102 bzw. 176 km/sec. Mit einer angenommenen Entfernung von 630·c bzw. 2600·c kpc (c = Korrektionsfaktor der Entfernungsskala) ergibt sich für die Masse des neutralen Wasserstoffs $10^9 c^2$ bzw. $3 \cdot 10^9 c^2 M_\odot$, das sind 5.5·c bzw. 2.1·c% der Gesamtmasse ($\approx 18 \cdot 10^9$ c bzw. $\approx 140 \cdot 10^9$ c $M_\odot$) dieser Galaxien. Voigt

14552. **D. G. Wentzel, H. van Woerden,** Observations of M 32 at 21 cm. BAN **14** 335—337. — Beobachtungen am Ort des elliptischen Nebels M 32 und bei verschiedenen Geschwindigkeiten im Bereich der optischen Geschwindigkeiten lassen keinen eindeutigen Empfang der 21 cm-Strahlung erkennen. Für die Gesamtmasse des neutralen Wasserstoffs ergibt sich daraus eine obere Grenze von $25 \cdot 10^6 M_\odot$ oder weniger als 4% der Gesamtmasse. Voigt

* * **G. Westerhout,** Recent galactic and extragalactic studies at Dwingeloo, The Netherlands. Vgl. Ref. **14480.**

14553. **L. Woltjer,** Emission nuclei in galaxies. ApJ **130** 38—44. — Drei Nebel mit hellen und dichten Kernen, in denen Emissionslinien mit hohem Anregungspotential auftreten, werden diskutiert. Die physikalischen Bedingungen in den Kernen der Nebel werden untersucht und mit den Verhältnissen im Kern der Milchstraße verglichen. Die in den Kernen konzentrierten Sterne erzeugen das Strahlungsfeld zur Anregung der Emissionen und das Gravitationsfeld, aus dem höchstens ein geringer Teil des Gases entweichen kann. Aus der beobachteten Strahlung der Radioquelle Sagittarius A werden für den Kern der Milchstraße Abschätzungen der Stärke des Magnetfelds und der Energie der Kosmischen Strahlung durchgeführt. Verf. findet als Mindestmasse für einen stationären Kern einige $10^8 M_\odot$. O. G.

14554. **B. A. Woronzow-Weljaminow,** Ein neuer Typ von Himmelskörpern. AC Nr. 202 S. 8—10 (russ.). — Hierunter versteht Verf. als «Galaxiennester» bezeichnete enge Gruppierungen von Galaxien, bei denen drei oder mehr Galaxien Kontakt miteinander haben oder sich durchdringen, oder wenigstens einander sehr nahe sind und von einem gemeinsamen Halo, der anscheinend aus Sternen besteht, umgeben sind. Als typisches Beispiel wird NGC 2444—5 genannt und in Anlehnung an Burbidge-Burbidge (vgl. Ref. **14508**) diskutiert. Loh.

14555. **B. A. Woronzow-Weljaminow,** About the laws on the interaction of the galaxies. RH **40** 124—127 (tschech.).

14556. **B. A. Woronzow-Weljaminow,** Interaction of the galaxies. RH **40** 150—153 (tschech.).

14557. Eine neue Klassifikation der Galaxien. Orion Schaffhausen **5** 674.

14558. New light on galactic recession. Southern Stars **18** 55.

14559. Planetarische Nebel im Andromeda-Nebel. Sterne **35** 84. — Ref.

14560. Nowy Katalog galaktyk i supergalaktyk. Urania Kraków **30** 65—66.

Magellansche Wolken

* * **H. Arp,** Southern hemisphere photometry VI, VII. Vgl. Ref. **14501**, **14103**.

14561. **J. L. Dessy,** Studies of variables in the Magellanic Clouds: II. Statistics of three hundred and six Córdoba variables in region «a» of the Small Cloud. Publ ASP **71** 435—440. — Die Arbeit ist die Fortsetzung von ApJ **115** 279 (vgl. AJB **52** Ref. **11189**). Auf Grund von 79 Ilford HP2-Platten, 152 Kodak 103 a-O-Platten und 9 Kodak 103 a-E-Platten (davon 3 mit Wratten-Filter Nr. 12 und 6 mit Wr.-Filter Nr. 24), die zwischen **1942** und 58 mit dem 154 cm-Reflektor in Bosque Alegre erhalten wurden, ist eine Statistik der Häufigkeitsverteilung der Perioden und Farben aller gefundenen Veränderlichen vorgenommen. Es zeigt sich, daß diese Verteilung den Verhältnissen bei den Sternen der Population I unserer Milchstraße entspricht. Bey.

14562. **J. L. Dessy,** Estudios sobre las variables de las Nubes de Magallanes III. Posición y color de trescientas veinticinco nuevas variables en la región «a» de la Nube Menor con un estudio estadístico sobre las mismas. Bol. Inst. Mat. Astr. Fis. Córdoba **1** Nr. 2, 14 S.

14563. **H. Elsässer,** Lichtelektrische Flächenphotometrie der Magellanschen Wolken II. Die Große Magellansche Wolke. ZfA **47** 1—8 = Mitt. Astr. Inst. Univ. Tübingen Nr. 36. — Nach einem in einer früheren Arbeit (AJB **58** Ref. **12459**) beschriebenen Verfahren wurde mit dem 10″-Metcalf-Refraktor der Boyden-Station durch eine lichtelektrische Flächenphotometrie die Helligkeits- und die Farbenverteilung in der Großen Magellanschen Wolke untersucht. Die im Visuellen und im Blauen durchgeführten Messungen geben die Isophoten und die Linien gleicher Farbe. Die maximale Oberflächenhelligkeit beträgt im Blauen $21^m.2/\square''$, im Visuellen $21^m.1/\square''$. Die Ergebnisse werden mit der 21 cm-Emission verglichen. Tab. 2 stellt die Beobachtungsresultate für Große und Kleine Magellansche Wolke nebeneinander. Gli.

14564. **P. W. Hodge,** Globular clusters of the Large Magellanic Cloud. AJ **64** 335. — Ref. AAS.

14565. **G. M. Idlis,** Dynamics of the Magellanic Clouds and their origin from the Galaxy, as a probable result of a collision of the Galaxy with NGC 55. AJ UdSSR **36** 700—718 (russ. mit engl. Ref.). — Die Dimensionen und Massen beider Magellanschen Wolken wurden mittels Anwendung der Potentialformel von Parenago an die beobachteten Radialgeschwindigkeiten abgeleitet. Beide Wolken hängen genetisch zusammen, haben sich aber in der Vergangenheit nicht durchdrungen. Aus diesen Schlüssen und unter der Voraussetzung, daß die Bewegungen der Wolken und der Galaxis in einer Ebene erfolgen, wird die relative Bewegung der Wolken sowie die elliptische Bewegung ihres Schwerpunktes um die Galaxis abgeschätzt. Bei Annäherung an die Galaxis konnten die Wolken bis zu 13 kpc vom Zentrum gewirkt haben. In derselben Entfernung werden größere

Abweichungen des neutralen Wasserstoffs von der galaktischen Ebene beobachtet. Nach der Hypothese des Verf. entstanden die Wolken beim vorletzten Durchgang durch das Perigalaktikum vor 3.8×10^9 Jahren bei einer nahen Begegnung der Galaxis mit NGC 55. Auf Grund von dieser Hypothese wird der Gang der Radialgeschwindigkeiten in NGC 55 vorausgesagt. Perek

14566. **H. M. Johnson,** The structure of the Large Magellanic Cloud. Publ ASP **71** 301—304 = Mt. Stromlo Obs. Repr. Nr. 21. — Die Struktur des Sternsystems wird an Hand mehrerer Schmidt-Spiegelaufnahmen von Mt. Stromlo untersucht. Eine zusammengesetzte Photographie (103a–E + OR 1 Negativ, 103a–O Positiv) zeigt HII-Regionen weiß, blaue Sterne schwarz. Die Verteilung der heißen Sterne und des ionisierten Gases ist danach auffallenderweise wenig miteinander korreliert. Auf eine eventuelle Spiralstruktur wird aufmerksam gemacht. Eine andere Aufnahme auf 1–N + OR 1 zeigt ein Bild der Großen Wolke, das große Ähnlichkeit mit dem eines E5-Nebels hat. Els.

14567. **H. M. Johnson,** Hα emission between the Magellanic Clouds. Publ ASP **71** 342—345 = Mt. Stromlo Obs. Repr. Nr. 22. — Verf. berichtet über ein sehr schwaches Lichtband, das er auf Hα-Platten des 8″-Schmidt-Teleskops von Mt. Stromlo in der Nähe der Großen Magellanschen Wolke beobachtet hat. Es könnte zu einer, schon früher behaupteten, ausgedehnten Spiralstruktur der GMW oder zu dem von Gum (vgl. AJB **56** Ref. **12515**) beschriebenen Vela-Puppis-Nebel gehören. Els.

14568. **M. Karpowicz,** Obłoki Magellana. Urania Kraków **30** 379—383. — Populärer Artikel über die Magellanschen Wolken. E. R.

14569. **E. M. Lindsay,** Planetary nebulae in the Large Magellanic Cloud. Nature **183** 453 = Armagh Obs. Leaflet Nr. 51.

* * **P. T. Oosterhoff,** Is Harvard variable 953 in the Large Magellanic Cloud a Cepheid in a state of rapid evolution? Vgl. Ref. **12333**.

14570. **A. W. Rodgers,** The large scale distribution of hydrogen emission in the Small Magellanic Cloud. Obs **79** 49—51 = Mt. Stromlo Obs. Repr. Nr. 15. — H II-Regionen der Kleinen Magellanschen Wolke wurden durch Vergleich von Aufnahmen mit Hα-Filter mit Vergleichsaufnahmen im gelben Bereich gesucht. Besonders auffallend ist eine Kette von H II-Regionen, die sich weit in Richtung auf die Große Magellansche Wolke erstreckt und die vielleicht einen durch gravitative Wechselwirkung verzerrten Spiralarm anzeigt. Die Tatsache, daß nur ein kleiner Teil von Haufen mit blauen Riesen und Überriesen mit H II-Regionen verbunden ist, führt auf eine Dicke der Gasschicht von 450 pc. O. G.

14571. **G. de Vaucouleurs,** Rotation and mass of the Large Magellanic Cloud. AJ **64** 328. — Ref. AAS. — Ref. in Heavens **41** 97 (japan.).

14572. **G. de Vaucouleurs,** Rotation and mass of the Large Magellanic Cloud. Obs **79** 186—188 = Harv Repr Nr. 540. — Aus Beobachtungen von 7 Emissionsnebeln der Großen Magellanschen Wolke mit dem Nebelspektrographen des 74″-Teleskops von Mt. Stromlo wird eine Rotationskurve des Sternsystems abgeleitet. Ein Massenmodell mit zwei nichthomogenen abgeplatteten Sphäroiden soll die beobachtete Rotationskurve exakt wiedergeben. Als Gesamtmasse ergibt sich dabei $2.5 \times 10^{10} M_{\odot}$. Für das Masse-Leuchtkraftverhältnis folgt $M/L \approx 8$. Der Anteil von HI-Gas an der Gesamtmasse ist 4.4%. Die Diskrepanz mit Massebestimmungen der GMW aus 21 cm-Beobachtungen, die auf $3 \times 10^9 M_{\odot}$ als besten Wert führten, wird nicht diskutiert. Els.

14573. **G. de Vaucouleurs,** Magnitudes and colours of Magellanic Clouds. Obs **79** 213—214 = Harv Repr Nr. 541. — Die Ergebnisse mehrerer in den letzten Jahren publizierter Untersuchungen über Helligkeit und Farbe der Magellanschen Wolken werden miteinander verglichen und auf das B,V-System reduziert. Die integrierten Helligkeiten der Teile der Wolken, die in B heller sind als $25^m3/\square''$ sind für die GMW B = 0^m94, B–V = $+0^m51$ (Fläche 100$\square°$), für die KMW B = 2^m94, B–V = $+0^m40$ (Fläche 12 $\square°$). Els.

14574. **G. de Vaucouleurs, A. de Vaucouleurs,** A quantitative analysis of the composite spectrum of the Large Magellanic Cloud. Publ ASP **71** 83—91. — Ein Spektrogramm des integrierten Lichts eines zentralen Streifens der Großen Magellanschen Wolke wurde mit dem 2-Prismenspektrographen am Newton-Fokus des 74 inch-Spiegelteleskops des Mount Stromlo-Observatoriums erhalten (Dispersion 210 Å/mm bei H und K). Äquivalentbreiten der stärkeren Linien wurden gemessen. Sie ergaben zunächst «äquivalente» Spektraltypen für einzelne Spektralbereiche. Es wurde versucht, die relativen Anteile von Sternen verschiedener Spektralklassen so zu ermitteln, daß die Linienintensitäten und der gemessene Farbenindex richtig herauskommen. Das Gebiet der Großen Magellanschen Wolke enthält mehr O–B- und K–M-Riesen und Überriesen als die Umgebung der Sonne. Über die Zwergsterne, die wenig zum integrierten Spektrum beitragen, kann nichts ausgesagt werden. O. G.

14575. **G. de Vaucouleurs,** Magnitudes of clusters in the Small Magellanic Cloud. Publ ASP **71** 202—211 = Harv Repr Nr. 533. — Auf Ektar-Aufnahmen wurden Blau- und Rothelligkeiten von 50 Sternhaufen mit Irisblenden-Photometer gemessen, wobei lichtelektrisch gemessene Helligkeiten von 8 Haufen als Standards dienten. Die Ergebnisse werden mitgeteilt und zur Korrektion der von Lindsay geschätzten photographischen Helligkeiten von Sternhaufen in der Kleinen Magellanschen Wolke verwendet. Angeschlossen werden vorläufige statistische Untersuchungen über die Sternhaufen sowie eine kurze Diskussion über mögliche Zusammenhänge zwischen der Verteilung der nichtkugelförmigen Sternhaufen und der vermuteten Spiralstruktur der Kleinen Magellanschen Wolke. O. G.

14576. **A. J. Wesselink,** Some formulae connecting Harvard *x* and *y* equatorial coordinates and standard coordinates for the Magellanic Clouds. MN **119** 576—579. — Zur Identifikation von Objekten der Magellanschen Wolken wird häufig ein von der Harvard Sternwarte eingeführtes rechtwinkliges Koordinatensystem x, y verwendet, das durch zwei, mit diesem Koordinatennetz versehene Aufnahmen der M. W. definiert ist. Verf. gibt Formeln an, die die Umrechnung der x, y- in α, δ-Koordinaten (für 1875) ermöglichen. Er hält es aber für zweckmäßig, in Zukunft die x, y-Koordinaten nicht mehr zu verwenden. Els.

14577. **B. E. Westerlund, A. W. Rodgers,** Wolf-Rayet stars and planetary nebulae in the Large Magellanic Cloud. Obs **79** 132—134 = Mt. Stromlo Obs. Repr. Nr. 20. — Auf 40 Objektivprismenaufnahmen im Blauen mit dem Schmidt-Spiegel von Mt. Stromlo wurden 50 Wolf-Rayet-Sterne und 34 planetarische Nebel gefunden. Die Position der einzelnen Objekte ist aus einer Reproduktion der Wolke zu ersehen. Die planetarischen Nebel scheinen gleichförmig über das Sternsystem verteilt zu sein, während die Wolf-Rayet-Sterne Gegenden hoher Sterndichte bevorzugen. Els.

Galaxienhaufen

14578. **G. O. Abell,** The luminosity function of the Coma cluster of galaxies. AJ **64** 125. — Ref. AAS.

14579. **G. R. Burbidge, E. M. Burbidge,** The Hercules cluster of nebulae. ApJ **130** 629—640 = Contr. McDonald Obs. Nr. 310. — Der Nebelhaufen in Hercules wird nach teilweise abgebildeten Aufnahmen mit dem 200 inch-Teleskop und aus dem Palomar-Atlas beschrieben. Für 15 Nebel sind Radialgeschwindigkeiten gemessen worden. Damit wurde die gesamte kinetische Energie der Nebel abgeschätzt. Mit gemessenen Abständen in Nebelpaaren wurde die gesamte potentielle Energie geschätzt. Unter der Annahme, daß der Haufen stationär ist, ergibt sich die durchschnittliche Masse eines Nebels zu etwa 10^{12} $M_{\odot}$. In einer Diskussion mit Hinzunahme von Ergebnissen für die Nebelhaufen in Virgo und Coma Berenices wird gezeigt, daß so große Nebelmassen und auch die Annahme eines erheblichen Betrags von intergalaktischer Materie unwahrscheinlich sind. Es bleibt die Annahme einer Expansion des Nebelhaufens nach einem vorhergehenden quasistationären Zustand. O. G.

14580. **J. Fouchet,** Les super-amas de galaxies. La Nature 87 390—395.

14581. **A. Hnatek,** Die absoluten Größen der Haufennebel und das Alter der Welt. ZfA **47** 137—143. — Für 18 Nebelhaufen mit Geschwindigkeiten bis 60000 km/sec haben Humason, Mayall und Sandage einen Mittelwert $H = 180 \times 10^{-6}$ des Expansionsfaktors und damit ein Weltalter von 5.4×10^9 Jahren berechnet. Die Distanzen der Haufen hatten sie mit der Annahme ermittelt, daß in jedem Haufen der scheinbar hellste Nebel die absolute Größe $M = -19.85$ des Andromeda-Nebels besitzt. Diese Annahme trifft aber nicht bei allen Haufen zu, denn die sich für die einzelnen Haufen ergebenden H zeigen eine außerordentlich große Streuung und darüber hinaus vielleicht noch eine Spaltung in 2 Gruppen großer und kleiner H, in denen beiden ein Gang der H mit den Geschwindigkeiten deutlich wird. Bei Mitberücksichtigung dieses Ganges wird die Streuung der H kleiner und für die beiden Haufengruppen ergeben sich für das Weltalter die beiden Grenzwerte 5.4×10^9 und etwa 8×10^9 Jahre. Verf.

14582. **P. W. Hodge,** Dwarf members of a southern cluster of galaxies. Publ ASP **71** 28—31 = Harv Repr Nr. 517. — Der lose Nebelhaufen in Fornax bei $\alpha = 3^h 30^m$, $\delta = -36°$ ist unter Benutzung von ADH Baker-Schmidt-Platten nach Mitgliedern geringer Leuchtkraft durchmustert worden. Von den 16 gefundenen Objekten dieser Art sind 12 von runder Form und offensichtlich Zwerggalaxien in der lokalen Gruppe und dem Virgo-Haufen ähnlich. Sie besitzen keine auffallenden Kerne. Die Leuchtkraftfunktionen der 3 Galaxiengruppen sind bei schwachen Helligkeiten gut besetzt. Die Häufigkeit der verschiedenen Typen im Fornax-Haufen ist graphisch und tabellarisch gegeben. Loh.

14583. **M. I. Large, D. S. Mathewson, C. G. T. Haslam,** A high-resolution survey of the Coma cluster of galaxies at 408 MHz. Nature **183** 1663—1664 = Astr. Contr. Univ. Manchester (2) Jodrell Bank Repr. Nr. 187. — Nach Durchmusterungen mit rund 50′ Halbwertsbreite zwischen $12^h 40^m$ und $13^h 20^m$ Rektaszension und +24° und +32° Deklination mit dem 250 Fuß-Radioteleskop in Jodrell Bank wird eine Karte mit Linien gleicher Intensität gegeben. Drei diskrete Quellen werden gefunden. Die Frage der Zugehörigkeit zum Haufen bedarf noch weiterer Untersuchungen. Dv.

14584. **R. Minkowski,** Observations of a galaxy in the Hercules cluster of nebulae. ApJ **130** 1028. — Nach zwei, mit dem 200-Zöller aufgenommenen Spektren eines SB0-Nebels des Herkules-Haufens, auf den G. R. und E. M. Burbidge (vgl. Ref. **14579**) aufmerksam gemacht haben, dessen Identifikation aber nicht ganz eindeutig ist, ist das Spektrum dieses Objektes völlig normal. Für die Rotverschiebung ergibt sich der Wert 11602 km/sec. Els.

14585. **C. A. Muller,** 21-cm observations on the Coma cluster. BAN **14** 339—344. — Untersuchungen an der 21 cm-Wasserstofflinie für den Coma-Nebelhaufen zeigten keine beobachtbare Strahlung. Die Genauigkeit entsprach einem mittleren Fehler der Antennentemperatur von 0°.05. Hieraus folgt für das zentrale Gebiet des Haufens ein Verhältnis der Masse des neutralen Wasserstoffs zur Gesamtmasse <0.03. Thi.

14586. **A. S. Scharow,** The space structure of several clusters of galaxies. AJ UdSSR **36** 807—815 (russ. mit engl. Ref.). — Die von Zwicky veröffentlichten Zählungen von Nebeln in drei Haufen in Coma, Cancer und Hydra werden mittels einer von Cholopow ausgearbeiteten Methode analysiert. Es wird gezeigt, daß die helleren Nebel in drei Zonen verteilt sind, zwischen welchen sich der Dichtegradient um eine Ordnung ändert. Eine ähnliche Dichteverteilung wurde früher von Cholopow bei Kugelsternhaufen gefunden. Die Verteilung von Nebeln in Haufen ist also nicht der Dichteverteilung in isothermen Gaskugeln analog. Die Verteilung von schwachen Nebeln in Haufen ist weniger ausgeprägt. Ond.

14587. **J. R. Shakeshaft, J. E. Baldwin,** The radio emission from the direction of the «supergalaxy». MN **119** 46—53. — Die Berechtigung zu der Annahme, daß das bei etwa 12^h A. R. ungefähr senkrecht zur Milchstraßenebene verlaufende, im Radiofrequenzbereich helle Band einer Anhäufung von Galaxien, «Local Supergalaxy» genannt, zuzuschreiben ist, wird durch Beobachtungen bei $\lambda = 1.9$ m untersucht (mit einem Radioteleskop mit dem Auflösungsvermögen von 1°2 in Rektaszension und 7° in Deklination). Es zeigt sich, daß dieses Band sehr wahrscheinlich galaktischen Ursprungs ist; denn es ist weder eng mit der Anzahl der Galaxien korreliert, noch läßt sich die beobachtete Intensität, die mehrere Male größer ist als bei normalen Galaxien zu erwarten wäre, durch einen kleinen Anteil abnorm heller Galaxien erklären. HHR

14588. **J. Smak,** O możliwościach wykrywania najsłabszych gromad galaktyk. Urania Kraków **30** 361—362. — Über die wirksamsten Methoden zur Entdeckung der schwächsten Galaxienhaufen (Publ ASP **70** 450, 1958). E. R.

* * **A. D. Thackeray,** Comparison of globular clusters in the Galaxy and in the Magellanic Clouds. Vgl. Ref. **14229.**

14589. **G. de Vaucouleurs,** The local supercluster of galaxies. AJ UdSSR **36** 977—995 (russ. mit engl. Ref.). — Die Tatsache, daß helle Galaxien zu einer Ebene konzentriert erscheinen und zwar auf der nördlichen Halbkugel viel stärker als auf der südlichen, kann durch die Existenz eines Galaxienhaufens zweiter Ordnung, einer Supergalaxis, gedeutet werden. Der Kern der Supergalaxis befindet sich in 10 Mpc Entfernung im Virgo-Haufen, der nördliche Pol in $l = 15°$, $b = +5°$. Der Durchmesser wird auf 30 Mpc geschätzt. Die Supergalaxis rotiert um das Zentrum und expandiert. Die Rotationsgeschwindigkeit beträgt in der Umgebung der Galaxis 500 km/sec und die Umlaufsperiode in äußeren Gebieten 100 bis 200×10^9 Jahre. Die Masse der Supergalaxis ist von der Größenordnung 10^{15} Sonnenmassen. Die Hubble-Konstante beträgt weit entfernt von der Supergalaxis 140 bis 174 km/sec/Mpc. Perek

14590. **G. de Vaucouleurs,** An expanding association of galaxies. ApJ **130** 718—727 = Harv Repr Nr. 528. — Die der lokalen Gruppe am nächsten liegende Gruppe von Galaxien bedeckt ein Feld von etwa 20° Durchmesser mit dem Zentrum in Sculptor und umfaßt sechs Spiralen, die heller sind als $10^m.5$. Ihr Entfernungsmodul ist $m - M \approx 27.0$. Ein Masse-Leuchtkraftverhältnis von $M/L = 8$ vorausgesetzt, ergibt sich als Gesamtmasse der Gruppe 1.5×10^{11} Sonnenmassen. Aus den beobachteten Radialgeschwindigkeiten (Geschwindigkeitsstreuung $\pm$ 150 km/sec) und dem Virialsatz folgen aber 1.6×10^{13} Sonnenmassen. Verf. nimmt an, diese Diskrepanz sei darauf zurückzuführen, daß die Voraussetzungen für die Anwendung des Virialtheorems (statistisches Gleichgewicht) nicht erfüllt sind, daß es sich vielmehr um eine instabile expandierende Gruppe von Galaxien handelt. Als Expansionsalter findet er 2×10^9 a. Es ist andererseits nicht ausgeschlossen, daß eine größere Menge intergalaktischer Materie die Differenz in den beiden Massenabschätzungen hervorruft. Els.

14591. **G. de Vaucouleurs,** An expanding association of galaxies. Obs **79** 113—114 = Harv Repr Nr. 537. — Für eine Nebelgruppe in der Nähe des galaktischen Südpols wurden Abschätzungen der Gesamtmasse durchgeführt. Aus den Leuchtkräften in Verbindung mit den Nebeltypen ergab sich die Gesamtmasse um zwei Größenordnungen kleiner als aus der Dispersion der Radialgeschwindigkeiten. Die Gruppe hat deshalb positive Gesamtenergie und bildet eine expandierende Assoziation mit einem Expansionsalter von etwa 1.9×10^9 Jahren. O. G.

14592. **F. Zwicky, M. L. Humason,** Spectroscopic investigations of multiple galaxies and clusters of galaxies. Publ ASP **71** 392—393. — Ref. ASP.

14593. Coma cluster of galaxies. Sky Tel. **18** 495. — Ref. AAS. — Ref. in Sterne **36** 83—84.

14594. Radioemission der lokalen Supergalaxis? Sterne **35** 203. — Ref.

Intergalaktische Materie

14595. **G. B. Field,** An attempt to observe neutral hydrogen between the galaxies. ApJ **129** 525—535. — Aus dem Fehlen der 21 cm-Linie in der Radiostrahlung der Quelle Cygnus A werden Höchstwerte über Durchlässigkeit und das Verhältnis Dichte : Temperatur des intergalaktischen neutralen Wasserstoffs abgeleitet. FS

14596. **G. B. Field,** The spin temperature of intergalactic neutral hydrogen. ApJ **129** 536—550. — Um von der in der vorangehenden Untersuchung des Verf. aus 21 cm-Beobachtungen gewonnenen unteren Grenze für n_H/T_S zu einer solchen für die Wasserstoff-Atomdichte n_H und die Gasdichte ϱ im intergalaktischen Raum zu gelangen, wird eine theoretische Abschätzung der Spintemperatur T_S versucht. Durch die die Spinanregung $0 \rightarrow 1$ auslöschenden Stöße allein könnte T_S ohne Verletzung der n_H/T_S-Grenze nicht über 0°.5 K liegen. Nach einer Untersuchung der Lα-Streuung in einem expandierenden Gas wird gezeigt, daß die Lα-Strahlung der außergalaktischen Nebel schon ausreicht, um durch ihre inkohärente Streuung T_S über 32° zu heben. Danach wird noch die Wirkung der Lα-Strahlung untersucht, die vom intergalaktischen Wasserstoff selbst im Anschluß an eine Rekombination emittiert wird. Diese hängt von dem unbekannten Ionisationsgrad desselben ab. Liegt dieser über 13%, so nähert sich T_S schnell der kinetischen Temperatur. Andernfalls bleibt ϱ wahrscheinlich unter 5.9×10^{-29} g cm^{-3}, berechnet mit der reziproken Hubbleschen Konstanten 5.4×10^9 a. Bei Vergrößerung derselben um einen Faktor f fällt diese Grenze auf 1/f des angegebenen Wertes. Gü.

14597. **F. D. Kahn, L. Woltjer,** Intergalactic matter and the Galaxy. ApJ **130** 705—717. — Unter der Annahme, die lokale Gruppe der Galaxien sei dynamisch stabil, finden Verf. aus der beobachteten Radialgeschwindigkeit von M 31 (−296 km/sec) und den Massen des Andromeda-Nebels und des Milchstraßensystems die Masse M der intergalaktischen Materie innerhalb der lokalen Gruppe zu $M \geq 1.5 \times 10^{12}$ Sonnenmassen, ihre Dichte zu $\varrho \geq 1.6 \times 10^{-28}$ g/cm^3. Es ist anzunehmen, daß es sich dabei vorwiegend um ionisierten Wasserstoff handelt; als wahrscheinlichste Werte für dessen Temperatur und Dichte betrachten die Autoren 5×10^{5} ° und 1×10^{-4} Protonen/cm^3. Die Bewegung des Milchstraßensystems durch das ruhende intergalaktische Medium könnte, wie an Hand von Abschätzungen diskutiert wird, zu der aus 21 cm-Daten folgenden Verbiegung der galaktischen Wasserstoffschicht in großen Entfernungen vom galaktischen Zentrum führen. Els.

14598. **W. Zonn,** Materia międzygalaktyczna? Urania Kraków **30** 121—125. — Populärer Artikel über die vermutlich aus Sternen und diffuser Materie bestehende intergalaktische Materie. E. R.

Nachtrag

§ 1

110. Ferner: Vol. **22** Fasc. 3—4.

136. Ferner: Série G Nr. 3—5.

138. Ferner: Vol. **3** Nr. 9—10, 1958.

1115. Ferner: Vol. **1** Nr. 2—4.

1205. Anzeiger. Österreichische Akademie der Wissenschaften. Mathematisch-naturwissenschaftliche Klasse. Wien, Springer-Verlag. — **96**. Jahrgang Nr. 1—15.

1206. Sitzungsberichte. Österreichische Akademie der Wissenschaften. Mathematisch-naturwissenschaftliche Klasse. Abteilung II Mathematik, Astronomie, Physik, Meteorologie und Technik. Wien, Springer-Verlag. — Band **168** Heft 1—10.

1207. Urania. Revista de Astronomía y Ciencias Afines. Organo de Sociedad Astronómica de España y América, Barcelona, und der Unión Nacional de Astronomía y Ciencias Afines, Madrid. — Año **43** Nr. 248, 1958.

§ 3

341. **S. Rosseland,** Carl Fredrik Mülertz Størmer. Naturen **82** 67—81, 1958 = Inst. Teoret. Astrofys. Blindern-Oslo Småtrykk Nr. 22.

§ 4

421. **Bloomington**

Publications of the Goethe Link Observatory of Indiana University Nr. 26—36.
Goethe Link Observatory of Indiana University. Reprint Nr. 17—20, 22.

425. **Borowiec**

Polish Academy of Sciences. Astronomical Latitude Station Borowiec (near Poznań, Poland) Reprint Nr. 1—4.
Ferner: Acta Geophys. Polon. **7** 1—8 = Polish Acad. Sci. Astr. Latitude Station Borowiec Repr. Nr. 1.

430. **Cambridge, Engl.**

Contributions from the Cambridge Observatories Nr. 30.
Ferner: Reprints Nr. 41.

434. **Catania**

Ferner: Pubblicazioni Nr. 25, 26, 28.

479. **La Plata**

Ferner: Separata Nr. 13, 15, 16.

488. **Manchester**

Ferner: Astronomical Contributions from the University of Manchester. Series II. Jodrell Bank Reprint Nr. 181, 183, 185.
Ferner: Astronomical Contributions from the University of Manchester. Series III Nr. 66—68, 70—75.

491. **Milano-Merate**

Contributi dell' Osservatorio Astronomico di Milano-Merate. Nuova Serie Nr. 134—150.

Pubblicazioni dell'Osservatorio Astronomico di Milano-Merate. Nuova Serie Nr. 11, 1958.

496. Mount Palomar

Carnegie Inst. Washington Year Book 58 43—77. Annual report of the director Mount Wilson and Palomar Observatories 1958—1959. I. S. Bowen.

498. Mount Wilson

Carnegie Inst. Washington Year Book 58 43—77. Annual report of the director Mount Wilson and Palomar Observatories 1958—1959. I. S. Bowen.

4104. **Nashville**

The Arthur J. Dyer Observatory Vanderbilt University, Nashville, Tennessee, Reprint Nr. 6—10.

4107. **Oslo**

Ferner: Reprint Nr. 30.
Ferner: Småtrykk Nr. 20—22, 1958, Nr. 28.

4113. **Paris**

Ferner: Contributions (B) Nr. 194, 196, 197.

4115. **Philadelphia**

Ferner: Reprint Nr. 116.

4123. **Pretoria**

Communications from the Radcliffe Observatory, Pretoria, Nr. 45—47, 50.
Radcliffe Observatory Reprint Nr. 14.

4126. **Pulkowo**

Publikationen (Trudy) des Astronomischen Hauptobservatoriums in Pulkowo. Serie 2 Tom **71**, 1958.

4135. **Sendai**

Ferner: Raportoj Nr. 70, 71.

4138. **Stockholm**

Ferner: Meddelande Nr. 122, 123.

4141. **Sydney**

Sydney Obs. Papers Nr. 31, 32 S., 1958. Sydney Observatory, 1858 to 1958. H. Wood.
Astrographic Catalogue 1900.0 Vol. **42**, **44**.
Sydney Observatory Papers Nr. 31—33, 1958, Nr. 34.

4145. **Tokyo**

Contributions from the Department of Astronomy, University of Tokyo, Nr. 1.

4168. **Wrocław** (Breslau)

Ferner: Reprint Nr. 17, 18.

4190. **Gent**

Universiteit te Gent. Sterrenkundig Instituut Nr. 19, 1958, Nr. 20—22.

4191. **Madrid**

Boletín Astronómico del Observatorio de Madrid Vol. **5** Nr. 4.

4192. **Moskau**

Mitteilungen des Staatlichen Astronomischen Sternberg-Instituts Nr. 106.

4193. Tortosa

Boletín del Observatorio del Ebro **46**. Heliofísica 1958.

4194. **J. B. Irwin,** Astronomical observatories. Goethe Link Obs. Repr. Nr. 20, 11 S.

§ 5

524. **H. Letsch,** Captured Stars. Jena, V. E. B. Gustav Fischer Verlag, 1959. 183 S. — Besprechung in J. Optical Soc. America **50** 1119 (D. Alter).

§ 7

755. **W. C. Hoffman,** A report on the symposium on the Use of Space Vehicles at the Fall 1958 URSI meeting. Planet. Space Sci. 1 238—248.

756. Second meeting of the ad hoc Committee on Contamination by Extra-Terrestrial Exploration. Summary Recommendations. Planet. Space Sci. 1 249—251. — The Hague, 1959 März 9—10.

757. XI Asamblea General de la Unión Internacional de Geodesia y Geofisica. (Toronto 3—14 septiembre 1957). Urania Barcelona **43** 246—260, 1958.

§ 8

832. **J. B. Irwin,** The first 70,000. Vistas in Astronomy **3** 147—170 = Goethe Link Obs. Repr. Nr. 19.

§ 11

1173. **E. Zinner,** El Mundo de las Estrellas. Ciencia y Superstición. Vgl. AJB 58 Ref. **662**. — Weitere Besprechung in Urania Barcelona **43** 240, 1958.

§ 13

1329. Publikationen der Konferenz über leuchtende Nachtwolken. Tartu, 1958 Dez. 12—14. Tartu, Inst. Phys. Astr. Akad. Wiss. Estn. SSR, 1959. 129 S. Preis 5 R. 50 Kop. (russ.). — Besprechung in RJ UdSSR 1960 Nr. 10 S. 79—80.

§ 15

1518. M. H. Wrubel, The electronic computer as an astronomical instrument. Vistas in Astronomy **3** 107—116 = Goethe Link Obs. Repr. Nr. 22.

§ 16

1602 = Contr. Inst. d'Astrophys. Paris (B) Nr. 197.

1683. K. D. Cole, Electro-hydromagnetic waves in a fully ionized gas. I. Planet. Space Sci. **1** 319—324.

§ 18

18161. **1958 β (Vanguard 1)**

Planet. Space Sci. **1** 184—192. Satellite orbits and atmospheric densities at altitudes up to 750 km obtained from the Vanguard orbit determination program. J. W. Siry.

§ 21

2127 = Contr. Oss. Astr. Milano-Merate (NS) Nr. 139.

§ 22

2234 = Contr. Oss. Astr. Milano-Merate (NS) Nr. 146.

2285. **J. H. DeWitt, C. K. Seyfert, R. H. Hardie,** An electronically controlled telescope drive. Vgl. AJB 58 Ref. 2112 = Arthur J. Dyer Obs. Nashville Repr. Nr. 8.

2286. **Ø. Elgarøy,** Antenner, litt fra teori og praksis. Naturen **82** 20—42, 1958 = Inst. Teoret. Astrofys. Blindern-Oslo Småtrykk Nr. 20.

2287. **E. Proverbio,** Sulla determinazione di tempo e sul calcolo del l'azimut strumentale per uno strumento in meridiano. Mem SA It (NS) **29** 537—545, 1958 = Contr. Oss. Astr. Milano-Merate (NS) Nr. 135.

§ 23

2322 = Contr. Inst. d'Astrophys. Paris (B) Nr. 194.

2364. **Y. Öhman,** On the possibility of measuring radiation by using thermomagnetic effects below and close to the Curie point. Optica Acta **6** 372—377 = Stockholms Obs. Medd. Nr. 123.

§ 24

2444. **F. Brando, E. Proverbio,** Cronometro elettronico e dispositivo oscillografico per confronti di tempo. Rend. Ist. Lombardo — Accad. Sci. Lettere (A) **93** 399—422 = Contr. Oss. Astr. Milano-Merate (NS) Nr. 144.

2445. **E. Proverbio,** Sull'irregolarità di ricezione dei segnali orari ad onde corte. Ann. Geofis. **12** 535—548 = Contr. Oss. Astr. Milano-Merate (NS) Nr. 149.

§ 31

3134. **M. Dobrzycka, J. Dobrzycki,** Auxiliary tables for computing apparent declinations of stars in the Pleiades. Vgl. AJB 58 Ref. **3002** = Polish Acad. Sci. Astr. Latitude Station Borowiec Repr. Nr. 2.

3135. **A. Kadyrow,** Bestimmung der Uhrkorrektion aus Beobachtungen am Passageninstrument nebst Ableitung des Instrumentenazimuts aus Nord- und Äquatorsternen. Nachr. Akad. Wiss. Usbek. SSR (Phys.-Math.) 1959 Nr. 5 S. 36—41 (russ. mit usbek. Ref.). — Ref. in RJ UdSSR 1960 Nr. 11 S. 21—22.

3136. **A. I. Kotschetkow,** Einige theoretische Verallgemeinerungen der sphärischen und praktischen Astronomie. Publ. Univ. Tomsk **144** 125—147 (russ.). — Ref. in RJ UdSSR 1960 Nr. 11 S. 22.

3137. **A. A. Nemiro,** An investigation of the absolute determinations of right ascensions at Pulkovo. Publ. Astr. Hauptobs. Pulkowo (2) **71** 65—187, 1958 (russ. mit engl. Ref.).

3138. **H. K. Zimmermann,** Ergebnisse der am Vertikalkreise der Nikolajewer Sternwarte in den Jahren 1939—1941 und 1945—1951 ausgeführten Beobachtungen. Publ. Astr. Hauptobs. Pulkowo (2) **71** 31—63, 1958 (russ. mit deutschem Ref.).

§ 32

* * **A. A. Nemiro,** An investigation of the absolute determinations of right ascensions at Pulkovo. Vgl. Ref. **3137.**

3233. **L. I. Semjonow,** The right ascensions of 571 supplementary stars (ZS) of the FK3. Publ. Astr. Hauptobs. Pulkowo (2) **71** 3—29, 1958 (russ. mit engl. Ref.).

* * **H. K. Zimmermann,** Ergebnisse der am Vertikalkreise der Nikolajewer Sternwarte in den Jahren 1939—1941 und 1945—1951 ausgeführten Beobachtungen. Vgl. Ref. **3138.**

3234. Astrographic Catalogue 1900.0. Sydney Section Dec. −51° to −65°. From photographs taken at the Sydney Observatory New South Wales, Australia Vol. 42. R. A. 6^h to 12^h, Dec. −61° to −63°. Herausgegeben von H. Wood. Sydney, V. C. N. Blight, 1959. 3 + 92 S.

3235. Astrographic Catalogue 1900.0. Sydney Section Dec. −51° to −65°. From photographs taken at the Sydney Observatory New South Wales, Australia. Vol. 44. R. A. 18^h to 24^h, Dec. −61° to −63°. Herausgegeben von H. Wood. Sydney, V. C. N. Blight, 1959. 3 + 21 S.

§ 34

3455. Annuario 1960. Oss. Astrofis. Catania Pubbl. (NS) Nr. 25, 38 S.

3456. Anuário para 1960. Publicado pelo Observatório Nacional Rio de Janeiro, 1959. 7 + 265 S.

§ 36

3644. **R. de la Mar,** Navegación «a ciegas». Urania Barcelona **43** 194—198, 1958.

3645. **F. Múgica,** Un nuevo método para la determinación de la latitud. Urania Barcelona **43** 165—193, 1958.

3646. **G. S. Tjuterew,** Bestimmung von Breite und Länge des Astronomischen Observatoriums der Universität Tomsk. Publ. Univ. Tomsk **144** 109—116 (russ.). — Ref. in RJ UdSSR 1960 Nr. 11 S. 22.

§ 37

3707 = Contr. Oss. Astr. Milano-Merate (NS) Nr. 147.

3714 = Polish Acad. Sci. Astr. Latitude Station Borowiec Repr. Nr. 3.

§ 43

4316. **R. Boucíqué,** Betrekking tussen de radiële verdelingswetten van sterren met verschillende massa's in een bolsymmetrisch sterrenstelsel. Med. Koninkl. Vlaamse Acad. Wet. Kl. Wet. **21** Nr. 1, 5 S. = Univ. Gent Sterrenkundig Inst. Nr. 20.

4317. **H. L. Vanderlinden, F. Bossaert,** Dynamica van bolvormige sterrenhopen. Med. Koninkl. Vlaamse Acad. Wet. Kl. Wet. **20** Nr. 11, 15 S., 1958 = Univ. Gent Sterrenkundig Inst. Nr. 19.

§ 53

5313 = Contr. Inst. d'Astrophys. Paris (B) Nr. 196.

* * **M. Hack,** Parametri fisici e composizione chimica delle atmosfere delle stelle normali di popolazione I. Vgl. Ref. **10422.**

§ 54

5427 = Contr. Oss. Astr. Milano-Merate (NS) Nr. 137.

§ 55

5508 = Sendai Astr. Rap. Nr. 71.

5527. **J. Sahade,** Evolution in close binaries. Vgl. Ref. **1316** S. 76—95 = Obs. Astr. La Plata Separata Astr. Nr. 16.

§ 61

* * **E. Schoenberg,** Die Umrisse der Sonnenphotosphäre nach Beobachtungen des Sonnenrandes. Vgl. Ref. **6436.**

§ 63

Bol. Astr. Obs. Madrid **5** Nr. 4 S. 9—23. Observaciones de manchas solares. I. Números relativos de Wolf. Observaciones realizadas en el Observatorio de Madrid en 1958. E. Gullón, M. López Arroyo. — Rotationen Nr. 1395—1407.

Bol. Astr. Obs. Madrid **5** Nr. 4 S. 24—94. Observaciones de manchas solares en 1958. II. Estadística de manchas y superficie de las mismas. E. Gullón, M. López Arroyo. — Rotationen Nr. 1395—1407.

Bol. Obs. Ebro **46**, 92 S. Heliofísica 1958.

Boll. Sedute Accad. Gioenia Sci. Nat. Catania (4) **5** 181—200 = Oss. Astrofis. Catania Pubbl. (NS) Nr. 26. Coordinate eliografiche, classificazione ed area dei gruppi di macchie solari osservati negli anni 1953—1954—1955 all'Osservatorio Astrofisico di Catania. R. Cristaldi Campisi.

Bull. Informat. Ionosph. Géophys. **3** Nr. 9—10, 1958.

Urania Barcelona **43** 241—245, 1958. Protuberancias solares. Resumen de las observaciones realizadas en el Observatorio de Madrid durante el año 1957. E. Gullón.

§ 64

6404 = Contr. Cambridge Obs. Nr. 30.

§ 65

6534 = Wrocław Astr. Obs. Repr. Nr. 17.

6566. **M. López Arroyo,** El ciclo largo de la actividad solar. Urania Barcelona **43** 133—141, 1958.

§ 66

6654 = Stockholms Obs. Medd. Nr. 122.

* * **B. Hultqvist, J. Ortner,** Strongly absorbing layers below 50 km. Vgl. Ref. **7564.**

§ 67

* * **K. D. Cole,** Electro-hydromagnetic waves in a fully ionized gas. I. Vgl. Ref. **1683.**

§ 68

6813 = Contr. Oss. Astr. Milano-Merate (NS) Nr. 148.

6841 = Inst. Theoret. Astrophys. Blindern-Oslo Repr. Nr. 30.

* * **K. D. Cole,** Electro-hydromagnetic waves in a fully ionized gas. I. Vgl. Ref. **1683.**

6885. **R. E. Gussejnow,** Die Gleichung zur Bestimmung der Verteilungsfunktion der optischen Dicken und der ursprünglichen Intensitäten der Radioungleichmäßigkeiten der Sonne. Ber. Akad. Wiss. Aserbajdshan. SSR **15** 1103—1105 (russ. mit aserbajdshan. Ref.). — Ref. in RJ UdSSR 1960 Nr. 10 S. 55.

* * **A. S. Jursa, Y. Tanaka, F. LeBlanc,** Nitric oxide and molecular oxygen in the earth's upper atmosphere. Vgl. Ref. 7251.

6886. **A. Maxwell, A. R. Thompson, G. Garmire,** The association of solar radio bursts with auroral streams. Planet. Space Sci. 1 325—332.

* * **S. N. Wernow, A. E. Tschudakow, E. W. Gortschakow, J. L. Logatschew, P. W. Wakulow,** Study of the cosmic-ray soft component by the 3rd Soviet earth satellite. Vgl. Ref. 13548.

§ 71

7164. **S. Ericsson,** La atracción de la Tierra y el potencial gravitacional. Actas Acad. Nacional Ci. Exact. Fís. Nat. Lima 22 29—70.

7165. **G. García,** La asimetria de la Tierra, las deformaciones y las dislocaciones de las masas. Actas Acad. Nacional Ci. Exact. Fís. Nat. Lima 22 71—110.

§ 72

* * **N. Bel,** Sur la classification des oscillations de deux fluides superposés. Vgl. Ref. 1602.

7250. **K. W. Champion, R. A. Minzner,** Atmospheric densities from satellites and rocket observation. Planet. Space Sci. 1 259—264.

* * **E. I. Fialko,** Eine neue Methode zur Messung der Höhe der homogenen Atmosphäre. Vgl. Ref. 9325.

* * **J. S. Greenhow, E. L. Neufeld,** Turbulence at altitudes of 80—100 km and its effects on long duration meteor echoes. Vgl. Ref. 9326.

7251. **A. S. Jursa, Y. Tanaka, F. LeBlanc,** Nitric oxide and molecular oxygen in the earth's upper atmosphere. Planet. Space Sci. 1 161—172.

7252. **H. K. Paetzold,** Observations of the Russian satellites and the structure of the outer terrestrial atmosphere. Planet. Space Sci. 1 115—124.

7253. **G. F. Schilling, C. A. Whitney,** Derivation and analysis of atmospheric density from observations of satellite 1958 Epsilon. Planet. Space Sci. 1 136—145.

7254. **J. W. Siry,** Satellite orbits and atmospheric densities at altitudes up to 750 km obtained from the Vanguard orbit determination program. Planet. Space Sci. 1 184—192.

7255. **A. K. Susslow,** Methodik und einige Ergebnisse der Spektralphotometrie tellurischer Sauerstofflinien. Publ. Sektor Astrobotanik Akad. Wiss. Kasach. SSR 7 226—276 (russ.). — Ref. in RJ UdSSR 1960 Nr. 11 S. 24—25.

§ 73

7322 = Arthur J. Dyer Obs. Nashville Repr. Nr. 10.

§ 74

7451. **A. D. Boljunowa, W. M. Morosow,** Über photoelektrische Messungen des Nachthimmelleuchtens. Nachr. Akad. Wiss. UdSSR (Geophys.) 1959 Nr. 2 S. 321—325 (russ.). — Ref. in RJ UdSSR 1960 Nr. 11 S. 67.

7452. **K. L. Coulson,** Characteristics of the radiation emerging from the top of a Rayleigh atmosphere. I. Intensity and polarization. Planet. Space Sci. 1 265—276.

7453. **K. L. Coulson,** Characteristics of the radiation emerging from the top of a Rayleigh atmosphere. II. Total upward flux and albedo. Planet. Space Sci. 1 277—284.

7454. **G. R. A. Ellis,** Low frequency electromagnetic radiation associated with magnetic disturbances. Planet. Space Sci. 1 253—258.

§ 75

7563. **L. Harang, J. Tröim,** An example of heavy absorption in the VHF-band in the Arctic ionosphere. Planet. Space Sci. 1 102—104.

7564. **B. Hultqvist, J. Ortner,** Strongly absorbing layers below 50 km. Planet. Space Sci. 1 193—204.

§ 76

76116. **R. A. Duncan,** Polarization of the red oxygen auroral line. Planet. Space Sci. 1 112—114.

76117. **A. U. Landolt,** An aurora and airglow program at the South Pole. Vgl. AJB 58 Ref. 72242 = Goethe Link Obs. Repr. Nr. 17.

* * **A. Maxwell, A. R. Thompson, G. Garmire,** The association of solar radio bursts with auroral streams. Vgl. Ref. 6886.

76118. **A. W. Mironow, W. S. Prokudina, N. N. Schefow,** Das niederbreitige Polarlicht vom 21.—22. Januar 1957. Nachr. Akad. Wiss. UdSSR (Geophys.) 1958 Nr. 12 S. 1514—1516 (russ.).

76119. **A. Omholt,** Om elektriske partikler innesperret i jordens magnetfelt — van Allens stralingsbelter og Argus-eksperimentet. Fra Fysikkens Verden 21 Hefte 2—3, 14 S. = Inst. Teoret. Astrofys. Blindern-Oslo Småtrykk Nr. 28.

76120. **E. H. Vestine, W. L. Sibley,** Lines of force of the geomagnetic field in space. Planet. Space Sci. 1 285—290.

§ 77

7713. **D. Deirmendjian, E. H. Vestine,** Some remarks on the nature and origin of noctilucent cloud particles. Planet. Space Sci. 1 146—153.

§ 79

7921. **W. G. Fessenkow,** Einige Forschungsergebnisse im Rahmen des Internationalen Geophysikalischen Jahres. Bote Akad. Wiss. Kasach. SSR 1959 Nr. 6 S. 36—46 (russ. mit kasach. Ref.). — Ref. in RJ UdSSR 1960 Nr. 10 S. 4.

§ 82

8242. **Regulus-Bedeckung durch Venus 1959 Juli 7**

Bol. Astr. Obs. Madrid 5 Nr. 4 S. 1—2. La ocultación de Régulo por Venus, el 7 de julio de 1959. R. Carrasco.

Bol. Astr. Obs. Madrid 5 Nr. 4 S. 3—8. Observations of the occultation of the star Regulus by Venus at Madrid Observatory in July, 1959. H. C. Ingrao.

§ 83

8368. AA 9 183—184 = Wrocław Astr. Obs. Repr. Nr. 18.

8368. J. Proc. Roy. Soc. New South Wales 92 16—17, 1958 = Sydney Obs. Papers Nr. 32. Occultations observed at Sydney Observatory during 1957. K. P. Sims.

83136. **D. Clarke,** Studies in lunar topography, II. Techniques of photographic determination of lunar mountains, with application to the region of Theophilus. Astr. Contr. Univ. Manchester (3) Nr. 66, 27 S.

83137. **R. Compte Porta,** Ensayo de selenología. Contribución al estudio sobre el origen de las formaciones lunares. Urania Barcelona **43** 199—219, 1958.

83138. **G. Fielder,** Studies in lunar topography, IV. Measured profiles of the Moon's surface, and the estimates of magnitudes of the errors in relative altitudes. Astr. Contr. Univ. Manchester (3) Nr. 70, 49 S.

83139. **Z. Kopal,** Essentials for mapping the Moon. American Scientist **47** 505—508 = Astr. Contr. Univ. Manchester (3) Nr. 68.

83140. **P. G. Mezger, H. Strassl,** The thermal radiation of the Moon at 1420 Mc/s. Planet. Space Sci. **1** 213—226.

83141. **T. Rackham,** Studies in lunar topography, V. A systematic microdensitometric technique and its application to formations in the Mare Imbrium. Astr. Contr. Univ. Manchester (3) Nr. 71, 41 S.

83142. **W. G. Teufel,** Spektralphotometrie der Mondoberfläche. I. Publ. Sektor Astrobotanik Akad. Wiss. Kasach. SSR **7** 69—83 (russ.). — Ref. in RJ UdSSR 1960 Nr. 10 S. 81—82.

83143. **G. Turner,** Studies in lunar topography, III. Errors involved in the photographic determination of heights and a preliminary study of the region of Ptolemaeus and Alphonsus. Astr. Contr. Univ. Manchester (3) Nr. 67, 37 S.

83144. **G. Turner,** Studies in lunar topography, VI. Measured heights of mountains in the south-eastern part of Mare Tranquilitatis. Astr. Contr. Univ. Manchester (3) Nr. 72, 23 S.

83145. **G. Turner,** Studies in lunar topography, VII. Measurements of the height of the walls of the crater Archimedes. Astr. Contr. Univ. Manchester (3) Nr. 73, 21 S.

83146. **T. Vives Soteras,** La precisión en las observaciones visuales de ocultaciones de estrellas. Urania Barcelona **43** 153—164, 1958.

* * **R. W. Wright, N. J. Skinner,** Lunar tides in the sporadic E-layer at Ibadan. Vgl. Ref. 7562.

§ 84

8476. **G. de Mottoni,** Osservazioni del pianeta Marte nel 1954. Mem. Ist. Lombardo Sci. Lettere Cl. Mat. Nat. **24** 173—197, 1958 = Pubbl. Oss. Astr. Milano-Merate (NS) Nr. 11.

§ 85

8533. **Beobachtungen und Berechnungen Kleiner Planeten**

Bol. Astr. Obs. Madrid **5** Nr. 4 S. 95—100. Observaciones fotográficas de pequeños planetas. J. M. Torroja. — Betrifft: 1, 3, 5, 7, 9, 17, 21, 22, 23, 24, 28, 30, 32, 37, 40, 42, 44, 57, 58, 60, 61, 64, 65, 75, 76, 77, 79, 80, 89, 95, 114, 119, 144, 156, 196, 202, 233, 270, 284, 335, 344, 387, 393, 419, 423, 433, 509, 511, 704.

J. Proc. Roy. Soc. New South Wales **92** 18—23, 1958 = Sydney Obs. Papers Nr. 33. Precise observations of Minor Planets at Sydney Observatory during 1955 and 1956. W. H. Robertson. — Betrifft: 1 Ceres, 3 Juno, 40 Harmonia.

J. Proc. Roy. Soc. New South Wales **92** 57—63 = Sydney Obs. Papers Nr. 34. Minor Planets observed at Sydney Observatory during 1957. W. H. Robertson. — Betrifft: 28, 29, 38, 77, 78, 118, 121, 127, 129, 132, 146, 178, 179,

196, 214, 228, 234, 241, 250, 266, 278, 346, 380, 394, 407, 416, 417, 451, 455, 458, 460, 486, 492, 506, 521, 524, 530, 536, 544, 546, 550, 554, 602, 618, 624, 638, 644, 654, 674, 675, 679, 690, 707, 712, 738, 742, 762, 768, 769, 776, 790, 866, 906, 914, 925, 926, 931, 940, 952, 972, 976, 977, 980, 1010, 1032, 1055, 1158, 1180, 1200, 1232, 1244, 1281, 1284, 1304, 1332, 1336, 1346, 1420, 1496, 1550, 1568, 1585, 1957 HA, 1957 NA.

§ 91

9127. **M. S. Markowitsch,** Die Wärmeleitung der Oberflächenschicht des Kometenkerns. Bull. Inst. Astrophys. Akad. Wiss. Tadshik. SSR Nr. 25 S. 3—14 (russ.). — Ref. in RJ UdSSR 1960 Nr. 11 S. 73.

§ 92

9250. **Komet 1957 d Mrkos**

Urania Barcelona **43** 227—239, 1958. Influences of meteor streams on the comet Mrkos 1957 d. H. Melzer.

9259. **Komet 1925 I Orkisz**

Bull. Soc. Amis Sci. Lettres Poznań (B) **15** 177—182 = Polish Acad. Sci. Astr. Latitude Station Borowiec Repr. Nr. 4. The primary orbit of comet 1925 I (Orkisz). I. Domiński.

§ 93

9326 = Astr. Contr. Univ. Manchester (2) Jodrell Bank Repr. Nr. 185.

93102. **L. G. Brudny, R. S. Bibarsow, S. O. Issamutdinow, W. M. Kolmakow, L. N. Rubzow,** Radarbeobachtungen von Meteoren am Astronomischen Observatorium Stalinabad im Zeitraum Juni bis Dezember 1957. Bull. Inst. Astrophys. Akad. Wiss. Tadshik. SSR Nr. 24 S. 15—21, 1958 (russ.). — Ref. in RJ UdSSR 1960 Nr. 11 S. 52.

93103. **E. I. Fialko,** Über die tägliche Variation der mittleren stündlichen Zahl der Meteore eines Stroms auf Grund von Radarbeobachtungen. Bull. Inst. Astrophys. Akad. Wiss. Tadshik. SSR Nr. 27 S. 25—30 (russ.). — Ref. in RJ UdSSR 1960 Nr. 11 S. 51.

93104. **H. Melzer,** Influences of meteor streams on the comet Mrkos 1957 d. Vgl. Ref. **9250**.

93105. **E. L. Murray,** Ambipolar diffusion of a meteor trail and its relation with height. Planet. Space Sci. **1** 125—129.

93106. **E. K. Nemirowa,** Die Verzerrung der Impulssignale bei Resonanzreflektion von Meteorspuren. Mitt. Polytechn. Inst. Tomsk **86** 150—162, 1958 (russ.).

93107. **L. P. Serafinowitsch,** Über den Einfluß der Intensitätsänderung des kosmischen Rauschens auf die tägliche Verteilung der Zahl der Reflexionen von Meteoren. Bull. Inst. Astrophys. Akad. Wiss. Tadshik. SSR Nr. 27 S. 37—39 (russ.). — Ref. in RJ UdSSR 1960 Nr. 10 S. 60.

93108. Meteore. Sammlung von Aufsätzen. Übersetzung aus dem Englischen. Moskau, Verlag für Ausländische Literatur, 1959. 441 S. Preis 16 R. 50 Kop. (russ.).

§ 95

9518 = Cambridge Obs. Repr. Nr. 41.

* * **K. D. Cole,** Electro-hydromagnetic waves in a fully ionized gas. I. Vgl. Ref. **1683**.

§ 103

10315 = Contr. Oss. Astr. Milano-Merate (NS) Nr. 141.

10329. K. I. Koslowa, J. W. Glagolewskij, W. S. Golubtschikow, Katalog der nach dem Verfahren des Längsspektrographen abgeleiteten Farben von Sternen in den Kapteynschen Eichfeldern Nr. 116—129. Publ. Sektor Astrobotanik Akad. Wiss. Kasach. SSR **7** 277—306 (russ.). — Ref. in RJ UdSSR 1960 Nr. 10 S. 44.

10330. E. B. Kostjakowa, Bestimmung der Farbenindizes von B-Sternen aus Objektivprismen-Spektren. Mitt. Staatl. Astr. Sternberg-Inst. Moskau Nr. 106 S. 3—9 (russ.).

10331. W. A. Tolskaja, Bestimmung der Infrarothelligkeiten von Sternen des Orion-Nebels. Mitt. Staatl. Astr. Sternberg-Inst. Moskau Nr. 106 S. 34—46 (russ.).

10332. W. A. Tolskaja, Bestimmung der Infrarothelligkeiten von Sternen in der Umgebung von α Cygni. Mitt. Staatl. Astr. Sternberg-Inst. Moskau Nr. 106 S. 47—51 (russ.).

§ 104

10422 = Contr. Oss. Astr. Milano-Merate (NS) Nr. 140.

10431 = Obs. Astr. La Plata Separata Astr. Nr. 15.

10434 = Contr. Dep. Astr. Univ. Tokyo Nr. 1.

10436 = Publ. Goethe Link Obs. Nr. 26.

10480. M. Hack, T. Tamburini, Ricerche sulle stelle A peculiari: Studio di HD 224801. Vgl. AJB **58** Ref. **9527** = Contr. Oss. Astr. Milano-Merate (NS) Nr. 134.

10481. R. Hardie, Light-variation of the spectrum variable HD 124224. Vgl. AJB **58** Ref. **111106** = Arthur J. Dyer Obs. Nashville Repr. Nr. 7.

§ 107

10702 = Contr. Oss. Astr. Milano-Merate (NS) Nr. 138.

§ 112

11219 = Sitzber. Österreich. Akad. Wiss. Math.-naturwiss. Kl. Abteilung II **168** 167—194.

11222 = Sitzber. Österreich. Akad. Wiss. Math.-naturwiss. Kl. Abteilung II **168** 123—165.

11248. P. Bacchus, Méthode photoélectrique d'observation des étoiles doubles. Ann. Obs. Strasbourg **4** Fasc. 3, 66 S. — Es wird ein Gerät beschrieben, mit dem auf lichtelektrischem Wege Positionswinkel und Distanzen von Doppelsternen gemessen werden können. Die Methode beruht auf der Abtastung der Lichtverteilung in den beiden Diffraktionsscheiben der Fokalbilder des Doppelsterns mit Hilfe einer rotierenden Gitterscheibe, deren Gitterlinien logarithmische Spiralen sind. Die Messung des vom Gitter hindurchgelassenen Lichtstroms mittels photoelektrischer Einrichtungen ergibt Registrierkurven, aus denen die Polarkoordinaten des Doppelsterns abgeleitet werden können. Gü-Li

* * **J. D. Fernie,** The binary system X Ophiuchi. Vgl. Ref. **12214.**

11249. R. A. Saakjan, Über die Entfernungen zwischen den Komponenten visueller Doppelsterne. Sitzber. Akad. Wiss. Armen. SSR **29** Nr. 2 S. 63—71 (russ. mit armen. Ref.). — Ref. in RJ UdSSR 1960 Nr. 11 S. 40.

§ 113

11309 = Obs. Astr. La Plata Separata Astr. Nr. 13.

* * **J. A. Hynek, P. C. Stanger,** The composite-spectrum star 5 Lacertae. Vgl. Ref. 10426.

§ 121

12123. **A. Barangé Camp,** Las estrellas variables. Una idea de su clasificación y características más notables. Urania Barcelona **43** 142—152, 1958.

* * **D. J. Martynow,** Problemer ved dobbeltstjerner. Vgl. Ref. **11113.**

§ 122

12211 = Flower and Cook Obs. Repr. Nr. 116.

12231 = Publ. Goethe Link Obs. Nr. 31.

12235 = Publ. Goethe Link Obs. Nr. 32.

12244 = Sitzber. Österreich. Akad. Wiss. Math.-naturwiss. Kl. Abteilung II **168** 195—203.

12269. **A. H. Batten,** On some possible relationships between certain binary systems. Vgl. Ref. **1316** S. 63—73 = Astr. Contr. Univ. Manchester (3) Nr. 74.

12270. **Y. Hosokawa,** The reflection effect in Algol system. Sci. Rep. Tôhoku Univ. (1) **43** 207—215 = Sendai Astr. Rap. Nr. 70.

12271. **Z. Kopal,** Evolutionary processes in close binary systems. Vgl. Ref. **1316** S. 74—75 = Astr. Contr. Univ. Manchester (3) Nr. 75.

* * **E. Lamla,** Über die Erkennbarkeit unaufgelöster Doppelsterne aus dem spektralen Intensitätsverlauf. Vgl. Ref. **11112.**

§ 123

12309 = Contr. Oss. Astr. Milano-Merate (NS) Nr. 142.

12321 = Commun. Radcliffe Obs. Nr. 46.

12348. **R. H. Hardie, C. D. Geilker,** Three-color photometry of DY Pegasi. Vgl. AJB **58** Ref. **11159** = Arthur J. Dyer Obs. Nashville Repr. Nr. 6.

§ 124

12447 = Flower and Cook Obs. Repr. Nr. 114.

§ 125

12503 = Contr. Oss. Astr. Milano-Merate (NS) Nr. 145.

§ 126

12611. **Nova DQ Herculis (1934)**

Publ ASP **70** 598—600 = Goethe Link Obs. Repr. Nr. 18. The variable radial velocity of He II in the spectrum of Nova DQ Herculis. R. P. Kraft. — Vgl. AJB **58** Ref. **11311.**

§ 131

* * **W. A. Tolskaja,** Bestimmung der Infrarothelligkeiten von Sternen des Orion-Nebels. Vgl. Ref. **10331.**

§ 134

13416 = Astr. Contr. Univ. Manchester (2) Jodrell Bank Repr. Nr. 181.

§ 135

13548. **S. N. Wernow, A. E. Tschudakow, E. W. Gortschakow, J. L. Logatschew, P. W. Wakulow,** Study of the cosmic-ray soft component by the 3rd Soviet earth satellite. Planet. Space Sci. 1 86—93.

§ 141

14129 = Sitzber. Österreich. Akad. Wiss. Math-.naturwiss. Kl. Abteilung II **168** 205—230.

* * **M. Dobrzycka, J. Dobrzycki,** Auxiliary tables for computing apparent declinations of stars in the Pleiades. Vgl. Ref. **3134**.

14155. **M. W. Feast,** Spectral types and radial velocities in the galactic cluster NGC 3293. Vgl. AJB **58** Ref. **12121** = Commun. Radcliffe Obs. Nr. 45.

14156. **G. A. Manowa,** Die Leuchtkraftfunktionen von zehn galaktischen Haufen. Mitt. Staatl. Astr. Sternberg-Inst. Moskau Nr. 106 S. 10—22 (russ.).

§ 142

14212 = Commun. Radcliffe Obs. Nr. 47.

14229 = Radcliffe Obs. Repr. Nr. 14.

14231. **H. C. Arp,** Southern hemisphere photometry V. The color-magnitude diagram of NGC 361 and the adjoining field in the Small Magellanic Cloud. Vgl. AJB **58** Ref. **12150** = Publ. Goethe Link Obs. Nr. 30.

* * **H. C. Arp,** Southern hemisphere photometry. VI. The color-magnitude diagram of NGC 458 and the adjoining region of the Small Magellanic Cloud. Vgl. Ref. **14501**.

* * **R. Boucíqué,** Betrekking tussen de radiële verdelingswetten van sterren met verschillende massa's in een bolsymmetrisch sterrenstelsel. Vgl. Ref. **4316**.

14243. **H. L. Vanderlinden,** De ontsnappingssnelheid in bolvormige sterrenhopen. Med. Koninkl. Vlaamse Acad. Wet. Kl. Wet. **21** Nr. 12, 8 S. = Univ. Gent Sterrenkundig Inst. Nr. 22.

* * **H. L. Vanderlinden, F. Bossaert,** Dynamica van bolvormige sterrenhopen. Vgl. Ref. **4317**.

§ 143

14310 = Arthur J. Dyer Obs. Nashville Repr. Nr. 9.

14317. **W. Moerdijk,** De ouderdom van een ster-associatie uit de waargenomen Ruimte Snelheden. Med. Koninkl. Vlaamse Acad. Wet. Kl. Wet. **21** Nr. 10, 15 S. = Univ. Gent Sterrenkundig Inst. Nr. 21.

§ 144

14483. **E. B. Kostjakowa,** Untersuchung der räumlichen Verteilung der B-Sterne in Cepheus und Cygnus. Mitt. Staatl. Astr. Sternberg-Inst. Moskau Nr. 106 S. 23—33 (russ.).

§ 145

14506 = Astr. Contr. Univ. Manchester (2) Jodrell Bank Repr. Nr. 183.

14576 = Commun. Radcliffe Obs. Nr. 50.

* * **H. C. Arp,** Southern hemisphere photometry V. The color-magnitude diagram of NGC 361 and the adjoining field in the Small Magellanic Cloud. Vgl. Ref. **14231**.

Namenverzeichnis

Dieses Verzeichnis weist auf diejenigen Seiten hin, auf denen die Arbeiten und Beobachtungen der Verfasser mitgeteilt sind. Die in den kleineren Verzeichnissen S. 324 und 411—412 bereits genannten Verfasser sind nicht nochmals aufgeführt worden.

Sachverzeichnis

In diesem Verzeichnis ist bei den sich über mehrere Seiten erstreckenden Referaten zum gleichen oder ähnlichen Thema im allgemeinen nur die erste Seite angegeben.

FSC
www.fsc.org
MIX
Papier | Fördert
gute Waldnutzung
FSC® C083411

Kolibri 360 GmbH
Ferdinand-Jühlke-Straße 7
99095 Erfurt, Deutschland
produktsicherheit@kolibri360.de